공기업
기계직 SERIES 02

공기업 기계직 전공 대비

실제 기출문제 | 철도 및 교통공사편

기계의 진리

[문제편]

장태용 지음

BM (주)도서출판 성안당

머 리 말

"공기업은 어느 정도 깊이까지 공부를 해야 할까?"

공기업 기계직 전공시험에서는 "기초부터 심화 내용"에 이르기까지 다양한 문제가 출제되고 있다. 기초라 함은 일반기계기사 수준에서 충분히 풀 수 있는 내용"을 말하고, 심화라 함은 일반기계기사 수준으로는 해결할 수 없는 내용을 의미한다. 따라서, 대부분의 수험생들은 어느 정도의 깊이까지 기계공학을 공부해야 할지 감이 잡히지 않을 것이다.

이에 수험생들에게 도움이 될 수 있도록 다년간의 공기업 경력, 기계직 전공 집필 경력, 실제 시험 응시 그리고 기계직 전공 강의를 하면서 얻은 경험을 토대로 이 책을 집필하게 되었다.

[이 책의 특징]

첫째, 이해하기 쉽게 해설을 매우 상세하게 달았다. 이 책만으로도 학습하는 데 부족함이 없도록 하였으며, 중요한 핵심 내용을 모두 담았다.

둘째, 기초부터 심화 내용까지 모두 잡을 수 있도록 노력을 기울였다. 고득점을 위한 이해 위주의 학습에 매우 효과적이며 시간을 절약할 수 있다.

셋째, 어떤 시험이든 기출문제는 매우 중요하다. 실제로 출제된 공기업 기계직 기출문제와 실전 대비 모의고사를 수록하였다.

필자는 기출문제 분석에 많은 시간을 투자하며 연구하고 있다. 이렇게 축적된 데이터와 노하우 등을 수험생 여러분들과 공유하며 여러분들이 합격이라는 목적지까지 빠른 시간 안에 도착할 수 있도록 내비게이션이 되고자 노력하고 있다.

또한, 필자는 시험을 준비하는 여러분의 노력이 헛된 시간이 되어서는 안 된다는 사명감으로 이 도서를 집필하였다. 이 책을 통해 반드시 자신의 목표를 이루어 국가와 사회에 기여하는 사람이 될 수 있기를 진심으로 응원한다.

이 책을 통해 초심을 잃지 않고, 기초부터 심화까지 모두 학습하길 권한다. 이 책의 모든 내용을 하나씩 모두 자신의 것으로 만들면서, 합격의 목적지까지 한 걸음씩 나아가길 바란다.

여러분은 할 수 있습니다.
여러분을 응원합니다.

지은이 장태용

철도 및 교통공기업이란?

지하철·경전철을 포함한 철도 사업을 운영하는 회사이다. 공기업뿐만 아니라, 민간기업도 존재한다. 대표적으로 한국철도공사(코레일), 서울교통공사, 인천교통공사, 부산교통공사, 대구교통공사, 대전교통공사, 광주교통공사, 공항철도 등이 있다.

✔ 출제경향

공기업 기계직 전공시험은 "기초부터 심화 내용"까지 다양하게 출제되고 있다. 즉, 일반기계기사 수준을 넘어서는 문제가 출제되는 경우가 많다.

• 기초: 일반기계기사 수준에서 충분히 해결할 수 있는 내용
• 심화: 일반기계기사 수준으로는 해결할 수 없는 내용

✔ 기출문제의 중요성

1. 처음 입문하는 과정에서 무엇이 중요한지 파악하고 방향성이 확실한 효과적인 공부를 할 수 있다.

2. 여러 공기업에서 반복적으로 자주 출제되고 있는 개념 및 문제 유형은 정해져 있다. 즉, 문제은행식 시험으로 기출문제는 돌고 도는 경우가 많다.
   • 똑같은 문제가 출제되는 경우(단, 계산문제일 경우는 수치만 달라진다.)
   • 거의 유사하게 출제되는 경우
   • 문제는 다르지만 같은 이론 개념을 요구하는 경우

3. 기출문제를 많이 풀어봐야 자주 출제되는 개념이나 문제 유형을 스스로 파악할 수 있다. 이에 따라 공부의 방향 설정과 부족한 점을 개선할 수 있으며, 또한 기본적인 문제를 틀렸다면 해당 개념에 대한 부족함을 깨닫고 이론 및 해설을 보며 리마인드할 수 있다. 즉, 기출문제를 풀면서 시험 대비를 위한 최종 마무리 이론을 정리할 수 있다.

4. 이론학습을 어느 정도 마무리하였다고 해도 그 이론과 관련된 모든 문제를 풀 수 있는 것은 아니다. 같은 이론을 다룬 문제의 경우에도 보기의 내용에 따라 문제의 난이도가 달라지기 때문에 실제 100% 기출문제는 매우 중요하다. 따라서, 문제가 어떤 형식으로 출제되는지 다양한 기출문제를 통해 연습해야 하는 과정은 필수이다.

이와 같이 기출문제를 많이 풀어보고 경험해보고 틀려도 보고, 이 과정을 수없이 거 친다면 여러분들의 전공 실력은 매우 탄탄해질 것이다.

✔ 학습법

1. 기계직 전공 공부는 이해와 더불어 수험생 자신의 반복 학습이 함께 결합되어야만 고득점을 얻을 수 있다. 점수가 빠르게 상승하지 않는다고 너무 조급해하지 말고, 매일 꾸준하게 시간 투자를 한다면 분명 원하는 결과를 얻을 수 있을 것이다. 지치지 않고 과정을 완주하는 일에 집중할 것을 권한다.

2. 반드시 "이해 위주"로 복습해야 한다. 해설에 나와 있는 풀이와 내용을 최대한 이해와 흐름을 통해 복습하길 권장한다. 또한, 단순히 눈으로 복습하는 것이 아니라, 말로써 누군가에게 설명할 수 있도록 복습해야 100% 자신의 것이 된다.

차 례

••• Truth of Machine •••

• 머리말
• 가이드

[문제편]

PART II 실전 모의고사

차 례

••• Truth of Machine •••

[정답 및 해설편]

Truth of Machine

01
2020년 상반기
한국철도공사 기출문제
[총 25문제 | 제한시간 20분]

[⇨ 정답 및 해설편 p. 2]

난이도 ●○○○○ | 출제빈도 ★★★☆☆

01 롤러베어링에서 수명에 대한 설명으로 옳은 것은?

① 베어링에 작용하는 하중의 10/3 제곱에 반비례한다.

② 베어링에 작용하는 하중의 세제곱에 비례한다.

③ 베어링에 작용하는 하중의 10/3 제곱에 비례한다.

④ 베어링에 작용하는 하중의 세제곱에 반비례한다.

난이도 ●○○○○ | 출제빈도 ★★★★☆

02 몰리에르 선도에서 세로축, 가로축이 의미하는 것은?

① 세로 : 엔탈피, 가로 : 압력

② 세로 : 압력, 가로 : 엔트로피

③ 세로 : 엔탈피, 가로 : 엔트로피

④ 세로 : 압력, 가로 : 부피

난이도 ●○○○○ | 출제빈도 ★★★★☆

03 담금질 조직에서 경도가 가장 우수하며 온도에 따른 체적(용적)변화가 가장 큰 조직은?

① 소르바이트   ② 오스테나이트

③ 마텐자이트   ④ 트루스타이트

난이도 ●●●●○ | 출제빈도 ★☆☆☆☆

04 반지름 10cm의 비눗방울을 반지름 30cm로 팽창시키는 데 필요한 일(J)은 얼마인가? [단, 비눗방울의 표면장력(σ)은 0.4dyne/cm이며 $\pi = 3$으로 계산한다]

① 0.000192J   ② 0.000384J

③ 0.000768J   ④ 0.001536J

난이도 ●●○○○ | 출제빈도 ★★★☆☆

05 점성계수(점도)가 4×10^{-3}Pa · s인 유체가 평판 위를 흐르고 있다. 이때, 해당 유체의 속도분포가 $u_{속도분포} = 500y - (4.5 \times 10^{-6})y^3$ [m/s]일 때, 벽면에서의 전단응력(Pa)은 얼마인가? [단, y는 벽면으로부터 측정한 수직거리이다]

① 0.2   ② 2

③ 20   ④ 200

난이도 ●○○○○ | 출제빈도 ★★★★☆

06 다음 중 보통 주철의 여리고 약한 인성을 개선하기 위해 백주철을 장시간 풀림 처리하여 시멘타이트(Fe_3C)를 소실시켜 연성과 인성을 증가시킨 주철은?

① 반주철   ② 가단주철

③ 칠드주철   ④ 합금주철

---

07 난이도 ●●○○○○ | 출제빈도 ★★★☆☆

두께 2cm, 면적 4m²의 석고판의 뒤쪽 면에서 1,000W의 열을 주입하고 있다. 열은 앞쪽 면으로만 전달된다고 할 때, 석고판의 뒤쪽 면은 약 몇 도(℃)인가? [단, 석고판의 열전도율 : 2.5J/m·s·℃, 앞쪽 면의 온도 : 100℃]

① 98℃　　　　② 102℃
③ 104℃　　　　④ 106℃

08 난이도 ●●○○○○ | 출제빈도 ★★★★☆

단순응력이 작용하고 있는 상태에서 임의의 경사단면에 발생하는 수직응력과 전단응력의 크기가 동일하게 되려면 경사각은 몇 도(°) 여야 하는가? [단, 인장하중 P만 작용하고 있다]

① 0°　　　　② 30°
③ 45°　　　　④ 60°

09 난이도 ●○○○○○ | 출제빈도 ★★★★☆

등엔트로피 변화는 어떤 과정에서 일어나는가?

① 정적 과정　　　　② 정압 과정
③ 단열 과정　　　　④ 등온 과정

10 난이도 ●○○○○○ | 출제빈도 ★★★★☆

원동 기어의 잇수가 30개, 회전수는 500rpm 이며 속도비는 $\frac{1}{3}$ 이다. 이 조건에서 두 기어의 축간거리(C)는 얼마인가? [단, 모듈 m은 3이다]

① 90　　　　② 180
③ 360　　　　④ 420

11 난이도 ●●○○○○ | 출제빈도 ★★★☆☆

다음 그림과 같이 측면 필릿 용접이음에서 허용전단응력이 50MPa일 때, 하중 W는 얼마인가?

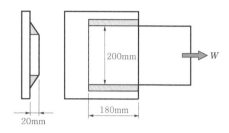

① $180\sqrt{2}\,\text{kN}$　　　　② $360\sqrt{2}\,\text{N}$
③ $180\sqrt{2}\,\text{N}$　　　　④ $360\sqrt{2}\,\text{kN}$

12 난이도 ●○○○○○ | 출제빈도 ★★★★☆

다음 중 구리(Cu)−아연(Zn) 5~20%의 합금으로 전연성이 우수하고, 동전, 메달, 금모조품 등에 사용되는 합금은?

① 콘스탄탄　　　　② 알팩스
③ 톰백　　　　④ 켈밋

13 난이도 ●●●○○ | 출제빈도 ★★★☆☆

0℃의 물 1kg을 100℃의 증기로 만드는 과정에서의 총 엔트로피 변화량은 얼마인가? [단, 0℃의 물에서 100℃의 물로 변할 때의 엔트로피 변화량은 1.36kJ/K이다]

① 4.4kJ/K　　　　② 5.4kJ/K
③ 6.4kJ/K　　　　④ 7.4kJ/K

난이도 ●●○○○○ | **출제빈도** ★★★☆☆

14 수평 원관을 통해 흐르는 물이 층류 유동을 하고 있다. 이때, 관 벽의 허용전단응력이 100Pa일 때 압력 손실을 구하면 얼마인가? [단, 관의 길이는 20m이며 관의 반경은 5cm 이다]

① 20kPa ② 40kPa
③ 80kPa ④ 160kPa

난이도 ●○○○○ | **출제빈도** ★★★★☆

15 주철의 성분 중 탄소의 흑연화를 방해하며 조직을 치밀하게 하고 경도, 강도 및 내열성을 증가시키는 것은 어떤 원소인가?

① 인(P) ② 황(S)
③ 규소(Si) ④ 망간(Mn)

난이도 ●●●○○ | **출제빈도** ★★★☆☆

16 400W 전열기로 30분 동안 0.5L의 물을 20℃에서 100℃의 온도로 가열했을 때 열손실은 약 얼마인가?

① 720kJ ② 167kJ
③ 553kJ ④ 887kJ

난이도 ●●●○○ | **출제빈도** ★★★★☆

17 길이가 L인 직사각형($b \times h$) 단면의 외팔보 끝단에 하중 P가 작용하고 있다. 이때, 폭과 높이를 서로 바꾸면 하중의 크기는 초기 하중의 몇 배가 되는가? [단, 보에 작용하는 굽힘응력(σ_b, 휨응력)은 일정하며 단면의 폭은 10cm, 높이는 5cm이다]

① 0.5배 ② 2.0배
③ 2.5배 ④ 4.0배

난이도 ●●○○○ | **출제빈도** ★★★★☆

18 길이 L의 양단고정보의 중심에 집중하중을 작용시켰더니 5cm의 최대 처짐량이 발생했다. 같은 조건에서 단순지지보로 변경했을 때 최대 처짐량은 어떻게 되는가?

① 10cm ② 15cm
③ 20cm ④ 25cm

난이도 ●○○○○ | **출제빈도** ★★★★★

19 다음 중 유체의 정의에 대해 가장 옳게 설명한 보기는?

① 어떤 전단력에도 저항하며 연속적으로 변형하는 물질이다.
② 어떤 전단력에도 저항하며 연속적으로 변형하지 않는 물질이다.
③ 아무리 작은 전단력일지라도 저항하지 못하고 연속적으로 변형하는 물질이다.
④ 아무리 작은 전단력일지라도 저항하지 못하고 변형하지 않는 물질이다.

난이도 ●●○○○ | **출제빈도** ★★★☆☆

20 원심력을 무시할 만큼 저속의 평벨트 전동에서 유효장력이 1.5kN이고 긴장측 장력이 이완측 장력의 2배라면 이 벨트의 폭은 얼마로 설계해야 하는가? [단, 벨트의 허용인장응력은 5N/mm², 벨트의 두께는 10mm, 이음효율은 80%이다]

① 55mm ② 65mm
③ 75mm ④ 85mm

21 지름이 2cm인 원형봉의 극관성모멘트는 얼마인가? [단, $\pi = 3$으로 계산한다]

① 1.0cm^4 　　② 1.5cm^4

③ 2.0cm^4 　　④ 2.5cm^4

22 다음 중 두 축이 서로 교차하는 기어는 무엇인가?

① 헬리컬기어

② 하이포이드기어

③ 스크류기어

④ 스파이럴 베벨기어

23 물이 흐르고 있는 상태의 압력이 980kPa일 때 압력에 의한 수두(m)는 얼마인가?

① 50 　　② 100

③ 150 　　④ 200

24 다음 보기 중 옳지 않은 것은?

① Fe−C 상태도에서 횡축은 탄소함유량, 종축은 온도를 나타낸다.

② 펄라이트는 알파철과 시멘타이트(Fe_3C)의 층상조직이다.

③ 순철의 A_2변태점을 큐리점이라고 하며 그 온도는 768℃이다.

④ 0.77%C로부터 탄소함유량이 증가하면 시멘타이트의 함유량이 감소한다.

25 키에 작용하는 두 응력 전단응력(τ_k)과 압축응력(σ_c)의 힘의 관계가 $\tau_k/\sigma_c = 0.5$일 경우, h와 b의 관계로 올바른 것은?

① $h = 0.5b$ 　　② $h = b$

③ $h = 2b$ 　　④ $h = 4b$

02

2020년 하반기

한국철도공사 기출문제

[총 25문제 | 제한시간 20분]

[⇨ 정답 및 해설편 p. 13]

난이도 ●●●●○ | 출제빈도 ★★★☆☆

01 직경 1m, 무게 5kN인 구형(球形) 부표가 케이블 끝에 설치되어 물 수면에 닿아 있다. 수심이 깊어져 부표가 물속에 완전히 잠겼을 때, 케이블에 작용하는 장력의 크기(N)는? [단 $\pi = 3.14$로 계산한다]

① 102　　　　② 112
③ 128　　　　④ 144
⑤ 156

난이도 ●●●○○ | 출제빈도 ★★☆☆☆

02 바닥이 가로 2m, 세로 2m인 수조에 깊이 1m 만큼 물이 차 있다. 이 수조가 y방향으로 4.9m/s^2의 가속도로 움직일 때, 수조 바닥에 작용하는 힘의 크기(kN)는 얼마인가?

① 14.7　　　　② 29.4
③ 33.7　　　　④ 44.1
⑤ 58.8

난이도 ●●●○○ | 출제빈도 ★☆☆☆☆

03 x, y, z의 속도 성분이 다음과 같을 때, (1, −1, 2) 지점에서의 y방향 가속도는 얼마인가? [단, 속도 성분 : $u = 20y^2$, $v = -20xy$, $w = 0$]

① −400　　　　② +400
③ 0　　　　　④ +800
⑤ −800

난이도 ●●○○○ | 출제빈도 ★★★☆☆

04 비중이 0.8, 안지름이 15cm인 관에서 흐름이 층류로 흐르기 위한 흐름의 최대 속도는 얼마인가? [단, 동점성계수는 $6 \times 10^{-4}\text{m}^2/\text{s}$이며 하임계 레이놀즈수 2,000, 상임계 레이놀즈수 4,000이다]

① 4m/s　　　　② 6m/s
③ 8m/s　　　　④ 16m/s
⑤ 32m/s

난이도 ●○○○○ | 출제빈도 ★★★★☆

05 질량이 1kg인 이상기체의 압력이 100kPa, 온도 27℃에서 엔탈피가 298kJ일 때, 내부에너지는 얼마인가? [단, 이상기체의 기체상수(R)는 0.3kJ/kg·K이다]

① 90kJ　　　　② 127kJ
③ 208kJ　　　　④ 388kJ
⑤ 598kJ

난이도 ●●●●○ | 출제빈도 ★★★☆☆

06 이상기체가 폴리트로픽 과정($n = 1.25$)으로 압력이 0.8MPa에서 0.2MPa로 변화하였다. 이 과정 중에 온도와 열의 이동은 어떻게 되는가? [단, $k = 1.4$, $C_v = 0.172\text{kJ/kg}\cdot\text{℃}$이다]

① 열은 흡열되고 온도는 감소한다.
② 열은 방출되고 온도는 증가한다.
③ 열은 흡열되고 온도는 증가한다.
④ 열은 방출되고 온도는 감소한다.
⑤ 위 조건으로는 알 수 없다.

난이도 ●●●○○ | 출제빈도 ★★★★☆

07 질량이 0.4kg인 공기의 온도가 단열압축과정을 통해 0℃에서 200℃로 증가하였을 때 엔탈피 변화량은 약 얼마인가? [단, $k=1.4$이다]

① 20kJ
② 40kJ
③ 60kJ
④ 80kJ
⑤ 100kJ

난이도 ●●○○○ | 출제빈도 ★★☆☆☆

08 수소가스 500L가 압력 12MPa, 온도 27℃에서 산소와 반응하면, 물 몇 kg을 생산하는가? [단, 수소가스의 기체상수(R)는 4kJ/kg·K이다]

① 30
② 35
③ 40
④ 45
⑤ 50

난이도 ●○○○○ | 출제빈도 ★★★★☆

09 다음 그림처럼 지름이 d인 원형 단면과 한 변의 길이가 a인 정사각형 단면이 있다. 두 도형의 단면적이 서로 동일할 때, 원형 단면의 단면계수 Z_1과 정사각형 단면의 단면계수 Z_2의 비$\left(\dfrac{Z_1}{Z_2}\right)$는 얼마인가?

① $\dfrac{3\sqrt{\pi}}{2}$
② $\dfrac{3}{4\sqrt{\pi}}$
③ $\dfrac{2}{3\sqrt{\pi}}$
④ $\dfrac{3\sqrt{\pi}}{2}$
⑤ $\dfrac{3}{2\sqrt{\pi}}$

난이도 ●○○○○ | 출제빈도 ★★★★☆

10 지름이 30mm인 원형 봉에 인장하중을 가했더니 수직응력이 30MPa이었다. 이때, 경사각 $45°$에서의 공액전단응력은 얼마인가?

① -30MPa
② -45MPa
③ 0MPa
④ -15MPa
⑤ -60MPa

난이도 ●○○○○ | 출제빈도 ★★★★★

11 반지름이 r인 원형 단면 도심에서의 단면 2차 모멘트(I_x) 값은 얼마인가?

① $I_x = \dfrac{\pi r^4}{2}$
② $I_x = \dfrac{\pi r^4}{4}$
③ $I_x = \dfrac{\pi r^4}{8}$
④ $I_x = \dfrac{\pi r^4}{16}$
⑤ $I_x = \dfrac{\pi r^4}{64}$

난이도 ●○○○○ | 출제빈도 ★★★★☆

12 다음 그림과 같은 내다지보에서 B지점의 반력은 얼마인가?

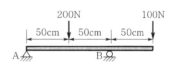

① 50N
② 100N
③ 150N
④ 200N
⑤ 250N

난이도 ●○○○○ | 출제빈도 ★★★★★

13 다음 중 전기전도율이 가장 높은 금속은?

① Sb   ② Al
③ Cu   ④ Ag
⑤ Pb

난이도 ●○○○○ | 출제빈도 ★★★★★

14 다음 중 냉간가공과 열간가공을 구분하는 기준이 되는 온도는?

① 피니싱온도   ② 자기변태점 온도
③ 재결정온도   ④ 동소변태점 온도
⑤ 변태온도

난이도 ●○○○○ | 출제빈도 ★★★★★

15 다음 중 주철의 특징으로 옳지 못한 것은?

① 압축강도는 크지만 인장강도는 작다.
② 용융점이 낮기 때문에 유동성이 좋아 주조성이 우수하다.
③ 주철에 함유된 인(P)은 쇳물의 유동성을 나쁘게 하며, 주물의 수축을 작게 한다.
④ 주철은 내마모성과 절삭성이 우수하다.
⑤ 일반적으로 주철 속에 함유되어 있는 5대 원소의 조성은 C(3.0~3.5%), Si(1.5~2.0%), Mn(0.3~0.8%), P(0.2~0.8%), S(0.05~0.15%)이다.

난이도 ●○○○○ | 출제빈도 ★★★★☆

16 다음 중 저탄소, 저규소의 보통 주철에 칼슘실리케이트(Ca-Si), 규소철(Fe-Si)을 첨가하여 흑연핵의 생성을 촉진(접종)시키고 흑연을 미세화함으로써 기계적 강도를 높인 주철은?

① 구상흑연주철   ② 가단주철
③ 칠드주철   ④ 합금주철
⑤ 미하나이트주철

난이도 ●○○○○ | 출제빈도 ★★★★☆

17 다음 중 구조용 특수강의 종류인 Ni-Cr강에 발생하는 뜨임메짐을 방지하는 원소는?

① Mn   ② P
③ S   ④ Mo
⑤ Ti

난이도 ●○○○○ | 출제빈도 ★★★★☆

18 다음 중 체결용 나사는 무엇인가?

① 삼각나사   ② 사다리꼴나사
③ 톱니나사   ④ 둥근나사
⑤ 사각나사

난이도 ●●○○○ | 출제빈도 ★★★★☆

19 온도가 변해도 탄성률, 선팽창계수가 변하지 않는 불변강의 종류가 아닌 것은?

① 코엘린바   ② 인바
③ 퍼멀로이   ④ 플래티나이트
⑤ 인코넬

난이도 ●●○○○ | 출제빈도 ★★★★☆

20 다음 중 온도가 T_1인 고열원으로부터 온도가 T_2인 저열원으로 열이 Q만큼 이동했을 때, 전체 엔트로피 변화량을 나타내는 식은?

① $\dfrac{Q(T_2 - T_1)}{T_1 T_2}$ ② $\dfrac{Q(T_1 - T_2)}{T_1 T_2}$

③ $\dfrac{Q(T_1 + T_2)}{T_1 T_2}$ ④ $\dfrac{T_1 T_2}{Q(T_1 - T_2)}$

⑤ $\dfrac{T_1 - T_2}{Q(T_1 T_2)}$

21 다음 중 유체의 흐름 방향(배관 방향)을 전환시킬 때 사용하는 관 이음쇠는?

① 소켓 ② 레듀셔
③ 엘보 ④ 유니언
⑤ 니플

22 다음 중 헬리컬기어에 대한 설명으로 옳지 못한 것은?

① 고속 운전이 가능하며 축간거리를 조절할 수 있고 소음 및 진동이 작다.
② 최소 잇수가 평기어보다 적어 큰 회전비를 얻을 수 있다.
③ 평기어보다 물림률이 좋아 회전이 원활하고 조용하며 동력 전달이 우수하다.
④ 두 축이 평행한 기어이며 평기어보다 제작이 어렵다.
⑤ 축 방향으로 추력이 발생하지 않아 스러스트 베어링을 사용하지 않아도 된다.

23 다음 그림과 같은 제동력(T)이 400N인 단동식 밴드브레이크에서 긴장측 장력이 이완측 장력의 3배일 때, a를 구하면 얼마인가? [단, 레버를 누르는 힘(F)은 100N이며 l은 300mm이다]

① 50mm
② 75mm
③ 100mm
④ 125mm
⑤ 150mm

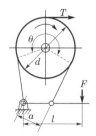

24 다음 그림과 같이 Z_1 : 30, Z_2 : 50, Z_3 : 10, Z_4 : 20의 4개의 기어로 구성되어 구동되는 기어 트레인(gear train)에서 기어 1의 회전수(N_1)가 500rpm이다. 그렇다면 기어 4의 회전수(N_4)는 얼마인가? [단, N은 회전수이며 Z는 기어 잇수이다. 기어 1은 N_1의 회전수로 반시계방향으로 회전하고 있으며 N과 Z는 각각의 기어 숫자에 맞게 정해진다. 예를 들어, 기어 2의 회전수는 N_2이며 기어 2의 잇수는 Z_2이다]

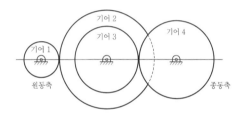

① 150rpm ② 200rpm
③ 250rpm ④ 300rpm
⑤ 350rpm

25 스프링상수가 각각 45N/cm, 25N/cm인 스프링 2개가 다음 그림처럼 연결되어 있고, 물체의 무게가 280N이라면 처짐량(mm)은?

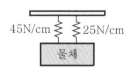

① 30 ② 40
③ 50 ④ 60
⑤ 70

2021년 상반기

03 한국철도공사 기출문제

[총 25문제 | 제한시간 20분]

[⇨ 정답 및 해설편 p. 30]

난이도 ●●●●○ | 출제빈도 ★★★☆☆

01 수직하중을 받는 어떠한 탄성체의 비중이 7이며 탄성한도가 0.21GPa일 때, 단위 kg당 최대 탄성에너지(J/kg)는? [단, 1atm, 4℃에서의 물의 밀도는 $1,000\text{kg/m}^3$이며 재료의 종탄성계수는 210GPa이다]

① 0.15   ② 150

③ 15   ④ 1,500

⑤ 0.015

난이도 ●○○○○ | 출제빈도 ★★★★★

02 재료의 종탄성계수를 E, 푸아송수를 m이라고 할 때, 재료의 전단탄성계수 G를 나타내는 식으로 옳은 것은?

① $G = \dfrac{2mE}{m+1}$ ② $G = \dfrac{mE}{2(m+1)}$

③ $G = \dfrac{mE}{2(m-1)}$ ④ $G = \dfrac{2mE}{m-1}$

⑤ $G = \dfrac{mE}{2m+1}$

난이도 ●●●○○ | 출제빈도 ★★★★☆

03 폭이 10cm, 높이가 8cm인 직사각형 단면의 기둥이 양단회전으로 지지되어 있다. 이 기둥의 오일러 임계응력이 60N/mm^2일 때, 오일러 공식에 적용할 수 있는 기둥의 최소 길이(cm)는? [단, 기둥의 탄성계수는 $20 \times 10^4\text{N}$ $/\text{mm}^2$이며 $\pi = 3$으로 가정한다]

① 100   ② 200

③ 300   ④ 400

⑤ 500

난이도 ●●●○○ | 출제빈도 ★★★★☆

04 다음 그림의 직렬 조합 단면에 인장하중 1,000kN이 작용할 때, 발생하는 변형량 (mm)은 얼마인가? [단, 재료의 탄성계수 (E)는 200GPa이며 $\pi = 3$으로 가정한다]

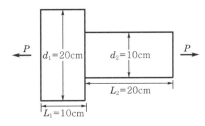

① 0.15   ② 0.25

③ 0.35   ④ 0.45

⑤ 0.55

난이도 ●○○○○ | 출제빈도 ★★★★☆

05 다음 그림과 같은 기둥에 압축하중(P)이 작용하고 있을 때, 이 기둥의 세장비는 얼마인가?

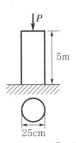

① 20   ② 40

③ 60   ④ 80

⑤ 100

---

06 난이도 ●○○○○ | 출제빈도 ★★★★☆

길이가 3m인 원형 단면의 기둥에 인장하중을 가했더니 다음 그림처럼 변형량이 발생하였다. 이때, 종변형률은 얼마인가?

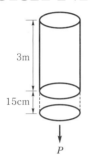

① 0.01 ② 0.02
③ 0.03 ④ 0.04
⑤ 0.05

07 난이도 ●○○○○ | 출제빈도 ★★★★★

온도가 1,000K인 고열원과 온도가 200K인 저열원 사이에서 작동하는 카르노 열기관의 열효율(%)은 얼마인가?

① 10 ② 20
③ 40 ④ 60
⑤ 80

08 난이도 ●●○○○ | 출제빈도 ★★★★★

다음 〈보기〉의 이상기체의 등온과정에 대한 설명 중 옳은 것은?

ⓐ 절대일과 공업일이 같다.
ⓑ 압력과 체적은 비례한다.
ⓒ 내부에너지 변화는 0이다.
ⓓ 가열량과 방열량은 엔탈피 변화량과 같다.
ⓔ 엔탈피 변화는 0이다.

① ⓐ, ⓑ, ⓒ ② ⓐ, ⓒ, ⓔ
③ ⓐ, ⓒ, ⓓ ④ ⓑ, ⓒ, ⓔ
⑤ ⓒ, ⓓ, ⓔ

09 난이도 ●○○○○ | 출제빈도 ★★★★★

가스통 내부 속에 압력이 200kPa, 온도가 27℃인 이상기체 4kg이 들어있다. 이때, 가스통의 체적(m³)은 얼마인가? [단, 이상기체의 정압비열과 정적비열이 각각 0.9kJ/kg·K, 0.6kJ/kg·K이며 온도는 273을 고려한 절대온도를 사용한다]

① 1.8 ② 2.6
③ 3.4 ④ 4.2
⑤ 5.0

10 난이도 ●○○○○ | 출제빈도 ★★★★★

가스동력사이클 중 2개의 등온과정과 2개의 정압과정으로 이루어진 사이클은?

① 스털링사이클
② 디젤사이클
③ 아트킨슨사이클
④ 사바테사이클
⑤ 에릭슨사이클

11 난이도 ●○○○○ | 출제빈도 ★★★★★

다음 〈보기〉는 증기 압축식 냉동사이클의 주요 구성 장치이다. 이때, 증기 압축식 냉동사이클의 냉매순환경로로 옳은 것은?

| ㉠ 증발기 | ㉡ 압축기 |
| ㉢ 팽창밸브 | ㉣ 응축기 |

① 증발기 → 팽창밸브 → 응축기 → 압축기
② 증발기 → 압축기 → 응축기 → 팽창밸브
③ 팽창밸브 → 증발기 → 압축기 → 응축기
④ 팽창밸브 → 압축기 → 응축기 → 압축기
⑤ 압축기 → 팽창밸브 → 응축기 → 압축기

난이도 ●○○○○ | 출제빈도 ★★★★☆

12 너클핀의 단면에 수평방향으로 인장하중 18kN이 작용하고 있다. 핀의 허용전단응력이 30MPa일 때, 허용되는 핀의 최소 지름(mm)은? [단, $\pi = 3$으로 가정한다]

① 10   ② 20
③ 30   ④ 40
⑤ 50

난이도 ●○○○○ | 출제빈도 ★★★★☆

13 내경이 70mm인 원형 관 내부에 물이 흐르고 있을 때 하임계 속도(m/s)는? [단, 임계레이놀즈수는 2,100이며 동점성계수는 $0.01\text{cm}^2/\text{s}$이다]

① 0.01   ② 0.02
③ 0.03   ④ 0.04
⑤ 0.05

난이도 ●○○○○ | 출제빈도 ★★★★★

14 직경(지름)이 5cm인 비눗방울의 내부초과압력이 $40\text{N}/\text{m}^2$일 때, 비눗방울의 표면장력(N/m)은 얼마인가?

① 0.25   ② 0.5
③ 0.75   ④ 1.0
⑤ 1.25

난이도 ●○○○○ | 출제빈도 ★★★★☆

15 1줄 리벳 겹치기 이음에서 리벳지름을 d, 피치를 p라고 할 때, 강판의 효율로 옳은 것은?

① $\dfrac{p-d}{2p}$ ② $\dfrac{p-2d}{p}$

③ $\dfrac{p-d}{p}$ ④ $\dfrac{d-p}{p}$

⑤ $\dfrac{2p-d}{p}$

난이도 ●●●○○ | 출제빈도 ★★☆☆☆

16 다음 중 다른 냉매에 비해 암모니아 냉매가 가진 특징으로 옳지 않은 것은?

① 우수한 열 수송능력
② 높은 성능계수
③ 누설탐지의 용이성
④ 오존층에 대한 무영향
⑤ 무독성

난이도 ●○○○○ | 출제빈도 ★★★★☆

17 지름이 10cm인 야구공이 공기 중에서 속도 10m/s로 날아갈 때, 야구공이 받는 항력(N)은? [단, 공기의 밀도는 $1.2\text{kg}/\text{m}^3$, 항력계수는 1이며 $\pi = 3$으로 가정한다]

① 0.25   ② 0.35
③ 0.45   ④ 0.55
⑤ 0.65

난이도 ●●○○○ | 출제빈도 ★★★★☆

18 실린더 내에서 어떠한 압축된 액체가 압력이 $860\text{N}/\text{m}^2$에서 체적이 0.5m^3이고, 압력이 $650\text{N}/\text{m}^2$일 때 체적이 0.2m^3라면 체적탄성계수(N/m^2)는 얼마인가?

① 150   ② 250
③ 350   ④ 450
⑤ 550

19 난이도 ●○○○○ | 출제빈도 ★★★★★

직경이 각각 25cm, 50cm의 파이프로 만들어진 관에 물이 흐르고 있다. 직경이 25cm인 곳에서 물의 유속이 8m/s라면 직경이 50cm인 곳에서의 물의 유속(m/s)은?

① 1 　　　　② 2
③ 4 　　　　④ 8
⑤ 16

20 난이도 ●●○○○ | 출제빈도 ★★★★☆

특수용도용 합금강 중 인바(invar)에 대한 특징으로 옳지 않은 것은?

① 불변강 중 하나이다.
② Fe 64% – Ni 36%의 합금이다.
③ 20℃에서 선팽창계수가 1.2×10^{-6}으로 극히 작다.
④ 측정기기, 표준기기, 바이메탈의 재료 등으로 사용된다.
⑤ Ni–Fe계 합금 중 투자율이 가장 우수하다.

21 난이도 ●●●●○ | 출제빈도 ★☆☆☆☆

다음 그림과 같은 돌연축소관로에서 단면 수축계수(C_v)는 얼마인가?

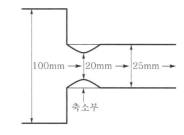

① 0.34 　　　② 0.44
③ 0.54 　　　④ 0.64
⑤ 0.74

22 난이도 ●●○○○ | 출제빈도 ★★★★☆

다음 〈보기〉에서 제시된 주철의 종류로 옳은 것은 무엇인가?

> 주물용 선철에 강 부스러기를 가한 쇳물과 규소철 등을 접종하여 미세흑연을 균일하게 분포시킨 펄라이트 층의 주철이며 강도 · 변형 모두 주철보다 뛰어나다.

① 구상흑연주철 　　② 미하나이트주철
③ 합금주철 　　　　④ 가단주철
⑤ 칠드주철

23 난이도 ●●●○○ | 출제빈도 ★★☆☆☆

코일 스프링에서 코일의 평균지름이 34mm, 스프링 재료의 지름이 4mm이다. 스프링 소재의 허용전단응력이 340MPa일 때, 스프링이 지지할 수 있는 최대 하중(N)은 얼마인가? [단, 왈(wahl)의 응력수정계수(K)는 1.2이며 $\pi = 3$으로 가정한다]

① 100 　　　② 150
③ 200 　　　④ 250
⑤ 300

24 난이도 ●○○○○ | 출제빈도 ★★★★★

외접 원통 마찰차에서 원동차의 지름이 150mm이고 회전수가 100rpm일 때, 지름이 200mm인 종동차의 회전수(rpm)는 얼마인가?

① 50 　　　② 75
③ 150 　　④ 200
⑤ 250

25 다음 그림처럼 마찰차가 외접되어 동력을 전달하고 있다. D_B가 330mm이고 속도비(i)가 1/3일 때, 원동차의 지름 D_A와 두 마찰차의 축간거리(C)는 각각 얼마인가?

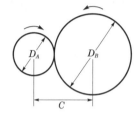

① D_A : 30mm, C : 180mm

② D_A : 50mm, C : 190mm

③ D_A : 70mm, C : 200mm

④ D_A : 90mm, C : 210mm

⑤ D_A : 110mm, C : 220mm

04

2021년 하반기
한국철도공사 기출문제
[총 25문제 | 제한시간 20분]

[⇨ 정답 및 해설편 p. 44]

난이도 ●●○○○○ | 출제빈도 ★★★☆☆

01 다음 〈보기〉 중 압력 단위에 해당하는 것을 모두 고른 것은?

> ㉠ Chu ㉡ Psi
> ㉢ mmhg ㉣ Torr
> ㉤ Btu

① ㉠, ㉡, ㉢
② ㉡, ㉢
③ ㉢, ㉤
④ ㉡, ㉢, ㉣
⑤ ㉡, ㉢, ㉤

난이도 ●○○○○ | 출제빈도 ★★★☆☆

02 동일한 열저장소 사이에 설치되어 작동되는 열펌프와 냉동기가 있다. 이때 냉동기의 성능계수가 3.2라면 열펌프의 성능계수는?

① 1.6
② 2.4
③ 3.8
④ 4.2
⑤ 5.4

난이도 ●○○○○ | 출제빈도 ★★★★☆

03 다음 〈보기〉 중 디젤사이클(diesel cycle)을 이루는 열역학적 과정을 모두 나열한 것은?

> ㉠ 정압과정 ㉡ 정적과정
> ㉢ 등온과정 ㉣ 단열과정

① ㉠, ㉡, ㉢
② ㉠, ㉣
③ ㉡, ㉣
④ ㉢, ㉣
⑤ ㉠, ㉡, ㉣

난이도 ●○○○○ | 출제빈도 ★★★★★

04 질량이 $2kg$, 압력이 $200kPa$, 온도가 $350K$, 체적이 $0.7m^3$인 이상기체의 기체상수($kJ/kg \cdot K$)는 얼마인가?

① 0.2
② 0.4
③ 0.8
④ 1.2
⑤ 1.6

난이도 ●○○○○ | 출제빈도 ★★★★★

05 비열이 $0.5kcal/kg \cdot ℃$인 가솔린(gasoline) $50kg$을 $20℃$에서 $80℃$로 가열시키는 데 소요되는 열량($kcal$)은?

① 1,000
② 1,500
③ 1,800
④ 2,400
⑤ 3,000

난이도 ●○○○○ | 출제빈도 ★★★★☆

06 다음 〈보기〉의 물리량을 $[MLT]$ 차원으로 나타내었을 때 동일한 차원을 갖는 것을 모두 나열한 것은?

> ㉠ 토크 ㉡ 압력
> ㉢ 에너지 ㉣ 운동량
> ㉤ 일

① ㉠, ㉡, ㉣
② ㉠, ㉢, ㉤
③ ㉠, ㉢, ㉣
④ ㉢, ㉣, ㉤
⑤ ㉡, ㉢, ㉣

난이도 ●○○○○ | 출제빈도 ★★★★☆

07 어떤 유체의 비중이 0.5로 규정되었다면, 이 유체의 비체적(m³/kg)은 얼마인가? [단, 표준대기압, 4℃에서의 물의 밀도는 1,000kg/m³이다]

① 5×10^{-3} ② 4×10^{-3}

③ 3×10^{-3} ④ 2×10^{-3}

⑤ 1×10^{-3}

난이도 ●○○○○ | 출제빈도 ★★★★☆

08 다음 그림처럼 수로 폭이 0.4m인 직사각형 개수로에 체적유량이 0.8m³/s로 흐르고 있다. 유동깊이가 0.2m일 때 개수로의 평균유속[m/s]은?

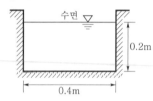

① 0.1   ② 10

③ 100   ④ 1,000

⑤ 0.01

난이도 ●○○○○ | 출제빈도 ★★★★☆

09 지름이 1cm인 원형 관에 밀도가 600kg/m³이며 점성계수가 0.005N · s/m²인 유체가 1.5m/s의 속도로 흐르고 있을 때 레이놀즈수와 유동 상태를 옳게 나열한 보기는?

① Re : 1,800, 유동 상태 : 층류 흐름

② Re : 1,800, 유동 상태 : 난류 흐름

③ Re : 2,400, 유동 상태 : 층류 흐름

④ Re : 2,400, 유동 상태 : 천이 구간

⑤ Re : 3,600, 유동 상태 : 난류 흐름

난이도 ●○○○○ | 출제빈도 ★★★☆☆

10 항력계수는 무차원을 갖는 수로 유체의 밀도 ρ, 유체의 속도 V, 항력 C, 물체의 진행 방향에서 본 투영면적 A로 표현된다. 이때 항력계수(C_D)를 옳게 표현한 식은?

① $\dfrac{2V^2}{\rho A C}$ ② $\dfrac{2\rho}{C A V^2}$

③ $\dfrac{2A}{\rho C V^2}$ ④ $\dfrac{2C}{\rho A V}$

⑤ $\dfrac{2C}{\rho A V^2}$

난이도 ●○○○○ | 출제빈도 ★★★★☆

11 다음 그림처럼 길이가 L인 외팔보의 자유단(끝단)에서 집중하중 P가 작용할 때 외팔보에 발생하는 최대 처짐량($\delta_{\max}$)을 나타내는 식은?

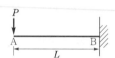

① $\dfrac{PL^3}{6EI}$ ② $\dfrac{PL^3}{8EI}$

③ $\dfrac{PL^3}{2EI}$ ④ $\dfrac{PL^3}{3EI}$

⑤ $\dfrac{PL^3}{4EI}$

난이도 ●○○○○ | 출제빈도 ★★★★★

12 인장하중을 받는 봉 부재의 종변형률이 0.02, 횡변형률이 0.005일 때 이 부재의 푸아송비(poisson's ratio)는 얼마인가?

① 0.1   ② 0.15

③ 0.2   ④ 0.25

⑤ 0.3

13 난이도 ●○○○○ | 출제빈도 ★★★★☆
사각형 단면을 갖는 단순보에 240N의 전단력이 작용했을 때, 보의 중립축에서 발생하는 최대전단응력(kPa)은? [단, 보 단면의 폭은 40cm이며 높이는 50cm이다]

① 0.9   ② 1.2
③ 1.6   ④ 1.8
⑤ 2.4

14 난이도 ●○○○○ | 출제빈도 ★★★★☆
비틀림 모멘트만 작용하는 지름이 40cm인 중실축에 1MPa의 최대전단응력이 발생했을 때, 비틀림 모멘트(kN · m)의 크기는? [단, $\pi = 3$으로 계산한다]

① 8   ② 10
③ 12   ④ 14
⑤ 16

15 난이도 ●●○○○ | 출제빈도 ★★★☆☆
지름이 50cm인 풀리(pulley)가 1,200rpm으로 회전하여 발생하는 후프응력이 0.9MPa일 때, 풀리 재료의 비중량(N/m^3)은 얼마인가? [단, 표준중력가속도는 $10m/s^2$이며 $\pi = 3$으로 계산한다]

① 5,000   ② 10,000
③ 15,000   ④ 20,000
⑤ 25,000

16 난이도 ●○○○○ | 출제빈도 ★★★★☆
다음 〈보기〉에 있는 금속을 실온에서 비중이 큰 순서에서 작은 순서로 옳게 나열한 보기는?

㉠ Fe	㉡ Pb
㉢ Ir	㉣ Al
㉤ Li	

① Fe > Pb > Ir > Al > Li
② Pb > Ir > Fe > Al > Li
③ Ir > Pb > Fe > Al > Li
④ Ir > Pb > Fe > Li > Al
⑤ Ir > Fe > Pb > Al > Li

17 난이도 ●○○○○ | 출제빈도 ★★★★☆
다음 중 항온열처리에 해당되지 않는 것은?

① 마템퍼(martemper)
② 오스템퍼(austemper)
③ 마퀜칭(marquenching)
④ 오스포밍(ausforming)
⑤ 케이스하드닝(case hardening)

18 난이도 ●○○○○ | 출제빈도 ★★★★☆
기계재료의 기계적 성질을 측정하는 경도시험법 종류 중에서 반발시험 경도법에 속하는 것은?

① 쇼어 경도시험법(shore hardness test)
② 모스 경도시험법(mohs hardness test)
③ 로크웰 경도시험법(rockwell hardness test)
④ 마이어 경도시험법(meyer hardness test)
⑤ 브리넬 경도시험법(brinell hardness test)

난이도 ●●○○○○ | 출제빈도 ★★★☆☆

19 다음 중 니켈합금의 종류로 옳지 않은 것은?

① 엘린바(elinvar)
② 모넬메탈(monel metal)
③ 베빗메탈(babbitt metal)
④ 퍼멀로이(permalloy)
⑤ 인코넬(inconel)

난이도 ●○○○○ | 출제빈도 ★★★★☆

20 다음 〈보기〉의 금속 중에서 조밀육방격자 (HCP)에 속하는 금속을 모두 나열한 것은?

㉠ Zn	㉡ Ni
㉢ Mg	㉣ Cr
㉤ Co	

① ㉠, ㉡, ㉣
② ㉠, ㉢, ㉣
③ ㉠, ㉢, ㉤
④ ㉡, ㉢, ㉣
⑤ ㉢, ㉣, ㉤

난이도 ●●●○○○ | 출제빈도 ★★★☆☆

21 다음 여러 기계요소의 종류 중에서 동력전달 용 기계요소로 옳지 않은 것은?

① 체인
② 기어
③ 베어링
④ 브레이크
⑤ 벨트

난이도 ●●○○○ | 출제빈도 ★★★☆☆

22 허용인장응력이 $25N/mm^2$인 볼트가 축 방 향으로 4,800N의 인장하중만을 받을 때 볼 트의 골지름은 몇 mm 이상이어야 하는가? [단, $\pi = 3$으로 계산한다]

① 10
② 12
③ 14
④ 16
⑤ 18

난이도 ●○○○○ | 출제빈도 ★★★☆☆

23 다음 〈보기〉가 설명하고 있는 핀의 종류로 가 장 옳은 것은?

> 가운데가 두 갈래로 되어 있는 핀으로 너트 의 풀림 방지나 부품을 축에 결부하는 데 사 용되며 핀을 끼우고 난 후 빠지지 않도록 끝 을 굽혀 고정한다.

① 노크핀
② 분할핀
③ 테이퍼핀
④ 평행핀
⑤ 스프링핀

난이도 ●●○○○ | 출제빈도 ★★★☆☆

24 다음 〈보기〉 중에서 아크용접에 속하는 용접 을 모두 고르면 몇 개인가?

㉠ 원자 수소 용접	㉡ 플래시 용접
㉢ 업셋 용접	㉣ 스터드 용접
㉤ 프로젝션 용접	

① 1개
② 2개
③ 3개
④ 4개
⑤ 5개

난이도 ●○○○○ | 출제빈도 ★★★★☆

25 다음 중 두 축이 같은 평면상에 있으면서 두 축의 중심선이 30° 이하로 교차할 때 사용되 운전 중 속도가 변해도 무방하고 상하좌우로 굴절이 가능한 커플링은?

① 올덤 커플링
② 유체 커플링
③ 유니버셜 커플링
④ 셀러 커플링
⑤ 플렉시블 커플링

05 2022년 상반기 한국철도공사 기출문제

[총 25문제 | 제한시간 20분]

[⇨ 정답 및 해설편 p. 59]

난이도 ●○○○○ | 출제빈도 ★★★★☆

01 가역과정을 기반으로 작동되는 냉동사이클에서 증발온도가 일정할 때, 성능계수(성적계수)가 가장 높은 응축온도(K)로 가장 적절한 것은?

① 290 ② 295
③ 300 ④ 305
⑤ 310

난이도 ●○○○○ | 출제빈도 ★★★★★

02 정적비열이 $160 \text{J/kg} \cdot \text{K}$이며 정압비열이 $240 \text{J/kg} \cdot \text{K}$일 때, 비열비 값으로 옳은 것은?

① 1.1 ② 1.3
③ 1.5 ④ 1.7
⑤ 1.9

난이도 ●●●○○ | 출제빈도 ★★★★☆

03 다음 〈보기〉 중에서 브레이턴 사이클에 대한 설명으로 옳은 것을 모두 고르면 몇 개인가?

> ㉠ 2개의 정적과정과 2개의 단열과정으로 구성되어 있는 사이클이다.
> ㉡ 가스터빈의 이상사이클이다.
> ㉢ 가스터빈의 3대 구성요소는 압축기, 연소기, 터빈이다.
> ㉣ 선박, 발전소, 항공기 등에서 사용된다.
> ㉤ 열효율은 압력비와 비열비에 영향을 받는다.

① 1개 ② 2개
③ 3개 ④ 4개
⑤ 5개

난이도 ●●○○○ | 출제빈도 ★★★★☆

04 오토사이클(otto cycle)로 작동되는 열기관에서 압축비가 4에서 5로 변경되었을 때, 효율의 변화는 얼마인가? [단, 비열비는 2이다]

① 1% ② 3%
③ 5% ④ 7%
⑤ 9%

난이도 ●●○○○ | 출제빈도 ★★★★★

05 다음 〈보기〉 중 열역학 제2법칙과 관련된 설명으로 옳은 것을 모두 고르면?

> ㉠ 에너지 보존 법칙으로 물체에 공급된 에너지는 물체의 내부에너지를 높이거나 외부에 일을 하므로 에너지의 양은 일정하게 보존된다.
> ㉡ 열효율이 100%인 열기관을 얻을 수 없다.
> ㉢ 열평형의 법칙으로 물질 A와 B가 접촉하여 서로 열평형을 이루고 있으면 이 둘은 열적 평형상태에 있으며 알짜열의 이동은 없다.
> ㉣ 열은 스스로 저온의 물질에서 고온의 물질로 이동하지 않는다.
> ㉤ 어떤 방법에 의해서도 물질의 온도를 절대 영도까지 내려가게 할 수 없다.

① ㉠, ㉡, ㉢ ② ㉡, ㉣, ㉤
③ ㉡, ㉣ ④ ㉠, ㉢, ㉣
⑤ ㉡, ㉢, ㉤

난이도 ●○○○○ | 출제빈도 ★★★★☆

06 밀도가 650kg/m^3인 유체의 비중량(kN/m^3)은? [단, 중력가속도는 10m/s^2로 가정한다]

① 0.65
② 6.5
③ 65
④ 650
⑤ 6,500

난이도 ●○○○○ | 출제빈도 ★★★★☆

07 웨버수는 물방울의 형성, 기체 및 액체 또는 비중이 서로 다른 액체-액체의 경계면, 표면 장력, 위어, 오리피스에서 중요한 무차원수로 A에 대한 B의 비(B/A)를 의미한다. A와 B는 각각 무엇인가?

① A : 표면장력, B : 관성력
② A : 표면장력, B : 탄성력
③ A : 표면장력, B : 압축력
④ A : 관성력, B : 표면장력
⑤ A : 관성력, B : 압축력

난이도 ●●○○○ | 출제빈도 ★★★☆☆

08 단면적이 0.5m^2인 노즐에서 분사되는 물 분류(jet)가 속도 10m/s로 수직인 평판(평행판)에 충돌하였을 때, 평판에 작용하는 힘(kN)은? [단, 1atm, 4℃에서의 물의 밀도는 $1,000 \text{kg/m}^3$이다]

① 25
② 50
③ 75
④ 100
⑤ 125

난이도 ●○○○○ | 출제빈도 ★★★★☆

09 유체가 층류 흐름으로 직경이 2.5m인 원형관을 흐를 때 레이놀즈수(Re)가 $1,600$이라면, 점성에 의한 관마찰계수는 얼마인가?

① 0.01
② 0.02
③ 0.03
④ 0.04
⑤ 0.05

난이도 ●●○○○ | 출제빈도 ★★★☆☆

10 배관시스템 내에 수두손실이 2m 발생하였다. 이때, 배관시스템을 흐르는 유체의 유동속도가 4m/s일 때, 마찰손실계수는 얼마인가? [단, 표준중력가속도는 10m/s^2로 가정하여 계산하며, 배관의 길이(l)와 지름(d) 사이에 $l ≒ d$가 성립한다]

① 0.5
② 1.5
③ 2.5
④ 3.5
⑤ 4.5

난이도 ●○○○○ | 출제빈도 ★★★★☆

11 반지름이 4cm인 원형봉의 극관성모멘트(cm^4)는 얼마인가? [단, $\pi = 3$으로 계산한다]

① 6
② 12
③ 64
④ 96
⑤ 384

난이도 ●○○○○ | 출제빈도 ★★★★☆

12 지름이 d인 원형단면의 회전반경은 얼마인가?

① $\sqrt{\dfrac{d^2}{4}}$
② $\sqrt{\dfrac{d^2}{64}}$
③ $\sqrt{\dfrac{d^2}{16}}$
④ $\sqrt{\dfrac{d}{4}}$
⑤ $\sqrt{\dfrac{d}{16}}$

난이도 ●●○○○○ | 출제빈도 ★★★★☆

13 설계 시에 허용응력을 설정하기 위해 선택하는 강도를 기준강도라 하며, 이 기준강도는 사용 조건에 적당한 재료의 강도를 말한다. 이때, 상온에서 연성재료가 정하중을 받을 때는 A을/를 기준강도로 하며, 상온에서 주철과 같은 취성재료가 정하중을 받을 때는 B을/를 기준강도로 한다. A와 B는 각각 무엇인가?

① A : 극한강도, B : 항복점
② A : 극한강도, B : 압축강도
③ A : 항복점, B : 극한강도
④ A : 항복점, B : 피로강도
⑤ A : 항복점, B : 좌굴강도

난이도 ●●○○○○ | 출제빈도 ★★★☆☆

14 다음 그림처럼 길이가 4m인 양단고정보의 중앙점(C점)에 집중하중 54kN이 작용하고 있을 때, 중앙점에서 발생하는 모멘트의 크기(kN · m)는 얼마인가?

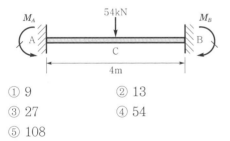

① 9   ② 13
③ 27   ④ 54
⑤ 108

난이도 ●●○○○○ | 출제빈도 ★★★☆☆

15 바깥지름 4m, 안지름 2m인 원형 파이프에 축하중 1,800N이 작용할 때, 축하중에 의해 원형 파이프에 발생하는 응력(kPa)은? [단, 축하중은 단면 도심에 작용하며 $\pi = 3$으로 가정한다]

① 0.2
② 0.4
③ 0.6
④ 0.8
⑤ 1.0

난이도 ●●○○○○ | 출제빈도 ★★★☆☆

16 다음 중 알루미늄 합금의 종류에 해당되지 않는 것은?

① 두랄루민
② 라우탈
③ 하이드로날륨
④ 하스텔로이
⑤ 실루민

난이도 ●●○○○○ | 출제빈도 ★★★★☆

17 다음 〈보기〉에 나열된 금속들을 전기전도율 및 전기전도도가 높은 것부터 작은 것 순으로 옳게 나열한 보기는?

㉠ Ni	㉡ Ag
㉢ Al	㉣ Cu
㉤ Fe	

① ㉡ → ㉢ → ㉣ → ㉠ → ㉤
② ㉡ → ㉣ → ㉠ → ㉢ → ㉤
③ ㉡ → ㉣ → ㉢ → ㉠ → ㉤
④ ㉠ → ㉡ → ㉢ → ㉤ → ㉣
⑤ ㉠ → ㉡ → ㉢ → ㉣ → ㉤

난이도 ●○○○○ | 출제빈도 ★★★★☆

18 다음 중 흑연을 구상화하기 위해 구상흑연주철에 첨가하는 원소로 옳은 것은?

① W, Co, Ti
② Co, Cr, Ti
③ Co, Ce, Ti
④ Ce, Mg, Ca
⑤ Cr, Co, Ca

난이도 ●●○○○ | 출제빈도 ★★★★☆

19 다음 중 강의 표면경화 방법으로 옳지 못한 것은?

① 질화법
② 침탄법
③ 고주파담금질
④ 촉침법
⑤ 청화법

난이도 ●●○○○ | 출제빈도 ★★★★★

20 합성수지는 열경화성 수지와 열가소성 수지로 분류된다. 이때, 다음 〈보기〉 중에서 열경화성 수지의 종류로 옳은 것을 모두 고르면 몇 개인가?

㉠ 페놀수지	㉡ 폴리프로필렌
㉢ 아크릴수지	㉣ 에폭시수지
㉤ 요소수지	

① 1개
② 2개
③ 3개
④ 4개
⑤ 5개

난이도 ●●○○○ | 출제빈도 ★★★☆☆

21 다음 중 비가압 융접에 해당되지 않는 것은?

① 플라즈마 용접
② 테르밋 용접
③ 전자빔 용접
④ 피복아크 용접
⑤ 스폿 용접

난이도 ●●○○○ | 출제빈도 ★★★★☆

22 다음 중 삼각나사와 관련된 설명으로 가장 옳지 않은 것은?

① 체결용 나사로 보통나사와 가는나사로 분류된다.
② 미터나사는 나사산의 각도가 60°이며 삼각나사의 일종이다.
③ 미터나사는 나사산의 피치 거리에 따라 미터보통나사와 미터가는나사로 구분된다.
④ 미터가는나사는 수나사의 지름에 비해 피치가 작아 체결력과 높은 강도를 갖는다.
⑤ 삼각나사는 정삼각형에 가까운 단면형의 나사산을 가진 것으로 길이의 단위에 따라 미터계와 인치계가 있으며 인치계에는 애크미나사가 해당된다.

난이도 ●●○○○ | 출제빈도 ★★★★☆

23 다음 중 마찰차에 대한 설명으로 옳지 못한 것은?

① 구름접촉에 의해 동력을 전달하는 기계요소를 말한다.
② 회전 속도가 너무 커서 기어를 사용할 수 없을 때 사용한다.
③ 속도비가 일정하지 않은 경우 또는 무단변속이 필요한 경우에 사용한다.
④ 과부하 시 약간의 미끄럼으로 손상을 방지할 수 있다.
⑤ 한 마찰차로부터 동력을 전달받는 것을 원동마찰차(원동차), 다른 마찰차에게 동력을 전달하는 것을 종동마찰차(종동차)라고 한다.

24 난이도 ●○○○○ | 출제빈도 ★★★★★

다음 〈보기〉에서 설명하는 키(key)의 종류로 가장 적절한 것은?

> 1/100의 테이퍼를 가진 키(key) 2개를 중심각 120°로 하여 한 쌍으로 만들어 사용한다.

① 성크키   ② 안장키

③ 원추키   ④ 반달키

⑤ 접선키

25 난이도 ●●○○○ | 출제빈도 ★★☆☆☆

벨트 풀리의 원동측 지름이 400mm, 종동측 지름이 200mm인 풀리(pulley)를 사용하여 동력을 전달하는 평벨트 전동장치가 있다. 이때, 엇걸기에 필요한 벨트의 길이(mm)는 얼마인가? [단, 풀리의 축간거리는 1,000mm이며 벨트의 두께 및 무게는 무시한다. 또한, $\pi = 3$으로 계산한다]

① 1,990   ② 2,990

③ 3,990   ④ 4,990

⑤ 5,990

06

2023년 상반기
한국철도공사 기출문제
[총 25문제 | 제한시간 20분]

[⇨ 정답 및 해설편 p. 75]

난이도 ●●○○○ | 출제빈도 ★★★★☆

01 다음 중 열량의 단위로 옳지 않은 것은?

① cal
② Btu
③ J/s
④ J
⑤ Chu

난이도 ●●○○○ | 출제빈도 ★★★☆☆

02 다음 중 열의 일상당량으로 옳은 것은?

① 273kgf · m/kcal
② 427kgf · m/kcal
③ 472kgf · m/kcal
④ $\dfrac{1}{427}$ kcal/kgf · m
⑤ $\dfrac{1}{427}$ kcal/kgf · m

난이도 ●○○○○ | 출제빈도 ★★★★★

03 이상기체(ideal gas)의 정적비열이 0.715kJ /kg · K, 기체상수가 0.29kJ/kg · K일 때, 정압비열(kJ/kg · K)은?

① 1.005
② 1.010
③ 1.015
④ 1.020
⑤ 1.025

난이도 ●○○○○ | 출제빈도 ★★★★☆

04 다음 중 랭킨사이클(Rankine cycle)을 구성하는 요소로 옳지 않은 것은?

① 보일러
② 응축기
③ 펌프
④ 터빈
⑤ 증발기

난이도 ●○○○○ | 출제빈도 ★★★★★

05 압력 190kPa, 온도 380K, 기체상수 0.2kJ/ kg · K, 질량 2kg인 이상기체의 부피(m^3)는?

① 0.2
② 0.4
③ 0.6
④ 0.8
⑤ 1.0

난이도 ●○○○○ | 출제빈도 ★★★★☆

06 부피가 $16m^3$, 질량이 4kg인 물체의 비체적 (m^3/kg)은?

① 0.2
② 0.25
③ 2
④ 4
⑤ 5

난이도 ●○○○○ | 출제빈도 ★★★★★

07 다음 중 무차원수로 옳지 않은 것은?

① 양력계수
② 레일리수
③ 체적탄성계수
④ 압력계수
⑤ 마하수

난이도 ●●○○○ | 출제빈도 ★★★★☆

08 원기둥이 물에 완전히 잠겨 있을 때, 원기둥에 작용하는 부력은 2.45kN이다. 이때, 원기둥의 체적(m^3)은? [단, 4℃에서 물의 비중량은 $9,800N/m^3$이다]

① 0.25
② 0.35
③ 0.45
④ 0.55
⑤ 0.65

---

09 다음 중 항력계수를 구할 때, 필요한 인자로 옳지 않은 것은?

① 유체의 밀도 ② 속도
③ 대기압 ④ 항력
⑤ 물체의 정면 면적

10 안지름이 0.06m인 원형관에 동점성계수가 $80 \times 10^{-2}\text{cm}^2/\text{s}$인 유체가 160cm/s의 속도로 흐를 때, 레이놀즈수(Re)는?

① 600 ② 800
③ 1,000 ④ 1,200
⑤ 1,400

11 하중은 정하중과 동하중으로 구분된다. 이때, 정하중에 포함되며 단면에 수직으로 작용하는 하중은?

① 인장하중, 전단하중
② 인장하중, 반복하중
③ 인장하중, 압축하중
④ 접선하중, 압축하중
⑤ 접선하중, 반복하중

12 초기길이가 50mm인 강재가 있다. 여기에 인장력을 길이 방향으로 주었을 때, 0.4mm가 늘어났다면 인장변형률은?

① 0.008 ② 0.007
③ 0.006 ④ 0.005
⑤ 0.004

13 다음 그림처럼 가로가 15mm, 세로가 20mm인 직사각형 단면을 가진 봉에 하중 P가 작용하고 있다. 이때, 발생하는 인장응력이 200MPa이라면 하중(kN)은?

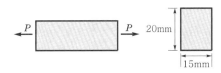

① 50 ② 60
③ 70 ④ 80
⑤ 90

14 길이가 L인 외팔보의 자유단에 집중하중 P가 작용할 때, 자유단에서 발생하는 최대 처짐량은? [단, EI는 보의 굽힘강성계수이다]

① $\dfrac{PL^3}{EI}$ ② $\dfrac{PL^2}{2EI}$
③ $\dfrac{PL^3}{2EI}$ ④ $\dfrac{PL^2}{3EI}$
⑤ $\dfrac{PL^3}{3EI}$

15 원형 축이 축에 작용하는 토크에 의해 비틀림이 발생하였을 때, 비틀림각은? [단, 축의 길이는 L, 토크는 T, 전단탄성계수는 G, 극단면 2차 모멘트는 I_P이다]

① $\dfrac{TG}{LI_P}$ ② $\dfrac{GI_P}{TL}$
③ $\dfrac{TL^2}{GI_P}$ ④ $\dfrac{TI_P}{GL}$
⑤ $\dfrac{TL}{GI_P}$

난이도 ●○○○○ | 출제빈도 ★★★★☆

16 금속의 성질 중에서 외력에 의해 파괴되지 않도록 충격에 대해 저항하는 성질로 내충격성이라고도 하는 것은?

① 취성　　　　② 인성
③ 내식성　　　④ 자성
⑤ 내마모성

난이도 ●●○○○ | 출제빈도 ★★★★☆

17 기계재료의 파괴시험은 정적시험과 동적시험으로 분류된다. 이때, 〈보기〉 중 정적시험으로만 짝지어진 것은?

> 피로시험, 인장시험, 충격시험, 압축시험, 경도시험

① 피로시험, 경도시험
② 피로시험, 압축시험
③ 피로시험, 충격시험
④ 압축시험, 경도시험
⑤ 충격시험, 경도시험

난이도 ●●○○○ | 출제빈도 ★★★★☆

18 구리합금은 크게 황동과 청동으로 분류될 수 있다. 이때, 황동에 해당되지 않는 것은?

① 카트리지 동　　② 델타메탈
③ 포금　　　　　④ 문쯔메탈
⑤ 양은

난이도 ●○○○○ | 출제빈도 ★★★★☆

19 시멘테이션(cementation) 방법 중 철의 표면에 규소를 침투시켜 피막을 형성하는 것은?

① 칼로라이징　　② 크로마이징
③ 보로나이징　　④ 세라다이징
⑤ 실리코나이징

난이도 ●●○○○ | 출제빈도 ★★★★★

20 다음 그림과 같이 입방체에 있어서 8개의 꼭지점과 6개의 면 중심에 원자가 1개씩 배열된 결정구조에 속하지 않는 금속은?

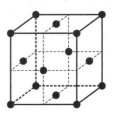

① Cr　　　　② Ni
③ Cu　　　　④ Al
⑤ Pb

난이도 ●●○○○ | 출제빈도 ★★★★☆

21 다음 중 미터 사다리꼴 나사의 설명으로 옳지 않은 것은?

① 운동용 나사이다
② 나사산의 각도는 $60°$이다.
③ 호칭 방법은 Tr 호칭지름×피치로 표시하며, 이때 피치의 단위는 mm이다.
④ 호칭지름은 수나사의 바깥지름이다.
⑤ 암나사의 골지름은 수나사의 바깥지름과 같다.

난이도 ●○○○○ | 출제빈도 ★★★★☆

22 동력을 전달하는 방법은 직접전동과 간접전동으로 구분된다. 이때, 직접전동장치에 해당하는 것은?

① 체인, 로프　　② 기어, 벨트
③ 마찰차, 로프　④ 마찰차, 벨트
⑤ 마찰차, 기어

23 다음 중 리벳에 대한 설명으로 옳지 않은 것은?

① 비교적 간단하고 잔류변형이 없기 때문에 응용범위가 넓다.

② 기밀을 요하는 압력용기, 보일러 등에 사용되며, 철제 구조물 또는 교량 등에 사용되기도 한다.

③ 리벳 구멍을 뚫기 위한 작업으로 펀치 또는 호브가 있다.

④ 보일러, 압력용기 등에서 안과 밖의 기밀성을 유지하기 위해 코킹과 플러링을 실시한다.

⑤ 리벳 제조 방법에 따라 냉간리벳과 열간리벳으로 분류된다.

24 안지름이 15mm, 바깥지름이 21mm인 코일 스프링의 스프링지수는?

① 6   ② 8

③ 10   ④ 12

⑤ 14

25 다음 중 베어링과 관련된 설명으로 옳지 않은 것은?

① 구름베어링은 유막에 의한 감쇠능력이 우수하여 충격에 강하나, 미끄럼베어링은 충격흡수력이 작다.

② 구름베어링은 유지 및 보수가 용이하지만, 미끄럼베어링은 유지 및 보수가 어렵다.

③ 구름베어링은 공진영역 내에서 운전이 가능하지만, 미끄럼베어링은 공진영역 넘어서도 운전이 가능하다.

④ 구름베어링은 표준형 양산품으로 규격화가 되어 있어 호환성이 우수하나, 미끄럼베어링은 표준화가 부족하여 제작 시, 전문지식이 필요하다.

⑤ 구름베어링은 강성이 크고, 미끄럼베어링은 강성이 작다.

07 2024년 상반기
한국철도공사 기출문제
[총 25문제 | 제한시간 20분]

[⇨ 정답 및 해설편 p. 88]

난이도 ●○○○○ | 출제빈도 ★★★★★

01 물 10kg을 10℃에서 60℃ 올리는 데 필요한 열량(kJ)으로 옳은 것은?

① 100
② 500
③ 600
④ 1,000
⑤ 2,100

난이도 ●○○○○ | 출제빈도 ★★★★★

02 이상기체의 내부에너지 및 엔탈피에 대한 설명으로 옳은 것은?

① 압력만의 함수이다.
② 온도만이 함수이다.
③ 체적만의 함수이다.
④ 온도 및 압력의 함수이다.
⑤ 압력 및 체적의 함수이다.

난이도 ●○○○○ | 출제빈도 ★★★★★

03 카르노사이클에서 열이 공급되는 과정으로 옳은 것은?

① 단열팽창
② 등온압축
③ 단열압축
④ 등온팽창
⑤ 정압팽창

난이도 ●●○○○ | 출제빈도 ★★★☆☆

04 운동에너지를 감소시켜 압력에너지를 증가시키는 기구로 유체 압축기 등에 사용하는 것으로 가장 적절한 것은?

① 노즐
② 초크
③ 디퓨저
④ 이젝터
⑤ 오리피스

난이도 ●●○○○ | 출제빈도 ★★★★★

05 고속디젤기관의 사이클로 옳은 것은?

① 정적사이클
② 정압사이클
③ 오토사이클
④ 카르노사이클
⑤ 복합(혼합) 사이클

난이도 ●○○○○ | 출제빈도 ★★★★★

06 비중이 0.3인 물체가 물에 잠겼을 때 물에 잠긴 부피는?

① 전체 부피의 30%
② 전체 부피의 40%
③ 전체 부피의 50%
④ 전체 부피의 60%
⑤ 전체 부피의 70%

난이도 ●○○○○ | ★★★★☆

07 베르누이 방정식이 적용되는 상황에 대한 설명으로 옳지 않은 것은?

① 비압축성 유체에 적용될 수 있다.
② 정상 상태의 흐름에 적용될 수 있다.
③ 마찰이 없는 이상기체의 유동에 적용될 수 있다.
④ 유체의 모든 임의의 두 점 사이에 적용될 수 있다.
⑤ 유체 입자가 유선을 따라 흐르는 경우에 적용될 수 있다.

난이도 ●●○○○ | 출제빈도 ★★★★☆

08 유선과 유적선이 일치하는 경우로 옳은 것은?

① 모든 상태에서 일치한다.
② 정상 상태에서 일치한다.
③ 점성 상태에서 일치한다.
④ 비점성 상태에서 일치한다.
⑤ 압축성 상태에서 일치한다.

난이도 ●●○○○ | 출제빈도 ★★☆☆

09 압력항력의 원인으로 옳은 것은?

① 표면 마찰
② 층류 유동
③ 후류의 발생
④ 충격파의 발생
⑤ 포텐셜의 파괴

난이도 ●○○○○ | 출제빈도 ★★★★★

10 가로탄성계수 G를 나타내는 식으로 적절한 것은? [단, E는 세로탄성계수이며, m은 푸아송수이다]

① $\dfrac{mE}{m+1}$ ② $\dfrac{mE}{2(m+1)}$

③ $\dfrac{m+1}{2mE}$ ④ $\dfrac{3(m+1)}{mE}$

⑤ $\dfrac{mE}{(2m+1)}$

난이도 ●●○○○ | 출제빈도 ★★★★★

11 동일 단면, 동일 길이를 가진 보에서 최대 처짐이 생기는 것은?

① 외팔보 중앙집중하중
② 단순보 중앙집중하중
③ 양단고정보 중앙집중하중
④ 단순보 등분포하중
⑤ 양단고정보 등분포하중

난이도 ●○○○○ | 출제빈도 ★★★★★

12 굽힘모멘트(M)와 비틀림모멘트(T)가 동시에 작용하는 축에서의 상당 비틀림모멘트의 식으로 옳은 것은?

① $\dfrac{1}{2}(M+\sqrt{M^2+T^2})$

② $\sqrt{2M^2+2T^2}$

③ $2\sqrt{M^2+T^2}$

④ $\sqrt{M^2+T^2}$

⑤ $\sqrt{M^2-T^2}$

13 난이도 ●○○○○ | 출제빈도 ★★★★★

기둥의 종류에 따른 단말계수값으로 옳지 않은 것은?

① 0.25 ② 0.5
③ 1 ④ 2
⑤ 4

14 난이도 ●●○○○ | 출제빈도 ★★★★☆

황동(brass) 합금의 종류로 옳지 않은 것은?

① 양은 ② 포금
③ 톰백 ④ 델타메탈
⑤ 문쯔메탈

15 난이도 ●●●○○ | 출제빈도 ★★★★☆

내마멸성, 내열성, 내식성이 큰 주철로 내연기관의 피스톤 실린더로 가장 적절한 것은?

① 회주철 ② 가단주철
③ 칠드주철 ④ 니레지스트 주철
⑤ 미하나이트 주철

16 난이도 ●●○○○ | 출제빈도 ★★★★☆

소르바이트 조직을 만드는 방법으로 가장 적절한 것은?

① 마템퍼 ② 마퀜칭
③ 파텐팅 ④ Ms퀜칭
⑤ 오스템퍼

17 난이도 ●●○○○ | 출제빈도 ★★★★☆

탄소강 조직 중에서 담금질 효과를 가장 기대할 수 없는 조직으로 옳은 것은?

① 오스테나이트 ② 시멘타이트
③ 마텐자이트 ④ 펄라이트
⑤ 페라이트

18 난이도 ●●○○○ | 출제빈도 ★★★★☆

하중의 크기와 방향이 충격없이 주기적으로 변하는 하중으로 옳은 것은?

① 충격하중 ② 반복하중
③ 분포하중 ④ 교번하중
⑤ 정하중

19 난이도 ●●○○○ | 출제빈도 ★★★☆☆

기계나 구조물에 일상적으로 가해지는 하중에 의하여 발생하는 응력으로 옳은 것은?

① 기준응력 ② 극한응력
③ 사용응력 ④ 설계응력
⑤ 허용응력

20 난이도 ●●●○○ | 출제빈도 ★★☆☆☆

판 끝과 외측 리벳열의 중심 간의 거리를 나타내는 용어로 옳은 것은?

① 앞피치 ② 뒷피치
③ 피치 ④ 마진
⑤ 리드

21 난이도 ●●●○○ | 출제빈도 ★★★☆☆

스파이럴 베벨기어와 같은 형상이고, 축만 엇갈린 기어로 자동차 차동장치에 사용되는 것은?

① 스큐 기어 ② 마이터 기어
③ 크라운 기어 ④ 제롤 베벨기어
⑤ 하이포이드 기어

22 난이도 ●○○○○ | 출제빈도 ★★★★★

원관 유동의 특성을 나타내는 무차원수로 적절한 것은?

① 마하수
② 오일러수
③ 코우시수
④ 프루드수
⑤ 레이놀즈수

23 난이도 ●●○○○ | 출제빈도 ★★★☆☆

전단력선도(SFD)와 굽힘모멘트선도(BMD)의 관계로 옳은 것은?

① SFD는 BMD의 적분곡선이다.
② SFD는 BMD의 미분곡선이다
③ SFD는 BMD의 2계 미분곡선이다
④ SFD가 기준선에 평행한 직선일 경우 BMD의 포물선이다.
⑤ SFD와 BMD는 서로 아무런 연관성이 없다.

24 난이도 ●●○○○ | 출제빈도 ★★★★☆

베어링의 부시메탈로 가장 적절한 것은?

① 다우 메탈
② 모넬 메탈
③ 베빗 메탈
④ 엘린바
⑤ 알드레이 메탈

25 난이도 ●●●○○ | 출제빈도 ★★★★☆

축과 보스의 상대각 위치를 되도록 가늘게 조절해서 고정하려 할 때 사용하는 것으로 적절한 것은?

① 성크키
② 접선키
③ 미끄럼키
④ 세레이션
⑤ 스플라인

08 인천교통공사 기출문제

[총 40문제 | 제한시간 35분]

[⇨ 정답 및 해설편 p. 102]

난이도 ●●○○○○ | 출제빈도 ★★★★☆

01 단진자의 주기에 대한 설명 중 옳은 것은?

① 단진자의 길이가 짧을수록 주기가 짧아
 진다.

② 단진자의 길이가 길수록 주기가 짧아진다.

③ 단진자의 무게가 무거울수록 주기는 짧
 아진다.

④ 단진자의 무게가 가벼울수록 주기는 짧
 아진다.

⑤ 단진자의 질량과 길이와 상관없이 주기
 는 일정하다.

난이도 ●○○○○ | 출제빈도 ★★★★★

02 자동차를 전진시키는 바퀴가 10rad/s의 각
속도로 회전하고 있다면 차량의 속도는 얼마
인가? [단, 바퀴의 지름은 80cm이다]

① 4m/s   ② 8m/s

③ 12m/s   ④ 24m/s

⑤ 48m/s

난이도 ●●○○○ | 출제빈도 ★★★★☆

03 질량 0.5kg의 공을 1m 길이의 줄에 묶어서
60rpm으로 일정하게 회전시킨다. 이 과정
에서 줄에 작용하는 구심력의 크기는? [단,
$\pi = 3$으로 계산한다]

① 3N   ② 9N

③ 18N   ④ 36N

⑤ 72N

난이도 ●●○○○○ | 출제빈도 ★★★★☆

04 2kg의 공을 지상에서 10m/s의 속도로 수직
상방향으로 던졌을 때 공이 최고점에 도달할
때까지 소요된 시간은? [단, 공기저항은 무시
한다]

① 0.92초   ② 1.02초

③ 1.44초   ④ 2.88초

⑤ 4.51초

난이도 ●●○○○ | 출제빈도 ★★★★☆

05 구리와 주석의 합금을 청동이라고 한다. 청동
의 용도로 옳지 못한 것은?

① 베어링용   ② 미술용

③ 구조용   ④ 화폐용

⑤ 송전선용

난이도 ●●○○○ | 출제빈도 ★★★★☆

06 탄소강에서 나타나는 현상으로 옳은 것은?

① 탄소강에서 탄소함유량이 증가할수록
 탄성계수도 증가한다.

② 인장강도가 증가할수록 경도도 비례하
 여 증가한다.

③ 탄소강에서 탄소함유량이 증가할수록
 비열, 용융점, 열팽창계수는 감소한다.

④ 탄소강에서 탄소함유량이 증가할수록
 충격값은 증가한다.

⑤ 탄소강에서 탄소함유량이 증가할수록
 연신율, 단면수축률도 증가한다.

---

07 난이도 ●●●○○ | 출제빈도 ★★☆☆☆

이산화탄소의 농도가 1,000ppm이라면 몇 %인가?

① 0.1   ② 0.01

③ 0.001   ④ 1

⑤ 10

08 난이도 ●●●○○ | 출제빈도 ★★★☆☆

얼음 위에서 질량 25kg의 청년이 뛰어와 질량 5kg의 썰매에 올라탄 직후에 속도가 2m/s로 되었다면 썰매는 얼마나 미끄러진 후에 정지하는가? [단, 썰매와 얼음 사이의 마찰계수는 0.02이다]

① 1.0m   ② 5.1m

③ 7.3m   ④ 10.2m

⑤ 20.4m

09 난이도 ●●○○○ | 출제빈도 ★★★★☆

증기압축식 냉동기의 냉매 경로순서로 옳은 것은?

① 증발기 → 압축기 → 응축기 → 팽창밸브 → 증발기

② 증발기 → 응축기 → 압축기 → 팽창밸브 → 증발기

③ 증발기 → 팽창밸브 → 응축기 → 압축기 → 증발기

④ 응축기 → 증발기 → 압축기 → 팽창밸브 → 증발기

⑤ 응축기 → 압축기 → 증발기 → 팽창밸브 → 증발기

10 난이도 ●○○○○ | 출제빈도 ★★★☆☆

다음 중 tan30의 값은 무엇인가?

① $\sqrt{3}$ ② $\dfrac{1}{\sqrt{3}}$

③ $\sqrt{2}$ ④ $\dfrac{1}{\sqrt{2}}$

⑤ 0

11 난이도 ●●●○○ | 출제빈도 ★★★☆☆

정지 상태에 있는 상자에 다음 그림과 같이 30N의 힘이 작용하고 있다. 이때 상자 바닥면에 작용하는 마찰력은 얼마인가? [단, 바닥과 상자 사이의 마찰계수는 0.2, 상자에 작용하는 수직반력의 크기는 300N이다]

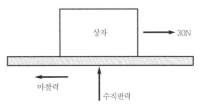

① 0N   ② 6N

③ 30N   ④ 60N

⑤ 150N

12 난이도 ●●○○○ | 출제빈도 ★★★★☆

진동계에서 진폭이 감소하는 현상을 나타내는 용어는?

① 주기   ② 각속

③ 감쇠   ④ 변위

⑤ 공진

난이도 ●●○○○ | 출제빈도 ★★★★☆

13 비열이 $1kJ/kg \cdot ℃$, 질량이 $2kg$의 금속뭉치를 $300℃$로 가열하였다가 처음 온도가 $70℃$, 질량이 $4kg$, 비열이 $8kJ/kg \cdot ℃$인 또 다른 금속뭉치에 접촉시켰다. 어느 정도의 시간이 지난 후 평행상태에 이르렀을 때 평형온도는 몇 $℃$인가?

① 83.53 ② 84.53
③ 93.53 ④ 94.53
⑤ 100.53

난이도 ●●○○○ | 출제빈도 ★★★★☆

14 다음 〈보기〉에서 설명하는 특수 제조법은 무엇인가?

> 원형을 왁스나 합성수지와 같이 용융점이 낮은 재료로 만들어 그 주위를 내화성 재료로 피복 메물한 다음 원형은 용해·유축시킨 주형으로 하고 봉낭을 주입하여 주물을 민드는 특수제조법

① 인베스트먼트 ② 다이캐스팅
③ 셀주조법 ④ 원심주조법
⑤ 진공주조법

난이도 ●●●○○ | 출제빈도 ★★★☆☆

15 금속 재료의 기계적 강도를 조사하는 시험기를 만능재료 시험기라고 한다. 만능재료 시험기를 통해 측정할 수 없는 것은 무엇인가?

① 인장시험 ② 압축시험
③ 비틀림시험 ④ 전단시험
⑤ 굽힘시험

난이도 ●○○○○ | 출제빈도 ★★★★★

16 열역학 제1법칙을 설명하는 말로 옳은 것은?

① 에너지의 값은 변하지 않고 언제나 일정하다.
② 엔탈피의 값은 변하지 않고 언제나 일정하다.
③ 열량의 값은 변하지 않고 언제나 일정하다
④ 엔트로피의 값은 변하지 않고 언제나 일정하다.
⑤ 일의 값은 변하지 않고 언제나 일정하다.

난이도 ●●○○○ | 출제빈도 ★★★★★

17 냉간가공하여 단단하게 만들어진 금속재료를 원래의 상태 및 성질로 되돌리기 위해 실시하는 열처리로 가장 적절한 것은?

① 뜨임(tempering)
② 담금질(quenching)
③ 풀림(annealing)
④ 불림(normalizing)
⑤ 침탄법(carburization)

난이도 ●●○○○ | 출제빈도 ★★★★★

18 부피가 $0.5m^3$인 용기에 투입된 공기의 압력이 $200kPa$이다. 이때, 공기의 질량이 $5kg$이면 공의 온도(K)는 얼마인가? [단, 공기는 이상기체로 가정하고, 기체상수 $R = 500J/kg \cdot K$이다]

① 30 ② 40
③ 50 ④ 60
⑤ 70

난이도 ●○○○○ | 출제빈도 ★★★★★

19 부피가 500m^3이며 질량이 0.5kg인 물체가 있다. 이때, 이 물체의 밀도는 얼마인가? [단, 중력가속도는 9.8m/s^2이다]

① 0.5kg/m^3 ② 0.05kg/m^3
③ $0.001\text{N}\cdot\text{s}^2/\text{m}^4$ ④ $0.02\text{N}\cdot\text{s}^2/\text{m}^4$
⑤ $0.5\text{N}\cdot\text{s}^2/\text{m}^4$

난이도 ●●○○○ | 출제빈도 ★★★★☆

20 다음 중 길이를 측정할 수 없는 측정기는 무엇인가?

① 블록게이지   ② 다이얼게이지
③ 오토콜리메이터   ④ 버니어캘리퍼스
⑤ 마이크로미터

난이도 ●●○○○ | 출제빈도 ★★★★☆

21 다음 〈보기〉에서 설명하는 공작기계는 무엇인가?

원통면에 있는 다인 공구를 회전시켜 공작물을 테이블에 고정시키고 절삭 깊이와 이송을 주어 절삭하는 공작기계

① 밀링머신
② 래핑
③ 선반
④ 드릴링
⑤ 센터리스 연삭기

난이도 ●●○○○ | 출제빈도 ★★★☆☆

22 다음 화씨 $90°\text{F}$를 섭씨 $°\text{C}$로 바꾸면 몇인가? [단, 소수점 첫째자리까지 구하라]

① $42.2°\text{C}$ ② $32.2°\text{C}$
③ $52.2°\text{C}$ ④ $62.2°\text{C}$
⑤ $22.2°\text{C}$

난이도 ●●●○○ | 출제빈도 ★★★★☆

23 밀링커터에 대한 설명으로 옳지 않은 것은?

① 총형커터는 기어 또는 리머를 가공할 때 사용한다.
② 정면커터는 넓은 평면을 가공할 때 사용한다.
③ 메탈소는 절단하거나 깊은 홈을 가공할 때 사용한다.
④ 앤드밀은 키 홈을 가공할 때 사용한다.
⑤ 볼엔드밀링커터는 간단한 형상의 곡면 가공에 사용한다.

난이도 ●●○○○ | 출제빈도 ★★★★☆

24 다음 금속 중 용융점이 가장 높은 것은 무엇인가?

① 티타늄   ② 텅스텐
③ 두랄루민   ④ 인바
⑤ 몰리브덴

난이도 ●●○○○ | 출제빈도 ★★★☆☆

25 다음 중 바이트의 앞면 및 측면과 공작물의 마찰을 방지하기 위해 만든 것으로 너무 크면 날이 약하게 되는 것을 무엇이라고 하는가?

① 경사각   ② 여유각
③ 끝각   ④ 절단각
⑤ 이직각

난이도 ●○○○○ | 출제빈도 ★★★☆☆

26 습증기를 전기히터로 가열하여 온도를 높였을 때 상대습도의 변화는?

① 증가   ② 증가 혹은 불변
③ 불변   ④ 감소 혹은 불변
⑤ 감소

난이도 ●●○○○○ | **출제빈도** ★★★★☆

27 역 카르노사이클을 따르는 냉동기에서 고온측 온도가 40℃이고, 저온측 온도가 0℃일 때 성능계수는?

① 5.8   ② 6.8
③ 7.8   ④ 8.8
⑤ 9.8

난이도 ●●●○○ | **출제빈도** ★★★☆☆

28 연료의 단위량(1kg 또는 $1m^3$)이 완전연소할 때 발생되는 열량을 발열량이라고 한다. 이때 발열량 종류 중 고위발열량에 대한 설명으로 옳은 것은?

① 연소가스 중 수분(H_2O)이 물의 형태로 존재하는 경우를 말한다.
② 연소가스 중 수분(H_2O)이 증기 형태로 존재하는 경우를 말한다.
③ 고압가스 중 증기가 수분(H_2O) 형태로 존재하는 경우를 말한다.
④ 고압가스 중 증기가 물의 형태로 존재하는 경우를 말한다.
⑤ 압축가스 중 수분(H_2O)이 물의 형태로 존재하는 경우를 말한다.

난이도 ●●○○○ | **출제빈도** ★★★☆☆

29 석탄을 태워 1,000kW의 출력을 낸다고 할 때 석탄의 소비량이 $250m^3/h$라면 열효율(%)은? [단, 석탄의 발열량은 $40,000kJ/m^3$]

① 0.01   ② 16
③ 3.6   ④ 26
⑤ 36

난이도 ●●○○○ | **출제빈도** ★★★★★

30 다음 그림처럼 단면적이 A인 곳에 무게 1N의 추가 있다. $A_1 = 5m^2$이고, $A_2 = 25m^2$일 때, F_2는?

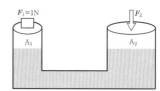

① 2.5N   ② 5N
③ 7.5N   ④ 10N
⑤ 12.5N

난이도 ●●○○○ | **출제빈도** ★★★★☆

31 3.6kcal/h의 단위를 W로 바꾸면? [단, 1kcal=4.2kJ이며 1h=3,600s]

① 0.0042   ② 0.042
③ 0.42   ④ 4.2
⑤ 42

난이도 ●●○○○ | **출제빈도** ★★★★☆

32 밀도 $1,050kg/m^3$의 액체 속에 밀도 $800kg/m^3$의 물체를 띄울 때 잠긴 부분의 체적은 전체 체적의 몇 %를 차지하는가?

① 76.19   ② 78.41
③ 81.32   ④ 84.15
⑤ 88.24

난이도 ●●○○○ | **출제빈도** ★★★★★

33 어떤 계의 질량이 1kg일 때, 이 계의 무게는? [단, 중력가속도는 $9.81m/s^2$이다]

① 0.981N   ② 98.1N
③ 1kgf   ④ 9.81kgf
⑤ 100N

34 100mmAq와 같은 압력을 나타내는 것은?

① 0.981kPa   ② 9.81kPa

③ 98.1kPa   ④ 981kPa

⑤ 9,810kPa

35 다음 그림과 같이 내부가 비어있는 도형의 무게중심이 G일 때, 질량관성모멘트가 가장 크게 작용하는 축은?

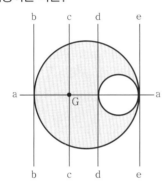

① a–a   ② b–b

③ c–c   ④ d–d

⑤ e–e

36 초기 압력이 400kPa, 초기 온도가 50℃인 이상기체가 이상적인 단열과정으로 압력이 300kPa로 변화하였다. 이때, 이상기체의 나중 온도는 얼마인가? [단, 비열비 = 1.4, $(0.75)^{\frac{0.4}{1.4}} = 0.92$로 계산한다]

① 4℃   ② 14℃

③ 24℃   ④ 34℃

⑤ 44℃

37 다음 그림과 같이 외팔보의 끝에 질량 2kg의 추가 매달려있다. 수직방향으로 하중 16N이 작용했을 때, 아래로 변위가 2cm 발생했다면 이 보의 고유진동수(f_n)는?

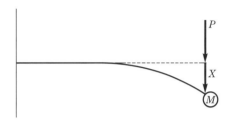

① $\dfrac{20}{\pi}$ Hz   ② $\dfrac{5}{\pi}$ Hz

③ $\dfrac{5\sqrt{2}}{\pi}$ Hz   ④ $\dfrac{5}{\sqrt{2}\,\pi}$ Hz

⑤ $\dfrac{10}{\pi}$ Hz

38 다음 그림에서 주어진 스프링의 스프링상수가 모두 같을 때, 다음 중 진동계의 고유각진동수(w_n)가 가장 작은 경우는?

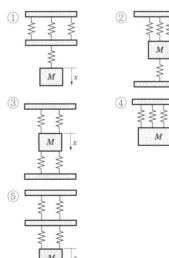

PART I 과년도 기출문제

난이도 ●◐○○○ | 출제빈도 ★★★★☆

39 물을 수직상방향으로 30m/s의 속도로 분출시킬 때, 최고점의 높이(m)는?

① 30　　　　　② 35
③ 42　　　　　④ 46
⑤ 50

난이도 ●◐○○○ | 출제빈도 ★★★☆☆

40 소요전력이 20W인 소형 모터를 하루에 3시간씩 30일 동안 사용하면 총전기요금은 얼마인가? [단, 100Wh당 전기단가는 1,500원]

① 17,000원　　② 27,000원
③ 37,000원　　④ 47,000원
⑤ 57,000원

09 2020년 상반기 인천교통공사 기출문제

[총 40문제 | 제한시간 35분]

[⇨ 정답 및 해설편 p. 114]

난이도 ●○○○○ | 출제빈도 ★★★★★

01 안지름이 100cm인 파이프 속을 흐르는 유체의 속도가 4m/s일 때, 파이프 속을 흐르는 유량은 몇 m³/s인가? [단, $\pi = 3$으로 계산한다]

① $1\text{m}^3/\text{s}$　　② $2\text{m}^3/\text{s}$

③ $3\text{m}^3/\text{s}$　　④ $4\text{m}^3/\text{s}$

⑤ $5\text{m}^3/\text{s}$

난이도 ●●○○○ | 출제빈도 ★★★★★

02 이상기체 상태 방정식은 이상기체의 경우에 완벽하게 성립하는 압력, 부피, 몰수, 온도에 대한 방정식이다. 다음 중 이상기체 상태 방정식으로 옳은 것은? [단, $n =$ 몰수]

① $PV = nRT$　　② $PT = nRV$

③ $\dfrac{P}{V} = nRT$　　④ $nV = PRT$

⑤ $nR = PVT$

난이도 ●○○○○ | 출제빈도 ★★★★★

03 비중이 0.6인 유체가 물에 일부가 잠겨서 떠 있는 상태이다. 이때, 잠긴 부피는 전체 부피의 몇 %인가?

① 30%　　② 40%

③ 50%　　④ 60%

⑤ 70%

난이도 ●●●●○ | 출제빈도 ★★☆☆☆

04 횡형 셸 앤드 튜브식 응축기에 대한 설명으로 옳지 못한 것은?

① 프레온 및 암모니아 냉매에 관계없이 소형, 대형에 사용이 가능하다.

② 전열이 양호한 편이고, 입형에 비해 냉각수가 적게 든다.

③ 설치면적이 크다.

④ 냉각관이 부식하기 쉽다.

⑤ 능력에 비해 소형화·경량화가 가능하다.

난이도 ●●○○○ | 출제빈도 ★★★★☆

05 CNC 프로그래밍에서 G00의 주소 의미는 무엇인가?

① 일시정지

② 직선보간

③ 원호보간(시계 방향)

④ 위치보간

⑤ 원호보간(반시계 방향)

난이도 ●○○○○ | 출제빈도 ★★★★★

06 스프링강의 KS 강재 기호는?

① SEH　　② STS

③ SPS　　④ SWS

⑤ SKH

난이도 ●●○○○○ | 출제빈도 ★★★★☆

07 다음 〈보기〉가 설명하는 것은 무엇인가?

> 증발기에서 냉매 1kg이 흡수하는 열량

① 냉동능력   ② 건도
③ 냉동효과   ④ 체적효율
⑤ 제빙톤

난이도 ●●●○○○ | 출제빈도 ★★★☆☆

08 베인펌프에 대한 설명으로 옳지 못한 것은?

① 기어 펌프나 피스톤 펌프에 비해 토출 압력의 맥동이 적다.
② 베인의 마모에 의한 압력 저하가 적다.
③ 작동유의 점도에 제한이 없다.
④ 급속 시동이 가능하다.
⑤ 펌프 출력에 비해 형상 치수가 작다.

난이도 ●○○○○○ | 출제빈도 ★★★★★

09 다음 그림처럼 길이 L의 외팔보 끝단에 집중하중 P가 작용하고 있다. 고정단에서의 반력 R_a는?

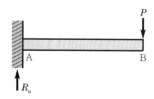

① 0   ② P
③ $\dfrac{P}{2}$ ④ $2P$
⑤ $4P$

난이도 ●●●○○○ | 출제빈도 ★★★☆☆

10 다음 그림은 유압제어밸브 기호의 하나이다. 어떤 밸브를 의미하는가?

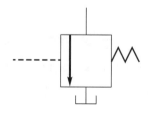

① 릴리프 밸브
② 감압 밸브
③ 카운터 밸런스 밸브
④ 무부하 밸브
⑤ 시퀀스 밸브

난이도 ●●○○○○ | 출제빈도 ★★★★☆

11 목형 제작 시 고려사항으로 옳지 못한 것은?

① 수축여유   ② 목형구배
③ 가공여유   ④ 목형의 무게
⑤ 코어프린트

난이도 ●●○○○○ | 출제빈도 ★★★★☆

12 응력의 크기 순서를 옳게 비교한 것은? [단, σ_w : 사용응력, σ_a : 허용응력, σ_y : 항복응력]

① $\sigma_w > \sigma_a > \sigma_y$
② $\sigma_y > \sigma_a \geq \sigma_w$
③ $\sigma_a > \sigma_y \geq \sigma_w$
④ $\sigma_a > \sigma_w \geq \sigma_y$
⑤ $\sigma_y > \sigma_a > \sigma_w$

13 난이도 ●●○○○ | 출제빈도 ★★★☆☆

다음에 주어진 조건을 기반으로 구해진 버니어 캘리퍼스의 최소 측정값은?

> 어미자의 눈금이 0.5mm, 아들자의 눈금이 12mm를 25등분 한 버니어 캘리퍼스의 최소 측정값

① 0.01mm ② 0.02mm
③ 0.03mm ④ 0.04mm
⑤ 0.05mm

14 난이도 ●●○○○ | 출제빈도 ★★★★☆

다음 그림과 같은 시스템의 등가스프링상수(k_e)를 구하면 얼마인가?

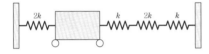

① $1.2k$ ② $1.3k$
③ $2.4k$ ④ $4.5k$
⑤ $6.0k$

15 난이도 ●●●●○ | 출제빈도 ★★☆☆☆

기어 등을 절삭할 때, 단식분할법으로 산출할 수 없는 수를 산출할 때 사용하는 방법은 차동분할법이다. 특히 67, 97, 121 등 61 이상의 소수나 특수한 수의 분할에 사용된다. 변환기어의 수는 24(2개), 28, 32, 40, 44, 48, 56, 64, 72, 86, 100 등 12종이 있다. 그렇다면 원주를 61등분할 때, 기어 열 각각의 잇수는 얼마인가? [단, A : 마이터 기어쪽의 변환기어 잇수, B : 주축쪽의 변환기어 잇수이다]

① A : 48, B : 32 ② A : 32, B : 48
③ A : 64, B : 56 ④ A : 86, B : 72
⑤ A : 32, B : 28

16 난이도 ●○○○○ | 출제빈도 ★★★★★

풀림의 목적으로 옳지 못한 것은?

① 경화된 재료의 연화
② 내부응력 제거
③ 재질의 경화
④ 인성 증가
⑤ 조직의 균질화

17 난이도 ●●○○○ | 출제빈도 ★★★★★

좌굴응력과 관련된 설명으로 옳지 않은 것은?

① 재료의 종탄성계수와 비례한다.
② 단면 2차 모멘트값에 비례한다.
③ 세장비에 반비례한다.
④ 회전반경의 제곱에 비례한다.
⑤ 길이의 제곱에 반비례한다.

18 난이도 ●●●●○ | 출제빈도 ★★★☆☆

1인치에 4산의 리드스크류를 가진 선반으로 피치 4mm의 나사를 깎고자 할 때, 변환기어의 잇수를 구하면? [단, A : 주축기어의 잇수, B : 리드스크류의 잇수이다]

① A : 80, B : 137 ② A : 40, B : 127
③ A : 80, B : 127 ④ A : 40, B : 227
⑤ A : 80, B : 40

19 난이도 ●○○○○ | 출제빈도 ★★★★★

탄소강의 5대 원소가 아닌 것은?

① 황(S)   ② 인(P)
③ 탄소(C) ④ 망간(Mn)
⑤ 구리(Cu)

난이도 ●○○○○ | 출제빈도 ★★★★★

20 다음 중 금속의 전기전도도가 큰 순서대로 옳게 나열한 것은?

① Au > Cu > Ag ② Ag > Cu > Au
③ Cu > Ag > Au ④ Cu > Au > Ag
⑤ Au > Ag > Cu

난이도 ●○○○○ | 출제빈도 ★★★★★

21 기본 유체의 정의로 가장 옳은 것은?

① 유체에 작용하는 전단응력 또는 외부의 힘에 대해 저항력이 강해 변형하지 않는 물질
② 압축성이 있는 물질
③ 아무리 작은 전단력이라도 저항하지 못하고 연속적으로 변형하는 물질
④ 고체, 액체, 기체를 모두 포함하여 총칭하는 물질
⑤ 압력을 가하면 체적이 줄어드는 물질

난이도 ●●○○○ | 출제빈도 ★★★★☆

22 직사각형의 수문이 다음 그림처럼 놓여져 있다. 이때 수문에 작용하는 전압력의 크기는 얼마인가? [단, 수문의 폭은 6m이다]

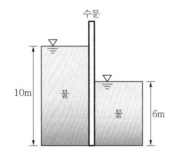

① 3,998kN ② 2,940kN
③ 1,058kN ④ 1,882kN
⑤ 4,595kN

난이도 ●○○○○ | 출제빈도 ★★★★★

23 유압기기의 기본 원리와 관련된 법칙은?

① 보일의 법칙
② 샤를의 법칙
③ 아르키메데스의 원리
④ 파스칼의 원리
⑤ 아보가드로 법칙

난이도 ●●○○○ | 출제빈도 ★★★★★

24 1atm과 같은 값이 아닌 것은?

① 14.7Psi ② 1.0332kgf/cm^2
③ 1.01325bar ④ 1.01325N/m^2
⑤ 1013.25mb

난이도 ●●○○○ | 출제빈도 ★★★★★

25 유압 작동유의 구비조건으로 옳지 않은 것은?

① 온도에 따른 점도 변화가 작아야 한다.
② 확실한 동력 전달을 위해 비압축성이어야 한다.
③ 발화점이 높아야 한다.
④ 소포성, 윤활성, 방청성이 좋아야 한다.
⑤ 인화점이 낮아야 한다.

난이도 ●●○○○ | 출제빈도 ★★★☆☆

26 SI 기본단위의 종류로 옳지 않은 것은?

① 길이 − m ② 온도 − K
③ 전류 − A ④ 광도 − cd
⑤ 힘 − N

난이도 ●●○○○ | 출제빈도 ★★★★☆

27 다음 〈보기〉에서 설명하는 현상은 무엇인가?

> 액체가 중력과 같은 외부 도움 없이 좁은 관을 오르는 현상을 말하며, 구체적으로 액체의 응집력과 관과 액체 사이의 부착력에 의해 발생한다.

① 부력
② 양력
③ 모세관 현상
④ 표면장력
⑤ 항력

난이도 ●●○○○ | 출제빈도 ★★★★☆

28 저열원의 온도가 27℃이다. 327℃의 고온체에서 등온 과정으로 3,000kJ의 열을 받는다면 이때의 무효에너지는 얼마인가?

① 1,000kJ
② 1,100kJ
③ 1,200kJ
④ 1,300kJ
⑤ 1,500kJ

난이도 ●●○○○ | 출제빈도 ★★★★☆

29 다음 보기 중 옳지 못한 것은?

① 비틀림이 작용할 때 전단응력을 전단변형률로 나누면 횡탄성계수이다.
② 탄성계수가 큰 재료일수록 구조물 재료에 적합하다.
③ 선형탄성 재료로 이루어진 균일단면 봉의 양 끝점이 고정되어 있을 때 봉의 온도가 변하여 발생하는 열응력은 봉의 단면적과 무관하다.
④ 전단하중은 단면에 평행하게 작용하는 하중으로 접선하중이라고도 한다.
⑤ 푸아송비는 세로변형률을 가로변형률로 나눈 값이다.

난이도 ●●●○○ | 출제빈도 ★★★★☆

30 다음 그림에서 유체가 분출되는 분류에서 반지름 $\left(\dfrac{d}{2}\right)$의 값은 얼마인가? [단, 마찰손실과 제반손실이 없으며 표면장력의 영향을 모두 무시한다]

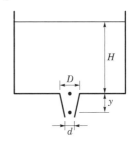

① $\dfrac{D}{2}\left(\dfrac{H}{H-y}\right)^{\frac{1}{4}}$
② $\dfrac{D}{2}\left(\dfrac{H}{H+y}\right)^{\frac{1}{4}}$
③ $D\left(\dfrac{H}{H+y}\right)^{\frac{1}{4}}$
④ $D\left(\dfrac{H}{H-y}\right)^{\frac{1}{4}}$
⑤ $\dfrac{D}{2}\left(\dfrac{H}{H+y}\right)^{4}$

난이도 ●●●○○ | 출제빈도 ★★★★☆

31 2축 응력 상태에서 $\sigma_x = 300$MPa, $\sigma_y = 500$MPa이다. 그렇다면 반시계 방향으로 30° 회전된 x' 축상의 수직응력 σ_n과 전단응력 τ는 각각 얼마인가? [단, $\sin 60 = 0.866$으로 계산한다]

① $\sigma_n = 350$MPa, $\tau = 86.6$MPa
② $\sigma_n = 350$MPa, $\tau = 43.3$MPa
③ $\sigma_n = 450$MPa, $\tau = 86.6$MPa
④ $\sigma_n = 450$MPa, $\tau = 43.3$MPa
⑤ $\sigma_n = 550$MPa, $\tau = 86.6$MPa

난이도 ●●○○○○ | 출제빈도 ★★★★☆

32 다음 그림처럼 부재에 하중이 작용할 때, Q 의 크기는 얼마인가? [단, $W = 4P$]

① $\dfrac{5P}{3}$　　② $\dfrac{3P}{5}$

③ $3P$　　④ P

⑤ $\dfrac{P}{3}$

난이도 ●○○○○ | 출제빈도 ★★★★★

33 뉴턴의 점성법칙과 관련된 인자를 모두 옳게 짝지은 것은?

① 전단응력, 동점성계수, 각변형률
② 전단응력, 점성계수, 동점성계수
③ 동점성계수, 점성계수, 각변형률
④ 절대점도, 점성계수, 각변형률
⑤ 전단응력, 점성계수, 각변형률

난이도 ●○○○○ | 출제빈도 ★★★★★

34 어떤 시스템(system)으로 열 60kJ이 유입되었고, 외부로 20,000N·m의 일을 하였다. 이때 시스템의 내부에너지 변화량은 얼마인가?

① 20kJ　　② 40kJ
③ 60kJ　　④ 80kJ
⑤ 100kJ

난이도 ●●○○○○ | 출제빈도 ★★★★☆

35 코일스프링에서 코일의 평균지름을 0.5배로 감소시키면 같은 축 하중에 대해 처짐량은 몇 배가 되는가? [단, 코일의 평균지름을 제외하고 모든 조건은 동일하다]

① $\dfrac{1}{2}$　　② $\dfrac{1}{4}$

③ $\dfrac{1}{8}$　　④ $\dfrac{1}{16}$

⑤ 16

난이도 ●●○○○○ | 출제빈도 ★★★★☆

36 다음 용접 중에서 융접에 속하지 않는 것은?

① 전자빔 용접　　② 플라즈마 용접
③ 서브머지드 용접　④ 프로젝션 용접
⑤ 테르밋 용접

난이도 ●○○○○ | 출제빈도 ★★★★★

37 반지름이 1cm인 원형봉에 인장하중이 4,000N이 작용한다면 인장응력은 약 얼마인가? [단, $\pi = 3$으로 계산한다]

① 13.3MPa　　② 23.3MPa
③ 33.3MPa　　④ 43.3MPa
⑤ 53.3MPa

난이도 ●○○○○ | 출제빈도 ★★★★★

38 어떤 열기관의 고열원의 온도가 327°C이고 저열원의 온도가 27°C일 때, 이 열기관이 가질 수 있는 최대 열효율값은 얼마인가?

① 10%　　② 20%
③ 30%　　④ 40%
⑤ 50%

난이도 ●○○○○ | 출제빈도 ★★★★★

39 다음 〈보기〉에서 설명하는 가공 방법은 무엇인가?

> 회전하는 2개의 롤러 사이에 재료를 넣어 가압함으로써 재료의 두께와 단면적을 감소시키는 가공 방법이다.

① 인발가공 ② 압출가공
③ 전조가공 ④ 압연가공
⑤ 단조가공

난이도 ●●●○○○ | 출제빈도 ★★★★☆

40 피스톤이 설치된 실린더에 압력 0.3MPa, 체적 0.8m^3인 습증기 4kg이 들어있다. 압력이 일정한 상태에서 가열하여 습증기의 건도가 0.9가 되었을 때, 수증기에 의한 일은 몇 kJ인가? [단, 0.3MPa에서 비체적은 포화액이 $0.001\text{m}^3/\text{kg}$, 건포화증기가 $0.6\text{m}^3/\text{kg}$이다]

① 206kJ ② 237kJ
③ 306kJ ④ 408kJ
⑤ 506kJ

10

2020년 하반기

인천교통공사 기출문제

[총 40문제 | 제한시간 35분]

[⇨ 정답 및 해설편 p. 130]

난이도 ●○○○○ | 출제빈도 ★★★★☆

01 소성가공에 대한 설명으로 옳지 않은 것은?

① 압연은 회전하는 2개의 롤러 사이에 판재를 통과시켜 두께를 줄이고 폭은 증가시키는 가공이다.

② 전조는 나사와 기어를 만든다.

③ 압출은 금속 봉이나 관을 다이 구멍에 축 방향으로 통과시켜 외경을 줄이는 가공이다.

④ 냉간가공은 치수정밀도가 우수하고 표면이 깨끗한 제품을 얻을 수 있다.

⑤ 제관법은 관을 만드는 방법으로 이음매 있는 관으로는 접합 방법에 따라 단접관과 용접관이 있다.

난이도 ●○○○○ | 출제빈도 ★★★★☆

02 다음 중 밀링가공의 설명으로 옳은 것은?

① 회전하는 절삭공구인 밀링커터를 사용하여 이송되는 가공물을 가공한다.

② 척, 베드, 왕복대, 멘드릴, 심압대 등으로 구성된 공작기계로 가공한다.

③ 입자, 결합도, 결합제 등으로 표시된 숫돌로 연삭한다.

④ 리밍, 보링, 카운터싱킹 등의 가공을 할 수 있다.

⑤ 블록게이지 및 렌즈 등의 광학유리에 적용되며 건식법과 습식법이 있다.

난이도 ●○○○○ | 출제빈도 ★★★☆☆

03 목형 제작 시 고려사항으로 옳지 않은 것은?

① 냉각 수축에 대비하기 위한 수축여유

② 정밀도를 위한 가공여유

③ 통기성을 비교하기 위한 통기도

④ 코어를 주형 내부에서 지지하기 위한 코어프린트

⑤ 내부응력에 의한 변형, 휨을 방지하기 위한 덧붙임

난이도 ●●○○○ | 출제빈도 ★★★★☆

04 기어에 대한 설명으로 아닌 것은?

① 표준 스퍼기어에서는 이끝 높이와 모듈이 같다.

② 원주피치는 피치원지름에 비례하고, 잇수에 반비례한다.

③ 사이클로이드 곡선은 치형의 가공이 어렵고 호환성이 적지만 소음과 마멸이 적다.

④ 언더컷을 방지하려면 이 높이를 낮추고 압력각을 크게 하며 한계잇수 이상으로 한다.

⑤ 백래시가 클수록 원활하고 조용한 운전을 한다.

난이도 ●○○○○ | 출제빈도 ★★★★☆

05 푸아송비가 1/3, 길이가 3m, 지름이 30mm인 봉재에 인장하중을 가했더니 길이 변형량이 1.8mm였다. 이때 지름 변형량(mm)은?

① 0.002   ② 0.006

③ 0.008   ④ 0.012

⑤ 0.014

---

06 길이가 L, 지름이 d인 균일단면봉의 자중에 의한 변형량에 대한 설명으로 옳은 것은?

① 종탄성계수에 비례한다.

② 중력과 상관이 없다.

③ 비중량의 제곱에 비례한다.

④ 길이의 제곱에 비례한다.

⑤ 자중에 의한 변형량은 원추형봉의 경우가 균일단면봉의 경우의 1/2이다.

---

07 반지름이 R, 내압이 p, 두께가 t로 얇은 용기에 발생하는 축 방향 응력을 σ_s, 원주 방향 응력을 σ_θ라고 할 때 σ_θ / σ_s는?

① 0.5   ② 2

③ 4   ④ 8

⑤ 16

---

08 단면의 한 변 길이가 60mm인 정사각형 보에 휨응력 20MPa이 작용할 때, 휨모멘트(N · m)는?

① 180N · m   ② 360N · m

③ 540N · m   ④ 720N · m

⑤ 900N · m

---

09 단위에 대한 설명이 옳지 않은 것은?

① $1N = 10^5 dyne$이다.

② rad은 SI 기본단위가 아니다.

③ 에너지의 단위는 $1kg \cdot m^2/s^2$이다.

④ 1kW는 $102kg \cdot m/s$이다.

⑤ 1W는 $1N \cdot s/m$이다.

---

10 탄성계수가 200GPa인 봉재를 가열하였더니 40℃의 온도 변화가 발생하였다. 이 봉재는 양단이 고정되어 있으며 지름 40mm, 길이 2m이다. 이때 발생하는 열응력과 하중의 크기는 각각 얼마인가? [단, 선팽창계수 $\alpha = 10^{-5}/℃$이다]

① $-80MPa, -120kN$

② $-80MPa, -100kN$

③ $-100MPa, -80kN$

④ $-120MPa, -100kN$

⑤ $-100MPa, -120kN$

---

11 단열된 용기에 물 $0.1m^3$가 들어있다. 온도가 550℃인 어떤 물체(금속) 4kg을 물에 넣었더니 물체의 온도가 50℃가 되었다. 이때 물의 온도 상승은? [단, 물체의 비열은 0.2kcal/kg · ℃이다]

① 2℃   ② 4℃

③ 5℃   ④ 6℃

⑤ 8℃

---

12 자동차가 5kN의 일정한 힘을 받아 144km를 2시간 동안 이동하였을 때 자동차의 동력은?

① 20kW   ② 40kW

③ 60kW   ④ 80kW

⑤ 100kW

난이도 ●●●○○ | 출제빈도 ★★☆☆☆

13 탄소가 완전연소하여 발생한 이산화탄소 질량은 탄소 질량의 몇 배인가?

① 1.67   ② 2.67

③ 3.67   ④ 4.67

⑤ 5.67

난이도 ●○○○○ | 출제빈도 ★★★★☆

14 1냉동톤은 몇 kcal/h인가?

① 1,320kcal/h   ② 2,320kcal/h

③ 3,320kcal/h   ④ 4,320kcal/h

⑤ 5,320kcal/h

난이도 ●●●●○ | 출제빈도 ★★☆☆☆

15 0℃의 물 2ton을 0℃의 얼음으로 바꾸는 데 성적계수가 4인 냉동기를 사용하였다. 이때 냉동기의 소요일(MJ)은?

① 40   ② 80

③ 168   ④ 672

⑤ 1,660

난이도 ●●●○○ | 출제빈도 ★★★☆☆

16 내연기관과 관련된 설명으로 옳지 않은 것은?

① 실린더 체적은 간극체적과 행정체적의 합으로 나타낼 수 있다.

② 통극체적은 피스톤이 상사점에 있을 때의 체적으로 연소실 체적이라고도 한다.

③ 기관의 총 배기량은 행정체적에 실린더의 수를 곱한다.

④ 행정체적은 상사점과 하사점 사이에서 피스톤이 이동한 거리에 의해 형성되는 체적이다.

⑤ 기관의 압축비는 극간체적을 실린더 체적으로 나누어 구해진다.

난이도 ●●●●○ | 출제빈도 ★☆☆☆☆

17 다음 중 윤활유에 대한 설명으로 틀린 것은?

① 윤활유는 마찰저감작용, 냉각작용, 응력분산작용, 밀봉작용 등의 역할을 한다.

② 윤활유는 용도에 따라 공업용, 자동차용, 산업용, 선박용 등으로 구분된다.

③ SAE는 오일 점도에 대해 미국 자동차기술 협회에서 제정한 규격으로 전 세계 공통적으로 사용되고 있는 규격이다.

④ 다급점도유는 SAE 5W30, SAE 10W40처럼 2가지 숫자 등급이 동시에 표시되는 것으로, W 앞의 숫자가 높을수록 저온에서 더 우수한 유동성을 갖는다.

⑤ 다급점도유는 고온에서의 점도 저하가 단급점도유보다 우수하므로 단급점도유보다 우수한 경제성을 보장한다.

난이도 ●●●●○ | 출제빈도 ★☆☆☆☆

18 디젤 엔진에서 사용하는 DPF에 대한 설명으로 옳은 것은?

① 흡기계통으로 배기가스의 일부를 재순환시켜 연소할 때의 최고 온도를 낮춤으로써 질소화합물의 발생량을 줄인다.

② 디젤 엔진의 배기가스 중 입자상 물질을 포집하여 태워서 없애는 장치이다.

③ DPF는 EGR과 동일한 역할을 수행하는 장치이다.

④ 촉매를 사용하여 디젤 엔진에서 발생하는 오염 물질 등을 화학적으로 정화하는 장치이다.

⑤ 디젤 엔진의 배기가스에서 발생하는 입자상물질을 태우지 않고 포집하여 정화시킨 후 대기로 방출시키는 배기가스 후처리 장치이다.

▶▶

난이도 ●○○○○ | 출제빈도 ★★★★☆

19 다음 설명 중 옳지 않은 것은?

① 시퀀스밸브는 2개 이상의 구동기기를 제어하는 회로에서 압력에 따라 구동기기의 작동순서를 자동적으로 제어하는 밸브로, 순차 작동밸브라고도 한다.

② 카운터밸런스밸브는 수직 상태로 실린더에 설치된 중량물이 자유낙하하거나 작업 중 부하가 갑자기 제거되었을 때 급격한 이송을 제어하기 위해 실린더에 배압을 제거하여 낙하나 추돌 등의 사고를 예방한다.

③ 릴리프밸브는 회로의 압력이 설정값을 도달하면 유체의 일부 또는 전부를 탱크 쪽으로 복귀시켜 회로의 압력을 설정값 이내로 유지하여 유압 구동기기를 보호하고 출력을 조정한다.

④ 증압회로는 순간적으로 고압이 필요로 할 경우 사용된다.

⑤ 감압밸브는 밸브의 입구 쪽 압력이 설정 압력을 초과하면 작동유의 유로를 차단하여 출구 쪽의 압력 상승을 막는다. 일부 회로의 압력을 주회로의 압력보다 낮은 압력으로 하고자 할 때 사용한다.

난이도 ●●●○○ | 출제빈도 ★★☆☆☆

20 지름(직경)이 200mm이고 속력이 100mm/s인 유압실린더의 추력이 5kg일 때, 유압실린더에 필요한 유량(L/min)은?

① 157.1 ② 188.4
③ 314 ④ 774.3
⑤ 1,000

난이도 ●●○○○ | 출제빈도 ★★★★☆

21 다음 그림은 KS 유압 도면기호 중 어떤 밸브를 나타내는가?

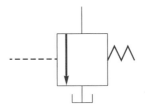

① 릴리프 밸브
② 감압밸브
③ 무부하 밸브
④ 시퀀스 밸브
⑤ 카운터 밸런스 밸브

난이도 ●●○○○ | 출제빈도 ★★★★☆

22 코일의 평균지름이 D[mm], 소선의 지름이 d[mm]인 원통코일스프링이 축 방향으로 인장하중 P를 받고 있을 때 이에 대한 설명으로 옳지 않은 것은? [단, δ는 처짐량(변형량), n은 유효감김수, G는 전단탄성계수, T는 비틀림 모멘트, I_P는 극단면 2차 모멘트, l은 스프링의 길이, R은 코일의 반지름(반경)이다]

① 처짐량(δ)은 $\dfrac{8PD^3n}{Gd^4}$으로 계산할 수 있다.

② 비틀림각(θ)은 $\dfrac{Tl}{GI_P}$로 구할 수 있다.

③ 스프링의 길이(l)는 $2\pi Rn$으로 구할 수 있다.

④ 처짐량(δ)은 $R\theta$, 즉 코일의 반지름과 비틀림각의 곱으로 표현할 수 있다.

⑤ 비틀림에 의한 전단응력(τ)은 $\dfrac{8PR}{\pi d^3}$이다.

난이도 ●●○○○ | 출제빈도 ★★☆☆☆

23 국제 표준 규격에 대한 설명 중 옳지 않은 것은?

① 일본 – JIS
② 미국 – ANS
③ 국제 표준화 기구 – ISO
④ 독일 – DIN
⑤ 프랑스 - NF

난이도 ●●●○○ | 출제빈도 ★★☆☆☆

24 SI 단위계에서 나타내는 접두사의 기호의 연결이 옳게 된 것은?

① 10^{-21} – 제타   ② 10^{24} – 페타
③ 10^{-9} – 피코   ④ 10^{18} – 엑사
⑤ 10^{-15} – 아토

난이도 ●○○○○ | 출제빈도 ★★★★☆

25 비체적이 $4\text{m}^3/\text{kg}$인 유체가 지름이 2m인 파이프를 4m/s의 유속으로 흐를 때 질량유량(kg/s)은?

① 1.57   ② 3.14
③ 4.71   ④ 6.28
⑤ 7.85

난이도 ●○○○○ | 출제빈도 ★★★★☆

26 동점성계수가 $0.1 \times 10^{-5}\text{m}^2/\text{s}$인 물이 안지름 10cm인 원관 내에 2m/s로 흐르고 있다. 관마찰계수가 0.04이며 관의 길이가 200m일 때의 손실수두는?

① 11.0   ② 16.3
③ 8.15   ④ 32.6
⑤ 24.0

난이도 ●○○○○ | 출제빈도 ★★★★☆

27 어떤 물체가 유체 내를 움직일 때 속도를 2배로 하고 항력계수를 0.5배로 하면 물체에 작용하는 항력은 몇 배가 되는가?

① 0.25배   ② 0.5배
③ 1배   ④ 1.5배
⑤ 2배

난이도 ●●○○○ | 출제빈도 ★★★★☆

28 $N[\text{rpm}]$의 회전수로 회전하는 펌프의 회전수를 2배로 변경하였을 때, 동력은 몇 배가 되는가? [단, 회전수(N)를 제외한 다른 조건은 동일하다]

① 0.125배   ② 0.25배
③ 0.5배   ④ 4배
⑤ 8배

난이도 ●●○○○ | 출제빈도 ★★★☆☆

29 회전수가 3,000rpm인 축에 $10\text{N} \cdot \text{m}$의 토크가 작용할 때 축의 동력은?

① 3.14kW, 3.27PS
② 3.14kW, 4.27PS
③ 3.27kW, 4.27PS
④ 4.27kW, 3.14PS
⑤ 4.27kW, 2.27PS

난이도 ●●○○○ | 출제빈도 ★★☆☆☆

30 일정한 단면적을 가진 원기둥의 용기 속에 비중량이 γ인 유체가 등속회전운동을 받고 있다. 이에 대한 설명으로 옳지 않은 것은?

① 용기 속에서 등속회전운동을 받는 유체의 수면은 포물선 형태의 자유표면을 갖는다.

② 용기 벽에서의 상승 높이는 각속도의 제곱에 비례한다.

③ 유체가 등속회전운동을 받으면 자유표면 밑에 있는 액체의 부피는 원래의 부피보다 커지게 된다.

④ 용기 벽에서의 상승 높이는 중력가속도에 반비례한다.

⑤ 자유표면의 형태는 각속도에 따라서만 좌우된다.

난이도 ●●●○○ | 출제빈도 ★★★★☆

31 다음 기계재료와 관련된 다음의 설명 중 옳지 않은 것은?

① 페라이트는 전연성이 우수하나 항복점과 인장강도가 낮다.

② 시멘타이트는 강도 및 경도가 크고 충격치는 작으며 상온에서 강자성체이다.

③ 탄소함유량이 증가할수록 비열, 전기저항, 항자력이 증가한다.

④ 탄소강의 기본 조직에는 페라이트, 펄라이트, 시멘타이트, 트루스타이트, 레데뷰라이트 등이 있다.

⑤ 냉간취성과 적열취성을 일으키는 원인은 인(P)과 황(S)이다.

난이도 ●●○○○ | 출제빈도 ★★★★☆

32 열처리와 관련된 설명 중 옳지 않은 것은?

① 불림은 재료를 가열 후 공기 중에서 냉각하여 표준화된 조직을 얻고 내부응력을 제거하기 위한 열처리이다.

② 풀림은 재질을 연화시키고 내부응력을 제거하기 위한 열처리이다.

③ 담금질한 강의 인성을 개선시키기 위해 뜨임을 실시한다.

④ 담금질은 재료의 재질을 경화시키기 위해 변태점 이상에서 가열한 후 서서히 냉각시키는 열처리 방법 중 하나이다.

⑤ 강의 냉각방법에 따른 조직은 오스테나이트, 마텐자이트, 트루스타이트, 소르바이트, 펄라이트가 있다.

난이도 ●●○○○ | 출제빈도 ★★★★☆

33 어떤 계에서 $X(t) = X\sin\omega t$의 변위 함수로 조화운동이 진행되고 있다. 이에 대한 설명으로 틀린 것은?

① 최대 가속도의 크기는 $X\omega^2$이다.

② 최대 진폭은 X이다.

③ 진폭이 커질수록 주기가 증가한다.

④ 주기와 고유진동수는 반비례한다.

⑤ 주기와 진동수는 반비례 관계이다.

난이도 ●●○○○ | 출제빈도 ★★★☆☆

34 두께가 5mm인 두 판재를 1줄 겹치기로 리벳이음할 때 리벳의 지름이 10mm라면 필요한 피치(mm)는? [단, 판재의 인장강도는 리벳의 전단강도의 2배이다]

① 7.85 ② 17.85
③ 2.15 ④ 12
⑤ 20

난이도 ●○○○○ | 출제빈도 ★★★★☆

35 시속 72km의 속력으로 주행하고 있는 자동차가 브레이크를 밟아 10초 후에 정지하였다. 이때 자동차가 10초 동안 이동한 거리는?

① 100m ② 150m
③ 200m ④ 250m
⑤ 300m

난이도 ●●○○○ | 출제빈도 ★★☆☆☆

36 자동차가 곡률 반경이 10m인 커브 길을 달리고 있을 때, 자동차의 법선 방향 가속도가 $0.5g$를 넘지 않도록 하면서 달릴 수 있는 최대 속도는?

① 1m/s ② 2m/s
③ 4m/s ④ 7m/s
⑤ 9m/s

난이도 ●●○○○ | 출제빈도 ★★★☆☆

37 토출량이 $0.6\text{m}^3/\text{min}$인 펌프를 사용하여 물을 토출할 때, 펌프의 소요 축동력(kW)은? [단, 전양정은 60m이고, 펌프의 효율은 40%이다]

① 4.4 ② 8.8
③ 14.7 ④ 22.4
⑤ 50.1

난이도 ●●●○○ | 출제빈도 ★★★★☆

38 지름이 0.4m인 관에 물이 $0.5\text{m}^3/\text{s}$로 흐를 때 길이 300m에 대한 동력손실은 60kW이었다. 이때 관마찰계수(f)는?

① 0.0151 ② 0.0202
③ 0.0256 ④ 0.0301
⑤ 0.0404

난이도 ●●○○○ | 출제빈도 ★★★☆☆

39 다음 중 펌프의 비교회전도를 구하는 식으로 옳은 것은? [단, n : 펌프의 회전수, Q : 펌프의 유량, H : 펌프의 전양정이다]

① $n_s = \dfrac{n\sqrt{Q}}{H^{\frac{4}{3}}}$ ② $n_s = \dfrac{n^2\sqrt{Q}}{H^{\frac{3}{4}}}$

③ $n_s = \dfrac{n\sqrt{Q^2}}{H^{\frac{3}{4}}}$ ④ $n_s = \dfrac{n\sqrt{Q}}{H^{\frac{3}{4}}}$

⑤ $n_s = \dfrac{n\sqrt{Q}}{2H^{\frac{3}{4}}}$

난이도 ●○○○○ | 출제빈도 ★★★★☆

40 다음 중 열역학과 관련된 설명 중 옳지 않은 것은?

① 고열원과 저열원 사이에서 작동되는 열기관의 효율을 같은 조건하에서 작동되는 카르노사이클 기관의 열효율보다 높게 만들 수 없다.

② 열역학 제1법칙은 물체에 공급된 에너지는 물체의 내부에너지를 높이거나 외부에 일을 하므로 에너지의 양은 일정하게 보존된다는 것과 관련이 있다.

③ 열역학 제0법칙은 물질 A와 B가 접촉하여 서로 열평형을 이루고 있으면 이 둘은 열적 평형상태에 있으며 알짜열의 이동은 없다는 것과 관련이 있다.

④ 외부의 도움 없이 스스로 자발적으로 일어나는 반응은 열역학 제2법칙과 관련이 있다.

⑤ 열역학 제3법칙은 열은 스스로 저온의 물질에서 고온의 물질로 이동하지 않는다는 것과 관련이 있다.

11

2022년 하반기
인천교통공사 기출문제
[총 40문제 | 제한시간 35분]

[⇨ 정답 및 해설편 p. 152]

난이도 ●●○○○ | 출제빈도 ★★★★☆

01 기계설계 시 응력집중(stress concentration)이 될 수 있는 한 적게 발생하도록 고려해야 한다. 이때, 일반적인 응력집중 경감 대책으로 옳지 않은 것은?

① 단면변화부분에 보강재를 결합한다.
② 테이퍼 부분을 될 수 있는 한 크게 한다.
③ 단면변화부분에 롤러압연처리 및 열처리를 한다.
④ 단면변화부분의 표면 가공 정도를 크게 한다.
⑤ 축단부 가까이에 2~3단의 단부를 설치한다.

난이도 ●●○○○ | 출제빈도 ★★★★☆

02 다음 중 나사(screw)에 대한 설명으로 옳지 않은 것은?

① 호칭지름은 나사의 치수를 대표하는 지름으로, 나사의 호칭지름은 수나사의 바깥지름으로 나타낸다.
② 마찰계수와 리드각이 일정할 때, 삼각나사가 사각나사보다 효율이 좋다.
③ 리드(lead)는 나사를 1회전시켰을 때, 축 방향으로 이동한 거리를 말한다.
④ 나사의 자립 상태를 유지하는 나사의 최대효율은 50% 미만이다.
⑤ 피치(pitch)는 나사산의 축선을 지나는 단면에서 인접한 두 나사선의 직선거리이다.

난이도 ●●○○○ | 출제빈도 ★★★☆☆

03 어떤 재료에 일정한 진폭으로 피로응력(fatigue stress)이 작용하고 있다. 평균응력이 300MPa, 응력비가 0.25일 때, 최소응력은?

① 60MPa
② 100MPa
③ 120MPa
④ 180MPa
⑤ 240MPa

난이도 ●●●○○ | 출제빈도 ★★☆☆☆

04 취성재료의 파단인장강도가 200MPa이며 이 재료가 $\sigma_x = 102$MPa, $\sigma_y = 22$MPa, $\tau_{xy} = 30$MPa의 평면응력상태에 있다면, 이 재료의 최대전단응력설에 의한 안전계수는? [단, 파단인장강도는 파단전단강도의 2배이다]

① 1.4
② 1.5
③ 2.0
④ 2.5
⑤ 3.0

난이도 ●●○○○ | 출제빈도 ★★★★☆

05 기울기가 없으며 키의 너비만큼 축을 평평하게 깎고 보스에 기울기 1/100의 키 홈을 만들어 때려 박는 것으로 축 방향으로 이동할 수 없는 키는?

① 평키(flat key)
② 반달키(woodruff key)
③ 미끄럼키(sliding key)
④ 안장키(saddle key)
⑤ 원뿔키(cone key)

난이도 ●○○○○ | 출제빈도 ★★★★☆

06 리벳이음(rivet joint)에서 강판의 효율 80% 일 때, 리벳의 피치가 25mm라면 리벳 구멍 의 지름은?

① 1mm ② 2mm

③ 4mm ④ 5mm

⑤ 6mm

난이도 ●●●○○ | 출제빈도 ★★★★☆

07 다음 중 축(shaft)과 관련된 설명으로 옳지 않은 것은?

① 저널(journal)은 베어링이 축과 접촉되는 부분을 말한다.

② 회전축의 위험속도는 축 자체의 고유진동수와 축의 회전수에 따른 진동수가 일치하게 되어 공진(resonance)을 일으킬 때의 속도를 말한다.

③ 축의 위험속도를 추정하는 던커레이 (Dunkerlay)식은 고차의 고유진동수가 1차 고유진동수보다 상당히 크다는 사실에 착안한 식이다.

④ 축의 위험속도를 추정하는 레이레이 (Rayleigh)식은 위치에너지와 운동에너지의 관계에서 유도된 것이다.

⑤ 축의 강성(rigidity) 설계에서 바하 (Bach)의 축 공식은 축 길이 1m에 대하여 마찰각이 0.25° 이내가 되는 조건에서 축의 지름을 구한다.

난이도 ●●○○○ | 출제빈도 ★★★★☆

08 다음 중 베어링(bearing)에 대한 설명으로 옳지 않은 것은?

① 구름베어링(rolling bearing)은 설치 시 내·외륜의 끼워맞춤에 주의가 필요하다.

② 미끄럼베어링(sliding bearing)은 구름베어링에 비해 강성(强性)이 작으나, 유막에 의한 감쇠 능력이 우수하다.

③ 스러스트베어링(thrust bearing)은 축의 직각 방향으로 작용하는 하중을 지지하기 위해 사용된다.

④ 구름베어링(rolling bearing)은 윤활유가 비산하고 전동체가 있어 고속회전에 불리하다.

⑤ 오일리스베어링(oilless bearing)은 주로 주유가 곤란한 곳에 사용한다.

난이도 ●●●○○ | 출제빈도 ★★★☆☆

09 다음 중 브레이크(brake)와 관련된 설명으로 옳지 않은 것은?

① 브레이크의 냉각이 원활하기 위해서는 브레이크의 용량을 작게 해야 한다.

② 밴드브레이크는 레버 조작력이 동일해도 드럼의 회전방향에 따라 제동력에 차이가 있다.

③ 복식 블록브레이크는 축에 대칭으로 브레이크 블록을 설치하므로 축에 굽힘모멘트가 작용한다.

④ 폴브레이크는 주로 시계의 태엽기구와 기중기 등에 사용되며 축의 역전 방지기구로 널리 사용된다.

⑤ 내확브레이크는 회전운동을 하는 브레이크 드럼의 안쪽 면에 설치되어 있는 두 개의 브레이크 슈가 바깥쪽으로 확장하면서 드럼에 접촉되어 제동되는 브레이크이다.

10 모듈이 4mm, 잇수 48, 압력각 14.5°인 표준 스퍼기어(spur gear)의 바깥지름은?

① 100mm ② 150mm
③ 200mm ④ 250mm
⑤ 300mm

난이도 ●●○○○ | 출제빈도 ★★★★☆

11 회전수 100rpm, 접촉력 200kgf, 마찰계수 0.2, 지름 3,000mm인 마찰차(friction wheel)의 최대 전달동력은? [단, $\pi = 3$으로 가정한다]

① 2.5PS ② 5PS
③ 5.5PS ④ 8PS
⑤ 10PS

난이도 ●●●○○ | 출제빈도 ★★★☆☆

12 이음매 없는 강관에서 내부압력은 1.2MPa, 유량이 $4.8 \text{m}^3/\text{s}$, 평균유속이 40m/s일 때, 강관의 최소 바깥지름은? [단, 강관의 허용응력은 24MPa, 부식여유는 1mm, 이음효율은 100%, $\pi = 3$으로 한다]

① 412mm ② 422mm
③ 432mm ④ 442mm
⑤ 452mm

난이도 ●○○○○ | 출제빈도 ★★★★★

13 다음 중 기계 가공 소재의 재질 연화, 가공성 향상, 잔류응력 제거를 위한 열처리 방법은?

① 불림(normalizing)
② 담금질(quenching)
③ 뜨임(tempering)
④ 풀림(annealing)
⑤ 크로마이징(chromizing)

난이도 ●○○○○ | 출제빈도 ★★★★★

14 코일스프링(coil spring)에 하중 W가 작용하였을 때 발생하는 변형량이 δ라면, 이때 스프링상수를 구하는 식으로 옳은 것은?

① $W\delta [\text{J/cm}]$ ② $\dfrac{W}{\delta} [\text{J/cm}]$

③ $\dfrac{\delta}{W} [\text{J/cm}]$ ④ $\dfrac{\delta}{W} [\text{N/cm}]$

⑤ $\dfrac{W}{\delta} [\text{N/cm}]$

난이도 ●●○○○ | 출제빈도 ★★★★★

15 다음 중 냉간가공(cold working)과 비교한 열간가공(hot working)의 특징으로 옳지 않은 것은?

① 성형이 쉽고 대량생산이 가능하다.
② 가공면의 치수정밀도가 낮다.
③ 연신율과 단면수축률이 감소한다.
④ 표면산화물의 발생이 많다.
⑤ 합금원소의 첨가로 재질의 균일화가 촉진된다.

난이도 ●○○○○ | 출제빈도 ★★★★★

16 철(Fe)의 금속 간 화합물로 흰색의 침상(acicular) 조직을 가지며 경도가 매우 높고 상온에서 강자성체인 조직은?

① 오스테나이트(austenite) 조직
② 트루스타이트(troostite) 조직
③ 페라이트(ferrite) 조직
④ 펄라이트(pearlite) 조직
⑤ 시멘타이트(cementite) 조직

난이도 ●●○○○○ | 출제빈도 ★★★★★

17 다음 중 금속 기계재료의 기계적 성질에 대한 설명으로 옳지 않은 것은?

① 재료에 하중을 가하면 늘어나다가 어느 시점에서 끊어지게 된다. 이때 원래의 길이에 대하여 늘어난 길이의 비를 연신율(elongation)이라 한다.
② 금속재료를 고온에서 장시간 외력을 가하면 시간의 흐름에 따라 변형이 증가하는데 이 현상을 크리프(creep)라 한다.
③ 경도(hardness)는 재료의 단단한 정도를 표시하는 것으로 경도시험기로 측정하며, 일반적으로 인장강도에 비례한다.
④ 재료에 외력을 가하면 변형되거나 파괴된다. 이때 외력에 대한 저항을 재료의 강도(strength)라 한다.
⑤ 전성(malleability)은 재료를 잡아당겼을 때 가는 선으로 늘어나는 성질을 말한다.

난이도 ●○○○○ | 출제빈도 ★★★★★

18 탄소강(carbon steel)에서 탄소함유량의 변화에 따른 탄소강의 성질 변화로 옳지 않은 것은?

① 탄소함유량이 증가함에 따라 비중(specific gravity)이 감소한다.
② 탄소함유량이 증가함에 따라 비열(specific heat)이 감소한다.
③ 탄소함유량이 증가함에 따라 열팽창계수(coefficient of thermal expansion)가 감소한다.
④ 탄소함유량이 증가함에 따라 열전도율(thermal conductivity)이 감소한다.
⑤ 탄소함유량이 증가함에 따라 전기전도율(electric conductivity)이 감소한다.

난이도 ●○○○○ | 출제빈도 ★★★☆☆

19 Al-Si계 합금으로 주조성은 양호하나, 절삭성이 불량하고 시효경화성이 없는 주물용 알루미늄 합금은?

① 실루민(silumin)
② 하이드로날륨(hydronalium)
③ 두랄루민(duralumin)
④ 퍼멀로이(permalloy)
⑤ 모넬메탈(monel metal)

난이도 ●●○○○ | 출제빈도 ★★★★☆

20 무기질 비금속 재료인 세라믹(ceramics)의 특징으로 옳지 않은 것은?

① 단단하고 취성이 풍부하다.
② 내열성, 내산화성이 양호하다.
③ 고온강도가 높고 화학적으로 안정하다.
④ 열전도율이 높고 전기절연성이 작다.
⑤ 성형성 및 기계가공성이 좋지 않다.

난이도 ●●○○○ | 출제빈도 ★★★★☆

21 다음 중 소성가공에 대한 설명으로 옳지 않은 것은?

① 소성가공은 재료의 탄성한계(elastic limit)를 벗어나도록 변형을 가한다.
② 취성(brittleness)이 있는 재료는 소성가공에 적합하지 않다.
③ 소성가공에는 단조, 압연, 인발, 압출, 전조 등이 있다.
④ 가공경화는 재료를 변형시키는 데 변형저항이 감소하는 현상을 말한다.
⑤ 절삭가공과 비교하면 칩(chip)이 생성되지 않아 재료의 이용률이 높다.

22 기계재료의 표면처리(surface treatment) 방법에 대한 설명으로 옳지 않은 것은?

① 침탄법(carburizing)은 저탄소강을 침탄제 속에 파묻고 가열하여 재료 표면에 탄소가 함유되도록 하여 경도를 높이는 방법이다.

② 질화법(nitriding)은 암모니아 가스 속에 강을 넣고 가열하여 강의 표면이 질소 성분을 함유하도록 하여 경도를 높이는 방법이다.

③ 양극산화법(anodizing)은 알루미늄에 많이 적용되며 다양한 색상의 유기염료를 사용하여 소재 표면에 안정되고 오래가는 착색피막을 형성하는 표면처리 방법이다.

④ 세라다이징(sheradizing)은 강재를 가열하여 그 표면에 붕소(B)를 고온에서 확산 침투시켜 내식성 향상 및 대기 중의 부식방지 등을 목적으로 표면을 경화시키는 열처리 방법이다.

⑤ 숏피닝법(shot peening)은 금속재료의 표면에 강이나 주철의 작은 입자들을 고속으로 분사시켜 가공경화에 의하여 표면층의 경도를 높이는 방법이다.

23 연삭공구 가공 방법 중 분말입자에 의한 가공 방법으로 옳은 것은?

① 호닝(honing)

② 버핑(buffing)

③ 슈퍼피니싱(super finishing)

④ 래핑(lapping)

⑤ 샌더링(sanderling)

24 다음 중 금속의 재료시험과 검사에 대한 설명 중 옳지 않은 것은?

① 쇼어 경도(HS)는 압입자를 낙하시켰을 때 반발되어 튀어 오르는 높이로 경도를 측정하는 방법이다.

② 정적인장시험(static tensile test)으로 인장강도, 항복점, 단면감소율, 변형경화지수 등을 알아낼 수 있다.

③ 비커스 경도(HV)는 담금질 된 볼을 사용하며 경도는 작용한 하중을 압입자의 길이로 나눈 값이다.

④ 비파괴검사 시험법에는 자분탐상법(MT), 침투탐상법(PT), 초음파탐상법(UT), 방사선탐상법(RT) 등이 있다.

⑤ 로크웰 C 경도는 다이아몬드 원뿔체를 사용하며 일정한 하중으로 측정하는 경도이다.

25 다음 중 다이캐스팅(die casting)에 대한 설명으로 옳지 않은 것은?

① 사용재료는 아연, 알루미늄, 구리 등의 용융점이 낮은 금속이다.

② 쇳물을 금형에 압입하여 주조하는 방법으로 기공이 적고 치밀한 조직을 얻을 수 있다.

③ 분리선 주위로 소량의 플래시(flash)가 형성될 수 있다.

④ 용탕이 금형 벽에서 급속하게 식는다. 즉, 금형 벽에서 급랭이 이루어진다.

⑤ 최종제품은 기계적 성질이 우수하지만, 마무리 기계 가공 및 다듬질이 필요하며 단시간에 대량생산이 어렵다.

난이도 ●●●○○ | 출제빈도 ★★★☆☆

26 다음 그림과 같이 선반(latte)에서 테이퍼를 심압대의 편위에 의해서 가공하려고 한다. 이때, 필요한 심압대의 편위량(mm)은?

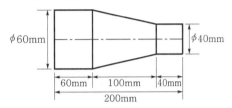

① 10mm　　　② 20mm
③ 25mm　　　④ 30mm
⑤ 45mm

난이도 ●●○○○ | 출제빈도 ★★★★☆

27 다음 〈보기〉 중 용접에 대한 설명으로 옳은 것만을 모두 고른 것은?

> ㉠ 아르곤(Ar), 헬륨(He)을 이용하는 것은 불활성 가스 아크용접(Inert gas arc welding)이다.
> ㉡ 플라즈마 아크용접(plasma arc weld-ing)은 소모성 전극을 사용한다.
> ㉢ 저항용접(resistance welding)은 금속의 접촉부를 상온 또는 가열한 상태에서 압력을 가해 접합시키는 용접법이다.
> ㉣ 일렉트로 슬래그 용접(electro slag welding)은 산화철 분말과 알루미늄 분말의 반응열을 이용하는 용접법이다.

① ㉠, ㉡　　　② ㉠, ㉢
③ ㉡, ㉢　　　④ ㉡, ㉣
⑤ ㉢, ㉣

난이도 ●●○○○ | 출제빈도 ★★★☆☆

28 호칭 지수가 200mm인 사인바(sine bar)로 21°30′의 각도를 측정할 때 낮은 쪽 블록게이지 높이가 5mm라면 높은 쪽 블록게이지의 높이(mm)은? [단, sin21°30′은 0.35로 계산한다]

① 40mm　　　② 55mm
③ 60mm　　　④ 75mm
⑤ 95mm

난이도 ●○○○○ | 출제빈도 ★★★★★

29 성능계수(coefficient of performance)가 3.2로 운전되는 냉동기가 있다. 이때, 동일한 조건에서 운전되는 히트펌프(heat pump)의 성능계수는?

① 1.6　　　② 2.4
③ 3.8　　　④ 4.2
⑤ 5.4

난이도 ●●●○○ | 출제빈도 ★★★☆☆

30 다음 중 선반의 절삭가공에서 발생하는 열과 관련된 설명으로 옳지 않은 것은?

① 전단면에서의 전단변형과 공구와 칩의 마찰작용이 절삭열 발생의 주 원인이다.
② 절삭열은 칩, 공구, 공작물에 축적된다.
③ 절삭속도가 증가할수록 공구나 공작물로 배출되는 열의 비율보다 칩으로 배출되는 열의 비율이 커진다.
④ 절삭속도가 빨라지면 절삭능률은 향상되지만 절삭온도가 올라가고 공구가 연화되어 공구수명이 줄어든다.
⑤ 공작물의 강도가 작고 비열이 높을수록 절삭열에 의한 온도 상승이 커진다.

난이도 ●●○○○○ | 출제빈도 ★★★☆☆

31 회전하는 다인 절삭공구를 사용하고 주로 직선운동하는 공작물의 표면에 평면 및 홈 등을 가공하는 공작기계는?

① 선반(lathe)
② 밀링 머신(milling machine)
③ 브로칭 머신(broaching machine)
④ 보링 머신(boring machine)
⑤ 슬로터(slotter)

난이도 ●●●○○○ | 출제빈도 ★★★★☆

32 다음 중 특수가공에 대한 설명으로 옳지 않은 것은?

① 화학적 밀링(chemical milling)은 선택적 부식을 이용해서 후판, 박판, 단조물, 압출품 등에 얇은 공동부를 만들어서 전체의 무게를 감소시키는 가공법이다.
② 레이저 빔(laser beam) 가공은 광학 에너지를 공작물의 표면에 집중시켜 공작물을 용융, 증발시켜 가공하는 특수가공법이다.
③ 전해가공(electrochemical machining)은 전기분해를 이용한 가공법으로 공구가 회전하지 않으므로 원형이 아닌 특수한 형상의 천공에도 이용된다.
④ 전자빔 가공(electron-beam processing)은 고진공 챔버에 공작물을 넣고 고압 케이블에 전압을 걸어 운동에너지를 열에너지로 변환시켜 공작물을 가공하는 방법이다.
⑤ 초음파 가공(ultrasonic machining)은 높은 경도의 금형 가공에 많이 적용되는 방법으로 전극의 형상을 절연성이 있는 가공액 중에서 금형에 전사하여 원하는 치수와 형상을 얻는 가공법이다.

난이도 ●●●○○○ | 출제빈도 ★★★☆☆

33 다음 중 연삭가공에 대한 설명으로 옳지 않은 것은?

① 연삭숫돌의 3대 구성요소는 숫돌입자, 결합제, 기공이다.
② 연삭비(grinding ratio)는 단위 체적의 숫돌마멸에 대한 제거된 재료의 체적이며 이것은 연삭숫돌의 마모저항에 대한 성능을 표시하는 지수로 사용된다.
③ 연삭숫돌의 조직(structure)은 결합제의 구성 성분을 나타낸 것이다.
④ 결합도(grade)가 큰 연삭숫돌은 연한 재료의 연삭 공정에 사용된다.
⑤ 연삭 가공은 경도(hardness)가 크고 취성(brittleness)이 있는 공작물 가공에 적합하다.

난이도 ●●○○○○ | 출제빈도 ★★★★☆

34 다음 그림은 d_1이 30mm, d_2는 60mm인 실린더의 피스톤에 유압이 작용하는 시스템을 나타낸 것이다. 이때, 작은 피스톤을 누르는 힘 F_1이 25kN일 때, 큰 피스톤을 들어 올리는 힘 F_2는? [단, 실린더 내에는 비압축성 유체가 들어 있다]

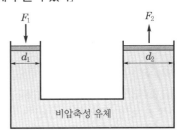

① 100kN
② 200kN
③ 300kN
④ 400kN
⑤ 500kN

난이도 ●○○○○ | 출제빈도 ★★★★★

35 카르노 열기관이 300K의 고온열원과 150K의 저온열원 사이에서 작동하고 있다. 고열원으로부터 400kJ의 열량을 공급받았을 때, 열기관이 외부로 하는 일은?

① 100kJ　　② 150kJ
③ 200kJ　　④ 250kJ
⑤ 300kJ

난이도 ●○○○○ | 출제빈도 ★★★★★

36 구름베어링의 기호 중 안지름이 12mm인 것은?

① 7000　　② 7001
③ 7002　　④ 7003
⑤ 7012

난이도 ●○○○○ | 출제빈도 ★★★★★

37 나사의 표시 기호 중 미터 사다리꼴 나사를 나타내는 기호는?

① UNF　　② Tw
③ Tr　　④ M
⑤ G

난이도 ●○○○○ | 출제빈도 ★★★★★

38 작동유체의 증기와 액체의 상변화를 수반하는 증기원동소의 기본 사이클은?

① 랭킨사이클(rankine cycle)
② 오토사이클(otto cycle)
③ 브레이턴사이클(brayton cycle)
④ 사바테사이클(sabathe cycle)
⑤ 스털링사이클(stirling cylce)

난이도 ●●○○○ | 출제빈도 ★★★★☆

39 다음 〈보기〉 중 상태함수(state function)에 해당되는 것을 모두 고르면?

㉠ 엔탈피	㉡ 열
㉢ 내부에너지	㉣ 일
㉤ 자유에너지	

① ㉠, ㉡, ㉢　　② ㉠, ㉢, ㉤
③ ㉠, ㉣, ㉤　　④ ㉡, ㉢, ㉣
⑤ ㉡, ㉢, ㉤

난이도 ●●●○○ | 출제빈도 ★★★☆☆

40 다음 중 내연기관에 대한 설명으로 옳지 않은 것은?

① 노크(knock)를 저감시키기 위해 가솔린기관은 실린더 체적을 크게 하고, 디젤기관은 압축비를 작게 한다.
② 디젤기관은 혼합기 형성에서 공기만 따로 흡입하여 압축한 후, 연료를 분사하여 압축착화시키는 기관으로 가솔린기관보다 열효율이 높다.
③ 디젤기관은 평균유효압력의 차이가 크지 않아 회전력의 변동이 작다.
④ 배기량이 동일한 가솔린기관에서 연료소비율은 4행정기관이 2행정기관보다 작다.
⑤ 옥탄가는 연료의 노킹 저항성을, 세탄가는 연료의 착화성을 나타내는 수치이다.

12

2023년 하반기

인천교통공사 기출문제

[총 40문제 | 제한시간 35분]

[⇨ 정답 및 해설편 p. 180]

난이도 ●●○○○ | 출제빈도 ★★★★☆

01 다음 중 응력과 변형률과 관련된 설명으로 옳지 않은 것은?

① 재료에 노치나 구멍이 있어 단면 변화가 급격하게 일어날 경우, 이곳에 하중이 작용하면 이 부근에서 국부적으로 응력이 모이는 현상을 응력집중(stress concentration)이라고 한다.

② 기준강도의 선정에 있어 상온에서 연성 재료에 정하중이 작용할 경우, 항복점을 기준강도로 한다.

③ 최대 전단응력설은 주철과 같은 취성재료에 가장 잘 일치하는 파손이론이다

④ 금속 재료가 정하중에서는 충분한 강도를 가지고 있으나, 반복하중이나 교번하중이 장시간 받게 되면 그 하중이 아주 작더라도 마침내 파괴되는 경우의 현상을 피로(fatigue)라고 한다.

⑤ 기계요소의 온도가 변화하면 수축이나 팽창하게 되는데, 이때 기계요소가 구속되어 있다면 물체 내부에 응력이 발생하며, 이를 열응력(thermal stress)이라고 한다.

난이도 ●○○○○ | 출제빈도 ★★★★★

02 종탄성계수가 50GPa, 횡탄성계수가 20GPa일 때, 푸아송비는?

① 0.15 ② 0.25

③ 0.35 ④ 0.40

⑤ 0.50

난이도 ●●○○○ | 출제빈도 ★★★★☆

03 하중의 방향이 일정하지 않고 교번하중이 작용할 때 효과적이며, 나사 프레스, 선반의 이송 나사 등에 사용되는 나사는?

① 사다리꼴 나사   ② 사각 나사

③ 톱니 나사   ④ 둥근 나사

⑤ 볼 나사

난이도 ●●○○○ | 출제빈도 ★★★★☆

04 보일러의 지름 400mm, 사용압력 200N/cm^2, 안전율 5, 강판의 인장강도 200N/mm^2, 리벳의 이음효율이 50%일 때, 강판의 두께(mm)는?

① 10 ② 15

③ 20 ④ 25

⑤ 30

난이도 ●○○○○ | 출제빈도 ★★★☆☆

05 두께가 같은 두 판재를 맞대기 용접하였을 경우 판재에 인장하중 20kN을 작용시켰을 때, 인장응력이 5MPa이였다면, 판재의 두께(cm)는? [단, 용접길이는 20cm이며 판재의 두께는 t이다]

① 2 ② 3

③ 4 ④ 5

⑤ 6

06 베어링으로 사용되는 구리(Cu)와 납(Pb)의 합금으로 열전도성이 좋고, 기계적 성질로서의 내마모성도 우수하기 때문에 플레인 베어링의 라이닝재로 사용되는 것은?

난이도 ●○○○○ | 출제빈도 ★★★★☆

① 켈밋 ② 두랄루민
③ 모넬메탈 ④ 로엑스
⑤ 실루민

난이도 ●●○○○ | 출제빈도 ★★★★☆

07 속도비가 1 : 4인 한 쌍의 외접 표준 평기어에서 피니언의 잇수가 30개, 모듈이 2mm일 때, 기어의 중심거리(mm)는?

① 100 ② 120
③ 150 ④ 240
⑤ 360

난이도 ●●○○○ | 출제빈도 ★★★★☆

08 다음 그림과 같은 밴드 브레이크(band brake)에서 제동토크(T)가 4kN · m이고, 마찰계수(μ)가 0.5, 장력비($e^{\mu\theta}$)는 3일 때, 레버 조작력(N)은? [단, 그림에서 주어진 길이 단위는 mm이다]

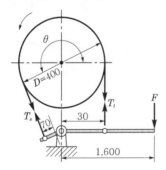

① 100N ② 125N
③ 150N ④ 250N
⑤ 300N

난이도 ●○○○○ | 출제빈도 ★★★★★

09 다음 그림의 스프링 시스템에서 각각의 스프링정수가 $k_1 = 2$N/cm, $k_2 = 6$N/cm일 때, 합성 스프링정수(N/cm)는?

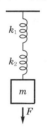

① 0.8 ② 1.0
③ 1.2 ④ 1.5
⑤ 1.8

난이도 ●○○○○ | 출제빈도 ★★★★★

10 관 속을 흐르는 유체의 평균속도가 64m/s, 관 속을 흐르는 유량이 12m³/s일 때, 관의 안지름은? [단, $\pi = 3$으로 가정한다]

① 0.2m ② 0.3m
③ 0.4m ④ 0.5m
⑤ 1.0m

난이도 ●●○○○ | 출제빈도 ★★★★☆

11 용융점은 고체가 액체 상태로 변할 때의 온도를 말한다. 이때, 용융점이 가장 높은 것은?

① 텅스텐 ② 철
③ 코발트 ④ 니켈
⑤ 주석

난이도 ●●○○○○ | 출제빈도 ★★★★☆

12 일정 온도에서 고용체를 냉각 시, 다른 2개 또는 2개 이상의 고체로 동시에 변화되는 반응을 무엇이라고 하는가?

① 공석　　　　② 편정
③ 쌍정　　　　④ 공정
⑤ 금속 간 화합물

난이도 ●○○○○○ | 출제빈도 ★★★★☆

13 구조용 강의 인장시험에 의한 공칭응력−변형률 선도에서 재료의 역학적 성질 중 알 수 없는 것은?

① 비례한도　　② 탄성한도
③ 크리프　　　④ 항복점
⑤ 극한강도

난이도 ●○○○○○ | 출제빈도 ★★★★☆

14 내연기관용 피스톤, 실린더 헤드 등에 사용되며 Cu(4%), Ni(2%), Mg(1.5%)과 나머지는 Al으로 된 합금은?

① 실루민　　　② Y합금
③ 두랄루민　　④ 모넬메탈
⑤ 니켈로이

난이도 ●○○○○○ | 출제빈도 ★★★★★

15 강을 물에 급랭하였을 때 나타나는 침상조직으로 열처리 조직 중 경도가 가장 크며 강자성체인 것은?

① 페라이트　　② 오스테나이트
③ 소르바이트　④ 트루스타이트
⑤ 마텐자이트

난이도 ●●●○○○ | 출제빈도 ★★★☆☆

16 다음 중 소성가공과 관련된 설명으로 옳지 않은 것은?

① 금속 박판의 굽힘가공에서 스프링백(spingback)은 과도굽힘으로 보정할 수 있다.
② 만네스만법은 이음매 없는 강관의 제조 방법이다.
③ 벌징은 금형 내에 삽입된 원통형 용기 또는 관에 높은 압력을 가하여 용기 또는 관의 일부를 팽창시켜 성형하는 가공이다.
④ 인발가공에서 역장력이 증가하면 인장 응력은 감소하나, 인발력에서 역장력을 뺀 다이추력은 증가한다.
⑤ 세브론균열은 압출공정에서 발생하는 결함이다.

난이도 ●●○○○○ | 출제빈도 ★★★★☆

17 다음 중 신소재와 관련된 설명으로 옳지 않은 것은?

① 비정질합금은 용융 상태에서 급랭시켜 얻어진 무질서한 원자배열을 갖는다.
② 초소성합금은 재료가 파단에 이르기까지 수백 % 이상의 큰 신장률을 보이며 복잡한 형상의 성형이 가능하다.
③ 초전도합금은 매우 낮은 온도 영역에서 전기저항이 0에 가까워지는 합금이다.
④ 퍼멀로이는 코발트에 크롬, 텅스텐 등이 첨가된 합금으로 고온경도, 내마모성, 내식성이 우수하고 각종 절삭공구, 착암기의 비트(bit) 등에 사용된다.
⑤ 형상기억합금은 소성변형을 하였더라도 재료의 온도를 높이면 원래의 형상으로 되돌아가는 성질을 가진다.

난이도 ●●○○○○ | 출제빈도 ★★★★☆

18 정밀 주조법의 일종으로서 열경화성 합성수지를 배합한 규사이며 레진샌드를 주형재로 사용하고 이것을 가열하여 조개껍데기 모양으로 경화시켜 주형을 만드는 방법은?

① 다이캐스팅법　　② 원심주조법
③ 셸주조법　　　　④ 인베스트먼트법
⑤ 연속주조법

난이도 ●●○○○○ | 출제빈도 ★★★☆☆

19 다음 중 고상용접(solid phase welding)에 해당되는 것은?

① 테르밋 용접
② 초음파 용접
③ 원자수소 아크 용접
④ 불활성가스 아크 용접
⑤ 서브머지드 아크 용접

난이도 ●○○○○○ | 출제빈도 ★★★★★

20 금속재료의 표면에 작은 강구를 압축공기와 함께 고속으로 분사하여 피가공물의 표면을 경화시켜주는 표면경화법은?

① 숏피닝　　　　② 고주파 경화법
③ 금속침투법　　④ 하드페이싱
⑤ 화염경화법

난이도 ●●○○○○ | 출제빈도 ★★★★☆

21 절삭공구가 공작물에 대하여 수평왕복운동을 하고, 공작물에는 직선이송을 주어 평면을 가공하는 것은?

① 밀링　　　　② 선반
③ 브로칭　　　④ 슬로터
⑤ 플레이너

난이도 ●●○○○○ | 출제빈도 ★★★★☆

22 다음 중 측정기기와 관련된 설명으로 옳지 않은 것은?

① 버니어캘리퍼스를 이용하여 외경과 구멍의 깊이를 측정한다.
② 다이얼게이지는 평면이나 원통형의 평활도, 축의 흔들림 정도 등의 검사나 측정에 사용된다.
③ 수준기는 액체와 기포가 들어 있는 유리관 속에 있는 기포의 위치에 의하여 수평면에서 기울기를 측정하는 기체식 길이 측정기이다.
④ 플러그 게이지는 구멍의 최소허용치수를 기준으로 한 측정단면이 있는 부분을 통과측이라고 하며 구멍의 최대허용치수를 기준으로 한 측정단면이 있는 부분을 정지측이라고 하며, 구멍용 한계게이지에 속한다.
⑤ 나사 마이크로미터와 삼침법을 이용하여 나사의 유효지름을 측정할 수 있다.

난이도 ●○○○○○ | 출제빈도 ★★★★☆

23 드릴링 머신 작업의 한 종류로 볼트 머리나 너트 등이 닿는 부분을 평평하게 가공하는 작업은?

① 카운터싱킹　　② 카운터보링
③ 태핑　　　　　④ 보링
⑤ 스폿페이싱

난이도 ●●●○○ | 출제빈도 ★★☆☆☆

24 다음 〈보기〉의 조건을 가진 밀링커터를 사용하여 평밀링을 수행할 때, 금속 제거율(cm^3/min)은? [단, $\pi = 3$으로 가정한다]

> ㉠ 밀링커터의 직경 : 20mm
> ㉡ 회전수 : 1,250rev/min
> ㉢ 밀링커터의 날 4개, 폭 20mm
> ㉣ 절삭날 1개당 이송량 : 0.04mm/tooth
> ㉤ 절삭 깊이 : 25mm

① 100   ② 200
③ 300   ④ 400
⑤ 500

난이도 ●●○○○ | 출제빈도 ★★★★☆

25 다음 〈보기〉 중 선반의 절삭가공에 대한 설명으로 옳은 만을 모두 고른 것은?

> ㉠ 절삭저항의 3분력에는 주분력, 배분력, 이송분력이 있으며, 이 중 이송분력의 크기가 가장 크다.
> ㉡ 구성인선은 절삭할 때 발생된 칩의 일부가 공구의 날 끝에 달라붙어 마치 절삭날과 같은 작용을 하면서 공작물을 절삭하는 현상이다.
> ㉢ 가장 이상적인 칩의 형태는 전단형 칩이다.
> ㉣ 절삭속도, 절삭깊이, 이송량, 공구 각중 공구수명에 가장 큰 영향을 미치는 것은 일반적으로 절삭속도이다.
> ㉤ 구성인선을 방지하려면, 공구 경사각을 작게 한다.

① ㉠, ㉡   ② ㉠, ㉡, ㉣
③ ㉡, ㉣   ④ ㉡, ㉢, ㉣
⑤ ㉡, ㉢, ㉤

난이도 ●○○○○ | 출제빈도 ★★★★★

26 1atm, 20℃에서 표면장력(surface tension)이 0.098N/m인 물방울의 내부압력이 외부압력보다 $40N/m^2$ 만큼 크게 되려면 물방울의 지름(cm)은 얼마가 되어야 하는가?

① 0.49   ② 0.98
③ 1.96   ④ 3.92
⑤ 7.84

난이도 ●●○○○ | 출제빈도 ★★★★☆

27 유량이 $0.25m^3/s$인 수차의 유효낙차가 7.5m일 때, 수차의 최대 동력은? [단, 비중량은 $1,000kgf/m^3$이다]

① 25PS   ② 50PS
③ 65PS   ④ 70PS
⑤ 85PS

난이도 ●●○○○ | 출제빈도 ★★★★☆

28 NC프로그램의 주소(address)와 그 기능을 짝지은 것으로 옳지 않은 것은?

① G – 준비 기능   ② M – 보조 기능
③ F – 이송 기능   ④ S – 주축 기능
⑤ T – 테스트 기능

난이도 ●○○○○ | 출제빈도 ★★★★★

29 점성력에 대한 관성력의 비로 층류와 난류를 구분하는 무차원수는?

① 오일러수   ② 레이놀즈수
③ 프루드수   ④ 프란틀수
⑤ 웨버수

난이도 ●○○○○ | 출제빈도 ★★★★☆

30 다음 중 SI 조합 단위로 옳지 않은 것은?

① 힘 – $kg \cdot m/s^2$

② 응력 – N/m^2

③ 에너지 – $N \cdot m$

④ 동력(일률) – J/s

⑤ 일 – J/m

난이도 ●●○○○ | 출제빈도 ★★★★☆

31 어떤 계에서 외부로 300J의 일을 하고, 계의 내부에너지가 540J 증가하였을 때, 외부로부터 이 계가 받은 열량은 얼마인가?

① 100cal   ② 200cal

③ 300cal   ④ 400cal

⑤ 500cal

난이도 ●●○○○ | 출제빈도 ★★★★☆

32 어떤 기체를 가열시켰더니 압력 50kPa, 체적 $0.1m^3$에서 압력 100kPa, 체적 $0.3m^3$로 변화하였다. 이때, 내부에너지가 20kJ 증가하였다면, 엔탈피의 변화(kJ)는?

① 20   ② 45

③ 50   ④ 70

⑤ 85

난이도 ●●○○○ | 출제빈도 ★★★☆☆

33 동력의 절감과 발열 방지의 목적으로 펌프의 무부하 운전을 시키는 밸브는?

① 언로딩밸브

② 감압밸브

③ 릴리프밸브

④ 시퀀스밸브

⑤ 카운터밸런스밸브

난이도 ●●○○○ | 출제빈도 ★★★★☆

34 다음 중 유압시스템에 대한 설명으로 옳지 않은 것은?

① 작은 동력원으로 큰 힘을 낼 수 있고, 정확한 위치 제어가 가능하다.

② 무단변속이 가능하고, 원격제어가 가능하다.

③ 에너지의 손실이 적고, 정확한 위치제어가 가능하다.

④ 충격에 강하고 높은 출력을 얻을 수 있다.

⑤ 유압시스템에 사용하는 작동유의 누설은 점도가 낮을 때 증가한다.

난이도 ●●○○○ | 출제빈도 ★★★★☆

35 다음 중 연삭과 관련된 설명으로 옳지 않은 것은?

① 연삭숫돌의 3요소는 숫돌입자, 결합제, 기공이다.

② WA 60 K 5 V로 표시된 연삭 숫돌바퀴에서 V는 조직을 나타낸 것이다.

③ 로딩은 숫돌입자의 표면이나 기공에 칩이 메워지는 현상을 말한다.

④ 드레싱은 연삭가공을 할 때, 숫돌에 눈메움(loading)이나 눈무딤(glazing) 등이 발생하면 절삭 상태가 나빠지게 되는데, 이때 숫돌 내부의 예리한 입자를 표면으로 나오게 하는 작업을 말한다.

⑤ 크립피드 연삭(creep feed grinding)은 공작물과 숫돌의 접촉면 온도가 심각하게 높아 연삭버닝이 발생하기 쉽다.

36 난이도 ●○○○○ | 출제빈도 ★★★☆☆

그림과 같은 단동실린더에서 실린더의 지름이 20mm이고, 피스톤에 $F = 3kN$의 힘이 발생한다면, 압력 P[MPa]는 얼마인가? [단, $\pi = 3$으로 가정한다]

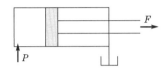

① 10　　　② 15
③ 20　　　④ 25
⑤ 30

37 난이도 ●●○○○ | 출제빈도 ★★★★☆

다음 중 삼각형 판 스프링의 처짐량 식으로 옳은 것은?

① $\dfrac{6PL}{nbh^3}$　　② $\dfrac{6PL^3}{nbh^3 E}$

③ $\dfrac{6PL^2}{nbh^2 E}$　　④ $\dfrac{3PL^3}{nbh^3 E}$

⑤ $\dfrac{3PL}{nbh E}$

38 난이도 ●○○○○ | 출제빈도 ★★★★☆

한 변의 길이가 100mm인 정육면체 물체의 물속에서의 무게가 50N이다. 이때, 이 물체의 공기 중에서의 무게(N)는? [단, 물의 밀도는 $1,000kg/m^3$이며 중력가속도는 $10m/s^2$이다]

① 35
② 45
③ 50
④ 60
⑤ 70

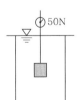

39 난이도 ●●○○○ | 출제빈도 ★★★☆☆

다음 〈보기〉에서 가솔린기관과 비교한 디젤기관의 일반적인 특징으로 옳은 것을 모두 고른것은?

> ㉠ 디젤기관은 혼합기 형성에서 공기만 따로 흡입하여 압축한 후, 연료를 분사하여 압축열로 압축착화시키는 기관이다.
> ㉡ 한랭 시 시동이 용이하고, 고속회전을 얻기 쉽다.
> ㉢ 사용 연료의 범위가 넓고, 대출력기관의 제작이 용이하다.
> ㉣ 가솔린에 비해 열효율이 높고, 연료소비율이 낮다.
> ㉤ 가솔린에 비해 압축, 폭파 압력이 낮아 소음 및 진동이 없다.

① ㉠, ㉣　　　② ㉠, ㉢, ㉣
③ ㉠, ㉢, ㉤　　④ ㉡, ㉢, ㉣
⑤ ㉡, ㉣, ㉤

40 난이도 ●●○○○ | 출제빈도 ★★★★★

다음 중 냉매(refrigerant)의 구비조건에 대한 설명으로 옳지 않은 것은?

① 비체적이 작다.
② 증발잠열이 크다.
③ 표면장력이 작다.
④ 임계온도가 낮다.
⑤ 화학적으로 안정하며 폭발성, 인화성이 없다.

13

부산교통공사 기출문제
[총 50문제 | 제한시간 45분]

[⇨ 정답 및 해설편 p. 207]

난이도 ●●○○○○ | 출제빈도 ★★★★☆

01 삼각형 단면에서 밑변의 길이가 b, 높이가 h일 때 밑변에 대한 단면 2차 모멘트는 얼마인가?

① $\dfrac{bh^3}{36}$ ② $\dfrac{bh^3}{12}$

③ $\dfrac{bh^3}{24}$ ④ $\dfrac{bh^3}{48}$

⑤ $\dfrac{bh^3}{6}$

난이도 ●●●○○○ | 출제빈도 ★★★★☆

02 다음 〈보기〉에서 상태함수로 옳은 것을 모두 고르면 몇 개인가?

내부에너지, 엔트로피, 압력, 온도, 일, 엔탈피, 열, 자유에너지

① 2개   ② 3개
③ 4개   ④ 5개
⑤ 6개

난이도 ●●○○○○ | 출제빈도 ★★★★★

03 다음 〈보기〉에서 열경화성 수지의 종류를 모두 고르면?

실리콘수지, 스티롤수지, 에폭시수지, 불소수지, 멜라민수지, 폴리에틸렌수지

① 실리콘수지, 스티롤수지, 에폭시수지
② 에폭시수지, 불소수지, 폴리에틸렌수지
③ 실리콘수지, 에폭시수지, 멜라민수지
④ 에폭시수지, 멜라민수지, 불소수지
⑤ 실리콘수지, 불소수지, 에폭시수지

난이도 ●●○○○○ | 출제빈도 ★★★★★

04 다음 〈보기〉 중에서 열역학 제2법칙과 관련된 보기로 옳은 것은 모두 몇 개인가?

㉠ 에너지 전환의 방향성을 명시하는 법칙이다.
㉡ 비가역을 명시하는 법칙으로 어떤 반응계의 반응이 자발적인 것과 관련이 있다.
㉢ 열평형의 법칙으로 온도계의 원리와 관련이 있다.
㉣ 에너지 보존의 법칙으로 열과 일은 서로 변환이 가능하며 열과 일의 변환 관계를 나타낸다.

① 0개   ② 1개
③ 2개   ④ 3개
⑤ 4개

난이도 ●○○○○○ | 출제빈도 ★★★★☆

05 구상흑연주철에 첨가하는 원소로 옳은 것은?

① Cr   ② Mo
③ Mg   ④ Ni
⑤ Co

난이도 ●●○○○○ | 출제빈도 ★★☆☆☆

06 브라인의 구비조건으로 옳지 못한 것은?

① 열용량이 커야 한다.
② 점성이 작아야 한다.
③ 비열이 커야 한다.
④ 열전도율이 작아야 한다.
⑤ 부식성이 작고 독성이 없어야 한다.

난이도 ●○○○○ | 출제빈도 ★★★★★

07 웨버수의 물리적인 의미로 옳은 것은?

① $\dfrac{압축력}{관성력}$ ② $\dfrac{관성력}{탄성력}$

③ $\dfrac{중력}{점성력}$ ④ $\dfrac{관성력}{표면장력}$

⑤ $\dfrac{부력}{점성력}$

난이도 ●○○○○ | 출제빈도 ★★★★★

08 압입체를 사용하지 않고 낙하체를 일정한 높이에서 낙하시켜 반발 높이와 낙하체의 초기 높이를 이용함으로써 경도를 측정하는 방법은?

① 비커즈 경도 시험법
② 브리넬 경도 시험법
③ 쇼어 경도 시험법
④ 로크웰 경도 시험법
⑤ 누프 경도 시험법

난이도 ●●○○○ | 출제빈도 ★★★★★

09 구성인선(빌트업에지, built-up edge)을 방지하는 방법으로 옳지 못한 것은?

① 윤활성이 좋은 절삭유제를 사용한다.
② 공구의 윗면 경사각을 크게 한다.
③ 고속으로 절삭한다.
④ 절삭깊이를 크게 한다.
⑤ 절삭공구의 인선을 예리하게 한다.

난이도 ●●○○○ | 출제빈도 ★★★★☆

10 길이가 10m인 외팔보의 자유단에 1,000N의 하중이 작용할 때, 최대 처짐량(mm)은 얼마인가? [단, 종탄성계수 50GPa, 단면의 폭 4cm, 단면의 높이 20cm]

① 0.25   ② 0.5
③ 25   ④ 250
⑤ 500

난이도 ●○○○○ | 출제빈도 ★★★★☆

11 다음 〈보기〉에서 설명하는 불변강의 종류는?

Fe-Ni 44~48%의 합금으로 열팽창계수가 유리나 백금과 거의 유사하고, 전구의 도입선으로 사용된다.

① 엘린바   ② 인바
③ 플래티나이트   ④ 코엘린바
⑤ 초인바

난이도 ●●●○○ | 출제빈도 ★★★☆☆

12 탄소강의 담금질 조직이 아닌 것은?

① 오스테나이트   ② 트루스타이트
③ 마텐자이트   ④ 펄라이트
⑤ 소르바이트

난이도 ●●○○○ | 출제빈도 ★★★★☆

13 전위기어의 특징으로 옳지 못한 것은?

① 중심거리를 자유롭게 변화시키고자 할 때 사용한다.
② 언더컷을 방지하고 이의 강도를 개선하고자 할 때 사용한다.
③ 이의 물림률을 증가시키며 최소 잇수를 줄이기 위해 사용된다.
④ 베어링 압력이 감소한다.
⑤ 호환성이 없다.

난이도 ●●○○○○ | 출제빈도 ★★★★☆

14 유압작동유의 구비조건으로 옳지 못한 것은?

① 비압축성이어야 한다.

② 증기압이 낮고 비등점이 높아야 한다.

③ 점도지수가 커야 한다. 즉, 온도 변화에 대한 점도의 변화가 작아야 한다.

④ 체적탄성계수가 작아야 한다.

⑤ 비열이 크고 비중은 작아야 한다.

난이도 ●●○○○○ | 출제빈도 ★★★★☆

15 다음 조건에 따라 냉동기의 소요 동력(W)을 산출하면 얼마인가?

Q_2 : 36,000kJ/h, 성적계수 : 3.5

① 10kW   ② 36kW

③ 2.86kW   ④ 3.6kW

⑤ 7.2kW

난이도 ●●○○○ | 출제빈도 ★★★★☆

16 내연기관의 종류인 가솔린기관, 디젤기관과 관련된 설명으로 옳지 못한 것은?

① 디젤기관은 점화장치, 기화장치 등이 없어 고장이 적다.

② 가솔린기관의 열효율과 압축비는 디젤기관의 열효율과 압축비보다 낮다.

③ 가솔린기관의 노크를 방지하려면 실린더 체적을 작게 한다.

④ 디젤기관은 회전수에 대한 발생토크의 변동이 작지만 연료소비율이 크다.

⑤ 가솔린기관은 기화에서 연료가 혼합 공급되고 디젤기관은 혼합기 형성에서 공기만 따로 흡입하여 압축한 후 연료분사 펌프로 연료를 분사한다.

난이도 ●●○○○○ | 출제빈도 ★★★★☆

17 기준강도에 대한 설명으로 옳지 못한 것은?

① 상온에서 주철과 같은 취성재료에 정하중이 작용할 때는 극한강도를 기준강도로 한다.

② 고온에서 연성재료에 정하중이 작용할 때는 크리프한도를 기준강도로 한다.

③ 좌굴이 발생하는 장주에서는 좌굴응력을 기준강도로 한다.

④ 반복하중이 작용할 때는 피로한도를 기준강도로 한다.

⑤ 상온에서 연강과 같은 연성재료에 정하중이 작용할 때는 탄성한도를 기준강도로 한다.

난이도 ●●○○○○ | 출제빈도 ★★★★☆

18 여러 물리량의 차원을 옳게 연결한 것은? [단, M : 질량의 차원, L : 길이의 차원, T : 시간의 차원이다]

① 일 $- ML^2 T^{-1}$

② 동력 $- ML^2 T^{-3}$

③ 점성계수 $- ML^{-1} T^1$

④ 가속도 $- LT^2$

⑤ 밀도 $- ML^3$

난이도 ●●○○○○ | 출제빈도 ★★★★☆

19 여러 금속에 대한 설명으로 옳지 못한 것은?

① 니켈(Ni)은 비중이 8.9, 용융점이 1,455℃
 이며 동소변태는 하지 않고 자기변태만
 한다.

② 마그네슘(Mg)은 비중이 1.74로 실용금
 속 중 가장 가볍고 내구성 및 절삭성이
 좋다.

③ 몰리브덴(Mo)은 체심입방격자이며 뜨
 임메짐을 방지한다.

④ 아연(Zn)은 용융점이 419℃로 면심입
 방격자이다.

⑤ 망간(Mn)은 적열취성을 방지하며 탄소
 에 첨가하면 강도, 경도, 내열성 등을 증
 가시킨다.

난이도 ●○○○○ | 출제빈도 ★★★★☆

20 발전소의 기본 구성 장치 중에서 증기를 물로
 바꿔주는 장치는 무엇인가?

① 절탄기　　　　② 복수기
③ 터빈　　　　　④ 보일러
⑤ 펌프

난이도 ●○○○○ | 출제빈도 ★★★★☆

21 다음 중 기계적 성질로만 짝지어진 것은?

① 비중, 용융점, 비열, 열팽창계수
② 주조성, 단조성, 용접성, 절삭성
③ 내열성, 내식성, 자성, 피로
④ 인장강도, 인성, 전성, 피로
⑤ 부피, 온도, 질량, 비중

난이도 ●○○○○ | 출제빈도 ★★★★★

22 파이프의 안지름이 100cm인 곳에서의 유체
 의 속도가 2m/s일 때 200cm인 곳에서의 동
 일한 유체의 속도는 얼마인가?

① 0.5m/s　　　② 1.0m/s
③ 1.5m/s　　　④ 2.0m/s
⑤ 2.5m/s

난이도 ●●○○○○ | 출제빈도 ★★★★☆

23 강괴의 종류 중에서 기포나 편석은 없지만 표
 면에 수소가스에 의한 머리카락 모양의 미세
 한 균열인 헤어크랙이 발생하기 쉽고 상부에
 수축공이 발생하는 것은?

① 림드강　　　　② 캡드강
③ 킬드강　　　　④ 세미킬드강
⑤ 엘린바

난이도 ●○○○○ | 출제빈도 ★★★★☆

24 원통형의 코일스프링에서 코일의 평균지름이
 2배가 되면 처짐량은 어떻게 되는가?

① 2배　　　　　② 4배
③ 0.5배　　　　④ 0.125배
⑤ 8배

난이도 ●●○○○ | 출제빈도 ★★★★☆

25 동점성계수(ν)가 $0.1 \times 10^{-5} \text{m}^2/\text{s}$인 유체가
 안지름 10cm인 파이프 내에 1m/s로 흐르고
 있다. 관의 마찰계수가 $f = 0.022$이며 관의
 길이가 200m일 때의 손실수두는 몇 m인가?
 [단, 유체의 비중량은 9,800N/m³이다.]

① 2.24　　　　② 6.58
③ 11.0　　　　④ 22.0
⑤ 33.0

난이도 ●●○○○○ | 출제빈도 ★★★★☆

26 하나의 고용체가 형성되고 그와 동시에 같이 있던 액상이 반응해서 또 다른 고용체가 생성되는 것은?

① 공정반응　　　② 공석반응
③ 포정반응　　　④ 편정반응
⑤ 금속 간 화합물

난이도 ●●○○○○ | 출제빈도 ★★★☆☆

27 오목 및 볼록 형상의 롤러 사이에 판을 넣고 롤러를 회전시켜 홈을 만드는 공정으로 긴 돌기를 만드는 가공은?

① 코이닝　　　②스웨이징
③ 스피닝　　　④비딩
⑤시밍

난이도 ●●○○○○ | 출제빈도 ★★★★☆

28 단조나 주조품의 경우 표면이 울퉁불퉁하여 볼트나 너트를 체결하기 곤란하다. 이때, 볼트나 너트가 닿는 구멍 주위를 평탄하게 가공하여 체결이 용이하도록 하는 가공 방법은?

① 카운터보링　　　② 카운터싱킹
③ 스폿페이싱　　　④ 널링가공
⑤ 보링가공

난이도 ●●○○○○ | 출제빈도 ★★★☆☆

29 기준치수에 대한 구멍의 공차역이 $\phi 50^{+0.05}_{-0.01}$ [mm]이고, 축의 공차역이 $\phi 50^{+0.03}_{-0.03}$ [mm] 일 때, 최대 죔새는 얼마인가?

① 0.03mm　　　② 0.04mm
③ 0.06mm　　　④ 0.08mm
⑤ 0.10mm

난이도 ●○○○○○ | 출제빈도 ★★★★☆

30 두 축이 서로 평행하고 중심선의 위치가 서로 약간 어긋났을 경우, 각속도의 변화 없이 동력을 전달시키려고 할 때 사용되는 커플링은?

① 머프커플링　　　② 유니버셜커플링
③ 올덤커플링　　　④ 플랙시블커플링
⑤ 클램프커플링

난이도 ●●●○○○ | 출제빈도 ★★★★☆

31 다음 그림은 블록 브레이크이다. 드럼은 시계방향으로 회전하고 있다. F는 브레이크 레버에 가하는 힘이다. 이때, 다음 표에 주어진 조건을 기반으로 브레이크의 제동력을 구하면?

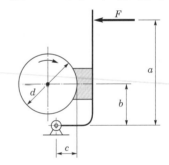

$F = 1,000\text{N}$	$a = 1,500\text{mm}$	$b = 280\text{mm}$
$c = 100\text{mm}$	d(드럼의 지름) $= 400\text{mm}$	μ(마찰계수) $= 0.2$

① 1,000N　　　② 2,000N
③ 3,000N　　　④ 4,000N
⑤ 5,000N

32 다음 그림처럼 1줄 겹치기 리벳이음에서 허용전단응력이 4kgf/mm^2이고 리벳의 지름이 5mm일 때, 750kgf의 하중 P를 지지하기 위한 리벳의 최소 개수는 몇 개인가? [단, $\pi = 3$으로 계산한다]

난이도 ●●○○○ | 출제빈도 ★★★☆☆

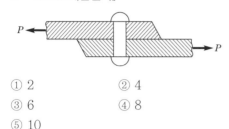

① 2 ② 4
③ 6 ④ 8
⑤ 10

난이도 ●○○○○ | 출제빈도 ★★★★★

33 열기관에 5,000kcal의 열을 공급하였더니 외부에 2,500kJ의 일을 하였다. 이 열기관의 열효율은 약 몇 %인가?

① 12% ② 25%
③ 50% ④ 55%
⑤ 72%

난이도 ●●○○○ | 출제빈도 ★★★☆☆

34 양쪽 측면 필릿 용접에서 용접 사이즈가 10mm이고 허용전단응력이 200MPa일 때 최대하중 P는 얼마인가? [단, $\cos45° = 0.7$로 계산한다]

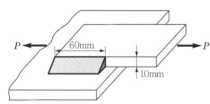

① 111kN ② 125kN
③ 142kN ④ 168kN
⑤ 172kN

난이도 ●●○○○ | 출제빈도 ★★★☆☆

35 안지름이 40mm이고 바깥지름이 60mm인 원판클러치의 동력이 4kW이다. 이때, 축 방향으로 미는 힘(N)은 대략 얼마인가? [단, 회전수 N은 4,000rpm, 마찰계수는 0.2이며 마찰면의 중심 지름은 안지름과 바깥지름의 평균지름으로 한다]

① 955N ② 477N
③ 1,910N ④ 3,820N
⑤ 7,640N

난이도 ●●●○○ | 출제빈도 ★★★☆☆

36 2,400rpm으로 회전하고 2.94kN의 반지름 방향 하중이 작용하는 축을 베어링이 지지하고 있다. 이때, 베어링의 마찰손실동력(PS)은? [단, 축의 지름은 100mm, 저널 길이는 50mm, 마찰계수는 0.2, $\pi = 3$으로 한다]

① 7.06 ② 9.6
③ 12 ④ 4.8
⑤ 24

난이도 ●○○○○ | 출제빈도 ★★★★☆

37 공동현상(케비테이션)에 대한 설명으로 옳지 못한 것은?

① 공동현상을 방지하려면 양흡입펌프를 사용한다.
② 공동현상을 방지하려면 배관을 완만하고 짧게 한다.
③ 공동현상이 발생하면 소음 및 진동이 발생하고 펌프의 효율이 감소한다.
④ 공동현상을 방지하려면 펌프의 설치높이를 낮춰 흡입양정을 짧게 한다.
⑤ 공동현상은 펌프의 회전수가 작을 때 발생한다.

난이도 ●●○○○ | 출제빈도 ★★★☆☆

38 작동유 압력이 500N/cm^2이고, 1회전당 배출유량은 20cc/rev일 때, 유압모터의 구동토크(N · m)는 약 얼마인가? [단, $\pi = 3$으로 가정한다]

① 17N · m ② 25N · m
③ 33N · m ④ 55N · m
⑤ 67N · m

난이도 ●●●○○ | 출제빈도 ★★★☆☆

39 여러 기계적 결합요소에 대한 설명 중 옳은 것을 모두 고르면?

> ㄱ. 관통볼트란 결합하려는 상대 쪽에 탭으로 암나사를 내고, 이것을 머리 달린 볼트를 나사에 박아 부품을 결합하는 볼트이다.
> ㄴ. 키의 재질은 축보다 약간 강한 재료로 만든다.
> ㄷ. 코터는 축 방향에 인장 또는 압축하중이 작용할 때 두 축을 연결하는 것으로 두 축을 분해할 필요가 있는 곳에 사용하는 결합용 기계요소이다.
> ㄹ. 탭볼트란 관통된 구멍에 볼트를 집어넣어 반대쪽에서 너트로 죄어 2개의 기계부품을 죄는 볼트이다.
> ㅁ. 핀은 키의 대용으로 쓰이며 핸들을 축에 고정할 때나 부품을 설치, 분해 조립하는 경우에 사용하는 반영구적인 기계결합요소이다.

① ㄱ, ㄴ, ㄹ ② ㄱ, ㄷ, ㄹ
③ ㄴ, ㄷ, ㄹ ④ ㄱ, ㄴ, ㄷ
⑤ ㄴ, ㄷ, ㅁ

난이도 ●●○○○ | 출제빈도 ★★★☆☆

40 외팔보형 겹판스프링의 처짐 공식으로 옳은 것은?

① $\delta = \dfrac{6PL^2}{nbh^3E}$ ② $\delta = \dfrac{6PL^3}{nbh^2E}$

③ $\delta = \dfrac{6PL^3}{nbh^3E}$ ④ $\delta = \dfrac{6PL^2}{nbh^2E}$

⑤ $\delta = \dfrac{6PL^3}{nbh^4E}$

난이도 ●●○○ | 출제빈도 ★★★★☆

41 여러 가공 방법에 대한 설명 중 옳은 것을 모두 고르면?

> ㄱ. 슈퍼피니싱 : 가공물 표면에 미세하고 비교적 연한 숫돌을 높은 압력으로 접촉시켜 진동을 주어 가공하는 고정밀 가공 방법이다.
> ㄴ. 전해연마 : 전기도금과는 반대로 공작물을 양극으로 하여 적당한 용액 중에 넣어 통전함으로써 양극의 용출작용에 의해 가공하는 방법이다.
> ㄷ. 래핑 : 연한 금속이나 비금속재료의 랩(lab)과 일감 사이에 절삭 분말 입자인 랩제(abrasives)를 넣고 상대 운동을 시켜 공작물을 미소한 양으로 깎아 매끈한 다듬질 면을 얻는 정밀가공 방법으로, 종류로는 습식래핑과 건식래핑이 있고 건식래핑을 먼저 하고 습식래핑을 실시한다.
> ㄹ. 화학연마 : 강한 산, 알칼리 등과 같은 용액에 가공하고자 하는 금속을 담그고 열에너지를 주어 화학반응을 촉진시켜 매끈하고 광택이 나는 평활한 면을 얻는 가공 방법이다.

① ㄱ, ㄴ ② ㄱ, ㄷ
③ ㄴ, ㄷ ④ ㄴ, ㄹ
⑤ ㄷ, ㄹ

난이도 ●○○○○ | 출제빈도 ★★★★★

42 다음 중 유체를 한 방향으로만 흐르게 하고, 역류를 방지하는 밸브는?

① 슬루스 밸브　　　② 글로브 밸브
③ 플로트 밸브　　　④ 체크 밸브
⑤ 릴리프 밸브

난이도 ●●●○○ | 출제빈도 ★★★☆☆

43 다음 중 용접 방법에 대한 설명으로 옳은 것을 모두 고르면?

> ㄱ. 전자빔용접 : 고진공 분위기 속에서 양극으로부터 방출된 전자를 고전압으로 가속시켜 피용접물에 충돌시켜 그 충돌로 인한 발열 에너지로 용접을 실시하는 방법이다.
> ㄴ. 고주파용접 : 플라스틱과 같은 절연체를 고주파 전장 내에 넣으면 분자가 강하게 진동되어 발열하는 성질을 이용한 용접 방법이다.
> ㄷ. 테르밋용접 : 알루미늄 분말과 산화철 분말을 3 : 1 비율로 혼합시켜 발생되는 화학 반응열을 이용한 용접 방법이다.
> ㄹ. TIG용접 : 텅스텐 봉을 전극으로 하고 아르곤이나 헬륨 등의 불활성 가스를 사용하여 알루미늄, 마그네슘, 스테인리스강의 용접에 널리 사용되는 용접 방법이다.

① ㄱ, ㄴ　　　② ㄱ, ㄷ
③ ㄴ, ㄷ　　　④ ㄴ, ㄹ
⑤ ㄷ, ㄹ

난이도 ●●○○○ | 출제빈도 ★★★☆☆

44 여러 측정기에 대한 설명 중 옳은 것을 모두 고르면?

> ㄱ. 오토콜리메이터 : 금긋기용 공구로 평면도 검사나 금긋기를 할 때 또는 중심선을 그을 때 사용한다.
> ㄴ. 블록게이지 : 여러 개를 조합하여 원하는 치수를 얻을 수 있는 측정기로 양 단면의 간격을 일정한 길이의 기준으로 삼은 높은 정밀도로 잘 가공된 단도기이다.
> ㄷ. 다이얼게이지 : 측정자의 직선 또는 원호운동을 기계적으로 확대하여 그 움직임을 지침의 회전변위로 변환하여 눈금으로 읽을 수 있는 길이측정기로 진원도, 평면도, 평행도, 축의 흔들림, 원통도 등을 측정할 수 있다.
> ㄹ. 서피스게이지 : 시준기와 망원경을 조합한 광학적 측정기로 미소각을 측정할 수 있다. 또한, 직각도, 평면도, 평행도, 진직도 등을 측정할 수 있다.

① ㄱ, ㄴ　　　② ㄱ, ㄷ
③ ㄴ, ㄷ　　　④ ㄴ, ㄹ
⑤ ㄷ, ㄹ

난이도 ●●○○○ | 출제빈도 ★★★★☆

45 주형 내에서 이미 응고된 금속과 용융금속이 만나 응고속도 차이로 먼저 응고된 금속면과 새로 주입된 용융금속의 경계면에서 발생하는 결함, 즉 서로 완전히 융합되지 않고 응고된 결함을 뜻하는 것은?

① 수축공　　　② 미스런
③ 콜드셧　　　④ 핀
⑤ 기공

난이도 ●○○○○ | 출제빈도 ★★★★★

46 푸아송비가 0.2일 때, 가로탄성계수 G에 대한 세로탄성계수 E의 비(E/G)는 얼마인가?

① 0.42   ② 2.4
③ 3.6   ④ 4.8
⑤ 6.0

난이도 ●●○○○ | 출제빈도 ★★★★☆

47 당기기만 해도 파단에 이르기까지 수백 % 이상 늘어나며 금속이 마치 유리질처럼 늘어나는 성질을 가진 재료는 무엇인가?

① 초전도합금   ② 초소성합금
③ 형상기억합금   ④ 파인세라믹스
⑤ FRP

난이도 ●●●○○ | 출제빈도 ★★★☆☆

48 나사의 허용 접촉면압력 20MPa, 피치 2mm이고, 볼트의 바깥지름과 골지름은 각각 10mm, 6mm이다. 이때, 나사의 축 방향에 걸리는 전하중이 10kN일 때, 너트의 높이는 약 얼마인가? [단, $\pi = 3$으로 계산한다]

① 20.83mm   ② 30.43mm
③ 44.33mm   ④ 50.83mm
⑤ 60.43mm

난이도 ●●○○○ | 출제빈도 ★★★★☆

49 물을 노즐로부터 분출시켜 위치에너지를 모두 운동에너지로 바꾸는 수차의 종류이며, 물을 수차 날개에 충돌시켜 회전력을 얻는 충격수차로 주로 고낙차(200~1,800m)와 저유량에 적합한 수차는 무엇인가?

① 펠톤 수차   ② 튜블러 수차
③ 프란시스 수차   ④ 카플란 수차
⑤ 프로펠러 수차

난이도 ●●○○○ | 출제빈도 ★★★★☆

50 다음 그림과 같은 부재에 지름 10cm인 구멍이 뚫려 있다. 그리고 부재의 위 아래로 100N의 인장하중이 작용하고 있다. 이때, 부재에 작용하는 최대 집중응력(kN/m^2)은 약 얼마인가? [단, 응력집중계수(α)는 4이다]

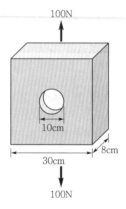

① 0.25   ② 2.5
③ 25   ④ 50
⑤ 75

14

2022년 하반기
부산교통공사(운전직) 기출문제
[총 25문제 | 제한시간 20분]

[⇨ 정답 및 해설편 p. 228]

난이도 ●●○○○○ | 출제빈도 ★★★★☆

01 다음 〈보기〉에서 설명하는 알루미늄 합금으로 옳은 것은?

> 알루미늄–마그네슘계 합금으로 알루미늄에 약 10%까지의 마그네슘을 첨가하여 알루미늄이 바닷물에 약한 것을 개량하기 위해 개발된 대표적인 내식성 합금이다. 용도로는 내식성이 요구되는 철도차량, 갑판구조물 등에 사용된다.

① Y합금   ② 알팩스
③ 라우탈   ④ 하이드로날륨

난이도 ●●○○○○ | 출제빈도 ★★★★☆

02 미터계 사다리꼴 나사에서 호칭지름과 치수가 같은 것은?

① 암나사의 안지름
② 수나사의 골지름
③ 암나사의 유효지름
④ 수나사의 바깥지름

난이도 ●○○○○○ | 출제빈도 ★★★★☆

03 쾌삭강은 절삭성을 향상시킨 강을 말한다. 다음 중 절삭성의 향상을 위해 첨가하는 원소로 옳지 않은 것은?

① 납(Pb)   ② 황(S)
③ 세슘(Cs)   ④ 인(P)

난이도 ●○○○○○ | 출제빈도 ★★★★☆

04 다음 중 항온열처리에 해당하는 것은?

① 노멀라이징   ② 어닐링
③ 보로나이징   ④ 오스템퍼링

난이도 ●●○○○○ | 출제빈도 ★★★★☆

05 다음 중 베어링(bearing)에 대한 설명으로 옳지 않은 것은?

① 저널은 베어링에 의해 지지되는 축의 부분 및 베어링이 축과 접촉되는 부분이다.
② 베어링은 회전하는 축을 일정한 위치에서 지지하여 자유롭게 움직이게 하고 축의 회전을 원활하게 하는 축용 기계요소이다.
③ 미끄럼베어링은 표준형 양산품으로 규격화가 되어 있어 호환성이 우수하다.
④ 전동체(볼, 롤러)를 이용하여 구름마찰을 하는 것을 구름베어링, 윤활유에 의한 유막형성으로 유체마찰을 하는 것을 미끄럼베어링이라고 한다.

난이도 ●○○○○○ | 출제빈도 ★★★★☆

06 원통마찰차에서 마찰차를 수직으로 누르는 힘이 4,000N이고, 접촉점에서의 원주속도가 10m/s라면 전달할 수 있는 동력(kW)은? [단, 마찰계수는 0.2이다]

① 6   ② 8
③ 10   ④ 12

난이도 ●○○○○ | 출제빈도 ★★★★★

07 바깥지름 5mm, 안지름 3mm인 원형 파이프에 축하중 60N이 작용할 때, 축하중에 의해 원형 파이프에 발생하는 응력(N/mm^2)은? [단, 축하중은 단면 도심에 작용하며 $\pi = 3$으로 가정한다]

① 5　　　　　② 10
③ 15　　　　　④ 20

난이도 ●●○○○ | 출제빈도 ★★★★★

08 철(Fe)의 용융점은 1,538℃이다. 이때, 철(Fe)보다 용융점이 낮은 금속에 해당되는 것을 모두 고르면?

① 니켈, 구리　　② 니켈, 텅스텐
③ 티타늄, 니켈　④ 티타늄, 구리

난이도 ●○○○○ | 출제빈도 ★★★★☆

09 다음 중 상온에서 액체 상태인 순금속으로 옳은 것은?

① 납(Pb)　　　② 바나듐(V)
③ 수은(Hg)　　④ 아연(Zn)

난이도 ●○○○○ | 출제빈도 ★★★★☆

10 다음 중 금속재료의 기계적 성질인 전성을 이용한 가공 방법과 거리가 먼 것은?

① 인발　　　　② 압연
③ 연마　　　　④ 압출

난이도 ●●○○○ | 출제빈도 ★★★★☆

11 다음 중 삼각나사에 대한 설명으로 옳지 않은 것은?

① 나사의 길이 방향 단면이 정삼각형 형태이다.
② 암나사와 수나사가 결합될 수 있는 기본적인 조건은 나사의 종류가 같아야 하며, 호칭지름과 피치가 같아야 한다는 것이다.
③ 삼각나사의 나사산 각도는 30°이다.
④ 삼각나사는 수나사와 암나사가 경사면에서 접촉되는 결합용 나사이다.

난이도 ●●○○○ | 출제빈도 ★★★★☆

12 구리 70%에 아연 30%를 첨가한 것으로 α(fcc)상이며 연신율이 가장 크고 탄피재료 등에 사용되는 황동은?

① 네이벌 황동　　② 델타메탈
③ 문쯔메탈　　　④ 카트리지 브라스

난이도 ●●○○○ | 출제빈도 ★★★★☆

13 주철에 있어 탄소(C) 다음으로 중요한 성분은?

① 망간(Mn)　　② 인(P)
③ 규소(Si)　　　④ 황(S)

난이도 ●○○○○ | 출제빈도 ★★★★☆

14 단면적이 $1,000mm^2$인 강판을 I형홈 맞대기 용접 이음하였을 때, 허용인장력이 2,800kgf였다면 관의 허용응력(kgf/mm^2)은? [단, 이음효율은 0.7이다]

① 4　　　　　② 6
③ 8　　　　　④ 10

난이도 ●●○○○ | 출제빈도 ★★★★☆

15 다음 〈보기〉 중 체인(chain) 전동 장치에 대한 설명으로 옳은 것을 모두 고르면?

> ㉠ 축간거리를 조절할 수 없다.
> ㉡ 미끄럼이 없어 정확한 속도비(속비)를 얻을 수 있다.
> ㉢ 큰 동력의 전달에는 적합하지 않다.
> ㉣ 체인은 운전 도중 끊어질 수 있기 때문에 위험성을 고려하여 설계해야 한다.
> ㉤ 초기장력을 줄 필요가 없다.

① ㉠, ㉡, ㉢
② ㉠, ㉡, ㉣
③ ㉡, ㉢, ㉣
④ ㉡, ㉣, ㉤

난이도 ●●○○○ | 출제빈도 ★★★☆☆

16 다음 중 오버 핀 법(over pin measurement)은 무엇을 측정하는 방법인가?

① 수나사의 유효지름
② 원통의 진원도
③ 표면거칠기
④ 기어(톱니바퀴)의 이 두께

난이도 ●●○○○ | 출제빈도 ★★★☆☆

17 다음 〈보기〉 중 드릴링 머신을 사용하여 가공하는 가공법으로 옳은 것을 모두 고르면?

> ㉠ 비딩
> ㉡ 리밍
> ㉢ 스폿페이싱
> ㉣ 시밍
> ㉤ 카운터싱킹

① ㉠, ㉡, ㉢
② ㉡, ㉢, ㉣
③ ㉡, ㉢, ㉤
④ ㉢, ㉣, ㉤

난이도 ●●○○○ | 출제빈도 ★★★☆☆

18 다음 중 줄의 작업 방법으로 옳지 않은 것은?

① 사진법
② 영위법
③ 병진법
④ 직진법

난이도 ●●○○○ | 출제빈도 ★★★★☆

19 다음 중 케비테이션(cavitation)의 방지 방법으로 옳지 않은 것은?

① 펌프를 2개 이상 설치한다.
② 양흡입펌프를 사용한다.
③ 펌프의 회전수를 작게 한다.
④ 펌프의 설치 높이를 최대한 높인다.

난이도 ●●○○○ | 출제빈도 ★★★★★

20 재료의 허용응력이 70MPa, 기준강도가 420MPa일 때, 안전율은?

① 4
② 6
③ 8
④ 10

난이도 ●●○○○ | 출제빈도 ★★☆☆☆

21 마이크로미터로 길이를 측정하고자 한다. 슬리브의 눈금이 5.5mm이고, 심블의 눈금이 0.43mm일 때, 측정값(mm)은?

① 5.07
② 5.93
③ 6.36
④ 6.79

난이도 ●●○○○ | 출제빈도 ★★★★☆

22 폭이 20cm, 높이가 30cm인 직사각형 단면을 가진 보의 단면계수(cm^3)는?

① 1,500
② 2,000
③ 2,500
④ 3,000

난이도 ●●○○○ | 출제빈도 ★★★★☆

22 수차는 유체에너지를 기계에너지로 변환시키는 기계로 수력발전에서 가장 중요한 설비이다. 이때, 〈보기〉에서 설명하는 수차의 종류로 옳은 것은?

> 고낙차(200~1,800m) 발전에 사용하는 충동수차의 일종으로 물의 속도에너지만을 이용하는 수차이다. 이 수차는 고속 분류를 버킷에 충돌시켜 그 힘으로 회전차를 움직이는 수차이다.

① 프란시스 수차 ② 카플란 수차
③ 펠톤 수차 ④ 프로펠러 수차

난이도 ●○○○○ | 출제빈도 ★★★★★

24 길이가 16m인 외팔보(켄틸레버보)에 3N/m의 등분포하중이 작용하고 있다. 이때, 반력이 발생하는 위치와 반력(N)의 크기는?

① 자유단, 24 ② 고정단, 24
③ 자유단, 48 ④ 고정단, 48

난이도 ●○○○○ | 출제빈도 ★★★★★

25 다음 〈보기〉 중 정하중에 해당되는 것을 모두 고르면 몇 개인가?

> ㉠ 압축하중 ㉡ 인장하중
> ㉢ 교번하중 ㉣ 전단하중

① 1개 ② 2개
③ 3개 ④ 4개

15

2023년 하반기
부산교통공사(운전직) 기출문제
[총 25문제 | 제한시간 20분]

[⇨ 정답 및 해설편 p. 236]

난이도 ●○○○○ | 출제빈도 ★★★★☆

01 재료의 취성과 인성을 알아보는 시험을 충격 시험이라고 한다. 다음 〈보기〉 중 충격시험 에 해당되는 것을 모두 고르면?

> ㉠ 로크웰(Rockwell) 시험
> ㉡ 샤르피(Charpy) 시험
> ㉢ 브리넬(Brinell) 시험
> ㉣ 아이조드(Izod) 시험

① ㉠, ㉡　　　　② ㉡, ㉢
③ ㉡, ㉣　　　　④ ㉢, ㉣

난이도 ●○○○○ | 출제빈도 ★★★★☆

02 다음 중 취성재료(brittle material)로 옳지 않은 것은?

① 콘크리트　　② 저탄소강
③ 고탄소강　　④ 유리

난이도 ●●○○○ | 출제빈도 ★★★★☆

03 다음 중 경량화를 위한 구조물에 적합한 재료 인 알루미늄 합금의 종류에 해당되지 않는 것 은?

① 실루민(Silumin)
② Y합금(Y alloy)
③ 톰백(Tombac)
④ 라우탈(Lautal)

난이도 ●○○○○ | 출제빈도 ★★★★★

04 어떤 재료의 재질이 KS 재료 기호인 SM20C 로 표기되어 있다. 이 재료는 무엇을 나타내 는가?

① 스프링강
② 일반구조용 압연강재
③ 탄소 공구강재
④ 기계구조용 탄소강재

난이도 ●●○○○ | 출제빈도 ★★★★☆

05 다음 중 나사와 관련된 설명으로 가장 옳지 않은 것은?

① 나사의 크기를 나타내는 호칭은 수나사 의 바깥지름으로 표기하며, 바깥지름은 호칭지름과 같다.
② 나사의 피치(p), 리드(l)와 나사의 줄수 (n)의 관계는 $l = np$로 표현할 수 있다.
③ 나사산각은 수나사의 나사산이 이루는 각 도로서 나사의 모양과는 상관없이 모든 나 사에 대해 나사산의 각도가 동일하다.
④ 나사에서 지름의 크기는 나사 속의 직각 방향으로 측정할 수 있으며, 나사의 치 수를 나타내는 기호로서 암나사에는 알 파벳 대문자로, 수나사에는 알파벳 소문 자로 나타낸다.

난이도 ●●○○○○ | 출제빈도 ★★★★☆

06 다음 중 축과 관련된 설명으로 가장 옳지 않은 것은?

① 회전축의 동력은 회전토크를 회전각속도로 나눈 값이다.

② 축은 용도에 따라 차축, 전동축, 스핀들축으로 분류할 수 있으며, 모양에 따라 직선축, 크랭크축으로 분류할 수 있다.

③ 축이 구름베어링과 결합하는 경우, 구름베어링의 내경치수가 축의 외경치수와 같게 된다.

④ 회전축의 재료는 동력전달에 의한 비틀림이나 휨에 대한 충분한 강도가 있어야 하며, 진동으로 발생하는 반복하중에 대비한 내피로성, 저널 등에 의한 마모에 대비한 내마모성, 충격 등에 대비한 인성을 고려하여야 한다.

난이도 ●●○○○○ | 출제빈도 ★★★★☆

07 단판클러치는 구동축과 피동축 사이에 1개의 마찰원판을 설치하여 마찰력으로 토크를 전달하는 장치인데, 접촉면의 안지름 60mm, 접촉면의 바깥지름 80mm일 때, 단판클러치의 접촉면의 너비(mm)는?

① 10   ② 30

③ 50   ④ 70

난이도 ●○○○○○ | 출제빈도 ★★★★☆

08 다음 중 절삭가공할 때 이용되는 공작기계로 가장 옳지 않은 것은?

① 밀링 머신   ② 드릴링 머신

③ 선반   ④ 프레스

난이도 ●●●○○○ | 출제빈도 ★★★★☆

09 다음 중 키와 관련된 설명으로 가장 옳지 않은 것은?

① 원추키(원뿔키)는 보스를 축의 임의의 위치에 헐거움 없이 고정하는 것이 가능하며, 축과 보스의 편심이 적다.

② 축과 보스의 결합에 사용되는 방법 중 키 체결법은 종류가 다양하고, 종류에 따라 축 방향 이동이 가능한 것도 있다.

③ 축에 키홈을 가공할 때에는 주로 엔드밀 또는 밀링커터를 사용하고, 보스 부분에 키홈을 가공할 때에는 주로 브로치를 사용한다.

④ 안장키는 보통형, 조임형, 활동형으로 구분되며, 축과 보스의 키홈은 각각 축 방향으로 평행한 형태의 홈을 갖는다.

난이도 ●●○○○○ | 출제빈도 ★★★★☆

10 다음 중 소성가공과 관련된 설명으로 가장 옳지 않은 것은?

① 단조는 고체인 금속재료를 해머 등으로 두들기거나 가압하는 기계적 방법으로 일정한 모양으로 만드는 가공법이다.

② 물체의 소성을 이용해 변형시켜 여러 가지 모양을 만드는 가공법이다.

③ 압연에서 사용하는 압연롤러는 몸체, 넥, 웨블러의 3부분으로 이루어져 있다.

④ 주로 크고 복잡한 형상을 제작할 때 이용된다.

11 다음 중 압접에 해당되는 저항용접(resistance welding)으로 옳지 않은 것은?

난이도 ●○○○○ | 출제빈도 ★★★★☆

① 프로젝션 용접
② 플래시 용접
③ 테르밋 용접
④ 스폿 용접

12 한계게이지는 2개의 게이지를 짝지어 한쪽은 허용되는 최대치수, 다른 쪽은 최소치수로 하여 제품이 이 한도 내에서 제작되는가를 검사하는 게이지로, 구멍용, 축용, 나사용으로 분류할 수 있다. 이때, 구멍용 한계게이지의 종류에 해당되는 것을 모두 고르면?

난이도 ●●○○○ | 출제빈도 ★★★★☆

① 봉 게이지, 플러그 게이지
② 스냅 게이지, 링 게이지
③ 봉 게이지, 링 게이지
④ 스냅 게이지, 플러그 게이지

13 기체가 담겨 있는 밀폐된 실린더 용기가 있다. 이때, 외부로부터 실린더의 피스톤에 힘이 작용하여 기체에 압력이 가해졌을 때, 기체의 밀도는 어떻게 변하는가?

난이도 ●○○○○ | 출제빈도 ★★★★☆

① 변하지 않는다.
② 증가한다.
③ 감소한다.
④ 증가 또는 감소할 수 있다.

14 수력기계에 해당되는 펌프는 터보형과 용적형으로 분류할 수 있다. 이때, 터보형에 해당되지 않는 펌프는?

난이도 ●○○○○ | 출제빈도 ★★★★☆

① 축류 펌프
② 벌류트 펌프
③ 터빈 펌프
④ 플런저 펌프

15 다음 중 펌프동력을 L_p, 축동력을 L_s 라고 했을 때, 펌프의 전효율(η)은?

난이도 ●●○○○ | 출제빈도 ★★★☆☆

① $\dfrac{L_s}{L_p}$ ② $\dfrac{L_p}{L_s}$
③ $L_p + L_s$ ④ $L_p \times L_s$

16 수차는 유체에너지를 기계에너지로 변환시키는 기계이다. 이때, 반동수차에 해당되지 않는 수차는?

난이도 ●●○○○ | 출제빈도 ★★★★☆

① 펠톤 수차 ② 카플란 수차
③ 프로펠러 수차 ④ 프란시스 수차

17 공기기계는 고압식과 저압식으로 분류된다. 이때, 저압식 공기기계에 해당되는 것을 모두 고르면?

난이도 ●●○○○ | 출제빈도 ★★☆☆☆

① 진공펌프, 압축기
② 송풍기, 풍차
③ 진공펌프, 풍차
④ 송풍기, 압축기

난이도 ●○○○○ | 출제빈도 ★★★★★

18 다음 중 m^4의 단위를 사용하는 것은?

① 단면계수
② 단면 1차 모멘트
③ 극단면계수
④ 단면 2차 모멘트

난이도 ●○○○○ | 출제빈도 ★★★★☆

19 균일단면봉에 축 방향으로 인장하중이 작용하고 있다. 이때, 인장하중에 의한 변형량을 계산하기 위해 필요한 인자로 옳지 않은 것은?

① 봉의 길이
② 봉의 종탄성계수
③ 봉의 단면적
④ 극관성모멘트

난이도 ●○○○○ | 출제빈도 ★★★★★

20 정사각형의 단면을 가진 부재에 축 방향으로 40kN의 압축하중이 가해졌을 때, $100N/cm^2$의 압축응력이 발생하였다. 이때, 단면의 한 변의 길이(cm)는?

① 5　　　　　　② 10
③ 15　　　　　　④ 20

난이도 ●●○○○ | 출제빈도 ★★★★★

21 길이가 6m인 양단고정보의 중앙에 80kN의 집중하중이 작용하고 있다. 이때, 중앙점에서의 굽힘모멘트의 크기(kN · m)는?

① 20　　　　　　② 40
③ 60　　　　　　④ 120

난이도 ●○○○○ | 출제빈도 ★★★★★

22 지름이 60cm인 원형 단면의 기둥이 있다. 이때, 회전반지름(cm)은? [단, $\pi = 3$으로 가정하여 계산한다]

① 5　　　　　　② 15
③ 30　　　　　　④ 45

난이도 ●○○○○ | 출제빈도 ★★★★☆

23 길이가 10m인 외팔보의 자유단(끝단)과 중앙점에 각각 520N, 380N의 집중하중이 작용하고 있다. 이때, 고정단에서 발생하는 반력의 크기(N)는?

① 140　　　　　　② 450
③ 600　　　　　　④ 900

난이도 ●○○○○ | 출제빈도 ★★★★★

24 단면이 일정한 원형 단면이 축에서 비틀림모멘트 T에 의한 rad 단위의 비틀림각을 구할 때, 직접적으로 필요한 인자가 아닌 것은?

① 축의 가로탄성계수
② 극관성모멘트
③ 축의 길이
④ 축의 회전각속도

난이도 ●○○○○ | 출제빈도 ★★★★★

25 길이가 L인 단순보의 중앙에 집중하중 P가 작용하고 있다. 이때, 최대 처짐각($\theta_{\max}$)을 표현하는 식으로 옳은 것은? [단, EI는 굽힘강성계수이다]

① $\dfrac{PL^2}{48EI}$　　　　② $\dfrac{PL^2}{192EI}$

③ $\dfrac{PL^2}{384EI}$　　　④ $\dfrac{PL^2}{16EI}$

16 2021년 상반기
서울교통공사(9호선) 기출문제
[총 40문제 | 제한시간 35분]

[⇨ 정답 및 해설편 p. 244]

난이도 ●●○○○○ | 출제빈도 ★★★★☆

01 다음 〈보기〉에서 파스칼(Pascal)의 단위를 사용하는 것은 모두 몇 개인가?

> 수직응력, 레질리언스 계수, 전단탄성계수, 응력집중계수, 선팽창계수, 체적탄성계수

① 1개   ② 2개
③ 3개   ④ 4개
⑤ 5개

난이도 ●●○○○○ | 출제빈도 ★★★★☆

02 길이가 L인 봉이 양단으로 다음 그림처럼 고정되어 있다. 이때 봉의 온도를 $t_1 = 10\,℃$에서 $t_2 = -10\,℃$로 냉각시켰을 때 봉에 발생하는 열응력의 크기(MPa)와 응력의 종류는 무엇인가? [단, 조건으로는 종탄성계수는 210GPa이며 선팽창계수는 $12 \times 10^{-6}/℃$이다]

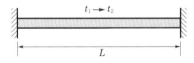

① 0, 봉에는 열응력이 발생하지 않는다.
② 45.5, 인장응력
③ 45.5, 압축응력
④ 50.4, 인장응력
⑤ 50.4, 압축응력

난이도 ●●○○○○ | 출제빈도 ★★★★★

03 내부가 꽉 찬 물방울에서 작용하는 표면장력이 0.05N/m이다. 이때, 물방울의 내부압력이 외부압력보다 20N/m²가 크다면 물방울의 지름(cm)은 얼마인가?

① 0.25   ② 0.5
③ 1.0   ④ 1.5
⑤ 2.0

난이도 ●○○○○○ | 출제빈도 ★★★★★

04 다음 그림처럼 단면이 직사각형이며 길이가 l인 외팔보에 등분포하중 w가 다음과 같이 작용하고 있을 때 보의 끝단에서 발생하는 최대 처짐량으로 옳은 것은?

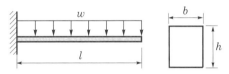

① $\dfrac{3wl^4}{2Ebh^2}$ ② $\dfrac{wl^4}{2Ebh^3}$
③ $\dfrac{2wl^4}{3Ebh^3}$ ④ $\dfrac{3wl^4}{2Ebh^3}$
⑤ $\dfrac{3wl^3}{2Ebh^3}$

난이도 ●○○○○○ | 출제빈도 ★★★★★

05 지름이 8cm인 원형 봉의 단면계수(cm³)는 얼마인가? [단, $\pi = 3$으로 계산한다]

① 24   ② 36
③ 48   ④ 60
⑤ 72

난이도 ●○○○○ | 출제빈도 ★★★★★

06 다음 중 오일러의 임계하중(P_{cr})을 구하는 식으로 옳은 것은? [단, n : 단말계수, I : 단면 2차 모멘트, E : 종탄성계수, L : 기둥의 길이]

① $P_{cr} = n\pi^2 \dfrac{EI^2}{L}$

② $P_{cr} = n\pi \dfrac{EI}{L^2}$

③ $P_{cr} = n^2\pi \dfrac{EI}{L^2}$

④ $P_{cr} = n\pi^2 \dfrac{EI}{L^2}$

⑤ $P_{cr} = n\pi^2 \dfrac{EI}{L^3}$

난이도 ●○○○○ | 출제빈도 ★★★★★

07 세로탄성계수가 480GPa인 재료의 푸아송비가 0.2라면 전단탄성계수(GPa)는?

① 100   ② 150

③ 200   ④ 250

⑤ 300

난이도 ●●○○○ | 출제빈도 ★★★☆☆

08 푸아송비 ν가 $\dfrac{1}{5}$인 균일단면봉에 인장하중을 가했더니 수직응력이 49kPa이 발생하였다. 이때, 균일단면봉의 종탄성계수가 196MPa이라면 체적변화율은 얼마인가?

① 0.05×10^{-3} ② 0.15×10^{-3}

③ 0.25×10^{-3} ④ 0.35×10^{-3}

⑤ 0.45×10^{-3}

난이도 ●○○○○ | 출제빈도 ★★★★★

09 지름이 일정한 원형 관에 유체가 흐를 때 상임계 레이놀즈수(Re)의 값으로 옳은 것은?

① 2,100   ② 2,600

③ 3,400   ④ 4,000

⑤ 4,800

난이도 ●●○○○ | 출제빈도 ★★★☆☆

10 지면과 수평으로 놓여진 지름이 10cm인 노즐에서 물이 압력 $100 \times 10^4 \text{N/m}^2$로 방출되고 있다. 이때, 노즐에 발생하는 힘(kN)은? [단, $\pi = 3$으로 가정한다]

① 4.5   ② 5.5

③ 6.5   ④ 7.5

⑤ 8.5

난이도 ●○○○○ | 출제빈도 ★★★★☆

11 지름이 일정한 원형 관에 물이 흐를 때 속도수두가 80m이다. 이때, 물이 흐르는 유속(m/s)은 얼마인가? [단, 정상류 및 비압축성 유체이며 표준중력가속도는 10m/s^2이다]

① 10   ② 20

③ 30   ④ 40

⑤ 50

난이도 ●○○○○ | 출제빈도 ★★★★★

12 이상기체로 간주되는 가스의 질량이 2kg, 압력이 120kPa, 온도가 $27℃$이다. 이때, 가스의 체적이 0.5m^3라면 가스의 기체상수($\text{kJ/kg} \cdot \text{K}$)는 얼마인가?

① 0.1   ② 0.15

③ 0.2   ④ 0.25

⑤ 0.3

13 원형봉의 유효지름이 50cm이고 길이가 800cm일 때 양단고정된 기둥의 유효세장비는 얼마인가?

① 8　　　　　　② 16
③ 32　　　　　④ 64
⑤ 72

14 중량이 4,900N, 체적이 $5m^3$인 경유(diesel)의 비중은? [단, 섭씨 4℃에서 물의 비중량은 $9,800N/m^3$이다]

① 0.05　　　　② 0.1
③ 0.15　　　　④ 0.2
⑤ 0.25

15 다음 〈보기〉 중 여러 사이클에 대한 설명으로 옳은 것을 모두 고른 것은?

> ㉠ 오토사이클은 가솔린기관의 이상적인 사이클이다.
> ㉡ 사바테사이클은 저속디젤기관의 이상적인 사이클이다.
> ㉢ 디젤사이클은 고속디젤기관의 이상적인 사이클이다.
> ㉣ 브레이턴사이클은 가스터빈의 이상적인 사이클이다.

① ㉠, ㉡　　　　　② ㉠, ㉢
③ ㉠, ㉡, ㉣　　　④ ㉠, ㉣
⑤ ㉠, ㉡, ㉢, ㉣

16 다음 중 공기표준사이클의 기본 가정으로 옳지 않은 것은?

① 동작물질의 연소과정은 가열과정이며 저열원에서 열을 받아 고열원으로 열을 방출한다.
② 압축 및 팽창과정은 단열과정이다.
③ 작동유체는 비열로 일정한 상수값을 갖는 이상기체(공기)로 가정한다.
④ 사이클을 이루는 과정은 모두 내부적으로 가역과정이며 밀폐사이클을 이룬다.
⑤ 연소과정 중에 열해리 현상은 발생하지 않는다.

17 유체가 층류 흐름으로 원형 관을 흐를 때 점성에 의한 관마찰계수는?

① 레이놀즈수와 관계가 없다.
② 레이놀즈수에 비례한다.
③ 레이놀즈수의 제곱에 반비례한다.
④ 레이놀즈수에 반비례한다.
⑤ 레이놀즈수의 제곱에 비례한다.

18 실린더 내에 압력이 160kPa인 기체가 $0.25m^3$ 채워져 피스톤으로 막아져 있다. 이때, 열을 가하여 기체의 부피가 $0.85m^3$로 팽창하였을 때, 기체가 한 팽창일(kJ)은?

① 44　　　　　　② 72
③ 96　　　　　　④ 113
⑤ 144

난이도 ●○○○○ | 출제빈도 ★★★★★

19 다음 중 카르노(Carnot) 사이클의 작동 순서로 옳은 것은?

① 단열팽창 → 등온팽창 → 단열압축 → 등온압축

② 단열팽창 → 등온압축 → 단열압축 → 등온팽창

③ 등온팽창 → 단열팽창 → 등온압축 → 단열압축

④ 등온압축 → 단열팽창 → 등온팽창 → 단열압축

⑤ 등온팽창 → 단열압축 → 등온압축 → 단열팽창

난이도 ●●○○○ | 출제빈도 ★★★☆☆

20 다음 중 왕복형 압축기에서 극간비(λ)를 구하는 방법으로 옳은 것은? [단, 행적체적 : V_S, 동극세직 · V_C, 실린디체적 : V_t]

① $\dfrac{V_t}{V_S}$

② $\dfrac{V_S}{V_C}$

③ $\dfrac{V_C}{V_S}$

④ $\dfrac{V_S + V_C}{V_C}$

⑤ $\dfrac{V_C}{V_S + V_C}$

난이도 ●●●●○ | 출제빈도 ★★☆☆☆

21 노즐에서 증기가 압력 250kPa에서 20kPa로 팽창할 때 출구에서의 임계압력은 얼마인가? [단, 증기의 비열비는 1.5이다]

① 10.2kPa

② 64kPa

③ 128kPa

④ 256kPa

⑤ 512kPa

난이도 ●○○○○ | 출제빈도 ★★★★★

22 다음 중 동력의 $[FLT]$ 차원으로 옳은 것은?

① $[FLT^{-1}]$

② $[FL^2T^{-1}]$

③ $[FLT^{-2}]$

④ $[FL^2T^{-2}]$

⑤ $[FL^2T^2]$

난이도 ●○○○○ | 출제빈도 ★★★★☆

23 다음 그림처럼 U자관에 물과 기름이 채워져 있다. 이때, 기름의 밀도(ρ_o)는 600kg/m^{3}이고, 물의 밀도(ρ_w)는 1,000kg/m^{3}라면 기름이 채워져 있는 높이 h_o[cm]는 얼마인가? [단, 물과 기름은 혼합되지 않으며 화학적으로 반응하지 않는다]

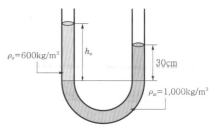

① 40

② 45

③ 50

④ 55

⑤ 60

난이도 ●○○○○ | 출제빈도 ★★★★☆

24 다음 중 합성수지에 대한 설명으로 옳지 못한 것은?

① 화기에 강하고 연소 시에 유해물질의 발생이 적다.

② 물과 약품에 강하고 부식이 잘 일어나지 않는다.

③ 복잡한 형상을 만들기 쉽다.

④ 전기가 잘 통하지 않는다.

⑤ 여러 색으로 착색이 용이하지만 충격에 약하다.

25 다음 중 서브머지드 아크 용접의 장점으로 옳지 않은 것은?

① 열에너지 효율이 좋다.
② 모든 자세의 용접이 가능하다.
③ 강도, 충격치 등의 기계적 성질이 우수하다.
④ 비드 외관이 매끄럽다.
⑤ 용접 이음부의 신뢰도가 높다.

26 다음 중 금속재료의 기계적 성질과 관련된 설명으로 옳지 않은 것은?

① 취성은 재료가 외력을 받으면 재료가 거의 변형하지 않고 잘 깨지는 성질이다.
② 크리프는 재료가 장시간에 걸쳐 외력을 받으면 시간의 경과에 따라 변형이 증가하는 현상이다.
③ 연성은 재료가 얇고 넓게 잘 펴지는 성질이다.
④ 피로파괴는 재료가 작은 응력을 반복적으로 받으면 파괴되는 현상을 말한다.
⑤ 연신율은 재료가 인장하중을 받았을 때 늘어난 길이를 처음 길이로 나눈 값의 비율을 말한다.

27 다음 중 자기변태를 일으키는 금속은 무엇인가?

① 티타늄　　　② 주석
③ 세륨　　　　④ 지르코늄
⑤ 니켈

28 다음 중 주철에 함유된 원소의 영향으로 옳지 않은 것은?

① 탄소는 경도를 감소시키고 취성이 없지만 유동성을 좋게 한다.
② 규소는 흑연화를 촉진시키고 주물 두께에 영향을 준다.
③ 망간은 탄소의 흑연화를 방해하고 조직을 치밀하게 하며 경도, 강도, 내열성을 증가시킨다.
④ 인은 경도를 증가시키며 쇳물의 유동성을 증가시키고 주물의 수축을 작게 한다.
⑤ 황은 유해한 작용을 일으키며 쇳물의 유동성을 나쁘게 한다.

29 다음 중 재결정온도가 가장 큰 금속은 무엇인가?

① 철　　　　　② 텅스텐
③ 니켈　　　　④ 구리
⑤ 알루미늄

30 모터의 회전수가 300rpm이고 풀리의 지름이 60mm일 때, 평벨트의 원주속도(m/s)는 얼마인가? [단, $\pi = 3$으로 가정한다]

① 0.2　　　　② 0.3
③ 0.6　　　　④ 0.9
⑤ 1.2

난이도 ●●●○○ | 출제빈도 ★☆☆☆☆

31 다음 〈보기〉에서 설명하는 부식의 종류로 옳은 것은 무엇인가?

> 부동태 피막을 파괴시킬 수 있는 높은 염소(Cl)이온 농도가 존재하는 분위기에 스테인리스강이 놓일 때 부동태 피막이 국부적으로 파괴되고, 그 부분이 우선적으로 용해되어 발생하는 부식으로 금속 표면에서 일부분의 부식 속도가 빨라서 국부적으로 깊은 홈을 발생시킨다.

① 응력 부식
② 공식
③ 입자 간 부식
④ 이질 금속 간의 부식
⑤ 표면 부식

난이도 ●○○○○ | 출제빈도 ★★★★☆

32 피치가 3mm인 2줄 나사가 2.5회전하였을 때 축 방향으로 이동한 거리(mm)는?

① 10   ② 15
③ 20   ④ 25
⑤ 30

난이도 ●○○○○ | 출제빈도 ★★★☆

33 폭 4cm, 두께 1cm인 코터에 1,240N의 압축력이 작용한다. 이때, 코터에 발생하는 전단응력(N/cm^2)은?

① 78   ② 103
③ 155   ④ 310
⑤ 455

난이도 ●●●●○ | 출제빈도 ★★☆☆☆

34 다음 중 주물사의 종류·용도와 성분 특성에 대한 설명으로 옳지 않은 것은?

① 표면사(facing sand)는 용탕과 접촉하는 주형의 표면 부분에 사용하는 것으로 내화성이 커야 하며 주물 표면의 정도를 고려하여 입자가 작아야 하므로 석탄 분말이나 코크스 분말을 점결제와 배합하여 사용한다.

② 생형사(green sand)는 성형된 주형에 탕을 주입하는 주물사로 규사 75~85%, 점토 5~13%, 알칼리성 토류 2.5% 이하, 철분 6% 이하 등과 적당량의 수분이 들어가 있으며 주로 일반 주철주물과 비철주물의 주조에 사용된다.

③ 건조사(dry sand)는 건조형에 적합한 주형사로 생형사보다 수분, 점토, 내열제를 많이 첨가하며 균열방지용으로 코크스 가루나 숯가루, 톱밥을 배합한다.

④ 롬사(loam sand)는 주로 회전모형에 의한 주형제작에 많이 사용되는 것으로 내화도는 건조사보다 높지만 경도는 생형사보다 낮으며 통기도 향상을 위해 톱밥, 볏집, 쌀겨 등을 첨가한다.

⑤ 분리사(parting sand)는 상형과 하형의 경계면에 사용하며 점토분이 없는 원형의 세립자를 사용한다.

35 다음 중 고온균열(hot cracking)에 대한 설명으로 가장 옳은 것은?

난이도 ●●●○○ | 출제빈도 ★☆☆☆☆

① 쇳물의 응고 시 쇳물의 부족으로 인해 발생한다.
② 용접부에 잔류하고 있는 수소가 주요 발생 원인이며 약 −150~150℃ 사이에서 발생한다.
③ 용접구조물의 사용 중 200℃ 부근의 비교적 저온에서 취성파괴 또는 피로파괴가 발생하는 현상이다.
④ 용접 금속의 응고 시에만 발생하는 균열로 비교적 고온에서 일어난다.
⑤ 온도 경사가 높고 용접 온도가 550℃ 이상의 고온일 때 용접 이음매 근처에 생기는 틈 및 균열이다.

36 다음 중 치수공차의 용어에 대한 설명으로 옳지 못한 것은?

난이도 ●●○○○ | 출제빈도 ★★★☆☆

① 공차는 부품의 치수에 대한 가공범위로 최대허용치수와 최소허용치수의 차를 말한다.
② 기준치수는 치수허용한계의 기본이 되는 치수로 도면상에는 구멍, 축 등의 호칭치수와 같다.
③ 죔새는 축의 지름이 구멍의 지름보다 작은 경우, 두 지름의 차이를 말한다.
④ 위치수 허용차는 최대허용치수에서 기준치수를 뺀 값으로 정의된다.
⑤ 허용한계치수는 형체의 실치수가 그 사이에 들어가도록 정한, 허용할 수 있는 실치수의 범위를 말하며 최대허용치수와 최소허용치수가 있다.

37 다음 〈보기〉에서 설명하는 체인의 종류로 옳은 것은?

난이도 ●●○○○ | 출제빈도 ★★★☆☆

고속 또는 조용한 전동 운전이 필요할 때 사용하는 전동용 체인으로, 2개의 발톱(pawl)이 붙은 링크를 핀으로 연결하여 만든 구조이다. 가격이 비싸고 내구성 및 강도 측면에서는 단점이 있으나 소음이 거의 발생하지 않는 장점을 가지고 있다.

① 롤러 체인
② 핀틀 체인
③ 리프 체인
④ 사일런트 체인
⑤ 부시 체인

38 다음 중 나사산의 용어에 대한 설명 중 옳지 못한 것은?

난이도 ●●●○○ | 출제빈도 ★★☆☆☆

① 산과 골을 연결하는 면을 플랭크라고 하며 이때 플랭크가 볼트의 축선에 수직한 가상 면과 이루는 각을 플랭크각이라고 한다.
② 리드는 나사산 플랭크 위의 한 점과 바로 이웃하는 대응 플랭크 위의 대등한 점 간의 축 방향 길이를 말한다.
③ 피치는 나사산 사이의 거리 또는 골 사이의 거리를 말한다.
④ 골지름은 암나사의 산봉우리에 접하는 가상 원통의 지름을 말한다.
⑤ 단순유효지름은 홈 밑의 폭이 기초 피치의 절반인 나사 홈의 폭에 걸쳐 실제 나사산을 교차하는 가상 원통의 지름을 말한다.

난이도 ●○○○○ | 출제빈도 ★★★☆☆

39 두께가 같은 두 판재를 맞대기 용접하였을 경우 판재에 인장하중 W가 작용하였을 때 인장하중 W에 대한 인장응력(σ)은? [단, 용접길이는 L이며 판재의 두께는 t이다]

① WtL

② $\dfrac{W}{t^2 L}$

③ $\dfrac{W}{tL\cos 45}$

④ $\dfrac{W}{tL}$

⑤ $\dfrac{W}{tL^2}$

난이도 ●○○○○ | 출제빈도 ★★★★★

40 질량이 10kg인 기름을 온도 $15℃$에서 $200℃$로 증가시킬 때 가열에 필요한 열량(kcal)은 얼마인가? [단, 기름의 비열은 $0.5\text{kcal/kg}\cdot℃$이다]

① 525

② 625

③ 725

④ 825

⑤ 925

2021년 하반기

17 서울교통공사 기출문제

[총 40문제 | 제한시간 35분]

[⇨ 정답 및 해설편 p. 267]

난이도 ●○○○○ | 출제빈도 ★★★★☆

01 지름이 d인 원형 단면의 단면 2차 모멘트를 16배 증가시키려면 지름을 어떻게 변화시켜야 하는가?

① $\sqrt{2}\,d$ ② $2d$

③ $4d$ ④ $8d$

⑤ $16d$

난이도 ●○○○○ | 출제빈도 ★★★★★

02 내압을 받고 있는 원통형 용기에서 발생하는 후프응력이 80MPa이다. 이때, 축 방향으로 발생하는 응력(MPa)은? [단, 후프 방향의 힘은 두께 방향으로 일정하게 작용하며 용기의 두께는 지름보다 매우 작다고 가정한다]

① 20   ② 40

③ 80   ④ 160

⑤ 180

난이도 ●●○○○ | 출제빈도 ★★★☆☆

03 다음 중 탄성 영역과 소성 영역의 경계를 나누는 기준점으로 가장 옳은 것은?

① 탄성한도   ② 비례한도

③ 사용응력   ④ 항복응력

⑤ 극한응력

난이도 ●●○○○ | 출제빈도 ★★★★☆

04 푸아송비가 0.2인 재료로 만들어진 원형 단면의 기둥에 인장하중을 가했더니, 가로변형률이 0.01이었다. 이때, 기둥의 길이가 1.5m라면 기둥의 길이 변형량(mm)은 얼마인가?

① 45   ② 55

③ 65   ④ 75

⑤ 85

난이도 ●●○○○ | 출제빈도 ★★★☆☆

05 다음 그림처럼 길이가 1m인 외팔보(켄틸레버보)에 30kN/m의 등분포하중(w)이 작용하고 있다. 이때, 고정단에서 발생하는 굽힘모멘트의 크기(kN · m)는 얼마인가?

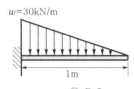

① 2.5   ② 5.0

③ 10.0   ④ 15.0

⑤ 20.0

난이도 ●●○○○ | 출제빈도 ★★★★☆

06 단면적이 $100mm^2$인 재료가 다음 그림처럼 1kN의 인장하중을 받고 있다. 재료에서 30°로 자른 경사면 $p-q$에서 발생하는 수직응력(MPa)과 전단응력(MPa)의 크기를 서로 곱하면 얼마인가?

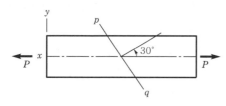

① $75\sqrt{3}$

② $\dfrac{75\sqrt{3}}{2}$

③ $\dfrac{75\sqrt{3}}{4}$

④ $\dfrac{75\sqrt{3}}{8}$

⑤ $\dfrac{75\sqrt{3}}{16}$

난이도 ●●●○○ | 출제빈도 ★★★★☆

07 다음 중 세장비와 관련된 설명으로 옳지 못한 것은?

① 세장비는 단주와 장주를 구분하는 기준이 될 수 있다.

② 세장비가 클수록 좌굴응력은 작아진다.

③ 세장비가 클수록 기둥이 잘 휘어진다.

④ 세장비는 좌굴길이를 회전반경으로 나누어 계산할 수 있다.

⑤ 단주는 장주에 비해 훨씬 큰 압축하중에 저항할 수 있다.

난이도 ●●○○○ | 출제빈도 ★★★★★

08 길이가 각각 L로 동일한 외팔보의 끝단에 집중하중 $P = 60kN$이 작용할 때의 최대 처짐량을 δ_1, 등분포하중 $w = 160kN/m$가 작용할 때의 처짐량을 δ_2라고 하자. 이때, $\dfrac{\delta_1}{\delta_2} = 2$라면, 보의 길이 $L[m]$은 얼마인가?

[단, 굽힘강성계수 EI는 두 경우 모두 동일하다]

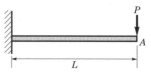

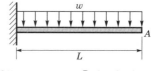

① 0.25

② 0.50

③ 0.75

④ 1.00

⑤ 1.25

난이도 ●●○○○ | 출제빈도 ★★★★☆

09 고열원의 온도가 400K, 저열원의 온도가 300K인 카르노 열기관이 1순환 과정 동안 외부에 200kJ의 일을 한다. 이때, 열기관이 고열원으로부터 공급받아야 할 열량(kJ)은?

① 400

② 800

③ 1,200

④ 1,600

⑤ 2,000

10 닫힌계(cosed system)에서 압력 1kPa, 부피 2m³인 공기가 가역정압과정을 통해 부피가 4m³로 팽창하였다. 팽창 중에 내부에너지가 6kJ만큼 증가하였다면, 팽창에 필요한 열량(J)은?

① 4,000J, 유입
② 4,000J, 방출
③ 7,000J, 유입
④ 8,000J, 방출
⑤ 8,000J, 유입

11 유체의 속도가 40m/s 이하로 느린 유동에서 단위시간에 임의의 단면을 유체와 함께 유동하는 에너지의 양은 그곳을 유동하는 유체가 보유한 무엇과 같은가?

① 위치수두
② 압력수두
③ 속도수두
④ 엔트로피
⑤ 엔탈피

12 일정한 압력하에서 건도 x가 0과 1 사이에 있을 때, 물질의 상태로 가장 적합한 것은?

① 압축액
② 포화수
③ 건포화증기
④ 과열증기
⑤ 습포화증기

13 다음 그림의 $V-T$ 선도를 따라 변화하는 이상기체의 초기 압력(P_1)이 500kPa이다. 이때 이상기체의 T_1이 200K이고 T_2가 350K일 때, 이상기체의 나중 압력(P_2)은 얼마인가?

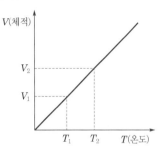

① 875kPa
② 500kPa
③ 285kPa
④ 250kPa
⑤ 125kPa

14 압력 1kPa, 온도 300K, 부피 1.5m³인 이상기체가 가역등온과정을 거쳤더니 비엔트로피가 30kJ/kg·K에서 100kJ/kg·K으로 증가하였다. 이때, 이상기체가 공급받은 열량(kJ)은 얼마인가? [단, 이상기체의 기체상수는 1kJ/kg·K이다]

① 100
② 105
③ 110
④ 115
⑤ 120

15 압축률(압축계수)이 2m²/N인 유체의 체적탄성계수(Pa)로 옳은 것은?

① 0.05
② 0.2
③ 0.25
④ 0.5
⑤ 5

난이도 ●●●○○ | 출제빈도 ★★★☆☆

16 비열비가 1.5인 동작물질(작동유체)로 작동되는 어떤 내연기관이 오토사이클(otto cycle)을 기반으로 운전되고 있다. 이 내연기관의 이론적인 열효율(%)은 얼마인가? [단, 내연기관의 간극체적은 250cc, 행정체적은 1,000cc이며 $\sqrt{0.2} = 0.45$로 계산한다]

① 35   ② 40
③ 45   ④ 50
⑤ 55

난이도 ●○○○○ | 출제빈도 ★★★★★

17 랭킨 사이클(Rankine cycle)은 보일러, 터빈, 복수기(응축기), 펌프 구간으로 구성되어 있다. 이때, 각 구간에서 일어나는 과정으로 옳지 못한 것은?

① 보일러 - 정압가열
② 펌프 - 단열압축
③ 터빈 - 정압팽창
④ 펌프 - 등엔트로피 압축
⑤ 복수기 - 정압방열

난이도 ●●●○○ | 출제빈도 ★★★☆☆

18 다음 중 라그랑주 관점으로만 묘사할 수 있는 것은?

① 유선   ② 유맥선
③ 유적선   ④ 유관
⑤ 등류

난이도 ●○○○○ | 출제빈도 ★★★★☆

19 다음 그림처럼 U자관에 물과 기름이 채워져 있다. 기름의 밀도는 ρ_o이고 물의 밀도(ρ_w)는 $1,000kg/m^3$일 때, 물이 채워져 있는 높이(h_w)가 50cm라면 기름의 밀도(ρ_o)는? [단, 물과 기름은 혼합되지 않으며 화학적으로 반응하지 않는다]

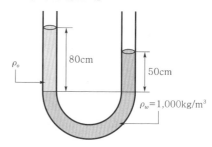

① $525kg/m^3$ ② $625kg/m^3$
③ $725kg/m^3$ ④ $825kg/m^3$
⑤ $925kg/m^3$

난이도 ●●○○○ | 출제빈도 ★★★☆☆

20 경계면의 일부가 항상 대기에 접해 흐르는 유체 흐름, 즉 대기압이 작용하는 자유표면을 가진 수로를 개수로 유동이라고 하며, 개수로 유동의 역학적 상사시험에서 가장 중요한 무차원수를 프루드수(Pr)라고 한다. 이때, 물체의 대표길이가 2배로 된다면, 프루드수는 어떻게 되는가? [단, 다른 모든 조건은 동일하다고 가정한다]

① 처음의 2배가 된다.
② 처음의 $\sqrt{2}$ 배가 된다.
③ 처음의 4배가 된다.
④ 처음의 $\dfrac{1}{\sqrt{2}}$ 배가 된다.
⑤ 처음의 $\dfrac{1}{\sqrt{4}}$ 배가 된다.

21 난이도 ●●○○○ | 출제빈도 ★★★★☆

지름(직경)이 0.2m인 원형관에 동점성계수가 0.001m^2/s인 유체가 6.4m/s의 평균 유속으로 흐르고 있다. 이때, 점성에 의한 관마찰계수(마찰손실계수)는 얼마인가?

① 0.01   ② 0.02
③ 0.03   ④ 0.04
⑤ 0.05

22 난이도 ●●○○○ | 출제빈도 ★★★☆☆

지면(기준면)으로부터 10m의 높이에 있는 유체의 압력이 30kPa, 비중량이 $1,500$N/m^{3}일 때, 유체에 의한 전양정이 75m가 되기 위한 유체의 속도(m/s)는 얼마인가? [단, 표준중력가속도는 10m/s^{2}로 가정하여 계산한다]

① 10   ② 20
③ 30   ④ 40
⑤ 50

23 난이도 ●●●●○ | 출제빈도 ★★☆☆☆

2차원 유동에서 비압축성 유동을 만족하는 유선함수(ψ)의 표현과 2차원 유동에서 비회전 유동을 만족하는 속도포텐셜(ϕ)의 표현을 순서대로 옳게 나열한 것은?

① $\dfrac{\partial u}{\partial y} - \dfrac{\partial v}{\partial x} = 0, \quad \dfrac{\partial u}{\partial x} + \dfrac{\partial v}{\partial y} = 0$

② $\dfrac{\partial u}{\partial x} - \dfrac{\partial v}{\partial y} = 0, \quad \dfrac{\partial u}{\partial y} - \dfrac{\partial v}{\partial x} = 0$

③ $\dfrac{\partial u}{\partial x} + \dfrac{\partial v}{\partial y} = 0, \quad \dfrac{\partial u}{\partial y} + \dfrac{\partial v}{\partial x} = 0$

④ $\dfrac{\partial u}{\partial x} + \dfrac{\partial v}{\partial y} = 1, \quad \dfrac{\partial u}{\partial y} - \dfrac{\partial v}{\partial x} = 1$

⑤ $\dfrac{\partial u}{\partial x} + \dfrac{\partial v}{\partial y} = 0, \quad \dfrac{\partial u}{\partial y} - \dfrac{\partial v}{\partial x} = 0$

24 난이도 ●○○○○ | 출제빈도 ★★★★☆

원형관을 통해 흐르는 유체의 밀도가 4배, 체적유량이 0.5배가 된다면, 질량유량은 몇 배가 되는가? [단, 원형관의 단면적 및 다른 조건은 모두 처음과 동일하다]

① 0.5배   ② 1.0배
③ 1.5배   ④ 2.0배
⑤ 4.0배

25 난이도 ●○○○○ | 출제빈도 ★★★★☆

온도가 높은 고온의 환경에서 재료에 일정한 하중을 가하는 시험으로 가장 적절한 것은?

① 인장 시험   ② 비틀림 시험
③ 충격 시험   ④ 크리프 시험
⑤ 경도 시험

26 난이도 ●●○○○ | 출제빈도 ★★★★☆

다음 중 금속재료와 관련된 설명으로 옳지 않은 것은?

① 순철의 동소변태점에는 A_3변태점과 A_4변태점이 있으며, 이들의 온도는 각각 912℃와 $1,400$℃이다.
② 자기변태는 결정구조는 변하지 않고 자기적 성질만 변하는 변태이다.
③ 금속의 재결정온도는 1시간 안에 95% 이상의 재결정이 완료되는 온도로 정의한다.
④ 냉간가공은 재결정온도 이하에서 실시하는 가공으로 조직을 미세화시키고 인장강도, 경도, 연신율 등을 증가시킨다.
⑤ 금속재료의 담금질 처리는 물 또는 기름으로 빠르게 냉각시켜 재질을 경화시키는 것에 목적이 있다.

난이도 ●○○○○ | 출제빈도 ★★★★☆

27 다음 〈보기〉에서 설명하는 탄소강의 표준 조직으로 옳은 것은?

> 0.77%C의 γ고용체(오스테나이트)가 727℃에서 분열하여 생긴 α고용체(페라이트)와 시멘타이트(Fe_3C)가 층을 이루는 조직으로 A_1변태점(723℃)의 공석반응에서 나타난다.

① 페라이트　　② 오스테나이트
③ 레데뷰라이트　④ 시멘타이트
⑤ 펄라이트

난이도 ●●○○○ | 출제빈도 ★★★★☆

28 다음 중 기계재료와 관련된 여러 설명으로 옳지 않은 것은?

① 금속이 재결정온도에 도달하게 되면, 금속 내부에 새로운 신결정이 발생하고, 이것이 성장하여 연화된 조직을 형성하게 된다.
② 가공경화(변형경화)는 재결정온도 이하에서 재료를 가공하면 할수록 재료가 단단해지는 현상을 말한다.
③ 강의 표면을 단단하게 경화시키기 위해 침탄법, 질화법, 청화법, 화염경화법, 고주파경화법 등의 방법을 사용한다.
④ 풀림은 재료를 A_1 변태점 이하로 가열한 후, 노 안에서 서서히 냉각시켜 연성 및 인성을 증가시키는 열처리 방법이다.
⑤ 소성가공은 금속재료의 영구변형을 이용한 것으로 일반적으로 절삭과정을 통하지 않고, 치수가 정확한 제품을 만들어 내는 가공법이다.

난이도 ●●○○○ | 출제빈도 ★★★☆☆

29 다음 〈보기〉는 여러 합금원소의 영향에 대한 설명이다. 옳은 것은 모두 몇 개인가?

> ㉠ 크롬(Cr) : 내식성을 증가시킨다.
> ㉡ 니켈(Ni) : 인성을 증가시킨다.
> ㉢ 망간(Mn) : 적열취성을 방지한다.
> ㉣ 몰리브덴(Mo) : 뜨임취성을 방지한다.
> ㉤ 텅스텐(W) : 고온경도를 증가시킨다.

① 1개　　② 2개
③ 3개　　④ 4개
⑤ 5개

난이도 ●●○○○ | 출제빈도 ★★★☆☆

30 다음 중 선반가공과 관련된 설명으로 옳지 않은 것은?

① 선반가공은 선반의 주축에 고정한 공작물의 회전운동과 바이트의 직선운동에 의해 공작물을 절삭가공하는 방법이나.
② 탁상선반은 정밀 소형 기계 및 시계 부품을 가공할 때 사용하는 선반이다.
③ 선반의 주축은 비틀림응력과 굽힘응력에 대응하기 위해, 긴 가공물의 가공 및 고정을 편리하게 하기 위해, 무게를 감소시켜 주축에 설치된 베어링에 작용하는 하중을 줄이기 위해 중공축으로 만든다.
④ 선반의 크기 표시 방법은 베드 위의 스윙, 왕복대 위의 스윙, 베드의 길이, 양 센터 간의 최대거리로 표시한다.
⑤ 척은 공작물을 고정시키는 선반의 부속기기이며 척의 크기는 척의 안지름으로 결정한다.

난이도 ●●○○○○ | 출제빈도 ★★★★☆

31 다음 중 리벳이음과 비교한 용접이음의 장점으로 옳지 않은 것은?

① 수리 및 보수가 용이하여 제작비가 저렴하다.

② 공정수를 줄일 수 있다.

③ 이음효율이 우수하다.

④ 경량화할 수 있다.

⑤ 용접부의 품질검사가 용이하다.

난이도 ●●○○○○ | 출제빈도 ★★★★☆

32 다음 중 여러 커플링에 대한 설명으로 옳지 못한 것은?

① 올덤커플링은 두 축이 서로 평행하거나 두 축의 거리가 가까운 경우, 두 축의 중심선이 서로 어긋날 때 사용한다.

② 유니버셜 커플링은 두 축이 같은 평면상에 있으면서 두 축이 중심선이 어느 각도(30° 이하)로 교차할 때 사용한다.

③ 플렉시블 커플링은 온도의 변화에 따른 축의 신축 또는 탄성변형 등에 의한 축심의 불일치를 완화시켜 원활히 운전할 수 있는 커플링이다.

④ 원통형 커플링은 가장 간단한 구조를 가진 커플링으로, 두 축의 끝을 맞대고 접촉면을 중앙으로 원통의 보스를 설치하여 키 또는 마찰력으로 전동하는 커플링이다.

⑤ 머프 커플링은 주철제의 원통 속에서 두 축을 맞대고 키로 결합한 커플링으로, 전달하고자 하는 동력, 즉 전달 토크가 크면 평행키를 사용한다.

난이도 ●●○○○○ | 출제빈도 ★★☆☆☆

33 주물이 냉각될 때, 응고시간이 2배가 되면, 응고층의 두께는 몇 배가 되는가? [단, 두께 및 재질에 따른 상수는 고정된 값이며 변하지 않는다]

① 0.5배   ② $\sqrt{2}$ 배

③ 2배   ④ 4배

⑤ 8배

난이도 ●●●○○○ | 출제빈도 ★★☆☆☆

34 나사의 유효지름 60mm, 피치 5mm의 나사잭으로 50kN의 중량을 들어 올리려 할 때, 회전토크(N·m)는 약 얼마인가? [단, 마찰계수는 0.10이며 $\pi = 3$으로 계산한다]

① 182   ② 192

③ 202   ④ 212

⑤ 222

난이도 ●●○○○○ | 출제빈도 ★★★★☆

35 다음 〈보기〉는 여러 기계요소를 분류하여 나열한 것이다. 분류가 옳지 못한 것은?

> ㉠ 결합용 기계요소 : 나사, 볼트, 너트, 키, 핀, 리벳, 코터
> ㉡ 직접 전동용 기계요소 : 마찰차, 기어, 캠
> ㉢ 간접 전동용 기계요소 : 벨트, 체인, 로프
> ㉣ 축용 기계요소 : 축, 축이음, 베어링, 플라이휠
> ㉤ 관용 기계요소 : 관, 밸브, 관이음쇠

① ㉠   ② ㉡

③ ㉢   ④ ㉣

⑤ ㉤

난이도 ●●○○○ | 출제빈도 ★★★★☆

36 다음 중 기어와 관련된 여러 설명으로 옳지 못한 것은?

① 기어의 모듈은 피치원 지름을 잇수로 나눈 값으로 정의되며, 모듈로 이의 크기를 나타낼 수 있다.

② 마이터기어는 2개의 축이 서로 직각을 이루며 잇수가 서로 같은 한 쌍의 베벨기어이다.

③ 전위기어는 언더컷을 방지하고 최소잇수를 감소시키기 위해 사용한다.

④ 잇수가 50인 표준스퍼기어(표준치형)에서 어덴덤이 2.5라면, 피치원 지름은 125mm이다.

⑤ 표준 스퍼기어에서 이의 두께는 원주 피치의 2배이다.

난이도 ●○○○○ | 출제빈도 ★★★★☆

37 방사하는 복사에너지를 16배로 증가시키려면 흑체의 온도는 몇 배가 되어야 하는가?

① $\sqrt{2}$

② 2

③ 4

④ 8

⑤ 16

난이도 ●●○○○ | 출제빈도 ★★★☆☆

38 고체를 통한 열전달률, 전열면의 두께, 전열면적이 주어져 있을 때, 온도차 또는 온도변화를 알기 위해서 필요한 물성치로 가장 적절한 것은 무엇인가?

① 고체의 밀도

② 고체의 비중량

③ 고체의 정압비열

④ 고체의 열전도도

⑤ 대류 열전달계수

난이도 ●●●○○ | 출제빈도 ★★★☆☆

39 여러 무차원수에 대한 설명으로 옳지 않은 것은?

① 그라쇼프수 – 점성력 및 부력에 관련된 무차원수이다.

② 누셀수 – 대류 열저항에 대한 전도열저항을 나타내는 무차원수이다.

③ 페크레수 – 전도 에너지량에 대한 대류 에너지량의 비이다.

④ 레일리수 – 자연대류에서 강도를 판별한다.

⑤ 푸리에수 – 열전도에 대한 열저장을 나타내는 무차원수이다.

난이도 ●●○○○ | 출제빈도 ★★★☆☆

40 두께가 500mm인 노벽을 통해 1차원 정상상태 열전도가 일어난다. 노벽의 열전도도가 2.5kcal/m·h·℃라면 노벽 5m²당 전열저항(h·℃/kcal)은?

① 0.01

② 0.04

③ 1

④ 6.25

⑤ 12.5

18 2022년 하반기 서울교통공사 기출문제

[총 40문제 | 제한시간 35분]

[⇨ 정답 및 해설편 p. 289]

난이도 ●○○○○ | 출제빈도 ★★★★☆

01 실린더 내 이상기체가 상태 1(비체적 v_1, 압력 P_1)에서 상태 2(비체적 v_2, 압력 P_2)로 등온과정으로 팽창하였다. 이때, 단위질량당 절대일($_1W_2$)은? [단, R은 기체상수, T는 절대온도이다]

① $RT\ln\left(\dfrac{P_1}{P_2}\right)$　　② $RT\ln\left(\dfrac{v_1}{v_2}\right)$

③ $T\ln\left(\dfrac{P_1}{P_2}\right)$　　④ $T\ln\left(\dfrac{v_1}{v_2}\right)$

⑤ $R\ln\left(\dfrac{P_1}{P_2}\right)$

난이도 ●○○○○ | 출제빈도 ★★★★★

02 겨울철 난방용 히트펌프가 저온으로부터 1,000kJ/h의 열을 흡수하고 고온으로 2,000kJ/h의 열을 방출한다. 열펌프의 성적계수는?

① 1.0　　② 1.5
③ 2.0　　④ 3.0
⑤ 4.0

난이도 ●●○○○ | 출제빈도 ★★★★☆

03 어떤 기체 1kg이 압력 2bar, 체적 2.0m^3에서 압력 10bar, 체적 0.5m^3로 변화하였다. 이때, 내부에너지의 변화도 5kJ이라면, 엔탈피 변화(kJ)는?

① 24　　② 46
③ 72　　④ 105
⑤ 120

난이도 ●●●●○ | 출제빈도 ★★★★★

04 열역학 제2법칙과 관련이 없는 것은?

① 열효율이 100%인 열기관은 없다.
② 열기관의 열역학 제1법칙 효율과 열역학 제2법칙 효율은 동일하다.
③ 모든 가역과정은 열역학 제2법칙 효율이 100%이다.
④ 사이클 과정 동안 엔트로피가 발생하지 않으면 열역학 제2법칙 효율은 100%이다.
⑤ 냉동기의 성적계수는 1보다 클 수 있다.

난이도 ●○○○○ | 출제빈도 ★★★★★

05 열효율이 100%인 가열히터에 의해 겨울철 집안이 15℃로 가열 유지되었다고 가정하자. 외부공기의 온도가 3℃라면 히터의 성적계수는? [단, 절대온도 0K는 −273℃이다]

① 3　　② 6
③ 12　　④ 24
⑤ 48

난이도 ●●○○○ | 출제빈도 ★★★☆☆

06 줄톰슨(Joule−Thomson) 효과와 관련이 없는 것은?

① 엔트로피 증가 현상과 관련이 있다.
② 압축기체가 노즐이나 밸브를 통과할 때 발생하는 효과 중 하나이다.
③ 등엔탈피 과정과 관련이 있다.
④ 완전가스의 줄톰슨 계수는 0이다.
⑤ 모든 기체는 압력강하에 따라 항상 온도가 저감된다.

난이도 ●○○○○ | 출제빈도 ★★★★★

07 유체역학에서 무차원수인 레이놀즈수에 대한 설명으로 틀린 것은?

① 관성력과 점성력의 상대적인 크기이다.
② 임계레이놀즈는 유동의 상황에 따라 다르다.
③ 관 내 마찰계수와 관련이 없다.
④ 역학적인 상사 해석에 사용하는 무차원수이다.
⑤ 유속과 관련이 있다.

난이도 ●○○○○ | 출제빈도 ★★★★☆

08 관마찰계수 0.0196, 지름 10cm, 길이 100m인 관에 유속 2.0m/s로 물이 흐르고 있을 때, 직선원형관의 손실수두(m)는?

① 1 ② 2
③ 3 ④ 4
⑤ 5

난이도 ●○○○○ | 출제빈도 ★★★★★

09 단면적이 0.002m²인 구가 20m/s의 속도로 공기 속을 움직일 때, 항력(N)은? [단, 공기의 밀도는 1.0kg/m³, 항력계수는 0.3이다]

① 0.12 ② 0.24
③ 0.36 ④ 0.42
⑤ 0.54

난이도 ●●○○○ | 출제빈도 ★★★☆☆

10 유량이 2.0m³/min, 전양정이 112.5m인 펌프를 설계할 때, 펌프의 효율을 0.8로 한다면 펌프의 축동력(PS)은? [단, 유체는 비중량이 1,000kgf/m³인 물이다]

① 50 ② 62.5
③ 75 ④ 82.5
⑤ 100

난이도 ●○○○○ | 출제빈도 ★★★★☆

11 원형관 내에 비압축성, 점성유체가 정상상태 층류 흐름으로 흐를 때, 손실수두에 대한 설명으로 옳은 것은?

① 관의 길이에 반비례한다.
② 관의 지름의 네제곱에 반비례한다.
③ 관의 유량에 반비례한다.
④ 유체의 비중량에 비례한다.
⑤ 유체의 점성계수에 반비례한다.

난이도 ●●●○○ | 출제빈도 ★★★☆☆

12 어떤 수평관 내에 물이 평균유속 9.8m/s, 압력 0.51kgf/cm²로 흐른다. 유량이 3.0m³/s이고 손실수두를 무시할 경우, 물의 마력(PS)은? [단, 물의 비중량은 1,000kgf/m³, 중력가속도는 9.8m/s²이다]

① 100 ② 200
③ 300 ④ 400
⑤ 500

난이도 ●●●○○ | 출제빈도 ★★★★☆

13 다음 같은 단순보에 발생하는 최대 굽힘모멘트 kg·m는? [단, $w = 800$kg/m, $L = 3$m이다]

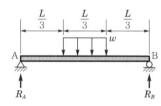

① 500 ② 400
③ 300 ④ 200
⑤ 100

14 지름이 10cm인 기둥에 압축하중이 작용하여 지름이 0.001cm 증가하였을 때, 횡방향 변형률은?

① 2×10^{-3} ② 2×10^{-4}

③ 1×10^{-3} ④ 1×10^{-4}

⑤ 1×10^{-5}

15 인장강도가 200kg/mm^2인 재료를 사용 시, 응력이 50kg/mm^2 발생하였다면, 이 재료의 사용상 안전율은?

① 2   ② 3

③ 4   ④ 5

⑤ 6

16 지름이 12cm인 원형단면의 회전반지름 K는 몇 cm인가?

① 2   ② 3

③ 4   ④ 5

⑤ 6

17 길이가 4m인 단순보의 중앙에 80kN의 집중하중이 작용하고 있다면, 최대전단응력은 몇 MPa인가? [단, 직사각형 단면의 보이며 폭은 10cm, 높이는 20cm이다]

① 1   ② 2

③ 3   ④ 4

⑤ 5

18 안지름이 1m, 두께가 10mm인 구형 압력용기가 있다. 압력용기에 작용하는 주응력이 100MPa이라면, 압력용기에 발생하는 내압 (MPa)은?

① 1   ② 2

③ 3   ④ 4

⑤ 5

19 열전달 무차원수인 누셀수(Nusselt number)의 물리적 의미는?

① 대류 열전달률/복사 열전달률

② 대류 열전달률/전도 열전달률

③ 상변화 열전달률/대류 열전달률

④ 비등 열전달계수/대류 열전달계수

⑤ 복사 열전달률/응축 열전달률

20 열전달 무차원수인 그라쇼프수(Grashof number)의 물리적 의미는?

① 부력과 표면장력의 비이다.

② 점성력과 마찰력의 비이다.

③ 부력과 점성력의 비이다.

④ 표면장력과 점성력의 비이다.

⑤ 현열과 잠열의 비이다.

21 열교환기에서 열전달 효용도(effectiveness)의 정의로 옳은 것은?

① 실제 열전달률/공급 열전달률

② 공급 열전달률/최대 열전달률

③ 공급 열전달률/실제 열전달률

④ 최대 열전달률/공급 열전달률

⑤ 실제 열전달률/최대 열전달률

22 어떤 열교환기에서 열전달률이 $50kW$, 열교환기 표면적이 $0.5m^2$일 때, 고온측과 저온측 사이의 대수 평균 온도차가 $5℃$라면, 총괄 열전달계수$(kW/m^2 \cdot K)$는?

① 10 　　　　② 20
③ 30 　　　　④ 40
⑤ 50

23 물질의 열전도도 k의 단위로 옳은 것은?

① $W/m \cdot K$ 　　② $W/m^2 \cdot K$
③ $W \cdot m/K$ 　　④ W/K
⑤ $W \cdot K/m$

24 대류 열선날계수가 $2.0kW/m^2 \cdot K$, 열전달 표면적이 $10m^2$라면, 대류 열저항(K/W)은?

① 5×10^{-2} 　　② 5×10^{-3}
③ 5×10^{-4} 　　④ 5×10^{-5}
⑤ 5×10^{-6}

25 강에 담금질을 하면 발생하는 현상으로 옳은 것은?

① 경도 증가 　　② 연신율 증가
③ 전연성 증가 　　④ 취성 감소
⑤ 인성 증대

26 강을 담금질한 후 처리로 뜨임(tempering) 처리를 하는 이유로 옳은 것은?

① 강도 증가 　　② 경도 증가
③ 인성 증대 　　④ 메짐성 증가
⑤ 잔류응력 증가

27 스프링이나 샤프트의 피로수명을 높이기 위한 작업으로 옳은 것은?

① 아연도금 　　② 샌드 블라스트
③ 니켈도금 　　④ 침탄
⑤ 숏피닝

28 베빗메탈(babbitt metal)의 구성 성분은?

① Pb–Al–Sn 　　② Zn–Sn–Cr
③ Sb–Sn–Cu 　　④ Sb–Ni–Cu
⑤ Cr–Pb–Zn

29 인바(invar)의 구성 성분은?

① Fe, Ni 　　② Fe, Cr
③ Ni, Cr 　　④ Ni, Mo
⑤ Cr, Mo

30 알루미늄 합금을 열처리한 후에 장시간 적당한 온도로 방치하면 단단해지는 현상과 관계된 것은?

① 고주파표면 경화 ② 질화표면 경화
③ 침탄표면 경화 ④ 화염표면 경화
⑤ 시효경화

난이도 ●●○○○ ｜ 출제빈도 ★★★★★

31 구성인선(built-up edge)을 방지하는 방법으로 틀린 것은?

① 절삭깊이를 작게 한다.
② 절삭속도를 빠르게 한다.
③ 세라믹 공구를 사용한다.
④ 윗면경사각을 작게 한다.
⑤ 윤활성이 좋은 절삭유를 사용한다.

난이도 ●○○○○ ｜ 출제빈도 ★★★★☆

32 드릴링, 보링, 리밍 등으로 1차 가공을 한 재료를 연마 연삭석, 연삭휠 등으로 공작물을 가공하여 더욱 정밀하게 다듬는 방법은?

① 창성법
② 래핑(lapping)
③ 배럴가공(barrel finishing)
④ 방전가공(EDM)
⑤ 호닝(honing)

난이도 ●●○○○ ｜ 출제빈도 ★★★☆☆

33 연삭기에서 숫돌의 원주속도(m/min), 연삭력(kgf), 연삭효율이 주어졌을 때, 연삭동력(kW)을 구하는 식으로 옳은 것은? [단, 원주속도는 v, 연삭력은 P, 연삭효율은 η이다]

① $\dfrac{Pv}{102 \times 60 \times \eta}$ ② $\dfrac{Pv}{75 \times 60 \times \eta}$

③ $\dfrac{Pv}{76 \times 60 \times \eta}$ ④ $\dfrac{Pv}{75 \times \eta}$

⑤ $\dfrac{Pv}{102 \times \eta}$

난이도 ●○○○○ ｜ 출제빈도 ★★★☆☆

34 나사 가공용 공구 중 수나사를 가공하는 공구로 옳은 것은?

① 탭 ② 다이스
③ 총형커터 ④ 드릴
⑤ 맨드릴

난이도 ●●○○○ ｜ 출제빈도 ★★★★☆

35 피복아크용접에서 사용하는 용접봉의 피복제의 역할로 옳지 않은 것은?

① 탈산정련 작용
② 보호가스 형성
③ 전기절연 작용
④ 용융금속과 슬래그의 유동성을 좋게 한다.
⑤ 용착금속의 급랭을 촉진한다.

난이도 ●○○○○ ｜ 출제빈도 ★★★★☆

36 모듈이 6, 잇수가 58인 표준 스퍼기어의 바깥지름(mm)은?

① 240 ② 360
③ 400 ④ 480
⑤ 520

난이도 ●●○○○ | 출제빈도 ★★★☆☆

37 레이디얼 볼베어링에 베어링 하중 20kN, 기본동적부하용량 40kN이 작용할 때, 수명회전수(rev)는?

① 9,000,000　　② 8,000,000

③ 7,000,000　　④ 6,000,000

⑤ 5,000,000

난이도 ●●●○○ | 출제빈도 ★★☆☆☆

38 나사의 효율이란 입력한 일에 대한 출력된 일의 비를 나타낸다. 나사의 효율을 정의한 식으로 옳은 것은?

① 마찰이 있을 때의 일량/마찰이 없을 때의 일량

② 마찰이 있을 때의 토크/마찰이 없을 때의 토크

③ 마찰이 없을 때의 일량/마찰이 있을 때의 일량

④ 마찰이 있을 때의 토크/마찰이 없을 때의 일량

⑤ 마찰이 없을 때의 토크/마찰이 있을 때의 토크

난이도 ●○○○○ | 출제빈도 ★★★★☆

39 한 쌍의 기어를 맞물렸을 때 치면 사이에 발생하는 틈새를 무엇이라고 하는가?

① 피치　　　　② 전위계수

③ 인벌류트　　④ 언더컷

⑤ 백래시

난이도 ●○○○○ | 출제빈도 ★★★☆☆

40 압축 코일스프링에서 코일의 평균지름이 10mm, 소선의 지름이 2mm라면 스프링지수는?

① 2　　　　　② 5

③ 7　　　　　④ 10

⑤ 20

기계의 진리
GENERAL MACHINE

Truth of Machine

실전 모의고사

01 제1회 실전 모의고사

[총 25문제 I 제한시간 20분]

[⇨ 정답 및 해설편 p. 312]

난이도 ●●○○○ I 출제빈도 ★★★★☆

01 양단이 고정된 기둥이 있다. 이때, 오일러(Euler)의 임계하중(P_{cr})으로 옳은 것은?
[단, I : 단면 2차 모멘트, E : 세로탄성계수, L : 기둥의 길이]

① $P_{cr} = 0.25\pi^2 \dfrac{EI}{L^2}$

② $P_{cr} = 0.5\pi^2 \dfrac{EI}{L^2}$

③ $P_{cr} = \pi^2 \dfrac{EI}{L^2}$

④ $P_{cr} = 2\pi^2 \dfrac{EI}{L^2}$

⑤ $P_{cr} = 4\pi^2 \dfrac{EI}{L^2}$

난이도 ●●○○○ I 출제빈도 ★★★☆

02 다음 그림의 보에서 $R_A = 3R_B$의 관계가 성립하기 위한 하중 P_1의 크기(kN)는?

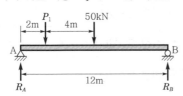

① $\dfrac{150}{7}$

② 150

③ $\dfrac{125}{7}$

④ 125

⑤ 200

난이도 ●●○○○ I 출제빈도 ★★★★☆

03 (가) 그림은 길이가 L인 단순보의 중앙에 집중하중 P가 작용하고 있는 것을 나타낸 것이고, (나) 그림은 길이가 L인 단순보의 전길이에 대하여 등분포하중 w가 작용하고 있는 것을 나타낸 것이다. 각 경우의 최대처짐량을 $\delta_{가}$, $\delta_{나}$라고 하였을 때, 최대처짐량의 비 $\left(\dfrac{\delta_{나}}{\delta_{가}}\right)$는 얼마인가? [단, $P = wL$]

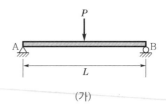

(가)

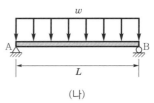

(나)

① 0.325 ② 0.425
③ 0.525 ④ 0.625
⑤ 0.725

난이도 ●○○○○ I 출제빈도 ★★★★★

04 냉동시스템이 2kW의 동력으로 작동하고 있으며, 냉동되는 속도는 5kJ/s라고 한다. 이 냉동시스템의 성능계수는?

① 0.4 ② 2.5
③ 5.0 ④ 10.0
⑤ 12.0

난이도 ●●○○○ | 출제빈도 ★★★★☆

05 1kJ의 일을 생산하기 위해 제작된 열기관이 있다. 600K의 수증기를 열원으로 사용하고 주위로 300K의 열을 버린다. 열기관의 효율을 최댓값의 80%로 운전할 때, 저열원으로 버리는 열량(kJ)은 얼마인가?

① 1.0 　　　　② 1.5

③ 2.0 　　　　④ 2.5

⑤ 3.0

난이도 ●●○○○ | 출제빈도 ★★★☆☆

06 압축된 기체가 단열된 좁은 틈을 통과할 때 온도가 변하는 현상을 설명할 수 있는 이론으로 가장 옳은 것은?

① 샤를의 법칙 　　② 보일의 법칙

③ 벤투리효과 　　④ 줄–톰슨효과

⑤ 베르누이법칙

난이도 ●●○○○ | 출제빈도 ★★★★☆

07 다음 중 유체와 관련된 설명으로 옳지 않은 것은?

① 수면에 연직인 직사각형 모양의 수문에 작용하는 힘의 작용점은 수문의 도심보다 항상 아래쪽에 위치한다.

② 뉴턴유체에 있어 점성계수는 전단응력과 속도구배 사이의 비례상수이다.

③ 움직이는 유체가 수행한 일(work)은 에너지(energy)와 동일한 물리적 차원을 갖는다.

④ 유체에 전단응력이 작용할 때 변형에 저항하는 정도를 나타내는 유체의 성질을 점성이라고 한다.

⑤ 액체의 경우 온도가 높아질수록 응집력이 증가하여 점성이 감소한다.

난이도 ●○○○○ | 출제빈도 ★★★★★

08 다음 그림은 이상기체에 대한 카르노 사이클을 나타낸 $P-V$ 선도이다. 각 과정에 대한 설명으로 옳은 것은?

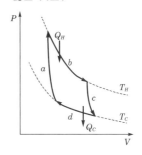

① a : 가역 · 등온, b : 가역 · 단열
　 c : 가역 · 등온, d : 가역 · 단열

② a : 가역 · 단열, b : 가역 · 등온
　 c : 가역 · 단열, d : 가역 · 등온

③ a : 비가역 · 등온, b : 비가역 · 단열
　 c : 비가역 · 등온, d : 비가역 · 단열

④ a : 비가역 · 단열, b : 비가역 · 등온
　 c : 비가역 · 단열, d : 비가역 · 등온

⑤ a : 가역 · 등온 b : 비가역 · 단열
　 c : 가역 · 등온, d : 비가역 · 단열

난이도 ●●○○○ | 출제빈도 ★★★★☆

09 1Pa을 kgf/cm^2의 단위로 변환하면? [단, $1kgf=10N$]

① $1 \times 10^{-3} \, kgf/cm^2$

② $1 \times 10^{-4} \, kgf/cm^2$

③ $1 \times 10^{-5} \, kgf/cm^2$

④ $1 \times 10^{-6} \, kgf/cm^2$

⑤ $1 \times 10^{-7} \, kgf/cm^2$

10 원형 관로의 내경이 64cm, 길이가 100m인 관수로에서 유속이 2m/s, 레이놀즈수가 1,000일 때, 관로 전체구간을 지나는 동안 발생되는 마찰손실수두(m)는? [단, 중력가속도는 10m/s²로 가정하여 계산한다]

① 1   ② 2
③ 4   ④ 8
⑤ 16

11 어떤 물체의 공기 중 무게는 27kg이며, 물 속에서의 무게는 18kg이다. 이 물체의 비중은?

① 1   ② 2
③ 3   ④ 4
⑤ 5

12 다음 그림처럼 물이 가득 차 흐르고 있는 관이 수평으로 놓여 있다. A 단면의 평균유속이 5m/s일 때, A, B 두 단면의 압력차(kPa)는? [단, 두 단면 간 손실은 무시하고, A 단면의 단면적은 0.3m², B 단면의 단면적은 0.1m², 중력가속도는 10m/s², 물의 비중량은 10,000N/m³이다]

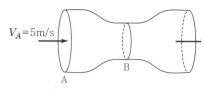

① 50   ② 100
③ 150   ④ 200
⑤ 250

13 점성계수의 차원은 $M^a L^b T^c$ 또는 $F^d L^e T^f$로 나타낼 수 있다. 이때, $a+b+c+d+e+f$는? [단, M은 질량, F는 힘, L은 길이, T는 시간을 나타낸다]

① -1 ② 0
③ 1   ④ 2
⑤ 3

14 다음 그림처럼 수로 폭이 0.9m인 직사각형 개수로에 체적유량이 0.18m³/s로 흐르고 있다. 유동깊이가 0.4m일 때 개수로의 평균유속(m/s)은?

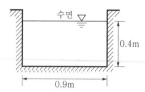

① 0.1   ② 0.2
③ 0.3   ④ 0.4
⑤ 0.5

15 다음 〈보기〉 중 구성인선(built-up edge)을 방지하거나 억제하는 방법으로 옳은 것을 모두 고르면 몇 개인가?

> ㉠ 절삭속도를 빠르게 한다.
> ㉡ 절삭깊이를 작게 한다.
> ㉢ 공구반경을 작게 한다.
> ㉣ 세라믹공구를 사용한다.
> ㉤ 칩의 두께를 감소시킨다.

① 1개   ② 2개
③ 3개   ④ 4개
⑤ 5개

난이도 ●●○○○○ | 출제빈도 ★★★★☆

16 다음 〈보기〉 중 소성을 이용하여 필요한 형상을 가공하는 방법으로 옳은 것을 모두 고르면 몇 개인가?

㉠ 절삭	㉡ 선삭
㉢ 전조	㉣ 연삭
㉤ 압연	

① 1개   ② 2개
③ 3개   ④ 4개
⑤ 5개

난이도 ●●●○○ | 출제빈도 ★★★★☆

17 다음 〈보기〉 중 절삭가공과 비교한 연삭가공의 특징으로 옳은 것을 모두 고르면 몇 개인가?

㉠ 연삭입자는 평균적으로 음(−)의 경사각을 가지고 있다.
㉡ 연삭입자는 규칙적인 형상을 가지고 있다.
㉢ 전단각이 크다.
㉣ 연삭속도는 절삭속도보다 빠르다.
㉤ 담금질 처리가 된 강, 초경합금 등의 단단한 재료의 가공이 가능하다.

① 1개   ② 2개
③ 3개   ④ 4개
⑤ 5개

난이도 ●●●●○ | 출제빈도 ★★★☆☆

18 다음 〈보기〉 중 신속조형법에 대한 설명으로 옳은 것을 모두 고르면 몇 개인가?

㉠ 융해용착법으로 제작된 제품은 경사면이 계단형이다.
㉡ 박판적층법은 액체상태의 광경화성 수지에 레이저빔을 부분적으로 쏘아 적층해 나가는 방법이다.
㉢ 3차원 인쇄와 선택적 레이저소결법은 초기 재료가 분말형태이다.
㉣ 광조형법은 금속분말가루나 고분자재료를 한 층씩 도포한 후, 여기에 레이저빔을 쏘아 소결시키고 다시 한 층씩 쌓아 올려 형상을 만드는 방법이다.
㉤ 융해용착법의 적용 가능한 재료는 열경화성 플라스틱이다.

① 1개   ② 2개
③ 3개   ④ 4개
⑤ 5개

난이도 ●●○○○ | 출제빈도 ★★★☆☆

19 다음 중 드릴링머신에 대한 설명으로 옳지 않은 것은?

① 레이디얼 드릴링머신은 암이 360°로 회전하며 대형 공작물의 구멍을 가공하는 데 적합하다.
② 다축 드릴링머신은 다수의 구멍을 동시에 가공하며 대량생산이 가능하다.
③ 다두 드릴링머신은 여러 개의 공구를 한 번에 주축에 장착하여 순차적으로 드릴링가공을 실시한다.
④ 탁상 드릴링머신은 작업대 위에 고정하여 사용하는 소형 드릴링머신으로 지름 130mm 이하의 작은 드릴 구멍의 작업에 적합하다.
⑤ 심공 드릴링머신은 깊은 구멍가공 시 사용한다.

20 난이도 ●●●●○ | 출제빈도 ★★★★☆

다음 〈보기〉 중 금속의 결정구조와 관련된 설명으로 옳은 것을 모두 고르면 몇 개인가?

> ㉠ 면심입방격자는 입방체에 있어서 8개의 꼭짓점과 입방체의 중심에 각각 1개의 원자가 있는 것으로, 이에 속하는 금속에는 니켈, 은, 구리, 알루미늄 등이 있다.
> ㉡ 슬립계가 5개보다 많으면 연성이 있고, 슬립계가 5개보다 적으면 취성이 있다.
> ㉢ 체심입방격자는 슬립 가능한 슬립계가 48개로, 외부의 전단력에 의해 슬립이 잘 일어난다.
> ㉣ 조밀육방격자의 단위세포 내 원자의 수는 2, 배위수는 12이다.
> ㉤ 체심입방격자는 강도 및 경도가 크며, 용융점이 높다.

① 1개   ② 2개
③ 3개   ④ 4개
⑤ 5개

21 난이도 ●●●○○ | 출제빈도 ★★★☆☆

가장 일반적인 물리적 기상 증착법으로 진공상태에서 높은 열을 금속원에 가해 기화한 다음 상대적으로 낮은 온도의 기판에 박막을 형성하는 방법으로 옳은 것은?

① 열증발 진공 증착
② 양극 산화법
③ 스퍼터링
④ 이온 플레이팅
⑤ 파커라이징

22 난이도 ●●●○○ | 출제빈도 ★★★★☆

다음 〈보기〉 중 재결정과 관련된 설명으로 옳은 것을 모두 고르면 몇 개인가?

> ㉠ 재결정은 재료의 연신율 및 연성을 증가시키고 강도를 저하시킨다.
> ㉡ 재결정온도 이상으로 장시간 유지할 경우 결정립이 작아진다.
> ㉢ 재결정온도는 순도가 높을수록, 가공도가 작을수록 낮아진다.
> ㉣ 재결정온도는 1시간 안에 90% 이상의 재결정이 완료되는 온도로 정의된다.
> ㉤ 회복은 가공경화된 금속을 가열하면 할수록 특정 온도 범위에서 내부응력이 완화되는 것을 말하며 재결정온도 이상에서 일어난다.

① 1개   ② 2개
③ 3개   ④ 4개
⑤ 5개

23 난이도 ●●○○○ | 출제빈도 ★★★★☆

다음 〈보기〉 중 침탄법과 질화법에 대한 설명으로 옳은 것을 모두 고르면 몇 개인가?

> ㉠ 질화법은 암모니아가스 속에 강을 넣고 가열하여 강의 표면이 질소성분을 함유하도록 하여 경도를 높인다.
> ㉡ 침탄법은 저탄소강을 침탄제 속에 파묻고 가열하여 재료 표면에 탄소가 함유되도록 한다.
> ㉢ 질화법을 사용하면 표면은 마텐자이트 조직으로 경화하고, 중심은 저탄소강의 성질이 남아 있어 이중조직이 된다.
> ㉣ 질화법의 가열시간은 침탄법보다 짧다.
> ㉤ 질화법의 경도와 가열온도는 침탄법보다 높다.

① 1개   ② 2개
③ 3개   ④ 4개
⑤ 5개

24 축의 위험속도가 처음 위험속도의 3배가 되려면, 축의 자중에 의한 처짐량이 처음의 몇 배가 되어야 하는가? [단, 처짐량 이외의 모든 조건은 동일하다]

① 9배

② $\dfrac{1}{\sqrt{3}}$배

③ $\sqrt{3}$배

④ $\dfrac{1}{9}$배

⑤ $\dfrac{1}{3}$배

25 기어의 잇수 8개, 피치원 지름 32mm일 때, 기어의 원주피치(mm)는 약 얼마인가?

① 4

② 8

③ 12

④ 16

⑤ 20

02 제2회 실전 모의고사

[총 25문제 | 제한시간 20분]

[⇨ 정답 및 해설편 p. 333]

난이도 ●●○○○○ | 출제빈도 ★★★★★

01 푸아송비가 0.25, 지름이 100mm, 길이가 250mm인 재료에 인장력을 가했더니 지름이 99.8mm로 변하였다. 이때, 늘어난 재료의 최종 길이(mm)는 얼마인가?

① 252   ② 254

③ 256   ④ 258

⑤ 260

난이도 ●●○○○○ | 출제빈도 ★★★★☆

02 다음 그림처럼 봉의 양단이 고정지지되어 있다. 봉의 온도가 $40℃$ 상승하였을 때, 양 끝단에 발생하는 수평반력의 크기가 88kN였나면, 봉의 열팽창계수는 얼마인가? [단, 봉의 단면적(A)은 100cm^2, 탄성계수(E)는 $2.0 \times 10^6 \text{N/cm}^2$이다]

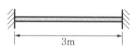

3m

① $1.1 \times 10^{-3}/℃$ ② $1.2 \times 10^{-4}/℃$

③ $1.1 \times 10^{-4}/℃$ ④ $1.1 \times 10^{-5}/℃$

⑤ $1.2 \times 10^{-5}/℃$

난이도 ●●○○○○ | 출제빈도 ★★★★★

03 다음 그림처럼 길이가 L인 기둥의 중실원형 단면이 있다. 단면의 도심을 지나는 $A-A$축에 대한 세장비로 옳은 것은?

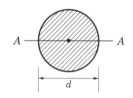

① $\dfrac{L}{d}$ ② $\dfrac{2L}{d}$

③ $\dfrac{4L}{d}$ ④ $\dfrac{2\sqrt{2}\,L}{d}$

⑤ $\dfrac{8L}{d}$

난이도 ●●○○○○ | 출제빈도 ★★★★☆

04 다음 그림처럼 등분포하중(w)을 받는 길이 L의 단순보가 있다. 보의 길이가 2배가 되고, 단면의 높이가 2배로 증가한다면, 중앙점에서의 처짐량은 원래 처짐량의 몇 배가 되는가?

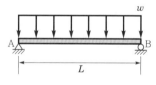

L

① 0.5배   ② 1.0배

③ 1.5배   ④ 2.0배

⑤ 2.5배

05 길이가 L인 원형 봉에 인장하중을 가했을 때, 공칭변형률이 0.03이라면 단면비$\left(\dfrac{A_1}{A_2}\right)$는? [단, 변형 전의 단면적이 A_1, 변형 후의 단면적이 A_2이다]

① 0.97   ② 1.00
③ 1.03   ④ 1.06
⑤ 1.09

06 레이놀즈수가 500인 원형 관의 흐름에서 유체의 속도가 2배로 증가할 경우, 손실수두는 어떻게 되는가?

① 변화 없다.   ② 2배 증가
③ 4배 증가   ④ 8배 증가
⑤ 16배 증가

07 다음 그림처럼 자유수면에서 $3m$ 수중 연직으로 놓인 사각형 판에 $1,800kN$의 전압력이 작용하고 있다. 이때, 사각형 판의 폭(m)은? [단, 물의 비중량은 $10,000N/m^3$이다]

① 5   ② 6
③ 7   ④ 8
⑤ 9

08 직경이 $0.4mm$인 물방울의 표면장력이 $70dyne/cm$일 때, 물방울의 내부와 외부의 압력차(Pa)는?

① 0.07   ② 0.7
③ 7   ④ 70
⑤ 700

09 지름이 $40cm$, 길이가 $200m$인 관에 물이 흘러갔을 때, 손실수두가 $5m$였다. 이때, 관 내 유량(m^3/s)은? [단, 중력가속도는 $10m/s^2$, 관의 마찰손실계수는 0.05이다]

① $\dfrac{\pi}{25}$ ② $\dfrac{2\pi}{25}$
③ $\dfrac{3\pi}{25}$ ④ $\dfrac{4\pi}{25}$
⑤ $\dfrac{\pi}{5}$

10 지름이 $30cm$인 원형 관에 물이 층류상태로 흐르고 있다. 관길이가 $100m$일 때, 마찰손실수두가 $10m$였다면 관 벽에서의 전단응력(kgf/m^2)은?

① 73.5   ② 30
③ 147   ④ 7.5
⑤ 60

난이도 ●●○○○ | 출제빈도 ★★★★☆

11 다음 〈보기〉 중 시량 성질에 해당되는 것을 모두 고르면 몇 개인가?

㉠ 부피	㉡ 엔트로피
㉢ 표면장력	㉣ 내부에너지
㉤ 밀도	

① 1개 ② 2개
③ 3개 ④ 4개
⑤ 5개

난이도 ●●○○○ | 출제빈도 ★★★★☆

12 다음 〈보기〉 중 열역학개념과 관련된 설명으로 옳은 것을 모두 고르면 몇 개인가?

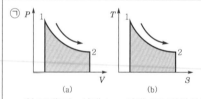

(a)   (b)

㉠ 위 그래프는 상태 1 → 상태 2로 변화하는 가역과정의 경로를 표현한 것이다. (a)와 (b)로 표현된 면적이 의미하는 열역학적 성질은 각각 순서대로 열과 일이다.
㉡ 비열비 2, 압력비 4인 브레이턴 사이클의 열효율은 50%이다.
㉢ 정압비열은 압력이 일정한 정압하에서 완전가스(이상기체) 1kg을 1℃ 올리는데 필요한 열량이며, 정압비열은 정적비열보다 작다.
㉣ 정압비열과 정적비열이 주어져 있다면, 기체상수를 구할 수 있다.
㉤ 비열의 단위는 kJ/kg · K 또는 kcal/kg · K이다.

① 1개 ② 2개
③ 3개 ④ 4개
⑤ 5개

난이도 ●●●○○ | 출제빈도 ★★★★☆

13 다음 중 선팽창계수가 큰 순서로 옳은 것은?

① 알루미늄 > 구리 > 철 > 크롬
② 철 > 크롬 > 구리 > 알루미늄
③ 크롬 > 알루미늄 > 철 > 구리
④ 구리 > 철 > 알루미늄 > 크롬
⑤ 크롬 > 철 > 알루미늄 > 구리

난이도 ●●○○○ | 출제빈도 ★★★★☆

14 다음 〈보기〉 중 소성가공에서 열간가공과 냉간가공을 비교한 설명으로 옳은 것은 모두 몇 개인가?

㉠ 냉간가공보다 열간가공한 것이 산화물층이 적다.
㉡ 냉간가공보다 열간가공한 것이 치수정밀도가 높다.
㉢ 냉간가공보다 열간가공한 것이 균일성이 작다.
㉣ 냉간가공보다 열간가공한 것이 조직과 표면상태가 우수하다.
㉤ 냉간가공보다 열간가공한 것이 단면감소율을 크게 할 수 있다.

① 1개 ② 2개
③ 3개 ④ 4개
⑤ 5개

난이도 ●●●○○ | 출제빈도 ★★★☆☆

15 다음 중 순철에 대한 설명 중 옳지 못한 것은?

① 공업용 순철에는 카보닐철, 전해철, 암코철, 회선철 등이 있다.
② 변압기 철심, 발전기용 박철판 등의 재료로 많이 사용된다.
③ 상온에서 연성 및 전성이 우수하다.
④ 단접이 용이하고 용접성이 좋다.
⑤ 순철은 염수, 화학약품 등에 내식성이 약하며, 산에는 부식성이 크나 알칼리에는 작다.

16 다음 〈보기〉에서 회주철 용탕에 Mg, Ca, Ce 등을 첨가하고 Fe-Si, Ca-Si 등으로 접종하여 응고과정에서 흑연을 구상으로 정출시켜 만든 주철과 같은 말로 옳은 것은 모두 몇 개인가?

> ㉠ 냉경주철   ㉡ 미하나이트주철
> ㉢ 덕타일주철   ㉣ 펄라이트 가단주철
> ㉤ 노듈러주철

① 1개   ② 2개
③ 3개   ④ 4개
⑤ 5개

17 다음 〈보기〉 중 구리(Cu)와 관련된 설명으로 옳은 것을 모두 고르면 몇 개인가?

> ㉠ 황동은 구리(Cu)와 아연(Zn)의 합금이고, 청동은 구리(Cu)와 주석(Sn)의 합금이다.
> ㉡ 백동은 7.3황동에 니켈(Ni)을 10~20% 첨가한 것으로, 색깔이 은(Ag)과 비슷하며 식기, 악기, 은그릇 대용, 장식용, 온도조절 바이메탈 등으로 사용된다.
> ㉢ 델타메탈은 6.4황동에 철(Fe) 1~2%를 함유한 합금이다.
> ㉣ 구리(Cu)는 비자성체이며 경금속에 속한다.
> ㉤ 7.3황동은 구리(Cu) 70% – 아연(Zn) 30% 합금의 알파 황동으로 가공용 황동의 대표이다. 용도로는 전구의 소켓, 탄피의 재료로 사용된다.

① 1개   ② 2개
③ 3개   ④ 4개
⑤ 5개

18 다음 중 금속재료의 열처리와 관련된 설명으로 옳지 않은 것은?

① 심냉(subzero)처리는 잔류 오스테나이트(austenite)를 마텐자이트화하기 위한 공정이다.
② 불림(normalizing)은 결정조직의 미세화나 잔류응력 제거를 위한 것이다.
③ 담금질(quenching)은 확산변태과정을 통해 경도가 높은 마텐자이트 조직을 얻는 것이다.
④ 뜨임(tempering)은 경화된 강에 대해 취성을 줄이고 연성과 인성을 높이기 위한 것이다.
⑤ 마텐자이트와 베이나이트의 혼합조직을 얻는 방법은 마템퍼링(martempering)이다.

19 내벽을 내화벽돌로 수직으로 쌓은 방식으로 투입구에서 금속, 코크스, 용제 등을 투입하는 용해로는?

① 전기로
② 도가니로
③ 진공 용해로
④ 고주파 유도 용해로
⑤ 큐폴라

20 다음 중 기계운동 부분의 에너지를 흡수하여 그 운동을 정지시키거나 속도를 조절하여 위험을 방지하는 기계요소로 옳은 것은?

① 스프링   ② 브레이크
③ 로프   ④ 베어링
⑤ 플라이휠

난이도 ●●○○○○ | 출제빈도 ★★★☆☆

21 다음 〈보기〉 중 사형주조(Sand casting)에서 사용되는 주물사의 구비조건으로 옳은 것을 모두 고르면 몇 개인가?

> ㉠ 내열성 및 신축성이 있어야 한다.
> ㉡ 반복적인 사용이 가능해야 한다.
> ㉢ 내화성이 크고 화학반응을 일으키지 않아야 한다.
> ㉣ 열전달률이 높고 통기성이 좋아야 한다.
> ㉤ 주물의 표면에서 이탈되지 말아야 한다.

① 1개   ② 2개
③ 3개   ④ 4개
⑤ 5개

난이도 ●●●○○ | 출제빈도 ★★★★☆

22 다음 〈보기〉 중 방전가공(EDM, Electric discharge machining)에 대한 설명으로 옳은 것를 보누 고르면 몇 개인가?

> ㉠ 재료의 경도나 인성에 관계없이 전노제이면 모두 가공이 가능하다.
> ㉡ 공작물을 가공할 때, 공구 전극의 소모가 없다.
> ㉢ 공구 전극으로 와이어형태를 사용할 수 없다.
> ㉣ 방전가공에 사용되는 절연액은 냉각제의 역할도 할 수 있다.
> ㉤ 스파크 방전을 이용하여 금속을 녹이거나 증발시켜 재료를 제거하는 방법이다.

① 1개   ② 2개
③ 3개   ④ 4개
⑤ 5개

난이도 ●●○○○ | 출제빈도 ★★★★☆

23 다음 〈보기〉 중 간접 측정에 해당되는 것을 모두 고르면 몇 개인가?

> ㉠ 사인바를 이용한 각도 측정
> ㉡ 다이얼게이지를 이용한 길이 측정
> ㉢ 삼침법을 이용한 나사의 유효지름 측정
> ㉣ 버니어 캘리퍼스를 이용한 길이 측정
> ㉤ 하이트게이지를 이용한 높이 측정

① 1개   ② 2개
③ 3개   ④ 4개
⑤ 5개

난이도 ●●○○○ | 출제빈도 ★★★☆☆

24 접합면을 중심으로 제한된 부위에서만 발열되어 열영향부(HAZ)를 좁게 할 수 있는 용접법은?

① 플래시용접   ② 마찰용접
③ 테르밋용접   ④ 서브머지드용접
⑤ TIG용접

난이도 ●●○○○ | 출제빈도 ★★☆☆☆

25 코일스프링에 작용하는 진동수가 코일스프링의 고유 진동수와 같아질 때, 고진동영역에서 스프링 자체의 고유 진동이 유발되어 고주파 탄성진동을 일으키는 현상은?

① 서징(surging)현상
② 좌굴(buckling)현상
③ 마모(wear)현상
④ 충돌(collision)현상
⑤ 피로(fatigue)현상

03 제3회 실전 모의고사

[총 30문제 | 제한시간 20분]

[⇨ 정답 및 해설편 p. 351]

난이도 ●●○○○○ | 출제빈도 ★★★★☆

01 길이가 L인 단순보의 중앙에 집중하중 P가 작용하고 있다. 이때, 중앙에서 발생하는 처짐량에 대한 설명으로 옳지 않은 것은? [단, 보의 단면 형상은 원형이다]

① 보 단면 지름의 네제곱에 반비례한다.
② 작용하는 하중에 비례한다.
③ 종탄성계수에 반비례한다.
④ 단면 2차 모멘트에 반비례한다.
⑤ 보의 길이의 네제곱에 비례한다.

난이도 ●●●○○ | 출제빈도 ★★★★☆

02 중공축의 안지름(d_1)과 바깥지름(d_2)의 비 (x)를 $\dfrac{d_1}{d_2}$ 라고 할 때, 동일한 비틀림모멘트 T에 대해서 동일한 비틀림응력이 발생하기 위한 중실축의 지름(d)과 중공축의 바깥지름(d_2)의 비 d_2/d는? [단, 중실축과 중공축의 재질은 같다]

① $\dfrac{1}{\sqrt[4]{1-x^4}}$

② $\sqrt[4]{1-x^4}$

③ $\sqrt[3]{1-x^4}$

④ $\dfrac{1}{\sqrt[3]{1-x^4}}$

⑤ $\dfrac{1}{\sqrt[3]{1-x^3}}$

난이도 ●●●○○ | 출제빈도 ★★★☆☆

03 안지름이 d_1, 바깥지름이 d_2, 길이가 L인 좌굴하중을 받는 파이프 압축부재의 세장비는?

① $\dfrac{4L}{d_2^2 + d_1^2}$

② $\dfrac{4L}{\sqrt{d_2^2 - d_1^2}}$

③ $\dfrac{4L}{d_2^2 - d_1^2}$

④ $\dfrac{2L}{\sqrt{d_2^2 + d_1^2}}$

⑤ $\dfrac{4L}{\sqrt{d_2^2 + d_1^2}}$

난이도 ●○○○○ | 출제빈도 ★★★★★

04 다음 중 극관성모멘트(I_P)와 극단면계수(Z_P)의 단위를 순서대로 각각 옳게 나열한 것은?

① m^3, m^4
② m^4, m^3
③ m^4, m^4
④ m^3, m^3
⑤ m^2, m^2

난이도 ●●○○○ | 출제빈도 ★★★☆☆

05 보는 크게 정정보와 부정정보로 구분된다. 이때, 〈보기〉에서 정정보만을 모두 고르면 몇 개인가?

㉠ 단순보	㉡ 연속보
㉢ 돌출보	㉣ 양단고정보
㉤ 캔틸레버보	

① 1개
② 2개
③ 3개
④ 4개
⑤ 5개

난이도 ●○○○○ | 출제빈도 ★★★★★

06 직경(지름)이 48cm인 원형 단면의 회전반지름 (cm)은?

① 6 ② 12
③ 18 ④ 24
⑤ 30

난이도 ●○○○○ | 출제빈도 ★★★★★

07 다음 〈보기〉 중 증기압축식 냉동 사이클의 4대 구성요소를 모두 고르면 몇 개인가?

㉠ 압축기	㉡ 팽창밸브
㉢ 재생기	㉣ 증발기
㉤ 터빈	

① 1개 ② 2개
③ 3개 ④ 4개
⑤ 5개

난이도 ●●●●○ | 출제빈도 ★★★☆☆

08 가솔린기관의 이상 사이클은 오토 사이클이다. 오토 사이클의 열효율에 영향을 주는 인자를 다음 〈보기〉에서 모두 고르면 몇 개인가? [단, 혼합기의 특성은 이미 결정되어 있다]

㉠ 압축비	㉡ 단절비
㉢ 비열비	㉣ 체절비
㉤ 압력비	

① 1개 ② 2개
③ 3개 ④ 4개
⑤ 5개

난이도 ●●○○○ 출제 빈도 ★★★★★

09 다음 〈보기〉 중 열역학 제2법칙에 대한 설명으로 옳은 것을 모두 고르면 몇 개인가?

㉠ 계가 흡수한 열을 계에 의해 이루어지는 일로 완전히 변환시키는 효과를 가진 장치는 없다.
㉡ 에너지 전환의 방향성과 비가역성을 명시하는 법칙이다.
㉢ 제2종 영구기관은 존재할 수 없다.
㉣ 어떤 방법에 의해서도 물질의 온도를 절대 영도까지 내려가게 할 수 없다.
㉤ 밀폐계에서 내부에너지의 변화량이 없다면, 경계를 통한 열전달의 합은 계의 일의 총합과 같다.
㉥ 일과 열은 모두 에너지이며, 서로 상호전환이 가능하다.

① 1개 ② 2개
③ 3개 ④ 4개
⑤ 5개

난이도 ●●○○○ | 출제빈도 ★★★☆☆

10 이상기체(ideal gas)로 간주되는 1원자 분자인 아르곤가스가 있다. 아르곤가스의 정적비열이 $0.3kJ/kg \cdot K$으로 가정된다면, 이 가스의 정압비열($kJ/kg \cdot K$)은 약 얼마인가?

① 0.5 ② 0.42
③ 0.4 ④ 0.2
⑤ 0.15

▶▶

난이도 ●❶○○○ | **출제빈도** ★★★★☆

11 다음 그림처럼 기체가 피스톤의 한쪽 면에 일정한 압력을 작용시켜 피스톤이 0.1m 이동하였다. 이 과정 동안 기체가 외부에 350kJ의 일을 하였다면 기체의 압력(kPa)은? [단, 피스톤의 단면적은 5m²이다]

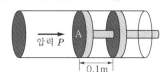

압력 P A   0.1m

① 350   ② 450
③ 600   ④ 700
⑤ 750

난이도 ●❶○○○ | **출제빈도** ★★★★☆

12 다음 〈보기〉는 1냉동톤에 대한 설명이다. 빈칸 ㉠, ㉡에 들어가야 할 것으로 옳은 것은?

0℃의 물 (㉠)을 (㉡) 동안에 0℃의 얼음으로 바꾸는 데 제거해야 할 열량 또는 그 능력

	㉠	㉡
①	15.65kg	1시간
②	15.65kg	12시간
③	15.65kg	24시간
④	1ton	1시간
⑤	1ton	24시간

난이도 ●❶○○○ | **출제빈도** ★★★☆☆

13 스토크스의 법칙을 이용하여 점성계수를 측정하는 점도계로 옳은 것은?

① Ostwald 점도계   ② Saybolt 점도계
③ 낙구식 점도계   ④ 맥미첼 점도계
⑤ 스토머 점도계

난이도 ●❶○○○ | **출제빈도** ★★★★☆

14 파이프 속을 흐르는 질량유량이 30kg/s, 파이프 속을 흐르는 유체의 속도가 5m/s일 때 파이프의 안지름(cm)으로 옳은 것은? [단, 유체의 비중은 0.8이며, $\pi=3$으로 가정하여 계산한다]

① 0.1   ② 1
③ 10   ④ 100
⑤ 1000

난이도 ●○○○○ | **출제빈도** ★★★★★

15 비중이 0.2인 물체의 비체적(m³/kg)은?

① 5   ② 0.05
③ 0.005   ④ 2
⑤ 0.002

난이도 ●●○○○ | **출제빈도** ★★★☆☆

16 다음 중 니켈(Ni)의 함유량이 많은 합금으로 가장 옳은 것은?

① 실루민   ② 두랄루민
③ 다우메탈   ④ 모넬메탈
⑤ 하이드로날륨

난이도 ●❶○○○ | **출제빈도** ★★★★★

17 다음 〈보기〉에서 금속재료의 물리적 성질로 옳은 것을 모두 고르면 몇 개인가?

㉠ 비중   ㉡ 용융온도
㉢ 인성   ㉣ 내식성
㉤ 열팽창계수

① 1개   ② 2개
③ 3개   ④ 4개
⑤ 5개

난이도 ●●●●○○ | 출제빈도 ★★★★☆

18 다음 〈보기〉 중 여러 가공에 대한 설명으로 옳은 것을 모두 고르면 몇 개인가?

> ㉠ 기계적 특수가공에는 버니싱, 버핑, 방전가공, 숏피닝, 샌드블라스트 등이 있다.
> ㉡ 전해연마는 전기도금과 반대로 공작물을 양극, 전극을 음극으로 한 다음 전해액 속에서 전기분해하여 표면을 연마하는 방법이다.
> ㉢ 호닝은 분말입자로 공작물을 가볍게 문질러 정밀 다듬질하는 기계가공법이다. 특히 구멍 내면을 정밀 다듬질하는 방법 중 가장 우수한 가공법이다.
> ㉣ 래핑은 공작물과 랩(lap)공구 사이에 미세한 분말상태의 랩제와 윤활유를 넣고 공작물을 누르면서 상대운동을 시켜 매끈한 다듬질면을 얻는 가공법이다.
> ㉤ 액체호닝은 연마제를 가공액과 혼합한 후 압축공기를 이용하여 노즐로 고속 분사시켜 고운 다듬질면을 얻는 습식 정밀 가공방법으로 형상정밀도가 크다.

① 1개 ② 2개
③ 3개 ④ 4개
⑤ 5개

난이도 ●●○○○○ | 출제빈도 ★★★★☆

19 다음 〈보기〉 중 피복아크용접에서 사용하는 용접봉의 피복제 역할로 옳지 않은 것을 모두 고르면 몇 개인가?

> ㉠ 대기 중의 산소와 질소로부터 모재를 보호하여 산화 및 질화를 방지한다.
> ㉡ 슬래그를 제거하며 스패터링을 크게 한다.
> ㉢ 용착금속의 냉각속도를 빠르게 한다.
> ㉣ 아크를 안정하게 하며 용착효율을 높인다.
> ㉤ 전기절연작용을 한다.

① 1개 ② 2개
③ 3개 ④ 4개
⑤ 5개

난이도 ●●○○○○ | 출제빈도 ★★★★☆

20 다음 중 기계재료와 관련된 설명으로 옳지 않은 것은?

① 체심입방격자는 입방체의 8개 꼭짓점과 입방체의 중심에 각각 1개씩의 원자가 있는 결정격자이며, 텅스텐(W), 크롬(Cr), 리튬(Li), 바나듐(V) 등이 체심입방격자에 해당한다.
② 은(Ag)은 구리(Cu)보다 전기전도도가 크다.
③ 자성체는 자성을 지닌 물질로 자기장 안에서 자화하는 물질이며, 니켈(Ni), 코발트(Co) 등은 강자성체에 해당한다.
④ 크리프현상은 연성재료가 고온에서 일정한 하중을 받을 때, 시간에 따라 서서히 변형이 증가하는 현상이다.
⑤ 수지상 결정은 금속 주형에서 표면의 빠른 냉각으로 중심부를 향하여 방사상으로 이루어지는 결정이다.

난이도 ●●○○○○ | 출제빈도 ★★★★☆

21 다음 〈보기〉 중 열가소성 수지에 해당하는 것을 모두 고르면?

> ㉠ 폴리에스테르 ㉡ 아크릴수지
> ㉢ 멜라민수지 ㉣ 폴리에틸렌수지

① ㉠, ㉡ ② ㉠, ㉣
③ ㉡, ㉢ ④ ㉡, ㉣
⑤ ㉢, ㉣

22 다음 중 SI 기본단위로 옳지 않은 것은?

① A(암페어) ② s(초)
③ cd(칸델라) ④ mol(몰)
⑤ N(뉴턴)

23 플라이휠에 $5\text{N} \cdot \text{m}$의 토크가 가해진다. 정지 상태에서 회전하기 시작하여 10바퀴 회전했을 때, 플라이휠의 각속도가 $4\sqrt{15}\,\text{rad/s}$라면, 이 플라이휠의 질량관성모멘트$(\text{kg} \cdot \text{m}^2)$는? [단, $\pi = 3$으로 가정하여 계산한다]

① 1.0 ② 1.5
③ 2.0 ④ 2.5
⑤ 3.0

24 다음 〈보기〉는 밸브 기호를 나타낸 것이다. 옳게 짝지어진 것은 모두 몇 개인가?

㉠ ▷◁ : 체크밸브
㉡ ▷◁ : 앵글밸브
㉢ : 게이트밸브
㉣ ▷◁ : 안전밸브

① 0개 ② 1개
③ 2개 ④ 3개
⑤ 4개

25 표준 스퍼기어에서 기초원지름(D_g)과 피치원지름(D)의 관계로 옳은 것은? [단, α는 압력각이다]

① $D_g = D\tan\alpha$ ② $D_g = D\cot\alpha$
③ $D_g = D\sin\alpha$ ④ $D_g = D\cos\alpha$
⑤ $D_g = D$

26 비열비가 k인 이상기체(ideal gas)가 압력이 일정한 정압하에서 공급받은 열량이 모두 일로 변했을 때, 한 일 W와 열량 Q의 비(W/Q)는?

① $\dfrac{1}{k-1}$ ② $k-1$

③ $\dfrac{k}{k-1}$ ④ $\dfrac{k-1}{k}$

⑤ $\dfrac{1}{k}$

27 다음 〈보기〉 중 폴리트로픽지수(n)와 폴리트로픽비열(C_n)에 대한 설명으로 옳은 것을 모두 고르면 몇 개인가?

㉠ $n=0$이면 정압변화이다.
㉡ $n=1$이면 정적변화이다.
㉢ $n=k$이면 단열변화이다.
㉣ $n=\infty$이면 정적변화이다.
㉤ 단열변화이면 $C_n = 1$이다.

① 1개 ② 2개
③ 3개 ④ 4개
⑤ 5개

난이도 ●●●○○ | 출제빈도 ★★★☆☆

28 다음 〈보기〉는 정압비열(C_p)이 정적비열(C_v)보다 항상 큰 이유를 서술한 것이다. 이때, 빈칸에 들어가야 할 것으로 옳은 것은?

> ㉠ 체적(부피)을 일정하게 유지하며 가열하는 경우, 가해진 열은 모두 물질의 (A)을/를 증가시키는 데 사용된다.
>
> ㉡ 압력을 일정하게 유지하며 가열하는 경우, 가해진 열의 일부는 (B)의 증가를 위해 사용되며, 나머지는 (A)을/를 증가시키기 위해 사용된다.
>
> 따라서, 정압비열(C_p)이 정적비열(C_v)보다 항상 큰 것이다.

	A	B
①	압력	온도
②	온도	압력
③	내부에너지	체적
④	체적	내부에너지
⑤	체적	온두

난이도 ●●●○○ | 출제빈도 ★★★★☆

29 다음 〈보기〉 중 밸브, 작은 틈, 콕, 오리피스 등의 좁은 통로를 유체가 이동할 때 발생하는 현상인 교축과정에 대한 설명으로 옳은 것을 모두 고르면 몇 개인가? [단, 작동유체는 이상기체이다]

> ㉠ 비가역 단열과정이다.
> ㉡ 등엔탈피과정이다.
> ㉢ 엔트로피와 압력이 증가한다.
> ㉣ 외부에 일을 하지 않는다.
> ㉤ 온도의 변화가 없다.

① 1개   ② 2개
③ 3개   ④ 4개
⑤ 5개

난이도 ●●●○○ | 출제빈도 ★★★☆☆

30 기초원 지름이 500mm, 잇수가 50인 기어의 물림길이가 60mm일 때, 이 기어의 물림률은? [단, $\pi=3$으로 가정하여 계산한다]

① 2.0   ② 2.5
③ 3.0   ④ 3.5
⑤ 4.0

04 제4회 실전 모의고사

[총 40문제 | 제한시간 35분]

[⇨ 정답 및 해설편 p. 372]

난이도 ●●○○○○ | 출제빈도 ★★★★☆

01 다음 〈보기〉 중 기둥과 관련된 설명으로 옳은 것은 모두 몇 개인가?

> ㉠ 오일러의 좌굴하중의 크기를 결정하는 요인에는 탄성계수, 단면 2차 모멘트, 기둥의 길이, 전단력, 기둥을 지지하는 지점의 종류가 있다.
> ㉡ 장주는 기둥의 단면 도심축 방향으로 인장력을 받아 좌굴파괴되는 기둥이다.
> ㉢ 세장비가 클수록 기둥은 잘 휘어진다.
> ㉣ 단주는 장주에 비해 훨씬 큰 압축력에 저항할 수 있다.
> ㉤ 일단고정 타단회전의 경우 단말계수는 1이다.

① 1개 ② 2개
③ 3개 ④ 4개
⑤ 5개

난이도 ●●○○○○ | 출제빈도 ★★★☆☆

02 다음 그림의 보에서 B점의 반력 크기(kN)는? [단, 보의 자중은 무시하며, 굽힘강성 EI 는 일정하다]

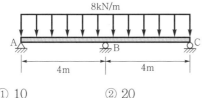

① 10 ② 20
③ 30 ④ 40
⑤ 50

난이도 ●●○○○○ | 출제빈도 ★★★★☆

03 다음 그림에 있는 정사각형 단면의 최대전단응력 τ_a와 원형 단면의 최대전단응력 τ_b의 비 (τ_a / τ_b)는? [단, 두 단면의 면적은 같으며, 작용하는 전단력의 크기도 같다]

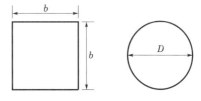

(a) 정사각형 단면 (b) 원형 단면

① $\frac{5}{4}$ ② $\frac{7}{6}$
③ $\frac{9}{8}$ ④ $\frac{10}{9}$
⑤ $\frac{12}{11}$

난이도 ●●●○○ | 출제빈도 ★★★★★

04 지름이 4cm인 강봉에 10,000kN의 인장력이 작용할 때, 강봉의 지름이 줄어드는 값(cm)은? [단, 탄성계수 $E = 2 \times 10^2$GPa이고, 푸아송비는 0.25이다]

① $\frac{1}{4\pi}$ ② $\frac{3}{16\pi}$
③ $\frac{1}{8\pi}$ ④ $\frac{1}{16\pi}$
⑤ $\frac{1}{32\pi}$

난이도 ●●●○○ | 출제빈도 ★★★★☆

05 다음 〈보기〉 중 평면도형상의 단면 성질에 대한 설명으로 옳은 것은 모두 몇 개인가?

> ㉠ 도심축에 대한 단면 1차 모멘트의 값은 항상 0이다.
> ㉡ 단면 2차 극모멘트의 값은 두 직교축에 대한 단면 2차 모멘트의 합과 같다.
> ㉢ 단면 2차 모멘트의 값은 항상 0보다 크다.
> ㉣ 단면 2차 상승모멘트의 값은 항상 0보다 크거나 같다.
> ㉤ 원형 단면의 경우, 극관성모멘트(I_P)와 단면 2차 모멘트(I)는 $I_P = 2I$의 관계를 갖는다.

① 1개   ② 2개
③ 3개   ④ 4개
⑤ 5개

난이도 ●●●○○ | 출제빈도 ★★★★☆

06 다음 중 열역학과 관련된 설명으로 옳지 않은 것은?

① 1BTU는 물 1lb를 1℉ 올리는 데 필요한 열량이다.
② 보일러 마력은 100℃의 물 15.65kg을 1시간 이내에 100℃의 증기로 만드는 데 필요한 열량을 말한다. 이때, 1보일러마력은 8435.35kJ/h이다.
③ 냉동능력은 단위시간에 증발기에서 흡수하는 열량을 냉동능력이라고 한다. 냉동능력의 단위로는 1냉동톤(1RT)이 있다.
④ 1CHU는 물 1lb를 1℃ 올리는 데 필요한 열량이다.
⑤ 냉동효과는 증발기에서 냉매 1kg이 흡수하는 열량을 말한다.

난이도 ●●○○○ | 출제빈도 ★★★★☆

07 이상기체(ideal gas)로 채워진 부피 2m^{3}인 실린더에 8×10^5Pa의 외부 압력을 가하여 부피가 축소되는 과정에서 6.4×10^5J의 에너지가 실린더로부터 방출되었다. 이때, 실린더 내부의 온도가 변화하지 않았다면 실린더의 최종 부피(m^3)는?

① 0.6   ② 0.8
③ 1.0   ④ 1.2
⑤ 1.4

난이도 ●●○○○ | 출제빈도 ★★★★★

08 다음 중 열역학 제1법칙에 대한 설명으로 옳지 않은 것은?

① 에너지 보존의 법칙 중 열과 일의 관계를 무질서도로 설명한 것이다.
② 어떤 계가 임의의 사이클을 이룰 때 이루어진 열전달의 합은 이루어진 일의 합과 같다.
③ 밀폐계에서 공급된 열량은 계의 내부에너지의 증가량과 계가 외부에 한 일의 합과 같다.
④ 기계적 일과 열이 서로 변환될 수 있으며, 변환되는 부분에 대한 일과 열의 비는 일정한 값이 된다.
⑤ 열과 일은 모두 에너지이며 서로 상호 전환이 가능하다.

09 이상적인 랭킨 사이클(Rankine cycle)의 재생 사이클에서 추기 4회 시에 몇 개의 급수가열기가 필요한가? [단, 추기는 증기의 일부를 터빈의 적당한 단락에서 추출하는 것을 의미한다]

① 1개   ② 2개
③ 4개   ④ 6개
⑤ 8개

10 다음 중 기브스의 자유에너지(Gibbs free energy)를 정의한 식으로 옳은 것은? [단, 기브스의 자유에너지는 G이다]

① $\Delta G = \Delta H + T \Delta S$
② $\Delta G = \Delta H \times T \Delta S$
③ $\Delta G = \Delta H - T \Delta S$
④ $\Delta G = \Delta S - T \Delta H$
⑤ $\Delta G = \Delta S + T \Delta H$

11 다음 중 랭킨 사이클(Rankine cycle)의 작동 순서로 옳은 것은?

① 정압가열 → 정압방열 → 단열압축 → 단열팽창
② 정압가열 → 정압방열 → 단열팽창 → 단열압축
③ 정압가열 → 단열팽창 → 정압방열 → 단열압축
④ 정압방열 → 단열팽창 → 정압가열 → 단열압축
⑤ 정압방열 → 단열팽창 → 단열압축 → 정압가열

12 다음 그림처럼 내부 단면적의 비가 $\frac{1}{3}$인 벤투리관이 수평으로 놓여 있다. 수평으로 위치한 두 지점 A와 B 위의 수직관에서 유체의 높이차가 10cm일 때, A지점에서 유체의 속력 (m/s)은? [단, 중력가속도는 10m/s^2로 가정하여 계산한다]

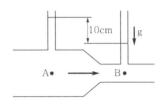

① 0.25   ② 0.5
③ 1.25   ④ 1.5
⑤ 2.0

13 다음 그림처럼 지름이 서로 다른 파이프로 만들어진 관에 물이 흐르고 있다. 이때, D_1이 4m라면 D_2[m]는?

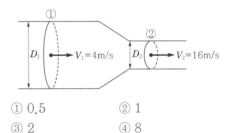

① 0.5   ② 1
③ 2   ④ 8
⑤ 16

PART II 실전 모의고사

난이도 ●●○○○○ | 출제빈도 ★★★★★

14 다음 중 레이놀즈수(Re)와 관련된 설명으로 가장 옳지 않은 것은?

① 층류와 난류를 구분하는 척도로 사용되는 무차원수이다.
② 물리적 의미는 점성력에 대한 관성력의 비이다.
③ 원형 관에서 난류에서 층류로 변할 때의 하임계레이놀즈수는 $2,000 \sim 2,100$이다.
④ 레이놀즈수가 커질수록 경계층의 두께는 두꺼워진다.
⑤ 개수로의 임계레이놀즈수는 500이다.

난이도 ●●○○○○ | 출제빈도 ★★★☆☆

15 직경 0.2mm의 유리관이 접촉각 $60°$인 유체가 담긴 그릇 속에 세워져 있다. 유리와 액체 사이의 표면장력이 0.36N/m일 때, 액면으로부터의 모세관 액체 상승높이(m)는? [단, 유체는 물이라고 가정하며, 중력가속도는 $10 m/s^2$이다]

① 0.18 ② 0.36
③ 0.48 ④ 0.60
⑤ 0.72

난이도 ●●○○○○ | 출제빈도 ★★★★☆

16 속이 가득 찬 구형의 물체를 어떤 유체에 띄웠더니 물체의 절반이 잠겼다. 이때, 물체의 밀도를 ρ라고 할 때, 유체의 밀도는?

① 0.5ρ ② ρ
③ 1.5ρ ④ 2ρ
⑤ 4ρ

난이도 ●●○○○○ | 출제빈도 ★★★★☆

17 다음 그림과 같은 U자관에 물과 비중이 0.8인 기름기둥이 있다. 높이 h[cm]는? [단, 중력가속도의 크기는 g이다]

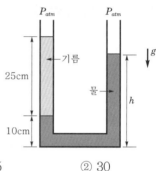

① 25   ② 30
③ 35   ④ 40
⑤ 45

난이도 ●●●○○ | 출제빈도 ★★★☆☆

18 골프공의 비행거리를 증가시키기 위해 골프공의 표면에 홈을 판다. 비행거리가 더 먼 홈이 파인 골프공과 매끄러운 골프공에 대한 설명으로 옳은 것은?

① 홈이 파인 골프공의 전단응력이 더 작다.
② 홈이 파인 골프공의 후류가 더 크다.
③ 홈이 파인 골프공과 매끄러운 골프공의 전단응력은 같다.
④ 홈이 파인 골프공의 전단응력이 더 크다.
⑤ 홈이 파인 골프공의 후류가 더 작다.

난이도 ●●○○○ | 출제빈도 ★★★★☆

19 비중이 4.5, 동점성계수가 3stokes인 유체의 점성계수(kg/m · s)는?

① 0.0135 ② 0.135
③ 1.35 ④ 13.5
⑤ 135

난이도 ●●●○○ | 출제빈도 ★★★☆☆

20 어떤 사람이 건물의 옥상에서 정지상태의 물체를 자유낙하시켜, 9초 후 물체가 바닥에 부딪히는 소리를 들었다고 한다. 이때, 물체가 바닥에 닿기 직전의 속력(m/s)은 얼마인가? [단, 중력가속도와 음속은 각각 10m/s^2, 320m/s이다]

① 50 　　　　　② 60
③ 70 　　　　　④ 80
⑤ 90

난이도 ●●○○○ | 출제빈도 ★★★★☆

21 정지상태였던 물체가 7초 동안 등가속운동을 하였다. 이어서 4초 동안 등속도로 운동한 후 5초 동안 등감속하여 정지하였다. 이때, 물체의 총이동거리가 200m라면 등속도로 이동한 거리(m)는? [단, 물체는 직선운동을 한다]

① 60 　　　　　② 70
③ 80 　　　　　④ 90
⑤ 100

난이도 ●●●●○ | 출제빈도 ★☆☆☆☆

22 원형 내의 완전 발달 층류유동에서의 누셀수(Nusselt number)는 얼마인가? [단, 열유속은 일정하다]

① 2.26 　　　　② 3.24
③ 4.36 　　　　④ 5.32
⑤ 6.72

난이도 ●●○○○ | 출제빈도 ★★★★☆

23 프란틀(Prandtl)수의 정의와 물리적 의미로 옳은 것은? [단, D는 관의 지름, μ는 유체의 점도, v는 유속, C_p는 유체의 정압비열, k는 유체의 열전도도, ρ는 유체의 밀도이다]

① $\dfrac{C_p\mu}{k}$, 동점도/열확산계수

② $\dfrac{C_p\mu}{k}$, 관성력/점성력

③ $\dfrac{Dv\rho}{\mu}$, 관성력/점성력

④ $\dfrac{Dv\rho}{\mu}$, 동점도/열확산계수

⑤ $\dfrac{k}{C_p\mu}$, 동점도/열확산계수

난이도 ●●●○○ | 출제빈도 ★★★☆☆

24 벨트 풀리의 원동측 지름이 200mm, 종동측 지름이 400mm인 풀리(pulley)를 사용하여 동력을 전달하는 평벨트 전동장치가 있다. 이때, 바로걸기에 필요한 벨트의 길이(mm)는 얼마인가? [단, 풀리의 축간거리는 500mm, 벨트의 두께 및 무게는 무시하며, $\pi = 3$으로 계산한다]

① 1,920 　　　　② 2,080
③ 2,240 　　　　④ 2,400
⑤ 2,840

난이도 ●○○○○ | 출제빈도 ★★★★☆

25 레이디얼저널 베어링에서 베어링하중이 10kN, 저널의 길이가 20cm, 저널의 지름이 10cm일 때, 베어링에 작용하는 압력(MPa)은?

① 0.05 　　　　② 5
③ 50 　　　　　④ 0.5
⑤ 500

난이도 ●●○○○○ | 출제빈도 ★★★★☆

26 다음 〈보기〉에서 사이클로이드(cycloid) 치형에 대한 설명으로 옳은 것을 모두 고르면 몇 개인가?

> ㉠ 잇면의 마멸이 균일하다.
> ㉡ 압력각이 일정하다.
> ㉢ 소음과 마멸이 적다.
> ㉣ 치형의 가공이 어렵고 호환성이 적다.
> ㉤ 시계와 같은 정밀 기계에 주로 사용한다.

① 1개　　　　② 2개
③ 3개　　　　④ 4개
⑤ 5개

난이도 ●●○○○○ | 출제빈도 ★★★★☆

27 다음 〈보기〉에서 베어링메탈재료의 구비조건으로 옳은 것을 모두 고르면 몇 개인가?

> ㉠ 축에 눌러붙지 않는 내열성을 가져야 한다.
> ㉡ 유막의 형성이 용이해야 한다.
> ㉢ 베어링에 흡입된 미세한 먼지 등의 흡착력이 좋아야 한다.
> ㉣ 마찰계수가 커야 한다.
> ㉤ 열전도율이 낮아야 한다.

① 1개　　　　② 2개
③ 3개　　　　④ 4개
⑤ 5개

난이도 ●●○○○○ | 출제빈도 ★★★★★

28 다음 〈보기〉 중 화학적 표면경화법으로 옳게 짝지은 보기는?

> ㉠ 질화법　　　　㉡ 하드페이싱
> ㉢ 고주파 경화법　㉣ 침탄법
> ㉤ 금속침투법

① ㉠, ㉡, ㉢　　　② ㉠, ㉡, ㉣
③ ㉠, ㉣, ㉤　　　④ ㉡, ㉣, ㉤
⑤ ㉡, ㉢, ㉣

난이도 ●●●●○○ | 출제빈도 ★★☆☆☆

29 다음 그림의 면심입방격자(face-centered cubic)에 속하는 원자반지름이 R인 금속의 원자충전율(atomic packing factor)은?

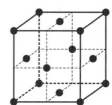

① $\dfrac{5 \times \dfrac{4}{3}\pi R^3}{(2\sqrt{2}\,R)^3}$　　② $\dfrac{4 \times \dfrac{4}{3}\pi R^3}{(2\sqrt{2}\,R)^3}$

③ $\dfrac{3 \times \dfrac{4}{3}\pi R^3}{(2\sqrt{2}\,R)^3}$　　④ $\dfrac{2 \times \dfrac{4}{3}\pi R^3}{(2\sqrt{2}\,R)^3}$

⑤ $\dfrac{1 \times \dfrac{4}{3}\pi R^3}{(2\sqrt{2}\,R)^3}$

난이도 ●●○○○○ | 출제빈도 ★★★★★

30 다음 〈보기〉 중 탄소강에서 탄소(C)의 함유량이 증가할 때 발생하는 현상으로 옳은 것은 모두 몇 개인가?

> ㉠ 취성이 증가한다.
> ㉡ 경도가 증가한다.
> ㉢ 항자력이 증가한다.
> ㉣ 항복점이 증가한다.
> ㉤ 충격치가 증가한다.

① 1개　　　　② 2개
③ 3개　　　　④ 4개
⑤ 5개

31 다음 중 여러 조직의 경도 순서를 알맞게 배열한 것은?

① 시멘타이트 → 마텐자이트 → 베이나이트 → 트루스타이트 → 소르바이트 → 펄라이트 → 오스테나이트 → 페라이트

② 시멘타이트 → 마텐자이트 → 트루스타이트 → 베이나이트 → 소르바이트 → 페라이트 → 오스테나이트 → 펄라이트

③ 시멘타이트 → 마텐자이트 → 트루스타이트 → 베이나이트 → 소르바이트 → 펄라이트 → 오스테나이트 → 페라이트

④ 시멘타이트 → 트루스타이트 → 마텐자이트 → 베이나이트 → 소르바이트 → 페라이트 → 오스테나이트 → 펄라이트

⑤ 시멘타이트 → 오스테나이트 → 펄라이트 → 페라이트 → 소르바이트 → 베이나이트 → 트루스타이트 → 마텐자이트

32 피로한계와 관련된 설명으로 옳지 않은 것은?

① 피로한계는 반복하중의 사이클 수가 무한대로 증가되어도 피로파괴가 일어나지 않는 최대교번응력값을 말한다.

② 피로한계를 높이기 위해서 재료의 표면에 압축잔류응력이 발생하는 얇은 층을 만든다.

③ 철합금 및 티타늄합금에서는 피로한계가 나타나지 않는다.

④ 피로한계는 노치 등이 존재하면 감소하게 된다.

⑤ 피로파괴의 과정은 균열의 생성, 성장, 파괴의 단계를 거쳐 진행된다.

33 다음 중 기계재료의 기계적 성질과 관련된 설명으로 옳지 않은 것은?

① 소성은 금속재료에 외력이 가해졌을 때, 영구적인 변형이 발생하는 성질이다.

② 탄성은 금속재료에 외력을 가하면 변형이 되는데, 다시 외력을 제거하면 원래의 상태로 되돌아가는 성질을 말한다.

③ 경도는 재료 표면이 손상에 저항하는 능력을 나타낸다.

④ 전성은 금속재료가 얇고 넓게 잘 펴지는 성질을 말한다.

⑤ 연성은 충격에 대한 저항성질을 의미한다.

34 전위에 대한 설명으로 옳지 않은 것은?

① 전위는 일부 원자의 정렬이 어긋난 선결함(line defect)이다.

② 칼날전위에는 잉여의 원자면 및 반평면이 존재하며 결정 내에서 불완전한 원자결합이 되고 결정 내에서 사라진다.

③ 국부적 격자변형에 의한 뒤틀림은 전위선에서 멀어질수록 감소하고, 아주 멀어지면 사라지며 결정격자가 완전해진다.

④ 대부분의 결정재료의 탄성변형은 전위의 이동에 의해 나타난다.

⑤ 결정재료의 대부분의 전위는 칼날전위와 나선전위의 혼합형태로 존재한다.

35 절삭가공과 관련된 설명으로 옳지 않은 것은?

① 절삭가공은 절삭날을 가진 공구를 이용하여 기계적으로 재료를 제거함으로써 원하는 형상을 얻는 가공방법이다.

② 양호한 치수정확도와 표면다듬질 정도를 갖는다.

③ 절삭가공은 공구와 공작물 사이의 상대속도에 의해 수행된다.

④ 선삭공정은 원통면에 하나의 절삭날을 가진 공구를 회전시켜 공작물으로부터 재료를 제거한다.

⑤ 선삭공정의 절삭조건은 절삭속도, 이송 및 절삭깊이의 3가지 특징적 치수를 말한다.

36 연삭가공에 대한 설명으로 옳지 않은 것은?

① 연삭가공의 비에너지(specific energy)가 전통적인 절삭가공에 비하여 높은 이유는 치수효과(size effect)로 인하여 높은 에너지 소모가 초래되기 때문이다.

② 연삭입자는 평균적으로 매우 큰 음의 경사각을 가지며, 작은 전단각과 높은 전단변형률로 인해 비에너지가 크다.

③ 연삭숫돌의 모든 입자가 연삭에 참여하지 않아 비에너지가 높다.

④ 연삭숫돌의 조직은 절삭 중 연마입자를 지탱할 수 있는 연삭숫돌의 결합강도를 말한다.

⑤ 연삭입자의 파쇄성이란 연삭입자가 무뎌져 파쇄되고, 날카롭고 새로운 연삭날이 새로 나오는 연삭입자의 특징을 말한다.

37 다음 중 용접(welding)과 관련된 설명으로 옳지 못한 것은?

① 용접의 장점에는 공정수의 감소, 중량 경감, 자재 절약, 이음효율 향상 등이 있다.

② 서브머지드 아크용접은 열손실이 가장 적은 용접방법이다.

③ 용접은 서로 분리된 금속재료를 열과 압력으로 접합하는 기술이며, 용접 중 변형을 방지하기 위해 피닝을 한다.

④ 가스용접에서 용접 중 불순물이 용접부에 침입하는 것을 막기 위해 용제를 사용한다.

⑤ 용접 후 잔류응력을 제거하기 위해 풀림처리를 한다.

38 다음 〈보기〉 중 셸주조법에 대한 설명으로 옳은 것은 모두 몇 개인기?

㉠ 주형 재료로는 규사와 열가소성 수지의 혼합물인 레진 샌드를 사용한다.

㉡ 표면이 깨끗하고 정밀도가 높은 주물을 얻을 수 있는 주조법이다.

㉢ 기계화에 의해 대량화가 가능하다.

㉣ 영구 주형을 사용하는 주조방법이다.

㉤ 주로 대형 주조에 유리하다.

---

① 1개　　　　② 2개

③ 3개　　　　④ 4개

⑤ 5개

39 다음 〈보기〉는 절삭과 관련된 내용이다. 〈보기〉에서 설명하는 현상은 무엇인가?

> 절삭날의 강도가 절삭저항에 견디지 못하고 날 끝이 탈락되는 현상이다.

① 구성인선 ② 크레이터 마모
③ 플랭크 마모 ④ 치핑
⑤ 공구 마모

40 테이블의 이동거리가 좌우 850mm, 상하 450mm, 전후 300mm인 니형 밀링머신의 호칭번호로 옳은 것은?

① 1호 ② 2호
③ 3호 ④ 4호
⑤ 5호

05 제5회 실전 모의고사

[총 40문제 | 제한시간 35분]

[⇨ 정답 및 해설편 p. 395]

난이도 ●○○○○ | 출제빈도 ★★★★☆

01 순수 비틀림을 받는 원형 단면의 봉에서 한 단의 다른 단에 대한 비틀림각에 대한 설명으로 옳지 않은 것은?

① 비틀림모멘트에 비례한다.
② 봉의 길이에 비례한다.
③ 극관성모멘트에 반비례한다.
④ 비틀림강성에 비례한다
⑤ 전단탄성계수에 반비례한다.

난이도 ●●○○○ | 출제빈도 ★★★★☆

02 다음 그림처럼 같은 크기의 등분포하중(w)이 삭용하고 있는 2개의 보가 있다. (a)의 보 중앙에서 발생하는 굽힘모멘트의 크기가 10kN · m라면, (b)의 보에 발생하는 최대 굽힘모멘트의 크기(kN · m)는? [단, 보의 자중은 무시하며, 굽힘강성 EI는 일정하다]

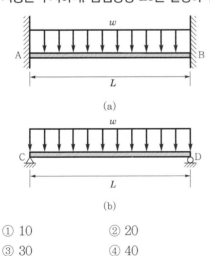

(a)

(b)

① 10　　　　② 20
③ 30　　　　④ 40
⑤ 50

난이도 ●●○○○ | 출제빈도 ★★★★☆

03 양단이 고정된 원형 단면 기둥의 좌굴(임계)하중(A)과 양단이 핀으로 지지된 정사각형 단면 기둥의 좌굴(임계)하중(B)의 비 $\left(\dfrac{A}{B}\right)$는? [단, 두 기둥의 단면적과 길이는 같고 동일한 재료로 균질하며, 탄성거동을 한다]

① $\dfrac{3}{\pi}$　　　　② $\dfrac{6}{\pi}$
③ $\dfrac{9}{\pi}$　　　　④ $\dfrac{12}{\pi}$
⑤ $\dfrac{15}{\pi}$

난이도 ●○○○○ | 출제빈도 ★★★★☆

04 바깥반지름 4cm, 안쪽 반지름이 2cm인 축의 극관성모멘트(cm^4)는? [단, $\pi = 3$으로 계산한다]

① 22.5　　　　② 120
③ 240　　　　④ 360
⑤ 720

난이도 ●●○○○ | 출제빈도 ★★★★☆

05 고온측의 온도 T_1과 저온측의 온도 T_2 사이에서 작동하는 이상적인 카르노 열기관의 효율이 0.25이다. 동일한 T_1과 T_2 사이를 이상적인 카르노 냉동기로 냉각시킨다면, 카르노 냉동기의 성능계수는?

① 0.25　　　　② 1
③ 2　　　　④ 3
⑤ 4

난이도 ●●○○○ | 출제빈도 ★★★☆☆

06 음(−)의 줄−톰슨 계수를 갖는 물질이 낮은 압력으로 교축과정을 진행하고 있다. 이에 대한 설명으로 가장 옳은 것은?

① 물질의 엔트로피는 감소하게 된다.
② 물질의 엔탈피는 감소하게 된다.
③ 물질의 온도는 증가하게 된다.
④ 물질의 온도는 감소하게 된다.
⑤ 물질의 엔트로피는 변하지 않는다.

난이도 ●●○○○ | 출제빈도 ★★★★☆

07 다음 〈보기〉 중 이상기체(ideal gas)에 대한 설명으로 옳은 것은 모두 몇 개인가?

> ㉠ 점성이 크게 작용하는 기체이다.
> ㉡ 분자 자신의 체적은 거의 무시할 수 있다.
> ㉢ 기체분자의 질량은 존재한다.
> ㉣ 인력과 척력이 작용하지 않는다.
> ㉤ 기체분자 간 충돌 및 분자와 용기벽과의 충돌은 완전탄성충돌이다.

① 1개　　　　② 2개
③ 3개　　　　④ 4개
⑤ 5개

난이도 ●○○○○ | 출제빈도 ★★★★★

08 다음 그림은 상태 1 → 상태 2로 변화하는 가역과정의 경로를 표현한 것이다. (a)와 (b)로 표현된 면적이 의미하는 것을 각각 순서대로 옳게 나열한 것은?

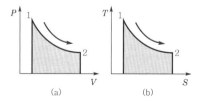

(a)　　　　(b)

① 엔탈피, 일　　② 열, 엔탈피
③ 열, 일　　　　④ 일, 열
⑤ 엔트로피, 열

난이도 ●○○○○ | 출제빈도 ★★★★★

09 카르노 사이클(Carnot cycle)에서 방열이 일어나는 과정으로 옳은 것은?

① 등온팽창　　　② 등온압축
③ 단열팽창　　　④ 단열압축
⑤ 카르노 사이클에서는 방열이 일어나지 않는다.

난이도 ●●○○○ | 출제빈도 ★★★☆☆

10 유동의 박리(separation)현상이 일어나는 조건으로 옳은 것은?

① 압력이 증가하고 속도가 감소하는 경우
② 압력이 감소하고 속도가 증가하는 경우
③ 경계층 두께가 0이 되는 경우
④ 압력과 속도가 모두 감소하는 경우
⑤ 압력과 속도가 모두 증가하는 경우

난이도 ●●○○○ | 출제빈도 ★★★★☆

11 뉴턴유체(newtonian fluid)에 대한 설명으로 옳은 것은?

① 유체가 유동 시 속도구배와 전단응력과는 아무런 관계도 없는 유체이다.
② 유체가 유동 시 속도구배와 전단응력의 관계가 쌍곡선인 유체이다.
③ 유체가 유동 시 속도구배와 전단응력의 변화가 비례하나 원점을 통과하지 않는 직선적인 관계를 갖는 유체이다.
④ 유체가 유동 시 속도구배와 전단응력의 변화가 비례하여 원점을 통과하는 직선적인 관계를 갖는 유체이다.
⑤ 유체가 유동 시 속도구배와 전단응력의 관계가 포물선인 유체이다.

난이도 ●●○○○ | 출제빈도 ★★★★☆

12 동점성계수가 $0.01\text{cm}^2/\text{s}$인 비압축성 유체가 반지름이 10cm인 관 입구로 1cm/s의 평균속도로 들어간다. 이때, 관의 출구 반지름이 5cm라면 출구에서 유체의 Re는? [단, 정상상태이며 손실은 무시한다]

① 1,000 ② 2,000
③ 4,000 ④ 6,000
⑤ 8,000

난이도 ●●○○○ | 출제빈도 ★★★★☆

13 비압축성 뉴턴유체를 수평으로 놓인 평행한 두 평판 사이에 놓고, 다음 평판을 고정시킨 상태에서 위 평판을 10m/s로 이동시키면서 힘을 측정하였다. 이때, 두 평판 사이의 거리는 1mm, 위 평판과 유체의 접촉면적은 100cm^2, 정상상태에서 위 평판에 가해지는 수평 방향의 힘은 100N일 때, 유체의 점도는 얼마인가?

① 1poise ② 10poise
③ 100poise ④ 1,000poise
⑤ 10,000poise

난이도 ●●○○○ | 출제빈도 ★★★★☆

14 압축률이 $0.5 \times 10^{-9}\text{m}^2/\text{N}$인 물의 체적을 3% 감소시키려면 얼마의 압력(MPa)을 가해야 하는가?

① 25 ② 30
③ 45 ④ 60
⑤ 80

난이도 ●●●○○ | 출제빈도 ★★★☆☆

15 다음 중 운동학적 기술법과 관련된 설명으로 옳지 않은 것은?

① 오일러 기술법은 공간상에서 고정되어 있는 각 지점을 통과하는 물체의 물리량을 표현하는 방법이다.
② 라그랑주 기술법은 각각의 입자 하나하나에 초점을 맞추어 각각의 입자를 따라가면서 그 입자의 물리량을 나타내는 기술법이다.
③ 정상상태 유체의 유동에서는 유선과 유적선이 일치한다.
④ 유선은 임의의 유동장 내에서 유체 각 점의 접선 방향과 속도벡터 방향이 일치하도록 그린 곡선을 말한다.
⑤ 유적선은 유체입자가 지나간 흔적을 의미하며 서로 교차가 불가능하다.

난이도 ●●○○○ | 출제빈도 ★★★★☆

16 비중이 0.8, 높이가 L인 정육면체의 물체가 물에 잠겨져 있을 때, 잠긴 높이 h는?

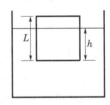

① $0.4L$ ② $0.5L$
③ $0.6L$ ④ $0.7L$
⑤ $0.8L$

17 다음 중 무차원수에 대한 설명으로 옳지 않은 것은?

① 오일러수(압력계수)는 압축력에 대한 관성력의 비이다.
② 코시수는 탄성력에 대한 관성력의 비이다.
③ 웨버수는 표면장력에 대한 관성력의 비이다.
④ 프루드수는 중력에 대한 관성력의 비이다.
⑤ 레이놀즈수는 점성력에 대한 관성력의 비이다.

18 다음 〈보기〉 중 습공기 선도에서 알 수 있는 것으로 옳은 것을 모두 고르면?

㉠ 비체적	㉡ 엔트로피
㉢ 엔탈피	㉣ 건구온도
㉤ 상대습도	㉥ 열용량

① ㉠, ㉡, ㉤, ㉥　　② ㉠, ㉢, ㉣, ㉤
③ ㉡, ㉢, ㉣, ㉤　　④ ㉡, ㉢, ㉣, ㉥
⑤ ㉢, ㉣, ㉤, ㉥

19 습한 공기의 온도와 습도가 동시에 변화할 때, 그 공기는 현열과 잠열의 변화를 한다. 이때, 잠열이 0이라면 현열비(SHF)는 얼마인가?

① 0　　　　　② 0.5
③ 1　　　　　④ 1.5
⑤ 2

20 외부와 단열되어 있고 밀폐된 방 안에서 전기 히터로 방 안을 가열하였을 때, 습도의 변화에 대한 설명으로 옳은 것은?

① 상대습도와 절대습도 모두 일정하다.
② 상대습도와 절대습도 모두 감소한다.
③ 상대습도는 일정하고, 절대습도는 감소한다.
④ 상대습도는 감소하고, 절대습도는 일정하다.
⑤ 상대습도는 증가하고, 절대습도는 감소한다.

21 Schmidt수(슈미트수)와 개념적으로 가장 가까운 무차원수는 무엇인가?

① 그라쇼프수　　② 레이놀즈수
③ 누셀수　　　　④ 프란틀수
⑤ 마하수

22 다음 〈보기〉의 빈칸에 들어가야 할 단어를 순서대로 옳게 서술한 것은?

㉠ 고체에서 기체로 변하는 현상은 (　)이다.
㉡ 액체에서 기체로 변하는 현상은 (　)이다.

① 융해, 기화　　② 융해, 액화
③ 승화, 기화　　④ 승화, 액화
⑤ 응고, 기화

난이도 ●○○○○ | 출제빈도 ★★★☆☆

23 다음 중 백주철에 존재하는 탄소의 형태로 가장 옳은 것은?

① 유리탄소
② 흑연
③ 페라이트
④ 시멘타이트
⑤ 마텐자이트

난이도 ●○○○○ | 출제빈도 ★★★☆☆

24 다음 중 철광석으로부터 선철을 만드는 데 사용되는 노로 옳은 것은?

① 용선로
② 도가니로
③ 용광로
④ 큐폴라
⑤ 반사로

난이도 ●○○○○ | 출제빈도 ★★★★☆

25 다음 중 정밀 저울 등의 스프링, 고급시계 등에 사용되는 불변강은?

① 피멀로이
② 플래티나이트
③ 인바
④ 엘린바
⑤ 니켈로이

난이도 ●●○○○ | 출제빈도 ★★★★☆

26 다음 〈보기〉 중 경금속에 해당되는 것을 모두 고르면 몇 개인가?

㉠ 구리	㉡ 티타늄
㉢ 마그네슘	㉣ 니켈
㉤ 알루미늄	

① 1개
② 2개
③ 3개
④ 4개
⑤ 5개

난이도 ●●○○○ | 출제빈도 ★★★☆☆

27 다음 〈보기〉는 금속재료의 성질을 나열한 것이다. 이 중 단위가 같은 것을 모두 고르면?

㉠ 피로한도	㉡ 항복강도
㉢ 수직응력	㉣ 탄성계수
㉤ 극한강도	

① ㉢, ㉣
② ㉠, ㉡
③ ㉠, ㉡, ㉢
④ ㉠, ㉡, ㉢, ㉣
⑤ ㉠, ㉡, ㉢, ㉣, ㉤

난이도 ●●○○○ | 출제빈도 ★★★★☆

28 다음 중 냉간가공과 열간가공에 대한 설명으로 옳지 못한 것은?

① 열간가공은 소재의 변형저항이 작아 소성가공이 용이하다.
② 재결정온도 이상에서의 가공을 열간가공이라고 한다.
③ 열간가공에서는 가공경화가 발생하지 않는다.
④ 냉간가공을 하면 가공면이 깨끗하고 정확한 치수가공이 가능하다.
⑤ 냉간가공은 열간가공보다 표면산화물의 발생이 많다.

난이도 ●●○○○ | 출제빈도 ★★★★☆

29 다음 중 금속재료의 기계적 성질과 그것을 평가하기 위한 시험을 서로 짝지은 것으로 옳지 못한 것은?

① 경도 – 로크웰시험
② 인성 및 취성 – 샤르피시험
③ 표면거칠기 – 크리프시험
④ 종탄성계수 – 인장시험
⑤ 전단항복응력 – 비틀림시험

30 다음 중 스프링강(SPS)에서 탄성한계를 증가시키기 위해 첨가하는 원소로 옳은 것은?

① 인   ② 망간
③ 황   ④ 규소
⑤ 크롬

31 다음 중 다이캐스팅(die casting)주조법에 대한 설명으로 옳지 않은 것은?

① 필요한 주조 형상과 완전히 일치하도록 정확하게 기계가공된 강재의 금형에 용융금속을 주입하여 금형과 똑같은 주물을 얻는 주조방법이다.
② 얇고 복잡한 형상의 비철금속 제품 제작에 적합한 주조방법이다.
③ 정밀도가 높고 주물의 표면이 매끈하다.
④ 마무리 기계가공이나 다듬질할 필요가 없다.
⑤ 소모성 주형을 사용하며 대량생산이 가능하다.

32 줄질작업 후, 더욱 정밀한 평면 또는 곡면으로 다듬질할 때 사용하는 수공구로 옳은 것은?

① 다이스   ② 탭
③ 척   ④ 널링
⑤ 스크레이퍼

33 기어(gear)와 관련된 설명으로 옳지 않은 것은?

① 헬리컬기어는 스퍼기어보다 기어의 이가 부드럽게 맞물리고 이의 물림이 원활하여 소음과 진동이 적다.
② 원주피치는 피치원지름의 둘레를 잇수로 나눈 값이다.
③ 한 기어의 이 폭에서 상대 기어의 이 두께를 뺀 틈새를 피치원상에서 측정한 값은 백래시이다.
④ 헬리컬기어는 스퍼기어와 달리 반경 방향의 하중이 작용한다.
⑤ 모듈은 피치원지름을 잇수로 나눈 것으로 단위는 mm를 사용한다.

34 나사(screw)와 관련된 설명으로 옳지 않은 것은?

① 리드는 나사를 1회전시켰을 때, 축방향으로 나아가는 거리를 의미한다.
② 피치는 나사에 있어서 나사산과 나사산 사이의 거리를 의미한다.
③ 나사의 자립은 외력이 작용하지 않을 경우, 나사가 저절로 풀리지 않는 상태를 말한다.
④ 한줄나사에서 나사가 저절로 풀리지 않기 위해서는 마찰계수가 리드각의 탄젠트값보다 작아야 한다.
⑤ 나사의 자립상태를 유지하는 나사의 효율은 반드시 50%보다 작아야 한다.

난이도 ●●○○○ | 출제빈도 ★★★☆☆

35 끼워맞춤과 관련된 설명으로 옳지 않은 것은?

① 헐거운 끼워맞춤은 구멍의 최소허용치수가 축의 최대허용치수보다 작다.

② 억지 끼워맞춤은 축의 최소허용치수가 구멍의 최대허용치수보다 크다.

③ 틈새는 구멍의 치수가 축의 치수보다 클 때, 구멍과 축과의 치수차를 말한다.

④ 죔새는 구멍의 치수가 축의 치수보다 작을 때, 축과 구멍의 치수차를 말한다.

⑤ IT등급은 정밀도와 관계가 있다.

난이도 ●○○○○ | 출제빈도 ★★★☆☆

36 다음 중 용적형 펌프로 옳지 못한 것은?

① 플런저펌프   ② 기어펌프

③ 피스톤펌프   ④ 디퓨저펌프

⑤ 베인펌프

난이도 ●●●○○ | 출제빈도 ★★★☆☆

37 출력을 $L[\text{kW}]$, 유효낙차를 $H[\text{m}]$, 유량을 $Q[\text{m}^3/\text{min}]$, 매분 회전수를 $n[\text{rpm}]$이라 할 때, 수차의 비교회전도(비속도, specific speed, n_s)를 구하는 식으로 옳은 것은?

① $n_s = \dfrac{n\sqrt{L}}{H^{\frac{4}{5}}}$ ② $n_s = \dfrac{n\sqrt{L}}{H^{\frac{4}{3}}}$

③ $n_s = \dfrac{n\sqrt{L}}{H^{\frac{3}{4}}}$ ④ $n_s = \dfrac{n\sqrt{L}}{H^{\frac{1}{2}}}$

⑤ $n_s = \dfrac{n\sqrt{L}}{H^{\frac{5}{4}}}$

난이도 ●○○○○ | 출제빈도 ★★★★☆

38 토출량이 $20\text{m}^3/\text{min}$인 펌프의 기계효율이 70%이고, 용적효율이 80%일 때, 펌프의 전효율은?

① 14%   ② 16%

③ 38%   ④ 56%

⑤ 88%

난이도 ●●●○○ | 출제빈도 ★★☆☆☆

39 공기기계는 고압식과 저압식으로 분류된다. 다음 〈보기〉 중에서 저압식 공기기계로 옳은 것을 모두 고르면?

| ㉠ 진공펌프 | ㉡ 송풍기 |
| ㉢ 압축기 | ㉣ 풍차 |

① ㉠, ㉡   ② ㉠, ㉢

③ ㉡, ㉢   ④ ㉡, ㉣

⑤ ㉢, ㉣

난이도 ●●○○○ | 출제빈도 ★★★☆☆

40 질량이 1kg, 2kg인 두 공을 지면에 수직인 방향으로 각각 15m/s, 10m/s로 동시에 쏘아 올렸다. 1.5초 후 두 공의 높이차(m)는? [단, 중력가속도의 크기는 10m/s^2로 가정하여 계산하며, 물체의 크기와 공기의 저항은 무시한다]

① 5.0   ② 7.5

③ 10.0   ④ 12.5

⑤ 15.0

06 제6회 실전 모의고사

[총 20문제 | 제한시간 20분]

[⇨ 정답 및 해설편 p. 416]

난이도 ●●○○○○ | 출제빈도 ★★★★☆

01 다음 〈보기〉 중 보의 곡률에 대한 설명으로 옳은 것은 모두 몇 개인가?

> ㉠ 굽힘강성계수에 반비례한다.
> ㉡ 굽힘모멘트에 반비례한다.
> ㉢ 탄성계수에 비례한다.
> ㉣ 곡률반지름에 비례한다.
> ㉤ 보의 단면 2차 모멘트에 비례한다.

① 1개   ② 2개
③ 3개   ④ 4개
⑤ 5개

난이도 ●○○○○○ | 출제빈도 ★★★★☆

02 길이가 L인 외팔보의 자유단에 집중하중 P가 작용했을 때 보에 발생하는 최대처짐량을 δ_1, 길이가 L인 단순보의 중앙에 집중하중 P가 작용했을 때 보에 발생하는 최대처짐량을 δ_2라고 하자. 이때, $\dfrac{\delta_2}{\delta_1}$는 얼마인가? [단, 두 보의 굽힘강성은 동일하다]

① 2   ② $\dfrac{1}{4}$

③ 4   ④ $\dfrac{1}{16}$

⑤ 16

난이도 ●○○○○○ | 출제빈도 ★★★★★

03 다음 〈보기〉의 빈칸에 들어갈 단어로 옳은 것을 짝지은 것은?

> 계(system)의 크기나 물질의 양에 관계없이 그 크기가 결정되는 상태량으로 세기의 성질(intensive property)이라고도 한다. 여기에 해당되는 상태량은 (　), (　)이다.

① 질량, 압력   ② 압력, 체적
③ 온도, 압력   ④ 압력, 엔탈피
⑤ 체적, 밀도

난이도 ●●●○○ | 출제빈도 ★★★★☆

04 단열된 용기에 담긴 온도가 10℃인 물에 200℃로 가열된 쇳덩어리 1개를 담가 충분히 장시간 기다렸더니 20℃에서 열평형을 이루었다. 그렇다면, 동일한 실험조건에서 10℃인 물의 온도를 80℃ 이상으로 데우는 데 필요한 최소한의 쇳덩어리 개수는? [단, 단열용기의 열용량은 무시하고, 물에 넣는 모든 쇳덩어리는 물리적, 화학적으로 동일하다]

① 9   ② 11
③ 13   ④ 15
⑤ 17

난이도 ●○○○○ | 출제빈도 ★★★★☆

05 원관(파이프) 내의 완전 발달 층류유동에서의 최대속도($V_{\max}$)는 관의 중심에서 일어난다. 이때, 최대속도와 평균속도(V_a)와의 관계로 옳은 것은?

① $V_a = \dfrac{3}{2} V_{\max}$

② $V_a = \dfrac{2}{3} V_{\max}$

③ $V_a = 2 V_{\max}$

④ $V_a = \dfrac{1}{2} V_{\max}$

⑤ $V_a = \dfrac{3}{4} V_{\max}$

난이도 ●●○○○ | 출제빈도 ★★★☆☆

06 노즐에서 7m/s의 속도로 물이 수직으로 분사될 때, 물이 노즐로부터 올라갈 수 있는 최대 높이(m)는? [단, 물과 공기의 마찰은 무시한다]

① 1.0   ② 2.5

③ 5.0   ④ 7.5

⑤ 10.0

난이도 ●●○○○ | 출제빈도 ★★★☆☆

07 마찰이 없는 평면 위의 스프링에 매달려 진동하는 물체의 위치가 $x(t) = 2\cos 10t$로 표현된다. 물체의 질량이 0.1kg일 때, 스프링상수(N/m)는?

① 0.2   ② 2

③ 8   ④ 10

⑤ 20

난이도 ●●○○○ | 출제빈도 ★★★☆☆

08 복사에 의해 열전달이 일어나고 있는 물체의 복사에너지 반사율이 0.5이고, 흡수율이 0.3이라면, 이 물체의 투과율은?

① 0.1   ② 0.2

③ 0.4   ④ 0.6

⑤ 0.8

난이도 ●●○○○ | 출제빈도 ★★★★☆

09 열흐름의 성질로 옳지 않은 것은?

① 대류는 유체의 흐름과 연관된 열흐름이다.

② 자연대류는 온도차에 의해 유발되는 부력으로 대류의 흐름이 생기는 것을 말한다.

③ 강제대류는 열전달 흐름이 교반기, 펌프 등의 기계적 장치에 의하여 일어나는 것을 말한다.

④ 복사는 공간을 통해 일어나는 전자기파에 의한 에너지 전달이다.

⑤ 전도열전달은 고체 내 열전자의 이동이다.

난이도 ●●●○○ | 출제빈도 ★★★☆☆

10 대류 열전달계수가 큰 것부터 순서대로 올바르게 나열한 것은?

① 공기의 자연대류 > 물의 강제대류 > 수증기의 응축

② 공기의 자연대류 > 수증기의 응축 > 물의 강제대류

③ 수증기의 응축 > 물의 강제대류 > 공기의 자연대류

④ 물의 강제대류 > 수증기의 응축 > 공기의 자연대류

⑤ 물의 강제대류 > 공기의 자연대류 > 수증기의 응축

11 Merchant의 2차원 절삭모델에 대한 설명으로 옳지 않은 것은?

① 마찰각이 감소하면 전단각이 증가한다.
② 전단각이 증가하면 칩의 형성에 필요한 전단력이 증가한다.
③ 경사각이 증가하면 전단각이 증가한다.
④ 전단각이 감소하면 여유각이 증가한다.
⑤ 전단각이 감소하면 가공면의 치수정밀도가 나빠진다.

12 다음 〈보기〉 중 CNC공작기계 준비기능인 G코드에서 할 수 있는 작업으로 옳은 것을 모두 고르면 몇 개인가?

㉠ 직선 보간	㉡ 나사절삭
㉢ 주축 정회전	㉣ 절대지령
㉤ 공구 교환	

① 1개   ② 2개
③ 3개   ④ 4개
⑤ 5개

13 다음 중 측정기와 관련된 설명으로 옳지 않은 것은?

① 서피스게이지는 금긋기 및 중심내기에 사용한다.
② 오토콜리메이터는 미소각을 측정하는 광학적 측정기이다.
③ 하이트게이지는 직접 측정법에 속한다.
④ 마이크로미터는 피치가 정확한 나사의 원리를 이용한 측정기이다.
⑤ 실린더게이지는 모서리의 반경 측정에, 반지름 게이지는 안지름 측정에 사용된다.

14 다음 중 드릴링작업과 관련된 설명으로 옳지 못한 것은?

① 스폿페이싱은 볼트나 너트 등의 머리가 닿는 부분의 자리면을 평평하게 만드는 가공방법이다.
② 카운터싱킹은 접시머리나사의 머리를 묻히게 하기 위해 원뿔자리를 만드는 가공이다.
③ 카운터보링은 볼트 또는 너트의 머리 부분이 가공물 안으로 묻히도록 드릴과 동심원의 2단 구멍을 절삭하는 방법이다.
④ 리밍은 리머라는 회전하는 절삭공구로 기존 구멍 내면의 치수를 정밀하게 만드는 가공방법이다.
⑤ 보링은 드릴로 이미 뚫어져 있는 구멍을 좁히는 가공으로 편심을 교정하기 위한 가공이며 구멍을 축방향으로 대칭을 만드는 가공이다.

15 다음 중 선반에서 새들과 에이프런으로 구성되어 있는 부분은?

① 주축대   ② 베드
③ 왕복대   ④ 심압대
⑤ 척

16 CNC 선반에서 $M20 \times 1.5$의 암나사를 가공하고자 한다. 이때, 가공할 안지름(mm)으로 가장 옳은 것은?

① 21.5   ② 22.0
③ 22.5   ④ 18.5
⑤ 17.0

난이도 ●●○○○○ | 출제빈도 ★★★★☆

17 볼베어링의 회전수가 33.3rpm, 기본동적부
하용량이 150N, 베어링하중이 50N일 때,
베어링의 수명시간(hr)은?

① 11,500   ② 12,500

③ 13,500   ④ 14,500

⑤ 15,500

난이도 ●○○○○ | 출제빈도 ★★★★☆

19 전달동력이 4,000J/s인 벨트전동장치에서
긴장측 장력이 2kN, 이완측 장력이 1kN이
라면, 벨트의 속도(m/s)는?

① 2   ② 4

③ 6   ④ 8

⑤ 10

난이도 ●●●○○ | 출제빈도 ★★★★☆

18 다음 〈보기〉 중 마텐자이트에 대한 설명으로
옳은 것은 모두 몇 개인가?

> ㉠ 마텐자이트의 결정 내에는 격자결함이
>   존재한다.
> ㉡ 마텐자이트 변태는 확산변태이다.
> ㉢ 오스테나이트를 빠르게 식히면 생성되는
>   급랭조직이다.
> ㉣ 오스테나이트와 같은 면심입방구조에 탄
>   소가 끼어있는 구조로 면심정방구조
>   (FCT)이다.
> ㉤ 마텐자이트는 고용체의 단일 상이다.

① 1개   ② 2개

③ 3개   ④ 4개

⑤ 5개

난이도 ●●●◐○ | 출제빈도 ★★★★☆

20 다음 중 스테인리스강(STS)에 대한 설명으
로 옳지 못한 것은?

① 18-8형 STS강은 비자성체이기 때문에
자분탐상법으로 결함을 검출할 수 없다.

② 높은 내부식성을 갖는 스테인리스강은 강
에 크롬과 니켈을 다량으로 첨가하여 내식
성을 향상시킨 강이며, 크롬이 12% 이상
일 때 스테인리스강이라고 분류된다.

③ 금속조직상에 따라 마텐자이트계, 오스테
나이트계, 페라이트계 등으로 구분된다.

④ STS304는 면심입방격자의 구조를 갖
는다.

⑤ 스테인리스강의 내식성은 탐만(Tammann)
의 법칙이라 하여 1/4법칙이 있는데, 이는
Cr/Fe >1/4이면 내식성이 생긴다는 것으
로 Cr_2O_3의 산화피막이 표면에 생기는 것과
관계가 있다.

07 제7회 실전 모의고사

[총 45문제 | 제한시간 35분]

[⇨ 정답 및 해설편 p. 427]

난이도 ●○○○○ | 출제빈도 ★★★★★

01 길이가 400mm이고, 반경이 25mm인 둥근 막대가 인장력 300kN을 받아서 길이가 0.2mm 늘어나고, 동시에 직경이 0.01mm만큼 줄어들었다면, 이 재료의 푸아송비는?

① 0.1　　　　② 0.2
③ 0.4　　　　④ 0.6
⑤ 0.8

난이도 ●●○○○ | 출제빈도 ★★★★☆

02 다음 중 응력과 변형률과 관련된 설명으로 옳지 않은 것은?

① 최대주응력설은 주철과 같은 취성재료에 가장 잘 일치하는 파손이론이다.
② 응력집중을 방지하기 위해서는 필릿 반경을 최대한 크게 해야 하며, 테이퍼 부분은 될 수 있는 한 완만하게 한다.
③ 크리프(creep)현상은 고온에서 연성재료가 정하중을 받을 때, 시간에 따라 변형이 서서히 증가되는 현상이다.
④ 응력−변형률 선도에서 경도, 푸아송비, 안전율은 알 수 없으며, 비례한도 내 구간에서의 기울기는 탄성계수를 의미한다.
⑤ 기준강도의 선정에 있어 상온에서 취성재료에 정하중이 작용할 경우, 항복점을 기준강도로 한다.

난이도 ●●○○○ | 출제빈도 ★★★☆☆

03 다음의 보 중에서 부정정보에 해당되는 것만을 모두 고르면?

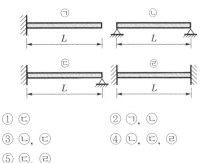

① ㉢　　　　② ㉠, ㉡
③ ㉡, ㉢　　　④ ㉡, ㉢, ㉣
⑤ ㉢, ㉣

난이도 ●●○○○ | 출제빈도 ★★★★☆

04 평면요소가 다음 그림과 같은 응력상태에 있을 때, 주응력의 크기로 옳은 것은?

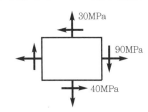

① $\sigma_1 = 110$MPa, $\sigma_2 = 10$MPa
② $\sigma_1 = 90$MPa, $\sigma_2 = 30$MPa
③ $\sigma_1 = 90$MPa, $\sigma_2 = 40$MPa
④ $\sigma_1 = 40$MPa, $\sigma_2 = 30$MPa
⑤ $\sigma_1 = 40$MPa, $\sigma_2 = 10$MPa

05 다음 중 선형탄성재료의 탄성변형에너지와 관련된 설명으로 가장 옳은 것은?

① 응력 σ를 받는 어떤 봉이 ε의 변형률을 일으켰을 때, 물체의 단위체적당에 저장되는 탄성변형에너지는 $\dfrac{E\varepsilon}{2}$이다.

② 변형에너지의 전부는 봉의 변형 과정에서 회복되지 않고 소모된다.

③ P의 인장력이 가해져 힘의 작용 방향으로 δ만큼 변형이 발생하였다면, 재료에 저장되는 변형에너지는 $P\delta$이다.

④ 레질리언스 계수는 단위면적당 탄성변형에너지를 의미하며, 최대탄성에너지 또는 변형에너지밀도라고도 한다.

⑤ P의 인장력이 길이 L인 봉에 작용하여 δ만큼 변형이 발생하였다면, 변형에너지는 $\dfrac{\delta^2 EA}{2L}$이다.

06 단면과 장주의 길이가 동일한 A기둥과 B기둥이 있다. A기둥의 좌굴하중이 50kN일 때, B기둥의 좌굴하중(kN)은?

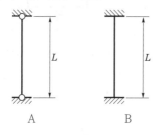

① 50
② 100
③ 200
④ 400
⑤ 800

07 바깥반지름이 $2R$, 안쪽 반지름이 R인 속이 빈 원형 중공축이 토크 T를 전달할 때, 단면에 작용하는 최대전단응력은?

① $\dfrac{32T}{15\pi R^3}$
② $\dfrac{2T}{15\pi R^3}$

③ $\dfrac{4T}{15\pi R^3}$
④ $\dfrac{8T}{15\pi R^3}$

⑤ $\dfrac{16T}{15\pi R^3}$

08 다음 그림과 같은 보의 B지점에서 수직으로 발생하는 반력의 크기로 옳은 것은? [단, 굽힘강성 EI는 일정하고, 자중은 무시한다]

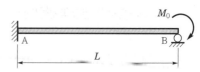

① $\dfrac{3M_0}{2L}$
② $\dfrac{2M_0}{3L}$

③ $\dfrac{M_0}{L}$
④ $\dfrac{M_0}{2L}$

⑤ $\dfrac{5M_0}{2L}$

09 다음 중 냉동기의 성적계수(COP)에 대한 설명으로 옳지 않은 것은?

① 성적계수가 클수록 냉방능력이 좋아진다.
② 열펌프(heat pump)의 성적계수는 냉동기의 성적계수에 1을 더한 값이다.
③ 냉동기의 증발온도가 낮을수록, 또는 응축온도가 높을수록 성적계수는 커진다.
④ 냉각열량과 압축기열량과의 비를 가리킨다.
⑤ 카르노 사이클 기반인 냉동기의 열흡수온도가 283K, 열방출온도가 300K일 때, 이 냉동기의 성적계수는 약 16.6이다.

10 다음 〈보기〉 중 냉매의 구비조건으로 옳은 것은 모두 몇 개인가?

> ㉠ 증발압력이 저온에서도 대기압보다 높을 것
> ㉡ 임계온도가 높고, 비체적이 작을 것
> ㉢ 응고점이 낮을 것
> ㉣ 증발잠열이 크고, 액체의 비열이 작을 것
> ㉤ 표면장력이 작고, 응축압력이 높을 것

① 1개   ② 2개
③ 3개   ④ 4개
⑤ 5개

11 어떤 냉동장치의 냉동능력이 1냉동톤(RT)이며 응축기에서의 방열량이 5,040kcal/h일 때, 압축기의 필요동력(kW)은 약 얼마인가?

① 0.5   ② 1.0
③ 2.0   ④ 2.5
⑤ 3.0

12 가로가 2m, 세로가 4m인 벽체의 두께가 24cm이고, 열전도율이 0.3W/m · ℃이다. 벽체 내부의 온도는 25℃이며, 벽체를 통해 내부에서 외부로 200W의 열손실이 발생한다면, 벽체 외부의 온도(℃)는?

① −5   ② 5
③ 10   ④ 15
⑤ 40

13 계(system)의 열역학적 상태를 규정하는 양을 상태량이라고 한다. 다음 〈보기〉의 설명 중 옳은 것만을 모두 고르면 몇 개인가?

> ㉠ 상태량은 과정과는 무관하고, 계의 상태만으로 결정되는 물리량이다.
> ㉡ 종량성 상태량(extensive property)은 계의 질량에 비례한다.
> ㉢ 강도성 상태량(intensive property)은 계의 질량과 관계가 없다.
> ㉣ 일과 열은 경로함수로 종량적 열역학적 상태량이다.
> ㉤ 온도, 비체적, 체적은 강도성 상태량에 해당된다.

① 1개   ② 2개
③ 3개   ④ 4개
⑤ 5개

PART II 실전 모의고사

난이도 ●●○○○○ | 출제빈도 ★★★★★

14 피스톤−실린더장치의 외부일과 공업일이 같은 이상기체(ideal gas)의 가역상태변화는?

① 단열변화
② 정압변화
③ 정적변화
④ 등온변화
⑤ 위의 조건으로는 판단할 수 없다.

난이도 ●○○○○○ | 출제빈도 ★★★★★

15 어떤 유체의 비중이 1.25이다. 이때, 비체적 (m^3/g)은 얼마인가?

① 0.0008
② 0.8
③ 0.0008×10^{-3}
④ 0.008
⑤ 0.00085

난이도 ●●○○○○ | 출제빈도 ★★★★☆

16 카르노 사이클(Carnot cycle) 2개가 직렬로 연결되어 있다. 첫 번째 엔진은 800K의 열저장조에서 열을 받아 어떤 온도 T의 열저장조에 열을 방출하고, 두 번째 엔진은 온도 T의 열저장조에서 첫 번째 엔진에서 방출된 열을 받아 일을 생산하고, 200K의 열저장조에 열을 방출한다. 두 엔진의 효율이 동일하다면, 중간 온도 T[K]는 얼마인가?

① 200
② 300
③ 400
④ 500
⑤ 600

난이도 ●●○○○○ | 출제빈도 ★★★☆☆

17 어느 물속 두 지점에서 압력을 측정하였더니, 각각 $1,200 \text{kgf/m}^2$, $2,600 \text{kgf/m}^2$이었다. 이때, 두 지점 사이의 깊이차(m)는? [단, 수면은 수평하고 물이 흐르지 않는다]

① 1.4
② 40
③ 14
④ 4.0
⑤ 0.14

난이도 ●●○○○○ | 출제빈도 ★★★★☆

18 관의 길이가 지름의 100배인 관수로에서 마찰손실수두가 속도수두의 2배일 때, 마찰손실계수는?

① 0.01
② 0.02
③ 0.03
④ 0.04
⑤ 0.05

난이도 ●●○○○○ | 출제빈도 ★★★★★

19 내부의 체적이 2m^3인 수조의 무게가 1,000N이다. 이 수조에 어떤 유체를 가득 채웠더니 총무게가 35,000N이 되었다. 이 유체의 비중량 (kgf/m^3)과 밀도(kg/m^3)를 순서대로 옳게 짝지은 것은? [단, 중력가속도는 10m/s^2으로 가정하여 계산한다]

① 1,750, 175
② 1,750, 1,750
③ 17,000, 1,700
④ 1,700, 1,700
⑤ 1,700, 170

20 다음 〈보기〉에서 설명하는 무차원수로 가장 옳은 것은?

> - 물리적인 의미로는 "관성력"을 "표면장력"으로 나눈 무차원수이다.
> - 물방울의 형성, 기체–액체 또는 비중이 서로 다른 액체–액체의 경계면, 표면장력, 위어, 오리피스에서 중요한 무차원수이다.

① 웨버수
② 프란틀수
③ 오일러수
④ 레이놀즈수
⑤ 코시수

21 다음 중 물리량과 이에 따른 단위의 연결이 옳지 못한 것은?

① 표면장력 – N/m
② 일률 – N · m/s
③ 점성계수 – kgf/(m · s)
④ 동점성계수 – cm^2/s
⑤ 체적탄성계수 – N/m^2

22 비중이 0.8인 물체가 점성계수가 20poise, 동점성계수가 5stokes인 액체에 일부만 잠겨 떠 있을 때, 물체의 잠긴 부피는 전체 부피의 몇 %인가?

① 10%
② 20%
③ 40%
④ 60%
⑤ 80%

23 효율이 90%인 펌프에 200kW의 전력을 공급해 낮은 저수지에서 높은 저수지로 양수할 때, 유량(m^3/s)은? [단, 자유 표면을 갖는 두 저수지의 수위차는 28m, 총손실수두는 2m, 물의 밀도는 $1{,}000kg/m^3$, 중력가속도는 $10m/s^2$으로 가정하여 계산한다]

① 0.54
② 0.6
③ 0.64
④ 0.7
⑤ 0.74

24 다음 중 열역학적 계(system)에 대한 설명으로 옳지 못한 것은?

① 밀폐계는, 물질은 계의 경계를 통과하지 못하지만, 에너지는 통과가 가능한 계를 말한다.
② 개방계는 물질이나 에너지가 계의 경계를 모두 이동할 수 있는 계를 말한다.
③ 절연계는 물질이나 에너지가 계의 경계를 모두 통과하지 못하고 유동할 수 없는 계를 말한다.
④ 단열계는 계의 경계를 통한 외부와의 열전달이 없는 계를 말한다.
⑤ 밀폐계는 유동계이다.

25 용융합금을 급속 냉각시켜 원자배열이 무질서하며 높은 투자율이나 매우 낮은 자기이력손실 등의 특성을 가진 합금은?

① 비정질합금
② 초소성합금
③ 초내열합금
④ 형상기억합금
⑤ 초전도합금

난이도 ●●○○○ | 출제빈도 ★★★★★

26 다음 〈보기〉 중 냉간가공과 열간가공에 대한 설명으로 옳은 것은 모두 몇 개인가?

> ㉠ 열간가공에서는 가공경화현상이 발생하지 않으나, 냉간가공에서는 발생한다.
> ㉡ 냉간가공은 열간가공보다 표면산화물의 발생이 많다.
> ㉢ 열간가공은 소재의 변형저항이 크므로 소성가공이 용이하다.
> ㉣ 냉간가공과 열간가공을 구분 짓는 기준은 재결정온도이다.
> ㉤ 일반적으로 열간가공된 제품은 냉간가공된 같은 제품에 비해 균일성이 작다.

① 1개   ② 2개
③ 3개   ④ 4개
⑤ 5개

난이도 ●●●○○ | 출제빈도 ★★★★☆

27 다음 중 파괴시험에 대한 설명으로 옳지 못한 것은?

① 인장시험을 통해 탄성계수, 항복점, 인장강도, 연신율 등을 측정할 수 있다.
② 비틀림시험은 시편에 비틀림모멘트를 가하여 전단강도, 전단응력, 전단탄성계수 등을 측정하기 위한 시험이다.
③ 재료의 인성과 취성을 측정하는 시험은 충격시험이며 아이조드시험법과 샤르피시험법에 이에 속한다.
④ 누프경도시험법은 시편의 크기가 매우 작거나 얇은 경우와 보석, 카바이드, 유리 등의 취성재료들에 대한 시험에 적합하다.
⑤ 듀로미터는 단단한 금속재료의 경도시험에 적합하다.

난이도 ●●○○○ | 출제빈도 ★★★★☆

28 다음 〈보기〉는 여러 주철의 종류에 대한 설명이다. 옳은 것은 모두 몇 개인가?

> ㉠ 회주철은 규소(Si)의 양이 많고 주철을 주형에 주입하고 만들 때, 냉각속도가 매우 빨라 탄소가 흑연의 형태로 많이 석출된 주철이다.
> ㉡ 칠드주철은 보통의 주철 쇳물을 금형에 넣어 표면만 급랭시켜 내마모성 등을 향상시킨 주철이다.
> ㉢ 가단주철은 백주철을 열처리로에 넣고 가열하여 탈탄 또는 흑연화방법으로 제조되며, 파단 시 단면감소율이 약 10%에 이를 정도로 연성이 우수하다. 종류로는 백심가단주철, 흑심가단주철, 오스테나이트 가단주철이 있다.
> ㉣ 구상흑연주철은 주철의 연성과 인성을 현저히 개선시킨 주철로 흑연을 구상화시키기 위해 Ce, Mg, Ca을 첨가한다.
> ㉤ 미하나이트주철은 주물용 선철에 강 부스러기를 가한 쇳물과 규소철 등을 접종하여 미세 흑연을 균일하게 분포시킨 펄라이트층의 주철이며 강도·변형 모두 주철보다 뛰어나다.

① 1개   ② 2개
③ 3개   ④ 4개
⑤ 5개

난이도 ●●○○○ | 출제빈도 ★★★★☆

29 다음 중 알루미늄(Al) 합금에 대한 설명으로 가장 옳은 것은?

① 주물용 알루미늄 합금인 실루민(silumin)은 절삭성이 좋다.
② 하이드로날륨은 Al−Mn계 합금으로 대표적인 내식용 알루미늄합금이다.
③ Al에 Cu, Si 등을 첨가한 다이캐스팅용 합금으로는 알클래드(alclad)가 있다.
④ Y합금은 내연기관용 피스톤, 실린더 헤드 등에 사용되며 Al−Cu−Mg−Mn의 합금이다.
⑤ 라우탈은 Al−Cu−Si계 합금으로 Cu는 절삭성을 증대시키고, Si는 주조성을 향상시킨다.

난이도 ●●○○○ | 출제빈도 ★★★★★

30 다음 〈보기〉 중 강의 열처리 목적 및 특징과 관련 내용에 대한 설명으로 옳은 것은 모두 몇 개인가?

> ㉠ Quenching은 강도나 경도를 증가시키기 위한 열처리방법이다.
> ㉡ Tempering은 마텐자이트조직에 연성을 부여하여 인성을 지닌 재료로 만든다.
> ㉢ Annealing은 내부응력을 제거하고 연화하기 위한 열처리방법이다.
> ㉣ Normalizing은 가공의 영향을 제거하고 결정립을 조대화시켜 기계적 성질을 향상시키기 위해 수행된다.
> ㉤ Sub−Zero 처리는 잔류 오스테나이트를 마텐자이트화하기 위한 공정이다.

① 1개 ② 2개
③ 3개 ④ 4개
⑤ 5개

난이도 ●●○○○ | 출제빈도 ★★★★☆

31 다음 〈보기〉 중 분말입자에 의한 가공방법에 해당되는 것은 모두 몇 개인가?

> ㉠ 래핑 ㉡ 액체호닝
> ㉢ 초음파가공 ㉣ 슈퍼피니싱
> ㉤ 호닝

① 1개 ② 2개
③ 3개 ④ 4개
⑤ 5개

난이도 ●●●○○ | 출제빈도 ★★★☆☆

32 다음 〈보기〉에서 용접결함의 종류 중 언더컷을 방지하는 방법으로 옳은 것만을 모두 고르면?

> ㉠ 전류를 높인다.
> ㉡ 용접속도를 느리게 한다.
> ㉢ 용접봉의 각도를 조정한다.
> ㉣ 아크길이를 짧게 유지한다.

① 0개 ② 1개
③ 2개 ④ 3개
⑤ 4개

난이도 ●●○○○ | 출제빈도 ★★★★☆

33 다음 중 주물사의 구비조건으로 옳지 않은 것은 모두 몇 개인가?

> ㉠ 통기성과 성형성이 우수해야 한다.
> ㉡ 내화성이 크고, 화학적 변화가 없어야 한다.
> ㉢ 복용성이 있어야 한다.
> ㉣ 주물 표면에서 이탈이 잘 되어야 한다.
> ㉤ 열전도성이 좋아야 한다.

① 1개 ② 2개
③ 3개 ④ 4개
⑤ 5개

난이도 ●●●○○ | 출제빈도 ★★★★☆

34 다음 〈보기〉 중 동력을 전달하는 전동용 기계요소에 해당되는 것은 모두 몇 개인가?

> ㉠ 코터　　　　　㉡ 스프링
> ㉢ 캠　　　　　　㉣ 관성차
> ㉤ 링크

① 1개　　　　　② 2개
③ 3개　　　　　④ 4개
⑤ 5개

난이도 ●●●○○ | 출제빈도 ★★★★☆

35 다음 〈보기〉 중 나사에 대한 설명으로 옳은 것은 모두 몇 개인가?

> ㉠ M20×2 삼각나사의 유효지름은 20mm이다.
> ㉡ M20×2 삼각나사의 리드는 2mm이다.
> ㉢ 사다리꼴나사는 하중의 방향이 일정하지 않고 교번하중이 작용할 때 효과석이며, 나사 프레스, 선반의 이송나사 등에 사용된다.
> ㉣ 두줄나사의 경우 나사의 피치는 리드의 두 배이다.
> ㉤ 인치계 사다리꼴나사의 나사산각도는 30°이다.

① 1개　　　　　② 2개
③ 3개　　　　　④ 4개
⑤ 5개

난이도 ●●○○○ | 출제빈도 ★★★★★

36 다음의 그림처럼 스프링상수가 각각 $k_1 = 100N/mm$, $k_2 = 150N/mm$, k_3인 스프링이 연결되어 있는 시스템이 있다. 이 시스템에 질량이 500kg인 물체를 매달았더니, 물체의 처짐량(변형량)이 25mm가 발생하였다. 이때, $k_3[N/mm]$는? [단, 중력가속도는 $10m/s^2$로 가정하여 계산하며, 스프링의 질량은 무시하도록 한다]

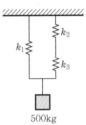

① 100　　　　　② 200
③ 300　　　　　④ 400
⑤ 500

난이도 ●●●○○ | 출제빈도 ★★☆☆☆

37 내부 지름이 10cm, 외부 지름이 40cm, 길이가 5m인 강철관이 있다. 이때, 관 내부 온도는 10℃이고, 관 외부 온도는 40℃이며, 관의 열전도율은 $1.4kJ/(m \cdot h \cdot ℃)$일 때, 열전달량(kJ/s)은 얼마인가? [단, $\ln 2 = 0.7$, $\pi = 3$으로 가정하여 계산한다]

① 900　　　　　② 1200
③ 1500　　　　　④ 0.25
⑤ 0.5

38 다음 중 유압장치(유압기기)와 관련된 설명으로 옳지 못한 것은?

① 유압장치는 소형 장치로 큰 출력을 낼 수 있다.

② 유압장치에 사용하는 유압작동유는 정확한 동력 전달을 위해 비압축성이어야 한다.

③ 유압기기의 작동속도는 공압기기보다 느리나, 유압기기의 응답속도는 공압기기에 비해 빠르다.

④ 유압장치는 에너지의 손실이 작으나 구조가 복잡하므로 고장원인의 발견이 어렵다.

⑤ 유압장치에 사용하는 유압작동유의 점도가 너무 작을 때, 압력 유지가 곤란해진다.

39 다음 〈보기〉 중 열전달과 관련된 설명으로 옳은 것은 모두 몇 개인가?

㉠ 전열에서의 스탠톤수(Stanton number)는 누셀수와 레이놀즈수, 프란틀수로 표현될 수 있다.

㉡ 누셀수(Nusselt number)는 $\dfrac{전도열저항}{대류열저항}$ 이다.

㉢ 레일리수(Ra)는 그라쇼프수와 프란틀수의 곱으로 표현될 수 있다.

㉣ 물체에 도달한 복사에너지 중 일부는 흡수되거나 반사되고, 나머지는 투과한다. 이때, 흡수율+반사율+투과율은 항상 0이다.

㉤ 비오트수(Bi)가 클수록 집중계에 가깝다.

---

① 1개   ② 2개

③ 3개   ④ 4개

⑤ 5개

40 다음 〈보기〉 중 내연기관과 관련된 설명으로 옳은 것은 모두 몇 개인가?

㉠ 가솔린기관은 공기의 압축열로 자연착화하여 점화한다.

㉡ 가솔린기관은 디젤기관에 비하여 소음과 진동이 크다.

㉢ 같은 배기량에서 2행정기관은 4행정기관보다 출력이 크고, 연료소비율은 작다.

㉣ 노크를 저감시키기 위해 가솔린기관은 실린더체적을 작게 하고, 디젤기관은 압축비를 크게 한다.

㉤ 옥탄가는 연료의 노킹저항성을, 세탄가는 연료의 착화성을 나타내는 수치이다.

㉥ 디젤기관은 한랭 시 시동이 용이하고 고속회전을 얻기 쉬우며, 사용연료의 범위가 넓고 대출력기관의 제작이 용이하다.

---

① 1개   ② 2개

③ 3개   ④ 4개

⑤ 5개

08 제8회 실전 모의고사

[총 40문제 l 제한시간 35분]

[⇨ 정답 및 해설편 p. 456]

난이도 ●●○○○○ l 출제빈도 ★★★☆☆

01 다음 그림과 같이 폭이 b, 높이가 h인 직사각형 단면의 도심을 지나는 x축에 대한 회전반경은?

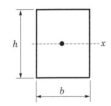

① $\dfrac{b}{2\sqrt{3}}$

② $\dfrac{bh}{2\sqrt{3}}$

③ $\dfrac{bh^2}{2\sqrt{3}}$

④ $\dfrac{bh^3}{2\sqrt{3}}$

⑤ $\dfrac{h}{2\sqrt{3}}$

난이도 ●●○○○ l 출제빈도 ★★★★☆

02 길이가 L인 외팔보(캔틸레버보)의 끝단에 집중하중 P를 작용시킬 때, 끝단의 처짐량을 가장 크게 하는 방법은? [단, 보의 단면 형상은 폭이 b, 높이가 h인 직사각형이며, 보의 굽힘강성은 EI이다]

① 단면의 폭 b를 0.5배로 한다.
② 탄성계수 E를 0.5배로 한다.
③ 보의 길이 L을 0.5배로 한다.
④ 집중하중 P를 2배로 한다.
⑤ 단면의 높이 h를 0.5배로 한다.

난이도 ●●○○○ l 출제빈도 ★★★★★

03 어떤 재료의 종탄성계수가 200GPa, 가로탄성계수가 80GPa일 때, 이 재료의 푸아송수는?

① 0.25
② 0.35
③ 0.45
④ 2
⑤ 4

난이도 ●●○○○ l 출제빈도 ★★★★★

04 다음 〈보기〉에서 구한 A와 B의 곱($A \times B$)으로 옳은 것은?

> ㉠ A : 지름이 60cm이고, 길이가 12m인 원형 기둥의 세장비이 값
> ㉡ B : 도심을 지나는 x축에 대한 단면 2차 모멘트가 20cm⁴인 원형 단면의 극관성 모멘트의 값(cm⁴)

① 800
② 1,600
③ 3,200
④ 4,800
⑤ 6,400

05 다음 그림처럼 길이가 L인 두 개의 단순보가 있다. 두 단순보의 중앙점에서의 처짐이 서로 같을 때, 등분포하중(w)과 집중하중(P)의 관계로 옳은 것은? [단, 두 단순보의 굽힘강성은 같다]

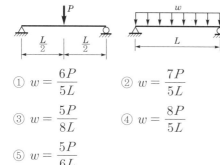

① $w = \dfrac{6P}{5L}$ ② $w = \dfrac{7P}{5L}$

③ $w = \dfrac{5P}{8L}$ ④ $w = \dfrac{8P}{5L}$

⑤ $w = \dfrac{5P}{6L}$

06 다음의 그림은 브레이턴 사이클(Brayton Cycle)이다. $T_A = 350\text{K}$, $T_B = 600\text{K}$, $T_C = 1,100\text{K}$, $T_D = 650\text{K}$일 때, 브레이턴 사이클의 열효율은 얼마인가?

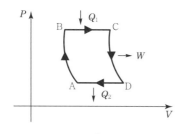

① 0.3 ② 0.4

③ 0.5 ④ 0.6

⑤ 0.7

07 다음 중 기브스의 자유에너지(Gibbs free energy)를 정의한 식으로 옳은 것은? [단, 기브스의 자유에너지는 G이다]

① $\Delta G = \dfrac{\Delta H}{T \Delta S}$

② $\Delta G = \dfrac{T \Delta S}{\Delta H}$

③ $\Delta G = \Delta H \times T \Delta S$

④ $\Delta G = \Delta H - T \Delta S$

⑤ $\Delta G = \Delta H + T \Delta S$

08 압력이 2MPa의 이상기체(ideal gas) 2kg이 이상적인 단열과정으로 압력이 1MPa로 변화하였다. 이때, 이상기체가 외부에 한 일이 128kJ이였다면, 이상기체의 최초 온도(K)는? [단, 폴리트로픽지수(n) = 1.4이며, $2^{-\frac{0.4}{1.4}} = 0.6$이며, 정적비열($C_v$)은 0.8kJ /kg · K이다]

① 150 ② 200

③ 250 ④ 300

⑤ 350

09 이론적인 열효율이 23.5%인 랭킨 사이클(Rankine cycle)에서 터빈일이 500kJ이며, 펌프 입구에서의 엔탈피가 270kJ, 복수기 입구에서의 엔탈피가 1,800kJ, 터빈 입구에서의 엔탈피가 2,300kJ이라면, 보일러 입구에서의 엔탈피(kJ)는? [단, 펌프일을 고려하여 계산할 것]

① 300 ② 350

③ 400 ④ 450

⑤ 500

PART II 실전 모의고사

난이도 ●●○○○ | 출제빈도 ★★★★☆

10 증기 사이클에 대한 설명 중 가장 옳은 것은?

① 랭킨 사이클은 보일러(정압가열)−터빈 (단열압축)−복수기(정압냉각)−급수펌 프(단열팽창)의 과정이다.

② 재생 사이클은 터빈(turbine)에서 사용 되는 모든 증기를 복수시키지 않고 증기 터빈에서 증기의 일부를 터빈 밖으로 빼 내어 보일러에 공급되는 물을 가열하는 데 사용하여 복수기(condenser)에서 냉각수로 버려지는 열량을 줄이는 사이 클이다.

③ 재열 사이클은 터빈에서 압축 중인 증기 를 빼내어 보일러의 재열기로 보내 다시 가열한 후, 다시 터빈에서 사용하는 것 이다.

④ 랭킨 사이클의 열효율은 터빈 입구 증기 의 온도, 보일러의 압력, 복수기의 압력 이 높을수록 증가한다.

⑤ 재생 사이클은 터빈일을 크게 할 수 있 으며, 터빈 출구의 건도를 높인다.

난이도 ●●○○○ | 출제빈도 ★★★★★

11 다음 중 물리량을 $[MLT]$ 차원으로 나타낸 것 중 옳지 않은 것은?

① 표면장력 : MT^{-2}

② 동점성계수 : L^2T^{-1}

③ 운동량 : MLT^{-1}

④ 동력 : ML^2T^{-2}

⑤ 일 : ML^2T^{-2}

난이도 ●●○○○ | 출제빈도 ★★★★☆

12 유체역학과 관련된 설명 중 옳지 못한 것은?

① 물분자가 상대적인 운동을 할 때 물분자 사이에 마찰을 유발시키는 성질을 점성 이라고 하며, 점성은 수온이 높을수록 작아진다.

② 물체의 단위체적당 질량의 비를 밀도라고 하며, 표준대기압하의 물의 밀도는 약 $4℃$에서 $1g/cm^3$로 최댓값을 가진다.

③ 평판에서 층류에서의 경계층 두께(δ)는 레이놀즈수(Re_x)의 1/2제곱에 반비례 하며, 평판으로부터 떨어진 거리(x)의 1/2제곱에 비례한다.

④ 물속에 가는 관을 세우면 표면장력과 부 착력 때문에 관 속의 물이 상승 혹은 하 강하는 현상을 모세관현상이라고 하며, 액체의 응집력이 부착력보다 작을 때 수 면이 상승한다.

⑤ 원형 관에서 레이놀즈수는 ([유체의 밀도 ×유속×관의 지경]/ 동점성계수)모 구 할 수 있으며, 레이놀즈수는 관 내 마찰계 수와 관련이 있다.

난이도 ●●●○○ | 출제빈도 ★★☆☆☆

13 $\dfrac{1}{20}$로 축소한 수력발전댐과 역학적으로 상 사한 실제 댐이 있다. 이때, "모형 댐이 생성 할 수 있는 동력:실제 댐이 생성할 수 있는 동 력"은?

① $1:1,800$ ② $1:8,000$

③ $1:35,800$ ④ $1:64,000$

⑤ $1:1,600,000$

14 그림과 같이 연직 평면수문에 수압이 작용하고 있다. 수문의 상단은 힌지(hinge)로 되어있고, 수문폭($b_{수문}$)은 2m, 수문높이($h_{수문}$)는 2m 라면 블록 A에 수문으로 인하여 가해지는 힘의 크기(kN)는 약 얼마인가? [단, $h_{수문} \gg h_A$ 이며 물(water)의 비중량은 1,000kgf/m³이다]

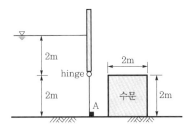

① 55 　　　② 65
③ 91 　　　④ 118
⑤ 125

15 순철(Pure iron)은 온도의 변화에 따라 고체 상태의 결정구조가 각각 다른 3가지의 상태로 존재한다. 912℃ 이하의 온도범위에서 존재하는 순철의 상태와 결정구조로 옳은 것은?

① α철 − BCC 　　② α철 − FCC
③ γ철 − BCC 　　④ γ철 − FCC
⑤ δ철 − FCC

16 다음 〈보기〉 중 베르누이 방정식에 대한 설명으로 옳은 것은 모두 몇 개인가?

> ⊙ 베르누이 방정식은 흐름이 정상류일 때 하나의 유선상에 있는 두 점 간의 에너지 보존법칙의 개념을 이용하여 유도할 수 있다.
> ⓒ 베르누이 방정식의 가정조건에는 비압축성일 것, 비점성일 것, 유선이 경계층을 통과하지 않아야 할 것 등이 있다.
> ⓒ 베르누이 방정식은 토리첼리의 정리나 피토관, 벤투리미터 등에 응용할 수 있다.
> ⓔ 베르누이 방정식은 압력수두, 속도수두, 온도수두로 구성된다.
> ⓜ 베르누이 방정식에 따르면, 압력과 속도는 반비례한다.

① 1개 　　　② 2개
③ 3개 　　　④ 4개
⑤ 5개

17 금속재료를 소성변형영역까지 인장하중을 가하다가 하중을 제거한 후 압축하였을 때 탄성한도, 항복점이 저하되는 현상으로 옳은 것은?

① 변형률경화
② 바우싱거효과
③ 시효경화
④ 탄성여효
⑤ 재결정

18 다음 중 금속의 결정구조에 대한 설명으로 옳지 않은 것은?

① 체심입방격자(BCC, Body Centered Cubic)의 배위수는 8이다.

② 면심입방격자(FCC, Face Centered Cubic)에 속하는 금속에는 구리, 백금, 니켈, 납, 알루미늄 등이 있다.

③ 조밀육방격자(HCP, Hexagonal Close Packed)에 속하는 금속에는 아연, 마그네슘, 티타늄, 베릴륨, 카드뮴, 지르코늄 등이 있다.

④ 체심입방격자의 원자충전율은 면심입방격자의 원자충전율보다 작다.

⑤ 체심입방격자(BCC)는 슬립 가능한 슬립계가 12개로 외부의 전단력에 의해 슬립이 일어날 가능성이 적다.

19 구조용 강(steel)의 정적(static) 인장시험에 의한 응력−변형률 선도에서 알 수 없는 것은?

① 피로한도 　　② 연신율
③ 항복강도 　　④ 탄성계수
⑤ 인장강도

20 다음 중 열가소성 수지에 해당되지 않는 것은?

① 폴리염화비닐
② 폴리에스테르
③ 아크릴수지
④ 폴리에틸렌
⑤ 폴리스티렌

21 전기저항이 높은 금속부터 순서대로 나열한 것 중 가장 옳은 것은?

① Ag > Cu > Al > Au
② Ag > Cu > Au > Al
③ Al > Au > Ag > Cu
④ Mg > Al > Cu > Au
⑤ Zn > Mg > Al > Au

22 탄소강에 첨가되는 합금원소의 영향에 대한 설명으로 가장 옳지 않은 것은?

① 니켈(Ni)은 내식성, 강인성, 내열성, 담금질성 등을 증가시킨다.

② 크롬(Cr)은 내열성, 내식성, 내마멸성, 자경성 등을 증가시킨다.

③ 텅스텐(W)은 고온에서 강도와 경도를 증대시키고 탄화물을 만들기 쉬우며 전자기석 성실을 개신한다.

④ 몰리브덴(Mo)은 담금질의 깊이를 깊게 하며 뜨임취성을 방지하고 내식성을 증가시킨다.

⑤ 티타늄(Ti)은 부식에 대한 저항성질이 크며 고온경도를 높여준다.

23 선반에서 반지름이 40mm인 환봉을 회전수 200rpm으로 절삭가공할 때 절삭속도(m/min)는 얼마인가? [단, $\pi = 3$으로 계산한다]

① 18 　　② 24
③ 48 　　④ 72
⑤ 96

24 밀링절삭 중 상향절삭에 대한 설명으로 옳지 못한 것은?

① 커터날이 움직이는 방향과 공작물의 이송 방향이 반대인 절삭방법이다.

② 절삭을 시작할 때, 날에 가해지는 절삭 저항이 0에서 점차적으로 증가하므로 날이 부려질 염려가 없다.

③ 칩이 가공할 면 위에 쌓이므로 시야가 좁다.

④ 밀링커터의 날이 공작물을 들어 올리는 방향으로 작용하므로 기계에 무리를 주지 않으며, 마찰을 거의 받지 않으므로 날의 마멸이 적고 수명이 길다.

⑤ 이송나사의 백래시가 절삭에 미치는 영향이 거의 없다.

25 다음 〈보기〉의 조건을 가진 밀링커터를 사용하여 평밀링을 수행할 때, 재료제거율(mm^3/min)의 최댓값은? [단, $\pi = 3$으로 가정하여 계산한다]

> ⓐ 절삭날 1개당 이송량 : 1mm/tooth
> ⓑ 절삭깊이 : 1mm
> ⓒ 밀링커터의 회전수 : 1,000rpm
> ⓓ 밀링커터의 직경 : 20mm
> ⓔ 밀링커터의 날 20개, 폭 2mm

① 20,000 ② 40,000
③ 60,000 ④ 80,000
⑤ 100,000

26 피복금속 아크용접에서 용접봉의 피복제 역할로 옳지 않은 것은?

① 스패터링을 작게 한다.

② 용접 중 산화 및 질화를 방지한다.

③ 용착금속에 필요한 합금원소를 보충하여 기계적 강도를 높인다.

④ 아크의 안정성을 좋게 한다.

⑤ 용착금속의 냉각속도를 빠르게 한다.

27 어느 재료를 가공할 때, 테일러의 공구수명식의 지수(n)=0.5, 절삭상수(C)=225이다. 절삭속도가 원래보다 2배로 된다면 공구의 수명은 몇 배로 되는가? [단, 절삭속도는 실용적 절삭속도범위 내로 가정한다]

① 0.25배 ② 0.5배
③ 2배 ④ 4배
⑤ 8배

28 다음 중 스프링백(spring back)의 양이 증가하는 조건으로 옳지 못한 것은?

① 경도와 항복강도가 클수록 스프링백의 양이 증가한다.

② 두께가 얇을수록 스프링백의 양이 증가한다.

③ 굽힘반지름이 클수록 스프링백의 양이 증가한다.

④ 굽힘각도가 작을수록 스프링백의 양이 증가한다.

⑤ 탄성계수가 클수록 스프링백의 양이 증가한다.

난이도 ●○○○○ | 출제빈도 ★★★★☆

29 다음 〈보기〉에서 설명하는 가공방법으로 가장 옳은 것은?

> • 입도가 미세한 숫돌입자를 낮은 압력으로 공작물 표면에 접촉시킨 후, 좌우로 진동시키고 공작물에는 회전이송운동을 주어 고정밀의 표면을 가공하는 방법이다.
> • 방향성이 없는 표면을 단시간에 얻을 수 있다.
> • 원통면, 내면, 평면 등에 적용시킬 수 있다.
> • 정밀 롤러, 볼베어링, 게이지 등 정밀 다듬질에 이용한다.

① 래핑　　　　② 슈퍼피니싱
③ 호닝　　　　④ 전해연삭
⑤ 버핑

난이도 ●●○○○ | 출제빈도 ★★★☆☆

30 어떤 재료에 일정한 진폭으로 피로응력(fatique stress)이 직용하고 있다. 이때, 응력비가 0.4, 평균응력이 140MPa일 때, 응력진폭값(MPa)은?

① 60　　　　② 70
③ 80　　　　④ 100
⑤ 120

난이도 ●○○○○ | 출제빈도 ★★★★☆

31 모듈이 3mm인 한 쌍의 표준 스퍼기어가 외접하여 맞물려 돌아가고 있다. 이때, 두 기어의 축간거리(중심거리)가 450mm이다. 원동축 기어의 잇수가 200개일 때, 종동축 기어의 잇수는?

① 50개　　　　② 75개
③ 100개　　　　④ 125개
⑤ 150개

난이도 ●●○○○ | 출제빈도 ★★★★☆

32 다음 〈보기〉는 여러 기계요소에 대한 설명이다. 옳은 것은 모두 몇 개인가?

> ㉠ 운동용 나사는 결합용 나사보다 효율이 좋으며, 볼나사, 톱니나사, 관용나사, 사다리꼴나사 등이 있다.
> ㉡ 기어는 두 축이 평행하지 않을 때에도 동력을 전달할 수 있다.
> ㉢ 체인은 큰 동력을 전달할 수 있으며, 초기 장력을 줄 필요가 없으나, 미끄럼이 발생한다.
> ㉣ 평벨트는 충격하중에 대해 안전장치 역할을 할 수 있지만, 정확한 속비를 얻을 수 없다.
> ㉤ 로프는 전동이 불확실하며 장치가 복잡하고 절단되면 수리가 곤란하다.
> ㉥ 관용 테이퍼나사의 테이퍼는 1/100이다.

① 1개　　　　② 2개
③ 3개　　　　④ 4개
⑤ 5개

난이도 ●●○○○ | 출제빈도 ★★★★☆

33 다음 〈보기〉 중 공동현상(cavitation)의 발생원인으로 옳은 것은 모두 몇 개인가?

> ㉠ 펌프의 흡입관경이 작을 때
> ㉡ 펌프의 흡입양정이 낮을 때
> ㉢ 관 내 유체의 온도가 너무 높을 때
> ㉣ 펌프의 회전수가 클 때
> ㉤ 펌프의 설치위치가 수원보다 비교적 높을 때

① 1개　　　　② 2개
③ 3개　　　　④ 4개
⑤ 5개

34 다음 그림과 같은 밴드브레이크(band brake)에서 제동토크(T)가 $4kN \cdot m$이고, 마찰계수(μ)가 0.5, 장력비($e^{\mu\theta}$)는 3일 때, 레버조작력(N)은? [단, 문제에서 주어진 길이는 mm단위이다]

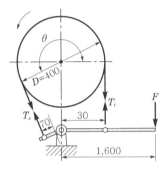

① 100   ② 125

③ 150   ④ 250

⑤ 300

35 다음 〈보기〉 중 터보형 펌프에 해당되는 것은 모두 몇 개인가?

⊙ 벌류트펌프	ⓒ 터빈펌프
ⓒ 플런저펌프	ⓔ 마찰펌프
ⓜ 사류펌프	

① 1개   ② 2개

③ 3개   ④ 4개

⑤ 5개

36 다음의 〈조건〉을 통해 펌프의 비교회전도 (n_s)를 계산하면?

⊙ 펌프의 회전수 : 15rpm
ⓒ 펌프의 유량 : 1,600m³/min
ⓒ 펌프의 전양정 : 16m

① 35   ② 45

③ 55   ④ 65

⑤ 75

37 다음 중 열전달(heat transfer) 무차원수와 관련된 설명으로 옳지 않은 것은?

① 가열된 평판 표면을 층류 유동으로 흐르는 유체의 Pr수가 1보다 큰 경우, 평판 표면에 형성되는 열경계층의 두께는 유체역학적 경계층의 두께보다 두껍다.

② 강제대류에서 누셀수(Nu)는 레이놀즈수(Re)와 프란틀수(Pr)의 함수로 표현된다.

③ 셔우드수(Sh)는 레이놀즈수(Re)와 슈미트수(Sc)의 함수로 표현이 가능하며 "$Sh = 0.664Re^{\frac{1}{2}}Sc^{\frac{1}{3}}$"는 층류일 때 표현될 수 있는 관계식이다.

④ 루이스수는 열과 물질 전달 사이의 상관관계를 나타내는 무차원수이다.

⑤ 누셀수(Nu)가 크다는 것은 대류에 의한 열전달이 전도에 의한 열전달보다 크다는 것을 의미한다.

난이도 ●●○○○○ | 출제빈도 ★★★★☆

38 다음 중 열전달과 관련된 설명으로 옳은 것은?

① 실내냉난방을 하는 것은 복사와 가장 관련이 있다.
② 겨울철에 전기히터를 사용하는 것은 복사와 관련이 있다.
③ 복사는 열이 간접적으로 이동하는 현상이다.
④ 전도는 분자가 열을 얻고 직접 이동한다.
⑤ 대류는 분자와 상관없이 열이 직접 이동한다.

난이도 ●●●○○ | 출제빈도 ★★★☆☆

39 유리창을 통한 외부에서 내부로의 열전달을 고려할 때, 다음과 같은 조건에서 외부에서 내부로의 열전달속도(W)는?

> ㉠ 내부 온도 : 200K
> ㉡ 외부 온도 : 450K
> ㉢ 유리창의 두께 : 100mm
> ㉣ 유리창의 면적 : 10m^2
> ㉤ 유리창의 열전도도 : $1.0\text{W/m} \cdot \text{K}$
> ㉥ 외부 대류 열전달계수 : $20\text{W/m}^2 \cdot \text{K}$
> ㉦ 내부 대류 열전달계수 : $20\text{W/m}^2 \cdot \text{K}$

① 10,000　　② 11,500
③ 12,500　　④ 13,500
⑤ 14,500

난이도 ●●●●◑ | 출제빈도 ★☆☆☆☆

40 다음 〈보기〉에서 구한 A와 B의 곱($A \times B$)에 가장 가까운 수로 옳은 것은?

> ㉠ A : 원형 내의 완전 발달 층류유동에서의 누셀수(Nusselt number)의 값(단, 열유속은 일정하다)
> ㉡ $B \times 10^{-8}$: 스테판－볼츠만의 상수값 (단, 단위는 $\text{W/m}^2 \cdot \text{K}^4$이다)

① 15　　　　② 25
③ 40　　　　④ 50
⑤ 65

09 제9회 실전 모의고사

[총 40문제 | 제한시간 35분]

[⇨ 정답 및 해설편 p. 482]

난이도 ●○○○○ | 출제빈도 ★★★★★

01 반지름이 20cm인 속이 꽉 찬 봉에 비틀림모 멘트가 240N · m가 작용하고 있을 때, 봉에 발생하는 최대전단응력(kPa)은 얼마인가? [단, $\pi = 3$으로 계산한다]

① 20　　　　② 40
③ 60　　　　④ 80
⑤ 100

난이도 ●●○○○ | 출제빈도 ★★★☆☆

02 길이가 L, 지름이 d인 균일 단면봉의 자중에 의한 변형량에 대한 설명으로 옳은 것은 모두 몇 개인가?

> ㉠ 균일 단면봉의 자중에 의한 변형량은 외 부에서 작용하는 하중에 의해 발생하며 중력과 관계가 있다.
> ㉡ 세로탄성계수에 반비례한다.
> ㉢ 길이의 제곱에 반비례한다.
> ㉣ 비중량의 세제곱에 비례한다.
> ㉤ 자중에 의한 변형량은 균일 단면봉(단면 이 일정한 봉)의 경우가 원추형 봉의 경 우의 1/3이다.

① 1개　　　　② 2개
③ 3개　　　　④ 4개
⑤ 5개

난이도 ●●○○○ | 출제빈도 ★★★☆☆

03 다음 그림은 응력−변형률 선도이다. A에 들 어갈 말로 가장 적절한 것은?

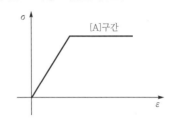

① 네킹　　　　② 선형영역
③ 변경경화　　④ 완전소성
⑤ 탄성한도

난이도 ●●○○○ | 출제빈도 ★★★★☆

04 다음 중 압력의 값이 가장 작은 것은?

① 10bar　　　　② 760mmHg
③ 1MPa　　　　④ 10kgf/cm^2
⑤ 800torr

난이도 ●●○○○ | 출제빈도 ★★★☆☆

05 20℃의 물 500mL를 100℃로 끓이려고 한다. 이때, 1kW의 전열기를 사용하면 소요되는 시 간(초)은? [단, 전열기의 열은 물로 전달된다고 가정하며, 물의 비열은 1kcal/kg · ℃이다]

① 84　　　　② 122
③ 168　　　　④ 196
⑤ 224

난이도 ●●○○○ | 출제빈도 ★★☆☆☆

06 단열노즐에서 공기의 입구속도는 10m/s, 출구속도는 100m/s라고 할 때, 입구와 출구의 엔탈피차(kJ/kg)는?

① 4,950   ② 9,900

③ 4.95   ④ 9.9

⑤ 19.8

난이도 ●●○○○ | 출제빈도 ★★★★☆

07 압력이 500kPa, 건도가 0.5인 포화액체−증기혼합상태의 물 3kg의 부피(m³)는? [단, 500kPa에서 포화액체의 비체적은 0.001m³/kg, 포화증기의 비체적은 0.375m³/kg이다]

① 0.564   ② 0.188

③ 1.125   ④ 0.374

⑤ 0.376

난이도 ●○○○○ | 출제빈도 ★★★★☆

08 사이클(cycle) 중 상의 변화과정을 거치며, 단위질량당 팽창일에 비해 압축일이 가장 작은 사이클은?

① 오토 사이클

② 랭킨 사이클

③ 디젤 사이클

④ 증기냉동압축 사이클

⑤ 스털링 사이클

난이도 ●●○○○ | 출제빈도 ★★★★☆

09 다음 〈보기〉 중 가스터빈의 이상 사이클인 브레이턴 사이클에 대한 설명으로 옳은 것은 모두 몇 개인가?

> ㉠ 정압과정에서 열의 공급과 방출이 이루어진다.
> ㉡ 2개의 단열과정과 2개의 정압과정으로 구성된다.
> ㉢ 선박, 발전소, 항공기 등에서 사용된다.
> ㉣ 압축기, 연소기, 터빈 등으로 구성되어 있다.
> ㉤ 줄 사이클이라고도 한다.
> ㉥ 열효율은 압력비와 비열비에 영향을 받으며, 압력비가 클수록 열효율이 높아진다.

① 1개   ② 2개

③ 3개   ④ 4개

⑤ 5개

난이도 ●●●○○ | 출제빈도 ★★★★☆

10 다음 〈보기〉에서 이상기체(ideal gas)의 교축과정에 대한 설명으로 옳지 못한 것은 모두 몇 개인가?

> ㉠ 비가역단열과정이다.
> ㉡ 교축과정 동안에 내부에너지와 유동에너지의 합은 같다.
> ㉢ 이상기체는 교축과정 동안에 온도가 감소한다.
> ㉣ 외부에 일을 하지 않는다.
> ㉤ 엔트로피는 증가하고, 압력은 감소한다.
> ㉥ 이상기체의 교축과정에서는 줄−톰슨계수가 1이다.

① 1개   ② 2개

③ 3개   ④ 4개

⑤ 5개

난이도 ●●○○○ | 출제빈도 ★★★☆☆

11 모형 잠수함의 거동을 조사하기 위해 바닷물 속에서 실험을 수행하고자 한다. 모형 잠수함의 크기는 실제 잠수함 크기의 1/100에 해당한다. 실제 잠수함이 V_1의 속도로 운전되기 위한 모형 잠수함의 속도가 V_2라면 V_1/V_2은 얼마인가?

① 10   ② 100

③ 0.1   ④ 0.01

⑤ 0.001

난이도 ●●○○○ | 출제빈도 ★★★★★

12 다음 중 무차원수와 그 설명이 옳은 것은?

① "Reynolds수 = 점성력/관성력"이다.

② "Mach수 = 음속/물체의 속도"로 압축성과 비압축성 유동을 구분하는 무차원수이다.

③ "Cauchy = $\dfrac{\rho V^2}{E}$ = 탄성력/점성력"이다.

④ "Froude수 = 중력/관성력"으로 수력도약, 개수로, 배, 댐, 강에서의 모형 실험 등의 역학적 상사에 적용된다.

⑤ "Weber수 = 관성력/표면장력"으로 물방울의 형성, 기체 및 액체 또는 비중이 서로 다른 액체-액체의 경계면, 표면장력, 위어, 오리피스에서 중요한 무차원수이다.

난이도 ●●○○○ | 출제빈도 ★★★★☆

13 금속으로 만들어진 직육면체의 단면적이 $25cm^2$이고, 길이가 2m이다. 이 물체의 공기 중에서의 무게가 350N일 때, 물속에 완전히 잠겼을 경우의 무게(N)는? [단, 중력가속도는 10m/s^{2}으로 계산한다]

① 275   ② 300

③ 325   ④ 400

⑤ 450

난이도 ●○○○○ | 출제빈도 ★★★★☆

14 반지름이 2cm인 노즐에서 물제트가 50m/s의 속도로 건물 벽에 수직으로 분사되고 있다. 이때, 벽면이 받는 힘(kN)은? [단, $\pi = 3$으로 가정하여 계산한다]

① 0.75   ② 1.5

③ 3.0   ④ 4.5

⑤ 6.0

난이도 ●●○○○ | 출제빈도 ★★★☆☆

15 유속 3m/s로 흐르는 물속에 흐름 방향의 직각으로 피토관을 세웠을 때, 유속에 의해 올라가는 수주의 높이는 약 몇 m인가?

① 0.46   ② 0.92

③ 4.6   ④ 9.2

⑤ 2.4

PART II 실전 모의고사

난이도 ●●○○○ | 출제빈도 ★★★☆☆

16 폭이 80cm인 직사각형 수로에 $1.28\text{m}^3/\text{s}$의 유량이 40cm의 수심으로 흐른다. 이 흐름의 프루드수(Fr)의 값은? [단, 중력가속도는 10m/s^2으로 가정하여 계산한다]

① 1.0   ② 1.5
③ 2.0   ④ 2.5
⑤ 3.0

난이도 ●●●○○ | 출제빈도 ★★★★☆

17 다음 〈보기〉 중 체적탄성계수에 대한 설명으로 옳은 것은 모두 몇 개인가?

> ㉠ 압축성 유체의 체적탄성계수는 비압축성 유체의 체적탄성계수보다 크다.
> ㉡ 압축률과 역수의 관계를 갖는다.
> ㉢ 압력의 증가에 따라 증가한다.
> ㉣ 온도와 관계가 없다.
> ㉤ 단위는 m^2/N이다.

① 1개   ② 2개
③ 3개   ④ 4개
⑤ 5개

난이도 ●●○○○ | 출제빈도 ★★★☆☆

18 다음 중 충격파와 관련된 설명으로 옳지 않은 것은?

① 비가역현상으로 엔트로피가 증가한다.
② 충격파의 영향으로 압력, 온도가 증가한다.
③ 충격파의 영향으로 마찰열이 발생한다.
④ 충격파의 영향으로 속도가 증가한다.
⑤ 충격파의 영향으로 밀도가 증가한다.

난이도 ●●●○○ | 출제빈도 ★★★☆☆

19 다음 중 개수로 유동에 대한 설명으로 옳지 않은 것은?

① 개수로 유동은 경계면의 일부가 항상 대기에 접해 흐르는 유체 흐름으로 대기압이 작용하는 자유표면을 가진 수로를 말한다.
② 개수로에서 가장 중요한 두 힘은 관성력과 중력이다.
③ 개수로에서는 수력구배선과 유체의 자유표면이 항상 일치한다.
④ 개수로 흐름은 주로 중력의 지배를 받는다.
⑤ 개수로에서 에너지선은 자유표면보다 속도수두만큼 아래에 위치한다.

난이도 ●●○○○ | 출제빈도 ★★★☆☆

20 다음 중 관 속의 점성유체 흐름에서 관마찰계수(f)에 대한 설명으로 가장 옳은 것은?

① 유체가 층류 흐름으로 원형 관을 흐를 때 점성에 의한 관마찰계수(f)는 레이놀즈수(Re)에 비례한다.
② "레이놀즈수(Re) < 2,100"인 완전 층류구역에서 관마찰계수(f)는 상대조도에 관계없이 단지 레이놀즈수(Re)만의 함수이다.
③ 완전 난류구역에 있는 거친 관에서의 관마찰계수(f)는 상대조도와 무관하고 레이놀즈수에 의해서만 좌우되는 영역이다.
④ "2,100 < 레이놀즈수(Re) < 4,000"인 구역에서관마찰계수(f)는 상대조도만의 함수이다.
⑤ 관마찰계수(f)는 마찰손실수두이다.

21 다음 중 복사난방에 대한 설명으로 옳은 것은?

① 외기온도의 급변화에 따른 온도조절이 용이하다.
② 실내에 방열기가 없기 때문에 바닥면의 이용도가 높다.
③ 실내층고가 높은 경우 상하온도차가 커서 난방효과가 낮다.
④ 배관 시공이나 수리가 용이하며, 설치비용이 싸다.
⑤ 공기의 대류가 많아 바닥면의 먼지가 상승한다.

22 습한 공기의 온도와 습도가 동시에 변화할 때, 그 공기는 현열과 잠열의 변화를 한다. 이 때, 현열비(SHF)가 1이라면, 잠열(W)은 얼마가 되어야 하나?

① 0
② 0.5
③ 1.0
④ 1.5
⑤ 2.0

23 다음 중 솔리드모델링(Solid modeling)에 대한 설명으로 옳지 못한 것은?

① 숨은선 제거가 가능하다.
② 복잡한 형상의 표현이 가능하다.
③ 부피, 무게, 표면적, 관성모멘트, 무게중심 등을 계산할 수 있다.
④ 단면도 작성과 간섭체크가 가능하다.
⑤ 데이터의 구조가 간단하여 처리해야 할 데이터의 양이 적다.

24 다음 〈보기〉는 기계공작법 전반에 대한 설명이다. 옳은 것은 모두 몇 개인가?

> ㉠ 플러그용접은 상부 모재에 구멍을 뚫고 용가재로 그 부분을 채워, 다른 쪽의 모재와 접합하는 용접방법이다.
> ㉡ 선반의 크기를 표시하는 방법에는 베드 위의 스윙, 왕복대 위의 스윙, 왕복대의 길이, 양 센터 간의 최대거리가 있다.
> ㉢ 가주성은 재료의 녹는점이 낮고 유동성이 좋아 녹여서 거푸집(mold)에 부어 제품을 만들기에 알맞은 성질을 말한다. 즉, 재료를 가열했을 때 유동성을 증가시켜 주물(제품)로 할 수 있는 성질이다.
> ㉣ 플랜징(flanging)가공은 소재의 단부를 직각으로 굽히는 작업으로 프레스가공법에 포함된다.
> ㉤ 척은 공작물을 고정시키는 선반의 부속기구로, 크기는 척의 바깥지름으로 표시하며, 선반의 주축을 중공축으로 하는 이유에는 긴 가공물의 가공을 편리하게 하기 위해, 센터의 장착 및 탈착을 용이하게 하기 위해, 중량을 줄여 베어링에 걸리는 하중을 낮추기 위해 등이 있다.

① 1개
② 2개
③ 3개
④ 4개
⑤ 5개

25 다음 중 영구주형을 사용하는 주조방법으로 옳지 못한 것은?

① 원심주조법
② 다이캐스팅주조법
③ 슬러시주조법
④ 풀몰드법
⑤ 가압주조법

난이도 ●●○○○○ | 출제빈도 ★★★☆☆

26 다음 중 래핑에 대한 설명으로 옳지 못한 것은?

① 작업이 용이하여 정밀 가공에 별도의 숙련을 요구하지 않는다.

② 다듬질면이 매끈하고 정밀도가 우수하다.

③ 공작물과 공구 사이에 매우 작은 연마입자들이 섞여 있는 용액이 사용된다.

④ 비산하는 랩제에 의해 다른 기계나 제품이 부식 또는 손상될 수 있으며 작업이 깨끗하지 못하다.

⑤ 블록게이지, 렌즈, 스냅게이지, 플러그게이지, 프리즘, 제어기기부품 등에 적용하며, 보통 습식 래핑을 먼저하고 건식래핑을 실시한다.

난이도 ●●○○○○ | 출제빈도 ★★★★★

27 구성인선(빌트 업 에시, built-up edge)에 대한 설명으로 옳지 않은 것은?

① 구성인선은 절삭할 때, 발생된 칩의 일부가 공구의 날 끝에 달라붙어 마치 절삭날과 같은 작용을 하면서 공작물을 절삭하는 현상이다.

② 구성인선을 방지하려면 공구경사각을 크게 한다.

③ 구성인선을 방지하려면 절삭깊이를 작게 하고, 절삭속도를 빠르게 한다.

④ 구성인선을 방지하려면 공구반경을 크게 하고, 칩의 두께를 감소시킨다.

⑤ 구성인선을 방지하려면 세라믹공구를 사용한다.

난이도 ●●●○○ | 출제빈도 ★★★☆☆

28 다음 중 초기 재료가 분말형태인 신속조형법으로 옳은 것은?

① selective laser sintering

② laminated object manufacturing

③ stereolithography

④ polyjet

⑤ fused deposition modeling

난이도 ●●○○○○ | 출제빈도 ★★★★☆

29 공구는 상하 직선운동을 하고, 테이블은 수평면에서 직선운동과 회전운동을 하여 키 홈, 스플라인, 세레이션 등의 내경가공을 주로 하는 공작기계로 가장 옳은 것은?

① 플레이너   ② 셰이퍼

③ 밀링   ④ 선반

⑤ 슬로터

난이도 ●●●○○ | 출제빈도 ★★★★☆

30 용접에 대한 설명으로 가장 옳지 못한 것은?

① 프로젝션용접, 점용접, 심용접은 압접에 해당된다.

② 업셋용접, 맞대기 심용접은 전기저항용접방법 중 맞대기용접에 해당된다.

③ 프로젝션용접, 점용접, 심용접은 전기저항용접방법 중 겹치기용접에 해당된다.

④ 일렉트로 슬래그용접, 테르밋용접, 마찰용접, TIG용접, 전자빔용접은 융접법에 해당된다.

⑤ 전기저항 용접법의 3대 요소는 용접전류, 가압력, 통전시간이며, 전기저항 용접법에서 발생하는 저항열$(Q) = 0.24I^2Rt$ [cal]이다.

난이도 ●●○○○ | 출제빈도 ★★★☆☆

31 다음 중 절삭가공 시 발생하는 칩에 대한 설명으로 가장 옳지 못한 것은?

① 연속형 칩은 연성재료를 빠른 절삭속도로 절삭하거나 윗면 경사각이 작은 경우에 주로 발생한다.

② 균열형 칩은 주철과 같은 취성재료를 저속으로 절삭할 때 발생한다.

③ 톱니형 칩은 티타늄과 같이 열전도도가 낮고 온도에 따라 강도가 급격히 변하는 금속재료의 절삭 시 주로 발생하며, 전단변형률을 크게 받은 영역과 작게 받은 영역이 반복되어 있는 반연속형 칩이다.

④ 전단형 칩은 연성재료를 저속으로 절삭하거나 윗면 경사각이 작은 경우에 발생한다.

⑤ 경작형 칩은 점성이 큰 재질을 작은 경사각의 공구로 절삭할 때, 절삭깊이가 클 때 발생한다.

난이도 ●○○○○ | 출제빈도 ★★★★☆

32 다음 중 탄소강에서 탄소(C)함유량의 증가에 따른 탄소강의 성질변화로 옳지 못한 것은?

① 비열이 증가한다.

② 전기저항이 증가한다.

③ 항자력이 증가한다.

④ 항복점이 증가한다.

⑤ 열팽창계수가 증가한다.

난이도 ●●●○○ | 출제빈도 ★★★☆☆

33 다음 〈보기〉의 빈칸에 들어가야 할 것을 순서대로 옳게 나열한 보기는?

> ( )는 압입자에 1~120kgf의 하중을 걸어 자국의 대각선길이로 경도를 측정하고, 하중을 가하는 시간은 캠의 회전속도로 조절한다. 이 경도시험법은 침탄층, 질화층, 탈탄층의 경도시험에 적합하다. 이때, 경도를 구하는 공식은 ( )이다.

① 브리넬경도시험법, $\dfrac{P}{\pi dt}$

② 비커스 경도시험법, $\dfrac{14.2P}{L^2}$

③ 브리넬경도시험법, $\dfrac{1.854P}{L^2}$

④ 비커스경도시험법, $\dfrac{1.854P}{L^2}$

⑤ 로크웰경도시험법, $\dfrac{14.2P}{L^2}$

난이도 ●●○○○ | 출제빈도 ★★★★☆

34 다음 중 변태와 관련된 설명으로 가장 옳지 않은 것은?

① 철의 A_3변태점은 912℃이다.

② 철의 A_4변태점은 1400℃이다.

③ 순철의 A_2변태점은 768℃이다.

④ 변태점 측정법에는 X선분석법, 비열분석법, 전기저항분석법 등이 있다.

⑤ 지르코늄, 세륨, 주석은 자기변태를 일으킨다.

PART II 실전 모의고사

난이도 ●●○○○○ | 출제빈도 ★★★★☆

35 다음 〈보기〉에서 설명하는 주철의 종류로 가장 적절한 것은?

> ㉠ 백주철을 풀림 열처리하여 만든다.
> ㉡ 파단 시 단면감소율이 약 10%에 이를 정도로 연성이 우수하다.
> ㉢ 자동차부품, 밸브, 관이음쇠 등에 사용된다.

① 덕타일주철　　② 냉경주철
③ 가단주철　　　④ 마하나이트주철
⑤ 회주철

난이도 ●●●○○○ | 출제빈도 ★★★☆☆

36 피치원의 원주속도 5m/s로 20PS의 동력을 전달하는 헬리컬기어(helical gear)가 있다. 비틀림각이 30°일 때, 축방향으로 작용하는 힘(N)은 얼마인가?

① 150　　　　　② 980
③ $980\sqrt{3}$　　　④ $150\sqrt{3}$
⑤ 300

난이도 ●●○○○○ | 출제빈도 ★★★☆☆

37 다음 중 열전달(heat transfer)에 대한 설명으로 옳지 않은 것은?

① 전열이란 열이 높은 곳에서 낮은 곳으로 이동하는 것으로, 전열량은 온도차에 비례한다.
② 유체의 유동으로 인하여 유체와 고체 표면 사이에 발생하는 열전달을 대류라고 한다.
③ 전열 표면의 물때, 유막 형성은 전열작용을 저하시키는 요인이 될 수 있다.
④ 진공을 통한 열전달은 자연적으로 발생할 수 없다.
⑤ 열관류율의 단위는 $\text{kcal/m}^2 \cdot \text{h} \cdot \text{℃}$이다.

난이도 ●●○○○○ | 출제빈도 ★★★★☆

38 긴장측 장력이 450N, 장력비가 3인 평벨트 전동장치에서 풀리의 지름이 800mm일 때, 전달토크(N · m)는 얼마인가?

① 120　　　　　② 132
③ 140　　　　　④ 154
⑤ 172

난이도 ●●○○○○ | 출제빈도 ★★★★☆

39 다음 중 기어의 치형에 대한 설명으로 옳지 못한 것은?

① 인벌류트 치형은 압력각이 일정하며 물림에서 축간거리가 다소 변해도 속비에 영향이 없다.
② 대부분의 기어에는 인벌류트 치형이 사용된다.
③ 사이클로이드 치형은 원통에 감긴 실을 팽팽하게 잡아당기면서 풀어 나갈 때 실 외 한 점이 그리는 궤적과 같다.
④ 사이클로이드 치형은 치형의 가공이 어렵고 호환성이 적다.
⑤ 사이클로이드 치형은 언더컷이 발생하지 않으며, 시계 등에 사용된다.

난이도 ●○○○○○ | 출제빈도 ★★★★☆

40 다음 〈보기〉의 빈칸에 들어가야 할 단어로 가장 적절한 것은?

> 스테판-볼츠만의 법칙에 따르면 이상적인 흑체의 경우 단위면적당, 단위시간당 모든 파장에 의해 방사되는 총복사에너지(E)는 (　　)의 4제곱에 비례한다.

① 복사도　　　　② 파장
③ 절대온도　　　④ 열전도도
⑤ 스테판-볼츠만의 상수

10 제10회 실전 모의고사

[총 50문제 | 제한시간 45분]

[⇨ 정답 및 해설편 p. 502]

난이도 ●●○○○○ | 출제빈도 ★★★★☆

01 다음 그림의 직사각형 보의 단면에 전단력 V가 작용하고 있다. 이때, 단면에 발생하는 평균전단응력의 크기는 최대전단응력의 몇 배인가?

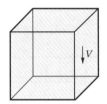

① 1 ② $\dfrac{2}{3}$

③ $\dfrac{3}{4}$ ④ $\dfrac{1}{2}$

⑤ $\dfrac{1}{4}$

난이도 ●●○○○○ | 출제빈도 ★★★☆☆

02 다음의 보에서 A점의 반력크기가 18kN일 때, 등분포하중(kN/m)의 크기로 옳은 것은? [단, 보의 자중은 무시하며, 굽힘강성 EI는 일정하다]

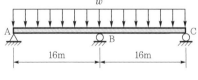

① 0.9 ② 3

③ 6 ④ 9

⑤ 12

난이도 ●○○○○ | 출제빈도 ★★★★☆

03 순수 비틀림을 받는 지름이 d인 원형 단면의 봉에서 비틀림각에 대한 설명으로 옳지 않은 것은?

① 비틀림모멘트에 비례한다.
② 비틀림강성에 반비례한다.
③ 지름(d)의 3제곱에 반비례한다.
④ 봉의 길이에 비례한다.
⑤ 전단탄성계수에 반비례한다.

난이도 ●●●○○ | 출제빈도 ★★★☆☆

04 다음 그림처럼 벽에 고정된 바깥반지름이 c인 원형 단면의 봉에 비틀림모멘트 T가 작용하고 있다. 단면의 위치 $\rho = c$, $\rho = \dfrac{c}{2}$에서 발생하는 비틀림모멘트 T에 의한 전단응력의 크기의 비 $\left(\dfrac{\tau_{\rho = c}}{\tau_{\rho = \frac{c}{2}}} \right)$는?

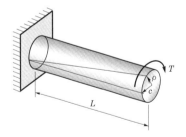

① $\dfrac{1}{4}$ ② 2

③ $\dfrac{1}{2}$ ④ 4

⑤ $\dfrac{3}{4}$

난이도 ●●●○○ | 출제빈도 ★★★★☆

05 다음 〈보기〉 중 평면도형상의 단면 성질에 대한 설명으로 옳은 것은 모두 몇 개인가?

> ㉠ 도심축에 대한 단면 1차 모멘트의 값은 항상 0이다.
> ㉡ 단면 1차 모멘트는 평면도형의 도심을 구하기 위해 사용된다.
> ㉢ 단면 2차 극모멘트의 값은 두 직교축에 대한 단면 2차 모멘트의 합과 같다.
> ㉣ 단면 2차 모멘트의 값은 항상 0보다 크다.
> ㉤ 단면 2차 상승모멘트의 값은 항상 0보다 크거나 같다.
> ㉥ 원형 단면의 경우, 극관성모멘트(I_P)와 단면 2차 모멘트(I)는 $I = 2I_P$의 관계를 갖는다.

① 1개 ② 2개
③ 3개 ④ 4개
⑤ 5개

난이도 ●●○○○○ | 출제빈도 ★★★★★

06 다음 중 열역학 제1법칙에 대한 설명으로 옳지 않은 것은?

① 에너지 보존의 법칙 중 열과 일의 관계를 무질서도로 설명한 것이다.
② 어떤 계가 임의의 사이클을 이룰 때 이루어진 열전달의 합은 이루어진 일의 합과 같다.
③ 밀폐계에서 공급된 열량은 계의 내부에너지 증가량과 계가 외부에 한 일의 합과 같다.
④ 기계적 일과 열이 서로 변환될 수 있으며, 변환되는 부분에 대한 일과 열의 비는 일정한 값이 된다.
⑤ 열과 일은 모두 에너지이며, 서로 상호 전환이 가능하다.

난이도 ●●○○○ | 출제빈도 ★★★★☆

07 다음 그림처럼 같은 크기의 등분포하중(w)이 작용하고 있는 2개의 보가 있다. (a)의 고정단에서 발생하는 굽힘모멘트의 크기가 40kN·m라면, (b)의 보에 발생하는 최대 굽힘모멘트의 크기(kN·m)는? [단, 보의 자중은 무시하며, 굽힘강성 EI는 일정하다]

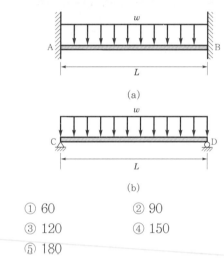

(a)

(b)

① 60 ② 90
③ 120 ④ 150
⑤ 180

난이도 ●●●○○ | 출제빈도 ★★★★☆

08 다음 중 열역학과 관련된 설명으로 옳지 않은 것은?

① 1BTU는 물 1lb를 1℉ 올리는 데 필요한 열량으로 252cal이다.
② 보일러마력은 100℃의 물 15.65kg을 1시간 이내에 100℃의 증기로 만드는 데 필요한 열량을 말한다. 이때, 1보일러마력은 8435.35kcal/hr이다.
③ 냉동능력은 단위시간에 증발기에서 흡수하는 열량을 냉동능력이라고 한다. 냉동능력의 단위로는 1냉동톤(1RT)이 있다.
④ 1CHU는 물 1kg을 1℃ 올리는 데 필요한 열량으로 453.6cal이다.
⑤ 냉동효과는 증발기에서 냉매 1kg이 흡수하는 열량을 말한다.

09 다음 성질 중 열역학적 상태량이 아닌 것은?

① 엔탈피 ② 온도
③ 질량 ④ 일
⑤ 에너지

10 이상적인 랭킨 사이클(Rankine cycle)의 재생 사이클에서 추기 6회 시에 몇 개의 급수가열기가 필요한가? [단, 추기는 증기의 일부를 터빈의 적당한 단락에서 추출하는 것을 의미한다]

① 3개 ② 6개
③ 9개 ④ 12개
⑤ 15개

11 카르노 사이클(Carnot cycle)에서 방열이 일어나는 과정으로 옳은 것은?

① 등온팽창
② 등온압축
③ 단열팽창
④ 단열압축
⑤ 카르노 사이클에서는 방열이 일어나지 않는다.

12 카르노 사이클(Carnot cycle)에 대한 설명으로 옳지 않은 것은?

① 카르노라는 사람이 고안하였다.
② 현존하는 사이클 중 가장 큰 기관이다.
③ 등온과정이 존재한다.
④ 단열과정이 존재한다.
⑤ 이상적인 사이클이다.

13 이상기체(ideal gas)로 채워진 부피 $2m^3$인 실린더에 8×10^5Pa의 외부 압력을 가하여 부피가 축소되는 과정에서 6.4×10^5J의 에너지가 실린더로부터 방출되었다. 이때, 실린더 내부의 온도가 변화하지 않았다면 실린더의 최종 부피(m^3)는?

① 0.6 ② 0.8
③ 1.0 ④ 1.2
⑤ 1.4

14 단열된 용기에 담긴 온도가 $10℃$인 물에 $200℃$로 가열된 쇳덩어리 1개를 담가 충분히 장시간 기다렸더니 $20℃$에서 열평형을 이루었다. 그렇다면 동일한 실험조건에서 $10℃$인 물의 온도를 $80℃$ 이상으로 데우는 데 필요한 최소한의 쇳덩어리 개수는? [단, 단열용기의 열용량은 무시하고, 물에 넣는 모든 쇳덩어리는 물리적, 화학적으로 동일하다]

① 9 ② 11
③ 13 ④ 15
⑤ 17

15 단열되어 있는 용기에 물 100L가 들어있다. 온도가 $550℃$인 어떤 물체(금속) 4kg을 물에 넣었더니 물체의 온도가 $50℃$가 되었다. 이때, 물의 온도 상승은? [단, 어떤 물체의 비열은 $0.4kcal/kg \cdot ℃$이다]

① 2℃ ② 4℃
③ 5℃ ④ 6℃
⑤ 8℃

난이도 ●○○○○ | 출제빈도 ★★★★☆

16 아래 그림은 상태 1 → 상태 2로 변화하는 가역과정의 경로를 표현한 것이다. (a)와 (b)로 표현된 면적이 의미하는 것을 각각 순서대로 옳게 나열한 보기는?

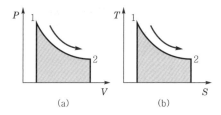

(a)　　　　(b)

① 엔탈피, 일　　② 열, 엔탈피
③ 열, 일　　　　④ 일, 열
⑤ 엔트로피, 열

난이도 ●●●○○ | 출제빈도 ★★★☆☆

17 다음 〈보기〉 중 운동학적 기술법과 관련된 설명으로 옳은 것은 모두 몇 개인가?

> ㉠ 정상상태 유체 유동에서는 유선과 유적선이 일치한다.
> ㉡ 유맥선은 순간궤적을 의미하며, 예로는 담배연기가 있다.
> ㉢ 유적선은 유체입자가 지나간 흔적을 의미하며 서로 교차가 불가능하다.
> ㉣ 라그랑주 관점으로만 묘사할 수 있는 것은 유적선이다.
> ㉤ 오일러 기술법은 각각의 입자 하나하나에 초점을 맞추어 각각의 입자를 따라가면서 그 입자의 물리량을 나타내는 기술법이다.

① 1개　　　　② 2개
③ 3개　　　　④ 4개
⑤ 5개

난이도 ●●○○○ | 출제빈도 ★★★☆☆

18 골프공의 비행거리를 증가시키기 위해 골프공의 표면에 홈을 판다. 비행거리가 더 먼 홈이 파인 골프공과 매끄러운 골프공에 대한 설명으로 옳은 것은?

① 홈이 파인 골프공의 전단응력이 더 작다.
② 홈이 파인 골프공의 후류가 더 크다.
③ 홈이 파인 골프공과 매끄러운 골프공의 전단응력은 같다.
④ 홈이 파인 골프공의 전단응력이 더 크다.
⑤ 홈이 파인 골프공의 후류가 더 작다.

난이도 ●○○○○ | 출제빈도 ★★★★☆

19 비중이 0.8인 물체가 물에 일부만 잠겨서 떠 있을 때, 잠긴 부피는 전체 부피의 몇 %인가?

① 20　　　　② 40
③ 50　　　　④ 60
⑤ 80

난이도 ●○○○○ | 출제빈도 ★★★★★

20 층류(層流)와 난류(亂流)를 구분하는 척도인 레이놀즈수(Reynolds number)의 물리적 의미로 옳은 것은?

① 부력/점성력　　② 점성력/관성력
③ 항력/점성력　　④ 관성력/점성력
⑤ 표면장력/관성력

21 동점성계수가 $0.2cm^2/s$인 비압축성 유체가 반지름이 20cm인 관 입구로 3cm/s의 평균 속도로 들어간다. 이때, 관의 출구 반지름이 10cm라면 출구에서 유체의 Re는? [단, 정상상태이며 손실은 무시한다]

① 1,200 ② 1,400
③ 1,600 ④ 1,800
⑤ 2,000

22 뉴턴유체(Newtonian fluid)에 대한 설명으로 옳은 것은?

① 유체가 유동 시 속도구배와 전단응력과는 아무런 관계도 없는 유체이다.
② 유체가 유동 시 속도구배와 전단응력의 관계가 쌍곡선인 유체이다.
③ 유체가 유동 시 속도구배와 전단응력의 변화가 비례하나, 원점을 통과하지 않는 직선적인 관계를 갖는 유체이다.
④ 유체가 유동 시 속도구배와 전단응력의 변화가 비례하여 원점을 통과하는 직선적인 관계를 갖는 유체이다.
⑤ 유체가 유동 시 속도구배와 전단응력의 관계가 포물선인 유체이다.

23 유동가시화에서 사용하는 유동선(flow line)은?

① 유적선 ② 유맥선
③ 유선 ④ 등압선
⑤ 등온선

24 비압축성 뉴턴유체를 수평으로 놓인 평행한 두 평판 사이에 놓고, 아래 평판을 고정시킨 상태에서 위 평판을 20m/s로 이동시키면서 힘을 측정하였다. 이때, 두 평판 사이의 거리는 2mm, 위 평판과 유체의 접촉면적은 $100cm^2$, 정상상태에서 위 평판에 가해지는 수평 방향의 힘은 200N일 때, 유체의 점도는 얼마인가?

① 0.2poise ② 2poise
③ 20poise ④ 200poise
⑤ 2000poise

25 압축률이 $0.5 \times 10^{-9}m^2/N$인 물의 체적을 3% 감소시키려면 얼마의 압력(MPa)을 가해야 하는가?

① 25 ② 30
③ 45 ④ 60
⑤ 80

26 유동의 박리(separation)현상이 일어나는 조건으로 옳은 것은?

① 압력이 증가하고, 속도가 감소하는 경우
② 압력이 감소하고, 속도가 증가하는 경우
③ 경계층 두께가 0이 되는 경우
④ 압력과 속도가 모두 감소하는 경우
⑤ 압력과 속도가 모두 증가하는 경우

27 다음 그림은 디젤사이클(Diesel cycle)의 $P-V$ 선도이다. 이때, 해당 사이클의 열효율(η)을 구하는 식으로 옳은 것은? [단, 압축비는 ε, 단절비는 σ, 비열비는 k이다]

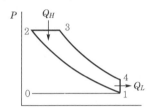

① $1-\left(\dfrac{1}{\varepsilon}\right)^{k}\dfrac{\sigma^{k}-1}{k(\sigma-1)}$

② $1-\left(\dfrac{1}{\varepsilon}\right)^{\frac{k-1}{k}}\dfrac{\sigma^{k}-1}{k(\sigma-1)}$

③ $1-\left(\dfrac{1}{\varepsilon}\right)^{k-1}\dfrac{k(\sigma-1)}{\sigma^{k}-1}$

④ $1-\left(\dfrac{1}{\varepsilon}\right)^{k-1}\dfrac{\sigma^{k}-1}{(\sigma-1)}$

⑤ $1-\left(\dfrac{1}{\varepsilon}\right)^{k-1}\dfrac{\sigma^{k}-1}{k(\sigma-1)}$

28 금속성형의 마찰과 관련된 설명으로 옳지 않은 것은?

① 모든 금속성형공정에서 마찰은 바람직하지 않다.

② 금속성형에서 마찰로 인해 성형속도가 더뎌진다.

③ 성형력과 동력이 증가한다.

④ 금형마모가 심해져 치수정밀도가 불량해진다.

⑤ 마찰과 공구마모는 열간가공에서 매우 심각하다.

29 다음 그림처럼 내부 단면적의 비가 1/3인 벤투리관이 수평으로 놓여 있다. 수평으로 위치한 두 지점 A와 B 위의 수직관에서 유체의 높이차가 10cm일 때, A지점에서 유체의 속력(m/s)은? [단, 중력가속도는 10m/s^2으로 가정하여 계산한다]

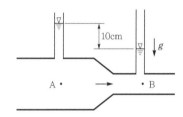

① 0.25   ② 0.5

③ 1.25   ④ 1.5

⑤ 2.0

30 어떤 상태에서 음속이 400m/s이고, 이 상태에서 날아가는 어떤 물체의 속도가 800m/s일 때, 이 물체의 마하각은?

① 15°   ② 30°

③ 45°   ④ 60°

⑤ 90°

31 다음 중 주절삭운동이 공구의 회전인 가공 방법으로 가장 적절한 것은?

① 선반가공   ② 셰이퍼가공

③ 전해연마가공   ④ 플레이너가공

⑤ 밀링가공

32 절삭가공과 관련된 설명으로 옳지 않은 것은?

① 절삭가공은 절삭날을 가진 공구를 이용하여 기계적으로 재료를 제거함으로써 원하는 형상을 얻는 가공방법이다.

② 양호한 치수정확도와 표면다듬질 정도를 갖는다.

③ 절삭가공은 공구와 공작물 사이의 상대 속도에 의해 수행된다.

④ 선삭공정은 원통면에 하나의 절삭날을 가진 공구를 회전시켜 공작물으로부터 재료를 제거한다.

⑤ 선삭공정의 절삭조건은 절삭속도, 이송 및 절삭깊이의 3가지 특징적 치수를 말한다.

33 다음 〈보기〉 중 셀주조법에 대한 설명으로 옳은 것은 모두 몇 개인가?

> ㉠ 정밀 주조법의 일종으로서 열가소성 합성수지를 배합한 규사이며 레진샌드를 주형재로서 사용하고, 이것을 가열하여 조개껍데기 모양으로 경화시켜 주형을 만드는 방법이다.
> ㉡ 주로 대형 주조에 유리하다.
> ㉢ 소모성 주형을 사용하는 주조법이다.
> ㉣ 자동화가 가능하여 대량생산에 적합하다.
> ㉤ 깨끗한 표면과 정밀도가 높은 주물을 얻을 수 있다.

① 1개 ② 2개

③ 3개 ④ 4개

⑤ 5개

34 Merchant의 2차원 절삭모델에 대한 설명으로 옳지 않은 것은?

① 마찰각이 감소하면 전단각이 증가한다.

② 전단각이 증가하면 칩의 형성에 필요한 전단력이 증가한다.

③ 경사각이 증가하면 전단각이 증가한다.

④ 전단각이 감소하면 여유각이 증가한다.

⑤ 전단각이 감소하면 가공면의 치수정밀도가 나빠진다.

35 테이블의 이동거리가 좌우 550mm, 상하 400mm, 전후 200mm인 니형 밀링머신의 호칭번호로 옳은 것은?

① 1호 ② 2호

③ 3호 ④ 4호

⑤ 5호

36 연삭가공에 대한 설명으로 옳지 않은 것은?

① 연삭가공의 비에너지(specific energy)가 전통적인 절삭가공에 비하여 높은 이유는 치수효과(size effect)로 인하여 높은 에너지 소모가 초래되기 때문이다.

② 연삭입자는 평균적으로 매우 큰 음의 경사각을 가지며, 작은 전단각과 높은 전단변형률로 인해 비에너지가 크다.

③ 연삭숫돌의 모든 입자가 연삭에 참여하지 않아 비에너지가 높다.

④ 연삭숫돌의 조직은 절삭 중 연마입자들을 지탱할 수 있는 연삭숫돌의 결합강도를 말한다.

⑤ 연삭입자의 파쇄성이란 연삭입자가 무뎌져 파쇄되고, 날카롭고 새로운 연삭날이 새로 나오는 연삭입자의 특징을 말한다.

37 다음 그림의 면심입방격자(Face-Centered Cubic)에 속하는 원자반지름이 R인 금속의 원자충전률(atomic packing factor)은?

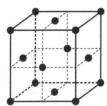

① $\dfrac{5 \times \dfrac{4}{3}\pi R^3}{(2\sqrt{2}\,R)^3}$ ② $\dfrac{4 \times \dfrac{4}{3}\pi R^3}{(2\sqrt{2}\,R)^3}$

③ $\dfrac{3 \times \dfrac{4}{3}\pi R^3}{(2\sqrt{2}\,R)^3}$ ④ $\dfrac{2 \times \dfrac{4}{3}\pi R^3}{(2\sqrt{2}\,R)^3}$

⑤ $\dfrac{1 \times \dfrac{4}{3}\pi R^3}{(2\sqrt{2}\,R)^3}$

38 전위에 대한 설명으로 옳지 않은 것은?

① 전위는 일부 원자들의 정렬이 어긋난 선결함(line defect)이다.
② 칼날전위에는 잉여의 원자면 및 반평면이 존재하며 결정 내에서 불완전한 원자결합이 되고 결정 내에서 사라진다.
③ 국부적 격자변형에 의한 뒤틀림은 전위선에서 멀어질수록 감소하고, 아주 멀어지면 사라지며 결정격자가 완전해진다.
④ 대부분의 결정재료의 탄성변형은 전위의 이동에 의해 나타난다.
⑤ 결정재료의 대부분의 전위는 칼날전위와 나선전위의 혼합형태로 존재한다.

39 피로한계와 관련된 설명으로 옳지 않은 것은?

① 피로한계는 반복하중의 사이클 수가 무한대로 증가되어도 피로파괴가 일어나지 않는 최대교변응력값을 말한다.
② 피로한계를 높이기 위해서 재료의 표면에 압축잔류응력이 발생하는 얇은 층을 만든다.
③ 철합금 및 티타늄합금에서는 피로한계가 나타나지 않는다.
④ 피로한계는 노치 등이 존재하면 감소하게 된다.
⑤ 피로파괴의 과정은 균열의 생성, 성장, 파괴의 단계를 거쳐 진행된다.

40 끼워맞춤과 관련된 설명으로 옳지 않은 것은?

① 헐거운 끼워맞춤은 구멍의 최소허용치수가 축의 최대허용치수보다 작다.
② 억지 끼워맞춤은 축의 최소허용치수가 구멍의 최대허용치수보다 크다.
③ 틈새는 구멍의 치수가 축의 치수보다 클 때, 구멍과 축과의 치수차를 말한다.
④ 죔새는 구멍의 치수가 축의 치수보다 작을 때, 축과 구멍의 치수차를 말한다.
⑤ IT등급은 정밀도와 관계가 있다.

41 다음 중 기어(gear)와 관련된 설명으로 옳지 않은 것은?

① 헬리컬기어는 스퍼기어보다 기어의 이가 부드럽게 맞물리고 이의 물림이 원활하여 소음과 진동이 적다.

② 원주피치는 피치원지름의 둘레를 잇수로 나눈 값이다.

③ 한 기어의 이 폭에서 상대 기어의 이 두께를 뺀 틈새를 피치원상에서 측정한 값은 백래시이다.

④ 헬리컬기어는 스퍼기어와 달리 반경 방향의 하중이 작용한다.

⑤ 모듈은 피치원지름을 잇수로 나눈 것으로 단위는 mm를 사용한다.

42 벨트 풀리의 원동측 지름이 200mm, 종동측 지름이 400mm인 풀리(pulley)를 사용하여 동력을 전달하는 평벨트 전동장치가 있다. 이때, 엇걸기에 필요한 벨트의 길이(mm)는 얼마인가? [단, 풀리의 축간거리는 500mm이며, 벨트의 두께 및 무게는 무시한다. 또한, $\pi = 3$으로 계산한다]

① 1,920   ② 2,080
③ 2,240   ④ 2,400
⑤ 2,840

43 레이디얼저널 베어링에서 베어링 하중이 15kN, 저널의 길이가 10cm, 저널의 지름이 5cm일 때, 베어링에 작용하는 압력(MPa)은?

① 0.03   ② 3
③ 30   ④ 0.3
⑤ 300

44 다음 중 나사(screw)와 관련된 설명으로 옳지 않은 것은?

① 리드는 나사를 1회전시켰을 때, 축방향으로 나아가는 거리를 의미한다.

② 피치는 나사에 있어서 나사산과 나사산 사이의 거리를 의미한다.

③ 나사의 자립은 외력이 작용하지 않을 경우, 나사가 저절로 풀리지 않는 상태를 말한다.

④ 한줄나사에서 나사가 저절로 풀리지 않기 위해서는 마찰계수가 리드각의 탄젠트값보다 작아야 한다.

⑤ 나사의 자립상태를 유지하는 나사의 효율은 반드시 50%보다 작아야 한다.

45 다음 〈보기〉에서 베어링과 관련된 설명으로 옳은 것만을 모두 고르면 몇 개인가?

> ㉠ 테이퍼 베어링은 스러스트 하중과 레이디얼 하중을 동시에 지지하기 위해 사용된다.
> ㉡ 베어링 수명은 동일 규격의 베어링을 여러 개 사용했을 때, 이중 90% 이상의 베어링이 피로에 의한 손상이 일어나지 않을 때까지의 총회전수나 수명을 말한다.
> ㉢ 베어링 메탈재료는 열전도율이 낮아야 한다.
> ㉣ 좀머펠트수는 베어링이 지지할 수 있는 하중을 무차원화하여 나타낸 값으로, 두 베어링의 크기가 다르다고 해도 좀머펠트수가 같으면 같은 베어링으로 취급하고 설계한다.
> ㉤ 마그네토볼 베어링은 외륜궤도면이 한쪽에 플랜지가 없고 분리형이므로 분리와 조립이 편리하다.

① 1개   ② 2개
③ 3개   ④ 4개
⑤ 5개

난이도 ●●○○○○ | 출제빈도 ★★★★☆

46 질량이 4kg인 공을 1m 길이의 줄 끝에 매달아 120rpm의 회전수로 일정하게 회전시킨다. 이때, 줄에 작용하는 구심력의 크기(N)는? [단, $\pi = 3$으로 가정하여 계산한다]

① 144 ② 288
③ 432 ④ 576
⑤ 1,152

난이도 ●●○○○○ | 출제빈도 ★★★☆☆

47 효율이 70%인 윈치로 질량 250kg인 화물을 2m/s의 속도로 올리기 위해 필요한 윈치의 소요 동력(kW)은? [단, 중력가속도는 $9.8m/s^2$이다]

① 3.43 ② 7
③ 9 ④ 11
⑤ 24

난이도 ●●○○○○ | 출제빈도 ★★★★☆

48 열흐름의 성질로 옳지 않은 것은?

① 대류는 유체의 흐름과 연관된 열흐름이다.
② 자연대류는 온도차에 의해 유발되는 부력으로 대류의 흐름이 생기는 것을 말한다.
③ 강제대류는 열전달흐름이 교반기, 펌프 등의 기계적 장치에 의하여 일어나는 것을 말한다.
④ 복사는 공간을 통해 일어나는 전자기파에 의한 에너지 전달이다.
⑤ 전도열전달은 고체 내 열전자의 이동이다.

난이도 ●●●●○○ | 출제빈도 ★★☆☆☆

49 표면적이 $2m^2$인 고체 표면의 온도가 400K이다. 이때, 복사에너지로 방사되는 에너지가 1.024kW일 때, 이 표면의 방사율은 얼마인가? [단, 스테판-볼츠만의 상수는 6×10^{-8} $W/m^2 \cdot K^4$으로 가정한다]

① 0.13 ② 0.23
③ 0.33 ④ 0.43
⑤ 0.53

난이도 ●●●○○ | 출제빈도 ★★★☆☆

50 대류열전달계수가 큰 것부터 순서대로 올바르게 나열한 것은?

① 공기의 자연대류 > 물의 강제대류 > 수증기의 응축
② 공기의 자연대류 > 수증기의 응축 > 물의 강제대류
③ 수증기이 응축 > 물의 강제대류 > 공기의 자연대류
④ 물의 강제대류 > 수증기의 응축 > 공기의 자연대류
⑤ 물의 강제대류 > 공기의 자연대류 > 수증기의 응축

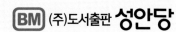

공기업 기계직 전공 대비

실제 기출문제 | 철도 및 교통공사편

기계의 진리

★ 학습의 편의를 위해 [문제편]과 [정답 및 해설편]으로 분권하여 제작했습니다.

📖 문제편

정가 : 38,000원

BM Book Multimedia Group

성안당은 선진화된 출판 및 영상교육 시스템을 구축하고
항상 연구하는 자세로 독자 앞에 다가갑니다.

13550
ISBN 978-89-315-1143-7
http://www.cyber.co.kr

공기업 기계직 전공 대비

실제 기출문제 | 철도 및 교통공사편

기계의 진리

[정답 및 해설편]

장태용 지음

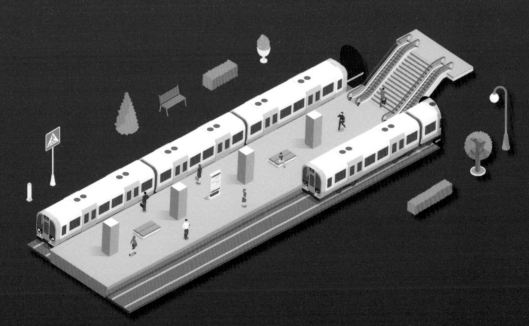

BM (주)도서출판 성안당

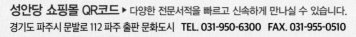
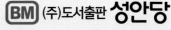

공기업 기계직 전공 대비

실제 기출문제 | 철도 및 교통공사편
기계의 진리

[정답 및 해설편]

장태용 지음

 (주)도서출판 성안당

차례

••• Truth of Machine •••

Truth of Machine

01 2020년 상반기 한국철도공사 기출문제

01	①	02	③	03	③	04	③	05	②	06	②	07	②	08	③	09	③	10	②
11	①	12	③	13	④	14	③	15	④	16	③	17	②	18	③	19	③	20	③
21	②	22	④	23	②	24	④	25	②

01

정답 ①

수명시간(L_h)	$L_h = 500 \times \dfrac{33.3}{N} \times \left(\dfrac{C}{P}\right)^r$ 여기서, N : 회전수(rpm) C : 기본동적부하용량(기본 동정격하중) P : 베어링 하중 단, 수명시간(L_h)에서 r값은 다음과 같다. • 볼베어링일 때 $r = 3$ • 롤러베어링일 때 $r = \dfrac{10}{3}$
정격수명 (수명회전수, 계산수명, L_n)	$L_n = \left(\dfrac{C}{P}\right)^r \times 10^6 \, [\text{rev}]$ 여기서, C : 기본동적부하용량(기본 동정격하중) P : 베어링 하중 ※ 기본동적부하용량(C)가 베어링 하중(P)보다 크다.

문제는 롤러베어링에 대한 것이므로 수명시간(L_h)은 다음과 같다.

$$L_h = 500 \times \frac{33.3}{N} \times \left(\frac{C}{P}\right)^{\frac{10}{3}}$$

∴ 롤러베어링의 수명은 베어링 하중(P)의 $\dfrac{10}{3}$ 제곱에 반비례함을 알 수 있다.

관련 이론

간혹 속도계수 등을 구하는 문제가 실제 시험에 출제된다.

구분	볼베어링	롤러베어링
수명시간(L_h)	$500 f_h^3$	$500 f_h^{\frac{10}{3}}$
수명계수(f_h)	$f_n\left(\dfrac{C}{P}\right)$	$f_n\left(\dfrac{C}{P}\right)$
속도계수(f_n)	$\left(\dfrac{33.3}{N}\right)^{\frac{1}{3}}$	$\left(\dfrac{33.3}{N}\right)^{\frac{3}{10}}$

02

정답 ③

[몰리에르 선도]

$P-H$ 선도 (몰리에르_냉동)	• 세로축(종축)이 "압력", 가로축(횡축)이 "엔탈피"인 선도 • 냉동기의 크기 결정, 압축기 열량 결정, 냉동능력 판단, 냉동장치 운전 상태, 냉동기의 효율 등을 파악할 수 있다.
$H-S$ 선도 (몰리에르_증기)	• 세로축(종축)이 "엔탈피", 가로축(횡축)이 "엔트로피"인 선도 • 증기 관련 해석

문제처럼 "냉동기 관련 몰리에르"라고 언급이 되어 있지 않을 경우에는 "$H-S$ 선도"를 답으로 선택하면 된다. 보기에 $P-H$ 선도가 없으면 답을 고르기 훨씬 수월할 것이다.

03

정답 ③

[여러 조직의 종류와 성질]

탄소강의 기본 조직	페라이트(F), 펄라이트(P), 시멘타이트(C), 오스테나이트(A), 레데뷰라이트(L)
여러 조직의 냉각속도 순서	마텐자이트(M) 또는 잔류 오스테나이트(A) > 트루스타이트(T) 또는 잔류 오스테나이트(A)>소르바이트(S) > 펄라이트(P)
여러 조직의 경도 순서	시멘타이트(C) > 마텐자이트(M) > 트루스타이트(T) > 베이나이트(B) > 소르바이트(S) > 펄라이트(P) > 오스테나이트(A) > 페라이트(F) → 암기법 : 시멘트 부셔! 시..ㅂ.. 팔 아파..
담금질 조직 경도 순서	마텐자이트(M) > 트루스타이트(T) > 소르바이트(S) > 오스테나이트(A)
담금질에 따른 용적(체적) 변화가 큰 순서	마텐자이트(M) > 소르바이트(S) > 트루스타이트(T) > 펄라이트(P) > 오스테나이트(A) 즉, 펄라이트량이 많을수록 팽창량이 작아진다.

04

정답 ③

풀이 1

물방울의 표면장력(σ) $= \dfrac{\triangle PD}{4} = \dfrac{\triangle PR}{2} \rightarrow \triangle P = \dfrac{2\sigma}{R}$

비눗방울의 표면장력(σ) $= \dfrac{\triangle PD}{8} = \dfrac{\triangle PR}{4} \rightarrow \triangle P = \dfrac{4\sigma}{R}$

일(W)은 '힘(F)×거리'이므로 다음과 같이 표현된다. 팽창되는 동안 이동한 거리는 dR이다.

$dW = \triangle PA(dR) = \triangle P(4\pi R^2)dR$ [A는 구의 면적$=4\pi R^2$]

$\qquad = \dfrac{4\sigma}{R}(4\pi R^2)dR = 16\pi\sigma RdR$

양변을 적분한다. 적분구간은 반지름이 10cm에서 30cm로 팽창할 때까지로 잡는다. 그 이유는 10cm에서 30cm로 팽창하는 동안 필요한 일을 구하는 것이기 때문이다.

$$\int dW = 16\pi\sigma \int_{R_1}^{R_2} R\,dR$$

$$W = 16\pi\sigma\left[\frac{1}{2}R^2\right]_{R_1}^{R^2} = 16\pi\sigma\left(\frac{1}{2}R_2^2 - \frac{1}{2}R_1^2\right) = 8\pi\sigma(R_2^2 - R_1^2)$$

$$W = 8\pi\sigma(R_2^2 - R_1^2) = 8\times3\times0.4\text{dyne/cm}\times(30^2 - 10^2)$$

단, 1dyne＝10^{-5}N이다. 따라서 단위를 N으로 변환시켜야 한다. 문제에서 일(J)을 구하라고 했기 때문이다. J＝N・m이므로 N(뉴턴)이 포함된 단위로 변환시켜줘야 한다.

$$W = 8\times3\times0.4\times10^{-5}\text{N/cm}\times(30^2 - 10^2) = 0.0768\text{N}\cdot\text{cm}$$

$$W = 0.0768\text{N}\cdot\text{cm} = 0.0768\text{N}\times0.01\text{m} = 0.000768\text{N}\cdot\text{m}$$

$$\therefore\ W = 0.000768\text{N}\cdot\text{m} = 0.000768\text{J}$$

※ 1dyne은 1g의 질량을 1cm/s^{2}의 가속도로 움직이게 하는 힘으로 정의된다.

※ 물방울의 경우는 $\triangle P = \dfrac{2\sigma}{R}$ 을 대입하여 동일한 방법으로 계산하면 된다.

풀이 2

물방울의 표면장력$(\sigma) = \dfrac{\triangle PD}{4} = \dfrac{\triangle PR}{2} \rightarrow \triangle P = \dfrac{2\sigma}{R}$

비눗방울의 표면장력$(\sigma) = \dfrac{\triangle PD}{8} = \dfrac{\triangle PR}{4} \rightarrow \triangle P = \dfrac{4\sigma}{R}$

구의 구피$(V) = \dfrac{4}{3}\pi R^0$ (비눗방울은 구 형성)

$$V = \frac{4}{3}\pi R^3 \ \underline{\text{양변을 } R(\text{반지름})\text{에 대해서 미분}}\ \frac{dV}{dR} = 4\pi R^2$$

$$\therefore\ dV = 4\pi R^2\,dR \ (\text{아래에 대입할 것이다})$$

$$W(\text{일}) = \int P\,dV = \int \frac{4\sigma}{R}\,dV = \int \frac{4\sigma}{R}4\pi R^2\,dR = \int_{R_1}^{R_2}16\pi\sigma R\,dR = 16\pi\sigma\int_{R_1}^{R_2}R\,dR$$

$$= 16\pi\sigma\left[\frac{1}{2}R^2\right]_{R_1}^{R^2} = 16\pi\sigma\left(\frac{1}{2}R_2^2 - \frac{1}{2}R_1^2\right) = 8\pi\sigma(R_2^2 - R_1^2)$$

$$= 8\times3\times0.4\text{dyne/cm}\times(30^2 - 10^2)$$

(풀이 1과 동일한 값이 나옴을 알 수 있다)

필수참고

[표면장력의 단위]

SI 단위	CGS 단위
N/m＝J/m^2＝kg/s^2 [1J＝1N・m, 1N＝kg・m/s^2]	dyne/cm [1dyne＝1g・cm/s^2＝10^{-5}N]

1dyne	1g의 물체를 $1cm/s^2$의 가속도로 움직이게 하는 힘으로 정의된다. [$1dyne = 1g \cdot cm/s^2 = 10^{-5}N$]
1erg	1dyne(다인)의 힘이 그 힘의 방향으로 물체를 1cm 움직이는 일로 정의된다. [$1erg = 1dyne \cdot cm = 10^{-7}J$]

1erg의 단위와 관련되어 물어보는 문제가 2019년 인천국제공항공사에서 출제된 바가 있다. 꼭 알아야 하는 개념이므로 해당 단위개념까지 숙지바란다.

05
정답 ②

[뉴턴의 점성법칙]

$$\tau = \mu \frac{du}{dy} = \mu \times \frac{500y - (4.5 \times 10^{-6})y^3}{dy} = \mu \times [500 - 3(4.5 \times 10^{-6})y^2]$$

벽면에서의 전단응력이므로 $y = 0$이다. 위 식의 y에 0을 대입하면

$$\therefore \tau = \mu \times 500 = 4 \times 10^{-3} \times 500 = 2Pa$$

06
정답 ②

[주철의 종류]

반주철	함유된 탄소 일부가 유리흑연으로 존재하며 나머지는 화합탄소(시멘타이트, Fe_3C)로 존재하는 주철이다. 즉, 회주철과 백주철의 중간 성질을 가진 주철이다.
가단주철	보통 주철의 여리고 약한 인성을 개선시키기 위해 백주철을 장시간 풀림 처리하여 탄소의 상태를 분해시키고 소실시켜 인성과 연성을 증가시킨 주철이다. 인장강도는 $30 \sim 40kgf/mm^2$이다.
칠드주철	금형에 접촉한 부분만 급랭에 의해 경화된 주철로, 냉경주철이라고도 불린다.
합금주철	주철에 특수한 성질을 주기 위해 특수원소를 첨가한 주철이다.

암기 주철의 인장강도

보통주철	고급주철	흑심가단주철	백심가단주철	구상흑연주철
$10 \sim 20kgf/mm^2$	$25kgf/mm^2$ 이상	$35kgf/mm^2$	$36kgf/mm^2$	$50 \sim 70kgf/mm^2$

주철의 인장강도 순서

구상흑연주철 > 펄라이트 가단주철 > 백심 가단주철 > 흑심 가단주철 > 미하나이트 주철 > 합금 주철 > 고급 주철 > 보통 주철

※ **암기법** : (구)(포)역에서 (백)인과 (흑)인이 (미)친 듯이 (합)창하고 있다. (고)(통)이다.

주철의 인장강도 순서를 물어보는 문제 및 고급주철의 인장강도 범위를 물어보는 문제 등이 실제 공기업에서 기출된 적이 있다.

07

[전도]

$$Q = kA\frac{dT}{dx}$$

[여기서, k : 열전도율(J/m·h·℃), A : 전열면적, dx : 판의 두께, dT : 온도차]

$$1,000 = 2.5 \times 4 \times \frac{T_1 - 100}{0.02}$$

$$\therefore T_1 = 102℃$$

08

[단순응력 상태(하중의 종류가 1개만 작용하고 있을 때를 말한다)]

다음 그림은 인장하중 P가 작용하는 봉의 경사 단면 A–B에 발생하는 수직응력과 전단응력의 상태를 도시한 것이다.

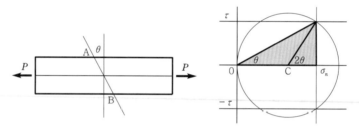

우측 그림의 모어원에서 음영된 직각삼각형을 이용하여 경사각 θ를 구한다.

직각삼각형에서 $\tan\theta = \dfrac{\tau}{\sigma_n}$이며, 문제에서 임의의 경사 단면에 발생하는 수직응력(σ_n)과 전단응력(τ)의 크기가 동일하다고 나왔으므로 $\tan\theta = \dfrac{\tau}{\sigma_n} = 1$이 된다. 즉, $\tan\theta = 1$이므로 θ는 45°가 된다.

	0°	30°	45°	60°	90°
$\sin\theta$	0	$\dfrac{1}{2}$	$\dfrac{\sqrt{2}}{2}$	$\dfrac{\sqrt{3}}{2}$	1
$\cos\theta$	1	$\dfrac{\sqrt{3}}{2}$	$\dfrac{\sqrt{2}}{2}$	$\dfrac{1}{2}$	0
$\tan\theta\left(=\dfrac{\sin\theta}{\cos\theta}\right)$	0	$\dfrac{1}{\sqrt{3}}$	1	$\sqrt{3}$	∞

※ 위 표는 기본으로 알고 있어야 한다. 간혹 이 자체로 시험에 나오기도 한다.

09

정답 ③

단열 과정은 외부와 열 출입이 없으므로 $\delta Q = 0$이고, 엔트로피 변화량($\triangle S$)은 $\triangle S = \dfrac{\delta Q}{T}$이므로 단열 과정에서의 엔트로피 변화량은 $\triangle S = \dfrac{\delta Q}{T} = \dfrac{0}{T} = 0$이 된다. 즉, 엔트로피 변화량은 0이며 이에 따라 단열과정에서 등엔트로피 변화(엔트로피가 변하지 않음)가 일어난다는 것을 알 수 있다.

10

정답 ②

$$\text{속도비}(i) = \frac{N_2}{N_1} = \frac{D_1}{D_2} = \frac{Z_1}{Z_2} \rightarrow \frac{1}{3} = \frac{Z_1}{Z_2} = \frac{30}{Z_2} \quad \therefore Z_2 = 90\text{개}$$

$$C = \frac{D_1 + D_2}{2}\text{이고, } D = mZ\text{이므로}$$

$$\therefore \ C = \frac{m(Z_1 + Z_2)}{2} = \frac{3(30 + 90)}{2} = 180$$

11

정답 ①

$$W = \tau A = \tau(2al) = \tau[2h(\cos 45°)l] = \tau\, 2h\frac{\sqrt{2}}{2}l = \tau hl\,\sqrt{2}$$
$$= 50\text{MPa} \times 20\text{mm} \times 180\text{mm} \times \sqrt{2} = 180,000\,\sqrt{2}\,\text{N} = 180\,\sqrt{2}\,\text{kN}$$

12

정답 ③

[합금의 종류]

콘스탄탄	구리(Cu)−니켈(Ni) 40~50% 합금으로, 온도계수가 작고 전기저항이 커서 전기저항선이나 열전대의 재료로 많이 사용된다.
실루민 (알팩스)	알루미늄(Al)−규소(Si)계 합금으로, 소량의 망간(Mn)과 마그네슘(Mg)이 첨가되기도 한다. 주조성이 양호한 편이고 공정반응이 나타나며 시효경화성은 없다. 그리고 절삭성이 불량한 특징을 가지고 있다.
톰백	구리(Cu)−아연(Zn) 5~20% 합금으로, 강도가 낮지만 전연성이 우수하여 금 대용품, 화폐, 메달에 사용되며 황금색을 띤다.
켈밋	구리(Cu)에 납(Pb)이 30~40% 함유된 합금으로, 고속·고하중의 베어링용 재료로 사용된다. 켈밋 합금에는 주로 편정반응이 나타난다.

13

정답 ④

$$\triangle S_{\text{총합}} = \triangle S_{\text{현열구간}} + \triangle S_{\text{잠열구간}}$$

즉, 현열구간(상변화는 없고 온도 변화만 있는 구간)과 잠열구간(온도변화는 없고 오직 상변화만 있는 구간)에서의 엔트로피 변화량을 각각 구하여 더하면 총 엔트로피 변화량($\triangle S_{\text{총합}}$)을 구할 수 있다.

㉠ $\triangle S_{현열구간}$ = 1.36kJ/K

㉡ $\triangle S_{잠열구간}$: 물에서 증기로 변하는 상변화(상태 변화)에만 오로지 필요한 열은 증발잠열이며 그 값은 539kcal/kg이다. 즉, 100℃의 물 1kg이 100℃의 증기로 상변화하는 데 필요한 증발잠열은 539kcal 이다. [필수 암기 사항]

※ 문제에서 kJ이므로 단위를 바꿔야 한다. 1kcal = 4,180J = 4.18kJ이므로 539kcal = 2,253,020J = 2,253kJ이 된다. 상태변화(상변화) 시 온도는 100℃이므로 절대온도로 환산하면 373K이 된다.

$$\therefore \triangle S_{잠열구간} = \frac{\delta Q}{T} = \frac{2,253\text{kJ}}{373\text{K}} = 6.04\text{kJ/K}\text{이므로}$$

$$\therefore \triangle S_{총합} = \triangle S_{현열구간} + \triangle S_{잠열구간} = 1.36 + 6.04 = 7.4\text{kJ/K}$$

14

정답 ③

층류유동일 때, 수평 원관의 관 벽에서의 전단응력($\tau_{\max}$) $= \dfrac{\triangle P d}{4l}$

[여기서, $\tau_{\max}$: 최대전단응력, $\triangle P$: 압력손실, d : 관의 직경, L : 관의 길이]

$$\tau_{\max} \geq \tau_{허용} = \frac{\triangle P d}{4L} \rightarrow 100 = \frac{\triangle P \times 0.1}{4 \times 20}$$

$$\therefore \triangle P = 80,000\text{Pa} = 80\text{kPa}$$

주의 문제에 관의 반경이 주어져 있으므로 직경으로 바꾸어 수치를 대입해야 한다. 수험생들이 가장 많이 하는 실수이므로 문제에 주어진 것이 반지름(반경)인지 지름(직경)인지 꼼꼼히 확인하여 풀어야 한다.

15

정답 ④

[주철의 조직에 미치는 원소의 영향]

인 (P)	• 강도 및 경도를 증가시킨다. 너무 많이 첨가되면 단단해지지만 균열이 생기기 쉽다. • 주물의 수축을 작게 한다. • 주철의 용융점을 낮게 하고, 쇳물의 유동성을 좋게 하여 주물 표면을 청정하게 한다. • 스테다이트(steadite, Fe[Ferrite]+Fe$_3$C+Fe$_3$CP의 3원 공정 조직)를 형성하여 경도를 높이고, 재질을 여리게 한다.
탄소 (C)	• 탄소가 많을수록 단단해져 강도 및 경도가 증가하고 취성이 커진다. • 탄소는 시멘타이트와 흑연상태로 존재한다. 냉각속도가 느릴수록 흑연화가 쉬우며 규소가 많을수록 흑연화를 촉진시키고 망간이 적을수록 흑연화 방지가 덜 되기 때문에 흑연의 양이 많아진다. • 탄소함유량이 증가할수록 용융점이 감소하여 액체 상태로 녹이기 용이하기 때문에 주형(틀)에 부어 흘려 보내기 쉬워진다. 즉, 유동성이 증가하므로 주조성이 좋아진다.
규소 (Si)	• 주철에 있어 탄소 다음으로 중요한 성분이다. • 일반적으로 금속은 용해 후 응고하면 부피가 줄어들지만, 흑연이 발생하면 부피가 팽창한다. 따라서, 규소를 첨가하면 흑연의 발생을 촉진하므로 규소를 첨가한 주철은 응고 수축이 적어져서 주조하기 쉬워진다. • 조직상 탄소를 첨가하는 것과 같은 효과를 낼 수 있다. • 주물 두께에 영향을 준다.

망간 (Mn)	• 망간은 황과 반응하여 황화망간(MnS)이 되어 황의 해를 제거하며, 망간이 1% 이상 함유되면 주 　철을 강하고 단단하게 만들어 절삭성을 저하시킨다. • 함유량이 증가하면 수축률이 커지므로 1.5%를 넘어서는 안된다. • 흑연화를 방지하고 조직을 치밀하게 하여 강도, 경도 등을 증가시킨다. • 적당한 양의 망간을 함유하면 내열성을 크게 할 수 있다. • 고온에서 결정립 성장을 억제하며, 인장강도 증가, 고온가공성 증가, 담금질 효과를 개선한다.
황 (S)	• 유동성을 나쁘게 하며 그에 따라 주조성을 저하시킨다. • 흑연의 생성을 방해하고 적열취성을 일으킨다. 즉, 강도가 현저히 감소된다. • 절삭성을 향상시킨다.
흑연화촉진제	니켈(Ni), 티타늄(Ti), 코발트(Co), 인(P), 알루미늄(Al), 규소(Si)
흑연화방지제	몰리브덴(Mo), 황(S), 크롬(Cr), 바나듐(V), 망간(Mn), 텅스텐(W)

16

정답 ③

W(와트)는 J/s이다. 따라서 400W 전열기로 30분(1,800초)동안 가열했을 때, 투입(공급)된 열량(Q)은 400W×1,800s=400J/s×1,800s=720,000J=720kJ이다.

20℃의 물을 100℃로 가열하기 위해 필요한 현열(상의 변화에는 영향을 주지 않고 실제 온도만을 높이는 데 쓰이는 열) $Q=cm\triangle T$이다.

[여기서, 단, Q : 열량, c : 비열, m : 질량, $\triangle T$: 온도변화]

물의 경우는 1L=1kg으로 가정하므로 물 0.5L=0.5kg이고 물의 비열(c)은 4,180J/kg℃이다.

$\therefore Q=cm\triangle T=4,180\text{J/kg℃}\times0.5\text{kg}\times[100\text{℃}-20\text{℃}]=167,200\text{J}=167.2\text{kJ}$

상의 변화에는 영향을 주지 않고 실제 온도만을 높이는 데 쓰이는 열이 167.2kJ이고 전열기에 의해 공급된 열이 720kJ이다. 즉, 실제 공급된 열이 720kJ인데 실제 쓰인 열이 167.2kJ이므로 열손실은 720-167.2≒553kJ이 된다.

17

정답 ②

[최대 굽힘모멘트(M_{max})와 굽힘응력(σ)의 관계]

$M_{max}=\sigma Z$ [여기서, M_{max} : 최대 굽힘모멘트, σ : 굽힘응력, Z : 단면계수]

㉠ 보의 단면이 폭이 b, 높이가 h인 직사각형이므로 단면계수 $Z=\dfrac{bh^2}{6}$이다.

㉡ 최대 굽힘모멘트(M_{max})는 고정단에서 발생하게 된다. 작용하중(P)으로부터 가장 멀리 떨어져 있기 때문이다. 모멘트는 "힘×거리"이므로 고정단에서의 최대 굽힘모멘트 $M_{max}=PL$이 된다[여기서, L : 하중이 작용하는 위치에서 고정단까지의 거리].

㉢ $M_{max}=\sigma Z\rightarrow PL=\sigma\dfrac{bh^2}{6}$이 된다.

보에 작용하는 굽힘응력(σ)이 일정하고 보의 길이(L)도 일정하기 때문에 작용하는 하중(P)은 "단면계수(Z)$=\dfrac{bh^2}{6}$"에 비례하며, $\dfrac{1}{6}$도 고정된 상수값이므로 무시해도 된다.

$\therefore P\propto bh^2$

- 초기 상황일 때의 하중 : $P_1 = bh^2 = 10 \times 5^2 = 250$
- 폭과 높이의 크기를 서로 바꿨을 때의 하중 : $P_2 = bh^2 = 5 \times 10^2 = 500$

∴ 폭과 높이의 크기를 서로 바꿨을 때 하중의 크기는 초기 하중의 2배가 됨을 알 수 있다.

　[단순히 몇 배인지를 물어봤기 때문에 하중(P)이 어떤 값에 비례하는지만 파악하면 된다.]

18
정답 ③

- 양단고정보의 중심에 집중하중이 작용했을 때의 최대 처짐량(δ_{max})$= \dfrac{PL^3}{192EI}$

- 단순지지보의 중심에 집중하중이 작용했을 때의 최대 처짐량(δ_{max})$= \dfrac{PL^3}{48EI}$

단순지지보의 중심에 집중하중이 작용했을 때의 최대 처짐량이 양단고정보의 경우보다 4배가 크다.

∴ $5\text{cm} \times 4 = 20\text{cm}$

19
정답 ③

[유체]

- 액체나 기체와 같이 흐를 수 있는 물질을 유체라고 한다.

　예 공기, 물, 수증기 등(유체는 액체랑 기체를 모두 포함)

- 일정한 모양이 없고, 담는 용기의 모양에 따라 달라진다.
- 고체에 비해 변형하기 쉽고 사유로이 흐르는 특성을 지닌다.
- 유체의 어느 부분에 힘을 가하면 유체 전체가 움직이지 않고 힘을 받은 유체층만 움직인다.
- 아무리 작은 전단력이라도 저항하지 못하고 연속적으로 변형하는 물질

　Q. "유체는 온도가 증가하면 점성이 감소한다."
　A. 위 표현은 옳지 못한 표현이다. 이유는 다음과 같다.
　　기체는 온도가 증가하면 분자의 운동이 활발해져 서로 분자끼리 충돌하면서 운동량을 교환하여 점성이 증가한다. 하지만 액체는 온도가 증가하면 응집력이 감소하여 점성이 감소한다. 유체는 기체와 액체 둘 다를 의미하기 때문에 점성의 증감을 확정지을 수 없다. 따라서 옳지 못한 표현이다.

주의 해당 문제는 공기업에서 가장 많이 출제되는 유체의 기본정의에 대한 문제이다.
　2019년 한국가스안전공사, 2020년 인천교통공사 등 다수 공기업에서 기출된 바 있다.

20
정답 ③

$T_e = 1.5\text{kN}$이며, $T_t = 2\,T_s$이다.

[여기서, T_e : 유효장력, T_t : 긴장측 장력, T_s : 이완측 장력]

$T_e = T_t - T_s$이므로 $T_e = 2T_s - T_s = T_s$가 된다.

즉, $T_s = 1.5\text{kN}$이고, 이것의 2배인 $T_t = 3.0\text{kN}$이 된다.

$\sigma_a = \dfrac{T_t}{bt\eta}$ [여기서, σ_a : 허용인장응력, b : 벨트의 폭, t : 벨트의 두께, η : 이음 효율]

$$5 = \frac{3,000}{b \times 10 \times 0.8}$$

$$\therefore b = 75\text{mm}$$

21

[지름이 d인 원형 단면의 도심에 관한 단면 성질]

단면 2차 모멘트	극관성모멘트 (극단면 2차 모멘트)	단면계수	극단면계수
$I_x = I_y = \dfrac{\pi d^4}{64}$	$I_p = I_x + I_y = \dfrac{\pi d^4}{32}$	$Z = \dfrac{\pi d^3}{32}$	$Z_p = \dfrac{\pi d^3}{16}$

극관성모멘트(단면 2차 극모멘트, I_p)란 비틀림에 저항하는 성질로 돌림힘이 작용하는 물체의 비틀림을 계산하기 위해 필요한 단면 성질이다. 이 값이 클수록 같은 돌림힘이 작용했을 때 비틀림은 작아진다. $I_P = I_x + I_y$ (단위는 m^4, mm^4 등으로 표현된다)

[여기서, I_x : x축에 대한 단면 2차 모멘트, I_y : y축에 대한 단면 2차 모멘트]

풀이

극관성모멘트(I_p) $= \dfrac{\pi d^4}{32} = \dfrac{3 \times 2^4}{32} = \dfrac{48}{32} = 1.5\text{cm}^4$

22

정답 ④

[기어의 모양별 분류]

두 축이 평행한 것	두 축이 교차한 것	두 축이 평행하지도 교차하지도 않은 엇갈린 것
스퍼기어(평기어), 헬리컬기어, 더블헬리컬기어(헤링본기어), 내접기어, 랙과 피니언 등	베벨기어, 마이터기어, 크라운기어, 스파이럴 베벨기어 등	스크류기어(나사기어), 하이포이드기어, 웜기어 등

23

정답 ②

압력수두	$\dfrac{P}{\gamma}$ [여기서, P : 압력, γ : 비중량]
속도수두	$\dfrac{V^2}{2g}$ [여기서, V : 속도, g : 중력가속도]

풀이

압력$(P) = 980\text{kPa} = 980,000\text{Pa}$, 물의 비중량$(\gamma) = 9,800\text{N/m}^3$이므로 표의 압력수두 식에 대입하면

$$\therefore \ \text{압력수두} = \frac{P}{\gamma} = \frac{980,000}{9,800} = 100\text{m}$$

24

정답 ④

탄소(C)는 철(Fe)의 원자 배열 구조의 빈 공간에 침입·고용된다. 이때 탄소함유량이 증가할수록 빈 공간은 점점 채워지고, 이에 따라 탄소가 침입·고용될 수 있는 빈 공간이 점점 사라지게 된다. 더 이상 탄소가 침입·고용될 수 없게 되면 탄소는 철과 결합하여 시멘타이트(Fe_3C)라는 조직을 형성하게 된다. 따라서 탄소함유량이 증가할수록 형성되는 시멘타이트(Fe_3C)의 양은 증가하게 된다.

25

정답 ②

[키(key)에 작용하는 응력]

축 회전에 따른 키의 전단응력$(\tau_k) = \dfrac{W}{A} = \dfrac{W}{bl} = \dfrac{\dfrac{2T}{d}}{bl} = \dfrac{2T}{bld}$

키 홈 측면의 압축응력$(\sigma_c) = \dfrac{W}{A} = \dfrac{W}{tl}$ (만약, $t = \dfrac{h}{2}$ 일 경우) $\rightarrow \dfrac{\dfrac{2T}{d}}{\dfrac{hl}{2}} = \dfrac{4T}{hld}$

$\dfrac{\tau_k}{\sigma_c} = \dfrac{1}{2}$ 이므로 $\dfrac{\dfrac{2T}{bld}}{\dfrac{4T}{hld}} = \dfrac{1}{2}$

$\therefore \ h = b$

02 2020년 하반기 한국철도공사 기출문제

01	③	02	⑤	03	③	04	③	05	③	06	①	07	④	08	④	09	④	10	⑤
11	②	12	⑤	13	④	14	③	15	③	16	⑤	17	④	18	①	19	⑤	20	②
21	③	22	⑤	23	①	24	⑤	25	②										

01

정답 ③

[부력의 크기]

부력의 크기는 물체의 잠긴 부피에 해당하는 유체(물)의 무게와 같다. 따라서 물체가 물속에 완전히 잠겨 있을 때, 물체에 수직상방향으로 작용하는 부력의 크기는 다음과 같이 구할 수 있다(단, 물속에 물체가 완전히 잠겨있으므로 물체의 잠긴 부피는 물체의 전체 부피이다).

F_B(부력)$=\gamma V$ [여기서, γ : 물(액체)의 비중량, V : 잠긴 부피]

물체(부표)의 형상이 "구"이므로 구의 부피를 알아야 한다.

반지름이 r인 구의 부피$=\dfrac{4}{3}\pi r^3$

F_B(부력)$=\gamma V=9{,}800\,\mathrm{N/m^3}\times\dfrac{4}{3}\pi(0.5)^3\mathrm{m^3}\fallingdotseq 5{,}128\mathrm{N}$

[힘의 평형방정식 활용]

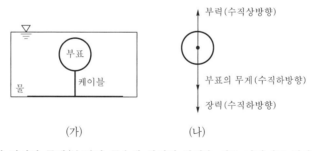

부력(수직상방향)

부표

부표의 무게(수직하방향)

케이블

장력(수직하방향)

물

(가)   (나)

(가) 그림은 수면이 깊어져 물체(부표)가 물속에 완전히 잠겼을 때를 나타내고 있다.

(나) 그림은 물체(부표)에 작용하는 힘의 상태를 도시한 것이다.

㉠ 부표의 무게(mg)는 중력에 의한 것이므로 아래 방향으로 작용한다.

㉡ 부력(F_B)은 물체에 수직상방향으로 작용하는 힘이므로 위로 작용한다.

㉢ 장력(T)은 물체에 대해 수직하방향으로 작용하는 힘이므로 아래 방향으로 작용한다.

이를 활용하여 힘의 평형방정식을 세우면 다음과 같다[단, 위로 작용하는 힘은 (+), 아래로 작용하는 힘은 (−)로 간주한다].

• 부표는 물에 완전히 잠겨 정지해있기 때문에 부표에 작용하고 있는 모든 힘의 합력(알짜힘)이 0이 된다.

※ 알짜힘(물체에 작용하는 모든 힘의 합력) : 물체의 실제 운동 상태를 바꾸는 힘

$\sum F = 0 \rightarrow$ 부력−부표 무게−장력 = 0

부표의 무게(mg)는 5kN = 5,000N

부력의 크기(F_B)는 약 5,128N

장력(T)은 우리가 구해야 할 미지수

따라서 5,128N−5,000N−T = 0이 되므로

$\therefore T = 128$N

관련 이론

양성부력	부력>중력에 의한 물체 무게 (물체가 점점 뜬다)
중성부력	부력=중력에 의한 물체 무게 (물체가 수면에 떠있는 상태)
음성부력	부력<중력에 의한 물체 무게 (물체가 점점 가라앉는다)

실제 2020 하반기 한국철도공사 전공필기시험에서는 π값을 3.14가 아닌 계산기로 입력하여 계산된 값으로 계산했어야 했다. 계산기로 계산된 값이 보기에 그대로 있었기 때문에 손으로는 계산이 거의 불가능한 문제였다. 따라서 계산하기 쉽게 문제 보기를 변형하여 출제했다.

02

정답 ⑤

[연직방향 등가속도(a_y) 운동을 받는 유체]

$$P_2 - P_1 = \triangle P = \gamma h \left(1 + \frac{a_y}{g}\right) = 9,800\text{N/m}^3 \times 1\text{m} \times \left(1 + \frac{4.9\text{m/s}^2}{9.8\text{m/s}^2}\right) = 14.7\text{kPa}$$

[여기서, γ : 물의 비중량, h : 물의 깊이]

수조 바닥의 면적(가로×세로)은 가로 2m, 세로 2m이므로 4m²가 된다. 따라서, 수조 바닥에 작용하는 힘의 크기(F)는 다음과 같이 계산될 수 있다.

$F = \triangle PA = 14.7\text{kPa} \times 4\text{m}^2 = 58.8\text{kN}$ ($\because$ kPa = kN/m²)

관련이론

㉠ 수평 등가속도(a_x) 운동을 받는 유체

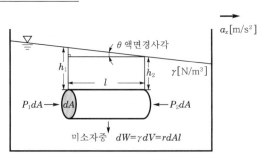

$$\sum F = dma_x \rightarrow P_1dA - P_2dA = \frac{dW}{g}a_x$$

오른쪽으로 작용하는 방향을 (+)로 왼쪽으로 작용하는 방향을 (−)로 본다. 수평 등가속도 a_x가 오른쪽으로 작용하기 때문에 물체가 오른쪽으로 이동하기 때문이다.

$V = dAl$ (부피 V는 원기둥의 단면적과 길이의 곱이므로)

$\rightarrow (P_1 - P_2)dA = \dfrac{\gamma dAl}{g}a_x \rightarrow P_1 - P_2 = \dfrac{\gamma l}{g}a_x$

단, $P_1 = \gamma h_1$(h_1 깊이에 작용하는 압력), $P_2 = \gamma h_2$(h_2 깊이에 작용하는 압력)

$\rightarrow \gamma h_1 - \gamma h_2 = \dfrac{\gamma l}{g}a_x \rightarrow h_1 - h_2 = \dfrac{l}{g}a_x$

$\rightarrow \dfrac{h_1 - h_2}{l} = \dfrac{a_x}{g} \rightarrow \therefore \dfrac{\triangle h}{l} = \dfrac{a_x}{g} = \tan\theta$

(위 그림의 액면경사각 θ를 가지고 있는 직각삼각형에서 $\tan\theta = \dfrac{h_1 - h_2}{l}$ 이다)

★ 등가속도를 받는 유체는 정지되어 있는 상태에서 받는 전압력에 의한 압력과 가속도에 의한 추가적인 압력을 둘 다 받는다.

ⓛ 연직 방향 등가속도(a_y) 운동을 받는 유체

$\sum F = dma_y \rightarrow P_2 dA - P_1 dA - \gamma dAh = \dfrac{dW}{g}a_y$

위로 작용하는 방향을 (+)로, 아래로 작용하는 방향을 (−)로 본다.

$(P_2 - P_1)dA = \gamma dAh + \dfrac{\gamma dAh}{g}a_y$

$P_2 - P_1 = \gamma h + \dfrac{\gamma h}{g}a_y$

$\therefore P_2 - P_1 = \gamma h\left(1 + \dfrac{a_y}{g}\right)$

$a_y = 0$일 때	$P_2 - P_1 = \gamma h\left(1 + \dfrac{0}{g}\right) = \gamma h$
자유낙하일 때	$a_y = -g = -9.8 m/s^2$ $P_2 - P_1 = \gamma h\left(1 + \dfrac{-g}{g}\right) = 0$ $\therefore P_1 = P_2$

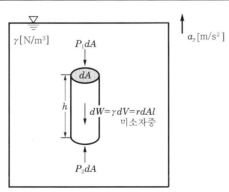

03

$$a_y = \frac{\partial v}{\partial t} + u\frac{\partial v}{\partial x} + v\frac{\partial v}{\partial y} + w\frac{\partial v}{\partial z}$$

$$= \frac{\partial(-20xy)}{\partial t} + (20y^2)\left[\frac{\partial(-20xy)}{\partial x}\right] + (-20xy)\left[\frac{\partial(-20xy)}{\partial y}\right] + (0)\left[\frac{\partial(-20xy)}{dz}\right]$$

$$= 0 + (20y^2)(-20y) + (-20xy)(-20x) + (0)(0) = -400y^3 + 400x^2y$$

$(x, y, z) = (1, -1, 2)$ 지점에서의 y방향 가속도를 구하라고 했으므로 $x=1$, $y=-1$, $z=2$를 대입한다.

$$\therefore a_y = -400y^3 + 400x^2y = -400(-1)^3 + 400(1)^2(-1) = +400 - 400 = 0$$

관련이론

[3차원 유동장에서 유체의 한 점에서의 가속도]

a_x	a_y	a_z
$\frac{\partial u}{\partial t} + u\frac{\partial u}{\partial x} + v\frac{\partial u}{\partial y} + w\frac{\partial u}{\partial z}$	$\frac{\partial v}{\partial t} + u\frac{\partial v}{\partial x} + v\frac{\partial v}{\partial y} + w\frac{\partial v}{\partial z}$	$\frac{\partial w}{\partial t} + u\frac{\partial w}{\partial x} + v\frac{\partial w}{\partial y} + w\frac{\partial w}{\partial z}$

04

• 상임계 레이놀즈수(Re) : 층류에서 난류로 바뀔 때의 값으로 문제에서 4,000
• 하임계 레이놀즈수(Re) : 난류에서 층류로 바뀔 때의 값으로 문제에서 2,000

층류로 흐르기 위한 흐름의 최대 속도는 난류에서 층류로 바뀔 때의 값인 하임계 레이놀즈수 값으로 도출하면 된다. 그 이유는 레이놀즈수와 흐름의 속도(V)는 다음 식처럼 비례 관계이고 흐름이 층류로 존재할 수 있는 레이놀즈수의 최댓값이 하임계 레이놀즈수이기 때문이다. 즉, 레이놀즈수 2,000에서 정확히 층류로 변하여 흐르기 때문에 그때의 속도가 최대 속도이다.

• 레이놀즈수(Re) $= \dfrac{Vd}{\nu}$ [여기서, V : 흐름의 속도, ν : 동점성계수, d : 관의 지름]

$$2,000 = \frac{V \times 0.15 \text{ m}}{6 \times 10^{-4} \text{m}^2/\text{s}} \rightarrow \therefore V = \frac{2,000 \times 6 \times 10^{-4}}{0.15} = 8\text{m/s}$$

05

[엔탈피, 내부에너지, 유동에너지의 관계]

$H = U + PV$ [여기서, H : 엔탈피, U : 내부에너지, PV : 유동에너지(유동일)]

위 식에서 이상기체이므로 이상기체 상태 방정식($PV = mRT$)을 활용하면 다음과 같은 식이 된다.

풀이

$H = U + mRT$

$298\text{kJ} = U + mRT = U + [1\text{kg} \times 0.3\text{kJ/kg} \cdot \text{K} \times (27 + 273\text{K})]$

$\qquad = U + 90\text{kJ}$

$\therefore U = 208\text{kJ}$

06

[폴리트로픽 과정일 때 꼭 알아야 할 관계식]

$$\left(\frac{T_2}{T_1}\right)=\left(\frac{V_1}{V_2}\right)^{n-1}=\left(\frac{P_2}{P_1}\right)^{\frac{n-1}{n}}$$

(단열과정일 때는 n 대신 k를 대입하여 관계식을 사용)

문제에서 물어본 것은 온도이고, 주어진 것은 압력이므로 부피(V)는 고려하지 않아도 된다.

$$\left(\frac{T_2}{T_1}\right)=\left(\frac{P_2}{P_1}\right)^{\frac{n-1}{n}}$$

$$T_2 = T_1\left(\frac{P_2}{P_1}\right)^{\frac{n-1}{n}} = T_1\left(\frac{0.2\text{MPa}}{0.8\text{MPa}}\right)^{\frac{1.25-1}{1.25}} = T_1\left(\frac{1}{4}\right)^{\frac{0.25}{1.25}} = T_1(0.25)^{\frac{1}{5}}$$

$(0.25)^{\frac{1}{5}}$ 의 값이 1보다 작은지 큰지 유추해보도록 하자.

$(0.25)^{\frac{1}{5}}$ 를 x라고 두면 $(0.25)^{\frac{1}{5}} = x$이 된다. 양변을 각각 5 제곱을 해주면 $(0.25) = x^5$이 된다.

여기서 미지수 x를 5번 곱했을 때 1보다 작은 수인 0.25가 나오려면 x는 무조건 1보다 작은 수라는 것을

알 수 있다. 즉, $(0.25)^{\frac{1}{5}} < 1$이 된다.

$T_2 = T_1(0.25)^{\frac{1}{5}}$의 식을 보자. T_1(초기 온도, 과정 전의 온도)에 $(0.25)^{\frac{1}{5}}$를 곱한 값이 T_2(최종 온도,

과정 후의 온도)이다. 곱한 값 $(0.25)^{\frac{1}{5}}$이 1보다 작은 수이므로 T_2는 T_1보다 작게 된다. 즉, $T_1 > T_2$

이며 과정 중에 온도는 감소한다는 것을 알 수 있다.

[폴리트로픽 비열(C_n)과 폴리트로픽 과정에서의 열량값(Q)]

$$C_n = \left(\frac{n-k}{n-1}\right)C_v = \frac{1.25-1.4}{1.25-1} \times 0.172\text{kJ/kg}\cdot℃ = -0.1032\text{kJ/kg}\cdot℃ \text{ (음수 값)}$$

계산하지 않아도 C_n이 음수라는 것은 한번에 알 수 있다.

폴리트로픽 열량(Q) $= m\,C_n(T_2 - T_1)$

질량(m)은 양수(+), 폴리트로픽 비열(C_n)은 음수(-), 온도차($T_2 - T_1$)는 T_1이 T_2보다 크므로 음수

(-)이다. 따라서 폴리트로픽 열량의 부호는 '양수×음수×음수'이므로 최종적으로 양수(+)의 부호를 갖

는다. 즉, 폴리트로픽 열량의 부호가 양수(+)이므로 열은 과정 중에 흡열된다는 것을 알 수 있다 [단,

열량의 부호가 음수(-)이면 열은 과정 중에 방출된다는 것을 의미한다].

07

[암기하면 편리한 공기의 수치들(필수 암기)]

비열비(k)	정압비열(C_p)	정적비열(C_v)	기체상수(R)
1.4	1.0045kJ/kg·K	0.7175kJ/kg·K	0.287kJ/kg·K

공기의 정압비열(C_p)을 약 $1\text{kJ/kg} \cdot \text{K}$, 공기의 정적비열($C_v$)를 약 $0.71\text{kJ/kg} \cdot \text{K}$로 대략적으로 암기해도 좋다. 이 수치들을 암기하느냐 안하냐에 따라 실제 시험에서 시간을 절약할 수 있고 없고가 결정된다. 이 문제뿐만 아니라, 실제 공기업 기계직 전공시험에서 쉽게 처리가 가능한 열역학 문제가 많이 출제된다.

엔탈피 변화량($\triangle h$) $= m C_p \triangle T = m C_p (T_2 - T_1)$
$$= 0.4\text{kg} \times 1\text{kJ/kg℃} \times (200 - 0℃) = 80\text{kJ}$$

※ 공기의 정압비열과 정적비열 값을 몰랐을 경우(단, 공기의 기체상수와 공기의 비열비는 기본으로 알고 있어야 하는 수치이다)

$$k = \frac{C_p}{C_v}, \quad C_p - C_v = R \ [\text{여기서}, \ k : \text{비열비}, \ C_p : \text{정압비열}, \ C_v : \text{정적비열}, \ R : \text{기체상수}]$$

정적비열(C_v)에 대한 식으로 정리하면 $C_v = \dfrac{C_p}{k}$이 된다.

$C_v = \dfrac{C_p}{k}$을 $C_p - C_v = R$에 대입하면

$$C_p - \frac{C_p}{k} = R \rightarrow C_p\left(1 - \frac{1}{k}\right) = R \rightarrow C_p\left(\frac{k-1}{k}\right) = R\text{이 된다.}$$

따라서 $C_p = \dfrac{kR}{k-1} = \dfrac{1.4 \times 0.287\text{kJ/kg} \cdot \text{K}}{1.4 - 1} = 1.0045\text{kJ/kg} \cdot \text{K}$이 도출된다.

또한, $C_p - C_v = R$이므로 $1.0045\text{kJ/kg} \cdot \text{K} - C_v = 0.287\text{kJ/kg} \cdot \text{K}$

∴ $C_v = 0.7175\text{kJ/kg} \cdot \text{K}$

08

정답 ④

M(메가)는 10^6이고 k(킬로)는 10^3이므로 $12\text{MPa} = 12,000\text{kPa}$이 되며 온도는 절대온도로 변환시켜야 하는 것을 잊지 말아야 한다. 또한, $1\text{L} = 0.001\text{m}^3$이다.

$PV = mRT \rightarrow 12,000\text{kPa} \times 0.5\text{m}^3 = m \times 4\text{kJ/kg} \cdot \text{K} \times (27 + 273\text{K})$

∴ $m = 5\text{kg}$

산소와 수소의 반응식에서 분자량의 비를 따져본다.

구분	C(탄소)	O_2(산소)	H_2(수소)	N_2(질소)	Air(공기)	H_2O(물)
분자량	12	32	2	28	29	18

$H_2 + \dfrac{1}{2}O_2 \ \rightarrow \ H_2O$

$(2) + (16) \ \rightarrow \ (18)$

H_2O의 분자량이 2이다. 그리고 O_2의 분자량은 32인데 $\dfrac{1}{2}$값이므로 $\dfrac{1}{2}O_2$의 분자량은 16이 된다. 따라서 반응생성물인 물 H_2O의 분자량은 $2 + 16 = 18$이 도출된다.

위의 반응식에서 분자량의 비를 따지면 $2 : 16 : 18 \rightarrow 1 : 8 : 9$가 된다. 1의 비에 해당하는 수소가스($H_2$)의 질량이 5kg이므로 9의 비에 해당하는 물(H_2O)의 질량은 9배인 45kg이 된다. 따라서 생산되는 물(H_2O)의 질량은 45kg이다.

※ H_2O(물)의 분자량이 18인 이유 : H_2O를 분리하면 $H_2 + O$가 된다. 즉, H_2(수소)의 분자량에 O 하나의

분자량을 더해주면 된다. O_2(O 2개)의 분자량이 32이므로 O의 분자량은 반 값인 16이 된다. 따라서 H_2O(H_2+O)의 분자량은 2+16=18이 되는 것이다.

※ <u>CO_2(이산화탄소)의 분자량이 44인 이유</u> : CO_2를 분리하면 C+O_2가 된다. C(탄소)의 분자량은 12이고, O_2(산소)의 분자량은 32이므로 12+32=44가 되는 것이다.

09

㉠ 단면적

- 지름이 d인 원형 단면의 단면적 : $\frac{1}{4}\pi d^2$

- 한 변의 길이가 a인 정사각형 단면의 단면적 : a^2

→ 두 도형의 단면적이 동일하므로 $\frac{1}{4}\pi d^2 = a^2$이다. 양변에 $\sqrt{\ }$를 씌우면 $\frac{1}{2}d\sqrt{\pi} = a$가 된다.

㉡ 단면계수

- 지름이 d인 원형 단면의 단면계수 $Z_1 = \frac{\pi d^3}{32}$

- 한 변의 길이가 a인 정사각형 단면의 단면계수 $Z_2 = \frac{a^3}{6}$

→ 단면계수의 비 : $\dfrac{Z_1}{Z_2} = \dfrac{\frac{\pi d^3}{32}}{\frac{a^3}{6}} = \dfrac{3\pi d^3}{16a^3}$가 된다. 이 식에 위에서 구한 값 $\left(\frac{1}{2}d\sqrt{\pi} = a\right)$을 대입하면,

$$\frac{Z_1}{Z_2} = \frac{3\pi d^3}{16a^3} = \frac{3\pi d^3}{16\left(\frac{1}{2}d\sqrt{\pi}\right)^3} = \frac{3\pi d^3}{16\left(\frac{1}{8}d^3\pi^{\frac{3}{2}}\right)} = \frac{3\pi d^3}{2d^3\pi^{\frac{3}{2}}} = \frac{3\pi}{2\pi^{\frac{3}{2}}} = \frac{3}{2}\pi^{1-\frac{3}{2}} = \frac{3}{2}\pi^{-\frac{1}{2}}$$

$$= \frac{3}{2\sqrt{\pi}}$$

10

지름이 30mm인 원형 봉에 인장하중을 가한다는 것은 다음과 같은 상황이 대표적이다. x방향으로만 하중 P를 가하기 때문에 x방향으로 작용하는 응력(σ_x)만이 발생하게 된다. 즉, 단순응력 상태이다.

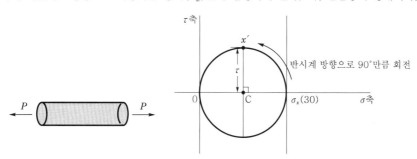

(가) 인장하중을 받는 봉　　　　(나) 단순응력 상태의 모어원

y방향으로 작용하는 σ_y는 0이고, σ_x는 30MPa이다. 그리고 경사각 45°에서의 공액전단응력(τ')을 구해야 한다. 경사각 45°를 모어원에 도시할 때는 경사각의 2배만큼 도시해야 한다. 문제에서 주어진 경사각이 45°이므로 2배인 90°로 도시하고 σ_x점을 반시계 방향으로 회전시킨다. 회전시켰을 때 발생하는 점(x')의 y절편값이 경사각 45°에서 발생하는 전단응력(τ)이고, x절편값이 경사각 45°에서 발생하는 수직응력(법선응력, σ_n)이 된다.

모어원 그림에서 보면 모어원의 지름이 30이다. 따라서 모어원의 반지름(R)은 지름의 반 값인 15가 된다. 따라서 모어원의 반지름(R) 15가 점(x')의 y절편값이 되며 경사각 45°에서 발생하는 전단응력(τ)이 된다. 그리고 이 전단응력(τ)이 최대전단응력(τ_{max})가 된다. 그 이유는 모어원의 반지름(R)이 최대전단응력(τ_{max})의 크기이기 때문이다.

임의의 경사각 θ에서 발생하는 공액전단응력(τ')과 전단응력(τ)의 관계는 $\tau' = -\tau$이고, $\tau = 15$이므로
$\therefore \tau' = -15\text{MPa}$

11

정답 ②

$$I_x = \frac{\pi d^4}{64} = \frac{\pi(2r)^4}{64} = \frac{\pi(16r^4)}{64} = \frac{\pi r^4}{4}$$

[지름이 d인 원형 단면의 도심에 관한 단면 성질]

단면 2차 모멘트	극관성모멘트 (극단면 2차 모멘트)	단면계수	극단면계수
$I_x = I_y = \dfrac{\pi d^4}{64}$	$I_p = I_x + I_y = \dfrac{\pi d^4}{32}$	$Z = \dfrac{\pi d^3}{32}$	$Z_p = \dfrac{\pi d^3}{16}$

12

정답 ⑤

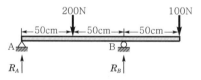

그림과 같이 보가 지점 밖으로 돌출된 보를 내다지보(돌출보, 내민보)라고 한다. B지점에서의 반력 R_B를 구하라고 했으므로 A지점에서의 모멘트 합력이 0이 된다는 것을 이용하여 반력 R_B를 구하면 된다. 보의 각 지점(문제에서는 A지점 또는 B지점)에서 모멘트의 합력이 0이 되는 이유는 모멘트 합력이 지점에서 0이 되어야 각 모멘트들이 서로 상쇄(합력이 0)되어 어느 한 쪽으로 모멘트에 의해 처지지 않고 안정한 수평 상태를 이룰 수 있기 때문이다.

$\sum M_A = 0 \rightarrow (+R_B \times 100\text{cm}) - (200\text{N} \times 50\text{cm}) - (100\text{N} \times 150\text{cm}) = 0$
$\therefore R_B = 250\text{N}$

모멘트(M)는 힘과 거리의 곱이다. 거리는 우리가 정한 지점에서 작용하고 있는 하중까지의 거리를 말한다. 일반적으로 하중에 의한 모멘트가 반시계 방향으로 회전하면 (+), 시계 방향으로 회전하면 (−)로 설정한다. 예를 들어, A지점에서 반력 R_B에 의한 모멘트를 생각해보자. A지점을 회전축이라고 생각하고

반력 R_B가 위쪽 방향으로 작용하므로 회전축 기준으로 반시계 방향으로 회전하는 모멘트가 발생된다. 따라서 (+)가 된다. 200N의 힘은 회전축 기준으로 아래로 작용하므로 시계 방향으로 회전하는 모멘트가 발생하므로 (−)가 된다.

13

[금속의 성질]

㉠ **열전도율 및 전기전도율**
- 열 또는 전기가 얼마나 잘 흐르는가를 의미
- 열전도율 및 전기전도율이 큰 순서 : Ag > Cu > Au > Al > Mg > Zn > Ni > Fe > Pb > Sb
  [공기업 다수 기출]
- 전기전도율이 클수록 고유저항은 낮아진다.

㉡ **선팽창계수**
- 온도가 1℃ 변할 때 단위길이당 늘어난 재료의 길이
- 선팽창계수가 큰 순서 : Pb > Zn > Mg > Al > Cu > Fe > Cr > Mo
  [공기업 다수 기출]

㉢ **연성**
- 가래떡처럼 길게 잘 늘어나는 성질
- 연성이 큰 순서 : Au > Ag > Al > Cu > Pt > Pb > Zn > Fe > Ni

㉣ **전성(＝가단성)**
- 얇고 넓게 잘 펴지는 성질
- 전성이 큰 순서 : Au > Ag > Pt > Al > Fe > Ni > Cu > Zn

14

[소성가공]
물체의 영구변형(소성)을 이용한 가공 방법으로, 재결정온도 이하로 가공하느냐, 이상으로 가공하느냐에 따라 냉간가공과 열간가공으로 구분되며, 소성가공의 특징은 다음과 같다.
- 보통 주물에 비해 성형된 치수가 정확하다.
- 결정 조직이 개량되고, 강한 성질을 갖게 한다.
- 대량생산으로 균일한 품질을 얻을 수 있다.
- 재료의 사용량을 경제적으로 할 수 있으며 인성이 증가한다.

[재결정]
회복온도에서 더 가열하게 되면, 내부 응력이 제거되고 새로운 결정핵이 결정경계에 나타나고, 이 결정이 성장하여 새로운 결정으로 연화된 조직을 형성하는 것을 말한다. 즉, 특정한 온도에서 금속에 새로운 결정이 생기고 그것이 성장하는 현상이다.
※ 단단해진 재료를 연하게 만드는 풀림 처리 3단계 : 회복 → 재결정 → 결정립의 성장
- 재결정온도 이상에서의 소성가공을 열간가공이라고 한다.
- 재결정온도 T_r은 그 금속의 융점 T_m에 대하여 대략 $(0.3\sim0.5)\,T_m$이다(여기서 T_r, T_m은 절대온도).
- 재결정은 재료의 연신율, 연성을 증가시키고 강도를 저하시킨다.
- 재결정온도 이상으로 장시간 유지할 경우 결정립이 커진다.

2020년 하반기 한국철도공사 기출문제 정답 및 해설 **21**

PART I 과년도 기출문제 정답 및 해설

- 가공도가 큰 재료는 재결정온도가 낮다. 그 이유는 재결정온도가 낮으면 금방 재결정이 이루어진다는 의미이고, 새로운 결정은 무른 상태여서 외력에 의해 가공이 용이하기 때문이다.
- 재결정온도는 순도가 높을수록, 가열시간이 길수록, 조직이 미세할수록, 가공도가 클수록 낮아진다.
- 가열온도가 동일하면 가공도가 높을수록 재결정 시간이 줄어든다. 냉간 가공도가 일정하면 온도가 증가함에 따라 재결정 시간이 줄어든다.
- 냉간가공에 의한 선택적 방향성(이방성)은 재결정 후에도 유지되며(재결정이 선택적 방향성에 영향을 미치지 못한다), 선택적 방향성을 제거하기 위해서는 재결정온도보다 더 높은 온도에서 가열해야 등방성이 회복된다.

[재결정온도]

1시간 안에 95% 이상의 재결정이 생기도록 가열하는 온도

금속	Fe	Ni	Au	Ag	Cu	Al
재결정온도(℃)	450	600	200	200	200	180
금속	W	Pt	Zn	Pb	Mo	Sn
재결정온도(℃)	1,000	450	18	−3	900	−10

[회복]

가공경화된 금속을 가열할수록 특정 온도 범위에서 내부 응력이 완화된다. 즉, 냉간가공한 재료를 가열하면 내부응력이 제거되는 것을 말한다. 회복은 재결정온도 이하에서 일어난다.

15

정답 ③

[주철의 특징]

- 일반적으로 주철의 탄소함유량은 2.11~6.68%C이다.
- 압축강도는 크지만 인장강도는 작다.
- 용융점이 낮기 때문에 녹이기 쉬우므로 주형틀에 녹여 흘려보내기 용이하며 유동성이 좋다. 따라서 주조성이 우수하며 복잡한 형상의 주물 재료로 많이 사용된다.
- 내마모성과 절삭성은 우수하지만 가공이 어렵다.
- 탄소함유량이 많아 용접성이 불량하며 취성(메짐, 깨짐, 여림)이 크다.
- 탄소강에 비하여 충격에 약하고 고온에서도 소성가공이 되지 않는다.
- 녹이 잘 생기지 않으며 마찰저항이 크고 값이 저렴하다.
- 탄소함유량이 많아 단단하므로 전연성이 작다.
- 주철 내의 흑연이 절삭유의 역할을 하기 때문에 절삭유를 사용하지 않는다.
- 흑연이 진동에너지를 흡수하기 때문에 감쇠능(진동을 흡수하는 성질)이 좋다.
  ※ 감쇠능 : 진동을 흡수하여 열로서 소산시키는 흡수 능력을 말하며 내부마찰이라고도 함.
- 용접, 단조가공, 담금질, 뜨임 등의 열처리 작업을 하기 어렵다.
- 공작기계의 베드, 기계구조물 등에 사용된다.
- 내식성은 있으나 내산성은 낮다.

[주철의 5대 원소(P, C, Si, Mn, S)]

인 (P)	쇳물의 유동성을 좋게 하며, 주물의 수축을 작게 한다. 너무 많이 첨가되면 단단해지고 균열이 생기기 쉽다. 또한, 주철의 용융점을 낮게 하고 유동성을 좋게 하여 주물 표면을 청정하게 한다.
탄소 (C)	탄소는 시멘타이트와 흑연상태로 존재한다. 냉각속도가 느릴수록 흑연화가 쉬우며, 규소가 많을수록 흑연화를 촉진시키고, 망간이 적을수록 흑연화방지가 덜 되기 때문에 흑연의 양이 많아진다. 또한, 탄소함유량이 증가할수록 용융점이 감소하여 녹이기 쉽고 주형에 부어 흘려보내기 쉬우므로 주조성이 좋아진다.
규소 (Si)	규소를 첨가하면 흑연의 발생을 촉진시켜 응고 수축이 적어 주조하기 쉬워진다. 조직상 C를 첨가하는 것과 같은 효과를 낼 수 있다.
망간 (Mn)	망간은 황과 반응하여 황화망간(MnS)이 되어 황의 해를 제거하며 망간이 1% 이상 함유되면 주철의 질을 강하고 단단하게 만들어 절삭성을 저하시킨다. 그리고 수축률이 커지므로 1.5% 이상을 넘어서는 안된다. 그리고 적당한 망간을 함유하면 내열성을 크게 할 수 있다. 또한, 고온에서 결정립 성장을 억제하며, 인장강도 증가, 고온가공성 증가, 담금질효과를 개선한다.
황 (S)	유동성을 나쁘게 하며 그에 따라 주조성을 저하시킨다. 또한, 흑연의 생성을 방해하고 적열취성을 일으켜 강도가 현저히 감소된다. 절삭성을 향상시킨다.

16

정답 ⑤

[주철의 종류]

회주철	• 주철을 주형에 주입하고 만들 때 냉각속도가 매우 느려 탄소가 흑연의 형태로 많이 석출되어 파단면이 회색인 주철을 말한다. 흑연이 편상으로 석출되어 있는 주철이기 때문에 편상흑연 주철이라고도 불린다. 보통 주철은 대부분 회주철에 속한다. • 인장강도가 주철의 종류 중에서 가장 낮고, 편상흑연이 있어 감쇠능이 좋다. • 탄소가 흑연 박편의 형태로 석출되며 내마모성과 진동 흡수력이 우수하고 압축강도가 좋아 엔진 블록, 브레이크 드럼, 공작기계 배드의 재료로 사용된다. "GC200"으로 표현하며 200은 최저인장강도이다.
백주철	회주철을 급랭시켜 만든 주철로 파단면이 백색을 띤다. 탄소가 시멘타이트(화합탄소)로 존재하기 때문에 일반 주철보다 단단하지만 취성이 크다.
고급주철	조직은 펄라이트 또는 소르바이트의 바탕에 흑연이 미세하게 분포되어 있다. 따라서 고급주철은 펄라이트 주철이라고도 불린다. 보통주철보다 기계적·물리적 성질이 우수하다. ※ 고급주철의 제조법 : 에멜법, 미한법, 코살리법, 피보와르스키법, 란쯔법 　　[암기법 : 에미야 코피난다.] [미하나이트 주철] • 조직은 펄라이트 바탕에 흑연편이 일정하게 분포되어 우수한 성질을 가지고 있다. • 저탄소, 저규소의 보통 주철에 칼슘실리케이트(Ca-Si), 규소철(Fe-Si)을 첨가하여 흑연핵의 생성을 촉진(접종)시키고 흑연을 미세화함으로써 기계적 강도를 높인 주철이다. • 내연기관의 실린더, 공작기계의 안내면 등에 사용된다.

PART I 과년도 기출문제 정답 및 해설

구상흑연주철	• 주철 속의 흑연이 완전히 구상이며 그 주위가 페라이트 조직으로 되어 있는데 이 형태가 황소의 눈과 닮았기 때문에 불스아이 조직이라고도 한다. 페라이트형 구상흑연주철에서 불스아이 조직을 관찰할 수 있다. 　※ 흑연을 구상화시키는 방법 : 선철을 용해시킨 후에 마그네슘(Mg), Ca(칼슘), Ce(세륨)을 첨가한다. 흑연이 구상화되면 보통주철에 비해 인성과 연성이 우수해지며 강도도 좋아진다. • 인장강도가 가장 크며 기계적 성질이 매우 우수하다. • 덕타일주철(미국), 노듈라주철(일본) 모두 구상흑연주철을 지칭하는 말이다. 　※ 구상흑연주철의 조직 : 시멘타이트, 펄라이트, 페라이트[암기법 : (시)(펄) (페)버릴라!] 　※ 페이딩 현상 : 구상화 후에 용탕 상태로 방치하면 흑연을 구상화시켰던 효과가 점점 사라져 결국 보통주철로 다시 돌아가는 현상이다.
칠드주철	• 금형에 접촉한 부분만 급랭에 의해 경화된 주철로 냉경주철이라고도 불린다. • 외부는 금형에 접촉하여 급랭되므로 흑연화가 진행되기 어렵다. 따라서 탄소가 시멘타이트로 존재하기 때문에 백주철이며 단단하지만 취성이 있다. • 내부는 외부와 비교하여 급랭이 진행되지 않으므로 어느 정도 흑연화가 진행될 것이다. 따라서 내부의 탄소가 흑연의 형태로 많이 석출되어 있어 회주철이며 비교적 연하다. • 롤, 기차바퀴 등에 사용된다. 　※ 암기법은 아이(child)를 생각하면 된다. 칠드와 발음이 비슷하다. 아이는 롤러코스터를 좋아한다.
가단주철	• 보통주철의 여리고 약한 인성을 개선시키기 위해 백주철을 장시간 풀림 처리하여 탄소의 상태를 분해시키고 소실시켜 인성과 연성을 증가시킨 주철이다. • 유동성이 좋아 주조성이 좋으며 피삭성이 우수하다. 연간가공이 가능하다 • 대량생산에 적합하며, 자동차부품, 밸브, 관이음쇠 등에 사용된다. • 높은 연성의 재료를 얻기 위한 방법으로 제조하는 데 시간과 비용이 많이 든다. • 흑연의 모양은 회주철의 뾰족한 모양과 달리 둥근 모양으로 연성을 증가시킨다. [종류] • 백심가단주철 : 탈탄이 주목적이다. 　- 백심가단주철에서 사용하는 탈탄제는 철광석, 밀 스케일의 산화철이다. • 흑심가단주철 : 흑연화가 주목적이다. 　- 풀림온도 1단계 : 850~950℃이며 유리 시멘타이트를 흑연화하는 것이 목적이다. 　- 풀림온도 2단계 : 680~720℃이며 펄라이트를 흑연화하는 것이 목적이다.
합금주철	특수한 성질을 주기 위해 특수원소를 첨가한 주철이다.
반주철	함유된 탄소 일부가 유리흑연으로 존재하고 나머지는 화합탄소로 존재하는 주철이다. 즉, 회주철과 백주철의 중간의 성질을 가진 주철이다.

17

정답 ④

[강인강]
• 크롬(Cr), 니켈(Ni), 몰리브덴(Mo), 망간(Mn) 등을 첨가하여 여러 성질을 향상시킨 강
• 용도 : 기어, 볼트, 키, 축 등

[종류]
• Ni-Cr강(니켈-크롬강) : 철에 니켈과 크롬을 합금한 것으로, 특징으로는 전기저항 값이 커지기 때문에 전기가

흐를 때 열과 빛을 발산한다. 따라서 전구 필라멘트나 전기히터의 전열선으로 사용된다. 또한 가장 널리 사용되며 뜨임메짐이 발생한다.

→ 뜨임메짐은 몰리브덴(Mo)을 첨가하여 방지할 수 있다.

- Ni-Cr-Mo강(니켈-크롬-몰리브덴강) : 내열성, 내식성 등을 개선시킨 강이다.
- Cr-Mo강 : 열간가공이 쉬우며 담금질이 우수하고 용접성이 좋다. 매끄러운 표면을 가지고 있다.
- Cr강 : 강도, 경도, 내열성, 내식성 등을 개선시킨 강이다.
- Mn강

저망간강 (듀콜강)	• 망간(Mn)이 0.8~2.0% 함유되어 있다. • 기계적 성질, 전연성이 탄소강보다 우수하다. • 펄라이트 조직 상태로 항복점과 인장강도가 우수하다. • 일반 구조용(건축, 차량, 교량 등)으로 사용된다.
고망간강 (하드필드강)	• 오스테나이트 조직이며 망간(Mn)이 약 11~14% 함유되어 있다. • 오스테나이트 안정화 원소인 망간(Mn)이 다량으로 함유되어 있기 때문에 오스테나이트 온도에서 급랭해도 상온에서 100% 오스테나이트 조직 상태로 존재한다. • 강인성, 내마모성, 내충격성이 우수하다. • 열팽창계수가 크고 열전도성이 작다. • 고망간강은 고온에서 취성이 생겨 1,000~1,100℃에서 수중 담금질하는 수인법(water toughening)으로 인성을 부여한 구조용강이다. 즉, 고망간강은 열처리에 수인법이 사용된다. [용도] • 기차레일 교차점, 광산기계, 불도저 등에 사용 • 압연으로 만들어진 고망간강 판은 내마멸성이 우수하기 때문에 고속으로 숏(shot)을 재료에 분사하는 숏피닝 공정처리 룸의 벽면 재료로 사용

18

정답 ①

[나사의 종류]

㉠ 체결용(결합용) 나사 : 체결할 때 사용하는 나사로 효율이 낮다.

삼각나사	가스 파이프를 연결하는 데 사용한다.
미터나사	나사산의 각도가 60°인 삼각나사의 일종이다.
유니파이나사 (ABC나사)	세계적인 표준나사로 미국, 영국, 캐나다가 협정하여 만든 나사이다. 죔용 등에 사용된다.
관용나사	파이프에 가공한 나사로 누설 및 기밀 유지에 사용한다.

㉡ 운동용 나사 : 동력을 전달하는 나사로 체결용 나사보다 효율이 좋다.

사다리꼴나사 (애크미나사, 재형나사)	양방향으로 추력을 받는 나사로, 공작기계 이송나사, 밸브 개폐용, 프레스, 잭 등에 사용된다. 효율 측면에서는 사각나사가 더욱 유리하나 가공하기 어렵기 때문에 대신 사다리꼴나사를 많이 사용한다. 사각나사보다 강도 및 저항력이 크다.
사각나사	축 방향의 하중(추력)을 받는 운동용 나사로, 추력의 전달이 가능하다.

톱니나사	힘을 한 방향으로만 받는 부품에 사용되는 나사로, 압착기, 바이스 등의 이송나사에 사용된다.
둥근나사 (너클나사)	전구와 같이 먼지나 이물질이 들어가기 쉬운 곳에 사용되는 나사이다.
볼나사	• 공작기계의 이송나사, NC기계의 수치제어장치에 사용되는 나사로, 효율이 좋고 먼지에 의한 마모가 적으며 토크의 변동이 적다. 또한, 정밀도가 높고 윤활은 소량으로도 충분하며 축 방향의 백래시(backlash)를 작게 할 수 있다. • 마찰이 작아 정확하고 미세한 이송이 가능한 장점을 가지고 있다. 하지만 너트의 크기가 커지고 피치를 작게 하는 데 한계가 있으며 고속에서는 소음이 발생하고 자동체결이 곤란하다.

19

정답 ⑤

[불변강(고니켈강, 고-Ni강)]
온도가 변해도 탄성률 및 선팽창계수가 변하지 않는 강

인바	철(Fe) − 니켈(Ni) 36%로 구성된 불변강으로, 선팽창계수가 매우 작아(20℃에서 선팽창계수가 1.2×10^{-6}) 길이의 불변강이다. 시계의 추, 줄자, 표준자, 측정기기, 바이메탈 등에 사용된다.
초인바	기존의 인바보다 선팽창계수가 더 작은 불변강으로, 인바의 업그레이드 형태이다.
엘린바	철(Fe) − 니켈(Ni) 36% − 크롬(Cr) 12%로 구성된 불변강으로, 탄성률(탄성계수)이 불변이다. 정밀저울 등의 스프링, 고급시계, 기타정밀기기의 재료에 적합하다.
코엘린바	엘린바에 코발트(Co)를 첨가한 것으로, 공기나 물에 부식되지 않는다. 스프링, 태엽 등에 사용된다.
플래티나이트	철(Fe) − 니켈(Ni) 44~48%로 구성된 불변강으로, 선팽창계수가 유리 및 백금과 거의 비슷하다. 전구의 도입선으로 사용된다.
니켈로이	철(Fe) − 니켈(Ni) 50%의 합금으로, 용도는 자성재료에 사용된다.
퍼멀로이	철(Fe) − 니켈(Ni) 78.5%의 합금으로, 투자율이 매우 우수하여 고투자율 합금이다. 발전기, 자심재료, 전기통신 재료로 사용된다.

※ 불변강은 강에 니켈(Ni)이 많이 함유된 강으로 고니켈강과 같은 말이다. 따라서 강에 니켈(Ni)이 많이 함유된 합금이라면(Fe에 Ni이 많이 함유된 합금) 일반적으로 불변강에 포함된다.

[인코넬]
니켈(Ni) 78% − 크롬(Cr) 12~14%의 합금으로 내열성이 우수하며 900℃ 이상의 산화기류 속에서도 산화하지 않고 황(S)을 함유한 대기에도 침지되지 않는다. 진공관의 필라멘트, 전열기 부품, 열전대, 열전쌍의 보호관, 원자로의 연료용 스프링재 등에 사용된다.

20

정답 ②

문제를 그림으로 간략하게 나타내면 다음과 같다.

에너지 이동의 방향성을 명시하는 열역학 제 2법칙에 따라 열은 항상 고온에서 저온으로 이동하게 된다.

계가 열을 얻으면(흡수) (+) 부호를 가지며, 계가 열을 잃으면(방출) 열은 (−) 부호를 갖는다.

⊙ 고열원계 입장에서 보면 Q라는 열이 저열원계로 이동하였으므로 고열원계는 Q를 잃은 셈이다(−). 따라서 고열원계의 엔트로피 변화량을 구하면 다음과 같다.

$$\triangle S_{고열원계} = \frac{\delta Q}{T} = \frac{-Q}{T_1}$$

ⓒ 저열원계 입장에서 보면 Q라는 열을 고열원계로부터 얻었으므로 Q라는 열을 얻은 셈(+)이다. 따라서 저열원계의 엔트로피 변화량을 구하면 다음과 같다.

$$\triangle S_{저열원계} = \frac{\delta Q}{T} = \frac{+Q}{T_2}$$

ⓒ 전체 엔트로피 변화량(총 엔트로피 변화량, $\triangle S_{총합}$)은 고열원계의 엔트로피 변화량과 저열원계의 엔트로피 변화량의 합이다.

$$\therefore \triangle S_{총합} = \triangle S_{고열원계} + \triangle S_{저열원계} = \frac{-Q}{T_1} + \frac{Q}{T_2} = \frac{T_1 Q - T_2 Q}{T_1 T_2} = \frac{Q(T_1 - T_2)}{T_1 T_2}$$

21

정답 ③

[관 이음쇠]

관을 도중에서 분기할 때	Y배관, 티, 크로스티
배관 방향을 전환할 때	엘보, 밴드
같은 지름의 관을 직선 연결할 때	소켓, 니플, 플랜지, 유니언
이경관을 연결할 때	이경티, 이경엘보, 부싱, 레듀셔
관의 끝을 막을 때	플러그, 캡
이종 금속관을 연결할 때	CM아답터, SUS 소켓, PB 소켓, 링 조인트 소켓

• 이경관 : 지름이 서로 다른 관을 접속시키는 데 사용하는 관 이음쇠
• 유니언 : 배관의 최종 조립 시 관의 길이를 조정하여 연결할 때 사용하며 배관의 분해 시 가장 먼저 분해하는 부분이다.
• 엘보 : 배관 내 유체의 흐름을 90° 바꿔주는 관 이음쇠이다.

22

정답 ⑤

[헬리컬기어의 특징]
• 고속 운전이 가능하며 축간거리를 조절할 수 있고 소음 및 진동이 작다.
• 물림률이 좋아 평기어(스퍼기어)보다 동력 전달이 좋다.
• 축 방향으로 추력이 발생하여 스러스트 베어링을 사용한다.
• 최소 잇수가 평기어보다 적으므로 큰 회전비를 얻을 수 있다.

- 기어의 잇줄 각도는 비틀림각에 상관없이 수평선에 30°로 긋는다.
- 헬리컬기어의 비틀림각 범위는 10~30°이다(비틀림각이 증가하면 물림률도 좋아진다).
- 두 축이 평행한 기어이며 평기어보다 제작이 어렵다.

[헤링본 기어]

더블헬리컬기어(헤링본기어)는 비틀림각의 방향이 서로 반대이고 크기가 같은 한 쌍의 헬리컬기어를 조합한 기어이다. 비틀림각의 방향을 서로 반대로 놓아 기존 헬리컬기어에서 발생하는 축방향 추력(축방향 하중)을 없앨 수 있다.

[기어의 분류]

두 축이 평행한 기어	두 축이 교차하는 기어	두 축이 엇갈린 기어
스퍼기어, 랙과 피니언, 헬리컬기어, 내접기어, 더블헬리컬기어 등	베벨기어, 크라운기어, 마이터기어 등	스크류기어(나사기어), 웜기어, 하이포이드기어 등

23
정답 ⑤

단동식, 드럼이 우회전하고 있다. 힌지를 기준점으로 하여 발생하는 모멘트를 모두 구하고 모멘트의 합력이 0이 된다는 것을 이용한다[반시계 방향의 모멘트는 (+), 시계 방향의 모멘트는 (−)이다].

$$-Fl + T_s a = 0 \rightarrow \therefore F = \frac{T_s a}{l} \quad [여기서, \ F : 레버를 누르는 힘]$$

제동력(T) = $T_t - T_s$ [여기서, T_t : 긴장측 장력, T_s : 이완측 상력]

긴장측 장력이 이완측 장력의 3배이므로 $T_t = 3T_s$가 된다.

$$400 = T_t - T_s \rightarrow 400 = 3T_s - T_s = 2T_s \rightarrow \therefore T_s = 200\text{N}$$

$$F = \frac{T_s a}{l}$$

$$\therefore a = \frac{Fl}{T_s} = \frac{100\text{N} \times 300\text{mm}}{200\text{N}} = 150\text{mm}$$

24
정답 ①

속도비에서의 회전수(N)와 잇수(Z)와 관계를 활용한다.

$$i(속도비, \ 속비) = \frac{N_2}{N_1} = \frac{D_1}{D_2} = \frac{Z_1}{Z_2} \quad [여기서, \ 1은 원동, \ 2는 중동이다.]$$

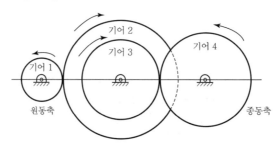

ⓐ 기어 1은 500rpm의 회전수로 반시계 방향으로 회전한다. 기어 2는 기어 1과 맞물려 있기 때문에 그림과 같이 기어 1의 회전 방향과 반대인 시계 방향으로 회전하게 된다. 이때 기어 2의 회전수(N_2)는 기어 1과 기어 2의 주어진 잇수 관계로 다음과 같이 도출할 수 있다.

$$\frac{N_2}{N_1} = \frac{Z_1}{Z_2} \;\rightarrow\; \frac{N_2}{500\text{rpm}} = \frac{30}{50}$$

$$\therefore N_2 = 300\text{rpm}$$

ⓑ 기어 3은 그림과 같이 기어 2와 동일한 축에 연결되어 있는 기어이기 때문에 기어 2와 같은 회전수로 시계 방향으로 회전하게 된다.

$$\therefore N_3 = 300\text{rpm}\,(\text{시계 방향})$$

ⓒ 기어 4는 기어 3과 맞물려 있기 때문에 그림과 같이 기어 3의 회전 방향과 반대인 반시계 방향으로 회전하게 된다. 이때 기어 4의 회전수(N_4)는 기어 3과 기어 4의 주어진 잇수 관계로 아래와 같이 도출할 수 있다(기어 3이 원동, 기어 4가 종동이라고 생각하면 된다).

$$\frac{N_4}{N_3} = \frac{Z_3}{Z_4} \;\rightarrow\; \frac{N_4}{300\text{rpm}} = \frac{10}{20}$$

$$\therefore N_4 = 150\text{rpm}\,(\text{반시계 방향})$$

25

정답 ②

[스프링 연결에 따른 등가스프링상수(k_e) 구하는 방법]

직렬 연결	병렬 연결
$\dfrac{1}{k_e} = \dfrac{1}{k_1} + \dfrac{1}{k_2} + \dfrac{1}{k_3} + \cdots$	$k_e = k_1 + k_2 + k_3 + \cdots$

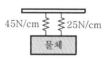

그림과 같은 경우는 스프링 2개가 서로 병렬로 연결되어 있으므로 등가스프링상수(k_e)는 각 스프링의 스프링상수를 모두 더하면 된다. 따라서 $k_e = k_1 + k_2 = 45\text{N/cm} + 25\text{N/cm} = 70\text{N/cm}$가 된다.

$F = k\delta$ [여기서, F: 하중(무게), k: 스프링상수, δ: 처짐량(변형량, 신장량)]

여러 개의 스프링이 조합되어 있는 경우에는 $F = k\delta$의 k에 등가스프링상수(k_e)를 대입하여야 한다.

$$F = k\delta = k_e\delta \;\rightarrow\; 280\text{N} = 70\text{N/cm} \times \delta$$

$$\therefore \delta = 4\text{cm} = 40\text{mm}$$

03 2021년 상반기 한국철도공사 기출문제

01	③	02	②	03	④	04	①	05	④	06	⑤	07	⑤	08	②	09	①	10	⑤
11	②	12	②	13	③	14	①	15	③	16	⑤	17	③	18	③	19	②	20	⑤
21	④	22	②	23	③	24	②	25	⑤										

01

정답 ③

[최대탄성에너지(u)]

탄성한도 내에서 재료의 단위체적(V)당 저장할 수 있는 탄성에너지를 말한다. 같은 말로는 레질리언스 계수, 변형에너지밀도가 있다.

$$u = \frac{\sigma^2}{2E}[\text{J/m}^3]$$

탄성한도는 탄성변형을 일으키는 응력(σ)의 최대치로 σ에 탄성한도 수치를 대입하고, 종탄성계수는 E에 대입하면 된다.

$$u = \frac{\sigma^2}{2E} = \frac{(0.21 \times 10^9)^2}{2 \times 210 \times 10^9} = 105,000\text{J/m}^3$$

문제에서 물어본 것은 단위 kg당 최대탄성에너지(레질리언스 계수)이므로 위에서 구한 $u = 105,000\text{J/m}^3$에 물체의 밀도(ρ)의 역수 값을 곱하면 된다.

$$u[\text{J/kg}] = 105,000\text{J/m}^3 \times \frac{1}{\rho}$$

탄성체의 비중이 7이므로 탄성체의 밀도는 7,000kg/m³이다.

$$\therefore u[\text{J/kg}] = 105,000\text{J/m}^3 \times \frac{1}{7,000\text{kg/m}^3} = 15\text{J/kg}$$

관련이론

[레질리언스 계수(u) 유도식]

★ 수직하중을 받을 때 재료 내부에 저장되는 탄성에너지 유도 과정

㉠ $U = \frac{1}{2}P\delta$ [여기서, U : 탄성에너지(J), P : 하중(N), δ : 변형량]

㉡ $\delta = \frac{PL}{EA}$ [여기서, δ : 변형량, P : 하중, L : 길이, E : 탄성계수, A : 단면적]

$$U = \frac{1}{2}P\left(\frac{PL}{EA}\right) = \frac{P^2 L}{2EA} \rightarrow U = \frac{P^2 L}{2EA} = \frac{P^2 LA}{2EA^2}$$

여기서 단면적(A)과 길이(L)를 곱한 것은 재료의 부피(V)이다($V = AL$).

응력(σ)은 하중(P)을 단면적(A)으로 나눈 값이다$\left(\sigma = \frac{P}{A}\right)$.

$$\therefore U = \frac{P^2 LA}{2EA^2} = \frac{\sigma^2 V}{2E} \text{로 식이 정리된다.}$$

레질리언스 계수(u)는 단위체적(V)당 저장할 수 있는 탄성에너지(U) : $u = \dfrac{U}{V}$

$U = \dfrac{\sigma^2 V}{2E}$ → $\dfrac{U}{V} = \dfrac{\sigma^2}{2E}$ ∴ $u = \dfrac{U}{V} = \dfrac{\sigma^2}{2E}$ 로 도출된다.

단위는 단위체적당 탄성에너지이므로 단위는 J/m^3 또는 N・m/m^3=N/m^2 / =Pa이다.

※ 유도를 해보는 것도 중요하나, 빠른 문제풀이를 위해서는 수직하중이 작용할 때 레질리언스 계수(u)를 구하는 식을 암기하는 것이 더욱 중요하다.

02

정답 ②

$mE = 2G(m+1) = 3K(m-2)$

→ $mE = 2G(m+1)$ ∴ $G = \dfrac{mE}{2(m+1)}$

[여기서, m : 푸아송수, E : 종탄성계수(세로탄성계수, 영률), G : 횡탄성계수(가로탄성계수, 전단탄성계수), K : 체적탄성계수]

$\nu = \dfrac{1}{m}$ [여기서, ν : 푸아송비]

$mE = 2G(m+1) = 3K(m-2)$

∴ $E = 2G(1+\nu) = 3K(1-2\nu)$

03

정답 ④

오일러의 좌굴응력(σ, 임계응력)$= n\pi^2 \dfrac{EI}{AL^2}$

[여기서, n : 단말계수, E : 종탄성계수, I : 단면 2차 모멘트, A : 단면적, L : 기둥 길이]

[단말계수(끝단계수, 강도계수, n)]
기둥을 지지하는 지점에 따라 정해지는 상수값으로 이 값이 클수록 좌굴은 늦게 일어난다. 즉, 단말계수가 클수록 강한 보이다.

일단고정 타단자유	$n = 1/4$
일단고정 타단회전	$n = 2$
양단회전	$n = 1$
양단고정	$n = 4$

$\sigma = n\pi^2 \dfrac{EI}{AL^2}$ → ∴ $L = \sqrt{n\pi^2 \dfrac{EI}{A\sigma}}$

직사각형 단면의 단면 2차 모멘트는 $I = \dfrac{bh^3}{12}$ 이므로 위 식에 대입하면,

$L = \sqrt{n\pi^2 \dfrac{Ebh^3}{12A\sigma}}$ [양단회전이므로 $n = 1$]

$= \sqrt{3^2 \dfrac{(20 \times 10^4) \times 100 \times 80^3}{12 \times (100 \times 80) \times 60}} = \sqrt{16,000,000} = 4,000\text{mm} = 400\text{cm}$

04

정답 ①

변형량$(\delta) = \dfrac{PL}{EA}$ [여기서, P : 하중, L : 길이, E : 탄성계수, A : 단면적]

직렬로 조합된 두 봉에 인장하중이 작용하므로 각각의 봉에 인장하중에 의한 변형량이 발생할 것이다. 각 변형량을 더해주면 직렬조합단면에서 발생하는 변형량을 구할 수 있다($\delta = \delta_1 + \delta_2$).

$$\delta = \delta_1 + \delta_2 = \frac{PL_1}{EA_1} + \frac{PL_2}{EA_2} = \frac{P}{E}\left(\frac{L_1}{A_1} + \frac{L_2}{A_2}\right) = \frac{P}{E}\left(\frac{4L_1}{\pi d_1^2} + \frac{4L_2}{\pi d_2^2}\right) \ [\pi = 3으로 가정]$$

$$= \frac{P}{E}\left(\frac{4L_1}{3d_1^2} + \frac{4L_2}{3d_2^2}\right) = \frac{4P}{3E}\left(\frac{L_1}{d_1^2} + \frac{L_2}{d_2^2}\right) = \frac{4(1,000 \times 10^3)}{3(200 \times 10^9)}\left(\frac{0.1}{0.2^2} + \frac{0.2}{0.1^2}\right)$$

$$= \frac{4(5)}{3(10^6)}(22.5) = 0.00015\text{m} = 0.15\text{mm}$$

Tip

실제 시험에서는 보기의 수치가 전부 달랐기 때문에 다음과 같이 접근하여 풀이하면 시간을 절약할 수 있다.

$$\delta = \frac{4(1,000 \times 10^3)}{3(200 \times 10^9)}\left(\frac{0.1}{0.2^2} + \frac{0.2}{0.1^2}\right) = \frac{4 \times 5}{3 \times 10^6} \times 22.5$$에서 단위는 신경쓰지 않는다.

→ $\dfrac{4 \times 5 \times 22.5}{3}$을 계산하면 150이 나온다. 보기에서 15가 들어간 것을 찾아 답을 선택하면 된다.

05

정답 ④

원형 기둥의 세장비$(\lambda) = \dfrac{4L}{D}$ [여기서, L : 기둥의 길이, D : 기둥의 지름]

$\therefore \lambda = \dfrac{4L}{D} = \dfrac{4 \times 500\text{cm}}{25\text{cm}} = 80$ (수치를 대입할 때는 단위를 통일시켜 대입한다)

※ <u>원형 기둥의 세장비(λ) 계산 문제는 자주 출제되므로 공식을 암기하고 있는 것이 시간 절약에 매우 도움이 된다.</u>

06

정답 ⑤

종변형률$(\varepsilon,$ 세로변형률$) = \dfrac{\delta}{L}$ [여기서, δ : 변형량, L : 초기 재료의 길이]

$\varepsilon = \dfrac{\delta}{L} = \dfrac{15\text{cm}}{300\text{cm}} = 0.05$ 또는 $\varepsilon = \dfrac{\delta}{L} = \dfrac{0.15\text{m}}{3\text{m}} = 0.05$

✓ 변형률(strain)은 길이 차원에 대한 길이 차원의 비이므로 길이 단위(차원)가 상쇄되어 <u>무차원</u>이 된다.

✓ <u>변형률을 구할 때에는 항상 단위를 맞춰서 계산해야 한다. 즉, m 또는 mm로 통일시켜 계산하여야 한다.</u>

07

[카르노 열기관의 열효율(η)]

$\eta = 1 - \dfrac{T_2}{T_1}$ [여기서, T_1 : 고열원의 온도, T_2 : 저열원의 온도]

$= 1 - \dfrac{200\text{K}}{1,000\text{K}} = 1 - 0.2 = 0.8 = 80\%$

※ 온도는 항상 절대온도(K)로 변환하여 대입해야 한다.

08

정답 ②

[이상기체의 등온과정]

내부에너지 변화(dU)	$dU = U_2 - U_1 = mC_v \triangle T = mC_v(T_2 - T_1)$ [여기서, m : 질량, C_v : 정적비열, $\triangle T$: 온도변화] 등온과정은 $T_1 = T_2$이므로 $dU = 0$이 된다. 즉, $U_2 - U_1 = 0$이므로 $U_1 = U_2 = constant$하다. 초기 내부에너지(U_1)와 나중 내부에너지(U_2)가 같기 때문에 내부에너지의 변화는 0이다.
엔탈피 변화(dH)	$dH = H_2 - H_1 = mC_p \triangle T = mC_p(T_2 - T_1)$ [여기서, m : 질량, C_p : 정압비열, $\triangle T$: 온도변화] 등온과정은 $T_1 = T_2$이므로 $dH = 0$이 된다. 즉, $H_2 - H_1 = 0$이므로 $H_1 = H_2 = constant$하다. 초기 엔탈피(H_1)와 나중 엔탈피(H_2)가 같기 때문에 엔탈피의 변화는 0이다.
절대일 ($W = PdV$)	$Q = dU + W = dU + PdV$ 시스템(계)에 공급된 열량(Q)는 계의 내부에너지 변화(dU)에 쓰이고 나머지는 외부에 일(PdV)을 한다. 즉, 손실이 없는 한 에너지는 보존된다. 등온과정이므로 $dU = 0$이고, $Q = W = PdV$ 즉, 등온과정에서의 열량(Q)은 절대일(W)과 같다.
공업일 ($W_t = -VdP$)	$Q = dH + W_t = dH - VdP \rightarrow$ 등온과정이므로 $dH = 0$이다. 따라서, $Q = W_t = -VdP$ 즉, 등온과정에서의 열량(Q)은 공업일(W_t)과 같다.

ⓐ 절대일과 공업일이 같다. (○)
  → 등온과정에서 공급된 열량이 절대일과 공업일로 각각 같기 때문에 절대일과 공업일은 같다.
ⓑ 압력과 체적은 비례한다. (×)
  → $PV = mRT$에서 등온과정이기 때문에 온도를 상수 취급할 수 있다. 질량과 기체상수(R)도 상수이므로 우변은 모두 상수로 $constant$하다. 즉, 등온과정에서는 "$PV = constant$"이므로 압력과 부피는 서로 반비례하는 것을 알 수 있다.
ⓒ 내부에너지 변화는 0이다. (○) → 표 내용 참고

ⓓ 가열량과 방열량은 엔탈피 변화량과 같다. (×)
　→ 이상기체의 엔탈피와 내부에너지는 줄의 법칙에 의거하여 온도만의 함수이다. 등온과정이기 때문에 엔탈피와 내부에너지는 변하지 않으므로 엔탈피 변화량과 내부에너지 변화량은 각각 0이다. 따라서 가열량(공급된 열량), 방열량이 0일 수가 없다.
ⓔ 엔탈피 변화는 0이다. (○) → 표 내용 참고

09 　　　　　　　　　　　　　　　　　정답 ①

[이상기체 상태 방정식]
$PV = mRT$
이상기체라고 주어져 있으므로 이상기체 상태 방정식을 사용한다.
기체상수(R)를 구한다. $C_p - C_v = R$의 관계를 사용한다.
[여기서, C_p : 정압비열, C_v : 정적비열, R : 기체상수]
$R = C_p - C_v = 0.9\text{kJ/kg} \cdot \text{K} - 0.6\text{kJ/kg} \cdot \text{K} = 0.03\text{kJ/kg} \cdot \text{K}$
$PV = mRT$
$\therefore V = \dfrac{mRT}{P} = \dfrac{4 \times 0.3 \times (27 + 273)}{200} = 1.8\text{m}^3$

10 　　　　　　　　　　　　　　　　　정답 ⑤

[사이클의 종류]

스털링사이클	• 2개의 정적과정과 2개의 등온과정으로 이루어진 사이클로, 사이클의 순서는 등온압축 → 정적가열 → 등온팽창 → 정적방열이다. • 증기원동소의 이상 사이클인 랭킨사이클에서 이상적인 재생기가 있다면 스털링사이클에 가까워진다. 참고로 역스털링사이클은 헬륨을 냉매로 하는 극저온 가스냉동기의 기본사이클이다.
디젤사이클	• 2개의 단열과정과 1개의 정압과정, 1개의 정적과정으로 이루어진 사이클 • 정압하에서 열이 공급되고 정적하에서 열이 방출된다. 정압하에서 열이 공급되므로 정압사이클이라고 하며 저속디젤기관의 기본사이클이다.
아트킨슨사이클	• 2개의 단열과정과 1개의 정압과정, 1개의 정적과정으로 이루어진 사이클 • 사이클의 순서는 단열압축 → 정적가열 → 단열팽창 → 정압방열이다. • 디젤사이클과 구성 과정은 같으나, 아트킨슨사이클은 가스동력사이클이다.
사바테사이클	가열과정이 정압 및 정적과정에서 동시에 이루어지기 때문에 정압-정적 사이클, 즉 복합사이클 또는 이중연소사이클이라고 한다(디젤사이클+오토사이클, 고속디젤기관의 기본사이클).
에릭슨사이클	• 2개의 정압과정과 2개의 등온과정으로 이루어진 사이클 • 사이클의 순서는 등온압축 → 정압가열 → 등온팽창 → 정압방열이다.
브레이턴사이클	• 2개의 정압과정과 2개의 단열과정으로 구성되어 있으며, 가스터빈의 이상 사이클 • 가스터빈의 3대 요소인 압축기, 연소기, 터빈으로 구성되어 있다.

르누아사이클	• 1개의 단열과정과 1개의 정압과정, 1개의 정적과정으로 구성되어 있으며, 사이클의 순서는 정적가열 → 단열팽창 → 정압방열이다. • 동작물질의 압축과정이 없으며 펄스제트 추진계통의 사이클과 유사하다.

✓ 가스동력사이클의 종류 : 브레이턴사이클, 에릭슨사이클, 스털링사이클, 아트킨슨사이클, 르누아사이클

11

정답 ②

[증기 압축식 냉동사이클(냉동기)에서 냉매가 순환하는 경로]
㉠ 압축기 → 응축기 → 팽창밸브(팽창장치) → 증발기
　["압응팽증"이 반복되며 사이클을 이룬다]
㉡ 증발기 → 압축기 → 응축기 → 수액기 → 팽창밸브(팽창장치)
　["증압응수팽"이 반복되며 사이클을 이룬다]

관련이론
[증기 압축식 냉동사이클(냉동기)의 구성요소]

압축기	증발기에서 흡수된 저온·저압의 냉매가스를 압축하여 압력을 상승시켜 분자 간 거리를 가깝게 함으로써 온도를 상승시킨다. 따라서 상온에서도 응축액화가 가능해진다. 압축기 출구를 빠져나온 냉매의 상태는 "고온·고압의 냉매가스"이다.
응축기	압축기에서 토출된 냉매가스를 상온에서 물이나 공기를 사용하여 열을 방출함으로써 응축시킨다. 응축기 출구를 빠져나온 냉매의 상태는 "고온·고압의 냉매액"이다.
팽창밸브	고온·고압의 냉매액을 교축시켜 저온·저압의 상태로 만들어 증발하기 용이한 상태로 만든다. 또한, 증발기의 부하에 따라 냉매공급량을 적절하게 유지해준다. 팽창밸브 출구를 빠져나온 냉매의 상태는 "저온·저압의 냉매액"이다.
증발기	저온·저압의 냉매액이 피냉각물체로부터 열을 빼앗아 저온·저압의 냉매가스로 증발된다. 즉, 냉매는 열교환을 통해 열을 흡수하여 자신은 증발하고, 피냉각물체는 열을 잃어 냉각된다. 즉, 실질적으로 냉동의 목적이 달성되는 곳은 증발기이다. 증발기 출구를 빠져나온 냉매의 상태는 "저온·저압의 냉매가스"이다.

[냉매의 구비 조건]
• 응축압력과 응고온도가 낮아야 한다.
• 임계온도가 높고 상온에서 액화가 가능해야 한다.
• 증기의 비체적이 작아야 한다.
• 증발잠열이 크고 저온에서도 증발압력이 대기압 이상이어야 한다.
• 점도와 표면장력이 작아야 하며 부식성이 없어야 한다.
• 비열비(열용량비)가 크면 압축기의 토출가스온도가 상승하므로 비열비는 작아야 한다.

12

정답 ②

너클핀 이음에서 너클핀의 단면에 수평방향으로 인장하중 P가 작용하면 그림처럼 두 곳이 전단된다. ○ 표시가 된 부분이 전단되는 단면(전단면)이다. 즉, 전단되는 전단면의 면적은 지름이 d인 원의 면적이 되며 총 두 개의 전단면이 존재하게 되므로 전단되는 면적의 2배를 해서 전단응력을 계산해야 한다.

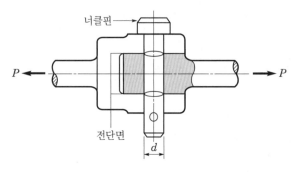

$$\tau = \frac{P}{2A} \quad [\text{여기서}, \ \tau : \text{핀에 발생하는 전단응력}, \ P : \text{하중}, \ A : \text{전단되는 면적}]$$

$$= \frac{P}{2\left(\frac{1}{4}\pi d^2\right)} = \frac{2P}{\pi d^2}, \quad \tau = \tau_{\text{허용}} \text{이므로}$$

$$\therefore d = \sqrt{\frac{2P}{\pi \tau_{\text{허용}}}} = \sqrt{\frac{2 \times (18 \times 10^3)\text{N}}{3 \times 30\text{N/mm}^2}} = 20\text{mm}$$

$$[\text{단}, \ 1\text{MPa} = 1\text{N/mm}^2]$$

13

정답 ③

$$Re_{\text{하임계}} = \frac{\rho V D}{\mu} = \frac{VD}{\nu} \text{ 에 } \nu = \frac{\mu}{\rho} \text{를 대입하여 } V\text{의 식으로 정리하면,}$$

[여기서, ρ : 유체의 밀도, μ : 점성계수, ν : 동점성계수, V : 속도, D : 관 지름]

$$V = \frac{(Re_{\text{하임계}})\nu}{D} = \frac{2,100 \times 0.01\text{cm}^2/\text{s}}{7\text{cm}} = 3\text{cm/s} = 0.03\text{m/s}$$

14

정답 ①

$$\text{비눗방울의 표면장력}(\sigma) = \frac{\triangle P D}{8} = \frac{40\text{N/m}^2 \times 0.05\text{m}}{8} = 0.25\text{N/m}$$

관련이론

[표면장력]
자유수면 부근에 막을 형성하는 데 필요한 <u>단위길이당 당기는 힘</u>

[표면장력의 예]
• 잔잔한 수면 위에 바늘이 뜨는 이유
• 소금쟁이가 물에 뜬다.

[표면장력 특징]
• 응집력이 부착력보다 큰 경우에 표면장력이 발생한다.
• 액체 표면이 스스로 수축하여 되도록 작은 면적을 취하려는 힘의 성질이다.
• 유체의 표면장력(N/m)과 단위면적당 에너지(J/m² = N · m/m² = N/m)는 동일한 단위를 갖는다.

- 분자 사이에 작용하는 힘에 따라 분자가 서로 접촉하여 응축하려고 하며, 이에 따라 표면적이 작은 원모 양이 되려고 한다. 또한, 모든 방향으로 같은 크기의 힘이 작용하여 합력은 0이다.
- 수은>물>비눗물>에탄올 순으로 크며, 합성세제 및 비누 같은 계면활성제는 물에 녹아 물의 표면장력을 감소시킨다. 또한, 표면장력은 온도가 높아지면 낮아진다.
- 표면장력이 클수록 분자 간의 인력이 강하기 때문에 증발하는 데 시간이 오래 걸린다.
- 표면장력은 물의 냉각효과를 떨어뜨린다.
- 물에 함유된 염분은 표면장력을 증가시킨다.

[표면장력의 크기]

물방울	물방울의 표면장력$(\sigma)=\dfrac{\triangle PD}{4}=\dfrac{\triangle PR}{2}$ [여기서, $\triangle P$: 내외부 압력차(내부초과압력), D : 지름, R : 반지름]
비눗방울	비눗방울의 표면장력$(\sigma)=\dfrac{\triangle PD}{8}=\dfrac{\triangle PR}{4}$ ※ 비눗방울은 얇은 2개의 막이 존재하기 때문에 물방울의 표면장력의 $\dfrac{1}{2}$배이다.

[표면장력 단위]

SI 단위	CGS 단위
$N/m=J/m^2=kg/s^2$ [$1J=1N \cdot m$, $1N=kg \cdot m/s^2$]	$dyne/cm$ [$1dyne=1g \cdot cm/s^2=10^{-5}N$]

1dyne	1g의 질량을 $1cm/s^2$의 가속도로 움직이게 하는 힘 [$1dyne=1g \cdot cm/s^2=10^{-5}N$]
1erg	1dyne(다인)의 힘이 그 힘의 방향으로 물체를 1cm 움직이는 일 [$1erg=1dyne \cdot cm=10^{-7}J$]

※ 1erg와 1dyne 단위에 대한 내용은 공기업 기계직 전공필기시험에서 자주 출제된다.

15

정답 ③

[1줄 리벳 겹치기 이음에서 강판의 효율(η)]

$\eta=\dfrac{p-d}{p}=1-\dfrac{d}{p}$

[여기서, p : 피치, d : 리벳의 지름]

16

[암모니아 냉매]

장점	• 냉동효과가 크다(=동일 냉동능력당 냉매 순환량이 적어도 된다).
	   → 높은 성능계수(큰 증발잠열을 가지고 있다)
	• 전열이 양호하여 핀튜브가 필요하지 않다(냉매 중에서 전열효과가 가장 좋다).
	   → 우수한 열 수송능력
	• 설비유지비와 보수비용이 저렴하다.
	• 가격(설치비)이 저렴하다.
	   → 동일 냉동능력이 타냉매보다 좋기 때문에 압축기 및 기타 기기가 불필요하므로 경제적이다.
	• 누출 시 검출이 용이하여 냉매로 인한 손실이 적다.
	   → 누설탐지의 용이성
	• 오존층에 대한 영향이 없다.

단점	• 독성 및 가연성이 있기 때문에 취급에 주의해야 한다. → 암모니아는 냉매 중 아황산가스 다음으로 독성이 강하다. • 비열비(1.31)가 높아 압축 후 토출가스의 온도가 높기 때문에 윤활유를 열화·탄화시켜 냉동장치에 악영향을 초래할 수 있다. 따라서 실린더를 냉각시키는 장치인 워터재킷을 설치해야 한다. • 구리 합금 및 금속 재료에 대해 부식성을 갖는다. 단, 철에는 부식성이 없다. • 윤활유에 용해되지 않아 유회수가 어려우며 수분에 의해 에멀젼 현상을 일으켜 유분리기에서 오일이 분리되지 않고 장치 내로 흘러 들어가 모이게 된다. ※에멀젼 현상 ; 암모니아 냉동장치에 다량의 수분이 공급되면 NH₃와 작용하여 수산화암모늄을 생성하게 되고 이 수산화암모늄은 윤활유의 색을 우유빛으로 변화시키고 윤활유의 진도를 저하시킨다.

[프레온 냉매]

장점	• 무색, 무취, 무미, 무독성이다. • 오일과 용해를 잘하며 비등점의 범위가 넓다. • 열에 대해 안정적이며 전기절연 내력이 크다. • 취급과 구입이 비교적 용이하다.
단점	• 오존층을 파괴하고 지구온난화에 영향을 미친다. • 수분이 침투하면 금속에 대한 부식성이 있다. • 천연고무나 수지를 부식시킨다. • 높은 온도에서 이산화염에 접촉되면 포스겐 가스가 발생하여 위험하다.

17

항력$(D) = C_D \dfrac{\rho V^2}{2} A$

[여기서, C_D : 항력계수, ρ : 밀도, V : 속도, A : 투영면적]

야구공의 형상은 "구" 모양으로, 구를 투영시키면 2차원 원이 된다. 즉, A는 투영면적으로 원의 면적 $\left(\dfrac{1}{4}\pi d^2\right)$을 대입해야 한다.

$$\therefore \ D = C_D \frac{\rho V^2}{2} A = C_D \frac{\rho V^2}{2} \left(\frac{\pi d^2}{4} \right) = 1 \times \frac{1.2 \times 10^2}{2} \times \frac{3 \times 0.1^2}{4} = 0.45\text{N}$$

18

[체적탄성계수(K)]

$$K = \frac{\triangle P}{-\dfrac{\triangle V}{V}} = \frac{1}{\beta}$$

[여기서, β : 압축률, $\triangle P$: 압력변화, $\triangle V$: 체적변화, V : 초기체적]

$$K = \frac{\triangle P}{-\dfrac{\triangle V}{V}} = \frac{(\triangle P) V}{\triangle V} = \frac{(860\text{N/m}^2 - 650\text{N/m}^2) \times 0.5\text{m}^3}{0.5\text{m}^3 - 0.2\text{m}^3} = 350\text{N/m}^2$$

※ 부호는 압력 증가에 따른 체적 감소를 의미하는 것으로 계산 시 생략한다.
• 체적탄성계수 식에서 (−)는 압력이 증가함에 따라 체적이 감소한다는 의미이다.
• 체적탄성계수는 온도의 함수이다.
• 체적탄성계수는 압력에 비례하고 압력과 같은 차원을 갖는다.
• 압력변화에 따른 체적의 변화를 체적탄성계수라고 하며 체적탄성계수의 역수를 압축률(압축계수)이라고 한다.
• 액체를 초기체적에서 압축시켜 체적을 줄이려면 얼마의 압력을 더 가해야 하는가에 대한 물성치라고 보면 된다.
    → 체적탄성계수가 클수록 체적을 변화시키기 위해 더 많은 압력이 필요하다는 의미이므로 압축하기 어려운 액체라고 해석할 수 있다. 즉, 체적탄성계수가 클수록 비압축성에 가까워진다.

19

[연속방정식]

$$Q = A_1 V_1 = A_2 V_2$$

[여기서, Q : 체적유량(m^3/s)]

관을 매초(s)마다 통과하는 물의 양(m^3)은 일정하다.

$$A_1 V_1 = A_2 V_2 \ \rightarrow \ \frac{1}{4} \pi D_1^2 V_1 = \frac{1}{4} \pi D_2^2 V_2$$

$$\therefore \ D_1^2 V_1 = D_2^2 V_2$$

$$25^2 \times 8 = 50^2 \times V_2 \ \rightarrow \ \therefore \ V_2 = 2\text{m/s}$$

20

⑤ Ni−Fe계 합금 중 투자율이 가장 우수한 것은 퍼멀로이이다.

관련이론

[불변강(고니켈강, 고−Ni강)]
온도가 변해도 탄성률 및 선팽창계수가 변하지 않는 강

2021년 상반기 한국철도공사 기출문제 정답 및 해설 **39**

인바	철(Fe) – 니켈(Ni) 36%로 구성된 불변강으로, 선팽창계수가 매우 작아(20℃에서 선팽창계수가 1.2×10^{-6}) 길이의 불변강이다. 시계의 추, 줄자, 표준자, 측정기기, 바이메탈 등에 사용된다.
초인바	기존의 인바보다 선팽창계수가 더 작은 불변강으로, 인바의 업그레이드 형태이다.
엘린바	철(Fe) – 니켈(Ni) 36% – 크롬(Cr) 12%로 구성된 불변강으로, 탄성률(탄성계수)이 불변이다. 정밀저울 등의 스프링, 고급시계, 기타정밀기기의 재료에 적합하다.
코엘린바	엘린바에 코발트(Co)를 첨가한 것으로 공기나 물에 부식되지 않는다. 스프링, 태엽 등에 사용된다.
플래티나이트	철(Fe) – 니켈(Ni) 44~48%로 구성된 불변강으로, 선팽창계수가 유리 및 백금과 거의 비슷하다. 전구의 도입선으로 사용된다.
니켈로이	철(Fe) – 니켈(Ni) 50%의 합금으로 자성재료에 사용된다.
퍼멀로이	철(Fe) – 니켈(Ni) 78.5%의 합금으로 투자율이 매우 우수하여 고투자율 합금이다. 용도로는 발전기, 자심재료, 전기통신 재료로 사용된다.

※ 불변강은 강에 니켈(Ni)이 많이 함유된 강으로 고니켈강과 같은 말이다. 따라서 강에 니켈(Ni)이 많이 함유된 합금이라면(Fe에 Ni이 많이 함유된 합금) 일반적으로 불변강에 포함된다.

21

정답 ④

단면 수축계수$(C_v) = \dfrac{A_c}{A_2}$ [여기서, A_c : 축소부 단면적, A_2 . 확대부 단면적]

$$= \dfrac{\frac{1}{4}\pi(20\text{mm})^2}{\frac{1}{4}\pi(25\text{mm})^2} = \dfrac{400\text{mm}^2}{625\text{mm}^2} = 0.64$$

관련이론

[부차적 손실]

단면 급확대 손실 (단면적이 A_1에서 A_2로 갑자기 확대되는 단면 급확대 손실)	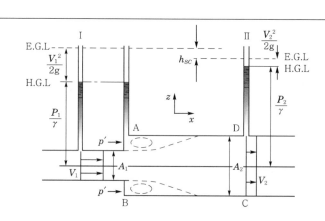

	• 단면 급확대에 의한 손실수두$(h_l) = \dfrac{(V_1 - V_2)^2}{2g}$ 연속방정식$(Q = A_1 V_1 = A_2 V_2)$을 사용하여 주어진 식을 변환하면 $h_l = \left(1 - \dfrac{A_1}{A_2}\right)^2 \dfrac{V_1^2}{2g}$이 된다. • 부차적 손실의 기본형과 비교하여 손실계수는 다음과 같다. $K = \left(1 - \dfrac{A_1}{A_2}\right)^2$ [여기서, K : 단면 급확대 손실계수]
단면 급축소 손실	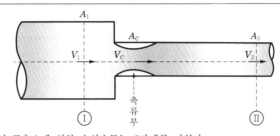 • 단면 급축소에 의한 손실수두는 2단계를 거친다. 　– 1단계 : 지름이 큰 관에서 작은 관으로 축소되는 부분에서 생기는 손실, 　　즉 압력수두가 속도수두로 변하는 과정에서 발생하는 것으로 에너지 손 　　실은 비교적 작다. 　– 2단계 : 다시 축소부에서 하류부로 흐름이 다시 확대될 때 생기는 손실 　　로 축소부에서 확대될 때 유체의 감속부에서 생기는 손실이 급축소 손실 　　의 대부분을 차지한다. • 단면 급축소에 의한 손실수두$(h_l) = \dfrac{(V_c - V_2)^2}{2g}$ [여기서, V_c : 축소부에서의 속도] 연속방정식$(Q = A_c V_c = A_2 V_2)$을 사용하여 주어진 식을 변환하면 $h_l = \left(\dfrac{A_2}{A_c} - 1\right)^2 \dfrac{V_2^2}{2g}$이 된다. 이때, $\dfrac{A_c}{A_2}$는 단면 수축계수(C_v)이다. ★ [여기서, A_c : 축소부 단면적, A_2 : 확대부 단면적]

22

[주철의 종류]

구상흑연 주철	• 주철 속의 흑연이 완전히 구상이며 그 주위가 페라이트 조직으로 되어 있는데 이 형태가 황소의 눈알과 닮았기 때문에 불스아이 조직이라고도 한다. 즉, 페라이트형 구상흑연주철에서 불스아이 조직을 관찰할 수 있다. ※ 흑연을 구상화시키는 방법 : 선철을 용해시킨 후에 마그네슘(Mg), Ca(칼슘), Ce(세륨)을 첨가한다. 흑연이 구상화되면 보통주철에 비해 인성과 연성이 우수해지며 강도도 좋아진다. • 인장강도가 가장 크며 기계적 성질이 매우 우수하다. • 덕타일주철(미국), 노듈라주철(일본) 모두 구상흑연주철을 지칭하는 말이다. ※ 구상흑연주철의 조직 : 시멘타이트, 펄라이트, 페라이트 ※ 페이딩 현상 : 구상화 후에 용탕 상태로 방치하면 흑연을 구상화시켰던 효과가 점점 사라져 결국 보통주철로 다시 돌아가는 현상이다.
고급주철	조직은 펄라이트 또는 소르바이트의 바탕에 흑연이 미세하게 분포되어 있다. 따라서 고급주철은 펄라이트 주철이라고도 불린다. 보통주철보다 기계적·물리적 성질이 우수하다. [미하나이트 주철] • 조직은 펄라이트 바탕에 흑연편이 일정하게 분포되어 우수한 성질을 지닌다. • 저탄소, 저규소의 보통 주철에 칼슘실리케이트(Ca-Si), 규소철(Fe-Si)을 첨가하여 흑연핵의 생성을 촉진(=접종)시키고 흑연을 미세화함으로써 기계적 강도를 높인 주철이다. • 용도로는 피스톤 링, 내연기관의 실린더, 공작기계의 안내면 등에 사용된다. ※ 고급주철의 제조법 : 에멜법, 미한법, 코살리법, 피보와르스키법, 란쯔법
합금주철	주철에 특수한 성질을 주기 위해 특수원소를 첨가한 주철이다.

가단주철	• 보통주철의 여리고 약한 인성을 개선시키기 위해 백주철을 장시간 풀림 처리하여 탄소의 상태를 분해시키고 소실시켜 인성과 연성을 증가시킨 주철이다. 인장강도는 30~40kgf/mm²이다.
	• 유동성이 좋아 주조성이 좋으며 피삭성이 우수하고 열간가공이 가능하다.
	• 대량생산에 적합하며, 프레임, 캠, 기어, 자동차부품, 밸브, 관이음쇠 등에 사용된다.
	• 높은 연성을 가진 재료를 얻기 위한 방법으로, 제조하는 데 시간과 비용이 많이 든다.
	• 흑연의 모양은 회주철의 뾰족한 모양과 달리 둥근 모양으로 연성을 증가시킨다.
	[종류]
	• 백심가단주철 : 탈탄이 주목적이다.
	  - 백심가단주철에서 사용하는 탈탄제는 철광석, 밀 스케일의 산화철이다.
	• 흑심가단주철 : 흑연화가 주목적이다.
	  - 풀림온도 1단계 : 850~950℃이며 유리 시멘타이트를 흑연화하는 것이 목적이다.
	  - 풀림온도 2단계 : 680~720℃이며 펄라이트를 흑연화하는 것이 목적이다.

칠드주철	• 금형에 접촉한 부분만 급랭에 의해 경화된 주철로 냉경주철이라고도 불린다. • 외부는 금형에 접촉하여 급랭되므로 흑연화가 진행되기 어렵다. 따라서 탄소가 시멘타이트로 존재하기 때문에 백주철이며 단단하지만 취성이 있다. • 내부는 외부와 비교하여 급랭이 진행되지 않으므로 어느 정도 흑연화가 진행된다. 따라서 내부의 탄소가 흑연의 형태로 많이 석출되어 있어 회주철이며 비교적 연하다. • 롤, 기차바퀴 등에 사용된다.

23

정답 ③

코일 스프링에 발생하는 최대 전단응력($\tau_{\max}$) $= \dfrac{8PDK}{\pi d^3}$

[여기서, P : 하중, D : 코일의 평균지름, K : 왈의 응력수정계수, d : 소선의 지름(스프링 재료의 지름)]

$\tau_a \geq \tau_{\max} = \dfrac{8PDK}{\pi d^3}$　$\therefore P = \dfrac{\tau_a \pi d^3}{8DK} = \dfrac{340 \times 3 \times 4^3}{8 \times 34 \times 1.2} = 200\text{N}$

24

정답 ②

속도비(i) $= \dfrac{N_2}{N_1} = \dfrac{D_1}{D_2}$　[여기서, 1은 원동차, 2는 종동차를 의미한다]

$\dfrac{N_2}{100} = \dfrac{150}{200}$

$\therefore N_2 = 75\text{rpm}$

25

정답 ⑤

• 속도비(i) $= \dfrac{N_B}{N_A} = \dfrac{D_A}{D_B}$　[여기서, A은 원동차, B는 종동차를 의미한다]

$\dfrac{1}{3} = \dfrac{D_A}{D_B}$ → $\therefore D_B = 3D_A$ → $330\text{mm} = 3D_A$

$\therefore D_A = 110\text{mm}$

• 축간거리(C) $= \dfrac{D_A + D_B}{2}$

$C = \dfrac{D_A + D_B}{2}$ 에 $D_B = 3D_A$를 대입한다.

$\therefore C = \dfrac{D_A + 3D_A}{2} = 2D_A = 2 \times 110\text{mm} = 220\,\text{mm}$

04 2021년 하반기 한국철도공사 기출문제

01	④	02	④	03	⑤	04	①	05	②	06	②	07	④	08	②	09	①	10	⑤
11	④	12	④	13	④	14	③	15	②	16	③	17	⑤	18	①	19	③	20	③
21	④	22	④	23	②	24	③	25	③										

01

정답 ④

[압력의 표현(1기압, 1atm)]

101,325Pa	10.332mH$_2$O	1013.25hPa	1013.25mb
1,013,250dyne/cm^2	1.01325bar	14.696psi	1.033227kgf/cm^2
760mmhg	29.92126inchHg	406.782inchH$_2$O	760torr

[열량의 표현]

1chu	물 1lb를 1℃ 올리는 데 필요한 열량이다. ※ 1chu＝0.4536kcal
1btu	물 1lb를 1℉ 올리는 데 필요한 열량이다. ※ 1btu＝0.252kcal

02

정답 ④

[성능계수(성적계수, ε)]

냉동기의 성능계수(ε_r)	열펌프의 성능계수(ε_h)
$\dfrac{Q_2}{Q_1-Q_2}$	$\dfrac{Q_1}{Q_1-Q_2}$

$$\varepsilon_h - \varepsilon_r = \frac{Q_1}{Q_1-Q_2} - \frac{Q_2}{Q_1-Q_2} = \frac{Q_1-Q_2}{Q_1-Q_2} = 1$$

$\varepsilon_h = 1 + \varepsilon_r$로 도출된다. 즉, 열펌프의 성능계수($\varepsilon_h$)는 냉동기의 성능계수($\varepsilon_r$)보다 1만큼 항상 크다는 관계가 나온다.

$\therefore \ \varepsilon_h = 1 + \varepsilon_r = 1 + 3.2 = 4.2$

03

[사이클의 종류]

오토 사이클	• 가솔린기관(불꽃점화기관)의 이상사이클 • 2개의 정적과정과 2개의 단열과정으로 구성된 사이클로, 정적하에서 열이 공급되기 때문에 정적연소사이클이라고 한다.
사바테 사이클	• 고속디젤기관의 이상사이클(기본사이클) • 2개의 단열과정, 2개의 정적과정, 1개의 정압과정으로 구성된 사이클로, 가열과정이 정압 및 정적과정에서 동시에 이루어지기 때문에 정압−정적사이클(복합사이클, 이중연소사이클, "디젤사이클+오토사이클")이라고 한다.
디젤 사이클	• 저속디젤기관 및 압축착화기관의 이상사이클(기본사이클) • 2개의 단열과정, 1개의 정압과정, 1개의 정적과정으로 구성된 사이클로, 정압하에서 열이 공급되고 정적하에서 열이 방출되기 때문에 정압연소사이클, 정압사이클이라고 한다.
브레이턴 사이클	• 가스터빈의 이상사이클 • 2개의 정압과정과 2개의 단열과정으로 구성된 사이클로, 가스터빈의 이상사이클이며 가스터빈의 3대 요소는 압축기, 연소기, 터빈이다.
랭킨 사이클	• 증기원동소 및 화력발전소의 이상사이클(기본사이클) • 2개의 단열과정과 2개의 정압과정으로 구성된 사이클이다.
에릭슨 사이클	• 2개의 정압과정과 2개의 등온과정으로 구성된 사이클 • 사이클의 순서 : 등온압축 → 정압가열 → 등온팽창 → 정압방열
스털링 사이클	• 2개의 정적과정과 2개의 등온과정으로 구성된 사이클 • 사이클의 순서 : 등온압축 → 정적가열 → 등온팽창 → 정적방열 • 증기원동소의 이상사이클인 랭킨사이클에서 이상적인 재생기가 있다면 스털링 사이클에 가까워진다[역스털링 사이클은 헬륨(He)을 냉매로 하는 극저온 가스냉동기의 기본사이클이다].
아트킨슨 사이클	• 2개의 단열과정, 1개의 정압과정, 1개의 정적과정으로 구성된 사이클 • 사이클의 순서 : 단열압축 → 정적가열 → 단열팽창 → 정압방열 • 디젤사이클과 사이클의 구성 과정은 같으나, 아트킨슨 사이클은 가스동력 사이클이다.
르누아 사이클	• 1개의 단열과정, 1개의 정압과정, 1개의 정적과정으로 구성된 사이클 • 사이클의 순서 : 정적가열 → 단열팽창 → 정압방열 • 동작물질(작동유체)의 압축과정이 없으며 펄스제트 추진계통의 사이클과 유사하다.

04

[이상기체 상태 방정식]

$PV = mRT$

[여기서, P : 압력, V : 체적(부피), m : 질량, R : 기체상수, T : 절대온도]

$$\therefore R = \frac{PV}{mT} = \frac{200\text{kPa} \times 0.7\text{m}^3}{2\text{kg} \times 350\text{K}} = 0.2\text{kJ/kg} \cdot \text{K}$$

05

열량$(Q) = Cm\triangle T$

[여기서, C : 물체(물질)의 비열, m : 물체(물질)의 질량, $\triangle T$: 온도 변화]

$Q = Cm\triangle T = 0.5\text{kcal/kg} \cdot ℃ × 50\text{kg} × (80℃ - 20℃) = 1,500\text{kcal}$

[열의 종류]

현열	상태 변화(상 변화)에는 쓰이지 않고 오로지 온도 변화에만 쓰이는 열량이다. Q(열량)$= Cm\triangle T$로 구할 수 있다. [여기서, C : 물체(물질)의 비열, m : 물체(물질)의 질량, $\triangle T$: 온도 변화]		
잠열	온도 변화에는 쓰이지 않고 오로지 상태 변화(상변화)에만 쓰이는 열량이다.		
		증발잠열	액체 → 기체로 상태 변화(상 변화)시키는 데 필요한 열량 ※ 100℃의 물 1kg을 100℃의 증기로 만드는 데 필요한 증발잠열은 539kcal/kg이다.
		융해잠열	고체 → 액체로 상태 변화(상 변화)시키는 데 필요한 열량 ※ 0℃의 얼음 1kg을 0℃의 물로 상태 변화시키는 데 필요한 융해잠열은 약 80kcal/kg이다.

06

단위가 같은 물리량을 고르면 된다. 단위가 같으면 $[MLT]$ 차원도 동일하기 때문이다.

보기의 기본단위	
토크	N・m(힘×거리이므로)
압력	Pa=N/m^2
에너지	J=N・m
운동량	kg・m/s(질량×속도이므로)
일	J=N・m

동일한 단위(N・m)를 사용하는 물리량은 토크, 에너지, 일이다. 따라서 답은 ㉠, ㉢, ㉤을 선택하면 된다. 굳이 $[MLT]$ 차원으로 변환할 필요가 없다.

[차원 해석]

F	T	L	M
힘(N)	시간(s)	길이(m)	질량(kg)

토크의 단위를 $[MLT]$ 차원으로 변환하는 법

㉠ 토크의 기본 단위는 N・m이다.

㉡ 1N=1kg・m/s^{2}이다($F=ma$이므로).

㉢ 따라서 토크의 기본 단위는 N・m=kg・m/s^2(m)=kg・m^2/s^{2}이 된다.

㉣ kg・m^2/s^{2}을 $[MLT]$ 차원으로 바꾸면 ML^2T^{-2}가 된다.

07

㉠ 어떤 유체의 비중$(S)=\dfrac{\text{어떤 유체의 밀도}(\rho)}{4℃\text{에서의 물의 밀도}(\rho_{H_2O})}$

$0.5=\dfrac{\text{어떤 유체의 밀도}(\rho_{H_2O})}{1{,}000\text{kg/m}^3}$

∴ 어떤 유체의 밀도$(\rho)=0.5\times1{,}000\text{kg/m}^3=500\text{kg/m}^3$

㉡ 비체적$(v,$ 비부피$)$은 체적$(V,$ 부피$)$을 질량(m)으로 나눈 값, 즉 $v=\dfrac{V[\text{m}^3]}{m[\text{kg}]}$이다.

따라서 비체적의 단위는 m^3/kg이 된다. 밀도(ρ)는 $\dfrac{m[\text{kg, 질량}]}{V[\text{m}^2, \text{부피}]}$이다.

[비중] ★
물질의 고유 특성(물리적 성질)으로 경금속(가벼운 금속)과 중금속(무거운 금속)을 나누는 기준이 되는 무차원수이다.

물질의 비중$(S)=\dfrac{\text{어떤 물질의 밀도}(\rho) \text{ 또는 어떤 물질의 비중량}(\gamma)}{4℃\text{에서의 물의 밀도}(\rho_{H_2O}) \text{ 또는 물의 비중량}(\gamma_{H_2O})}$

결국, 단위 및 식을 보면 비체적과 밀도는 서로 역수의 관계를 갖는다는 것을 알 수 있다.

∴ $v=\dfrac{1}{\rho}=\dfrac{1}{500\text{kg/m}^3}=0.002\text{m}^3/\text{kg}=2\times10^{-3}\text{m}^3/\text{kg}$

08

질량보존의 법칙을 기반으로 한 연속방정식을 사용한다.
$Q=AV$
[여기서, Q : 체적유량(부피유량, m^3/s), A : 유동 단면적, V : 유속(속도)]
유동 단면적(A)은 "유동깊이×수로 폭"이므로 $0.2\text{m}\times0.4\text{m}=0.08\text{m}^2$이다.

∴ $V=\dfrac{Q}{A}=\dfrac{0.8\text{m}^3/\text{s}}{0.08\text{m}^2}=10\text{m/s}$

09

$Re=\dfrac{\rho Vd}{\mu}=\dfrac{600\times1.5\times0.01}{0.005}=1{,}800$

원형관(원관, 파이프)에서의 흐름 종류의 조건에 따라 "레이놀즈수$(Re)<2{,}000$"이므로 층류 흐름이다.

관련이론

[레이놀즈수]

<u>층류와 난류</u>를 구분하는 척도로 사용되는 무차원수이다.

레이놀즈수(Re)	$Re = \dfrac{\rho Vd}{\mu} = \dfrac{Vd}{\nu} = \dfrac{관성력}{점성력}$
	[여기서, ρ : 유체의 밀도, V : 속도, 유속, d : 관의 지름(직경), ν : 유체의 점성계수]
	레이놀즈수는 점성력에 대한 관성력의 비라고 표현된다.
	※ 동점성계수(ν) $= \dfrac{\mu}{\rho}$

레이놀즈수의 범위	원형관	상임계레이놀즈수(층류 → 난류로 변할 때)	4,000
		하임계레이놀즈수(난류 → 층류로 변할 때)	2,000~2,100
	평판	임계레이놀즈수	$500,000(=5 \times 10^5)$
	개수로	임계레이놀즈수	500
	관 입구에서 경계층에 대한 임계레이놀즈수		$600,000(=6 \times 10^5)$
	원형관(원관, 파이프)에서의 흐름 종류의 조건		
	층류 흐름	$Re < 2,000$	
	천이 구간	$2,000 < Re < 4,000$	
	난류 흐름	$Re > 4,000$	

※ 일반적으로 임계레이놀즈수라고 하면 "하임계레이놀즈수"를 말한다.

※ 임계레이놀즈수를 넘어가면 난류 흐름이다.

※ 관수로 흐름은 주로 <u>압력</u>의 지배를 받으며, 개수로 흐름은 주로 <u>중력</u>의 지배를 받는다.

※ 관내 흐름에서 자유 수면이 있는 경우에는 개수로 흐름으로 해석한다.

10
정답 ⑤

항력(C) $= C_D \dfrac{\rho V^2}{2} A$

[여기서, C_D : 항력계수, ρ : 유체의 밀도, V : 유체의 속도, A : 물체의 진행 방향에서 본 투영면적]

$\therefore C_D = \dfrac{2C}{\rho A V^2}$

11
정답 ④

길이가 L인 외팔보(켄틸레버보)의 자유단(끝단)에 집중하중 P가 작용할 때 자유단(끝단)에서 발생하는

최대 처짐량($\delta_{\max}$) $= \dfrac{PL^3}{3EI}$

12

정답 ④

푸아송비$(\nu) = \dfrac{\varepsilon_{가로}}{\varepsilon_{세로}} = \dfrac{0.005}{0.02} = 0.25$

[여기서, $\varepsilon_{가로}$: 가로변형률(횡변형률), $\varepsilon_{세로}$: 세로변형률(종변형률)]

관련이론

[푸아송비(ν)]

세로변형률에 대한 가로변형률의 비로 최대 0.5의 값을 갖는다.

푸아송비$(\nu) = \dfrac{\varepsilon_{가로}}{\varepsilon_{세로}} = \dfrac{1}{m(푸아송수)} \leq 0.5$

원형 봉에 인장하중이 작용했을 때의 푸아송비는 다음과 같다.

$$\nu = \dfrac{\varepsilon_{가로}}{\varepsilon_{세로}} = \dfrac{\frac{\delta}{d}}{\frac{\lambda}{L}} = \dfrac{L\delta}{d\lambda}$$

[여기서, L : 원형 봉(재료)의 길이, λ : 길이 변형량, d : 원형 봉(재료)의 지름(직경), δ : 지름 변형량]

[여러 재료의 푸아송비]

코르크	유리	콘크리트	강철(steel)	알루미늄(Al)
0	0.18~0.3	0.1~0.2	0.28	0.32
구리(Cu)	티타늄(Ti)	금(Au)	고무	납(Pb)
0.33	0.27~0.34	0.42~0.44	0.5	0.43

13

정답 ④

사각형 단면	최대전단응력$(\tau_{\max}) = \dfrac{3V_{\max}}{2A}$ [여기서, $V_{\max}$: 최대 전단력, A : 단면적]
원형 단면	최대전단응력$(\tau_{\max}) = \dfrac{4V_{\max}}{3A}$

사각형 단면이므로 보의 중립축에서 발생하는 최대전단응력$(\tau_{\max})$은 다음과 같다.

$$\therefore \tau_{\max} = \dfrac{3V}{2A} = \dfrac{3V}{2(bh)} = \dfrac{3 \times 240\text{N}}{2 \times 0.4\text{m} \times 0.5\text{m}} = 1,800\text{N/m}^3(=\text{Pa}) = 1.8\text{kPa}$$

14

정답 ③

[비틀림모멘트(T)에 의해 봉에 발생하는 전단응력(τ)]

속이 꽉 찬 봉 (중실축)	$T = \tau Z_P$ [여기서, $Z_P = \dfrac{\pi d^3}{16}$: 중실축의 극단면계수] $\therefore \ T = \tau Z_P = \tau \left(\dfrac{\pi d^3}{16} \right)$
속이 빈 봉 (중공축)	$T = \tau Z_P$ [여기서, $Z_P = \dfrac{\pi(d_2^4 - d_1^4)}{16 d_2}$: 중공축의 극단면계수, d_2 : 중공축의 바깥지름, d_1 : 중공축의 안지름] $\therefore \ T = \tau Z_P = \tau \left[\dfrac{\pi(d_2^4 - d_1^4)}{16 d_2} \right]$

$$\therefore \ T_{\text{비틀림 모멘트}} = \tau Z_P = \tau \left(\frac{\pi d^3}{16} \right) = (1 \times 10^6 \text{Pa}) \left[\frac{3 \times (0.4\text{m})^3}{16} \right] = 12{,}000 \text{N} \cdot \text{m} = 12 \text{kN} \cdot \text{m}$$

15

정답 ②

얇은 회선체(풀리, 림 등)에 발생하는 응력(σ) $= \dfrac{\gamma V^2}{g}$

[여기서, γ : 재료의 비중량, V : 원주속도, g : 중력가속도, $V_{\text{원주속도}} = \dfrac{\pi D N}{60}$, D : 물체의 지름, N : 회전수]

㉠ $V = \dfrac{\pi D N}{60} = \dfrac{3 \times 0.5\text{m} \times 1{,}200\text{rpm}}{60} = 30\text{m/s}$

㉡ $\sigma = \dfrac{\gamma V^2}{g}$

$\therefore \ \gamma = \dfrac{\sigma g}{V^2} = \dfrac{0.9 \times 10^6 \text{N/m}^2 \times 10\text{m/s}^2}{(30\text{m/s})^2} = 10{,}000 \text{N/m}^3$

16

정답 ③

[비중 ★]

물질의 고유 특성(물리적 성질)으로 경금속(가벼운 금속)과 중금속(무거운 금속)을 나누는 기준이 되는 무차원수이다.

비중 계산식	물질의 비중$(S) = \dfrac{\text{어떤 물질의 밀도}(\rho)\ \text{또는 어떤 물질의 비중량}(\gamma)}{4\text{℃에서의 물의 밀도}(\rho_{H_2O})\ \text{또는 물의 비중량}(\gamma_{H_2O})}$

| 비중에 따른 금속의 분류 | 경금속 | 가벼운 금속으로 비중이 4.5보다 작은 것을 말한다. |

금속	비중	금속	비중
리튬(Li)	0.53	베릴륨(Be)	1.85
나트륨(Na)	0.97	알루미늄(Al)	2.7
마그네슘(Mg)	1.74	티타늄(Ti)	4.4~4.506

※ 티타늄(Ti)은 재질에 따라 비중이 다르며, 그 범위는 4.4~4.506이다. 일반적으로 티타늄의 비중은 4.5로 경금속과 중금속의 경계에 있지만 경금속에 포함된다.
※ 나트륨(Na)은 소듐과 같은 말이다.

중금속 — 무거운 금속으로 비중이 4.5보다 큰 것을 말한다.

금속	비중	금속	비중
주석(Sn)	5.8~7.2	몰리브덴(Mo)	10.2
바나듐(V)	6.1	은(Ag)	10.5
크롬(Cr)	7.2	납(Pb)	11.3
아연(Zn)	7.14	텅스텐(W)	19
망간(Mn)	7.4	금(Au)	19.3
철(Fe)	7.87	백금(Pt)	21
니켈(Ni)	8.9	이리듐(Ir)	22.41
구리(Cu)	8.96	오스뮴(Os)	22.56

※ 이리듐(Ir)은 운석에 가장 많이 포함된 원소이다.

17

정답 ⑤

⑤ 케이스하드닝(case hardening)은 침탄 후 담금질 열처리를 하는 것을 말한다.

관련이론

[열처리의 종류]

기본 열처리	담금질(quenching, 소입), 뜨임(tempering, 소려), 풀림(annealing, 소둔), 불림(normalizing, 소준)
표면경화법	침탄법, 질화법, 청화법, 고주파경화법, 화염경화법, 숏피닝 등
항온열처리	항온뜨임, 항온풀림, 항온담금질(오스템퍼링, 마템퍼링, 마퀜칭, MS퀜칭), 오스포밍

[항온담금질의 종류]

오스템퍼링	강을 오스테나이트 상태로 가열한 후에 300~350℃의 온도에서 담금질하여 하부 베이나이트 조직으로 변태시킨 후 공랭하는 방법으로 강인한 베이나이트 조직을 얻을 때 사용한다. • 항온 열처리 온도 250~350℃ : 하부 베이나이트 • 항온 열처리 온도 350~550℃ : 상부 베이나이트
마템퍼링	M_s점과 M_f점 사이에서 항온 유지 후 꺼내어 공기 중에서 냉각하여 마텐자이트와 베이나이트의 혼합 조직을 얻는 방법이다.
마퀜칭	강을 오스테나이트 상태로 가열한 후에 M_s점 바로 위에서 기름이나 염욕에 담구어 담금질하여 재료의 내부 및 외부가 같은 온도가 될 때까지 항온을 유지시킨 후 공랭하여 열처리하는 방법으로 담금균열과 변형이 작은 마텐자이트 조직을 얻을 때 사용한다.
MS퀜칭	강을 M_s점보다 약간 낮은 온도에서 담금질하여 물이나 기름 중에서 급랭시키는 방법으로 잔류 오스테나이트를 감소시킨다.

18

정답 ①

[경도시험법의 종류]

종류	시험 원리	압입자	경도값
브리넬 경도 (HB)	압입자인 강구에 일정량의 하중을 걸어 시험편의 표면에 압입한 후, 압입자국의 표면적크기와 하중의 비로 경도를 측정한다.	강구	$HB = \dfrac{P}{\pi dt}$ 여기서, πdt : 입입면직 P : 하중
비커스 경도 (HV)	• 압입자에 1~120kgf의 하중을 걸어 자국의 대각선 길이로 경도를 측정하고, 하중을 가하는 시간은 캠의 회전속도로 조절한다. • 압흔자국이 극히 작으며 시험 하중을 변화시켜도 경도 측정치에는 변화가 없다. 그리고 침탄층, 질화층, 탈탄층의 경도 시험에 적합하다.	136° 다이아몬드 피라미드 압입자	$HV = \dfrac{1.854P}{L^2}$ 여기서, L : 대각선 길이 P : 하중
로크웰 경도 (HRB, HRC)	압입자에 하중을 걸어 압입자국(홈)의 깊이를 측정하여 경도를 측정한다. 담금질된 강재의 경도시험에 적합하다. – 예비하중 : 10kgf – 시험하중 : B스케일 : 100kg 　　　　　　 C스케일 : 150kg • 로크웰B(HRB) : 연한 재료의 경도 시험에 적합하다. • 로크웰C(HRC) : 경한 재료의 경도 시험에 적합하다.	• B스케일 ϕ1.588mm 강구(1/16인치) • C스케일 120° 다이아몬드(콘)	$HRB = 130 - 500h$ $HRC = 100 - 500h$ 여기서, h : 압입깊이

종류	시험 원리	압입자	경도값
쇼어 경도 (HS)	추를 일정한 높이에서 낙하시켜, 이 추의 반발높이를 측정해서 경도를 측정한다. [특징] • 측정자에 따라 오차가 발생할 수 있다. • 재료에 흠을 내지 않는다. • 주로 완성된 제품에 사용한다. • 탄성률이 큰 차이가 없는 곳에 사용해야 한다. 탄성률 차이가 큰 재료에는 부적당하다. • 경도치의 신뢰도가 높다.	다이아몬드 추	$HS = \dfrac{10,000}{65}\left(\dfrac{h}{h_0}\right)$ 여기서, h : 반발높이 h_0 : 초기 낙하 체의 높이
누프 경도 (HK)	• 정면 꼭지각이 172°, 측면 꼭지각이 130°인 다이아몬드 피라미드를 사용하고 대각선 중 긴 쪽을 측정하여 계산한다. 즉, 한 쪽 대각선이 긴 피라미드 형상의 다이아몬드 압입자를 사용해서 경도를 측정한다. • 누프경도시험법은 <u>마이크로경도시험법</u>에 해당한다.	정면 꼭지각 172°, 측면 꼭지각 130°인 다이아몬드 피라미드	$HK = \dfrac{14.2P}{L^2}$ 여기서, L : 긴 쪽의 대각선 길이 P : 하중

[기타 경도 시험법의 종류]

듀로미터 (스프링식 경도시험기의 일종)	• 고무나 플라스틱 등에 적용한다. • 1초 동안 정하중을 빠르게 가해 압입한 후, 압입깊이를 측정한다. • 경도값은 압입된 깊이에 반비례한다. • 연한 탄성재료에 적용한다.	
마이어 경도시험	압입자를 강구로 사용했을 때 브리넬 경도 대신 압흔 지름(d)으로 산출된 자국의 투영면적(A)으로 나눈 값인 평균 압력을 마이어 경도 P_m으로 표시한다. $P_m = \dfrac{P}{A} = \dfrac{4P}{\pi d^2}$ [MPa=N/mm^2]	
긋기 경도시험	물체를 표준시편으로 긁어 어느 쪽에 긁힌 흔적이 발생하는지 관찰한다.	
	마르텐스 긁힘 시험	마르텐스 경도 시험은 긋기 경도 시험의 일종으로, 꼭지각이 90°인 원추형의 다이아몬드를 시험편 표면에 폭이 0.01mm인 긋기 홈집을 만들기 위해 다이아몬드에 가할 하중의 무게를 경도로 표시한다.
	모스 경도시험	열 가지 종류의 표준 물질을 정하고 이것으로 시험 물체를 긁힘 흔적을 나타내는 능력에 따라 정상적으로 경도의 순위를 정한다.

미소경도시험 (micro hardness test)	미소경도시험은 1kgf 이하의 하중으로 136° 다이아몬드 피라미드형 비커즈 압입자 또는 누프 다이아몬드 압입자를 이용한 경도시험이다. **[미소 경도를 사용하는 경우]** • 절삭공구의 날 부위 경도 측정 • 시험편이 작고 경도가 높은 부분 측정 • 박판 또는 가는 선재의 경도 측정 • 도금된 부분의 경도 측정 • 치과용 공구의 경도 측정

19

정답 ③

엘린바 (elinvar)		Fe – Ni 36% – Cr 12%로 구성된 불변강으로, 탄성률(탄성계수)이 불변이다. 용도로는 정밀저울 등의 스프링, 고급시계, 기타 정밀기기의 재료에 적합하다.
모넬메탈 (monel metal)		구리(Cu) – 니켈(Ni) 65~70%의 합금으로, 내식성과 내열성이 우수하며 기계적 성질이 좋기 때문에 펌프의 임펠러, 터빈 블레이드 재료로 사용된다.
베빗메탈 (babbitt metal)	**[베어링용 합금]**	
	화이트메탈 [주석(Sn)과 납(Pb)의 합금으로 자독차 등에 사용된다]	**[주석계, 납(연)계, 아연계, 카드뮴계]** • 주석계에서는 베빗메탈[안티몬(Sb)–아연(Zn)–주석(Sn)–구리(Cu)]가 대표적이다. • 베빗메탈은 주요 성분이 안티몬(Sb)–아연(Zn)–주석(Sn)–구리(Cu)인 합금으로 내열성이 우수하므로 내연기관용 베어링 재료로 사용된다.
	구리계	청동, 인청동, 납청동, 켈밋
	소결 베어링 합금	**[오일리스 베어링]** • "구리(Cu)+주석(Sn)+흑연"을 고온에서 소결시켜 만든 것이다. • 분말야금공정으로 오일리스 베어링을 생산할 수 있다. • 다공질재료이며 구조상 급유가 어려운 곳에 사용한다. • 급유 시에 기계가동중지로 인한 생산성의 저하 방지가 가능하다. • 식품기계, 인쇄기계 등에 사용되며 고속중하중에 부적합하다. ※ 다공질인 이유 : 많은 구멍 속으로 오일이 흡착되어 저장이 되므로 급유가 곤란한 곳에 사용될 수 있기 때문이다.
퍼멀로이 (permalloy)		철(Fe) – 니켈(Ni) 78%의 합금으로, 투자율이 매우 우수하여 고투자율 합금이다. 용도로는 발전기, 자심 재료, 전기통신 재료로 사용된다.
인코넬 (inconel)		니켈(Ni) 78% – 크롬(Cr) 12~14%인 합금으로, 내열성이 우수하며 900℃ 이상의 산화기류 속에서도 산화하지 않고 황을 함유한 대기에도 침지되지 않는다. 진공관의 필라멘트, 전열기 부품, 열전대, 열전쌍의 보호관, 원자로의 연료용 스프링재 등의 용도로 사용된다.

20

[금속의 결정구조]

체심입방격자 (BCC, Body Centered Cubic)		
	입방체의 8개의 구석에 각 1개씩의 원자와 입방체의 중심에 1개의 원자가 있는 결정격자이며 가장 많이 볼 수 있는 구조의 하나이다(<u>모양 구조에서 가장 중심에 원자가 있는 것</u>).	
	BCC에 속하는 금속	Mo, W, Cr, V, Na, Li, Ta, $\delta-Fe$, $\alpha-Fe$ 등
	특징	• 강도 및 경도가 크다(전성·연성이 작다). • 용융점(융점, 녹는점)이 높다.
면심입방격자 (FCC, Face Centered Cubic)		
	입방체에 있어서 8개의 꼭지점과 6개 면의 중심에 원자가 있는 단위격자로 된 결정격자이다(면의 중심에 원자가 있는 것).	
	FCC에 속하는 금속	$\beta-Co$, Ca, Pb, Ni, Ag, Cu, Au, Al, $\gamma-Fe$ 등
	특징	• 강도 및 경도가 작다. • 전성 및 연성이 크다(가공성이 우수하다).
조밀육방격자 (HCP, Hexagonal Closed Packed)		
	정육각기둥의 각 위, 아랫면 꼭지점과 중심, 정삼각기둥의 중심에 원자가 배열된 결정격자이다.	
	HCP에 속하는 금속	Zn, Be, $\alpha-Co$, Mg, Ti, Cd, Zr, Ce 등
	특징	• 전성과 연성이 나쁘다(가공성이 나쁘다). • 취성(메짐)이 있다.

[각 금속의 결정구조에 속하는 금속의 종류_암기법 ★]

BCC에 속하는 금속	Mo, W, Cr, V, Na, Li, Ta, $\delta-$Fe, $\alpha-$Fe 등
암기법	모우(Mow)스크(Cr)바(V)에 있는 나(Na)리(Li)타(Ta) 공항에서 델리($\delta-$Fe) 알리($\alpha-$Fe)가 (체)했다.
FCC에 속하는 금속	$\beta-$Co, Ca, Pb, Ni, Ag, Cu, Au, Al, $\gamma-$Fe 등
암기법	(면)먹고 싶다. 코(Co)카(Ca)콜라 납(Pb)니(Ni)? 은(Ag)구(Cu)금(Au)알(Al)
HCP에 속하는 금속	Zn, Be, $\alpha-$Co, Mg, Ti, Cd, Zr, Ce 등
암기법	아(Zn)베(Be)가 꼬(Co)마(Mg)에게 티(Ti)셔츠를 사줬다. 카(Cd)드 지(Zr)르세(Ce)

[금속의 결정구조_핵심 내용]

	체심입방격자 (BCC, Body Centered Cubic)	면심입방격자 (FCC, Face Centered Cubic)	조밀육방격자 (HCP, Hexagonal Closed Packed)
단위격자(단위세포) 내 원자수	2	4	2
배위수(인접 원자수)	8	12	12
축진율(공간채움률)	68%	74%	74%

참고

마텐자이트는 체심정방격자(BCT, Body Centered Tetragonal lattice)이다. 일반적으로 체심정방격자 1개가 차지하는 원자수의 수는 2개이다.

21

정답 ④

[기계요소의 종류]

결합용	나사, 볼트, 너트, 키, 핀, 리벳, 코터
축용	축, 축이음, 베어링
직접 전동(동력 전달)용	마찰차, 기어, 캠
간접 전동(동력 전달)용	벨트, 체인, 로프
제동 및 완충용	브레이크, 스프링, 관성차(플라이휠)
관용	관, 밸브, 관이음쇠

참고

축용 기계요소는 동력 전달용(전동용) 기계요소에 포함될 수 있다. 축은 기본적으로 넓은 의미에서 동력을 전달하는 막대 모양의 기계 부품이기 때문이다.

22

정답 ④

[볼트의 설계]

$$응력(\sigma) = \frac{P}{A} = \frac{4P}{\pi d^2}$$

$$\therefore d = \sqrt{\frac{4P}{\pi \sigma_a}} = \sqrt{\frac{4 \times 4,800}{3 \times 25}} = 16\text{mm}$$

23

정답 ②

너트의 풀림 방지 방법	• 분할핀 사용 • 로크너트 사용 • 와셔 사용 • 플라스틱 플러그 사용	• 작은 나사 사용 • 철사 사용 • 자동죔너트 사용

※ 분할핀 : 가운데가 두 갈래로 되어 있는 핀으로, 너트의 풀림 방지나 부품을 축에 결부하는 데 사용되며 핀을 끼우고 난 후 빠지지 않도록 끝을 굽혀 고정한다.

※ 홈붙이 너트 : 너트의 풀림을 방지하기 위해 분할핀을 삽입할 수 있도록 홈이 있는 너트이다.

※ 스프링핀은 세로 방향으로 쪼개져 있으며 분할핀은 전체가 두 갈래로 나뉘어져 있다.

24

정답 ③

[아크용접의 종류]

스터드 아크용접, 원자 수소 아크용접, 불활성 가스 아크용접(MIG, TIG), 탄소 아크용접, 플래시 용접, 탄산가스(CO_2) 아크용접, 플라즈마 아크용접, 피복 아크용접, 서브머지드 아크용접(잠호 용접, 불가시 아크용접, 자동 금속 아크용접, 유니언 멜트 용접, 링컨 용접, 케네디 용접)

25

정답 ③

[커플링의 종류]

올덤 커플링	두 축이 서로 평행하거나 두 축의 거리가 가까운 경우, 두 축의 중심선이 서로 어긋날 때 사용하고 각속도의 변화없이 회전력 및 동력을 전달하고자 할 때 사용하는 커플링이다. 고속 회전하는 축에는 윤활과 관련된 문제와 원심력에 의한 진동 문제로 부적합하다.
유체 커플링	유체를 매개체로 하여 동력을 전달하는 커플링으로 구동축에 직결해서 돌리는 날개차(터빈 베인)와 회전되는 날개차(터빈 베인)가 유체 속에서 서로 마주 보고 있는 구조를 가지고 있는 커플링이다.
유니버셜 커플링	두 축이 같은 평면상에 있으면서 두 축의 중심선이 30° 이하로 교차할 때 사용되며 운전 중 속도가 변해도 무방하며 상하좌우로 굴절이 가능한 커플링이다. • 자재이음 및 훅조인트로도 불린다. • 자동차에 보편적으로 사용되는 커플링이다.

유니버셜 커플링	**[사용 가능한 각도 범위]**	
	가장 이상적인 각도	5° 이하
	일반적인 사용 각도	30° 이하
	사용할 수 없는 각도	45° 이상
셀러 커플링	머프 커플링을 셀러가 개량한 것으로 2개의 주철제 원뿔통을 3개의 볼트로 조여서 사용하며 원추형이 중앙으로 갈수록 지름이 가늘어진다. • 커플링의 바깥 통을 벨트 풀리로도 사용할 수 있다. • 테이퍼 슬리브 커플링이라고도 한다.	
플렉시블 커플링	원칙적으로 직선상에 있는 두 축의 연결에 사용하나 양축 사이에 다소의 상호 이동은 허용되며, 온도의 변화에 따른 축의 신축 또는 탄성변형 등에 의한 축심의 불일치를 완화하여 원활히 운전할 수 있는 커플링이다. • 양 플랜지를 고무나 가죽으로 연결한다. • 회전축이 자유롭게 움직일 수 있는 장점이 있다. • 충격 및 진동을 흡수할 수 있다. • 탄성력을 이용한다. • 토크의 변동이 심할 때 사용한다.	

※ 두 축의 중심이 일치하지 않는 경우에 사용할 수 있는 커플링의 종류 : 올덤 커플링, 유니버셜 커플링, 플렉시블 커플링

05 2022년 상반기 한국철도공사 기출문제

01	①	02	③	03	④	04	③	05	③	06	②	07	①	08	②	09	④	10	③
11	⑤	12	③	13	③	14	③	15	①	16	④	17	③	18	④	19	④	20	③
21	⑤	22	⑤	23	⑤	24	⑤	25	②												

01

정답 ①

[성능계수(성적계수, ε)]

냉동기의 성적계수(ε_r)	$$\varepsilon_r = \frac{Q_2}{Q_1 - Q_2} = \frac{T_2}{T_1 - T_2}$$ 여기서, Q_1 : 고열원으로 방출되는 열량 Q_2 : 차가운 곳을 더 차갑게 냉동시키기 위해 저열원으로부터 흡수하는 열량 T_1 : 응축기 온도, 고열원의 온도 T_2 : 증발기 온도, 저열원의 온도 W : 투입된 기계적인 일, 압축기 일량($Q_1 - Q_2$)
열펌프의 성적계수(ε_h)	$$\varepsilon_h = \frac{Q_1}{Q_1 - Q_2} = \frac{T_1}{T_1 - T_2}$$ 여기서, Q_1 : 고열원으로 방출되는 열량 Q_2 : 저열원으로부터 흡수한 열량 T_1 : 고열원의 온도 T_2 : 저열원의 온도 W : 투입된 기계적인 일($Q_1 - Q_2$)

풀이

냉동사이클이므로 냉동기의 성능계수(ε_r) $= \dfrac{T_2}{T_1 - T_2}$를 사용한다.

증발온도가 일정하므로 T_2가 일정하다. 따라서 T_2를 상수(고정 값, C)로 생각하고, 냉동기의 성능계수(ε_r)를 따져보면 된다.

$\varepsilon_r = \dfrac{T_2}{T_1 - T_2} = \dfrac{C}{T_1 - C}$가 된다. 이 식을 통해 냉동기의 성능계수($\varepsilon_r$)는 T_1(응축기 온도, 응축온도)이 작을수록 커진다는 것을 알 수 있다(반비례 관계이므로).

따라서, 보기 중 T_1(응축기 온도, 응축온도)이 가장 작은 것을 선택하면 된다.

필수참고

$$\varepsilon_h - \varepsilon_r = \frac{Q_1}{Q_1 - Q_2} - \frac{Q_2}{Q_1 - Q_2} = \frac{Q_1 - Q_2}{Q_1 - Q_2} = 1$$

∴ $\varepsilon_h = 1 + \varepsilon_r$로 도출된다. 즉, 열펌프의 성능계수($\varepsilon_h$)는 냉동기의 성능계수($\varepsilon_r$)보다 항상 1만큼 크다는 관계가 나온다.

02
정답 ③

[비열비(k)와 기체상수(R)]

$$k = \frac{C_p}{C_v}$$

$$R = C_p - C_v$$

[여기서, k : 비열비, C_p : 정압비열, C_v : 정적비열, R : 기체상수]

풀이

$$\therefore k = \frac{C_p}{C_v} = \frac{240\text{J/kg} \cdot \text{K}}{160\text{J/kg} \cdot \text{K}} = 1.5$$

03
정답 ④

[여러 사이클의 종류]

오토 사이클	• 가솔린기관(불꽃점화기관)의 이상사이클 • 2개의 정적과정과 2개의 단열과정으로 구성된 사이클로, 정적하에서 열이 공급되기 때문에 정적연소 사이클이라고 한다.
사바테 사이클	• 고속디젤기관의 이상사이클(기본사이클) • 2개의 단열과정, 2개의 정적과정, 1개의 정압과정으로 구성된 사이클로, 가열과정이 정압 및 정적과정에서 동시에 이루어지기 때문에 정압-정적 사이클(복합사이클, 이중연소사이클, "디젤사이클+오토사이클")이라고 한다.
디젤 사이클	• 저속디젤기관 및 압축착화기관의 이상사이클(기본사이클) • 2개의 단열과정, 1개의 정압과정, 1개의 정적과정으로 구성된 사이클로, 정압하에서 열이 공급되고 정적하에서 열이 방출되기 때문에 정압연소사이클, 정압사이클이라고 한다.
브레이턴 사이클	• 가스터빈의 이상사이클 • 2개의 정압과정과 2개의 단열과정으로 구성된 사이클로, 가스터빈의 이상사이클이며, 가스터빈의 3대 요소는 압축기, 연소기, 터빈이다. • 선박, 발전소, 항공기 등에서 사용된다.
랭킨 사이클	• 증기원동소 및 화력발전소의 이상사이클(기본사이클) • 2개의 단열과정과 2개의 정압과정으로 구성된 사이클이다.
에릭슨 사이클	• 2개의 정압과정과 2개의 등온과정으로 구성된 사이클 • 사이클의 순서 : 등온압축 → 정압가열 → 등온팽창 → 정압방열

스털링 사이클	• 2개의 정적과정과 <u>2개의 등온과정</u>으로 구성된 사이클 • 사이클의 순서 : 등온압축 → 정적가열 → 등온팽창 → 정적방열 • 증기원동소의 이상사이클인 랭킨사이클에서 이상적인 재생기가 있다면 스털링 사이클에 가까워진다(역스털링 사이클은 헬륨(He)을 냉매로 하는 극저온 가스냉동기의 기본사이클이다).
아트킨슨 사이클	• 2개의 단열과정, 1개의 정압과정, 1개의 정적과정으로 구성된 사이클 • 사이클의 순서 : 단열압축 → 정적가열 → 단열팽창 → 정압방열 • <u>디젤사이클과 사이클의 구성 과정은 같으나, 아트킨슨 사이클은 가스동력 사이클이다.</u>
르누아 사이클	• 1개의 단열과정, 1개의 정압과정, 1개의 정적과정으로 구성된 사이클 • 사이클의 순서 : 정적가열 → 단열팽창 → 정압방열 • 동작물질(작동유체)의 압축과정이 없으며 펄스제트 추진계통의 사이클과 유사하다.

[브레이턴 사이클의 열효율(η_B)]

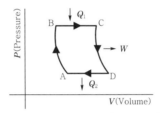

㉠ 온도(T)식 : $\eta_B = \dfrac{W}{Q_1} = \dfrac{Q_1 - Q_2}{Q_1} = 1 - \dfrac{Q_2}{Q_1} = 1 - \dfrac{C_p(T_D - T_A)}{C_p(T_C - T_B)} = 1 - \dfrac{(T_D - T_A)}{(T_C - T_B)}$

㉡ 압력비(ρ)와 비열비(k)식 : $\eta_B = 1 - \left(\dfrac{1}{\rho}\right)^{\frac{k-1}{k}}$

위 식을 기반으로 브레이턴의 열효율은 압력비(ρ)와 비열비(k)에 영향을 받는다는 것을 알 수 있다.

04

정답 ③

[가솔린기관(불꽃점화기관)]
• <u>가솔린기관의 이상사이클은 오토(otto) 사이클이다.</u>
• 오토(otto) 사이클은 <u>2개의 정적과정과 2개의 단열과정</u>으로 구성되어 있다.
• 오토(otto) 사이클은 정적하에서 열이 공급되므로 <u>정적연소 사이클</u>이라 한다.

오토(otto) 사이클의 열효율(η)	$\eta = 1 - \left(\dfrac{1}{\varepsilon}\right)^{k-1}$ [단, ε : 압축비, k : 비열비] • 비열비(k)가 일정한 값으로 정해지면 <u>압축비(ε)가 높을수록 이론 열효율(η)이 증가한다.</u>
혼합기	<u>공기와 연료의 증기가 혼합된 가스를 혼합기</u>라 한다. 즉, 가솔린기관에서 혼합기는 기화된 휘발유에 공기를 혼합한 가스를 말하며 이 가스를 태우는 힘으로 가솔린기관이 작동된다. ※ 문제에서 "혼합기의 특성은 이미 결정되어 있다"라는 의미는 <u>공기와 연료의 증기가 혼합된 가스</u>, 즉 혼합기의 조성 및 종류가 이미 결정되어 있다는 것으로 <u>비열비(k)가 일정한 값</u>으로 정해진다는 의미이다

풀이

$$\eta = 1 - \left(\frac{1}{\varepsilon}\right)^{k-1} = 1 - \left(\frac{1}{\varepsilon}\right)^{2-1} = 1 - \frac{1}{\varepsilon} \text{이므로}$$

㉠ 압축비가 4일 때는 $\eta = 1 - \frac{1}{4} = 0.75 = 75\%$

㉡ 압축비가 5일 때는 $\eta = 1 - \frac{1}{5} = 0.8 = 80\%$

따라서 효율의 변화는 5%임을 알 수 있다.

05

[열역학 법칙]

열역학 제0법칙	• <u>열 평형의 법칙</u> • 두 물체 A, B가 각각 물체 C와 열적 평형 상태에 있다면, 물체 A와 물체 B도 열적 평형 상태에 있다는 것과 관련이 있는 법칙으로 이때 알짜열의 이동은 없다. • 온도계의 원리와 관계된 법칙
열역학 제1법칙	• <u>에너지 보존의 법칙</u> • 계 내부의 에너지의 총합은 변하지 않는다. • 물체에 공급된 에너지는 물체의 내부에너지를 높이거나 외부에 일을 하므로 에너지의 양은 일정하게 보존된다. • 열은 에너지의 한 형태로서 일을 열로 변환하거나 열을 일로 변환하는 것이 가능하다. • 열효율이 100% 이상인 제1종 영구기관은 열역학 제1법칙에 위배된다(열효율이 100% 이상인 열기관을 얻을 수 없다).
열역학 제2법칙	• 에너지의 방향성을 명시하는 법칙(열은 항상 고온에서 저온으로 흐른다, <u>열은 스스로 저온의 물질에서 고온의 물질로 이동하지 않는다</u>) • 열기관에서 작동물질이 일을 하게 하려면 그보다 더 저온인 물질이 필요하다(열은 항상 고온에서 저온으로 이동하기 때문에 열기관에서 더 저온인 물질이 필요하며 열이 이동해야만 공급된 열과 방출된 열의 차이만큼 외부로 일이 만들어지기 때문이다). • 비가역성을 명시하는 법칙으로, 엔트로피는 항상 증가한다. • 절대온도의 눈금을 정의하는 법칙 • 하나의 열원에서 얻어진 열을 모두 일로 바꾸는 기관은 존재하지 않는다. • 열효율이 100%인 제2종 영구기관은 열역학 제2법칙에 위배된다. → <u>열효율이 100%인 열기관을 얻을 수 없다.</u> • 외부의 도움 없이 자발적으로 일어나는 반응은 열역학 제2법칙과 관련이 있다. ※ <u>비가역의 예시</u> : 혼합, 자유팽창, 확산, 삼투압, 마찰, 열의 이동, 화학 반응 ※ 필수 : 자유팽창은 <u>등온으로 간주하는 과정이다.</u>
열역학 제3법칙	• 네른스트 : <u>어떤 방법에 의해서도 물질의 온도를 절대 영도까지 내려가게 할 수 없다.</u> • 플랑크 : 모든 물질이 열역학적 평형상태에 있을 때 절대온도가 0에 가까워지면 엔트로피도 0에 가까워진다 $\left(\lim_{t \to 0} \triangle S = 0\right)$.

06
정답 ②

비중량(γ)은 단위 체적(부피, V)당 무게(중량, W[mg])로 단위는 N/m³이다.

$\therefore \gamma = \dfrac{W}{V} = \dfrac{mg}{V} = \left(\dfrac{m}{V}\right)g = \rho g$ [여기서, m : 물체(물질)의 질량, g : 중력가속도]

비중량(γ)은 밀도(ρ)×중력가속도(g), 즉 $\gamma = \rho g$이다.

$\therefore \gamma = \rho g = 650\text{kg/m}^3 \times 10\text{m/s}^2 = 6{,}500\text{N/m}^3 = 6.5\text{kN/m}^3$

07
정답 ①

[웨버수]

웨버수$= \dfrac{\rho V^2 L}{\sigma} = \dfrac{\text{관성력}}{\text{표면장력}}$

- 물리적 의미로는 관성력을 표면장력으로 나눈 무차원수이다.
  =표면장력에 대한 관성력의 비이다.
- 물방울의 형성, 기체 및 액체 또는 비중이 서로 다른 액체−액체의 경계면, 표면장력, 위어, 오리피스에서 중요한 무차원수이다.

08
정답 ②

[평판에 작용하는 힘(F)]

$F = \rho Q V$

[여기서, ρ : 유체의 밀도, Q : 체적유량, V : 유체의 속도(유속)]

[유량의 종류]

체적유량	$Q = A \times V$ [여기서, Q : 체적유량(m³/s), A : 유체가 통하는 단면적(m²), V : 유체 흐름의 속도(유속, m/s)]
중량유량	$G = \gamma \times A \times V$ [여기서, G : 중량유량(N/s), γ : 유체의 비중량(N/m³)]
질량유량	$\dot{m} = \rho \times A \times V$ [여기서, $\dot{m}$: 질량유량(kg/s), ρ : 유체의 밀도(kg/m³)]

풀이

"$F = \rho Q V$"에서 $Q = AV$이다. 따라서 $F = \rho Q V = \rho(AV)V = \rho A V^2$이 된다.

$\therefore F = \rho A V^2 = 1{,}000\text{kg/m}^3 \times 0.5\text{m}^2 \times 10\text{m/s}^2 = 50{,}000\text{N} = 50\text{kN}$

물 분류(jet)가 분사되는 것이므로 ρ는 물의 밀도를 의미한다.

09

[관마찰계수(f)]

레이놀즈수(Re)와 관내면의 조도에 따라 변하며 실험에 의해 정해진다.

흐름이 층류일 때	$f = \dfrac{64}{Re}$, $Re = \dfrac{\rho VD}{\mu} = \dfrac{VD}{\nu}$ [여기서, ρ : 유체의 밀도, μ : 점성계수, V : 유속, D : 관의 지름(직경), ν : 동점성계수$\left(\nu = \dfrac{\mu}{\rho}\right)$]
흐름이 난류일 때	$f = \dfrac{0.3164}{\sqrt[4]{Re}}$ Blausius의 실험식으로 $3{,}000 < Re < 10^5$에 있어야 한다.

풀이

문제의 유체가 층류 흐름으로 흐르고 있으므로 $f = \dfrac{64}{Re}$를 사용한다.

$$\therefore f = \frac{64}{Re} = \frac{64}{1{,}600} = 0.04$$

참고

유체가 층류 흐름으로 원형 관을 흐를 때 점성에 의한 관마찰계수(f)는 "$f = \dfrac{64}{Re}$"이다. 즉, "$f \propto \dfrac{1}{Re}$" 이므로 관마찰계수(f)는 레이놀즈수(Re)에 반비례함을 알 수 있다.

10

달시-바이스 바하 방정식 (Darcy-weisbach equation)	일정한 길이의 원관 내에서 유체가 흐를 때 발생하는 마찰로 인한 압력 손실 또는 수두 손실과 비압축성 유체의 흐름의 평균 속도와 관련된 방정식이다. 직선 원관 내에 유체가 흐를 때 관과 유체 사이의 마찰로 인해 발생하는 직접적인 손실을 구할 수 있다. • $h_l = f_D \dfrac{l}{d} \dfrac{V^2}{2g}$ [여기서, h_l : 손실수두, $f_D(f)$: 달시 관마찰계수, l : 관의 길이, d : 관의 직경, V : 유속, g : 중력가속도] • $\dfrac{\Delta P}{\gamma} = f_D \dfrac{l}{d} \dfrac{V^2}{2g}$ [여기서, ΔP : 압력강하($\Delta P = \gamma h_l$), γ : 비중량] ★ 달시-바이스 바하 방정식은 층류, 난류에서 모두 적용이 가능하나 하겐-푸아죄유 방정식은 층류에서만 적용이 가능하다.
Fanning 마찰계수	Fanning 마찰계수는 난류의 연구에 유용하다. 그리고 비압축성 유체의 완전발달흐름이면 층류에서도 적용이 가능하다. ※ 달시 관마찰계수와 Fanning 마찰계수의 관계 : $f_D = 4f_f$ [여기서, f_f : Fanning 마찰계수]

풀이

마찰손실계수는 관마찰계수(f)를 의미한다.

"$h_l = f \dfrac{l}{d} \dfrac{V^2}{2g}$"를 사용한다. 식을 변형하면, $f = h_l \dfrac{d}{l} \dfrac{2g}{V^2}$ 이 된다.

$\therefore f = h_l \dfrac{d}{l} \dfrac{2g}{V^2} = 2\text{m} \times 1 \times \dfrac{2 \times 10\text{m}/\text{s}^2}{(4\text{m}/\text{s})^2} = 2.5$

11

정답 ⑤

[지름이 d인 원형 단면의 도심에 관한 단면 성질]

단면 2차 모멘트	극관성모멘트 (극단면 2차 모멘트)	단면계수	극단면계수
$I_x = I_y = \dfrac{\pi d^4}{64}$	$I_p = I_x + I_y = \dfrac{\pi d^4}{32}$	$Z = \dfrac{\pi d^3}{32}$	$Z_p = \dfrac{\pi d^3}{16}$

풀이

$\therefore$ 극관성모멘트$(I_p) = \dfrac{\pi d^4}{32} = \dfrac{3 \times (8\text{cm})^4}{32} = 384\text{cm}^4$

주의

문제에 주어진 것은 반지름이다. 반드시 지름으로 변환시켜 공식에 대입하길 바란다.

극관성모멘트(단면 2차 극모멘트, I_p) : 비틀림에 저항하는 성질로 돌림힘이 작용하는 물체의 비틀림을 계산하기 위해 필요한 단면 성질이다. 이 값이 클수록 같은 돌림힘이 작용했을 때 비틀림은 작아진다.

$I_P = I_x + I_y$ (단위는 m^4, mm^4 등으로 표현된다)
[여기서, I_x : x축에 대한 단면 2차 모멘트, I_y : y축에 대한 단면 2차 모멘트]

12

정답 ③

[지름이 d인 원형 기둥의 세장비(λ)]

세장비란 기둥이 얼마나 가는지를 알려주는 척도이다.

$\lambda = \dfrac{L}{K}$ [여기서, L : 기둥의 길이, K : 회전반경(단면 2차 반지름, $K = \sqrt{\dfrac{I_{\min}}{A}}$)]

지름이 d인 원형 기둥의 x축에 대한 단면 2차 모멘트와 y축에 대한 단면 2차 모멘트가 각각 $I_x = I_y = \dfrac{\pi d^4}{64}$ 으로 동일하기 때문에 $I_{\min}$ 에 $\dfrac{\pi d^4}{64}$ 을 대입하면 된다. 단, 직사각형 단면을 가진 기둥의 경우에는 I_x와 I_y가 다르기 때문에 둘 중에 작은 "최소 단면 2차 모멘트"를 $I_{\min}$ 에 대입해야 한다. 그 이유는 $I_{\min}$ 이 최소가 되는 축을 기준으로 좌굴이 발생하기 때문이다.

원형 기둥이기 때문에 $I_{\min} = \dfrac{\pi d^4}{64}$ 이다. 단면적은 $A = \dfrac{1}{4} \pi d^2$ 이다. 이것을 회전반경(K)식에 대입하면 다음과 같다.

$$K = \sqrt{\frac{I_{\min}}{A}} = \frac{\sqrt{\frac{\pi d^4}{64}}}{\sqrt{\frac{\pi d^2}{4}}} = \sqrt{\frac{d^2}{16}} = \frac{d}{4}$$

세장비는 $\lambda = \dfrac{L}{K}$이므로 K에 $\dfrac{d}{4}$를 대입하면 $\lambda = \dfrac{4L}{d}$이 된다.

※ 원형 기둥의 세장비를 구하는 공식을 암기하는 것이 <u>시간을 절약</u>할 수 있기 때문에 매우 효율적이다. "$\lambda_{원형기둥} = 4L/d$"을 꼭 암기하길 바란다[여기서, L : 기둥의 길이, d : 기둥의 지름].

※ 유효세장비(좌굴세장비, λ_n) $= \dfrac{\lambda}{\sqrt{n}}$ [여기서, n : 단말계수]

※ 좌굴길이(유효길이, L_n) $= \dfrac{L}{\sqrt{n}}$ [여기서, n : 단말계수]

[오일러의 좌굴하중(P_{cr}, 임계하중)]

오일러의 좌굴하중 (P_{cr}, 임계하중)	$P_{cr} = n\pi^2 \dfrac{EI}{L^2}$ [여기서, n : 단말계수, E : 종탄성계수(세로탄성계수, 영률), I : 단면 2차 모멘트, L : 기둥의 길이]
오일러의 좌굴응력 (σ_B, 임계응력)	$\sigma_B = \dfrac{P_{cr}}{A} = n\pi^2 \dfrac{EI}{L^2 A}$ 세장비는 "$\lambda = \dfrac{L}{K}$"고 회전반경은 "$K = \sqrt{\dfrac{I_{\min}}{A}}$"이다. 회전반경을 제곱하면 $K^2 = \dfrac{I_{\min}}{A}$ → $K^2 = \dfrac{I_{\min}}{A}$ $\sigma_B = n\pi^2 \dfrac{EI}{L^2 A}$ → $\sigma_B = n\pi^2 \dfrac{E}{L^2}\left(\dfrac{I}{A}\right) = n\pi^2 \dfrac{E}{L^2}(K^2)$ $\sigma_B = n\pi^2 \dfrac{E}{L^2}(K^2)$에서 $\dfrac{1}{\lambda^2} = \dfrac{K^2}{L^2}$이므로 다음과 같다. $\therefore \ \sigma_B = n\pi^2 \dfrac{E}{L^2}(K^2) = n\pi^2 \dfrac{E}{\lambda^2}$ 따라서 오일러의 좌굴응력(임계응력, σ_B)은 세장비(λ)의 제곱에 반비례함을 알 수 있다.

[단말계수(끝단계수, 강도계수, n)]
기둥을 지지하는 지점에 따라 정해지는 상수값으로 이 값이 클수록 좌굴은 늦게 일어난다. 즉, 단말계수가 클수록 강한 기둥이다.

일단고정 타단자유	$n = \dfrac{1}{4}$	양단회전	$n = 1$
일단고정 타단회전	$n = 2$	양단고정	$n = 4$

13

정답 ③

[기준강도]

설계 시에 허용응력을 설정하기 위해 선택하는 강도로, 사용 조건에 적당한 재료의 강도를 말한다.

사용조건		기준강도
상온·정하중	연성재료	항복점 및 내력
	취성재료(주철 등)	극한강도(인장강도)
고온·정하중		크리프한도
반복하중		피로한도
좌굴		좌굴응력(좌굴강도)

14

정답 ③

[길이가 L인 양단고정보의 각 지점에서 발생하는 굽힘모멘트(M)의 크기]

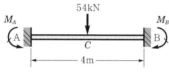

$$M_A = M_B = M_C = M_{max} = \frac{PL}{8} = \frac{54\text{kN} \times 4\text{m}}{8} = 27\text{kN} \cdot \text{m}$$

양단고정보는 부정정보이기 때문에 처짐량, 처짐각, 굽힘모멘트 등을 유도하기가 귀찮은 경우가 많다. 따라서 양단고정보와 관련된 "여러 공식"은 암기를 권장한다. 실제 시험장에서는 시간 제한이 있기 때문에 유도할 시간이 없기 때문이다.

15

정답 ①

$$응력(\sigma) = \frac{P}{A}$$

[여기서, P : 작용하중, A : 하중이 작용하고 있는 단면적]

단, 속이 빈 파이프(중공축)이므로 단면적은 다음과 같다.

$$A = \frac{1}{4}\pi d_{바깥지름}^2 - \frac{1}{4}\pi d_{안지름}^2 = \frac{1}{4}\pi(d_{바깥지름}^2 - d_{안지름}^2)$$

$$= \frac{1}{4} \times 3[(4\text{m})^2 - (2\text{m})^2] = 9\text{m}^2$$

$$\therefore \ \sigma = \frac{P}{A} = \frac{1,800\text{N}}{9\text{m}^2} = 200\text{N/m}^2 = 200\text{Pa} = 0.2\text{kPa}$$

[단, $1\text{N/m}^2 = 1\text{Pa}$]

16

정답 ④

[주물용 알루미늄 합금]

라우탈	알루미늄(Al)−구리(Cu)−규소(Si)계 합금으로, 구리는 절삭성을 증대시키며 규소는 주조성을 향상시킨다(알구규).
실루민(알팩스)	알루미늄(Al)−규소(Si)계 합금으로, 소량의 망간(Mn)과 마그네슘(Mg)이 첨가되기도 한다. 주조성이 양호한 편이고 공정반응이 나타나며 시효경화성은 없다. 그리고 절삭성은 불량한 특징을 가지고 있다(알규).
Y합금	알루미늄(Al), 구리(Cu), 니켈(Ni), 마그네슘(Mg)을 첨가한 합금으로, 내열성이 우수하여 실린더 헤드, 피스톤 등에 사용된다(알구니마). **[코비탈륨]** Y합금의 일종으로 Ti와 Cu를 0.2% 정도씩 첨가한 것으로 피스톤용 Al 합금이다. 고온에서 기계적 성질이 우수하며 내열성, 고온강도가 우수하다.
하이드로날륨	알루미늄(Al)−마그네슘(Mg)의 합금으로, 통상 마그네슘은 3~9%를 첨가하여 만든다. 내식성이 매우 우수하며 차량 및 선박 구조물 등에 사용된다.
로엑스	알루미늄(Al)−규소(Si)계 합금에 구리(Cu), 니켈(Ni), 마그네슘(Mg)를 첨가한 것으로, Y합금보다 열팽창계수가 작고 피스톤 재료로 사용된다. 주조성, 단조성이 좋다.

[내식용 알루미늄 합금]

알민	알루미늄(Al)−망간(Mn) 1~2%의 합금으로, 가공성 및 용접성이 우수하며 저압탱크, 물탱크 등에 사용된다.
알드레이	알루미늄(Al)−마그네슘(Mg)−규소(Si)계 합금으로, 강도, 인성, 내식성이 우수하며 알드레이의 강도를 증가시키려면 시효경화처리를 하면 된다.
알클래드	고강도 알루미늄 합금의 내식성을 증대시키기 위해 두랄루민에 알루미늄(Al)을 피복한 것이다. 알클래드는 알루미늄 합판을 의미한다.

[고강도 알루미늄 합금]

두랄루민(D)	• 알루미늄(Al), 구리(Cu), 마그네슘(Mg), 망간(Mn)의 합금으로, 항공기 재료 및 단조용 재료로 사용되며 시효경화를 일으킨다(알구마망). • 두랄루민의 비강도는 연강의 3배이며 비중은 강의 1/3배이다. ※ 비강도 : 물질의 강도를 밀도로 나눈 값으로 같은 질량의 물질이 얼마나 강도가 센가를 나타내는 수치이다. 즉, 비강도가 높으면 가벼우면서도 강한 물질이라는 뜻이며 비강도의 단위는 N·m/kg이다.
초두랄루민	초두랄루민(Super Duralumin, SD)은 두랄루민에서 마그네슘(Mg) 함량을 더 높이고 불순물인 규소(Si)를 줄인 것이다.
초초두랄루민	초초두랄루민(Extra Super Duralumin, ESD)은 Al−Cu−Mg−Mn−Zn−Cr계 합금으로, 항공기 재료로 사용된다.

[니켈-몰리브덴계 합금]

하스텔로이B, 클로리메트2	니켈(Ni)-몰리브덴(Mo) 15%의 내열·내산 합금이다. 밸브, 펌프, 가스터빈 안내깃 등 고온 재료에 사용된다.

17

정답 ③

[금속의 성징]

㉠ **열전도율 및 전기전도율**
- 열 또는 전기가 얼마나 잘 흐르는가를 으미
- 열전도율 및 전기전도율이 큰 순서(공기업 다수 기출) : Ag > Cu > Au > Al > Mg > Zn > Ni > Fe > Pb > Sb
- 전기전도율이 클수록 고유저항은 낮아진다.

㉡ **선팽창계수**
- 온도가 1℃ 변할 때 단위길이당 늘어난 재료의 길이
- 선팽창계수가 큰 순서(공기업 다수 기출) : Pb > Zn > Mg > Al > Cu > Fe > Cr > Mo

㉢ **연성**
- 가래떡처럼 길게 잘 늘어나는 성질
- 연성이 큰 순서 : Au > Ag > Al > Cu > Pt > Pb > Zn > Fe > Ni

㉣ **전성(＝가단성)**
- 얇고 넓게 잘 퍼지는 성질
- 전성이 큰 순서 : Au > Ag > Pt > Al > Fe > Ni > Cu > Zn

18

정답 ④

[구상흑연주철]

주철 속의 흑연이 완전히 구상이며 그 주위가 페라이트 조직으로 되어 있는데 이 형태가 황소의 눈과 닮았기 때문에 불스아이 조직이라고도 한다. 즉, 페라이트형 구상흑연주철에서 불스아이 조직을 관찰할 수 있다.

◎ 흑연을 구상화시키는 방법 : 선철을 용해한 후에 마그네슘(Mg), Ca(칼슘), Ce(세륨)을 첨가한다. 흑연이 구상화되면 보통주철에 비해 인성과 연성이 우수해지며 강도도 좋아진다.
- 인장강도가 가장 크며 기계적 성질이 매우 우수하다.
- 덕타일주철(미국), 노듈라주철(일본) 모두 구상흑연주철을 지칭하는 말이다.

◎ 구상흑연주철의 조직 : 시멘타이트, 펄라이트, 페라이트
   ※ 암기법 : (시)(펄) (페)버릴라!

◎ 페이딩 현상 : 구상화 후에 용탕 상태로 방치하면 흑연을 구상화시킨 효과가 점점 사라져서 보통주철로 다시 돌아가는 현상이다.

19

정답 ④

④ 촉침법은 강의 표면거칠기를 측정하는 방법이다.

기본열처리	담금질(quenching, 소입), 뜨임(tempering, 소려), 풀림(annealing, 소둔), 불림 (normalizing, 소준)
표면경화법	침탄법, 질화법. 청화법, 고주파경화법, 화염경화법, 숏피닝, 하드페이싱 등
항온열처리	항온뜨임, 항온풀림, 항온담금질(오스템퍼링, 마템퍼링, 마퀜칭, MS퀜칭), 오스포밍

[표면거칠기를 측정하는 방법]

촉침법, 광파간섭법, 표준편과의 비교측정법, 광절단법

20

정답 ③

[합성수지의 특징]

• 전기절연성과 가공성 및 성형성이 우수하다.
• 색상이 매우 자유로우며 가볍고 튼튼하다.
• 화학약품, 유류, 산, 알칼리에 강하지만 열과 충격에 약하다.
  → 화기에 약하고 연소 시에 유해물질의 발생이 많다.
• 무게에 비해 강도가 비교적 높은 편이다.
• 가공성이 높기 때문에 대량생산에 유리하다.

[합성수지의 종류]

열경화성 수지	• 주로 그물모양의 고분자로 이루어진 것으로, 가열하면 경화되는 성질을 가지며, 한번 경화되면 가열해도 연화되지 않는 합성수지[모르면 찍을 수밖에 없는 내용이기 때문에 그물모양인지, 선모양인지 반드시 암기해야 한다(서울시설공단, SH 등에서 기출되었다).] • 종류 : 폴리에스테르, 아미노수지, 페놀수지, 프란수지, 에폭시수지, 실리콘수지, 멜라민수지, 요소수지, 폴리우레탄
열가소성 수지	• 주로 선모양의 고분자로 이루어진 것으로, 가열하면 부드럽게 되어 가소성을 나타내므로 여러 가지 모양으로 성형할 수 있으며, 냉각시키며 성형된 모양이 그대로 유지되면서 굳는다. 다시 열을 가하면 물렁물렁해지며, 계속 높은 온도로 가열하면 유동체가 된다. • 종류 : 폴리염화비닐, 불소수지, 스티롤수지, 폴리에틸렌수지, 초산비닐수지, 메틸아크릴수지, 폴리아미드수지, 염화비닐론수지, ABS수지, 폴리스티렌, 폴리프로필렌

Tip

• 폴리에스테르를 제외하고 폴리가 들어가면 열가소성 수지이다.
• 폴리우레탄은 열경화성과 열가소성 2가지 종류가 있다.
• 폴리카보네이트 : 플라스틱 재료 중에서 내충격성이 매우 우수한 열가소성 플라스틱으로 보석방의 진열 유리 재료로 사용된다.
• 베이클라이트 : 페놀수지의 일종으로 전기절연성, 강도, 내열성 등이 우수하다.

21

정답 ⑤

[압접법]

접합 부분에 압력을 가하여 용착시키는 용접 방법

겹치기 용접	점용접(스폿용접), 심용접, 프로젝션 용접(점심프)
맞대기 용접	플래시 용접, 업셋 용접, 맞대기 심용접, 퍼커션 용접

[용접법]

- 접합부에 금속재료를 가열, 용융시켜 서로 다른 두 재료의 원자 결합을 재배열·결합시키는 방법
- 종류 : 테르밋 용접, 플라즈마 용접, 일렉트로 슬래그 용접, 가스 용접, 아크용접, MiG 용접, TiG 용접, 레이저 용접, 전자빔 용접, 서브머지드 용접(불가스, 유니언멜트, 링컨, 잠호, 자동금속아크용접, 케네디법) 등

22

정답 ⑤

[체결용 나사]

체결할 때 사용하는 나사로 효율이 낮다.

삼각나사	가스 파이프를 연결하는 데 사용한다.
미터나사	나사산의 각도가 60°인 삼각나사의 일종이다.
유니파이나사	세계적인 표준나사로 미국, 영국, 캐나다가 협정하여 만든 나사이다. 용도로는 죔용 등에 사용된다.

[운동용 나사]

동력을 전달하는 나사로 체결용 나사보다 효율이 좋다.

사다리꼴나사	"재형나사 및 애크미나사"로도 불리는 사다리꼴나사는 양방향으로 추력을 받는 나사로 공작기계의 이송나사, 밸브 개폐용, 프레스, 잭 등에 사용된다. 효율 측면에서는 사각나사가 더욱 유리하나 가공하기 어렵기 때문에 대신 사다리꼴나사를 많이 사용한다. 사각나사보다 강도 및 저항력이 크다.
톱니나사	힘을 한 방향으로만 받는 부품에 사용되는 나사로 압착기, 바이스 등의 이송 나사에 사용된다.
너클나사(둥근나사)	전구와 같이 먼지나 이물질이 들어가기 쉬운 곳에 사용되는 나사이다.
볼나사	공작기계의 이송나사, NC기계의 수치제어장치에 사용되는 나사로 효율이 좋고 먼지에 의한 마모가 적으며 토크의 변동이 작다. 또한, 정밀도가 높고 윤활은 소량으로도 충분하며 축 방향의 백래시를 작게 할 수 있다. 그리고 마찰이 작아 정확하고 미세한 이송이 가능한 장점을 가지고 있다. 하지만 너트의 크기가 커지고, 피치를 작게 하는 데 한계가 있으며 고속에서는 소음이 발생하고 자동체결이 곤란하다.
사각나사	축 방향의 하중을 받는 운동용 나사로 추력의 전달이 가능하다.

[나사산의 각도]

톱니나사	유니파이나사	둥근나사	사다리꼴나사	미터나사	관용나사	휘트워드나사
30°, 45°	60°	30°	• 인치계(Tw) : 29° • 미터계(Tr) : 30°	60°	55°	55°

23

정답 ⑤

[마찰차의 이해]

기본 마찰차는 이가 없는 원통으로 마찰차의 표면끼리 직접 접촉했을 때 발생하는 마찰로 동력을 전달하는 직접전동장치 중 하나이다. 즉, 이가 없기 때문에 서로 맞물리지 않아 미끄럼이 발생하고 이로 인해 정확한 속도비는 기대하기 어렵다. 또한, 원동차에 공급된 동력이 종동차에 전달되는 과정에서 미끄럼에 의한 손실이 발생하게 되며, 이로 인해 효율이 그다지 좋지 못하다. 그리고 손실된 동력은 축과 베어링 사이로 전달되어 축과 베어링 사이의 마멸이 크다. 추가적으로 기어는 이와 이가 맞물려서 동력을 전달하기 때문에 회전 속도가 큰 경우에는 이에 큰 부하가 걸리거나 이가 손상될 가능성이 있다. 하지만 마찰차는 이가 없는 원통이기 때문에 회전 속도가 너무 커서 기어를 사용할 수 없을 때 사용할 수 있다.

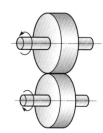

[마찰차의 특징]
• 무단변속이 가능하며 과부하 시 약간의 미끄럼으로 손상을 방지할 수 있다.
• 미끄럼이 발생하기 때문에 효율이 그다지 좋지 못하다.
• 기본 마찰차는 이가 없는 단순한 원통으로 미끄럼이 발생하여 정확한 속노비를 얻을 수 없다.
• 축과 베어링 사이의 마찰이 커서 축과 베어링의 마멸이 크다.
• 구름접촉으로 원동차와 종동차의 속도가 동일하게 운전된다.
• 회전 속도가 너무 커서 기어를 사용할 수 없을 때 사용한다.
• 큰 동력 및 큰 힘을 전달하기에는 부적합하다.
※ 마찰차는 직접 접촉에 의해 동력을 전달하는 직접전동장치로 2개의 마찰차의 접촉 마찰력으로 동력을 전달한다. 따라서 마찰차도 접촉하였다가 접촉을 떼었다가 하면서 동력을 수시로 단속할 수 있다.
※ 한 마찰차로부터 동력을 전달받는 것을 종동마찰차(종동차), 다른 마찰차에게 동력을 전달하는 것을 원동마찰차(원동차)라고 한다.

[직접전동장치와 간접전동장치의 종류]

직접전동장치 (원동차와 종동차가 직접 접촉하여 동력을 전달)	간접전동장치 (원동과 종동이 직접 접촉하지 않고 중간 매개체를 통해 간접적으로 동력을 전달)
마찰차, 기어, 캠	벨트, 로프, 체인

24

[키의 종류]

묻힘키(성크키)	가장 많이 사용되는 키로, 축과 보스 양쪽에 키 홈을 파서 사용한다. 단면의 모양은 직사각형과 정사각형이 있다. 직사각형은 축 지름이 큰 경우에 정사각형은 축 지름이 작은 경우에 사용한다. 또한, 키의 호칭 방법은 b(폭)$\times h$(높이)$\times l$(길이)로 표시하며 키의 종류에는 윗면이 평행한 평행키와 윗면에 1/100 테이퍼를 준 경사키 등이 있다.
안장키(새들키)	축에는 키 홈을 가공하지 않고 보스에만 1/100 테이퍼를 주어 홈을 파고 이 홈 속에 키를 박아버린다. 축에는 키 홈을 가공하지 않아 축의 강도를 감소시키지 않는 장점이 있지만, 축과 키의 마찰력만으로 회전력을 전달하므로 큰 동력을 전달하지 못한다.
원추키(원뿔키)	축과 보스 사이에 축 방향으로 쪼갠 원뿔을 때려 박아 축과 보스를 헐거움 없이 고정할 수 있고 축과 보스의 편심이 적은 키이다. 마찰에 의해 회전력을 전달하며 축의 임의의 위치에 보스를 고정할 수 있다.
반달키(우드러프키)	키 홈에 깊게 가공되어 축의 강도가 저하될 수 있으나, 키와 키 홈을 가공하기가 쉽고 키 박음을 할 때 키가 자동적으로 축과 보스 사이에 자리를 잡는 기능이 있다. 보통 공작기계와 자동차 등에 사용되며 일반적으로 60mm 이하의 작은 축에 사용되며 특히 테이퍼축에 사용된다.
접선키	• 축의 접선방향으로 끼우는 키로, 1/100의 테이퍼를 가진 키 2개를 한 쌍으로 만들어 사용한다. 그 때의 중심각은 120°이다. • 설계할 때 역회전을 할 수 있도록 중심각을 120°로 하여 보스의 양쪽 대칭으로 2개의 키를 한 쌍으로 설치한 키이다. ※ 케네디키 : 접선키의 종류로 중심각이 90°인 키
둥근키(핀키)	축과 허브를 끼워맞춤한 후에 축과 허브 사이에 구멍을 가공하여 원형핀이나 테이퍼핀을 때려박은 키로 사용은 간편하나, 전달토크가 적다.
세레이션	보스의 원주상에 수많은 삼각형이 있는 것을 세레이션이라고 한다. 자동차의 핸들 축 등에 많이 사용된다.
스플라인	보스의 원주 상에 일정한 간격으로 키 홈을 가공하여 다수의 키를 만든 것이다.

25

[바로걸기(오픈걸기)의 벨트의 길이(L) 공식]

$$L = 2C + \frac{\pi(D_2 + D_1)}{2} + \frac{(D_2 - D_1)^2}{4C}$$

[여기서, C : 축간거리(중심거리), D_1 : 원동풀리의 지름, D_2 : 종동풀리의 지름]

[엇걸기(크로스걸기)의 벨트의 길이(L'') 공식]

$$L'' = 2C + \frac{\pi(D_2 + D_1)}{2} + \frac{(D_2 + D_1)^2}{4C}$$

풀이

$$L'' = 2C + \frac{\pi(D_2 + D_1)}{2} + \frac{(D_2 + D_1)^2}{4C}$$
$$= (2 \times 1,000) + \frac{3 \times (200 + 400)}{2} + \frac{(200 + 400)^2}{4 \times 1,000}$$
$$= 2,990 \mathrm{mm}$$

06 2023년 상반기 한국철도공사 기출문제

01	③	02	②	03	①	04	⑤	05	④	06	④	07	③	08	①	09	③	10	④
11	③	12	①	13	②	14	⑤	15	⑤	16	②	17	④	18	③	19	⑤	20	①
21	②	22	⑤	23	③	24	①	25	①										

01
정답 ③

열량은 물체가 주거나 받는 열의 양, 즉 에너지의 양이므로 에너지의 단위인 J, cal 등을 사용한다.

[열량의 단위 및 표현]
- 1chu : 물 1lb를 1℃ 올리는 데 필요한 열량이다(1chu=0.4536kcal).
- 1btu : 물 1lb를 1℉ 올리는 데 필요한 열량이다(1btu=0.252kcal).

[동력]
단위시간(s)당 한 일(J=N·m)을 말한다. 즉, "단위시간에 얼마의 일을 하는가"를 나타내는 것으로 동력의 단위는 J/s=W(와트)이다(1W=1J/s=1N·m/s).

따라서 동력은 $\dfrac{일}{시간} = \dfrac{W}{t} = \dfrac{FS}{t} = FV$로 구할 수 있다.

[여기서, W : 일, F : 힘, S : 이동거리, t : 시간, V : 속도]

02
정답 ②

일의 열상당량	일을 열로 환산해주는 환산값(A) $\dfrac{1}{427}\,\text{kcal/kgf}\cdot\text{m}$
열의 일상당량	열을 일로 환산해주는 환산값($1/A$) $427\text{kgf}\cdot\text{m/kcal}$

※ 열의 일상당량 "427kgf·m/kcal"의 의미는 1kcal의 열에 상응하는 일의 값이 427kgf·m라는 것이다.

03
정답 ①

[비열비(k), 정압비열(C_p), 정적비열(C_v), 기체상수(R)의 관계]

$k = \dfrac{C_p}{C_v}$

$C_p - C_v = R$

풀이

$C_p = R + C_v = 0.29\text{kJ/kg}\cdot\text{K} + 0.715\text{kJ/kg}\cdot\text{K} = 1.005\text{kJ/kg}\cdot\text{K}$

04

⑤ 증발기는 증기 압축식 냉동사이클의 구성 요소 중 하나이다.

관련이론

[랭킨사이클의 구성 요소 및 순서]

보일러 → 터빈 → 응축기(복수기, 콘덴서) → 펌프

보일러(정압가열)	석탄을 태워 얻은 열로 물을 데워 과열증기를 만들어내는 장치이다.
터빈(단열팽창)	보일러에서 만들어진 과열증기로 팽창일을 만들어내는 장치이다. 과열증기가 가지고 있는 열에너지가 기계에너지로 변환되는 곳이라고 보면 된다.
응축기(정압방열)	복수기라고도 하며, 증기를 물로 바꿔주는 장치이다.
펌프(단열압축)	복수기에서 다시 만들어진 물을 보일러로 보내주는 장치이다.

[증기 압축식 냉동사이클(냉동기)의 기본 구성요소]

압축기	증발기에서 흡수된 저온·저압의 냉매가스를 압축하여 압력을 상승시켜 분자 간 거리를 가깝게 함으로써 온도를 상승시킨다. 따라서 상온에서도 응축액화가 가능해진다. 압축기 출구를 빠져나온 냉매의 상태는 "고온·고압의 냉매가스"이다.
응축기	압축기에서 토출된 냉매가스를 상온에서 물이나 공기를 사용하여 열을 방출함으로써 응축시킨다. 응축기 출구를 빠져나온 냉매의 상태는 "고온·고압의 냉매액"이다.
팽창밸브	고온·고압의 냉매액을 교축시켜 저온·저압의 상태로 만들어 증발하기 용이한 상태로 만든다. 또한, 증발기의 무하에 따라 냉매공급량을 저절하게 유지해준다. 팽창밸브 출구를 빠져나온 냉매의 상태는 "저온·저압의 냉매액"이다.
증발기	저온·저압의 냉매액이 피냉각물체로부터 열을 빼앗아 저온·저압의 냉매가스로 증발된다. 즉, 냉매는 열교환을 통해 열을 흡수하여 자신은 증발하고, 피냉각물체는 열을 잃어 냉각이 되게 된다. 즉, 실질적으로 냉동의 목적이 달성되는 곳은 증발기이다. 증발기 출구를 빠져나온 냉매의 상태는 "저온·저압의 냉매가스"이다.

[증기 압축식 냉동사이클(냉동기)에서 냉매가 순환하는 경로]

• 압축기 → 응축기 → 팽창밸브(팽창장치) → 증발기

["압응팽증"이 반복되며 사이클을 이룬다]

• 증발기 → 압축기 → 응축기 → 수액기 → 팽창밸브(팽창장치)

["증압응수팽"이 반복되며 사이클을 이룬다]

[냉매의 구비 조건]

• 응축압력과 응고온도가 낮아야 한다.

• 임계온도가 높고, 상온에서 액화가 가능해야 한다.

• 증기의 비체적이 작아야 한다.

• 증발잠열이 크고, 저온에서도 증발압력이 대기압 이상이어야 한다.

• 점도와 표면장력이 작아야 하며, 부식성이 없어야 한다.

• 비열비(열용량비)가 크면 압축기의 토출가스온도가 상승하므로 비열비는 작아야 한다.

05

정답 ④

[이상기체 상태 방정식]

$PV = mRT$

[여기서, P : 압력, V : 부피(체적), m : 질량, R : 기체상수, T : 절대온도]

$\therefore\ V = \dfrac{mRT}{P} = \dfrac{2 \times 0.2 \times 380}{190} = 0.8\mathrm{m}^3$

06

정답 ④

[비체적(v)]

단위질량당 체적으로 $v = \dfrac{V}{m}$ 이고, 단위는 m^3/kg이다.

[여기서, v : 체적(부피), m : 질량]

$\therefore\ v = \dfrac{16\mathrm{m}^3}{4\mathrm{kg}} = 4\mathrm{m}^3/\mathrm{kg}$

07

정답 ③

[체적탄성계수(K)]

$K = \dfrac{\Delta P}{-\dfrac{\Delta V}{V}} = \dfrac{1}{\beta}$

[여기서, K : 체적탄성계수, β : 압축률, ΔP : 압력변화, ΔV : 체적변화, V : 초기체적]

※ 부호는 압력 증가에 따른 체적 감소를 의미하는 것으로 계산 시 생략하였다.

• 체적탄성계수 식에서 (−) 부호는 압력이 증가함에 따라 체적이 감소하는 것을 의미한다.
• 체적탄성계수는 온도의 함수이다.
• 체적탄성계수는 압력에 비례하고, 압력과 같은 차원($\mathrm{Pa} = \mathrm{N/m}^2$)을 갖는다.
• 압력변화에 따른 체적의 변화를 체적탄성계수라고 하며 체적탄성계수의 역수를 압축률(압축계수)이라고 한다.
• 액체를 초기체적에서 압축시켜 체적을 줄이려면 얼마의 압력을 더 가해야 하는가에 대한 물성치라고 보면 된다.
→ 체적탄성계수가 클수록 체적을 변화시키기 위해 더 많은 압력이 필요하다는 의미이므로 압축하기 어려운 액체라고 해석할 수 있다. 즉, 체적탄성계수가 클수록 비압축성에 가까워진다.

08

정답 ①

원기둥이 물에 완전히 잠겨 있으므로, 잠긴 체적은 원기둥의 전체 체적(본래 그대로의 체적)이다.
따라서, 원기둥에 작용하는 부력(F_B)은 $\gamma_{액체} V_{잠긴\ 부피} = \gamma_{액체} V_{전체\ 부피}$가 된다.

$F_B = \gamma_{액체} V_{전체\ 부피} \rightarrow 2.45 \times 10^3 \mathrm{N} = 9{,}800\mathrm{N/m}^3 \times V_{전체\ 부피}$

$\therefore\ V_{전체\ 부피} = \dfrac{2{,}450\mathrm{N}}{9{,}800\mathrm{N/m}^3} = 0.25\mathrm{m}^3$

관련이론

[부력과 관련된 내용]

㉠ 질량이 m인 물체가 어떤 유체에 반만 잠겨있을 때, 이 물체에 작용하는 부력의 크기는 mg의 크기와 동일하다. (○)

→ 질량이 m인 물체가 어떤 유체에 일부만 잠겨 있거나, 반만 잠겨있을 때는 중력부력 상태에 있다는 것을 의미하므로 부력과 중력에 의한 물체의 무게가 서로 힘의 평형 관계가 있다. 즉, 부력의 크기가 mg가 된다.

㉡ 부력은 물체에 수직상방향으로 작용한다. (○)

→ 부력은 물체를 들어 올리는 힘이므로 아래에서 위로 작용한다. 따라서 수직상방향이 맞다. "수직하방향으로 작용한다."라는 보기가 틀린 보기로 많이 출제된다.

㉢ 부력은 아르키메데스의 원리와 관련이 있다. (○)

→ 틀린 보기로 파스칼의 법칙이 자주 나온다.

㉣ 부력의 크기는 물체가 밀어낸 부피만큼의 액체의 무게로 정의된다. (○)

㉤ 부력이 생기는 원인은 유체의 압력차이다. (○)

→ 구체적으로 유체에 의한 압력(P)은 γh로 깊이(h)가 깊어질수록 커지게 된다. 즉, 하나의 물체가 물속에 있다면 상대적으로 깊은 부분과 얕은 부분(윗면과 아랫면)이 생기게 되고, 이에 따라 더 깊이 있는 부분이 더 큰 압력을 받아 위로 들어 올리는 힘, 즉 부력이 생기게 된다.

09 정답 ③

항력$(C) = C_D \dfrac{\rho V^2}{2} A$이므로

[여기서, C_D : 항력계수, ρ : 유체의 밀노, V : 유체의 속도, A : 물체의 진행 방향에서 본 투영면적]

$C_D = \dfrac{2C}{\rho V^2 A}$이 된다.

∴ 항력계수(C_D)를 구하기 위해서는 C, ρ, V, A가 필요하다.

10 정답 ④

[레이놀즈수(Re)]

층류와 난류를 구분하는 척도로 사용되는 무차원수이다.

$Re = \dfrac{\rho V d}{\mu} = \dfrac{V d}{\nu} = \dfrac{\text{관성력}}{\text{점성력}}$

레이놀즈수(Re)는 점성력에 대한 관성력의 비라고 표현된다.

[여기서, ρ : 유체의 밀도, V : 속도, 유속, d : 관의 지름(직경), ν : 유체의 점성계수]

※ 동점성계수$(\nu) = \dfrac{\mu}{\rho}$

[레이놀즈수의 범위]

원형관	상임계 레이놀즈수(층류 → 난류로 변할 때)	4,000
	하임계 레이놀즈수(난류 → 층류로 변할 때)	2,000~2,100
평판	임계레이놀즈수	500,000($=5\times10^5$)
개수로	임계레이놀즈수	500
관 입구에서 경계층에 대한 임계레이놀즈수		600,000($=6\times10^5$)

원형관(원관, 파이프)에서의 흐름 종류의 조건	
층류 흐름	$Re < 2,000$
천이 구간	$2,000 < Re < 4,000$
난류 흐름	$Re > 4,000$

※ 일반적으로 임계레이놀즈수라고 하면 "하임계 레이놀즈수"를 말한다.
※ 임계레이놀즈수를 넘어가면 난류 흐름이다.
※ 관수로 흐름은 주로 "압력"의 지배를 받으며, 개수로 흐름은 주로 "중력"의 지배를 받는다.
※ 관내 흐름에서 자유 수면이 있는 경우에는 개수로 흐름으로 해석한다.

풀이

$$Re = \frac{Vd}{\nu} = \frac{160\text{cm/s} \times 6\text{cm}}{80 \times 10^{-2}\text{cm}^2/\text{s}} = 1,200$$

11
정답 ③

[정하중]
수직하중(인장하중, 압축하중), 좌굴하중, 전단하중, 비틀림하중, 굽힘하중 등

[동하중]
반복하중, 교번하중, 이동하중, 충격하중, 변동하중 등

※ 전단하중은 단면에 평행하게 작용하는 하중으로 접선하중이라고도 한다.

12
정답 ①

인장변형률(ε) $= \dfrac{\delta}{L}$

[여기서, δ : 변형량(늘어난 길이, 신장량), L : 초기 재료의 길이]

$$\therefore \varepsilon = \frac{\delta}{L} = \frac{0.4\text{mm}}{50\text{mm}} = 0.008$$

✓ 변형률(strain)은 길이 차원에 대한 길이 차원의 비이므로 길이 단위(차원)가 상쇄되어 무차원이 된다.
✓ 단위를 항상 맞춰서 계산해야 한다. 즉, m 또는 mm로 통일시켜 계산하여야 한다.

13

정답 ②

$$응력(\sigma) = \frac{P}{A} \rightarrow P = \sigma A$$

[여기서, P : 하중, A : 하중이 작용하고 있는 단면의 면적]

∴ $P = 200\text{N/mm}^2 \times 20\text{mm} \times 15\text{mm} = 60,000\text{N} = 60\text{kN}$

단, $1\text{MPa} = 1\text{N/mm}^2$이며, $A = $세로×가로$ = 20\text{mm} \times 15\text{mm}$이다.

14

정답 ⑤

길이가 L인 외팔보의 자유단(끝단)에 집중하중(P)이 작용할 때, 자유단(끝단)에서 발생하는 최대처짐량은 $\dfrac{PL^3}{3EI}$이다[필수 암기 사항].

15

정답 ⑤

$$비틀림각(\theta) = \frac{TL}{GI_P}$$

[여기서, T : 비틀림모멘트, L : 축 또는 봉의 길이, G : 전단탄성계수, I_P : 극관성모멘트]

16

정답 ②

취성	• 재료가 외력을 받으면 영구변형을 하지 않고 파괴되거나 또는 극히 일부만 영구변형을 하고 파괴되는 성질로 인성과 반대의 의미를 갖는다. 즉, 취성이 큰 재료는 인성이 작아 파단되기 전까지 에너지를 흡수할 수 있는 능력이 작기 때문에 외력(외부의 힘)에 의해 쉽게 파손되거나 깨질 수 있다. • 깨지는 성질을 '메지다 또는 여리다'로도 표현한다. • 주철의 경우에 굽힘이나 변형이 거의 일어나지 않고 재료가 깨지가 되는데 이를 메짐이라고 하며 같은 말로는 취성(brittle)이라고 한다. • <u>일반적으로 탄소(C)함유량이 많아질수록 취성이 커진다.</u>
인성 (내충격성)	• 질긴 성질로, <u>충격에 대한 저항 성질</u>을 말한다. • 재료가 파단(파괴)될 때까지 단위체적당 재료가 흡수한 에너지를 말한다. • 충격값(충격치)은 금속재료의 인성의 척도를 나타내는 값으로 이 값이 클수록 충격에 저항하는 성질이 크다는 것을 의미한다. 따라서, 충격값(충격치)이 큰 재료일수록 충격에 잘 견딜 수 있으며 잘 깨지지 않는다. • 인성은 취성과 <u>반비례</u> 관계를 갖는다. • 인성은 강도와 연성이 조합된 특징이다.
내식성	부식에 대한 저항력을 의미한다.
자성	물질이 나타내는 자기적인 성질을 의미한다.
내마모성	마모에 대해 저항하는 성질, 즉 마모에 잘 견디는 성질이다.

17

정답 ④

[정적시험]

인장시험, 압축시험, 굽힘시험, 비틀림시험, 전단시험, 경도시험 등

[동적시험]

피로시험, 충격시험 등

18

정답 ③

[황동의 종류]

문쯔메탈	• 6.4황동이라고도 하며, 구리(Cu)에 아연(Zn)이 40% 함유되어 인장강도가 최대인 합금이다. • 인장강도 등의 강도가 크므로 전연성은 낮다. • 아연의 함유량이 많아 황동 중에서 가격이 가장 저렴하다. • 내식성이 작고, 탈아연 부식을 일으키지만 강도가 크므로 기계부품 등에 많이 사용된다.
카트리지 동	• 7.3황동이라고도 하며, 구리가 70%, 아연이 30% 함유된 합금으로, 연신율이 최대인 합금이다. • 탄피의 재료로 사용되거나 냉간가공성이 좋아 압연가공 재료로 사용된다.
쾌삭황동	• 6.4황동에 납(Pb)을 1.5~3.0% 첨가한 황동으로, 납황동이라고도 한다. 단, 납이 3% 이상이 되면 메지게 된다(잘 깨지는 성질). • 절삭성이 우수하므로 정밀절삭가공을 요하는 나사, 볼트 등의 재료로 사용된다.
톰백	• 구리에 아연이 5~20% 함유된 황동이다. • 강도가 낮지만 전연성이 우수하여 금박단추, 금 대용품, 화폐, 메달 등에 사용된다.
에드미럴티 황동	• 주석황동의 일종으로 7.3황동에 주석(Sn)을 1% 첨가한 황동이다. • 소금물에도 부식이 발생하지 않고, 연성이 우수하다. • 열교환기, 증발기, 해군제복단추의 재료로 사용된다.
네이벌 황동	• 주석황동의 일종으로 6.4황동에 주석을 1% 첨가한 황동이다. • 용접용 파이프의 재료로 사용된다.
델타메탈	• 6.4황동에 철(Fe) 1~2%를 함유한 것으로 철황동이라고도 한다. • 강도가 크고 내식성이 좋아 선박용 기계, 광산기계 등에 사용된다. • 내해수성이 강한 고강도 황동이다.
양은	• 7.3황동에 니켈(Ni)을 10~20% 첨가한 합금이다. • 식기, 은그릇, 온도조절 바이메탈 등으로 사용된다.

[청동의 종류]

포금(청동주물)	구리(Cu, 88%), 주석(Sn, 10%), 아연(Zn, 2%)을 첨가한 합금으로 주조성이 우수하다. 기계부품, 밸브, 기어, 대포 등에 사용된다.
켈밋	구리(Cu)에 납(Pb)이 30~40% 함유된 합금으로 고속·고하중의 베어링용 재료로 사용된다. 켈밋 합금에는 주로 편정반응이 나타난다.
암즈 청동	알루미늄 청동의 일종으로 재질이 강인하고 내식성이 풍부하여 어뢰 및 항공기 부품으로 사용된다.
니켈 청동	열전대 및 뜨임시효경화성 합금으로 사용된다.
베릴륨 청동	구리 합금 중에서 강도, 경도가 최대이며, 피로한도가 우수하기 때문에 고급스프링 등에 사용된다.
알루미늄 청동	구리에 알루미늄(Al)을 첨가한 청동으로 내식성과 내마모성이 매우 우수하다. • 알루미늄을 8% 첨가했을 때 연신율이 최대이다. • 알루미늄을 10% 첨가했을 때 인장강도가 최대이다.
인청동	청동에 인(P)이 0.03~0.35% 함유된 합금으로 베어링 등에 사용된다. 유동성, 내식성, 탄성, 내마멸성 등이 우수하다.
실진 청동	구리, 아연, 규소 4%의 청동으로 내식성과 내해수성이 우수하며 강인한 주물용 청동이다. 기계 부품용이나 터빈 날개에 사용된다.
규소 청동	1~4% Si를 함유한 것으로, 나사류, 너트, 피스톤 링 등에 사용된다.

19

정답 ⑤

[화학적 표면경화법_금속침투법(metallic cementation)]

재료를 가열하여 표면에 철과 친화력이 좋은 금속을 침투시켜 확산에 의해 합금피복층을 얻는 방법이다. 금속침투법을 통해 재료의 내식성, 내열성, 내마멸성 등을 향상시킬 수 있다.

[금속침투법의 종류]
• 칼로라이징 : 철강 표면에 알루미늄(Al)을 확신 침투시키는 방법으로, 확산제로는 알루미늄, 알루미나 분말 및 염화암모늄을 첨가한 것을 사용하며, 800~1,000℃ 정도로 처리한다. 또한, 고온산화에 견디기 위해서 사용된다.
• 실리콘나이징 : 철강 표면에 규소(Si)를 침투시켜 방식성을 향상시키는 방법이다.
• 보로나이징 : 표면에 붕소(B)을 침투 확산시켜 경도가 높은 보론화층을 형성시키는 방법으로, 저탄소강의 기어 이 표면의 내마멸성 향상을 위해 사용된다. 경도가 높아 처리 후 담금질이 불필요하다.
• 크로마이징 : 강재 표면에 크롬(Cr)을 침투시키는 방법으로, 담금질한 부품을 줄질 할 목적으로 사용되며 내식성이 증가된다.
• 세라다이징 : 고체 아연(Zn)을 침투시키는 방법으로, 원자 간의 상호 확산이 일어나며 대기 중 부식 방지 목적으로 사용된다.

20

① 주어진 그림은 면심입방격자(FCC)로, Cr은 체심입방격자(BCC)에 속한다.

[금속의 결정구조]

체심입방격자 (BCC, Body Centered Cubic)	입방체의 8개의 구석에 각 1개씩의 원자와 입방체의 중심에 1개의 원자가 있는 결정격자이며 가장 많이 볼 수 있는 구조의 하나이다(모양 구조에서 가장 중심에 원자가 있는 것).		
	BCC에 속하는 금속	Mo, W, Cr, V, Na, Li, Ta, $\delta-$ Fe, $\alpha-$Fe 등	
	특징	• 강도 및 경도가 크다(전성·연성 이 작다). • 융융점(융점, 녹는점)이 높다.	
면심입방격자 (FCC, Face Centered Cubic)	입방체에 있어서 8개의 꼭지점과 6개 면의 중심에 원자가 있는 단위격자로 된 결정격자이다(면의 중심에 원자가 있는 것).		
	FCC에 속하는 금속	$\beta-$Co, Ca, Pb, Ni, Ag, Cu, Au, Al, $\gamma-$Fe 등	
	특징	• 강도 및 경도가 작다. • 전성 및 연성이 크다(가공성이 우 수하다).	
조밀육방격자 (HCP, Hexagonal Closed Packed)	정육각 기둥의 각 위, 아랫면 꼭지점과 중심, 정삼각 기둥의 중심에 원자가 배열된 결정격자이다.		
	HCP에 속하는 금속	Zn, Be, $\alpha-$Co, Mg, Ti, Cd, Zr, Ce 등	
	특징	• 전성과 연성이 나쁘다(가공성이 나쁘다). • 취성(메짐)이 있다.	

[각 금속의 결정구조에 속하는 금속의 종류_암기법 ★]

BCC에 속하는 금속	Mo, W, Cr, V, Na, Li, Ta, $\delta-$Fe, $\alpha-$Fe 등
암기법	모우(Mow)스크(Cr)바(V)에 있는 나(Na)리(Li)타(Ta) 공항에서 델리($\delta-$Fe) 알리($\alpha-$Fe)가 (체)했다.
FCC에 속하는 금속	$\beta-$Co, Ca, Pb, Ni, Ag, Cu, Au, Al, $\gamma-$Fe 등
암기법	(면)먹고 싶다. 코(Co)카(Ca)콜라 납(Pb)니(Ni)? 은(Ag)구(Cu)금(Au)알(Al)
HCP에 속하는 금속	Zn, Be, $\alpha-$Co, Mg, Ti, Cd, Zr, Ce 등
암기법	아(Zn)베(Be)가 꼬(Co)마(Mg)에게 티(Ti)셔츠를 사줬다. 카(Cd)드 지(Zr)르세(Ce)

[금속의 결정구조_핵심 내용]

구분	체심입방격자 (BCC, Body Centered Cubic)	면심입방격자 (FCC, Face Centered Cubic)	조밀육방격자 (HCP, Hexagonal Closed Packed)
단위격자(단위세포) 내 원자수	2	4	2
배위수(인접 원자수)	8	12	12
충진율(공간채움률)	68%	74%	74%

21

정답 ②

[나사산의 각도]

톱니나사	유니파이나사	둥근나사	사다리꼴나사	미터나사	관용나사	휘트워드나사
30°, 45°	60°	30°	• 인치계(Tw) : 29° • 미터계(Tr) : 30°	60°	55°	55°

관련 이론

[체결용 나사]

체결할 때 사용하는 나사로 효율이 낮다.

삼각나사	가스 파이프를 연결하는데 사용한다.
미터나사	나사산의 각도가 60°인 삼각나사의 일종이다.
유니파이나사	세계적인 표준나사로 미국, 영국, 캐나다가 협정하여 만든 나사이다. 용도로는 좀용 등에 사용된다.

[운동용 나사]

동력을 전달하는 나사로 체결용 나사보다 효율이 좋다.

사다리꼴나사	"재형나사 및 애크미나사"로도 불리는 사다리꼴나사는 양방향으로 추력을 받는 나사로 공작기계의 이송나사, 밸브 개폐용, 프레스, 잭 등에 사용된다. 효율 측면에서는 사각나사가 더욱 유리하나 가공하기 어렵기 때문에 대신 사다리꼴나사를 많이 사용한다. 사각나사보다 강도 및 저항력이 크다.
톱니나사	힘을 한 방향으로만 받는 부품에 사용되는 나사로 압착기, 바이스 등의 이송 나사에 사용된다.
너클나사 (둥근나사)	전구와 같이 먼지나 이물질이 들어가기 쉬운 곳에 사용되는 나사이다.

볼나사	공작기계의 이송나사, NC기계의 수치제어장치에 사용되는 나사로 효율이 좋고 먼지에 의한 마모가 적으며 토크의 변동이 적다. 또한, 정밀도가 높고 윤활은 소량으로도 충분하며 축 방향의 백래시를 작게 할 수 있다. 그리고 마찰이 작아 정확하고 미세한 이송이 가능한 장점을 가지고 있다. 하지만 너트의 크기가 커지고, 피치를 작게 하는데 한계가 있으며 고속에서는 소음이 발생하고 자동체결이 곤란하다.
사각나사	축 방향의 하중을 받는 운동용 나사로 추력의 전달이 가능하다.

22

정답 ⑤

[직접전동장치와 간접전동장치의 종류]

직접전동장치 (원동차와 종동차가 직접 접촉하여 동력을 전달)	간접전동장치 (원동과 종동이 직접 접촉하지 않고 중간 매개체를 통해 간접적으로 동력을 전달)
마찰차, 기어, 캠	벨트, 로프, 체인

23

정답 ③

③ 리벳 구멍을 뚫기 위한 작업으로 펀치 또는 드릴이 있다. 호브는 기어를 가공하기 위한 도구이다.

관련 이론

[리벳(rivet) 이음]
리벳을 사용하여 2개의 이상의 판 등을 고정하는 영구적인 체결 방법을 리벳이음이라 하고, 결합 또는 접합에 사용되는 기계요소를 리벳이라고 한다. 비교적 방법이 간단하고 잔류변형이 없기 때문에 응용범위가 넓고, 기밀을 요하는 압력용기, 보일러 등에 사용되며, 철제 구조물 또는 교량 등에 사용되기도 한다. 또한, 리벳 제조방법에 따라 냉간리벳과 열간리벳으로 분류된다.

[리벳(rivet)과 관련된 필수 내용]
• 코킹 : 판재의 기밀, 수밀을 위해 리벳 공정이 끝난 후, 리벳머리 주위 및 강판의 가장자리를 해머로 때려 완전히 기밀을 하는 작업을 말한다. 일반적으로 코킹을 실시할 때, 강판의 가장자리는 75~85°로 기울인다.
• 플러링 : 기밀을 더욱 완전하게 하기 위해서, 또는 강판의 옆면 형상을 재차 다듬기 위해 강판과 같은 두께의 공구로 옆면을 때리는 작업이다.
※ 코킹과 플러링은 모두 두께가 5mm 이상인 판에 적용하여 기밀을 유지시키는 방법이다. 5mm 이하의 너무 얇은 판에 적용하면 판이 뭉개질 수 있다.
※ 5mm 이하의 판은 판 사이에 패킹, 개스킷, 기름 먹인 종이 등을 끼워 기밀을 유지시킨다.
※ 용접이음은 진동을 감쇠시키기 어렵다.

24

정답 ①

[스프링지수(C)]
스프링 곡률의 척도를 의미하는 것으로 스프링지수의 범위는 4~12가 적당하다.

$$C = \frac{D}{d}$$

[여기서, D : 코일의 평균 지름, d : 소선의 지름]

[스프링의 종횡비(λ)]

$$\lambda = \frac{H}{D}$$

[여기서, H : 스프링의 자유높이(스프링에 하중이 작용하지 않을 때의 높이), D : 코일의 평균 지름]
스프링의 종횡비(λ) 범위는 0.8~4가 적당하다. 종횡비가 너무 크면 작은 힘에도 스프링이 잘 휘어진다.

풀이

㉠ 소선의 지름 구하기

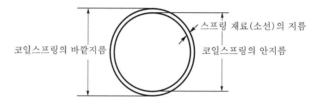

코일스프링의 바깥지름 ← 스프링 재료(소선)의 지름 / 코일스프링의 안지름

그림을 통해 코일스프링의 바깥지름에서 코일스프링의 안지름을 뺀 후, 2로 나누면 소선의 지름이 나온다는 것을 쉽게 파악할 수 있다. 따라서, 소선의 지름$(d) = \frac{21-15}{2} = 3\text{mm}$가 된다.

㉡ 코일의 평균지름(D)

$$D = \frac{\text{코일스프링의 바깥지름} + \text{코일스프링의 안지름}}{2} = \frac{21+15}{2} = 18\text{mm} \text{이다.}$$

$$\therefore \ C = \frac{D}{d} = \frac{18\text{mm}}{3\text{mm}} = 6$$

25

정답 ①

[미끄럼베어링과 구름베어링의 특징 비교]
윤활유에 의한 유막형성으로 유체마찰을 하는 것을 미끄럼베어링, 전동체(볼, 롤러)를 이용하여 구름마찰을 하는 것을 구름베어링이라고 한다.

	미끄럼베어링	구름베어링
형상치수	바깥지름은 작고, 너비는 넓다.	바깥지름은 크고, 너비는 좁다.
마찰상태	유체마찰	구름마찰
마찰 특징	운동마찰을 작게 할 수 있다.	기동마찰이 작다.
기동토크	유막형성이 늦은 경우, 크다.	작다.
충격	유막에 의한 감쇠능력이 우수하여 충격에 강하다.	충격에 약하다.
강성	작다.	크다.

	미끄럼베어링	구름베어링
동력손실	마찰에 의한 동력손실이 크다.	마찰에 의한 동력손실이 작다.
소음 및 진동	작다.	크다.
운전속도	공진영역을 지나 운전될 수 있다.	공진영역 이내에서 운전한다.
속도	고속 운전에 적합하다.	고속 운전에 부적합하다.
윤활	별도의 윤활장치가 필요하다.	윤활이 용이하나, 윤활유가 비산한다.
과열	과열의 위험이 크다.	과열의 위험이 작다.
규격 및 호환	규격화되지 않아 자체 제작한다.	규격화되어 호환성이 우수하다.
구조	구조가 간단하며, 값이 저렴하다.	전동체(볼, 롤러)가 있어 복잡하며 일반적으로 값이 고가이다. 또한, 구름 베어링(rolling bearing)은 설치 시 내·외륜의 끼워 맞춤에 주의가 필요하다.
유지 및 보수	유지 및 보수가 어렵다.	보수 점검이 용이하다.

07 2024년 상반기 한국철도공사 기출문제

01	⑤	02	②	03	④	04	③	05	⑤	06	①	07	④	08	②	09	③	10	②
11	①	12	④	13	②	14	②	15	⑤	16	③	17	⑤	18	④	19	③	20	④
21	⑤	22	⑤	23	②	24	③	25	④

01

정답 ⑤

[열의 종류]

현열	상태 변화(상변화)에는 쓰이지 않고 오로지 온도 변화에만 쓰이는 열량이다. Q(열량)$= Cm \triangle T$ [여기서, C : 물체(물질)의 비열, m : 물체(물질)의 질량, $\triangle T$: 온도 변화]		
잠열	온도 변화에는 쓰이지 않고 오로지 상태 변화(상변화)에만 쓰이는 열량이다.		
	증발잠열	액체 → 기체로 상태 변화시키는 데 필요한 열량 ※ 100℃의 물 1kg을 100℃의 증기로 만드는 데 필요한 증발잠열은 539kcal/kg 이다.
	융해잠열	고체 → 액체로 상태 변화시키는 데 필요한 열량 ※ 0℃의 얼음 1kg을 0℃의 물로 상태 변화시키는 데 필요한 융해잠열은 약 80kcal/kg이다.

풀이

㉠ 질량이 10kg인 물을 온도 10℃에서 60℃로 증가시킨다. 물은 100℃에서 끓기 시작한다. 즉, 물의 상태는 계속 액체이므로 상태 변화는 없이 온도만 10℃에서 60℃로 변화될 뿐이다. 따라서 오로지 상태 변화에 사용되는 잠열은 고려하지 않으며 오로지 온도 변화($\triangle T$)에만 사용되는 현열만 고려하면 되고, 그 현열값이 바로 물의 온도를 10℃에서 60℃로 증가시키는 데 필요한 열량값이 된다.

㉡ 물의 비열값은 1kcal/kg·℃ 또는 4,180J/kg·℃이다. 반드시 암기해야 하는 수치이다.
  ※ 1kcal=4,180J≒4,200J이다.

㉢ 문제에서 필요한 열량의 단위가 kJ이므로 물의 비열값은 4,180J/kg·℃를 사용한다. 단, 문제 보기의 수치가 많은 차이를 보이고 있으므로 대략적으로 4,200J/kg·℃으로 대입하여 계산할 것이다.
  $Q = Cm \triangle T$
  $= 4,200$J/kg·℃$\times 10$kg$\times (60℃ - 10℃) = 2,100,000$J $= 2,100$kJ

02

정답 ②

[이상기체의 내부에너지 변화]
$(dU) = U_2 - U_1 = m C_v \triangle T = m C_v (T_2 - T_1)$
[여기서, m : 질량, C_v : 정적비열, $\triangle T$: 온도변화]

[이상기체의 엔탈피 변화]

$$dH = H_2 - H_1 = mC_p \triangle T = mC_p(T_2 - T_1)$$

[여기서, m : 질량, C_p : 정압비열, $\triangle T$: 온도변화]

∴ 이상기체의 내부에너지와 엔탈피는 "온도만의 함수"이다.

03

정답 ④

[카르노 사이클(Carnot cycle)]

• 열기관의 이상 사이클로 이상기체를 동작물질(작동유체)로 사용한다.
• 이론적으로 사이클 중 최고의 효율을 가질 수 있다.

$P-V$ 선도	
각 구간 해석	• 상태 1 → 상태 2 : q_1의 열이 공급되었으므로 팽창하게 된다. 1에서 2로 부피(V)가 늘어났음(팽창)을 알 수 있다. 따라서 <u>가역등온팽창과정</u>이다. • 상태 2 → 상태 3 : 위의 선도를 보면 2에서 3으로 압력(P)가 감소했음을 알 수 있다. 즉, 동작물질(작동유체)인 이상기체가 외부로 팽창일을 하여 압력이 감소된 것이므로 <u>가역단열팽창과정</u>이다. • 상태 3 → 상태 4 : q_2의 열이 방출되고 있으므로 부피가 줄어들게 된다. 즉, 3에서 4로 부피가 줄어들고 있다. 따라서 <u>가역등온압축과정</u>이다. • 상태 4 → 상태 1 : 4에서 1은 압력이 증가하고 있다. 따라서 <u>가역단열압축과정</u>이다.
특징	• <u>2개의 가역단열과정과 2개의 가역등온과정</u>으로 구성되어 있다. 즉, 4개의 과정은 모두 가역과정이다. • 등온팽창 → 단열팽창 → 등온압축 → 단열압축의 순서로 작동된다. • 효율(η)은 $1-(Q_2/Q_1) = 1-(T_2/T_1)$으로 구할 수 있다. [여기서, Q_1 : 공급열, Q_2 : 방출열, T_1 : 고열원 온도, T_2 : 저열원 온도] → 카르노 사이클의 열효율은 열량의 함수로 온도의 함수를 치환할 수 있다. • 같은 두 열원에서 사용되는 가역사이클인 카르노 사이클로 작동되는 기관은 열효율이 동일하다. • 사이클을 역으로 작동시키면 이상적인 냉동기의 원리가 된다. • 열의 공급은 등온과정에서만 이루어지지만, 일의 전달은 단열과정과 등온과정에서 둘 다 일어난다. • 동작물질(작동유체)의 밀도가 크거나 양이 많으면 마찰이 발생하여 효율이 떨어지므로 효율을 높이기 위해서는 동작물질의 밀도를 낮추거나 양을 줄인다.

04

• 노즐 : 압력에너지를 운동에너지로 변환하여 속도를 증가시키는 기구(압력에너지 → 운동에너지)
• 디퓨저 : 운동에너지를 감소시켜 압력에너지를 증가시키는 기구(운동에너지 → 압력에너지)

05

[여러 사이클의 종류]

오토 사이클	• <u>가솔린기관(불꽃점화기관)의 이상사이클</u> • 2개의 정적과정과 2개의 단열과정으로 구성된 사이클로, 정적하에서 열이 공급되기 때문에 정적연소사이클이라고 한다.
사바테 사이클	• <u>고속디젤기관의 이상사이클(기본사이클)</u> • 2개의 단열과정, 2개의 정적과정, 1개의 정압과정으로 구성된 사이클로, 가열과정이 정압 및 정적과정에서 동시에 이루어지기 때문에 정압−정적 사이클(복합사이클, 이중연소사이클, "디젤사이클 + 오토사이클")이라고 한다.
디젤 사이클	• <u>저속디젤기관 및 압축착화기관의 이상사이클(기본사이클)</u> • 2개의 단열과정, 1개의 정압과정, 1개의 정적과정으로 구성된 사이클로, 정압하에서 열이 공급되고 정적하에서 열이 방출되기 때문에 정압연소사이클, 정압사이클이라고 한다.
브레이턴 사이클	• <u>가스터빈의 이상사이클</u> • 2개의 정압과정과 2개의 단열과정으로 구성된 사이클로, 가스터빈의 이상사이클이며 가스터빈의 3대 요소는 압축기, 연소기, 터빈이다.
랭킨 사이클	• 증기원동소 및 화력발전소의 이상사이클(기본사이클) • 2개의 단열과정과 2개의 정압과정으로 구성된 사이클이다.
에릭슨 사이클	• 2개의 정압과정과 <u>2개의 등온과정</u>으로 구성된 사이클 • 사이클의 순서 : 등온압축 → 정압가열 → 등온팽창 → 정압방열
스털링 사이클	• 2개의 정적과정과 <u>2개의 등온과정</u>으로 구성된 사이클 • 사이클의 순서 : 등온압축 → 정적가열 → 등온팽창 → 정적방열 • 증기원동소의 이상사이클인 랭킨사이클에서 이상적인 재생기가 있다면 스털링 사이클에 가까워진다[역스털링 사이클은 헬륨(He)을 냉매로 하는 극저온 가스냉동기의 기본사이클이다].
아트킨슨 사이클	• 2개의 단열과정, 1개의 정압과정, 1개의 정적과정으로 구성된 사이클 • 사이클의 순서 : 단열압축 → 정적가열 → 단열팽창 → 정압방열 • <u>디젤사이클과 사이클의 구성 과정은 같으나, 아트킨슨 사이클은 가스동력 사이클이다.</u>
르누아 사이클	• 1개의 단열과정, 1개의 정압과정, 1개의 정적과정으로 구성된 사이클 • 사이클의 순서 : 정적가열 → 단열팽창 → 정압방열 • 동작물질(작동유체)의 압축과정이 없으며 펄스제트 추진계통의 사이클과 유사하다.

※ **가스동력 사이클의 종류** : 브레이턴 사이클, 에릭슨 사이클, 스털링 사이클, 아트킨슨 사이클, 르누아 사이클

06

물체가 떠 있는 상태(정지 상태)이므로 중성부력 상태(중력＝부력)라는 것을 알 수 있다. 즉, 중력에 의한 물체의 무게(mg)와 부력($\gamma_{액체} V_{잠긴 부피} = \rho_{액체} g\, V_{잠긴 부피}$)이 서로 평형 관계에 있다. 이를 식으로 표현하면 다음과 같다.

$$mg = \gamma_{액} V_{잠긴 부피} = \rho_{액체} g\, V_{잠긴 부피}$$

예를 들어, 비중이 0.6인 물체가 물에 일부만 잠긴 채 떠 있으면 다음과 같이 풀이할 수 있다.

$$mg = \gamma V_{잠긴부피} \rightarrow \rho_{물체} Vg = \rho g V_{잠긴부피} \quad [여기서,\ \rho(밀도) = \frac{m(질량)}{V(부피)},\ \gamma(비중량) = \rho g]$$

$$\rho_{물체} Vg = \rho_{물} g V_{잠긴부피} \rightarrow 0.3 \times 1{,}000 \times V = 1{,}000 \times V_{잠긴부피}$$

$\dfrac{V_{잠긴부피}}{V} = 0.3$이므로 전체 부피의 30%가 잠겨 있음을 알 수 있다.

Tip

비중이 0.6인 물체가 물에 일부만 잠긴 채 떠 있으면, 잠긴 부피는 전체 부피의 60%
비중이 0.5인 물체가 물에 일부만 잠긴 채 떠 있으면, 잠긴 부피는 전체 부피의 50%
즉, 비중이 $0.x$인 물체가 물에 일부가 잠겨 있으면, 잠긴 부피는 전체 부피의 $0.x \times 100\% = (10 \times x)\%$이다. 따라서, 비중이 0.3인 물체가 물에 잠겼을 때 잠긴 부피는 전체 부피의 30%라는 것을 알 수 있다. 이 문제는 보자마자 1초 컷으로 풀 수 있어야 한다.

07

[베르누이 방정식]

"흐르는 유체가 갖는 에너지의 총합은 항상 보존된다"라는 에너지 보존 법칙을 기반으로 하는 방정식이다. 즉, 베르누이 방정식은 흐르는 유체에 적용되는 방정식이다.

기본 식	$\dfrac{P}{\gamma} + \dfrac{v^2}{2g} + Z = constant$ [여기서, $\dfrac{P}{\gamma}$: 압력수두, $\dfrac{v^2}{2g}$: 속도수두, Z : 위치수두, P : 압력, γ : 비중량, v : 속도, g : 중력가속도, Z : 위치] • 에너지선 : 압력수두+속도수두+ 위치수두 • 수력구배선(수력기울기선) : 압력수두+위치수두 ※ 베르누이 방정식은 에너지(J)로 표현할 수도 있고, 수두(m)로 표현할 수도 있고, 압력(Pa)으로도 표현할 수 있다. ㉠ 수두식 : $\dfrac{P}{\gamma} + \dfrac{v^2}{2g} + Z = C$ ㉠식의 양변에 비중량(γ)을 곱하고 $\gamma = \rho g$를 대입하면, ㉡ 압력식 : $P + \rho\dfrac{v^2}{2} + \rho g h = C$ ㉡식의 양변에 부피(V)를 곱하고 밀도(ρ) $= m$(질량)$/ V$(부피)을 대입하면.

기본 식	© 에너지식 : $PV + \dfrac{1}{2}mv^2 + mgh = Constant$		
	PV(압력에너지)	$\dfrac{1}{2}mv^2$(운동에너지)	mgh(위치에너지)
가정 조건	• 정상류이며 비압축성(압력이 변해도 밀도는 변하지 않음)이어야 한다. • 유선을 따라 입자가 흘러야 한다. • 비점성이어야 한다(마찰이 존재하지 않아 에너지 손실이 없는 이상유체이다). • 유선이 경계층을 통과하지 말아야 한다. → 경계층 내부는 점성이 작용하므로 점성에 의한 마찰 작용이 있어 3번째 가정 조건에 위배되기 때문이다. • 하나의 유선에 대해서만 적용되며 하나의 유선에 대해서는 총 에너지가 일정 • 흐름 외부와의 에너지 교환은 없다. • 임의의 두 점은 같은 유선상에 있어야 한다.		
설명할 수 있는 예시	• 피토관을 이용한 유속 측정 원리 • 유체 중 날개에서의 양력 발생 원리 • 관의 면적에 따른 속도와 압력의 관계(압력과 속도는 반비례한다)		
적용 예시	• 2개의 풍선 사이에 바람을 불면 풍선이 서로 붙는다. • 마그누스의 힘(축구공 감아차기, 플레트너의 배 등)		

※ 정상류는 유동장의 임의의 한 점에서 시간의 변화에 대한 유동특성(압력, 온도, 속도, 밀도)이 일정한 유체의 흐름을 말한다.
※ 오일러 운동 방정식은 비압축성이라는 가정이 없다. 나머지는 베르누이 방정식 가정과 동일하다.
※ 벤츄리미터는 베르누이 방정식과 연속방정식을 이용하여 유량을 산출한다.
※ 베르누이 방정식은 "에너지 보존 법칙", 연속방정식은 "질량 보존 법칙" 이다.

08

정답 ②

② 정상 상태 유체의 유동에서 유선, 유적선, 유맥선이 서로 일치한다.

유선	주어진 순간에 모든 점에서 속도의 방향에 접한 선을 말한다.
유적선	유체 입자가 지나간 흔적으로 서로 교차가 가능하다.
유맥선	순간 궤적을 의미하며, 예로는 담배연기가 있다.
정상류	① 유동장의 임의의 한 점에서 시간의 변화에 대한 유동특성(압력, 온도, 속도, 밀도)이 일정한 유체의 흐름을 말한다. © $\dfrac{dP}{dt}=0,\ \dfrac{dT}{dt}=0,\ \dfrac{dV}{dt}=0,\ \dfrac{d\rho}{dt}=0$
등류(균속도)	① 거리에 관계없이 속도가 일정한 흐름을 말한다. © $\dfrac{dV}{dS}=0$

09

정답 ③

압력항력은 후류 현상 때문에 물체 전후의 압력차로 인해 물체가 유동 방향으로 유체로부터 받는 저항이다.

관련 이론

[골프공의 딤플(표면에 파인 작은 홈)]

공에 딤플이 있으면 난류(난기류)를 형성하여 박리를 지연시키게 된다. 즉, 박리되는 위치가 공의 뒤쪽으로 이동하게 된다. 이로 인해 압력항력이 줄어들게 되어 골프공의 비거리가 늘어나게 된다. 즉, 딤플은 압력항력을 줄여 전체적인 항력을 감소시키게 된다(딤플이 있으면 매끄러운 표면의 공보다 항력을 줄일 수 있다). 또한, 딤플이 있으면 골프공 뒤에서 발생하는 후류의 폭이 줄어든다.

항력은 물체가 유체 내에서 운동할 때 받는 저항력을 말하며, 항력＝압력항력(형상항력)＋마찰항력이다. 이때, 압력항력은 물체 전후의 압력차로 인한 저항이며, 마찰항력은 유체의 점성력으로 인한 저항이다.

10

정답 ②

[세로탄성계수(종탄성계수, E)와 가로탄성계수(전단탄성계수, 횡탄성계수, G)의 관계]

$mE = 2G(m+1)$ → 양변을 푸아송수(m)로 나누면 다음과 같다.

$E = 2G(1+\nu)$ [단, $\nu = \dfrac{1}{m}$, 푸아송비와 푸아송수는 역수의 관계]

[여기서, m : 푸아송수, E : 종탄성계수(세로탄성계수, 영률), G : 횡탄성계수(가로탄성계수, 전단탄성계수)]

$\therefore G = \dfrac{mE}{2(m+1)}$

11

정답 ①

① 외팔보의 중앙에 집중하중 P가 작용할 때의 최대 처짐량($\delta_{\max}$) $= \dfrac{5PL^3}{48EI}$

② 단순보의 중앙에 집중하중 P가 작용할 때의 최대 처짐량($\delta_{\max}$) $= \dfrac{PL^3}{48EI}$

③ 양단고정보의 중앙에 집중하중 P가 작용할 때의 최대 처짐량($\delta_{\max}$) $= \dfrac{PL^3}{192EI}$

④ 단순보에 등분포하중 w가 작용할 때의 최대 처짐량($\delta_{\max}$) $= \dfrac{5wL^4}{384EI}$

⑤ 양단고정보에 등분포하중 w가 작용할 때의 최대 처짐량($\delta_{\max}$) $= \dfrac{wL^4}{384EI}$

※ 외팔보(켄틸레버보)는 처짐이나 진동에 많이 취약하다.

12

정답 ④

축에 굽힘모멘트 M과 비틀림모멘트 T가 동시에 작용할 때는 상당 굽힘모멘트 M_e와 상당 비틀림모멘트 T_e를 고려해서 설계해야 한다.

[축이 비틀림(T)과 굽힘(M)을 동시에 받을 때]

등가 비틀림 모멘트 T_e (상당 비틀림 모멘트)	$T_e = \sqrt{M^2 + T^2}$
등가 굽힘 모멘트 M_e (상당 굽힘 모멘트)	$M_e = \dfrac{1}{2}(M + \sqrt{M^2 + T^2})$

13

정답 ②

[오일러의 좌굴하중(P_{cr}), 임계하중)]

오일러의 좌굴하중 (P_{cr}, 임계하중)	$P_{cr} = n\pi^2 \dfrac{EI}{L^2}$ [여기서, n : 단말계수, E : 종탄성계수(세로탄성계수, 영률), I : 단면 2차 모멘트, L : 기둥의 길이]
오일러의 좌굴응력 (σ_B, 임계응력)	$\sigma_B = \dfrac{P_{cr}}{A} = n\pi^2 \dfrac{EI}{L^2 A}$ ㉠ 세장비는 "$\lambda = \dfrac{L}{K}$"이다. ㉡ 최전반경은 "$K = \sqrt{\dfrac{I_{min}}{A}}$"이다. ㉢ 회전반경을 제곱하면 $K^2 = \dfrac{I_{min}}{A} \rightarrow K^2 = \dfrac{I_{min}}{A}$ ㉣ $\sigma_B = n\pi^2 \dfrac{EI}{L^2 A} \rightarrow \sigma_B = n\pi^2 \dfrac{E}{L^2}\left(\dfrac{I}{A}\right) = n\pi^2 \dfrac{E}{L^2}(K^2)$ $\dfrac{1}{\lambda^2} = \dfrac{K^2}{L^2}$ 이므로 $\therefore \sigma_B = n\pi^2 \dfrac{E}{L^2}(K^2) = n\pi^2 \dfrac{E}{\lambda^2}$ 따라서 오일러의 좌굴응력(임계응력, σ_B)은 세장비(λ)의 제곱에 반비례함을 알 수 있다.
단말계수 (끝단계수, 강도계수, n)	기둥을 지지하는 지점에 따라 정해지는 상수값으로 이 값이 클수록 좌굴은 늦게 일어난다. 즉, 단말계수가 클수록 강한 기둥이다. <table><tr><td>일단고정 타단자유</td><td>$n = 1/4 = 0.25$</td></tr><tr><td>일단고정 타단회전</td><td>$n = 2$</td></tr><tr><td>양단회전</td><td>$n = 1$</td></tr><tr><td>양단고정</td><td>$n = 4$</td></tr></table>

14

[황동의 종류]

톰백	• 구리(Cu)에 아연(Zn)이 5~20% 함유된 황동으로, 황금색이다. • 강도는 낮지만 전연성이 좋다. • 금박단추, 금 대용품, 화폐, 메달 등에 사용된다.
6.4황동 (문쯔메탈)	• 구리에 아연이 40% 함유된 것으로, 인장강도가 최대인 황동이다. • 강도가 크고, 전연성이 낮다. • 아연의 함유량이 많아 황동 중에서 가격이 가장 저렴하다. • 내식성이 작고, 탈아연 부식을 일으키기 쉽지만, 강도가 크므로 기계부품 등에 많이 사용된다. • 고온가공하여 상온에서 완성하여 관, 봉 등으로 만든다. ※ 6.4에서 4는 4글자라는 의미이다. 따라서 4글자인 "인장강도"를 연상하면 된다.
7.3황동 (카트리지 동)	• 구리가 70%, 아연이 30% 함유된 것으로, 연신율이 최대인 황동이다. • 전구의 소켓, 탄피의 재료로 사용되거나 냉간가공성이 좋아 압연가공 재료로 사용된다. ※ 7.3에서 3은 3글자라는 의미이다. 따라서 3글자인 "연신율"을 연상하면 된다.
주석황동	탈아연을 억제한다. **[네이벌 황동]** • 주석황동의 일종으로, 6.4황동에 주석을 1% 첨가한 황동이다. • 용접용 파이프의 재료로 사용된다. **[에드미럴티 황동]** • 주석황동의 일종으로 7.3황동에 주석을 1% 첨가한 황동이다. • 소금물에도 부식이 발생하지 않고 연성이 우수하다. • 열교환기, 증발기, 해군제복단추의 재료로 사용된다.
쾌삭황동	• 6.4황동에 납(Pb)을 1.5~3.0% 첨가한 황동으로, 납황동이라고도 한다. 단, 납이 3% 이상이 되면 메지게 된다(깨진다). • 절삭성이 우수하므로 정밀절삭가공을 요하는 나사, 볼트 등의 재료로 사용된다.
델타메탈 (철황동)	• 6.4황동에 철(Fe) 1~2%를 함유한 합금이다. • 내해수성이 강한 고강도 황동이다. • 강도가 크고 내식성이 좋아 선박용 기계, 광산기계, 화학기계 등에 사용된다.
듀라나메탈	• 7.3황동+철 1~2%의 합금이다. • 내해수성이 우수하며 강도가 크다. 다만, 냉간가공은 곤란하다. • 용도로는 주조용, 선박기계부품으로 사용된다.
망가닌	6.4황동+망간(Mn) 10~15%를 첨가한 합금으로, 전기저항의 변화가 극히 작다.
양은 (양백, 백동, 니켈황동)	• 7.3황동에 니켈(Ni)을 10~20% 첨가한 것이다. • 색깔이 은(Ag)과 비슷하다. • 식기, 악기, 은그릇 대용, 장식용, 온도조절 바이메탈 등으로 사용된다.
레드브레스	• 구리(85%)+아연(15%)의 합금으로, 무른 황동의 대표적이다. • 부드럽고 내식성이 좋아 건축용 금속 잡화, 전기용 소켓, 체결구 등으로 사용된다.

[청동의 종류]

포금(청동주물)	• 구리(Cu, 88%), 주석(Sn, 10%), 아연(Zn, 2%)를 첨가한 합금으로, 주조성이 우수하다. • 해수에 잘 침식되지 않는다. • 기계부품, 밸브, 기어, 대포 등에 사용된다.
켈밋	• 구리(Cu)에 납(Pb)이 30~40% 함유된 합금이다. • 고속·고하중의 베어링용 재료로 사용된다. • 켈밋 합금에는 주로 편정반응이 나타난다.
인청동	• 청동에 인(P)이 0.03~0.35% 함유된 합금이다. • 내식성, 내마멸성이 우수하다. • 전성, 연성, 탄성이 우수하다. • 유동성이 양호하다. • 일반적으로 전기전도도 및 열전도도가 우수한 편이나. • 스프링 재료, 베어링 등에 사용된다. ※ 전성+연성＝전연성이다.
알루미늄 청동	구리에 알루미늄(Al)을 첨가한 청동으로, 내식성과 내마모성이 매우 우수하다. • 알루미늄을 8% 첨가했을 때 연신율이 최대이다. • 알루미늄을 10% 첨가했을 때 인장강도가 최대이다.
니켈 청동	특수 청동으로 열전대 및 드임시효경화성 합금으로 사용된다.
베릴륨 청동	• 구리에 2~3%의 베릴륨(Be)을 첨가한 시효경화성이 강력한 구리합금이다. • 구리합금 중에서 가장 큰 강도와 경도를 얻을 수 있다. • 내마모성, 내피로성, 피로한도, 내식성, 내열성 등이 우수하다. • 산화하기 쉽고, 값이 비싸며 경도가 커서 가공하기가 곤란하다. • 강도, 내식성, 피로한도 등이 우수하기 때문에 고급스프링에 사용된다. • 정밀기계재료, 베어링 등에도 사용된다.
실진 청동	구리, 아연, 규소 4%의 청동으로, 내식성과 내해수성이 우수하며 강인한 주물용 청동이다. 용도로는 기계 부품용이나 터빈 날개에 사용된다.
규소 청동	1~4% 규소(Si)를 함유한 것으로, 나사류, 너트, 피스톤 링 등에 사용된다.

15

정답 ⑤

[미하나이트 주철]
• 가장 많이 사용되는 고급주철의 종류이다.

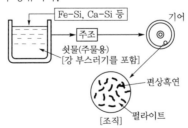

- 저탄소, 저규소의 보통주철을 용해하여 주입하기 전에 규소철(Fe-Si) 또는 칼슘실리케이트(Ca-Si)를 접종하여 흑연을 미세화함으로써 기계적 강도를 높인 펄라이트 주철이다.
  ※ 접종 : 흑연의 핵을 미세화하고 균일하게 분포하도록 결정의 핵을 형성하기 위하여 Fe-Si, Ca-Si를 첨가하여 흑연의 핵생성을 촉진하고 조직이나 성질을 개선하는 방법이다)
- 조직은 펄라이트 바탕에 흑연이 미세하고 균일하게 분포되어 있다.
- 내마모성이 우수하다.
- 기계적 강도가 높고, 인성이 크다.
- 담금질이 가능하다.
- 내마모성이 요구되는 공작기계의 안내면, 강도를 요하는 내연기관의 실린더, 피스톤링, 기어, 크랭크축, 브레이크 드럼 등에 사용된다.

16

정답 ③

[파텐팅]

연욕 담금질의 일종으로 고탄소강을 A_3(912℃)점 이상으로 가열하고, 수증기 또는 430~520℃ 납을 녹인 용기 속에서 담금질함으로써 강하고 점성이 있는 소르바이트 조직(S)을 만드는 방법이다. 보통 강인한 탄소강(경강) 재료에서 파텐팅을 실시한다.

17

정답 ⑤

[순철(α고용체, 페라이트 조직)]

탄소함유량이 0.02% 이하인 순도가 높은 철(거의 불순물이 없다)을 말한다. 일반적으로 탄소함유량이 많아야 금속 원자의 배열 공간에 탄소(C)가 침투하여 공간을 채움으로써 경도를 높인다. 즉, 탄소가 많아야 기본적으로 경도가 커서 단단하다. 하지만, 순철은 탄소함유량이 0.02% 이하로 탄소가 매우 적기 때문에 담금질 열처리를 해도 단단해지기 어렵다. 따라서, 순철은 담금질 열처리가 불량하다.
※ 페라이트 : α고용체(알파 고용체)라고 하며 외관은 순철과 같으나, 고용된 원소의 이름을 붙여 실리콘 페라이트 또는 규소철이라고 한다.

18

정답 ④

[하중(힘)]

구조물 또는 부재에 응력과 변형을 발생시키는 힘이다.
㉠ 정하중(사하중) : 크기와 방향이 일정한 하중
- 수직하중(인장하중, 압축하중) : 단면에 대해 수직으로 작용하는(잡아당기는/압축시키는) 하중
- 좌굴하중 : 좌굴을 일으키는 하중
- 전단하중 : 단면에 대해 평행하게 작용(단면을 자르는 것과 같이 작용)하는 하중(접선하중)
- 비틀림하중 : 재료가 비틀어지도록 작용하는 하중
- 굽힘하중 : 재료를 굽히게 만드는 하중

ⓒ 동하중(활하중) : 시간에 따라 크기와 방향이 바뀌는 하중

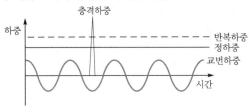

- 반복하중 : 반복적으로 작용하는 하중
- 교번하중(양진하중) : 하중의 크기와 방향이 주기적으로 계속 바뀌는 하중으로, 가장 위험한 하중이다.
- 이동하중 : 이동하면서 작용하는 하중으로, 하중의 작용점이 계속 바뀐다(이동하는 자동차 등).
- 충격하중 : 비교적 짧은 시간에 갑자기 작용하는 하중
- 변동하중 : 주기와 진폭이 바뀌는 하중
- 연행하중 : 기차레일이 받는 하중(일련의 하중으로 등분포하중)

[집중하중과 등분포하중]
- 집중하중 : 한 점, 한 지점에 집중하여 작용하는 하중
- 등분포하중 : 일정한 간격으로 일정한 범위 내에 작용하는 하중

19

정답 ③

[사용응력]
기계나 구조물에 일상적으로 가해지는 하중에 의하여 발생하는 응력을 말한다.

20

정답 ④

[마진]
판 끝과 외측 리벳열의 중심 간의 거리를 나타내는 용어이다.

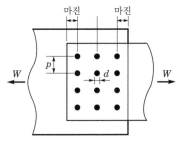

21

정답 ⑤

[하이포이드 기어]
스파이럴 베벨기어와 같은 형상이고, 축만 엇갈린 기어로 자동차 차동장치에 사용된다. 자동차 차동장치에 사용된다는 것을 꼭 암기해야 한다. 문제를 풀 수 있는 키포인트 단어 중에 하나이다.

[기어의 분류]

두 축이 평행한 것	두 축이 교차한 것	두 축이 평행하지도 교차하지도 않은 엇갈린 것
스퍼기어(평기어), 헬리컬기어, 더블헬리컬기어(헤링본기어), 내접기어, 랙과 피니언 등	베벨기어, 마이터기어, 크라운기어, 스파이럴 베벨기어 등	스크류기어(나사기어), 하이포이드기어, 웜기어 등

※ 스퍼기어(평기어) : 잇줄이 축에 평행한 직선의 원통기어이다.

22
정답 ⑤

[레이놀즈수(Re)]

층류와 난류를 구분하는 척도로 사용되는 무차원수이다.

레이놀즈수	$Re = \dfrac{\rho Vd}{\mu} = \dfrac{Vd}{\nu} = \dfrac{관성력}{점성력}$ [여기서, ρ : 유체의 밀도, V : 속도, 유속, d : 관의 지름(직경), ν : 유체의 점성계수] 레이놀즈수(Re)는 점성력에 대한 관성력의 비라고 표현된다. ※ 동점성계수(ν) $= \dfrac{\mu}{\rho}$		
레이놀즈수의 범위	원형관	상임계 레이놀즈수(층류 → 난류로 변할 때)	4,000
		하임계 레이놀즈수(난류 → 층류로 변할 때)	2,000~2,100
	평판	임계레이놀즈수	500,000($= 5 \times 10^5$)
	개수로	임계레이놀즈수	500
	관 입구에서 경계층에 대한 임계레이놀즈수		600,000($= 6 \times 10^5$)
	원형관(원관, 파이프)에서의 흐름 종류의 조건		
	층류 흐름	$Re < 2,000$	
	천이 구간	$2,000 < Re < 4,000$	
	난류 흐름	$Re > 4,000$	

※ 일반적으로 임계레이놀즈수라고 하면 "하임계 레이놀즈수"를 말한다.

※ 임계레이놀즈수를 넘어가면 난류 흐름이다.

※ 관수로 흐름은 주로 압력의 지배를 받으며, 개수로 흐름은 주로 중력의 지배를 받는다.

※ 관내 흐름에서 자유 수면이 있는 경우에는 개수로 흐름으로 해석한다.

23
정답 ②

[전단력선도(SFD)와 굽힘모멘트선도(BMD)의 관계]

• 굽힘모멘트선도(BMD) $\xrightarrow{\text{미분}}$ 전단력선도(SFD) : BMD를 미분하면 SFD이다.

• 전단력선도(SFD) $\xrightarrow{\text{적분}}$ 굽힘모멘트선도(BMD) : SFD를 적분하면 BMD이다.

24

정답 ③

[베어링용 합금]

화이트메탈	• 주석(Sn)과 납(Pb)의 합금으로 자동차 등에 사용된다. • 주석계, 납(연)계, 아연계, 카드뮴계 • 주석계에서는 베빗메탈이 대표적이다. • <u>베빗메탈</u>은 주요 성분이 안티몬(Sb)-아연(Zn)-주석(Sn)-구리(Cu)인 합금으로 내열성이 우수하므로 <u>내연기관용 베어링 재료로 사용된다.</u>
구리계	청동, 인청동, 납청동, 켈밋
소결 베어링 합금	• 오일리스 베어링 • "구리(Cu)+주석(Sn)+흑연"을 고온에서 소결시켜 만든 것이다. • 분말야금공정으로 오일리스 베어링을 생산할 수 있다. • 다공질 재료이며 구조상 급유가 어려운 곳에 사용한다. ※ 많은 구멍 속으로 오일이 흡착되어 저장이 되므로 급유가 곤란한 곳에 사용될 수 있다. • 급유 시에 기계가동중지로 인한 생산성의 저하방지가 가능하다. • 식품기계, 인쇄기계 등에 사용되며 고속·중하중에 부적합하다.

25

정답 ④

[키의 종류]

묻힘키(성크키)	• 가장 많이 사용되는 키로, 축과 보스 양쪽에 키 홈을 파서 사용한다. 단면의 모양은 직사각형과 정사각형이 있다. 직사각형은 축 지름이 큰 경우, 정사각형은 축 지름이 작은 경우에 사용한다. • 키의 호칭 방법은 b(폭)×h(높이)×l(길이)로 표시하며 키의 종류에는 윗면이 평행한 평행키와 윗면에 1/100 테이퍼를 준 경사키 등이 있다.
안장키(새들키)	축에는 키 홈을 가공하지 않고 보스에만 1/100 테이퍼를 주어 홈을 파고 이 홈 속에 키를 박아버린다. 축에는 키 홈을 가공하지 않아 축의 강도를 감소시키지 않는 장점이 있지만, 축과 키의 마찰력만으로 회전력을 전달하므로 큰 동력을 전달하지 못한다.
원추키(원뿔키)	축과 보스 사이에 축 방향으로 쪼갠 원뿔을 때려 박아 축과 보스를 헐거움 없이 고정할 수 있고 축과 보스의 편심이 작은 키이다. 마찰에 의해 회전력을 전달하며 축의 임의의 위치에 보스를 고정할 수 있다.
반달키(우드러프키)	키 홈에 깊게 가공되어 축의 강도가 저하될 수 있으나, 키와 키 홈을 가공하기가 쉽고 키 박음을 할 때 키가 자동적으로 축과 보스 사이에 자리를 잡는 기능이 있다. 보통 공작기계와 자동차 등에 사용되며, 일반적으로 60mm 이하의 작은 축에 사용되며 특히 테이퍼축에 사용된다.

접선키	• 축의 접선방향으로 끼우는 키로, 1/100의 테이퍼를 가진 2개의 키를 한 쌍으로 만들어 사용한다. 그때의 중심각은 120°이다. • 설계할 때 역회전을 할 수 있도록 중심각을 120°로 하여 보스의 양쪽 대칭으로 2개의 키를 한 쌍으로 설치한 키이다. ※ 케네디키 : 접선키의 종류로 중심각이 90°인 키
둥근키(핀키)	축과 허브를 끼워맞춤한 후에 축과 허브 사이에 구멍을 가공하여 원형핀이나 테이퍼핀을 때려박은 키로, 사용은 간편하나, 전달토크가 적다.
평키(플랫키, 납작키)	기울기가 없으며 키의 너비만큼 축을 평평하게 깎고 보스에 기울기 1/100의 키 홈을 만들어 때려 박는 것으로, 축 방향으로 이동할 수 없는 키이다.
세레이션	• 보스의 원주상에 수많은 삼각형이 있는 것을 세레이션이라고 한다. 축과 보스의 상대각 위치를 되도록 가늘게 조절해서 고정하려 할 때 사용한다. • 자동차의 핸들 축 등에 많이 사용된다.
스플라인	보스의 원주상에 일정한 간격으로 키 홈을 가공하여 다수의 키를 만든 것이다.

※ 전달할 수 있는 토크 및 회전력의 크기가 큰 키(key)의 순서_필수 내용
세레이션 > 스플라인 > 접선키 > 묻힘키 > 반달키 > 평키(플랫키, 납작키) > 안장키 > 핀키(둥근키)

08 2019년 하반기 인천교통공사 기출문제

01	①	02	①	03	③	04	②	05	③	06	②	07	①	08	④	09	①	10	②
11	③	12	③	13	①	14	①	15	③	16	①	17	③	18	②	19	③	20	③
21	①	22	②	23	⑤	24	②	25	②	26	⑤	27	②	28	①	29	⑤	30	②
31	④	32	①	33	③	34	①	35	⑤	36	③	37	⑤	38	①	39	④	40	②

01

정답 ①

단진자의 경우 주기는 진폭이나 질량에 관계없이 길이에 의존한다.

• 고유진동수$(f_n) = \dfrac{1}{2\pi}\sqrt{\dfrac{g}{l}}$

• 주기$(T) = \dfrac{2\pi}{\omega_n} = 2\pi\sqrt{\dfrac{l}{g}}$

식에서 보는 대로 단진자의 길이가 짧을수록 주기가 짧아진다.

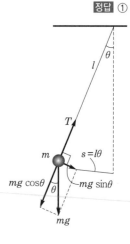

02

정답 ①

$v = rw$ 에서 바퀴의 반지름(r)은 0.4m이고, $w = 10$rad/s이므로,

$v = 0.4 \times 10 = 4$m/s

문제에서 바퀴 지름의 단위가 cm로 주어진 것을 꼭 체크하길 바란다. 실제로 지름과 반지름 낚시 문제가 많이 출제되기 때문에 조심해야 한다.

03

정답 ③

$F = ma_n = m\,r\omega^2$ [여기서, 구심가속도$(a_n) = r\omega^2$]

$w = \dfrac{2\pi N}{60} = \dfrac{2\pi 60}{60} = 2\pi$

$\therefore\ F = m\,r w^2 = 0.5 \times 1 \times (2\pi)^2 = 0.5 \times 1 \times 36 = 18$N

※ $a_n = rw^2 = \dfrac{V^2}{r}$ [여기서, $V = rw$]

04

정답 ②

$v = v_0 + at$에서 최고점에 도달했을 때의 속도(v)는 0이며, 가속도(a)는 물체가 중력과 반대 방향인 수직방향으로 올라가고 있으므로 $-g$가 된다. 즉, $0 = v_0 - gt$ 라는 식이 도출되며, $v_0 = gt$가 된다.

→ 대입하면, $10 = 9.8 \times t$ 이므로 ∴ $t = 1.02$초

※ 이런 문제를 풀 때는 최고점까지 도달했을 때의 시간인지 최고점을 찍고 원래 상태로 돌아 왔을 때의 시간인지 꼭 확인해야 한다. 후자의 경우 최고점에 도달했을 때의 시간에 2배를 해주면 된다. 올라갔을 때의 시간이 1.02초이므로 올라갔다가 다시 내려오는 데 걸리는 시간은 $1.02 \times 2 = 2.04$초이다.

05

정답 ③

청동은 Cu+Sn으로 구성되어 있는 구리와 주석의 합금으로, Cu + Sn을 중심으로 여러 원소들의 비율에 따라 다양한 종류를 가지고 있다.

① 켈밋 : Cu+Pb(30~40%), 고속 · 고하중용 베어링 합금재료(베어링용)

② 청동(Cu+Sn) 자체는 주석청동이라고 하며, 황동보다 내식성이 좋고 내마멸성이 좋기 때문에 미술공예품, 장신구로 사용한다.

④ 3~8% 주석에 1% 정도의 아연을 넣은 청동은 성형성이 좋고 각인하기 쉬워 화폐, 메달 등에 많이 사용한다.

⑤ 1~2% 주석의 청동은 강도와 내마모성을 요하는 송전선에 사용한다.

06

정답 ②

• 가로탄성계수, 세로탄성계수, 푸아송비는 어떤 재료든 탄소함유량에 거의 관계없이 일정하다.

• 탄소강에서 강재의 경도가 증가하면 인장강도 또한 증가한다. 다만 금속재료의 온도가 증가됨에 따라 인장강도는 감소되는 경향이 있다.

[탄소함유량이 많아질수록 나타나는 현상]

• 강도, 경도, 전기저항, 비열 증가

• 용융점, 비중, 열팽창계수, 열전도율, 충격값, 연신율, 용융점 감소

07

정답 ①

ppm은 parts per million(백만분의 1)이라는 뜻이며, %는 백분의 1이므로 "10,000"으로 나누면 % 단위로 변환할 수 있다. 주로 대기나 해수, 지각 등에 존재하는 미량의 성분농도를 나타낼 때 사용된다. 따라서 CO_2의 농도 $1,000\text{ppm} = \dfrac{1,000}{1,000,000} \times 100\% = 0.1\%$이다.

08

정답 ④

썰매의 운동에너지(T)와 정지할 때까지의 마찰일량(U_f)은 보존되어 서로 같다.

운동에너지(T) $= \dfrac{1}{2}mv^2 = \dfrac{1}{2} \times 30 \times 2^2 = 60$

마찰일량(U_f) $= fS = \mu mg \times S$ [단, 마찰력(f) $= \mu mg$, 일량 $=$ 힘 $\times$ 거리]

따라서 마찰일량(U_f) $= 0.02 \times 30 \times 9.8 \times S = 5.88S$

운동에너지(T) $=$ 마찰일량(U_f)이므로 $60 = 5.88S$로 도출된다.

∴ $S = 10.2\text{m}$

참고

[운동량 보존의 법칙으로 청년이 뛰어오는 속도 V_1을 구해본다.]

$m_1 V_1 = m_2 V_2$

[여기서, m_1 : 청년의 질량, m_2 : 청년의 질량 + 썰매의 질량, V_1 : 청년의 속도(올라타기 전), V_2 : 썰매에 올라탄 직후의 속도]

$25 V_1 = 30 \times 2$

∴ $V_1 = 2.4\text{m/s}$

09
정답 ①

[증기압축식 냉동장치의 구조]

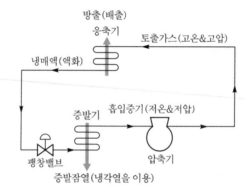

그림은 증기압축식 냉동장치 사이클을 나타내고 있다. 냉동장치는 반드시 다음 4가지 기기로 구성된다.

- 증발기(냉각기) : 증발잠열로 공기나 물에서 열을 제거한다. 냉매액(냉매증기가 일부 혼합되어 있다)을 저압으로 증발시켜서 주위의 공기나 물 등에서 열을 제거하는 열교환기이다. 즉, 실질적인 냉동의 목적이 달성되는 곳이다.
- 압축기 : 증발기에서 냉매증기를 흡입해서 압축한다. 즉, 냉매를 증발기에서 증발시키기 위해 냉매증기를 연속 흡입하고 그 흡입한 증기를 압축해 고온&고압가스를 토출하는 장치이다.
- 응축기(실외기) : 고온&고압가스를 냉각해서 액화한다. 즉, 압축기에서 토출된 고온&고압가스를 냉각해서 액화(증기를 액체로 변화)시키기 위한 열교환기이다.
- 팽창밸브 : 냉매액을 좁혀 팽창한다. 즉, 냉매액을 좁은 통로(밸브) 통과시킨 후 넓은 구역으로 팽창시켜 압력을 낮추어 증발기로 보내기 위한 감압밸브이다.

[냉매의 경로와 상태 변화]

증발기 —건포화증기→ 압축기 —고온고압증기 =과열증기→ 응축기 —포화액→ 팽창밸브 —저온저압증기 =습증기→ 증발기

10

정답 ②

0점 방지문제로 2018년에는 sin60의 값을 묻는 문제, 2019년에는 tan30의 값을 묻는 문제가 출제되었다.

$\tan 30 = \dfrac{1}{\sqrt{3}}$, $\tan 45 = 1$, $\tan 60 = \sqrt{3}$ 이다.

11

정답 ③

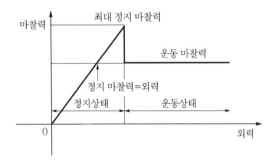

그래프에서 보는 바와 같이 최대 정지 마찰력까지는 마찰력과 외력이 같은 값으로 작용된다.

마찰력$(f) = \mu N = \mu m g$에서 마찰계수는 0.2, 수직반력은 300N이므로 마찰력은 $0.2 \times 300 = 60$N이다. 최대 정지 마찰력보다 작은 값을 가지는 마찰력이 60N이므로 30N을 작용했을 때에는 상자가 움직이지 않는 정지상태라는 것을 알 수 있다. 정지상태에서는 작용하는 힘=마찰력이므로 마찰력은 30N이다.

12

정답 ③

① 주기 : 왕복운동이 한 번 이루어지거나 물리적인 값의 요동이 한 번 일어날 때까지 걸리는 시간을 말한다.

② 각속도 : 단위시간 동안에 회전한 각도$\left(w = \dfrac{d\theta}{dt} = \dfrac{2\pi N}{60}\right)$

③ 감쇠 : 에너지의 소실로 진동운동이 점차적으로 감소(진폭이 감소)되는 현상

④ 변위 : 시작점과 끝점을 연결한 거리

⑤ 공진 : 특정 진동수를 가진 물체가 같은 진동수의 힘이 외부에서 가해질 때 진폭이 커지면서 에너지가 증가하는 현상

13

정답 ①

열량 $Q = m C d T$

두 금속이 서로 맞닿으면 열평형이 성립되어 열의 중간값이 생성된다. 즉, 열역학 제0법칙에 의해 $Q_1 = Q_2$가 성립된다.

$m_1 = 2$kg, $C_1 = 1$kJ/kg · ℃, $T_1 = 300$℃ 이고 $m_2 = 4$kg, $C_2 = 8$kJ/kg · ℃, $T_2 = 70$℃

이때 두 금속이 맞닿아서 평형상태에 이르렀을 때의 평행온도를 T_3라 하면,

$m_1 C_1 (T_1 - T_3) = m_2 C_2 (T_3 - T_2)$이므로

$2 \times 1 \times (300 - T_3) = 4 \times 8 \times (T_3 - 70)$

$\therefore T_3 = 83.53$

14

[인베스트먼트법(= 로스트왁스 주형법 = 석고주형주조법)]

- 가용성의 원형을 만들고 이것에 슬러리(규사, 알루미나 등의 내화성재료)상태의 주형재료를 피복하여 외형을 만든 후, 원형을 용융·제거하고 공간을 만들어 쇳물을 주입하는 방법이다.

  작업순서 : 왁스모형 만들기 → 모형조립 → 주형제작 → 가열 → 주물
- 치수 정밀도가 높을 경우의 용도 : 알루미늄, 강에 사용

  직접기계 가공 → 치수정밀도↑ → 생산량↑
- 치수 정밀도가 낮을 경우의 용도 : 저용융합금, 석고, 수지, 실리콘 고무

  치수를 복제하여 만든다 → 생산량 ↓

[주요 특징]

- 모양이 복잡하고 치수 정밀도가 높은(세밀한) 주물 제작이 가능하다.
- 모든 재질에 적용 가능하며, 특히 특수 합금에 적합하다.
- 소량에서 대량까지 생산이 가능하다.
- 다른 주조법에 비해서 제조비가 비싼 편이다.
- 대량생산은 가능하지만 대형주물은 만들 수 없다.
- 항공 및 선박 부품과 같이 가공이 힘들거나 기계가공이 불가능한 제품을 제작한다.

15

[만능시험기]

고무, 필름, 플라스틱, 금속 등 재료 및 제품의 하중, 강도, 신율 등을 측정할 수 있는 대표적인 물성시험 기기이다. 기본적으로 인장, 압축, 굽힘, 전단 등의 시험이 가능하며, 정하중, 반복피로 시험, 마찰계수 측정시험도 가능하다.

[종류]

- 기계식 : 서보모터, 감속기, 볼 스크류 등의 주요 부품을 사용하여 정밀도가 높고 저소음이다.
- 유압식 : 유압 서보 시스템을 채택하여 재현성과 정밀도가 우수하다.

16

- 열역학 제0법칙 : 고온물체와 저온물체가 만나면 열교환을 통해 결국 온도가 같아진다(열평형 법칙).
- 열역학 제1법칙 : 에너지 보존의 법칙으로 "어떤 계의 내부에너지의 증가량은 계에 더해진 열 에너지에서 계가 외부에 해준 일을 뺀 양과 같다."라는 법칙이다. 즉, 열과 일의 관계를 설명하는 법칙으로 열과 일 사이에는 전환이 가능한 일정한 비례관계가 성립한다. 따라서, 열량은 일량으로 일량은 열량으로 환산이 가능하므로 열과 일 사이의 에너지 보존의 법칙이 적용한다. 열역학 제1법칙은 가역, 비가역을 막론하고 모두 성립한다.
- 열역학 제2법칙 : 에너지의 방향성을 밝힌 법칙으로 하나의 열원에서 얻어진 열을 모두 일로 바꾸는 기관은 존재하지 않는다는 법칙이다. 비가역을 명시하는 법칙, 절대눈금을 정의하는 법칙
- 열역학 제3법칙 : 온도가 0K에 근접하면 엔트로피는 0에 근접한다는 법칙

17

정답 ③

[가공경화된 금속, 즉 단단해진 금속을 어떻게 가공 전의 상태로 되돌리는가?]
가공경화된 금속은 재료 내부에 잔류응력이 발생하여 변형에 저항하므로 매우 단단하다(가공이 잘 안된다). 이때 재료를 풀림 처리를 통해 적절한 온도로 가열하게 되면 회복 → 재결정 → 결정립의 성장의 3단계를 거쳐 응력도 제거되고, 결정립이 성장하여 강도 및 경도가 작아짐으로써 재질이 연하게 연화된다. 응력을 제거하기 위해 가열하고 노 안에서 서서히 냉각하는 작업이 풀림이다.

18

정답 ②

공기를 이상기체로 가정하였으므로 이상기체 상태방정식을 활용해서 풀면 되는 간단한 문제!

[이상기체 상태방정식]
$PV = mRT$
[여기서, $V = 0.5\text{m}^3$, $P = 200\text{kPa}$, $m = 5\text{kg}$, $R = 500\text{J/kg} \cdot \text{K}$]
$\therefore T = \dfrac{PV}{mR} = \dfrac{200 \times 0.5}{5 \times 0.5} = 40\text{K}$

19

정답 ③

밀도는 단위체적당 질량으로 나타낸다.
$\rho = \dfrac{m}{V} = \dfrac{0.5}{500} = 0.001\,\text{kg/m}^3(\text{절대단위}) = 0.001\text{N} \cdot \text{s}^2/\text{m}^4(\text{SI 단위})$

> **참고**
>
> 비중량(γ)은 단위체적당 무게로 나타낸다.
> 이 문제의 수치로 비중량을 구해보면 다음과 같다.
> $\gamma = \dfrac{W}{V} = \dfrac{mg}{V} = \dfrac{0.5 \times 9.8}{500} = 0.0098\,\text{N/m}^3$

20

정답 ③

오토콜리메이터 : 미소각을 측정하는 광학적 측정기로, 수준기와 망원경을 조합한 측정기

[길이를 측정할 수 있는 측정기]
• 블록게이지 : 길이측정의 기준으로 사용, 스크래치 방지를 위해 천·가죽 위에서 사용
• 다이얼게이지 : 기어장치로 미소한 변위를 확대하여 길이를 정밀하게 측정
• 버니어캘리퍼스 : 인벌류트 치형의 피치오차를 측정하는 데 적합하며 길이측정에 사용
• 마이크로미터 : 피치가 정확한 나사의 원리를 이용한 측정기, 길이측정에 사용

21

정답 ①

공작기계를 외울 때는 공작기계의 공구와 공작물의 관계가 어떻게 되는지 동영상 및 그림으로 살피면 더 쉽게 이해할 수 있다.

[밀링머신]

공작기계 중 가장 다양하게 사용하는 공작기계로 원통 면에 많은 날을 가진 커터(다인 절삭 공구)를 회전시켜, 공작물을 테이블에 고정시키고 절삭 깊이와 이송을 주어 절삭하는 공작기계이다. 주로 평면절삭, 공구의 회전절삭, 공작물의 직선 이송하는 데 이용된다.

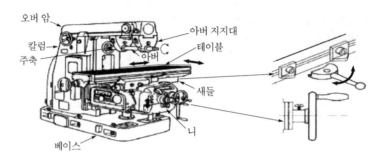

22

정답 ②

[온도의 종류]

㉠ 섭씨온도(℃) : 표준대기압(760mmHg)하에서 순수한 물의 빙점(어는점)을 0℃, 비등점(끓는점)을 100℃로 하여 그 사이를 100등분하는 것

㉡ 화씨온도(℉) : 빙점을 32℉, 비등점을 212℉로 하여 그 사이를 180등분하는 것

㉠=㉡라고 두면, $\dfrac{t_c - 0℃}{100} = \dfrac{t_f - 32℉}{180}$ 이므로 $t_c = \dfrac{5}{9}(t_f - 32)$의 식이 생성된다

따라서 문제에서 주어진 조건을 대입하면

$$t_c = \frac{5}{9}(t_f - 32) = \frac{5}{9}(90 - 32) = 32.2℃$$

23

정답 ⑤

밀링머신은 주로 평면을 가공하는 공작기계로서 홈, 각도가공뿐만 아니라 불규칙하고 복잡한 면을 깎을 수 있으며, 드릴의 홈, 기어의 치형을 깎기도 한다. 다양한 종류의 밀링커터를 용도에 따라 활용한다.

[밀링커터의 종류]
- 총형커터 : 기어 또는 리머가공에 사용한다.
- 정면커터 : 넓은 평면을 가공할 때 사용한다.
- 메탈소 : 절단하거나 깊은 홈 가공에 사용한다.
- 엔드밀 : 구멍가공, 홈, 좁은 평면, 윤곽가공 등에 사용한다.
- 볼엔드밀링커터 : 복잡한 형상의 곡면가공에 사용한다.
- 평면커터 : 평면을 절삭하며 소비동력이 적고 가공면의 정도가 우수하다.
- 측면커터 : 폭이 좁은 홈을 가공할 때 사용한다.

24

① 티타늄(Ti) : 용융점 1,730℃로, 강한 탈산제인 동시에 흑연화 촉진제이다. 하지만 오히려 많은 양을 첨가하면 흑연화를 방지한다. 고온강도와 내열성, 내식성이 좋아 가스터빈재료로 사용된다.

② 텅스텐(W) : 용융점 3,410℃로, 무겁고 단단하며 금속 중에서 용융점이 가장 높고 증기압은 가장 낮다. 때문에 백열등 필라멘트, 각종 전기전자부품의 재료로 사용되며 합금과 탄화물은 절삭공구, 무기 등에 사용된다.

③ 두랄루민 : Al-Cu-Mg-Mn계 합금으로 시효경화시키면 기계적 성질이 향상되어, 항공기나 자동차 재료로 쓰인다. Al 합금으로 용융점이 낮다.

④ 인바 : Fe-Ni 36%, 선팽창계수가 작은 것이 특징이다.

⑤ 몰리브덴(Mo) : 용융점 2,140℃로 특수강에 첨가하였을 때, 강인성을 증가시키고, 잘량효과를 감소시키며 뜨임취성을 방지한다.

25

[여유각]

바이트와 공작물의 상대운동 방향과 바이트 측면이 이루는 각

여유각이 없으면 날로 인하여 물체에 손상을 입힐 수 있다. 그 이유는 여유각은 바이트 날이 물체와 닿는 면적을 줄여 물체와의 마찰을 감소시키고 날 끝이 공작물에 파고들기 쉽게 해주는 기능을 갖고 있기 때문이다. 깊게 절삭하고 싶다면 여유각을 많이 주면 된다. 하지만 여유각을 너무 많이 주면 날 끝의 강도는 약해지므로 강도가 약한 재료일 때는 여유각을 많이 줘도 상관없지만, 강도가 강한 재료일 때는 여유각을 작게 해야 한다.

26

[습공기 선도]

전기히터를 통해 온도를 높이면 그래프에서 보는 바와 같이, ①번 상태에서 ②번 상태로 이동한다. 상대습도는 100% 선을 기준으로 우측으로 갈수록 감소하기 때문에 온도를 높였을 때 상대습도는 감소한다.

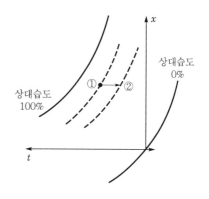

상태	건구온도	상대습도	절대습도	엔탈피
가열	↑	↓	일정	↑
냉각	↓	↑	일정	↓
가습	일정	↑	↑	↑
감습	일정	↓	↓	↓

27

$$냉동기\ 성능계수(\varepsilon_r) = \frac{q_2}{w_c} = \frac{q_2}{q_1 - q_2} = \frac{T_2}{T_1 - T_2} = \frac{0+273}{(40+273)-(0+273)} ≒ 6.825$$

28

정답 ①

• 저위발열량(H_l) : 연소가스 중 수분이 증기의 형태로 존재하고 있는 경우

$$H_l = 8,100\text{C} + 28,800\left(\text{H} - \frac{\text{O}}{8}\right) + 2,500\text{S} - 600\left(\text{W} + \frac{9}{8}\text{O}\right)$$

• 고위발열량(H_h) : 연소가스 중 수분이 물의 형태로 존재하고 있는 경우

$$H_h = 8,100\text{C} + 28,800\left(\text{H} - \frac{\text{O}}{8}\right) + 2,500\text{S}$$

$\therefore H_h = H_l + 600\left(\text{W} + \frac{9}{8}\text{O}\right)$ 이며, $600\left(\text{W} + \frac{9}{8}\text{O}\right)$ 가 물의 형태로 있는 수분을 뜻한다.

29

정답 ⑤

효율 $= \dfrac{\text{출력}}{\text{입력}} \times 100\%$로 나타낼 수 있다.

입력 $=$ 석탄의 소비량 $\times$ 석탄의 발열량

　　　$= 250\text{m}^3/\text{h} \times 40,000\text{kJ/m}^3 = 10,000,000\text{kJ/h}$이며,

단위를 환산하면 $10,000,000\text{kJ/h} = 2777.78\text{kJ/s} = 2777.78\text{kW}$이다.

$\therefore$ 효율 $= \dfrac{\text{출력}}{\text{입력}} \times 100 = \dfrac{1,000}{2777.78} \times 100 = 35.9\%$

30

정답 ②

이 문제는 파스칼의 원리가 적용되었다. 이는 정지유체의 조건 중에서 파생된 원리이다. 먼저 정지유체가 무엇이고 이에 적합한 조건이 무엇인지 알아보자.

[정지유체]
정지상태에 있는 유체는 유체입자 간의 상대운동이 없다. 즉, 점성에 의해서 전단응력이 존재하지 않는다.

[정지유체 조건]
• 정지유체 내의 한 점에 작용하는 압력의 크기는 모든 방향에서 동일하다.
• 정지유체 내의 압력은 모든 면에서 수직으로 작용한다.
• 동일유체일 때 동일 수평상에 있는 두 점의 압력의 크기는 같다.
• 밀폐된 용기 속에 있는 유체에 가한 압력은 모든 방향에서 같은 크기로 전달된다.
　→ 파스칼의 원리에 의해 $P_1 = P_2$가 된다.

풀이

$\dfrac{F_1}{A_1} = \dfrac{F_2}{A_2}$ 이므로, $F_2 = F_1 \times \dfrac{A_2}{A_1} = 1 \times \dfrac{25}{5} = 5\text{N}$

31

정답 ④

$3.6\text{kcal/h} = 0.001\text{kcal/s} = 0.0042\text{kJ/s} = 0.0042\text{kW} = 4.2\text{W}$

32

정답 ①

[물체가 물에 떠 있는 경우]

부력에 의해 물체가 떠 있는 경우 $\gamma_{물체} V_{물체} = \gamma_{액체} V_{잠긴체적}$ 이다.

$\rho_{물체} g V_{물체} = \rho_{액체} g V_{잠긴체적}$ 이므로 이 식을 정리하면

$$\frac{V_{잠긴체적}}{V_{물체}} = \frac{\rho_{물체}}{\rho_{액체}} = \frac{800}{1,050} = 0.7619 = 76.19\%$$

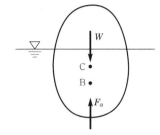

[물체가 떠 있는 경우]

부력 = 공기 중에서 물체의 무게($\Rightarrow \gamma_{액체} V_{잠긴부피} = \gamma_{물체} V_{물체}$)

[물체가 액체에 완전히 잠긴 경우]

공기 중 물체의 무게 = 부력 + 액체 중에서의 물체의 무게

33

정답 ③

$$W = mg = 1\text{kg} \times 9.81\text{m/s}^2 = 9.81\text{kg} \cdot \text{m/s}^2 = 9.81\text{N} = 1\text{kgf}$$

[단, $1\text{N} = 1\text{kg} \cdot \text{m/s}^2$, $1\text{kgf} = 9.8\text{N}$]

34

정답 ①

대기압[1atm] = 760mmhg = 1.0332kgf/cm² = 10.332mAq = 101.325kPa이다.

10,332mm = Aq101,325Pa → 10,332mmAq : 101,325Pa = 100mmAq : x

→ $x = 980.7\text{Pa}$ ∴ 100mmAq ≒ 0.981kPa

> **별해**
>
> $P = \gamma h = \rho g h$
>
> $= 1,000\text{kg/m}^3 \times 9.81\text{m/s}^2 \times 0.1\text{m}$ [단, Aq는 물이므로 물의 밀도 $1,000\text{kg/m}^3$]
>
> $= 981\text{kg/s}^2 \cdot \text{m} = 981\text{Pa}$ [단, $1\text{Pa} = 1\text{N/m}^2 = 1\text{kg/s}^2 \cdot \text{m}$, $1\text{N} = \text{kg} \cdot \text{m/s}^2$]

35

정답 ⑤

원판에서의 질량모멘트(J_G) $= \dfrac{mr^2}{2}$ 로 나타낼 수 있다.

여기서 d-d축을 기준으로 우측편의 무게보다 좌측편의 무게가 더 크다는 것을 알 수 있는데, e-e축을 기준으로 관성모멘트를 잡게 되면 무게가 더 나가는 좌측편이 축으로부터 더 먼 거리로 잡히기 때문에 e-e를 축으로 두는 게 질량관성모멘트가 가장 크게 걸린다.

36

[단열변화]

$$\frac{T_2}{T_1} = \left(\frac{v_1}{v_2}\right)^{k-1} = \left(\frac{P_2}{P_1}\right)^{\frac{k-1}{k}} \quad \text{[여기서, } k : \text{비열비]}$$

$$\frac{T_2}{T_1} = \left(\frac{P_2}{P_1}\right)^{\frac{k-1}{k}} \rightarrow T_2 = T_1 \times \left(\frac{P_2}{P_1}\right)^{\frac{k-1}{k}}$$

$$T_2 = T_1 \times \left(\frac{P_2}{P_1}\right)^{\frac{k-1}{k}} = (273+50) \times \left(\frac{300}{400}\right)^{\frac{0.4}{1.4}} = 323 \times 0.92 \fallingdotseq 297K$$

$$\therefore \ 297 - 273 = 24℃$$

37

고유진동수$(f_n) = \dfrac{w_n}{2\pi} = \dfrac{1}{2\pi}\sqrt{\dfrac{k}{m}}$ 이며, 스프링상수$(k) = \dfrac{P}{\delta}$ 이다.

처짐량$(\delta) = 2\text{cm}$ 이므로 스프링상수$(k) = \dfrac{16}{0.02} = 800\text{N/m}$ 이다.

$$\therefore \ \text{고유진동수}(f_n) = \frac{1}{2\pi}\sqrt{\frac{800}{2}} = \frac{10}{\pi}\,\text{Hz}$$

38

직렬연결 $= \dfrac{1}{k_{eq}} = \dfrac{1}{k_1} + \dfrac{1}{k_2} + \cdots + \dfrac{1}{k_n}$

병렬연결 $= k_{eq} = k_1 + k_2 + \cdots + k_n$

스프링의 스프링상수가 k로 동일하다고 놓고 문제를 푼다.

① 위쪽 3개의 스프링(병렬, $3k$)과 아래의 스프링(k)이 서로 직렬로 연결

$\quad \rightarrow \dfrac{1}{k_{eq}} = \dfrac{1}{3k} + \dfrac{1}{k} = \dfrac{4}{3k}$ 이므로, $k_{eq} = \dfrac{3}{4}k$

②③④ 4개의 스프링이 모두 병렬로 연결되어 있으므로 $k_{eq} = 4k$

⑤ 위쪽 2개의 스프링(병렬, $2k$)과 아래의 2개의 스프링(병렬, $2k$)이 서로 직렬로 연결

$\quad \rightarrow \dfrac{1}{k_{eq}} = \dfrac{1}{2k} + \dfrac{1}{2k} = \dfrac{1}{k}$ 이므로, $k_{eq} = k$

고유각진동수는 다음과 같다.

① $w_n = \sqrt{\dfrac{k_{eq}}{m}} = \sqrt{\dfrac{\frac{3}{4}k}{m}} = \sqrt{\dfrac{3k}{4m}}$

②③④ $w_n = \sqrt{\dfrac{k_{eq}}{m}} = \sqrt{\dfrac{4k}{m}}$

⑤ $w_n = \sqrt{\dfrac{k_{eq}}{m}} = \sqrt{\dfrac{k}{m}}$

참고

다음 그림과 같은 형태의 스프링 연결은 서로 병렬연결로 취급한다.

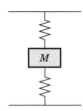

39

정답 ④

연직방향으로 쏘아 올렸을 때, $v^2 - v_0^2 = 2aS$ 에서 최고점의 속도$(v) = 0$ 이며, 연직방향이므로 가속도가 중력의 반대로 작용하여 $a = -g$이다. 즉, $0 - v_0^2 = -2gh$라는 식으로 나타낼 수 있다.

$\therefore h = \dfrac{v_0^2}{2g} = \dfrac{30^2}{2 \times 9.81} = 45.87\text{m}$

40

정답 ②

전력량의 단위 와트시(Wh)는 전력(W)에 시간(h)을 곱해서 표현된다. 하루 3시간씩 30일은 90h이며, 소요전력(W)는 20W이므로 전력량(Wh)=90×20=1,800Wh
100Wh당 전기단가는 1,500원이므로 → 18×1,500=27,000원

09 2020년 상반기 인천교통공사 기출문제

01	③	02	①	03	④	04	③	05	④	06	③	07	③	08	③	09	②	10	④
11	④	12	②	13	②	14	③	15	①	16	③	17	③	18	③	19	⑤	20	②
21	③	22	④	23	④	24	④	25	⑤	26	⑤	27	③	28	⑤	29	⑤	30	②
31	③	32	①	33	⑤	34	②	35	③	36	④	37	①	38	⑤	39	④	40	④

01

정답 ③

$Q = AV$ [여기서, Q : 체적유량, A : 면적, V : 속도]

$$= \frac{1}{4}\pi d^2 V = \frac{1}{4} \times 3 \times 1^2 \times 4 = 3\ \text{m}^3/\text{s}$$

02

정답 ①

[이상기체의 특징]
• 분자 자체의 부피가 없다.
• 분자 사이에 작용하는 인력이 없다.

[이상기체 상태 방정식]
$PV = nRT$: 간단하게 변환식이라고 생각하면 된다.
• T(온도)가 주어졌을 때 PV(압력 × 부피)는 어떻게 되는가?
• PV(압력 × 부피)가 주어졌을 때 T(온도)는 어떻게 되는가?

참고

[몰(mol)]
원자, 분자 등과 같은 매우 작은 입자를 세는 단위이다. 1몰은 6.02×10^{23}개의 입자를 나타내고 이 수를 아보가드로수라고 한다.

• 기체 1몰에 대한 식 : $\dfrac{PV}{T} = R \ \rightarrow PV = RT$

• 기체 n몰에 대한 식 : $\dfrac{PV}{T} = nR \ \rightarrow PV = nRT$

  (n배가 되는 이유는 입자수가 n배만큼 많아졌기 때문이다.)

03

정답 ④

물체가 떠 있는 상태(정지 상태)이므로 중성부력 상태(중력＝부력)라는 것을 알 수 있다.
즉, 중력에 의한 물체의 무게(mg)와 부력이 서로 평형 관계에 있다.

$mg = \gamma V_{\text{잠긴부피}} \ \rightarrow \rho_{\text{물체}} Vg = \rho g V_{\text{잠긴부피}}$ [여기서, ρ(밀도)$= \dfrac{m(\text{질량})}{V(\text{부피})}$, γ(비중량)$= \rho g$]

$\rho_{물체} Vg = \rho_{물} g V_{잠긴부피} \rightarrow 0.6 \times 1,000 \times V = 1,000 V_{잠긴부피}$

$\dfrac{V_{잠긴부피}}{V} = 0.6$이므로 전체 부피의 60%가 잠겨 있음을 알 수 있다.

04

정답 ③

[응축기]
압축기에서 토출된 고온고압의 냉매가스를 상온 이하의 물이나 공기를 이용하여 냉매가스 중의 열을 제거하여 응축·액화시키는 장치이다. 응축 방식에 따라 공랭식, 수냉식, 증발식 응축기가 있다.

[수냉식 응축기]
㉠ 입형 셸 앤드 튜브식 응축기(vertical shell & tube condenser) : 셸(shell) 내부에 여러 개의 냉각관을 수직으로 세워 상하 경판에 용접한 구조이다. 셸 내에는 냉매가, 튜브(tube) 내에는 냉각수가 흐른다.
  - 주로 대형의 암모니아(NH_3) 냉동장치에 사용된다.
  - 수량이 풍부하고 수질이 좋은 곳에 사용된다.
  - 대용량으로 과부하에 잘 견딘다.
  - 설치면적이 작게 들고 옥외설치가 가능하다.
  - 운전 중에 냉각관 청소가 용이하다.
  - 냉각관의 부식이 쉽고 수냉식 응축기 중에서 냉각수 소비량이 가장 많다.
  - 냉매와 냉각수가 평행으로 흐르므로 과냉각이 어렵다.
㉡ 횡형 셸 앤드 튜브식 응축기(horizontal shell & tube condenser) : 셸 내에는 냉매, 튜브 내에는 냉각수가 역류되어 흐르도록 되어 있다.
  - 프레온 및 암모니아 냉매에 관계 없이 소형, 대형에 사용이 가능하다.
  - 쿨링타워와 함께 사용할 수 있다.
  - 수액기 역할을 할 수 있으므로 수액기를 겸할 수 있다.
  - 전열이 양호하며 입형에 비해 냉각수가 적게 든다.
  - 설치면적이 작게 든다.
  - 능력에 비해 소형화 및 경량화가 가능하다.
  - 과부하에 견디지 못하며 냉각관이 부식하기 쉽다.
  - 냉각관의 청소가 어렵다(염산 등의 화학약품을 사용한다).

05

정답 ④

[CNC 프로그래밍 관련 자주 출제되는 주소의 의미]

G00	위치보간	G01	직선보간	G02	원호보간(시계)
G03	원호보간(반시계)	G04	일시정지(휴지상태)	G32	나사절삭기능
M03	주축 정회전	M04	주축 역회전	M06	공구교환
M08	절삭유 공급 on	M09	절삭유 공급 off		

✓ 주소의 의미와 관련된 상세 해설은 뒤에 더 있으니 꼭 참고하여 숙지하자.

06

정답 ③

[KS 강재 기호]

SM	기계구조용 탄소강	GC	회주철	STC	탄소공구강
SBV	리벳용 압연강재	SC	주강품	SS	일반구조용 압연강재
SKH, HSS	고속도강	SWS	용접구조용 압연강재	SK	자석강
WMC	백심가단주철	SBB	보일러용 압연강재	SF	단조품
BMC	흑심가단주철	STS	합금공구강	SPS	스프링강
DC	구상흑연주철	SNC	Ni-Cr 강재	SEH	내열강

✓ STS는 스테인리스강 또는 합금공구강을 지칭한다[KS 기준].
✓ SUS는 스테인리스강 또는 합금공구강을 지칭한다[JIS 기준].

07

정답 ③

③ 냉동효과란 증발기에서 냉매 1kg가 흡수하는 열량을 말한다.

관련 이론

[냉동능력]
단위시간에 증발기에서 흡수하는 열량을 냉동능력(kcal/h)이라고 한다.

1냉동톤	1미국냉동톤
0℃의 물 1ton을 24시간 이내에 0℃의 얼음으로 바꾸는 데 제거해야 할 열량 및 그 능력 1냉동톤(RT)=3,320kcal/h=3.86kW [1kW=860kcal/h, 1kcal=4,180J]	32℉의 물 1ton(2,000lb)을 24시간 동안에 32℉의 얼음으로 만드는 데 제거해야 할 열량 및 그 능력 1미국냉동톤(USRT)=3,024kcal/h

08

정답 ③

[베인펌프]
회전자에 방사상으로 설치된 홈에 삽입된 베인이 캠링에 내접하여 회전하는 펌프이다.
㉠ 베인펌프의 구성 : 입/출구 포트, 캠링, 베인, 로터
㉡ 베인펌프에 사용되는 유압유의 적정점도 : 35centistokes(ct)
㉢ 베인펌프의 특징
  • 토출압력의 맥동과 소음이 적고 형상치수가 작다. 베인의 마모로 인한 압력저하가 작아 수명이 길다.
  • 급속시동이 가능하며 호환성이 좋고 보수가 용이하며 압력저하량과 기동토크가 작다.
  • 다른 펌프에 비해 부품의 수가 많으며 작동유의 점도에 제한이 있다[35centistokes(ct)].

09

정답 ②

$$\sum F_y = 0 \rightarrow R_a - P = 0$$
$$\therefore R_a = P$$

10

[밸브 기호]

릴리프 밸브	감압 밸브	카운터 밸런스 밸브	무부하 밸브	시퀀스 밸브

11

정답 ④

[목형 제작 시 고려사항]

수축여유	쇳물이 응고할 때 수축되기 때문에 실제 만들고자 하는 크기보다 더 크게 만들어야 한다. [재료에 따른 수축여유] <table><tr><td>주철</td><td>8mm/1m</td></tr><tr><td>황동, 청동</td><td>15mm/1m</td></tr><tr><td>주강, 알루미늄</td><td>20mm/1m</td></tr></table> **참고** [주물자] 주조할 때 쇳물의 수축을 고려하여 크게 만든 자로 "주물의 재질"에 따라 달라진다. 그리고 주물자를 이용하여 만든 도면을 "현도"라고 한다.
가공여유 (다듬질여유)	다듬질할 여유분(절삭량)을 고려하여 미리 크게 만드는 것이다. 즉, 표면거칠기 및 정밀도 요구 시 부여하는 여유이다.
목형구배(기울기여유, 구배여유, 테이퍼)	주물을 목형에서 뽑기 쉽도록 또는 주형이 파손되는 것을 방지하기 위해 약간의 기울기(구배)를 준 것이다. 보통 목형구배는 제품 1m당 1~2°(6~10mm)의 기울기를 준다.
코어프린트	속이 빈 주물 제작 시에 코어를 주형 내부에서 지지하기 위해 목형에 덧붙인 돌기 부분을 말한다. 목형 제작에 있어 현도에만 기재하고 도면에는 기재하지 않는다.
라운딩	용융금속이 응고할 때 주형의 직각방향에 수상정이 발생하여 균열이 생길 수 있다. 이를 방지하기 위해 모서리 부분을 둥글게 하는데 이것을 라운딩이라고 한다.
덧붙임 (stop off)	주물의 냉각 시 내부응력에 의해 변형되기 때문에 이를 방지하고자 설치하는 보강대이다. 즉, 내부응력에 의한 변형이나 휨을 방지하기 위해 사용한다. 주물을 완성한 후에는 잘라서 제거한다.

12

정답 ②

[응력의 크기 순서]

극한강도(인장강도) > 항복응력 > 탄성한도 > 허용응력 ≥ 사용응력

13

[버니어 캘리퍼스(노기스) 눈금 읽기]

어미자의 $(n-1)$개의 눈금을 n등분한 아들자를 조합하여 만들게 되는데, 19mm의 눈금을 20등분하면 어미자와 아들자의 1눈금 차이가 0.05mm가 된다. 즉, 이것이 읽을 수 있는 최소 눈금이 된다.

$$C = \frac{S}{n} \quad [\text{여기서, } C : \text{최소 측정값}, \; S : \text{어미자의 한 눈금 간격}, \; n : \text{아들자의 등분수}]$$

$$\therefore \; C = \frac{S}{n} = \frac{0.5}{25} = \frac{1}{50} = 0.02\text{mm}$$

14

정답 ③

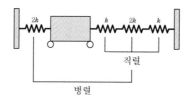

중앙에 물체 및 질점이 박혀 있으면 그 물체 및 질점 기준 좌우는 병렬 취급으로 간주한다. 먼저 직렬로 연결된 3개의 스프링 시스템의 등가스프링상수(k_e)를 구한다.

$$\frac{1}{k_e} = \frac{1}{k_1} + \frac{1}{k_2} + \frac{1}{k_3} = \frac{1}{k} + \frac{1}{2k} + \frac{1}{k} = \frac{5}{2k}$$가 되며 양변을 역수시키면 $k_e = 0.4k$가 도출된다. 직렬로 연결된 3개의 스프링 시스템과 맨 좌측에 있는 스프링상수($2k$)이 스프링은 사이에 물체를 두고 있으므로 병렬 취급으로 간주한다. 따라서 아래와 같이 등가스프링상수를 도출하면 된다.

$$k_{e(전체)} = k_1 + k_2 = k_1 + k_e = 2k + 0.4k = 2.4k$$

따라서 위 시스템의 전체 등가스프링상수($k_{e(전체)}$)는 $2.4k$이다.

- 직렬 연결 : $\dfrac{1}{k_e} = \dfrac{1}{k_1} + \dfrac{1}{k_2} + \dfrac{1}{k_3} + \cdots$
- 병렬 연결 : $k_e = k_1 + k_2 + k_3 + \cdots$

15

정답 ①

㉠ $\acute{N}$을 60으로 선택한다.

$$n = \frac{40}{\acute{N}} = \frac{40}{60} = \frac{2}{3} = \frac{2 \times 7}{3 \times 7} = \frac{14}{21}$$

분할판의 구멍수 21을 선택해서 14구멍씩 돌린다.

㉡ 기어의 열

$$i = 40\left(\frac{N - \acute{N}}{\acute{N}}\right) = 40\left(\frac{60 - 61}{60}\right) = 40\left(\frac{-1}{60}\right) = -\frac{40}{60} = -\frac{4 \times 8}{6 \times 8} = -\frac{32}{48} = \frac{B}{A}$$

[여기서, A : 마이터 기어쪽의 변환기어 잇수, B : 주축 쪽의 변환기어 잇수]

→ $i < 0$ 이므로 기어 열은 2단 걸이로 한다.

관련 이론

[차동분할법]

- 기어 등을 절삭할 때, 단식분할법으로 산출할 수 없는 수를 산출할 때 사용하는 방법
- 예 61, 71 등의 분할(1008등분까지 가능)
- 변환기어[24(2개), 28, 32, 40, 44, 48, 56, 64, 72, 86, 100 등 12종]
- 차동분할기구의 운동 : 핸들 → 웜과 웜기어 → 변환기어 → 마이터기어 → 분할판

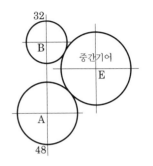

[차동분할 계산 방법]

① 단식분할이 가능한 N에 가까운 수 $\acute{N}$을 가정한다.

② 다음 식으로 단식분할을 한다. $n = \dfrac{40}{\acute{N}}$

③ 변환기어의 차동 기어비(i)를 계산한다.

④ 분할판을 풀어 놓고 주축과 마이터 기어의 축을 연결한다.

※ 2단걸이 : $i = 40\left(\dfrac{\acute{N} - N}{\acute{N}}\right) = \dfrac{S}{M}$

※ 4단걸이 : $i = 40\left(\dfrac{\acute{N} - N}{\acute{N}}\right) = \dfrac{S}{M} \times \dfrac{A}{B}$

[여기서, i : 차동기어비, $\acute{N}$: 단식분할이 가능한 분할수에 가까운 수, N : 분할수, M : 마이터 기어쪽의 변환기어 잇수, S : 주축 쪽의 변환기어 잇수, $\dfrac{A}{B}$: 4단걸이할 때 중간기어의 잇수비]

참고

- 단식 차동분할법 : $i > 0$일 때, 핸들과 분할판의 회전 방향이 같다. 기어의 열은 4단 걸이로 한다.
- 복식 차동분할법 : $i < 0$일 때, 분할판의 회전은 핸들과 반대이다. 기어의 열은 2단 걸이로 한다.

■ 차동분할 계산 방법의 ②번의 세부 세항

단식분할법은 일반적으로 직접분할법으로 할 수 없을 때 활용된다. 분할 크랭크와 분할판을 사용하여 분할하는 방법으로 분할 크랭크를 40회전시키면 주축은 1회전하는 원리로 다음과 같은 관계식이 성립한다.

→ $n = \dfrac{40}{N}$ (브라운 샤프형, 신시내티형)

[여기서, n : 분할 크랭크의 회전수, N : 일감의 등분 분할수]

종류	분할판	원판의 구멍수
브라운 샤프형	NO.1 NO.2 NO.3	5, 16, 17, 18, 19, 20, 21, 23, 27, 29, 31, 33, 37, 38, 41, 43, 47, 49
신시내티형	표면(전면) 이면(후면)	24, 25, 28, 30, 34, 37, 38, 39, 41, 42, 43, 46, 47, 49, 51, 53, 54, 57, 58, 59, 62, 66

[예시 문제로 이해해보기]

ex.1 (17번 문제)

$$n = \frac{40}{N} = \frac{40}{60} = \frac{2}{3} = \frac{2 \times 7}{3 \times 7} = \frac{14}{21}$$

분할판의 구멍수 21을 선택해서 14구멍씩 돌린다.

ex.2

밀링작업에서 단식분할로 원주를 13등분하고자 할 때 사용되는 분할판의 구멍수

→ $n = \dfrac{40}{N} = \dfrac{40}{13} = \dfrac{120}{39}$ (분할판의 구멍수로 맞추어야 하므로)

∴ 39구멍

ex.3

밀링작업에서 단식분할로 원주를 36등분하고자 할 때

→ $n = \dfrac{40}{N} = \dfrac{40}{36} = 1\dfrac{4}{36} = 1\dfrac{1}{9} = 1\left(\dfrac{1}{9} \times \dfrac{6}{6}\right) = 1\dfrac{6}{54}$ (분할판의 구멍수로 맞추어야 하므로)

∴ 54 구멍줄에서 1회전하고 6구멍씩 이동하면 원주가 36등분된다.

16
정답 ③

★ 열처리 관련 문제는 키포인트 핵심 단어로 암기하여 혼동하지 않고 100% 정답률로 풀기!

[각 열처리의 주된 목적]

담금질	• 탄소강의 킹도 및 경도 증대 • 재질의 경화(경도 승대) • 급랭(물 또는 기름)
풀림	• 재질의 연화(연성 증가), 내부응력 제거, 인성 증가 • 균질(일)화, 노 안에서 냉각(노냉)
뜨임	• 담금질한 후 강인성(강한 인성) 부여, 인성 개선 • 내부응력 제거
불림	• 결정 조직의 표준화, 균질화 • 결정 조직의 미세화 • 내부응력 제거

✓ 풀림도 인성을 향상시키지만 주목적이 아니다. 인성을 향상시키는 것이 주목적인 것은 "뜨임"이다.

✓ 불림은 기계적·물리적 성질이 표준화된 조직을 얻기 때문에 강의 함유된 탄소함유량을 측정하기 용이하여 강의 탄소함유량을 측정하는 데 사용하기도 한다.

✓ 냉각속도 : 수랭/유냉 > 공랭 > 노냉(공랭이 노냉보다 더 빠른 냉각이다)

17
정답 ③

좌굴응력은 세장비의 제곱에 반비례한다.

$$\sigma_B = n\pi^2 \frac{EI}{AL^2} \quad [\text{여기서, } n : \text{단말계수}, E : \text{종탄성계수}, I : \text{단면 2차 모멘트}, A : \text{단면적}, L : \text{길이}]$$

$K = \sqrt{\dfrac{I}{A}}$ 이므로

$$\sigma_B = n\pi^2 \frac{EI}{AL^2} = n\pi^2 \frac{EK^2}{L^2}$$

세장비(λ)는 $\dfrac{L}{K}$이므로 대입하면,

$$\sigma_B = n\pi^2 \frac{EI}{AL^2} = n\pi^2 \frac{EK^2}{L^2} = n\pi^2 \frac{E}{\lambda^2}$$

18

$$\frac{p}{P} = \frac{A}{D}$$

[여기서, A : 주축에 연결된 기어 잇수, D : 어미나사(리드스크류)에 연결된 기어 잇수]

$$\frac{p}{P} = \frac{4 \times \dfrac{5}{127}}{\dfrac{1}{4}} = \frac{80}{127} = \frac{A}{D}$$

$\therefore$ $A : 80$, $D : 127$ (문제에서의 $B = D$)

관련 이론

[나사절삭작업]

주축과 리드스크류(어미나사)를 기어에 연결시켜 주축에 회전을 주면 리드스크류도 회전한다. 이때, 리드스크류에 연결된 바이트가 이송하여 나사를 깎는다.

[변환기어 계산 방법]

• 2단 걸기 : $\dfrac{\text{공작물(일감)의 피치}}{\text{리드스크류의 피치}} = \dfrac{\text{주축에 끼워야 할 기어 잇수}(A)}{\text{리드스크류에 끼워야 할 기어 잇수}(D)}$

• 4단 걸기 : 4단 걸이는 다음의 표를 확인한다.

★ 회전비가 $1 : 6$보다 작을 때는 단식(2단 걸기)법을 사용하고 $1 : 6$보다 클 때는 복식(4단 걸기)법을 사용한다.

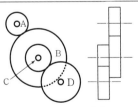 복식(4단 걸기)법 $\dfrac{p}{P} = \dfrac{A}{D} = \dfrac{A}{B} \times \dfrac{C}{D}$	p : 가공물(일감)의 피치(mm) ※ 인치식인 경우는 "1/1인치당 산수"로 대입한다. P : 어미나사(리드스크류)의 피치(mm) ※ 인치식인 경우는 "1/1인치당 산수"로 대입한다. 여기서, A : 주축에 연결된 기어 잇수 $\qquad\quad B$: 중간축에 연결된 기어 잇수 $\qquad\quad C$: 중간축에 연결된 기어 잇수 $\qquad\quad D$: 어미나사(리드스크류)에 연결된 기어 잇수

※ 미터식 선반에서 인치나사를 절삭하거나 인치식 선반에서 미터식 나사를 절삭할 때는 127개의 기어가 필요하다. 즉, 리드스크류나 공작물 둘 중에 하나가 인치식인 경우에는 단위 환산을 위해 잇수가 127인 기어는 꼭 들어가야만 한다.

$$\frac{1 \times 5}{25.4 \times 5} = \frac{5}{127}$$

※ 영국식 선반 : 리드스크류는 보통 2산/in로 되어 있다.
※ 미국식 선반 : 리드스크류는 보통 4산/in, 5산/in, 6산/in 등으로 되어 있다.

19
정답 ⑤

탄소강의 5대 원소 : S, P, C, Mn, Si(암기법 : 황인탄망규)

20
정답 ②

[금속의 성질 비교]

열전도율 및 전기전도율(열 또는 전기가 얼마나 잘 흐르는가)
Ag > Cu > Au > Al > Mg > Zn > Ni > Fe > Pb > Sb

→ 전기전도율이 클수록 고유저항은 낮아진다. 저항이 낮아야 전기가 잘 흐르기 때문이다.

선팽창계수(온도가 1℃ 변할 때 단위길이당 늘어난 재료의 길이)
Pb > Zn > Mg > Al > Cu > Fe > Cr ← 최근 2020년 부산환경공단 기출

연성(가래떡처럼 길게 잘 늘어나는 성질)
Au > Ag > Al > Cu > Pt > Pb > Zn > Fe > Ni

전성(얇고 넓게 잘 펴지는 성질, 가단성)
Au > Ag > Pt > Al > Fe > Ni > Cu > Zn

21
정답 ③

[유체]
㉠ 액체나 기체와 같이 흐를 수 있는 물질
예 공기, 물, 수증기 등
유체라고 하면 액체랑 기체 모두를 말한다. 따라서 다음과 같은 문제가 나오기도 한다.

> **관련 문제**
> **유체는 온도가 증가하면 점성이 감소한다. (O/X)** 　정답 ✗
> 해설 기체는 온도가 증가하면 분자의 운동이 활발해져 서로 분자끼리 충돌하면서 운동량을 교환하여 점성이 증가합니다. 하지만 액체는 온도가 증가하면 응집력이 감소하여 점성이 감소합니다. 유체는 기체와 액체 둘 다를 의미하기 때문에 점성의 증감을 확정지을 수 없습니다. 따라서 ✗입니다.

㉡ 일정한 모양이 없고, 담는 용기의 모양에 따라 달라진다.

ⓒ 고체에 비해 변형하기 쉽고 자유로이 흐르는 특성을 지닌다.
ⓔ 유체의 어느 부분에 힘을 가하면 유체 전체가 움직이지 않고 힘을 받은 유체 층만 움직인다.
ⓜ 아무리 작은 전단력이라도 저항하지 못하고 연속적으로 변형하는 물질

22

정답 ④

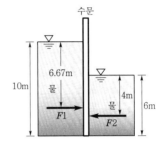

깊이가 10m인 곳에서 작용하는 전압력의 작용점 위치[$y_{F(10)}$]

작용점의 위치[$y_{F(10)}$] $= \bar{y} + \dfrac{I_G}{A\bar{y}} = \bar{y} + \dfrac{\frac{bh^3}{12}}{A\bar{y}} = 5 + \dfrac{\frac{6 \times 10^3}{12}}{(10 \times 6) \times 5}$

$\qquad\qquad\qquad\qquad = 6.67\text{m}$

깊이가 6m인 곳에서 작용하는 전압력의 작용점 위치($y_{F(6)}$)

작용점의 위치[$y_{F(6)}$] $= \bar{y} + \dfrac{I_G}{A\bar{y}} = \bar{y} + \dfrac{\frac{bh^3}{12}}{A\bar{y}} = 3 + \dfrac{\frac{6 \times 6^3}{12}}{(6 \times 6) \times 3}$

$\qquad\qquad\qquad\qquad = 4\text{m}$

[전압력의 크기]

ⓐ 깊이가 10m인 곳에서 작용하는 전압력의 크기(F_1)

$\quad F_1 = \gamma \bar{h} A$

여기서, γ : 유체의 비중량, $\bar{h}$: 수심에서 수문 도심(G)까지의 거리
$\qquad\quad A$: 전압력이 작용하고 있는 수문의 면적

$\quad F_1 = \gamma \bar{h} A = 9,800\text{N/m}^3 \times 5\text{m} \times (10 \times 6)\text{m}^2 = 2,940,000\text{N} = 2,940\text{kN}$

유체가 물이기 때문에 물의 비중량 $\gamma_{H_2O} = 9,800\text{N/m}^3$을 대입한 것이다.

$\bar{h}$는 수심에서 수문 도심(G)까지의 거리이다. 즉, 도심은 수문의 중심이기 때문에 수심에서 수문의 중심까지 거리는 10m의 절반값인 5m가 된다.

ⓑ 깊이가 6m인 곳에서 작용하는 전압력의 크기(F_2)

$\quad F_2 = \gamma \bar{h} A = 9,800\text{N/m}^3 \times 3\text{m} \times (6 \times 6)\text{m}^2 = 1,058,400\text{N} = 1058.4\text{kN}$

유체가 물이기 때문에 물의 비중량 $\gamma_{H_2O} = 9,800\text{N/m}^3$을 대입한 것이다.

$\bar{h}$는 수심에서 수문 도심(G)까지의 거리이다. 즉, 도심(G)는 수문의 중심이기 때문에 수심에서 수문의 중심까지 거리는 6m의 절반값인 3m가 된다.

∴ 수문에 작용하는 전압력
$\quad F_1 - F_2 = 2,940 - 1058.4 = 1,881.6\text{kN}$

23

정답 ④

파스칼 법칙의 예	유압식 브레이크, 유압기기, 파쇄기, 포크레인, 굴삭기 등
베르누이 법칙의 예	비행기 양력, 풍선 2개 사이에 바람 불면 풍선이 서로 붙음 등
베르누이 법칙의 응용	마그누스의 힘(축구공 감아차기, 플레트너의 배 등)

24

정답 ④

[1atm, 1기압]

101325Pa	10.332mH$_2$O	1013.25hPa	1013.25mb
1013250dyne/cm^2	1.01325bar	14.696psi	1.033227kgf/cm^2
760mmhg	29.92126inchHg	406.782inchH$_2$O	–

25

정답 ⑤

[작동유(유압유)의 구비조건]
• 체적탄성계수가 크고 비열이 클 것
• 넓은 온도 범위에서 점도의 변화가 적을 것
• 산화에 대한 안정성이 있을 것
• 착화점이 높을 것
• 물리·화학적인 변화가 없고 비압축성일 것
• 인화점, 발화점이 높을 것
• 비중이 작고 열팽창계수가 작을 것
• 점도지수가 높을 것
• 윤활성과 방청성이 있을 것
• 적당한 점도를 가질 것
• 유압 장치에 사용하는 재료에 대하여 불활성일 것
• 증기압이 낮고 비등점(끓는점)이 높을 것

26

정답 ⑤

기본단위(base unit)	물리량을 측정할 때, 가장 기본이 되는 단위로 총 7가지가 있다. 	전류	온도	물질의 양	시간
A(암페어)	K(켈빈)	mol(몰)	s(세크)
길이	광도	질량	
m(미터)	cd(칸델라)	kg(킬로그램)	| ✐ **암기법** AK mol에서 sm cd(카드) 1kg을 샀다.
유도단위(derived unit)	기본단위에서 유도된 물리량을 나타내는 단위이다. 즉, 기본단위의 곱셈과 나눗셈으로 이루어진다. 기본단위를 조합하면 무수히 많은 유도단위를 만들 수 있다. J은 N·m이다. [단, N은 kg·m/s^{2}이므로 J은 kg·m/s^{2}로 표현될 수 있다] 즉, J은 기본단위인 kg, m, s에서부터 유도된 유도단위라는 것을 알 수 있다. N은 kg·m/s^{2}이므로 기본단위인 kg, m, s에서부터 유도된 유도단위라는 것을 알 수 있다.

27

정답 ③

[모세관 현상]
• 액체의 응집력과 관과 액체 사이의 부착력에 의해 발생된다.
• 물의 경우 응집력보다 부착력이 크기 때문에 모세관 현상이 위로 향한다.
• 수은의 경우 응집력이 부착력보다 크기 때문에 모세관 현상이 아래로 향한다.
• 관의 경사져도 액면상승높이에는 변함이 없다.
• 접촉각이 90°보다 클 때(둔각)는 액체의 높이가 하강하고, 0~90°(예각)일 때는 상승한다.

[모세관 현상의 예]

• 고체(파라핀) → 액체 → 모세관 현상으로 액체가 심지를 타고 올라간다.

• 식물은 토양 속의 수분을 모세관 현상에 의해 끌어올려 물속에 용해된 영양물질을 흡수한다.

[액면상승높이]

• 관의 경우 : $\dfrac{4\sigma\cos\beta}{\gamma d}$

  여기서, σ : 표면 장력, β : 접촉각

• 평판일 경우 : $\dfrac{2\sigma\cos\beta}{\gamma d}$

28
정답 ⑤

$$Q_2 = T_2 \triangle S = T_2\left(\frac{Q_1}{T_1}\right) = (27+273)\left(\frac{3,000}{327+273}\right) = 1,500\text{kJ}$$

29
정답 ⑤

① $\tau = G\gamma$이므로 $\dfrac{\tau}{\gamma} = G$가 도출되므로 맞는 보기이다.

② 탄성계수가 클수록 같은 양을 변형시키는 데 보다 더 큰 힘이 필요하다는 것을 의미한다. 따라서 재료가 강하다고 볼 수 있으므로 탄성계수가 클수록 구조물 재료에 적합하다.

③ $\sigma_{\text{열응력}} = E\alpha\triangle T$

  여기서, E : 종탄성계수(가로탄성계수), α : 선팽창계수, $\triangle T$: 온도차

  → 열응력은 봉의 단면적과 무관함을 알 수 있다.

④ 전단하중은 단면에 평행하게 작용하는 하중으로 접선하중이라고도 한다.

⑤ ν(푸아송비)$=\dfrac{\text{가로변형률}}{\text{세로변형률}}$이다.

  가로변형률을 세로변형률로 나눈 값이므로 푸아송비는 세로변형률에 대한 가로변형률의 비로 정의된다. 푸아송비는 일반적으로 0~0.5 사이의 값을 갖는다.

30
정답 ②

• ⓐ-ⓑ 베르누이 법칙 사용

$$\frac{P_1}{\gamma} + \frac{V_1^2}{2g} + Z_1 = \frac{P_2}{\gamma} + \frac{V_2^2}{2g} + Z_2 \rightarrow V_2 = \sqrt{2gH}$$

• ⓐ-ⓒ 베르누이 법칙 사용

$$\frac{P_1}{\gamma} + \frac{V_1^2}{2g} + Z_1 = \frac{P_3}{\gamma} + \frac{V_3^2}{2g} + Z_3 \rightarrow V_3 = \sqrt{2gH}$$

• 연속방정식 사용

$$Q = A_2 V_2 = A_3 V_3$$

$$\rightarrow \frac{1}{4}\pi D^2 \sqrt{2gH} = \frac{1}{4}\pi d^2 \sqrt{2g(H+y)}$$

$$\rightarrow D^2 \sqrt{2gH} = d^2 \sqrt{2g(H+y)}$$

$$\therefore d = D\left(\frac{H}{H+y}\right)^{\frac{1}{4}} \text{ 이 도출된다.}$$

문제에서 요구하는 것은 반지름이므로 2로 나눠주면 $r = \frac{d}{2} = \frac{D}{2}\left(\frac{H}{H+y}\right)^{\frac{1}{4}}$ 가 정답으로 도출된다.

31

정답 ③

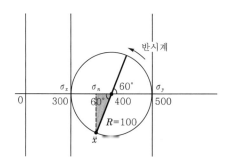

2축 응력 상태를 모어원으로 도시하면 위의 그림처럼 된다.

모어원의 중심은 $\frac{\sigma_x + \sigma_y}{2} = \frac{300 + 500}{2} = 400$이다. 즉, $x-y$ 그래프의 좌표로 표현하면 모어원의 중심은 $(400,\ 0)$이 된다.

모어원의 반지름(R)은 $500-400=100$이라는 것을 그림을 보면 쉽게 알 수 있다.

구해야 할 것은 수직응력 σ_n과 전단응력 τ이다. 음영 처리된 직각삼각형을 보자.

※ $\cos60° = \dfrac{\text{음영처리된 직각 삼각형의 밑변}}{R(\text{모어원의 반지름})} = \dfrac{\text{밑변}}{100} \rightarrow \dfrac{1}{2} = \dfrac{\text{밑변}}{100} \quad \therefore \text{밑변}=50$

※ $\sin60° = \dfrac{\text{음영처리된 직각 삼각형의 높이}}{R(\text{모어원의 반지름})} = \dfrac{\text{높이}}{100} \rightarrow 0.866 = \dfrac{\text{높이}}{100} \quad \therefore \text{높이}=86.6$

수직응력 σ_n의 크기는 원점$(0,\ 0)$에서부터 σ_n까지의 거리이므로

$400 - \text{직각삼각형의 밑변}=400 - 50=350$이 도출된다.

전단응력 τ의 크기는 단순히 직각삼각형의 높이이므로 86.6이 도출된다.

$\therefore$ 수직응력 $\sigma_n = 350\text{MPa}$, 전단응력 $\tau = 86.6\text{MPa}$

32

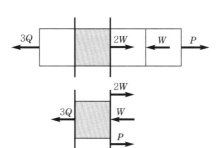

음영된 부분만 잘라 힘을 도시하면 그림과 같이 된다. 그리고 자른 부분의 좌우측의 힘이 서로 평형이 되어야 부재는 안정한 상태를 유지할 것이다. 즉, 좌우측의 힘이 서로 평형상태에 있다는 식을 세워 문제를 처리하면 된다.

$$3Q = 2W - W + P = W + P = 4P + P = 5P$$

$$\therefore \ Q = \frac{5P}{3}$$

※ 음영된 부분의 좌측과 우측 단면에 작용하고 있는 모든 합력의 크기가 각각 같아야만 부재는 안정한 상태를 유지할 수 있다. 크기는 같고 서로 방향만 반대이므로 서로 상쇄되어 안정한 상태가 되는 것이다.

33

[뉴턴의 점성법칙]

$$\tau = \mu \frac{du}{dy}$$

[여기서, τ : 전단응력, μ : 점성계수(절대점도), $\frac{du}{dy}$: 속도구배(전단변형률, 각변형률)]

34

$1\mathrm{J} = 1\mathrm{N \cdot m}$이므로 $20{,}000\mathrm{N \cdot m}$은 $20{,}000\mathrm{J} = 20\mathrm{kJ}$이다.

$$Q = dU + PdV \ \rightarrow \ 60\mathrm{kJ} = dU + 20\mathrm{kJ}$$

$$\therefore \ dU = 40\mathrm{kJ}$$

35

$$n = \frac{Gd^4\delta}{8PD^3} \ \rightarrow \ \delta = \frac{8PD^3n}{Gd^4} \ \rightarrow \ \delta \propto D^3 \ (처짐량은 \ D의 \ 세제곱에 \ 비례한다)$$

여기서, δ : 처짐량, D : 코일의 평균지름, d : 소선의 지름, n : 감김수

$\therefore$ 코일의 평균지름을 0.5배로 감소시키면 처짐량은 $\left(\dfrac{1}{2}\right)^3 = \dfrac{1}{8}$ 배가 된다.

36

정답 ④

■ **압접법** : 접합 부분에 압력을 가하여 용착시키는 용접 방법

전기저항 용접법	
겹치기 용접	점용접, 심용접, 프로젝션 용접(점심프)
맞대기 용접	플래시 용접, 업셋 용접, 맞대기 심용접, 퍼커션 용접

■ **융접법** : 접합부에 금속재료를 가열, 용융시켜 서로 다른 두 재료의 원자 결합을 재배열 결합시키는 방법

융접법의 종류
테르밋 용접, 플라즈마 용접, 일렉트로 슬래그 용접, 가스 용접, 아크용접, MiG 용접, TiG 용접, 레이저 용접, 전자빔 용접, 서브머지드 용접(불가스, 유니언멜트, 링컨, 잠호, 자동금속아크용접, 케네디법) 등

37

정답 ①

$$\sigma_{인장} = \frac{P}{A} = \frac{P}{\frac{1}{4}\pi d^2} = \frac{4P}{\pi d^2} = \frac{4 \times 4,000}{3 \times 20^2} = 13.3\text{MPa}$$

※ 반지름을 계산에 넣어서 답을 선택하는 불상사가 없어야 한다. 대부분의 공식은 반지름(R)보다 지름 (d)로 표현되는 경우가 많다. 이로 인해 자기 자신도 모르게 문제에 주어져 있는 반지름(R) 수치를 그대로 대입하여 실수하는 경우가 매우 많다. 실제 시험에서도 반지름으로 문제를 출제하여 많은 수험 생들의 실수를 유발하는 경우가 많으므로 항상 조심해야 한다.

38

정답 ⑤

열기관이 가질 수 있는 최대 열효율값은 카르노사이클의 열효율로 계산하면 된다.

$$\eta = 1 - \frac{T_2}{T_1} \quad [\text{여기서, } \eta : \text{열효율}, \ T_1 : \text{고열원의 온도}, \ T_2 : \text{저열원의 온도}]$$

$$= 1 - \frac{27 + 273}{327 + 273} = 1 - \frac{300}{600} = 1 - \frac{1}{2} = 0.5 = 50\%$$

※ 열역학에서 온도는 항상 절대온도로 변환하여 대입해야 한다.

★ $T[\text{K}]_{절대온도} = T[℃]_{섭씨온도} + 273.15$

[카르노사이클]
• 카르노사이클은 등온팽창 → 단열팽창 → 등온압축 → 단열압축의 순서로 구성되어 있다.
• 열기관의 이상 사이클로 이상기체를 동작물질로 사용하며 이론상 가장 높은 효율을 나타낸다.
• 같은 두 열원에서 사용되는 가역사이클인 카르노사이클로 작동되는 기관은 열효율이 동일하다.
• 카르노사이클의 열효율은 동작물질에 관계없이 두 열저장소의 절대온도에만 관계된다.
• 동작물질의 밀도가 높으면 마찰이 발생하여 효율이 떨어지므로 동작물질의 밀도가 낮은 것이 좋다. 다만, 카르노사이클의 효율은 동작물질과 관계가 없다. 동작물질의 밀도에만 관계가 있다. 즉, 동작물질을 이상 기체로 사용하기 때문에 동작물질과 관계가 없다는 말을 동작물질의 종류와 관계가 없다고 보는 것이 맞다. 하지만, 동작물질의 양 자체인 밀도가 클수록 마찰이 생겨 열효율이 저하된다고 이해하면 된다.

- 카르노사이클의 열효율은 열량의 함수로 온도의 함수를 치환할 수 있다.
- 열의 공급은 등온과정에서만 이루어지지만, 일의 전달은 단열과정과 등온과정에서 둘 다 일어난다.

39

정답 ④

① 인발가공 : 금속봉이나 관 등을 다이를 통해 축 방향으로 잡아당겨 지름을 줄이는 가공법이다.
② 압출가공 : 소재를 용기에 넣고 높은 압력을 가하여 다이 구멍으로 통과시켜 형상을 만드는 가공법이다. 또한 선재나 관재, 여러 형상의 일감을 제조할 때 재료를 용기 안에 넣고 램으로 높은 압력을 가해 다이 구멍으로 밀어내면 재료가 다이를 통과하면서 가래떡처럼 제품이 만들어진다.
③ 전조가공 : 재료와 공구를 각각 또는 함께 회전시켜 재료 내부나 외부에 공구의 형상을 새기는 특수 압연법이다. 대표적인 제품으로는 나사와 기어가 있으며 절삭칩이 발생하지 않아 표면이 깨끗하고 재료의 소실이 거의 없다. 또한 강인한 조직을 얻을 수 있고 가공 속도가 빨라서 대량생산에 적합하다.
④ 압연가공 : 회전하는 한 쌍의 롤 사이로 소재를 통과시켜 두께와 단면적을 감소시키고 길이 방향으로 늘리는 가공법이다.
⑤ 단조가공 : 소재를 일정 온도 이상으로 가열하고 해머 등으로 타격하여 모양이나 크기를 만드는 가공법이다.

40

정답 ④

[습증기의 비체적]

$v_x = v_L + x(v_v - v_L)$

[여기서, v_x : 건도가 x인 습증기의 비체적, v_L : 포화액체의 엔탈피(L : Liquid),

v_v : 건포화증기의 엔탈피(V : vapor), x : 건도]

수증기에 의한 일(W) $= PdV$ [여기서, P : 압력, dV : 체적(부피)변화량]

초기 상태 습증기의 비체적(v_1) $= \dfrac{V_1}{m} = \dfrac{0.8 \text{m}^3}{4 \text{kg}} = 0.2 \text{m}^3/\text{kg}$

가열하여 습증기의 건도가 0.9가 되었을 때, 최종 상태 습증기의 비체적(v_2)

$v_x = v_L + x(v_v - v_L)$ 식을 사용한다.

$v_{0.9} = v_2 = 0.001 + 0.9(0.6 - 0.001) = 0.5401 \text{m}^3/\text{kg}$

$v_2 = \dfrac{V_2}{m} \quad \rightarrow \quad V_2 = v_2 m = 0.5401 \times 4 = 2.1604 \text{m}^3$

- 수증기에 의한 일(W) $= PdV = P(V_2 - V_1) = 300 \text{kPa} \times (2.1604 \text{m}^3 - 0.8 \text{m}^3)$

$\therefore \ W = 408.12 \text{kJ}$

①~⑤ 보기를 보면 수치가 많이 차이가 난다. 따라서

$v_{0.9} = v_2 = 0.001 + 0.9(0.6 - 0.001) = 0.5401 \text{m}^3/\text{kg}$을 계산할 때, 0.001은 무시해도 답에는 큰 영향이 없다.

$v_{0.9} = v_2 = 0 + 0.9(0.6 - 0) = 0.54 \text{m}^3/\text{kg}$로 계산하면 훨씬 보기 편할 것이다.

이와 마찬가지로 실제 시험에서 보기의 수치가 많이 차이난다면 숫자를 간단하게 만들거나 아주 작은 숫자는 고려하지 않고 계산해도 답을 고르는 데 큰 지장이 없을 것이며 훨씬 빨리 풀 수 있고 실수도 줄어들 것이다.

10 2020년 하반기 인천교통공사 기출문제

01	③	02	①	03	③	04	⑤	05	②	06	④	07	②	08	④	09	⑤	10	②
11	②	12	⑤	13	③	14	③	15	③	16	⑤	17	④	18	②	19	②	20	④
21	③	22	⑤	23	②	24	④	25	②	16	②	27	⑤	28	⑤	29	②	30	③
31	④	32	④	33	③	34	②	35	①	36	④	37	③	38	②	39	④	40	⑤

01

정답 ③

[소성가공(물체의 영구 변형을 이용한 가공 방법)]

압연	회전하는 2개의 롤러 사이에 판재를 통과시켜 두께를 줄이고 폭은 증가시키는 가공이다.
전조	다이스 사이에 소재를 끼워 소성변형시켜 원하는 모양을 만드는 가공법이다. 구체적으로 재료와 공구를 각각 또는 함께 회전시켜 재료 내부나 외부에 공구의 형상을 새기는 특수압연법이다. 대표적인 제품으로는 나사와 기어가 있으며 절삭칩이 발생하지 않아 표면이 깨끗하고 재료의 소실이 거의 없다. 또한, 강인한 조직을 얻을 수 있고 가공 속도가 빨라서 대량생산에 적합하다.
압출	단면이 균일한 봉이나 관 등을 제조하는 가공 방법으로 선재나 관재, 여러 형상의 일감을 제조할 때 재료를 용기 안에 넣고 램으로 높은 압력을 가해 다이 구멍으로 밀어내면 재료가 다이를 통과하면서 가래떡처럼 제품이 만들어진다.
인발	금속 봉이나 관을 다이 구멍에 축 방향으로 통과시켜 외성을 줄이는 가공이다.
제관법	관을 만드는 가공 방법이다. • 이음매 있는 관 : 접합 방법에 따라 단접관과 용접관이 있다. • 이음매 없는 관 : 만네스만법, 압출법, 스티펠법, 에르하르트법 등

[냉간가공과 열간가공의 비교]

구분	냉간가공	열간가공
가공온도	재결정 온도 이하에서 가공 (금속재료를 재결정시키지 않고 가공한다)	재결정 온도 이상에서 가공 (금속재료를 재결정시키고 가공한다)
표면거칠기, 치수정밀도	우수하다(깨끗한 표면과 치수정밀도가 우수한 제품을 얻을 수 있다).	냉간가공에 비해 거칠다(높은 온도에서 가공하기 때문에 표면이 산화되어 정밀한 가공이 불가능하다).
균일성 (표면의 치수정밀도 및 요철의 정도)	크다.	작다.
동력	많이 든다.	적게 든다.
가공경화	가공경화가 발생하여 가공품의 강도가 증가한다.	가공경화가 발생하지 않는다.
변형응력	높다.	낮다.

구분	냉간가공	열간가공
용도	연강, 구리, 합금, 스테인리스강(STS) 등의 가공에 사용한다.	압연, 단조, 압출가공 등에 사용한다.
성질의 변화	인장강도, 경도, 항복점, 탄성한계는 증가하고 연신율, 단면수축율, 인성은 감소한다.	연신율, 단면수축률, 인성은 증가하고 인장강도, 경도, 항복점, 탄성한계는 감소한다.
조직	미세화	초기에 미세화 효과 → 조대화
마찰계수	작다.	크다. (표면이 산화되어 거칠어지므로)
생산력	대량생산에는 부적합하다.	대량생산에 적합하다.

※ 열간가공은 재결정 온도 이상에서 가공하는 것으로 금속재료의 재결정이 이루어진다. 재결정이 이루어지면 새로운 결정핵이 생기고 이 결정이 성장하여 연화(물렁물렁)된 조직을 형성하기 때문에 금속재료의 변형이 매우 용이한 상태가 된다. 따라서 가공하기가 쉽고 이에 따라 가공시간이 짧아진다. 즉, 열간가공은 대량생산에 적합하다.

※ 열간가공은 재결정 온도 이상에서 가공하기 때문에 높은 온도에서 가공한다. 따라서 제품이 대기 중의 산소와 높은 온도에서 반응하여 제품의 표면이 산화되기 쉽다. 따라서 표면이 거칠어질 수 있다. 즉, 열간가공은 냉간가공에 비해 치수정밀도와 표면상태가 불량하며 균일성(표면거칠기)이 작다.

02
정답 ①

[여러 가지 가공법]

밀링가공	• 원통 면에 많은 날을 가진 커터(다인공구)를 회전시켜 테이블에 고정된 공작물에 절삭깊이와 이송을 주어 절삭한다. • 여러 가공 종류 중 가장 다양한 가공을 할 수 있는 방법으로 <u>주로 평면을 가공</u>하는 가공방법이다. 홈, 각도가공뿐만 아니라 불규칙하고 복잡한 면을 깎을 수 있으며 드릴의 홈, 기어의 치형을 깎기도 한다. 여러 종류의 밀링커터를 사용하여 다양하게 활용된다. 총형커터 | 기어 또는 리머가공에 사용 정면커터 | 넓은 평면을 가공할 때 사용 메탈소 | 절단하거나 깊은 홈 가공에 사용 엔드밀 | 구멍가공, 홈, 좁은 평면, 윤곽가공 등에 사용 볼엔드밀링커터 | 복잡한 형상의 곡면가공에 사용 평면커터 | 평면을 절삭, 소비동력이 적고 가공면이 우수 측면커터 | 폭이 좁은 홈을 가공할 때 사용
선반가공	가공물이 회전운동하고 공구가 직선 이송 운동을 하는 가공방법으로, 척, 베드, 왕복대, 멘드릴(심봉), 심압대 등으로 구성된 공작기계로 가공한다.
연삭가공	입자, 결합도, 결합제 등으로 표시된 숫돌로 연삭하는 가공으로, 정밀도, 표면거칠기가 우수하며 담금질 처리가 된 강, 초경합금 등의 단단한 재료의 가공이 가능하다. 또한, 접촉면의 온도가 높으며 숫돌 날이 무뎌지면 탈락하고 새로운 날이 생성되는 자생작용이 있다.

드릴가공	드릴로 가공하는 가공방법으로 리밍, 보링, 카운터싱킹 등의 가공을 할 수 있다.	
	리밍	회전하는 절삭공구(리머)로 기존 구멍 내면의 치수를 정밀하게 만드는 가공 방법이다.
	보링	드릴로 이미 뚫어져 있는 구멍을 넓히는 가공으로 편심을 교정하기 위한 가공이며 구멍을 축 방향으로 대칭을 만드는 가공이다.
	카운터싱킹	나사 머리의 모양이 접시모양일 때 테이퍼 원통형으로 절삭하는 방법이다. 즉, 접시머리나사의 머리를 묻히게 하기 위해 원뿔자리를 만드는 가공이다.
	카운터보링	볼트 또는 너트의 머리 부분이 가공물 안으로 묻히도록 드릴과 동심원의 2단 구멍을 절삭하는 방법이다.
	스폿페이싱	볼트나 너트 등의 머리가 닿는 부분의 자리면을 평평하게 만드는 가공 방법이다.

래핑	랩(lap)이라는 공구와 일감 사이에 랩제를 넣고 양자를 상대운동시킴으로써 매끈한 다듬질을 얻는 가공 방법이다. 용도로는 블록게이지, 렌즈, 스냅게이지, 플러그게이지, 프리즘, 제어기기 부품 등에 사용된다. 종류로는 습식래핑과 건식래핑에 있고, 보통 <u>습식래핑을 먼저하고 건식래핑을 실시한다.</u> ※ 랩제의 종류 : 다이아몬드, 알루미나, 산화크롬, 탄화규소, 산화철 [종류] • 습식래핑 : 랩제와 래핑액을 혼합해서 가공하는 방법으로, 래핑능률이 높다. • 건식래핑 : 건조 상태에서 래핑 가공을 하는 방법으로, 래핑액을 사용하지 않는다. 일반적으로 더욱 정밀한 다듬질 면을 얻기 위해 습식래핑 후에 실시한다. • 구면래핑 : 렌즈의 끝 다듬질에 사용되는 래핑 방법이다. [특징]	
	장점	• 다듬질면이 매끈하고 정밀도가 우수하다. • 자동화가 쉽고 대량생산을 할 수 있다. • 작업방법 및 설비가 간단하다. • 가공면의 내식성, 내마멸성이 좋다.
	단점	• 고정밀도의 제품 생산 시 높은 숙련이 요구된다. • 비산하는 래핑입자(랩제)에 의해 다른 기계나 제품이 부식 또는 손상될 수 있으며 작업이 깨끗하지 못하다. • 가공면에 랩제가 잔류하기 쉽고, 제품 사용 시 마멸을 촉진시킨다.

03

정답 ③

[목형 제작 시 고려 사항]

수축여유	쇳물은 응고할 때 수축된다. 따라서 실제 만들고자 하는 크기보다 좀 더 크게(여유있게) 만들어야 한다. **[재료에 따른 수축여유]** 표 아래 ※ 주물자 : 주조할 때 쇳물의 수축을 고려하여 크게 만든 자로 "주물의 재질"에 따라 달라진다. 그리고 주물자를 이용하여 만든 도면을 "현도"라고 한다.
가공여유 (다듬질여유)	다듬질할 여유분(절삭량)을 고려하여 미리 크게 만드는 것이다. 즉, 표면거칠기 및 정밀도 요구 시 부여하는 여유이다.
목형구배 (기울기여유, 구배여유, 테이퍼)	주형을 목형에서 뽑기 쉽도록 또는 주형이 파손되는 것을 방지하기 위해 약간의 기울기(구배)를 준 것이다. 보통 목형구배는 제품 1m당 $1 \sim 2°(6 \sim 10\text{mm})$ 기울기를 준다.
코어프린트	속이 빈 주물제작 시에 코어를 주형 내부에서 지지하기 위해 목형에 덧붙인 돌기 부분을 말한다. 목형 제작에 있어 현도에만 기재를 하고 도면에는 기재하지 않는다.
라운딩	용융금속이 응고할 때 주형의 직각방향에 수상정이 발생하여 균열이 생길 수 있다. 이를 방지하기 위해 모서리 부분을 둥글게 하는데 이것을 라운딩이라고 한다.
덧붙임 (stop off)	주물의 냉각 시 내부응력에 의해 변형되기 때문에 이를 방지하고자 설치하는 보강대이다. 즉, 내부응력에 의한 변형이나 휨을 방지하기 위해 사용한다. 주물을 완성한 후에는 잘라서 제거한다.

[재료에 따른 수축여유]

주철	8mm/1m
황동, 청동	15mm/1m
주강, 알루미늄	20mm/1m

04

정답 ⑤

① 표준 스퍼기어에서는 이끝 높이(a)와 모듈(m)이 같다.

② 기어와 관련된 식
- $\pi D = pZ$ [여기서, D : 피치원지름, p : 원주피치, Z : 잇수]
  원주피치(p)에 잇수(Z)를 곱하면 원의 둘레(πD)가 된다.
- $D = mZ$ [여기서, D : 피치원지름, m : 모듈이, Z : 잇수]

  $\pi D = pZ \rightarrow p = \pi \dfrac{D}{Z} = \pi m$ (위의 식 이용)

  따라서, 원주피치(p)는 피치원지름(D)에 비례하고 잇수(Z)에 반비례한다.

③ 사이클로이드 곡선은 치형의 가공이 어렵고 호환성이 작지만, 미끌임이 적어 소음과 마멸이 적다.

④ 언더컷을 방지하려면 이의 높이를 낮추며 전위기어를 사용한다. 또한, 압력각을 크게 하고 한계잇수 이상으로 한다.

⑤ 백래시(Backlash, 뒤틈, 치면놀이, 엽새) : 한 쌍의 기어가 맞물렸을 때 치면 사이에 생기는 틈새를 말한다. 백래시가 너무 크면 소음과 진동의 원인이 되므로 가능한 한 작은 편이 좋다.

관련이론

[인벌류트 곡선과 사이클로이드 곡선의 특징]

인벌류트 곡선	사이클로이드 곡선
• 동력전달장치에 사용하며 값이 싸고 제작이 쉽다.	• 언더컷이 발생하지 않으며 중심거리가 정확해야 조립할 수 있다.
• 치형의 가공이 용이하고 정밀도와 호환성이 우수하다.	• 치형의 가공이 어렵고 호환성이 작다.
• 압력각이 일정하며 물림에서 축간거리가 다소 변해도 속비에 영향이 없다.	• 압력각이 일정하지 않으며 피치점이 완전히 일치하지 않으면 물림이 불량하다.
• 이뿌리 부분이 튼튼하나, 미끄럼이 많아 소음과 마멸이 크다.	• 미끄럼이 적어 소음과 마멸이 적고 잇면의 마멸이 균일하다.
• 인벌류트 치형은 압력각과 모듈이 모두 같아야 호환될 수 있다.	• 효율이 우수하다.
	• 용도로는 시계에 사용한다.

05

정답 ②

[푸아송비(ν)]

$$\nu = \frac{1}{m(\text{푸아송수})} = \frac{\varepsilon_{\text{가로}}}{\varepsilon_{\text{세로}}} = \frac{\dfrac{\delta}{d}}{\dfrac{\lambda}{L}} = \frac{L\delta}{d\lambda}$$

[여기서, $\varepsilon_{\text{가로}}$: 가로변형률(횡변형률), $\varepsilon_{\text{세로}}$: 세로변형률(종변형률), L : 봉의 길이, λ : 길이변형량, d : 봉의 지름, δ : 지름변형량]

$$\therefore \delta = \frac{\nu d\lambda}{L} = \frac{\dfrac{1}{3} \times 30\text{mm} \times 1.8\text{mm}}{3,000\text{mm}} = 0.006\text{mm}$$

06

정답 ④

[균일단면봉에서 자중(봉 자체 무게)에 의한 변형량(δ)]

$\delta = \dfrac{\gamma L^2}{2E}$, $\gamma = \rho g$ [여기서, L : 봉의 길이, E : 종탄성계수, γ : 비중량, ρ : 밀도, g : 중력가속도]

위 식에 의거하여 자중에 의한 변형량(δ)은 종탄성계수(E)에 반비례하며, 길이(L)의 제곱에 비례함을 알수 있다. 또한, 비중량(γ)에 비례하고 비중량은 $\gamma = \rho g$이므로 변형량(δ)은 중력과 관계가 있음을 알수 있다.

자중에 의한 변형량은 원추형봉의 경우가 균일단변봉의 경우의 $\dfrac{1}{3}$이다.

구분	균일단면봉(단면이 일정한 봉)	원추형봉(원뿔 모양의 봉)
자중만의 응력(σ)	$\sigma = \gamma L$ (고정단에서의 최대응력)	$\sigma = \dfrac{1}{3}\gamma L$ (고정단에서의 최대응력)
자중만에 의한 변형량(δ)	$\delta = \dfrac{\gamma L^2}{2E}$	$\delta = \dfrac{\gamma L^2}{6E}$

※ 원뿔의 부피는 원뿔과 밑넓이와 높이가 같은 원기둥의 부피의 $\dfrac{1}{3}$배이다.

　→ 원뿔의 부피 = [밑넓이×높이(원기둥의 부피)]×$\dfrac{1}{3}$

위와 같은 이유로 원주형봉의 자중만의 응력과 변형량은 균일단면봉의 $\dfrac{1}{3}$배이다.

관련 문제

그림처럼 천장에 수직으로 고정되어 있는 길이가 L, 지름이 d인 균일단면봉에 무게가 W인 물체가 매달려 있을 때, 균일단면봉에 작용하는 최대응력은? [단, 봉의 비중량은 γ임]

풀이 봉 자체의 무게인 자중이 중력에 의해 아래로 땡겨지게 된다. 이 때, 고정단(천장)에서는 길이 L에 해당하는 봉 자체의 전체 무게가 고려(가장 무거운 상태)되므로 천장에서 최대응력이 발생하게 된다. 따라서 봉의 자중에 의한 최대응력은 천장, 즉 고정단에서 발생한다.

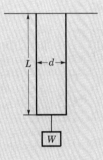

㉠ 봉의 자중에 의한 최대응력(고정단에서 발생) : $\sigma_1 = \gamma L$

㉡ 무게 W에 의한 응력 : $\sigma_2 = \dfrac{W}{A} = \dfrac{W}{\dfrac{1}{4}\pi d^2} = \dfrac{4W}{\pi d^2}$

㉢ ∴ $\sigma_{\max} = \sigma_1 + \sigma_2 = \gamma L + \dfrac{4W}{\pi d^2}$

07

정답 ②

[용기에 발생하는 응력]

㉠ 축 방향 응력(길이방향 응력, σ_s) = $\dfrac{pD}{4t} = \dfrac{p(2R)}{4t} = \dfrac{pR}{2t}$

㉡ 후프 응력(원주방향 응력, σ_θ) = $\dfrac{pD}{2t} = \dfrac{p(2R)}{2t} = \dfrac{pR}{t}$

[여기서, p : 내압, D : 용기의 지름, t : 용기의 두께]

※ 원주 응력이 길이방향 응력보다 크므로 길이에 평행한 방향으로 균열이 생긴다. 즉, 세로방향으로 균열이 생긴다.

$$\therefore \frac{\sigma_\theta}{\sigma_s} = \frac{\dfrac{pR}{t}}{\dfrac{pR}{2t}} = 2$$

08

[굽힘모멘트(휨모멘트, M)]

$M = \sigma Z$ [여기서, σ : 굽힘응력, Z : 단면계수]

※ 정사각형의 단면계수$(Z) = \dfrac{a^3}{6} = \dfrac{60^3}{6} = 36{,}000 \mathrm{mm}^3$

$M = 20 \mathrm{N/mm}^2 \times 36{,}000 \mathrm{mm}^3 = 720{,}000 \mathrm{N \cdot mm}$ (※ 단, $1\mathrm{MPa} = 1\mathrm{N/mm}^2$)

$\therefore M = 720{,}000 \mathrm{N \cdot mm} = 720 \mathrm{N \cdot m}$

09

1dyne	1g의 질량을 $1\mathrm{cm/s}^2$의 가속도로 움직이게 하는 힘 $[1\mathrm{dyne} = 1\mathrm{g \cdot cm/s}^2 = 10^{-5}\mathrm{N}]$
1erg	1dyne의 힘이 그 힘의 방향으로 물체를 1cm 움직이는 일 $[1\mathrm{erg} = 1\mathrm{dyne \cdot cm} = 10^{-7}\mathrm{J}]$
1J	J(Joule)은 에너지 또는 일의 단위로 정의한다. 1J은 물체에 1N의 힘이 작용하는 동안에 1m 이동하였을 때 힘이 한 일의 양을 말한다. $[1\mathrm{J} = 1\mathrm{N \cdot m} = 1\mathrm{kg \cdot m}^2/\mathrm{s}^2]$ ※ $F = ma$ [여기서, F : 힘(N), m : 질량(kg), a : 가속도$(\mathrm{m/s}^2)$]
1W	1W(1J/s)는 일률, 동력의 단위로 와트라고 읽으며, 1초 동안에 1J의 일을 하는 것, 즉 단위시간(s)당 한 일(J)을 말한다. $[1\mathrm{W} = 1\mathrm{J/s} = 1\mathrm{N \cdot m/s}]$ 따라서 동력(P)은 $\dfrac{W}{t}$ 또는 FV로 계산할 수 있다. [여기서, W : 일, t : 단위시간(s), F : 힘, V : 속도]

[동력의 단위]

1kW	102kg · m/s, 860kcal/h
1HP	76kg · m/s, 641kcal/h
1PS	75kg · m/s, 632kcal/h

※ 위 동력의 단위는 유도가 가능하지만 각 수치를 암기하는 것이 좋다. 또한, 동력의 단위에서 kg은 중력 단위의 힘 "kgf"을 의미한다. kgf을 편의상 kg으로 사용하기도 한다. 단, 1kgf는 9.8N이다.

※ 일반적으로 30마력이라고 하면, 30PS라고 본다.

※ rad(radian, 라디안)은 각도 단위 중 하나이다. 부채꼴의 반지름과 호의 길이가 같을 때 중심각의 크기를 1라디안이라고 하고 1rad으로 사용한다. 보통 rad은 생략한다. <u>라디안은 무차원인 SI 유도단위이다.</u>

10
정답 ②

열응력$(\sigma) = E\alpha\Delta T$ [여기서, E : 종탄성계수, α : 선팽창계수, ΔT : 온도 변화]

봉재가 양단이 고정되어 있으므로 열응력이 발생한다. 한 쪽만 고정되어 있는 경우는 열응력이 발생하지 않는다.

㉠ $\sigma = E\alpha\Delta T = 200 \times 10^9 \text{Pa} \times 10^{-5}/\text{℃} \times 40\text{℃} = 80\text{MPa}$

㉡ $\sigma = E\alpha\Delta T \rightarrow \dfrac{P}{A} = E\alpha\Delta T \rightarrow P = E\alpha\Delta T(A)$

[여기서, P : 하중, A : 단면적]

※ $A = \dfrac{1}{4}\pi d^2 = \dfrac{1}{4} \times 3 \times 40\text{mm}^2 = 1{,}200\text{mm}^2$

∴ $P = E\alpha\Delta T(A) = 80\text{MPa} \times 1{,}200\text{mm}^2 = 96{,}000\text{N} = 96\text{kN}$

※ **열응력과 하중의 부호가 (−)인 이유** : 가열하여 봉이 팽창하게 되므로 그 팽창에 대해 저항하기 위한 반력이 양단 고정보의 고정벽에서 작용한다. 즉, 팽창되어 늘어나는 것에 대한 반력이 반대 방향으로 작용하여 압축효과를 주기 때문에 부호가 (−)인 것이다.

11
정답 ②

열량$(Q) = Cm\Delta T$ [여기서, C : 비열, m : 질량, ΔT : 온도 변화]

질량이 m인 물질의 온도를 ΔT만큼 변화시키는 데 필요한 열량을 구하는 식이다. 즉, 상의 변화는 없고 오직 온도 변화를 일으키는 데 필요한 열량을 구하는 식이다.

㉠ 단열된 용기이므로 외부와의 열 출입이 없어 열의 손실이 없다.

㉡ 물의 밀도는 $1{,}000\text{kg/m}^3$이다. 이 의미는 1m^3의 부피(공간)에 들어 있는 물의 질량이 $1{,}000\text{kg}$라는 것이다(물 1m^3당 $1{,}000\text{kg}$의 물이 들어 있다).

　∴ 물 0.1m^3에 해당하는 물의 질량은 100kg이다.

㉢ 물에 물체를 집어넣었을 때 물체의 온도가 50℃가 되었다. 이는 물의 온도는 점점 증가하고, 물체의 온도는 점점 감소하다가 결국 평형상태온도 50℃에 도달했다는 의미이다. 즉, 뜨거운 물과 차가운 물을 섞으면 미지근한 물로 되는 것과 같은 이치이다. 그리고 열(Q)은 열역학 제2법칙(에너지의 방향성)에 따라 항상 고온에서 저온으로 이동한다. 즉, 열은 다음의 그림처럼 물체에서 물로 이동하게 된다. 따라서 물체는 열을 잃었기 때문에 온도가 점점 떨어지다가 50℃로 되는 것이고, 물의 입장에서는 물체가 잃은 열을 얻었으므로 열에 의해 온도가 점점 상승(ΔT)하여 평형온도에 도달하게 되는 것이다. 다시 말하면, 물체가 잃은 열은 곧 물이 얻은 열이 되므로 두 값은 같다.

- 물체가 잃은 열$(Q) = C_{물체}m_{질량}\Delta T = 0.2 \times 4 \times (550 - 50) = 400$
- 물이 얻은 열$(Q) = C_{물}m_{물}\Delta T$

  [단, 물의 비열은 $1\text{kcal/kg} \cdot ℃ = 4{,}180\text{J/kg} \cdot ℃ = 4.18\text{kJ/kg} \cdot ℃$이다]

→ 물체가 잃은 열$(Q) =$물이 얻은 열(Q)이므로 $400 = C_{물}m_{물}\Delta T$

→ $400 = 1 \times 100\Delta T$

∴ $\Delta T = 4℃$ [여기서, ΔT : 온도 상승량]

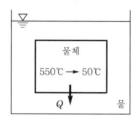

12

정답 ⑤

1W(1J/s)는 일률, 동력의 단위로 와트라고 읽으며 1초 동안에 1J의 일을 하는 것, 즉 단위시간(s)당 한 일(J)을 말한다.

[1W=1J/s=1N·m/s]

따라서 동력$(P) = \dfrac{W}{t} = \dfrac{FS}{t} = FV$로 계산할 수 있나.

[여기서, W : 일, t : 단위시간(s), F : 힘, S : 이동거리, V : 속도$\left(\dfrac{S}{t}\right)$이다]

2h동안 144km를 이동하였다. 즉, 속도는 $\dfrac{144\text{km}}{2\text{h}} = \dfrac{144{,}000\text{m}}{2 \times 3{,}600\text{s}} = 20\text{m/s}$ 이다.

∴ $P = FV = 5{,}000\text{N} \times 20\text{m/s} = 100{,}000\text{W} = 100\text{kW}$

13

정답 ③

[꼭 암기해야 할 분자량(M)]

수소(H_2)	2	공기(air)	29
산소(O_2)	32	물(H_2O)	18
질소(N_2)	28	이산화탄소(CO_2)	44

※ 수소(H_2)의 분자량은 2이다. H 하나의 원자량은 1이 된다.

※ 산소(O_2)의 분자량은 32이다. O 하나의 원자량은 16이 된다.

※ 질소(N_2)의 분자량은 28이다. N 하나의 원자량은 14가 된다.

※ 탄소(C)의 원자량은 12이다.

→ CO_2의 분자량은 C+O+O이므로 12+16+16=44가 된다.

→ H_2O의 분자량은 H+H+O이므로 1+1+16=18이 된다.

풀이

탄소(C)가 완전연소하여 발생한 이산화탄소(CO_2)의 질량은 탄소 질량의 몇 배인가?

㉠ 분자량(M)의 비를 계산하면 된다.

㉡ 반응식 : $C+O_2 \rightarrow CO_2$

㉢ 이산화탄소(CO_2)의 분자량은 44이고 탄소(C)의 분자량은 12이다.

$\therefore \dfrac{44}{12} \fallingdotseq 3.67$배

14

		단위시간에 증발기에서 흡수하는 열량을 냉동능력(kcal/h)이라고 한다. 냉동능력의 단위로는 1냉동톤(1RT)가 있다. • 1냉동톤(1RT) : 0℃의 물 1ton을 24시간 동안 0℃의 얼음으로 바꾸는 데 제거해야 할 열량 또는 그 능력 • 1미국냉동톤(1USRT) : 32℉의 물 1ton(2,000lb)을 24시간 동안 32℉의 얼음으로 만드는 데 제거해야 할 열량 또는 그 능력	
냉동능력	1RT	3,320kcal/h＝3.86kW [단, 1kW＝860kcal/h, 1kcal＝4.18kJ] ※ 0℃의 얼음을 0℃의 물로 상 변화시키는 데 필요한 융해잠열 : 　79.68kcal/kg ※ 0℃의 물에서 0℃의 얼음으로 변할 때 제거해야 할 열량 : 79.68kcal/kg 　→ 물 1ton이므로 1,000kg이다. 이를 식으로 표현하면 　　1,000kg×79.68kcal/kg＝79,680kcal가 된다. 24시간 동안 얼음으로 바꾸는 것이므로 79,680kcal/24h＝<u>3,320kcal/h</u>가 된다.	
	1USRT	3,024kcal/h	
냉동효과	증발기에서 냉매 1kg이 흡수하는 열량을 말한다.		
제빙톤	25℃의 물 1ton을 24시간 동안 −9℃의 얼음으로 만드는 데 제거해야 할 열량 또는 그 능력을 말한다(열손실은 20%로 가산한다). • 1제빙톤＝1.65RT		
냉각톤	냉동기의 냉동능력 1USRT당 응축기에서 제거해야 할 열량으로 이때 압축기에서 가하는 엔탈피를 860kcal/h로 가정한다. • 1냉각톤(1CRT)＝3,884kcal/h		
보일러마력	100℃의 물 15.65kg을 1시간 이내에 100℃의 증기로 만드는 데 필요한 열량을 말한다. ※ <u>100℃의 물에서 100℃의 증기로 상태 변화시키는 데 필요한 증발잠열 : 539kcal/kg</u> • 1보일러마력 : 8435.35kcal/h＝539×15.65		

15

정답 ③

[냉동기의 성적계수(성능계수, ε_r)]

$$\varepsilon_r = \frac{Q_2}{W}$$

㉠ 융해잠열

0℃의 얼음을 0℃의 물로 상 변화시키는 데 필요한 융해잠열 : 79.68kcal/kg

0℃의 물에서 0℃의 얼음으로 변할 때 제거해야 할 열량 : 79.68kcal/kg

0℃의 물 2ton이므로 0℃의 물 2,000kg을 0℃의 얼음으로 바꾸는 것이다.

물에서 얼음으로 바꾸기 위해 제거해야 할 열량은 2,000kg×80kcal/kg=160,000kcal이다.

㉡ 1kcal=4,180J=4.18kJ이므로 160,000kcal=672,000kJ (4.18kJ늑4.2kJ로 처리)

㉢ 672,000kJ이 물에서 얼음으로 바꾸기 위해 제거해야 할 열량 Q_2가 된다.

㉣ $\varepsilon_r = \dfrac{Q_2}{W}$

$$\therefore W = \frac{Q_2}{\varepsilon_r} = \frac{672,000\text{kJ}}{4} = 168,000\text{kJ} = 168\text{MJ}$$

16

정답 ⑤

[내연기관]

압축비(ε)	압축비$(\varepsilon) = \dfrac{V}{V_C}$ ★ [여기서, V : 실린더 체적, V_C : 연소실 체적(통극체적, 간극체적, 극간체적)]
실린더 체적(V)	피스톤이 하사점에 위치할 때의 체적 $V = V_C + V_S$이다.
행정 체적(V_S)	행정(S)에 의해서 형성되는 체적 $V_S = AS = \dfrac{\pi d^2}{4} \times S$이다.
행정(S)	상사점과 하사점 사이에서 피스톤이 이동한 거리이다.
연소실 체적(V_C)	피스톤이 상사점에 있을 때의 체적으로, 통극체적, 간극체적, 극간체적과 같은 말이다.
통극체적비 (극간비, λ)	$\lambda = \dfrac{V_C}{V_S}$
상사점	피스톤이 실린더의 윗 벽까지 도달하지 못하고 어느 정도 공간을 남기고 최고점을 찍을 때의 점이다.
하사점	내연기관에서 실린더 내의 피스톤이 상하로 움직이며 압축할 때, 피스톤이 최하점으로 내려왔을 때의 점이다.

17

[윤활유]

- 마찰저감작용, 냉각작용, 응력분산작용, 밀봉작용, 방청작용, 세정작용, 응착방지작용 등의 역할(★)을 한다.
- 용도에 따라 공업용, 자동차용, 산업용, 선박용 등으로 구분된다.
- SAE는 오일의 점도에 대하여 미국 자동차 기술 협회에서 제정한 규격으로 전 세계 공통적으로 사용되고 있는 규격이다.(★)
- 단급점도유는 SAE 10W, SAE 30처럼 한 숫자로만 표시하는 등급 제품을 뜻한다.
- 다급점도유는 SAE 5W30, SAE 10W40처럼 2가지 숫자 등급이 동시에 표시되는 제품으로 W 앞의 숫자가 낮을수록 저온에서 더 우수한 유동성(흐르는 성질)을 갖는다. W는 영하의 기온에서 윤활유가 얼마나 자신의 기능을 할 수 있는가를 나타낸다.
- 다급점도유는 고온에서의 점도 저하가 단급점도유보다 우수하므로 단급점도유보다 우수한 경제성을 보장하며 다급점도유는 저온에서의 유동성이 크기 때문에 내연기관 부품 수명을 연장시켜 주는 역할도 한다.

18

정답 ②

차량에서 배출되는 대기오염물질을 저감시키기 위해 설치하는 장치로 DPF(디젤 미립자 필터), EGR(배기가스 재순환 장치), SCR(선택적 촉매 환원법) 등이 있다.

EGR과 SCR은 질소산화물(NO_x)을 처리하는 장치이며 DPF는 입자상물질(PM)을 주로 처리하는 장치이다. EGR은 태워서 없애는 방식이 아닌 질소산화물의 발생량을 줄이는 방식이다.

DPF (Diesel Particulate Filter)	DPF는 디젤 차량의 필수 장치로 디젤 차량의 배기가스 중 입자상 물질(PM)을 포집하고 연소(재생 원리)시켜서 태워서 제거하는 배기가스 후처리 장치이다. 즉, 디젤이 제대로 연소하지 않아 생기는 탄화수소 찌꺼기 등 유해물질을 모아 필터로 걸러낸 뒤 550℃의 고온으로 다시 태워 오염물질을 줄이는 저감 장치이다.
EGR (Exhaust Gas Recirculation)	• 배기가스 재순환 장치의 약자로 엔진에서 연소된 배기가스의 일부를 다시 엔진으로 재순환시켜 연소할 때의 최고 온도를 낮춤으로써 질소산화물(NO_x)의 발생을 억제하는 장치이다. 배기가스가 재순환하면 연소실 온도가 낮아지고 이 과정에서 질소산화물 배출도 줄어든다. 질소산화물은 연소온도가 2,000℃를 넘으면 급격히 증가하므로 질소산화물을 감소시키기 위해서는 연소최고온도를 낮춰야 한다. • 흡기계통으로 배기가스의 일부를 재순환시켜 연소할 때의 최고 온도를 낮춤으로써 질소산화물의 발생을 억제시킨다. ※ DPF와 함께 사용되는 기술이다.
SCR (Selective Catalytic Reduction)	선택적 촉매 감소기술의 약자로 요소수를 배출가스에 분사시켜 촉매반응을 통해 물과 질소로 변환시키는 장치이다. 이 과정을 통해 질소산화물과 엔진에서 다량 발생하는 일산화탄소를 줄일 수 있다. 즉, 촉매를 이용한 화학적인 방법으로 배기가스를 정화하는 방식이라고 보면 된다.

19

정답 ②

카운터밸런스밸브	수직 상태로 실린더에 설치된 중량물이 자유낙하하거나, 작업 중 갑자기 부하가 제거되었을 때 급격한 이송을 제어하기 위해 <u>실린더에 배압을 가하여</u> 낙하나 추돌 등의 사고를 예방한다.
증압회로	<u>순간적으로 고압</u>이 필요로 할 경우 사용된다.
시퀀스밸브	2개 이상의 구동기기를 제어하는 회로에서 압력에 따라 구동기기의 <u>작동순서를 자동적으로 제어</u>하는 밸브로 순차 작동밸브라고도 한다.
릴리프밸브	회로의 압력이 설정값에 도달하면 유체의 일부 또는 전부를 탱크 쪽으로 복귀시켜 <u>회로의 압력을 설정값 이내로 유지</u>하여 유압 구동기기를 보호하고 출력을 조정한다(<u>최고 압력 제한</u>).
감압밸브	밸브의 입구 쪽 압력이 설정압력을 초과하면 작동유의 <u>유로를 차단</u>하여 출구 쪽의 압력 상승을 막는다. 일부 회로의 <u>압력을 주회로의 압력보다 낮은 압력</u>으로 하고자 할 때 사용한다.

20

정답 ②

[유압실린더에 필요한 유량]

$Q = \dfrac{60 \times A \times V}{1,000}$ [여기서, Q ; 유량(L/min), A : 단면적(cm²), V : 속력(cm/s)]

$A = \dfrac{1}{4}\pi(20\text{cm})^2 = 100\pi\text{cm}^2$

$Q = \dfrac{60 \times 100\pi \times 10}{1,000} = \dfrac{60 \times 100(3.14) \times 10}{1,000} = 188.4\text{L/min}$

[여기서, $1\text{L} = 0.001\text{m}^3$]

21

정답 ③

릴리프 밸브	감압 밸브	카운터 밸런스 밸브	무부하 밸브	시퀀스 밸브
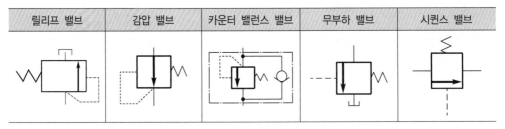				

22

[원통코일스프링]

처짐량(δ)	$\delta = R\theta = \dfrac{8PD^3n}{Gd^4}$ [여기서, $R\theta$: 부채꼴의 호의 길이(처짐량)]
비틀림각(θ)	$\theta = \dfrac{Tl}{GI_P}$
스프링의 길이(l)	$l = 2\pi Rn$ ※ 반지름이 R인 코일을 스프링처럼 n번 감으면 원통코일스프링이 된다. 이때 $2\pi R$은 반지름이 R인 코일의 원둘레이다. 이 둘레에 감김수(n)를 곱하면 스프링의 길이(l)가 된다.
비틀림에 의한 전단응력(τ)	$\tau = \dfrac{T}{Z_P} = \dfrac{16PR}{\pi d^3} = \dfrac{8PD}{\pi d^3}$ [여기서, $T = P_{하중}R$] 최대전단응력($\tau_{\max}$) $= \dfrac{8PDK}{\pi d^3}$ [여기서, K : 왈(wahl)의 응력수정계수]

[여기서, δ : 처짐량(변형량), n : 유효감김수, G : 전단탄성계수(횡탄성계수, 가로탄성계수), T : 비틀림 모멘트, I_P : 극단면 2차 모멘트, l : 스프링의 길이, R : 코일의 반지름(반경), d : 스프링 재료(소선)의 지름(직경)]

23

[국제표준규격]

ANSI	API	ASTM
미국규격협회	미국석유협회	미국재료시험협회
ASME	CENELEC	IEEE
미국기계학회	유럽전기기술표준위원회	전기전자기술자협회
AS	BS	JIS
호주산업규격	영국산업규격	일본산업규격
JASO	CEN	ISO
일본자동차기술협회	유럽표준화위원회	국제표준화기구
KS	DIN	NF
한국산업규격	독일산업규격	프랑스산업규격

24

[접두사의 기호]

지수	10^{-24}	10^{-21}	10^{-18}	10^{-15}	10^{-12}
접두사	yocto	zepto	atto	fento	pico
기호	y	z	a	f	p
지수	10^{-9}	10^{-6}	10^{-3}	10^{-2}	10^{-1}
접두사	nano	micro	mili	centi	deci
기호	n	μ	m	c	d
지수	10^{0}	10^{1}	10^{2}	10^{3}	10^{6}
접두사	–	deca	hecto	kilo	mega
기호	–	da	h	k	M
지수	10^{9}	10^{12}	10^{15}	10^{18}	10^{21}
접두사	giga	tera	peta	exa	zetta
기호	G	T	P	E	Z
지수	10^{24}	–	–	–	–
접두사	yotta	–	–	–	–
기호	Y	–	–	–	–

25

[질량유량($\dot{m}$)]

$\dot{m}[\mathrm{kg/s}] = \rho A V$ [여기서, ρ : 밀도, A : 단면적, V : 속도(유속)]

㉠ 비체적(ν)은 부피(V)를 질량(m)으로 나눈 것으로 $\nu[\mathrm{m^3/kg}] = \dfrac{V[\mathrm{m^3}]}{m[\mathrm{kg}]}$ 이다.

㉡ 밀도(ρ)는 단위부피(V)당 질량(m)으로 $\rho[\mathrm{kg/m^3}] = \dfrac{m[\mathrm{kg}]}{V[\mathrm{m^3}]}$ 이다.

→ 즉, 밀도와 비체적은 역수의 관계를 갖는다$\left(\rho = \dfrac{1}{\nu}\right)$.

$\therefore\ \dot{m} = \rho A V = \left(\dfrac{1}{\nu}\right) A V = \dfrac{1}{4\mathrm{m^3/kg}} \times \dfrac{1}{4}\pi(2\mathrm{m})^2 \times 4\mathrm{m/s} = \pi \fallingdotseq 3.14\mathrm{kg/s}$

26

[손실수두(H_l)]

$H_l = f\,\dfrac{l}{d}\,\dfrac{V^2}{2g} = 0.04 \times \dfrac{200}{0.1} \times \dfrac{2^2}{2(9.8)} \fallingdotseq 16.3\mathrm{m}$

27

정답 ⑤

[항력(D)]

$D = C_D \dfrac{\rho V^2}{2} A$ [여기서, C_D : 항력계수, ρ : 유체의 밀도, V : 속도, A : 투영면적]

속도(V)를 2배, 항력계수(C_D)를 $\dfrac{1}{2}$배로 하면

$D' = \left(\dfrac{1}{2} C_D \right) \dfrac{\rho (2V)^2}{2} A = \left(\dfrac{1}{2} C_D \right) \dfrac{\rho 4 V^2}{2} A = 2 \left(C_D \dfrac{\rho V^2}{2} A \right) = 2D$

∴ 항력(D)는 2배가 됨을 알 수 있다.

28

정답 ⑤

동력(L)은 다음과 같은 상사법칙을 따른다.

$\dfrac{L_2}{L_1} = \left(\dfrac{N_2}{N_1} \right)^3 \left(\dfrac{D_2}{D_1} \right)^5$ [여기서, L : 동력, N : 회전수, D : 지름]

회전수를 제외한 다른 조건은 모두 동일하므로 지름은 변함이 없다.

따라서 위 식에서의 동력은 회전수에만 관련이 있다.

$\dfrac{L_2}{L_1} = \left(\dfrac{N_2}{N_1} \right)^3 \left(\dfrac{D_2}{D_1} \right)^5 \;\rightarrow\; L_2 \propto L_1 \left(\dfrac{N_2}{N_1} \right)^3 \;\rightarrow\; L_2 \propto L_1 \left(\dfrac{2N_1}{N_1} \right)^3$

∴ "$L_2 \propto L_1 (2)^3 = 8 L_1$"이 되므로 나중 동력($L_2$)은 처음 동력($L_1$)의 8배가 됨을 알 수 있다.

관련이론

[펌프의 상사법칙]

유량(Q)	양정(H)	동력(L)
$\dfrac{Q_2}{Q_1} = \left(\dfrac{N_2}{N_1} \right)^1 \left(\dfrac{D_2}{D_1} \right)^3$	$\dfrac{H_2}{H_1} = \left(\dfrac{N_2}{N_1} \right)^2 \left(\dfrac{D_2}{D_1} \right)^2$	$\dfrac{L_2}{L_1} = \left(\dfrac{N_2}{N_1} \right)^3 \left(\dfrac{D_2}{D_1} \right)^5$

[송풍기 상사법칙]

풍량, 유량(Q)	압력, 양정(H)	축동력(L)
$\dfrac{Q_2}{Q_1} = \left(\dfrac{N_2}{N_1} \right)^1 \left(\dfrac{D_2}{D_1} \right)^3$	$\dfrac{H_2}{H_1} = \left(\dfrac{N_2}{N_1} \right)^2 \left(\dfrac{D_2}{D_1} \right)^2 \left(\dfrac{\rho_2}{\rho_1} \right)^1$ [여기서, ρ : 밀도]	$\dfrac{L_2}{L_1} = \left(\dfrac{N_2}{N_1} \right)^3 \left(\dfrac{D_2}{D_1} \right)^5 \left(\dfrac{\rho_2}{\rho_1} \right)^1$

29

정답 ②

동력(H) $= Tw$ [여기서, T : 토크 및 비틀림모멘트, w : 각속도]

㉠ $w = \dfrac{2\pi N}{60} = \dfrac{2 \times 3.14 \times 3{,}000}{60} = 314 \text{rad/s}$ [단, N[rpm]은 회전수이다]

㉡ $H = Tw = 10 \times 314 = 3{,}140 \text{W} = 3.14 \text{kW} = 3.14 \times 1.36 \text{PS} = 4.27 \text{PS}$

※ 1kW=1.36PS, 1PS=0.735kW의 관계를 갖는다.

30

포물선 형태의 자유표면 밑에 있는 액체의 부피는 원래의 부피와 같다. 즉, 부피의 변화가 없다. 같은 양의 액체가 등속회전운동을 받아 다음 그림처럼 포물선 형태의 자유표면을 형성한 것이기 때문에 부피는 변하지 않는다.

$$\therefore h = \frac{r^2 w^2}{2g}$$

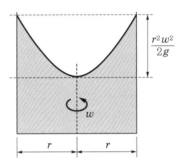

$\frac{r^2 w^2}{2g}$

w

r r

[등속회전운동을 받는 유체(일정한 단면적을 가진 원기둥의 용기 속에서)]

임의의 반경 r에서의 액면상승높이(h) = $\frac{r^2 w^2}{2g}$

[여기서, r : 반경(m) w : 각속도(rad/s), g : 중력가속도(m/s^2)]

회전축에 대한 용기 밑면의 압력(P) = $\gamma \times h$

[여기서, γ : 비중량, h : 높이]

31

① 페라이트는 순철의 기본 조직으로, α고용체(알파철)라고도 한다. α철에 최대 0.0218%C까지 고용된 고용체로 전연성이 우수하며 A$_2$점 이하에서는 강자성체이다. 투자율이 우수하고 열처리는 불량하며 체심입방격자이다. 순철은 유동성, 항복점, 인장강도(유항인 암기)가 작다.

② 시멘타이트(Fe$_3$C)는 철과 탄소가 결합된 탄화물로 탄화철이라고 불리며, 탄소량이 6.68%인 조직으로, 단단하고 취성이 크다. 침상 또는 회백조직을 가지고 브리넬 경도가 800이며 상온에서 강자성체이다.

③ 탄소함유량이 증가할수록 강도, 경도, 항복점, 전기저항, 비열, 항자력이 증가한다.

④ 탄소강의 기본 조직은 페라이트(F), 펄라이트(P), 시멘타이트(C), 오스테나이트(A), 레데뷰라이트(L)이다[다수 공기업 빈출].

⑤ 냉간취성은 인(P)이 원인이 되고, 적열취성은 강 속에 포함되어 있는 황(S)이 원인이 된다.

32

[기본 열처리의 종류]

담금질 (퀜칭, 소입)	• 변태점 이상으로 가열한 후, 물이나 기름 등으로 급랭하여 재질을 경화시키는 것으로 마텐자이트 조직을 얻기 위한 열처리이다. 강도 및 경도를 증가시키기 위한 것으로 열처리 조직은 가열 온도에 따라 변화가 크기 때문에 담금질 온도에 주의해야 한다. • 담금질을 하면 재질이 경화(단단)해지지만 인성이 저하되어 취성이 발생하기 때문에 담금질 후에는 반드시 강한 인성을 부여하는 뜨임 처리를 실시해야 한다. • 담금질액으로 물을 사용할 경우 소금, 소다, 산을 첨가하면 냉각능력이 증가한다.
뜨임 (템퍼링, 소려)	• 담금질한 강은 경도가 크나 취성을 가지므로 경도가 다소 저하되더라도 인성을 증가시키기 위해 A_1변태점 이하에서 재가열하여 서랭시키는 열처리이다. • 뜨임의 목적은 담금질한 조직을 안정한 조직으로 변화시키고 잔류응력을 감소시켜 필요한 성질을 얻는 것이다. 가장 중요한 것이 강한 인성을 부여하는 것이다(강인성 부여).
풀림 (어닐링, 소둔)	A_1 또는 A_3 변태점 이상으로 가열하여 냉각시키는 열처리로 내부응력을 제거하며 재질의 연화를 목적으로 하는 열처리이다. 풀림은 노 안에서 천천히 냉각한다.
불림 (노멀라이징, 소준)	A_3, A_{cm}보다 30~50℃ 높게 가열 후 공랭(공기 중에서 냉각)하여 소르바이트 조직을 얻는 열처리로 결정조직의 표준화와 조직의 미세화 및 냉간 가공이나 단조로 인한 내부응력을 제거한다. ※ A_{cm} 변태 : γ고용체에서 Fe_3C가 석출되기 시작하는 변태

[각 열처리의 주목적 및 주요 특징]

담금질	• 탄소강의 강도 및 경도 증대 • 재질의 경화(경도 증대) • 급랭(물 또는 기름으로 빠르게 냉각)
풀림	• 재질의 연화(연성 증가) • 균질(균일)화 • 노랭(노 안에서 서서히 냉각)
뜨임	• 담금질한 후 강인성 부여(강한 인성), 인성 개선 • 내부응력 제거 • 공랭(공기 중에서 서서히 냉각)
불림	• 결정 조직의 표준화, 균질화 • 결정 조직의 미세화 • 내부응력 제거 • 공랭(공기 중에서 서서히 냉각)

※ 풀림도 인성을 향상시키지만 주목적이 아니다. 인성을 향상시키는 것이 주목적인 것은 "뜨임"이다.

※ 불림은 기계적, 물리적 성질이 표준화된 조직을 얻기 때문에 강의 함유된 탄소함유량을 측정하기 용이하여 강의 탄소함유량을 측정하는데 사용하기도 한다.

★ 냉각속도가 큰 순서 : 수랭 및 유랭(급랭) > 공랭(서랭) > 노랭(서랭)

33

정답 ③

변위함수 $X(t) = X\sin(wt)$ [여기서, X : 진폭]

변위함수 $X(t)$를 미분하면 속도함수 $V(t)$가 되고, 속도함수 $V(t)$를 미분하면 가속도함수 $a(t)$가 된다.

㉠ $X(t) = X\sin(wt) \xrightarrow{\text{미분}} V(t) = wX\cos(wt)$

㉡ $V(t) = wX\cos(wt) \xrightarrow{\text{미분}} a(t) = -Xw^2\sin(wt)$

풀이

① 사인함수 $\sin(wt)$의 범위는 $-1 \sim 1$ 이다. 따라서 최대 가속도(a_{max})의 크기는 $\sin(wt) = 1$일 때를 의미하므로 $a(t) = -Xw^2\sin(wt)$에서 $a_{max} = -Xw^2(1)$ 이 된다. 즉, 최대 가속도(a_{max})의 크기는 Xw^2이다.

② 사인함수 $\sin(wt)$의 범위는 $-1 \sim 1$ 이다. 따라서 최대 진폭은 $\sin(wt) = 1$일 때를 말한다. 즉, 변위함수 $X(t) = X\sin(wt)$에서 $X_{max} = X(1)$이므로 최대 진폭 크기는 X이다.

③ <u>진폭과 주기는 서로 관계가 없다.</u>

④ $T = \dfrac{2\pi}{w}$에서 T는 주기, w는 고유진동수이다. 주기와 고유진동수는 서로 반비례함을 알 수 있다.

⑤ $f = \dfrac{1}{T}$에서 f는 진동수, T는 주기이다. 진동수와 주기는 서로 반비례 관계이다.

34

정답 ②

[리벳이음의 설계]

리벳 구멍 사이에서 판의 절단 $\sigma_t = \dfrac{P}{(p-d)t} \rightarrow P = (p-d)t\sigma_t$

리벳의 전단응력 $\tau = \dfrac{P}{n\left(\dfrac{1}{4}\pi d^2\right)} \rightarrow P = n\left(\dfrac{1}{4}\pi d^2\right)\tau$

<u>리벳의 지름으로부터 피치(p)를 구할 때</u>

$(p-d)t\sigma_t = n(\dfrac{1}{4}\pi d^2)\tau$ [여기서, n : 전단면(1줄 겹치기이므로 $n = 1$)]

$\therefore p = \dfrac{n\pi d^2\tau}{4t\sigma_t} + d = \dfrac{1 \times 3.14 \times 10^2 \times 0.5\sigma_t}{4 \times 5 \times \sigma_t} + 10 = 17.85\text{mm}$

※ 판재의 인장강도(σ_t)는 리벳의 전단강도(τ)의 2배이므로 $\sigma_t = 2\tau$이다.

35

정답 ①

[등가속도 운동]

브레이크를 밟는 순간부터 속도가 점점 감소되는 등가속도 운동이 시작된다. 속도가 감소되므로 가속도의 부호는 (−)이며 매초마다 속도는 일정하게 감소된다.

등가속도 운동은 속도(V)−시간(t) 그래프를 통해 해석하는 것이 효율적이다.

시속 72km의 단위를 m(미터), s(초)로 바꾸면 72km/h＝72,000m/3,600s＝20m/s의 초기 속력으로 운동한다.

속력이 매초마다 일정하게 감소하면서 10초 후에는 정지 상태에 도달하게 되므로 다음과 같이 $V-t$ 그래프가 그려지게 된다. $V-t$ 그래프에서 기울기는 가속도(a)의 크기이며 삼각형 면적이 해당 시간동안 이동한 거리(S)가 된다.

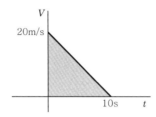

$a=\dfrac{20}{10} \rightarrow a=-2\text{m/s}^2$의 가속도를 구할 수 있다[속도가 감속되므로 가속도의 부호는 (−)이다].

∴ 삼각형 면적이 해당 시간동안 이동한 거리(S)＝$\dfrac{1}{2}\times 20\times 10=100\text{m}$

36
정답 ④

법선가속도(a_n, 구심가속도)＝$rw^2=\dfrac{V^2}{r}$ [여기서, r : 반경, w : 각속도, V : 선속도]

∴ $V=rw$

$a_n=\dfrac{V^2}{r}$

∴ $V=\sqrt{a_n r}=\sqrt{(0.5g)r}=\sqrt{0.5\times 9.8\times 10}=7\text{m/s}$

37
정답 ③

펌프의 소요 축동력(P)＝$\dfrac{\gamma Q H}{\eta_P}$ [여기서, γ : 비중량, Q : 토출량(m³/s), H : 전양정]

㉠ 물의 비중량 γ＝9,800N/m³이다.

㉡ 토출량은 0.6m³/min＝0.6m³/60s＝0.01m³/s이다.

㉢ 전양정은 60m이며 펌프의 효율은 0.4이다.

∴ $P=\dfrac{\gamma Q H}{\eta_P}=\dfrac{9,800\text{N/m}^3\times 0.01\text{m}^3\text{/s}\times 60\text{m}}{0.4}=14,700\text{N}\cdot\text{m/s}=14,700\text{W}=14.7\text{kW}$

38
정답 ②

동력손실(P)＝$\gamma Q H_l$ [여기서, γ : 비중량, Q : 유량(m³/s), H_l : 손실수두]

∴ $H_l=\dfrac{P}{\gamma Q}=\dfrac{60,000\text{W}}{9,800\text{N/m}^3\times 0.5\text{m}^3\text{/s}}≒12.24\text{m}$

유량(Q)＝AV [여기서, A : 관의 단면적, V : 유속]

$$\therefore V = \frac{Q}{A} = \frac{Q}{\frac{1}{4}\pi d^2} = \frac{0.5\mathrm{m^3/s}}{\frac{1}{4}\times 3.14 \times (0.4\mathrm{m})^2} = 3.98\mathrm{m/s}$$

손실수두$(H_l) = f\dfrac{l}{d}\dfrac{V^2}{2g}$

[여기서, f : 관마찰계수, l : 관 길이, d : 관 지름, V : 유속, g : 중력가속도]

$$\therefore f = H_l \frac{d}{l}\frac{2g}{V^2} = 12.24\mathrm{m} \times \frac{0.4\mathrm{m}}{300\mathrm{m}} \times \frac{2\times 9.8\mathrm{m/s^2}}{(3.98\mathrm{m/s})^2} = 0.0202$$

39

정답 ④

[펌프의 비교회전도(η_s)]

한 회전차를 형상과 운전 상태를 상사하게 유지하면서 그 크기를 바꾸어 단위송출량에서 단위양정을 내게 할 때 그 회전차에 주어져야 할 회전수를 기준이 되는 회전차의 비속도 또는 비교회전도라고 한다. 즉, 회전차의 형상을 나타내는 척도로 펌프의 성능이나 적합한 회전수를 결정하는 데 사용한다.

$n_s = \dfrac{n\sqrt{Q}}{H^{\frac{3}{4}}}$ [여기서, n : 펌프의 회전수, Q : 펌프의 유량, H : 펌프의 전양정]

식에서 H, Q는 일반적으로 특성 곡선상에서 최고 효율점에 대한 값을 대입한다. 또한, 양흡입일 경우는 Q 대신 $\dfrac{Q}{2}$를 대입해서 사용하면 된다.

40

정답 ⑤

⑤ 열이 스스로 저온의 물질에서 고온의 물질로 이동하지 않는 것은 열역학 제2법칙과 관련이 있다.

[열역학 법칙]

열역학 제0법칙	• 열 평형의 법칙 • 두 물체 A, B가 각각 물체 C와 열적 평형 상태에 있다면, 물체 A와 물체 B도 열적 평형 상태에 있다는 것과 관련이 있는 법칙으로 이때 알짜열의 이동은 없다. • 온도계의 원리와 관계된 법칙
열역학 제1법칙	• 에너지 보존의 법칙 • 계 내부의 에너지의 총합은 변하지 않는다. • 물체에 공급된 에너지는 물체의 내부에너지를 높이거나 외부에 일을 하므로 에너지의 양은 일정하게 보존된다. • 열은 에너지의 한 형태로서 일을 열로 변환하거나 열을 일로 변환하는 것이 가능하다. • 열효율이 100% 이상인 제1종 영구기관은 열역학 제1법칙에 위배된다(열효율이 100% 이상인 열기관을 얻을 수 없다).

열역학 제2법칙	• 에너지의 방향성을 명시하는 법칙(열은 항상 고온에서 저온으로 흐른다, 열은 스스로 저온의 물질에서 고온의 물질로 이동하지 않는다) • 열기관에서 작동물질이 일을 하게 하려면 그보다 더 저온인 물질이 필요하다(열은 항상 고온에서 저온으로 이동하기 때문에 열기관에서 더 저온인 물질이 필요하며 열이 이동해야만 공급된 열과 방출된 열의 차이만큼 외부로 일이 만들어지기 때문이다). • 비가역성을 명시하는 법칙으로 엔트로피는 항상 증가한다. • 절대온도의 눈금을 정의하는 법칙 • 하나의 열원에서 얻어진 열을 모두 일로 바꾸는 기관은 존재하지 않는다. • 열효율이 100%인 제2종 영구기관은 열역학 제2법칙에 위배된다(열효율이 100%인 열기관을 얻을 수 없다). • 외부의 도움 없이 스스로 자발적으로 일어나는 반응은 열역학 제 법칙과 관련이 있다. ※ 비가역의 예시 : 혼합, 자유팽창, 확산, 삼투압, 마찰, 열의 이동, 화학 반응 등이 있다. [참고] 자유팽창은 등온으로 간주하는 과정이다.
열역학 제3법칙	• 네른스트 : 어떤 방법에 의해서도 물질의 온도를 절대영도까지 내려가게 할 수 없다. • 플랑크 : 모든 물질이 열역학적 평형상태에 있을 때 절대온도가 0에 가까워지면 엔트로피도 0에 가까워진다 $\left(\lim_{t \to 0} \triangle S = 0\right)$.

11 2022년 하반기 인천교통공사 기출문제

01	②	02	②	03	③	04	③	05	①	06	④	07	⑤	08	③	09	③	10	③
11	④	12	②	13	④	14	⑤	15	③	16	④	17	⑤	18	②	19	①	20	④
21	④	22	④	23	④	24	③	25	⑤	26	②	27	②	28	④	29	④	30	⑤
31	②	32	⑤	33	③	34	①	35	③	36	②	37	③	38	①	39	②	40	①

01

정답 ②

[응력집중(stress concentration)]

㉠ 단면이 급격하게 변하는 부분, 노치 부분(구멍, 홈 등), 모서리 부분에서 응력이 국부적으로 집중되는 현상을 말한다.

㉡ 하중을 가했을 때, 단면이 불균일한 부분에서 평활한 부분에 비해 응력이 집중되어 큰 응력이 발생하는 현상을 말한다.

※ 단면이 불균일하다는 것은 노치 부분(구멍, 홈 등)을 말한다.

응력집중계수 (형상계수, α)	$\alpha = \dfrac{\text{노치부의 최대응력}}{\text{단면부의 평균응력}} > 1$ 응력집중계수(α)는 항상 1보다 크며, "노치가 없는 단면부의 평균응력(공칭응력)에 대한 노치부의 최대응력"의 비이다$\left(\text{단, } A\text{에 대한 } B = \dfrac{D}{A}\right)$.
응력집중 방지법	• 테이퍼지게 설계하며, 테이퍼 부분은 될 수 있는 한 완만하게 한다. 또한, 체결 부위에 리벳, 볼트 따위의 체결수를 증가시켜 집중된 응력을 리벳, 볼트 따위에 일부 분산시킨다. • 테이퍼를 크게 하면, 단면이 급격하게 변하여 응력이 국부적으로 집중될 수 있기 때문에 테이퍼 부분은 될 수 있는 한 완만하게 한다. • 필렛 반지름을 최대한 크게 하여 단면이 급격하게 변하지 않도록 한다(굽어진 부분에 내접된 원의 반지름이 필렛 반지름이다). 필렛 반지름을 최대한 크게 하면 내접된 원의 반지름이 커진다. 즉, 덜 굽어지게 되어 단면이 급격하게 변하지 않고 완만하게 변한다. • 단면 변화부분에 보강재를 결합하여 응력집중을 완화시킨다. • 단면 변화부분에 숏피닝, 롤러압연처리, 열처리 등을 하여 응력집중부분을 강화시킨다. 또한, 단면변화부분의 표면가공 정도를 좋게 한다. • 축단부에 2~3단의 단부를 설치하여 응력의 흐름을 완만하게 한다.
관련 특징	• 응력집중의 정도는 재료의 모양, 표면거칠기, 작용하는 하중의 종류(인장, 비틀림, 굽힘)에 따라 변한다. 　－응력집중계수는 노치의 형상과 작용하는 하중의 종류에 영향을 받는다. 　－응력집중계수의 크기 : 인장＞굽힘＞비틀림

노치효과	• 재료의 노치 부분에 피로 및 충격과 같은 외력이 작용할 때 집중응력이 발생하여 피로한도가 저하되므로 재료가 파괴되기 쉬운 성질을 갖게 되는 것을 노치효과라고 한다. • 반복하중으로 인해 노치 부분에 응력이 집중되어 피로한도가 작아지는 현상을 노치효과라고 한다. ※ 재료가 장시간 반복하중을 받으면 결국 파괴되는 현상을 피로라고 하며 이 한계를 피로한도라고 한다.
피로파손	• 최대응력이 항복강도 이하인 반복응력에 의하여 점진적으로 파손되는 현상이다. • 발생단계 : 한 점에서 미세한 균열이 발생 → 응력 집중 → 균열 전파 → 파손 • 소성 변형 없이 갑자기 파손된다.

02

정답 ②

② 삼각나사(체결용)는 사각나사(운동용)보다 효율이 낮다.

관련이론

[체결용 나사]

체결할 때 사용하는 나사로 효율이 낮다.

삼각나사	가스파이프를 연결하는 데 사용한다.
미터나사	나사산의 각도가 60°인 삼각나사의 일종이다.
유니파이나사	• 세계적인 표준나사로 미국, 영국, 캐나다가 협정하여 만든 나사이다. • 쵬용 등에 사용된다.

[운동용 나사]

동력을 전달하는 나사로 체결용 나사보다 효율이 좋다.

사다리꼴나사	"재형나사 및 애크미나사"로도 불리는 사다리꼴나사는 양방향으로 추력을 받는 나사로 공작기계의 이송나사, 밸브 개폐용, 프레스, 잭 등에 사용된다. 효율 측면에서는 사각나사가 더욱 유리하나 가공하기 어렵기 때문에 대신 사다리꼴나사를 많이 사용한다. 사각나사보다 강도 및 저항력이 크다.
톱니나사	힘을 한 방향으로만 받는 부품에 사용되는 나사로 압착기, 바이스 등의 이송 나사에 사용된다.
너클나사(둥근나사)	전구와 같이 먼지나 이물질이 들어가기 쉬운 곳에 사용되는 나사이다.
볼나사	공작기계의 이송나사, NC기계의 수치제어장치에 사용되는 나사로 효율이 좋고 먼지에 의한 마모가 적으며 토크의 변동이 적다. 또한, 정밀도가 높고 윤활은 소량으로도 충분하며 축 방향의 백래시를 작게 할 수 있다. 마찰이 작아 정확하고 미세한 이송이 가능한 장점을 가지고 있다. 하지만 너트의 크기가 커지고, 피치를 작게 하는 데 한계가 있으며 고속에서는 소음이 발생하고 자동체결이 곤란하다.
사각나사	축 방향의 하중을 받는 운동용 나사로 추력의 전달이 가능하다.

[나사산의 용어]

피치	• 나사산 플랭크 위의 한 점과 바로 이웃하는 대응 플랭크 위의 대등한 점 간의 축 방향 길이를 말한다. • 나사산 사이의 거리 또는 골 사이의 거리를 말한다. • 나사산의 축선을 지나는 단면에서 인접한 두 나사선의 직선거리이다.
리드	• 나사산 플랭크 위의 한 점과 가장 가까운 플랭크 위의 대응 점 사이의 축 방향 거리로 한 점이 나선을 따라 축 주위를 한 바퀴 돌 때의 축 방향 거리를 말한다. • 리드(L)는 나사를 1회전(360° 돌렸을 때)시켰을 때, 축 방향으로 나아가는(이동한) 거리이다. 따라서 $L = n \times p$이다. [여기서, n : 나사의 줄수, P : 나사의 피치]
골지름	암나사의 산봉우리에 접하는 가상 원통의 지름
바깥지름	바깥지름은 암나사의 골밑에 접하는 가상 원통의 지름
플랭크	산과 골을 연결하는 면을 말하며 플랭크가 볼트의 축선에 수직한 가상면과 이루는 각을 플랭크각이라고 한다. ISO에서 규정하는 표준 나사각은 60°, 플랭크각은 30°이다.
유효지름	산등성이의 폭과 골짜기의 폭이 같게 되도록 나사산을 통과하는 가상 원통의 지름을 말한다.
단순유효지름	단순유효지름은 홈 밑의 폭이 기초 피치의 절반인 나사 홈의 폭에 걸쳐 실제 나사산을 교차하는 가상 원통의 지름을 말한다.

03

정답 ③

응력진폭(σ_a)	평균응력(σ_m)	응력비(R)
$\sigma_a = \dfrac{\sigma_{\max} - \sigma_{\min}}{2}$	$\sigma_m = \dfrac{\sigma_{\max} + \sigma_{\min}}{2}$	$R = \dfrac{\sigma_{\min}}{\sigma_{\max}}$

[응력비(R)]

피로시험에서 하중의 한 주기에서의 최소응력($\sigma_{\min}$)과 최대응력($\sigma_{\max}$) 사이의 비율$\left(\dfrac{\sigma_{\min}}{\sigma_{\max}}\right)$이다.

평균응력(σ_m)이 300MPa이므로 $300\text{MPa} = \dfrac{\sigma_{\max} + \sigma_{\min}}{2}$, 즉 $\sigma_{\max} + \sigma_{\min} = 600$이다.

응력비(R)가 0.25이므로 $0.25 = \dfrac{1}{4} = \dfrac{\sigma_{\min}}{\sigma_{\max}}$가 된다. 즉, $\sigma_{\max} = 4\sigma_{\min}$이다.

$\sigma_{\max} = 4\sigma_{\min}$의 관계식을 $\sigma_{\max} + \sigma_{\min} = 600$에 대입하면, $4\sigma_{\min} + \sigma_{\min} = 600$이므로 $5\sigma_{\min} = 600$이 된다.

∴ $\sigma_{\min} = 120\text{MPa}$

04

정답 ③

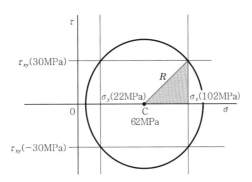

$\sigma_x = 102\text{MPa}$, $\sigma_y = 22\text{MPa}$, $\tau_{xy} = 30\text{MPa}$의 평면응력상태를 모어원으로 그리면 그림과 같다.

모어원의 중심은 $\dfrac{\sigma_x + \sigma_y}{2} = \dfrac{102 + 22}{2} = 62\text{MPa}$이 도출되고, 좌표는 (62, 0)이다. 따라서 직각삼각형에서 밑변의 길이는 $102 - 62 = 40$이 나온다. 높이는 30임을 쉽게 알 수 있다. 피타고라스의 정리를 활용하여 반지름(R)을 구하면

$R^2 = (\text{밑변})^2 + (\text{높이})^2 = 40^2 + 30^2 = 2,500$이므로 $R = 50$이다.

최대전단응력($\tau_{\max}$)의 크기는 모어원의 반지름(R)의 크기와 같다.

$\therefore \tau_{\max} = 50\text{MPa}$

최대전단응력설에 의한 안전계수(S) $= \dfrac{S_{fs}(\text{파단전단강도})}{\tau_{\max}(\text{최대전단응력})}$이다.

이때, 파단인장강도는 파단전단강도의 2배이므로 "파단인장강도$= 2S_{fs}$"가 된다.

따라서, $S_{fs} = \dfrac{\text{파단인장강도}}{2} = \dfrac{200\text{MPa}}{2} = 100\text{MPa}$이 된다.

$\therefore S = \dfrac{S_{fs}}{\tau_{\max}} = \dfrac{100\text{MPa}}{50\text{MPa}} = 2$로 도출된다.

✓ 기계의 진리 유튜브 모어원 영상 3개를 꼭 시청하길 권장한다. 매우 도움될 것이다.

05

정답 ①

[키의 종류]

묻힘키(성크키)	가장 많이 사용되는 키로, 축과 보스 양쪽에 키 홈을 파서 사용한다. 단면의 모양은 직사각형과 정사각형이 있다. 직사각형은 축 지름이 큰 경우에 정사각형은 축 지름이 작은 경우에 사용한다. 또한, 키의 호칭 방법은 $b(\text{폭}) \times h(\text{높이}) \times l(\text{길이})$로 표시하며 키의 종류에는 윗면이 평행한 평행키와 윗면에 1/100 테이퍼를 준 경사키 등이 있다.

안장키(새들키)	축에는 키 홈을 가공하지 않고 보스에만 1/100 테이퍼를 주어 홈을 파고 이 홈 속에 키를 박아버린다. 축에는 키 홈을 가공하지 않아 축의 강도를 감소시키지 않는 장점이 있지만, 축과 키의 마찰력만으로 회전력을 전달하므로 큰 동력을 전달하지 못한다.
원추키(원뿔키)	축과 보스 사이에 축 방향으로 쪼갠 원뿔을 때려 박아 축과 보스를 헐거움 없이 고정할 수 있고 축과 보스의 편심이 적은 키이다. 마찰에 의해 회전력을 전달하며 축의 임의의 위치에 보스를 고정할 수 있다.
반달키(우드러프키)	키 홈에 깊게 가공되어 축의 강도가 저하될 수 있으나, 키와 키 홈을 가공하기가 쉽고 키 박음을 할 때 키가 자동적으로 축과 보스 사이에 자리를 잡는 기능이 있다. 보통 공작기계와 자동차 등에 사용되며 일반적으로 60mm 이하의 작은 축에 사용되며 특히 테이퍼축에 사용된다.
접선키	• 축의 접선방향으로 끼우는 키로, 1/100 의 테이퍼를 가진 2개의 키를 한 쌍으로 만들어 사용하며, 이때 중심각은 120°이다. • 설계할 때 역회전을 할 수 있도록 중심각을 120°로 하여 보스의 양쪽 대칭으로 2개의 키를 한 쌍으로 설치한 키이다. ※ 케네디키 : 접선키의 한 종류로 중심각이 90°인 키
둥근키(핀키)	축과 허브를 끼워맞춤한 후에 축과 허브 사이에 구멍을 가공하여 원형핀이나 테이퍼핀을 때려박은 키로, 사용은 간편하나, 전달토크가 적다.
평키(플랫키, 납작키)	기울기가 없으며 키의 너비만큼 축을 평평하게 깎고 보스에 기울기 1/100의 키 홈을 만들어 때려 박는 것으로 축 방향으로 이동할 수 없는 키이나.
세레이션	• 보스의 원주상에 수많은 삼각형이 있는 것을 세레이션이라고 한다. • 용도로는 자동차의 핸들 축 등에 많이 사용된다.
스플라인	보스의 원주상에 일정한 간격으로 키 홈을 가공하여 다수의 키를 만든 것이다.

[전달할 수 있는 토크 및 회전력의 크기가 큰 키(Key)의 순서 ★]
세레이션 > 스플라인 > 접선키 > 묻힘키 > 반달키 > 평키(플랫키, 납작키) > 안장키 > 핀키(둥근키)

06
정답 ④

리벳 이음에서 강판의 효율$(\eta) = 1 - \dfrac{d}{p}$

[여기서, d : 리벳 구멍의 지름, p : 피치이다]

$\eta = 1 - \dfrac{d}{p} \rightarrow 0.8 = 1 - \dfrac{d}{p}$ 이므로 $\dfrac{d}{p} = 0.2$ 이다.

$\therefore d = 0.2p = 0.2 \times 25\text{mm} = 5\text{mm}$

07
정답 ⑤

① **저널** : 베어링에 의해 지지되는 축의 부분 및 베어링이 축과 접촉되는 부분이다.
② **위험속도** : 축 자체의 고유진동수와 축의 회전수에 따른 진동수가 일치되어 공진(resonance)을 일으킬 때의 속도를 말한다.

③ **던커레이(Dunkerlay)식** : 고차의 고유진동수가 1차 고유진동수보다 상당히 크다는 사실에 착안한 식이다. 1차 고유진동수보다 낮은 진동수로 회전하는 기계에서 많이 쓴다.

④ **레이레이(Rayleigh)식** : 운동에너지의 최댓값과 위치에너지의 최댓값이 같다는 사실을 이용한다. 레이레이식으로 계산한 축의 1차 고유진동수는 정확한 계산값보다 크다.

⑤ **바하의 축 공식**

처짐	바하의 축 공식에 따르면 축의 길이 1m에 대해 처짐을 0.333mm 이내로 오도록 설계해야 한다.
비틀림각	바하의 축 공식에 따르면 축의 길이 1m에 대해 비틀림각을 0.25° 이내로 설계해야 한다.

08

정답 ③

[미끄럼베어링과 구름베어링의 특징]

윤활유에 의한 유막 형성으로 유체마찰하는 것을 미끄럼베어링, 전동체(볼, 롤러)를 이용하여 구름마찰하는 것을 구름베어링이라고 한다.

	미끄럼베어링	구름베어링
형상치수	바깥지름은 작고, 너비는 넓다.	바깥지름은 크고, 너비는 좁다.
마찰상태	유체마찰	구름마찰
마찰 특징	운동마찰을 작게 할 수 있다.	기동마찰이 작다.
기동토크	유막형성이 늦은 경우, 크다.	작다.
충격	유막에 의한 감쇠능력이 우수하여 충격에 강하다.	충격에 약하다.
강성	작다.	크다.
동력손실	마찰에 의한 동력손실이 크다.	마찰에 의한 동력손실이 작다.
소음 및 진동	작다.	크다.
운전속도	공진영역을 지나 운전될 수 있다.	공진영역 이내에서 운전한다.
속도	고속 운전에 적합하다.	고속 운전에 부적합하다.
윤활	별도의 윤활장치가 필요하다.	윤활이 용이하나, 윤활유가 비산한다.
과열	과열의 위험이 크다.	과열의 위험이 작다.
규격 및 호환	규격화 되지 않아 자체 제작한다.	규격화되어 호환성이 우수하다.
구조	구조가 간단하며 값이 저렴하다.	전동체(볼, 롤러)가 있어 복잡하며 일반적으로 값이 고가이다. 설치 시 내·외륜의 끼워맞춤에 주의가 필요하다.

[작용하중에 따른 베어링 종류]

스러스트베어링	축 방향으로 작용하는 하중을 지지하기 위해 사용된다.
레이디얼베어링	축의 직각 방향으로 작용하는 하중을 지지하기 위해 사용된다.
테이퍼베어링 [원추(원뿔) 형태의 베어링]	축 방향 하중(스러스트 하중)과 축의 직각 방향 하중(레이디얼 하중)을 동시에 지지하기 위해 사용된다.

[오일리스베어링]
- "구리(Cu)+주석(Sn)+흑연"을 고온에서 소결시켜 만든 것이다.
- 분말야금공정으로 오일리스베어링을 생산할 수 있다.
- 다공질재료이며 구조상 급유가 어려운 곳에 사용한다(많은 구멍 속으로 오일이 흡착되어 저장이 되므로 급유가 곤란한 곳에 사용될 수 있기 때문이다).
- 급유 시에 기계가동중지로 인한 생산성의 저하를 방지할 수 있다.
- 식품기계, 인쇄기계 등에 사용되며 고속중하중에 부적합하다.

09

정답 ③

① 브레이크의 용량 $= \mu \times qv = \dfrac{1,000 \times H[\text{kW}]}{A} = \dfrac{\text{단위시간에 흡수되는 에너지}}{\text{면적}}$

[여기서, μ : 마찰계수, qv : 압력속도계수]
브레이크의 용량이 너무 크면 브레이크에 축적되는 열을 수거할 수 없게 되어 눌어붙음이 생기기 때문에 브레이크의 냉각이 원활하기 위해서는 브레이크 용량을 작게 해야 한다. 이를 위해 블록브레이크의 압력(q)을 작게 하여야 하며, 이는 be의 값을 크게 설계하여 보정한다.

② 밴드브레이크는 밴드를 브레이크 드럼에 감고, 장력을 작용시켜 밴드와 브레이크 드럼 사이에 마찰력을 발생시켜 이 마찰력으로 제동하는 브레이크이다. 이때, 마찰력을 증가시키기 위해 밴드의 안쪽에 가죽, 석면, 나무조각 등으로 라이닝 처리를 한다. 밴드브레이크는 레버의 조작력이 동일해도 드럼의 회전방향에 따라 제동력에 차이가 있다.

③ 복식 블록브레이크는 축에 대칭으로 브레이크 블록을 놓고 브레이크 드럼을 양쪽으로 밀어붙이기 때문에 축에는 굽힘모멘트가 작용하지 않고, 베어링에도 그다지 하중이 걸리지 않는다.

④ 폴브레이크는 마찰력을 이용하지 않으며, 주로 시계의 태엽 기구와 기중기 등에 사용되며 축의 역전방지 기구로 널리 사용된다.

⑤ 내확브레이크는 회전운동을 하는 브레이크 드럼의 안쪽 면에 설치되어 있는 두 개의 브레이크 슈가 바깥쪽으로 확장하면서 드럼에 접촉되어 제동하는 브레이크이다. 이때, 슈를 바깥으로 확장시키기 위해 유압장치(유압실린더)나 캠을 사용한다. 내확브레이크는 주로 자동차 제동에 많이 사용된다.

10

정답 ③

이끝원 지름(D_o, 바깥지름, 외경) $= D + 2a = mZ + 2m = m(Z+2)$
[표준기어(치형)의 경우는 $a = m$이다]
$\therefore D_o(\text{외경}) = m(Z+2) = 4(48+2) = 200\text{mm}$

11

정답 ④

[마찰차의 전달 동력(H)]

SI 단위(P의 단위가 N일 때)	$H[\text{kW}] = \dfrac{\mu P v}{1,000}$ $H[\text{PS}] = \dfrac{\mu P v}{735}$
중력 단위(P의 단위가 kgf일 때)	$H[\text{kW}] = \dfrac{\mu P v}{102}$ $H[\text{PS}] = \dfrac{\mu P v}{75}$

[여기서, μ : 마찰계수, P : 마찰차를 미는 힘(N), v : 원주속도]

$v = \dfrac{\pi D N}{60,000} = \dfrac{3 \times 3,000 \times 100}{60,000} = 15\text{m/s}$

[여기서, D : 마찰차의 지름(mm), N : 회전수(rpm)]

$H[\text{PS}] = \dfrac{\mu P v}{75} = \dfrac{0.2 \times 200 \times 15}{75} = 8\text{PS}$

※ 1kW=1.36PS, 1PS=0.735kW의 관계를 갖는다.

12

정답 ②

㉠ $Q = AV$

[여기서, Q : 체적유량(m^3/s), A : 유체가 통하는 단면적(m^2), V : 유체 흐름의 속도(유속, m/s)]

$Q = AV = \left(\dfrac{1}{4} \pi D^2 \right) V \rightarrow D = \sqrt{\dfrac{4Q}{\pi V}} = \sqrt{\dfrac{4 \times 4.8}{3 \times 40}} = 0.4\text{m} = 400\text{mm}$

[여기서, D : 내경(안지름)]

㉡ 응력

축 방향 응력(길이방향 응력, σ_s) $= \dfrac{pD}{4t} = \dfrac{p(2R)}{4t} = \dfrac{pR}{2t}$

후프 응력(원주방향 응력, σ_θ) $= \dfrac{pD}{2t} = \dfrac{p(2R)}{2t} = \dfrac{pR}{t}$

[여기서, p : 내압, D : 내경(안지름), t : 두께]

안전계수(안전율, S), 허용응력, 최대사용응력 등을 기반으로 두께를 설계해야 할 때는 후프 응력과 축방향 응력 중 큰 응력값을 기준으로 하여 설계를 해야 한다. 큰 응력값을 기반으로 설계해야 넓은 범위에서 안전하게 내압을 견딜 수 있는 두께를 산정할 수 있기 때문이다.

따라서, 후프응력(σ_θ) $= \dfrac{pD}{2t}$ 를 사용하여 설계해야 한다.

$\sigma_a \geq \sigma_\theta = \dfrac{pD}{2t}$ 이므로 $t = \dfrac{pD}{2\sigma_a}$ 이다.

단, 부식여유(여유치수, C) 및 이음효율(η)이 주어져 있을 때에는 공식을 다음과 같이 사용한다.

$$t = \frac{pD}{2\sigma_a \eta} + C$$

$$= \frac{pD}{2\sigma_a \times 1} + C = \frac{1.2 \times 400}{2 \times 24 \times 1} + 1 = 11\text{mm}$$

$$\therefore D_{\text{바깥지름}} = D + 2t = 400 + (2 \times 11) = 422\text{mm}$$

[단, $1\text{MPa} = 1\text{N/mm}^2$]

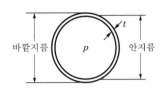

13
정답 ④

[각 열처리의 주목적 및 주요 특징]

담금질	• 탄소강의 강도 및 경도 증대 • 재질의 경화(경도 증대) • 급랭(물 또는 기름으로 빠르게 냉각)
풀림	• 재질의 연화(연성 증가) → 가공성 증대 • 균질(일)화 • 내부응력 제거 • 노냉(노 안에서 서서히 냉각)
뜨임	• 담금질한 후 강인성(강한 인성)을 부여 및 담금질강의 인성 개선 • 내부응력 제거 • 공랭(공기 중에서 서서히 냉각)
불림	• 섬성 조직의 표준화, 균질화 • 결정 조직의 미세화 • 내부응력 제거 • 공랭(공기 중에서 서서히 냉각)

※ 풀림도 인성을 향상시키지만 주목적이 아니다. 인성을 향상시키는 것이 주목적인 것은 "뜨임"이다.

참고

[불림의 대표적인 "문제풀이공식법" → "불미제표"]

불	미	제	표
불림	미세화	내부응력 제거	표준화

14
정답 ⑤

$F = k\delta$를 이용한다.

[여기서, F : 하중(무게), k : 스프링상수, δ : 처짐량(변형량, 신장량)]

$W = k\delta$이므로 $k = \dfrac{W}{\delta}$가 된다. 하중(W)은 힘의 단위 N 등을 사용하고, 변형량(δ)은 길이의 단위이므로 m, cm, mm 등을 사용한다. 따라서, 스프링상수의 단위는 $k = \dfrac{W[\text{N}]}{\delta[\text{cm}]}$이므로 N/cm 등이 된다.

15

[냉간가공과 열간가공의 비교]

구분	냉간가공	열간가공
가공온도	재결정 온도 이하에서 가공한다. (비교적 낮은 온도)	재결정 온도 이상에서 가공한다. (비교적 높은 온도)
표면거칠기, 치수정밀도	우수하다. (깨끗한 표면)	냉간가공에 비해 거칠다. (높은 온도에서 가공하기 때문에 표면이 산화되어 정밀한 가공은 불가능하다)
균일성(표면의 치수정밀도 및 요철의 정도)	크다.	작다.
동력	많이 든다.	적게 든다.
가공경화	가공경화가 발생하여 가공품의 강도 및 경도가 증가한다.	가공경화가 발생하지 않는다.
변형응력	높다.	낮다.
용도	연강, 구리, 합금, 스테인리스강(STS) 등의 가공에 사용한다.	압연, 단조, 압출가공 등에 사용한다.
성질의 변화	인장강도, 경도, 항복점, 탄성한계는 증가하고 연신율, 단면수축율, 인성은 감소한다.	연신율, 단면수축률, 인성은 증가하고 인장강도, 경도, 항복점, 탄성한계는 감소한다.
조직	미세화	초기에 미세화 효과 → 조대화
마찰계수	작다.	크다. (표면이 산화되어 거칠어지므로)
생산력	대량생산에는 부적합하다.	대량생산에 적합하다.

- 열간가공은 재결정 온도 이상에서 가공하는 것으로 금속재료의 재결정이 이루어진다. 재결정이 이루어지면 새로운 결정핵이 생기고 이 결정이 성장하여 연화(물렁물렁)된 조직을 형성하기 때문에 금속재료의 변형이 매우 용이한 상태가 된다. 따라서 가공하기가 쉽고 이에 따라 가공시간이 짧아진다. 즉, 열간가공은 대량생산에 적합하다. 또한, 변형이 용이한 상태이기 때문에 연신율, 단면수축률이 증가한다.
- 열간가공은 높은 온도에서 가공한다. 따라서 제품이 대기 중의 산소와 높은 온도에서 반응하여 제품의 표면이 산화되기 쉽다(표면산화물의 발생이 많다). 따라서 표면이 거칠어질 수 있다. 즉, 열간가공은 냉간가공에 비해 치수정밀도와 표면상태가 불량하며 균일성(표면거칠기)이 작다.
- 열간가공은 재결정 온도 이상에서 가공하기 때문에 금속 내부에 재결정이 이루어진다. 이로 인해 초기에는 작은 새로운 신결정들이 생기게 되어 초기에는 미세화 효과가 일어난다고 해석한다. 그리고 장시간 재결정 온도 이상에서 유지하면 결정 또는 결정립이 고온에서의 열에너지를 받아 점점 성장하는 조대화 현상이 일어나게 된다.
- 재결정은 내부응력이 없는 새로운 연화된 조직 또는 결정핵이므로 재결정 온도 이상에서 가공한다는 것은 내부응력(변형에 대한 저항 세기)이 많이 감소된 상태, 즉 재질의 균일화가 이루어진 상태라고 볼 수 있다.

16

오스테나이트	γ철에 최대 2.11%C까지 탄소(C)가 용입되어 있는 고용체로 γ고용체라고도 한다. 냉각 속도에 따라 여러 종류의 조직을 만들며, 담금질 시에는 필수적인 조직이다. [특징] • 비자성체이며 전기저항이 크다. • 경도가 낮아 연신율 및 인성이 크다. • 면심입방격자(FCC) 구조이다. • 오스테나이트는 공석변태 온도 이하에서 존재하지 않는다.
페라이트	α고용체라고도 하며 α철에 최대 0.0218%C까지 고용된 고용체로 전연성이 우수하며 A_2변태점 이하에서는 강자성체이다. 또한, 투자율이 우수하고 열처리는 불량하며 체심 입방격자(BCC)이다.
펄라이트	• 0.77%C의 γ고용체(오스테나이트)가 727℃에서 분열하여 생긴 α고용체(페라이트)와 시멘타이트(Fe$_3$C)가 층을 이루는 조직으로 A_1변태점(723℃)의 공석반응에서 나타난다. • 진주(pearl)와 같은 광택이 나기 때문에 펄라이트라고 불리며 경도가 작고, 자력성이 있다. • 오스테나이트 상태의 강을 서서히 냉각했을 때 생긴다. • 철강 조직 중에서 내마모성과 인장강도가 가장 우수하다.
시멘타이트 (금속간화합물)	• Fe$_3$C, 철(Fe)과 탄소(C)가 결합된 탄화물로 탄화철이라고 불리며 탄소량이 6.68%인 그것이다. 매우 단단하고 취성이 크다. • 매우 단단하고 잘 깨지기 때문에 압연이나 단조 작업을 할 수 없고 인장강도에 취약하다. • 침상 또는 회백조직을 가지며 브리넬 경도가 800이고 상온에서 강자성체이다.
트루스타이트	오스테나이트 조직을 기름으로 냉각(유냉)할 때, 마텐자이트를 거쳐 탄화철(Fe$_3$C)이 큰 입자조직으로 나타나며 α철이 혼합된 조직이다. 그리고 큰 강재를 수중 담금질할 때 재료의 중앙에서 나타나며 부식이 가장 잘되는 조직이다. ※ 트루스타이트(T) : 미세한 펄라이트 ※ 기름 냉각(유냉)도 급랭이므로 트루스타이트는 급랭조직이다.
마텐자이트	탄소와 철 합금(철강)을 담금질하여 물로 빠르게 냉각할 때 생기는 준안정한 상태의 조 직으로 탄소를 많이 고용할 수 있는 오스테나이트 조직을 급격하게 상온까지 끌고 내려 와 상온에서도 탄소 고용량이 높은 조직이다. 즉, 오스테나이트 조직을 빠르게 물로 냉 각하여 얻을 수 있으며 탄소(C)를 과포화상태로 고용하는 강의 급랭조직이다. 탄소(C)를 많이 고용된 상태로 굳었기 때문에 매우 단단하다. [특징] • 경도가 높으나 여리기 때문에 잘 깨져 취성이 크다. 또한, 부식에 강하며 자성이 있다. • 현미경으로 보면 뾰족한 침상 조직으로 되어 있다.
레데뷰라이트	2.11%C의 γ고용체(오스테나이트)와 6.68%C의 시멘타이트(Fe$_3$C)의 공정조직으로 4.3%C인 주철에서 나타난다.

17

[재료의 여러 가지 성질]

구분	내용
강도	• 외력에 대한 저항력을 말한다. • 재료에 정적인 힘을 가할 때 견딜 수 있는 정도이다.
경도	• 재료의 단단함을 의미하는 성질로, 재료 표면이 손상에 저항하는 능력을 나타낸다. • 일반적으로 강도가 증가하면 경도도 증가한다.
인성	• 질긴 성질로, 충격에 대한 저항 성질을 말한다. • 재료가 파단(파괴)될 때까지 단위체적당 재료가 흡수한 에너지를 말한다. • 충격값(충격치)은 금속재료의 인성의 척도를 나타내는 값으로 이 값이 클수록 충격에 저항하는 성질이 크다는 것을 의미한다. 따라서 충격값(충격치)이 큰 재료일수록 충격에 잘 견딜 수 있으며 잘 깨지지 않는다. • 취성과 반비례 관계를 갖는다.
전성	• 재료가 하중을 받았을 때 넓고 얇게 펴지는 성질을 말한다. • 가단성이라고도 한다.
연성	• 인장력(잡아당기는 힘)이 작용했을 때 변형하여 늘어나는 재료의 성질이다. • 재료가 파단될 때까지의 소성변형의 정도로, 단면감소율(단면수축률)로 나타낼 수 있다. • 재료를 잡아당겼을 때 가늘고 길게 잘 늘어나는 성질. 즉 가느다란 선으로 늘릴 수 있는 성질로 파단 이전에 충분히 큰 변형률에 견디는 능력을 나타낸다.
탄성	금속에 외력을 가하면 변형이 되는데, 다시 외력을 제거했을 때 원래의 상태로 복귀되는 성질을 말한다.
취성	• 재료가 외력을 받으면 연구변형을 하지 않고 파괴되거나 또는 극히 일부반 영구변형을 하고 파괴되는 성질로 인성과 반대의 의미를 갖는다. 즉, 취성이 큰 재료는 인성이 작아 파단되기 전까지는 에너지를 흡수할 수 있는 능력이 작기 때문에 외력(외부의 힘)에 의해 쉽게 파손되거나 깨질 수 있다. • 주철의 경우에 굽힘이나 변형이 거의 일어나지 않고 재료가 깨지게 되는데 이를 메짐이라고 하며 같은 말로는 취성(brittle)이라고 한다. • 일반적으로 탄소(C)함유량이 많아질수록 취성이 커진다.
강성	재료가 파단될 때까지 외력에 의한 변형에 저항하는 정도이다.
크리프	고온에서 연성재료가 정하중을 받았을 때 시간에 따라 변형이 서서히 증대되는 현상이다. (정하중＝일정한 하중＝사하중)
연신율	재료에 인장하중(잡아당기는 힘)을 가할 때 원래 길이에 대해 늘어난 길이의 비이다.
항복점	응력을 증가시키지 않아도 변형이 계속 일어나는 상태의 응력이다.
피로	작은 힘이라도 반복적으로 힘을 가하게 되면 점점 변형이 증대되는 현상이다.
탄성계수	• 후크의 법칙에 따라 비례한도 내에서 응력(σ)과 변형률(ε)은 비례하며, 이때의 비례상수를 탄성계수(E)라고 한다. 즉 $E = (\sigma/\varepsilon)$이다. • 탄성계수(E)가 큰 재료일수록 구조물 재료에 적합하다.

※ **소성** : 금속재료(물체)에 외부의 힘(외력)을 가해 변형시킬 때 영구적인 변형이 발생하는 성질이다.

18

정답 ②

탄소함유량이 증가할수록 증가하는 성질	• 비열과 전기저항 • 강도, 경도, 항복점 • 항자력 • 취성
탄소함유량이 증가할수록 감소하는 성질	• 용융점, 비중, 열전도율, 전기전도율, 열팽창계수 • 인성, 연성, 연신율, 단면수축률, 충격값(충격치)

19

정답 ①

[주물(주조)용 알루미늄 합금]

라우탈	알루미늄(Al)－구리(Cu)－규소(Si)계 합금으로 구리는 절삭성을 증대시키며 규소는 주조성을 향상시킨다(알구규).
실루민(알팩스)	알루미늄(Al)－규소(Si)계 합금으로 소량의 망간(Mn)과 마그네슘(Mg)이 첨가되기도 한다. 주조성이 양호한 편이고 공정반응이 나타나며 시효경화성은 없다. 절삭성은 불량한 특징을 가지고 있다. **[개량처리]** 실루민을 주조할 때 냉각속도가 느리면 Si의 결정이 조대화되어 기계적 성질이 떨어지게 된다. 이를 방지하기 위해 주조할 때 Na을 첨가하면 Si가 미세한 공정으로 되어 기계적 성질이 개선된다. 구체적으로 알루미늄에 규소가 고용될 수 있는 한계는 공정온도인 577℃에서 약 1.6%이고, 공정점은 12.6%이다. 이 부근의 주조 조직은 육각판의 모양으로 크고 거칠며 취성이 있어 실용성이 없다. 이 합금에 나트륨이나 수산화나트륨, 플루오르, 알칼리 염류 등을 용탕 안에 넣으면 조직이 미세화되며 공정점과 온도가 14%, 556℃로 이동하는데 이 처리를 개량처리라고 한다. • 개량처리로 유명한 알루미늄 합금 : 실용적인 개량처리 합금으로는 대표적으로 <u>Al－Si계 합금인 실루민</u>이 있다. • 개량처리에 주로 사용하는 합금 원소 : 금속<u>나트륨(Na)</u>
Y합금	알루미늄(Al), 구리(Cu), 니켈(Ni), 마그네슘(Mg)을 첨가한 합금으로 내열성이 우수하여 실린더 헤드, 피스톤 등에 사용된다(알구니마). ※ 코비탈륨 : Y합금의 일종으로 Ti와 Cu를 0.2% 정도씩 첨가한 것으로 피스톤용 Al 합금이다. 고온에서 기계적 성질이 우수하며 내열성, 고온강도가 우수하다.
하이드로날륨	알루미늄(Al)－마그네슘(Mg)의 합금으로 통상 마그네슘은 3~9%를 첨가하여 만든다. 내식성이 매우 우수하며 차량 및 선박 구조물 등에 사용된다.
로엑스	알루미늄(Al)－규소(Si)계 합금에 구리(Cu), 니켈(Ni), 마그네슘(Mg)을 첨가한 것으로 Y합금보다 열팽창계수가 작고 피스톤 재료로 사용된다. 주조성, 단조성이 좋다.
다이캐스팅용 Al합금	알루미늄(Al)－구리(Cu)계 합금을 사용하여 금형에 주입하여 만든다. 유동성이 우수하다.

20

[세라믹]
- 도기라는 뜻으로 점토를 소결한 것이며 알루미나(산화알루미늄, Al_2O_3)를 주성분으로 한다.
- 거의 결합제를 사용하지 않으며 1,600℃ 이상에서 소결한 것을 말한다.

[세라믹의 특징]
- 원료가 풍부하기 때문에 대량생산이 가능하다.
- 가볍고 단단하다.
- 충격에 약하다(취성이 크므로 잘 깨진다).
- 1,200℃까지 경도의 변화가 없다(고온경도가 우수하다).
- 내열성, 내식성, 내산화성, 내마멸성 등이 좋다.
- 이온결합과 공유결합 상태로 이루어져 있다.
- <u>열전도율, 열전도도가 낮다.</u>
- <u>일반적으로 전기전도성이 낮다.</u>
- 금속산화물, 탄화물, 질화물 등 순수화합물로 구성되어 있다.
- 일반적으로 인장강도는 약하나, 압축강도는 강하다.
- 냉각제를 사용하면 쉽게 파손되므로 냉각제는 사용하지 않는다.
- 금속(철)과 친화력이 작아 구성인선이 발생하지 않는다.
- 세라믹에 포함된 불순물에 가장 크게 영향을 받는 기계적 성질은 횡파단강도이다.

21

정답 ④

① 소성가공은 재료의 탄성한계(elastic limit)를 벗어나도록 변형을 가한다. (○)
　소성가공은 영구적인 변형을 일으키는 가공이다. 따라서, 재료의 탄성한계를 벗어나도록 변형을 가해야 영구적인 변형이 일어나는 소성가공을 할 수 있다.
② 취성(brittleness)이 있는 재료는 소성가공에 적합하지 않다. (○)
　영구적인 변형을 일으키기 위해서는 외부로부터 힘을 가해야 한다. 이때, 취성이 있는 재료는 외부로부터 힘을 받으면 쉽게 잘 깨질 수 있기 때문에 소성가공에 적합하지 않다.
③ 소성가공에는 단조, 압연, 인발, 압출, 전조 등이 있다. (○)

[일반적인 소성가공의 특징]

특징	• 보통 주물에 비해 성형된 치수가 정확하다. • 결정조직이 개량되고, 강한 성질을 가진다. • 대량생산으로 균일한 품질을 얻을 수 있다. • 재료의 사용을 경제적으로 할 수 있으며 인성이 증가한다. • 절삭가공과 비교하면 칩(chip)이 생성되지 않아 재료의 이용률이 높다. ※ 복잡한 형상의 제품을 만들 때는 소성가공보다는 주조법을 통해 만드는 것이 더 적합하다.
소성가공의 종류	프레스, 인발, 압출, 압연, 단조, 널링, 제관, 전조 등

④ 가공경화는 재료를 변형시키는 데 변형저항이 감소하는 현상을 말한다. (×)

[가공경화(변형경화, Strain hardening)]
- 재결정 온도 이하에서 가공(냉간가공)하면 할수록 재료가 점점 단단해지는 현상(경화)이다. 따라서 재료의 강도 및 경도가 증가하나 연신율, 단면수축률, 인성이 감소한다.
  - 재료가 잘 늘어나지 않아 늘어나는 양이 줄어들어 연신율이 감소한다.
  - 재료가 잘 수축(잘 압축되지 않아)되지 않아 단면수축률이 감소한다.
  - 깨지는 성질인 취성이 발생하여 인성이 감소한다.
- 가공경화 현상을 없애기 위해서 풀림 처리 및 재결정 온도 이상에서 가공한다.

가공경화는 가공하면 할수록 재료가 점점 단단해지는 현상이다. 점점 단단해지므로 변형이 어려워질 것이다. 따라서, 재료를 변형시키는 데 있어 변형저항이 증가하는 현상을 말한다.

⑤ 절삭가공과 비교하면 칩(chip)이 생성되지 않아 재료의 이용률이 높다. (○)

22
정답 ④

[금속침투법의 종류]
- **칼로라이징** : 철강 표면에 알루미늄(Al)을 확산 침투시키는 방법으로, 알루미늄, 알루미나 분말 및 염화암모늄을 첨가한 확산제를 사용하며, 800~1,000℃ 정도로 처리한다. 고온산화에 견디기 위해서 사용된다.
- **실리콘나이징** : 철강 표면에 규소(Si)를 침투시켜 방식성을 향상시키는 방법이다.
- **보로나이징** : 표면에 붕소(B)를 침투 확산시켜 경도가 높은 보론화층을 형성시키는 방법으로 저탄소강의 기어 이 표면의 내마멸성 향상을 위해 사용된다. 경도가 높아 처리 후 담금질이 불필요하다.
- **크로마이징** : 강재 표면에 크롬(Cr)을 침투시키는 방법으로 담금실한 부품을 물질 일 목적으로 사용되며 내식성이 증가된다.
- **세라다이징** : 고체 아연(Zn)을 침투시키는 방법으로 원자 간의 상호 확산이 일어나며 대기 중 부식 방지 목적으로 사용된다.

23
정답 ④

```
┌ 공구에 의한 절삭 ┬ 고정공구 – 선삭, 평삭, 형삭, 슬로터, 보로칭 등
│                 └ 회전공구 – 밀링, 드릴링, 보링, 태핑, 호빙 등
│
└ 입자에 의한 절삭 ┬ 고정입자 – 연삭, 호닝, 슈퍼피니싱, 버핑 등
                  └ 분말입자 – 래칭, 액체호닝, 배럴 등
```

[호닝]
분말입자로 가공하는 것이 아니라 연삭숫돌로 공작물을 가볍게 문질러 정밀 다듬질하는 기계가공법이다. 특히 구멍 내면을 정밀 다듬질하는 방법 중 가장 우수한 가공법이다.

[버핑]
직물, 가죽, 고무 등으로 제작된 부드러운 회전 원반에 연삭 입자를 접착제로 고정 또는 반고정 부착시킨 상태에서 고속회전시키고, 여기에 공작물을 밀어 붙여 아주 적은 양의 금속을 제거함으로써 가공면을 다듬질하는 가공 방법으로, 치수 정밀도는 우수하지 않지만 간단한 설비로 쉽게 광택이 있는 매끈한 면을 만들 수 있어 도금한 제품의 광택내기에 주로 사용된다. 주로 폴리싱 작업을 한 뒤에 가공한다.

[슈퍼피니싱]

치수 변화 목적보다는 고정밀도를 목적으로 하는 가공법으로, 공작물의 표면에 입도가 고운 숫돌을 가벼운 압력으로 눌러 좌우로 진동시키면서 공작물에는 회전 이송 운동을 주어 공작물 표면을 다듬질하는 방법이다. 방향성 없는 표면을 단시간에 얻을 수 있다.

[래핑]

공작물과 랩(lap)공구 사이에 미세한 분말상태의 랩제와 윤활유를 넣고 공작물을 누르면서 상대운동을 시켜 매끈한 다듬질면을 얻는 가공법이다. 래핑은 표면 거칠기(표면 정밀도)가 가장 우수하므로 다듬질면의 정밀도가 가장 우수하다.

24

정답 ③

[경도 시험법의 종류]

종류	시험 원리	압입자	경도값
브리넬 경도 (HB)	압입자인 강구에 일정량의 하중을 걸어 시험편의 표면에 압입한 후, 압입자국의 표면적 크기와 하중의 비로 경도를 측정한다.	강구	$HB = \dfrac{P}{\pi dt}$ 여기서, πdt : 압입면적 P : 하중
비커스 경도 (HV)	압입자에 1~120kgf의 하중을 걸어 자국의 대각선 길이로 경도를 측정하고, 하중을 가하는 시간은 캠의 회전속도로 조절한다. 압흔자국이 극히 작으며 시험 하중을 변화시켜도 경도 측정치에는 변화가 없고 침탄층, 질화층, 탈탄층의 경도 시험에 적합하다.	136° 다이아몬드 피라미드 압입자	$HV = \dfrac{1.854P}{L^2}$ 여기서, L : 대각선 길이 P : 하중
로크웰 경도 (HRB, HRC)	압입자에 하중을 걸어 압입 자국(홈)의 깊이를 측정하여 경도를 측정한다. 담금질된 강재의 경도 시험에 적합하다. – 예비하중 : 10kgf – 시험하중 : B스케일 100kg 　　　　　: C스케일 150kg • 로크웰B : 연한 재료의 경도 시험에 적합하다. • 로크웰C : 경한 재료의 경도 시험에 적합하다.	• B스케일 : ϕ1.588mm 강구 (1/16인치) • C스케일 : 120° 다이아몬드 (콘)	$HRB : 130 - 500h$ $HRC : 100 - 500h$ 여기서, h : 압입깊이

종류	시험 원리	압입자	경도값
쇼어 경도 (HS)	추를 일정한 높이에서 낙하시켜, 이 추의 반발높이를 측정해서 경도를 측정한다. [특징] • 측정자에 따라 오차가 발생할 수 있다. • 재료에 흠을 내지 않는다. • 주로 완성된 제품에 사용한다. • 탄성률이 큰 차이가 없는 곳에 사용해야 한다. 탄성률 차이가 큰 재료에는 부적당하다. • 경도값의 신뢰도가 높다	다이아몬드 추	$H_s = \dfrac{10,000}{65}\left(\dfrac{h}{h_0}\right)$ 여기서, h : 반발높이 h_0 : 초기 낙하체의 높이
누프 경도 (HK)	• 정면 꼭지각이 172°, 측면 꼭지각이 130°인 다이아몬드 피라미드를 사용하고 대각선 중 긴 쪽을 측정하여 계산한다. 즉, 한 쪽 대각선이 긴 피라미드 형상의 다이아몬드 압입자를 사용해서 경도를 측정한다. • 누프경도시험법은 마이크로 경도 시험법에 해당한다.	정면 꼭지각 172°, 측면 꼭지각 130°인 다이아몬드 피라미드	$HK = \dfrac{14.2P}{L^2}$ 여기서, L : 긴 쪽의 대각선 길이 P : 하중

[금속 재료시험]
• **파괴시험(기계적 시험)** : 재료에 충격을 주거나 파괴를 하여 재료의 여러 성질을 측정하는 시험으로 인장시험, 압축시험, 비틀림시험, 굽힘시험, 충격시험, 피로시험, 크리프시험, 마멸시험, 경도시험 등이 있다.
• **비파괴시험** : 재료를 파괴 및 손상하지 않고 재료의 결함 유무 등을 조사하는 시험으로 육안검사(VT), 방사선탐상법(RT), 초음파탐상법(UT), 와류탐상법(ET), 자분탐상법(MT), 침투탐상법(PT), 누설검사(LT), 음향방출시험(AE) 등이 있다.

25
정답 ⑤

[다이캐스팅]
용융금속을 금형(영구주형) 내에 대기압 이상의 높은 압력으로 빠르게 주입하여 용융금속이 응고될 때까지 압력을 가하여 압입하는 주조법으로 다이주조라고도 하며, 주물 제작에 이용되는 주조법이다. 필요한 주조형상과 완전히 일치하도록 정확하게 기계 가공된 강재의 금형에 용융금속을 주입하여 금형과 똑같은 주물을 얻는 방법으로, 그 제품을 다이캐스트 주물이라고 한다.
• 사용재료 : 아연(Zn), 알루미늄(Al), 주석(Sn), 구리(Cu), 마그네슘(Mg), 납(Pb) 등의 합금
  → 고온가압실식 : 납(Pb), 주석(Sn), 아연(Zn)
  → 저온가압실식 : 알루미늄(Al), 마그네슘(Mg), 구리(Cu)
• 특징
  – 정밀도가 높고 주물 표면이 매끈하다.

- 기계적 성질이 우수하며 대량생산이 가능하다.
- 가압되므로 기공이 적고, 결정립이 미세화되어 치밀한 조직을 얻을 수 있다.
- 기계 가공이나 다듬질할 필요가 없으므로 생산비가 저렴하다.
- 가압 시 공기 유입이 용이하며 열처리하면 부풀어 오르기 쉽다.
- 주형재료보다 용융점이 높은 금속재료에는 적합하지 않다.
- 시설비와 금형 제작비가 비싸고 생산량이 많아야 경제성이 있다. 즉, 소량생산에는 비경제적이기 때문에 적합하지 않다.
- 주로 얇고 복잡한 형상의 비철금속 제품 제작에 적합하다.

26

정답 ②

[심압대 편위량 구하는 방법]

㉠ 전체가 테이퍼일 경우

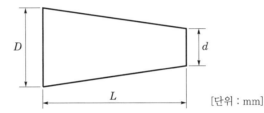

※ 편위량$(e) = \dfrac{D-d}{2}$ [mm]

[여기서, D : 테이퍼의 큰 지름, d : 테이퍼의 작은 지름]

㉡ 일부만 테이퍼일 경우

※ 편위량$(e) = \dfrac{L(D-d)}{2l}$ [mm]

[여기서, D : 테이퍼의 큰 지름, d : 테이퍼의 작은 지름, l : 테이퍼부의 길이, L : 공작물의 전체 길이]
문제는 "일부만 테이퍼일 경우"이므로 다음과 같이 심압대의 편위량을 구한다.

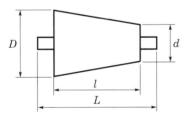
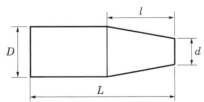

[단위 : mm]

$\therefore$ 편위량$(e) = \dfrac{L(D-d)}{2l} = \dfrac{200(60-40)}{2 \times 100} = 20\,\text{mm}$

27

㉠ 아르곤(Ar), 헬륨(He)을 이용하는 것은 불활성가스아크용접(inert gas arc welding)이다. (○)

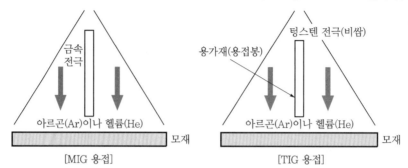

[MIG 용접]　　　　　　　　　　　[TIG 용접]

불활성가스아크용접의 종류에는 MIG와 TIG가 있다. MIG에서 M은 금속(metal)을 의미한다. 금속은 보통 가격이 싼 금속을 사용한다. 따라서 MIG 용접은 전극을 소모시켜 모재의 접합 사이에 흘러들어가 접합 매개체, 즉 용접봉의 역할을 하는 것과 같다. 따라서 MIG 용접의 경우는 전극이 소모되기 때문에 와이어(wire) 전극을 연속적으로 공급해야만 한다. 그리고 MIG나 TIG나 용접 주위에 아르곤이나 헬륨 등을 뿌려 대기 중의 산소나 질소가 용접부에 접촉 반응하는 것을 막아주는 방어막 역할을 한다. 따라서 산화물 및 질화물 등을 방지할 수 있다. 아르곤이나 헬륨 등의 불활성가스가 용제의 역할을 해주기 때문에 불활성가스아크용접(MIG, TIG 용접)은 용제가 필요 없다.

TIG에서 T는 텅스텐(tungsten)을 의미한다. 텅스텐은 가격이 비싸기 때문에 텅스텐 전극을 소모성 전극으로 사용하지 않는다. 텅스텐 전극은 비소모성 전극으로 MIG 용접에서의 금속 전극처럼 용접봉의 역할을 하지 못하기 때문에 별도로 사선으로 용가재(용접봉)를 공급하면서 용접을 진행하게 된다.

㉡ 플라즈마 아크용접(plasma arc welding)은 소모성 전극을 사용한다. (×)

- 비소모성 전극을 사용하는 아크용접 : 플래시용접, 플라즈마 아크용접, 원자수소 아크용접, 탄소아크용접, TIG용접, 가스텅스텐 아크용접 등

※ 텅스텐(tungsten)은 가격이 비싸기 때문에 텅스텐 전극을 소모성 전극으로 사용하지 않는다. 따라서 텅스텐을 사용하는 용접에서의 전극은 비소모성 전극이다.

㉢ 저항용접(resistance welding)은 금속의 접촉부를 상온 또는 가열한 상태에서 압력을 가해 접합시키는 용접법이다. (○)

전기저항 용접법이라고 하면 전기저항의 3대 요소를 떠올려야 한다.

※ 전기저항 용접법의 3대 요소 : 가압력, 용접전류, 통전시간

전기저항용접법은 전류를 흘려보내 열을 발생시키고 가압(압력을 가함)하여 두 모재를 접합시킨다. 따라서 전기저항 용접법은 압점법이다.

전기저항 용접법에서 발생하는 저항열(Q, 단위 cal)$=0.24 I^2 Rt$(줄의 법칙)

[여기서, I : 용접전류, R : 전기저항, t : 통전시간]

- 압점법 : 접합 부분에 압력을 가하여 용착시키는 용접 방법

전기저항 용접법	
겹치기 용접	점용접, 심용접, 프로젝션 용접(점심프)
맞대기 용접	플래시 용접, 업셋 용접, 맞대기 심용접, 퍼커션 용접

- 융접법 : 접합부에 금속재료를 가열, 용융시켜 서로 다른 두 재료의 원자 결합을 재배열 결합시키는 방법

융접법의 종류
테르밋 용접, 플라즈마 용접, 일렉트로 슬래그 용접, 가스 용접, 아크용접, MiG 용접, TiG 용접, 레이저 용접, 전자빔 용접, 서브머지드 용접(불가스, 우니언멜트, 링컨, 잠호, 자동금속아크용접, 케니디법) 등

ⓔ 일렉트로 슬래그 용접(electro slag welding)은 산화철 분말과 알루미늄 분말의 반응열을 이용하는 용접법이다. (×)
→ 산화철 분말과 알루미늄 분말의 반응열을 이용하는 용접법은 테르밋 용접이다. 일렉트로 슬래그 용접은 지름이 2.5~3.2mm 정도인 와이어전극을 용융슬래그 속에 공급하여 그에 따른 슬래그 전기 저항열로 용접한다.

28
정답 ④

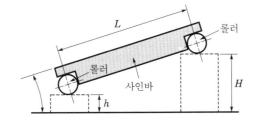

[사인바가 이루는 각(θ)]

$$\sin\theta = \frac{H-h}{L}$$

[여기서, L : 양 롤러 사이의 중심거리(호칭치수), H : 사인바의 높은 쪽 높이, h : 사인바의 낮은 쪽 높이]

풀이

$\sin\theta = \dfrac{H-h}{L}$ 를 이용한다.

$$0.35 = \frac{H-5}{200}$$

$$\therefore H = (0.35 \times 200) + 5 = 75\text{mm}$$

29
정답 ④

[성능계수(성적계수, ε)]

냉동기의 성능계수(ε_r)	$\varepsilon_r = \dfrac{Q_2}{Q_1 - Q_2} = \dfrac{T_2}{T_1 - T_2}$
열펌프의 성능계수(ε_h)	$\varepsilon_h = \dfrac{Q_1}{Q_1 - Q_2} = \dfrac{T_1}{T_1 - T_2}$

[여기서, Q_1 : 고열원으로 방출되는 열량, Q_2 : 저열원으로부터 흡수한 열량, T_1 : 고열원의 온도, T_2 : 저열원의 온도, W : 투입된 기계적인 일($Q_1 - Q_2$)]

풀이

$$\varepsilon_h - \varepsilon_r = \frac{Q_1}{Q_1 - Q_2} - \frac{Q_2}{Q_1 - Q_2} = \frac{Q_1 - Q_2}{Q_1 - Q_2} = 1$$

$\varepsilon_h - \varepsilon_r = 1 \rightarrow \varepsilon_h = 1 + \varepsilon_r$로 도출된다. 즉, 열펌프(히트펌프)의 성능계수(ε_h)는 냉동기의 성능계수(ε_r)보다 항상 1만큼 크다는 관계가 나온다.

$$\therefore \ \varepsilon_h = 1 + \varepsilon_r = 1 + 3.2 = 4.2$$

30

정답 ⑤

[절삭가공에서 발생하는 열]
- 전단면에서의 전단변형과 공구와 칩의 마찰작용이 절삭열 발생의 주원인이다.
- 절삭열은 공기 중으로 방출되고 절삭유로 냉각되나, 대부분 칩, 공구, 공작물에 축적된다.
- 절삭속도가 증가할수록 공구나 공작물로 배출되는 열의 비율보다 칩으로 배출되는 열의 비율이 커진다.
- 절삭속도가 빨라지면 절삭능률은 향상되지만 절삭온도가 올라가고 공구가 연화되어 공구수명이 줄어든다.
- <u>공작물의 강도가 크고, 비열이 낮을수록 절삭열에 의한 온도 상승이 커진다.</u>
- 절삭가공 시 공구 끝단에서 약간 떨어진 부분에서 최고 온도점이 나타난다.
- 절삭가공에서 절삭열이 발생하면 가공물이나 공구에 가열되어 온도가 상승한다.
- 절삭온도가 상승하면 공구의 수명은 급속하게 짧아진다.

31

정답 ②

[밀링 머신]

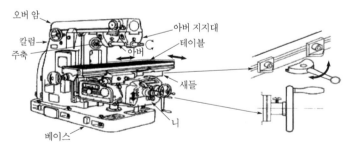

- 공작기계 중 가장 다양하게 사용되는 기계로 원통 면에 많은 날을 가진 커터(다인 절삭 공구)를 회전시키고 공작물(일감)을 테이블에 고정한 후, 절삭 깊이와 이송을 주어 절삭하는 공작기계이다.
- 주로 "<u>평면</u>"을 가공하는 공작기계로 홈, 각도가공뿐만 아니라, 불규칙하고 복잡한 면을 가공할 수 있으며 또한, 드릴의 홈, 기어의 치형도 가공할 수 있다. 보통 다양한 밀링커터를 활용하여 다양하게 사용된다.
- 주로 <u>평면절삭</u>, 공구의 회전절삭, 공작물의 직선 이송에 사용된다.
- **주요 구성요소** : 주축, 새들, 칼럼, 오버암 등
- **부속 구성요소** : 아버, 밀링바이스, 분할대, 회전테이블(원형테이블) 등

※ 아버(arbor) : 밀링커터를 고정하는 데 사용하는 고정구

주축(spindle)	공구(밀링커터) 또는 아버가 고정되며 회전하는 부분이다. 즉, 절삭공구에 회전운동을 주는 부분이다.
니(knee)	새들과 테이블을 지지하고 **공작물을** 상하로 이송시키는 부분으로 가공 시 절삭 깊이를 결정한다.
새들(saddle)	테이블을 지지하며 **공작물을** 전후로 이송시키는 부분이다.
테이블(table)	공작물을 직접 고정하는 부분으로 새들 상부의 안내면에 장치되어 좌우로 이동한다. 또한, 공작물을 고정하기 편리하도록 T홈이 테이블 상면에 파져있다.
칼럼(column)	• 밀링머신의 **몸체**로 절삭 가공 시 진동이 적고 하중을 충분히 견딜 수 있어야 한다. • 베이스를 포함하고 있는 기계의 지지틀이다. 칼럼의 전면을 칼럼면이라고 하며 니(knee)가 수직방향으로 상하 이동할 때 니(knee)를 지지하고 안내하는 역할을 한다.
오버암(over arm)	칼럼 상부에 설치되어 있는 것으로 아버 및 부속 장치를 지지한다.

※ 암기법 : (테)(좌)야 (니) (상)여금 (세)(전) 얼마야?
　　→ "테이블 – 좌우", "니 – 상하", "새들 – 전후"

32

정답 ⑤

[방전가공(EDM, Electric Discharge Machining)]
• 절연액 속에서 음극과 양극 사이의 거리를 접근시킬 때 발생하는 스파크 방전을 이용하여 공작물(일감)을 가공하는 방법이다. 공작물(일감)을 가공할 때 전극이 소모된다.
• 높은 경도의 금형 가공에 많이 적용되는 방법으로 전극의 형상을 절연성이 있는 가공액 중에서 금형에 전사하여 원하는 치수와 형상을 얻는 가공법이다.
• 방전가공은 공작물(일감, 가공물)의 경도, 강도, 인성에 아무런 관계없이 가공이 가능하다. 왜냐하면 방전가공은 기계적 에너지를 사용하여 절삭력을 얻어 가공하는 공구절삭가공방법이 아니다. 즉, 공구를 사용하지 않기 때문에 아크로 인한 기화폭발로 금속의 미소량을 깎아내는 특수절삭가공법으로 소재제거율에 영향을 미치는 요인은 주파수와 아크방전에너지이다.

[방전가공의 특징]
• 스파크 방전에 의한 침식을 이용한다.
• 전도체이면 어떤 재료로 가공할 수 있다. 따라서 아크릴은 전기가 통하지 않는 부도체이므로 가공할 수 없다.
• 전류밀도가 클수록 소재제거율은 커지나 표면거칠기는 나빠진다.
• 콘덴서의 용량이 적으면 가공 시간은 느리지만, 가공면과 치수정밀도가 좋다.

[방전가공 전극재료의 조건]
• 기계가공이 쉬우며, 열전도도 및 전기전도도가 높을 것
• 방전 시, 가공전극의 소모가 적어야 하며, 내열성이 우수할 것
• 공작물보다 경도가 낮으며, 융점이 높을 것
• 가공 정밀도와 가공 속도가 클 것

※ 방전가공 : 경유, 휘발유, 등유 등의 부도체(전기가 안 통함)를 사용하는 가공
※ 전해가공 : 식염수 등의 양도체(전기가 통함)를 사용하는 가공

33

[연삭가공]

입자, 결합도, 결합제 등으로 표시된 숫돌로 연삭하는 가공으로 정밀도, 표면거칠기가 우수하며 담금질 처리가 된 강, 초경합금 등의 단단한 재료의 가공이 가능하다. 또한, 접촉면의 온도가 높으며 숫돌 날이 무뎌지면 탈락하고 새로운 날이 생성되는 자생작용이 있다.

※ 자생과정의 순서 : 마멸 → 파쇄 → 탈락 → 생성

[연삭가공의 특징]

• 연삭입자는 입도가 클수록 입자의 크기가 작고, 연삭입자는 불규칙한 형상을 하고 있다.
• 연삭입자는 평균적으로 음(−)의 경사각을 가지며 전단각이 작다.
• 연삭속도는 절삭속도보다 빠르며, 절삭가공보다 치수효과에 의해 단위체적당 가공에너지가 크다.
• 담금질 처리가 된 강, 초경합금 등의 단단한 재료의 가공이 가능하다.
• 치수정밀도, 표면거칠기가 우수하며 우수한 다듬질 면을 얻는다.
• 연삭점의 온도가 높고, 많은 양을 절삭하지 못한다.
• 숫돌 날이 무뎌지면 탈락하고 새로운 날이 생성되는 자생작용이 있다.
• 모든 입자가 연삭에 참여하지 않는다. 각각의 입자는 절삭, 긁음, 마찰의 작용을 하게 된다.
  − 절삭 : 칩을 형성하고 제거한다.
  − 긁음 : 재료가 제거되지 않고 표면만 변형시킨다. 즉, 에너지가 소모된다.
  − 마찰 : 일감 표면에 접촉해 오직 미끄럼 마찰만 발생시킨다. 즉, 재료가 제거되지 않고 에너지가 소모된다.

$$연삭비 = \frac{연삭에\ 의해\ 제거된\ 소재의\ 체적}{숫돌의\ 마모\ 체적}$$

[연삭숫돌의 3대 구성요소]

• 숫돌입자 : 공작물을 절삭하는 날로 내마모성과 파쇄성을 가지고 있다.
• 기공 : 칩을 피하는 장소이다.
• 결합제 : 숫돌입자를 고정시키는 접착제이다.

[연삭숫돌의 조직]

숫돌입자의 밀도, 즉 단위체적당 입자의 양을 의미한다.

㉠ 결합도가 높은 숫돌(단단한 숫돌)
  • 숫돌의 원주속도가 느릴 때
  • 연삭깊이가 얕을 때
  • 접촉면적이 작을 때
  • 연한 재료를 연삭할 때
㉡ 결합도가 낮은 숫돌(연한 숫돌)
  • 숫돌의 원주속도가 빠를 때
  • 연삭깊이가 깊을 때
  • 접촉면적이 클 때
  • 경하고 단단한 재료를 연삭할 때

34

정답 ①

[파스칼의 법칙]

밀폐된 곳에 담긴 유체의 표면에 압력이 가하질 때, 유체의 모든 지점에 같은 크기의 압력이 전달된다는

법칙이다 $\left(\dfrac{F_1}{A_1} = \dfrac{F_2}{A_2} \right)$.

$$\frac{F_1}{A_1} = \frac{F_2}{A_2} \rightarrow \frac{F_1}{\frac{1}{4}\pi d_1^2} = \frac{F_2}{\frac{1}{4}\pi d_2^2} \rightarrow \frac{F_1}{d_1^2} = \frac{F_2}{d_2^2} \rightarrow F_2 = \frac{F_1}{d_1^2} \times d_2^2$$

$$\therefore F_2 = \frac{25\text{kN}}{(30\text{mm})^2} \times 60\text{mm}^2 = 100\text{kN}$$

관련이론

[시험에 잘 나오는 핵심 내용]

파스칼 법칙의 예	유압식 브레이크, 유압기기, 파쇄기, 포크레인, 굴삭기 등
베르누이 법칙의 예	비행기 양력, 풍선 2개 사이에 바람 불면 풍선이 서로 붙음 등
베르누이 법칙의 응용	마그누스의 힘(축구공 감아차기, 플레트너 배 등)

35

정답 ③

[카르노 사이클(Carnot cycle)의 효율(η)]

$$\eta = 1 - \frac{T_2}{T_1} = \frac{W(\text{출력, 일})}{Q_1(\text{입력, 공급열})} = \frac{Q_1 - Q_2}{Q_1} = 1 - \frac{Q_2}{Q_1}$$

※ 열기관이 외부로 한 일(W) $= Q_1 - Q_2$

[여기서, T_1 : 고열원의 온도, T_2 : 저열원의 온도, Q_1 : 고열원으로부터 열기관으로 공급되는 열량, Q_2 : 열기관으로부터 저열원으로 방출되는 열량]

$$\eta = 1 - \left(\frac{T_2}{T_1} \right) = 1 - \frac{150}{300} = 0.5$$

$$1 - \left(\frac{Q_2}{Q_1} \right) = 0.5 \text{이므로} \quad \frac{Q_2}{Q_1} = 0.5 \text{ 가 된다.}$$

공급 열량(Q_1) 400kJ을 식에 대입하면

$$\frac{Q_2}{400\text{kJ}} = 0.5 \rightarrow Q_2 = 0.5 \times 400\text{kJ} = 200\text{kJ이 된다.}$$

$$\therefore \text{ 열기관이 외부로 한 일}(W) = Q_1 - Q_2 = 400\text{kJ} - 200\text{kJ} = 200\text{kJ}$$

관련이론

[카르노 사이클(Carnot cycle)]

• 열기관의 이상 사이클로 이상기체를 동작물질(작동유체)로 사용한다.

• 이론적으로 사이클 중 최고의 효율을 가질 수 있다.

P-V 선도	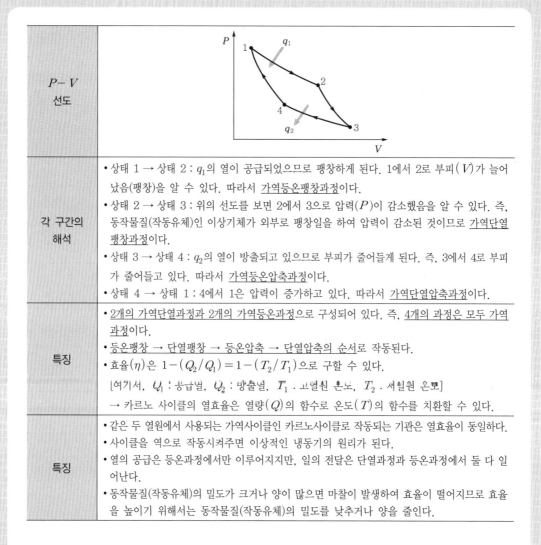
각 구간의 해석	• 상태 1 → 상태 2 : q_1의 열이 공급되었으므로 팽창하게 된다. 1에서 2로 부피(V)가 늘어났음(팽창)을 알 수 있다. 따라서 <u>가역등온팽창과정</u>이다. • 상태 2 → 상태 3 : 위의 선도를 보면 2에서 3으로 압력(P)이 감소했음을 알 수 있다. 즉, 동작물질(작동유체)인 이상기체가 외부로 팽창일을 하여 압력이 감소된 것이므로 <u>가역단열팽창과정</u>이다. • 상태 3 → 상태 4 : q_2의 열이 방출되고 있으므로 부피가 줄어들게 된다. 즉, 3에서 4로 부피가 줄어들고 있다. 따라서 <u>가역등온압축과정</u>이다. • 상태 4 → 상태 1 : 4에서 1은 압력이 증가하고 있다. 따라서 <u>가역단열압축과정</u>이다.

특징	• <u>2개의 가역단열과정과 2개의 가역등온과정으로 구성되어 있다. 즉, 4개의 과정은 모두 가역과정</u>이다.
	• <u>등온팽창 → 단열팽창 → 등온압축 → 단열압축의 순서로 작동</u>된다.
	• 효율(η)은 $1-(Q_2/Q_1)=1-(T_2/T_1)$으로 구할 수 있다.
	  [여기서, Q_1 : 공급열, Q_2 : 방출열, T_1 : 고열원 온도, T_2 : 저열원 온도]
	  → 카르노 사이클의 열효율은 열량(Q)의 함수로 온도(T)의 함수를 치환할 수 있다.

특징	• 같은 두 열원에서 사용되는 가역사이클인 카르노사이클로 작동되는 기관은 열효율이 동일하다. • 사이클을 역으로 작동시켜주면 이상적인 냉동기의 원리가 된다. • 열의 공급은 등온과정에서만 이루어지지만, 일의 전달은 단열과정과 등온과정에서 둘 다 일어난다. • 동작물질(작동유체)의 밀도가 크거나 양이 많으면 마찰이 발생하여 효율이 떨어지므로 효율을 높이기 위해서는 동작물질(작동유체)의 밀도를 낮추거나 양을 줄인다.

36
정답 ②

[베어링의 안지름번호(세 번째, 네 번째 숫자)]

안지름번호	00	01	02	03	04
안지름	10mm	12mm	15mm	17mm	20mm

04부터는 안지름번호에 5를 곱해주면 된다.

따라서, 안지름번호가 01인 "② 7001"이 안지름이 12mm인 베어링이다.

37
정답 ③

[나사의 표시 기호]
• <u>사다리꼴 미터계 나사 - Tr</u>   • 사다리꼴 인치계 나사 - Tw

- 유니파이 보통 나사 – UNC
- 관용 나사 – G
- 유니파이 가는 나사 – UNF
- 미터 보통 나사 – M

38

[사이클의 종류]

오토 사이클	• 가솔린기관(불꽃점화기관)의 이상사이클 • 2개의 정적과정과 2개의 단열과정으로 구성된 사이클로 정적하에서 열이 공급되기 때문에 정적연소 사이클이라고 한다.
사바테 사이클	• 고속디젤기관의 이상사이클(기본사이클) • 2개의 단열과정, 2개의 정적과정, 1개의 정압과정으로 구성된 사이클로 가열과정이 정압 및 정적과정에서 동시에 이루어지기 때문에 정압－정적 사이클(복합사이클, 이중연소사이클, "디젤사이클＋오토사이클")이라고 한다.
디젤 사이클	• 저속디젤기관 및 압축착화기관의 이상사이클(기본사이클) • 2개의 단열과정, 1개의 정압과정, 1개의 정적과정으로 구성된 사이클로 정압하에서 열이 공급되고 정적하에서 열이 방출되기 때문에 정압연소사이클, 정압사이클이라고 한다.
브레이턴 사이클	• 가스터빈의 이상사이클 • 2개의 정압과정과 2개의 단열과정으로 구성된 사이클로 가스터빈의 이상사이클이며 가스터빈의 3대 요소는 압축기, 연소기, 터빈이다.
랭킨 사이클	• 증기원동소 및 화력발전소의 이상사이클(기본사이클) • 2개의 단열과정과 2개의 정압과정으로 구성된 사이클이다.
에릭슨 사이클	• 2개의 정압과정과 2개의 등온과정으로 구성된 사이클 • 사이클의 순서 : "등온압축 → 정압가열 → 등온팽창 → 정압방열"
스털링 사이클	• 2개의 정적과정과 2개의 등온과정으로 구성된 사이클 • 사이클의 순서 : 등온압축 → 정적가열 → 등온팽창 → 정적방열 • 증기원동소의 이상사이클인 랭킨사이클에서 이상적인 재생기가 있다면 스털링 사이클에 가까워진다[역스털링 사이클은 헬륨(He)을 냉매로 하는 극저온 가스냉동기의 기본사이클이다].
아트킨슨 사이클	• 2개의 단열과정, 1개의 정압과정, 1개의 정적과정으로 구성된 사이클 • 사이클의 순서 : 단열압축 → 정적가열 → 단열팽창 → 정압방열 • 디젤사이클과 사이클의 구성 과정은 같으나, 아트킨슨 사이클은 가스동력 사이클이다.
르누아 사이클	• 1개의 단열과정, 1개의 정압과정, 1개의 정적과정으로 구성된 사이클 • 사이클의 순서 : 정적가열 → 단열팽창 → 정압방열 • 동작물질(작동유체)의 압축과정이 없으며 펄스제트 추진계통의 사이클과 유사하다.

※ 가스동력 사이클의 종류 : 브레이턴 사이클, 에릭슨 사이클, 스털링 사이클, 아트킨슨 사이클, 르누아 사이클

39

정답 ②

상태		• 평형상태에서 온도, 압력, 체적 또는 비체적과 같은 일정한 특성치에 의해 정해지는 것을 말한다. • 열역학적으로 평형은 열적 평형, 역학적 평형, 화학적 평형 3가지가 있다.
성질		• 각 물질마다 특정한 값을 가지며 상태함수 또는 점함수라고도 한다. • 과정의 경로에 관계없이 계의 상태에만 관계되는 양이다. [단, 일과 열량은 경로(과정)에 의한 경로함수＝도정함수＝과정함수이다]
상태량의 종류	강도성 상태량	• 물질의 질량에 관계없이 그 크기가 결정되는 상태량이다. (세기의 성질, intensive property라고도 한다) • 압력, 온도, 비체적, 밀도, 비상태량, 표면장력
	종량성 상태량	• 물질의 질량에 따라 그 크기가 결정되는 상태량으로 그 물질의 질량에 정비례 관계가 있다. (시량 성질, extensive property라고도 한다) • 체적, 내부에너지, 엔탈피, 엔트로피, 질량

※ 점함수는 완전미분(전미분) 또는 편미분이 모두 가능하다. 하지만, 과정함수(경로함수)는 편미분으로만 가능하다.
※ 비상태량(모든 상태량의 값을 질량으로 나눈 값)은 강도성 상태량으로 취급한다.
※ 기체상수는 열역학적 상태량이 아니다.
※ 열과 일은 에너지로 열역학적 상태량이 아니다.

풀이

상태함수는 처음과 나중상태에만 관계가 있다. 즉, 과정은 무시한다. 따라서, 열과 일을 제외하고 모두 상태함수가 된다.

[상세 설명]

• 열과 일은 경로와 관계가 되어 있는 경로함수(도정함수, 과정함수)이다.
• 초기 상태(1)와 나중 상태(2)만 있어도 변화량(2-1)을 쉽게 계산할 수 있는 것을 상태량(상태함수, 점함수, 성질)이라고 한다.
• 상태량이라는 것은 점함수, 상태함수, 성질을 의미하는 것으로 초기 상태와 나중 상태만 결정되면, 해당 상태량의 변화량을 쉽게 계산할 수 있는 체적, 온도, 압력, 엔탈피, 엔트로피, 내부에너지 등을 말한다.

40

정답 ①

[가솔린 기관과 디젤 기관의 특징 비교]

가솔린 기관	디젤 기관
인화점이 낮다.	인화점이 높다.
점화장치가 필요하다.	점화장치, 기화장치 등이 없어 고장이 적다.
연료소비율이 디젤보다 크다.	연료소비율과 연료소비량이 낮으며 연료가격이 싸다.
일산화탄소 배출이 많다.	일산화탄소 배출이 적다.
질소산화물 배출이 적다.	질소산화물이 많이 생긴다.

가솔린 기관	디젤 기관
고출력 엔진 제작이 불가능하다.	사용할 수 있는 연료의 범위가 넓고 대출력 기관을 만들기 쉽다.
압축비 6~9	압축비 12~22
열효율 26~28%	열효율 33~38%
회전수에 대한 변동이 크다.	압축비가 높아 열효율이 좋다.
소음과 진동이 적다.	연료의 취급이 용이하며 화재의 위험이 적다.

[노크 방지법]

	연료 착화점	착화 지연	압축비	흡기 온도	실린더 벽온도	흡기 압력	실린더 체적	회전수
가솔린	높다	길다	낮다	낮다	낮다	낮다	작다	높다
디젤	낮다	짧다	높다	높다	높다	높다	크다	낮다

[가솔린 기관(불꽃점화기관)]

- 흡입 → 압축 → 폭발 → 배기 4행정 1사이클로 공기와 연료를 함께 엔진으로 흡입한다.
- **가솔린 기관의 구성** : 크랭크축, 밸브, 실린더 헤드, 실린더 블록, 커넥팅 로드, 점화 플러그
- **실린더 헤드** : 실린더 블록 뒷면 덮개 부분으로 밸브 및 점화 플러그 구멍이 있고 연소실 주위에는 물재킷이 있는 부분이다. 재질은 주철 및 알루미늄 합금주철이다.

[디젤 기관(압축착화기관)]

- 혼합기 형성에서 공기만 압축한 후, 연료를 분사한다. 즉, 디젤 기관은 공기와 연료를 따로 흡입한다.
- **디젤 기관의 구성** : 연료분사펌프, 연료공급펌프, 연료 여과기, 노즐, 공기 청정기, 흡기다기관, 조속기, 크랭크축, 분사시기 조정기
- 조속기는 연료의 분사량을 조절한다.
- 디젤 기관의 연료 분사 3대 요건 : 관통, 무화, 분포

구분	2행정 기관	4행정 기관
출력	크다.	작다.
연료소비율	크다.	작다.
폭발	크랭크 축 1회전 시 1회 폭발	크랭크축 2회전 시 1회 폭발
밸브기구	밸브 기구가 필요 없고 배기구만 있으면 됨	밸브 기구가 복잡하다.

옥탄가	세탄가
• 연료의 내폭성, 연료의 노킹 저항성을 의미한다. • 표준 연료의 옥탄가 $= \dfrac{\text{이소옥탄}}{\text{이소옥탄 + 정헵탄}} \times 100$ • 옥탄가가 90이라는 것은 이소옥탄 90% + 정헵탄 10%, 즉 90은 이소옥탄의 체적을 의미한다.	• 연료의 착화성을 의미한다. • 표준 연료의 세탄가 $= \dfrac{\text{세탄}}{\text{세탄} + \alpha-\text{메틸나프탈렌}} \times 100$ • 세탄가의 범위 : 45~70

※ 가솔린 기관은 연료의 옥탄가가 높을수록 연료의 노킹 저항성이 좋다는 것을 의미하므로 옥탄가가 높을수록 좋으며, 디젤 기관은 연료의 세탄가가 높을수록 연료의 착화성이 좋다는 것을 의미하므로 세탄가가 높을수록 좋다.

12 2023년 하반기 인천교통공사 기출문제

01	③	02	②	03	②	04	③	05	①	06	①	07	③	08	②	09	④	10	④
11	①	12	①	13	③	14	①	15	⑤	16	④	17	④	18	③	19	②	20	①
21	⑤	22	③	23	⑤	24	①	25	③	26	②	27	①	28	⑤	29	②	30	⑤
31	②	32	②	33	①	34	③	35	②	36	①	37	②	38	④	39	②	40	④

01

정답 ③

[응력 집중]

㉠ 단면이 급격하게 변하는 부분, 노치 부분(구멍, 홈 등), 모서리 부분에서 응력이 국부적으로 집중되는 현상을 말한다.

㉡ 하중을 가했을 때, 단면이 불균일한 부분에서 평활한 부분에 비해 응력이 집중되어 큰 응력이 발생하는 현상을 말한다.

※ 단면이 불균일하다는 것은 노치 부분(구멍, 홈 등)을 말한다.

응력집중계수 (형상계수, α)	$\alpha = \dfrac{\text{노치부의 최대응력}}{\text{단면부의 평균응력}} > 1$ 응력집중계수(α)는 항상 1보다 크며, "노치가 없는 단면부의 평균응력(공칭응력)에 대한 노치부의 최대응력"의 비이다$\left(\text{단, } A \text{에 대한 } B = \dfrac{B}{A}\right)$.
응력집중 방지법	• 테이퍼지게 설계하며, 테이퍼 부분은 될 수 있는 한 완만하게 한다. 또한, 체결 부위에 리벳, 볼트 따위의 체결수를 증가시켜 집중된 응력을 리벳, 볼트 따위에 일부 분산시킨다. • 테이퍼를 크게 하면, 단면이 급격하게 변하여 응력이 국부적으로 집중될 수 있기 때문에 테이퍼 부분은 될 수 있는 한 완만하게 한다. • 필렛 반지름을 최대한 크게 하여 단면이 급격하게 변하지 않도록 한다(굽어진 부분에 내접된 원의 반지름이 필렛 반지름이다). 필렛 반지름을 최대한 크게 하면 내접된 원의 반지름이 커진다. 즉, 덜 굽어지게 되어 단면이 급격하게 변하지 않고 완만하게 변한다. • 단면 변화부분에 보강재를 결합하여 응력집중을 완화시킨다. • 단면 변화부분에 숏피닝, 롤러압연처리, 열처리 등을 하여 응력집중부분을 강화시킨다. 또한, 단면변화부분의 표면가공 정도를 좋게 한다. • 축단부에 2~3단의 단부를 설치하여 응력의 흐름을 완만하게 한다.

관련 특징	• 응력집중의 정도는 재료의 모양, 표면거칠기, 작용하는 하중의 종류(인장, 비틀림, 굽힘)에 따라 변한다.
	  - 응력집중계수는 노치의 형상과 작용하는 하중의 종류에 영향을 받는다.
	  - 응력집중계수의 크기 : 인장＞굽힘＞비틀림

노치효과	• 재료의 노치 부분에 피로 및 충격과 같은 외력이 작용할 때 집중응력이 발생하여 피로한 도가 저하되므로 재료가 파괴되기 쉬운 성질을 갖게 되는 것을 노치효과라고 한다. • 반복하중으로 인해 노치 부분에 응력이 집중되어 피로한도가 작아지는 현상을 노치효과 라고 한다. ※ 재료가 장시간 반복하중을 받으면 결국 파괴되는 현상을 피로라고 하며 이 한계를 피로 한도라고 한다.
피로파손	• 최대응력이 항복강도 이하인 반복응력에 의하여 점진적으로 파손되는 현상이다. • 단계 : 한 점에서 미세한 균열이 발생 → 응력 집중 → 균열 전파 → 파손이 되며 소성 변형 없이 갑자기 파손된다.

[기준강도]

사용조건		기준강도
상온·정하중	연성재료	항복점 및 내력
	취성재료(주철 등)	극한강도(인장강도)
고온·정하중		크리프한도
반복하중		피로한도
좌굴		좌굴응력(좌굴강도)

[파손이론]
㉠ 최대주응력설 – 취성재료(주철 등)에 적용
㉡ 최대전단응력설 – 연성재료에 적용
㉢ 전단변형 에너지설 – 연성재료에 적용

[피로 현상과 크리프 현상]

피로 현상	금속 재료가 정하중에서는 충분한 강도를 가지고 있으나, 반복하중이나 교번하중이 장시 간 받게 되면 그 하중이 아주 작더라도 마침내 파괴되는 경우의 현상을 피로(fatigue)라 고 한다.
크리프 현상	크리프 현상은 고온에서 연성재료가 정하중(사하중, 일정한 하중)을 받을 때, 시간에 따 라 변형이 서서히 증가되는 현상이다.

[열응력]

봉을 가열시킬 때 (온도가 상승)	 • 재료가 팽창된다(재료의 길이가 늘어난다). • 양단고정된 부재(봉)에는 압축력(P)이 작용한다. → 양단고정된 부재(봉)가 가열되어 팽창된다고 생각해보자. 양쪽이 구속(고정)되어 있기 때문에 부재 내부의 팽창하는 힘에 대한 반력 P가 부재를 압축하는 방향으로 작용하게 된다. 따라서 부재(재료) 내에는 압축응력이 발생하게 된다.
봉을 냉각시킬 때 (온도가 하강)	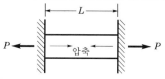 • 재료가 수축된다(재료의 길이가 줄어든다). • 양단고정된 부재(봉)에는 인장력이 작용한다. → 가열과는 반대로 양단고정된 부재(봉)가 냉각된다면 봉은 수축하려고 하기 때문에 부재 내부의 압축하는 힘에 대한 반력 P가 양단에서는 인장하는 방향으로 작용하게 된다. 따라서 부재(재료) 내에는 인장응력이 발생할 것이며 이러한 온도의 변화에 의해 발생하는 변형이 억제되어 재료 내부에 발생하는 응력이 열응력이다.

※ 일반적으로 온도가 상승하면 봉(부재)은 팽창하고 온도가 하강하면 봉(부재)는 수축한다.

열응력(σ)	$\sigma = E\alpha\triangle T$ [여기서, E : 재료의 종탄성계수(세로탄성계수, 영률), α : 선팽창계수, $\triangle T$: 온도 변화]
열에 의한 변형량(δ)	$\delta = \alpha\triangle TL$ [여기서, α : 선팽창계수, $\triangle T$: 온도 변화, L : 부재(재료)의 길이]
열에 의한 변형률(ε)	$\varepsilon = \alpha\triangle T$ [여기서, α : 선팽창계수, $\triangle T$: 온도 변화]
열에 의한 힘(P)	$P = E\alpha\triangle TA$ [여기서, E : 재료의 종탄성계수(세로탄성계수, 영률), α : 선팽창계수, $\triangle T$: 온도 변화, A : 단면적]

※ 양단이 고정되지 않은 외팔보 상태

한 쪽만 고정되어 있는 외팔보의 경우	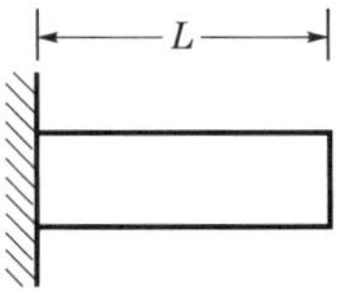 위 그림처럼 한쪽만 고정되고 나머지는 자유단일 경우의 상태에서는 열응력(σ)이 0이다. 즉, 열응력(σ)은 발생하지 않는다. → 온도 변화(ΔT)에 따라 부재가 팽창 및 압축하게 될 것이다. 하지만 한쪽만 고정되고 나머지는 자유단일 경우에는 부재를 저항 및 구속할 수 있는 반력 P가 발생하지 않는다. 따라서 열응력(σ)이 발생하지 않는다.

02   정답 ②

$mE = 2G(m+1) = 3K(m-2)$

양변을 푸아송수(m)로 나누면,

$E = 2G(1+\nu) = 3K(1-2\nu)$

[$\nu = \dfrac{1}{m}$, 푸아송비와 푸아송수는 역수의 관계이다]

[여기서, m : 푸아송수, E : 종탄성계수(세로탄성계수, 영계수), G : 횡탄성계수(가로탄성계수, 전단탄성계수), K : 체적탄성계수]

$E = 2G(1+\nu) \rightarrow \dfrac{E}{2G} = 1+\nu \rightarrow \dfrac{50\text{GPa}}{2 \times 20\text{GPa}} = 1.25 = 1+\nu$

$\therefore \nu = 0.25$

03   정답 ②

[나사의 종류]

체결(결합)용 나사 (체결할 때 사용하는 나사로 효율이 낮다)	삼각나사	가스파이프를 연결하는 데 사용한다.
	미터나사	나사산의 각도가 60°인 삼각나사의 일종이다.
	유니파이 나사	• 세계적인 표준나사로 미국, 영국, 캐나다가 협정하여 만든 나사이다. • 용도로는 죔용 등에 사용된다.
운동용 나사 (동력을 전달하는 나사로 체결용 나사보다 효율이 좋다)	사다리꼴 나사	• "재형나사 및 애크미나사"로도 불리는 사다리꼴나사는 양방향으로 추력을 받는 나사이다. • 공작기계의 이송나사, 밸브 개폐용, 프레스, 잭 등에 사용된다. • 효율 측면에서는 사각나사가 더욱 유리하나 가공하기 어렵기 때문에 대신 사다리꼴나사를 많이 사용한다. • 사각나사보다 강도 및 저항력이 크다.

	톱니나사	• 힘을 한 방향으로만 받는 부품에 사용되는 나사이다. • 압착기, 바이스 등의 이송 나사에 사용된다.
운동용 나사 <u>(동력을 전달하는 나사로 체결용 나사보다 효율이 좋다)</u>	너클나사 (둥근나사)	전구와 같이 먼지나 이물질이 들어가기 쉬운 곳에 사용되는 나사이다.
	볼나사	• 공작기계의 이송나사, NC기계의 수치제어장치에 사용되는 나사이다. • 효율이 좋고 먼지에 의한 마모가 적으며 토크의 변동이 적다. • 정밀도가 높고 윤활은 소량으로도 충분하다. • 축 방향의 백래시를 작게 할 수 있다. • 마찰이 작아 정확하고 미세한 이송이 가능한 장점을 가지고 있다. • 너트의 크기가 커지고, 피치를 작게 하는 데 한계가 있다. • 고속에서는 소음이 발생하고 자동체결이 곤란하다.
	사각나사	• 축 방향의 하중을 받는 운동용 나사로 추력의 전달이 가능하다. • 하중의 방향이 일정하지 않고, 교번하중이 작용할 때 효과적이다. • 나사의 효율은 좋으나, 공작이 곤란하며 고정밀용으로는 적합하지 않다. • 나사 프레스, 선반의 이송 나사, 동력전달용 잭 등에 사용된다.

[나사산 각도]

톱니나사	유니파이나사	둥근나사	사다리꼴나사	미터나사	관용나사	휘트워드나사
30°, 45°	60°	30°	• 인치계(Tw) : 29° • 미터계(Tr) : 30°	60°	55°	55°

04

정답 ③

[원통 압력용기에 발생하는 응력]

축 방향 응력(길이방향 응력, σ_s) $= \dfrac{pD}{4t} = \dfrac{p(2R)}{4t} = \dfrac{pR}{2t}$

후프 응력(원주방향 응력, σ_θ) $= \dfrac{pD}{2t} = \dfrac{p(2R)}{2t} = \dfrac{pR}{t}$

[여기서, p : 내압, D : 내경(안지름), t : 용기의 두께이다]

※ 원주 응력이 길이방향 응력보다 크므로 <u>길이에 평행한 방향으로</u> 균열이 생긴다. 즉, 세로방향으로 균열이 생긴다.

풀이

안전계수(안전율, S), 허용응력, 최대사용응력 등을 기반으로 두께를 설계해야 할 때는 후프 응력과 축방향 응력 중 큰 응력값을 기준으로 하여 설계를 해야 한다. 큰 응력값을 기반으로 설계해야 넓은 범위에서 안전하게 내압을 견딜 수 있는 두께를 산정할 수 있기 때문이다.

따라서, 후프응력$(\sigma_\theta) = \dfrac{pD}{2t}$를 사용하여 설계해야 한다.

$\sigma_a \geq \sigma_\theta = \dfrac{pD}{2t}$이므로 $t = \dfrac{pD}{2\sigma_a}$가 도출된다.

단, 부식여유(여유치수, C) 및 이음효율(η)이 주어져 있을 때에는 위 공식을 다음과 같이 사용한다.

$$t = \frac{pD}{2\sigma_a \eta} + C$$

문제에서는 부식여유(여유치수, C)가 주어져 있지 않으므로 $t = \frac{pD}{2\sigma_a \eta}$ 이다.

$$\sigma_a = \frac{\sigma_{\text{인장강도}}}{S(\text{안전율})} = \frac{200\text{N/mm}^2}{5} = 40\text{N/mm}^2$$

$$\therefore \ t = \frac{pD}{2\sigma_a \eta} = \frac{2\text{N/mm}^2 \times 400\text{mm}}{2 \times 40\text{N/mm}^2 \times 0.5} = 20\text{mm}$$

[단, $200\text{N/cm}^2 = 2\text{N/mm}^2$, $1\text{MPa} = 1\text{N/mm}^2$이다.]

05

정답 ①

[맞대기 용접 시 인장응력(σ)]

$$\sigma = \frac{P}{A} = \frac{W}{tL}$$

[여기서, W : 인장하중, t : 목 두께($\coloneqq h$), h : 판의 두께(모재의 두께), L : 용접길이]

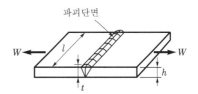
파괴단면

풀이

$$\sigma = \frac{W}{tL} \ \rightarrow \ \therefore \ t \coloneqq h = \frac{W}{\sigma L} = \frac{20{,}000\text{N}}{5\text{N/mm}^2 \times 200\text{mm}} = 20\text{mm} = 2\text{cm}$$

[단, $1\text{MPa} = 1\text{N/mm}^2$]

06

정답 ①

[베어링용 합금]

화이트메탈	• 주석(Sn)과 납(Pb)의 합금으로 자동차 등에 사용된다. • 주석계, 납(연)계, 아연계, 카드뮴계 • 주석계에서는 베빗메탈[안티몬(Sb)−아연(Zn)−주석(Sn)−구리(Cu)]가 대표적이다. • 베빗메탈은 내열성이 우수하여 내연기관용 베어링 재료로 사용된다.
구리(Cu)계	청동, 인청동, 납청동, 켈밋
소결 베어링 합금	• 오일리스 베어링 • 구리(Cu)+주석(Sn)+흑연을 고온에서 소결시켜 만든 것이다. • 분말야금공정으로 오일리스 베어링을 생산할 수 있다. • 다공질 재료이며 구조상 급유가 어려운 곳에 사용한다. 　※ 많은 구멍 속으로 오일이 흡착되어 저장이 되므로 급유가 곤란한 곳에 사용될 수 있다. • 급유 시에 기계가동중지로 인한 생산성의 저하 방지가 가능하다. • 식품기계, 인쇄기계 등에 사용되며 고속중하중에 부적합하다.

※ **켈밋** : 구리(Cu)에 납(Pb)이 30~40% 함유된 합금으로 고속고하중의 베어링용 재료로 사용된다. 켈밋합금에는 주로 편정반응이 나타난다.

07

기어의 속도비$(i) = \dfrac{N_2}{N_1} = \dfrac{D_1}{D_2} = \dfrac{Z_1}{Z_2}$

$\dfrac{1}{4} = \dfrac{D_1}{D_2}$에서 "$D_2 = 4D_1$"의 관계가 나온다. 피니언은 작은 쪽의 기어를 말한다. 따라서, 지름의 관계를 보았을 때, D_1, 즉 (1)이 피니언이다.

$\dfrac{1}{4} = \dfrac{Z_1}{Z_2} = \dfrac{30}{Z_2}$ → ∴ $Z_2 = 120$개

$C = \dfrac{D_1 + D_2}{2}$

$= \dfrac{m(Z_1 + Z_2)}{2}$ [$D = mZ$이므로]

$= \dfrac{2(30 + 120)}{2} = 150\text{mm}$

08

차동식 밴드브레이크의 드럼이 좌회전하고 있다.

힌지를 기준점으로 하여 발생하는 모멘트를 모두 구하고 모멘트의 합력이 0이 된다는 것을 이용한다[반시계 방향의 모멘트는 (+)부호, 시계 방향의 모멘트는 (−)부호이다]

$\sum M = -F(1,600) - T_s(70) + T_t(30) = 0$

[여기서, F : 레버를 누르는 힘]

∴ $F = \dfrac{-70\,T_s + 30\,T_t}{1,600}$

밴드브레이크의 제동력(f)과 제동토크(T)

$f = T_t - T_s$이므로 $T = f\dfrac{D}{2} = (T_t - T_s)\dfrac{D}{2}$

[여기서, T_t : 긴장측 장력, T_s : 이완측 장력, D : 드럼의 지름]

$T = (T_t - T_s)\dfrac{D}{2} \rightarrow 4,000 \times 10^3 \text{N} \cdot \text{mm} = (T_t - T_s) \times \dfrac{400\text{mm}}{2}$

$T_t - T_s = 20,000\text{N}$으로 도출된다.

장력비$(e^{\mu\theta}) = \dfrac{T_t}{T_s} = 3$이므로 "$T_t = 3T_s$"가 된다.

$T_t - T_s = 20,000\text{N} \rightarrow 3T_s - T_s = 20,000\text{N}$

$T_s = 10,000\text{N}$이므로 $T_t = 3(10,000\text{N}) = 30,000\text{N}$이 된다.

∴ $F = \dfrac{-70\,T_s + 30\,T_t}{1,600} = \dfrac{-70(10,000) + 30(30,000)}{1,600} = 125\text{N}$

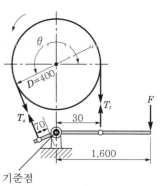

기준점

09

정답 ④

[스프링 연결에 따른 등가 스프링상수(k_e, 합성 스프링상수, 합성 스프링정수)]

직렬 연결	병렬 연결
$\dfrac{1}{k_e} = \dfrac{1}{k_1} + \dfrac{1}{k_2} + \dfrac{1}{k_3} + \cdots$	$k_e = k_1 + k_2 + k_3 + \cdots$

그림과 같은 경우는 스프링 2개가 서로 직렬로 연결되어 있으므로 등가 스프링상수(k_e)는
$k_e = k_1 + k_2 + k_3 + \cdots$ 이렇게 구할 수 있다.

$$\frac{1}{k_e} = \frac{1}{k_1} + \frac{1}{k_2} = \frac{1}{2} + \frac{1}{6} = \frac{4}{6}$$

$$\therefore \ k_e = \frac{6}{4} = 1.5 \text{N/cm}$$

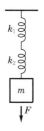

10

정답 ④

연속방정식($Q = AV$)을 사용한다.
[여기서, Q : 체적유량, A : 관의 단면적, V : 유체의 속도(유속)]

$A = \dfrac{1}{4}\pi D^2$ 이므로 $Q = \left(\dfrac{1}{4}\pi D^2\right)V$ 이다.

$12 = \dfrac{1}{4} \cdot 3 \times D^2 \times 64$ 에서 $D^2 = 0.25$

$$\therefore \ D = 0.5 \text{m}$$

11

정답 ①

[용융점(융점)]
• 용해로에서 금속재료를 가열하면 금속재료(고체)가 녹아 액체상태(액상)로 되는 온도이다.
• 용융점이 높은 금속일수록 열을 가해 액체상태로 만들기 어렵다(잘 녹지 않는다).
• 아연(Zn) 합금은 비교적 낮은 용융점을 가지기 때문에 고온에서 쉽게 녹아버려, 내열합금의 재료로 적합하지 않다.

[여러 금속의 용융점(℃)]

W(텅스텐)	Ti(티타늄)	Fe(철)	Co(코발트)	Ni(니켈)	Cu(구리)	Au(금)	Ag(은)
3,410	1,730	1,538	1,495	1,453	1,083	1,060	959
Al(알루미늄)	Mg(마그네슘)	Zn(아연)	Pb(납)	Bi(비스무트)	Sn(주석)	Hg(수은)	
660	650	419	327	271.5	232	−38.8	

12

[합금되는 금속의 반응]

① **공정반응**

　2개의 성분 금속이 용융 상태에서는 하나의 액체로 존재하나, 응고 시에는 공정점(1,130℃)에서 일정한 비율로 두 종류의 금속이 동시에 정출되어 나오는 반응이다.

② **공석반응**

　• 하나의 고용체로부터 두 종류의 고체가 일정한 비율로 변태하는 반응이다.

　• 철이 하나의 고용체 상태에서 냉각될 때, 공석점으로 불리는 A_1변태점(723℃)을 지나면서 두 개의 고체가 혼합된 상태로 변하는 반응이다.

③ **포정반응**

　• 냉각 중에 고체와 액체가 다른 조성의 고체로 변하는 반응이다.

　• 하나의 고체상 가열 시 하나의 고체상과 다른 하나의 액체상으로 바뀌는 반응이다.

④ **편정반응**

　하나의 액상으로부터 다른 액상 및 고용체를 동시에 생성하는 반응이다. 켈밋합금에서 나타나는 반응이다(액체 B ↔ 액체 A+고체).

[표] 공정반응, 공석반응, 포정반응의 비교

종류	온도	탄소함유량	반응식	발생 조직
공정반응	1,130℃	4.3%	액체 ↔ γ고용체+Fe_3C	γ고용체+Fe_3C (레데뷰라이트)
공석반응	723℃	0.77%	γ고용체 ↔ α고용체+Fe_3C	α고용체+Fe_3C (펄라이트)
포정반응	1,495℃	0.17%	α고용체+액체 ↔ γ고용체	γ고용체 (오스테나이트)

※ 금속 간 화합물 : 친화력이 큰 성분의 금속이 화학적으로 결합했을 때 각 성분의 금속과는 현저하게 다른 성질을 가지는 독립된 화합물을 말한다. 대표적인 금속 간 혼합물은 Fe_3C(시멘타이트)가 있다.

13

[인장시험]

시편(시험편, 재료)에 인장력을 가하는 시험으로 시편(재료)에 작용시키는 <u>하중을 서서히 증가</u>시키면서 여러 가지의 기계적 성질[<u>인장강도(극한강도), 항복점, 연신율, 단면수축률, 푸아송비, 탄성계수, 내력 등</u>]을 측정하는 시험이다.

[연강의 응력-변형률 선도]

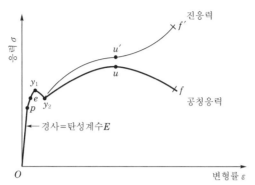

⊙ p : "비례한도"이다. 응력−변형률 선도의 비례한도(proportional limit) 내에서는 응력(σ)과 변형률(ε)은 서로 비례한다는 후크의 법칙($\sigma = E\varepsilon$)이 성립한다. 이때, 응력(Stress)-변형률(Strain) 선도에서 "비례한도" 내 구간(선형구간)에서의 기울기는 탄성계수(E)를 의미한다.

⊙ e : "탄성한도(탄성한계)"이다.

⊙ y : "항복점"이다. y_1는 상항복점, y_2는 하항복점이다.

⊙ u : "극한강도(인장강도) 또는 최대공칭응력"이다. 재료가 버틸 수 있는 최대응력값을 의미한다.

⊙ f : 파단강도이다.

보기 ③의 크리프 현상은 고온에서 연성재료가 정하중(사하중, 일정한 하중)을 받을 때, 시간에 따라 변형이 서서히 증가되는 현상이며, 크리프 한도(크리프 한계)는 크리프 시험으로 알 수 있다.

14

정답 ②

실루민(알팩스)	알루미늄(Al)−규소(Si)계 합금으로 소량의 망간(Mn)과 마그네슘(Mg)이 첨가되기도 한다. 주조성이 양호한 편이고 공정반응이 나타나, 시효경화성은 없으며 절삭성이 불량한 특징을 가지고 있다(알규). **[개량처리]** 실루민을 주조할 때 냉각속도가 느리면 규소의 결정이 조대화되어 기계적 성질이 떨어지게 된다. 이를 방지하기 위해 주조할 때 나트륨을 첨가하면 규소가 미세한 공정으로 되어 기계적 성질이 개선된다. 구체적으로 알루미늄에 규소가 고용될 수 있는 한계는 공정온도인 577℃에서 약 1.6%이고, 공정점은 12.6%이다. 이 부근의 주조 조직은 육각판의 모양으로 크고 거칠며 취성이 있어 실용성이 없다. 이 합금에 나트륨이나 수산화나트륨, 플루오르, 알칼리 염류 등을 용탕 안에 넣으면 조직이 미세화되며 공정점과 온도가 14%, 556℃로 이동하는 이 처리를 개량처리라고 한다. • 개량처리로 유명한 알루미늄 합금 : 실용적인 개량처리 합금으로 대표적으로 <u>Al−Si계 합금인 실루민</u>이 있다. • 개량처리에 주로 사용하는 합금 원소 : 금속<u>나트륨(Na)</u>

Y합금	알루미늄(Al), 구리(Cu), 니켈(Ni), 마그네슘(Mg)을 첨가한 합금으로, 내열성이 우수하여 실린더 헤드, 피스톤 등에 사용된다(알구니마). ※ 코비탈륨 : Y합금의 일종으로 Ti와 Cu를 0.2% 정도씩 첨가한 것으로 피스톤용 Al 합금이다. 고온에서 기계적 성질이 우수하며 내열성, 고온강도가 우수하다.
두랄루민	• 알루미늄(Al), 구리(Cu), 마그네슘(Mg), 망간(Mn)의 합금으로, 항공기 재료 및 단조용 재료로 사용되며 시효경화를 일으킨다(알구마망). • 두랄루민의 비강도는 연강의 3배이며 비중은 강의 1/3배이다. ※ 비강도 : 물질의 강도를 밀도로 나눈 값으로 같은 질량의 물질이 얼마나 강도가 센가를 나타내는 수치이다. 즉, 비강도가 높으면 가벼우면서도 강한 물질이라는 뜻이며 비강도의 단위는 N · m/kg이다.
모넬메탈	구리(Cu) – 니켈(Ni) 65~70%의 합금으로, 내식성과 내열성이 우수하며 기계적 성질이 좋기 때문에 펌프의 임펠러, 터빈 날개 재료로 사용된다.
니켈로이	철(Fe) – 니켈(Ni) 50%의 합금으로, 자성재료에 사용된다.

15

정답 ⑤

[마텐자이트(M)]

탄소(C)와 철(Fe) 합금에서 담금질을 할 때 생기는 준안정한 상태의 조직으로 탄소를 많이 고용할 수 있는 오스테나이트 조직을 급격하게 상온까지 끌고 내려와 상온에서도 탄소고용량이 높은 조직이다. 즉, 오스테나이트 조직을 <u>빠르게 물로 냉각(급랭)</u>하여 얻을 수 있으며 탄소를 과포화상태로 고용하는 강의 급랭 조직이다.

[마텐자이트의 특징]
• 특징으로는 경도가 높으나 여리기 때문에 잘 깨진다.
• 강자성체이다.
• 현미경으로 보면 뾰족한 침상 조직으로 되어 있다.

※ **여러 조직의 경도 순서**
시멘타이트(C) > 마텐자이트(M) > 트루스타이트(T) > 베이나이트(B) > 소르바이트(S) > 펄라이트(P) > 오스테나이트(A) > 페라이트(F)

※ **담금질 조직 경도 순서**
마텐자이트(M) > 트루스타이트(T) > 소르바이트(S) > 오스테나이트(A)

페라이트	<u>α고용체</u>라고도 하며 α철에 최대 0.0218%C까지 고용된 고용체로 <u>전연성이 우수</u>하며 A_2변태점 이하에서는 <u>강자성체</u>이다. 또한, <u>투자율이 우수</u>하고 열처리는 불량하며 체심<u>입방격자(BCC)</u>이다.
오스테나이트	γ철에 최대 2.11%C까지 탄소가 용입되어 있는 고용체로 <u>γ고용체</u>라고도 한다. 냉각속도에 따라 여러 종류의 조직을 만들며, <u>담금질 시에는 필수적인 조직</u>이다. **[특징]** • 비자성체이며 전기저항이 크다. • 경도가 낮아 연신율 및 인성이 크다. • 면심입방격자(FCC) 구조이다. • 오스테나이트는 공석변태 온도 이하에서 존재하지 않는다.

소르바이트	강도와 탄성이 요구되는 구조용 강재나 스프링 와이어로 사용된다.
트루스타이트	오스테나이트 조직을 기름으로 냉각(유냉)할 때, 마텐자이트를 거쳐 탄화철(Fe_3C)이 큰 입자조직으로 나타나며 α철이 혼합된 조직이다. 그리고 큰 강재를 수중 담금질할 때 재료의 중앙에서 나타나며 부식이 가장 잘되는 조직이다. ※ 기름 냉각(유냉)도 급랭이므로 트루스타이트는 급랭조직이다.

16
정답 ④

① **스프링백** : 재료를 소성변형한 후에 외력을 제거하면 재료의 탄성에 의해 원래의 상태로 다시 되돌아가는 현상이다.

[스프링백의 양을 크게 하는 방법]
- 경도가 클수록
- 두께가 얇을수록
- 굽힘반지름이 클수록
- 굽힘각도가 작을수록
- 탄성한계(탄성한도)가 클수록
- 탄성계수가 작을수록
- 항복강도가 클수록

[스프링백을 줄이는 방법]
- 판재의 온도를 높여서 굽힘작업을 수행한다.
- 굽힘 과정 중에 판재에 인장력이 걸리도록 신장굽힘한다.
- 펀치 끝과 다이면에서 높은 압축응력이 걸리도록 굽힘 부위를 압축한다.
- 원하는 각도보다 여유각만큼 과도굽힘시킨다.
- 액압프레스로 장시간 가압한다.

※ 기계의 진리 블로그에 스프링백과 관련된 내용을 이해하기 쉽게 글을 올려두었다. "스프링백"을 검색하여 추가적으로 학습하길 바란다.

② **제관법** : 관을 만드는 가공법이다.
- 이음매 있는 관 : 접합 방법에 따라 단접관과 용접관이 있다.
- 이음매 없는 관 : 만네스만법, 압출법, 스티펠법, 에르하르트법 등

③ **벌징** : 금형 내에 삽입된 원통형 용기 또는 관에 높은 압력을 가하여 용기 또는 관의 일부를 팽창시켜 성형하는 가공이다.

④ **인발** : 금속 봉이나 관을 다이 구멍에 축 방향으로 통과시켜 외경을 줄이는 가공이다.

[인발가공의 특징]
- 인발가공에서 재료가 인장력을 받게 되면 지름이 작아지는 가공성을 갖는다. 이때, 인발력과 반대 방향으로 가하는 힘을 역장력이라고 한다.
- 역장력을 가하면 다이의 마찰력이 줄어들어 다이의 수명이 증가한다.
- 역장력을 가하면 정확한 치수의 제품을 얻을 수 있다.
- 역장력을 가하면 변형 중에 열의 발생이 적어지며, 제품에 잔류응력이 적다.
- 역장력을 가하면 다이 온도의 상승도 작아지며, 다이 구멍의 확대변형이 감소된다.
- 역장력이 커지면 인발력도 증가하나, 인발력에서 역장력을 뺀 다이의 추력은 감소한다.

- 역장력이 작용하면 "인발응력, 인장응력"은 증가하고 "다이 압력"은 감소한다.
- 다이 압력은 다이 출구로 갈수록 감소한다.
- 단면감소율이 증가하면 다이각도 증가한다.

⑤ [압출결함]

파이프결함	압출과정에서 마찰이 너무 크거나 소재의 냉각이 심한 경우 제품 표면에 산화물이나 불순물이 중심으로 빨려 들어가 발생하는 결함이다.
세브론균열(중심부균열)	취성균열의 파단면에서 나타나는 산 모양을 말한다.
표면균열(대나무균열)	압출과정에서 속도가 너무 크거나 온도 및 마찰이 클 때 제품 표면의 온도가 급격하게 상승하여 표면에 균열이 발생하는 결함이다.

[인발결함]

솔기결함(심결함)	봉의 길이 방향으로 나타나는 흠집을 말한다.
세브론균열(중심부균열)	인발가공에서도 세브론균열(중심부균열)이 발생한다.

17

정답 ④

[비정질합금]

용융 합금을 급속 냉각시켜 원자배열이 무질서하며 높은 투자율이나 매우 낮은 자기이력손실 등의 특성을 가진 합금으로 비결정형 재료라고도 한다.

※ 설성닙의 크기는 0.1μm 깅도의 미세 결정립에서 조대한 단결정까지 다양하지만, 이러한 금속에 열을 가하여 액체 상태로 한 후에 고속으로 급랭하면 원자가 규칙적으로 배열뇌지 못하고 액체 상태로 응고되는데 이를 비정질(amorphous)이라고 한다.

[초소성합금]

초소성은 금속이 유리질처럼 늘어나는 특수현상을 말한다. 즉, 초소성 합금은 파단에 이르기까지 수백 % 이상의 큰 신장률을 발생시키는 합금이다. 초소성 현상을 나타내는 재료는 공정 및 공석조직을 나타내는 것이 많다. 또한, Ti 및 Al계 초소성 합금이 항공기의 구조재로 사용되고 있다.

㉠ 초소성을 얻기 위한 조건
- 결정립 모양은 등축이어야 한다.
- 결정립은 미세화되어야 한다.
- 모상입계가 인장분리되기 쉬워서는 안된다.
- 모상입계는 고정각인 것이 좋다.

㉡ 초소성 합금의 종류와 최대 연신율

비스뮤트(Bi) 합금	코발트(Co) 합금	은(Ag) 합금	카드뮴(Cd) 합금
1,500%	850%	500%	350%

㉢ 초소성 성형의 특징
- 복잡한 제품을 일체형으로 성형할 수 있어서 2차 가공이 거의 필요 없다.
- 다른 소성가공 공구보다 낮은 강도의 공구를 사용하므로 공구 비용이 절감된다.
  → 초소성 합금은 약간의 외력만 작용해도 성형이 가능하므로 낮은 강도의 공구를 사용해도 되며 이에 따라 공구 비용이 절감된다.

- 높은 변형률 속도로는 성형이 불가능하다.
  → 초소성 합금은 약간의 외력만 주어도 재료가 잘 늘어나기 때문에 재료가 끊어지는 것을 방지하기 위해 높은 변형률 속도로 성형이 불가능하다.
- 성형 제품에 잔류응력이 거의 없다.

[초탄성재료]
탄성한도를 넘어서 소성변형시킨 경우에도 하중을 제거하면 원래 상태로 돌아가는 성질을 이용한 재료이다.

[초전도합금]
초전도 특성을 가진 재료로 다양한 형태로 가공하여 코일 등으로 만들어 사용한다. 어떤 전도물질을 상온에서 점차 냉각하여 절대온도 0K(=−273℃)에 가까운 극저온이 되면 전기저항이 0이 되어 완전도체가 되는 동시에 그 내부에 흐르고 있던 자속이 외부로 배제되어 자속밀도가 0이 되는 "마이스너 효과"에 의해 완전한 반자성체가 되는 재료이다. 에너지 손실이 없어 고압 송전선이나 전자석용 선재나 강한 자기장이나 아주 안정한 자기장을 발생시키는 초전도자석, 에너지저장장치, 모터, 발전기 등 많은 전류를 발생 또는 수송하는 전력계통 응용과 초전도 자기부상열차, 초전도추진선박 등 교통분야의 응용 등의 용도로 사용된다. 초전도 현상에 영향을 주는 인자는 온도, 자기장, 자속밀도이다.

[형상기억합금]
고온에서 일정 시간 유지함으로써 원하는 현상을 기억시키면 상온에서 외력에 의해 변형되어도 기억시킨 온도로 가열만 하면 변형 전 현상으로 되돌아오는 합금이다.
㉠ 형상기억합금의 특징
- 온도, 응력에 의존되어 생성되는 마텐자이트 변태를 일으킨다.
- 형상기억 효과를 나타내는 합금이 일으키는 변태는 마텐자이트 변태이다.
- 형상기억 효과를 만들 때 온도는 마텐자이트 변태 온도 이하에서 한다.
- 우주선의 안테나, 치열 교정기, 안경 프레임, 급유관의 이음쇠 등에 사용된다.
- 소재의 회복력을 이용하여 용접 또는 납땜이 불가능한 것을 연결하는 이음쇠로도 사용된다.
- Ni-Ti 합금의 대표적인 상품은 니티놀이며 주성분은 니켈(Ni)과 티타늄(Ti)이다. 이외에도 Cu-Al-Zn 계, Cu-Al-Ni계, Cu계 합금 등이 있다.
㉡ Ni-Ti계 합금과 Cu계 합금의 특징

Ni-Ti계 합금	• 결정립의 미세화가 용이하다. • 내식성, 내마멸성, 내피로성이 좋다. • 가격이 비싸며 소성가공에 숙련된 기술이 필요하다.
Cu계	• 결정립의 미세화가 곤란하다. • 내식성, 내마멸성, 내피로성이 Ni-Ti계 합금보다 좋지 않다. • 가격이 싸며 소성가공성이 우수하여 파이프 이음쇠에 사용된다.

[퍼멀로이]
불변강 중 하나인 퍼멀로이는 "철(Fe) – 니켈(Ni) 78.5%의 합금"으로 투자율이 매우 우수하여 고투자율 합금이다. 발전기, 자심재료, 전기통신 재료로 사용된다.

18

정답 ③

[셸주조법(크로닝법)]

- 규사와 열경화성 수지를 배합한 레진 샌드를 가열된 모형에 융착시켜 만든 셸 형태의 주형을 사용하여 주조하는 방법이다.
- 표면이 깨끗하고 정밀도가 높은 주물을 얻을 수 있는 주조법이다.
- 숙련공이 필요하지 않으며 기계화에 의해 대량화가 가능하다.
- 소모성 주형을 사용하는 주조 방법이다.
- 주로 얇고 작은 부품·주물 등의 주조에 유리하다.

19

정답 ②

[고상용접]

2개의 깨끗하고 매끈한 금속면을 원자와 원자의 인력이 작용할 수 있는 거리에 접근시키고 기계적으로 밀착시키는 작업이다.

- 롤 용접 : 압연기 롤러의 압력에 의한 접합
- 냉간 압접 : 외부에서 기계적인 힘을 가하여 접합
- 열간 압접 : 접합부를 가열하고 압력 또는 충격을 가하여 접합
- 마찰 용접 : 접촉면의 기계적 마찰로 가열된 것에 압력을 가하여 접합
- 촉발 용접 : 폭발의 충격파에 의한 접합
- 초음파 용접 : 접합면을 가압하고 고주파 진동에너지를 가하여 접합
- 확산 용접 : 접합면에 압력을 가하여 밀착시키고 온도를 올려 확산시켜 접합

※ 고상용접의 종류 암기법

  (확)(마) (초)(져)빨라 (롤) (고)고! (폭발)

20

정답 ①

[숏피닝(shot peening)]

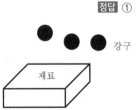

강구

재료

숏피닝은 강이나 주철로 만들어진 단단한 작은 강구를 재료(일감)의 표면에 40~50m/s의 속도로 빠르게 고속으로 분사시켜 피로강도, 피로한도 및 기계적 성질을 향상시키는 가공 방법이다.

[특징]

- 일종의 냉간가공법이다.
- 숏피닝 작업에는 청정작업과 피닝작업이 있다.
- 표면에 강구를 고속으로 분사하여 표면에 압축잔류응력을 발생시키기 때문에 피로한도와 피로수명을 증가시킨다.
  - → 숏피닝은 표면에 압축잔류응력을 발생시켜 피로한도를 증가시키므로 반복하중이 작용하는 부품에 적용시키면 효과적이다. 즉, 주로 반복하중이 작용하는 스프링에 적용시켜 피로한도를 높이는 것은 숏피닝이다.

※ 인장잔류응력은 응력부식균열을 발생시킬 수 있으며 피로강도와 피로수명을 저하시킨다.

21

[평삭(평면가공)]

셰이퍼	주로 짧은 공작물의 평면을 가공할 때 사용한다.
슬로터	셰이퍼를 수직으로 세운 형식의 공작기계로 보통 홈(키홈) 등을 가공할 때 사용한다.
플레이너	대형공작물의 평면을 가공할 때 사용한다.

※ 급속귀환기구를 사용하는 공작기계 : 셰이퍼, 슬로터, 플레이너, 브로칭 머신

① 밀링 : 공작물은 직선이송운동을 하며 공구는 회전절삭운동을 한다.

② 선삭(선반가공) : 공작물은 회전절삭운동을 하며 공구는 직선이송운동을 한다.

③ 브로칭 : 공작물을 고정시키고, 공구의 수평왕복운동으로 작업을 하는 공정이다.

④ 슬로터 : 공구는 상하 직선 왕복운동을 하며, 테이블에 수평으로 설치된 공작물을 절삭한다. 테이블은 수평면에서 직선운동과 회전운동을 하여 키 홈, 스플라인, 세레이션 등의 내경 가공을 주로 하는 공작기계이다.

⑤ 플레이너는 셰이퍼, 슬로터에 비해 대형 공작물의 절삭에 사용되는 "평면" 절삭용 공작기계로 평삭기 또는 평삭반이라고도 부른다. 플레이너는 공작물(테이블 위에 고정되어 있음)에 직선절삭운동(수평왕복운동)을 하고 바이트(공구)에 직선이송운동을 행하게 하여 평면을 절삭하는 공작기계이다.

22

[버니어 캘리퍼스]
- 깊이바 : 구멍의 깊이를 측정
- 조 : 바깥지름(외경)을 측정
- 쇠부리 : 안지름(내경)을 측정

[다이얼게이지]
측정자의 직선 또는 원호운동을 기계적으로 확대하여 그 움직임을 지침의 회전변위로 변환하여 눈금으로 읽을 수 있는 길이측정기로, 진원도, 평면도, 평행도, 축의 흔들림, 원통도 등을 측정할 수 있다.

[수준기]
액체와 기포가 들어 있는 유리관 속에 있는 기포의 위치에 의하여 수평면에서 기울기를 측정하는 액체식 각도 측정기이다.

[한계게이지]

구멍용 한계게이지	구멍의 최소허용치수를 기준으로 한 측정단면이 있는 부분을 통과측이라고 하며 구멍의 최대허용치수를 기준으로 한 측정단면이 있는 부분을 정지측이라고 한다. • 종류 : 원통형 플러그 게이지, 판형 플러그 게이지, 평게이지, 봉게이지
축용 한계게이지	축의 최대허용치수를 기준으로 한 측정단면이 있는 부분을 통과측이라고 하며 축의 최소허용치수를 한 측정단면이 있는 부분을 정지측이라고 한다. • 종류 : 스냅게이지, 링게이지

[나사의 유효지름(d_e)을 측정하는 방법]

㉠ 삼침법(삼선법)을 이용한 측정

- 정밀도가 가장 우수한 측정 방법이다.
- 삼침법을 이용하여 유효지름(d_e)을 구하는 식은 다음과 같다.

$$d_e = M - 3d + 0.866025p$$

　[여기서, M : 마이크로미터 읽음 값, d : 와이어의 지름, p : 나사의 피치]

㉡ 나사 마이크로미터를 이용한 측정(일반적으로 가장 많이 사용하는 측정 방법)

㉢ 공구 현미경을 이용한 측정

23

정답 ⑤

[드릴링 머신 작업의 종류]

드릴링	드릴을 사용하여 구멍을 뚫는 작업이다.
태핑	탭을 이용하여 구멍에 암나사를 내는 가공이다.
리밍	리머라는 회전하는 절삭공구로 기존 구멍 내면의 치수를 정밀하게 만드는 가공 방법이다.
보링	드릴로 이미 뚫어져 있는 구멍을 넓히는 가공으로 편심을 교정하기 위한 가공이며 구멍을 축 방향으로 대칭을 만드는 가공이다.
카운터싱킹	나사 머리의 모양이 접시모양일 때 테이퍼 원통형으로 절삭하는 방법이다. 즉, 접시머리나사의 머리를 묻히게 하기 위해 원뿔자리를 만드는 가공이다.
카운터보링	볼트 또는 너트의 머리 부분이 가공물 안으로 묻히도록 드릴과 동심원의 2단 구멍을 절삭하는 방법이다.
스폿페이싱	볼트 머리나 너트 등이 닿는 부분의 자리면을 평평하게 만드는 가공 방법이다.

24

정답 ①

[밀링에서의 금속제거율, 소재제거율(Q, MRR)]

$$Q = \frac{절삭깊이 \times 가공\ 폭 \times 테이블\ 이송\ 속도}{1,000}$$

$$f_m[\text{mm/min}] = f_t \times Z \times n$$

[여기서, f_t : 밀링커터의 날 당 이송량, Z : 밀링커터의 날 수, n : 밀링커터의 회전수]

풀이

분당 회전수(n)는 rpm, RPM, rev/min, r/min 등으로 표시한다.

$$f_m = f_t \times Z \times n = 0.04 \times 4 \times 1,250 = 200\text{mm/min}$$

$$\therefore\ Q = \frac{절삭깊이 \times 가공\ 폭 \times 테이블\ 이송\ 속도}{1,000} = \frac{25 \times 20 \times 200}{1,000} = 100\text{cm}^3/\text{min}$$

25

㉠ 절삭저항의 3분력에는 주분력, 배분력, 이송분력이 있다. 크기의 순서는 주분력 > 배분력 > 이송분력(횡분력)이다.

㉢ 가장 이상적인 칩의 형태는 유동형 칩이다.

㉥ 구성인선을 방지하려면 공구경사각을 30° 이상으로 크게 한다.

관련이론

[구성인선(빌트업에지, built-up edge)]

절삭 시에 발생하는 칩의 일부가 날 끝에 용착되어 마치 절삭 날의 역할을 하는 현상

발생 순서	발생 → 성장 → 분열 → 탈락의 주기를 반복한다(발성분탈). ※ 주의 : 자생과정의 순서는 "마멸 → 파괴 → 탈락 → 생성" 이다.
특징	• 칩이 날 끝에 점점 붙으면 날 끝이 커지기 때문에 끝단 반경은 점점 커짐. 　→ 칩이 용착되어 날 끝의 둥근 부분[nose, 노즈]이 커지므로 • 구성인선이 발생하면 날 끝에 칩이 달라붙어 날 끝이 울퉁불퉁해지므로 표면을 거칠게 하거나 동력손실을 유발할 수 있다. • 구성인선의 경도값은 공작물이나 정상적인 칩보다 상당히 크다. • 구성인선은 공구면을 덮어 공구면을 보호하는 역할도 할 수 있다. • 구성인선이 발생하지 않을 임계속도는 120m/min(2m/s)이다. • 일감(공작물)의 변형경화지수가 클수록 구성인선의 발생 가능성이 크다. • 구성인선을 이용한 절삭방법은 SWC이다. 칩이 은백색을 띠며 절삭저항을 줄일 수 있는 방법이다.
구성 인선 방지법	• 30° 이상으로 공구 경사각을 크게 한다. 　→ 공구의 윗면경사각을 크게 하여 칩을 얇게 절삭해야 용착되는 양이 적어진다. • 절삭속도를 빠르게 한다. 　→ 고속으로 절삭한다. 고속으로 절삭하면 칩이 날 끝에 용착되기 전에 칩이 떨어져 나가기 때문이다. • 절삭깊이를 작게 한다. 　→ 절삭깊이가 크다면 깎여서 발생하는 칩과 공구의 접촉면적이 넓어지기 때문에 오히려 칩이 날 끝에 용착될 가능성이 더 커져 구성인선의 발생 가능성이 높아진다. 따라서 절삭 깊이를 작게 하여 공구와 칩의 접촉면적을 줄여 칩이 용착되는 가능성을 줄여 구성인선을 방지할 수 있다. • 윤활성이 좋은 절삭유를 사용한다. • 공구반경을 작게 한다. • 절삭공구의 인선을 예리하게 한다. • 마찰계수가 작은 공구를 사용한다. • 칩의 두께를 감소시킨다. • 세라믹 공구를 사용한다.

[칩의 종류]

유동형 칩	전단형 칩	열단형 칩	균열형 칩
연성재료(연강, 구리, 알루미늄 등)를 고속으로 절삭할 때, 윗면 경사각이 클 때, 절삭 깊이가 작을 때, 유동성이 있는 절삭유를 사용할 때 발생하는 연속적이며 가장 이상적인 칩	연성재료를 저속절삭할 때, 윗면 경사각이 작을 때, 절삭 깊이가 클 때 발생하는 칩	점성재료, 저속절삭, 작은 윗면 경사각, 절삭 깊이가 클 때 발생하는 칩	주철과 같은 취성재료를 저속 절삭으로 절삭할 때, 진동 때문에 날 끝에 작은 파손이 생겨 채터가 발생할 확률이 크다.

[테일러의 공구 수명식]

$VT^n = C$

• V는 절삭속도, T는 공구수명이며, 공구수명에 가장 큰 영향을 주는 것은 절삭속도이다.
• C는 공구수명을 1분으로 했을 때의 절삭속도이며, 일감, 절삭조건, 공구에 따라 변한다.
• n은 공구와 일감에 의한 지수로, 세라믹 > 초경합금 > 고속도강 순으로 크다.
• 테일러의 공구수명식을 대수선도로 표현하면 직선으로 표현된다.

26
정답 ②

[표면장력(σ, surface tension)]
• 액체 표면이 스스로 수축하여 되도록 작은 면적(면적을 최소화)을 취하려는 힘
• 응집력이 부착력보다 큰 경우에 표면장력이 발생한다(동일한 분자 사이에 작용하는 잡아당기는 인력이 부착력보다 커야 동글동글한 원 모양으로 유지된다).
※ 응집력 : 동일한 분자 사이에 작용하는 인력이다.

특징	• 자유수면 부근에 막을 형성하는 데 필요한 단위길이당 당기는 힘이다. • 분자 사이에 작용하는 힘에 따라 분자가 서로 접촉하여 응축하려고 하며 이에 따라 표면적이 작은 원 모양이 되려고 한다. • 주어진 유체의 표면장력(N/m)과 단위면적당 에너지($J/m^2 = N \cdot m/m^2 = N/m$)는 동일한 단위를 갖는다. • 모든 방향으로 같은 크기의 힘이 작용하여 합력은 0이다. • 수은 > 물 > 비눗물 > 에탄올 순으로 표면장력이 크며 합성세제, 비누 같은 계면활성제는 물에 녹아 물의 표면장력을 감소시킨다. • 온도가 높아지면 표면장력이 작아진다. • 표면장력이 클수록 분자 간의 인력이 강하므로 증발하는 데 시간이 많이 소요된다. • 표면장력은 물의 냉각효과를 떨어뜨린다. • 물에 함유된 염분은 표면장력을 증가시킨다.

특징		
		• 표면장력의 단위는 N/m이며, 다음은 물방울, 비눗방울의 표면장력식이다.
	물방울	$\sigma = \dfrac{\Delta P D}{4}$ [여기서, ΔP : 내부초과압력(내부압력－외부압력), D : 지름]
	비눗방울	$\sigma = \dfrac{\Delta P D}{8}$ ※ 비눗방울은 얇은 2개의 막을 가지므로 물방울의 표면장력의 0.5배
예		• 소금쟁이가 물에 뜰 수 있는 이유 • 잔잔한 수면 위에 바늘이 뜨는 이유

단위	SI 단위	CGS 단위
	$N/m = J/m^2 = kg/s^2$ $[1J = 1N \cdot m, \ 1N = 1kg \cdot m/s^2]$	dyne/cm $[1dyne = 1g \cdot cm/s^2 = 10^{-5}N]$
	※ 1dyne : 1g의 질량을 $1cm/s^2$의 가속도로 움직이게 하는 힘 ※ 1erg : 1dyne의 힘이 그 힘의 방향으로 물체를 1cm 움직이는 일(1erg = 1dyne · cm $= 10^{-7}J$) [인천국제공항공사 기출]	

풀이

물방울의 표면장력$(\sigma) = \dfrac{\Delta P d}{4}$ [여기서, ΔP : 내부초과압력, d : 물방울의 지름]

※ $1Pa = 1N/m^2$

물방울의 내부압력이 외부압력보다 $40N/m^2$만큼 크게 되려면 내부초과압력(ΔP)이 $40N/m^2$가 되어야 한다.

$\therefore d = \dfrac{4\sigma}{\Delta P} = \dfrac{4 \times 0.098N/m}{40N/m^2} = 0.0098m = 0.98cm$

27

정답 ①

수차의 동력$(H) = \gamma Q H$

[여기서, γ : 액체의 비중량, Q : 체적유량, H : 유효낙차]

$1,000kgf/m^3 = 9,800N/m^3$이다.

$H = \gamma Q H = 9800N/m^3 \times 0.25m^3/s \times 7.5m = 18,375N \cdot m/s = 18,375W = 18.375kW$

문제에서는 동력의 단위가 PS이므로 이를 환산하면, $18.375kW = 18.375(1.36)PS = 25PS$가 된다.

※ $1kgf = 9.8N$이다.

※ $1kW = 1.36PS$, $1PS = 0.735kW$의 관계를 갖는다.

✓ TIP : 실제 시험에서는 각 보기의 수치 차이가 많이 나기 때문에 18.375에 1.36을 곱하면 25에 가깝고 50은 넘지 않는다는 것을 쉽게 캐치할 수 있다. 따라서 답은 ①이다. 실제 시험에서는 해설처럼 계산하지 않는 사람이 승자이다.

28

정답 ⑤

[CNC 공작프로그램의 코드]

코드	M	G	F	O	T	S	N
기능	보조기능	준비기능	이송기능	프로그램 번호	공구기능	주축기능	전개번호
암기법	엠자탈모로 인해 보조 수술이 필요	쥐(G)랄하지 말고 준비해라	이송 (Feed)	오프(Off) 프로그램 번호	공구 (Tool)	축 (Shaft)	엔진 엔진 엔진 전개

29

정답 ②

① 오일러수(압력계수)$=\dfrac{압축력}{관성력}$

② 레이놀즈수$=\dfrac{관성력}{점성력}$

③ 프루드수$=\dfrac{관성력}{중력}$

④ 프란틀수$=\dfrac{운동량전달계수}{열전단계수}=\dfrac{운동량\ 확산도}{역\ 확산도}$

⑤ 웨버수$=\dfrac{관성력}{표면장력}$

[여기서, A에 대한 $B=\dfrac{B}{A}$]

30

정답 ⑤

① **힘** : $F=ma$(질량×가속도)이다. 단위를 맞춰보면 다음와 같다.

힘(F)의 기본 단위	질량(m)의 기본 단위	가속도(a)의 기본 단위
N	kg	m/s^2

→ 힘의 단위(N)$=$kg · m/s^{2}가 된다.

② **응력(σ)**

$\sigma=\dfrac{P(하중)}{A(단면적)}$이므로 $\sigma=\dfrac{P[\text{N}]}{A[\text{m}^2]}=\text{N/m}^2=\text{Pa}$의 단위를 갖는다.

③ **에너지** : 에너지와 일의 단위는 기본적으로 J(joule) 또는 N · m를 사용한다. 1J$=$1N · m이다.

④ **동력(일률, 공률)** : 단위시간(s)당 한 일(J$=$N · m)을 말한다. 즉, "단위시간(s)에 얼마의 일(J$=$N · m)을 하는가"를 나타내는 것으로 동력의 단위는 J/s$=$W(와트)이다(1W$=$1J/s$=$1N · m/s).

따라서 동력은 $\dfrac{일}{시간}=\dfrac{W[\text{J}]}{t[\text{s}]}=\dfrac{FS}{t}=FV$로 구할 수 있다.

[여기서, W : 일, F : 힘, S : 이동거리, t : 시간, V : 속도]

※ 일(W)의 기본 단위는 J이며 일(W) $=FS$이므로 일의 단위는 N・m로도 표현이 가능하다. 따라서 $1J=1N・m$이다.

※ 속도(V) $=\dfrac{거리(S)}{시간(t)}$ 이다.

⑤ **일** : 에너지와 일의 단위는 기본적으로 J(joule) 또는 N・m를 사용한다. $1J=1N・m$이다.

31

정답 ②

[열역학 제1법칙]

물체 또는 계(system)에 공급된 열에너지(Q) 중 일부는 물체의 내부에너지(U)를 높이고, 나머지는 외부에 일($W=PdV$)을 하므로 전체 에너지의 양은 일정하게 보존된다. 즉, $Q=dU+PdV$이다.

풀이

$Q=dU+PdV=540J+300J=840J$

※ 계에서 외부로 일을 하였으므로 일의 부호는 (+)의 부호를 갖는다.

※ 내부에너지가 증가하였으므로 내부에너지의 부호는 (+)의 부호를 갖는다.

$Q=840J$가 도출되며, 이 값이 외부로부터 계가 받은 열량(계가 공급받은 열량)이다.

"1kcal≒4,200J"이므로 1,000cal$=4,200J$이 된다. 양변을 5로 각각 나누면, 200cal$=840J$이 도출된다.

32

정답 ②

[엔탈피(H)의 표현]

엔탈피는 내부에너지와 유동에너지(유동일)의 합으로 표현된다.

∴ $H=U+PV$

[여기서, H : 엔탈피, U : 내부에너지, P : 압력, V : 부피(체적), PV : 유동에너지(유동일)]

풀이

$$\Delta H=\Delta U+\Delta PV=\Delta U+(P_2V_2-P_1V_1)$$
$$=20kJ+[(100kPa)(0.3m^3)-(50kPa)(0.1m^3)]$$
$$=20kJ+(30kJ-5kJ)$$
$$=20kJ+(25kJ)=45kJ$$

[단, "1"은 초기상태, "2"는 나중상태를 의미한다]

※ **단위**

kPa$\times$m^3=kN/m$^2\times$m^3=kN・m=kJ이 된다. 단, 1N・m=1J이며, 1Pa=1N/m^{2}이다.

33

정답 ①

언로딩밸브 (무부하밸브)	• 회로 내의 압력이 일정 압력에 도달했을 때, 압력을 떨어뜨리지 않고 송출량을 <u>그대로 탱크에 되돌리기 위해</u> 사용하는 밸브이다. • 동력의 절감과 발열 방지의 목적으로 펌프의 무부하 운전을 시키는 밸브이다.
감압밸브	밸브의 입구 쪽 압력이 설정압력을 초과하면 작동유의 <u>유로를 차단하여 출구 쪽의 압력 상승을 막는다.</u> 일부 회로의 <u>압력을 주회로의 압력보다 낮은 압력</u>으로 하고자 할 때 사용한다.
릴리프밸브	<u>회로의 압력이 설정값에 도달하면</u> 유체의 일부 또는 전부를 탱크 쪽으로 복귀시켜 <u>회로의 압력을 설정값 이내로 유지</u>하여 유압 구동기기의 보호와 출력을 조정한다(<u>최고 압력 제한</u>).
시퀀스밸브 (순차작동밸브)	2개 이상의 구동기기를 제어하는 회로에서 압력에 따라 구동기기의 <u>작동순서를 자동적으로 제어</u>하는 밸브로 순차 작동밸브라고도 한다.
카운터밸런스밸브	수직 상태로 실린더에 설치된 중량물의 자유낙하 또는 작업 중 부하가 갑자기 제거되었을 때 급격한 이송을 제어하기 위해 <u>실린더의 배압을 가하여</u> 낙하나 추돌 등의 사고를 예방한다.

34

정답 ③

[유압시스템(유입징지)]

㉠ 장점
• 작은 동력원으로 큰 힘을 낼 수 있다(=작은 힘으로 큰 힘을 얻는다=소형 장치로 큰 출력을 낼 수 있다).
• 정확한 위치 제어, 원격 제어가 가능하고, 속도 제어가 쉽다.
• 과부하 방지가 간단하고 정확하다.
• 운동 방향을 쉽게 변경할 수 있고, 에너지 축적이 가능하다.
• 전기 및 전자의 조합으로 자동 제어가 가능하다.
• 윤활성, 내마멸성, 방청성이 좋다.
• 힘의 전달 및 증폭과 연속적 제어가 용이하다.
• 무단 변속이 가능하고 작동이 원활하다.
• 충격에 강하며 높은 출력을 얻을 수 있다.

㉡ 단점
• 유압유 온도의 영향에 따라 정밀한 속도와 제어가 곤란하다.
• 유압유 온도에 따라서 점도가 변하므로 유압기계의 속도가 변화한다.
• 회로 구성이 어렵고, 관로를 연결하는 곳에서 유압유가 누출될 우려가 있다.
• 유압유는 가연성이 있어 화재의 우려가 있다.
• 폐유에 의해 주변 환경이 오염될 수 있다.
• 고압 사용으로 인한 위험성 및 이물질(수분, 공기, 먼지 등)에 민감하다.
• 에너지의 손실이 크며, 구조가 복잡하므로 고장 원인의 발견이 어렵다.

ⓒ 유압 작동유의 점성(점도)의 크기에 따라 발생하는 현상

점성(점도)가 너무 클 때	• 동력손실의 증가로 기계효율이 저하된다. • 소음 및 공동현상(케비테이션)이 발생한다. • 내부 마찰의 증가로 온도가 상승한다. • 유동저항의 증가로 인한 압력 손실이 증가한다. • 유압기기의 작동이 불활발해진다.
점성(점도)가 너무 작을 때	• 기기의 마모가 증대된다. • 압력 유지가 곤란해진다. • 내부 오일 누설이 증가한다. • 유압모터 및 펌프 등의 용적효율이 저하된다.

PART I 과년도 기출문제 정답 및 해설

35

정답 ②

[연삭가공]

입자, 결합도, 결합제 등으로 표시된 숫돌로 연삭하는 가공으로 정밀도, 표면거칠기가 우수하며 담금질 처리가 된 강, 초경합금 등의 단단한 재료의 가공이 가능하다. 또한, 접촉면의 온도가 높으며 숫돌 날이 무뎌지면 탈락하고 새로운 날이 생성되는 자생작용이 있다.

연삭비는 $\dfrac{\text{연삭에 의해 제거된 소재의 체적}}{\text{숫돌의 마모 체적}}$ 으로 정의된다.

※ 자생과정의 순서 : 마멸 → 파쇄 → 탈락 → 생성(마파탈생)

[연삭가공의 특징]

• 연삭입자는 입도가 클수록 입자의 크기가 작고, 연삭입자는 불규칙한 형상을 하고 있다.
• 연삭입자는 평균적으로 음(−)의 경사각을 가지며 전단각이 작다.
• 연삭속도는 절삭속도보다 빠르며, 절삭가공보다 치수효과에 의해 단위체적당 가공에너지가 크다.
• 담금질 처리가 된 강, 초경합금 등의 단단한 재료의 가공이 가능하다.
• 치수정밀도, 표면거칠기가 우수하며 우수한 다듬질 면을 얻는다.
• 연삭점의 온도가 높고, 많은 양을 절삭하지 못한다.
• 숫돌 날이 무뎌지면 탈락하고 새로운 날이 생성되는 자생작용이 있다.
• 모든 입자가 연삭에 참여하지 않는다. 각각의 입자는 절삭, 긁음, 마찰의 작용을 하게 된다.
  − 절삭 : 칩을 형성하고 제거한다.
  − 긁음 : 재료가 제거되지 않고 표면만 변형시킨다. 즉, 에너지가 소모된다.
  − 마찰 : 일감 표면에 접촉해 오직 미끄럼 마찰만 발생시킨다. 즉, 재료가 제거되지 않고 에너지가 소모된다.

[연삭숫돌의 3대 구성요소]

• 숫돌입자 : 공작물을 절삭하는 날로 내마모성과 파쇄성을 가지고 있다.
• 기공 : 칩을 피하는 장소이다.
• 결합제 : 숫돌입자를 고정시키는 접착제이다.

[연삭숫돌의 조직]

숫돌입자의 밀도, 즉 단위체적당 입자의 양을 의미한다.

2023년 하반기 인천교통공사 기출문제 정답 및 해설   203

[연삭숫돌의 결합도]

연삭입자를 결합시키는 접착력의 정도를 의미하며, 이를 숫돌의 경도라고도 하고, 입자의 경도와는 무관하다. 숫돌의 입자가 숫돌에서 쉽게 탈락될 때 연하다고 하고, 탈락이 어려울 때 경하다고 한다.

[연삭가공에서 발생하는 현상]

• 로딩(눈메움) : 숫돌입자의 표면이나 기공에 칩이 메워져 연삭이 불량해지는 현상이다.

• 글레이징(눈무딤) : 연삭 숫돌의 결합도가 매우 높으면 자생 작용이 일어나지 않아 숫돌의 입자가 탈락하지 않고 마모에 의해 납작하게 무뎌지는 현상이다.

• 스필링(쉐딩) : 결합제의 힘이 약해서 작은 절삭력이나 충격에 의해서도 쉽게 입자가 탈락하는 현상이다.

• 드레싱 : 연삭숫돌 내부의 예리한 입자를 표면으로 나오게 하는 작업을 말한다.

• 트루잉 : 나사와 기어의 연삭은 정확한 숫돌 모양이 필요하므로 숫돌의 형상을 수시로 교정하는 작업을 말한다.

[연삭숫돌의 표시 방법]

숫돌입자 – 입도 – 결합도 – 조직 – 결합제

따라서, WA 60 K 5 V에서 WA는 숫돌입자, 60은 입도, K는 결합도, 5는 조직, V는 결합제를 의미한다.

36 정답 ①

$$압력(P) = \frac{F}{A} = \frac{F}{\frac{1}{4}\pi d^2} = \frac{4F}{\pi d^2} = \frac{4 \times 3{,}000\text{N}}{3 \times 20\text{mm}^2} = 10\text{N/mm}^2 = 10\text{MPa}$$

※ 단, $1\text{N/mm}^2 = 1\text{MPa}$이다.

37 정답 ②

[판스프링(leaf spring)]

외팔보형 판스프링	• 삼각판 스프링의 굽힘응력$(\sigma) = \dfrac{6PL}{Bh^2} = \dfrac{6PL}{nbh^2}$ • 삼각판 스프링의 처짐량$(\delta) = \dfrac{6PL^3}{Bh^3 E} = \dfrac{6PL^3}{nbh^3 E}$ [여기서, n : 판수, $B = nb$]
단순보형 겹판스프링	• 굽힘응력$(\sigma) = \dfrac{3PL}{2nbh^2}$ • 처짐량$(\delta) = \dfrac{3PL^3}{8nbh^3 E}$ ※ 외팔보형 판스프링의 공식에서 하중(P)을 $\dfrac{P}{2}$로 길이(L)를 $\dfrac{L}{2}$로 대입하면 위와 같은 공식이 도출된다.

38

정답 ④

물속에 완전히 잠겼을 때 물체의 무게는 공기 중에서의 물체의 무게(원래 물체의 무게, mg)보다 더 가볍다. 그 이유는 물속에 완전히 잠겼을 때, 수직상방향(물체를 들어올리는 방향)으로 부력이 작용하므로 부력의 크기만큼 원래 물체의 무게에서 상쇄되기 때문이다. 따라서, 물속에 완전히 잠겼을 때, 더 가볍게 측정이 되는 것이다. 이를 식으로 표현하면 "$mg=$부력$+$물속에서 물체의 무게"가 된다.

※ W(무게)$=m$(질량)$\times g$(중력가속도)

※ F_b(부력)$=\gamma_{\text{액체}} V_{\text{잠긴 부피}}=\rho_{\text{액체}} g V_{\text{잠긴 부피}}$

※ γ(비중량)$=\rho$(밀도)$\times g$(중력가속도)

"$mg=$부력$+$물속에서 물체의 무게"이므로 부력만 구하면 답이 도출된다.

물속에 완전히 잠겨져 있으므로 잠긴 부피는 물체의 전체 부피가 된다. 물체는 정육면체이므로 물체의 전체 부피는 가로$\times$세로$\times$높이$=0.1\text{m}\times0.1\text{m}\times0.1\text{m}=0.001\text{m}^3$ 가 된다.

부력$=\rho_{\text{액체}} g V_{\text{잠긴 부피}}=1,000\text{kg/m}^3\times10\text{m/s}^2\times0.001\text{m}^3=10\text{N}$이 된다.

∴ $mg=$부력$+$물속에서 물체의 무게$=10\text{N}+50\text{N}=60\text{N}$

39

정답 ②

[가솔린기관(불꽃점화기관)]
- 흡입 → 압축 → 폭발 → 배기 4행정 1사이클로 공기와 연료를 함께 엔진으로 흡입한다.
- 가솔린기관의 구성 : 크랭크축, 밸브, 실린더 헤드, 실린더 블록, 커넥팅 로드, 점화 플러그 등
  ※ 실린더 헤드 : 실린더 블록 뒷면 덮개 부분으로 밸브 및 점화 플러그 구멍이 있고 연소실 주위에는 물재킷이 있는 부분이다. 재질은 주철 및 알루미늄 합금주철이다.
- 가솔린 기관은 연료의 기화가 좋은 점, 압축비가 낮은 점 등으로 시동이 용이하며, 고속 회전을 얻기 쉽다.

[디젤기관(압축착화기관)]
- 혼합기 형성에서 공기만 따로 흡입하여 압축한 후, 연료를 분사하여 압축착화시키는 기관이다. 즉, 디젤기관은 공기와 연료를 따로 흡입한다.
- 디젤기관의 구성 : 연료분사펌프, 연료공급펌프, 연료 여과기, 노즐, 공기 청정기, 흡기다기관, 조속기, 크랭크축, 분사시기 조정기 등
- 디젤기관의 연료 분사 3대 요건 : 관통, 무화, 분포
- 디젤기관은 압축착화 방식이기 때문에 한랭 시(겨울철) 연료(경유)가 잘 착화하지 못해 시동이 어렵다. 따라서, 흡기다기관이나 연소실 내의 공기를 미리 가열하여 엔진의 시동을 쉽도록 만드는 장치인 예열장치를 사용한다. 그 종류에는 흡기 가열 방식과 예열 플러그 방식이 있다.

[가솔린기관과 디젤기관의 특징 비교]

가솔린기관(휘발유 연료)	디젤기관(경유 연료)
인화점이 낮다.	인화점이 높다.
점화장치가 필요하다.	점화장치, 기화장치 등이 없어 고장이 적다.
연료소비율이 디젤보다 크다.	연료소비율과 연료소비량이 낮으며 연료가격이 싸다.

가솔린기관(휘발유 연료)	디젤기관(경유 연료)
일산화탄소 배출이 많다.	일산화탄소 배출이 적다.
질소산화물 배출이 적다.	질소산화물이 많이 생긴다.
고출력 엔진 제작이 불가능하다.	사용할 수 있는 연료의 범위가 넓고 대출력 기관을 만들기 쉽다.
압축비 6~9	압축비 12~22
열효율 26~28%	열효율 33~38%
회전수에 대한 변동이 크다.	압축비가 높아 열효율이 좋다.
소음과 진동이 적다.	압축 및 폭발 압력이 높아 운전 중 소음 및 진동이 크다(저속운전 시, 소음 및 진동이 크다).
압축비가 낮으므로 최고 폭발압력은 낮다.	평균유효압력의 차이가 크지 않아 회전력의 변동이 작다.
고속 회전을 얻기 쉽다.	연료의 취급이 용이하며 화재의 위험이 적다.

40

정답 ④

[냉매(refrigerant)의 구비 조건]
- 임계온도가 높고, 응고온도가 낮아야 한다.
- 비체적이 작아야 한다.
- 증발잠열이 크고, 액체의 비열이 작아야 한다.
- 증발기 내부 증기압 또는 증발 압력은 대기압보다 높아야 한다.
  → 증발기 내부 증기압이 대기압보다 낮으면 대기 중의 공기가 냉동장치 내에 침입할 수 있다.
- 상온에서도 비교적 저압에서 액화될 수 있어야 한다.
- 점성이 작고, 열전도율이 좋으며 동작계수가 커야 한다.
- 표면장력이 작아야 한다.
- 불활성으로 안전하며, 고온에서도 분해되지 않고 금속이나 패킹 등 냉동기의 구성 부품을 부식, 변질, 열화시키지 않아야 한다.
- 폭발성, 인화성이 없고 악취나 자극성이 없어 인체에 유해하지 않아야 한다.
- 화학적으로 안정하고, 값이 싸며 구하기 쉬워야 한다.

13 2020년 상반기 부산교통공사 기출문제

01	②	02	⑤	03	③	04	③	05	③	06	④	07	④	08	③	09	④	10	④
11	③	12	④	13	④	14	④	15	③	16	④	17	⑤	18	②	19	④	20	②
21	④	22	①	23	③	24	⑤	25	①	26	③	27	④	28	③	29	②	30	③
31	①	32	⑤	33	①	34	③	35	③	36	②	37	⑤	38	①	39	⑤	40	④
41	④	42	④	43	④	44	③	45	④	46	②	47	②	48	①	49	①	50	③

01

정답 ②

삼각형의 무게중심(G)에 대한 단면 2차 모멘트값은 $I_x = \dfrac{bh^3}{36}$이다.

문제에서는 밑변에 대한 단면 2차 모멘트를 구하라고 했으므로 평행축 정리를 사용하면 된다.

※ 평행축 정리 : $I_x' = I_x + a^2A$ [여기서, a : 평행이동한 거리, A : 단면적]

무게중심은 중선을 2 : 1로 내분하기 때문에 다음 그림처럼 나타낼 수 있다. 기존 무게중심에 대한 단면

2차 모멘트값은 $I_x = \dfrac{bh^3}{36}$이다. 기존 무게중심에서 밑변까지 평행이동한 거리는 $\dfrac{h}{3}$이다.

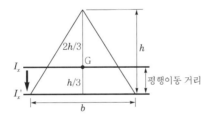

밑변에 대한 단면 2차 모멘트(I_x')를 구해야 하므로 평행축 정리를 사용한다.

$$I_x' = I_x + a^2A = \frac{bh^3}{36} + \left(\frac{h}{3}\right)^2\left(\frac{bh}{2}\right) = \frac{bh^3}{36} + \frac{2bh^3}{36} = \frac{3bh^3}{36} = \frac{bh^3}{12}\text{이 된다.}$$

02

정답 ⑤

[상태함수]

성질	• 각 물질마다 특정한 값을 가지며 상태함수 또는 점함수라고도 한다. • 경로에 관계없이 계의 상태에만 관계되는 양이다(단, 일과 열량은 경로에 의한 경로함수 =도정함수이다).

상태량의 종류	강도성 상태량	• 물질의 질량에 관계없이 그 크기가 결정되는 상태량이다(세기의 성질, intensive property이라고도 한다). • 압력, 온도, 비체적, 밀도, 비상태량, 표면장력
	종량성 상태량	• 물질의 질량에 따라 그 크기가 결정되는 상태량으로 그 물질의 질량에 정비례 관계가 있다. • 체적, 내부에너지, 엔탈피, 엔트로피, 질량

03

정답 ③

[합성수지]
유기물질로 합성된 가소성 물질을 플라스틱 또는 합성수지라고 한다.

특징	• 전기절연성과 가공성 및 성형성이 우수하다. • 색상이 매우 자유로우며 가볍고 튼튼하다. • 화학약품, 유류, 산, 알칼리에 강하지만 열과 충격에 약하다. • 무게에 비해 강도가 비교적 높은 편이다. • 가공성이 높기 때문에 대량생산에 유리하다.	
종류	열경화성 수지	주로 그물 모양의 고분자로 이루어진 것으로 가열하면 경화되는 성질을 가지며, 한번 경화되면 가열해도 연화되지 않는 합성수지이다. 모르면 찍을 수 밖에 없는 내용이기 때문에 그물 모양인지, 선 모양인지 반드시 암기해야 한다. 서울시실용난, SH 등에서 기출된 적이 있다.
	열가소성 수지	주로 선 모양의 고분자로 이루어진 것으로 가열하면 부드럽게 되어 가소성을 나타내므로 여러 가지 모양으로 성형할 수 있으며, 냉각시키면 성형된 모양이 그대로 유지되면서 굳는다. 다시 열을 가하면 물렁물렁해지며, 계속 높은 온도로 가열하면 유동체가 된다.
열경화성 수지와 열가소성 수지의 차이점	• 열가소성 수지는 가열에 따라 연화·용융·냉각 후 고화하지만 열경화성 수지는 가열에 따라 가교 결합하거나 고화된다. • 열가소성 수지의 경우 성형 후 마무리 및 후가공이 많이 필요하지 않으나, 열경화성 수지는 플래시(flash)를 제거해야 하는 등 후가공이 필요하다. • 열가소성 수지는 재생품의 재용융이 가능하지만, 열경화성 수지는 재용융이 불가능하기 때문에 재생품을 사용할 수 없다. • 열가소성 수지는 제한된 온도에서 사용해야 하지만, 열경화성 수지는 높은 온도에서도 사용할 수 있다.	

종류 구분하기!	열경화성 수지	열가소성 수지
	폴리에스테르, 아미노수지, 페놀수지, 프란수지, 에폭시수지, 실리콘수지, 멜라닌수지, 요소수지, 폴리우레탄	폴리염화비닐, 불소수지, 스티롤수지, 폴리에틸렌수지, 초산비닐수지, 메틸아크릴수지, 폴리아미드수지, 염화비닐론수지, ABS수지
	✓ Tip : 폴리에스테르를 제외하고 폴리가 들어가면 열가소성수지이다.	

종류 구분하기!	★ 참고 : 폴리우레탄은 열경화성과 열가소성 2가지 종류가 있다. ↑ 열경화성, 열가소성 종류를 물어보는 문제는 단골 문제이다(한 종류만 암기!). ※ 폴리카보네이트 : 플라스틱 재료 중에서 내충격성이 매우 우수한 열가소성 플라스틱으로 보석방의 진열 유리 재료로 사용된다. ※ 베이클라이트 : 페놀수지의 일종으로 전기절연성, 강도, 내열성 등이 우수하다.

04

정답 ③

열역학 제0법칙	• 열 평형의 법칙 • 물질 A와 B가 접촉하여 서로 열 평형을 이루고 있으면 이 둘은 열적 평형상태에 있으며 알짜열의 이동은 없다. • 온도계의 원리와 관계된 법칙
열역학 제1법칙	• 에너지 보존의 법칙 • 계 내부의 에너지의 총합은 변하지 않는다. • 물체에 공급된 에너지는 물체의 내부에너지를 높이거나 외부에 일을 하므로 에너지의 양은 일정하게 보존된다. • 열은 에너지의 한 형태로서 일을 열로 변환하거나 열을 일로 변환하는 것이 가능하다. • 열효율이 100% 이상인 제1종 영구기관은 열역학 제1법칙에 위배된다(열효율이 100% 이상인 열기관을 얻을 수 없다).
열역학 제2법칙	• 에너지의 방향성을 명시하는 법칙(열은 항상 고온에서 저온으로 흐른다, 열은 스스로 저온의 물질에서 고온의 물질로 이동하지 않는다) • 열기관에서 작동물질이 일을 하게 하려면 그보다 더 저온인 물질이 필요하다. 열은 항상 고온에서 저온으로 이동하기 때문에 열기관에서 더 저온인 물질이 필요하며 열이 이동해야만 공급된 열과 방출된 열의 차이만큼 외부로 일이 만들어지기 때문이다. • 비가역성을 명시하는 법칙으로 엔트로피는 항상 증가한다. • 절대온도의 눈금을 정의하는 법칙 • 하나의 열원에서 얻어진 열을 모두 일로 바꾸는 기관은 존재하지 않는다. • 열효율이 100%인 제2종 영구기관은 열역학 제2법칙에 위배된다(열효율이 100%인 열기관을 얻을 수 없다). • 외부의 도움 없이 스스로 자발적으로 일어나는 반응은 열역학 제2법칙과 관련이 있다. • 비가역의 예시 : 혼합, 자유팽창, 확산, 삼투압, 마찰, 열의 이동, 화학 반응 등 참고 자유팽창은 등온으로 간주하는 과정이다.
열역학 제3법칙	• 네른스트의 정의 : 어떤 방법에 의해서도 물질의 온도를 절대 영도까지 내려가게 할 수 없다. • 플랑크의 정의 : 모든 물질이 열역학적 평형상태에 있을 때 절대온도가 0에 가까워지면 엔트로피도 0에 가까워진다($\lim_{t \to 0} \triangle S = 0$).

참고

열역학 법칙의 발견 순서 : 1법칙 → 2법칙 → 0법칙 → 3법칙

05

정답 ③

[구상흑연주철]

• 주철 속의 흑연이 완전히 구상이며 그 주위가 페라이트 조직으로 되어 있는데 이 형태가 황소의 눈과 닮았기 때문에 불스아이 조직이라고도 한다. 즉, 페라이트형 구상흑연주철에서 불스아이 조직을 관찰할 수 있다.

• 흑연을 구상화시키는 방법 : 선철을 용해한 후에 마그네슘(Mg), Ca(칼슘), Ce(세슘)을 첨가한다. 흑연이 구상화되면 보통주철에 비해 인성과 연성이 우수해지며 강도도 좋아진다.

• 인장강도가 가장 크며 기계적 성질이 매우 우수하다.

• 덕타일주철(미국), 노듈라주철(일본) 모두 다 구상흑연주철을 지칭하는 말이다.

• 구상흑연주철의 조직 : 시멘타이트, 펄라이트, 페라이트 → 암기법은 시펄 페버릴라!

• 페이딩 현상 : 구상화 후에 용탕 상태로 방치하면 흑연을 구상화시켰던 효과가 점점 사라져 결국 보통주철로 다시 돌아가는 현상이다.

구상흑연주철에 첨가하는 원소	Mg, Ca, Ce(마카세)
구상흑연주철의 조직	시멘타이트, 펄라이트, 페라이트(시펄 페버릴라!)
불스아이 조직(소눈 조직)	페라이트형 구상흑연주철

[주철의 인장강도 순서] ★

구상흑연주철 > 펄라이트 가단주철 > 백심 가단주철 > 흑심 가단주철 > 미하나이트 주철 > 합금 주철 > 고급 주철 > 보통 주철

[필수 암기_인장강도]

보통주철	고급주철	흑심가단주철	백심가단주철	구상흑연주철
$10{\sim}20kgf/mm^2$	$25kgf/mm^2$ 이상	$35kgf/mm^2$	$36kgf/mm^2$	$50{\sim}70kgf/mm^2$

인장강도 순서를 묻는 문제는 지엽적이지만 간혹 공기업 기계직 시험에서 출제되는 내용으로 반드시 숙지해야 한다.

06

정답 ④

[브라인]

냉동시스템 외부를 순환하며 간접적으로 열을 운반하는 매개체이며 2차 냉매 또는 간접 냉매라고도 한다. 상의 변화 없이 현열인 상태로 열을 운반하는 냉매이다. 그리고 브라인을 사용하는 냉동 장치는 간접 팽창식, 브라인식이라고 한다.

[브라인의 구비 조건(★빈출)]

• 부식성이 없어야 한다. → 대표적으로 부식성이 없는 에틸렌글리콜, 프로필렌글리콜이 많이 사용된다.

• 열용량이 커야 한다.

• 비열이 크고, 점도가 작으며 열전도율이 커야 한다.

• 응고점이 낮아야 한다.

• 점성이 작아야 한다. → 점성이 크면 마찰이 커지므로 냉매가 순환 시 많은 동력이 필요하게 된다. 따라서 순환펌프의 소요 동력을 고려했을 때, 점성을 작게 하여 소요 동력을 낮추는 것이 냉동기의 효율을 높여준다.

- 가격이 경제적이며 구입이 용이해야 한다.
- 불활성이며 냉장품 소손이 없어야 한다.

07

정답 ④

웨버수의 물리적 의미 : $\dfrac{\text{관성력}}{\text{표면장력}}$ = 표면장력에 대한 관성력의 비

08

정답 ③

[경도 시험법의 종류]

종류	시험 원리	압입자	경도값
브리넬 경도 (HB)	압입자인 강구에 일정량의 하중을 걸어 시험편의 표면에 압입한 후, 압입 자국의 표면적 크기와 하중의 비로 경도를 측정한다.	강구	$HB = \dfrac{P}{\pi dt}$ 여기서, πdt : 압입면적 P : 하중
비커스 경도 (HV)	압입자에 1~120kgf의 하중을 걸어 자국의 대각선 길이로 경도를 측정하고, 하중을 가하는 시간은 캠의 회전속도로 조절한다. 특징으로는 압흔자국이 극히 작으며 시험 하중을 변화시켜도 경도 측정치에는 변화가 없다. 그리고 침탄층, 질화층, 탈탄층의 경도 시험에 적합하다.	136°인 다이아몬드 피라미드 압입자	$HV = \dfrac{1.854P}{L^2}$ 여기서, L : 대각선 길이 P : 하중
로크웰 경도 (HRB, HRC)	압입자에 하중을 걸어 압입 자국(홈)의 깊이를 측정하여 경도를 측정한다. 특징으로는 <u>담금질된 강재의 경도시험에 적합하다.</u> – 예비하중 : 10kgf – 시험하중 : B스케일 100kg : C스케일 150kg • 로크웰B : 연한 재료의 경도 시험에 적합하다. • 로크웰C : 경한 재료의 경도 시험에 적합하다.	• B스케일 $\phi 1.588$mm 강구(1/16인치) • C스케일 120° 다이아몬드(콘)	HRB : $130 - 500h$ HRC : $100 - 500h$ 여기서, h : 압입깊이
쇼어 경도 (HS)	추를 일정한 높이에서 낙하시켜, 이 추의 반발높이를 측정해서 경도를 측정한다. [특징] • 측정자에 따라 오차가 발생할 수 있다. • 재료에 흠을 내지 않는다. • 주로 완성된 제품에 사용한다.	다이아몬드 추	$H_s = \dfrac{10,000}{65}\left(\dfrac{h}{h_0}\right)$ 여기서, h : 반발높이 h_0 : 초기 낙하체의 높이

종류	시험 원리	압입자	경도값
쇼어 경도 (HS)	• 탄성률이 큰 차이가 없는 곳에 사용해야 한다. 탄성률 차이가 큰 재료에는 부적당하다. • 경도치의 신뢰도가 높다		
누프 경도 (HK)	• 정면 꼭지각이 172°, 측면 꼭지각이 130°인 다이아몬드 피라미드를 사용하고 대각선 중 긴 쪽을 측정하여 계산한다. 즉, 한 쪽 대각선이 긴 피라미드 형상의 다이아몬드 압입자를 사용해서 경도를 측정한다. • 누프경도시험법은 <u>마이크로 경도 시험법</u>에 해당한다.	정면 꼭지각 172°, 측면 꼭지각 130°인 다이아몬드 피라미드	$HK = \dfrac{14.2P}{L^2}$ 여기서, L : 긴 쪽의 대각선 길이 P : 하중

09

정답 ④

[구성인선(built-up edge)]
절삭 시에 발생하는 칩의 일부가 날 끝에 용착되어 마치 절삭날의 역할을 하는 현상

발생 순서	발생 → 성장 → 분열 → 탈락의 주기(발성분탈)를 반복한다.
구성인선의 특징	• 칩이 날 끝에 찜찜 붙으면 날 끝이 끼끼기 때문에 끈단 밥경은 점점 커지게 되다[칩이 용착되어 날 끝의 둥근 부분(노즈)가 커지므로]. • 구성인선이 발생하면 날 끝에 칩이 달라붙어 날 끝이 울퉁불퉁해지므로 표면을 거칠게 하거나 동력손실을 유발할 수 있다. • 구성인선의 경도값은 공작물이나 정상적인 칩보다 상당히 크다. • 구성인선은 공구면을 덮어 공구면을 보호하는 역할도 할 수 있다. • 구성인선이 발생하지 않을 임계속도는 120m/min이다. • 일감(공작물)의 변형경화지수가 클수록 구성인선의 발생 가능성이 크다. • 구성인선을 이용한 절삭방법은 SWC이다. 은백색을 띠며 절삭저항을 줄일 수 있는 방법이다. ※ 노즈(nose) : 날 끝의 둥근 부분으로 노즈의 반경은 0.8mm이다.
구성인선의 방지 방법	• 절삭 깊이가 크다면 깎여서 발생하는 칩과 공구의 접촉면적이 넓어지기 때문에 오히려 칩이 날 끝에 용착될 가능성이 더 커져 구성인선의 발생 가능성이 높아진다. 따라서 절삭 깊이를 작게 하여 공구와 칩의 접촉면적을 줄여 칩이 용착되는 가능성을 줄여 구성인선을 방지할 수 있다. • 공구의 윗면 경사각을 크게 하여 칩을 얇게 절삭해야 용착되는 양이 적어진다. 따라서 구성인선을 방지할 수 있다. • 30° 이상으로 바이트의 전면 경사각을 크게 한다. • 윤활성이 좋은 절삭유제를 사용한다.

구성인선의 방지 방법	• 고속(120m/min 이상)으로 절삭한다. 고속으로 절삭하면 칩이 날 끝에 용착되기 전에 칩이 떨어져 나가기 때문이다. • 절삭공구의 인선을 예리하게 한다. • 마찰계수가 작은 공구를 사용한다.

[혼동 주의]

연삭숫돌의 자생과정의 순서인 "마멸 → 파괴 → 탈락 → 생성(마파탈생)"과 혼동하면 안된다.

10

정답 ④

길이가 L인 외팔보의 자유단(끝단)에 집중하중 P가 작용했을 때의 최대 처짐량

$$\delta_{max} = \frac{PL^3}{3EI} = \frac{1,000 \times 10^3}{3 \times 50 \times 10^9 \times \dfrac{0.04 \times 0.2^3}{12}} = 0.25\text{m} = 250\text{mm}$$

[여기서, $I = \dfrac{bh^3}{12}$]

11

정답 ③

[불변강(고-니켈강)]

온도가 변해도 탄성률, 선팽창계수가 변하지 않는 강

[불변강의 종류]

인바	Fe-Ni 36%로 구성된 불변강으로 선팽창계수가 매우 작다. 즉, 길이의 불변강이다. 시계의 추, 줄자, 표준자 등에 사용된다.
초인바	기존의 인바보다 선팽창계수가 더 적은 불변강으로 인바의 업그레이드 형태이다.
엘린바	Fe-Ni 36%-Cr 12%로 구성된 불변강으로 탄성률(탄성계수)이 불변이다. 정밀저울 등의 스프링, 고급시계, 기타정밀기기의 재료에 적합하다.
코엘린바	엘린바에 Co(코발트)를 첨가한 것으로 공기나 물에 부식되지 않는다. 스프링, 태엽 등에 사용된다.
플래티나이트	Fe-Ni 44~48%로 구성된 불변강으로 열팽창계수가 백금, 유리와 비슷하다. 전구의 도입선으로 사용된다.

✓ 퍼멀로이(Fe-Ni 78%), 니켈로이(Fe-Ni 50%)도 고-니켈강으로, 불변강에 속한다.

12

정답 ④

냉각속도에 따른 조직	오스테나이트(A) > 마텐자이트(M) > 트루스타이트(T) > 소르바이트(S) > 펄라이트(P)
탄소강의 기본 조직	페라이트, 펄라이트, 시멘타이트, 오스테나이트, 레데뷰라이트

여러 조직의 경도 순서	시멘타이트(C) > 마텐자이트(M) > 트루스타이트(T) > 베이나이트(B) > 소르바이트(S) > 펄라이트(P) > 오스테나이트(A) > 페라이트(F) ✏ 암기법 : 시멘트 부어! 시..ㅂ.. 팔 아파..
담금질 조직 경도 순서	마텐자이트 > 트루스타이트 > 소르바이트 > 오스테나이트 (담금질 조직 종류 : M, T, S, A) ← 부산교통공사 기출 내용
담금질에 따른 용적(체적) 변화가 큰 순서	마텐자이트 > 소르바이트 > 트루스타이트 > 펄라이트 > 오스테나이트 마텐자이트가 용적(체적)변화가 커서 팽창이 큰 이유는 고용된 γ고용체가 고용-α로 변태하기 때문이고 오스테나이트가 펄라이트로 변화하는 것은 위의 변화와 함께 고용탄소가 유리탄소로 변화하기 때문이다. 여기서 γ가 α로 변태할 때 팽창하지만 고용탄소가 유리탄소로 변태할 때는 수축하게 된다. 따라서 완전한 펄라이트로 변태되면 마텐자이트보다 수축되어 있다. 즉, 펄라이트양이 많을수록 팽창량이 적어진다.

✓ 미세한 펄라이트 : 트루스타이트
✓ 중간 펄라이트 : 소르바이트

13

정답 ④

[전위기어의 사용목적]
• 중심거리를 자유롭게 변화시킬 때
• 언더컷을 방지할 때
• 이의 물림률과 이의 강도를 개선힐 때
• 최소 잇수를 적게 할 때

[전위기어의 특징]
• 모듈에 비해 강한 이를 얻을 수 있다.
• 주어진 중심거리에 대한 기어의 설계가 용이하다.
• 공구의 종류가 적어도 되고 각종 기어에 응용된다.
• 계산이 복잡하게 된다.
• 호환성이 없게 된다.
• 베어링 압력을 증가시킨다.

14

정답 ④

[작동유(유압유)의 구비조건]
• 체적탄성계수가 크고 비열이 클 것
• 비중이 작고 열팽창계수가 작을 것
• 넓은 온도 범위에서 점도의 변화가 작을 것
• 점도지수가 높을 것
• 산화에 대한 안정성이 있을 것
• 윤활성과 방청성이 있을 것
• 착화점이 높을 것

- 적당한 점도를 가질 것
- 물리·화학적인 변화가 없고 비압축성일 것
- 유압 장치에 사용하는 재료에 대하여 불활성일 것
- 인화점, 발화점이 높을 것
- 증기압이 낮고 비등점(끓는점)이 높을 것

15

정답 ③

$$\varepsilon_r = \frac{Q_2}{W} \rightarrow 3.5 = \frac{10\text{kW}}{W}$$

$$\therefore W(\text{동력}) = 2.86\text{kW}$$

[여기서, $36{,}000\text{kJ/hr} = 10\text{kJ/s} = 10\text{kW}$]

16

정답 ④

[디젤 엔진과 가솔린 엔진의 비교]

디젤 엔진(압축 착화)	가솔린 엔진(전기불꽃점화)
인화점이 높다.	인화점이 낮다.
점화장치, 기화장치 등이 없어 고장이 적다.	점화장치가 필요하다.
연료소비율과 연료소비량이 낮으며 연료가격이 싸다.	연료소비율이 디젤보다 크다.
일산화탄소 배출이 적다.	일산화탄소 배출이 많다.
질소산화물 배출이 많다.	질소산화물 배출이 적다.
사용할 수 있는 연료의 범위가 넓다.	고출력 엔진제작이 불가능하다.
압축비 12~22	압축비 5~9
열효율 33~38%	열효율 26~28%
압축비가 높아 열효율이 좋다.	회전수에 대한 변동이 크다.
연료의 취급이 용이하고, 화재의 위험이 적다.	소음과 진동이 적다.
저속에서 큰 회전력이 생기며 회전력의 변화가 작다.	연료비가 비싸다.

✓ 디젤 엔진의 연료 분무형성의 3대 조건 : 무화, 분포, 관통력

[노크방지법]

	연료착화점	착화지연	압축비	흡기온도	실린더 벽온도	흡기압력	실린더 체적	회전수
가솔린	높다	길다	낮다	낮다	낮다	낮다	작다	높다
디젤	낮다	짧다	높다	높다	높다	높다	크다	낮다

17

기준강도의 결정은 사용재료 및 사용 환경에 따라 다르다.

[기준강도]
• 상온에서 연강과 같은 연성재료에 정하중이 작용할 때는 항복점을 기준강도로 한다.
• 상온에서 주철과 같은 취성재료에 정하중이 작용할 때는 극한강도를 기준강도로 한다.
• 반복하중이 작용할 때는 피로한도를 기준강도로 한다.
• 고온에서 연성재료에 정하중이 작용할 때는 크리프한도를 기준강도로 한다.
• 좌굴이 발생하는 장주에서는 좌굴응력을 기준강도로 한다.

✎ **필수 암기**
(상)남자는 (극)도로 (취)하면 (항)문에서 (연)기가 난다.
• (상)온에서 주철과 같은 (취)성재료에 정하중이 작용할 때는 (극)한강도를 기준강도로!
• (상)온에서 연강과 같은 (연)성재료에 정하중이 작용할 때는 (항)복점을 기준강도로!
✓ 극한강도＝인장강도

18

일($N \cdot m = kg \cdot m^2/s^2$)	ML^2T^{-2}
동력($N \cdot m/s = kg \cdot m^2/s^3$)	ML^2T^{-3}
점성계수($N \cdot s/m^2 = kg/s \cdot m$)	$ML^{-1}T^{-1}$
가속도(m/s^2)	LT^{-2}
밀도(kg/m^3)	ML^{-3}

19

아연(Zn)은 조밀육방격자이다.

체심입방격자 (BCC, Body Centered Cubic)	면심입방격자 (FCC, Face Centered Cubic)	조밀육방격자 (HCP, Hexagonal Closed Packed)
Li, Ta, Na, Cr, W, V, Mo, α-Fe, δ-Fe	Ag, Au, Al, Ca, Ni, Cu, Pt, Pb, γ-Fe	Be, Mg, Zn, Cd, Ti, Zr
강도 우수, 전연성 작음, 용융점 높음	강도 약함, 전연성 큼, 가공성 우수	전연성 작음, 가공성 나쁨

20

① **절탄기**(economizer) : 보일러에서 나온 연소 배기가스의 남은 열로 보일러로 공급되고 있는 급수를 미리 예열하는 장치이다.
② **복수기**(정압방열) : 응축기(condenser)라고도 하며 증기를 물로 바꿔주는 장치이다.

③ **터빈**(단열팽창) : 보일러에서 만들어진 과열증기로 팽창 일을 만들어내는 장치이다. 터빈은 과열증기가 단열팽창되는 곳이며 과열증기가 가지고 있는 열에너지가 기계에너지로 변환되는 곳이라고 보면 된다.

④ **보일러**(정압가열) : 석탄을 태워 얻은 열로 물을 데워 과열증기를 만들어내는 장치이다.

⑤ **펌프**(단열압축) : 복수기에서 다시 만들어진 물을 보일러로 보내주는 장치이다.

21
정답 ④

[금속의 여러 가지 성질]

물리적 성질	비중, 질량, 밀도, 부피, 온도, 비열, 용융점, 열전도율, 전기전도율, 열팽창계수, 자성 등
기계적 성질	인장강도, 강도, 경도, 인성, 취성, 연성, 전성, 탄성률, 탄성계수, 연신율, 굽힘강도, 피로, 항복점, 크리프, 휨 등
화학적 성질	부식성, 내식성, 환원성, 폭발성, 용해도, 가연성, 생성 엔탈피 등
가공상의 성질	주조성, 용접성(접합성), 절삭성, 소성가공성 등

22
정답 ①

연속방정식($Q = A_1 V_1 = A_2 V_2$)을 사용한다.

$$A_1 V_1 = A_2 V_2 \rightarrow \left(\frac{1}{4} \pi 1^2 \right)(2) = \left(\frac{1}{4} \pi 2^2 \right)(V_2)$$

$$\therefore V_2 = 0.5\text{m/s}$$

23
정답 ③

[강괴]

평로, 전로, 전기로에서 정련이 끝난 용강에 탈산제를 넣어 탈산시킨 후 주형틀에 넣어 응고시켜 만든 금속이다.

[산소 제거 정도에 따른 제강법으로 만들어진 강괴의 종류]

림드강	• 탄소함유량 0.3% 이하 • 산소를 가볍게 제거한 강(불완전탈산강) • 기포가 발생하고 편석이 되기 쉽다. • 킬드강에 비해 강괴의 표면이 곱고 분괴 생산 비율도 좋으며 값이 싸다.	• 탈산제 : 페로망간(Fe-Mn)
킬드강	• 탄소함유량 0.3% 이상 • 산소를 충분하게 제거한 강(완전탈산강) • 상부에 수축공이 발생하기 때문에 강괴의 상부를 10~20% 잘라서 버린다. 즉, 가공 전 제거하는 과정이 추가되기 때문에 값이 비싸며 고품질이다.	• 탈산제 : 페로실리콘(Fe-Si), 알루미늄(Al) • 용도 : 조선 압연판, 탄소공구강의 재료로 쓰이며 편석과 불순물이 적은 균일한 강

| 캡드강 | • 림드강을 변형시킨 것으로 다시 탈산제를 넣거나 뚜껑을 덮고 비등교반운동(리밍액션)을 조기에 강제적으로 끝나게 한다.
• 내부의 편석과 수축공을 적게 제조한다. | – |
| 세미킬드강 | • 탄소함유량 0.15~0.3%
• 산소를 중간 정도로 제거한 강
• 림드강과 킬드강의 중간 상태의 강으로 용접에 많이 사용된다. | • 탈산제 : 페로망간(Fe-Mn)+페로실리콘 (Fe-Si) |

✓ 탈산 정도가 큰 순서 : 킬드강 > 세미킬드강 > 캡드강 > 림드강

✓ 비등교반운동(리밍액션) : 림드강에서 탈산조작이 충분하지 않아 응고가 진행되면서 용강 중에 남은 탄소와 산소가 반응하여 일산화탄소가 발생하면서 방출되는 현상이다. 이로 인해 순철의 림층이 형성된다.

24

정답 ⑤

[코일스프링의 처짐량(δ)]

$$\delta = \frac{8PD^3n}{Gd^4}$$

[여기서, P : 스프링에 작용하는 하중, D : 코일의 평균지름, n : 감김수, G : 전단탄성계수(횡탄성계수), d : 소선의 지름]

처짐량은 코일의 평균지름(D)의 세제곱에 비례한다. 따라서 코일의 평균지름(D)이 2배가 되면 처짐량은 $2^3 = 8$배가 된다.

25

정답 ①

손실수두 $H_l = f\dfrac{L}{d}\dfrac{V^2}{2g} = 0.022 \times \dfrac{200}{0.1} \times \dfrac{1^2}{2 \times 9.8} = 2.245\text{m}$

26

정답 ③

① **공정반응** : 2개의 성분 금속이 용융 상태에서는 하나의 액체로 존재하나 응고 시에는 공정점(1,130℃)에서 일정한 비율로 두 종류의 금속이 동시에 정출되어 나오는 반응이다.

② **공석반응** : 철이 하나의 고용체 상태에서 냉각될 때, 공석점으로 불리는 A1변태점(723℃)을 지나면서 두 개의 고체가 혼합된 상태로 변하는 반응이다. 공석반응은 응고반응이 아니다.

③ **포정반응** : 하나의 고용체가 형성되고 그와 동시에 같이 있던 액상이 반응해서 또 다른 고용체가 생성되는 반응이다.

종류	온도	탄소함유량	반응식	발생 조직
공정반응	1,130℃	4.3%	액체 ↔ γ고용체+Fe$_3$C	γ고용체+Fe$_3$C(레데뷰라이트)
공석반응	723℃	0.77%	γ고용체 ↔ α고용체+Fe$_3$C	α고용체+Fe$_3$C(펄라이트)
포정반응	1,495℃	0.17%	δ고용체+액체 ↔ γ고용체	γ고용체(오스테나이트)

④ **편정반응** : 하나의 액상으로부터 다른 액상 및 고용체를 동시에 생성하는 반응이다. 켈밋합금에서 나타나는 반응이다.

⑤ **금속 간 화합물** : 친화력이 큰 성분의 금속이 화학적으로 결합하면 각 성분의 금속과는 현저하게 다른 성질을 가지는 독립된 화합물을 말한다. 일반적으로 Fe_3C(시멘타이트)가 대표적이며, 금속 간 화합물은 전기저항이 크고, 일반적으로 복잡한 결정 구조를 갖고 있으며 경하고 취약하다.

→ 밑줄 친 부분은 공기업 기출(2020년 등)에 출제된 적이 있으니 반드시 암기하자.

✓ Fe-C 상태도 : 철과 탄소 사이의 온도에 따른 조직의 변화를 나타낸 그래프

27
정답 ④

코이닝	압인가공으로도 불리는 코이닝은 상·하형이 서로 관계가 없는 요철을 가지고 있으며 두께의 변화가 있는 제품을 만들 때 사용된다. 보통 메달, 주화, 장식품 등의 가공에 사용된다.
헤밍	판재의 끝단을 접어 포개는 공정 작업이다.
아이어닝	딥드로잉 된 컵의 두께를 더욱 균일하게 만들기 위한 후속공정이다.
비딩	오목 및 볼록 형상의 롤러 사이에 판을 넣고 롤러를 회전시켜 홈을 만드는 공정으로 긴 돌기를 만드는 가공이다.
시밍	판재를 접어서 굽히거나 말아 넣어 접합시키는 공정이다.

28
정답 ③

① **카운터보링** : 볼트 또는 너트의 머리 부분이 가공물 안으로 묻히도록 드릴과 동심원의 2단 구멍을 절삭하는 방법

② **카운터싱킹** : 나사 머리의 모양이 접시모양일 때 테이퍼 원통형으로 절삭하는 방법이다. 즉, 접시머리 나사의 머리를 묻히게 하기 위해 원뿔자리를 만드는 가공이다.

③ **스폿페이싱** : 단조나 주조품의 경우 표면이 울퉁불퉁하여 볼트나 너트를 체결하기 곤란하다. 이때, 볼트나 너트가 닿는 구멍 주위의 부분만을 평탄하게 가공하여 체결이 용이하도록 하는 가공 방법이다. 즉, 볼트나 너트 등 머리가 닿는 부분의 자리면을 평평하게 만드는 가공 방법이다.

④ **널링가공** : 미끄럼을 방지할 목적으로 공기나 기계류 등에서 손잡이 부분을 거칠게 하는 것과 같이 원통형 표면에 규칙적인 모양의 무늬를 새기는 가공 방법이다. 즉, 선반가공에서 가공면의 미끄러짐을 방지하기 위해 요철형태로 가공하는 것을 말한다. 또한, 널링가공은 소성가공에 포함되는 가공법이다.

⑤ **보링가공** : 드릴로 이미 뚫어져 있는 구멍을 넓히는 공정으로 편심을 교정하기 위한 가공이며 구멍을 축 방향으로 대칭을 만드는 가공이다.

29
정답 ②

[헐거운 끼워맞춤]

항상 틈새가 생기는 끼워맞춤으로 구멍의 최소치수가 축의 최대치수보다 크다.

• 최대 틈새 : 구멍의 최대허용치수－축의 최소허용치수
• 최소 틈새 : 구멍의 최소허용치수－축의 최대허용치수

[억지 끼워맞춤]

항상 죔새가 생기는 끼워맞춤으로 축의 최소치수가 구멍의 최대치수보다 크다.

• 최대 죔새 : 축의 최대허용치수−구멍의 최소허용치수

• 최소 죔새 : 축의 최소허용치수−구멍의 최대허용치수

[중간 끼워맞춤]

구멍, 축의 실 치수에 따라 틈새 또는 죔새의 어떤 것이나 가능한 끼워맞춤이다.

∴ 최대 죔새=축의 최대허용치수−구멍의 최소허용치수=(50+0.03)−(50−0.01)=0.04mm

30

정답 ③

올덤커플링 : 두 축이 서로 평행하고 중심선의 위치가 서로 약간 어긋났을 경우, 각속도의 변화 없이 동력을 전달시키려고 할 때 사용되는 커플링이다.

31

정답 ①

문제 푸는 순서

① 그림에 작용하는 힘들을 모두 표시한다.

② 기준이 되는 점을 정한다. 보통 힌지를 기준으로 잡는다.

③ 모멘트(M)는 반시계 방향을 (+) 부호로 잡고 시계 방향을 (−) 부호로 잡는다[시계 방향을 (+) 부호로 잡고 반시계 방향을 (−) 부호로 잡아도 상관없다].

④ 기준점에 대한 모멘트의 합력이 0이 된다는 것을 사용하여 평형방정식을 만든다.

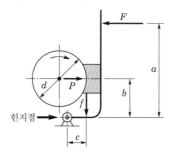

힌지점(O점으로 가정)에서 모멘트의 합력이 0이 된다는 것을 이용한다.

$$\sum M_O = 0$$

$-fc - Pb + Fa = 0$으로 평형방정식을 세울 수 있다.

(f는 드럼의 회전방향에 의해 접선방향으로 작용하는 제동력이다. 이 제동력은 드럼과 블록 접촉면에 작용하게 된다. $f = \mu P$이며 μ는 마찰계수, P는 브레이크 블록을 누르는 힘이다)

$-\mu Pc - Pb + Fa = 0 \quad \rightarrow \quad Fa = \mu Pc + Pb = P(\mu c + b)$

$Fa = P(\mu c + b) \quad \rightarrow \quad P = \dfrac{Fa}{\mu c + b} = \dfrac{1,000 \times 1,500}{(0.2 \times 100) + 280} = 5,000\text{N}$

브레이크 블록을 누르는 힘 P는 5,000N이 도출된다. 여기서 주의해야 할 점은 다 풀어놓고 답을 5,000N으로 선택하여 틀리는 일이 없도록 해야 한다. 실제로 위와 같은 문제가 실제 시험에 많이 출제되고 있다.

많은 준비생들이 제동력(f)을 구해야 하는데 P까지만 구하고 답을 선택하는 경우가 매우 많다. 조심해야 한다.

문제에서는 브레이크 제동력(f)을 구하라 했으므로 다음과 같이 구한다.

$$\therefore f = \mu P = 0.2 \times 5{,}000 = 1{,}000\text{N}$$

32

정답 ⑤

$P = \tau \dfrac{1}{4}\pi d^2 n$ [여기서, P : 하중, τ : 허용전단응력, d : 리벳 지름, n : 리벳의 수]

1kgf = 9.8N이므로 하중 750kgf = 7,350N이다.

τ(허용전단응력)는 4kgf/mm^2 = 39.2N/mm^{2}이다.

$$P = \tau \frac{1}{4}\pi d^2 n \ \rightarrow \ 750 = 4 \times \frac{1}{4} \times \pi \times 5^2 \times n$$

$$\therefore n = 10$$

$\therefore$ 리벳이 최소 10개가 있어야 750kgf의 하중을 지지할 수 있다.

33

정답 ①

기본적으로 효율은 입력 대비 효율이다. 즉, "얼마나 먹고 얼마나 싸는가"라고 생각하면 쉽다. 먹은 것은 공급열(Q)이 될 것이며, 싼 것은 외부에 한 일(W)이므로 다음과 같이 정의될 수 있다.

열기관의 효율 $\eta = \dfrac{W}{Q}$ [여기서, Q : 공급열, W : 외부에 한 일]

1kcal = 4,180J이므로 5,000kcal = 20,900kJ

$$\eta = \frac{W}{Q} = \frac{2{,}500\text{kJ}}{20{,}900\text{kJ}} \fallingdotseq 0.12 = 12\%$$

※ 단위 맞춰주는 것을 잊지 말아야 한다.

34

정답 ④

$\tau = \dfrac{P}{A} = \dfrac{P}{2al}$

$P = \tau(2al) = \tau(2h\cos 45\, l)$ [여기서, $a = h\cos 45$, h : 용접 사이즈]

$\quad = 200 \times 2 \times 10 \times 0.7 \times 60 = 168{,}000\text{N} = 168\text{kN}$

35

정답 ③

$T(\text{토크}) = \mu P \left(\dfrac{D_m}{2} \right) = \mu P \left(\dfrac{D_1 + D_2}{4} \right)$

[여기서, D_m : 평균지름$\left(\dfrac{D_1 + D_2}{2} \right)$, D_1 : 안지름, D_2 : 바깥지름, μ : 마찰계수]

$T[\text{N} \cdot \text{mm}] = 9{,}549{,}000 \times \dfrac{H[\text{kW}]}{N[\text{rpm}]} = 9{,}549{,}000 \times \dfrac{4}{4{,}000} = 9{,}549\text{N} \cdot \text{mm}$

$$T(\text{토크}) = \mu P\left(\frac{D_1 + D_2}{4}\right) \rightarrow 9,549\text{N} \cdot \text{mm} = 0.2 \times P \times \frac{40 + 60}{4}$$

$$\therefore\ P(\text{축 방향으로 미는 힘}) = 1909.8\text{N}$$

비틀림모멘트(토크) 계산식 ★	
동력(H)의 단위가 kW일 때	$T(\text{N} \cdot \text{mm}) = 9,549,000\dfrac{H[\text{kW}]}{N[\text{rpm}]}$
동력(H)의 단위가 PS일 때	$T(\text{N} \cdot \text{mm}) = 7,023,500\dfrac{H[\text{PS}]}{N[\text{rpm}]}$

36

정답 ②

[마찰손실동력(단위시간당 마찰일량)]

$$H_f = A_f = \mu P v[\text{N} \cdot \text{m/s}] = \frac{\mu P v}{735}[\text{PS}] = \frac{\mu P v}{1,000}[\text{kW}]$$

$$v = \frac{\pi D N}{60,000} = \frac{3 \times 100 \times 2,400}{60,000} = 12\text{m/s}$$

$$H_f = \frac{\mu P v}{735}[\text{PS}] = \frac{0.2 \times 2.94 \times 1,000 \times 12}{735} = 9.6\text{PS}$$

37

정답 ⑤

공동현상은 펌프의 회전수가 클 때 발생한다.

[공동현상이 발생하는 원인]
• 유속이 빠를 때
• 펌프와 흡수면 사이의 수직거리가 너무 길 때
• 관 속을 유동하고 있는 물속의 어느 부분이 고온도일수록 포화증기압에 비례해서 상승할 때

[공동현상을 방지하는 방법]
• 실양정이 크게 변동해도 토출량이 과대하게 증가하지 않도록 주의한다.
• 스톱밸브를 지양하고 슬루스밸브를 사용한다.
• 펌프의 흡입수두를 작게 한다.
• 유속을 3.5m/s 이하로 유지하고 펌프의 설치위치를 낮춘다.
• 마찰저항이 작은 흡입관을 사용하여 흡입관 손실을 줄인다.
• 펌프의 임펠러속도(회전수)를 작게 한다(흡입비교회전도를 낮춘다).
• 펌프의 설치위치를 수원보다 낮게 한다.
• 양흡입펌프를 사용한다(펌프의 흡입측을 가압한다).
• 펌프를 2개 이상 설치한다.
• 관 내의 물의 정압을 증기압보다 높게 한다.
• 흡입관의 구경을 크게 하여 유속을 줄이고 배관을 완만하고 짧게 한다.
• 압축펌프를 사용하고 회전차를 수중에 완전히 잠기게 한다.
• 유압회로에서 기름의 점도는 800ct를 넘지 않아야 한다.

38

정답 ①

T(구동토크) $= \dfrac{Pq}{2\pi}$ [여기서, P : 작동유 압력, q : 1회전당 유량, Q(유량)$= qN$(회전수)]

작동유 압력 : $500\text{N/cm}^2 = 5,000,000\text{N/m}^2$

1회전당 유량 : $20\text{cc/rev} = 20 \times 10^{-6}\text{m}^3\text{/rev}$

$\therefore \ T = \dfrac{Pq}{2\pi} = \dfrac{5,000,000 \times 20 \times 10^{-6}}{2 \times 3} = 16.67\text{N} \cdot \text{m}$

39

정답 ⑤

㉠ 관통볼트란 관통된 구멍에 볼트를 집어넣어 반대쪽에서 너트로 죄어 2개의 기계부품을 죄는 볼트이다.

㉣ 탭볼트란 관통볼트를 사용하기 어려울 때 결합하려는 상대 쪽에 탭으로 암나사를 내고 이것을 머리달린 볼트를 나사에 박아 부품을 결합하는 볼트이다.

40

정답 ③

[외팔보형 판스프링]

굽힘응력 $\sigma = \dfrac{6PL}{Bh^2} = \dfrac{6PL}{nbh^2}$, 처짐량 $\delta = \dfrac{6PL^3}{Bh^3E} = \dfrac{6PL^3}{nbh^3E}$

[여기서, n : 판수, $B = nb$]

[단순보형 겹판스프링]

굽힘응력 $\sigma = \dfrac{3PL}{2nbh^2}$, 처짐량 $\delta = \dfrac{3PL^3}{8nbh^3E}$

■ 외팔보형 겹판스프링의 공식에서 하중 $P \rightarrow \dfrac{P}{2}$, 길이 $L \rightarrow \dfrac{L}{2}$ 로 대입하면 위와 같은 식이 도출된다.

41

정답 ④

㉠ **슈퍼피니싱** : 가공물 표면에 미세하고 비교적 연한 숫돌을 낮은 압력으로 접촉시켜 진동을 주어 가공하는 고정밀 가공 방법이다.

㉢ **래핑** : 금속이나 비금속재료의 랩(lab)과 일감 사이에 절삭 분말 입자인 랩제(abrasives)를 넣고 상대 운동을 시켜 공작물을 미소한 양으로 깎아 매끈한 다듬질 면을 얻는 정밀가공 방법으로, 절삭량이 매우 적으며 표면의 정밀도가 매우 우수하며 블록게이지 등의 다듬질 가공에 많이 사용된다. 종류로는 습식래핑과 건식래핑이 있고 습식래핑을 먼저 하고 건식래핑을 실시한다.
  • 습식법(습식래핑) : 랩제와 래핑액을 혼합해서 가공하는 방법으로 래핑능률이 높다.
  • 건식법(건식래핑) : 건조 상태에서 래핑 가공을 하는 방법으로 래핑액을 사용하지 않는다. 일반적으로 더욱 정밀한 다듬질 면을 얻기 위해 습식래핑 후에 실시한다.

42

정답 ④

[밸브의 사용목적]

유량조절, 압력조절, 속도조절, 유체의 방향 전환, 유체의 단속 및 유송

[밸브의 종류]

슬루스 밸브	판상의 밸브 판이 흐름의 직각으로 미끄러져 유로를 개폐하는 밸브이다. 게이트 밸브라고도 한다. **참고** 게이트 밸브는 유로의 중간에 설치해서 흐름을 차단하는 대표적인 개폐용 밸브이다. 그리고 게이트 밸브는 부분적으로 개폐될 때 유체의 흐름에 와류가 생겨 내부에 먼지가 쌓이기 쉽다.
글로브 밸브	유체의 흐름이 S자 모양이 되거나 유체의 흐름을 90° 변형시켜 흐름 방향으로 디스크를 눌러 개폐하는 밸브이다. 기밀성이 높고 유량제어가 우수한 특징을 가지고 있다.
플로트 밸브	버저의 움직임으로 밸브를 개폐하고 액의 유입을 조절하여 액면을 일정하게 유지하는 조절 밸브이다.
체크 밸브	역지 밸브라고도 불리며, 유체를 한 방향으로만 흐르게 하여 역류를 방지하는 밸브이다.
버터플라이 밸브	밸브의 몸통 안에서 밸브대를 축으로 하여 원판 모양의 밸브 디스크가 회전하면서 관을 개폐하여 관로의 열림 각도가 변화함으로써 유량을 조절하는 밸브이다.
스톱 밸브	밸브 디스크가 밸브대에 의하여 밸브 시트에 직각 방향으로 작동한다.

43

정답 ④

㉠ **전자빔용접** : 고진공 분위기 속에서 음극으로부터 방출된 전자를 고전압으로 가속시켜 피용접물에 충돌시켜 그 충돌로 인한 발열 에너지로 용접을 실시하는 방법이다.

㉡ **고주파용접** : 플라스틱과 같은 질연제를 고주피 건장 내에 넣으면 분자가 강하게 진동되어 발열하는 성질을 이용한 용접 방법이다.

㉢ **테르밋용접** : 알루미늄 분말과 산화철 분말을 1 : 3~4 비율로 혼합시켜 발생되는 화학 반응열을 이용한 용접 방법이다.

㉣ **TIG용접** : 텅스텐 봉을 전극으로 하고 아르곤이나 헬륨 등의 불활성 가스를 사용하여 알루미늄, 마그네슘, 스테인리스강의 용접에 널리 사용되는 용접 방법이다.

✓ 기존 기출문제보다 난이도를 더 높게 변형시켰다.

44

정답 ③

㉠ **오토콜리메이터** : 시준기와 망원경을 조합한 광학적 측정기로 미소각을 측정할 수 있다. 또한, 직각도, 평면도, 평행도, 진직도 등을 측정할 수 있다.

㉡ **블록게이지** : 여러 개를 조합하여 원하는 치수를 얻을 수 있는 측정기로 양 단면의 간격을 일정한 길이의 기준으로 삼은 높은 정밀도로 잘 가공된 단도기이다.

㉢ **다이얼게이지** : 측정자의 직선 또는 원호운동을 기계적으로 확대하여 그 움직임을 지침의 회전변위로 변환하여 눈금으로 읽을 수 있는 길이측정기로 진원도, 평면도, 평행도, 축의 흔들림, 원통도 등을 측정할 수 있다.

㉣ **서피스게이지** : 금긋기용 공구로 평면도 검사나 금긋기를 할 때 또는 중심선을 그을 때 사용한다.

참고

금긋기용 공구 : 서피스게이지, 센터펀치, 직각자, V블록, 트롬멜, 캠퍼스 등

45

정답 ③

① **수축공**(shrinkage cavity) : 대부분 금속은 응고 시 수축하게 되는데 이때 수축에 의해 쇳물이 부족하게 되어 발생하는 결함이다.
② **미스런**(주탕불량) : 용융금속이 주형을 완전히 채우지 못하고 응고된 것
③ **콜드셧**(쇳물경계) : 주형 내에서 이미 응고된 금속과 용융금속이 만나 응고속도 차이로 먼저 응고된 금속면과 새로 주입된 용융금속의 경계면에서 발생하는 결함, 즉 서로 완전히 융합되지 않고 응고된 결함이다.
④ **핀**(지느러미) : 주형의 상·하형을 올바르게 맞추지 않을 때 생기는 결함으로 주로 주형의 분할면 및 코어프린트 부위에 쇳물이 흘러나와 얇게 굳은 것이다.
⑤ **기공**(blow hole) : 가스배출의 불량으로 발생하는 결함이다.

46

정답 ②

[종탄성계수(E, 세로탄성계수, 영률), 횡탄성계수(G, 전단탄성계수), 체적탄성계수(K)의 관계식]
$mE = 2G(m+1) = 3K(m-2)$ [여기서, m : 푸아송수]
푸아송수(m)과 푸아송비(ν)는 서로 역수의 관계를 갖기 때문에 다음과 같이 식이 변환된다.
$E = 2G(1+\nu) = 3K(1-2\nu)$ [여기서, ν : 푸아송비]
$E = 2G(1+\nu) = 2G(1+0.2) = 2G \times 1.2 = 2.4G$

$\therefore \dfrac{E}{G} = 2.4$

47

정답 ②

① **초전도합금** : 초전도 특성을 가진 재료로 다양한 형태로 가공하여 코일 등으로 만들어 사용한다. 어떤 전도물질을 상온에서 점차 냉각하여 절대온도 0K($-273℃$)에 가까운 극저온이 되면 전기저항이 0이 되어 완전도체가 되는 동시에 그 내부에 흐르고 있던 자속이 외부로 배제되어 자속밀도가 0이 되는 "마이스너 효과"에 의해 완전한 반자성체가 되는 재료이다. 초전도 현상에 영향을 주는 인자는 온도, 자기장, 자속밀도이다.
② **초소성 합금** : 초소성은 금속이 유리질처럼 늘어나는 특수현상을 말한다. 즉, 초소성 합금은 파단에 이르기까지 수백 % 이상의 큰 신장률을 발생시키는 합금이다. 초소성 현상을 나타내는 재료는 공정 및 공석조직을 나타내는 것이 많다. 또한, Ti 및 Al계 초소성 합금이 항공기의 구조재로 사용되고 있다.
③ **형상기억합금** : 고온에서 일정 시간 유지함으로써 원하는 형상을 기억시키면 상온에서 외력에 의해 변형되어도 기억시킨 온도로 가열하면 변형 전 형상으로 되돌아오는 합금이다.
   • 온도, 응력에 의존되어 생성되는 마텐자이트 변태를 일으킨다.
   • 형상기억 효과를 만들 때 온도는 마텐자이트 변태 온도 이하에서 한다.
   • 우주선의 안테나, 치열 교정기, 안경 프레임, 급유관의 이음쇠, 소재의 회복력을 이용하여 용접 또는 납땜이 불가한 것을 연결하는 이음쇠로 사용된다.
   • Ni-Ti 합금의 대표적인 상품은 니티놀이다. 주성분은 Ni과 Ti이다.
④ **파인세라믹스** : 가볍고 금속보다 훨씬 단단한 특성을 지닌 신소재로 1,000℃ 이상의 고온에서도 잘 견디며 강도가 잘 변하지 않으면서 내마멸성이 커서 특수 타일이나 인공 뼈, 자동차 엔진, 반도체 집적회로 등의 재료로 사용되지만 깨지기 쉬워 가공이 어렵다는 단점이 있다.

⑤ FRP : 폴리에스터 수지, 에폭시 수지 등의 열경화성 수지를 섬유 등의 강화재로 보강하여 기계적 강도와 내열성을 높인 플라스틱으로 동일 중량으로 기계적 강도가 강철보다 강력하다.

48

정답 ①

[너트의 설계]

$d_e = \dfrac{d_1 + d_2}{2} = \dfrac{6+10}{2} = 8\text{mm}$ [여기서, d_1 : 골지름, d_2 : 바깥지름]

$h = \dfrac{d_2 - d_1}{2} = \dfrac{10-6}{2} = 2\text{mm}$

$Z = \dfrac{Q}{\pi d_e h q} = \dfrac{10,000}{3 \times 8 \times 2 \times 20} \fallingdotseq 10.42$ [단, $1\text{MPa} = 1\text{N/mm}^2$]

∴ $H = pZ = 2 \times 10.42 = 20.84\text{mm}$

Z(나사산수) 구하기	$Z = \dfrac{Q}{\pi d_e h q}$, $d_e = \dfrac{d_1 + d_2}{2}$, $h = \dfrac{d_2 - d_1}{2}$ [여기서, Z : 나사산수, d_e : 유효지름, h : 나사산높이, q : 허용접촉면압력, Q : 축방향 하중]
H(너트의 높이) 구하기	$H = pZ$ [여기서, H : 너트의 높이, p : 피치, Z : 나사산수]

49

정답 ①

[수차]

유체에너지를 기계에너지로 변환시키는 기계로 수력발전에서 가장 중요한 설비

[대표적인 수차들의 종류와 특징]

충동 수차	반동 수차
수차가 물에 완전히 잠기지 않으며 물은 수차의 일부 방향에서 공급, 운동에너지만을 전환시킨다.	물의 위치에너지를 압력에너지와 속도에너지로 변환하여 이용하는 수차이다. 물의 흐름 방향이 회전차의 날개에 의해 바뀔 때 회전차에 작용하는 충격력 외에 회전차 출구에서의 유속을 증가시켜줌으로써 반동력을 회전차에 작용하게 하여 회전력을 얻는 수차이다. 종류로는 프란시스 수차와 프로펠러 수차가 있다. • 프로펠러 수차 : 약 10~60m의 저낙차로 비교적 유량이 많은 곳에 사용된다. 날개각도를 조정할 수 있는 가동익형을 카플란 수차라고 하며, 날개각도를 조정할 수 없는 고정익형을 프로펠러 수차라고 한다.

펠톤 수차(충격수차) ★ 빈출	프란시스 수차
• 고낙차(200~1,800m) 발전에 사용하는 충동수차의 일종으로 "물의 속도 에너지"만을 이용하는 수차이다. • 고속 분류를 버킷에 충돌시켜 그 힘으로 회전차를 움직이는 수차이다. 그리고 회전차와 연결된 발전기가 돌아 전기가 생산된다. • 분류(jet)가 수차의 접선 방향으로 작용하여 날개차를 회전시켜서 기계적인 일을 얻는 충격수차이다.	반동수차의 대표적인 수차로 40~600m의 광범위한 낙차의 수력발전에 사용된다. 적용 낙차와 용량의 범위가 넓어 가장 많이 사용되며 물이 수차에 반경류 또는 혼류로 들어와서 축 방향으로 유출되며 이때, 날개에 반동 작용을 주어 날개차를 회전시킨다. 비교적 효율이 높아 발전용으로 많이 사용된다.
중력 수차	사류 수차
물이 낙하할 때 중력에 의해서 움직이는 수차이다.	혼류수차라고도 하며 유체의 흐름이 회전날개에 경사진 방향으로 통과하는 수차로 구조적으로 프란시스 수차나 카플란 수차와 같다. 종류로는 데리아 수차가 있다.
펌프 수차	튜블러 수차
펌프와 수차의 기능을 각각 모두 갖추고 있는 수차이다. 양수발전소에서 사용된다.	원통형 수차라고 하며 10m 정도의 저낙차, 조력발전용 수차이다.

50

정답 ③

응력집중은 단면적이 급하게 변하는 부분, 모서리 부분, 구멍 부분 등에서 발생한다.

$$\sigma_{\max} = \alpha \times \frac{P}{A} = \alpha \times \frac{P}{(b-d)t} = 4 \times \frac{100}{(0.3-0.1) \times 0.08} = 25,000\text{N/m}^2 = 25\text{kN/m}^2$$

14 2022년 하반기 부산교통공사(운전직) 기출문제

01	④	02	④	03	③	04	④	05	③	06	②	07	①	08	①	09	③	10	③
11	③	12	④	13	③	14	①	15	④	16	④	17	③	18	②	19	④	20	②
21	②	22	④	23	③	24	④	25	③										

01

정답 ④

[주물용 알루미늄 합금]

라우탈	알루미늄(Al)−구리(Cu)−규소(Si)계 합금으로 구리는 절삭성을 증대시키며 규소는 주조성을 향상시킨다(알구규).
실루민(알팩스)	알루미늄(Al)−규소(Si)계 합금으로 소량의 망간(Mn)과 마그네슘(Mg)이 첨가되기도 한다. 주조성이 양호한 편이고 공정반응이 나타나며 시효경화성은 없다. 그리고 절삭성은 불량한 특징을 가지고 있다(알규).
Y합금	알루미늄(Al), 구리(Cu), 니켈(Ni), 마그네슘(Mg)을 첨가한 합금으로 내열성이 우수하여 실린더 헤드, 피스톤 등에 사용된다(알구니마). ※ 코비탈륨 : Y합금의 일종으로 티타늄과 구리를 0.2% 정도씩 첨가한 것으로 피스톤용 알루미늄 합금이다. 고온에서 기계적 성질이 우수하며 내열성, 고온강도가 우수하다.
하이드로날륨	알루미늄(Al)−마그네슘(Mg)의 합금으로 통상 마그네슘은 3~9%를 첨가하여 만든다. 내식성이 매우 우수하며 차량 및 선박 구조물 등에 사용된다.
로엑스	알루미늄(Al)−규소(Si)계 합금에 구리(Cu), 니켈(Ni), 마그네슘(Mg)을 첨가한 것으로 Y합금보다 열팽창계수가 작고 피스톤 재료로 사용된다. 주조성, 단조성이 좋다.

02

정답 ④

나사의 크기를 나타내는 호칭은 수나사의 바깥지름으로 나타낸다. 즉, 나사의 호칭지름은 수나사의 바깥지름으로 나타낸다.

03

정답 ③

[쾌삭강]

절삭성을 향상시키기 위해 황(S), 납(Pb), 인(P), 망간(Mn), 셀레늄(Se), 칼슘(Ca), 비스무트(Bi), 텔루륨(Te), 지르코늄(Zr), 아연(Zn) 등을 첨가한 강이다. 이 중에서 황은 절삭성을 향상시키기 위해 반드시 첨가해야 할 원소이다.

※ 절삭성(피삭성) : 재료를 절삭공작기계로 절삭할 때, 절삭의 쉽고 어려움을 나타내는 정도이다.

04

정답 ④

기본열처리	담금질(quenching, 소입), 뜨임(tempering, 소려), 풀림(annealing, 소둔), 불림(normalizing, 소준)
표면경화법	침탄법, 질화법, 청화법, 고주파경화법, 화염경화법, 숏피닝, 하드페이싱, 금속침투법(칼로라이징, 세라다이징, 실리코나이징, 보로나이징, 크로마이징 등)
항온열처리	항온뜨임, 항온풀림, 항온담금질(오스템퍼링, 마템퍼링, 마퀜칭, MS퀜칭), 오스포밍

05

정답 ③

[베어링]
회전하는 축을 일정한 위치에서 지지하여 자유롭게 움직이게 하고 축의 회전을 원활하게 하는 축용 기계요소이다.

[저널]
저널은 베어링에 의해 지지되는 축의 부분 및 베어링이 축과 접촉되는 부분이다.

[미끄럼베어링과 구름베어링의 특징 비교]
전동체(볼, 롤러)를 이용하여 구름마찰을 하는 것을 구름베어링, 윤활유에 의한 유막형성으로 유체마찰을 하는 것을 미끄럼베어링이라고 한다.

	미끄럼베어링	구름베어링
형상치수	바깥지름은 작고, 너비는 넓다.	바깥지름은 크고, 너비는 좁다.
마찰상태	유체마찰	구름마찰
마찰 특징	운동마찰을 작게 할 수 있다.	기동마찰이 작다.
기동토크	(유막형성이 늦은 경우) 크다.	작다.
충격	충격에 강하다.	충격에 약하다.
강성	작다.	크다.
동력손실	마찰에 의한 동력손실이 크다.	마찰에 의한 동력손실이 작다.
소음 및 진동	작다.	크다.
운전속도	공진영역을 지나 운전할 수 있다.	공진영역 이내에서 운전한다.
속도	고속 운전에 적합하다.	고속 운전에 부적합하다.
윤활	별도의 윤활장치가 필요하다.	윤활이 용이하다.
과열	과열의 위험이 크다.	과열의 위험이 작다.
규격 및 호환	규격화되지 않아 자체 제작한다.	규격화되어 호환성이 우수하다.
구조	구조가 간단하며 값이 저렴하다.	전동체(볼, 롤러)가 있어 복잡하며 일반적으로 값이 고가이다.

※ 공진영역 내에서는 구름베어링이 더 고속으로 운전되나, 미끄럼베어링은 공진영역을 지나 운전이 가능하기 때문에 공진영역 밖에서는 미끄럼베어링이 더 고속이라고 간주한다. 따라서 공진에 관한 말이 없으면 일반적으로 미끄럼베어링이 구름베어링보다 더 고속 운전이 가능하다고 판단하면 된다.

06 정답 ②

[마찰차의 전달 동력(H)]

$$H[kW] = \frac{\mu P v}{1,000}$$

[여기서, μ : 마찰계수, P : 마찰차를 미는 힘(누르는 힘), v : 원주속도]

$$\therefore H[\text{kW}] = \frac{\mu P v}{1,000} = \frac{0.2 \times 4,000\text{N} \times 10\text{m/s}}{1,000} = 8\text{kW}$$

07 정답 ①

$$응력(\sigma) = \frac{P(작용 \ 하중)}{A(하중이 \ 작용하고 \ 있는 \ 단면적)}$$

단, 속이 빈 파이프(중공축)이므로 단면적(A)은 다음과 같다.

$$A = \frac{1}{4}\pi d^2_{바깥지름} - \frac{1}{4}\pi d^2_{안지름}$$

$$= \frac{1}{4}\pi(d^2_{바깥지름} - d^2_{안지름})$$

$$= \frac{1}{4}(3)[(5\text{mm})^2 - (3\text{mm})^2] = 12\text{mm}^2$$

$$\therefore \sigma = \frac{P}{A} = \frac{60\text{N}}{12\text{mm}^2} = 5\text{N/mm}^2 = 5\text{MPa}$$

[단, $1\text{N/m}^2 = 1\text{Pa}$, $1\text{N/mm}^2 = 1\text{MPa}$이다.]

08 정답 ①

[용융점(융점, ℃)]

• 용해로에서 금속 재료를 가열하면 금속 재료(고체)가 녹아 액체 상태(액상)로 되는 온도이다.
• 어떤 금속 재료의 용융점(융점)에 도달하면 그 금속은 녹아 액체 상태(액상)이 된다.
• 용융점(융점)이 높은 금속일수록 열을 가해 액체 상태(액상)로 만들기 어렵다(잘 녹지 않는다).

[여러 금속의 용융점(℃)]

W (텅스텐)	Ti (티타늄)	Fe (철)	Ni (니켈)	Cu (구리)	Au (금)	Ag (은)
3410	1,730	1,538	1,453	1,083	1,060	959
Al (알루미늄)	Mg (마그네슘)	Zn (아연)	Pb (납)	Bi (비스뮤트)	Sn (주석)	Hg (수은)
660	650	419	327	271.5	232	−38.8

09

[금속]

열이나 전기를 잘 전도하며 늘어나고 펴지는 성질이 우수하고 광택을 가진 물질이다.

※ 순금속 : 1가지의 원소로 구성되어 있는 물질

[금속의 특징(순금속의 특징)]

• 수은을 제외하고 상온에서 고체이며 고체 상태에서 결정구조를 갖는다.
　→ 수은(Hg)은 용융점(융점)이 −38.8℃이므로 상온에서 액체이다.
• 광택이 있고, 빛을 잘 발산하며 가공성과 성형성이 우수하다.
• 성과 전성이 우수하며 가공하기 쉽다.
• 열전도율이 좋고 전기전도율이 좋다(자유전자가 있기 때문).
　→ 열과 전기의 양도체이다.
• 비중과 경도가 크며, 용융점이 높다. 열처리를 하여 기계적 성질을 변화시킬 수 있다.
• 이온화하면 양(+)이온이 된다.
• 대부분의 금속은 응고 시 수축한다. 단, 비스뮤트(Bi)와 안티몬(Sb)은 응고 시 팽창한다.

※ 비스뮤트의 비중은 9.81이며 용융점은 271.3℃이다. 비스뮤트(Bi)는 우리말로 창연이다.

10

[소성가공]

금속재료(물체)의 영구변형(소성)을 이용한 가공 방법으로 "재결정 온도 이하에서 가공하느냐, 재결정 온도 이상에서 가공하느냐"에 따라 냉간가공과 열간가공으로 구분된다. 이때, 소성가공에서 이용하는 재료의 성질에는 전성, 연성 등이 있다(변형시켜야 하므로).

※ 전성 : 재료가 하중을 받으면 넓고 얇게 펴지는 성질을 말하며 가단성이라고도 한다.
※ 연성 : 재료를 잡아당겼을 때, 가늘고 길게 잘 늘어나는 성질이다.

[소성가공의 종류]

프레스, 인발, 압출, 압연, 단조, 널링, 제관, 전조 등이 있다.
※ 연마는 재료의 표면을 다른 고체 따위로 문질러 매끈하게 하는 것이다.

11

삼각나사의 나사산의 각도는 60°이다.

[나사산 각도]

톱니나사	30°, 45°
유니파이나사	60°
둥근나사	30°
사다리꼴 나사	• 인치계(Tw) : 29° • 미터계(Tr) : 30°
미터나사	60°

관용나사	55°
휘트워드나사	55°

12

정답 ④

[황동의 종류]

델타메탈	• 6.4황동에 철(Fe) 1~2%를 함유한 것으로 철황동이라고도 한다. • 강도가 크고 내식성이 좋아 선박용 기계, 광산기계 등에 사용된다. • 내해수성이 강한 고강도 황동이다.
네이벌 황동	• 주석황동의 일종으로 6.4황동에 주석(Sn)을 1% 정도로 첨가한 황동이다. • 용접용 파이프의 재료로 사용된다.
카트리지 황동	• 구리(Cu) 70%에 아연(Zn)이 30% 함유되어 연신율이 최대이다. • α고용체이며 상온 가공성이 양호하다(가공성을 목적으로 한다). • 전구의 소켓, 장식품, 탄피의 재료로 사용된다.
문쯔메탈	• 6.4황동이라고도 하며, 구리(Cu) 60%에 아연(Zn)이 40% 함유되어 인장강도가 최대인 합금이다. • 강도(인장강도 등)가 크므로 전연성은 낮다. • 아연의 함유량이 많아 황동 중에서 가격이 가장 저렴하다. • 내식성이 작고, 탈아연 부식을 일으키지만 강도가 크므로 기계부품 등에 많이 사용된다.

13

정답 ③

[주철의 5대 원소와 각 원소가 미치는 영향]

인 (P)	• 쇳물의 유동성을 좋게 하며, 주물의 수축을 작게 한다. • 너무 많이 첨가되면 단단해지고 균열이 생기기 쉽다. • 주철의 용융점을 낮게 하고 유동성을 좋게 하여 주물 표면을 청정하게 한다. • 강도 및 경도를 증가시킨다.
탄소 (C)	• 탄소가 많을수록 단단해져 강도 및 경도가 증가하고 취성이 커진다. • 탄소는 시멘타이트와 흑연상태로 존재한다. 냉각속도가 느릴수록 흑연화가 쉬우며 규소가 많을수록 흑연화를 촉진시키고 망간이 적을수록 흑연화방지가 덜 되기 때문에 흑연의 양이 많아진다. • 탄소함유량이 증가할수록 용융점이 감소하여 녹이기 쉬워 주형틀에 부어 흘려 보내기 쉬우므로 (유동성이 증가하므로) 주조성이 좋아진다.
규소 (Si)	• 주철에 있어 탄소 다음으로 중요한 성분이다. • 규소를 첨가하면 흑연의 발생을 촉진시켜 응고 수축이 적어 주조하기 쉬워진다. • 조직상 탄소를 첨가하는 것과 같은 효과를 낼 수 있다. • 주물 두께에 영향을 준다.
망간 (Mn)	• 흑연화를 방지하고 조직을 치밀하게 하여 경도, 강도 등을 증가시킨다. • 적당한 망간을 함유하면 내열성을 크게 할 수 있다. • 고온에서 결정립 성장을 억제하며, 인장강도 증가, 고온가공성 증가, 담금질효과를 개선한다.

황 (S)	• 유동성을 나쁘게 하며 그에 따라 주조성을 저하시킨다. • 흑연의 생성을 방해하고 적열취성을 일으킨다. 즉, 강도가 현저히 감소된다. • 절삭성을 향상시킨다.

14

정답 ①

허용 인장력 = 이음효율 × 단면적 × 허용인장응력

$$\therefore \sigma_{허용인장응력} = \frac{허용인장력}{단면적(용접길이 \times 판의 두께) \times 이음효율}$$

$$= \frac{2,800\text{kg}}{1,000\text{mm}^2 \times 0.7} = 4\text{kg/mm}^2$$

※ 1kgf를 편의상 1kg라고도 표현한다.

15

정답 ④

[체인의 특징]
• 동력을 전달하는 두 축 사이의 거리가 비교적 멀어 기어 전동이 불가능한 곳에 사용한다.
• 미끄럼이 없어 정확한 속도비(속비)를 얻을 수 있으며 큰 동력을 확실하고 효율적으로 전달할 수 있다.
• 접촉각은 90° 이상이다.
• 소음과 진동이 커서 고속회전에는 부적합하다. 고속회전하면 맞물려 있던 이와 링크가 빠질 수 있고 소음과 진동도 크게 발생될 수 있다(자전거 탈 때 자전거 체인을 생각하면 쉽다).
• 윤활이 필요하다.
• 링크의 수를 조절하여 체인의 길이 조정이 가능하며 다축 전동이 가능하다.
• 탄성변형으로 충격을 흡수할 수 있다.
• 유지보수가 용이하다.
• 내유성, 내습성, 내열성이 우수하다(열, 기름, 습기에 잘 견딘다).
• 초기장력을 줄 필요가 없어 정지 시 장력이 작용하지 않고 베어링에도 하중이 작용하지 않는다.

16

정답 ④

[기어의 이 두께 측정법]
오버 핀 법, 활줄, 걸치기

17

정답 ③

[드릴링 가공]
드릴로 가공하는 가공방법으로 리밍, 보링, 카운터싱킹 등의 가공을 할 수 있다.

리밍	리머라는 회전하는 절삭공구로 기존 구멍 내면의 치수를 정밀하게 만드는 가공 방법이다.
보링	드릴로 이미 뚫어져 있는 구멍을 넓히는 가공으로, 편심을 교정하기 위한 가공이며 구멍을 축 방향으로 대칭을 만드는 가공이다.

카운터싱킹	나사 머리의 모양이 접시모양일 때 테이퍼 원통형으로 절삭하는 방법이다. 즉, 접시머리 나사의 머리를 묻히게 하기 위해 원뿔자리를 만드는 가공이다.
카운터보링	볼트 또는 너트의 머리 부분이 가공물 안으로 묻히도록 드릴과 동심원의 2단 구멍을 절삭하는 방법이다.
스폿페이싱	볼트나 너트 등의 머리가 닿는 부분의 자리면을 평평하게 만드는 가공 방법이다.

㉠ **비딩** : 오목 및 볼록 형상의 롤러 사이에 판을 넣고 롤러를 회전시켜 홈을 만드는 공정으로 긴 돌기를 만드는 가공으로 성형가공에 속한다.

㉡ **시밍** : 판재를 접어서 굽히거나 말아 넣어 접합시키는 공정으로 성형가공에 속한다.

18

정답 ②

[줄의 작업 방법]
- **직진법**(일반적, 정삭) : 줄을 길이 방향으로 절삭하는 방법이다.
- **사진법**(거친절삭, 모따기) : 줄의 윗눈과 직각 방향으로 넓은 면 가공 시 사용하는 방법이다.
- **횡진법**(병진법, 좁은 면) : 줄의 길이 방향과 직각 방향으로 길고 좁은 면 작업 시 사용하는 방법이다.

19

정답 ④

[공동현상(케비테이션)]
펌프의 흡입측 배관 내의 물의 정압이 기존의 증기압보다 낮아져서 기포가 발생되는 현상으로, 펌프의 흡수면 사이의 수직거리가 너무 길 때, 관 속을 유동하고 있는 물속의 어느 부분이 고온도일수록 포화증기압에 비례해서 상승할 때 발생한다. 또한, 공동현상이 발생하게 되면 침식 및 부식 작용의 원인이 되며 진동과 소음이 발생될 수 있다.

발생 원인	• 유속이 빠를 때 • 펌프와 흡수면 사이의 수직거리가 너무 길 때 • 관 속을 유동하고 있는 물속의 어느 부분이 고온도일수록 포화증기압에 비례하여 상승할 때
방지 방법	• 실양정이 크게 변동해도 토출량이 과대하게 증가하지 않도록 한다. • 스톱밸브를 지양하고 슬루스밸브를 사용한다. • 펌프의 흡입수두(흡입양정)를 작게 하고 펌프의 설치위치를 수원보다 낮게 한다. • 유속을 3.5m/s 이하로 유지하고 펌프의 설치위치를 낮춘다. • 흡입관의 구경을 크게 하여 유속을 줄이고 배관을 완만하고 짧게 한다. • 마찰저항이 작은 흡입관을 사용하여 흡입관의 손실을 줄인다. • 펌프의 임펠러속도(회전수)를 작게 한다(흡입비교회전도를 낮춘다). • 단흡입펌프 대신 양흡입펌프를 사용한다. • 펌프를 2개 이상 설치한다. • 관 내의 물의 정압을 그때의 증기압보다 높게 한다.

20

정답 ②

[기준강도]

설계 시에 <u>허용응력을 설정하기 위해 선택하는 강도</u>로, 사용 조건에 적당한 재료의 강도를 말한다.

[안전율(안전계수, S)]

$$S = \frac{기준강도}{허용응력} = \frac{420\text{MPa}}{70\text{MPa}} = 6$$

21

정답 ②

마이크로미터 측정값 = 슬리브의 눈금값 + 심블의 눈금값
$$= 5.5 + 0.43 = 5.93\text{mm}$$

22

정답 ④

직사각형 단면의 단면계수(Z) $= \dfrac{bh^2}{6}$

$$= \frac{20\text{cm} \times (30\text{cm})^2}{6} = 3,000\text{cm}^3$$

23

정답 ③

[펠톤수차]

<u>고낙차(200~1,800m)</u> 발전에 사용하는 충동수차의 일종으로 물의 속도에너지만을 이용하는 수차이다. 고속 분류를 버킷에 <u>충돌</u>시켜 그 힘으로 회전차를 움직인다.

24

정답 ④

균일분포하중을 집중하중으로 변환시켜야 한다. 이때, 집중하중(P)의 크기는 균일분포하중의 면적 값(가로×세로)과 같으므로 $P = wl$이 되며, 집중하중이 작용하는 작용점의 위치는 균일분포하중의 중앙점이 되므로 고정단으로부터 $0.5l$ 떨어진 위치가 된다.

$P = wl = 3\text{N/m} \times 16\text{m} = 48\text{N}$이므로 48N으로 외팔보를 아래로 누르는 힘인 집중하중에 버티기 위해서는 외팔보의 고정단(A)에서 같은 크기의 반력이 위로 작용해야 한다. 따라서 반력은 고정단(A)에서 발생하며 크기는 48N이 된다.

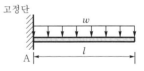

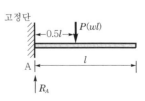

25

정답 ③

• 정하중 : 수직하중(인장하중, 압축하중), 좌굴하중, 전단하중, 비틀림하중, 굽힘하중 등
• 동하중 : 반복하중, 교변하중, 이동하중, 충격하중, 변동하중 등

15 2023년 하반기 부산교통공사(운전직) 기출문제

01 ③	02 ②	03 ③	04 ④	05 ③	06 ①	07 ①	08 ④	09 ④	10 ④
11 ③	12 ①	13 ②	14 ④	15 ②	16 ①	17 ②	18 ④	19 ④	20 ④
21 ③	22 ②	23 ④	24 ④	25 ④					

01
정답 ③

[충격시험]

재료의 인성과 취성을 측정하는 시험으로 아이조드 충격시험과 샤르피 충격시험이 있다.

• 아이조드 충격시험 : 외팔보 상태와 내다지보(돌출보) 상태에서 시험
• 샤르피 충격시험 : 시험편을 단순보 상태에서 시험

02
정답 ②

탄소(C)함유량이 많을수록 잘 깨지는 성질인 취성(메짐, 여림)이 증가하게 된다. 반대로 인성이 저하된다. 저탄소강은 말 그대로 탄소함유량이 적기 때문에 취성재료에 해당되지 않는다.

※ 콘크리드와 유리도 취성재료(잘 깨지는 재료, 충격에 저항하지 못하고 파괴되는 재료)이다.

03
정답 ③

[주물용 알루미늄 합금]

라우탈	알루미늄(Al)−구리(Cu)−규소(Si)계 합금(알구규)으로 구리(Cu)는 절삭성을 증대시키며 규소(Si)는 주조성을 향상시킨다.
실루민(알팩스)	알루미늄(Al)−규소(Si)계 합금(알규)으로 소량의 망간(Mn)과 마그네슘(Mg)이 첨가되기도 한다. 주조성이 양호한 편이고 공정반응이 나타나며 시효경화성은 없다. 그리고 절삭성은 불량한 특징을 가지고 있다.
Y합금	알루미늄(Al), 구리(Cu), 니켈(Ni), 마그네슘(Mg)을 첨가한 합금(알구니마)으로 내열성이 우수하여 실린더 헤드, 피스톤 등에 사용된다. ※ 코비탈륨 : Y합금의 일종으로 Ti와 Cu를 0.2% 정도씩 첨가한 것으로 피스톤용 Al 합금이다. 고온에서 기계적 성질이 우수하며 내열성, 고온강도가 우수하다.
하이드로날륨	알루미늄(Al)−마그네슘(Mg)의 합금으로 통상 마그네슘(Mg)은 3~9%를 첨가하여 만든다. 내식성이 매우 우수하며 차량 및 선박 구조물 등에 사용된다.
로엑스	알루미늄(Al)−규소(Si)계 합금에 구리(Cu), 니켈(Ni), 마그네슘(Mg)를 첨가한 것으로 Y합금보다 열팽창계수가 작고 피스톤 재료로 사용된다. 주조성, 단조성 좋다.

[톰백]

톰백은 황동의 한 종류로 구리(Cu)에 아연(Zn)이 5~20% 함유된 황동이다. 특징으로는 강도가 낮지만 전연성이 우수하여 금박단추, 금 대용품, 화폐, 메달 등에 사용된다.

04

정답 ④

[KS 강재기호와 명칭]

<u>SM</u>	<u>기계구조용 탄소강</u>	GC	회주철	STC	탄소공구강
SV	리벳용 압연강재	SC	탄소주강품	SS	일반구조용 압연강재
HSS, SKH	고속도강	SWS	용접구조용 압연강재	SK	자석강
WMC	백심가단주철	SBB	보일러용 압연강재	SF	탄소강 단강품, 단조품
BMC	흑심가단주철	STS	합금공구강, 스테인리스강	SPS	스프링강
GCD	구상흑연주철	SNC	Ni–Cr 강재	SEH	내열강
STD	다이스강				

05

정답 ③

[여러 나사의 나사산 각도]

톱니나사	유니파이나사	둥근나사	사다리꼴나사	미터나사	관용나사	휘트워드나사
$30°$, $45°$	$60°$	$30°$	• 인치계(Tw) : $29°$ • 미터계(Tr) : $30°$	$60°$	$55°$	$55°$

06

정답 ①

[회전축의 동력(H)]

회전축의 동력은 회전토크와 각속도를 곱한 값이다.

$H = Tw$

[여기서, T : 토크 또는 비틀림모멘트, w : 각속도]

07

정답 ①

단판클러치에서 접촉면의 폭(너비), $b = \dfrac{D_2 - D_1}{2}$

[여기서, D_1 : 안지름, D_2 : 바깥지름]

$\therefore b = \dfrac{D_2 - D_1}{2} = \dfrac{80\text{mm} - 60\text{mm}}{2} = \dfrac{20\text{mm}}{2} = 10\text{mm}$

08

[절삭가공]

공작물보다 경도가 큰 공구를 이용해 공작물로부터 칩(chip)을 깎아내 원하는 형상의 제품을 만드는 작업이다. 종류로는 밀링, 드릴링, 선반 등이 있다.

[비절삭가공]

칩(chip)을 발생시키지 않고 필요한 제품의 형상을 가공하는 방법으로, 종류로는 주조, 소성가공, 용접, 프레스, 특수 비절삭가공(버니싱, 숏 블래스트)이 있다.

09

④ 보통형, 조임형, 활동형으로 구분하는 것은 평행키이다.

관련 이론

묻힘키(성크키)	가장 많이 사용되는 키로, 축과 보스 양쪽에 키 홈을 파서 사용한다. 단면의 모양은 직사각형과 정사각형이 있다. 직사각형은 축 지름이 큰 경우에 정사각형은 축 지름이 작은 경우에 사용한다. 또한, 키의 호칭 방법은 b(폭)×h(높이)×l(길이)로 표시하며 키의 종류에는 윗면이 평행한 평행키와 윗면에 1/100 테이퍼를 준 경사키 등이 있다.
안상키(새들키)	축에는 키 홈을 가공하지 않고 보스에만 1/100 테이퍼를 주어 홈을 파고 이 홈 속에 키를 박아버린다. 축에는 키 홈을 가공하지 않아 축의 강도를 감소시키지 않는 장점이 있지만, 축과 키의 마찰력만으로 회전력을 전달하므로 큰 동력을 전달하지 못한다.
원추키(원뿔키)	축과 보스 사이에 축 방향으로 쪼갠 원뿔을 때려 박아 축과 보스를 헐거움 없이 고정할 수 있고 축과 보스의 편심이 적은 키이다. 마찰에 의해 회전력을 전달하며 축의 임의의 위치에 보스를 고정할 수 있다.
반달키(우드러프키)	키 홈에 깊게 가공되어 축의 강도가 저하될 수 있으나, 키와 키 홈을 가공하기가 쉽고 키 박음을 할 때 키가 자동적으로 축과 보스 사이에 자리를 잡는 기능이 있다. 보통 공작기계와 자동차 등에 사용되며 일반적으로 60mm 이하의 작은 축에 사용되며 특히 테이퍼축에 사용된다.
접선키	• 축의 접선방향으로 끼우는 키로 1/100의 테이퍼를 가진 2개의 키를 한 쌍으로 만들어 사용한다. 그 때의 중심각은 120°이다. • 설계할 때 역회전을 할 수 있도록 중심각을 120°로 하여 보스의 양쪽 대칭으로 2개의 키를 한 쌍으로 설치한 키이다. ※ 케네디키 : 접선키의 종류로 중심각이 90°인 키
둥근키(핀키)	축과 허브를 끼워맞춤한 후에 축과 허브 사이에 구멍을 가공하여 원형핀이나 테이퍼핀을 때려박은 키로 사용은 간편하나, 전달토크가 적다.
세레이션	보스의 원주 상에 수많은 삼각형이 있는 것을 세레이션이라고 한다. 용도로는 자동차의 핸들 축 등에 많이 사용된다.
스플라인	보스의 원주 상에 일정한 간격으로 키 홈을 가공하여 다수의 키를 만든 것이다.

10

정답 ④

④ 복잡한 형상의 제품을 만드는 데 적합한 것은 주조법이다.

관련이론

[소성가공]

물체의 영구변형(소성)을 이용한 가공 방법이다.

[소성가공의 종류]

압연	회전하는 2개의 롤러 사이에 판재를 통과시켜 두께를 줄이고 폭은 증가시키는 가공이다.
전조	다이스 사이에 소재를 끼워 소성변형시켜 원하는 모양을 만드는 가공법이다. 구체적으로 재료와 공구를 각각 또는 함께 회전시켜 재료 내부나 외부에 공구의 형상을 새기는 특수압연법이다. 대표적인 제품으로는 나사와 기어가 있으며 절삭칩이 발생하지 않아 표면이 깨끗하고 재료의 소실이 거의 없다. 또한, 강인한 조직을 얻을 수 있고 가공 속도가 빨라서 대량생산에 적합하다.
압출	단면이 균일한 봉이나 관 등을 제조하는 가공 방법으로 선재나 관재, 여러 형상의 일감을 제조할 때 재료를 용기 안에 넣고 램으로 높은 압력을 가해 다이 구멍으로 밀어내면 재료가 다이를 통과하면서 가래떡처럼 제품이 만들어진다.
인발	금속 봉이나 관을 다이 구멍에 축 방향으로 통과시켜 외경을 줄이는 가공이다.
제관법	관을 만드는 가공 방법이다. • 이음매 있는 관 : 접합 방법에 따라 단접관과 용접관이 있다. • 이음매 없는 관 : 만네스만법, 압출법, 스티펠법, 에르하르트법 등

[소성가공의 특징]
• 보통 주물에 비해 성형된 치수가 정확하다.
• 결정 조직이 개량되고, 강한 성질을 가진다.
• 대량생산으로 균일한 품질을 얻을 수 있다.
• 재료의 사용량을 경제적으로 할 수 있으며 인성이 증가한다.

11

정답 ③

■ **압점법** : 접합 부분에 압력을 가하여 용착시키는 용접 방법

전기저항 용접법	
겹치기 용접	점용접, 심용접, 프로젝션 용접(점심프)
맞대기 용접	플래시 용접, 업셋 용접, 맞대기 심용접, 퍼커션 용접

■ **융접법** : 접합부에 금속재료를 가열, 용융시켜 서로 다른 두 재료의 원자 결합을 재배열 결합시키는 방법

융접법의 종류
테르밋 용접, 플라즈마 용접, 일렉트로 슬래그 용접, 가스 용접, 아크용접, MiG 용접, TiG 용접, 레이저 용접, 전자빔 용접, 서브머지드 용접(불가스, 유니언멜트, 링컨, 잠호, 자동금속아크용접, 케네디법) 등

※ 스폿 용접은 점용접이다.

12

[한계게이지의 종류]

구멍용 한계게이지	구멍의 최소허용치수를 기준으로 한 측정단면이 있는 부분을 통과측이라고 하며 구멍의 최대허용치수를 기준으로 한 측정단면이 있는 부분을 정지측이라고 한다. • 종류 : 원통형 플러그 게이지, 판형 플러그 게이지, 평게이지, 봉게이지
축용 한계게이지	축의 최대허용치수를 기준으로 한 측정단면이 있는 부분을 통과측이라고 하며 축의 최소허용치수를 한 측정단면이 있는 부분을 정지측이라고 한다. • 종류 : 스냅게이지, 링게이지

13

피스톤에 힘이 작용하여 기체에 압력이 가해지면 기체는 압축되어 부피(체적)가 감소하게 된다. 이때, 밀도는 밀도$(\rho) = \dfrac{m(질량)}{V(체적\ 또는\ 부피)}$이므로 부피가 감소하면 밀도는 증가하게 된다.

14

[유압펌프의 종류]

용적형 펌프	• 회전 펌프 : 기어 펌프, 베인 펌프, 나사 펌프 • 왕복식 펌프 : 피스톤 펌프, 플런저 펌프 • 특수 펌프 : 다단 펌프, 마찰 펌프(와류 펌프, 웨스코 펌프, 재생 펌프), 수격 펌프, 기포 펌프, 제트 펌프
비용적형 펌프 (터보형 펌프)	• 원심 펌프 : 터빈 펌프(디퓨저 펌프), 벌류트 펌프 • 축류 펌프 • 사류 펌프

15

[유압펌프의 각종 효율]

• 전효율 $\eta = \dfrac{펌프동력}{축동력}$

• 기계효율 $\eta_m = \dfrac{유체동력}{축동력}$

• 용적효율 $\eta_v = \dfrac{실제\ 펌프\ 토출량}{이론\ 펌프\ 토출량}$

• $\eta(전효율) = \eta_v(용적효율) \times \eta_m(기계효율)$

16

[수차]
유체에너지를 기계에너지로 변환시키는 기계로 수력발전에서 가장 중요한 설비

[대표적인 수차의 종류와 특징]

충동 수차	반동 수차
수차가 물에 완전히 잠기지 않으며 물은 수차의 일부 방향에서 공급, 운동에너지만을 전환시킨다.	물의 위치에너지를 압력에너지와 속도에너지로 변환하여 이용하는 수차이다. 물의 흐름 방향이 회전차의 날개에 의해 바뀔 때 회전차에 작용하는 충격력 외에 회전차 출구에서의 유속을 증가시켜줌으로써 반동력을 회전차에 작용하게 하여 회전력을 얻는 수차이다. 종류로는 프란시스 수차와 프로펠러 수차가 있다. • 프로펠러 수차 : 약 10~60m의 저낙차로 비교적 유량이 많은 곳에 사용된다. 날개각도를 조정할 수 있는 가동익형을 카플란 수차라고 하며, 날개각도를 조정할 수 없는 고정익형을 프로펠러 수차라고 한다.
펠톤 수차(충격수차) ★ 빈출	**프란시스 수차**
• 고낙차(200~1,800m) 발전에 사용하는 충동수차의 일종으로 "물의 속도 에너지"만을 이용하는 수차이다. • 고속 분류를 버킷에 충돌시켜 그 힘으로 회전차를 움직이는 수차이다. 그리고 회전차와 연결된 발전기가 돌아 전기가 생산된다. • 분류(jet)가 수차의 접선 방향으로 작용하여 날개차를 회전시켜서 기계적인 일을 얻는 충격수차이다.	반동수차의 대표적인 수차로 40~600m의 광범위한 낙차의 수력발전에 사용된다. 적용 낙차와 용량의 범위가 넓어 가장 많이 사용되며 물이 수차에 반경류 또는 혼류로 들어와서 축 방향으로 유출되며 이때, 날개에 반동 작용을 주어 날개차를 회전시킨다. 비교적 효율이 높아 발전용으로 많이 사용된다.
중력 수차	**사류 수차**
물이 낙하할 때 중력에 의해서 움직이는 수차이다.	혼류수차라고도 하며 유체의 흐름이 회전날개에 경사진 방향으로 통과하는 수차로 구조적으로 프란시스 수차나 카플란 수차와 같다. 종류로는 데리아 수차가 있다.
펌프 수차	**튜블러 수차**
펌프와 수차의 기능을 각각 모두 갖추고 있는 수차이다. 양수발전소에서 사용된다.	원통형 수차라고 하며 10m 정도의 저낙차, 조력발전용 수차이다.

17

[공기기계]
• 저압식 : 송풍기, 풍차
• 고압식 : 압축기, 압축공기기계, 진공펌프

18

[단위 파악]

① 단면계수(Z) : m^3, mm^3 등

② 단면 1차 모멘트(Q) : m^3, mm^3 등

③ 극단면계수(Z_P) : m^3, mm^3 등

④ 단면 2차 모멘트(I) : m^4, mm^4 등

19

$$\delta = \frac{PL}{EA}$$

[여기서, δ : 변형량, P : 하중, L : 봉의 길이, E : 봉의 종탄성계수(세로탄성계수), A : 봉의 단면적]

20

응력(σ) = $\dfrac{P(\text{작용 하중})}{A(\text{하중이 작용하고 있는 단면적})}$ 이다.

정사각형 한 변의 길이를 a라고 하면, 단면적은 가로와 세로의 곱이므로 a^2이 된다.

따라서, $\sigma = \dfrac{P}{A} = \dfrac{P}{a^2} \rightarrow a^2 = \dfrac{P}{\sigma}$ 가 된다.

$a^2 = \dfrac{P}{\sigma} = \dfrac{40,000\text{N}}{100\text{N/cm}^2} = 400\text{cm}^2$이므로

$\therefore a = 20\text{cm}$

21

[양단고정보의 각 지점에서 발생하는 굽힘 모멘트(M)의 크기]

$$M_A = M_B = M_C = M_{\max} = \frac{PL}{8}$$

A와 C는 양 끝단이며, B는 중앙점을 의미한다.

$\therefore M_C = \dfrac{PL}{8} = \dfrac{80\text{kN} \times 6\text{m}}{8} = 60\text{kN} \cdot \text{m}$로 도출된다.

※ 양단고정보는 부정정보이기 때문에 처짐량, 처짐각, 굽힘 모멘트, 등 유도하기가 귀찮은 경우가 많다. 따라서 양단고정보와 관련된 "여러 공식"은 암기를 권장한다. 실제 시험장에서는 시간 제한이 있기 때문에 유도할 시간이 없기 때문이다.

22

정답 ②

회전반경$(K) = \sqrt{\dfrac{I_{\min}}{A}}$

원형 단면의 기둥이기 때문에 $I_{\min} = \dfrac{\pi d^4}{64}$ 이다. 단면적은 $A = \dfrac{1}{4}\pi d^2$ 이다.

$\therefore K = \sqrt{\dfrac{I_{\min}}{A}} = \dfrac{\sqrt{\dfrac{\pi d^4}{64}}}{\sqrt{\dfrac{\pi d^2}{4}}} = \sqrt{\dfrac{d^2}{16}} = \dfrac{d}{4} = \dfrac{60\text{cm}}{4} = 15\text{cm}$

※ 원형 단면의 기둥에 대한 회전반경(회전반지름), 세장비를 계산하는 문제는 정말 많이 출제되고 있기 때문에 지름이 d인 원형 기둥에 대한 $K = \dfrac{d}{4}$, $\lambda = \dfrac{4L}{d}$ 을 암기하는 것을 권장한다. 시간 절약에 효과적이다.

23

정답 ④

R_A(고정단의 반력)$= P_1 + P_2 = 520\text{N} + 380\text{N} = 900\text{N}$

24

정답 ④

비틀림각$(\theta) = \dfrac{TL}{GI_P}$

[여기서, T : 비틀림모멘트, L : 축 또는 봉의 길이, G : 전단탄성계수(가로탄성계수), I_P : 극관성모멘트]

25

정답 ④

길이가 L인 단순보의 중앙에 집중하중 P가 작용할 때의 최대 처짐각$(\theta_{\max})$과 최대 처짐량$(\delta_{\max})$

$\theta_{\max} = \dfrac{PL^2}{16EI}$, $\delta_{\max} = \dfrac{PL^3}{48EI}$

16 2021년 상반기 서울교통공사(9호선) 기출문제

01	④	02	④	03	③	04	④	05	③	06	④	07	③	08	②	09	④	10	④
11	④	12	①	13	③	14	②	15	④	16	①	17	④	18	②	19	③	20	③
21	③	22	①	23	③	24	①	25	②	26	②	27	⑤	28	①	29	②	30	④
31	②	32	②	33	②	34	④	35	⑤	36	③	37	④	38	②	39	④	40	⑤

01

정답 ④

수직응력 (σ)	단면에 수직하중(인장하중, 압축하중)이 작용하였을 때 재료 내부에 발생하는 응력을 말한다. 응력은 재료에 인장 또는 압축하중이 작용하면 변형이 발생하게 되는데 이 변형에 저항하기 위해 재료 내부에 내력이 발생한다. 이때, 단위면적당 내력이 응력이다. 식으로 표현하면 $\sigma_{수직} = \dfrac{P[\text{N}]}{A[\text{m}^2]}$ 이므로 기본적으로 응력의 단위는 압력과 같은 단위인 Pa(Pascal)=N/m²을 사용한다.
레질리언스 계수 (u)	레질리언스 계수는 단위체적당 흡수할 수 있는 탄성에너지로 물체가 탄성에너지를 저장할 수 있는 능력을 측정하는 기준이 된다. 단위는 J/m³=N·m/m³=N/m²=Pa(단, 1J=1N·m)이다, "단위체적당 탄성에너지, 최대탄성에너지, 변형에너지밀도"라고 불리며, 수직하중에 의한 , 전단응력에 의한, 비틀림에 의한 레질리언스 계수는 아래와 같다. 수직하중에 의한 u — $u = \dfrac{\sigma^2}{2E}$ 전단응력(전단하중)에 의한 u — $u = \dfrac{\tau^2}{2G}$ 비틀림에 의한 u — $u = \dfrac{\tau^2}{4G}$
전단탄성계수 (G)	$mE = 2G(m+1) \rightarrow E = 2G(1+\nu) \rightarrow \therefore G = \dfrac{E}{2(1+\nu)}$ 위 식으로 전단탄성계수(G, 가로탄성계수, 횡탄성계수)를 구할 수 있으며 전단탄성계수(G)와 종탄성계수(E, 세로탄성계수, 영률)는 응력과 같은 단위(Pa=N/m₂)를 사용한다. 푸아송비(ν)는 무차원수이다.
응력집중계수 (α)	응력집중(노치 부분 등)에 작용하는 최대 응력($\sigma_{\max}$)과 단면부에 작용하는 평균응력($\sigma_{평균응력}$)과의 비를 응력집중계수(α)라 한다. $\alpha = \dfrac{\text{노치부의 최대 응력}}{\text{단면부 평균응력}} = \dfrac{\sigma_{\max}}{\sigma_{평균응력}} > 1$ ※ 응력집중계수(α) 응력과 응력의 비이므로 단위(차원)이 동일하므로 단위가 약분되어 응력집중계수(α)는 무차원수이다.

선팽창계수 (α)	온도가 1℃ 변할 때 단위길이 당 늘어난 재료의 길이를 말한다. 따라서 선팽창계수(α)의 단위는 1/℃가 된다.
체적탄성계수 (K)	$$K = \Delta P / \left(-\frac{\Delta V}{V} \right) = \frac{1}{\beta}$$ [여기서, ΔP : 압력 변화량, ΔV : 부피 변화량, V : 부피(체적), β : 압축률] ※ $(-)$ 부호는 압력(P)이 증가함에 따라 체적(V)이 감소한다는 의미 • 체적탄성계수는 압력에 비례하고 압력과 같은 차원(Pa)이다. • 체적탄성계수의 역수는 압축률(β)이며 체적탄성계수가 클수록 부피를 변화시키는 데 많은 압력이 요구되므로 압축하기 어렵다는 의미이다. • 체적탄성계수는 부피(체적)를 줄이기 위해 필요한 압력이다. • 액체 속에서는 등온변화 취급을 하므로 "$K = P$" • 공기 중에서는 단열변화 취급을 하므로 "$K = kP$" • 체적탄성계수가 무한대에 가까운 유체는 탄성유체이다.

PART Ⅰ 개념도 기출문제 정답 및 해설

02

정답 ④

봉의 양단이 구속(고정)되어 있기 때문에 봉에 열응력이 발생한다는 것을 알 수 있다(외팔보처럼 한쪽만 구속되어 있는 경우는 열응력이 발생하지 않아 0의 값을 갖는다).

봉을 냉각시키면 봉은 수축하게 되며 온도 변화에 의해 봉에 발생하는 열응력의 크기는 다음과 같이 구할 수 있다.

$\sigma = E\alpha\Delta T$ [여기서, σ : 열응력, E : 종탄성계수, α : 선팽창계수, ΔT : 온도 변화]
  $= 210 \times 10^9 \text{Pa} \times 12 \times 10^{-6}/℃ \times 20℃ = 50.4\text{MPa}$로 도출이 된다.

양단이 구속(고정)된 상태에서 온도를 높이면 봉은 늘어나게 될 것이고 그것에 저항하기 위해 고정단에서 반력(압축하중)이 작용하여 봉에는 압축응력이 발생하게 된다. 반대로 온도를 낮추어 봉을 냉각시키면 봉은 수축하게 되며 이에 저항하기 위해 고정단에서 반력(인장하중)이 작용하여 봉에는 인장응력이 발생하게 된다.

03

정답 ③

[물방울에 작용하는 표면장력]

$$\sigma = \frac{\Delta PD}{4} \;\rightarrow\; D = \frac{4\sigma}{\Delta P} = \frac{4 \times 0.05\text{N/m}}{20\text{N/m}^2} = 0.01\text{m} = 1\text{cm}$$

물방울에 작용하는 표면장력	$\sigma = \dfrac{\Delta PD}{4}$ [여기서, σ : 표면장력, ΔP : 내부초과압력($P_{내부} - P_{외부}$), D : 물방울 지름]
비눗방울에 작용하는 표면장력	$\sigma = \dfrac{\Delta PD}{8}$ [여기서, σ : 표면장력, ΔP : 내부초과압력($P_{내부} - P_{외부}$), D : 비눗방울 지름]

2021년 상반기 서울교통공사(9호선) 기출문제 정답 및 해설　　**245**

04

등분포하중(w)을 받는 길이가 l인 외팔보(켄틸레버보)의 자유단(끝단)에서 발생하는 최대 처짐량은 $\delta_{max} = \dfrac{wl^4}{8EI}$ 이다. 단, 직사각형 단면의 단면 2차 모멘트(I) = $\dfrac{bh^3}{12}$이다.

$$\therefore \ \delta_{max} = \frac{wl^4}{8E\left(\dfrac{bh^3}{12}\right)} = \frac{12wl^4}{8Ebh^3} = \frac{3wl^4}{2Ebh^3}$$

05

원형 봉의 단면계수(Z) = $\dfrac{\pi d^3}{32} = \dfrac{3 \times (8\text{cm})^3}{32} = 48\text{cm}^3$

06

오일러의 좌굴하중 (P_{cr}, 임계하중)	$P_{cr} = n\pi^2 \dfrac{EI}{L^2}$ [여기서, n : 단말계수, E : 종탄성계수(세로탄성계수, 영률), I : 단면 2차 모멘트, L : 기둥의 길이]
오일러의 좌굴응력 (σ_B, 임계응력)	$\sigma_B = \dfrac{P_{cr}}{A} = n\pi^2 \dfrac{EI}{L^2 A}$ • 세장비(λ) = $\dfrac{L}{K}$ • 회전반경(K) = $\sqrt{\dfrac{I_{min}}{A}}$ 회전반경을 제곱하면 $K^2 = \dfrac{I_{min}}{A}$ $\sigma_B = n\pi^2 \dfrac{EI}{L^2 A} \ \rightarrow \ \sigma_B = n\pi^2 \dfrac{E}{L^2}\left(\dfrac{I}{A}\right) = n\pi^2 \dfrac{E}{L^2}(K^2)$ $\dfrac{1}{\lambda^2} = \dfrac{K^2}{L^2}$이므로 $\therefore \ \sigma_B = n\pi^2 \dfrac{E}{L^2}(K^2) = n\pi^2 \dfrac{E}{\lambda^2}$ 따라서 오일러의 좌굴응력(임계응력, σ_B)은 세장비(λ)의 제곱에 반비례함을 알 수 있다.

단말계수 (끝단계수, 강도계수, n)	기둥을 지지하는 지점에 따라 정해지는 상수값으로 이 값이 클수록 좌굴은 늦게 일어난다. 즉, 단말계수가 클수록 강한 기둥이다.	
	일단고정 타단자유	$n = 1/4$
	일단고정 타단회전	$n = 2$
	양단회전	$n = 1$
	양단고정	$n = 4$

07

정답 ③

$mE = 2G(m+1) = 3K(m-2)$ 양변을 푸아송수(m)로 나누면

$E = 2G(1+\nu) = 3K(1-2\nu)$

푸아송비와 푸아송수는 역수의 관계$\left(\nu = \dfrac{1}{m}\right)$이다.

[여기서, m : 푸아송수, E : 종탄성계수(세로탄성계수, 영계수), G : 횡탄성계수(가로탄성계수, 전단탄성계수), K : 체적탄성계수]

$E = 2G(1+\nu)$

$\therefore \ G = \dfrac{E}{2(1+\nu)} = \dfrac{480\text{GPa}}{2(1+0.2)} = \dfrac{480\text{GPa}}{2 \times 1.2} = 200\text{GPa}$

08

정답 ②

체적 변화율 $\dfrac{\Delta V}{V} = \varepsilon(1-2\nu)$

$\sigma = E\varepsilon \ \rightarrow \ \varepsilon = \dfrac{\sigma}{E}$ 이므로 [여기서, E : 종탄성계수]

$\dfrac{\sigma}{E}(1-2v) = \dfrac{49 \times 10^3 \text{Pa}}{196 \times 10^6 \text{Pa}}\left[1-2\left(\dfrac{1}{5}\right)\right] = \dfrac{1}{4}\left(\dfrac{1}{10^3}\right) \times \dfrac{3}{5}$

$\qquad = \dfrac{3}{20}(10^{-3}) = 0.15 \times 10^{-3}$

단면적 변화율 $\left(\dfrac{\Delta A}{A}\right)$	$\dfrac{\Delta A}{A} = 2\nu\varepsilon$
	[여기서, ΔA : 단면적 변화량, A : 초기 단면적, ν : 푸아송비, ε : 변형률]
체적 변화율 $\left(\dfrac{\Delta V}{V}\right)$	$\dfrac{\Delta V}{V} = \varepsilon(1-2\nu)$
	[단, ΔV : 체적(부피) 변화량, V : 초기 체적]

09

[레이놀즈수(Re)]

층류와 난류를 구분하는 척도로 사용되는 무차원수이다.

레이놀즈수(Re)	$Re = \dfrac{\rho V d}{\mu} = \dfrac{V d}{\nu} = \dfrac{관성력}{점성력}$ 레이놀즈수는 점성력에 대한 관성력의 비라고 표현된다. [여기서, ρ : 유체의 밀도, V : 속도, 유속, d : 관의 지름(직경), ν : 유체의 점성계수] ※ 동점성계수(ν)$= \dfrac{\mu}{\rho}$		
레이놀즈수(Re)의 범위	원형관	상임계레이놀즈수(층류 → 난류로 변할 때)	4,000
		하임계레이놀즈수(난류 → 층류로 변할 때)	2,000~2,100
	평판	임계레이놀즈수	500,000($=5 \times 10^5$)
	개수로	임계레이놀즈수	500
	관 입구에서 경계층에 대한 임계레이놀즈수		600,000($=6 \times 10^5$)
	원형관(원관, 파이프)에서의 흐름 종류의 조건		
	층류 흐름	$Re < 2,000$	
	전이 구간	$2,000 < Re < 4,000$	
	난류 흐름	$Re > 4,000$	

※ 일반적으로 임계레이놀즈수라고 하면 "하임계레이놀즈수"를 말한다.

※ 임계레이놀즈수를 넘어가면 난류 흐름이다.

※ 관수로 흐름은 주로 "압력"의 지배를 받으며, 개수로 흐름은 주로 "중력"의 지배를 받는다.

※ 관내 흐름에서 자유 수면이 있는 경우에는 개수로 흐름으로 해석한다.

10

$p(압력)= \dfrac{F}{A}$

[여기서, F : 노즐에 작용하는 힘, A : 노즐의 단면적$\left(\dfrac{1}{4}\pi d^2 \right)$, d : 노즐의 지름]

$F = pA = 100 \times 10^4 \text{N/m}^2 \times \dfrac{1}{4} \times 3 \times (0.1\text{m})^2 = 7,500\text{N} = 7.5\text{kN}$

11

정답 ④

속도수두$(m) = \dfrac{V^2}{2g}$ [여기서, V : 유체의 유속(m/s), g : 중력가속도(m/s²)]

$V^2 = m \times 2g = 80 \times 2 \times 10 = 1,600$

$\therefore V = 40\text{m/s}$

압력수두	$\dfrac{P}{\gamma}$ [여기서, P : 압력, γ : 비중량]
속도수두	$\dfrac{V^2}{2g}$ [여기서, V : 속도, g : 중력가속도]

12

정답 ①

이상기체 상태 방정식$(PV = mRT)$을 사용한다.

[여기서, P : 압력, V : 부피(체적), m : 질량, R : 기체상수, T : 절대온도]

$PV = mRT \rightarrow 120\text{kPa} \times 0.5\text{m}^3 = 2\text{kg} \times R \times (27+273\text{K})$

$\therefore R = \dfrac{(120\text{kPa})(0.5\text{m}^3)}{(2\text{kg})(300\text{K})} = \dfrac{(120\text{kN/m}^2)(0.5\text{m}^3)}{(2\text{kg})(300\text{K})} = \dfrac{(120)(0.5)\text{kN} \cdot \text{m}}{(2\text{kg})(300\text{K})}$

$\quad = \dfrac{(120)(0.5)\text{kJ}}{(2\text{kg})(300\text{K})} = 0.1\text{kJ/kg} \cdot \text{K}$

[단, $1\text{N} \cdot \text{m} = 1\text{J}$]

13

정답 ③

유효세장비$(\lambda_n) = \dfrac{\lambda}{\sqrt{n}}$ [여기서, λ : 세장비, n : 단말계수]

지름이 주어져 있는 것으로 보아 원형 기둥이라는 것을 알 수 있다. 원형 기둥일 때 세장비는 $\lambda = \dfrac{4L}{d}$ 이

므로 위 식에 대입하면

$\therefore \lambda_n = \dfrac{\dfrac{4L}{d}}{\sqrt{n}} = \dfrac{4L}{d\sqrt{n}}$

기둥을 지지하는 지지점이 양단고정이므로 단말계수 n은 4이다. 그리고 기둥의 지름 d는 50cm, 기둥의 길이 L은 800cm이므로 각 수치를 위 식에 대입하면 유효세장비(λ_n)를 구할 수 있다.

$\therefore \lambda_n = \dfrac{4L}{d\sqrt{n}} = \dfrac{4 \times 800\text{cm}}{50\text{cm} \times \sqrt{4}} = 32$

※ 수치를 대입할 때 항상 단위를 m 또는 cm로 통일시켜야 한다.

관련이론

[지름이 d인 원형 기둥의 세장비(λ)]
세장비는 기둥이 얼마나 가는 지를 알려주는 척도이다

$\lambda = \dfrac{L}{K}$ [여기서, L : 기둥의 길이, K : 회전반경(단면 2차 반지름)]

$K = \sqrt{\dfrac{I_{\min}}{A}}$

※ 지름이 d인 원형 기둥의 x축에 대한 단면 2차 모멘트와 y축에 대한 단면 2차 모멘트가 각각

$I_x = I_y = \dfrac{\pi d^4}{64}$으로 동일하기 때문에 $I_{\min}$에 $\dfrac{\pi d^4}{64}$을 대입하면 된다. 단, 직사각형 단면을 가진 기둥의

경우에는 I_x와 I_y가 다르기 때문에 둘 중에 작은 "최소 단면 2차 모멘트"를 $I_{\min}$에 대입해야 한다.
그 이유는 $I_{\min}$이 최소가 되는 축을 기준으로 좌굴이 발생하기 때문이다.

• 원형 기둥이기 때문에 $I_{\min} = \dfrac{\pi d^4}{64}$이다. 단면적은 $A = \dfrac{1}{4}\pi d^2$이다. 이것을 회전반경(K)식에 대입하면

$K = \sqrt{\dfrac{I_{\min}}{A}} = \sqrt{\dfrac{\sqrt{\dfrac{\pi d^4}{64}}}{\sqrt{\dfrac{\pi d^2}{4}}}} = \sqrt{\dfrac{d^2}{16}} = \dfrac{d}{4}$

• 세장비 $\lambda = \dfrac{L}{K}$이므로 K에 $\dfrac{d}{4}$를 대입하면 $\lambda = \dfrac{4L}{d}$이 된다.

※ 원형 기둥이 세장비를 구하는 공식을 암기하는 것이 시간을 절약할 수 있기 때문에 매우 효율적이다.
"$\lambda_{원형기둥} = 4L/d$"을 꼭 암기하길 바란다. [여기서, L : 기둥의 길이, d : 기둥의 지름]

※ 유효세장비(좌굴세장비, λ_n) $= \dfrac{\lambda}{\sqrt{n}}$ [여기서, n : 단말계수]

※ 좌굴길이(유효길이, L_n) $= \dfrac{L}{\sqrt{n}}$ [여기서, n : 단말계수]

[단말계수(끝단계수, 강도계수, n)]
기둥을 지지하는 지점에 따라 정해지는 상수값으로 이 값이 클수록 좌굴은 늦게 일어난다. 즉, 단말계수가
클수록 강한 기둥이다.

일단고정 타단자유	$n = 1/4$
일단고정 타단회전	$n = 2$
양단회전	$n = 1$
양단고정	$n = 4$

14

정답 ②

[어떤 물질(물체)의 비중(S)]

$S_{물질 또는 물체} = \dfrac{\text{어떤 물질(물체)의 밀도}(\rho) \text{ 또는 비중량}(\gamma)}{4℃\text{에서의 물의 밀도}(\rho_{H_2O}) \text{ 또는 물의 비중량}(\gamma_{H_2O})}$

※ 단, $\rho_{H_2O} = 1{,}000\text{kg/m}^3$, $\gamma_{H_2O} = 9{,}800\text{N/m}^3$이다.

※ 비중량(γ) = 밀도$(\rho) \times$ 중력가속도(g)

물의 비중량(γ)가 주어졌기 때문에 비중량에 대한 식으로 비중을 구할 것이다. 즉, 유체(경유)의 비중량만 구하면 유체(경유)의 비중을 구할 수 있다.

경유(diesel)의 비중량$(\gamma) = \dfrac{W(mg, \text{무게 또는 중량})}{V(\text{부피 또는 체적})} = \dfrac{4{,}900\text{N}}{5\text{m}^3} = 980\text{N/m}^3$

$\therefore\ S_{경유} = \dfrac{\text{경유의 비중량}(\gamma)}{4℃\text{에서의 물의 비중량}(\gamma_{H_2O})} = \dfrac{980\text{N/m}^3}{9{,}800\text{N/m}^3} = 0.1$

15

정답 ④

오토 사이클	• 가솔린기관(불꽃점화기관)의 이상사이클 • 2개의 정적과정과 2개의 단열과정으로 구성된 사이클로 정적하에서 열이 공급되기 때문에 정적연소 사이클이라고 한다.
사바테 사이클	• 고속디젤기관의 이상사이클(기본사이클) • 2개의 단열과정, 2개의 정적과정, 1개의 정압과정으로 구성된 사이클로 가열과정이 정압 및 정적과정에서 동시에 이루어지기 때문에 정압-정적 사이클(복합사이클, 이중연소사이클, "디젤사이클＋오토사이클")이라고 한다.
디젤 사이클	• 저속디젤기관 및 압축착화기관의 이상사이클(기본사이클) • 2개의 단열과정, 1개의 정압과정, 1개의 정적과정으로 구성된 사이클로 정압하에서 열이 공급되고 정적하에서 열이 방출되기 때문에 정압연소사이클, 정압사이클이라고 한다.
브레이턴 사이클	• 가스터빈의 이상사이클 • 2개의 정압과정과 2개의 단열과정으로 구성된 사이클로 가스터빈의 이상사이클이며 가스터빈의 3대 요소는 압축기, 연소기, 터빈이다. • 선박, 발전소, 항공기 등에서 사용된다.
랭킨 사이클	• 증기원동소 및 화력발전소의 이상사이클(기본사이클) • 2개의 단열과정과 2개의 정압과정으로 구성된 사이클이다.
에릭슨 사이클	• 2개의 정압과정과 2개의 등온과정으로 구성된 사이클 • 사이클의 순서 : 등온압축 → 정압가열 → 등온팽창 → 정압방열
스털링 사이클	• 2개의 정적과정과 2개의 등온과정으로 구성된 사이클 • 사이클의 순서 : 등온압축 → 정적가열 → 등온팽창 → 정적방열 • 증기원동소의 이상사이클인 랭킨사이클에서 이상적인 재생기가 있다면 스털링 사이클에 가까워진다[역스털링 사이클은 헬륨(He)을 냉매로 하는 극저온 가스냉동기의 기본사이클이다].
아트킨슨 사이클	• 2개의 단열과정, 1개의 정압과정, 1개의 정적과정으로 구성된 사이클 • 사이클의 순서 : 단열압축 → 정적가열 → 단열팽창 → 정압방열 • 디젤사이클과 사이클의 구성 과정은 같으나, 아트킨슨 사이클은 가스동력 사이클이다.
르누아 사이클	• 1개의 단열과정, 1개의 정압과정, 1개의 정적과정으로 구성된 사이클 • 사이클의 순서 : 정적가열 → 단열팽창 → 정압방열 • 동작물질(작동유체)의 압축과정이 없으며 펄스제트 추진계통의 사이클과 유사하다.

※ 가스동력 사이클의 종류 : 브레이턴 사이클, 에릭슨 사이클, 스털링 사이클, 아트킨슨 사이클, 르누아 사이클

16

[공기표준사이클]

실제 엔진 사이클에서는 실린더 내로 연료와 공기의 혼합기가 흡입되고 연소된 후, 연소 가스가 생성되어 배기되는 개방사이클로, 이론적으로는 해석하기가 어려운 시스템이다. 따라서 이를 열역학적으로 해석을 용이하게 하기 위해서 작동유체(동작물질)를 "표준공기"로 가정한 밀폐사이클로 가정하여 해석한다.

[공기표준사이클 기본 가정]

- 동작물질(작동유체)의 연소 과정은 가열 과정으로 하고 밀폐사이클을 이루며 고열원에서 열을 받아 저열원으로 열을 방출한다.
- 작동유체(동작물질)는 이상기체로 보는 공기이며 비열은 상수값으로 항상 일정하다.
- 열에너지의 공급(연소 과정) 및 방출(배기 과정)은 외부와의 열전달에 의해서 이루어진다.
- 사이클 과정 중에서 작동유체(동작물질)의 양은 항상 일정하다.
- 연소 과정은 정적, 정압 및 복합(정적＋정압) 과정으로 이상화된다.
- 사이클을 이루는 과정은 모두 내부적으로 가역 과정이다.
- 압축 및 팽창과정은 단열 과정(등엔트로피 과정)이다.
- 연소 과정 중 열해리(thermal dissociation) 현상은 일어나지 않는다.

17

[관마찰계수(f)]

레이놀즈수(Re)와 관내면의 조도에 따라 변하며 실험에 의해 정해진다.

흐름이 층류일 때	$f = \dfrac{64}{Re}$ [여기서, $Re = \dfrac{\rho VD}{\mu} = \dfrac{VD}{\nu}$이며 ρ : 유체의 밀도, μ : 점성계수, V : 유속, D : 관의 지름(직경), ν : 동점성계수, $\nu = \dfrac{\mu}{\rho}$]
흐름이 난류일 때	$f = \dfrac{0.3164}{\sqrt[4]{Re}}$ Blausius의 실험식으로 "$3,000 < Re < 10^5$"에 있어야 한다.

따라서 유체가 층류 흐름으로 원형 관을 흐를 때 점성에 의한 관마찰계수(f)는 $f = \dfrac{64}{Re}$이다. 즉, "$f \propto \dfrac{1}{Re}$"이므로 관마찰계수(f)는 레이놀즈수(Re)에 반비례함을 알 수 있다.

18

정답 ③

$W = P\Delta V$ [여기서, W : 기체가 한 팽창일, P : 압력, ΔV : 부피변화량]

$\quad = P(V_2 - V_1) = 160\text{kPa} \times (0.85\text{m}^3 - 0.25\text{m}^3) = 96\text{kJ}$

※ 단위 파악 : $\text{kPa} = \text{kN/m}^2$에 부피의 단위 m^3가 곱해지면 다음과 같다.

$\quad (\text{kN/m}^2)(\text{m}^3) = \text{kN} \cdot \text{m} = \text{kJ}$ [단, $1\text{J} = 1\text{N} \cdot \text{m}$]

관련이론

[피스톤 – 실린더 장치]

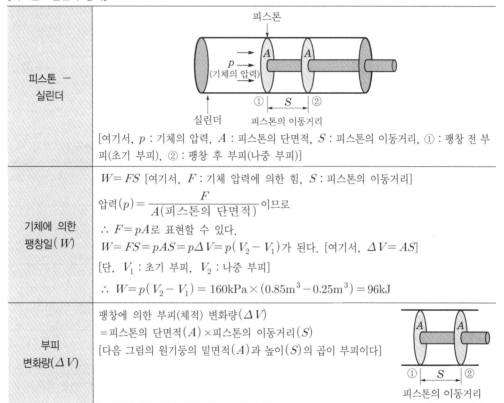

피스톤 – 실린더	(그림) [여기서, p : 기체의 압력, A : 피스톤의 단면적, S : 피스톤의 이동거리, ① : 팽창 전 부피(초기 부피), ② : 팽창 후 부피(나중 부피)]
기체에 의한 팽창일(W)	$W = FS$ [여기서, F : 기체 압력에 의한 힘, S : 피스톤의 이동거리] 압력$(p) = \dfrac{F}{A(\text{피스톤의 단면적})}$이므로 ∴ $F = pA$로 표현할 수 있다. $W = FS = pAS = p\Delta V = p(V_2 - V_1)$가 된다. [여기서, $\Delta V = AS$] [단, V_1 : 초기 부피, V_2 : 나중 부피] ∴ $W = p(V_2 - V_1) = 160\text{kPa} \times (0.85\text{m}^3 - 0.25\text{m}^3) = 96\text{kJ}$
부피 변화량(ΔV)	팽창에 의한 부피(체적) 변화량(ΔV) =피스톤의 단면적(A) ×피스톤의 이동거리(S) [다음 그림의 원기둥의 밑면적(A)과 높이(S)의 곱이 부피이다] (그림)

19

정답 ③

[카르노 사이클(Carnot cycle)]

열기관의 이상적인 사이클로 2개의 가역등온과정과 2개의 가역단열과정으로 구성됨

• 카르노 사이클 열효율$(\eta) = \left[1 - \left(\dfrac{Q_2}{Q_1}\right)\right] \times 100\% = \left[1 - \left(\dfrac{T_2}{T_1}\right)\right] \times 100\%$

[여기서, Q_1 : 고열원에서 열기관으로 공급되는 열량, Q_2 : 열기관에서 저열원으로 방출되는 열량, T_1 : 고열원의 온도(K), T_2 : 저열원의 온도(K)]

[특징]
- 이상기체를 동작물질(작동물질)로 사용하는 이상 사이클이다.
- 등온팽창 → 단열팽창 → 등온압축 → 단열압축의 순서로 작동된다.
- 같은 두 열원에서 사용되는 가역사이클인 카르노 사이클로 작동되는 기관은 열효율이 동일하다.
- 열효율은 열량(Q)의 함수로 온도(T)의 함수로 치환할 수 있다.
- 사이클을 역으로 작동시키면 이상적인 냉동기의 원리가 된다.
- 열(Q)의 공급은 등온과정에서만 이루어지지만, 일(W)의 전달은 단열과정 및 등온과정에서 모두 일어난다.
- 동작물질(열매체, 작동물질)의 밀도가 높으면 마찰이 발생하여 열효율이 저하되므로 밀도가 낮은 것이 좋다.

20

정답 ③

[내연기관]

압축비(ε)	$\varepsilon = \dfrac{V}{V_C}$ [여기서, V : 실린더 체적, V_C : 연소실 체적(통극체적, 간극체적, 극간체적)]
실린더 체적 (V)	피스톤이 하사점에 위치할 때의 체적이다. $V = V_C + V_S$
행정 체적 (V_S)	행정(S)에 의해서 형성되는 체적이다. $V_S = AS = \dfrac{\pi d^2}{4} \times S$
행정(S)	상사점과 하사점 사이에서 피스톤이 이동한 거리이다.
연소실 체적 (V_C)	피스톤이 상사점에 있을 때의 체적으로 통극체적, 간극체적, 극간체적과 같은 말이다.
통극체적비 (λ, 극간비)	$\lambda = \dfrac{V_C}{V_S}$
상사점	피스톤이 실린더 위의 벽까지 도달하지 못하고 어느 정도 공간을 남기고 최고점을 찍을 때의 점이다.
하사점	내연기관에서 실린더 내의 피스톤이 상하로 움직이며 압축할 때, 피스톤이 최하점으로 내려왔을 때의 점이다.

21

정답 ③

임계압력(p_c)	임계온도(T_c)	임계밀도(ρ_c)
$p_c = p_0 \left(\dfrac{2}{k+1} \right)^{\frac{k}{k-1}}$	$T_c = T_0 \left(\dfrac{2}{k+1} \right)$	$\rho_c = \rho_0 \left(\dfrac{2}{k+1} \right)^{\frac{1}{k-1}}$

$$P_c = P_0 \left(\frac{2}{k+1} \right)^{\frac{k}{k-1}} = (250) \left(\frac{2}{1.5+1} \right)^{\frac{1.5}{1.5-1}} = (250) \left(\frac{2}{1.5+1} \right)^{\frac{1.5}{0.5}} = 128 \text{kPa}$$

[여기서, p_c : 임계압력, p_0 : 정체압력, k : 비열비]

22

정답 ①

[차원 해석]

F	힘(N)의 차원
T	시간(s)의 차원
L	길이(m)의 차원
M	질량(kg)의 차원

[동력]

단위시간(s)당 한 일(J=N·m)을 말한다. 즉, "단위시간(s)에 얼마의 일(J=N·m)을 하는가"를 나타내는 것으로 동력의 단위는 J/s=W(와트)이다(1W=1J/s=1N·m/s).

따라서 동력은 $\dfrac{일}{시간} = \dfrac{W}{t} = \dfrac{FS}{t} = FV$로 구할 수 있다.

[여기서, W : 일, F : 힘, S : 이동거리, t : 시간, V : 속도]

일(W)의 기본 단위는 J이며 일(W)$=FS$이므로 일의 단위는 N·m로도 표현이 가능하다. 따라서 1J=1N·m이다.

속도(V)$= \dfrac{거리(S)}{시간(t)}$ 이다.

동력의 단위는 힘 곱하기 속도이므로 "1N·m/s$= \dfrac{1\text{N·m}}{\text{s}}$"이다. 이를 차원에 대한 식으로 바꿔주면 다음과 같다.

• N(뉴턴)은 힘의 단위이기 때문에 힘의 차원 F를 사용하여 대입한다.
• m(미터)는 길이의 단위이기 때문에 길이의 차원 L을 사용하여 대입한다.
• s(세크, 초)는 시간의 단위이기 때문에 시간의 차원 T를 사용하여 대입한다.

∴ 동력의 단위$=1\text{N·m/s} = \dfrac{1\text{N·m}}{\text{s}} = \dfrac{FL}{T} = FLT^{-1}$ [단, $T^{-1} = \dfrac{1}{T}$]

23

정답 ③

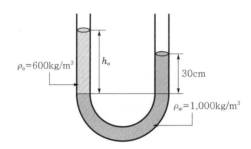

동일선상에 작용하는 액체에 의한 압력은 깊이가 동일하므로 압력이 같다.

압력을 구하고자 하는 해당 지점에서 액체에 의한 압력은 그 지점으로부터 위로 채워져 있는 액체의 양에 의해 눌리는 압력이다. 깊이(높이)에 따른 압력은 "$P = \gamma h = \rho g h$"로 구할 수 있다.

[여기서, P : 압력, γ : 액체의 비중량, h : 깊이(높이), ρ : 액체의 밀도, g : 중력가속도, $\gamma = \rho g$]

- 1지점에서의 압력은 h_0의 높이에 해당하는 기름의 양에 의해 눌리는 압력이다. 따라서 $P_1 = \rho_o g h_0$로 구할 수 있다.
- 2지점에서의 압력은 30cm의 높이에 해당하는 물의 양에 의해 눌리는 압력이다. 따라서 $P_2 = \rho_w g$ (30cm)로 구할 수 있다.
- 동일선상에 작용하는 액체에 의한 압력은 깊이(높이)가 동일하므로 압력이 같다. 그리고 관이 모두 대기 중으로 개방되어 있어 양쪽 모두 대기압의 영향을 받기 때문에 상쇄되므로 대기압은 고려하지 않아도 된다.

$$P_1 = P_2 \rightarrow \rho_o g h_0 = \rho_w g(30\text{cm})$$

$$\therefore h_o = \frac{\rho_w g(30\text{cm})}{\rho_o g} = \frac{\rho_w(30\text{cm})}{\rho_o} = \frac{(1{,}000\text{kg/m}^3)(30\text{cm})}{(600\text{kg/m}^3)} = 50\text{cm}$$

※ 대기압을 고려한다면

"$P_1 = P_2$" $\rightarrow$ $\rho_o g h_0 + $ 대기압 $= \rho_w g(30cm) + $ 대기압

$\rho_o g h_0 + \boxed{\text{대기압}} = \rho_w g(30\text{cm}) + \boxed{\text{대기압}}$ 의 식에서 좌변, 우변의 대기압 크기는 1기압으로 동일하므로 "대기압" 부분이 상쇄된다.

24

정답 ①

[합성수지의 특징]

- 전기절연성과 가공성 및 성형성이 우수하다.
- 색상이 매우 자유로우며 가볍고 튼튼하다.
- 화학약품, 유류, 산, 알칼리에 강하지만 열과 충격에 약하다.
  → 화기에 약하고 연소 시에 유해물질이 많이 발생한다.
- 무게에 비해 비교적 강도가 높은 편이다.
- 가공성이 높기 때문에 대량생산에 유리하다.

[합성수지의 종류]

열경화성 수지	주로 그물모양의 고분자로 이루어진 것으로 가열하면 경화되는 성질을 가지며, 한번 경화되면 가열해도 연화되지 않는 합성수지[모르면 찍을 수밖에 없는 내용이기 때문에 <u>그물모양인지, 선모양인지 반드시 암기해야 한다(서울시설공단, SH 등에서 기출되었다).</u>] ※ 종류 : 폴리에스테르, 아미노수지, 페놀수지, 프란수지, 에폭시수지, 실리콘수지, 멜라민수지, 요소수지, 폴리우레탄
열가소성 수지	주로 선모양의 고분자로 이루어진 것으로 가열하면 부드럽게 되어 가소성을 나타내므로 여러 가지 모양으로 성형할 수 있으며, 냉각시키며 성형된 모양이 그대로 유지되면서 굳는다. 다시 열을 가하면 물렁물렁해지며, 계속 높은 온도로 가열하면 유동체가 된다. ※ 종류 : 폴리염화비닐, 불소수지, 스티롤수지, 폴리에틸렌수지, 초산비닐수지, 메틸아크릴수지, 폴리아미드수지, 염화비닐론수지, ABS수지, 폴리스티렌, 폴리프로필렌

[Tip]
- 폴리에스테르를 제외하고 폴리가 들어가면 열가소성 수지이다.
- 폴리우레탄은 열경화성과 열가소성 2가지 종류가 있다.
- 폴리카보네이트 : 플라스틱 재료 중에서 내충격성이 매우 우수한 열가소성 플라스틱으로 보석방의 진열 유리 재료로 사용된다.
- 베이클라이트 : 페놀수지의 일종으로 전기절연성, 강도, 내열성 등이 우수하다.

25
정답 ②

[서브머지드 아크용접]
(자동금속아크용접, 잠호용접, 링컨용접, 유니언멜트, 불가시용접, 케네디용접)
노즐을 통해 용접부에 미리 도포된 용제(flux) 속에서 용접봉과 모재 사이에 아크를 발생시키는 용접법이다. 즉, 용접봉을 분말 용제 속에 꽂아 용접을 진행하는 용접법이다.

특징	• 열에너지 효율이 좋다. • <u>하향 자세로만 용접이 가능하다.</u> • 강도, 충격값 등의 기계적 성질이 우수하다. • 비드 외관이 매끄럽다. • 용접 이음부의 신뢰도가 높다.	
아크용접의 종류	스터드 아크용접, 원자 수소 아크용접, 불활성 가스 아크용접(MIG, TIG), 탄소 아크용접, 탄산가스(CO_2) 아크용접, 플래시 용접, 플라즈마 아크용접, 피복 아크용접, 서브머지드 아크용접 등	
키 포인트 특징 분류	열손실이 가장 적은 용접법	서브머지드 아크용접
	열변형이 가장 작은 용접법	전자빔 용접
	열영향부가 가장 좁은 용접법	마찰용접(마찰교반용접, 공구마찰용접)
	※ <u>열영향부(Heat Affected Zone, HAZ)</u> : 용융점 이하의 온도이지만 금속의 미세조직 변화가 일어나는 부분으로 "변질부"라고도 한다.	

26

정답 ③

[금속재료의 기계적 성질]

강도	외력에 대한 저항력을 말하며 재료에 정적인 힘을 가할 때 견딜 수 있는 정도
경도	재료의 단단한 정도로, 일반적으로 강도가 증가하면 경도도 증가한다.
인성	• 질긴 성질로, 충격에 대한 저항 성질 • 재료가 파단될 때까지 단위체적당 재료가 흡수한 에너지 • 인성과 충격값(충격치)은 비슷한 의미이다(인성은 취성과 반비례 관계이다).
전성	재료가 하중을 받으면 넓고 얇게 펴지는 성질을 말한다.
연성	인장력이 작용했을 때 변형하여 늘어나는 재료의 성질이며 재료가 파단될 때까지의 소성변형의 정도로 단면변화율로 나타낼 수 있다(가느다란 선으로 가늘고 길게 늘릴 수 있는 성질을 말한다).
탄성	금속에 외력을 가하면 변형이 되고 다시 외력을 제거하면 원래의 상태로 복귀되는 성질
취성	• 재료가 외력을 받으면 영구 변형을 하지 않고 파괴되거나 또는 극히 일부만 영구변형을 하고 파괴되는 성질이다(깨지는 성질＝메지다＝여리다). • 주철의 경우에 굽힘이나 변형이 거의 일어나지 않고 재료가 깨지가 되는데 이를 메짐이라고 하며 같은 말로는 취성(brittle)이라고 한다.
강성	재료가 파단될 때까지 외력에 의한 변형에 저항하는 정도
크리프	고온에서 연성재료가 정하중을 받았을 때 시간에 따라 변형이 서서히 증대되는 것
넌신률	재료에 하중을 가할 때 원래 길이에 대해 늘어난 길이의 비
항복점	응력을 증가시키지 않아도 변형이 계속 일어나는 상태의 응력
피로	작은 힘이라도 반복적으로 힘을 가하게 되면 점점 변형이 증대되는 현상

27

정답 ⑤

자기변태(동형변태)	동소변태(격자변태)
• 상은 변하지 않고 자기적 성질만 변하는 변태이다. • 결정구조(원자배열)는 변하지 않는 변태로 자기적 강도만 변한다. 즉, 원자 내부에서만 변화한다. • 강자성이 상자성 또는 비자성으로 변화한다. • 점진적이며 연속적인 변화를 한다.	• 결정격자의 변화 또는 원자배열 변화에 따라 나타나는 변태이다. • 같은 물질이 다른 상으로 변화하는 변태이다. • 일정 온도에서 급격히 비연속적인 변화를 한다.

[자기변태를 하는 금속]

종류	니켈 (Ni)	코발트 (Co)	철 (Fe)
자기변태점 (큐리점)	358℃	1150℃	768℃

※ <u>암기법</u> : (니) (코) 그만파! (철) 좀 들어

[동소변태를 하는 금속]

철(Fe)	코발트(Co)	주석(Sn)
티타늄(Ti)	지르코늄(Zr)	세륨(Ce)

※ <u>암기법</u> : Fe, Co, Sn, Ti, Zr, Ce(철코주티지르세)

- 니켈(Ni)의 자기변태점(큐리점)의 온도는 358℃이며 이 온도가 이상이 되면 강자성체에서 상자성체로 변하면서 어느 정도 자성을 잃게 된다.
- 니켈은 동소변태를 하지 않고 자기변태만 한다.

※ <u>변태점 측정법</u> : 시차열분석법, X선분석법, 비열분석법, 열분석법, 열팽창분석법, 전기저항분석법, 자기분석법

관련이론

[철의 동소변태점]

철의 동소변태점	A₃점(912℃)	A₄점(1,400℃)	
	$\alpha-\mathrm{Fe}$(페라이트)	$\gamma-\mathrm{Fe}$(오스테나이트)	$\delta-\mathrm{Fe}$
	체심입방격자(BCC)	면심입방격자(FCC)	체심입방격자(BCC)
	① A₃점(912℃) : $\alpha-\mathrm{Fe}$에서 $\gamma-\mathrm{Fe}$로 결정구조가 바뀌는 변태점 ② A₄점(1,400℃) : $\gamma-\mathrm{Fe}$에서 $\delta-\mathrm{Fe}$로 결정구조가 바뀌는 변태점		
순철의 동소체	순철의 동소체는 α철, γ철, δ철이 있다. • α철 : 912℃ 이하, 체심입방격자 • γ철 : 912℃~1,400℃, 면심입방격자 • δ철 : 1,400℃ 이상, 체심입방격자		

※ 시멘타이트의 자기변태점(A₀점) : 210℃
※ A1변태점(723℃)은 강에만 존재하고 순철에는 존재하지 않는 변태점이다.
※ 강의 자기 변태점은 770℃이다. 순철의 자기 변태점(A₂점＝큐리점)은 768℃이다.

28

정답 ①

[주철의 5대 원소와 각 원소가 미치는 영향]

인 (P)	• 쇳물의 유동성을 좋게 하며, 주물의 수축을 작게 한다. 하지만 너무 많이 첨가되면 단단해지고 균열이 생기기 쉽다. • 주철의 용융점을 낮게 하고 유동성을 좋게 하여 주물 표면을 청정하게 한다. • 강도 및 경도를 증가시킨다.
탄소 (C)	• 탄소가 많을수록 단단해져 강도 및 경도가 증가하고 취성이 커진다. • 탄소는 시멘타이트와 흑연상태로 존재한다. 냉각속도가 느릴수록 흑연화가 쉬우며 규소가 많을수록 흑연화를 촉진시키고 망간이 적을수록 흑연화방지가 덜 되기 때문에 흑연의 양이 많아진다. • 탄소함유량이 증가할수록 용융점이 감소하여 녹이기 쉬워 주형 틀에 부어 흘려 보내기 쉬우므로 (유동성이 증가하므로) 주조성이 좋아진다.
규소 (Si)	• 규소를 첨가하면 흑연의 발생을 촉진시켜 응고·수축이 작아 주조하기 쉬워진다. • 조직상 탄소(C)를 첨가하는 것과 같은 효과를 낼 수 있다. • 주물 두께에 영향을 준다.

망간 (Mn)	• 망간은 황과 반응하여 황화망간(MnS)으로 되어 황의 해를 제거하며 망간이 1% 이상 함유되면 주철의 질을 강하고 단단하게 만들어 절삭성을 저하시킨다. 그리고 수축률이 커지므로 1.5% 이상을 넘어서는 안된다. • 흑연화를 방지하고 조직을 치밀하게 하여 경도, 강도 등을 증가시킨다. • 적당한 망간을 함유하면 내열성을 크게 할 수 있다. • 고온에서 결정립 성장을 억제하며, 인장강도 증가, 고온가공성 증가, 담금질 효과를 개선한다.
황 (S)	• 유동성을 나쁘게 하며 그에 따라 주조성을 저하시킨다. • 흑연의 생성을 방해하고 적열취성을 일으켜 강도가 현저히 감소된다. • 절삭성을 향상시킨다.

29

정답 ②

[재결정]

회복온도에서 더 가열하게 되면 내부응력에 제거되고 새로운 결정핵이 결정 경계에 나타난다. 그리고 이 결정이 성장하여 새로운 결정으로 연화된 조직을 형성하는 것을 재결정이라고 한다. 즉, 특정한 온도에서 금속에 새로운 신 결정이 생기고 그것이 성장하는 현상이다.

풀림 처리 3단계	가공경화된 금속을 가열하면 회복 현상이 나타난 후, 새로운 결정립이 생성(재결정)되고 결정립이 성장(결정립 성장)하게 된다. 즉, 회복 → 재결정 → 결정립 성장의 단계를 거치게 된다. ※ 회복 : 가공경화된 금속을 가열하면 할수록 특정 온도 범위에서 내부응력이 완화되는 것을 말하며 회복은 재결정온도 이하에서 일어난다.
재결정 온도	1시간 안에 95% 이상의 재결정이 완료되는 온도 [여러 금속의 재설징온도(℃)]

철(Fe)	니켈(Ni)	금(Au)	은(Ag)	구리(Cu)	알루미늄(Al)
450	600	200	200	200	180
텅스텐(W)	백금(Pt)	아연(Zn)	납(Pb)	몰리브덴(Mo)	주석(Sn)
1,000	450	18	−3	900	−10

재결정 특징	• 재결정온도 이하에서의 소성가공을 냉간가공, 이상에서의 소성가공을 열간가공이라고 한다. • 재결정온도(T_r)는 그 금속의 융점(T_m)에 대하여 약 $(0.3\sim0.5)T_m$이다[단, T_r과 T_m은 절대온도이다]. • 재결정은 재료의 연신율 및 연성을 증가시키고 강도를 저하시킨다. • 재결정온도 이상으로 장시간 유지할 경우 결정립이 커진다. • 가공도가 큰 재료는 재결정온도가 낮다. 그 이유는 재결정온도가 낮으면 금방 재결정이 이루어져 새로운 신 결정이 발생하기 때문이다. 결정은 무른 상태(연한 상태)이기 때문에 가공이 용이하다. • 냉간가공에 의한 선택적 방향성(이방성)은 재결정 후에도 유지되며(재결정이 선택적 방향성에 영향을 미치지 못한다), 선택적 방향성을 제거하기 위해서는 재결정온도보다 더 높은 온도에서 가열해야 등방성이 회복된다. • 재결정온도는 순도가 높을수록, 가열시간이 길수록, 조직이 미세할수록, 가공도가 클수록 낮아진다. ※ 이방성은 방향에 따라 재료의 물리적 특성이 달라지는 성질이며 등방성은 방향이 달라져도 모든 방향에서 물리적 특성이 동일한 성질이다.

30

[원주속도(V, m/s) 공식 유도]

$$속도(V) = \frac{거리(S)}{시간(t)}$$

지름(직경)이 $D[\text{mm}]$인 물체 및 재료가 1바퀴(1회전) 돌았을 때의 원의 둘레가 이동한 거리(S)가 되며 $N[\text{rpm}]$은 1분당 회전수(N)[1분당 N바퀴를 회전하며 돈다]를 의미한다. 원의 둘레는 πD이며 1분당 회전수는 N이므로 총 이동한 거리, 즉 1분(60초)동안 이동한 거리(S)는 $N \times \pi D$가 된다. 이를 속도(V) 식에 대입하면 $V = \frac{N \times \pi D[\text{mm}]}{60\,\text{s}}$가 된다.

$V = \frac{N \times \pi D[\text{mm}]}{60\,\text{s}}$ 에서 mm 단위를 m 단위로 변환시킨다[$1\text{m} = 1,000\text{mm}$].

$$\therefore V = \frac{N(\pi D)[\text{m}]}{60(1,000)[\text{s}]} = \frac{\pi D N}{60,000}[\text{m/s}]$$

$$= \frac{3 \times 60 \times 300}{60,000} = 0.9\,\text{m/s}$$

31

[부식의 종류]

표면부식	흔한 부식 생성물로서 가루 침전물을 수반하는 움푹 파인 모양으로 화학적 · 전기화학적 침식에 의해 발생한다(금속 표면에 존재하는 수분에 의해 발생한다).
입자간 부식	합금의 결정입계 또는 그 근방을 따라 생기는 부식으로 합금 성분의 분포가 균일하지 못한 곳에서 발생하는 부식을 말한다.
응력 부식	강한 인장응력과 적당한 부식 조건과의 복합적인 영향으로 발생하며 알루미늄 합금과 마그네슘 합금에서 주로 발생한다(금속재료가 인장응력을 받거나 냉간가공에 의한 조직의 변화가 일어나 부식이 발생한다).
프레팅 부식	서로 밀착한 부품 간에 계속적으로 아주 작은 진동이 발생하는 경우, 그 표면에 흠이 생기는 부식을 말한다.
공식 부식	부동태 피막을 파괴시킬 수 있는 높은 염소(Cl)이온 농도가 존재하는 분위기에 STS강이 놓일 때 부동태 피막이 국부적으로 파괴되어 그 부분이 우선적으로 용해되어 발생하는 부식이다. 금속 표면에서 일부분 부식 속도가 빨라서 국부적으로 깊은 홈을 발생시킨다.
이질 금속 간의 부식	갈바닉 부식, 동전기 부식이라고도 하는 이질 금속 간의 부식은 서로 다른 금속이 접촉하면 접촉면 양쪽에 기전력이 발생하고 여기에 습기가 끼게 되면 전류가 흐르면서 금속이 부식되는 현상을 말한다.

[부식 방지법]

양극산화처리 (아노다이징)	금속 표면에 전해질인 산화피막을 형성하는 방법으로 전해질인 수용액 중에서 방출되는 물질이 있기 때문에 양극의 금속 표면이 수산화물 또는 산화물로 변화되고 고착되어 부식에 대한 저항성을 향상시킨다. 알루미늄(Al)에 가장 많이 적용하는 부식 방지법이다. ※ 아노다이징의 주목적 : 내식성 향상, 표면착색, Al_2O_3(산화알루미늄) 피막 형성
도금처리	철강재료의 부식을 방지하기 위한 방법으로 철강재료의 경우 카드뮴이나 주석도금을 하여 부식을 방지한다.
파커라이징	철강의 부식 방지법의 일종으로 검은 갈색의 인산염 피막을 철재 표면에 형성시켜 부식을 방지한다.
벤더라이징	철강재료의 표면에 구리를 석출시켜 부식을 방지한다.
음극부식방지법	부식을 방지하려는 금속재료에 외부로부터 전류를 공급하여 부식되지 않는 부전위를 띠게 함으로써 부식을 방지한다.
알로다인	알루미늄합금 표면에 크로멧처리를 하여 내식성을 증가시키는 부식 방지 처리방법이다 (알루미늄을 크롬산 용액으로 처리하는 방법이다).
다우처리	마그네슘을 크롬산 용액으로 처리하는 방법이다.

32

정답 ②

[나사의 리드(L)]

리드는 나사를 1회전(360° 돌렸을 때)시켰은 때 축 방향으로 나아가는(이동) 거리이다.
$L = n \times P$ [여기서, n : 나사의 줄수, p : 나사의 피치]
　$= 2 \times 3 = 6mm$가 된다. 즉, 1회전 시켰을 때 나사가 축 방향으로 이동한 거리가 6mm이다.
2.5회전 시켰을 때 나사가 축 방향으로 이동한 거리를 구하라고 되어 있으므로 비례식을 사용한다.
→ 1회전 : 6mm=2.5회전 : x　→ $6 \times 2.5 = 1 \times x$
즉, 2회전 시켰을 때 축 방향으로 이동한 거리(x)는 $x = 15mm$이다.

33

정답 ③

코터에 발생하는 전단응력(τ) $= \dfrac{P}{2bh}$

[여기서, P : 코터에 작용하는 하중(힘), b : 코터의 너비(폭), h : 코터의 두께]

$\therefore \ \tau = \dfrac{P}{2bh} = \dfrac{1,240N}{2 \times 4cm \times 1cm} = 155N/cm^2$

34

정답 ④

롬사(loam sand)는 주로 회전모형에 의한 주형제작에 많이 사용되는 것으로 내화도는 건조사보다 낮지만 경도는 생형사보다 높으며 통기도 향상을 위해 톱밥, 볏짚, 쌀겨 등을 첨가한다.

35

[용접 균열의 종류]

고온 균열	onto cell	온도경사가 높고 용접온도가 550℃ 이상의 고온일 때 용접 이음매 근처에 생기는 틈 [특징] • 응고 시 및 응고 후에도 진행되며 균열이 결정립계를 통과하며 발생한다(입계균열 발생). • 열팽창계수가 큰 오스테나이트계 스테인리스강, 알루미늄 합금 등의 재료는 용접 변형이 심하여 용접 응고 시 용접금속이나 열영향부(HAZ, Heat Affected Zone)에 발생하기 쉽다. [방지법] • 저수소계 용접봉(E4316)으로 수동 용접을 실시한다. • 고온균열을 발생시키는 황(S), 인(P) 등의 불순물을 최소화한 용접봉을 사용한다. [고온균열의 종류]

고온 균열	응고균열	• 응고 과정에서 성장하는 주상정의 경계면에 잔류하는 용액이 용접금속의 응고 완료 직전에 수축응력에 의해 개구됨으로써 발생한다. • 대부분의 용융금속이 수지상으로 석출하고 잔류액체가 수지상과 수지상 사이에 액막으로 존재하는 응고의 마지막 단계에서 용접부에 인장응력 및 변형이 작용하는 경우 발생한다.
	연성저하균열	균열의 발생온도 범위는 응고균열 및 액화균열보다 낮은 600~900℃이며 주로 용접금속 및 열영향부에서 발생한다. 원인은 탄화물의 결정립계 석출, 황(S), 인(P) 등과 같은 불순물 형성 원소의 결정립계 편석 등에 의해 발생한다.
	액화균열	크게는 편석균열에 포함되며 주로 용접 열영향부(HAZ)에서 발생된다. 용접 시 열영향부(HAZ)는 용접금속의 열팽창에 의해 압축응력을 받지만, 아크가 통과한 후에는 온도의 저하와 함께 인장응력을 받는다. 이때 결정립계에 저융점의 성분 또는 화합물이 용융하여 필름상으로 존재하면 액화균열이 발생하기 쉽다.
저온 균열		• 용접구조물의 사용 중 200℃ 부근 비교적 저온에서 취성파괴 또는 피로파괴가 발생하는 현상이다. • 강용접부가 거의 200℃ 이하의 비교적 저온에서 냉각 후 발생하여 진행, 균열 발생에는 응력과 용착금속의 확산성 수소가 관여한다. [특징] • 탄소함유량이 증가할수록 모재의 저온균열이 발생한다. • 용착금속 중의 망간(Mn) 함유량이 증가할수록 발생하며, 고장력강의 용접부에서 쉽게 발생한다. [방지법] • 용접 시 수소량을 적게 하고 용접봉을 건조시키며 적절한 모재와 용접 재료를 선택한다. • 용접 입열을 적게 하거나 모재의 예열 및 후열을 실시한다.

※ 수축공 : 쇳물의 응고 시 쇳물의 부족으로 인해 발생한다.

※ 수소취성 : 용접 금속 내에는 일반 강재에 비해 수소량이 1,000~10,000배로 존재한다. 이 수소로 인해 약 −150~150℃ 사이에서 일어나는 현상이 수소취성이며 실온보다 약간 낮은 온도에서 취화의 정도가 가장 현저하게 일어난다. 또한, 견고하고 강한 재질일수록 취화의 정도가 현저하며 잠복기간을 거쳐 용접 균열이 일어난다.

36

[치수공차의 용어]

기준치수	치수 공차를 정할 때 기준이 되는 치수로 $\phi60\pm0.02$에서 $\phi60$이 기준치수가 된다(도면상에는 구멍, 축 등의 호칭치수와 같다).
실치수	가공이 완료된 후 실제로 측정했을 때의 치수로 실제로 부품을 가공할 때는 작업자의 숙련도, 온도 및 습도, 가공정밀도 등에 의해 일반적으로 기준치수보다 조금 크거나 작게 가공된다.
허용한계치수	허용할 수 있는 실치수의 범위로, 최대허용치수와 최소허용치수가 있다.
최대허용치수	허용할 수 있는 가장 큰 실치수이다. 실치수가 이 치수보다 커서는 안된다. $\phi60\pm0.02$에서 $\phi60+0.02$이 허용할 수 있는 최대 실치수이다.
최소허용치수	허용할 수 있는 가장 작은 실치수이다. 실치수가 이 치수보다 작아서는 안된다. $\phi60\pm0.02$에서 $\phi60-0.02$이 허용할 수 있는 최소 실치수이다.
치수허용차	허용한계치수와 기준치수와의 차이로 위치수 허용차, 아래치수 허용차가 있다.
위치수 허용차	최대허용치수와 기준치수와의 차이로 $\phi60\pm0.02$에서 $+0.02$가 위치수 허용차에 해당된다. ※ 위치수 허용차 : 최대허용치수($\phi60\pm0.02$) $-$ 기준치수($\phi60$) $= +0.02$
아래치수 허용차	최소허용치수와 기준치수와의 차이로 $\phi60\pm0.02$에서 -0.02가 아래치수 허용차에 해당된다. ※ 아래치수 허용차 : 최소허용치수($\phi60-0.02$) $-$ 기준치수($\phi60$) $= -0.02$
치수공차	• 부품의 치수에 대한 가공 범위로 "공차"라고도 한다. • 최대허용치수와 최소허용치수와의 차 • 위치수 허용차와 아래치수 허용차의 차

[끼워맞춤]

틈새	구멍의 치수가 축의 치수보다 클 때 구멍과 축과의 치수차를 말한다. → 구멍에 축을 끼울 때 구멍의 치수가 축의 치수보다 커야 틈이 발생할 것이다.
죔새	구멍의 치수가 축의 치수보다 작을 때 축과 구멍의 치수차를 말한다. → 구멍에 축을 끼울 때 구멍의 치수가 축의 치수보다 작아야 꽉 끼워질 것이다.

헐거운 끼워맞춤	구멍의 크기가 항상 축보다 크며 미끄럼 운동이나 회전 등 움직임이 필요한 부품에 적용한다. ※ 구멍의 최소치수 > 축의 최대치수 : 항상 틈새가 발생하여 헐겁다.
억지 끼워맞춤	헐거운 끼워맞춤과 반대로 구멍의 크기가 항상 축보다 작으며 분해 및 조립을 하지 않는 부품에 적용한다. 즉, 때려박아 꽉 끼워 고정하는 것을 생각하면 된다. ※ 구멍의 최대치수 < 축의 최소치수 : 항상 죔새가 발생하여 꽉 낀다.
중간 끼워맞춤	헐거운 끼워맞춤과 억지 끼워맞춤으로 규정하기 곤란한 것으로 틈새와 죔새가 동시에 존재하면 "중간끼워맞춤"이다. ※ 구멍의 최대치수 > 축의 최소치수 : 틈새가 생긴다. ※ 구멍의 최소치수 < 축의 최대치수 : 죔새가 생긴다.

37

[체인의 종류]

롤러 체인	2장의 강판제 링크를 2개의 핀으로 고정한 체인으로 가장 널리 사용되는 전동용 체인이며 저속~고속회전까지 넓은 범위에서 사용된다.
핀틀 체인	양쪽의 링크와 핀 삽입부를 일체로 주조하고 핀으로 연결한 체인이다.
리프 체인	화물운반용 체인으로 몇 개의 링크판과 핀으로 구성되어 있다. 달아 내림용, 평행용 운반전달용이 있으며 저속으로 사용되고 있다. ※ 블록 체인 : 화물운반용 체인으로 롤러 링크를 블록으로 대응한 것으로써 저속, 중하중으로 사용된다. 또한, 견인용 등으로 사용되고 있다.
사일런트 체인	• 링크가 스프로킷에 비스듬히 미끄러져 들어가 맞물리기 때문에 롤러 체인보다 소음작은 특징을 가지고 있다. • 고속 또는 조용한 전동 운전이 필요할 때 사용하는 전동용 체인으로, 2개의 발톱(pawl)이 붙은 링크를 핀으로 연결하여 만든 구조를 갖는다. 가격이 비싸고 내구성 및 강도 측면에서는 단점이 있으나 소음이 거의 발생하지 않는 장점을 가지고 있다. ※ 사일런트 체인의 면각 : 52°, 60°, 70°, 80° → 피치가 클수록 면각이 작은 것을 사용한다.
부시 체인	롤러 체인에서 롤러를 없애고 롤러와 부시를 일체로 하여 구조를 간단하게 한 체인이다.

38

정답 ②

[나사산의 용어]

피치	• 나사산 플랭크 위의 한 점과 바로 이웃하는 대응 플랭크 위의 대등한 점 간의 축 방향 길이를 말한다. • 나사산 사이의 거리 또는 골 사이의 거리를 말한다.
리드	• 나사산 플랭크 위의 한 점과 가장 가까운 플랭크 위의 대응 점 사이의 축 방향 거리로 한 점이 나선을 따라 축 주위를 한 바퀴 돌 때의 축 방향 거리를 말한다. • 리드(L)는 나사를 1회전(360° 돌렸을 때)시켰을 때, 축 방향으로 나아가는 (이동한) 거리이다. 따라서 $L = n \times p$이다. [여기서, n : 나사의 줄수, p : 나사의 피치]
골지름	암나사의 산봉우리에 접하는 가상 원통의 지름을 골지름이라고 한다.
바깥지름	바깥지름은 암나사의 골밑에 접하는 가상 원통의 지름을 말한다.
플랭크	산과 골을 연결하는 면을 말하며, 플랭크가 볼트의 축선에 수직한 가상면과 이루는 각을 플랭크각이라고 한다. ISO에서 규정하는 표준나사각은 60°, 플랭크각은 30°이다.
유효지름	산등성이의 폭과 골짜기의 폭이 같게 되도록 나사산을 통과하는 가상 원통의 지름을 말한다.
단순유효지름	단순유효지름은 홈 밑의 폭이 기초 피치의 절반인 나사 홈의 폭에 걸쳐 실제 나사산을 교차하는 가상 원통의 지름을 말한다.

39

정답 ④

[맞대기 용접 시 인장응력(σ)]

$\sigma = \dfrac{P}{A} = \dfrac{W}{tL}$ [여기서, W : 인장하중, t : 판재의 두께, L : 용접길이]

40

정답 ⑤

질량이 10kg인 기름(액체)을 온도 15℃에서 200℃로 증가시킨다. 즉, 기름의 상태는 계속 액체이므로 상태변화(상변화)는 없다. 오직, 온도만 변화될 뿐이다. 따라서 상태변화(상변화)에 사용되는 잠열은 고려하지 않으며, 온도 변화(ΔT)에만 사용되는 현열만 고려하면 되고, 그 현열값이 바로 기름의 온도를 15℃에서 200℃로 증가시키는 데 필요한 열량값이 된다.

∴ $Q = Cm\Delta T = (0.5\text{kcal/kg} \cdot ℃ \times 10\text{kg} \times (200-15)℃ = 925\text{kcal}$

※ 단, 1kcal=4180J이다.

관련이론

[열의 종류]

현열	상태변화(변화)에는 쓰이지 않고 오로지 온도변화에만 쓰이는 열량이다. Q(열량)$= Cm\Delta T$ [여기서, C : 물체(물질)의 비열, m : 물체(물질)의 질량, ΔT : 온도 변화]	
잠열	온도 변화에는 쓰이지 않고 오로지 상태변화(상변화)에만 쓰이는 열량이다.	
	증발잠열	액체 → 기체로 상태변화(상변화)시키는 데 필요한 열량 ※ 100℃의 물 1kg을 100℃의 증기로 만드는 데 필요한 증발잠열은 539kcal/kg이다.
	융해잠열	고체 → 액체로 상태변화(상변화)시키는 데 필요한 열량 ※ 0℃의 얼음 1kg을 0℃의 물로 상태 변화시키는 데 필요한 융해잠열은 약 80kcal/kg이다.

※ 상태변화(상변화) : "고체 → 액체", "액체 → 고체", "액체 → 기체", "기체 → 액체" 등, 상이 변화하는 일련의 과정을 말한다.

17 2021년 하반기 서울교통공사 기출문제

01	②	02	②	03	④	04	④	05	②	06	③	07	④	08	②	09	②	10	⑤
11	⑤	12	⑤	13	②	14	④	15	④	16	④	17	③	18	③	19	②	20	④
21	⑤	22	③	23	⑤	24	④	25	④	26	④	27	⑤	28	④	29	⑤	30	⑤
31	⑤	32	⑤	33	②	34	②	35	④	36	⑤	37	②	38	④	39	⑤	40	②

01

정답 ②

[지름이 d인 원형 단면의 도심에 관한 단면 성질]

단면 2차 모멘트	극관성모멘트 (극단면 2차 모멘트)	단면계수	극단면계수
$I_x = I_y = \dfrac{\pi d^4}{64}$	$I_p = I_x + I_y = \dfrac{\pi d^4}{32}$	$Z = \dfrac{\pi d^3}{32}$	$Z_p = \dfrac{\pi d^3}{16}$

"$I = \dfrac{\pi d^4}{64}$"을 이용한다.

단면 2차 모멘트는 지름(d)의 네제곱에 비례하므로, 단면 2차 모멘트를 16배 증가시켜, $16I$로 만들기 위해서는 지름이 2배($2d$)가 되어야 한다.

$$I' = \frac{\pi (2d)^4}{64} = 16 \times \frac{\pi d^4}{64} = 16I$$

02

정답 ②

[원통 용기 및 얇은 "구형" 용기에 발생하는 응력]

축 방향 응력(길이방향 응력, σ_s) $= \dfrac{pD}{4t} = \dfrac{p(2R)}{4t} = \dfrac{pR}{2t}$

후프 응력(원주방향 응력, σ_θ) $= \dfrac{pD}{2t} = \dfrac{p(2R)}{2t} = \dfrac{pR}{t}$

[여기서, p : 내압, D : 용기의 안지름, t : 용기의 두께]

※ 원주 응력이 길이방향 응력보다 크므로 길이에 평행한 방향으로 균열이 생긴다. 즉, 세로방향으로 균열이 생긴다.

풀이

후프응력은 축 방향 응력의 2배이므로 후프응력이 80MPa이면 축 방향 응력은 40MPa이다.

03

[항복점(yielding point)]

힘을 받는 물체가 더 이상 탄성을 유지하지 못하고 영구적 변형이 시작될 때의 변형력, 즉 탄성한계(elastic limit)라고도 한다. 물체가 외부의 힘을 받으면 변형이 일어나는데 이때 약한 힘에 대해서 물체는 탄성을 유지하며, 힘을 제거하면 원상태로 회복된다. 그러나 어느 한계를 넘어서면 물체는 소성변형을 일으켜 힘을 제거해도 원래 상태로 되돌아오지 못하게 된다. 이렇게 탄성과 소성의 경계를 이루는 점을 항복점이라 한다.

※ 항복점=항복강도=항복응력이다.

※ 일반적인 설계에 있어서, 탄성 영역과 소성 영역의 경계를 나누는 기준점은 항복점이다.

04

[푸아송비(ν)]

세로변형률에 대한 가로변형률의 비로 최대 0.5의 값을 갖는다.

정의	• 푸아송비$(\nu)=\dfrac{\varepsilon}{\varepsilon}=\dfrac{1}{m(\text{푸아송수})}\leq 0.5$ ※ 원형 봉에 인장하중이 작용했을 때의 푸아송비(ν)는 다음과 같다. $푸아송비(\nu)=\dfrac{\varepsilon_{가로}}{\varepsilon_{세로}}=\dfrac{\dfrac{\delta}{d}}{\dfrac{\lambda}{L}}=\dfrac{L\delta}{d\lambda}$ [여기서, L : 원형 봉(재료)의 길이, λ : 실이 변형량, d : 원형 봉(재료)의 지름(직경), δ : 지름 변형량]

푸아송비 수치	※ 푸아송비(ν)는 재료마다 일정한 값을 가진다. ※ 고무는 푸아송비(ν)가 0.5이므로 체적이 변하지 않는 재료이다. **[여러 재료의 푸아송비 수치]**

코르크	유리	콘크리트	강철(Steel)	알루미늄(Al)
0	0.18~0.3	0.1~0.2	0.28	0.32

구리(Cu)	티타늄(Ti)	금(Au)	고무	납(Pb)
0.33	0.27~0.34	0.4~0.44	0.5	0.43

$$\frac{\Delta V}{V}=\varepsilon(1-2\nu)=\varepsilon[1-2(0.5)]=0\ \rightarrow\ \therefore\ \Delta V=0$$

단면적 변화율 $\left(\dfrac{\Delta A}{A}\right)$	$\dfrac{\Delta A}{A}=2\nu\varepsilon$ [여기서, ΔA : 단면적 변화량, A : 단면적, ν : 푸아송비, ε : 변형률]
체적변화율 $\left(\dfrac{\Delta V}{V}\right)$	$\dfrac{\Delta V}{V}=\varepsilon(1-2\nu)$ [여기서, ΔV : 체적 변화량, V : 체적, ν : 푸아송비, ε : 변형률]

풀이

$$\nu = \frac{\varepsilon_{가로}}{\varepsilon_{세로}} \ \rightarrow \ 0.2 = \frac{0.01}{\varepsilon_{세로}} \ \rightarrow \ \varepsilon_{세로} = 0.05$$

$$\varepsilon_{세로} = \frac{\lambda}{L} \ \rightarrow \ 0.05 = \frac{\lambda}{1.5\text{m}}$$

$$\therefore \ \lambda = 0.075\text{m} = 75\text{mm}$$

05

정답 ②

먼저, 등분포하중(w)을 집중하중(P)으로 변환시킨다. 등분포하중(w)의 면적값이 집중하중의 크기이다. 등분포하중이 삼각형 형태로 작용하고 있으므로 삼각형의 면적을 구하면 된다.

$P = \frac{1}{2} \times 1 \times 30 = 15\text{kN}$으로 도출된다($\because$ 삼각형 면적 $= \frac{1}{2} \times$ 가로 $\times$ 세로).

이때, 변환된 집중하중이 작용하고 있는 작용점은 삼각형의 무게중심이다.

따라서 고정단으로부터 $1\text{m} \times \frac{1}{3} = \frac{1}{3}\text{m}$만큼 떨어진 위치에 변환된 집중하중이 작용한다.

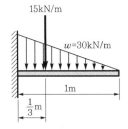

고정단에서 발생하는 굽힘모멘트의 크기는 "집중하중의 크기×고정단으로부터 집중하중이 작용하고 있는 곳까지의 거리"이다.

$$\therefore \ M_{고정단} = 15\text{kN} \times \frac{1}{3}\text{m} = 5\text{kN} \cdot \text{m}$$

[단, 모멘트는 "힘×거리"이다.]

06

정답 ③

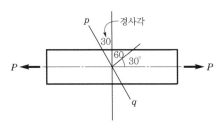

$$\sigma = \frac{P}{A} = \frac{1,000\text{N}}{100\text{mm}^2} = 10\text{MPa} \ \ [\text{단}, \ 1\text{N/mm}^2 = 1\text{MPa}]$$

재료를 잡아당기는 인장하중을 가했으므로 응력의 부호는 (+)이며, x축 방향으로 작용하므로 응력은 σ_x이다.

위 상태를 모어원으로 도시하면 다음과 같다. 단, 모어원을 도시할 때는 경사각의 2배만큼 반시계 방향으로 회전시켜 그린다.

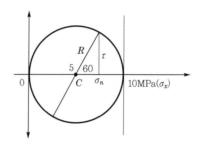

이때, 반시계 방향으로 $60°$만큼 회전시킨 점에서 수직으로 내렸을 때, x축과 만나는 점을 경사각 θ만큼 돌렸을 때 경사면에서 발생하는 수직응력 σ_n이라 하며, 그때의 수직거리를 경사면에서 발생하는 전단응력 τ라고 한다. 따라서 각각 구하면 다음과 같다.

모어원의 중심은 0과 10 사이의 중간이므로 5라는 것을 알 수 있다. 또한, 도시한 모어원을 통해 모어원의 반지름은 5라는 것을 쉽게 알 수 있다.

$\sigma_n = C + R\cos 60$, $\tau = R\sin 60$이다(모어원에서의 응력의 크기는 원점으로부터 떨어진 거리를 말한다).

$\sigma_n = 5 + 5\,\dfrac{1}{2} = 7.5 = \dfrac{15}{2}$, $\tau = 5\,\dfrac{\sqrt{3}}{2} = \dfrac{5\sqrt{3}}{2}$

$\therefore\ \sigma_n \times \tau = \dfrac{15}{2} \times \dfrac{5\sqrt{3}}{2} = \dfrac{75\sqrt{3}}{4}$

※ 기계의 진리 유튜브에서 "모어원 영상 3개"를 모두 시청하여 모어원을 마스터하길 바란다.

07 [정답] ④

① 세장비는 단주와 장주를 구분하는 기준이 될 수 있다. (○)
② 세장비가 클수록 좌굴응력은 작아진다. (○)
③ 세장비가 클수록 기둥이 잘 휘어진다. (○)
④ 세장비는 좌굴길이를 회전반경으로 나누어 계산할 수 있다. (×)

　→ $\lambda = \dfrac{L}{K}$ [여기서, L : 기둥의 길이, K : 회전반경(단면 2차 반지름)]

　세장비는 좌굴길이가 아닌, 기둥의 길이를 회전반경으로 나누어 계산한다.
⑤ 단주는 장주에 비해 훨씬 큰 압축하중에 저항할 수 있다. (○)

관련이론

[지름이 d인 원형 기둥의 세장비(λ)]
세장비는 기둥이 얼마나 가는지를 알려주는 척도이다.

• $\lambda = \dfrac{L}{K}$ [여기서, L : 기둥의 길이, K : 회전반경(단면 2차 반지름)]

$$K = \sqrt{\frac{I_{\min}}{A}}$$

※ 지름이 d인 원형 기둥의 x축에 대한 단면 2차 모멘트와 y축에 대한 단면 2차 모멘트가 각각 $I_x = I_y = \dfrac{\pi d^4}{64}$으로 동일하기 때문에 $I_{\min}$에 $\dfrac{\pi d^4}{64}$을 대입하면 된다. 단, 직사각형 단면을 가진 기둥의 경우에는 I_x와 I_y가 다르기 때문에 둘 중에 작은 "최소 단면 2차 모멘트"를 $I_{\min}$에 대입해야 한다. 그 이유는 $I_{\min}$이 최소가 되는 축을 기준으로 좌굴이 발생하기 때문이다.

• 원형 기둥이기 때문에 $I_{\min} = \dfrac{\pi d^4}{64}$이다. 단면적은 $A = \dfrac{1}{4}\pi d^2$이다. 이것을 회전반경(K)식에 대입하면

$$K = \sqrt{\frac{I_{\min}}{A}} = \left(\sqrt{\frac{\pi d^4}{64}}\right) \Big/ \left(\sqrt{\frac{\pi d^2}{4}}\right) = \sqrt{\frac{d^2}{16}} = \frac{d}{4}$$

• 세장비는 $\lambda = \dfrac{L}{K}$이므로 K에 $\dfrac{d}{4}$를 대입하면 $\lambda = \dfrac{4L}{d}$이 된다.

※ 원형 기둥의 세장비를 구하는 공식을 암기하는 것은 <u>시간을 절약</u>할 수 있기 때문에 매우 효율적이다. "$\lambda_{\text{원형 기둥}} = 4L\,/\,d$"을 꼭 암기하길 바란다. [여기서, L : 기둥의 길이, d : 기둥의 지름]

※ 유효세장비(좌굴세장비, λ_n) $= \dfrac{\lambda}{\sqrt{n}}$ [여기서, n : 단말계수]

※ 좌굴길이(유효길이, L_n) $= \dfrac{L}{\sqrt{n}}$ [여기서, n : 단말계수]

[단말계수(끝단계수, 강도계수, n)]
기둥을 지지하는 지점에 따라 정해지는 상수값으로 이 값이 클수록 좌굴은 늦게 일어난다. 즉, 단말계수가 클수록 강한 기둥이다.

일단고정 타단자유	$n = 1/4$
일단고정 타단회전	$n = 2$
양단회전	$n = 1$
양단고정	$n = 4$

• 단주 : 세장비가 30 이하인 길이가 짧은 기둥으로, 축 방향으로 압축력이 작용하면 휘지 않고 파괴된다. 단주는 장주에 비해 훨씬 큰 하중에 저항이 가능하다.
• 중간주 : 세장비가 30~160 사이인 기둥
• 장주 : 세장비가 160 이상인 길이가 긴 기둥으로 축 방향으로 압축력이 작용하면 크게 휘면서 파괴된다.

08
정답 ②

• 외팔보의 자유단(끝단)에 집중하중 P가 작용할 때, 자유단(끝단)에서 발생하는 최대 처짐량 $\delta_1 = \dfrac{PL^3}{3EI}$

• 외팔보의 전역에 등분포하중 w가 작용할 때, 자유단(끝단)에서 발생하는 최대 처짐량 $\delta_2 = \dfrac{wL^4}{8EI}$

풀이

문제에서 주어진 값들을 대입하면, $\delta_1 = \dfrac{(60)L^3}{3EI}$, $\delta_2 = \dfrac{(160)L^4}{8EI}$ 이다.

$$\frac{\delta_1}{\delta_2} = \frac{\dfrac{60L^3}{3EI}}{\dfrac{160L^4}{8EI}} = 2 \rightarrow \frac{60L^3 8EI}{160L^4 3EI} = 2 \rightarrow \frac{1}{L} = 2 \rightarrow \therefore\ L = 0.5\text{m}$$

09

정답 ②

[카르노 사이클의 열효율(η)]

$$\eta = \frac{W}{Q_1} = \frac{Q_1 - Q_2}{Q_1} = \left[1 - \left(\frac{Q_2}{Q_1}\right)\right] \times 100\% = \left[1 - \left(\frac{T_2}{T_1}\right)\right] \times 100\% \text{으로 구할 수 있다.}$$

[여기서, Q_1 : 공급열, Q_2 : 방출열, T_1 : 고열원 온도, T_2 : 저열원 온도]

풀이

$$\eta = \left[1 - \left(\frac{T_2}{T_1}\right)\right] \times 100\% = \left[1 - \left(\frac{300\text{K}}{400\text{K}}\right)\right] \times 100\% = 25\%$$

일 (W) $= 200\text{kJ}$이다. 이때, $W = Q_1 - Q_2$이다.

$$0.25 = \frac{W}{Q_1} \rightarrow 0.25 = \frac{200\text{kJ}}{Q_1}$$

$$\therefore\ Q_1 = \frac{200\text{kJ}}{0.25} = 800\text{kJ}$$

10

정답 ⑤

$$Q = dU + W = dU + PdV$$

[여기서, Q : 열량, dU : 내부에너지 변화량, $W = PdV$: 외부로 한 일, 즉 팽창일]

풀이

$W = PdV = 1\text{kPa} \times (4\text{m}^3 - 2\text{m}^3) = 2\text{kJ} = 2{,}000\text{J}$

내부에너지가 6kJ만큼 증가하였으므로 $dU = +6\text{kJ} = +6{,}000\text{J}$

$Q = dU + W = dU + PdV = +6{,}000\text{J} + 2{,}000\text{J} = +8{,}000\text{J}$로 도출된다. 열량($Q$)의 부호가 (+)이므로 열은 계(system)로 유입된다는 것을 알 수 있다.

[카르노 사이클(Carnot cycle)]

- 열기관의 이상 사이클로 이상기체를 동작물질(작동유체)로 사용한다.
- 이론적으로 사이클 중 최고의 효율을 가질 수 있다.

$P-V$ 선도	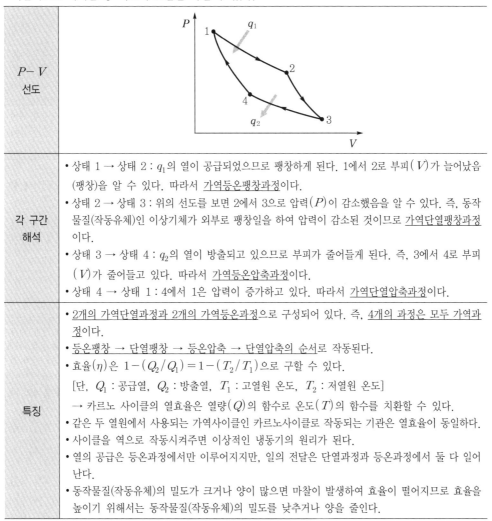
각 구간 해석	• 상태 1 → 상태 2 : q_1의 열이 공급되었으므로 팽창하게 된다. 1에서 2로 부피(V)가 늘어났음(팽창)을 알 수 있다. 따라서 <u>가역등온팽창과정</u>이다. • 상태 2 → 상태 3 : 위의 선도를 보면 2에서 3으로 압력(P)이 감소했음을 알 수 있다. 즉, 동작물질(작동유체)인 이상기체가 외부로 팽창일을 하여 압력이 감소된 것이므로 <u>가역단열팽창과정</u>이다. • 상태 3 → 상태 4 : q_2의 열이 방출되고 있으므로 부피가 줄어들게 된다. 즉, 3에서 4로 부피(V)가 줄어들고 있다. 따라서 <u>가역등온압축과정</u>이다. • 상태 4 → 상태 1 : 4에서 1은 압력이 증가하고 있다. 따라서 <u>가역단열압축과정</u>이다.
특징	• <u>2개의 가역단열과정과 2개의 가역등온과정으로 구성되어 있다. 즉, 4개의 과정은 모두 가역과정이다.</u> • <u>등온팽창 → 단열팽창 → 등온압축 → 단열압축의 순서로 작동된다.</u> • 효율(η)은 $1-(Q_2/Q_1)=1-(T_2/T_1)$으로 구할 수 있다. 　[단, Q_1 : 공급열, Q_2 : 방출열, T_1 : 고열원 온도, T_2 : 저열원 온도] 　→ 카르노 사이클의 열효율은 열량(Q)의 함수로 온도(T)의 함수를 치환할 수 있다. • 같은 두 열원에서 사용되는 가역사이클인 카르노사이클로 작동되는 기관은 열효율이 동일하다. • 사이클을 역으로 작동시켜주면 이상적인 냉동기의 원리가 된다. • 열의 공급은 등온과정에서만 이루어지지만, 일의 전달은 단열과정과 등온과정에서 둘 다 일어난다. • 동작물질(작동유체)의 밀도가 크거나 양이 많으면 마찰이 발생하여 효율이 떨어지므로 효율을 높이기 위해서는 동작물질(작동유체)의 밀도를 낮추거나 양을 줄인다.

11

정답 ⑤

[엔탈피]
유체(기체 또는 액체)가 보유한 열에너지를 엔탈피라고 한다. 보기 중에서 에너지의 일종인 물리량을 선택하면, 답을 쉽게 찾을 수 있다.

※ 수두＝높이이다.

12

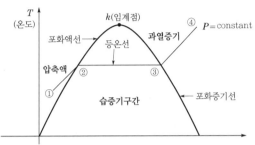

②-③	$P=$constant, 즉 압력이 일정한 정압선을 따라 과정을 이루며 동시에 등온과정을 거치기 위해서는 "습증기 구간(② - ③)"이어야만 한다. 습증기 구간에서는 위 선도에서 보이는 것과 같이 정압선($P=$constant)과 등온선이 수평으로 일치하기 때문이다.
①	압축액 구간에 있으므로 ①점의 상태는 압축액 상태이다. ※ 압축액(압축수, 과냉액체) : 포화온도 이하에 있는 상태의 액으로 열을 가해도 쉽게 기체 상태로 증발하지 않는 액체를 말한다.
②	②점의 상태는 포화액선에 접해 있으므로 포화 상태에 도달한 액이다. 즉, 포화온도에 도달한 액으로 건도는 0이며 열을 가하면 쉽게 기체 상태로 증발하는 액체를 말한다. 즉, 이제 막 증발을 준비하는 액이다. ※ 포화액선에 접하면 건도는 0이다. 건도가 0이라는 것은 증기의 비율이 없다. ※ 건도 $= \dfrac{증기의\ 질량}{습증기\ 전체\ 질량}$ (습증기 전체 질량에 대한 증기 질량의 비)
③	③점의 상태는 ②점의 상태에서 습증기 구간을 거쳐(증발 과정을 모두 거쳐) 수분이 모두 승말한 상태의 증기이다. 즉, 포화증기 또는 건포화증기의 상태이다. 또한, ②점에서 수평으로 그대로 이어져 포화증기선에 접해 있으므로 ③점은 포화온도 상태에 도달해있으며 포화증기선에 접해있기 때문에 건도는 1이다. ※ 포화증기선에 접하면 건도는 1이다. 건도가 1이라는 것은 수분이 모두 증발하여 증기의 비율이 100%라는 것이다. ※ 습증기(습포화증기) : 증기와 습분(수분)이 혼합되어 있는 상태로 포화온도 상태이며 건도는 0과 1 사이이다.
④	과열증기 구간에 있으므로 ④점의 상태는 과열증기 상태이다. ※ 과열증기 : ③점의 포화증기를 가열하여 증기의 온도를 높인 것으로 포화온도 이상인 증기
필수내용	• 임계점(k)는 포화액선과 포화증기선이 만나는 점이다. → 임계점 압력 이상이 되면 증발 과정을 거치지 않고(습증기 구간을 거치지 않고) 바로 과열증기가 된다. 따라서 임계점에 가까워질수록 증발잠열은 0에 수렴하게 되며 임계점에서는 증발잠열이 0임 • 포화온도와 포화압력은 비례 관계를 갖는다. • 포화액(포화수)은 어느 압력하에서 포화온도에 도달한 액이다. ※ 포화온도는 어느 압력하에서 증발하기 시작하는 온도이다. • 과열증기의 비열비는 1.3, 건포화증기의 비열비는 1.13이다. • 과열증기는 잘 응축되지 않는 증기이며 건포화증기는 쉽게 응축되려는 증기이다. • 압축액은 쉽게 증발되지 않는 액체이며 포화액은 쉽게 증발되려는 액체이다.

13

문제에 주어진 부피(V)−온도(T) 선도를 보면 선형적인 기울기(1차 함수 기울기)를 가지고 있다. 즉, 부피와 온도는 선형적으로 비례적인 관계를 갖는다는 것을 알 수 있다. 이상기체의 부피와 온도가 비례한다는 법칙은 "샤를의 법칙"이다. 따라서 주어진 이상기체는 "샤를의 법칙"을 따른다는 것을 캐치할 수 있어야 한다.

→ 주어진 이상기체는 "샤를의 법칙"을 따르기 때문에 압력(P)이 일정한 상태인 정압하에 있다. 따라서 이상기체의 나중 압력(P_2)는 초기 압력(P_1)과 같은 값인 "500kPa"이다.

- **샤를의 법칙** : 압력(P)이 일정한 상태에서 기체의 부피(V)는 기체의 절대온도(T)에 비례한다는 법칙

$$\frac{V}{T} = k \ \rightarrow \ V = kT \ [여기서, \ k : 비례상수]$$

14

- "등온과정"에서의 일(W) $= P_1 V_1 \ln\left(\dfrac{V_2}{V_1}\right) = mRT\ln\left(\dfrac{V_2}{V_1}\right)$

- "등온과정"에서의 엔트로피 변화량(ΔS) $= C_v \ln\left(\dfrac{T_2}{T_1}\right) + R\ln\left(\dfrac{V_2}{V_1}\right)$

$\Delta S = C_v \ln\left(\dfrac{T_2}{T_1}\right) + R\ln\left(\dfrac{V_2}{V_1}\right)$ 에서 "등온과정($T_1 = T_2$)"이므로 $\ln\left(\dfrac{T_2}{T_1}\right) = \ln(1) = 0$이 된다.

$\Delta S = C_v(0) + R\ln\left(\dfrac{V_2}{V_1}\right) \ \rightarrow \ \Delta S = R\ln\left(\dfrac{V_2}{V_1}\right)$

비엔트로피가 $30\text{kJ/kg} \cdot \text{K}$에서 $100\text{kJ/kg} \cdot \text{K}$으로 증가하였다. 따라서, 비엔트로피 변화량(ΔS)이 $70\text{kJ/kg} \cdot \text{K}$이다. 즉, $\Delta S = R\ln\left(\dfrac{V_2}{V_1}\right) = 70\text{kJ/kg} \cdot \text{K}$이다.

$\therefore W = mRT\ln\left(\dfrac{V_2}{V_1}\right) = mT\left[R\ln\left(\dfrac{V_2}{V_1}\right)\right] = 0.005\text{kg} \times 300\text{K} \times 70\text{kJ/kg} \cdot \text{K}$

단, 이상기체 상태 방정식($PV = mRT$)을 통해, 질량(m)을 구하면 다음과 같다.

$m = \dfrac{PV}{RT} = \dfrac{1\text{kPa} \times 1.5\text{m}^3}{1\text{kJ/kg} \cdot \text{K} \times 300\text{K}} = 0.005\text{kg}$

※ 이상기체의 등온과정일 때, 공급받은 열량(Q)=절대일(W)=공업일(W_t)이 같다.

15

[체적탄성계수(K)]

체적탄성계수(K) $= \dfrac{\Delta P}{-\dfrac{\Delta V}{V}} = \dfrac{1}{\beta}$

[여기서, K : 체적탄성계수, β : 압축률, ΔP : 압력변화, ΔV : 체적변화, V : 초기체적]

$\therefore K = \dfrac{1}{\beta} = \dfrac{1}{2\text{m}^2/\text{N}} = 0.5\text{N/m}^2 = 0.5\text{Pa}$

※ 부호는 압력 증가에 따른 체적 감소를 의미하는 것으로 계산 시 생략하였다.

관련이론

- 체적탄성계수 식에서 (−) 부호는 압력이 증가함에 따라 체적이 감소한다를 의미한다.
- 체적탄성계수는 온도의 함수이다.
- 체적탄성계수는 압력에 비례하고 압력과 같은 차원을 갖는다.
- 압력변화에 따른 체적의 변화를 체적탄성계수라고 하며 체적탄성계수의 역수를 압축률(압축계수)라고 한다.
- 액체를 초기체적에서 압축시켜 체적을 줄이려면 얼마의 압력을 더 가해야 하는가에 대한 물성치라고 보면 된다.
→ 체적탄성계수가 클수록 체적을 변화시키기 위해 더 많은 압력이 필요하다는 의미이므로 압축하기 어려운 액체라고 해석할 수 있다. 즉, 체적탄성계수가 클수록 비압축성에 가까워진다.

16   정답 ⑤

내연기관의 압축비$(\varepsilon) = \dfrac{V}{V_C}$

[여기서, V : 실린더 체적, V_C : 통극체적(극간체적, 간극체적, 연소실 체적)]

오토사이클의 이론 열효율$(\eta) = 1 - \left(\dfrac{1}{\varepsilon}\right)^{k-1}$

[여기서, ε : 압축비, k : 비열비]

실린더 체적(V) = 간극체적(V_C) + 행적체적(V_S) 이므로

→ $V = 250\text{cc} + 1,000\text{cc} = 1,250\text{cc}$

내연기관의 압축비$(\varepsilon) = \dfrac{V}{V_C} = \dfrac{1,250\text{cc}}{250\text{cc}} = 5$

오토사이클의 이론 열효율$(\eta) = 1 - \left(\dfrac{1}{\varepsilon}\right)^{k-1} = 1 - \left(\dfrac{1}{5}\right)^{1.5-1} = 1 - (0.2)^{0.5}$

$$= 1 - \sqrt{0.2} = 1 - 0.45 = 0.55 = 55\%$$

관련이론

[내연기관]

압축비(ε)	압축비$(\varepsilon) = \dfrac{V}{V_C}$ ★ [여기서, V : 실린더 체적, V_C : 연소실 체적(통극체적, 간극체적, 극간체적)]
실린더 체적(V)	피스톤이 하사점에 위치할 때의 체적으로 $V = V_C + V_S$이다.
행정 체적(V_S)	행정(S)에 의해서 형성되는 체적으로 $V_S = AS = \dfrac{\pi d^2}{4} \times S$이다.
행정(S)	상사점과 하사점 사이에서 피스톤이 이동한 거리이다.
연소실 체적(V_C)	피스톤이 상사점에 있을 때의 체적으로 통극체적, 간극체적, 극간체적과 같은 말이다.
통극체적비(λ)	$\lambda = \dfrac{V_C}{V_S}$

상사점	피스톤이 실린더 위의 벽까지 도달하지 못하고 어느 정도 공간을 남기고 최고점을 찍을 때의 점이다.
하사점	내연기관에서 실린더 내의 피스톤이 상하로 움직이며 압축할 때, 피스톤이 최하점으로 내려왔을 때의 점이다.

17

정답 ③

[랭킨사이클의 순서]

보일러 → 터빈 → 응축기(복수기, 콘덴서) → 펌프

• 복수기(정압방열) : 응축기(condenser)라고도 하며 증기를 물로 바꿔주는 장치이다.
• 터빈(단열팽창) : 보일러에서 만들어진 과열증기로 팽창 일을 만들어내는 장치이다. 터빈은 과열증기가 단열팽창되는 곳이며 과열증기가 가지고 있는 열에너지가 기계에너지로 변환되는 곳이라고 보면 된다.
• 보일러(정압가열) : 석탄을 태워 얻은 열로 물을 데워 과열증기를 만들어내는 장치이다.
• 펌프(단열압축) : 복수기에서 다시 만들어진 물을 보일러로 보내주는 장치이다.

등온변화(정온변화)	온도가 일정한 상태에서의 물질의 상태 변화
등압변화(정압변화)	압력이 일정한 상태에서의 물질의 상태 변화
등적변화(정적변화)	체적(부피)이 일정한 상태에서의 물질의 상태 변화
단열변화	계와 주위 사이의 열(Q) 출입이 없는 변화

엔트로피 변화(ΔS) $= \dfrac{\delta Q}{T}$에서 단열과정이면 $\delta Q = 0$이다. 따라서 단열과정인 경우, $\Delta S = 0$이 되며 엔트로피의 변화가 없는 등엔트로피 과정이 된다. 따라서 단열압축은 등엔트로피 압축과 동일한 말이다.

18

정답 ③

[운동학적 기술법]

라그랑주 기술법	• 각각의 입자 하나하나에 초점을 맞추어 각각의 입자를 따라가면서 그 입자의 물리량(위치, 속도, 가속도 등)을 나타내는 기술법이다. • 각각의 입자를 따라가면서 그 입자의 위치 등을 나타내는 것이기 때문에 라그랑주 관점으로만 묘사할 수 있는 것은 유체가 지나간 흔적을 의미하는 유적선이다. 각각의 입자를 따라가야만, 흔적을 묘사할 수 있기 때문이다. • 시간만 독립변수이며, 위치는 종속변수이다.
오일러 기술법 (검사체적을 기반으로 한 운동 기술법)	• 공간상에서 고정되어 있는 각 지점을 통과하는 물체의 물리량(속도 변화율)을 표현하는 방법이다. • 주어진 좌표에서 유체의 운동을 표현하는 것, 즉 주어진 시간에 주어진 위치를 어떤 입자가 지나가는가를 묘사한다. • 시간과 위치 모두 독립변수이다. • 속도와 같은 유동의 특성은 공간과 시간의 함수로 표현된다.

※ 라그랑주 기술법과 오일러 기술법의 관계를 설명하는 이론은 레이놀즈 수송 정리이다.

19

정답 ②

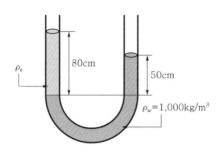

동일선상에 작용하는 액체에 의한 압력은 깊이가 동일하므로 압력이 같다.
압력을 구하고자 하는 지점에서 액체에 의한 압력은 그 지점으로부터 위로 채워져 있는 액체의 양에 의해 눌리는 압력이다. 깊이(높이)에 따른 압력은 "$P = \gamma h = \rho g h$"로 구할 수 있다.
[여기서, P : 압력, γ : 액체의 비중량, h : 깊이(높이), ρ : 액체의 밀도, g : 중력가속도, $\gamma = \rho g$]

풀이

- 1지점에서의 압력은 80cm의 높이에 해당하는 기름의 양에 의해 눌리는 압력이다. 따라서 $P_1 = \rho_o g$ (80cm)로 구할 수 있다.
- 2지점에서의 압력은 50cm의 높이에 해당하는 물의 양에 의해 눌리는 압력이다. 따라서 $P_2 = \rho_w g$ (50cm)로 구할 수 있다.
- 동일선상에 작용하는 액체에 의한 압력은 깊이(높이)가 동일하므로 압력이 같다. 그리고 관이 모두 대기 중으로 개방되어 있어 양쪽 모두 대기압의 영향을 받기 때문에 상쇄되므로 대기압은 고려하지 않아도 된다.

$P_1 = P_2$ " $\rightarrow$ $\rho_o g(80\text{cm}) = \rho_w g(50\text{cm})$

$\therefore \rho_o = \dfrac{\rho_w g(50\text{cm})}{g(80\text{cm})} = \dfrac{\rho_w(50)}{80}$

$\therefore \rho_o = \dfrac{(1000\text{kg/m}^3)(50)}{80} = 625\text{kg/m}^3$

※ 대기압을 고려한다면
" $P_1 = P_2$ " $\rightarrow$ $\rho_o g h_0 + 대기압 = \rho_w g(30\text{cm}) + 대기압$

$\rho_o g h_0 + \boxed{대기압} = \rho_w g(30\text{cm}) + \boxed{대기압}$ 의 식에서 좌변, 우변의 대기압 크기는 1기압으로 동일하므로 "대기압" 부분이 상쇄된다.

20

정답 ④

[개수로 유동]
경계면의 일부가 항상 대기에 접해 흐르는 유체 흐름으로, 대기압이 작용하는 자유표면을 가진 수로를 개수로 유동이라고 한다.

※ 프루드수$(Fr) = \dfrac{V}{\sqrt{gL}} = \dfrac{관성력}{중력}$

프루드수는 자유표면을 갖는 유동의 역학적 상사시험에서 중요한 무차원수이다. 보통 수력도약, 개수로, 배, 댐, 강에서의 모형 실험 등의 역학적 상사에 적용된다.

풀이

$Fr' = \dfrac{V}{\sqrt{g(2L)}} = \dfrac{1}{\sqrt{2}} \dfrac{V}{\sqrt{gL}} = \dfrac{1}{\sqrt{2}}(Fr)$이 된다. 즉, 처음의 $\dfrac{1}{\sqrt{2}}$배가 된다.

21

정답 ⑤

[레이놀즈수(Re)]

층류와 난류를 구분하는 척도로 사용되는 무차원수이다.

레이놀즈수	레이놀즈수는 점성력에 대한 관성력의 비라고 표현된다. $Re = \dfrac{\rho Vd}{\mu} = \dfrac{Vd}{\nu} = \dfrac{관성력}{점성력}$ [ρ : 유체의 밀도, V : 속도, 유속, d : 관의 지름(직경), ν : 유체의 점성계수] ※ 동점성계수$(\nu) = \dfrac{\mu}{\rho}$

레이놀즈수의 범위	원형관	상임계 레이놀즈수(층류 → 난류로 변할 때)	4,000
		하임계 레이놀즈수(난류 → 층류로 변할 때)	2,000~2,100
	평판	임계레이놀즈수	500,000($=5 \times 10^5$)
	개수로	임계레이놀즈수	500
	관 입구에서 경계층에 대한 임계레이놀즈수		600,000($=6 \times 10^5$)
	원형관(원관, 파이프)에서의 흐름 종류의 조건		
	층류 흐름	$Re < 2,000$	
	천이 구간	$2,000 < Re < 4,000$	
	난류 흐름	$Re > 4,000$	

[관마찰계수(f)]

레이놀즈수와 관내면의 조도에 따라 변하며 실험에 의해 정해진다.

흐름이 층류일 때	$f = \dfrac{64}{Re}$ [여기서, $Re = \dfrac{\rho VD}{\mu} = \dfrac{VD}{\nu}$이며 ρ : 유체의 밀도, μ : 점성계수, V : 유속, D : 관의 지름(직경), ν : 동점성계수$\left(\nu = \dfrac{\mu}{\rho}\right)$]
흐름이 난류일 때	$f = \dfrac{0.3164}{\sqrt[4]{Re}}$ Blausius의 실험식으로 "$3,000 < Re < 10^5$" 범위에 있어야 한다.

풀이

$Re = \dfrac{Vd}{\nu} = \dfrac{6.4 \times 0.2}{0.001} = 1,280$이다. 원형관에서 Re가 2,000보다 작으므로 층류 흐름이라는 것을 알 수 있다.

$\therefore f = \dfrac{64}{Re} = \dfrac{64}{1,280} = 0.05$

22

정답 ③

[베르누이 방정식]

"흐르는 유체가 갖는 에너지의 총합은 항상 보존된다" 라는 에너지 보존 법칙을 기반으로 하는 방정식이다. 즉, 베르누이 방정식은 흐르는 유체에 적용되는 방정식이다.

기본 식	$\dfrac{P}{\gamma} + \dfrac{v^2}{2g} + Z = constant$" [여기서, $\dfrac{P}{\gamma}$: 압력수두, $\dfrac{v^2}{2g}$: 속도수두, Z : 위치수두, P : 압력, γ : 비중량, v : 속도, g : 중력가속도, Z : 위치] • 에너지선 : 압력수두+속도수두+ 위치수두 • 수력구배선(수력기울기선) : 압력수두+위치수두 ※ 베르누이 방정식은 에너지[J]로 표현할 수도 있고, 수두[m]로 표현할 수도 있고, 압력 [Pa]으로도 표현할 수 있다. ㉠ 수두식 : $\dfrac{P}{\gamma} + \dfrac{v^2}{2g} + Z = C$ 　㉠식의 양변에 비중량(γ)을 곱하고 $\gamma = \rho g$를 대입하면 ㉡ 압력식 : $P + \rho \dfrac{v^2}{2} + \rho gh = C$ 　㉡식의 양변에 부피(V)를 곱하고 밀도(ρ) $= m$(질량)$/ V$(부피)을 대입하면. ㉢ 에너지식 : $PV + \dfrac{1}{2}mv^2 + mgh = Constant$ <table><tr><td>PV(압력에너지)</td><td>$\dfrac{1}{2}mv^2$(운동에너지)</td><td>mgh(위치에너지)</td></tr></table>
가정 조건	• 정상류이며 비압축성(압력이 변해도 밀도는 변하지 않음)이어야 한다. • 유선을 따라 입자가 흘러야 한다. • 비점성이어야 한다(마찰이 존재하지 않아 에너지 손실이 없는 이상유체이다). • 유선이 경계층을 통과하지 말아야 한다. 　→ 경계층 내부는 점성이 작용하므로 점성에 의한 마찰 작용이 있어 3번째 가정 조건에 위배되기 때문이다. • 하나의 유선에 대해서만 적용되며 하나의 유선에 대해서는 총 에너지가 일정 • 흐름 외부와의 에너지 교환은 없다. • 임의의 두 점은 같은 유선상에 있어야 한다.

설명할 수 있는 예시	• 피토관을 이용한 유속 측정 원리 • 유체 중 날개에서의 양력 발생 원리 • 관의 면적에 따른 속도와 압력의 관계(압력과 속도는 반비례한다)
적용 예시	• 2개의 풍선 사이에 바람을 불면 풍선이 서로 붙는다. • 마그누스의 힘(축구공 감아차기, 플레트너 배 등)

전양정(전수두)은 "압력수두+속도수두+위치수두"를 말한다. 즉, $\dfrac{P}{\gamma}+\dfrac{v^2}{2g}+Z=75\text{m}$ 이다.

지면(기준면)으로부터 10m의 높이에 있으므로 위치수두(Z)는 10m이다.

압력수두는 $\dfrac{P}{\gamma}=\dfrac{30{,}000\text{Pa}\,(30{,}000\text{N/m}^2)}{1{,}500\text{N/m}^3}=20\text{m}$ 이다.

따라서, $\dfrac{P}{\gamma}+\dfrac{v^2}{2g}+Z=75\text{m}$ → $20\text{m}+\dfrac{v^2}{2g}+10\text{m}=75\text{m}$ 가 된다.

즉, 속도수두$\left(\dfrac{v^2}{2g}\right)=45\text{m}$ 가 된다.

$\dfrac{v^2}{2g}=45\text{m}$ → $v^2=45\times 2g=45\times 2\times 10=900$

$\therefore\ v=30\text{m/s}$

23
정답 ⑤

• 2차원 유동에서 비압축성 유동을 만족하는 유선함수(ψ)의 표현

$$\frac{\partial u}{\partial x}+\frac{\partial v}{\partial y}=0$$

• 2차원 유동에서 비회전 유동을 만족하는 속도포텐셜(ϕ)의 표현

$$\frac{\partial u}{\partial y}-\frac{\partial v}{\partial x}=0$$

※ 유선함수(ψ) : 각 유선이 갖는 값을 함수로 정의한 것으로 비압축성 유동에서만 성립한다.

※ 속도포텐셜(ϕ) : 소용돌이가 없는 흐름에서 유체의 속도를 정의하는 함수로 비회전 유동에서만 성립한다.

24
정답 ④

[유량의 종류]

체적유량	$Q=A\times V$ [여기서, Q : 체적유량(m^3/s), A : 유체가 통하는 단면적(m^2), V : 유체 흐름의 속도(유속, (m/s)]
중량유량	$G=\gamma\times A\times V$ [여기서, G : 중량유량(N/s), γ : 유체의 비중량(N/m^3), A : 유체가 통하는 단면적(m^2), V : 유체 흐름의 속도(유속, m/s)]
질량유량	$\dot{m}=\rho\times A\times V$ [단, $\dot{m}$: 질량유량(kg/s), ρ : 유체의 밀도(kg/m^3), A : 유체가 통하는 단면적(m^2), V : 유체 흐름의 속도(유속, m/s)]

풀이

$$\dot{m} = \rho AV = \rho Q \rightarrow \dot{m}' = (4\rho)(0.5Q) = 2(\rho Q) = 2\dot{m}$$

25

정답 ④

인장 시험	시편(재료)에 작용시키는 하중을 서서히 증가시키면서 여러 가지 기계적 성질[인장강도(극한강도), 항복점, 연신율, 단면수축율, 푸아송비, 탄성계수 등]을 측정하는 시험이다.
크리프 시험	고온에서 연성재료가 정하중(일정한 하중, 사하중)을 받을 때 시간에 따라 점점 증대되는 변형을 측정하는 시험이다.

인장 시험과 크리프 시험의 가장 큰 차이점(★)
인장 시험은 하중을 서서히 증가시키므로 일정한 하중(정하중)을 가하는 시험이 아니지만 크리프 시험은 일정한 하중(정하중, 사하중)을 가하는 시험이다.

26

정답 ④

구분	냉간가공	열간가공
가공온도	재결정 온도 이하에서 가공한다. (비교적 낮은 온도)	재결정 온도 이상에서 가공한다. (비교적 높은 온도)
표면거칠기, 치수정밀도	우수하다. (깨끗한 표면)	냉간가공에 비해 서실나. (높은 온도에서 가공하기 때문에 표면이 산화되어 정밀한 가공은 불가능하다)
균일성(표면의 치수정밀도 및 요철의 정도)	크다.	작다.
동력	많이 든다.	적게 든다.
가공경화	가공경화가 발생하여 가공품의 강도 및 경도가 증가한다.	가공경화가 발생하지 않는다.
변형응력	높다.	낮다.
용도	연강, 구리, 합금, 스테인리스강(STS) 등의 가공에 사용한다.	압연, 단조, 압출가공 등에 사용한다.
성질의 변화	인장강도, 경도, 항복점, 탄성한계는 증가하고 연신율, 단면수축율, 인성은 감소한다.	연신율, 단면수축률, 인성은 증가하고 인장강도, 경도, 항복점, 탄성한계는 감소한다.
조직	미세화	초기에 미세화 효과 → 조대화
마찰계수	작다.	크다. (표면이 산화되어 거칠어지므로)
생산력	대량생산에는 부적합하다.	대량생산에 적합하다.

27

[탄소강의 표준 조직]

강을 A_3선 또는 A_{cm}선 이상 30~50℃까지 가열 후 서서히 공기 중에서 냉각(서냉)시켜 얻어지는 조직을 말한다(불림에 의해서 얻는 조직).

오스테나이트	γ철에 최대 2.11%C까지 탄소(C)가 용입되어 있는 고용체로 <u>γ고용체라고도 한다.</u> 냉각속도에 따라 여러 종류의 조직을 만들며, <u>담금질 시에는 필수적인 조직</u>이다. **[특징]** • 비자성체이며 전기저항이 크다. • 경도가 낮아 연신율 및 인성이 크다. • 면심입방격자(FCC) 구조이다. 　→ 체심입방격자 구조에 비해 탄소가 들어갈 수 있는 큰 공간이 더 많다. • 오스테나이트는 공석변태 온도 이하에서 존재하지 않는다.
페라이트	<u>α고용체라고도 하며 α철에 최대 0.0218%C까지 고용된 고용체로 <u>전연성이 우수하</u>며 A_2변태점 이하에서는 강자성체이다. 또한, 투자율이 우수하고 열처리는 불량하며 <u>체심입방격자(BCC)</u>이다. 또한, 외관은 순철과 같으나, 고용된 원소의 이름을 붙여 실리콘 페라이트 또는 규소철이라고 한다.
펄라이트	<u>0.77%C의 γ고용체(오스테나이트)가 727℃에서 분열하여 생긴 α고용체(페라이트)</u>와 시멘타이트(Fe_3C)가 층을 이루는 조직으로 A_1변태점(723℃)의 공석반응에서 나타난다. 진주(pearl)와 같은 광택이 나기 때문에 펄라이트라고 불리우며 <u>경도가 작고 자력성이 있다.</u> 오스테나이트 상태의 강을 서서히 냉각했을 때 생긴다. <u>철강 조직 중에서 내마모성과 인장강도가 가장 우수하다.</u>
시멘타이트 (금속간화합물)	Fe_3C, 철(Fe)과 탄소(C)가 결합된 탄화물로 탄화철이라고 불리며 <u>탄소량이 6.68%인 조직이다. 매우 단단하고 취성이 크다.</u> 이처럼 매우 단단하고 잘 깨지기 때문에 압연이나 단조 작업을 할 수 없고 인장강도에 취약하다. <u>또한, 침상 또는 회백조직을 가지며 브리넬 경도가 800이고 상온에서 강자성체이다.</u>
레데뷰라이트	<u>2.11%C의 γ고용체(오스테나이트)와 6.68%C의 시멘타이트(Fe_3C)의 공정조직으로 4.3%C인 주철</u>에서 나타난다.

28

[풀림(annealing, 소둔)]

단조에서 가장 많이 사용되는 방법으로 A_1 또는 A_3변태점 이상으로 가열하여 냉각시킴으로써 내부응력을 제거하며 재질의 연화를 목적으로 하는 열처리이다. 풀림은 노 안에서 천천히 냉각한다.

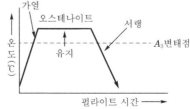

29

정답 ⑤

㉠ 크롬(Cr) : 강에 첨가시키면 강도, 경도, 내열성, 내마멸성, 내식성 등을 증가시킨다. 이 중에서 탄소강(강)에 크롬을 첨가시키는 주된 목적은 내식성 향상이다.

㉡ 니켈(Ni) : 강인성, 내식성, 내산성, 인성 등을 증가시킨다.

㉢ 망간(Mn) : 황(S)에 의한 적열취성을 방지하며 내열성 등을 향상시킨다.

㉣ 몰리브덴(Mo) : Ni-Cr강(니켈-크롬강)에서 발생하는 뜨임취성을 방지한다.

㉤ 텅스텐(W) : 고온에서 경도 및 인장강도를 증가시키며, 탄화물을 만들기 쉽다.

30

정답 ⑤

[척]

공작물(일감)을 고정시키는 부속기구로 크기는 <u>척의 바깥지름</u>으로 표시한다.

[선반]

가공물(일감)이 회전운동하고 공구가 직선 이송 운동을 하는 가공방법으로 척, 베드, 왕복대, 멘드릴(심봉), 심압대 등으로 구성된 공작기계로 가공한다.

※ 선반의 크기는 <u>베드 위의 스윙, 왕복대위의 스윙, 베드의 길이, 양센터간의 최대거리</u>로 표시한다.

※ 선반의 주축은 비틀림응력과 굽힘응력에 대응하기 위해 <u>중공축</u>으로 만든다. 그 이유는 다음과 같다.
　－ 긴 가공물 고정을 편리하게 하여 가공을 용이하게 하기 위해
　－ 비틀림응력 및 굽힘응력에 대한 강화를 위해
　－ 주축 무게를 줄여 베어링에 작용하는 하중을 줄이기 위해

[왕복대]

선반의 베드 위에서 바이트에 가로 및 세로의 이송을 주는 장치로 새들, 에이프런(나사절삭기능 및 자동이송장치), 복식공구대, 공구대(새에복공)로 구성된다.

※ 하프너트는 에이프런 속에 있다.

31

정답 ⑤

[용접이음의 특징]

장점	• 이음 효율(수밀성, 기밀성)을 100%까지 할 수 있다. • 공정수를 줄일 수 있다. • 재료를 절약할 수 있다. • 경량화할 수 있다. • 용접하는 재료에 두께 제한이 없다. • 서로 다른 재질의 두 재료를 접합할 수 있다.
단점	• 잔류응력과 응력집중이 발생할 수 있다. • 모재가 용접 열에 의해 변형될 수 있다. • 용접부의 비파괴검사가 곤란하다. • 용접의 숙련도가 요구된다.

[용접의 효율]

아래보기 용접에 대한 위보기 용접의 효율	80%
아래보기 용접에 대한 수평보기 용접의 효율	90%
아래보기 용접에 대한 수직보기 용접의 효율	95%
공장용접에 대한 현장용접의 효율	90%

※ **용접부의 이음 효율** : $\dfrac{\text{용접부의 강도}}{\text{모재의 강도}} = \text{형상계수}(k_1) \times \text{용접계수}(k_2)$

[용접 자세 종류]

종류	전자세 All Position	위보기 (상향자세) Overhead Position	아래보기 (하향자세) Flat Position	수평보기 (횡향자세) Horizontal Position	수직보기 (직립자세) Vertical Position
기호	AP	O	F	H	V

[리벳이음의 특징]

장점	• 리벳이음은 잔류응력이 발생하지 않아 변형이 적다. • 경합금처럼 용접하기 곤란한 금속을 이음할 수 있다. • 구조물 등에서 현장 조립할 때는 용접이음보다 쉽다. • 작업에 숙련도를 요하지 않으며 검사도 간단하다.
단점	• 길이 방향의 하중에 취약하다. • 결합시킬 수 있는 강판의 두께에 제한이 있다. • 강판 또는 형강을 영구적으로 접합하는 데 사용하는 이음으로 분해 시 파괴해야 한다. • 체결 시 소음이 발생한다. • 용접이음보다 이음 효율이 낮으며 기밀, 수밀의 유지가 곤란하다. • 구멍 가공으로 인하여 판의 강도가 약화된다.

※ 용접이음은 진동을 감쇠시키기 어렵다.

32

정답 ⑤

[커플링의 종류]

올덤 커플링	두 축이 서로 평행하거나 두 축의 거리가 가까운 경우, 두 축의 중심선이 서로 어긋날 때 사용하고 각속도의 변화없이 회전력 및 동력을 전달하고자 할 때 사용하는 커플링이다. 고속회전하는 축에는 윤활과 관련된 문제와 원심력에 의한 진동 문제로 부적합하다.
유체 커플링	유체를 매개체로 하여 동력을 전달하는 커플링으로 구동축에 직결해서 돌리는 날개차(터빈 베인)와 회전되는 날개차(터빈 베인)가 유체 속에서 서로 마주 보고 있는 구조를 가지고 있는 커플링이다.

유니버셜 커플링	• 두 축이 같은 평면상에 있으면서 두 축이 중심선이 <u>어느 각도(30° 이하)</u>로 교차할 때 사용되며 운전 중 속도가 변해도 무방하며 상하좌우로 굴절이 가능한 커플링이다. • 자재이음 및 훅조인트로도 불린다. • 자동차에 보편적으로 사용되는 커플링이다. **[사용 가능한 각도 범위]** <table><tr><td>가장 이상적인 각도</td><td>5° 이하</td></tr><tr><td>일반적인 사용 각도</td><td>30° 이하</td></tr><tr><td>사용할 수 없는 각도</td><td>45° 이상</td></tr></table>
셀러 커플링	• 머프 커플링을 셀러가 개량한 것으로 <u>2개의 주철제 원뿔통을 3개의 볼트로 조여서</u> 사용하며 원추형이 중앙으로 갈수록 지름이 가늘어진다. • 커플링의 바깥 통을 <u>벨트 풀리로도</u> 사용할 수 있다. • <u>테이퍼 슬리브 커플링이라고도 한다.</u>
플렉시블 커플링	• 원칙적으로 직선상에 있는 두 축의 연결에 사용하나 양축 사이에 다소의 상호 이동은 허용되며, 온도의 변화에 따른 축의 신축 또는 탄성변형 등에 의한 축심의 불일치를 완화하여 원활히 운전할 수 있는 커플링이다. • 양 플랜지를 <u>고무나 가죽으로</u> 연결한다. • <u>회전축이 자유롭게 움직일 수 있는 장점이 있다.</u> • <u>충격 및 진동을 흡수할 수 있다.</u> • 탄성력을 이용한다. • <u>토크의 변동이 심할 때 사용한다.</u>
클램프 커플링	• 분할 원통 커플링이라고도 하며, 축의 양쪽으로 분할된 반원통 커플링으로 축을 감싸 축을 연결한다(두 축을 주철 및 주강제 분할 원통에 넣고 볼트로 체결한다). • 전달하고자 하는 동력이 작으면 키를 사용하지 않으며, 전달하고자 하는 동력이 즉, 전달 토크가 크면 <u>평행키를</u> 사용한다. • 공작기계에 가장 일반적으로 많이 사용된다.

※ 두 축의 중심이 일치하지 않는 경우에 사용할 수 있는 커플링의 종류 : 올덤 커플링, 유니버셜 커플링, 플랙시블 커플링

33
정답 ②

주물이 냉각될 때, 응고층의 두께$(\delta) = k\sqrt{t}$
[여기서, k : 두께 및 재질에 따른 상수, t : 응고시간]
$\delta' = k\sqrt{2t} = \sqrt{2}(k\sqrt{t}) = \sqrt{2}\,\delta$

34
정답 ②

회전토크$(T) = W\left(\dfrac{p + \mu\pi d_e}{\pi d_e - \mu p}\right)\dfrac{d_e}{2}$

[여기서, p : 나사의 피치, μ : 마찰계수, d_e : 유효지름$\left(\dfrac{\text{바깥지름} + \text{골지름}}{2}\right)$]

$$T = W\left(\frac{p + \mu\pi d_e}{\pi d_e - \mu p}\right)\frac{d_e}{2} = (50 \times 10^3 \text{N})\left[\frac{5\text{mm} + (0.1 \times 3 \times 60\text{mm})}{(3 \times 60\text{mm}) - (0.1 \times 5\text{mm})}\right]\frac{60\text{mm}}{2} \fallingdotseq 192,200\text{N} \cdot \text{mm}$$

$$\fallingdotseq 192\text{N} \cdot \text{m}$$

35

정답 ④

[기계요소 종류]

결합용 기계요소	나사, 볼트, 너트, 키, 핀, 리벳, 코터
축용 기계요소	축, 축이음, 베어링
직접 전동(동력 전달)용 기계요소	마찰차, 기어, 캠
간접 전동(동력 전달)용 기계요소	벨트, 체인, 로프
제동 및 완충용 기계요소	브레이크, 스프링, 관성차(플라이휠)
관용 기계 요소	관, 밸브, 관이음쇠

※ 축용 기계요소는 동력 전달용(전동용) 기계요소에 포함될 수 있다. 축은 기본적으로 넓은 의미에서 동력을 전달하는 막대 모양의 기계 부품이기 때문이다.

36

정답 ⑤

표준 스퍼기어에서 이의 두께는 원주 피치의 $\frac{1}{2}$ 배이다.

37

정답 ②

[스테판 – 볼츠만의 법칙]
흑체 복사의 파장에 따른 에너지 분포는 구성 물질과는 무관하며 흑체 온도에 의해서만 달라진다. 즉, 완전 복사체(완전 방사체, 흑체)로부터 방출되는 에너지의 양을 절대온도(T)의 함수로 표현한 법칙이다. 이상적인 흑체의 경우 단위면적당, 단위시간당 모든 파장에 의해 방사되는 총 복사 에너지(E)는 절대온도(T)의 4제곱에 비례한다.

풀이

$E \propto T^4$이므로 E를 16배로 증가시키려면, 온도는 2배가 되어야 한다.

38

정답 ④

[전도(conduction) 공식(Fourier의 법칙)]
평판 및 금속판일 때 전도(conduction) 공식

$$Q_{\text{열전달률(열이 전달되는 정도)}} = (-)\, kA\frac{dT}{dx}$$

비례상수 k는 열전도도이며, 온도의 함수이다.

[여기서, Q : 열전달률(W), dT : 온도 차이(℃), k : 열전도도(W/mK), dx : 전열면의 두께(m), A : 전열면적(m²), $\dfrac{dT}{dx}$: 온도구배]

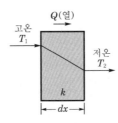

※ 위 식에서 $(-)$ 부호를 붙인 이유는 열역학 제2법칙에 따라 열은 항상 고온에서 저온으로 이동하는 흐름을 표현하기 위함이다.

※ 1W는 1초(1s)당 1J의 열에너지가 전달된다는 것을 의미한다.

k가 열전도율로 주어져 있다면 Q를 열전달량이라고 표현한다.

$Q_{\text{열전달률(열이 전달되는 정도)}} = (-)\,kA\dfrac{dT}{dx}$ 에서 Q, dx, A가 주어져 있을 때, $\triangle T$를 알기 위해서는 고체의 열전도도(k)가 필요하다는 것을 알 수 있다.

39   정답 ⑤

[푸리에수(Fo, Fourier number)]

$$Fo = \frac{\alpha t}{\left(\dfrac{V}{A}\right)^2} = \frac{\alpha t}{L^2} = \frac{\text{거리 } L\text{을 통해 전도되는 열}}{\text{거리 } L\text{을 거쳐 전도되는 열}} = \frac{\text{열전도}}{\text{열저장}}$$

[여기서, α : 열확산계수(m²/s), L : 열이 전도되는 길이(m)]

㉠ 푸리에수는 물체의 열전도와 열저장의 상대적인 비로 물체 내부의 열전도 속도를 나타낸다.

㉡ "열저장에 대한 열전도"이다 $\left(A\text{에 대한 } B = \dfrac{B}{A}\right)$.

㉢ 범위에 대한 해석

$Fo \gg 1$	열적 정상상태로 접근한다. → 열의 침투가 빠르다.
$Fo \fallingdotseq 1$	전이 상태에 있는 거동을 띤다.
$Fo \ll 1$	전도 물질 대부분에서 전이효과가 미비하다.

40   정답 ②

벽(고체)을 통해 열의 전달이 이루어지고 있으므로 전도 현상임을 알 수 있다. 문제에서 요구하는 전열저항은 "전도 열저항"이다.

전도 열저항$(R) = \dfrac{dx}{kA}$ [여기서, dx : 벽의 두께, k : 열전도도, A : 전열면적]

$$\therefore R = \frac{dx}{kA} = \frac{0.5\text{m}}{2.5\text{kcal/m} \cdot \text{h} \cdot ℃ \times 5\text{m}^2} = 0.04\text{h} \cdot ℃/\text{kcal}$$

18 2022년 하반기 서울교통공사 기출문제

01	①	02	③	03	④	04	②	05	④	06	⑤	07	③	08	④	09	①	10	②
11	②	12	④	13	①	14	④	15	③	16	④	17	③	18	④	19	②	20	③
21	⑤	22	②	23	①	24	④	25	①	26	③	27	⑤	28	③	29	①	30	⑤
31	④	32	⑤	33	①	34	②	35	⑤	36	②	37	②	38	③	39	⑤	40	②

01

정답 ①

• "등온과정"에서의 절대일(일)

$$_1W_2 = P_1V_1\ln\left(\frac{V_2}{V_1}\right) = mRT\ln\left(\frac{V_2}{V_1}\right) = P_1V_1\ln\left(\frac{P_1}{P_2}\right) = mRT\ln\left(\frac{P_1}{P_2}\right)$$

이상기체 상태 방정식($PV = mRT$)에서 등온과정이므로 $PV = C$가 된다.

∴ $P_1V_1 = P_2V_2$

※ 체적(V)을 비체적(v)으로 치환하여 사용해도 된다.

• "등온과정"에서의 엔트로피 변화량($\triangle S$) $= C_v\ln\left(\frac{T_2}{T_1}\right) + R\ln\left(\frac{V_2}{V_1}\right)$

풀이

단위질량당 절대일($_1W_2/m$)이므로 $_1W_2/m = RT\ln\left(\frac{P_1}{P_2}\right)$이 된다.

02

정답 ③

[성능계수(성적계수, ε)]

냉동기의 성능계수(ε_r)	$\varepsilon_r = \dfrac{Q_2}{Q_1 - Q_2} = \dfrac{T_2}{T_1 - T_2}$ [여기서, Q_1 : 고열원으로 방출되는 열량, Q_2 : 저열원으로부터 흡수한 열량, T_1 : 응축기 온도, 고열원의 온도, T_2 : 증발기 온도, 저열원의 온도, W : 투입된 기계적인 일($= Q_1 - Q_2$)]
열펌프의 성능계수(ε_h)	$\varepsilon_h = \dfrac{Q_1}{Q_1 - Q_2} = \dfrac{T_1}{T_1 - T_2}$ [여기서, Q_1 : 고열원으로 방출되는 열량, Q_2 : 저열원으로부터 흡수한 열량, T_1 : 고열원의 온도, T_2 : 저열원의 온도, W : 투입된 기계적인 일($= Q_1 - Q_2$)]

풀이

$$\therefore \ \varepsilon_h = \frac{Q_1}{Q_1 - Q_2} = \frac{2,000\text{kJ/h}}{2,000\text{kJ/h} - 1,000\text{kJ/h}} = \frac{2,000\text{kJ/h}}{1,000\text{kJ/h}} = 2$$

03

정답 ④

[엔탈피(H)의 표현]

엔탈피는 내부에너지와 유동에너지의 합으로 표현된다.

$H = U + PV$

[여기서, H : 엔탈피, U : 내부에너지, P : 압력, V : 부피(체적), PV : 유동에너지(유동일)]

풀이

$$\Delta H = \triangle U + \triangle PV = \triangle U + (P_2 V_2 - P_1 V_1)$$
$$= 5\text{kJ} + [(1,000\text{kPa})(0.5\text{m}^3) - (200\text{kPa})(2\text{m}^3)]$$
$$= 5\text{kJ} + (500\text{kJ} - 400\text{kJ})$$
$$= 105\text{kJ}$$

※ "1"은 초기상태, "2"는 나중상태를 의미한다.

※ 101,325Pa＝1.01325bar이므로 100kPa＝1bar이다.

※ 단위

　　$\text{kP} \times \text{m}^3 = \text{kN/m}^2 \times \text{m}^3 = \text{kN} \cdot \text{m} = \text{kJ}$이 된다. 단, $1\text{Nm} \cdot 1\text{J}$이며, $1\text{Pa} = 1\text{N/m}^2$이다.

[1기압, 1atm 표현]

101,325Pa	10.332mH₂O	1013.25hPa	1013.25mb
1013250dyne/cm²	★ 1.01325bar	14.696psi	1.033227kgf/cm²
760mmhg	29.92126inchHg	406.782inchH₂O	760torr

04

정답 ②

① 열효율이 100%인 열기관은 없다. (○)

　→ 열효율이 100%인 제2종 영구기관은 열역학 제2법칙에 위배된다(열효율이 100%인 열기관을 얻을 수 없다).

② 열기관의 열역학 제1법칙 효율과 열역학 제2법칙 효율은 동일하다. (×)

　→ 열역학 제1법칙 효율은 등엔트로피 효율로 열역학적으로 단열 및 가역적인 이상적인 과정이며 열역학 제2법칙 효율은 열기관의 경우에 최대로 가능한 가역일에 대한 실제 출력일(마찰 등의 손실 고려)의 비로 비가역성이 포함된다. 따라서, 열기관의 열역학 제1법칙 효율과 열역학 제2법칙 효율은 동일하지 않다.

③ 모든 가역과정은 열역학 제2법칙 효율이 100%이다. (○)

④ 사이클 과정 동안 엔트로피가 발생하지 않으면 열역학 제2법칙 효율은 100%이다. (○)

　→ 열역학 제2법칙 효율은 열기관의 경우에는 최대로 가능한 가역일에 대한 실제 출력일의 비가 된다.

　　즉, 열역학 제 2법칙 효율＝$\dfrac{\text{실제 출력일}}{\text{최대로 가능한 가역일}}$이다.

이때, 사이클 과정 동안 엔트로피가 발생하지 않는다는 것은 등엔트로피 과정이라는 것이며 이는 곧 열역학적으로 가역적인 이상적인 과정을 의미한다. 따라서 마찰 등의 모든 손실을 고려하지 않는다는 의미이기 때문에 실제 출력일은 최대로 가능한 가역일과 같아진다. 따라서 열역학 제2법칙 효율은 100%가 된다.

⑤ 냉동기의 성적계수는 1보다 클 수 있다. (○)

→ 냉동기의 성적계수$(\varepsilon_r) = \dfrac{Q_2}{Q_1 - Q_2} = \dfrac{T_2}{T_1 - T_2}$는 1보다 클 수 있다.

관련이론

[열역학 제2법칙]
- 에너지의 방향성을 명시하는 법칙(열은 항상 고온에서 저온으로 흐른다, 열은 스스로 저온의 물질에서 고온의 물질로 이동하지 않는다)
- 열기관에서 작동물질이 일을 하게 하려면 그보다 더 저온인 물질이 필요하다(열은 항상 고온에서 저온으로 이동하기 때문에 열기관에서 더 저온인 물질이 필요하며 열이 이동해야만 공급된 열과 방출된 열의 차이만큼 외부로 일이 만들어지기 때문이다).
- 비가역성을 명시하는 법칙으로 총 엔트로피는 항상 증가한다.
- 절대온도의 눈금을 정의하는 법칙이다.
- 하나의 열원에서 얻어진 열을 모두 일로 바꾸는 기관은 존재하지 않는다.
- 열효율이 100%인 제2종 영구기관은 열역학 제2법칙에 위배된다(열효율이 100%인 열기관을 얻을 수 없다).
- 외부의 도움 없이 스스로 자발적으로 일어나는 반응은 열역학 제2법칙과 관련이 있다.
※ 비가역의 예시 : 혼합, 자유팽창, 확산, 삼투압, 마찰, 열의 이동, 화학 반응 등이 있다.

참고

자유팽창은 등온으로 간주하는 과정이다.

[열역학 제1법칙 효율과 열역학 제2법칙 효율의 의미]

열역학 제1법칙에서의 효율	• 열역학 제1법칙에서의 효율은 등엔트로피 효율이라고도 하며, 이는 실제 과정에 의한 효율이 이상과정에 얼마나 근접한지 알 수 있는 기준 또는 척도가 된다. • 구체적으로 터빈, 노즐, 압축기 등과 같은 정상 유동 장치의 실제 과정은 비가역성(마찰 등)을 포함하고 있으며 이러한 실제 과정이 등엔트로피 과정에 얼마나 근접한지 알 수 있는 기준 또는 척도를 열역학 제1법칙 효율이라고 한다. • 이는 등엔트로피 효율을 의미하므로 단열과정에 의한 효율이며 단열과정이므로 외부와의 열출입이 없다. 따라서 등엔트로피 과정(단열과정)은 열역학적으로 단열 및 가역적인 이상적인 과정이다. ※ 단열과정$(\delta Q = 0)$의 엔트로피 변화$(\Delta S) = \dfrac{\delta Q}{T} = 0$이므로 엔트로피의 변화가 없어 등엔트로피 과정임을 알 수 있다.
열역학 제2법칙에서의 효율	열역학 제2법칙에서의 효율은 열기관의 경우에는 최대로 가능한 가역일에 대한 실제 출력일의 비가 된다. 냉동기나 열펌프의 경우에는 실제 입력일에 대한 최소로 가능한 가역일의 비가 된다. 여기서 가역일은 실제 과정과 동일한 조건에서 구한다.

05

정답 ④

열펌프의 성능계수$(\varepsilon_h) = \dfrac{T_1}{T_1 - T_2} = \dfrac{(273 + 15)}{(273 + 15) - (273 + 3)} = \dfrac{288}{12} = 24$

06

정답 ⑤

[줄톰슨 효과]

압축한 기체를 단열된 작은 구멍으로 통과시키면 온도가 변하는 현상으로 분자 간의 상호작용에 의해 온도가 변한다. 보통 냉매의 냉각이나 공기를 액화시킬 때 응용된다. 교축과정처럼 밸브, 작은 틈 등의 좁은 통로를 유체가 통과하게 되면 압력과 온도는 떨어지고 엔트로피의 상승을 동반한다.

※ 상온에서 네온, 헬륨, 수소를 제외하고 모든 기체는 줄톰슨 팽창을 거치면 온도가 하강한다.

Joule–Thompson 계수$(\mu) = \left(\dfrac{\delta T}{\delta P} \right)_H$

Joule–Thompson 계수(μ)는 엔탈피(H)가 일정할 때 압력(P)에 따른 온도(T)의 변화를 나타내는 계수이다.

$\mu > 0$	단열팽창에 의한 냉각효과(압력 하강, 온도 하강)
$\mu < 0$	단열팽창에 의한 가열효과(압력 하강, 온도 상승)
$\mu = 0$	단열팽창에 의한 효과가 없다(압력 하강, 온도 변화 없음). ※ 이상기체(완전가스)의 경우

07

정답 ③

[레이놀즈수(Re)]

층류와 난류를 구분하는 척도로 사용되는 무차원수로 파이프, 잠수함, 관유동 등의 역학적 상사에 사용된다.

레이놀즈수	$Re = \dfrac{\rho Vd}{\mu} = \dfrac{Vd}{\nu} = \dfrac{\text{관성력}}{\text{점성력}}$ [여기서, ρ : 유체의 밀도, V : 속도, 유속, d : 관의 지름(직경), ν : 유체의 점성계수] 레이놀즈수(Re)는 점성력에 대한 관성력의 비라고 표현된다. ※ 동점성계수$(\nu) = \dfrac{\mu}{\rho}$
레이놀즈수의 범위	

레이놀즈수의 범위	원형관	상임계 레이놀즈수(층류 → 난류로 변할 때)	4,000
		하임계 레이놀즈수(난류 → 층류로 변할 때)	2,000~2,100
	평판	임계레이놀즈수	$500,000(= 5 \times 10^5)$
	개수로	임계레이놀즈수	500
	관 입구에서 경계층에 대한 임계레이놀즈수		$600,000(= 6 \times 10^5)$

레이놀즈수의 범위	원형관(원관, 파이프)에서의 흐름 종류의 조건	
	층류 흐름	$Re < 2,000$
	천이 구간	$2,000 < Re < 4,000$
	난류 흐름	$Re > 4,000$

※ 일반적으로 임계레이놀즈수라고 하면 "하임계레이놀즈수"를 말한다.

※ 임계레이놀즈수를 넘어가면 난류 흐름이다.

※ 관수로 흐름은 주로 "압력"의 지배를 받으며, 개수로 흐름은 주로 "중력"의 지배를 받는다.

※ 관내 흐름에서 자유 수면이 있는 경우에는 개수로 흐름으로 해석한다.

[관마찰계수(f)]

레이놀즈수와 관내면의 조도에 따라 변하며 실험에 의해 정해진다.

흐름이 층류일 때	$f = \dfrac{64}{Re}$ [여기서, $Re = \dfrac{\rho VD}{\mu} = \dfrac{VD}{\nu}$이며, ρ : 유체의 밀도, μ : 점성계수, V : 유속, D : 관의 지름(직경), ν : 동점성계수$\left(\nu = \dfrac{\mu}{\rho}\right)$]
흐름이 난류일 때	$f = \dfrac{0.3164}{\sqrt[4]{Re}}$ Blausius의 실험식으로 $3,000 < Re < 10^5$에 있어야 한다.

08

정답 ④

[달시-바이스바하 방정식(Darcy-Weisbach equation)]

일정한 길이의 원관 내에서 유체가 흐를 때 발생하는 마찰로 인한 압력 손실 또는 수두 손실과 비압축성 유체의 흐름의 평균 속도와 관련된 방정식이다.

→ 직선 원관 내에 유체가 흐를 때 관과 유체 사이의 마찰로 인해 발생하는 직접적인 손실을 구할 수 있다.

$$h_l = f\frac{l}{d}\frac{V^2}{2g}$$

[여기서, h_l : 손실수두, f : 관마찰계수, l : 관의 길이, d : 관의 직경, V : 유속, g : 중력가속도]

★ 달시-바이스바하 방정식은 층류, 난류에서 모두 적용이 가능하나 하겐-푸아죄유 방정식은 층류에서만 적용이 가능하다.

[수평원관에서의 Hagen-Poiseuille 방정식]

$$Q[m^3/s] = \frac{\triangle P\pi d^4}{128\mu l}$$

[여기서, Q : 체적유량, $\triangle P$: 압력강하, d : 관의 지름, μ : 점성계수, l : 관의 길이]

→ $Q = AV = \dfrac{\gamma h_l \pi d^4}{128\mu l}$ [단, $\triangle P = \gamma h_l$이며 $\triangle P$: 압력강하, γ : 비중량]

※ 완전발달 층류흐름에만 적용이 가능하다(난류는 적용하지 못한다).

풀이

$$h_l = f \frac{l}{d} \frac{V^2}{2g} = 0.0196 \times \frac{100\text{m}}{0.1\text{m}} \times \frac{(2\text{m/s})^2}{2(9.8\text{m/s}^2)}$$

09
정답 ①

[항력(D)]

$D = C_D \dfrac{\rho V^2}{2} A$ [여기서, C_D : 항력계수, ρ : 유체의 밀도, V : 속도, A : 투영면적]

$\qquad = 0.3 \times \dfrac{(1.0\text{kg/m}^3)(20\text{m/s})^2}{2} \times 0.002\text{m}^2 = 0.12\text{N}$

※ 구 형상을 투영하면 원이 된다.

10
정답 ②

[펌프의 축동력(P)]

$$P = \frac{\gamma Q H}{\eta}$$

[여기서, γ : 유체의 비중량, Q : 체적유량, H : 전양정, η : 펌프의 효율]

풀이 1

㉠ 물의 비중량은 $9,800\text{N/m}^3 = 1,000\text{kgf/m}^3$이며 $1\text{kgf} = 9.8\text{N}$이다.

따라서, $\gamma Q H = (9,800\text{N/m}^3)\left(\dfrac{2}{60}\text{m}^3/\text{s}\right)(112.5\text{m}) = 36750\text{W} = 36.75\text{kW}$

※ 단위 파악 : $(\text{N/m}^3)(\text{m}^3/\text{s})(\text{m}) = \text{N} \cdot \text{m/s} = \text{J/s} = \text{W}$

※ 체적유량의 단위가 /min(분당)이므로 /s(초당)로 변환하기 위해 60을 나눠준 것이다.

㉡ $1\text{kW} = 1.36\text{PS}$, $1\text{PS} = 0.735\text{kW}$의 관계를 갖는다. 해당 관계는 꼭 숙지하고 있는 것이 매우 편하다. 따라서, $P = 36.75\text{kW} = 36.75(1.36)\text{PS} \fallingdotseq 50\text{PS}$이 도출된다.

㉢ 결론적으로 $\dfrac{50\text{PS}}{0.8} = 62.5\text{PS}$이 도출된다.

풀이 2

㉠ 유체의 비중량 단위가 kgf/m^3의 <u>중력단위</u>로 주어져 있다. 따라서 펌프의 축동력(P)은 아래의 공식을 이용하여 계산하는 것이 편할 것이다.

	펌프의 축동력(kW)	펌프의 축동력(PS)
유체의 비중량(γ) 단위가 kgf/m³일 때	$P = \dfrac{\gamma Q H}{102 \times \eta}$ [kW]	$P = \dfrac{\gamma Q H}{75 \times \eta}$ [PS]
유체의 비중량(γ) 단위가 N/m³일 때	$P = \dfrac{\gamma Q H}{1,000 \times \eta}$ [kW]	$P = \dfrac{\gamma Q H}{735 \times \eta}$ [PS]

ⓛ 구해야 할 답의 단위가 PS이므로 $P = \dfrac{\gamma QH}{75 \times \eta}$ [PS]을 사용한다.

$$\therefore P = \frac{\gamma QH}{75 \times \eta}\ [PS] = \frac{1{,}000\,\mathrm{kgf/m^3} \times \dfrac{2}{60}\,\mathrm{m^3/s} \times 112.5\,\mathrm{m}}{75 \times 0.8} = 62.5\,\mathrm{PS}$$

11

정답 ②

풀이 1

[달시-바이스바하 방정식 이용]

손실수두$(h_l) = f\dfrac{l}{d}\dfrac{V^2}{2g}$

"층류 유동"이므로 관마찰계수$(f) = \dfrac{64}{Re}$를 대입하면,

$$h_l = f\frac{l}{d}\frac{V^2}{2g} = \frac{64}{Re}\frac{l}{d}\frac{V^2}{2g} = \frac{64\mu}{\rho}\frac{l}{d^2}\frac{V}{2g} = \frac{32\mu l\,V}{\rho d^2 g}$$

$Q = AV = \left(\dfrac{1}{4}\pi d^2_{\text{원형관 지름}}\right)V$이므로 $V = \dfrac{4Q}{\pi d^2}$가 된다. 이를 대입한다.

$$h_l = \frac{32\mu l\,V}{\rho d^2 g} = \frac{32\mu l\left(\dfrac{4Q}{\pi d^2}\right)}{\rho d^2 g} = \frac{128\mu l\,Q}{\pi d^4 \rho g} = \frac{128\mu l\,Q}{\pi d^4 \gamma}$$

[단, γ(비중량) $= \rho$(밀도) $\times g$(중력가속도)]

→ 따라서, 손실수두(h_l)는 관의 지름(d)의 네제곱에 반비례함을 알 수 있다.

풀이 2

[수평원관에서의 Hagen-Poiseuille 방정식 이용]

$Q = \dfrac{\Delta P\pi d^4}{128\mu l}$에서 $\Delta P = \gamma h_l$이므로 $Q = \dfrac{\gamma h_l \pi d^4}{128\mu l}$가 된다.

위 식을 손실수두(h_l)의 식으로 정리하면 $h_l = \dfrac{128\mu l\,Q}{\gamma \pi d^4}$이 된다.

→ 따라서, 손실수두(h_l)는 관의 지름(d)의 네제곱에 반비례함을 알 수 있다.

★ 수평원관에서의 Hagen-Poiseuille 방정식을 이용하는 것이 해당 문제를 푸는 데 있어 시간적으로 매우 효율적이다.

12

정답 ④

[베르누이 방정식]

"흐르는 유체가 갖는 에너지의 총합은 항상 보존된다"라는 에너지 보존 법칙을 기반으로 하는 방정식이다. 즉, 베르누이 방정식은 흐르는 유체가 갖는 에너지의 총합(압력에너지＋운동에너지＋위치에너지)은 항상 보존된다는 에너지 보존 법칙을 기반으로 하는 방정식이다.

베르누이 방정식에 따라 물이 갖는 압력에너지, 운동에너지, 위치에너지에 의한 수두의 합을 전양정(전수두)이라고 한다. 단, 해당 문제의 조건에서는 유속(유체의 속도)과 압력만 주어져 있으므로 유속(유체의

속도)에 의한 수두인 "속도수두"와 압력에 의한 수두인 "압력수두"에 의해서만 전양정(전수두)이 표현되게 된다.

$$\frac{P}{\gamma} + \frac{v^2}{2g} + Z = constant$$

[여기서, $\frac{P}{\gamma}$: 압력수두, $\frac{v^2}{2g}$: 속도수두, Z : 위치수두, P : 압력, γ : 비중량, v : 속도, g : 중력가속도, Z : 위치]

㉠ 압력수두$\left(\frac{P}{\gamma}\right)$를 구한다.

　※ 단, 물의 비중량은 $9,800\text{N/m}^3 = 1,000\text{kgf/m}^3$이며 $1\text{kgf} = 9.8\text{N}$이다.

$$\frac{P}{\gamma} = \frac{0.51\text{kgf}/(10^{-2}\text{m})^2}{1,000\text{kgf/m}^3} = \frac{5,100\text{kgf/m}^2}{1,000\text{kgf/m}^3} = 5.1\text{m}$$

㉡ 속도수두$\left(\frac{V^2}{2g}\right)$를 구한다.

$$\frac{V^2}{2g} = \frac{(9.8\text{m/s})^2}{2 \times 9.8\text{m/s}^2} = 4.9\text{m}$$

㉢ 단, 해당 문제의 조건에서는 유속(유체의 속도)과 압력만 주어져 있으므로 유속(유체의 속도)에 의한 수두인 "속도수두"와 압력에 의한 수두인 "압력수두"에 의해서만 전양정(전수두)이 표현되게 된다.

　→ 전양정(전수두) = 압력수두 + 속도수두 = 5.1m + 4.9m = 10m

　※ 손실수두를 무시하므로 손실에 대한 것들은 고려하지 않아도 된다.

　※ 전양정은 실양정 + 손실수두(손실양정)의 합으로 정의된다.

㉣ 물의 동력$(P) = \gamma QH_{전양정} = 9,800\text{N/m}^3 \times 3\text{m}^3/\text{s} \times 10\text{m} = 294,000\text{W} = 294\text{kW}$

　※ 단위 파악 : $(\text{N/m}^3)(\text{m}^3/\text{s})(\text{m}) = \text{N} \cdot \text{m/s} = \text{J/s} = \text{W}$

㉤ $1\text{kW} = 1.36\text{PS}$, $1\text{PS} = 0.735\text{kW}$의 관계를 갖는다. 해당 관계는 꼭 숙지하고 있는 것이 매우 편하다.

　∴ $P = 294\text{kW} = 294(1.36)\text{PS} ≒ 400\text{PS}$

13

정답 ①

문제의 단순보에서 최대 굽힘모멘트(M_{max})는 직관적으로 보의 중앙에서 발생하므로 보의 중앙에서 발생하는 굽힘모멘트의 크기를 구하라는 것과 같은 문제이다.

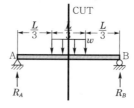

㉠ 먼저 굽힘모멘트를 구하고자 하는 지점(문제에서는 중앙)에서 보를 자른다. 보를 자르면 좌측, 우측이 생길 것이다. 좌측과 우측에서 하중의 종류 및 개수가 적은 쪽, 모멘트의 개수 등이 적은 쪽을 선택하는 것이 편리하다. 계산하기 용이하기 때문이다. 해당 문제에서는 좌측, 우측 모두 동일한 조건이므로 아무 곳이나 선택해도 된다. 우리는 반력 R_A를 구하여 계산할 것이다. 따라서 좌측을 보고 중앙점의

굽힘모멘트의 크기를 구할 것이다. 사실, 좌측을 선택하여 중앙점의 굽힘모멘트를 구하나, 우측을 선택하여 중앙점의 굽힘모멘트를 구하나 그 크기는 동일할 것이다. 방향만 반대일 것이다. 즉, 중앙점에서는 크기만 같고 방향만 반대인 굽힘모멘트가 서로 작용하여 상쇄됨으로써 중앙점에서의 합력 굽힘모멘트가 0이 되는 것이다. 이처럼 특정 지점에서의 합력 굽힘 모멘트는 이 과정처럼 항상 0이 나온다. 그래야 보가 특정 방향으로 굽혀지지 않고(휘지 않고) 안정한 상태를 유지할 수 있기 때문이다. 이것이 바로 보의 기본적인 메커니즘이다. 공식만 쓰고 대입해서 푸는 형식의 공부를 지속하지 말고, 흐름에 따른 이해를 통해 공부를 하길 바란다.

ⓛ 먼저 A지점의 반력(R_A)을 구한다.

등분포하중을 집중하중으로 변환한다. 이때, 변환된 집중하중의 크기는 등분포하중의 넓이이므로 다음과 같이 구할 수 있다. 집중하중의 크기는 (3m/3)(800kg/m)=800kg이 되며, 집중하중이 작용하는 작용점의 위치는 등분포하중의 중심점이 된다. 따라서 아래와 같다. [단, 1kgf를 편의상 1kg이라고도 함]

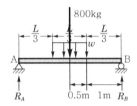

$$\sum M_B = 0 \;\rightarrow\; -(R_A)(3\text{m}) + (800\text{kg})(1.5\text{m}) = 0 \;\rightarrow\; \therefore\; R_A = 400\text{kg}$$

ⓒ 위에서 설명했듯이 자른 보의 좌측 기준으로 중앙점의 굽힘모멘트의 크기를 구할 것이다.

단, 보를 잘랐을 때 잘린 등분포하중이 있으므로 다음과 같이 잘린 등분포하중에 따른 집중하중을 변환시켜줘야 한다. 잘린 등분포하중의 길이는 반으로 잘렸으므로 0.5m가 되며, $w = 800$kg/m이다. 따라서 잘린 등분포하중에 따른 집중하중의 크기는 (800kg/m)(0.5m)=400kg이 된다.

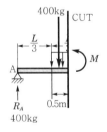

ⓔ 자른 지점(중앙점)에서의 굽힘모멘트 크기를 구하는 것이므로 중앙점에서 모멘트를 돌리면 된다.

$$\sum M_{중앙} = 0$$
$$M - (400\text{kg} \times 1.5\text{m}) + (400\text{kg} \times 0.25\text{m}) = 0$$
$$M - 600\text{kg} \cdot \text{m} + 100\text{kg} \cdot \text{m} = 0$$
$$\therefore\; M = 500\text{kg} \cdot \text{m}$$

※ 해당 풀이는 반시계 방향을 (+)로, 시계 방향을 (−)로 풀었다.

※ 중앙점에서 자른 후, 중앙점에서 모멘트를 돌릴 때 중앙점에 작용하는 집중하중 800kg은 고려하지 않는다. 중앙점과의 작용거리가 0이기 때문에 중앙점의 굽힘모멘트에 영향을 미치지 못한다.

14

정답 ④

횡변형률($\varepsilon_\text{횡}$, 가로변형률)$= \dfrac{\delta}{d}$ [여기서, δ : 지름 변형량, d : 초기 재료의 지름]

종변형률($\varepsilon_\text{종}$, 세로변형률)$= \dfrac{\lambda}{L}$ [여기서, λ : 길이 변형량, L : 초기 재료의 길이]

• 변형률(strain)은 길이 차원에 대한 길이 차원의 비이므로 길이 단위(차원)가 상쇄되어 무차원이 된다.
• 단위를 항상 맞춰서 계산해야 한다. 즉, m 또는 mm로 통일시켜 계산하여야 한다.

풀이

$$\dfrac{\delta}{d} = \dfrac{0.001\text{cm}}{10\text{cm}} = 0.0001 = 1 \times 10^{-4}$$

15

정답 ③

안전율(안전계수, S)$= \dfrac{\text{기준강도}}{\text{허용응력}} = \dfrac{\text{인장강도(극한강도)}}{\text{허용응력}} = \dfrac{200\text{kg/mm}^2}{50\text{kg/mm}^2} = 4$

※ 1kgf를 편의상 1kg로 표현하기도 한다.
※ 안전율은 일반적으로 (+)값을 취하며, 안전율이 너무 크면 안전성은 좋지만 경제성이 떨어진다.
※ 안전율이 1보다 커질 때 안전성이 좋아진다.

관련이론

[기준강도]
설계 시에 허용응력을 설정하기 위해 선택하는 강도로 사용 조건에 적당한 재료의 강도를 말한다.

사용조건		기준강도
상온·정하중	연성재료	항복점 및 내력
	취성재료(주철 등)	극한강도(인장강도)
고온·정하중		크리프한도
반복하중		피로한도
좌굴		좌굴응력(좌굴강도)

16

정답 ②

㉠ 원형단면의 회전반경(회전반지름)은 $K = \sqrt{\dfrac{I_\text{min}}{A}} = \left(\sqrt{\dfrac{\pi d^4}{64}}\right) \Big/ \left(\sqrt{\dfrac{\pi d^2}{4}}\right) = \sqrt{\dfrac{d^2}{16}} = \dfrac{d}{4}$ 이다. 공기업 기계직 전공필기시험에서 원형단면의 회전반경과 세장비 계산 문제가 매우 많이 출제되므로 해당 공식을 아예 암기하고 있는 것이 시간 절약에 도움될 뿐만 아니라 매우 편리하다.

㉡ 회전반경(회전반지름, K)$= \dfrac{d}{4} = \dfrac{12\text{cm}}{4} = 3\text{cm}$

[지름이 d인 원형 기둥의 세장비(λ)]

세장비는 기둥이 얼마나 가는 지를 알려주는 척도로 세장비가 클수록 긴 기둥, 즉 장주에 가까워지며 압축하중에 의해 기둥이 잘 휘어지게 된다

$$\lambda = \frac{L}{K} \quad [\text{여기서, } L : \text{기둥의 길이, } K : \text{회전반경(단면 2차 반지름)}]$$

$$K = \sqrt{\frac{I_{\min}}{A}}$$

※ 지름이 d인 원형 기둥의 x축에 대한 단면 2차 모멘트와 y축에 대한 단면 2차 모멘트가 각각 $I_x = I_y = \dfrac{\pi d^4}{64}$ 으로 동일하기 때문에 $I_{\min}$에 $\dfrac{\pi d^4}{64}$ 을 대입하면 된다. 단, 직사각형 단면을 가진 기둥의 경우에는 I_x와 I_y가 다르기 때문에 둘 중에 작은 "최소 단면 2차 모멘트"를 $I_{\min}$에 대입해야 한다. 그 이유는 $I_{\min}$이 최소가 되는 축을 기준으로 좌굴이 발생하기 때문이다.

- 원형 기둥이기 때문에 $I_{\min} = \dfrac{\pi d^4}{64}$ 이다. 단면적은 $A = \dfrac{1}{4}\pi d^2$ 이다. 이것을 회전반경 K식에 대입하면

$$K = \sqrt{\frac{I_{\min}}{A}} = \frac{\sqrt{\dfrac{\pi d^4}{64}}}{\sqrt{\dfrac{\pi d^2}{4}}} = \sqrt{\frac{d^2}{16}} = \frac{d}{4}$$

- 세장비는 $\lambda = \dfrac{L}{K}$ 이므로 K에 $\dfrac{d}{4}$ 를 대입하면 $\lambda = \dfrac{4L}{d}$ 이 된다.

※ 원형 기둥의 세장비를 구하는 공식을 암기하는 것이 <u>시간을 절약</u>할 수 있기 때문에 매우 효율적이다. "$\lambda_{\text{원형기둥}} = 4L/d$"을 꼭 암기하길 바란다. [여기서, L : 기둥의 길이, d : 기둥의 지름]

※ 유효세장비(좌굴세장비, λ_n) $= \dfrac{\lambda}{\sqrt{n}}$ [여기서, n : 단말계수]

※ 좌굴길이(유효길이, L_n) $= \dfrac{L}{\sqrt{n}}$ [여기서, n : 단말계수]

[오일러의 좌굴하중(P_{cr}, 임계하중)]

오일러의 좌굴하중 (P_{cr}, 임계하중)	$P_{cr} = n\pi^2 \dfrac{EI}{L^2}$ [여기서, n : 단말계수, E : 종탄성계수(세로탄성계수, 영률), I : 단면 2차 모멘트, L : 기둥의 길이]
오일러의 좌굴응력 (σ_B, 임계응력)	$\sigma_B = \dfrac{P_{cr}}{A} = n\pi^2 \dfrac{EI}{L^2 A}$ 세장비는 "$\lambda = \dfrac{L}{K}$"고 회전반경은 "$K = \sqrt{\dfrac{I_{\min}}{A}}$"이다. 회전반경을 제곱하면 $K^2 = \dfrac{I_{\min}}{A} \rightarrow K^2 = \dfrac{I_{\min}}{A}$

오일러의 좌굴응력 (σ_B, 임계응력)	$\sigma_B = n\pi^2 \dfrac{EI}{L^2 A} \rightarrow \sigma_B = n\pi^2 \dfrac{E}{L^2}\left(\dfrac{I}{A}\right) = n\pi^2 \dfrac{E}{L^2}(K^2)$ $\sigma_B = n\pi^2 \dfrac{E}{L^2}(K^2)$에서 $\dfrac{1}{\lambda^2} = \dfrac{K^2}{L^2}$ 이므로 아래와 같다. $\therefore \sigma_B = n\pi^2 \dfrac{E}{L^2}(K^2) = n\pi^2 \dfrac{E}{\lambda^2}$ 따라서 오일러의 좌굴응력(임계응력, σ_B)은 세장비(λ)의 제곱에 반비례함을 알 수 있다.

기둥을 지지하는 지점에 따라 정해지는 상수 값으로 이 값이 클수록 좌굴은 늦게 일어난다. 즉, 단말계수가 클수록 강한 기둥이다.

단말계수 (끝단계수, 강도계수, n)	일단고정 타단자유	$n = \dfrac{1}{4}$
	일단고정 타단회전	$n = 2$
	양단회전	$n = 1$
	양단고정	$n = 4$

17

정답 ③

- 원형 단면일 때, 보에 발생하는 최대전단응력(τ_{max}) $= \dfrac{4\,V_{max}}{3A}$

- 직사각형 단면일 때, 보에 발생하는 최대전단응력(τ_{max}) $= \dfrac{3\,V_{max}}{2A}$

  [여기서, V_{max} : 최대전단력, A : 보 단면의 단면적]

※ 집중하중이 작용하는 외팔보의 경우, 고정단에서 발생하는 반력의 크기는 집중하중의 크기 및 최대전단력의 크기(V_{max})와 같다.

※ 집중하중이 중앙에 작용하는 단순보의 경우, 각 지점의 반력의 크기는 최대전단력의 크기(V_{max})와 같다.

풀이

집중하중이 중앙에 작용하고 있는 단순보이다. 즉, 집중하중이 각 지점에 대해 중앙에 작용(각 지점에 대해 중앙 기준으로 대칭적으로 작용)하고 있으므로 각 지점의 반력은 80kN의 절반값이 된다. 따라서 각 지점의 반력은 각각 40kN이며 40kN이 V_{max}가 된다.

직사각형 단면의 보이므로 $\tau_{max} = \dfrac{3}{2}\dfrac{V_{max}}{A}$ 의 식을 적용한다.

$\therefore \tau_{max} = \dfrac{3}{2}\dfrac{V_{max}}{A} = \dfrac{3}{2} \times \dfrac{\text{각 지점의 반력값}}{bh} = \dfrac{3}{2} \times \dfrac{40 \times 10^3 \text{N}}{100\text{mm} \times 200\text{mm}} = 3\text{N/mm}^2 = 3\text{MPa}$

※ 단, $1\text{N/mm}^2 = 1\text{MPa}$이다.

18

"구형 압력용기"이므로 주응력 σ_1과 σ_2는 모두 $\dfrac{pD}{4t}$이다.

[여기서, p : 내압, D : 안지름(내경), t : 용기의 두께]

주응력 $= \dfrac{pD}{4t}$

$p = \dfrac{주응력\,(4t)}{D} = \dfrac{100\text{MPa} \times 4 \times 10\text{mm}}{1,000\text{mm}} = 4\text{MPa}$

19

정답 ②

[누셀수(Nu, Nusselt number)]

- $Nu = \dfrac{hL_c}{k} = \dfrac{대류계수}{전도계수} = \dfrac{전도\ 열저항}{대류\ 열저항}$

- $Nu = \dfrac{hD}{k} = \dfrac{대류\ 열전달}{전도\ 열전달} = \dfrac{\dfrac{1}{k}}{\dfrac{1}{hD}} = \dfrac{전도\ 열전달}{대류\ 열전달}$

[여기서, h : 대류 열전달계수($\text{kcal/m}^2 \cdot \text{h} \cdot ℃$), k : 유체의 열전도도($\text{kcal/m} \cdot \text{h} \cdot ℃$), D : 관의 직경 (m), L_c : 특성길이(m)]

㉠ "전도 열전달에 대한 대류열전달"이다(A에 대한 $B = B/A$).

㉡ 누셀수는 어떠한 유체층을 통과할 때 대류에 의해 일어나는 열전달의 크기와 같은 유체 층을 통과할 때 전도에 의해 일어나는 열전달의 크기의 비이다.

- 누셀수는 같은 유체 층에서 일어나는 대류와 전도의 비율이다.
- 누셀수가 큰 것은 대류에 의한 열전달이 큰 것을 의미한다.
- 누셀수가 1이면 전도와 대류의 상대적 크기가 같다.
- 자연대류에서는 누셀수(Nu, $Nusselt\ number$)가 표면과 자유흐름의 온도차에 의존한다.

※ 누셀수는 다음 무차원수의 곱으로 표현할 수 있다.

"$Nu = $스탠톤수($St$)×레이놀즈수($Re$)×프란틀수($Pr$)"

→ 스탠톤수(St)가 생략되어도 해석하는 데 큰 무리가 없으므로 $Nu = $레이놀즈수($Re$) × 프란틀수 ($Pr$)만으로 누셀수($Nu$)를 표현할 수 있다.

20

정답 ③

[그라쇼프수(Gr, Grashof number)]

- $Gr = \dfrac{gL^3\rho^2\beta\Delta T}{\mu^2} = \dfrac{gD^3\beta\Delta T}{\nu^2} = \dfrac{부력}{점성력}$

[여기서, g : 중력가속도(m/s^2), L : 고체의 특성길이(m), β : 부피팽창계수($1/℃$), ΔT : 온도차(℃), μ : 점도($\text{N} \cdot \text{s/m}^2$), ν : 동점도(m/s^2)]

㉠ 온도차에 의한 부력이 속도 및 온도분포에 미치는 영향을 나타내거나 자연대류에 의한 전열현상에 있어서 매우 중요한 무차원수이다.

ⓒ "점성력에 대한 부력"이다(A에 대한 $B = \dfrac{B}{A}$).

- 자연대류에서 유동 형태는 유체에 작용하는 "점성력에 대한 부력"을 나타내는 그라쇼프수에 좌우된다.
- 그라쇼프수는 자연대류에서 점성력에 대한 부력의 비를 나타내는 값으로 강제대류에서의 레이놀즈수(Re)와 비슷한 역할을 하는 무차원수이다.
→ 그라쇼프수는 자연대류에서 층류와 난류를 구분하는 천이점을 결정한다. 강제대류에서 유동 형태는 유체에 작용하는 점성력에 대한 관성력의 비를 나타내는 레이놀즈수에 좌우되는 것처럼 자연대류에서 유동 형태는 유체에 작용하는 점성력에 대한 부력의 비를 나타내는 그라쇼프수에 좌우된다. 즉, 자연대류에서 층류와 난류를 결정하는 것은 그라쇼프수, 강제대류에서 층류와 난류를 결정하는 것은 레이놀즈수이다.

※ 층류와 난류 사이에 유동이 변하는 영역에서의 그라쇼프수의 임계값은 10^9이다. (수직판에서 10^9보다 크다면 난류이다)

21

정답 ⑤

$$\text{열전달효용도(effectiveness) 또는 열전달유용도(effectiveness)} = \frac{\text{실제 열전달률}}{\text{최대 가능 열전달률}}$$

22

정답 ②

$Q = UA\Delta T = UA(T_2 - T_1)$
[여기서, Q : 열전달률, U : 총괄 열진달계수, A : 표면적, ΔT : 온토치]
$Q = UA(T_2 - T_1)$
$$U = \frac{Q}{A(T_2 - T_1)} = \frac{50\text{kW}}{0.5\text{m}^2 \times 5\text{K}} = 20\text{kW/m}^2\text{K}$$

※ 섭씨온도 차이가 5℃이면, 절대온도 차이도 5K이다. 절대온도로 변환시켜 절대온도 차이를 구하게 될 때, 어차피 "273"이 서로 상쇄되기 때문이다.

23

정답 ①

[열전도도(k)]
물체가 열을 전달하는 능력의 척도로 "열전도성"이라고도 한다.
기본 단위는 W/(m·K), kcal/m·s℃, J/m·s℃ 등이 있다.

24

정답 ④

대류 열저항$(R) = \dfrac{1}{hA}$
[여기서, h : 대류 열전달계수(W/m²·K), A : 전열면적(m²)]
$$\therefore R = \frac{1}{hA} = \frac{1}{2.0 \times 10^3 \text{W/m}^2 \cdot \text{K} \times 10\text{m}^2} = \frac{1}{20,000} = \frac{5}{100,000} = 5 \times 10^{-5}\text{K/W}$$

※ 문제에서 주어진 대류 열전달계수의 단위가 $kW/m^2 \cdot K$이므로 10^3을 곱하여 계산해야 한다. 그래야만 문제에서 요구하는 대류 열저항의 단위 K/W가 도출된다. 실제 해당 시험에서 단위를 꼼꼼하게 확인하지 않아 해당 문제를 틀린 사람들이 많다. 난이도가 매우 쉬운 문제인데 단위 실수로 틀리면 얼마나 억울한가? 항상 문제의 단위를 꼭 파악하는 습관을 가질 수 있도록 연습하길 바란다.

25

정답 ①

① 담금질을 통해 물로 빠르게 급랭시키면 단단한 조직인 마텐자이트(M) 조직이 발생하기 때문에 제품의 재질이 단단해진다. 즉, 경도가 증가한다.
② 단단해지므로 변형시키기 어려워 잡아당겼을 때 잘 늘어나지 않는다. 따라서 처음 재료의 길이에 대비해서 얼마나 늘어났는지의 비율을 뜻하는 연신율이 감소하게 된다.
③ 단단해지므로 변형시키기 어려워 얇고 넓게 펴지는 성질인 전성과 가늘고 길게 잘 늘어나는 성질인 연성이 감소하게 된다. 즉, 전성과 연성의 조합어인 전연성이 감소하게 된다.
④ 담금질을 하면 단단하지만 취성이 큰 마텐자이트(M) 조직이 발생하므로 취성이 증가한다.
⑤ 취성이 증가하므로 취성의 반대 의미를 갖는 인성은 감소하게 된다. 인성은 충격에 대해 저항하는 성질로 인성이 감소하면 충격(외부의 힘 따위)에 대해 저항을 하지 못해 잘 깨지게 된다. 즉, 취성이 커진다.

[각 열처리의 주목적 및 주요 특징]

담금질	• 탄소강의 강도 및 경도 증대 • 재질의 경화(경도 증대) • 급랭(물 또는 기름으로 빠르게 냉각)
풀림	• 재질의 연화(연성 증가) • 균질(일)화 • 노냉(노 안에서 서서히 냉각)
뜨임	• 담금질 후 강인성 부여(강한 인성), 인성 개선 • 내부응력 제거 • 공냉(공기 중에서 서서히 냉각)
불림	• 결정 조직의 표준화, 균질화 • 결정 조직의 미세화 • 내부응력 제거 • 공냉(공기 중에서 서서히 냉각)

※ 불림의 대표적인 "문제풀이공식법" → "불미제표"

불	미	제	표
불림	미세화	내부응력 제거	표준화

26

[뜨임(tempering, 소려)]

담금질을 통해 물로 빠르게 급랭시켜 단단한 조직인 마텐자이트(M)를 만들어 놓았다. 하지만 마텐자이트(M) 조직은 취성(메짐성)이 커 깨지기 쉽다. 따라서 실질적으로 사용하기 어렵기 때문에 적당히 다시 가열하여 조금은 연하지만 잘 깨지지 않는 성질의 조직으로 만드는 작업이 뜨임이다. 살짝 뜨겁게 400~600℃ 정도로 유지시켰다가 공기 중에서 서서히 냉각시키면 마텐자이트(M) 조직의 불안정한 부분이 어느 정도 안정화되면서 취성이 감소되게 된다. 즉, 인성이 증가된다.

→ 따라서 뜨임의 주된 목적은 "담금질된 강"의 경도를 다소 줄이더라도 인성을 개선시키기 위해 A_1변태점 이하에서 재가열하여 공기 중에서 서서히 냉각시킴으로써 깨지는 성질인 취성을 보완하는 것이다. 즉, 강한 인성(강인성)을 부여하는 것이다.

27

[숏피닝(Shot peening)]

숏피닝은 경화된 작은 강구(강이나 주철로 만들어진 강구)를 재료(일감)의 표면에 고속으로 분사시켜 피로강도 및 기계적 성질을 향상시키는 가공 방법이다.

ㄱ **특징**
- 숏피닝은 일종의 냉간가공법이다.
- 숏피닝 작업에는 청정작업과 피닝작업이 있다.
- 숏피닝은 표면에 강구를 고속으로 분사하여 표면에 압축잔류응력을 발생시키기 때문에 피로한도와 피로수명을 증가시킨다.
  - → 숏피닝은 표면에 압축잔류응력을 발생시켜 피로한도를 증가시키므로 반복하중이 작용하는 부품에 적용시키면 효과적이다. 즉, 주로 반복하중이 작용하는 스프링에 적용시켜 피로한도를 높이는 것은 숏피닝이다.
  - ※ 인장잔류응력은 응력부식균열을 발생시킬 수 있으며 피로강도와 피로수명을 저하시킨다.

ㄴ **숏피닝 처리의 종류**
- 압축공기식 : 압축공기를 노즐에서 숏과 함께 고속으로 분사시키는 방법으로 노즐을 이용하기 때문에 임의의 장소에서 노즐을 이동시켜 구멍 내면의 가공이 편리하다.
- 원심식 : 압축공기식보다 생산능률이 높으며 고속 회전하는 임펠러에 의해서 가속된 숏을 분사시키는 방법이다.

ㄷ **숏피닝에 사용하는 강구의 지름**
- 주철 강구의 지름 : 0.5~1.0mm
- 주강 강구의 지름 : 평균적으로 0.8mm

28

[베어링용 합금]

화이트메탈 [주석(Sn)과 납(Pb)의 합금으로 자동차 등에 사용된다]	[주석계, 납(연)계, 아연계, 카드뮴계] • 주석계에서는 베빗메탈이 대표적이다. • 베빗메탈은 주요 성분이 안티몬(Sb)-아연(Zn)-주석(Sn)-구리(Cu)인 합금으로 내열성이 우수하므로 내연기관용 베어링 재료로 사용된다.
구리계	청동, 인청동, 납청동, 켈밋
소결 베어링 합금	[오일리스 베어링] • "구리(Cu)+주석(Sn)+흑연"을 고온에서 소결시켜 만든 것이다. • 분말야금공정으로 오일리스 베어링을 생산할 수 있다. • 다공질재료이며 구조상 급유가 어려운 곳에 사용한다. • 급유 시에 기계가동중지로 인한 생산성의 저하를 방지 가능하다. • 식품기계, 인쇄기계 등에 사용되며 고속 중하중에 부적합하다. ※ 다공질인 이유 : 많은 구멍 속으로 오일이 흡착되어 저장이 되므로 급유 가 곤란한 곳에 사용될 수 있기 때문이다.

29

[불변강(고니켈강, 고-Ni강)]

온도가 변해도 탄성률 및 선팽창계수가 변하지 않는 강

인바	철(Fe)-니켈(Ni) 36%로 구성된 불변강으로 선팽창계수가 매우 작아(20℃에서 선팽창계수가 1.2×10^{-6}) 길이의 불변강이다. 시계의 추, 줄자, 표준자, 측정기기, 바이메탈 등에 사용된다.
초인바	기존의 인바보다 선팽창계수가 더 작은 불변강으로 인바의 업그레이드 형태이다.
엘린바	철(Fe)-니켈(Ni) 36%-크롬(Cr) 12%로 구성된 불변강으로 탄성률(탄성계수)이 불변이다. 용도로는 정밀저울 등의 스프링, 고급시계, 기타정밀기기의 재료에 적합하다.
코엘린바	엘린바에 코발트(Co)를 첨가한 것으로 공기나 물에 부식되지 않는다. 스프링, 태엽 등에 사용된다.
플래티나이트	철(Fe)-니켈(Ni) 44~48%로 구성된 불변강으로 선팽창계수가 유리 및 백금과 거의 비슷하다. 전구의 도입선으로 사용된다.
니켈로이	철(Fe)-니켈(Ni) 50%의 합금으로 자성재료에 사용된다.
퍼멀로이	철(Fe)-니켈(Ni) 78.5%의 합금으로 투자율이 매우 우수하여 고투자율 합금이다. 발전기, 자심재료, 전기통신 재료로 사용된다.

※ 불변강은 강에 니켈(Ni)이 많이 함유된 강으로 고니켈강과 같은 말이다. 따라서 강에 니켈(Ni)이 많이 함유된 합금이라면(Fe에 Ni이 많이 함유된 합금) 일반적으로 불변강에 포함된다.

30

[시효경화 · 인공시효 · 고용경화]

시효경화	가공경화한 후 시간이 지남에 따라 기계적 성질이 변화하지만 결국 나중에 일정한 값을 나타내는 현상이다. 예 담금질을 한 후 오래 방치하거나 적절하게 뜨임하면 경도가 증가하는 것

시효경화를 일으키기 쉬운 재료	황, 강, 두랄루민, 라우탈, 알드레이, Y합금 등

인공시효	인공적으로 시효경화를 촉진시키는 것을 말한다.
고용경화	금(Au)에 여러 원소나 금속을 첨가하면 더 단단해지는 것과 관련이 있는 현상 예 24K 금반지는 물렁물렁하고, 다른 원소를 첨가한 14K 금반지는 24K 금반지보다 더 단단하다. 이것이 바로 고용경화 때문이다.

31

[구성인선(빌트업에지, built-up edge)]

절삭 시에 발생하는 칩의 일부가 날 끝에 용착되어 마치 절삭 날의 역할을 하는 현상

발생 순서	발생 → 성장 → 분열 → 탈락의 주기를 반복한다. (발성분탈) ※ 주의 : 자생과정의 순서는 "마멸 → 파괴 → 탈락 → 생성"이다.
특징	• 칩이 날 끝에 점점 붙으면 날 끝이 커지기 때문에 끝단 반경은 점점 커짐. 　→ 칩이 용착되어 날 끝의 둥근 부분(nose, 노스)가 커지므로 • 구성인선이 발생하면 날 끝에 칩이 달라붙어 날 끝이 울퉁불퉁해지므로 표면을 서칠세 하거나 동력손실을 유발할 수 있다. • 구성인선의 경도값은 공작물이나 정상적인 칩보다 상당히 크다. • 구성인선은 공구면을 덮어 공구면을 보호하는 역할도 할 수 있다. • 구성인선이 발생하지 않을 임계속도는 120m/min(2m/s)이다. • 일감(공작물)의 변형경화지수가 클수록 구성인선의 발생 가능성이 크다. • 구성인선을 이용한 절삭방법은 SWC이다. 은백색의 칩을 띠며 절삭저항을 줄일 수 있는 방법이다.
구성인선 방지법	• 30° 이상으로 공구 경사각을 크게 한다. 　→ 공구의 윗면경사각을 크게 하여 칩을 얇게 절삭해야 용착되는 양이 적어진다. • 절삭속도를 빠르게 한다. 　→ 고속으로 절삭한다. 고속으로 절삭하면 칩이 날 끝에 용착되기 전에 칩이 떨어져 나가기 때문이다. • 절삭깊이를 작게 한다. 　→ 절삭 깊이가 크다면 깎여서 발생하는 칩과 공구의 접촉면적이 넓어지기 때문에 오히려 칩이 날 끝에 용착될 가능성이 더 커져 구성인선의 발생 가능성이 높아진다. 따라서 절삭 깊이를 작게 하여 공구와 칩의 접촉면적을 줄여 칩이 용착되는 가능성을 줄여 구성인선을 방지할 수 있다. • 윤활성이 좋은 절삭유를 사용한다. • 공구반경을 작게 한다.

구성인선 방지법	• 절삭공구의 인선을 예리하게 한다. • 마찰계수가 작은 공구를 사용한다. • 칩의 두께를 감소시킨다. • 세라믹 공구를 사용한다. 　→ 세라믹은 금속(철)과의 친화력이 없기 때문에 칩이 세라믹 공구의 날 끝에 달라붙지 　　않아 구성인성이 발생하지 않는다.

32

정답 ⑤

[호닝(honing)]

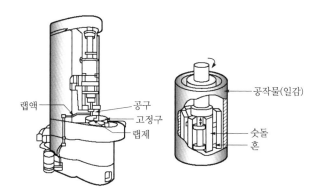

분말입자를 가공하는 것이 아니라 연삭숫돌로 공작물을 가볍게 문질러 정밀 다듬질하는 기계가공법이다. 특히 구멍 내면을 정밀 다듬질하는 방법 중 가장 우수한 가공법이다.

※ 문제에서 제시된 "연삭휠"로부터 숫돌을 이용하는 가공인 호닝임을 충분히 파악할 수 있다.

33

정답 ①

[연삭동력(H)]

$H[\text{HP}]$	$H[HP] = \dfrac{Pv}{75 \times 60 \times \eta}$ [여기서, H : 동력(HP), P : 연삭력(kgf), v : 숫돌의 원주속도(m/min), η : 연삭기의 효율]
$H[\text{kW}]$	$H[kW] = \dfrac{Pv}{102 \times 60 \times \eta}$ [여기서, H : 동력[kW], P : 연삭력(kgf), v : 숫돌의 원주속도(m/min), η : 연삭기의 효율]

34

정답 ②

① 탭 : 암나사를 가공하는 공구이다.
② 다이스 : 수나사를 가공하는 공구이다.
③ 총형커터 : 밀링가공에서 사용하는 것으로 기어 또는 리머가공에 사용하는 커터이다.

④ 드릴 : 금속 따위에 구멍을 뚫는 공구이다.
⑤ 맨드릴(심봉) : 중공 공작물의 외경을 가공할 때, 구멍과 외경이 동심원이 되게 하기 위해 사용하는 것이다.

35

정답 ⑤

[피복제의 역할]
• 용착금속의 냉각속도를 지연시킨다.
• 대기 중의 산소와 질소로부터 모재를 보호하여 산화 및 질화를 방지한다.
• 슬래그를 제거하며 스패터링을 작게 한다.
• 용착금속에 필요한 합금원소를 보충하여 기계적 강도를 높인다.
• 탈산 정련 작용을 한다.
• 전기절연 작용을 한다.
• 아크를 안정하게 하며 용착효율을 높인다.

36

정답 ②

바깥지름(외경, D_o) $= D + 2a = mZ + 2m = m(Z+2) = 6(58+2) = 360\text{mm}$
[단, 표준기어(치형)의 경우는 $a = m$이다]

37

정답 ②

수명시간(L_h)	$L_h = 500 \times \dfrac{33.3}{N} \times \left(\dfrac{C}{P}\right)^r$ [여기서, N : 회전수(rpm), C : 기본동적부하용량(기본 동정격하중), P : 베어링 하중] 단, 수명시간(L_h)에서 r값은 다음과 같다. • 볼베어링일 때 $r = 3$ • 롤러베어링일 때 $r = \dfrac{10}{3}$
정격수명 (수명회전수, 계산수명, L_n)	$L_n = \left(\dfrac{C}{P}\right)^r \times 10^6 \ rev$ [여기서, C : 기본동적부하용량(기본 동정격하중), P : 베어링 하중] ※ 기본동적부하용량(C)가 베어링 하중(P)보다 크다.

풀이

문제는 볼베어링에 대한 것이므로 수명회전수(L_n)은 다음과 같다.

$$L_n = \left(\frac{C}{P}\right)^3 \times 10^6 \text{rev}$$

베어링 하중 20kN, 기본동적부하용량이 40kN을 대입하면,

$$\therefore L_n = \left(\frac{40\text{kN}}{20\text{kN}}\right)^3 \times 10^6 \,\text{rev} = 2^3 \times 10^6 \,\text{rev} = 8 \times 10^6 \,\text{rev} = 8,000,000\text{rev}$$

38

정답 ③

[나사의 효율]
"입력한 일"에 대한 "출력된 일"의 비이다.

$$\text{나사의 효율} = \frac{\text{마찰이 없는 경우의 회전력}}{\text{마찰이 있는 경우의 회전력}} = \frac{\text{마찰이 없는 경우의 일량}}{\text{마찰이 있는 경우의 일량}}$$

39

정답 ⑤

[백래시(Backlash, 뒤틈, 치면놀이, 엽새]
한 쌍의 기어가 맞물렸을 때 치면 사이에 생기는 틈새를 말한다. 백래시가 너무 크면 소음과 진동의 원인이 되므로 <u>가능한 한 작은 편이 좋다.</u>

40

정답 ②

[스프링 지수(C)]
스프링 곡률의 척도를 의미하는 것

$$C = \frac{D}{d}$$

[여기서, D : 코일의 평균 지름, d : 소선의 지름]
※ 스프링 지수(C)의 범위는 4~12가 적당하다.

[스프링의 종횡비(λ)]

$$\lambda = \frac{H}{D}$$

[여기서, H : 스프링의 자유높이(스프링에 하중이 작용하지 않을 때의 높이), D : 코일의 평균 지름]
※ 스프링의 종횡비(λ) 범위는 0.8~4가 적당하다. 종횡비(λ)가 너무 크면 작은 힘에도 스프링이 잘 휘어진다.

풀이

$$\therefore C = \frac{D}{d} = \frac{10\text{mm}}{2\text{mm}} = 5$$

Truth of Machine

모의고사 정답 및 해설

01 제1회 실전 모의고사

01	⑤	02	②	03	④	04	②	05	②	06	④	07	⑤	08	②	09	③	10	②
11	③	12	②	13	①	14	⑤	15	⑤	16	②	17	③	18	②	19	④	20	③
21	①	22	①	23	②	24	④	25	③												

01

정답 ⑤

[오일러의 좌굴하중(P_{cr}, 임계하중)]

오일러의 좌굴하중 (P_{cr}, 임계하중)	$P_{cr} = n\pi^2 \dfrac{EI}{L^2}$ [여기서, n : 단말계수, E : 종탄성계수(세로탄성계수, 영률), I : 단면 2차 모멘트, L : 기둥의 길이]
오일러의 좌굴응력 (σ_B, 임계응력)	$\sigma_B = \dfrac{P_{cr}}{A} = n\pi^2 \dfrac{EI}{L^2 A}$ 세장비는 $\lambda = \dfrac{L}{K}$ 이고, 회전반경은 $K = \sqrt{\dfrac{I_{\min}}{A}}$ 이다. 회전반경을 제곱하면 $K^2 = \dfrac{I_{\min}}{A}$ 이므로 $\sigma_B = n\pi^2 \dfrac{EI}{L^2 A} = n\pi^2 \dfrac{E}{L^2}\left(\dfrac{I}{A}\right) = n\pi^2 \dfrac{E}{L^2} K^2$ $\dfrac{1}{\lambda^2} = \dfrac{K^2}{L^2}$ 이므로 $\therefore \ \sigma_B = n\pi^2 \dfrac{E}{L^2} K^2 = n\pi^2 \dfrac{E}{\lambda^2}$ 따라서, 오일러의 좌굴응력(임계응력, σ_B)은 세장비(λ)의 제곱에 반비례함을 알 수 있다.
단말계수 (끝단계수, 강도계수, n)	기둥을 지지하는 지점에 따라 정해지는 상숫값으로, 이 값이 클수록 좌굴은 늦게 일어난다. 즉, 단말계수가 클수록 강한 기둥이다. <table><tr><td>일단고정 타단자유</td><td>$n = \dfrac{1}{4}$</td></tr><tr><td>일단고정 타단회전</td><td>$n = 2$</td></tr><tr><td>양단회전</td><td>$n = 1$</td></tr><tr><td>양단고정</td><td>$n = 4$</td></tr></table>

폴이

$P_{cr} = n\pi^2 \dfrac{EI}{L^2}$ 에서 양단이 고정되었기 때문에 단말계수$(n) = 4$이다.

따라서, $P_{cr} = 4\pi^2 \dfrac{EI}{L^2}$ 가 된다.

02

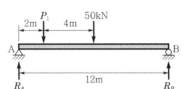

㉠ 먼저, $\sum F_y = 0$이 되어야 하므로 $-P_1 - 50 + R_A + R_B = 0$이 된다. y 방향으로 작용하는 힘들의 합이 0이 되어 서로 상쇄될 때 보가 평형을 이뤄 안정한 상태를 유지할 수 있기 때문이다. 아래 방향으로 작용하는 힘의 부호를 (-), 위 방향으로 작용하는 힘의 부호를 (+)라고 할 때, $-P_1 - 50 + R_A + R_B = 0$이며, "$R_A = 3R_B$"를 대입하면 $4R_B - P_1 = 50$이 된다.

㉡ $\sum M_A = 0$, 즉 $12R_B - 2P_1 - 6 \times 50 = 0$이 된다. 모멘트 반시계 방향을 (+)로, 시계 방향을 (-)로 한다. $12R_B - 2P_1 - 300 = 0 \rightarrow 12R_B - 2P_1 = 300$이 된다.

㉢ $4R_B - P_1 = 50$과 $12R_B - 2P_1 = 300$를 연립하면 $P_1 = 150\text{kN}$이 도출된다.

03

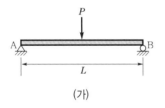

(가)

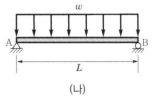

(나)

㉠ 길이가 L인 단순보의 중앙에 집중하중 P가 작용할 때, 중앙점에서 발생하는 최대처짐량$(\delta_{가}) = \dfrac{PL^3}{48EI}$

㉡ 길이가 L인 단순보의 전길이에 대하여 등분포하중 w가 작용하고 있을 때 중앙점에서 발생하는 최대 처짐량$(\delta_{나}) = \dfrac{5wL^4}{384EI}$

$$\therefore \frac{\delta_{나}}{\delta_{가}} = \frac{\dfrac{5wL^4}{384EI}}{\dfrac{PL^3}{48EI}} = \frac{240EIwL^4}{384EIPL^3} = \frac{240EIwL^4}{384EI(wL)L^3} = \frac{240EIwL^4}{384EIwL^4} = 0.625$$

04

[성능계수(성적계수, ε)]

냉동기의 성능계수 (ε_r)	$\varepsilon_r = \dfrac{Q_2}{Q_1 - Q_2} = \dfrac{T_2}{T_1 - T_2}$	
	Q_1	고열원으로 방출되는 열량
	Q_2	저열원으로부터 흡수한 열량, 저열원에서 방출되는 열량
	T_1	응축기 온도, 고열원의 온도
	T_2	증발기 온도, 저열원의 온도
	W	투입된 기계적인 일($= Q_1 - Q_2$)
열펌프의 성능계수 (ε_h)	$\varepsilon_h = \dfrac{Q_1}{Q_1 - Q_2} = \dfrac{T_1}{T_1 - T_2}$	
	Q_1	고열원으로 방출되는 열량
	Q_2	저열원으로부터 흡수한 열량
	T_1	고열원의 온도
	T_2	저열원의 온도
	W	투입된 기계석인 일($- Q_1 \quad Q_2$)

풀이

$$\varepsilon_r = \frac{Q_2}{W} = \frac{5\mathrm{kJ/s}\,(= 5\mathrm{kW})}{2\mathrm{kW}} = 2.5$$

※ 단, $1\mathrm{J/s} = 1\mathrm{W}$이다.

※ 냉동기는 차가운 곳을 더 차갑게 만드는 것을 목적으로 한다. 즉, 저열원에서 열을 많이 버릴수록 냉동기의 목적에 가까워진다. 따라서, 냉동기의 성능계수는 투입된 일 대비 얼마나 저열원에서 열을 많이 버리냐가 되며, 이것이 바로 냉동기의 효율이다. 따라서, 냉동되는 속도는 Q_2이다.

필수

열펌프(히트펌프)의 성능계수(ε_h)는 냉동기의 성능계수(ε_r)보다 1만큼 항상 크다.

05

[카르노 사이클(Carnot cycle)]

열기관의 이상적인 사이클로 2개의 가역등온과정과 2개의 가역단열과정으로 구성된다.

카르노 사이클의 열효율(η) = $\left(1 - \dfrac{Q_2}{Q_1}\right) \times 100\% = \left(1 - \dfrac{T_2}{T_1}\right) \times 100\%$

Q_1	고열원에서 열기관으로 공급되는 열량
Q_2	열기관에서 저열원으로 방출되는 열량
T_1	고열원의 온도(K)
T_2	저열원의 온도(K)

풀이

최댓값은 카르노 사이클의 열효율이다. 그 이유는 카르노 사이클은 이론적으로 사이클 중에서 최고의 효율을 가질 수 있기 때문이다. 따라서, 주어진 조건에 따라 카르노 사이클의 열효율을 먼저 구한다.

$\eta_c = 1 - \dfrac{T_2}{T_1} = 1 - \dfrac{300\text{K}}{600\text{K}} = 0.5$가 도출되며, 이것이 최댓값이다.

해당 열기관은 최댓값의 80%로 운전하므로 $0.5 \times 0.8 = 0.4 = 40\%$로 운전한다.는 것을 알 수 있다.

열기관의 효율(η) $= \dfrac{W(\text{외부로 생산한 일})}{Q_1(\text{공급한 열})}$

따라서, $0.4 = \dfrac{1\text{kJ}}{Q_1} \rightarrow Q_1 = 2.5\text{kJ}$이 된다. 이때, $W = Q_1 - Q_2$이므로 $1\text{kJ} = 2.5\text{kJ} - Q_2$가 된다.

[여기서, Q_1 : 고열원으로부터 공급받은 열량, Q_2 : 저열원으로 방출되는 열량, W : 외부로 한 일 $(= Q_1 - Q_2)$]

∴ $Q_2 = 1.5\text{kJ}$가 된다.

06

정답 ④

[줄-톰슨(Joule-Thompson) 효과]

압축한 기체를 단열된 작은 구멍으로 통과시키면 온도가 변하는 현상으로, 분자 간의 상호작용에 의해 온도가 변한다. 보통 냉매의 냉각이나 공기를 액화시킬 때 응용된다. 교축과정처럼 밸브, 작은 틈 등의 좁은 통로를 유체가 통과하게 되면 압력과 온도는 떨어지고 엔트로피의 상승을 동반한다.

※ 상온에서 네온, 헬륨, 수소를 제외하고 모든 기체는 줄-톰슨 팽창을 거치면 온도가 하강한다.

줄-톰슨 계수(μ) $= \left(\dfrac{\delta T}{\delta P} \right)_H$

줄-톰슨 계수는 엔탈피(H)가 일정할 때 압력(P)에 따른 온도(T)의 변화를 나타내는 계수이다.

$\mu > 0$	단열팽창에 의한 냉각효과(압력 하강, 온도 하강)
$\mu < 0$	단열팽창에 의한 가열효과(압력 하강, 온도 상승)
$\mu = 0$	단열팽창에 의한 효과가 없다(압력 하강, 온도 변화 없음). ※ 이상기체(완전가스)의 경우

07

정답 ⑤

① 수면에 연직인 직사각형 모양의 수문에 작용하는 힘의 작용점은 수문의 도심보다 항상 아래쪽에 위치한다. (○)

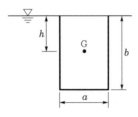

• 직사각형 수문에 작용하는 힘의 작용점(y_F)의 위치

$$y_F = \bar{y} + \frac{I_G}{A\bar{y}} = h + \frac{\dfrac{ab^3}{12}}{(ab)(h)} = h + \frac{ab^3}{12abh} = h + \frac{b^2}{12h}$$

※ 작용점(y_F)의 위치는 수문 또는 평판의 도심점(G)보다 $\dfrac{I_G}{A\bar{y}}$ 만큼 항상 아래에 작용한다.

※ 전압력(F) $= \gamma h A$

　[여기서, γ : 액체의 비중량, h : 수면에서 수문 또는 평판의 무게중심까지 거리, A : 수문 또는 평판의 단면적]

② 뉴턴유체에 있어 점성계수는 전단응력과 속도구배 사이의 비례상수이다. (○)

• 뉴턴의 점성법칙 : $\tau = \mu\left(\dfrac{du}{dy}\right)$

τ	μ	$\dfrac{du}{dy}$
전단응력(Pa)	점성계수(N · s/m^2 = Pa · s)	속도구배, 속도변형률, 전단변형률, 각변형률, 각변형속도

③ 움직이는 유체가 수행한 일(work)은 에너지(energy)와 동일한 물리적 차원을 갖는다. (○)

　→ 일과 에너지는 모두 J의 단위를 사용하므로 동일한 물리적 차원을 갖는다.

④ 유체에 전단응력이 작용할 때 변형에 저항하는 정도를 나타내는 유체의 성질을 점성이라고 한다. (○)

⑤ 액체의 경우 온도가 높아질수록 응집력이 증가하여 점성이 감소한다. (×)

　→ 기체의 경우 온도가 높아질수록 분자의 운동이 활발해져 분자끼리 서로 충돌하면서 운동량을 교환하여 점성(점도)이 증가하고, 액체의 경우 온도가 높아질수록 응집력이 감소하여 점성(점도)이 감소한다.

08

정답 ②

[카르노 사이클(Carnot cycle)]

• 열기관의 이상 사이클로 이상기체를 동작물질(작동유체)로 사용한다.

• 이론적으로 사이클 중 최고의 효율을 가질 수 있다.

$P-V$ 선도	
각 구간의 해석	• 상태 1 → 상태 2 : q_1의 열이 공급되었으므로 팽창하게 된다. 1에서 2로 부피(V)가 늘어났음(팽창)을 알 수 있다. 따라서, <u>가역등온팽창과정</u>이다. • 상태 2 → 상태 3 : 위의 선도를 보면 2에서 3으로 압력(P)이 감소했음을 알 수 있다. 즉, 동작물질(작동유체)인 이상기체가 외부로 팽창일을 하여 압력이 감소된 것이므로 <u>가역단열팽창과정</u>이다. • 상태 3 → 상태 4 : q_2의 열이 방출되고 있으므로 부피가 줄어들게 된다. 즉, 3에서 4로 부피가 줄어들고 있다. 따라서, <u>가역등온압축과정</u>이다. • 상태 4 → 상태 1 : 4에서 1은 압력이 증가하고 있다. 따라서, <u>가역단열압축과정</u>이다.
특징	• <u>2개의 가역단열과정과 2개의 가역등온과정으로 구성되어 있다. 즉, 4개의 과정은 모두 가역과정이다.</u> • <u>등온팽창 → 단열팽창 → 등온압축 → 단열압축의 순서로 작동된다.</u> • 효율(η)$= 1-(Q_2/Q_1)=1-(T_2/T_1)$으로 구할 수 있다. 　[여기서, Q_1 : 공급열, Q_2 : 방출열, T_1 : 고열원 온도, T_2 : 저열원 온도] 　→ 카르노 사이클의 열효율은 열량(Q)의 함수로, 온도(T)의 함수를 치환할 수 있다. • 같은 두 열원에서 사용되는 가역 사이클인 카르노 사이클로 작동되는 기관은 열효율이 동일하다. • 사이클을 역으로 작동시켜주면 이상적인 냉동기의 원리가 된다. • 열의 공급은 등온과정에서만 이루어지지만, 일의 전달은 단열과정과 등온과정에서 둘 다 일어난다. • 동작물질(작동유체)의 밀도가 크거나 양이 많으면 마찰이 발생하여 효율이 떨어지므로 효율을 높이기 위해서는 동작물질(작동유체)의 밀도를 낮추거나 양을 줄인다.

09

정답 ③

$1Pa = 1N/m^2$이다.

$1kgf = 10N$이므로 $1N = \dfrac{1}{10}kgf$을 대입하면, $1\left(\dfrac{1}{10}kgf\right)/m^2$이 된다.

m의 단위를 cm로 변환하여 대입하면,

$1\left(\dfrac{1}{10}kgf\right)/(10^2 cm)^2 = 10^{-1}kgf/10^4 cm^2 = 1 \times 10^{-5} kgf/cm^2$로 도출된다.

※ 무게(힘, 하중) 단위인 kgf를 편의상 kg으로 사용하기도 한다.

10

정답 ②

원형 관로에서 레이놀즈수가 1,000이므로 층류 흐름이라는 것을 알 수 있다.

[원형 관(원관, 파이프)에서의 흐름 종류의 조건]

층류 흐름	$Re < 2,000$
천이구간	$2,000 < Re < 4,000$
난류 흐름	$Re > 4,000$

따라서, 관마찰계수$(f) = \dfrac{64}{Re} = \dfrac{64}{1,000}$ 이 된다.

$$\therefore h_l = f\frac{l}{d}\frac{V^2}{2g} = \frac{64}{1,000} \times \frac{100}{0.64} \times \frac{2^2}{2 \times 10} = 2\text{m}$$

관련 이론

달시 바이스바하 방정식 (Darcy–Weisbach equation)	일정한 길이의 원관 내에서 유체가 흐를 때 발생하는 마찰로 인한 압력 손실 또는 수두손실과 비압축성 유체의 흐름의 평균속도와 관련된 방정식이다. → 직선원관 내에 유체가 흐를 때 관과 유체 사이의 마찰로 인해 발생하는 직접적인 손실을 구할 수 있다. • $h_l = f_D \dfrac{l}{d}\dfrac{V^2}{?g}$ [여기서, h_l : 손실수두, $f_D = f$: 달시 관마찰계수(관마찰계수, 마찰손실계수), l : 관의 길이, d : 관의 직경, V : 유속, g : 중력가속도] • $\dfrac{\Delta P}{\gamma} = f_D \dfrac{l}{d}\dfrac{V^2}{2g}$ [여기서, $\Delta P = \gamma h_l$ 이며, ΔP : 압력강하, γ : 비중량] ※ 달시–바이스바하 방정식은 층류와 난류에서 모두 적용이 가능하나, 하겐–푸아죄유 방정식은 층류에서만 적용이 가능하다.
Fanning 마찰계수	Fanning 마찰계수는 난류의 연구에 유용하다. 그리고, 비압축성 유체의 완전 발달흐름이면 층류에서도 적용이 가능하다. ※ 달시 관마찰계수와 Fanning 마찰계수의 관계 : $f_D = 4f_f$ [단, f_f : Fanning 마찰계수]

[직접적인 손실과 국부저항손실(부차적 손실, 형상손실)_필수 빈출 내용]

직접적인 손실	직선원관 내에서 유체가 흐를 때, 유체와 관 벽 사이의 마찰로 인해 발생하는 손실이다. 이 손실은 달시–바이스바하 방정식으로 구할 수 있다.
국부저항손실	• 밸브류, 이음쇠 및 굴곡관에서 발생하는 손실이다. • 관의 축소 및 확대에 의해 발생하는 손실이다.

[관마찰계수(f)]

레이놀즈수(Re)와 관 내면의 조도에 따라 변하며 실험에 의해 정해진다.

흐름이 층류일 때	$f = \dfrac{64}{Re}$ $\Big[$ 여기서, $Re = \dfrac{\rho VD}{\mu} = \dfrac{VD}{\nu}$, ρ : 유체의 밀도, μ : 점성계수, V : 유속, D : 관의 지름(직경), ν : 동점성계수$\Big(= \dfrac{\mu}{\rho}\Big)\Big]$
흐름이 난류일 때	$f = \dfrac{0.3164}{\sqrt[4]{Re}}$ Blausius의 실험식으로 $3,000 < Re < 10^5$에 있어야 한다.
수평원관에서의 Hagen–Poiseuille 방정식	$Q = \dfrac{\Delta P \pi d^4}{128\mu l} \,[\text{m}^3/\text{s}]$ [여기서, Q : 체적유량, ΔP : 압력강하, d : 관의 지름, μ : 점성계수, l : 관의 길이] $\rightarrow Q = AV = \dfrac{\gamma h_l \pi d^4}{128\mu l}$ [여기서, $\Delta P = \gamma h_l$이며, ΔP : 압력강하, γ : 비중량] ※ 완전발달 층류흐름에만 적용이 가능하다(난류는 적용하지 못한다).

11
정답 ③

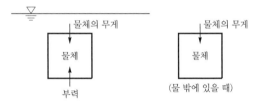

㉠ 물체가 액체(물 등) 속에 있거나, 액체에 일부만 잠긴 채 떠 있으면 그 물체는 수직상방향으로 부력이라는 힘을 받게 된다.

㉡ 공기 중에서 물체의 무게($W = mg$)는 수직하방향으로 작용하게 된다.

㉢ 물체가 유체 속에 있을 때, 물체에 수직상방향으로 부력이 작용하기 때문에 부력의 크기만큼 물체의 본래 무게(공기 중에서의 물체의 무게)에서 상쇄되어 물속에서의 물체의 무게가 측정될 것이다. 따라서, 물속에서는 더 가볍게 측정되는 것이다. 즉, 다음과 같다.

"공기 중에서의 물체의 무게(mg) – 부력 = 물속에서의 무게"

따라서, 27kgf – 부력 = 18kgf이므로 부력은 9kgf가 된다.

㉣ 부력 = $\gamma_{물} V_{잠긴 부피}$ $\rightarrow$ $9\text{kgf} = 1,000\text{kgf/m}^3 \times V_{전체 부피}$ $\rightarrow$ $V_{전체 부피} = V_{원래 자체 부피} = 0.009\text{m}^3$가 된다.

단, 물속에 완전히 잠겨 있으므로 잠긴 부피는 물체의 전체 부피(원래 자체 부피)가 된다.

※ 물의 비중량($\gamma_{물}$) = $9,800\text{N/m}^3 = 1,000\text{kgf/m}^3$

ⓒ 공기 중에서의 물체의 무게($W=mg$)를 이용한다. $\rho(밀도)=\dfrac{m(질량)}{V(부피)}$이므로 $m=\rho V$가 된다.

$m=\rho V$을 $W=mg$에 대입한다.

ⓑ $W=\rho Vg \rightarrow 27\text{kgf}=\rho \times 0.009\text{m}^3 \times 9.8\text{m/s}^2 \rightarrow 27 \times 9.8\text{N}=\rho \times 0.009\text{m}^3 \times 9.8\text{m/s}^2$

$\rightarrow$ 물체의 밀도$(\rho)=\dfrac{27}{0.009}=3{,}000\text{kg/m}^3$이 도출된다.

※ $1\text{kgf}=9.8\text{N}$이다.

※ 무게(힘, 하중) kgf를 편의상 kg으로 사용하기도 한다.

ⓐ 물체의 비중$(S)=\dfrac{물체의\ 밀도(\rho)\ 또는\ 물체의\ 비중량(\gamma)}{4℃에서의\ 물의\ 밀도(\rho_{\text{H}_2\text{O}})\ 또는\ 물의\ 비중량(\gamma_{\text{H}_2\text{O}})}$

[단, 4℃에서의 물의 밀도$(\rho_{\text{H}_2\text{O}})$는 $1{,}000\text{kg/m}^3$이다

$\therefore S=\dfrac{물체의\ 밀도(\rho)}{4℃에서의\ 물의\ 밀도(\rho_{\text{H}_2\text{O}})}=\dfrac{3{,}000\text{kg/m}^3}{1{,}000\text{kg/m}^3}=3$

12

정답 ②

[베르누이 방정식]

"흐르는 유체가 갖는 에너지의 총합은 항상 보존된다"라는 에너지 보존의 법칙을 기반으로 하는 방정식이다. 즉, 베르누이 방정식은 흐르는 유체에 적용되는 방정식이다.

기본식	$\dfrac{P}{\gamma}+\dfrac{v^2}{2g}+Z=\text{constant}$ [여기서, $\dfrac{P}{\gamma}$: 압력수두, $\dfrac{v^2}{2g}$: 속도수두, Z : 위치수두, P : 압력, γ : 비중량, v : 속도, g : 중력가속도, Z : 위치] • 에너지선 : 압력수두＋속도수두＋위치수두 • 수력구배선(수력기울기선) : 압력수두＋위치수두 ※ 베르누이 방정식은 에너지(J)로, 수두(m)로, 압력(Pa)으로도 표현할 수 있다. ⓐ 수두식 : $\dfrac{P}{\gamma}+\dfrac{v^2}{2g}+Z=C$ ⓑ 압력식 : $P+\rho\dfrac{v^2}{2}+\rho gh=C$ $\rightarrow$ 식 ⓐ의 양변에 비중량(γ)를 곱하고 $\gamma=\rho g$이다. ⓒ 에너지식 : $PV+\dfrac{1}{2}mv^2+mgh=\text{constant}$ $\rightarrow$ 식 ⓑ의 양변에 부피(V)를 곱하고 밀도$(\rho)=\dfrac{m(질량)}{V(부피)}$이다.

PV(압력에너지)	$\dfrac{1}{2}mv^2$(운동에너지)	mgh(위치에너지)

조건	• 정상류이며 비압축성이어야 한다(비압축성 : 압력이 변해도 밀도는 변하지 않음).
	• 유선을 따라 입자가 흘러야 한다.
	• 비점성이어야 한다(마찰이 존재하지 않아 에너지손실이 없는 이상유체이다).
	• 유선이 경계층을 통과하지 말아야 한다.
	  → 경계층 내부는 점성이 작용하므로 점성에 의한 마찰작용이 있어 3번째 가정조건에
	    위배되기 때문이다.
	• 하나의 유선에 대해서만 적용되며, 하나의 유선에 대해서는 총에너지가 일정하다.
	• 외부 흐름과의 에너지 교환은 없다.
	• 임의의 두 점은 같은 유선상에 있어야 한다.

풀이

㉠ 연속방정식 $Q = A_A v_A = A_B v_B \rightarrow 0.3 \times 5 = 0.1 v_B \rightarrow v_B = 15\text{m/s}$가 된다.

㉡ $\dfrac{P_A}{\gamma} + \dfrac{v_A^2}{2g} + Z_A = \dfrac{P_B}{\gamma} + \dfrac{v_B^2}{2g} + Z_B$를 사용한다. 관 중심에서 적용시키므로 Z는 상쇄된다.

㉢ $\dfrac{P_A}{\gamma} + \dfrac{v_A^2}{2g} = \dfrac{P_B}{\gamma} + \dfrac{v_B^2}{2g} \rightarrow \dfrac{P_A - P_B}{\gamma} = \dfrac{v_B^2 - v_A^2}{2g} \rightarrow P_A - P_B = \gamma\left(\dfrac{v_B^2 - v_A^2}{2g}\right)$

$\therefore P_A - P_B = \gamma\left(\dfrac{v_B^2 - v_A^2}{2g}\right) = 10,000\text{N/m}^3 \times \dfrac{(15\text{m/s})^2 - (5\text{m/s})^2}{2 \times 10\text{m/s}^2}$

$= 100,000\text{N/m}^2 = 100,000\text{Pa} = 100\text{kPa}$

13
정답 ①

[차원 해석]

F	T	L	M
힘(N)의 차원	시간(s)의 차원	길이(m)의 차원	질량(kg)의 차원

풀이

㉠ 점성계수(μ)의 단위는 $\text{N} \cdot \text{s/m}^2 = \text{Pa} \cdot \text{s}$이다.

㉡ 힘은 질량×가속도이므로 $F = ma$이다. 단위를 맞춰보면 다음과 같다.

힘(F)의 기본 단위	질량(m)의 기본 단위	가속도(a)의 기본 단위
N	kg	m/s^2

위의 기본 단위를 "$F = ma$"에 대입하면 다음과 같다.

→ $\text{N} = \text{kg} \cdot \text{m/s}^2$이 된다. 이를 점성계수($\mu$)의 단위에 대입하여 kg이 포함된 단위로 만든다.

㉢ 따라서, 점성계수(μ)의 단위는 $\dfrac{\text{N} \cdot \text{s}}{\text{m}^2} = \dfrac{\text{kg} \cdot \text{m}}{\text{s}^2}\dfrac{\text{s}}{\text{m}^2} = \dfrac{\text{kg}}{\text{m} \cdot \text{s}}$이 된다.

㉣ 이를 차원으로 변환하면 된다. kg은 질량의 단위이므로 M을, m는 길이의 단위이므로 L을, s는 시간의 단위이므로 T를 대입한다.

$\therefore \dfrac{M}{LT} = M^1 L^{-1} T^{-1}$이다.

ⓜ FLT로 나타내보자. 점성계수(μ)의 단위인 N·s/m²를 차원으로 변환하면 N는 힘의 단위이므로 F를, s는 시간의 단위이므로 T를, m은 길이의 단위이므로 L을 대입한다.

따라서, $\dfrac{\text{N·s}}{\text{m}^2} = F^1 T^1 L^{-2}$이다.

ⓑ 따라서, $1+(-1)+(-1)+1+1+(-2) = -1$로 도출된다.

14

정답 ⑤

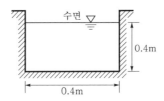

질량 보존의 법칙을 기반으로 한 연속방정식($Q = AV$)을 사용한다.
[여기서, Q : 체적유량(부피유량, m³/s), A : 유동 단면적(m²), V : 유속(유체의 속도, m/s)]
※ 유동 단면적(A)는 유동깊이×수로 폭=0.4m×0.9m=0.36m²이다.

$$\therefore V = \frac{Q}{A} = \frac{0.18\text{m}^3/\text{s}}{0.36\text{m}^2} = 0.5\text{m/s}$$

15

정답 ⑤

[구성인선(빌트 업 에지, built-up edge)]
절삭 시에 발생하는 칩의 일부가 날 끝에 용착되어 마치 절삭날의 역할을 하는 현상이다.

발생 순서	발생 → 성장 → 분열 → 탈락의 주기를 반복한다(발성분탈). ※ 주의 : 자생과정의 순서는 "마멸 → 파괴 → 탈락 → 생성(마파탈생)"이다.
특징	• 칩이 날 끝에 점점 붙으면 날 끝이 커지기 때문에 끝단 반경은 점점 커진다. → 칩이 용착되어 날 끝의 둥근 부분(nose, 노즈)이 커지므로 • 구성인선이 발생하면 날 끝에 칩이 달라붙어 날 끝이 울퉁불퉁해지므로 표면을 거칠게 하거나 동력손실을 유발할 수 있다. • 구성인선의 경도값은 공작물이나 정상적인 칩보다 상당히 크다. • 구성인선은 공구면을 덮어 공구면을 보호하는 역할도 할 수 있다. • 구성인선이 발생하지 않을 임계속도는 120m/min(=2m/s)이다. • 일감(공작물)의 변형경화지수가 클수록 구성인선의 발생 가능성이 크다. • 구성인선을 이용한 절삭방법은 SWC이다. 은백색을 띠며 절삭저항을 줄일 수 있는 방법이다.

방지법	• 30° 이상으로 공구경사각을 크게 한다. → 공구의 윗면경사각을 크게 하여 칩을 얇게 절삭해야 용착되는 양이 적어짐. • 절삭속도를 빠르게 한다. → 고속으로 절삭하면 칩이 날 끝에 용착되기 전에 칩이 떨어져 나가기 때문이다. • 절삭깊이를 작게 한다. → 절삭깊이가 크다면 깎여서 발생하는 칩과 공구의 접촉면적이 넓어지기 때문에 오히려 칩이 날 끝에 용착될 가능성이 더 커져 구성인선의 발생 가능성이 높아진다. 따라서, 절삭깊이를 작게 하여 공구와 칩의 접촉면적을 줄여 칩이 용착되는 가능성을 줄여 구성인선을 방지할 수 있다. • 윤활성이 좋은 절삭유를 사용한다. • 공구반경을 작게 한다. • 절삭공구의 인선을 예리하게 한다. • 마찰계수가 작은 공구를 사용한다. • 칩의 두께를 감소시킨다. • 세라믹공구를 사용한다. → 세라믹은 금속(철)과의 친화력이 없기 때문에 칩이 세라믹공구의 날 끝에 달라붙지 않아 구성인성이 발생하지 않는다.

16

[소성가공]

금속재료(물체)의 영구변형(소성)을 이용한 가공방법으로 "재결정온도 이하에서 가공하느냐, 재결정온도 이상에서 가공하느냐"에 따라 냉간가공과 열간가공으로 구분된다.

→ 냉간가공은 금속 내부에 재결정을 일으키지 않고 가공(재결정온도 이하에서 가공)하는 것이며, 열간가공은 금속 내부에 재결정을 일으키고 가공(재결정온도 이상에서 가공)하는 것을 말한다.

특징	• 보통 주물에 비해 성형된 치수가 정확하다. • 결정조직이 개량되고, 강한 성질을 가진다. • 대량 생산으로 균일한 품질을 얻을 수 있다. • 재료의 사용량을 경제적으로 할 수 있으며 인성이 증가한다. • 절삭가공과 비교하면 칩(chip)이 생성되지 않아 재료의 이용률이 높다. ※ 복잡한 형상의 제품을 만들 때는 소성가공보다는 주조법을 통해 만드는 것이 더 적합하다.
소성가공의 종류	프레스, 인발, 압출, 압연, 단조, 널링, 제관, 전조 등

17

정답 ③

[연삭가공]

입자, 결합도, 결합제 등으로 표시된 숫돌로 연삭하는 가공으로 특징은 다음과 같다.
• 연삭입자는 입도가 클수록 입자의 크기가 작고, 연삭입자는 불규칙한 형상을 하고 있다.
• 연삭입자는 평균적으로 음(−)의 경사각을 가지며 전단각이 작다.
• 연삭속도는 절삭속도보다 빠르며, 절삭가공보다 치수효과에 의해 단위체적당 가공에너지가 크다.

- 담금질 처리가 된 강, 초경합금 등의 단단한 재료의 가공이 가능하다.
- 치수정밀도, 표면거칠기가 우수하며 우수한 다듬질 면을 얻는다.
- 연삭점의 온도가 높고, 많은 양을 절삭하지 못한다.
- 숫돌날이 무뎌지면 탈락하고 새로운 날이 생성되는 자생작용이 있다.
- 모든 입자가 연삭에 참여하지 않는다. 각각의 입자는 절삭, 긁음, 마찰의 작용을 하게 된다.
  - 절삭 : 칩을 형성하고 제거한다.
  - 긁음 : 재료가 제거되지 않고 표면만 변형시킨다. 즉, 에너지가 소모된다.
  - 마찰 : 일감 표면에 접촉해 오직 미끄럼 마찰만 발생시킨다. 즉, 재료가 제거되지 않고 에너지가 소모된다.

18

정답 ②

[신속조형법(쾌속조형법)]
3차원 형상 모델링으로 그린 제품 설계 데이터를 사용하여 제품 제작 전에 실물크기모양의 입체 형상을 신속하고 경제적으로 제작하는 방법을 말한다.

융해용착법 (fused deposition molding)	열가소성인 필라멘트선으로 된 열가소성 일감을 노즐 안에서 가열하여 용해하고, 이를 짜내어 조형 면에 쌓아 올려 제품을 만드는 방법이다. 이 방법으로 제작된 제품은 경사면이 계단형이다. 또한, 이 법은 돌출부를 지지하기 위한 별도의 구조물이 필요하다.
박판적층법 (laminated objot manufacuring)	가공하고자 하는 단면에 레이저빔을 부분적으로 쏘아 절단하고 종이의 뒷면에 부착된 접착제를 사용하여 아래층과 압착시키고 한 층씩 적층해나가는 방법이다.
선택적 레이저소결법 (selective laser sintering)	금속분말가루나 고분자재료를 한 층씩 도포한 후 여기에 레이저빔을 쏘아 소결시키고 다시 한 층씩 쌓아올려 형상을 만드는 방법이다.
광조형법 (stereolithography)	액체상태의 광경화성 수지에 레이저빔을 부분적으로 쏘아 적층해 나가는 방법으로 큰 부품 처리가 가능하다. 또한, 정밀도가 높고 액체재료이기 때문에 후처리가 필요하다.
3차원 인쇄 (three dimentional printing)	분말가루와 접착제를 뿌리면서 형상을 만드는 방법으로 3D 프린터를 생각하면 된다.

※ 초기 재료가 분말형태인 신속조형방법 : 선택적 레이저소결법(SLS), 3차원 인쇄(3DP)

19

정답 ④

[드릴링머신의 종류]
- 다축 드릴링머신 : 다수의 구멍을 동시에 가공하며 대량생산이 가능하다.
- 탁상 드릴링머신 : 작업대 위에 고정하여 사용하는 소형 드릴링머신으로 지름 13mm 이하의 작은 드릴구멍의 작업에 적합하다.
- 레이디얼 드릴링머신 : 암이 360°로 회전하며 대형 공작물의 구멍을 가공하는 데 적합하다.
- 다두 드릴링머신 : 여러 개의 공구를 한번에 주축에 장착하여 순차적으로 드릴링가공을 실시한다.
- 심공 드릴링머신 : 깊은 구멍가공 시 사용한다.

20

정답 ③

[금속의 결정구조]

체심입방격자 (BCC, Body Centered Cubic)	 입방체의 8개의 구석에 각 1개씩의 원자와 입방체의 중심에 1개의 원자가 있는 결정격자이며 가장 많이 볼 수 있는 구조의 하나이다(모양 구조에서 가장 중심에 원자가 있는 것).	
	BCC에 속하는 금속	Mo, W, Cr, V, Na, Li, Ta, $\delta-$Fe, $\alpha-$Fe 등
	특징	• 강도 및 경도가 크다 • 전성·연성이 작다. • 융융점(융점, 녹는점)이 높다.
면심입방격자 (FCC, Face Centered Cubic)	 입방체에 있어서 8개의 꼭짓점과 6개 면의 중심에 원자가 있는 단위격자로 된 결정격자이다(면의 중심에 원자가 있는 것).	
	FCC에 속하는 금속	$\beta-$Co, Ca, Pb, Ni, Ag, Cu, Au, Al, $\gamma-$Fe 등
	특징	• 강도 및 경도가 작다. • 전성 및 연성이 크다. • 가공성이 우수하다.
조밀육방격자 (HCP, Hexagonal Closed Packed)	정육각기둥의 각 위, 아랫면 꼭짓점과 중심, 정삼각기둥의 중심에 원자가 배열된 결정격자이다.	
	HCP에 속하는 금속	Zn, Be, $\alpha-$Co, Mg, Ti, Cd, Zr, Ce 등
	특징	• 전성과 연성이 나쁘다. • 가공성이 나쁘다. • 취성(메짐)이 있다.

[각 금속의 결정구조에 속하는 금속의 종류_암기법 ★]

BCC에 속하는 금속	Mo, W, Cr, V, Na, Li, Ta, $\delta-Fe$, $\alpha-Fe$ 등
암기법	모우(Mow)스크(Cr)바(V)에 있는 나(Na)리(Li)타(Ta) 공항에서 델리($\delta-Fe$) 알리($\alpha-Fe$)가 (체)했다.
FCC에 속하는 금속	$\beta-Co$, Ca, Pb, Ni, Ag, Cu, Au, Al, $\gamma-Fe$ 등
암기법	(면)먹고 싶다. 코(Co)카(Ca)콜라 납(Pb)니(Ni)? 은(Ag)구(Cu)금(Au)알(Al)
HCP에 속하는 금속	Zn, Be, $\alpha-Co$, Mg, Ti, Cd, Zr, Ce 등
암기법	아(Zn)베(Be)가 꼬(Co)마(Mg)에게 티(Ti)셔츠를 사줬다. 카(Cd)드 지(Zr)르세(Ce)

[금속의 결정구조_핵심 내용]

구 분	체심입방격자 (BCC, Body Centered Cubic)	면심입방격자 (FCC, Face Centered Cubic)	조밀육방격자 (HCP, Hexagonal Closed Packed)
단위격자(단위세포) 내 원자수	2개	4개	2개
배위수(인접 원자수)	8개	12개	12개
충전율(공간채움률)	68%	74%	74%

[슬립 가능한 슬립계]

체심입방격자(BCC)	슬립 가능한 슬립계가 48개(6개의 슬립면×8개의 슬립 방향)이지만, 슬립면이 면심입방격자와 같이 조밀하지 않기 때문에 슬립을 일으키기 위해서는 보다 큰 전단응력이 가해져야 한다. 따라서, 슬립이 일어날 가능성이 적다.
면심입방격자(FCC)	슬립 가능한 슬립계가 12개(4개의 슬립면×3개의 슬립 방향)이며 조밀한 슬립계를 가지기 때문에 슬립이 일어날 가능성이 가장 큰 편이다. 따라서, 소성변형이 일어나기 쉽고 전연성이 크다.
조밀육방격자(HCP)	슬립 가능한 슬립계가 3개로 슬립이 일어날 가능성이 매우 적다. 따라서, 일반적으로 상온에서의 소성가공성이 매우 나쁘며, 낮은 인성을 나타낸다(취성 있음).

※ 슬립계가 5개보다 많으면 연성이 있고, 슬립계가 5개보다 적으면 취성이 있다.

21

정답 ①

[스퍼터링]
물리적 기상 증착법으로 이온화된 원자가 가속화되어 물질에 충돌할 때 물질 표면의 결합에너지보다 충돌에너지가 더 클 경우 표면으로부터 원자가 튀어나오는 현상을 말한다. 스퍼터링 증착은 이 원리를 이용하여 진공상태에서 이온화된 입자를 금속원에 충돌시켜 튀어나온 원자를 기판에 증착하는 방법이다. 금속원과 증착면의 거리는 열증발 진공 증착보다 가깝다. 스퍼터링 증착은 ZnO_2, TiO_2와 같은 산화금속의 증착에 사용되며 반도체, CD나 DVD에 사용된다.

[이온 플레이팅]

물리적 기상 증착법으로 진공용기 내에서 금속을 증발시키고, 모재에 음극을 걸어주어 방전이 발생되면 증발된 원자는 이온화되며, 가스이온과 함께 가속되어 모재에 입사하여 피복시키는 방법이다.

[양극 산화법(아노다이징)]

금속의 표면처리법의 하나로 알루마이트법이라고도 한다. 알루미늄을 수산, 황산, 크롬산 등의 용액에 담가 양극으로 전해하면 양극산화로 인해 알루미늄 표면에 양극 산화피막이 생성된다. 이에 따라 알루미늄 내식성이 향상될 뿐만 아니라 표면경도도 향상된다. 주로 알루미늄에 많이 적용되고 여러 색상의 유기염료를 사용하여 소재 표면에 안정되고 오래가는 착색피막을 형성하는 표면 처리법으로 피막에 다공질 층을 형성하여 매우 단단하게 변하므로 전기절연성, 방식성, 열방사성 등을 얻을 수 있다.

※ 수산법 : 알루미늄 표면에 황금색 경질피막을 형성하는 방법

[열증발 진공 증착]

가장 일반적인 물리적 기상 증착법으로 진공상태에서 높은 열을 금속원에 가해 기화한 다음 상대적으로 낮은 온도의 기판에 박막을 형성하는 것으로, 즉 고체가 승화된 다음 기판에서 고화되는 것으로 쉽게 생각할 수 있다. 생성된 기체입자는 오직 직선운동을 하므로 기판을 놓는 위치가 중요하다. 또한, 처음 가해준 열에너지가 금속기체를 이동시키는 유일한 에너지원이므로 이동 중에 불순물을 만나면 쉽게 그 에너지를 잃어 다른 곳에 증착이 될 수 있으므로 높은 고진공상태를 필요로 한다.

[플라즈마 화학적 증착]

플라즈마의 원리를 이용하는 화학적 기상 증착법으로 부분적인 이온상태를 띄는 플라즈마상태의 이동기체가 증착에 필요한 에너지를 제공한다. 높은 에너지의 플라즈마가 중성상태의 기체분자를 분해하고 분해된 기체분자가 반응하여 박막을 형성한다. 플라즈마를 이용하기 때문에 기판의 온도를 낮게 유지하고, 빠르고 균일한 증착이 가능하고 SiO_2, tetraethyloxysilane(TEOS) 등 다양한 금속 박막을 형성할 수 있다.

※ 파커라이징 : 철강의 부식 방지법의 일종으로 검은 갈색의 인산염피막을 철재 표면에 형성시켜 부식을 방지하는 방법

22   정답 ①

[재결정]

회복온도에서 더 가열하게 되면 내부응력이 제거되고 새로운 결정핵이 결정경계에 나타난다. 그리고, 이 결정이 성장하여 새로운 결정으로 연화된 조직을 형성하는 것을 재결정이라고 한다. 즉, 특정한 온도에서 금속에 새로운 신 결정이 생기고, 그것이 성장하는 현상이다.

풀림 처리 3단계	가공경화된 금속을 가열하면 회복현상이 나타난 후, 새로운 결정립이 생성(재결정)되고 결정립이 성장(결정립 성장)하게 된다. 즉, 회복 → 재결정 → 결정립 성장의 단계를 거치게 된다. ※ 회복 : 가공경화된 금속을 가열하면 할수록 특정 온도 범위에서 내부응력이 완화되는 것을 말하며 재결정온도 이하에서 일어난다.

재결정 온도	1시간 안에 95% 이상의 재결정이 완료되는 온도					
	[여러 금속의 재결정온도(℃)]					
	철(Fe)	니켈(Ni)	금(Au)	은(Ag)	구리(Cu)	알루미늄(Al)
	450	600	200	200	200	180
	텅스텐(W)	백금(Pt)	아연(Zn)	납(Pb)	몰리브덴(Mo)	주석(Sn)
	1,000	450	18	-3	900	-10
재결정 특징	• 재결정온도 이하에서의 소성가공을 냉간가공, 이상에서의 소성가공을 열간가공이라고 한다. • 재결정온도(T_r)은 그 금속의 융점(T_m)에 대하여 약 $(0.3 \sim 0.5)T_m$이다[단, T_r과 T_m은 절대온도이다]. • 재결정은 재료의 연신율 및 연성을 증가시키고 강도를 저하시킨다. • 재결정온도 이상으로 장시간 유지할 경우 결정립이 커진다. • 가공도가 큰 재료는 재결정온도가 낮다. 그 이유는 재결정온도가 낮으면 금방 재결정이 이루어져 새로운 신 결정이 발생하기 때문이다. 결정은 무른 상태(연한 상태)이기 때문에 가공이 용이하다. • 냉간가공에 의한 선택적 방향성(이방성)은 재결정 후에도 유지되며(재결정이 선택적 방향성에 영향을 미치지 못한다), 선택적 방향성을 제거하기 위해서는 재결정온도보다 더 높은 온도에서 가열해야 등방성이 회복된다. • 재결정온도는 순도가 높을수록, 가열시간이 길수록, 조직이 미세할수록, 가공도가 클수록 낮아진다. ※ 이방성은 방향에 따라 재료의 물리적 특성이 달라지는 성질이며, 등방성은 방향이 달라져도 모든 방향에서 물리적 특성이 동일한 성질이다.					

23

정답 ②

㉠ 질화법은 암모니아가스 속에 강을 넣고 가열하여 강의 표면이 질소성분을 함유하도록 하여 경도를 높인다. (○)

㉡ 침탄법은 저탄소강을 침탄제 속에 파묻고 가열하여 재료 표면에 탄소가 함유되도록 한다. (○)

㉢ 질화법을 사용하면 표면은 마텐자이트 조직으로 경화하고, 중심은 저탄소강의 성질이 남아 있어 이중 조직이 된다. (×)
  → 침탄법에 대한 설명이다.

㉣ 질화법의 가열시간은 침탄법보다 짧다. (×)
  → 질화법의 가열시간은 침탄법보다 길다.

㉤ 질화법의 경도와 가열온도는 침탄법보다 높다. (×)
  → 질화법의 경도는 침탄법보다 높지만, 가열온도는 침탄법보다 낮다.

[침탄법]

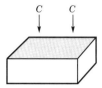

침탄법은 강 표면에 탄소(C)를 침투시켜 강 표면의 탄소함유량을 증가시키는 방법으로, 탄소함유량이 증가할수록 재료의 경도가 증가하여 재료가 단단해진다. 또한, 재료가 단단해지면 마멸에 견딜 수 있는 성질인 내마멸성도 비례적으로 증가한다.

따라서, 강 표면에 탄소를 침투시키는 침탄법을 하게 되면 강 표면의 강도, 경도, 내마멸성 등이 향상된다.

㉠ **침탄법의 적용**

　침탄법은 순철에 탄소가 0.2% 이하로 적게 들어 있는 "저탄소강"에 적용시킨다.

　→ 저탄소강은 탄소가 비교적 적기 때문에 표면이 단단하지 못하고 어느 정도 연할 것이다. 따라서, 저탄소강의 표면을 단단하게 경화시키고 내마멸성을 높이기 위해서 저탄소강의 표면에 탄소를 침투시키는 침탄법을 적용시킨다.

㉡ **침탄 후 담금질**

　오스테나이트상태로 그대로 두면 침투시킨 탄소가 서서히 빠져나갈 수 있기 때문에 물로 빠르게 급랭시키는 담금질 처리를 하여 표면에 침투된 탄소를 모두 강제적으로 가둬 버린다. 즉, 침탄 후 담금질 처리를 하여 표면을 단단한 마텐자이트(M) 조직으로 다시 만든다.

　이 과정을 통해 오스테나이트 조직이 마텐자이트 조직으로 변화되면서 조직 변화가 발생한다. 따라서, 담금질에 의한 부피(용적) 팽창이 발생되면서 재료가 변형된다. 즉, 침탄법은 "변형이 크다"라는 특징이 있다.

[질화법]

질화법은 질소(N)가 함유되어 있는 암모니아(NH_3)가스를 사용하여 강 표면에 질소를 침투시키는 방법이다. 구체적으로 질화법은 질소를 함유하고 있는 암모니아(NH_3)가스 분위기(영역)에서 질화하고자 하는 재료를 넣고 500℃에서 50~100시간을 가열하면 재료 표면에 Al, Cr, Mo 원소와 함께 질소가 확산되면서 매우 단단한 질소화합물(Fe_2N)층이 표면에 형성되어 강 재료의 표면이 단단해지는 표면경화법이다.

위 그림처럼 500℃에서 열분해된 질소는 반응성이 커서 철(Fe)과 쉽게 반응하여 강 표면에 잘 침투된다.

[침탄법과 질화법의 특징 비교]

특성	침탄법	질화법
경도	질화법보다 낮다.	침탄법보다 높다.
수정 여부	침탄 후 수정 가능하다.	수정이 불가하다.
처리시간(가열시간)	짧다.	길다.
열처리	침탄 후 열처리가 필요하다.	질화 후 열처리가 필요하지 않다.
변형	변형이 크다.	변형이 작다.
취성	질화층보다 여리지 않다.	질화층이 여리다.
경화층	질화법에 비해 깊다(2~3mm).	침탄법에 비해 얇다(0.3~0.7mm).
가열온도	질화법보다 높다.	침탄법보다 낮다.
시간과 비용	짧게 걸리고 저렴하다.	오래 걸리고 비싸다(침탄법보다 약 10배).

24

정답 ④

[축의 위험속도(N_c)]

$$N_c = \frac{30}{\pi} \sqrt{\frac{g}{\delta}} \, [\text{rpm}]$$

[여기서, δ : 하중점이 처진량, g : 중력가속도]

축 자체의 고유 진동수와 축의 회선수에 따른 진동수가 같아질 때의 속도를 말한다. 구체적으로 회전축에 발생하는 진동의 주기는 축의 회전수에 따라 변한다. 이 진동수와 축 자체의 고유 진동수가 일치하게 되면 공진을 일으켜 축이 파괴된다. 또한, 안전을 위해 축의 회전속도는 위험속도로부터 ±25% 이상 벗어나야 한다.

※ 축의 위험속도가 도달하게 되면 진폭이 커지게 된다.

풀이

처짐량(δ)이 $\frac{1}{9}$배가 되어 $\frac{1}{9}\delta$가 되면 다음과 같다.

$$N_c{}' = \frac{30}{\pi} \sqrt{\frac{g}{\frac{1}{9}\delta}} \, [\text{rpm}] = \frac{30}{\pi} \sqrt{\frac{9g}{\delta}} = \sqrt{9}\frac{30}{\pi}\sqrt{\frac{g}{\delta}} = 3N_c$$

∴ δ가 $\frac{1}{9}$배가 되면 축의 위험속도가 처음 위험속도의 3배가 되는 것을 알 수 있다.

25

[기어의 각부 명칭]

유효이높이 (물림 이 높이)	이끝높이의 합을 말한다.
이끝높이 (어덴덤, a)	피치원에서 이끝원까지의 거리를 말한다. ※ 표준기어(표준치형)에서는 이끝높이(a)와 모듈(m)이 같다. 즉, $a=m$이다.
이뿌리높이 (디덴덤, d)	피치원에서 이뿌리원까지의 거리를 말한다. ※ 표준기어(표준치형)에서는 이끝틈새가 $c=0.25m$이므로 　　$d=a+c=m+0.25m=1.25m$이다.
총이높이(h)	이끝높이와 이뿌리높이의 합을 말한다. ※ 표준기어(표준치형)라면 총이높이(h)는 이끝높이와 이뿌리높이의 합므로 다음과 같다. 　　$\therefore h=a+d=m+1.25m=2.25m$
피치원	기어가 서로 접촉하고 있는 원이다. ※ 피치원 지름(D) 계산식 : $D=mZ$ [여기서, m : 모듈, Z : 잇수]
원주피치(p)	피치원 주위에서 측정한 2개의 이웃에 대응하는 부분 간의 기어 이이다. 이 값이 클수록 잇수(Z)가 작고, 이는 커지게 된다. ※ 계산식 : $p=\dfrac{\pi D}{Z}=\pi m$
이끝원	이 끝을 지나는 원이다. ※ 이끝원 지름(D_o) $=D+2a=mZ+2m=m(Z+2)$ 　　[표준기어(치형)의 경우는 $a=m$이다.]
이폭	축 단면에서의 이의 길이이다.
이두께	피치상에서 측정한 이의 두께이다. ※ 계산식 : $t=\dfrac{p}{2}=\dfrac{\pi m}{2}$
이뿌리원	이 뿌리를 지나는 원이다.
백래시	한 쌍의 기어가 맞물렸을 때 이의 뒷면에 생기는 간격 및 틈새로 치면놀이, 엽새라고도 한다.
클리어런스	큰 기어의 이뿌리원에서 상대편 기어의 이끝원까지의 거리로 틈새, 간극을 말한다.
중심거리	한 기어의 중심에서 다른 기어의 중심까지의 거리로 축간거리(C)라고도 한다. ※ 계산식 : $C=\dfrac{D_1+D_2}{2}=\dfrac{m(Z_1+Z_2)}{2}$
기초원 지름	※ 기초원 지름(D_g) 계산식 : $D_g=D\cos\alpha=mZ\cos\alpha$ [여기서, D : 피치원 지름, α : 압력각]

PART II 실전 모의고사 정답 및 해설

제1회 실전 모의고사　331

기초원 피치	법선피치(p_g)라고도 불리며 계산식은 다음과 같다. ※ 계산식 : $p_g = \dfrac{\pi D_g}{Z}$ ※ 계산식 : 원주피치$(p) \times \cos \alpha$
직경피치	※ 계산식 : $p_d = \dfrac{25.4}{m}$

풀이

$$D = mZ \rightarrow m = \frac{D}{Z} = \frac{32}{8} = 4\text{mm}$$

$$\therefore \ p = \frac{\pi D}{Z} = \pi m = 3.14 \times 4 = 12.56\text{mm}$$

02 제2회 실전 모의고사

01 ①	02 ④	03 ③	04 ④	05 ③	06 ②	07 ①	08 ⑤	09 ②	10 ④
11 ③	12 ③	13 ①	14 ②	15 ①	16 ②	17 ④	18 ③	19 ⑤	20 ②
21 ③	22 ③	23 ②	24 ②	25 ①					

01

정답 ①

[푸아송비(ν)]

세로변형률에 대한 가로변형률의 비로 최대 0.5의 값을 갖는다.

정의	• 푸아송비$(\nu) = \dfrac{\varepsilon_{가로}}{\varepsilon_{세로}} = \dfrac{1}{m(푸아송수)} \leq 0.5$ ※ 원형 봉에 인장하중이 작용했을 때의 푸아송비(ν)는 다음과 같다. $푸아송비(\nu) = \dfrac{\varepsilon_{가로}}{\varepsilon_{세로}} = \dfrac{\frac{\delta}{d}}{\frac{\lambda}{L}} = \dfrac{L\delta}{d\lambda}$ [여기서, ε : 변형률, L : 원형 봉(재료)의 길이, λ : 길이변형량, d : 원형 봉(재료)의 지름(직경), δ : 지름변형량]

푸아송비 수치	• 푸아송비(ν)는 재료마다 일정한 값을 가진다. **[여러 재료의 푸아송비 수치]**	

[여러 재료의 푸아송비 수치]

코르크	유리	콘크리트	강철(Steel)	알루미늄(Al)
0	0.18~0.3	0.1~0.2	0.28	0.32

구리(Cu)	티타늄(Ti)	금(Au)	고무	납(Pb)
0.33	0.27~0.34	0.42~0.44	0.5	0.43

• 고무는 푸아송비(ν)가 0.5이므로 체적이 변하지 않는 재료이다.

$$\frac{\Delta V}{V} = \varepsilon(1-2\nu) = \varepsilon(1-2\times0.5) = 0 \rightarrow \Delta V = 0$$

단면적변화율 $\left(\dfrac{\Delta A}{A}\right)$	$\dfrac{\Delta A}{A} = 2\nu\varepsilon$ [여기서, ΔA : 단면적변화량, A : 단면적, ν : 푸아송비, ε : 변형률]
체적변화율 $\left(\dfrac{\Delta V}{V}\right)$	$\dfrac{\Delta V}{V} = \varepsilon(1-2\nu)$ [여기서, ΔV : 체적변화량, V : 체적, ν : 푸아송비, ε : 변형률]

풀이

$$\nu = \frac{L\delta}{d\lambda} \rightarrow 0.25 = \frac{250\text{mm} \times 0.2\text{mm}}{100\text{mm} \times \lambda} \rightarrow \lambda = 2\text{mm}, \text{ 즉 길이변형량}(\lambda)\text{이 } 2\text{mm이다.}$$

초기 재료의 길이가 250mm이고, 인장력(잡아당기는 힘)을 가했으므로 길이변형량(λ)은 "2mm"가 늘어날 것이다. 따라서, 늘어난 재료의 최종 길이는 250mm+2mm=252mm가 된다.

02
정답 ④

[열응력]

봉을 가열시킬 때 (온도 상승)	 • 재료가 팽창된다(재료의 길이가 늘어난다). • 양단고정된 부재(봉)에는 압축력(P)이 작용한다. → 양단고정된 부재(봉)가 가열되어 팽창될 때 양쪽이 구속(고정)되어 있기 때문에 부재 내부의 팽창하는 힘에 대한 반력 P가 부재를 압축하는 방향으로 작용하게 된다. 따라서, 부재(재료) 내에는 압축응력이 발생하게 된다.
봉을 냉각시킬 때 (온도 하강)	 • 재료가 수축된다(재료의 길이가 줄어든다). • 양단고정된 부재(봉)에는 인장력이 작용한다. → 가열과는 반대로 양단고정된 부재(봉)가 냉각된다면 봉은 수축하려고 하기 때문에 부재 내부의 압축하는 힘에 대한 반력 P가 양단에서는 인장하는 방향으로 작용하게 된다. 따라서, 부재(재료) 내에는 인장응력이 발생할 것이며, 이러한 온도의 변화에 의해 발생하는 변형이 억제되어 재료 내부에 발생하는 응력이 열응력이다.

※ 일반적으로 온도가 상승하면 봉(부재)은 팽창하고, 온도가 하강하면 봉(부재)은 수축한다.

열응력(σ)	$\sigma = E\alpha\Delta T$ [여기서, E : 재료의 종탄성계수(세로탄성계수, 영률), α : 선팽창계수, ΔT : 온도변화]
열에 의한 변형량(δ)	$\delta = \alpha\Delta TL$ [여기서, α : 선팽창계수, ΔT : 온도변화, L : 부재(재료)의 길이]
열에 의한 변형률(ε)	$\varepsilon = \alpha\Delta T$ [여기서, α : 선팽창계수, ΔT : 온도변화]
열에 의한 힘(P)	$P = E\alpha\Delta TA$ [여기서, E : 재료의 종탄성계수(세로탄성계수, 영률), α : 선팽창계수, ΔT : 온도변화, A : 단면적]

[양단이 고정되지 않은 외팔보상태]

한쪽만 고정되어 있는 경우	 위 그림처럼 한쪽만 고정되고 나머지는 자유단일 경우의 상태에서는 열응력(σ)이 0이다. 즉, 열응력(σ)은 발생하지 않는다. → 온도 변화(ΔT)에 따라 부재가 팽창 및 압축하게 될 것이다. 하지만 한쪽만 고정되고 나머지는 자유단일 경우에는 부재를 저항 및 구속할 수 있는 반력 (P)이 발생하지 않는다. 따라서 열응력(σ)이 발생하지 않는다.

부재의 길이(L)가 양단고정단보다 짧은 경우 [간격(k)이 존재하는 경우]	• 온도가 하강할 때는 부재가 수축하므로 외팔보처럼 한 쪽이 구속받지 않기 때문에 열응력이 발생하지 않는다. 즉, 열응력(σ)이 0이다.
	• 온도가 상승할 때는 부재가 팽창하기 때문에 열에 의한 변형량(δ)이 발생한다.
	  − δ가 k보다 클 때 : 변형량(δ)이 간격(k)보다 크므로 (k)만큼 채우고 난 후부터는 우측 벽에 의해 부재가 구속을 받게 된다. 즉, 변형량(δ)이 간격(k)만큼을 채운 직후부터는 양단고정보와 같은 동일한 원리로 열응력(σ)이 발생한다.
	  ※ δ가 k보다 클 때 부재 내에 발생하는 열응력(δ)은 ($\delta-k$)만큼 생긴다(이때부터 구속받으므로).
	  $\therefore \sigma = \varepsilon E = \left(\dfrac{\delta-k}{L}\right)E$

부재의 길이(L)가 양단고정단보다 짧은 경우 [간격(k)이 존재하는 경우]	• δ가 k보다 작을 때 : 변형량(δ)이 간격(k)보다 작기 때문에 (k)만큼 채우지 못하므로 한쪽만 고정된 상태가 될 것이다. 즉, 외팔보와 같은 원리로 한쪽이 구속을 받지 않아 열응력(σ)이 발생하지 않는다.

풀이

$P = E\alpha\Delta TA$

$$\therefore \alpha = \frac{P}{E\Delta TA} = \frac{88\times10^3\text{N}}{2.0\times10^6\text{N/cm}^2\times40\text{℃}\times10^2\text{cm}^2} = \frac{88}{80\times10^5\text{℃}} = 1.1\times10^{-5}/\text{℃}$$

03

[지름이 d인 원형 기둥의 세장비(λ)]

세장비란 기둥이 얼마나 가는지를 알려주는 척도이다.

• $\lambda = \dfrac{L}{K}$ [여기서, L : 기둥의 길이, K : 회전반경(단면 2차 반지름)]

• $K = \sqrt{\dfrac{I_{\min}}{A}}$

※ 지름이 d인 원형 기둥의 x축에 대한 단면 2차 모멘트와 y축에 대한 단면 2차 모멘트가 각각 $I_x = I_y = \dfrac{\pi d^4}{64}$ 으로 동일하기 때문에 $I_{\min}$에 $\dfrac{\pi d^4}{64}$ 을 대입하면 된다. 단, 직사각형 단면을 가진 기둥의 경우에는 I_x와 I_y가 다르기 때문에 둘 중에 작은 "최소 단면 2차 모멘트"를 $I_{\min}$에 대입해야 한다. 그 이유는 $I_{\min}$이 최소가 되는 축을 기준으로 좌굴이 발생하기 때문이다.

• 원형 기둥이기 때문에 $I_{\min} = \dfrac{\pi d^4}{64}$ 이다. 단면적은 $A = \dfrac{\pi d^2}{4}$ 이다. 이것을 회전반경 공식에 대입하면

$$K = \sqrt{\frac{I_{\min}}{A}} = \frac{\sqrt{\dfrac{\pi d^4}{64}}}{\sqrt{\dfrac{\pi d^2}{4}}} = \sqrt{\frac{d^2}{16}} = \frac{d}{4} \ \text{이 된다.}$$

• 세장비 $\lambda = \dfrac{L}{K}$ 이므로 K에 $\dfrac{d}{4}$를 대입하면 $\lambda = \dfrac{4L}{d}$ 이 된다.

※ 원형 기둥의 세장비를 구하는 공식을 암기하는 것이 <u>시간을 절약</u>할 수 있기 때문에 매우 효율적이다.

$$\lambda_{\text{원형 기둥}} = \frac{4L}{d}$$

※ 유효세장비(좌굴세장비, λ_n) $= \dfrac{\lambda}{\sqrt{n}}$ [여기서, n : 단말계수]

※ 좌굴길이(유효길이, L_n) $= \dfrac{L}{\sqrt{n}}$

04

길이가 L인 단순보의 전길이에 대하여 등분포하중 w가 작용하고 있을 때 중앙점에서 발생하는 최대처짐량 $\delta_{\max} = \dfrac{5wL^4}{384EI}$ 이고, $I = \dfrac{bh^3}{12}$ 이다. [여기서, b : 단면의 폭, h : 단면의 높이]

$$\delta_{\max} = \frac{5wL^4}{384E\left(\dfrac{bh^3}{12}\right)} = \frac{12 \times 5wL^4}{384Ebh^3} = \frac{5wL^4}{32Ebh^3} \ \text{이 된다.}$$

따라서, $\delta_{\max} \propto \dfrac{L^4}{h^3}$ 의 관계가 도출되므로 보의 길이(L)가 2배가 되고, 단면의 높이(h)가 2배로 증가한다면 $\delta_{\max} \propto \dfrac{2^4}{2^3} = 2$배가 된다.

05

정답 ③

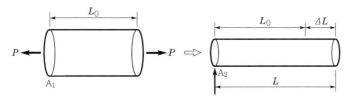

[여기서, L_0 : 재료의 원래 길이, L : 늘어난 후의 길이, ΔL : 늘어난 길이, A_1 : 변형 전 단면적, A_2 : 변형 후 단면적]

공칭변형률은 늘어난 길이를 재료의 처음 길이로 나눈 것으로 정의된다.

$$공칭변형률 = \frac{L - L_0}{L_0} = \frac{\Delta L}{L_0}$$

$0.03 = \dfrac{L - L_O}{L_O} \rightarrow 0.03 L_O = L - L_O \rightarrow 1.03 L_O = L$의 관계가 도출된다.

재료가 인장하중에 의해 늘어나도 재료의 부피(V)는 변하지 않는다. 이를 식으로 표현하면 $V = A_1 L_0 = A_2 L$이 된다.

원형 봉의 부피(V)는 단면적×높이 또는 단면적×길이이다.

$A_1 L_0 = A_2 L$에 $1.03 L_0 = L$를 대입하면, $A_1 L_0 = A_2 (1.03 L_0)$이 된다.

$$\therefore \ \frac{A_1}{A_2} = 1.03$$

06

정답 ②

[원형 관(원관, 파이프)에서의 흐름 종류의 조건]

층류 흐름	$Re < 2,000$
천이구간	$2,000 < Re < 4,000$
난류 흐름	$Re > 4,000$

[관마찰계수(f)]

레이놀즈수(Re)와 관 내면의 조도에 따라 변하며 실험에 의해 정해진다.

흐름이 층류일 때	$f = \dfrac{64}{Re}$ $\left[\text{여기서, } Re = \dfrac{\rho V D}{\mu} = \dfrac{VD}{\nu}, \ \rho : \text{유체의 밀도}, \ \mu : \text{점성계수}, \ V : \text{유속}, \right.$ $\left. D : \text{관의 지름(직경)}, \ \nu : \text{동점성계수}\left(= \dfrac{\mu}{\rho}\right)\right]$
흐름이 난류일 때	$f = \dfrac{0.3164}{\sqrt[4]{Re}}$ Blausius의 실험식으로 $3,000 < Re < 10^5$에 있어야 한다.

원형 관에서 레이놀즈수가 500이므로 층류 흐름이라는 것을 알 수 있으므로 관마찰계수$(f) = \dfrac{64}{Re}$가 된다.

$h_l = f\dfrac{l}{d}\dfrac{V^2}{2g}$을 사용한다. 이때, 관마찰계수가 일정하다는 조건이 없으므로 층류 유동일 때, 관마찰계수(f)를 고려해야 한다. $f = \dfrac{64}{Re} = \dfrac{64}{\dfrac{\rho VD}{\mu}} = \dfrac{64\mu}{\rho VD}$이며, 이를 h_l공식에 대입한다.

$h_l = f\dfrac{l}{d}\dfrac{V^2}{2g} = \left(\dfrac{64\mu}{\rho VD}\right)\dfrac{l}{d}\dfrac{V^2}{2g}$가 되며, 유속$(V)$의 영향만 따져보면 되므로 $h_l \propto V$가 된다.

따라서, 유속(V)이 2배로 증가하면 마찰손실수두(h_l)도 2배로 증가한다.

07

정답 ①

전압력$(F) = \gamma h A$

[여기서, γ : 액체의 비중량, h : 수면에서 수문 또는 평판의 무게중심까지 거리, A : 수문 또는 평판의 단면적]

h는 수면에서 평판의 무게중심(G)까지의 거리이므로 3m+3m=6m이다.

A는 평판의 단면적이므로 평판의 폭(a)×평판의 높이(b)=a×6m 이 된다.

$F = \gamma h(6a)$

$\therefore a = \dfrac{F}{6\gamma h} = \dfrac{1,800 \times 10^3 \text{N}}{6 \times 10,000\text{N/m}^3 \times 6\text{m}} = 5\text{m}$

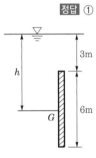

08

정답 ⑤

[표면장력(surface tension, σ)]

• 액체 표면이 스스로 수축하여 되도록 <u>작은 면적(면적을 최소화)</u>을 취하려는 힘의 성질이다.

• <u>응집력이 부착력보다 큰 경우</u>에 표면장력이 발생한다(동일한 분자 사이에 작용하는 잡아당기는 인력이 부착력보다 커야 동글동글하게 원 모양으로 유지된다).

※ 응집력 : <u>동일한 분자 사이에 작용하는 인력</u>

특징	• 자유수면 부근에 막을 형성하는 데 필요한 단위길이당 당기는 힘이다. • 분자 사이에 작용하는 힘에 따라 분자가 서로 접촉하여 응축하려고 하며, 이에 따라 표면적이 작은 원 모양이 되려고 한다. • 주어진 유체의 표면장력(N/m)과 단위면적당 에너지(J/m^2=N·m/m^2=N/m)는 동일한 단위를 갖는다. • 모든 방향으로 같은 크기의 힘이 작용하여 합력은 0이다. • 수은 > 물 > 비눗물 > 에탄올 순으로 표면장력이 크며, 합성세제, 비누 같은 계면활성제는 물에 녹아 물의 표면장력을 감소시킨다. • 표면장력은 온도가 높아지면 낮아진다. • 표면장력이 클수록 분자 간의 인력이 강하므로 증발하는 데 시간이 많이 소요된다. • 표면장력은 물의 냉각효과를 떨어뜨린다. • 물에 함유된 염분은 표면장력을 증가시킨다. • 표면장력의 단위는 N/m이며, 아래는 물방울, 비눗방울의 표면장력공식이다.

특징	물방울	$\sigma = \dfrac{\Delta PD}{4}$
		[여기서, ΔP : 내부초과압력(＝내부압력－외부압력), D : 지름]
	비눗방울	$\sigma = \dfrac{\Delta PD}{8}$
		※ 비눗방울은 얇은 2개의 막을 가지므로 물방울의 표면장력의 0.5배이다.
예		• 소금쟁이가 물에 뜰 수 있는 이유 • 잔잔한 수면 위에 바늘이 뜨는 이유

	SI 단위	CGS 단위
단위	$N/m = J/m^2 = kg/s^2$ $[1J = 1N \cdot m,\ 1N = 1kg \cdot m/s^2]$	$dyne/cm$ $[1dyne = 1g \cdot cm/s^2 = 10^{-5}N]$
	※ 1dyne : 1g의 질량을 $1cm/s^2$의 가속도로 움직이게 하는 힘 ※ 1erg : 1dyne의 힘이 그 힘의 방향으로 물체를 1cm 움직이는 일($1erg = 1dyne \cdot cm = 10^{-7}J$) 　　　← 인천국제공항공사 기출	

풀이

1dyne $= 10^{-5}$N이므로, $70dyne/cm = 70 \times 10^{-5}$N/cm이 된다.

$$\sigma = \frac{\Delta PD}{4} \rightarrow \Delta P = \frac{4\sigma}{D} = \frac{4 \times 70 \times 10^{-5}N/cm}{0.04cm} = \frac{4 \times 70 \times 10^{-5}N/cm}{4 \times 10^{-2}cm} = 70 \times 10^{-3}N/cm^2$$

단, 문제에서 주어진 Pa은 N/m^2이므로 단위를 변환시켜야 한다.

$$\therefore\ \Delta P = 70 \times 10^{-3}N/cm^2 = 70 \times 10^{-3}N/(10^{-2}m)^2 = 70 \times 10^{-3}N/10^{-4}m^2 = 70 \times 10N/m^2 = 700Pa$$

09

정답 ②

달시-바이스바하 방정식 (Darcy-weisbach equation)	일정한 길이의 원관 내에서 유체가 흐를 때 발생하는 마찰로 인한 압력손실 또는 수두손실과 비압축성 유체의 흐름의 평균속도와 관련된 방정식이다. → 직선원관 내에 유체가 흐를 때 관과 유체 사이의 마찰로 인해 발생하는 직접적인 손실을 구할 수 있다. • $h_l = f_D \dfrac{l}{d} \dfrac{V^2}{2g}$ [여기서, h_l : 손실수두, $f_D (= f)$: 달시 관마찰계수(관마찰계수, 마찰손실계수), l : 관의 길이, d : 관의 직경, V : 유속, g : 중력가속도] • $\dfrac{\Delta P}{\gamma} = f_D \dfrac{l}{d} \dfrac{V^2}{2g}$ [단, $\Delta P = \gamma h_l$, ΔP : 압력강하, γ : 비중량] ※ 달시-바이스바하 방정식은 층류와 난류에서 모두 적용이 가능하나, 하겐-푸아죄유 방정식은 층류에서만 적용이 가능하다.

Fanning 마찰계수	Fanning 마찰계수는 난류의 연구에 유용하다. 그리고, 비압축성 유체의 완전 발달흐름이면 층류에서도 적용이 가능하다. ※ 달시 관마찰계수와 Fanning 마찰계수의 관계 : $f_D = 4f_f$ 　　[여기서, f_f : Fanning 마찰계수]

[유량의 종류]

체적유량	$$Q = AV$$ [여기서, Q : 체적유량(m^3/s), A : 유체가 통하는 단면적(m^2), V : 유체 흐름의 속도(유속, m^2/s)]
중량유량	$$G = \gamma AV$$ [여기서, G : 중량유량(N/s), γ : 유체의 비중량(N/m^3), A : 유체가 통하는 단면적(m^2), V : 유체 흐름의 속도(유속, m/s)]
질량유량	$$\dot{m} = \rho AV$$ [여기서, $\dot{m}$: 질량유량(kg/s), ρ : 유체의 밀도(kg/m^3), A : 유체가 통하는 단면적(m^2), V : 유체 흐름의 속도(유속, m/s)]

풀이

$$h_l = f\frac{l}{d}\frac{V^2}{2g} \;\rightarrow\; V^2 = \frac{2gh_ld}{fl} = \frac{2\times10\times5\times0.4}{0.05\times200} = 4 \;\rightarrow\; V = 2\,\mathrm{m/s}$$

$$\therefore\; Q = AV = \frac{1}{4}\pi d^2 V = \frac{1}{4}\pi\times0.4^2\times2 = \frac{1}{4}\pi\times\frac{10}{100}\times2 = \frac{2\pi}{25}\,\mathrm{m^3/s}$$

10

정답 ④

[원형 관(원관, 파이프) 내의 완전 발달 층류유동에서의 속도분포 및 전단응력분포]

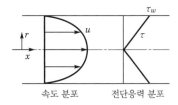

속도 분포　　전단응력 분포

속도분포	• 관벽에서 0이며, 관 중심에서 최대이다. • 관벽에서 관 중심으로 포물선변화를 나타낸다.
전단응력분포	• 관 중심에서 0이며, 관벽에서 최대이다. • 관 중심에서 관벽으로 갈수록 직선적(선형적)인 변화를 나타낸다. ※ 수평원관의 관벽에서의 전단응력$(\tau_{max}) = \dfrac{\Delta Pd}{4l}$ [여기서, ΔP : 압력손실$(= \gamma h_l)$, d : 관의 직경, l : 관의 길이]

[평균속도($V_{평균속도}$)와 최대속도(V_{max})의 관계]

원관(원형 관)	$V_{max} = 2V_{평균속도}$
평판	$V_{max} = 1.5V_{평균속도}$

풀이

$$\tau_{max(관벽)} = \frac{\Delta Pd}{4l} = \frac{\gamma h_l d}{4l} = \frac{9,800\text{N/m}^3 \times 10\text{m} \times 0.3\text{m}}{4 \times 100\text{m}} = 73.5\text{N/m}^2$$

[단, 물의 비중량(γ) = $9,800\text{N/m}^3$]

문제에서 주어진 단위로 변환시켜야 하므로 $\tau_{max(관벽)} = 73.5\left(\frac{1}{9.8}\text{kgf}\right)/\text{m}^2 = 7.5\text{kgf/m}^2$

[단, $1\text{kgf} = 9.8\text{N} \rightarrow 1\text{N} = \frac{1}{9.8}\text{kgf}$]

11

정답 ③

상태	• 평형상태에서 온도, 압력, 체적 또는 비체적과 같은 일정한 특성치에 의해 정해지는 것을 말한다. • 열역학적으로 평형은 열적 평형, 역학적 평형, 화학적 평형 등 3가지가 있다.		
성질	• 각 물질마다 특정한 값을 가지며 상태함수 또는 점함수라고도 한다. • 경로에 관계없이 계의 상태에만 관계되는 양이다(단, 일과 열량은 경로에 의한 경로함수=도정함수=과정함수이다).		
상태량의 종류	강도성 상태량	• 물질의 질량에 관계없이 그 크기가 결정되는 상태량이다(세기의 성질, intensive property라고도 한다). • 압력, 온도, 비체적, 밀도, 비상태량, 표면장력 등	
	종량성 상태량	• 물질의 질량에 따라 그 크기가 결정되는 상태량으로 그 물질의 질량에 정비례관계가 있다(시량 성질, extensive property라고도 한다). • 체적(부피), 내부에너지, 엔탈피, 엔트로피, 질량 등	

※ 점함수는 완전미분(전미분) 또는 편미분이 모두 가능하다. 하지만, 과정함수(경로함수)는 편미분만 가능하다.

※ 비상태량(모든 상태량의 값을 질량으로 나눈 값)은 강도성 상태량으로 취급한다.

※ 기체상수는 열역학적 상태량이 아니다.

※ 열과 일은 에너지로 열역학적 상태량이 아니다.

12

정답 ③

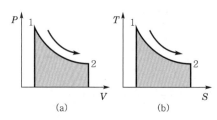

(a)　　　　(b)

㉠ 위 그림은 상태 1 → 상태 2로 변화하는 가역과정의 경로를 표현한 것이다. (a)와 (b)로 표현된 면적이 의미하는 열역학적 성질은 각각 순서대로 열과 일이다. (×)

→ $P-V$ 선도의 면적은 일, $T-S$ 선도의 면적은 열이다.

㉡ 비열비 2, 압력비 4인 브레이턴 사이클의 열효율은 50%이다. (○)

[브레이턴 사이클의 열효율(η_B)]

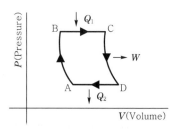

• 온도(T)식 : $\eta_B = \dfrac{W}{Q_1} = \dfrac{Q_1 - Q_2}{Q_1} = 1 - \dfrac{Q_2}{Q_1} = 1 - \dfrac{C_p(T_D - T_A)}{C_p(T_C - T_B)} = 1 - \dfrac{T_D - T_A}{T_C - T_B}$

• 압력비(ρ)와 비열비(k)식

$\eta_B = 1 - \left(\dfrac{1}{\rho}\right)^{\frac{k-1}{k}} = 1 - \left(\dfrac{1}{4}\right)^{\frac{2-1}{2}} = 1 - \left(\dfrac{1}{4}\right)^{\frac{1}{2}} = 1 - \sqrt{\dfrac{1}{4}} = 1 - \dfrac{1}{2} = 0.5 = 50\%$

㉢ 정압비열은 압력이 일정한 정압하에서 완전가스(이상기체) 1kg을 1℃ 올리는 데 필요한 열량이며, 정압비열은 정적비열보다 작다. (×)

→ • 정압비열(C_p) : 압력이 일정한 정압하에서 완전가스(이상기체) 1kg을 1℃ 올리는 데 필요한 열량

　• 정적비열(C_v) : 부피(체적)이 일정한 정적하에서 완전가스(이상기체) 1kg을 1℃ 올리는 데 필요한 열량이다.

※ 비열비(k)는 정적비열(C_v)에 대한 정압비열(C_p)의 비$\left(k = \dfrac{C_p}{C_v}\right)$로 C_p가 C_v보다 항상 크므로 비열비는 항상 1보다 크다. 다만, 비압축성 물질(고체 및 액체)은 C_p와 C_v의 값이 거의 비슷하여 비열비가 1에 가깝다(단, 비열비는 항상 1보다 크다).

㉣ 정압비열과 정적비열이 주어져 있다면, 기체상수를 구할 수 있다. (○)

→ $k = \dfrac{C_p}{C_v}$, $R = C_p - C_v$

[여기서, k : 비열비, C_p : 정압비열, C_v : 정적비열, R : 기체상수]

ⓐ 비열의 단위는 kJ/kg · K 또는 kcal/kg · K이다. (○)
→ 비열은 어떤 물질 1g 또는 1kg을 1℃ 올리는 데 필요한 열량이다.

13

정답 ①

[금속의 성징]

㉠ **열전도율 및 전기전도율**
- 열 또는 전기가 얼마나 잘 흐르는가를 의미한다.
- 열전도율 및 전기전도율이 큰 순서(공기업 다수 기출) : Ag>Cu>Au>Al>Mg>Zn>Ni>Fe>Pb >Sb
- 전기전도율이 클수록 고유 저항은 낮아진다.

㉡ **선팽창계수**
- 온도가 1℃ 변할 때 단위길이당 늘어난 재료의 길이
- 선팽창계수가 큰 순서(공기업 다수 기출) : Pb>Zn>Mg>Al>Cu>Fe>Cr>Mo

㉢ **연성**
- 가래떡처럼 길게 잘 늘어나는 성질이다.
- 연성이 큰 순서 : Au>Ag>Al>Cu>Pt>Pb>Zn>Fe>Ni

㉣ **전성**(=가단성)
- 얇고 넓게 잘 퍼지는 성질이다.
- 전성이 큰 순서 : Au>Ag>Pt>Al>Fe>Ni>Cu>Zn

14

정답 ②

[냉간가공과 열간가공의 비교]

구분	냉간가공	열간가공
가공온도	재결정온도 이하에서 가공한다(비교적 낮은 온도).	재결정 온도 이상에서 가공한다(비교적 높은 온도).
표면거칠기, 치수정밀도	우수하다(깨끗한 표면).	냉간가공에 비해 거칠다(높은 온도에서 가공하기 때문에 표면이 산화되어 정밀한 가공은 불가능하다).
균일성(표면의 치수정밀도 및 요철의 정도)	크다.	작다.
동력	많이 든다.	적게 든다.
가공경화	가공경화가 발생하여 가공품의 강도 및 경도가 증가한다.	가공경화가 발생하지 않는다.
변형응력	높다.	낮다.
용도	연강, 구리, 합금, 스테인리스강(STS) 등의 가공	압연, 단조, 압출가공 등
성질의 변화	인장강도, 경도, 항복점, 탄성한계는 증가하고, 연신율, 단면수축율, 인성은 감소한다.	연신율, 단면수축률, 인성은 증가하고, 인장강도, 경도, 항복점, 탄성한계는 감소한다.

구분	냉간가공	열간가공
조직	미세화	초기에 미세화효과 → 조대화
마찰계수	작다.	크다(표면이 산화되어 거칠어지므로).
생산력	대량생산에는 부적합하다.	대량생산에 적합하다.

※ 열간가공은 재결정온도 이상에서 가공하는 것으로 금속재료의 재결정이 이루어진다. 재결정이 이루어지면 새로운 결정핵이 생기고, 이 결정이 성장하여 연화(물렁물렁)된 조직을 형성하기 때문에 금속재료의 변형이 매우 용이한 상태(단면감소율을 크게 할 수 있다)가 된다. 따라서, 가공하기 쉽고, 이에 따라 가공시간이 짧아진다. 즉, 열간가공은 대량생산에 적합하다.

※ 열간가공은 높은 온도에서 가공한다. 따라서, 제품이 대기 중의 산소와 높은 온도에서 반응하여 제품의 표면이 산화되기 쉬워 표면이 거칠어질 수 있다. 즉, 열간가공은 냉간가공에 비해 치수정밀도와 표면상태가 불량하며 균일성(치수정밀도 등)이 적다.

※ 열간가공은 재결정온도 이상에서 가공하기 때문에 금속 내부에 재결정이 이루어진다. 이로 인해 초기에는 작은 새로운 결정들이 생기게 된다. 따라서, 초기에는 미세화효과가 일어나며 장시간 재결정온도 이상에서 유지하면 결정 또는 결정립이 고온에서의 열에너지를 받아 점점 성장하는 조대화현상이 일어나게 된다.

※ 재결정은 내부응력이 없는 새로운 연화된 조직 또는 결정핵이므로 재결정온도 이상에서 가공한다는 것은 내부응력(변형에 대한 저항세기)이 많이 감소된 상태, 즉 재질의 균일화가 이루어진 상태라고 볼 수 있다.

15

정답 ①

순철[pure iron]
탄소(C)함유량이 0.02% 이하인 순도가 높은 철(불순물이 거의 없다)을 말한다.

종류	공업용 순철에는 전해철, 암코철, 카보닐철 등이 있다.	
용도	전기재료, 변압기 및 발전기 철심, 발전기용 박철판 등에 많이 사용된다.	
기계적 성질 수치	순철의 인장강도	$18 \sim 25 \mathrm{kgf/mm^2}$
	브리넬 경도값(HB)	$60 \sim 70 \mathrm{kgf/mm^2}$
물리적 성질 수치	비중	7.87(중금속)
	용융점	1,538℃

특징	• 유동성, 항복점, 인장강도가 작다.
	[암기법 : 유항인(연예인 "유아인"을 생각하며 유아인의 키가 작다)]
	※ 인장강도 : 당기는 하중에 대한 저항력의 세기
	• 열처리성이 불량하다.
	일반적으로 탄소(C) 함유량이 많아야 금속원자의 배열 공간에 탄소(C)가 침투하여 공간을 채움으로써 강도 및 경도를 높인다. 즉, 탄소가 많아야 기본적으로 강도 및 경도가 커서 단단하다. 하지만 순철은 탄소가 매우 적어 열처리를 해봤자 단단해지기 어렵다.
	• 연신율, 단면수축률, 충격값, 인성이 크다.
	   – 충격값, 충격치 : 충격에 대한 저항성질
	   – 인성이 높을수록 재료의 파괴 및 파손이 방지된다.
	   – 인성은 재료의 "강도와 연성이 조합"된 특징이다.
	• 전연성(전성＋연성)이 우수하다.
	• 전기전도도 및 열전도도가 우수하다.
	• 강도가 낮아 기계구조용 재료로 적합하지 않다.
	• 용접성과 단접성이 우수하다. 탄소함유량이 많은 주철의 경우는 용접이 곤란하다.
	• 항자력이 낮고 투자율이 높아 전기재료, 변압기, 발전기 등의 철심 등으로 사용된다.
	
	• 순철은 염수, 화학약품 등에 내식성이 약하며, 산에는 부식성이 크나 알칼리에는 작다.
	• α고용체(페라이트조직)이다.
	※ 페라이트 : α고용체라고 하며 외관은 순철과 같으나, 고용된 원소의 이름을 붙여 실리콘 페라이트 또는 규소철이라고 한다.

16

정답 ②

[구상흑연주철]
구상흑연주철은 회주철 용탕에 Mg, Ca, Ce 등을 첨가하고 Fe-Si, Ca-Si 등으로 접종하여 응고과정에서 흑연을 구상으로 정출시켜 만든다.

▶ **흑연을 구상화시키는 방법** : 선철을 용해시킨 후에 마그네슘(Mg), Ca(칼슘), Ce(세륨)을 첨가한다. 흑연이 구상화되면 보통주철에 비해 인성과 연성이 우수해지며 강도도 좋아진다.

※ **특징**
 • 인장강도가 가장 크며 기계적 성질이 매우 우수하다.
 • 덕타일주철(미국), 노듈러주철(일본)이라고도 한다.

※ **구상흑연주철의 조직** : 시멘타이트, 펄라이트, 페라이트
 [암기법 : (시)(펄) (페)버릴라!]

※ **페이딩현상** : 구상화 후에 용탕상태로 방치하면 흑연을 구상화시켰던 효과가 점점 사라져 결국 보통주철로 다시 돌아가는 현상

17

[비중]

물질의 고유 특성(물리적 성질)으로 경금속(가벼운 금속)과 중금속(무거운 금속)을 나누는 기준이 되는 무차원수이다.

비중 계산식	$물질의 \ 비중(S) = \dfrac{어떤 \ 물질의 \ 밀도(\rho) \ 또는 \ 어떤 \ 물질의 \ 비중량(\gamma)}{4℃에서의 \ 물의 \ 밀도(\rho_{H_2O}) \ 또는 \ 물의 \ 비중량(\gamma_{H_2O})}$			

경금속과 중금속

경금속

가벼운 금속으로 비중이 4.5보다 작은 것을 말한다.

금속	비중	금속	비중
리튬(Li)	0.53	베릴륨(Be)	1.85
나트륨(Na)	0.97	알루미늄(Al)	2.7
마그네슘(Mg)	1.74	티타늄(Ti)	4.4~4.506

※ 티타늄(Ti)은 재질에 따라 비중이 다르며, 그 범위는 4.4~4.506이다. 일반적으로 티타늄의 비중은 4.5로 경금속과 중금속의 경계에 있지만 경금속에 포함된다.
※ 나트륨(Na)은 소듐과 같은 말이다.

중금속

무거운 금속으로 비중이 4.5보다 큰 것을 말한다.

금속	비중	금속	비중
수석(Sn)	5.8~7.2	몰리브덴(Mo)	10.2
바나듐(V)	6.1	은(Ag)	10.5
크롬(Cr)	7.2	납(Pb)	11.3
아연(Zn)	7.14	텅스텐(W)	19
망간(Mn)	7.4	금(Au)	19.3
철(Fe)	7.87	백금(Pt)	21
니켈(Ni)	8.9	이리듐(Ir)	22.41
구리(Cu) = 비자성체	8.96	오스뮴(Os)	22.56

※ 이리듐(Ir)은 운석에 가장 많이 포함된 원소이다.

※ 황동은 구리(Cu)와 아연(Zn)의 합금이고, 청동은 구리(Cu)와 주석(Sn)의 합금이다.
※ 양은(양백, 백동, 니켈황동) : 7.3황동에 니켈(Ni)을 10~20% 첨가한 것으로, 색깔이 은(Ag)과 비슷하다. 식기, 악기, 은그릇 대용, 장식용, 온도조절 바이메탈 등으로 사용된다.
※ 델타메탈(철황동) : 6.4황동에 철(Fe) 1~2%를 함유한 합금으로 내해수성이 강한 고강도 황동이다. 강도가 크고 내식성이 좋아 선박용 기계, 광산기계, 화학기계 등에 사용된다.
※ 7.3황동(카트리지동) : 구리(Cu) 70%, 아연(Zn) 30% 합금의 알파 황동으로 가공용 황동의 대표로 연신율이 최대인 황동이다. 전구의 소켓, 탄피의 재료로 사용되거나 냉간가공성이 좋아 압연가공재료로 사용된다.

18

정답 ③

[담금질 후 급랭하는 이유]

철(Fe)을 동소변태시켜 탄소(C)가 많이 들어갈 수 있는, 즉 탄소가 많이 고용될 수 있어 탄소가 많이 들어가 있는 오스테나이트 조직상태를 만들고 이 상태에서 빠르게 급랭하면 탄소가 빠져나가 페라이트로 변태할 시간이 없이 바로 탄소가 많이 들어간 고용된 상태로 굳어버리게 된다.

이처럼 탄소를 급랭에 의해 강제적으로 고용시킨 조직인 마텐자이트 조직(M)이 만들어지기 때문에 강도 및 경도가 증가하게 되는 것이다.

→ 이처럼 급랭에 의해 탄소가 빠져나가는 확산이 일어나지 않아 <u>무확산변태</u>라고 하며 <u>무확산변태로 만들어진 조직을 마텐자이트 조직</u>이라 한다.

→ 마텐자이트 조직이 경도가 높은 이유는 철원자구조 사이에 탄소원자가 많이 고용되어 있어 이 탄소가 철원자 결정층의 슬립을 방해하기 때문이다. 따라서, 혼합 고용된 탄소의 양이 많을수록 단단해지게 된다. 만약, 천천히 서서히 냉각(서냉)시키면 탄소가 천천히 빠져나가게 된다.

19

정답 ⑤

[큐폴라]

주로 주철을 용해하는 데 사용되며 투입구에서 금속, 코크스, 용제 등을 투입한다.

• 구조 : 내부는 내화벽돌로 라이닝되어 있고, 외벽은 강재로 구성되어 있는 직립형 노이다.

• 크기 : 1시간에 용해할 수 있는 쇳물의 무게(ton)로 표시한다.

20

정답 ②

① **스프링** : 탄성성질을 이용하여 주로 충격을 완화하는 장치에 사용되는 기계요소이다.

② **브레이크** : 기계운동 부분의 에너지를 흡수하여 그 운동을 정지시키거나 운동속도를 조절하여 위험을 방지하는 기계요소이다.

③ **로프** : 상당히 긴 거리 사이의 동력 전달이 가능한 간접전동장치이다.

④ **베어링** : 회전하는 축을 일정한 위치에서 지지하여 자유롭게 움직이게 하고 축의 회전을 원활하게 하는 축용 기계요소이다.

⑤ **플라이휠(관성차)** : 제동 및 완충용 기계요소에 속하는 장치로 다음과 같은 역할을 한다.
  • 에너지를 비축 및 저장한다.
  • 큰 관성모멘트를 얻어 구동력을 일정하게 유지한다.

관련 이론

[기계요소의 종류]

결합용 기계요소	나사, 볼트, 너트, 키, 핀, 리벳, 코터
축용 기계요소	축, 축이음, 베어링
직접 전동(동력 전달)용 기계요소	마찰차, 기어, 캠
간접 전동(동력 전달)용 기계요소	벨트, 체인, 로프

제동 및 완충용 기계요소	브레이크, 스프링, 관성차(플라이휠)
관용 기계요소	관, 밸브, 관이음쇠

참고 ┄┄

축용 기계요소는 동력 전달용(전동용) 기계요소에 포함될 수 있다. 축은 기본적으로 넓은 의미에서 동력을 전달하는 막대 모양의 기계부품이기 때문이다.

21

정답 ③

[주물사]

주형을 만들기 위해 사용하는 모래로, 원료사에 점결제 및 보조제 등을 배합하여 주형을 만들 때 사용한다. 주물사의 구비조건은 다음과 같다.

- 적당한 강도를 가지며 통기성이 좋아야 한다.
- 주물 표면에서 이탈이 용이해야 한다.
- 적당한 입도를 가져야 한다.
- 열전도성이 불량하여 보온성이 있어야 한다.
- 쉽게 노화되지 않아야 한다.
- 복용성(값이 싸고 반복하여 여러 번 사용할 수 있음)이 있어야 한다.
- 내화성이 크고 화학반응을 일으키지 않아야 한다.
- 내열성 및 신축성이 있어야 한다.

22

정답 ③

[방전가공(EDM, Electric Discharge Machining)]

절연액 속에서 음극과 양극 사이의 거리를 접근시킬 때 발생하는 스파크 방전을 이용하여 공작물(일감)을 가공하는 방법이다.

방전가공은 공작물(일감, 가공물)의 경도, 강도, 인성에 아무런 관계없이 가공이 가능하다. 방전가공은 기계적 에너지를 사용하여 절삭력을 얻어 가공하는 공구절삭가공방법이 아니라, 공구를 사용하지 않기 때문에 아크로 인한 기화폭발로 금속의 미소량을 깎아내는 특수절삭가공법으로, 소재제거율에 영향을 미치는 요인은 주파수와 아크방전에너지이다.

◎ **방전가공의 특징**

- 스파크 방전에 의한 침식을 이용한다.
- 전도체이면 재료의 경도나 인성에 관계없이 어떤 재료도 가공할 수 있다.
  → 아크릴은 전기가 통하지 않는 부도체이므로 가공할 수 없다.
- 전류밀도가 클수록 소재제거율은 커지나, 표면거칠기는 나빠진다.
- 콘덴서의 용량이 적으면 가공시간은 느리지만, 가공면과 치수정밀도가 좋다.
- 절연액은 냉각제의 역할을 할 수도 있다.
- 공구 전극의 재료로 흑연, 황동 등이 사용된다.
- 공작물을 가공 시 전극이 소모된다.
- 공구 전극으로 와이어형태를 사용할 수 있다(와이어컷 방전가공).

◎ 방전가공 전극재료의 조건
- 기계가공이 쉬우며 열전도도 및 전기전도도가 높을 것
- 방전 시 가공전극의 소모가 적어야 하며 내열성이 우수할 것
- 공작물보다 경도가 낮으며 융점이 높을 것
- 가공정밀도와 가공속도가 클 것

23

정답 ②

직접 측정 (절대 측정)	일정한 길이나 각도가 표시되어 있는 측정기구를 사용하여 직접 눈금을 읽는 측정이다. 보통 소량이며 종류가 많은 품목(다품종 소량 측정)에 적합한 측정이다. ※ 직접 측정의 종류 : 버니어캘리퍼스(노기스), 마이크로미터, 하이트게이지	
	장점	• 측정범위가 넓고 측정치를 직접 읽을 수 있다. • 다품종 소량 측정에 유리하다.
	단점	• 판독자에 따라 치수가 다를 수 있다(측정오차). • 측정시간이 길며 측정기가 정밀할 때는 숙련과 경험을 요한다.
비교 측정	기준이 되는 일정한 치수와 측정물의 치수를 비교하여 그 측정치의 차이를 읽는 방법이다. ※ 비교 측정의 종류 : 다이얼게이지, 미니미터, 옵티미터, 전기마이크로미터, 공기마이크로미터 등	
	장점	• 비교적 정밀 측정이 가능하다. • 특별한 계산 없이 측정치를 읽을 수 있다. • 길이, 각종 모양의 공작기계의 정밀도검사 등 사용범위가 넓다. • 먼 곳에서 측정이 가능하며 자동화에 도움을 줄 수 있다. • 범위를 전기량으로 바꾸어 측정이 가능하다.
	단점	• 측정범위가 좁다. • 피측정물의 치수를 직접 읽을 수 없다. • 기준이 되는 표준게이지(게이지블록)가 필요하다.
간접 측정	측정물의 측정치를 직접 읽을 수 없는 경우에 측정량과 일정한 관계에 있는 개개의 양을 측정하여 그 측정값으로부터 계산에 의하여 측정하는 방법이다. 즉, 측정물의 형태나 모양이 나사나 기어 등과 같이 기하학적으로 간단하지 않을 경우에 측정부의 치수를 수학적이나 기하학적인 관계에 의해 얻는 방법이다. ※ 간접 측정의 종류 : 사인바를 이용한 부품의 각도 측정, 삼침법을 이용하여 나사의 유효지름 측정, 지름을 측정하여 원주길이를 환산하는 것 등	

24

정답 ②

[마찰용접]
선반과 비슷한 구조로 용접할 두 표면을 회전하여 접촉시킴으로써 발생하는 마찰열을 이용하여 접합하는 용접방법으로 마찰교반용접 및 공구마찰용접이라고 한다. 즉, 금속의 상대운동에 의한 열로 접합을 하는 용접이며 열영향부(HAZ, Heat Affected Zone)를 가장 좁게 할 수 있는 특징을 가지고 있다.

제2회 실전 모의고사 **349**

PART II 실전 모의고사 정답 및 해설

※ 열영향부(HAZ, Heat Affected Zone) : 용융점 이하의 온도이지만 금속의 미세조직변화가 일어나는 부분으로 "변질부"라고도 한다.

관련 이론

[자주 출제되는 주요 용접별 특징]

마찰용접	열영향부(HAZ, Heat Affected Zone)를 가장 좁게 할 수 있다.
전자빔용접	열변형을 매우 작게 할 수 있다.
서브머지드아크용접	자동금속아크용접, 잠호용접, 유니언멜트용접, 링컨용접, 불가시아크용접, 케네디용접과 같은 말이며 열손실이 가장 작다.

25
정답 ①

[스프링의 서징(surging)현상]
코일스프링에 작용하는 진동수가 코일스프링의 고유 진동수와 같아질 때, 고진동영역에서 스프링 자체의 고유 진동이 유발되어 고주파 탄성진동을 일으키는 현상이다.

03 제3회 실전 모의고사

01	⑤	02	④	03	⑤	04	②	05	③	06	②	07	③	08	①	09	③	10	①
11	④	12	⑤	13	③	14	③	15	③	16	④	17	③	18	②	19	②	20	⑤
21	④	22	⑤	23	④	24	②	25	④	26	④	27	③	28	③	29	④	30	①

01

정답 ⑤

길이가 L인 단순보의 중앙에 집중하중 P가 작용할 때, 중앙점에서 발생하는 최대처짐량$(\delta_{\max}) = \dfrac{PL^3}{48EI}$ 이다.

$I = \dfrac{\pi d^4}{64}$ 이므로 $\delta_{\max} = \dfrac{PL^3}{48E\left(\dfrac{\pi d^4}{64}\right)} = \dfrac{64PL^3}{48E\pi d^4}$ 이 된다.

[여기서, d : 보 단면의 지름]
따라서, 최대처짐량$(\delta_{\max})$은
- 보 단면 지름(d)의 네제곱에 반비례한다.
- 작용하는 하중(P)에 비례한다.
- 종탄성계수(E)에 반비례한다.
- 단면 2차 모멘트(I)에 반비례한다.
- 보의 길이(L)의 세제곱에 비례한다.

02

정답 ④

[비틀림모멘트(T)에 의해 봉에 발생하는 전단응력(τ)]

속이 꽉 찬 봉 (중실축)	$T = \tau Z_P = \tau\left(\dfrac{\pi d^3}{16}\right)$ [여기서, Z_P : 중실축의 극단면계수$\left(=\dfrac{\pi d^3}{16}\right)$]
속이 빈 봉 (중공축)	$T = \tau Z_P = \tau\left[\dfrac{\pi(d_2^4 - d_1^4)}{16 d_2}\right]$ [여기서, Z_P : 중공축의 극단면계수$\left(=\dfrac{\pi(d_2^4 - d_1^4)}{16 d_2}\right)$, d_2 : 중공축의 바깥지름, d_1 : 중공축의 안지름]

※ 비틀림응력은 전단응력의 일종이다.

PART II 실전 모의고사 정답 및 해설

풀이

㉠ 중공축(1)일 때

$$T = \tau_1 Z_P = \tau_1 \left[\frac{\pi(d_2^4 - d_1^4)}{16 d_2} \right]$$

$$= \tau_1 \frac{\dfrac{\pi(d_2^4 - d_1^4)}{d_2^4}}{\dfrac{16 d_2}{d_2^4}} = \tau_1 \frac{\pi\left(1 - \dfrac{d_1^4}{d_2^4}\right)}{16 d_2^{-3}} = \tau_1 \frac{\pi d_2^3 \left[1 - \left(\dfrac{d_1}{d_2}\right)^4\right]}{16} = \tau_1 \frac{\pi d_2^3 (1 - x^4)}{16}$$

$$\therefore \tau_1 = \frac{16 T}{\pi d_2^3 (1 - x^4)}$$

㉡ 중실축(2)일 때

$$T = \tau_2 Z_P = \tau_2 \left(\frac{\pi d^3}{16} \right)$$

$$\therefore \tau_2 = \frac{16 T}{\pi d^3}$$

㉢ 동일한 비틀림모멘트(T)에 대해서 동일한 비틀림응력(τ)이 발생하므로 "$\tau_1 = \tau_2$"의 관계식을 갖는다. 따라서, $\dfrac{16 T}{\pi d_2^3 (1 - x^4)} = \dfrac{16 T}{\pi d^3}$

$$\frac{1}{d_2^3(1 - x^4)} = \frac{1}{d^3} \;\rightarrow\; d_2^3(1 - x^4) = d^3 \;\rightarrow\; \frac{d_2^3}{d^3} = \frac{1}{1 - x^4}$$

$$\rightarrow \left(\frac{d_2}{d} \right)^3 = \frac{1}{1 - x^4} \text{ 이 된다.}$$

$$\therefore \frac{d_2}{d} = \sqrt[3]{\frac{1}{1 - x^4}} = \frac{1}{\sqrt[3]{1 - x^4}}$$

03

정답 ⑤

[세장비(λ)]

기둥이 얼마나 가는지를 알려주는 척도이다.

• $\lambda = \dfrac{L}{K}$

 [여기서, L : 기둥의 길이, K : 회전반경(단면 2차 반지름)]

• $K = \sqrt{\dfrac{I_{\min}}{A}}$

※ 원형 단면의 경우, x축에 대한 단면 2차 모멘트와 y축에 대한 단면 2차 모멘트가 각각 $I_x = I_y$으로 동일하기 때문에 $I_{\min}$에 $I_x = I_y$을 대입하면 된다. 단, 직사각형 단면을 가진 기둥의 경우에는 I_x와 I_y가 다르기 때문에 둘 중에 작은 "최소 단면 2차 모멘트"를 $I_{\min}$에 대입해야 한다. 그 이유는 $I_{\min}$이 최소가 되는 축을 기준으로 좌굴이 발생하기 때문이다.

풀이

㉠ $I_{\min} = I_x = I_y = \dfrac{\pi}{64}(d_2^4 - d_1^4)$

[여기서, d_1 : 안지름, d_2 : 바깥지름]

㉡ 단면적 $A = \dfrac{1}{4}\pi(d_2^2 - d_1^2)$이다.

㉢ $K = \sqrt{\dfrac{I_{\min}}{A}} = \sqrt{\dfrac{\dfrac{\pi}{64}(d_2^4 - d_1^4)}{\dfrac{\pi}{4}(d_2^2 - d_1^2)}} = \sqrt{\dfrac{\dfrac{\pi}{64}(d_2^2 + d_1^2)(d_2^2 - d_1^2)}{\dfrac{\pi}{4}(d_2^2 - d_1^2)}} = \sqrt{\dfrac{d_2^2 + d_1^2}{16}}$

$\therefore \lambda = \dfrac{L}{K} = \dfrac{L}{\sqrt{\dfrac{d_2^2 + d_1^2}{16}}} = \dfrac{4L}{\sqrt{d_2^2 + d_1^2}}$

04   정답 ②

[지름이 d인 원형 단면의 도심에 관한 단면 성질]

단면 2차 모멘트 (관성모멘트)	극관성모멘트 (극단면 2차 모멘트)	단면계수	극단면계수
$I_x = I_y = \dfrac{\pi d^4}{64}$	$I_P = I_x + I_y = \dfrac{\pi d^4}{32}$	$Z = \dfrac{\pi d^3}{32}$	$Z_P = \dfrac{\pi d^3}{16}$

풀이

㉠ 극관성모멘트$(I_P) = I_x + I_y = \dfrac{\pi d^4}{32}$ 이다. 길이의 차원의 네제곱이므로 단위는 m^4, cm^4, mm^4 등이다.

㉡ 극단면계수$(Z_P) = \dfrac{\pi d^3}{16}$ 이다. 길이의 차원의 세제곱이므로 단위는 m^3, cm^3, mm^3 등이다.

05   정답 ③

- 정정보 : 외팔보(캔틸레버보), 단순보(양단지지보, 받침보), 돌출보(내민보, 내다지보), 게르버보
- 부정정보 : 양단고정보, 일단고정 타단지지보(고정지지보), 연속보

06   정답 ②

[지름이 d인 원형 기둥의 세장비(λ)]

세장비란 기둥이 얼마나 가는지를 알려주는 척도이다.

- $\lambda = \dfrac{L}{K}$

[여기서, L : 기둥의 길이, K : 회전반경(단면 2차 반지름)]

- $K = \sqrt{\dfrac{I_{\min}}{A}}$

※ 지름이 d인 원형 기둥의 x축에 대한 단면 2차 모멘트와 y축에 대한 단면 2차 모멘트가 각각 $I_x = I_y = \dfrac{\pi d^4}{64}$ 으로 동일하기 때문에 $I_{\min}$에 $\dfrac{\pi d^4}{64}$을 대입하면 된다. 단, 직사각형 단면을 가진 기둥의 경우에는 I_x와 I_y가 다르기 때문에 둘 중에 작은 "최소 단면 2차 모멘트"를 $I_{\min}$에 대입해야 한다. 그 이유는 $I_{\min}$이 최소가 되는 축을 기준으로 좌굴이 발생하기 때문이다.

• 원형 기둥이기 때문에 $I_{\min} = \dfrac{\pi d^4}{64}$이고, 단면적은 $A = \dfrac{\pi d^2}{4}$이다. 이것을 회전반경(회전반지름) 공식에 대입하면 $K = \sqrt{\dfrac{I_{\min}}{A}} = \dfrac{\sqrt{\dfrac{\pi d^4}{64}}}{\sqrt{\dfrac{\pi d^2}{4}}} = \sqrt{\dfrac{d^2}{16}} = \dfrac{d}{4}$이 된다.

• 세장비 $\lambda = \dfrac{L}{K}$이므로 K에 $\dfrac{d}{4}$를 대입하면 $\lambda = \dfrac{4L}{d}$이 된다.

※ 원형 기둥의 세장비를 구하는 공식을 암기하는 것이 <u>시간을 절약</u>할 수 있기 때문에 매우 효율적이다.

$$\lambda_{\text{원형 기둥}} = \dfrac{4L}{d}$$

※ 유효세장비(좌굴세장비, λ_n) $= \dfrac{\lambda}{\sqrt{n}}$

　[여기서, n : 단말계수]

※ 좌굴길이(유효길이, L_n) $= \dfrac{L}{\sqrt{n}}$

풀이

$$K = \dfrac{d}{4} = \dfrac{48}{4} = 12\text{cm}$$

07

정답 ③

[증기압축식 냉동 사이클(냉동기)의 기본 구성요소]

압축기	증발기에서 흡수된 저온·저압의 냉매가스를 압축하여 압력을 상승시켜 분자 간 거리를 가깝게 함으로써 온도를 상승시킨다. 따라서, 상온에서도 응축액화가 가능해진다. <u>압축기 출구</u>를 빠져나온 냉매의 상태는 "고온·고압의 냉매가스"이다.
응축기	압축기에서 토출된 냉매가스를 상온에서 물이나 공기를 사용하여 열을 방출함으로써 응축(액화)시킨다. <u>응축기 출구</u>를 빠져나온 냉매의 상태는 "고온·고압의 냉매액"이다.
팽창밸브	고온·고압의 냉매액을 교축시켜 저온·저압의 상태로 만들어 증발하기 용이한 상태로 만든다. 또한, 증발기의 부하에 따라 냉매공급량을 적절하게 유지해준다. <u>팽창밸브 출구를 빠져나온 냉매의 상태</u>는 "저온·저압의 냉매액"이다.
증발기	저온·저압의 냉매액이 피냉각물체로부터 열을 빼앗아 저온·저압의 냉매가스로 증발된다. 냉매는 열교환을 통해 열을 흡수하여 자신은 증발하고, 피냉각물체는 열을 잃어 냉각된다. 즉, 실질적으로 냉동의 목적이 달성되는 곳은 증발기이다. <u>증발기 출구를 빠져나온 냉매의 상태는 "저온·저압의 냉매가스"</u>이다.

[증기압축식 냉동 사이클(냉동기)에서 냉매가 순환하는 경로]

• 압축기 → 응축기 → 팽창밸브(팽창장치) → 증발기
  [암기법 : "압응팽증"이 반복되며 사이클을 이룬다.]
• 증발기 → 압축기 → 응축기 → 수액기 → 팽창밸브(팽창장치)
  [암기법 : "증압응수팽"이 반복되며 사이클을 이룬다.]

[냉동기의 부속장치]

유분리기	압축기의 냉매압축과정에서 냉매 중에 섞인 윤활유를 분리하기 위한 장치로 압축기와 응축기 사이에 설치한다. 즉, 압축기의 출구 측에 설치한다.

액분리기	증발기에서 증발하지 않은 액체냉매를 분리하여 증발기 입구로 되돌려 보낸다.
	※ 액백(리퀴드백)현상 : 냉동 사이클의 증발기에서는 냉매액이 피냉각물체로부터 열을 빼앗아 자신은 모두 증발되고 피냉각물체를 냉각시킨다. 하지만, 실제에서는 모든 냉매액이 100%로 증발되지 않고, 약간의 액이 혼합된 상태로 압축기로 들어가게 된다. 액체는 압축이 잘 되지 않기 때문에 압축기의 피스톤이 냉매(액이 혼합된 상태)를 압축하려고 할 때 피스톤을 튕겨내게 한다. 따라서, 압축기의 벽이 손상되거나 냉동기의 냉동효과가 저하되는데, 이 현상을 바로 액백현상이라고 한다.
	• 액백현상의 원인 : 팽창밸브의 개도가 너무 클 때, 냉매가 과충전될 때, 액분리기가 불량할 때
	• 액백현상의 방지법
	  – 냉매액을 과충전하지 않는다.
	  – 액분리기를 설치한다(증발기와 압축기 사이에 설치한다).
	  – 증발기의 냉동부하를 급격하게 변화시키지 않는다.
	  – 압축기에 가까이 있는 흡입관의 액고임을 제거한다.

※ 발생기는 흡수식 냉동기의 구성요소이며, 터빈은 랭킨 사이클의 구성장치이다.

08

[가솔린기관(불꽃점화기관)]

• 가솔린기관의 이상 사이클은 오토(Otto) 사이클이다.
• 오토 사이클은 2개의 정적과정과 2개의 단열과정으로 구성되어 있다.
• 오토 사이클은 정적하에서 열이 공급되므로 정적연소 사이클이라 한다.

오토(Otto) 사이클의 열효율(η)	$$\eta = 1 - \left(\frac{1}{\varepsilon}\right)^{k-1}$$ [여기서, ε : 압축비, k : 비열비] 비열비(k)가 일정한 값으로 정해지면 압축비(ε)가 높을수록 이론열효율(η)이 증가한다.

혼합기	공기와 연료의 증기가 혼합된 가스를 혼합기라 한다. 즉, 가솔린기관에서 혼합기는 기화된 휘발유에 공기를 혼합한 가스를 말하며, 이 가스를 태우는 힘으로 가솔린기관이 작동된다. ※ 문제에서 "혼합기의 특성은 이미 결정되어 있다"라는 의미는 공기와 연료의 증기가 혼합된 가스, 즉 혼합기의 조성 및 종류가 이미 결정되어 있다는 것으로 비열비(k)가 일정한 값으로 정해진다는 의미이다

[디젤 사이클(압축착화기관의 이상 사이클)]

- 2개의 단열과정＋1개의 정압과정＋1개의 정적과정으로 구성되어 있는 사이클로 정압하에서 열이 공급되고, 정적하에서 열이 방출된다.
- 정압하에서 열이 공급되기 때문에 정압 사이클이라고도 하며 저속디젤기관의 기본 사이클이다.

열효율(η)	디젤 사이클의 열효율$(\eta) = 1 - \left(\dfrac{1}{\varepsilon}\right)^{k-1} \dfrac{\sigma^k - 1}{k(\sigma - 1)}$ [여기서, ε : 압축비, σ : 단절비(차단비, 체절비, 절단비, 초크비, 정압팽창비), k : 비열비] • 디젤 사이클의 열효율(η)은 압축비(ε), 단절비(σ), 비열비(k)의 함수이다. • 압축비(ε)가 크고 단절비(σ)가 작을수록 열효율(η)이 증가한다.		
압축비와 열효율	구분	디젤 사이클(디젤기관)	오토 사이클(가솔린기관)
	압축비	12~22	6~9
	열효율(η)	33~38%	26~28%

풀이

$$\eta = 1 - \left(\frac{1}{\varepsilon}\right)^{k-1}$$

[여기서, ε : 압축비, k : 비열비]

따라서, 비열비(k)는 일정한 값으로 정해져 있으므로 열효율(η)에 영향을 미치는 인자는 압축비(ε) 밖에 없다.

09

정답 ③

㉠ 계가 흡수한 열을 계에 의해 이루어지는 일로 완전히 변환시키는 효과를 가진 장치는 없다. (○)
→ 열기관의 열효율(n, 효율)은 공급된 에너지에 대한 유용하게 사용된 에너지의 비율로 입력 대비 출력이다. 따라서, 공급된 열량(입력)과 외부로 한 일(출력)을 따지면 된다. 즉, 기관의 열효율(n, 효율)은 다음과 같다.

$$\text{열효율}(\eta) = \frac{\text{출력(일)}}{\text{입력(열량)}} = \frac{W}{Q}$$

위 정의에 따라 계가 흡수한 열(Q)을 계가 의해 이루어지는 일(W)로 완전히 변환시킨다는 것은 열효율이 100%라는 것을 의미한다. 열역학 제2법칙에 따르면, 열효율이 100%인 장치 및 열기관은 얻을 수 없으므로 옳은 보기가 된다.

㉡ 에너지 전환의 방향성과 비가역성을 명시하는 법칙이다. (○)
→ 열역학 제2법칙은 에너지 전환의 방향성과 비가역성을 명시하는 법칙이다.

ⓒ 제2종 영구기관은 존재할 수 없다. (○)
→ 제2종 영구기관은 입력과 출력이 같은 기관으로 열효율이 100%인 기관을 의미한다. 열역학 제2법 칙에 따르면, 열효율이 100%인 장치 및 열기관은 얻을 수 없으므로 옳은 보기가 된다.

ⓔ 어떤 방법에 의해서도 물질의 온도를 절대 영도까지 내려가게 할 수 없다. (×)
→ 해당 표현은 열역학 제3법칙 네른스트의 표현이다.

ⓜ 밀폐계에서 내부에너지의 변화량이 없다면, 경계를 통한 열전달의 합은 계의 일의 총합과 같다. (×)
→ 열역학 제1법칙은 물체 또는 계(system)에 공급된 열에너지(Q) 중 일부는 물체의 내부에너지(U)를 높이고, 나머지는 외부에 일($W = PdV$)을 하므로 전체 에너지의 양은 일정하게 보존된다는 것을 의미하는 법칙이다. 즉, $Q = dU + PdV$이다. 이때, 내부에너지의 변화량(dU)이 없으므로 $dU = 0$이 되어 $Q = PdV$가 성립한다. 즉, 경계를 통한 열전달의 합은 계의 일의 총합과 같다. 다만, 해당 내용은 열역학 제1법칙에 대한 내용이다.

ⓗ 일과 열은 모두 에너지이며, 서로 상호 전환이 가능하다. (×)
→ "열은 에너지의 한 형태로서 일을 열로 변환하거나, 열을 일로 변환하는 것이 가능하다"는 열역학 제1법칙에 대한 내용이다.

관련 이론

[열역학의 법칙]

열역학 제0법칙	• 두 물체 A, B가 각각 물체 C와 열적 평형상태에 있다면, 물체 A와 물체 B도 열적 평형상태에 있다는 것과 관련이 있는 법칙으로, 이때 알짜열의 이동은 없다. • 온도계의 원리와 관계된 법칙 • 열평형의 법칙
열역학 제1법칙	• 에너지 보존의 법칙 • 계 내부의 에너지의 총합은 변하지 않는다. • 물체에 공급된 에너지는 물체의 내부에너지를 높이거나 외부에 일을 하므로 에너지의 양은 일정하게 보존된다. • 열은 에너지의 한 형태로서 일을 열로 변환하거나, 열을 일로 변환하는 것이 가능하다. • 열효율이 100% 이상인 제1종 영구기관은 열역학 제1법칙에 위배된다. • 열효율이 100% 이상인 열기관을 얻을 수 없다.
열역학 제2법칙	• 에너지의 방향성을 명시하는 법칙(열은 항상 고온에서 저온으로 흐른다, 열은 스스로 저온의 물질에서 고온의 물질로 이동하지 않는다) • 열기관에서 작동물질이 일을 하게 하려면 그보다 더 저온인 물질이 필요하다. • 열은 항상 고온에서 저온으로 이동하기 때문에 열기관에서 더 저온인 물질이 필요하며, 열이 이동해야만 공급된 열과 방출된 열의 차이만큼 외부로 일이 만들어지기 때문이다. • 비가역성을 명시하는 법칙으로 엔트로피는 항상 증가한다. • 절대온도의 눈금을 정의하는 법칙 • 하나의 열원에서 얻어진 열을 모두 일로 바꾸는 기관은 존재하지 않는다. • 열효율이 100%인 제2종 영구기관은 열역학 제2법칙에 위배된다. • 열효율이 100%인 열기관을 얻을 수 없다. • 외부의 도움 없이 스스로 일어나는 반응은 열역학 제 법칙과 관련이 있다. ※ 비가역의 예시 : 혼합, 자유팽창, 확산, 삼투압, 마찰, 열의 이동, 화학반응 등 [참고] 자유팽창은 등온으로 간주하는 과정이다.

열역학 제3법칙	• 네른스트 : 어떤 방법에 의해서도 물질의 온도를 절대 영도까지 내려가게 할 수 없다. • 플랑크 : 모든 물질이 열역학적 평형상태에 있을 때 절대온도가 0에 가까워지면 엔트로피도 0에 가까워진다$\left(\lim_{t \to 0}\Delta S = 0\right)$.

10

정답 ①

비열비(k)는 분자를 구성하는 원자수와 관계되며, 가스의 종류에 상관없이 원자수가 같다면 비열비는 같다.

1원자 분자	• 비열비$(k) = 1.66$ • 종류 : 아르곤(Ar), 헬륨(He)
2원자 분자	• 비열비$(k) = 1.4$ • 종류 : O_2, CO, N_2, H_2, Air
3원자 분자	• 비열비$(k) = 1.33$ • 종류 : CO_2, H_2O, SO_2

풀이

비열비(k)는 정적비열(C_v)에 대한 정압비열(C_p)의 비로 $k = \dfrac{C_p}{C_v}$ 이다.

1원자 분자이므로 비열비$(k) = 1.66$이다.

$k = \dfrac{C_p}{C_v}$ $\quad C_p = kC_v = 1.66 \times 0.3 = 0.498 \fallingdotseq 0.5 \mathrm{kJ/kg \cdot K}$

11

정답 ④

[피스톤 – 실린더장치]

피스톤 – 실린더	
	[여기서, p : 기체의 압력, A : 피스톤의 단면적, S : 피스톤의 이동거리, ① : 팽창 전 부피(초기 부피), ② : 팽창 후 부피(나중 부피)]
기체에 의한 팽창일(W)	$W = FS$ [여기서, F : 기체압력에 의한 힘, S : 피스톤의 이동거리] 압력$(p) = \dfrac{F}{A(\text{피스톤의 단면적})}$ 이므로 $F = pA$로 표현할 수 있다. $W = FS = pAS = p\Delta V = p(V_2 - V_1)$ 단, $\Delta V = AS$ [여기서, V_1 : 초기 부피, V_2 : 나중 부피]

부피변화량(ΔV)	팽창에 의한 부피(체적)변화량(ΔV)=피스톤의 단면적(A)×피스톤의 이동거리(S) 다음 그림의 원기둥의 밑면적(A)과 높이(S)의 곱이 부피이다. 피스톤의 이동거리

풀이

$W = pAS$

$$\therefore \ p = \frac{W}{AS} = \frac{350\text{kJ}}{5\text{m}^2 \times 0.1\text{m}} = 700\text{kPa}$$

12

정답 ⑤

냉동능력		단위시간에 증발기에서 흡수하는 열량을 냉동능력(kcal/hr)이라고 한다. 냉동능력의 단위로는 1냉동톤(1RT)이 있다. • 1냉동톤(1RT) : 0℃의 물 1ton을 24시간 동안에 0℃의 얼음으로 바꾸는 데 제거해야 할 열량 또는 그 능력 • 1미국냉동톤(1USRT) : 32℉의 물 1ton(2,000lb)을 24시간 동안에 32℉의 얼음으로 만드는 데 제거해야 할 열량 또는 그 능력
	1RT	3,320kcal/hr=3.86kW [여기서, 1kW=860kcal/hr, 1kcal=4.18kJ] ※ 0℃의 얼음을 0℃의 물로 상변화시키는 데 필요한 융해잠열 : 79.68kcal/kg ※ 0℃의 물에서 0℃의 얼음으로 변할 때 제거해야 할 열량 : 79.68kcal/kg → 물 1ton이므로 1,000kg이다. 이를 식으로 표현하면 1,000kg×79.68 kcal/kg=79,680kcal가 된다. 24시간 동안 얼음으로 바꾸는 것이므로 79,680kcal/24h=3,320kcal/h가 된다.
	1USRT	3,024kcal/h
냉동효과		증발기에서 냉매 1kg이 흡수하는 열량을 말한다.
제빙톤		25℃의 물 1ton을 24시간 동안에 −9℃의 얼음으로 만드는 데 제거해야 할 열량 또는 그 능력을 말한다(열손실은 20%로 가산한다). • 1제빙톤 : 1.65RT
냉각톤		냉동기의 냉동능력 1USRT당 응축기에서 제거해야 할 열량으로, 이때 압축기에서 가하는 엔탈피를 860kcal/h로 가정한다. • 1냉각톤(1CRT) : 3,884kcal/h
보일러마력		100℃의 물 15.65kg을 1시간 이내에 100℃의 증기로 만드는 데 필요한 열량을 말한다. ※ 100℃의 물에서 100℃의 증기로 상태변화시키는 데 필요한 증발잠열 : 539kcal/kg • 1보일러마력 : 8435.35kcal/h=539kcal/kg×15.65kg

13

[점도계의 종류]

- 스토크스의 법칙 : 낙구식 점도계(Brookfield falling ball viscometer)
- 하겐-푸아죄유의 법칙 : Ostwald 점도계, Saybolt 점도계
- 뉴턴의 점성법칙 : 맥미첼 점도계, 스토머 점도계

14

[유량의 종류]

체적유량	$Q = AV$ [여기서, Q : 체적유량(m^3/s), A : 유체가 통하는 단면적(m^2), V : 유체 흐름의 속도(유속, m/s)]
중량유량	$G = \gamma AV$ [여기서, G : 중량유량(N/s), γ : 유체의 비중량(N/m^3), A : 유체가 통하는 단면적(m^2), V : 유체 흐름의 속도(유속, m/s)]
질량유량	$\dot{m} = \rho AV$ [여기서, $\dot{m}$: 질량유량(kg/s), ρ : 유체의 밀도(kg/m^3), A : 유체가 통하는 단면적(m^2), V : 유체 흐름의 속도(유속, m/s)]

풀이

유체의 비중$(S) = \dfrac{\text{유체의 밀도}(\rho) \text{ 또는 유체의 비중량}(\gamma)}{4℃\text{에서의 물의 밀도}(\rho_{H_2O}) \text{ 또는 물의 비중량}(\gamma_{H_2O})}$

여기서, 4℃에서의 물의 밀도(ρ_{H_2O})는 $1,000kg/m^3$이다.

$0.8 = \dfrac{\text{유체의 밀도}(\rho)}{1,000kg/m^3} \rightarrow \text{유체의 밀도}(\rho) = 800kg/m^3$

$\dot{m} = \rho AV = \rho \dfrac{1}{4} \pi d^2 V [kg/s] \rightarrow d^2 = \dfrac{4\dot{m}}{\rho \pi V} = \dfrac{4 \times 30kg/s}{800kg/m^3 \times 3 \times 5m/s} = 0.01m^2$

$\therefore d = 0.1m = 10cm$

15

물체의 비중$(S) = \dfrac{\text{물체의 밀도}(\rho) \text{ 또는 유체의 비중량}(\gamma)}{4℃\text{에서의 물의 밀도}(\rho_{H_2O}) \text{ 또는 물의 비중량}(\gamma_{H_2O})}$

여기서, 4℃에서의 물의 밀도(ρ_{H_2O})는 $1,000kg/m^3$이다.

$0.2 = \dfrac{\text{물체의 밀도}(\rho)}{1,000kg/m^3} \rightarrow \text{물체의 밀도}(\rho) = 200kg/m^3$

$\therefore \text{비체적}(v) = \dfrac{1}{\rho} = \dfrac{1}{200kg/m^3} = 0.005m^3/kg$

16

실루민(알팩스)	• 알루미늄(Al) – 규소(Si)계 합금으로 소량의 망간(Mn)과 마그네슘(Mg)이 첨가되기도 한다. • 주조성이 양호한 편이고 공정반응이 나타나며 시효경화성은 없다. • 절삭성이 불량한 특징을 가지고 있다.
두랄루민	• 알루미늄(Al), 구리(Cu), 마그네슘(Mg), 망간(Mn)의 합금으로 항공기 재료 및 단조용 재료로 사용되며 시효경화를 일으킨다(알구마망). • 두랄루민의 비강도는 연강의 3배이며, 비중은 강의 $\frac{1}{3}$배이다. 　※ 비강도 : 물질의 강도를 밀도로 나눈 값으로, 같은 질량의 물질이 얼마나 강도가 센가를 나타내는 수치이다. 즉, 비강도가 높으면 가벼우면서도 강한 물질이라는 뜻이며, 비강도의 단위는 N·m/kg이다.
다우메탈	• 마그네슘(Mg)–알루미늄(Al)계 합금으로 마그네슘 중에서 비중이 가장 작으며 대표적인 마그네슘합금이다. • 주조와 단조가 용이하다.
모넬메탈	구리(Cu)–니켈(Ni) 65~70%의 합금으로 내식성과 내열성이 우수하며 기계적 성질이 좋기 때문에 펌프의 임펠러, 터빈의 날개 재료로 사용된다.
하이드로날륨	• 알루미늄(Al)–마그네슘(Mg)의 합금으로 통상 마그네슘은 3~9%를 첨가하여 만든다. 즉, 알루미늄이 바닷물에 약한 것을 개량하기 위해 개발된 대표적인 내식성 합금이다. • 용도로는 내식성이 요구되는 철도차량, 갑판구조물 등에 사용된다.

17

[금속의 성질]

기계적 성질	강도, 경도, 전성, 연성, 인성, 탄성률, 탄성계수, 항복점, 내력, 연신율, 굽힘, 피로, 인장강도, 취성 등
물리적 성질	비중, 용융점(융점, 용융온도, 녹는점), 열전도율, 전기전도율, 열팽창계수, 밀도, 부피, 온도, 비열, 융해잠열, 자성
화학적 성질	내식성, 환원성, 폭발성, 생성엔탈피, 용해도, 가연성 등
제작상 성질	주조성, 단조성, 절삭성, 용접성

Tip 힘과 관련된 성질은 모두 기계적 성질로 보면 편하다.

18

㉠ 기계적 특수가공에는 버니싱, 버핑, 방전가공, 숏피닝, 샌드블라스트 등이 있다. (×)
　　[특수가공의 종류]
　　• 기계적 특수가공 : 샌드블라스트, 그릿블라스트, 버니싱, 버핑, 숏피닝 등
　　• 화학적 특수가공 : 전해연마, 전해가공, 방전가공, 초음파가공 등
㉡ 전해연마는 전기도금과 반대로 공작물을 양극, 전극을 음극으로 한 다음 전해액 속에서 전기분해하여 표면을 연마하는 방법이다. (○)

[전해연마]

전기분해할 때 양극의 금속 표면에 미세한 볼록 부분이 다른 표면 부분에 비해 선택적으로 용해되는 것을 이용한 금속연마법이다. 연마하려는 금속을 양극으로 하고, 전해액 속에서 고전류 밀도로 단시간에 전해하면 금속 표면의 더러움이 없어지고 볼록 부분이 용해되므로 기계연마에 비해 이물질이 부착되지 않고 보다 평활한 면을 얻는다. 전기도금의 예비 처리에 많이 사용되며, 정밀 기계부품, 화학장치 부품, 드릴의 홈, 주사침과 같은 금속 및 합금제품에 응용된다.

ⓒ 호닝은 분말입자로 공작물을 가볍게 문질러 정밀 다듬질하는 기계가공법이다. 특히 구멍 내면을 정밀 다듬질하는 방법 중 가장 우수한 가공법이다. (×)

→ 분말입자로 가공하는 것이 아니라 연삭숫돌로 공작물을 가볍게 문질러 정밀 다듬질하는 기계가공법 이다. 특히 구멍 내면을 정밀 다듬질하는 방법 중 가장 우수한 가공법이다.

※ 공구는 회전운동과 수평왕복운동을 한다.

ⓔ 래핑은 공작물과 랩(lap)공구 사이에 미세한 분말상태의 랩제와 윤활유를 넣고 공작물을 누르면서 상대운동을 시켜 매끈한 다듬질면을 얻는 가공법이다. (○)

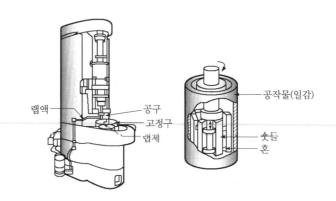

랩액　공구
고정구
랩세

공작물(일감)
숫돌
혼

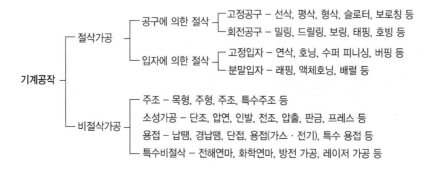

기계공작 ── 절삭가공 ── 공구에 의한 절삭 ── 고정공구 – 선삭, 평삭, 형삭, 슬로터, 브로칭 등
　　　　　　　　　　　　　　　　　　└ 회전공구 – 밀링, 드릴링, 보링, 태핑, 호빙 등
　　　　　　　　　　└ 입자에 의한 절삭 ── 고정입자 – 연삭, 호닝, 수퍼 피니싱, 버핑 등
　　　　　　　　　　　　　　　　　　　└ 분말입자 – 래핑, 액체호닝, 배럴 등
　　　　　　└ 비절삭가공 ── 주조 – 목형, 주형, 주조, 특수주조 등
　　　　　　　　　　　　　 소성가공 – 단조, 압연, 인발, 전조, 압출, 판금, 프레스 등
　　　　　　　　　　　　　 용접 – 납땜, 경납땜, 단접, 용접(가스 · 전기), 특수 용접 등
　　　　　　　　　　　　　 특수비절삭 – 전해연마, 화학연마, 방전 가공, 레이저 가공 등

[래핑]

랩(lap)이라는 공구와 다듬질하려고 하는 일감(공작물) 사이에 랩제를 넣고 양자를 상대운동시킴으로써 매끈한 다듬질을 얻는 가공방법이다. 용도로는 블록게이지, 렌즈, 스냅게이지, 플러그게이지, 프리즘, 제어기기부품 등에 사용된다. 종류로는 습식래핑과 건식래핑에 있고 보통 <u>습식 래핑을 먼저 하고 건식 래핑을 실시한다.</u>

※ 랩제의 종류 : 다이아몬드, 알루미나, 산화크롬, 탄화규소, 산화철
 • 습식 래핑 : 랩제와 래핑액을 혼합해서 가공하는 방법으로 래핑능률이 높다.
 • 건식 래핑 : 건조상태에서 래핑가공을 하는 방법으로 래핑액을 사용하지 않는다. 일반적으로 더욱 정밀한 다듬질면을 얻기 위해 습식 래핑 후에 실시한다.
 • 구면래핑 : 렌즈의 끝 다듬질에 사용되는 래핑방법이다.

[래핑가공의 특징]

장점	• 다듬질면이 매끈하고 정밀도가 우수하다. → 래핑은 표면거칠기(＝표면정밀도)가 가장 우수하므로 다듬질면의 정밀도가 가장 우수하다. • 자동화가 쉽고 대량생산을 할 수 있다. • 작업방법 및 설비가 간단하다. • 가공면은 내식성, 내마멸성이 좋다.
단점	• 고정밀도의 제품 생산 시 높은 숙련이 요구된다. • 비산하는 래핑입자(랩제)에 의해 다른 기계나 제품이 부식 또는 손상될 수 있으며 작업이 깨끗하지 못하다. • 가공면에 랩제가 잔류하기 쉽고, 제품 사용 시 마멸을 촉진시킨다.

ⓑ 액체호닝은 연마제를 가공액과 혼합한 후, 압축공기를 이용하여 노즐로 고속 분사시켜 고운 다듬질면을 얻는 습식 정밀 가공방법으로 형상정밀도가 크다. (×)

[액체호닝]
연마제를 가공액과 혼합한 후 압축공기를 이용하여 노즐로 고속 분사시켜 고운 다듬질면을 얻는 습식 정밀 가공방법이다.

[액체호닝의 특징]
• 단시간에 매끈하고 광택이 없는 다듬질면을 얻을 수 있다.
• 피닝효과가 있으며 피로한계를 높일 수 있다.
• 가공면에 방향성이 존재하지 않으며 복잡한 형상의 일감도 다듬질이 가능하다.
• 형상정밀도가 작다.

19 정답 ②

[피복제의 역할]
• 용착금속의 냉각속도를 지연시킨다.
• 대기 중의 산소와 질소로부터 모재를 보호하여 산화 및 질화를 방지한다.
• 슬래그를 제거하며 스패터링을 작게 한다.
• 용착금속에 필요한 합금원소를 보충하여 기계적 강도를 높인다.
• 탈산정련작용을 한다.
• 전기절연작용을 한다.
• 아크를 안정하게 하며 용착효율을 높인다.

20

정답 ⑤

① 체심입방격자는 입방체의 8개 꼭짓점과 입방체의 중심에 각각 1개씩의 원자가 있는 결정격자이며, 텅스텐(W), 크롬(Cr), 리튬(Li), 바나듐(V) 등은 체심입방격자에 해당한다. (○)

체심입방격자 (BCC, Body Centered Cubic)	 입방체의 8개 구석에 각 1개씩의 원자와 입방체의 중심에 1개의 원자가 있는 결정격자이며 가장 많이 볼 수 있는 구조의 하나이다(모양구조에서 가장 중심에 원자가 있는 것).	
	BCC에 속하는 금속	Mo, W, Cr, V, Na, Li, Ta, δ−Fe, α−Fe 등
	BCC의 특징	• 강도 및 경도가 크다. • 전성·연성이 작다. • 융융점(융점, 녹는점)이 높다.

② 은(Ag)은 구리(Cu)보다 전기전도도가 크다. (○)
→ 열전도율 및 전기전도율이 큰 순서 : Ag > Cu > Au > Al > Mg > Zn > Ni > Fe > Pb > Sb
※ 전기전도율이 클수록 고유 저항은 낮아진다.

③ 자성체는 자성을 지닌 물질로 자기장 안에서 자화하는 물질이며, 니켈(Ni), 코발트(Co) 등은 강자성체에 해당한다. (○)

[자성체]
자성을 지닌 물질로 자기장 안에서 자화하는 물질을 말한다.

강자성체	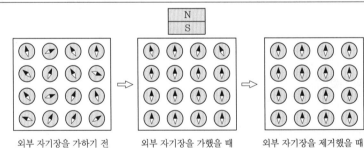

• 외부 자기장에 의해 자기화(자석의 형태)가 되며, 외부 자기장을 제거해도 자성을 유지한다.
• 위 그림처럼 외부 자기장의 방향과 같은 방향으로 강하게 자기화되며, 자기장을 제거해도 자기화된 상태를 장시간 유지한다.
• 외부 자기장을 제거해도 강자성체가 형성하는 자기장이 바로 사라지지 않는다.
• 자기장이 사라지더라도 자화가 남아 있다.
※ 강자성체의 종류 : Ni, Co, Fe, α−Fe(페라이트)

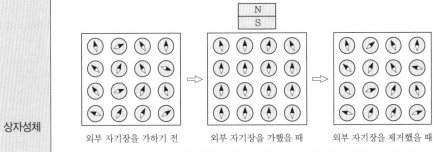

| 상자성체 | 외부 자기장을 가하기 전 | 외부 자기장을 가했을 때 | 외부 자기장을 제거했을 때 |

- 외부 자기장에 의한 자기화(자석의 형태)가 외부 자기장과 같은 방향으로 약하게 되며, 외부 자기장을 제거하면 자성이 사라진다. 같은 방향으로 자기화되면 서로 끌어당기는 힘인 인력이 작용한다.
- 외부 자기장을 제거하면 상자성체가 형성하는 자기장이 바로 사라진다. 즉, 자기장이 사라지면 자화하지 않는다.

※ 상자성체의 종류 : Al, Sn, Ir, Mo, Cr, Pt

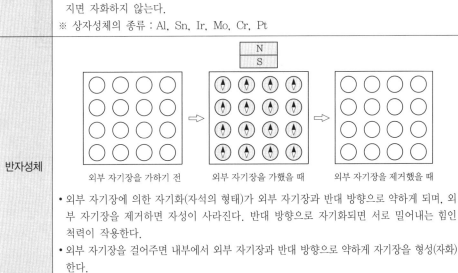

| 반자성체 | 외부 자기장을 가하기 전 | 외부 자기장을 가했을 때 | 외부 자기장을 제거했을 때 |

- 외부 자기장에 의한 자기화(자석의 형태)가 외부 자기장과 반대 방향으로 약하게 되며, 외부 자기장을 제거하면 자성이 사라진다. 반대 방향으로 자기화되면 서로 밀어내는 힘인 척력이 작용한다.
- 외부 자기장을 걸어주면 내부에서 외부 자기장과 반대 방향으로 약하게 자기장을 형성(자화)한다.

※ 반자성체의 종류 : 유리, Bi, Sb, Zn, Au, Ag, Cu

④ 크리프현상은 연성재료가 고온에서 일정한 하중을 받을 때, 시간에 따라 서서히 변형이 증가하는 현상이다. (○)

[크리프현상]

크리프현상은 고온에서 연성재료가 정하중(사하중, 일정한 하중)을 받을 때, 시간에 따라 변형이 <u>서서히 증가되는</u> 현상이다.

※ <u>크리프현상은 시간에 따라 변형이 서서히 증가되는 현상이다. 실제 한국수력원자력 기계직 전공필기시험에서도 크리프는 "시간에 따라 변형이 급격하게 증가하는 현상"이라고 틀린 보기로 출제된 바 있다.</u>

⑤ 수지상 결정은 금속 주형에서 표면의 빠른 냉각으로 중심부를 향하여 방사상으로 이루어지는 결정이다. (×)

[수지상 결정]

용융금속이 냉각 시에 금속 각부에 핵이 생겨 <u>나뭇가지와 같은 모양</u>을 이루는 결정이다.

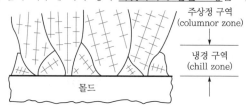

[주상 결정(주상정)]

금속 주형에서 표면의 빠른 냉각으로 중심부를 향하여 방사상으로 이루어지는 결정이다.

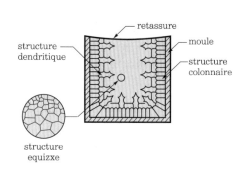

21

정답 ①

[합성수지(=플라스틱)]

특징		• 전기절연성(전기를 통하지 않게 하는 성질)과 가공성 및 성형성이 우수하다. • 색상이 매우 자유롭다(착색이 용이하다). • 가볍고 튼튼하다. • 무게에 비해 강도가 비교적 높은 편이다. • 가공성이 높기 때문에 대량생산에 유리하다. • 내열성이 작아 높은 온도에서는 사용할 수 없다. • 화학약품, 유류, 산, 알칼리에 강하지만, <u>열과 충격에 약하다.</u> → 화기에 약하고 연소 시에 유해물질의 발생이 많다.
종류	열경화성 수지	주로 그물 모양의 고분자로 이루어진 것으로 가열하면 경화되는 성질을 가지며, 한번 경화되면 가열해도 연화되지 않는 합성수지이다. ※ <u>그물 모양인지, 선모양인지 반드시 숙지해야 한다(서울시설공단, SH공사 등에서 기출).</u>
	열가소성 수지	주로 선모양의 고분자로 이루어진 것으로 가열하면 부드럽게 되어 가소성을 나타내므로 여러 가지 모양으로 성형할 수 있으며, 냉각시키며 성형된 모양이 그대로 유지되면서 굳는다. 다시 열을 가하면 물렁물렁해지며, 계속 높은 온도로 가열하면 유동체가 된다. ※ <u>그물 모양인지, 선모양인지 반드시 숙지해야 한다(서울시설공단, SH공사 등에서 기출).</u>

열경화성 수지와 열가소성 수지의 비교	• 열가소성 수지는 가열에 따라 연화·용융·냉각 후 고화하지만, 열경화성 수지는 가열에 따라 가교 결합하거나 고화된다. • 열가소성 수지의 경우 성형 후 마무리 및 후가공이 많이 필요하지 않으나, 열경화성 수지는 플래시(flash)를 제거해야 하는 등 후가공이 필요하다. • 열가소성 수지는 재생품의 재용융이 가능하지만, 열경화성 수지는 재용융이 불가능하기 때문에 재생품을 사용할 수 없다. • 열가소성 수지는 제한된 온도에서 사용해야 하지만, 열경화성 수지는 높은 온도에서도 사용할 수 있다.		
종류 구분	열경화성 수지	폴리에스테르, 아미노수지, 페놀수지, 푸란수지, 에폭시수지, 실리콘수지, 멜라민수지, 요소수지, 폴리우레탄	
	열가소성 수지	폴리염화비닐, 불소수지, 스티롤수지, 폴리에틸렌수지, 초산비닐수지, 메틸아크릴수지, 폴리아미드수지, 염화비닐론수지, ABS수지, 폴리스티렌, 폴리프로필렌	
	※ Tip : 폴리에스테르를 제외하고 폴리가 들어가면 열가소성 수지이다. ※ 참고 : 폴리우레탄은 열경화성과 열가소성 2가지 종류가 있다. ※ 폴리카보네이트 : 플라스틱재료 중에서 내충격성이 매우 우수한 열가소성 플라스틱으로 보석방의 진열유리재료로 사용된다. ※ 베이클라이트 : 페놀수지의 일종으로 전기절연성, 강도, 내열성 등이 우수하다.		

22

정답 ⑤

[SI 단위]

SI 단위는 크게 기본단위와 유도단위 2가지로 분류된다.

㉠ 기본단위

전류	온도	물질의 양	시간	길이	광도	질량
A(암페어)	K(켈빈)	mol(몰)	s(초)	m(미터)	cd(칸델라)	kg(킬로그램)

[암기법 : AK mol에서 sm cd(카드) 1kg을 샀다.]

㉡ 유도단위

기본단위에서 유도된 물리량을 나타내는 단위이다. 즉, 기본단위의 곱셈과 나눗셈으로 이루어진다. 기본단위를 조합하면 무수히 많은 유도단위를 만들 수 있다.

J은 N·m이다(단, N은 $kg·m/s^2$이므로 J은 $kg·m/s^2$로 표현될 수 있다). 즉, J은 기본단위인 kg, m, s에서부터 유도된 유도단위라는 것을 알 수 있다.

N은 $kg·m/s^2$이므로 기본단위인 kg, m, s에서부터 유도된 유도단위라는 것을 알 수 있다.

23

정답 ④

토크$(T) = I\alpha$ → 각가속도$(\alpha) = \dfrac{T}{I} = \dfrac{5}{I}$ [rad/s^2]

각변위$(\theta) = 10\text{rev} = 20\pi\,\text{rad} = 60\,\text{rad}$이다.

[여기서, 1rev = 2πrad]

$w^2 - w_0^2 = 2\alpha\theta$를 사용한다.

[여기서, w : 나중 각속도, w_0 : 초기 각속도]

정지상태이므로 초기 각속도$(w_0) = 0$이다.

$$w^2 = 2\alpha\theta \rightarrow (4\sqrt{15})^2 = 2 \times \frac{5}{I} \times 60$$

$$\therefore I = 2 \times \frac{5}{(4\sqrt{15})^2} \times 60 = 2 \times \frac{5}{240} \times 60 = 2.5 \, \text{kg} \cdot \text{m}^2$$

24 　　　　　　　　　　　　　　　　　　정답 ②

[밸브의 기호]

⋈	일반밸브	⧓	게이트밸브
◤⋈	체크밸브	⊿	체크밸브
⊗⋈	볼밸브	●⋈	글로브밸브
⋈	안전밸브	△	앵글밸브
⊗	팽창밸브	◍	일반 콕

25 　　　　　　　　　　　　　　　　　　정답 ④

[기어 각부의 명칭]

유효이높이 (물림이높이)	이끝높이의 합을 말한다.
이끝높이 (어덴덤, a)	피치원에서 이끝원까지의 거리를 말한다. ※ 표준기어(표준치형)에서는 이끝높이(a)와 모듈(m)이 같다. 즉, $a = m$이다.
이뿌리높이 (디덴덤, d)	피치원에서 이뿌리원까지의 거리를 말한다. ※ 표준기어(표준치형)에서는 이끝 틈새가 $c = 0.25m$이므로 $d = a + c = m + 0.25m$ 　$= 1.25m$이다.
총이높이(h)	이끝높이와 이뿌리높이의 합을 말한다. ※ 표준기어(표준치형)라면 총 이높이(h)는 이끝높이와 이뿌리높이의 합으로 다음과 같다. 　$\therefore h = a + d = m + 1.25m = 2.25m$
피치원	기어가 서로 접촉하고 있는 원이다. ※ 피치원 지름(D) 계산식 : $D = mZ$ [여기서, m : 모듈, Z : 잇수]

원주 피치(p)	피치원 주위에서 측정한 2개의 이웃에 대응하는 부분 간의 기어 이이다. 이 값이 클수록 잇수(Z)가 작고, 이는 커지게 된다. ※ 계산식 : $p = \dfrac{\pi D}{Z} = \pi m$
이끝원	이 끝을 지나는 원이다. ※ 이끝원 지름(D_o) $= D + 2a = mZ + 2m = m(Z+2)$ 　[표준기어(치형)의 경우는 $a = m$이다.]
이폭	축 단면에서의 이의 길이이다.
이두께	피치상에서 측정한 이의 두께이다. ※ 계산식 : $t = \dfrac{p}{2} = \dfrac{\pi m}{2}$
이뿌리원	이 뿌리를 지나는 원이다.
백래시	한 쌍의 기어가 맞물렸을 때 이의 뒷면에 생기는 간격 및 틈새로 치면놀이, 엽새라고도 한다.
클리어런스	큰 기어의 이뿌리원에서 상대편 기어의 이끝원까지의 거리로 틈새, 간극을 말한다.
중심거리	한 기어의 중심에서 다른 기어의 중심까지의 거리로 축간거리(C)라고도 한다. ※ 계산식 : $C = \dfrac{D_1 + D_2}{2} = \dfrac{m(Z_1 + Z_2)}{2}$
기초원 지름	※ 기초원 지름(D_g) 계산식 : $D_g = D\cos\alpha = mZ\cos\alpha$ 　[여기서, D : 피치원 지름, α : 압력각]
기초원 피치	법선피치(p_g)라고도 불리며 계산식은 다음과 같다. ※ 계산식 : $p_g = \dfrac{\pi D_g}{Z}$ ※ 계산식 : 원주피치(p) $\times \cos\alpha$
직경피치	※ 계산식 : $p_d = \dfrac{25.4}{m}$

26

정답 ④

[정압비열(C_p)]

압력이 일정한 정압하에서 완전가스(이상기체) 1kg을 1℃ 올리는 데 필요한 열량이다.

[정적비열(C_v)]

부피(체적)이 일정한 정적하에서 완전가스(이상기체) 1kg을 1℃ 올리는 데 필요한 열량이다.

[비열비(k)와 기체상수(R)]

$k = \dfrac{C_p}{C_v}, \ R = C_p - C_v$

[여기서, k : 비열비, C_p : 정압비열, C_v : 정적비열, R : 기체상수]

$k = \dfrac{C_p}{C_v}$ 에서 정적비열(C_v)에 대한 식으로 정리하면 $C_v = \dfrac{C_p}{k}$ 이 된다.

$C_v = \dfrac{C_p}{k}$ 을 $C_p - C_v = R$에 대입한다.

$$C_p - \dfrac{C_p}{k} = C_p\left(1 - \dfrac{1}{k}\right) = C_p\left(\dfrac{k-1}{k}\right) = R$$

$$\therefore \ C_p = \dfrac{kR}{k-1}$$

풀이

㉠ 열량(Q) $= Cm\Delta T$로 구할 수 있다. [여기서, C : 비열, m : 질량, ΔT : 온도변화]

다만, 압력이 일정한 정압하에서 공급했으므로 정압비열(C_p)을 대입해서 사용해야 한다.

$$Q = Cm\Delta T = C_p m(T_2 - T_1) = \left(\dfrac{kR}{k-1}\right)m(T_2 - T_1)$$

㉡ 일(W) $= P\Delta V$로 구할 수 있다. [여기서, P : 압력, ΔT : 온도변화]

$$W = P\Delta V = P(V_2 - V_1) = mR(T_2 - T_1)$$

$$\therefore \ \dfrac{W}{Q} = \dfrac{mR(T_2 - T_1)}{\left(\dfrac{kR}{k-1}\right)m(T_2 - T_1)} = \dfrac{k-1}{k}$$

27
정답 ③

㉠ $pv^n = C$

㉡ $Tv^{n-1} = C$

㉢ $C_n = \left(\dfrac{n-k}{n-1}\right)C_v$

[여기서, n : 폴리트로픽지수, C_n : 폴리트로픽비열, k : 비열비]

구분	폴리트로픽지수(n)	폴리트로픽비열(C_n)
정압변화	0	C_p
등온변화	1	∞
단열변화	k	0
정적변화	∞	C_v

풀이

$Tv^{n-1} = C$에서 $n = 1$이면, $Tv^{1-1} = Tv^0 = C \rightarrow T = C$이므로 등온변화이다.

단열변화이면 $n = k$이다. 이때, 폴리트로픽비열(C_n) $= \left(\dfrac{n-k}{n-1}\right)C_v = \left(\dfrac{k-k}{k-1}\right)C_v = \left(\dfrac{0}{k-1}\right)C_v = 0$이다.

28

정답 ③

[정압비열(C_p)이 정적비열(C_v)보다 항상 큰 이유]

체적을 일정하게 유지하며 가열하는 경우에는 체적이 일정하기 때문에 외부에 일을 하지 않으므로 가한 열은 모두 물질의 내부에너지로 증가된다. 하지만, 압력을 일정하게 유지하여 가열하면, 물질은 온도가 올라감과 동시에 "팽창"한다. 이때 물질은 외부에 대하여 일을 하므로 저장한 열의 에너지의 일부는 이 일에 쓰이고, 나머지가 내부에너지의 증가가 된다. 즉, 체적을 일정하게 했을 때보다 더 많은 열량을 필요로 하므로 정압비열은 정적비열보다 크다.

29

정답 ④

[교축과정(throttling process)]

유체가 밸브, 작은 틈, 콕, 오리피스 등의 좁은 통로를 지날 때 발생하는 현상으로, 특징은 다음과 같다.

- 압력과 온도는 강하한다.
- 체적과 엔트로피는 증가한다.
- 엔탈피의 변화가 없다(등엔탈피과정).
- 외부에 일을 하지 않는다.
- 비가역 단열과정이다.

※ 동작물질(작동유체)이 이상기체인 경우, 엔탈피는 온도만의 함수이므로 교축과정에서 온도의 변화가 없다.

30

정답 ①

[기어의 물림률]

$$\frac{접촉호의\ 길이}{원주피치} = \frac{물림길이}{법선피치}$$

※ 기어가 연속적으로 회전하기 위해서는 물림률이 1보다 커야 한다.

[기초원피치]

법선피치(p_g)라고도 불리며 계산식은 다음과 같다.

- 계산식 : $p_g = \dfrac{\pi D_g}{Z}$ [여기서, D_g : 기초원 지름]
- 계산식 : 원주피치(p)$\times \cos \alpha$

풀이

$$p_g = \frac{\pi D_g}{Z} = \frac{3 \times 500\text{mm}}{50} = 30\text{mm}$$

$$\therefore\ 물림률 = \frac{물림길이}{법선피치} = \frac{60\text{mm}}{30\text{mm}} = 2$$

04 제4회 실전 모의고사

01	②	02	④	03	③	04	③	05	④	06	②	07	④	08	①	09	③	10	③
11	③	12	②	13	③	14	④	15	②	16	④	17	②	18	⑤	19	③	20	④
21	③	22	③	23	①	24	①	25	④	26	④	27	③	28	③	29	②	30	④
31	③	32	③	33	⑤	34	④	35	④	36	④	37	③	38	②	39	④	40	③

01

정답 ②

[오일러의 좌굴하중(P_{cr}, 임계하중)]

오일러의 좌굴하중 (P_{cr}, 임계하중)	$$P_{cr} = n\pi^2 \frac{EI}{L^2}$$ [여기서, n : 단말계수, E : 종탄성계수(세로탄성계수, 영률), I : 단면 2차 모멘트, L : 기둥의 길이]
오일러의 좌굴응력 (σ_B, 임계응력)	$$\sigma_B = \frac{P_{cr}}{A} = n\pi^2 \frac{EI}{L^2 A}$$ 세장비는 $\lambda = \frac{L}{K}$이고, 회전반경은 $K = \sqrt{\frac{I_{min}}{A}}$ 이다. 회전반경을 제곱하면 $K^2 = \frac{I_{min}}{A}$ 이므로 $$\sigma_B = n\pi^2 \frac{EI}{L^2 A} = n\pi^2 \frac{E}{L^2}\left(\frac{I}{A}\right) = n\pi^2 \frac{E}{L^2}K^2$$ $\frac{1}{\lambda^2} = \frac{K^2}{L^2}$ 이므로 $$\therefore \ \sigma_B = n\pi^2 \frac{E}{L^2}K^2 = n\pi^2 \frac{E}{\lambda^2}$$ 따라서, 오일러의 좌굴응력(임계응력, σ_B)은 세장비(λ)의 제곱에 반비례함을 알 수 있다.
단말계수 (끝단계수, 강도계수, n)	기둥을 지지하는 지점에 따라 정해지는 상숫값으로, 이 값이 클수록 좌굴은 늦게 일어난다. 즉, 단말계수가 클수록 강한 기둥이다. { 표 }

일단고정 타단자유	$n = \frac{1}{4}$
일단고정 타단회전	$n = 2$
양단회전	$n = 1$
양단고정	$n = 4$

[세장비의 범위 구분]

단주	• 단주는 짧은 기둥으로 축 방향으로 압축력(압축하중)이 작용하면 휘지 않고 파괴된다. – 세장비(λ)가 30 이하인 기둥이다. – 단주는 장주에 비해 훨씬 큰 압축력(압축하중)에 저항할 수 있다.
중간주	• 단주와 장주의 중간에 있는 기둥이다. – 세장비(λ)가 30~160인 기둥이다.
장주	• 장주는 긴 기둥으로 축 방향으로 압축력(압축하중)이 작용하면 크게 휘면서 파괴된다. 즉, 좌굴현상이 일어난다. – 세장비(λ)가 160 이상인 기둥이다. – 장주가 휘어지면서 파괴되는 현상을 좌굴이라 한다.

[기둥의 좌굴현상]

• 장주(길이가 아주 긴 기둥)가 압축하중을 받아 직경 방향 또는 반경 방향으로 변형(휨)이 일어나면서 파괴되는 현상이다.

• 길이가 직경의 최소 10배 이상인 긴 기둥(봉)에서 압축하중을 가했을 때, 압력이 어느 한계값에 이르면 갑자기 직경 방향 또는 반경 방향으로 휘면서 파괴되는 현상이다.

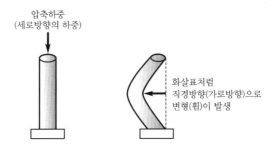

02

정답 ④

[길이가 $2L$인 연속보의 각 지점 반력] (필수 암기)

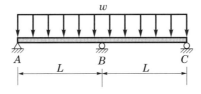

R_A	R_B	R_C
$\dfrac{3wL}{8}$	$\dfrac{5wL}{4}$	$\dfrac{3wL}{8}$

풀이

$$R_B = \frac{5wL}{4} = \frac{5 \times 8\text{kN/m} \times 4\text{m}}{4} = 40\text{kN}$$

03

사각형 단면	최대전단응력$(\tau_{\max}) = \dfrac{3}{2}\dfrac{V}{A}$ [여기서, V : 전단력, A : 단면적]
원형 단면	최대전단응력$(\tau_{\max}) = \dfrac{4}{3}\dfrac{V}{A}$

풀이

두 단면의 면적은 같으므로 A로 통일한다. 또한, 전단력(V)의 크기도 동일하다.

$\tau_a = \dfrac{3}{2}\left(\dfrac{V}{A}\right)$, $\tau_b = \dfrac{4}{3}\left(\dfrac{V}{A}\right)$이므로

$$\therefore\ \frac{\tau_a}{\tau_b} = \frac{\dfrac{3V}{2A}}{\dfrac{4V}{3A}} = \frac{9}{8}$$

04

[푸아송비(ν)]

세로변형률에 대한 가로변형률의 비로 최대 0.5의 값을 갖는다.

정의	• 푸아송비$(\nu) = \dfrac{\varepsilon_{가로}}{\varepsilon_{세로}} = \dfrac{1}{m(\text{푸아송수})} \le 0.5$ ※ 원형 봉에 인장하중이 작용했을 때의 푸아송비(ν)는 다음과 같다. $\quad$ 푸아송비$(\nu) = \dfrac{\varepsilon_{가로}}{\varepsilon_{세로}} = \dfrac{\dfrac{\delta}{d}}{\dfrac{\lambda}{L}} = \dfrac{L\delta}{d\lambda}$ [여기서, ε : 변형률, L : 원형 봉(재료)의 길이, λ : 길이변형량, d : 원형 봉(재료)의 지름(직경), δ : 지름변형량]
푸아송비 수치	• 푸아송비(ν)는 재료마다 일정한 값을 가진다. **[여러 재료의 푸아송비 수치]**

코르크	유리	콘크리트	강철(steel)	알루미늄(Al)
0	0.18~0.3	0.1~0.2	0.28	0.32

구리(Cu)	티타늄(Ti)	금(Au)	고무	납(Pb)
0.33	0.27~0.34	0.42~0.44	0.5	0.43

푸아송비 수치		• 고무는 푸아송비(ν)가 0.5이므로 체적이 변하지 않는 재료이다. $$\frac{\Delta V}{V} = \varepsilon(1 - 2\nu) = \varepsilon(1 - 2 \times 0.5) = 0 \rightarrow \Delta V = 0$$
	단면적변화율$\left(\dfrac{\Delta A}{A}\right)$	$\dfrac{\Delta A}{A} = 2\nu\varepsilon$ [여기서, ΔA : 단면적변화량, A : 단면적, ν : 푸아송비, ε : 변형률]
	체적변화율$\left(\dfrac{\Delta V}{V}\right)$	$\dfrac{\Delta V}{V} = \varepsilon(1 - 2\nu)$ [여기서, ΔV : 체적변화량, V : 체적, ν : 푸아송비, ε : 변형률]

풀이

$$\nu = \frac{\varepsilon_{가로}}{\varepsilon_{세로}} = \frac{\dfrac{\delta}{d}}{\dfrac{\sigma}{E}} = \frac{\dfrac{\delta}{d}}{\dfrac{P}{AE}} = \frac{AE\delta}{dP}$$

※ 후크의 법칙($\sigma = E\varepsilon$)과 응력($\sigma = \dfrac{P}{A}$)를 사용하였다.

$$\nu = \frac{AE\delta}{dP} \rightarrow$$

$$\delta = \frac{\nu dP}{AE} = \frac{0.25 \times 40\text{mm} \times 10{,}000 \times 10^3 \text{N}}{\dfrac{1}{4}\pi \times 40\text{mm}^2 \times 2 \times 10^5 \text{MPa}} = \frac{0.25 \times 40\text{mm} \times 10{,}000 \times 10^3 \text{N}}{\dfrac{1}{4}\pi \times 40\text{mm}^2 \times 2 \times 10^5 \text{N/mm}^2} = \frac{10}{8\pi}\text{mm} = \frac{1}{8\pi}\text{cm}$$

[여기서, $G = 10^9$, $M = 10^6$, $1\text{MPa} = 1\text{N/mm}^2$]

05

정답 ④

[단면의 성질]

• x축, y축에 대한 단면 1차 모멘트는 $Q_x = \sum a_i y_i$, $Q_y = \sum a_i x_i$이며, (면적×거리)의 합이므로 단위는 mm^3, m^3 등으로 표시한다.

• x축, y축에 대한 단면 2차 모멘트는 $I_x = \sum a_i y_i^2$, $I_y = \sum a_i x_i^2$으로 항상 (+)값을 가지며, (면적×거리^2)의 합이므로 단위는 mm^4, m^4 등으로 표시한다.

• 단면계수(section modulus)는 단면 2차 모멘트를 도심축으로부터 최상단 또는 최하단까지의 거리로 나눈 값으로 단위는 mm^3, m^3 등으로 표시한다.

• 극관성모멘트(단면 2차 극모멘트)는 x축에 대한 단면 2차 모멘트 I_x와 y축에 대한 단면 2차 모멘트의 합으로 구할 수 있다. 즉, 극관성모멘트(I_P) $= I_x + I_y$이다.

  ※ 원형 단면의 경우, 극관성모멘트(I_P)와 단면 2차 모멘트(I)는 $I_P = I_x + I_y = 2I$의 관계를 갖는다.

• 도심을 지나는 축에 대한 단면 1차 모멘트는 항상 0의 값을 갖는다.

• 단면 상승모멘트(I_{xy}) $= \displaystyle\int xy\,dA \rightarrow x$, y값의 부호가 반대인 영역이 더 많으면 $I_{xy} < 0$이 가능하다.

06

정답 ②

냉동능력		단위시간에 증발기에서 흡수하는 열량을 냉동능력(kcal/h)이라고 한다. 냉동능력의 단위로는 1냉동톤(1RT)이 있다. • 1냉동톤(1RT) : 0℃의 물 1ton을 24시간 동안에 0℃의 얼음으로 바꾸는 데 제거해야 할 열량 또는 그 능력 • 1미국냉동톤(1USRT) : 32°F의 물 1ton(2,000lb)을 24시간 동안에 32°F의 얼음으로 만드는 데 제거해야 할 열량 또는 그 능력
	1RT	3,320kcal/h＝3.86kW [여기서, 1kW＝860kcal/h, 1kcal＝4.18kJ] ※ 0℃의 얼음을 0℃의 물로 상변화시키는 데 필요한 융해잠열 : 79.68kcal/kg ※ 0℃의 물에서 0℃의 얼음으로 변할 때 제거해야 할 열량 : 79.68kcal/kg → 물 1ton이므로 1,000kg이다. 이를 식으로 표현하면 1,000kg×79.68kcal/kg＝79,680kcal가 된다. 24시간 동안 얼음으로 바꾸는 것이므로 79,680kcal/24h＝3,320kcal/h가 된다.
	1USRT	3,024kcal/h
냉동효과		증발기에서 냉매 1kg이 흡수하는 열량을 말한다.
제빙톤		25℃의 물 1ton을 24시간 동안에 −9℃의 얼음으로 만드는 데 제거해야 할 열량 또는 그 능력을 말한다(열손실은 20%로 가산한다) • 1제빙톤 : 1.65RT
냉각톤		냉동기의 냉동능력 1USRT당 응축기에서 제거해야 할 열량으로, 이때 압축기에서 가하는 엔탈피를 860kcal/h로 가정한다. • 1냉각톤(1CRT) : 3,884kcal/h
보일러마력		100℃의 물 15.65kg을 1시간 이내에 100℃의 증기로 만드는 데 필요한 열량을 말한다. ※ 100℃의 물에서 100℃의 증기로 상태변화시키는 데 필요한 증발잠열 : 539kcal/kg • 1보일러마력 : 8435.35kcal/h＝539kcal/kg×15.65kg

[열량의 표현]

1CHU	물 1lb를 1℃ 올리는 데 필요한 열량 • 1CHU＝0.4536kcal
1BTU	물 1lb를 1°F 올리는 데 필요한 열량 • 1BTU＝0.252kcal

07

정답 ④

실린더 내부의 온도가 변화하지 않았으므로 "등온과정"이다.

등온과정에서 $\delta W＝\delta Q$ 이다.

$\delta W＝PdV \rightarrow 8\times10^5\times(V_2-2)＝-6.4\times10^5 \rightarrow 8(V_2-2)＝-6.4 \rightarrow 8V_2＝-6.4+16＝9.6$

$\therefore V_2＝\dfrac{9.6}{8}＝1.2\text{m}^3$

08

정답 ①

[열역학의 법칙]

열역학 제0법칙	• 열평형의 법칙 • 두 물체 A, B가 각각 물체 C와 열적 평형상태에 있다면, 물체 A와 물체 B도 열적 평형 상태에 있다는 것과 관련이 있는 법칙으로, 이때 알짜열의 이동은 없다. • 온도계의 원리와 관계된 법칙
열역학 제1법칙	• 에너지 보존의 법칙 • 계 내부의 에너지의 총합은 변하지 않는다. • 물체에 공급된 에너지는 물체의 내부에너지를 높이거나 외부에 일을 하므로 에너지의 양은 일정하게 보존된다. • 열은 에너지의 한 형태로서 일을 열로 변환하거나 ,열을 일로 변환하는 것이 가능하다. • 열효율이 100% 이상인 제1종 영구기관은 열역학 제1법칙에 위배된다. • 열효율이 100% 이상인 열기관을 얻을 수 없다.
열역학 제2법칙 (엔트로피의 법칙)	• 에너지의 방향성을 명시하는 법칙(열은 항상 고온에서 저온으로 흐른다, 열은 스스로 저온의 물질에서 고온의 물질로 이동하지 않는다) • 열기관에서 작동물질이 일을 하게 하려면 그보다 더 저온인 물질이 필요하다. • 열은 항상 고온에서 저온으로 이동하기 때문에 열기관에서 더 저온인 물질이 필요하며 열이 이동해야만 공급된 열과 방출된 열의 차이만큼 외부로 일이 만들어지기 때문이다. • 비가역성을 명시하는 법칙으로 엔트로피는 항상 증가한다. • 절대온도의 눈금을 정의하는 법칙 • 하나의 열원에서 얻어진 열을 모두 일로 바꾸는 기관은 존재하지 않는다. • 열효율이 100%인 제2종 영구기관은 열역학 제2법칙에 위배된다. → 열효율이 100%인 열기관을 얻을 수 없다. • 외부의 도움 없이 스스로 일어나는 반응은 열역학 제 법칙과 관련이 있다. ※ <u>비가역의 예시</u> : 혼합, 자유팽창, 확산, 삼투압, 마찰, 열의 이동, 화학반응 등 ※ <u>필수</u> : 자유팽창은 <u>등온으로</u> 간주하는 과정이다.
열역학 제3법칙	• 네른스트 : 어떤 방법에 의해서도 물질의 온도를 절대 영도까지 내려가게 할 수 없다. • 플랑크 : 모든 물질이 열역학적 평형상태에 있을 때 절대온도가 0에 가까워지면 엔트로 피도 0에 가까워진다 $\left(\lim_{t \to 0} \Delta S = 0 \right)$.

※ 엔트로피＝무질서도

09

정답 ③

이상적인 랭킨 사이클의 재생 사이클에서 추기 1회당 필요한 급수가열기는 1대이다.

10

정답 ③

[기브스의 자유에너지(G)]
온도와 압력이 일정한 조건에서 화학반응의 자발성 여부를 판단하기 위해 주위와 관계없이 계의 성질만으로 나타낸 것이다.

∴ 자유에너지 변화량$(\Delta G) = \triangle H - T\Delta S$

※ '기계의 진리' 블로그에서 "자유에너지"를 검색하여 상세한 설명을 참고하면서 꼭 학습하길 바란다.

11 정답 ③

[랭킨 사이클의 순서]

보일러 → 터빈 → 응축기(복수기, 콘덴서) → 펌프

• 보일러(정압가열) : 석탄을 태워 얻은 열로 물을 데워 과열증기를 만들어내는 장치이다.
• 터빈(단열팽창) : 보일러에서 만들어진 과열증기로 팽창일을 만들어내는 장치이다. 터빈은 과열증기가 단열팽창되는 곳으로 과열증기가 가지고 있는 열에너지가 기계에너지로 변환되는 곳이라고 보면 된다.
• 복수기(정압방열) : 응축기(condenser)라고도 하며 증기를 물로 바꿔주는 장치이다.
• 펌프(단열압축) : 복수기에서 다시 만들어진 물을 보일로 보내주는 장치이다.

12 정답 ②

하나로 연결된 관에 흐르는 유량(Q)은 변하지 않는다. 따라서, 연속방정식 "$Q = AV$"에 따라 단면적(A)과 유속(V)은 반비례관계라는 것을 알 수 있다. 따라서, A지점과 B지점의 단면적의 비가 3 : 1이므로 유속의 비는 1 : 3이다.

※ 쉽게 생각하면 그림에서 B지점의 관이 더 좁다. 즉, B지점의 관의 단면적이 더 좁기 때문에 A지점보다 유속(V)이 빠를 것이다.

A지점과 B지점을 기준으로 베르누이방정식$\left(P + \rho\dfrac{v^2}{2} + \rho gh = C\right)$을 사용한다.

$$P_A + \rho\frac{v_A^2}{2} + \rho gh = P_B + \rho\frac{v_B^2}{2} + \rho gh$$

A지점과 B지점은 지면으로부터 높이가 동일하기 때문에 다음과 같이 식을 만들 수 있다.

$$P_A + \rho\frac{v_A^2}{2} = P_B + \rho\frac{v_B^2}{2} \rightarrow P_A + \rho\frac{v_A^2}{2} = P_B + \rho\frac{(3v_A)^2}{2}$$

이때, $P_A = P_B + \rho gh$의 관계가 성립한다. A지점에는 h(10cm) 높이의 유체기둥이 누르고 있기 때문이다.

$$P_B + \rho gh + \rho\frac{v_A^2}{2} = P_B + \rho\frac{(3v_A)^2}{2} \rightarrow \rho gh = \rho\frac{(3v_A)^2}{2} - \rho\frac{v_A^2}{2}$$

$$\rightarrow \rho gh = \rho\frac{1}{2}(9v_A^2 - v_A^2) = \rho\frac{1}{2} \times 8v_A^2 = 4\rho v_A^2 \rightarrow gh = 4v_A^2$$

$$v_A = \sqrt{\frac{gh}{4}} = \sqrt{\frac{10 \times 0.1}{4}} = \sqrt{\frac{1}{4}} = \frac{1}{2} = 0.5\text{m/s}$$

13

정답 ③

연속방정식($Q = A_1 V_1 = A_2 V_2$)을 사용한다.

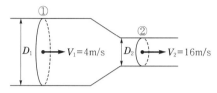

$A_1 V_1 = A_2 V_2 \rightarrow \left(\dfrac{1}{4} \pi D_1^2 \right) V_1 = \left(\dfrac{1}{4} \pi D_2^2 \right) V_2 \rightarrow D_1^2 V_1 = D_2^2 V_2 \rightarrow 4^2 \times 4 = D_2^2 \times 16 \rightarrow 4 = D_2^2$

$\rightarrow D_2 = 2\text{m}$

14

정답 ④

[레이놀즈수(Re)]

<u>층류와 난류를 구분하는 척도로 사용되는 무차원수이다.</u>

레이놀즈수(Re)	$Re = \dfrac{\rho V d}{\mu} = \dfrac{V d}{\nu} = \dfrac{\text{관성력}}{\text{점성력}}$ [여기서, ρ : 유체의 밀도, V : 속도(유속), d : 관의 지름(직경), ν : 유체의 점성계수] 레이놀즈수(Re)는 점성력에 대한 관성력의 비라고 표현된다. ※ 동점성계수(ν) $= \dfrac{\mu}{\rho}$		

범위	원형 관	상임계레이놀즈수 (층류 → 난류로 변할 때)	4,000
		하임계레이놀즈수 (난류 → 층류로 변할 때)	2,000~2,100
	평판	임계레이놀즈수	500,000($= 5 \times 10^5$)
	개수로	임계레이놀즈수	500
	관 입구에서 경계층에 대한 임계레이놀즈수		600,000($= 6 \times 10^5$)

[원형 관(원관, 파이프)에서의 흐름 종류의 조건]

층류 흐름	$Re < 2,000$
천이구간	$2,000 < Re < 4,000$
난류 흐름	$Re > 4,000$

※ 일반적으로 임계레이놀즈수라고 하면 "하임계레이놀즈수"를 말한다.
※ 임계레이놀즈수를 넘어가면 난류 흐름이다.
※ 관수로 흐름은 주로 <u>압력</u>의 지배를 받으며, 개수로 흐름은 주로 <u>중력</u>의 지배를 받는다.
※ 관내 흐름에서 자유수면이 있는 경우에는 개수로 흐름으로 해석한다.

[경계층(boundary layer)]
- 유체가 유동할 때 점성(마찰)의 영향으로 생긴 얇은 층을 말한다.
- 경계층 두께(δ)는 유체의 속도(U)가 자유흐름속도(U_∞, 균일속도)의 99%가 되는 지점까지의 수직거리를 말한다. 즉, $U/U_\infty = 0.99$가 되는 지점까지의 수직거리이다.

층류에서의 경계층 두께	$$\delta = \frac{4.65x}{\sqrt{Re_x}} \fallingdotseq \frac{5x}{\sqrt{Re_x}} \fallingdotseq \frac{5x}{Re_x^{\frac{1}{2}}}$$ ※ $Re_x = \dfrac{U_\infty x}{\nu}$ [여기서, x : 평판 선단으로부터 떨어진 거리, ν : 동점성계수] **[층류에서의 경계층 두께(δ)_평판]** $$\delta = \frac{4.65x}{\sqrt{Re_x}} = \frac{4.65x}{\sqrt{\dfrac{U_\infty x}{\nu}}} = \frac{4.65x^{\frac{1}{2}}}{\sqrt{\dfrac{U_\infty}{\nu}}} = \frac{4.65x^{\frac{1}{2}}\sqrt{\nu}}{\sqrt{U_\infty}}$$ $\therefore \delta \propto x^{\frac{1}{2}}$ 의 관계식이 도출된다. 즉, 층류에서의 경계층 두께(δ)는 위의 식에 근거하여 레이놀즈수(Re_x)의 $\dfrac{1}{2}$ 제곱에 반비례하며, 평판으로부터 떨어진 거리(x)의 $\dfrac{1}{2}$ 제곱에 비례함을 알 수 있다.
난류에서의 경계층 두께	$$\delta = \frac{0.376x}{\sqrt[5]{Re_x}} = \frac{0.376x}{Re_x^{\frac{1}{5}}}$$ ※ $Re_x = \dfrac{U_\infty x}{\nu}$
관련 특징	- 층류 경계층은 얇고, 난류 경계층은 두꺼우며, 층류는 항상 난류 앞에 있다. - 경계층 두께(δ)는 균일속도가 크고 유체의 점성이 작을수록 얇아진다. 그리고, 레이놀즈수(Re_x)가 작을수록 두꺼워지며, 평판 선단으로부터 하류로 갈수록 두꺼워진다. - 난류 경계층은 유동 박리를 늦춰준다.
층류저층	- 난류 경계층 내에서 성장한 층류층으로 층류 흐름에서 속도분포는 거의 포물선의 형태로 변화하나, 난류층 내의 벽면 근처에서는 선형적으로 변한다. 층류저층의 경계층 두께(δ) $= \dfrac{11.6\nu}{V\sqrt{\dfrac{f}{8}}}$ [여기서, ν : 동점성계수, V : 속도(유속), f : 관마찰계수] - 층류저층(점성저층, 층류막) 속에서의 흐름의 특성은 층류와 유사하다.

15

[모세관현상(capillary phenomenon)]

액체의 응집력과 관과 액체 사이의 부착력에 의해 발생되는 현상이다.

※ 응집력 : 동일한 분자 사이에 작용하는 인력

특징	• 물의 경우 응집력보다 부착력이 크기 때문에 모세관 안의 유체 표면이 상승(위로 향한다)하게 된다. • 수은의 경우 응집력이 부착력보다 크기 때문에 모세관 안의 유체 표면이 하강(아래로 향한다)하게 된다. • 관이 경사져도 액면 상승높이에는 변함이 없다. • 접촉각이 90°보다 클 때(둔각)에는 액체의 높이는 하강한다. • 접촉각이 0~90°(예각)일 때는 액체의 높이는 상승한다.
예	• 식물은 토양 속의 수분을 모세관현상에 의해 끌어올려 물속에 용해된 영양물질을 흡수한다. • 고체(파라핀) → 액체 → 모세관현상으로 액체가 심지를 타고 올라간다. • 종이에 형광펜을 이용하여 그림을 그린다. • 종이에 만년필을 이용하여 글씨를 쓴다.

액면상승 높이	관의 경우	$h = \dfrac{4\sigma\cos\beta}{\gamma d}$ [여기서, h : 액면 상승높이, σ : 표면장력, β : 접촉각, γ : 비중량, d : 지름]
	평판의 경우	$h = \dfrac{2\sigma\cos\beta}{\gamma d}$ [여기서, h : 액면 상승높이, σ : 표면장력, β : 접촉각, γ : 비중량, d : 지름]

풀이

$$h = \frac{4\sigma\cos\beta}{\gamma d} = \frac{4 \times 0.36\mathrm{N/m} \times \cos 60°}{9,800\mathrm{N/m}^3 \times 0.0002\mathrm{m}} = \frac{4 \times 0.36\mathrm{N/m} \times \dfrac{1}{2}}{10,000\mathrm{N/m}^3 \times 0.0002\mathrm{m}} = 0.36\mathrm{m}$$

※ 물의 밀도$(\rho) = 1,000\mathrm{kg/m}^3$

※ $\gamma = \rho g$일 때, $g = 10\mathrm{m/s}^2$이므로 물의 비중량$(\gamma) = 1,000 \times 10 = 10,000\mathrm{N/m}^3$

16

어떤 물체가 액체 속에 일부만 잠긴 채 뜨게 되면 물체의 무게(중력, mg)과 액체에 의해 수직상방향으로 물체에 작용하게 되는 부력 ($\gamma_{액체} V_{잠긴\ 부피}$)이 힘의 평형관계가 있게 된다. 이를 중성부력(mg =부력)이라 한다[단, 부력($\gamma_{액체} V_{잠긴\ 부피}$)은 $\rho_{액체} g V_{잠긴\ 부피}$와 같다].

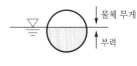

양성부력	부력 > 중력에 의한 물체의 무게(물체가 점점 뜬다)
중성부력	부력 = 중력에 의한 물체의 무게(물체가 수면에 떠있는 상태)
음성부력	부력 < 중력에 의한 물체의 무게(물체가 점점 가라앉는다)

$mg = \rho_{유체} g V_{잠긴 부피}$를 이용한다. 이때, $\rho = \dfrac{m}{V}$이므로 $m = \rho V$가 된다.

$\rho_{물체} V_{전체 부피} g = \rho_{유체} g V_{잠긴 부피} \rightarrow \rho_{물체} V_{전체 부피} = \rho_{유체} V_{잠긴 부피} \rightarrow \dfrac{V_{잠긴 부피}}{V_{전체 부피}} = \dfrac{\rho_{물체}}{\rho_{유체}} = 0.5$

$\therefore \rho_{유체} = \dfrac{\rho}{0.5} = 2\rho$

17

정답 ②

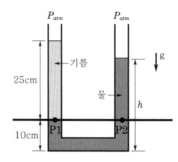

<u>동일선상에 작용하는 액체에 의한 압력은 깊이가 동일하므로 압력이 같다.</u>

※ 액체에 의한 압력(액체의 압력) : 압력을 구하고자 하는 해당 지점에서 액체에 의한 압력은 그 지점으로 부터 위로 채워져 있는 액체의 양에 의해 눌려지는 압력이다. 깊이(높이)에 따른 압력은 "$P = \gamma h = \rho g h$"로 구할 수 있다.

    [여기서, P : 압력, γ : 액체의 비중량($= \rho g$), h : 깊이(높이), ρ : 액체의 밀도, g : 중력가속도]

풀이

㉠ 1지점에서의 압력은 25cm의 높이에 해당하는 기름의 양에 의해 눌려지는 압력이다. 따라서, $P_1 = \rho_o g (25)$로 구할 수 있다.

㉡ 2지점에서의 압력은 $(h-10)$cm의 높이에 해당하는 물의 양에 의해 눌려지는 압력이다. 따라서 $P_2 = \rho_w g (h-10)$로 구할 수 있다.

    ※ <u>동일선상에 작용하는 액체에 의한 압력은 깊이(높이)가 동일하므로 압력이 같다.</u> 그리고, 관이 모두 대기 중으로 개방되어 있어 양쪽 모두 "대기압"의 영향을 받기 때문에 "대기압"이 상쇄되므로 "대기 압"은 고려하지 않아도 된다.

    $P_1 = P_2 \rightarrow \rho_o g(25) = \rho_w g(h-10)$이 된다. 이때, 물의 밀도($\rho_w$) $= 1,000\text{kg/m}^3$이며, 기름의 밀 도(ρ_o) $= 0.8 \times 1,000\text{kg/m}^3 = 800\text{kg/m}^3$가 된다.

    ※ $S_{물질 또는 물체의 비중} = \dfrac{어떤 물질(물체)의 밀도(\rho) 또는 비중량(\gamma)}{4℃에서의 물의 밀도(\rho_{H_2O}) 또는 물의 비중량(\gamma_{H_2O})}$

㉢ $\rho_o g(25) = \rho_w g(h-10) \rightarrow \rho_o (25) = \rho_w (h-10) \rightarrow 800 \times 25 = 1,000 \times (h-10)$

    $\rightarrow \dfrac{800}{1,000} \times 25 = h - 10 \rightarrow 20 = h - 10 \rightarrow h = 30\,\text{cm}$

※ <u>대기압(P_{atm})을 고려한다면</u>

    $P_1 = P_2 \rightarrow \rho_o g h_0 + 대기압 = \rho_w g \times 30 + 대기압$

"$\rho_o g h_0 +$대기압$= \rho_w g \times 30 +$대기압의 식에서 좌변, 우변의 대기압은 1기압으로 동일하므로 "대기압" 부분이 상쇄된다.

18
정답 ⑤

[골프공의 딤플(표면에 파인 작은 홈)]

골프공에 파인 작은 홈은 공기저항을 감소시킨다. 저항은 공 뒤쪽에 생기는 소용돌이 때문에 발생하며, 소용돌이가 생기면 공기의 압력이 내려가고 공을 뒤쪽으로 잡아당기는 저항력이 발생한다. 이때, 공의 딤플은 공에서 가장 가까운 공기의 경계층 자체에 난기류(난류의 형태)를 형성해준다. 경계층은 공의 뒷부분으로 돌아가며 분리되는데, 이때 난기류(난류의 형태)가 형성되면서 경계층의 분리를 지연시켜주고 그 결과 공 전체의 기압차가 감소하게 돼 항력이 줄어들게 된다. 즉, 딤플이 있으면 공 뒤쪽에 소용돌이가 잘 생기지 않아 공기저항이 감소한다. 이로 인해 골프공 뒤에서 발생하는 후류의 폭이 줄어든다. 공 전체의 기압차가 감소하고, 그 결과 공의 항력은 표면이 매끄러운 공의 절반으로 줄어든다. 항력을 적게 받으면 골프공의 속도가 덜 줄어들게 되므로 골프공의 비거리가 늘어나게 되는 것이다.

19
정답 ③

㉠ $S_{물질\ 또는\ 물체의\ 비중} = \dfrac{어떤\ 물질(물체)의\ 밀도(\rho)\ 또는\ 비중량(\gamma)}{4℃에서의\ 물의\ 밀도(\rho_{H_2O})\ 또는\ 물의\ 비중량(\gamma_{H_2O})}$

※ 단, $\rho_{H_2O} = 1,000 kg/m^3$, $\gamma_{H_2O} = 9,800 N/m^3$이다.

※ 비중량$(\gamma) =$ 밀도$(\rho) \times$ 중력가속도(g)

㉡ 비중이 4.5인 유체의 밀도는 $4.5 \times 1,000 kg/m^3 = 4,500 kg/m^3$이다.

㉢ $1 poise = 0.1 N \cdot s/m^2 = 0.1 Pa \cdot s$이며, poise는 점성계수$(\mu)$의 단위이다.
1 stokes $= 1 cm^2/s$이며, stokes는 동점성계수(ν)의 단위이다.

㉣ 동점성계수 $3 stokes = 3 cm^2/s = 3 \times (10^{-2} m)^2/s = 3 \times 10^{-4} m^2/s$이다.

㉤ 동점성계수$(\nu) = \dfrac{\mu(점성계수)}{\rho(밀도)}$ 이므로, $\mu = \rho \nu$이다.

∴ $\mu = \rho \nu = 4,500 kg/m^3 \times 3 \times 10^{-4} m^2/s = 13,500 \times 10^{-4} kg/m \cdot s = 1.35 kg/m \cdot s$

20
정답 ④

[등가속도운동]

$v = v_0 + at$

㉠ 초기에 정지상태이므로 초기 속력은 $v_0 = 0$이다. 즉, $v = at$이며 $t = \dfrac{v}{a}$가 된다. 이때, 물체는 자유낙하를 하기 때문에 중력가속도의 영향을 받으므로 $a = g$이다. 따라서, 바닥에 닿기 직전의 속력을 v라고 한다면, v만큼 되기 위해 자유낙하하는 데 걸리는 시간$(t_1) = \dfrac{v}{g} = \dfrac{v}{10}$가 된다.

㉡ 자유낙하한 거리를 h라고 한다면, $mgh = \dfrac{1}{2}mv^2$이 성립한다(역학적 에너지 보존의 법칙).

$$\rightarrow h = \frac{1}{2g}v^2 = \frac{v^2}{2 \times 10} = \frac{v^2}{20}$$

ⓒ 바닥에 부딪히는 소리가 옥상까지 전달되는 데 걸리는 시간(t_2)은 지면에서 옥상까지 거리(높이)를 속

력(음속)으로 나누면 된다. 따라서, $t_2 = \dfrac{h}{320} = \dfrac{\frac{v^2}{20}}{320} = \dfrac{v^2}{6,400}$이 된다.

ⓔ $t_1 + t_2 = 9$초이므로 $\dfrac{v}{10} + \dfrac{v^2}{6,400} = 9 \rightarrow v^2 + 640v - 57,600 = (v + 720)(v - 80) = 0$이 된다.

$v > 0$이므로 $v = 80\text{m/s}$가 된다.

※ 인수분해가 어렵다면, 보기 ①부터 순서대로 대입하여 답을 찾아도 된다.

21

정답 ③

등속구간의 속도를 v라고 할 때, 물체의 운동상황을 속도−시간그래프에 표현하면 다음 그림과 같다.

속도−시간그래프에서 아래 면적(사다리꼴면적)이 총이동거리와 같으므로 다음과 같다.

$$\frac{16 + 4}{2}v = 200 \rightarrow 20v = 400 \rightarrow v = 20\text{m/s}$$

∴ 등속구간의 이동거리=속도×시간=20×4=80m

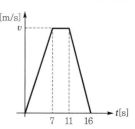

22

정답 ③

열유속이 일정한 조건에서 원형 내의 완전 발달 층류유동에서의 누셀수(Nusselt number)는 4.36이다.

23

정답 ①

[프란틀수(Pr, Prandtl number)]

• $\text{Pr} = \dfrac{C_p \mu}{k} = \dfrac{\nu}{\alpha} = \dfrac{\text{운동량전달계수}}{\text{열전달계수}} = \dfrac{\text{운동량 확산도}}{\text{열확산도(≒열확산계수)}} = \dfrac{\text{momentum diffusivity}}{\text{thermal diffusivity}}$

• $\text{Pr} = \dfrac{C_p \mu}{k} = \dfrac{\nu}{\alpha} = \dfrac{\text{운동량의 전달}}{\text{열에너지의 전달}} = \dfrac{\text{동력학적 경계층의 두께(확산도)}}{\text{열경계층의 두께(확산도)}}$

[여기서, C_p : 정압비열(kcal/kg · ℃), μ : 점도(N · s/m²), k : 열전도도(kcal/m · s · ℃), ν : 동점도 (m²/s), α : 열확산도(m²/s)]

ⓒ 열전달에서 사용되는 "운동량 확산도와 열 확산도의 비"를 나타내는 무차원수이다.

ⓛ "열전달계수에 대한 운동량전달계수"이다 $\left(A\text{에 대한 } B = \dfrac{B}{A}\right)$.

ⓒ 열확산도(≒열확산계수)는 어떤 물질이 가지고 있는 열을 빨리 퍼져나가게 하는 정도이다.

수치 범위		• 일반적으로 대부분의 액체에서 프란틀수는 1보다 크며, 기체에서 프란틀수는 1보다 작다. • 물의 프란틀수는 약 1~10 정도이며, 가스 및 수증기(steam)의 프란틀수는 약 1이다. • 프란틀수는 액체에서 온도에 따라 변화하며 기체에서는 거의 일정한 값을 유지한다. • 프란틀수가 1보다 매우 크면 운동량 확산이 빨라 전도보다 대류에 의하여 열이 전달된다.
	액체금속	• 열이 운동량에 비해 매우 빠르게 확산하므로 프란틀수는 매우 작다. $Pr \ll 1$
	오일	• 열이 운동량에 비해 매우 느리게 확산하므로 프란틀수는 매우 크다. $Pr \gg 1$
열경계층(δ_t)		유체의 흐름에서 온도구배가 있는 영역이다. 온도구배는 유체와 벽 사이의 열교환과정 때문에 발생한다. **[프란틀수(Pr)에 따른 열경계층(δ_t)과 유동(속도)경계층(δ)의 관계]**
	$Pr \gg 1$	• 열경계층 두께(δ_t)가 유동경계층 두께(δ)보다 작다($\delta_t < \delta$). • 유동경계층이 열경계층보다 빠른 속도로 증가(확산)한다.
	$Pr = 1$	• 열경계층 두께(δ_t)가 유동경계층 두께(δ)가 같다($\delta_t = \delta$). • 유동경계층이 열경계층보다 같은 속도로 증가(확산)한다.
	$Pr \ll 1$	• 열경계층 두께(δ_t)가 유동경계층 두께(δ)보다 크다($\delta_t > \delta$). • 유동경계층이 열경계층보다 느린 속도로 증가(확산)한다.

24

[바로걸기(오픈걸기)의 벨트의 길이(L)공식]

$$L = 2C + \frac{\pi(D_2 + D_1)}{2} + \frac{(D_2 - D_1)^2}{4C}$$

[여기서, C : 축간거리(중심거리), D_1 : 원동풀리의 지름, D_2 : 종동풀리의 지름]

[엇걸기(크로스걸기)의 벨트의 길이(L'')공식]

$$L'' = 2C + \frac{\pi(D_2 + D_1)}{2} + \frac{(D_2 + D_1)^2}{4C}$$

[여기서, C : 축간거리(중심거리), D_1 : 원동풀리의 지름, D_2 : 종동풀리의 지름]

풀이

$$L = 2C + \frac{\pi(D_2 + D_1)}{2} + \frac{(D_2 - D_1)^2}{4C} = 2 \times 500 + \frac{3 \times (400 + 200)}{2} + \frac{(400 - 200)^2}{4 \times 500} = 1,920\text{mm}$$

제4회 실전 모의고사　　**385**

25

정답 ④

베어링 압력$(p) = \dfrac{P}{dl(\text{투영면적})}$

[여기서, P : 베어링하중, d : 저널의 지름, l : 저널의 길이]

풀이

$p = \dfrac{P}{dl} = \dfrac{10,000\text{N}}{100\text{mm} \times 200\text{mm}} = 0.5\text{N/mm}^2 = 0.5\text{MPa}$

[단, $1\text{MPa} = 1\text{N/mm}^2$]

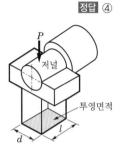

26

정답 ④

[인벌류트 곡선과 사이클로이드 곡선의 특징]

인벌류트 곡선	사이클로이드 곡선
• 동력전달장치에 사용하며 값이 싸고 제작이 쉽다. • 치형의 가공이 용이하고 정밀도와 호환성이 우수하다. • 압력각이 일정하며 물림에서 축간거리가 다소 변해도 속비에 영향이 없다. • 이뿌리 부분이 튼튼하나, 미끄럼이 많아 소음과 마멸이 크다. • 인벌류트 치형은 압력각과 모듈이 모두 같아야 호환될 수 있다.	• 언더컷이 발생하지 않으며 중심거리가 정확해야 조립할 수 있다. • 치형의 가공이 어렵고 호환성이 적다. • 압력각이 일정하지 않으며 피치점이 완전히 일치하지 않으면 물림이 불량하다. • 미끄럼이 적어 소음과 마멸이 적고 잇면의 마멸이 균일하다. • 효율이 우수하다. • 시계에 주로 사용한다.

27

정답 ③

[베어링메탈의 구비조건]
• 하중 및 피로에 대한 충분한 강도를 가지고 있을 것
• 축에 눌러붙지 않는 내열성을 가질 것
• 내식성이 높을 것
• 유막의 형성이 쉬울 것
• 축의 처짐과 미세한 변형에 대하여 잘 융합할 것
• 베어링에 흡입된 미세한 먼지 등의 흡착력이 좋을 것
• 내마멸성 및 내구성이 좋을 것
• 마찰계수가 작을 것
• 마찰열을 소산시키기 위해 열전도율이 좋을 것
• 주조와 다듬질 등의 공작이 쉬울 것
• 축재료보다 연하면서 압축강도가 클 것

28

기본열처리법	담금질(Quenching, 소입), 뜨임(tempering, 소려), 풀림(annealing, 소둔), 불림(Normalizing, 소준)
표면경화법	침탄법, 질화법, 청화법, 고주파 경화법, 화염경화법, 숏피닝, 하드페이싱 등
항온열처리법	항온뜨임, 항온풀림, 항온담금질(오스템퍼링, 마템퍼링, 마퀜칭, MS퀜칭), 오스포밍

물리적 표면경화법 (표면의 화학조성을 바꾸지 않고 경화층을 만드는 방법)		화학적 표면경화법 (표면의 화학조성을 변화시켜 표면층만을 경화시키는 방법)
화염경화법, 고주파 표면경화법, 숏피닝, 하드페이싱 등		침탄법, 질화법, 침탄질화법, 금속침투법 등

[금속침투법의 종류]

- 칼로라이징 : 철강 표면에 알루미늄(Al)을 확산·침투시키는 방법으로, 확산제로는 알루미늄, 알루미나 분말 및 염화암모늄을 첨가한 것을 사용하며 800~1,000℃ 정도로 처리한다. 또한, 고온산화에 견디기 위해서 사용된다.
- 실리콘나이징 : 철강 표면에 규소(Si)를 침투시켜 방식성을 향상시키는 방법이다.
- 보로나이징 : 표면에 붕소(B)를 침투 확산시켜 경도가 높은 보론화층을 형성시키는 방법으로 저탄소강의 기어 이 표면의 내마멸성 향상을 위해 사용된다. 경도가 높아 처리 후 담금질이 불필요하다.
- 크로마이징 : 강재 표면에 크롬(Cr)을 침투시키는 방법으로 담금질한 부품을 줄일 목적으로 사용되며 내식성이 증가된다.
- 세라다이징 : 고체 아연(Zn)을 침투시키는 방법으로 원자 간의 상호 확산이 일어나며 대기 중 부식 방지 목적으로 사용된다.

29

[충전율(APF, Atomic Packing Factor)]

공간채움율과 같은 말로 단위격자(단위세포) 내 공간에서 원자들이 공간을 채운 부분의 비율을 말한다.

- 단순입방격자의 충전율 $= \dfrac{\dfrac{4}{3}\pi R^3}{(2R)^3} \fallingdotseq 52\%$

- 체심입방격자의 충전율 $= \dfrac{2 \times \dfrac{4}{3}\pi R^3}{\left(\dfrac{4}{\sqrt{3}}R\right)^3} \fallingdotseq 68\%$

- 면심입방격자의 충전율 $= \dfrac{4 \times \dfrac{4}{3}\pi R^3}{(2\sqrt{2}R)^3} \fallingdotseq 74\%$

- 조밀육방격자의 충전율 $= \dfrac{2 \times \dfrac{4}{3}\pi R^3}{a^2 \sin 60 \times 1.633a} \fallingdotseq 74\%$ [단, $a = 2R$일 때]

구분	단순입방격자 (SC, Simple Cubic)	체심입방격자 (BCC, Body Centered Cubic)	면심입방격자 (FCC, Face Centered Cubic)	조밀육방격자 (HCP, Hexagonal Closed Packed)
단위격자(단위세포) 내 원자수	1개	2개	4개	2개
배위수 (인접 원자수)	6개	8개	12개	12개
충전율(공간채움률)	52%	68%	74%	74%

30
정답 ④

탄소함유량이 증가할수록 증가하는 성질	• 비열과 전기저항이 증가한다. • 강도, 경도, 항복점이 증가한다. • 항자력이 증가한다. • 취성이 증가한다.
탄소함유량이 증가할수록 감소하는 성질	• 용융점, 비중, 열전도율, 전기전도율, 열팽창계수가 감소한다. • 인성, 연성, 연신율, 단면수축률, 충격값, 충격치가 감소한다.

31
정답 ③

[경도 순서]

여러 조직의 경도 순서	시멘타이트(C) > 마텐자이트(M) > 트루스타이트(T) > 베이나이트(B) > 소르바이트(S) > 펄라이트(P) > 오스테나이트(A) > 페라이트(F)
담금질 조직 경도 순서	마텐자이트(M) > 트루스타이트(T) > 소르바이트(S) > 오스테나이트(A)

※ 암기법 : 시(C)멘(M)트(T) 부(B)셔(S)! 팔(P) 아(A)파(F).

32
정답 ③

철합금 및 티타늄합금에서는 뚜렷한 피로한계가 나타난다.

33

[기계재료의 기계적 성질]

구분	내용
강도	• 외력에 대한 저항력을 말한다. • 재료에 정적인 힘을 가할 때 견딜 수 있는 정도이다.
경도	• 재료의 단단함을 의미하는 성질로, 재료 표면이 손상에 저항하는 능력을 나타낸다. • 일반적으로 강도가 증가하면 경도도 증가한다.
인성	• 질긴 성질로, 충격에 대한 저항성질을 말한다. • 재료가 파단(파괴)될 때까지 단위체적당 재료가 흡수한 에너지를 말한다. • 충격값(충격치)은 금속재료의 인성의 척도를 나타내는 값으로, 이 값이 클수록 충격에 저항하는 성질이 크다는 것을 의미한다. 따라서, 충격값(충격치)이 큰 재료일수록 충격에 잘 견딜 수 있으며 잘 깨지지 않는다. • 취성과 반비례관계를 갖는다.
전성	• 재료가 하중을 받았을 때 넓고 얇게 펴지는 성질을 말한다. • 가단성이라고도 한다.
연성	• 인장력(잡아당기는 힘)이 작용했을 때 변형하여 늘어나는 재료의 성질이다. • 재료가 파단될 때까지의 소성변형의 정도로, 단면감소율(단면수축률)로 나타낼 수 있다. • 재료를 잡아당겼을 때 가늘고 길게 잘 늘어나는 성질, 즉 가느다란 선으로 늘릴 수 있는 성질로 파단 이전에 충분히 큰 변형률에 견디는 능력을 나타낸다.
탄성	금속에 외력을 가하면 변형이 되는데, 다시 외력을 제거했을 때 원래의 상태로 복귀되는 성질을 말한다.
취성	• 재료가 외력을 받으면 연구변형을 하지 않고 파괴되거나 또는 극히 일부반 영구변형을 하고 파괴되는 성질로 인성과 반대의 의미를 갖는다. 즉, 취성이 큰 재료는 인성이 작아 파단되기 전까지는 에너지를 흡수할 수 있는 능력이 작기 때문에 외력(외부의 힘)에 의해 쉽게 파손되거나 깨질 수 있다. • 주철의 경우에 굽힘이나 변형이 거의 일어나지 않고 재료가 깨지게 되는데, 이를 메짐이라고 하며 같은 말로는 취성(brittle)이라고 한다. • 일반적으로 탄소함유량이 많아질수록 취성이 커진다.
강성	재료가 파단될 때까지 외력에 의한 변형에 저항하는 정도이다.
크리프	고온에서 연성재료가 정하중을 받았을 때 시간에 따라 변형이 서서히 증대되는 현상이다(정하중＝일정한 하중＝사하중).
소성	금속재료(물체)에 외부의 힘(외력)을 가해 변형시킬 때 영구적인 변형이 발생하는 성질이다.

34

[금속재료의 소성변형원리]

전위 (dislocation)	• 전위는 현미경으로 관찰하면 꾸불꾸불한 선 모양이라 <u>재료 내부의 선결함(line defect)</u>으로 분류된다. • 전위는 금속 <u>내부에 결함이 존재하는 부분</u>으로 금속재료에 영구적인 소성변형을 가하면, 즉 금속재료가 외부에서 힘을 받으면 결함이 존재하는 부분은 약한 상태이므로 약한 부분에 존재하는 <u>금속원자들이 기존 위치에서 쉽게 이동하면서 기존 위치에서 벗어난 원자 또는 구조가 생기게 된다.</u> 이것이 바로 전위이다. → 금속재료가 외부에서 힘을 받으면 <u>결함이 있는 부분의 금속원자들이 이동하면서 원자의 배열이 바뀐다.</u> 원자의 배열이 바뀌는 것 자체가 <u>금속재료가 변형된다</u>는 의미이다. → 원래 위치에서 벗어난 금속원자들이 생기므로 전위는 재료 내부에 생성되기도 하며, 외부에서 힘을 받으면 <u>전위들이 쉽게 이동</u>하려고 하면서 서로 가까워지기 때문에 <u>전위들이 집적(밀집)하여 전위밀도가 증가</u>한다. **[특징]** • 결함이 존재하는 부분에 힘이 가해지면 그곳에서 <u>쉽게 이동</u>이 생기는 현상이다. • 전위는 <u>기존 위치에서 벗어난 원자 및 구조</u>이다. • 금속을 변형시키면 시킬수록, 가공하면 할수록, 외부에서 금속에 힘을 가하면 가할수록 <u>전위밀도는 증가</u>한다. • <u>전위의 움직임에 따른 소성변형과정이 슬립</u>이다. • 슬립은 전위의 움직임(이동)으로도 발생하는 것이나, 즉, 슬립이 일어나기 위해서는 전위의 움직임이 동반되어야 하며, 전위의 움직임이 발생하려면 금속재료에 외부의 힘(외력)이 가해져야 한다. • <u>전위의 움직임을 방해할수록 금속재료의 강도 및 경도가 증가한다.</u> **[종류]** <table><tr><td>칼날전위</td><td>버거스벡터와 전위의 방향이 <u>수직</u>인 경우</td></tr><tr><td>나사전위</td><td>버거스벡터와 전위의 방향이 <u>일치(평행)</u>하는 경우</td></tr><tr><td>혼합전위</td><td><u>나사전위와 칼날전위가 혼합</u>된 전위</td></tr></table>
슬립(slip)	외력(인장하중, 압축하중 등)에 의해 <u>결정면이 서로 미끄러지면서</u> 어긋나는 것을 말한다. 원자배열층이 서로 미끄러진다는 것 자체가 금속재료가 변형된다는 것을 의미한다. 따라서 슬립이 잘 일어날수록 금속재료는 구부려도 부러지지 않고 쉽게 휘면서 변형될 수 있다. **[특징]** • <u>전위의 움직임에 따른 소성변형과정이 슬립</u>이다. • 슬립은 결정면의 연속성을 파괴한다. • 금속의 소성변형을 일으키는 원인 중 <u>원자밀도가 가장 큰 격자면</u>에서 잘 일어난다.
쌍정(twin)	변형 전과 변형 후 일정한 각도만큼 회전하여 어떤 면을 경계로 <u>대칭</u>이 되는 현상이다.

35

[절삭가공]

절삭이라는 것은 깎는다는 의미로 소재 및 재료를 원하는 형상과 치수로 절삭하여 제품을 만드는 것을 말한다. 이때, 칩(chip)의 형태로 소재 및 재료를 제거하여 원하는 형상과 치수를 얻을 수 있다. 절삭가공의 종류에는 선삭(선반가공), 밀링, 드릴링, 평삭(플레이너, 셰이퍼, 슬로터), 방전가공, 래핑 등이 있다.

장점	• 치수정확도가 우수하다. • 주조 및 소성가공으로 불가능한 외경 또는 내면의 정확한 가공이 가능하다. • 초정밀도를 갖는 곡면가공이 가능하다. • 생산개수가 적은 경우 가장 경제적인 방법이다.
단점	• 소재의 낭비가 많이 발생하므로 비경제적이다. • 주조나 소성가공에 비해 더 많은 에너지와 가공시간이 소요된다. • 대량생산할 경우, 개당 소요되는 자본, 노동력, 가공비 등이 매우 높다(대량생산에는 부적합하다).

[선삭(선반가공)]

• 가공물(공작물, 일감)이 회전운동하고, 공구가 직선이송운동을 하는 가공방법으로 척, 베드, 왕복대, 맨 드릴(심봉), 심압대 등으로 구성된 공작기계로 가공한다.
• 선반가공을 통해 외경절삭, 내경절삭, 테이퍼절삭, 나사깎기, 단면절삭, 곡면절삭, 널링작업 등을 할 수 있다.

36

[연삭가공]

입자, 결합도, 결합제 등으로 표시된 숫돌로 연삭하는 가공으로 정밀도, 표면거칠기가 우수하며 담금질 처리가 된 강, 초경합금 등의 단단한 재료의 가공이 가능하다. 또한, 접촉면의 온도가 높으며 숫돌날이 무뎌지면 탈락하고 새로운 날이 생성되는 자생작용이 있다.

※ 자생과정의 순서 : 마멸 → 파쇄 → 탈락 → 생성

[연삭가공의 특징]

• 연삭입자는 입도가 클수록 입자의 크기가 작고 불규칙한 형상을 하고 있다.
• 연삭입자는 평균적으로 음(−)의 경사각을 가지며 전단각이 작다.
• 연삭속도는 절삭속도보다 빠르며, 절삭가공보다 치수효과에 의해 단위체적당 가공에너지가 크다.
• 담금질 처리가 된 강, 초경합금 등의 단단한 재료의 가공이 가능하다.
• 치수정밀도, 표면거칠기가 우수하며 우수한 다듬질면을 얻는다.
• 연삭점의 온도가 높고, 많은 양을 절삭하지 못한다.
• 숫돌날이 무뎌지면 탈락하고 새로운 날이 생성되는 자생작용이 있다.
• 모든 입자가 연삭에 참여하지 않는다. 각각의 입자는 절삭, 긁음, 마찰의 작용을 하게 된다.
  − 절삭 : 칩을 형성하고 제거한다.
  − 긁음 : 재료가 제거되지 않고 표면만 변형시킨다. 즉, 에너지가 소모된다.
  − 마찰 : 일감 표면에 접촉해 오직 미끄럼마찰만 발생시킨다. 즉, 재료가 제거되지 않고 에너지가 소모된다.

$$연삭비 = \frac{연삭에\ 의해\ 제거된\ 소재의\ 체적}{숫돌의\ 마모체적}$$

[연삭숫돌의 3대 구성요소]
- 숫돌입자 : 공작물을 절삭하는 날로 내마모성과 파쇄성을 가지고 있다.
- 기공 : 칩을 피하는 장소이다.
- 결합제 : 숫돌입자를 고정시키는 접착제이다.

[연삭숫돌의 조직]
숫돌입자의 밀도, 즉 단위체적당 입자의 양을 의미한다.

[연삭숫돌의 결합도]
연삭입자를 결합시키는 접착력의 정도를 의미하며, 이를 숫돌의 경도라고도 하고 입자의 경도와는 무관하다. 숫돌의 입자가 숫돌에서 쉽게 탈락될 때 연하다고 하고, 탈락이 어려울 때 경하다고 한다.

37
정답 ③

[용접]
용접은 서로 분리된 금속재료를 열과 압력으로 접합하는 기술이다.

[용접이음의 특징]

장점	• 이음효율(수밀성, 기밀성)을 100%까지 할 수 있다. • 공정수를 줄일 수 있다. • 재료를 절약할 수 있다. • 경량화할 수 있다. • 용접하는 재료에 두께제한이 없다. • 서로 다른 재질의 두 재료를 접합할 수 있다.
단점	• 잔류응력과 응력집중이 발생할 수 있다. • 모재가 용접열에 의해 변형될 수 있다. • 용접부의 비파괴검사가 곤란하다. • 용접의 숙련도가 요구된다. • 진동을 감쇠시키기 어렵다.
기타	• 용접 중 변형을 방지하기 위해 가접을 한다. • 용접 후 변형을 방지하기 위해 피닝을 한다. • 용접 후 잔류응력을 제거하기 위해 풀림 처리를 한다. 　→ 잔류응력이 남아 있으면 경도 증가, 변형, 뒤틀림, 응력부식균열 등이 발생한다.

※ 가스 용접에서 용접 중 불순물이 용접부에 침입하는 것을 막기 위해 용제를 사용한다.

[서브머지드 아크용접]
- 자동금속아크용접, 잠호용접, 링컨용접, 유니언멜트, 불가시용접, 케네디용접
- 노즐을 통해 용접부에 미리 도포된 용제(flux) 속에서 용접봉과 모재 사이에 아크를 발생시키는 용접법이다. 즉, 용접봉을 분말용제(flux) 속에 꽂아 용접을 진행하는 용접법이다.

특징	• 열에너지효율이 좋다. • 하향 자세로만 용접이 가능하다. • 강도, 충격치 등의 기계적 성질이 우수하다. • 비드 외관이 매끄럽다. • 용접이음부의 신뢰도가 높다.		
아크용접의 종류	스터드 아크용접, 원자수소 아크용접, 불활성가스 아크용접(MIG, TIG), 탄소 아크용접, 탄산가스(CO_2) 아크용접, 플래시용접, 플라즈마 아크용접, 피복 아크용접, 서브머지드 아크용접 등		
키 포인트 특징 분류	열손실이 가장 적은 용접법	서브머지드 아크용접	
	열변형이 가장 적은 용접법	전자빔용접	
	열영향부가 가장 좁은 용접법	마찰용접(마찰교반용접, 공구마찰용접)	
	※ 열영향부(Heat Affected zone, HAZ) : 용융점 이하의 온도이지만 금속의 미세조직 변화가 일어나는 부분으로 "변질부"라고도 한다.		

38

정답 ②

[셀주조법(크로닝법)]
• 규사와 열경화성 수지를 배합한 레진 샌드를 가열된 모형에 융착시켜 만든 셀형태의 주형을 사용하여 주조하는 방법이다.
• 표면이 깨끗하고 정밀도가 높은 주물을 얻을 수 있는 주조법이다.
• 숙련공이 필요하지 않으며 기계화에 의해 대량화가 가능하다.
• 소모성 주형을 사용하는 주조방법이다.
• 주로 얇고 작은 부품·주물 등의 주조에 유리하다.

39

정답 ④

[치핑]
절삭날의 강도가 절삭저항에 견디지 못하고 날 끝이 탈락되는 현상이다.

40

정답 ③

[밀링머신의 크기 표시]
• 테이블의 이동량(좌우×전후×상하)
• 테이블의 크기
• 주축 중심으로부터 테이블 면까지의 최대 거리(수평, 만능 밀링머신)
• 주축 끝으로부터 테이블 면까지의 최대거리 및 주축헤드의 이동거리(수직식 밀링머신)

호칭번호		0호	1호	2호	3호	4호	5호
테이블의 이송거리 (mm)	좌우	450	550	700	850	1,050	1,250
	전후	150	200	250	300	350	400
	상하	300	400	450	450	450	500

※ 니형 밀링머신의 크기는 일반적으로 Y축을 기준으로 한 호칭번호로 표시한다.

05 제5회 실전 모의고사

01	④	02	③	03	④	04	④	05	④	06	③	07	④	08	④	09	②	10	①
11	④	12	③	13	②	14	④	15	⑤	16	⑤	17	①	18	②	19	③	20	④
21	④	22	③	23	④	24	③	25	④	26	③	27	⑤	28	⑤	29	③	30	④
31	⑤	32	⑤	33	④	34	④	35	①	36	④	37	⑤	38	④	39	④	40	②

01

정답 ④

비틀림각$(\theta) = \dfrac{TL}{GI_P}$

[여기서, T : 비틀림모멘트, L : 축 또는 봉의 길이, G : 전단탄성계수, I_P : 극관성모멘트, GI_P : 비틀림 강성]

02

정답 ③

- 길이가 L인 양단고정보의 전길이에 대하여 등분포하중 w가 작용하고 있을 때, 최대굽힘모멘트(고정단) : $\dfrac{wL^2}{12}$
- 길이가 L인 양단고정보의 전길이에 대하여 등분포하중 w가 작용하고 있을 때, 중앙점의 굽힘모멘트 : $\dfrac{wL^2}{24}$
- 길이가 L인 단순보의 전길이에 대하여 등분포하중 w가 작용하고 있을 때, 최대굽힘모멘트(중앙점) : $\dfrac{wL^2}{8}$

풀이

$\dfrac{wL^2}{24} = 10 \ \rightarrow \ wL^2 = 240$

$\therefore \ \dfrac{wL^2}{8} = \dfrac{240}{8} = 30\text{kN} \cdot \text{m}$

03

정답 ④

[오일러의 좌굴하중(P_{cr}, 임계하중)]

오일러의 좌굴하중 (P_{cr}, 임계하중)	$P_{cr} = n\pi^2 \dfrac{EI}{L^2}$ [여기서, n : 단말계수, E : 종탄성계수(세로탄성계수, 영률), I : 단면 2차 모멘트, L : 기둥의 길이]
오일러의 좌굴응력 (σ_B, 임계응력)	$\sigma_B = \dfrac{P_{cr}}{A} = n\pi^2 \dfrac{EI}{L^2 A}$ 세장비는 $\lambda = \dfrac{L}{K}$ 이고, 회전반경은 $K = \sqrt{\dfrac{I_{\min}}{A}}$ 이다. 회전반경을 제곱하면 $K^2 = \dfrac{I_{\min}}{A}$ 이므로 $\sigma_B = n\pi^2 \dfrac{EI}{L^2 A} \;\rightarrow\; = n\pi^2 \dfrac{E}{L^2}\left(\dfrac{I}{A}\right) = n\pi^2 \dfrac{E}{L^2} K^2$ $\dfrac{1}{\lambda^2} = \dfrac{K^2}{L^2}$ 이므로 $\therefore \; \sigma_B = n\pi^2 \dfrac{E}{L^2} K^2 = n\pi^2 \dfrac{E}{\lambda^2}$ 따라서, 오일러의 좌굴응력(임계응력, σ_B)은 세장비(λ)의 제곱에 반비례함을 알 수 있다.
단말계수 (끝단계수, 강도계수, n)	기둥을 지지하는 지점에 따라 정해지는 상숫값으로, 이 값이 클수록 좌굴은 늦게 일어난다. 즉, 단말계수가 클수록 강한 기둥이다. <table><tr><td>일단고정 타단자유</td><td>$n = \dfrac{1}{4}$</td></tr><tr><td>일단고정 타단회전</td><td>$n = 2$</td></tr><tr><td>양단회전</td><td>$n = 1$</td></tr><tr><td>양단고정</td><td>$n = 4$</td></tr></table>

풀이

먼저, 두 기둥의 단면적이 같으므로 $\dfrac{1}{4}\pi d^2 = a^2$ 이 된다(원형 단면의 지름을 d, 정사각형 단면의 한 변의 길이를 a라고 가정한다).

$\dfrac{1}{4}\pi d^2 = a^2 \;\rightarrow\; \dfrac{1}{16}\pi^2 d^4 = a^4$ 이 된다.

㉠ $P_{cr(A)} = \dfrac{4\pi^2 EI}{L^2} = \dfrac{4\pi^2 E\pi d^4}{64L^2} = \dfrac{E\pi^3 d^4}{16L^2}$

㉡ $P_{cr(B)} = \dfrac{\pi^2 EI}{L^2} = \dfrac{\pi^2 Ea^4}{12L^2} = \dfrac{\pi^2 E}{12L^2}\left(\dfrac{1}{16}\pi^2 d^4\right) = \dfrac{E\pi^4 d^4}{192L^2}$

※ 한 변의 길이가 a인 정사각형 단면의 단면 2차 모멘트$(I) = \dfrac{a^4}{12}$

※ 지름이 d인 원형 단면의 단면 2차 모멘트$(I) = \dfrac{\pi d^4}{64}$

※ 양단이 핀이면 양단이 회전할 수 있으므로 양단회전이다.

$$\therefore \ \frac{A}{B} = \frac{\dfrac{E\pi^3 d^4}{16L^2}}{\dfrac{E\pi^4 d^4}{192L^2}} = \frac{E\pi^3 d^4 \times 192L^2}{E\pi^4 d^4 \times 16L^2} = \frac{12}{\pi}$$

04
정답 ④

$$I_P = \frac{\pi(d_2^4 - d_1^4)}{32} = \frac{3 \times (8^4 - 4^4)}{32} = 360\,\text{cm}^4$$

※ 반지름과 지름을 혼동하지 않아야 한다.

05
정답 ④

[카르노 사이클의 열효율(η)]

$$\eta = \frac{W}{Q_1} = \frac{Q_1 - Q_2}{Q_1} = \left(1 - \frac{Q_2}{Q_1}\right) \times 100\% = \left(1 - \frac{T_2}{T_1}\right) \times 100\%$$

[여기서, Q_1 : 공급열, Q_2 : 방출열, T_1 : 고열원의 온도, T_2 : 저열원의 온도]

[냉동기의 성능계수(ε_r)]

$$\varepsilon_r = \frac{Q_2}{Q_1 - Q_2} = \frac{T_2}{T_1 - T_2}$$

[여기서, Q_1 : 고열원으로 방출되는 열량, Q_2 : 저열원으로부터 흡수한 열량, T_1 : 응축기 온도, 고열원의 온도, T_2 : 증발기 온도, 저열원의 온도, W : 투입된 기계적인 일$(= Q_1 - Q_2)$]

풀이

$$\eta = 1 - \frac{T_2}{T_1} \ \rightarrow \ 0.25 = 1 - \frac{T_2}{T_1} \ \rightarrow \ \frac{T_2}{T_1} = 0.75 \ \rightarrow \ T_2 = 0.75\,T_1$$

$$\therefore \ \varepsilon_r = \frac{T_2}{T_1 - T_2} = \frac{0.75\,T_1}{T_1 - 0.75\,T_1} = \frac{0.75\,T_1}{0.25\,T_1} = 3$$

관련 이론

[카르노 사이클(Carnot cycle)]
• 열기관의 이상 사이클로 이상기체를 동작물질(작동유체)로 사용한다.
• 이론적으로 사이클 중 최고의 효율을 가질 수 있다.

$P-V$ 선도	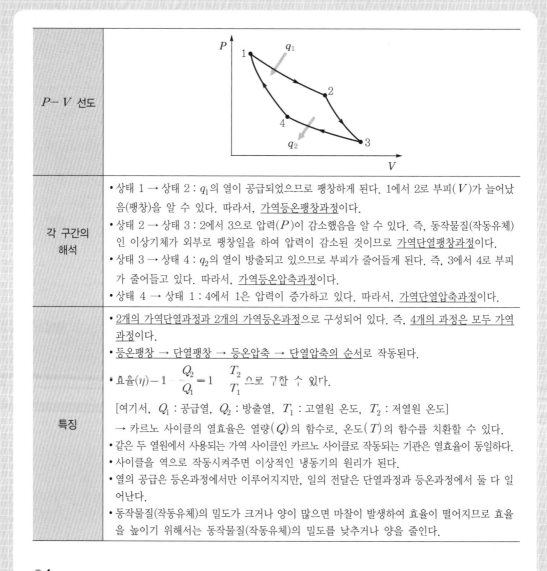
각 구간의 해석	• 상태 1 → 상태 2 : q_1의 열이 공급되었으므로 팽창하게 된다. 1에서 2로 부피(V)가 늘어났음(팽창)을 알 수 있다. 따라서, <u>가역등온팽창과정</u>이다. • 상태 2 → 상태 3 : 2에서 3으로 압력(P)이 감소했음을 알 수 있다. 즉, 동작물질(작동유체)인 이상기체가 외부로 팽창일을 하여 압력이 감소된 것이므로 <u>가역단열팽창과정</u>이다. • 상태 3 → 상태 4 : q_2의 열이 방출되고 있으므로 부피가 줄어들게 된다. 즉, 3에서 4로 부피가 줄어들고 있다. 따라서, <u>가역등온압축과정</u>이다. • 상태 4 → 상태 1 : 4에서 1은 압력이 증가하고 있다. 따라서, <u>가역단열압축과정</u>이다.
특징	• <u>2개의 가역단열과정과 2개의 가역등온과정으로 구성되어 있다. 즉, 4개의 과정은 모두 가역과정이다.</u> • <u>등온팽창 → 단열팽창 → 등온압축 → 단열압축의 순서로 작동된다.</u> • 효율(η) $= 1 - \dfrac{Q_2}{Q_1} = 1 - \dfrac{T_2}{T_1}$ 으로 구할 수 있다. [여기서, Q_1 : 공급열, Q_2 : 방출열, T_1 : 고열원 온도, T_2 : 저열원 온도] → 카르노 사이클의 열효율은 열량(Q)의 함수로, 온도(T)의 함수를 치환할 수 있다. • 같은 두 열원에서 사용되는 가역 사이클인 카르노 사이클로 작동되는 기관은 열효율이 동일하다. • 사이클을 역으로 작동시켜주면 이상적인 냉동기의 원리가 된다. • 열의 공급은 등온과정에서만 이루어지지만, 일의 전달은 단열과정과 등온과정에서 둘 다 일어난다. • 동작물질(작동유체)의 밀도가 크거나 양이 많으면 마찰이 발생하여 효율이 떨어지므로 효율을 높이기 위해서는 동작물질(작동유체)의 밀도를 낮추거나 양을 줄인다.

06
정답 ③

[줄-톰슨(Joule-Thompson) 효과]

압축한 기체를 단열된 작은 구멍으로 통과시키면 온도가 변하는 현상으로 분자 간의 상호작용에 의해 온도가 변한다. 보통 냉매의 냉각이나 공기를 액화시킬 때 응용된다. 교축과정처럼 밸브, 작은 틈 등의 좁은 통로를 유체가 통과하게 되면 압력과 온도는 떨어지고 엔트로피의 상승을 동반한다.

※ <u>상온에서 네온, 헬륨, 수소를 제외하고 모든 기체는 줄-톰슨 팽창을 거치면 온도가 하강한다.</u>

줄-톰슨 계수(μ) $= \left(\dfrac{\delta T}{\delta P} \right)_H$

줄-톰슨 계수는 <u>엔탈피(H)가 일정할 때 압력(P)에 따른 온도(T)의 변화를 나타내는 계수이다.</u>

$\mu > 0$	단열팽창에 의한 냉각효과(압력 하강, 온도 하강)
$\mu < 0$	단열팽창에 의한 가열효과(압력 하강, 온도 상승)
$\mu = 0$	단열팽창에 의한 효과가 없다(압력 하강, 온도 변화 없음). ※ 이상기체(완전가스)의 경우

07

정답 ④

[이상기체(ideal gas)의 특징]
- 비점성이다.
- 분자 자신의 체적은 거의 무시할 수 있다.
- 기체분자의 질량은 존재한다.
- 인력과 척력이 작용하지 않는다.
- 기체분자 간 충돌 및 분자와 용기벽과의 충돌은 완전탄성충돌이다.

[실제 가스가 이상기체상태방정식을 만족할 조건]
- 비체적이 클수록
- 분자량이 작을수록
- 압력이 낮을수록
- 온도가 높을수록

08

정답 ④

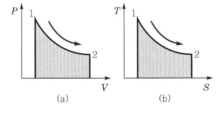

(a)   (b)

$P\text{--}V$ 선도의 면적 (a)는 일량을 의미하고, $T\text{--}S$ 선도의 면적 (b)는 열량을 의미한다.

09

정답 ②

[카르노 사이클(Carnot cycle)]
- 열기관의 이상 사이클로 이상기체를 동작물질(작동유체)로 사용한다.
- 이론적으로 사이클 중 최고의 효율을 가질 수 있다.

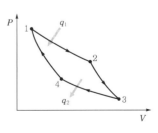

㉠ 상태 1 → 상태 2 : q_1의 열이 공급되었으므로 팽창하게 된다. 1에서 2로 부피(V)가 늘어났음(팽창)을 알 수 있다. 따라서 <u>가역등온팽창과정</u>이다.

ⓛ 상태 2 → 상태 3 : 2에서 3으로 압력(P)이 감소했음을 알 수 있다. 즉, 동작물질(작동유체)인 이상기체가 외부로 팽창일을 하여 압력이 감소된 것이므로 <u>가역단열팽창과정</u>이다.

ⓒ 상태 3 → 상태 4 : q_2의 열이 방출되고 있으므로 부피가 줄어들게 된다. 즉, 3에서 4로 부피가 줄어들고 있다. 따라서, <u>가역등온압축과정</u>이다.

ⓔ 상태 4 → 상태 1 : 4에서 1은 압력이 증가하고 있다. 따라서, <u>가역단열압축과정</u>이다.

10 　　　　　　　　　　　　　　　　　정답 ①

관련 이론

[박리(separation)]

유선상을 운동하는 유체입자가 압력이 증가하고, 속도가 감소할 때 유선을 이탈하는 현상을 말한다.

• 경계층의 박리가 일어나는 주된 원인은 역압력구배 때문이다.

순압력구배	유동 방향을 따라 압력이 감소하고, 속도가 증가하게 되는 것
역압력구배	유동 방향을 따라 압력이 증가하여 속도가 감소하게 되는 것

• 박리는 압력항력과 밀접한 관계가 있고, 역압력구배에서 발생한다.

• 속도구배 $\dfrac{du}{dy} = 0$이 되는 지점에서 박리가 처음으로 발생하며, 이 점을 박리점이라고 한다.

• 박리점 뒤에는 후류(wake)가 형성된다.

• 난류 경계층은 유동 박리를 늦춰준다.

11 　　　　　　　　　　　　　　　　　정답 ④

[뉴턴유체]

• 뉴턴의 점성법칙을 만족하는 유체(끈기, 즉 찰기가 없는 유체)로, 유체가 유동 시 속도구배와 전단응력의 변화가 원점을 통하는 직선적인 관계를 갖는 유체이다. 즉, 유체의 속도구배와 전단응력이 선형적으로 비례하는 유체로 그 비례상수가 점성계수이다.

• 종류 : 물, 공기, 기름, 알코올, 저분자 물질의 용액, 액상유지 등

[비뉴턴유체]

• 뉴턴의 점성법칙을 따르지 않는 유체(끈기, 즉 찰기가 있는 유체)이다.

• 종류 : 꿀, 치약, 전분 현탁액, 페인트, 혈액, 샴푸, 진흙, 타르, 고분자 용액 등

12 　　　　　　　　　　　　　　　　　정답 ③

[레이놀즈수(Re)]

<u>층류와 난류를 구분하는 척도로 사용되는 무차원수이다.</u>

레이놀즈수	$Re = \dfrac{\rho Vd}{\mu} = \dfrac{Vd}{\nu} = \dfrac{\text{관성력}}{\text{점성력}}$ [여기서, ρ : 유체의 밀도, V : 속도(유속), d : 관의 지름(직경), ν : 유체의 점성계수] 레이놀즈수(Re)는 점성력에 대한 관성력의 비라고 표현된다. ※ 동점성계수$(\nu) = \dfrac{\mu}{\rho}$		
레이놀즈수의 범위	원형 관	상임계레이놀즈수(층류 → 난류로 변할 때)	$4,000$
		하임계레이놀즈수(난류 → 층류로 변할 때)	$2,000 \sim 2,100$
	평판	임계레이놀즈수	$500,000 (= 5 \times 10^5)$
	개수로	임계레이놀즈수	500
	관 입구에서 경계층에 대한 임계레이놀즈수		$600,000 (= 6 \times 10^5)$
	원형 관(원관, 파이프)에서의 흐름 종류의 조건		
	층류 흐름	$Re < 2,000$	
	천이구간	$2,000 < Re < 4,000$	
	난류 흐름	$Re > 4,000$	

풀이

먼저, 연속방정식($Q = A_1 V_1 = A_2 V_2$)을 사용하여 출구에서의 속도(V_2)를 구한다. 입구에서의 속도는 V_1이다. D_1은 입구의 관지름, D_2는 출구의 관지름이다.

$$A_1 V_1 = A_2 V_2 \rightarrow \left(\frac{1}{4}\pi D_1^2\right) V_1 = \left(\frac{1}{4}\pi D_2^2\right) V_2 \rightarrow D_1^2 V_1 = D_2^2 V_2 \rightarrow 20^2 \times 1 = 10^2 \times V_2$$

$$\rightarrow V_2 = 4\text{cm/s}$$

$$\therefore Re_{출구} = \frac{V_2 D_2}{\nu} = \frac{4 \times 10}{0.01} = 4,000$$

13

정답 ②

[뉴턴의 점성법칙]

$$\tau = \mu\left(\frac{du}{dy}\right)$$

[여기서, τ : 전단응력, μ : 점성계수, $\dfrac{du}{dy}$: 속도구배(전단변형률, 각변형률), du : 속도, dy : 틈 간격(평판 사이의 거리)]

풀이

$$\tau = \mu\left(\frac{du}{dy}\right) \rightarrow \frac{F}{A} = \mu\left(\frac{du}{dy}\right)$$

$$\therefore \ \mu = \frac{F}{A}\left(\frac{dy}{du}\right) = \frac{100\text{N} \times 0.001\text{m}}{100 \times 10^{-4}\text{m}^2 \times 10\text{m/s}} = 1\text{N} \cdot \text{s/m}^2 = 10\text{poise}$$

※ $1\text{P} = 1\text{poise} = 0.1\text{N} \cdot \text{s/m}^2$

14

정답 ④

[체적탄성계수(K)]

$$K = \frac{\Delta P}{-\dfrac{\Delta V}{V}} = \frac{1}{\beta}$$

[여기서, β : 압축률, ΔP : 압력변화, ΔV : 체적변화, V : 초기 체적]

• 체적탄성계수 공식에서 (−)부호는 압력이 증가함에 따라 체적이 감소함을 의미한다.
• 체적탄성계수는 온도의 함수이다.
• 체적탄성계수는 압력에 비례하고 압력과 같은 차원을 갖는다.
• 압력변화에 따른 체적의 변화를 체적탄성계수라고 하며, 체적탄성계수의 역수를 압축률(압축계수)이라고 한다.
• 액체를 초기 체적에서 압축시켜 체적을 줄이려면 얼마의 압력을 더 가해야 하는가에 대한 물성치라고 보면 된다.
  → 체적탄성계수가 클수록 체적을 변화시키기 위해 더 많은 압력이 필요하다는 의미이므로 압축하기 어려운 액체라고 해석할 수 있다. 즉, 체적탄성계수가 클수록 비압축성에 가까워진다.
• 액체 속에서는 등온변화 취급을 하므로 $K = P$의 관계를 갖는다[여기서, P : 압력].
• 공기 중에서는 단열변화 취급을 하므로 $K = kP$의 관계를 갖는다[여기서, k : 비열비, P : 압력].

풀이

㉠ $K = \dfrac{1}{\beta} = \dfrac{1}{0.5 \times 10^{-9}} = 2 \times 10^9 \text{N/m}^2 = 2 \times 10^9 \text{Pa}$

㉡ $\dfrac{\Delta V}{V} = 0.03$

$$K = \frac{\Delta P}{-\dfrac{\Delta V}{V}} \ \rightarrow \ \Delta P = K\left(\frac{\Delta V}{V}\right) = 2 \times 10^9 \text{N/m}^2 \times 0.03 = 2 \times 0.03 \times 10^3 \times 10^6 \text{Pa} = 60\text{MPa}$$

※ 부호는 압력 증가에 따른 체적 감소를 의미하는 것으로 계산 시 생략하였다.
※ $1\text{Pa} = 1\text{N/m}^2$, $\text{G} = 10^9$

15

[운동학적 기술법]

라그랑주 기술법	각각의 입자 하나하나에 초점을 맞추어 각각의 입자를 따라가면서 그 입자의 물리량(위치, 속도, 가속도 등)을 나타내는 기술법이다. • 각각의 입자를 따라가면서 그 입자의 위치 등을 나타내는 것이 라그랑주 기술법이기 때문에 라그랑주 관점으로만 묘사할 수 있는 것은 유체가 지나간 흔적을 의미하는 유적선이다. 다시 말해 각각의 입자를 따라가야만 흔적을 묘사할 수 있기 때문이다. • 라그랑주 기술법은 시간만 독립변수이며, 위치는 종속변수이다.
오일러 기술법 (검사체적을 기반으로 한 운동 기술법)	공간상에서 고정되어 있는 각 지점을 통과하는 물체의 물리량(속도 변화율)을 표현하는 방법이다. • 주어진 좌표에서 유체의 운동을 표현하는 것으로, 즉 주어진 시간에 주어진 위치를 어떤 입자가 지나가는가를 묘사한다. • 오일러 기술법은 시간과 위치 모두 독립변수이다. • 속도와 같은 유동의 특성은 공간과 시간의 함수로 표현된다.

※ 라그랑주 기술법과 오일러 기술법의 관계를 설명하는 이론은 레이놀즈의 수송 정리이다.
※ 유적선은 유체입자가 지나간 흔적으로 서로 교차가 가능하다.
※ 유선은 임의의 유동장 내에서 유체 각 점의 접선 방향과 속도벡터 방향이 일치하도록 그린 곡선을 말한다.
※ 유맥선은 순간궤적을 의미하며, 예로는 담배연기가 있다.
※ 정상상태 유체 유동에서는 유선=유적선=유맥선이 성립한다.

16

㉠ 어떤 물체가 액체 속에 일부만 잠긴 채 뜨게 되면 물체의 무게(중력, mg)와 액체에 의해 수직상방향으로 물체에 작용하게 되는 부력($\gamma_{액체} V_{잠긴\ 부피}$)이 힘의 평형관계가 있게 된다. 이를 중성부력($mg=$부력)이라 한다(단, 부력($\gamma_{액체} V_{잠긴\ 부피}$)은 $\rho_{액체} g V_{잠긴\ 부피}$와 같다).

양성부력	부력 > 중력에 의한 물체의 무게(물체가 점점 뜬다)
중성부력	부력 = 중력에 의한 물체의 무게(물체가 수면에 떠있는 상태)
음성부력	부력 < 중력에 의한 물체의 무게(물체가 점점 가라앉는다)

㉡ $mg=\rho_{물} g V_{잠긴\ 부피}$를 이용한다. 이때, $\rho=\dfrac{m}{V}$이므로 $m=\rho V$가 된다.

$\rho_{물체} V_{전체\ 부피} g = \rho_{물} g V_{잠긴\ 부피} \rightarrow \rho_{물체} V_{전체\ 부피} = \rho_{물} V_{잠긴\ 부피}$

㉢ 이때, 정육면체의 밑면적을 A라고 하면, 정육면체의 $V_{전체\ 부피}=AL$이 되고, $V_{잠긴\ 부피}=Ah$가 된다.

㉣ 따라서, $\rho_{물체} V_{전체\ 부피} = \rho_{물} V_{잠긴\ 부피} \rightarrow \rho_{물체}AL=\rho_{물}Ah \rightarrow \rho_{물체}L=\rho_{물}h$가 된다.

㉤ $S_{물질\ 또는\ 물체의\ 비중}=\dfrac{어떤\ 물질(물체)의\ 밀도(\rho)\ 또는\ 비중량(\gamma)}{4℃에서의\ 물의\ 밀도(\rho_{H_2O})\ 또는\ 물의\ 비중량(\gamma_{H_2O})}$이므로 비중이 0.8인 물체의

밀도는 $800\mathrm{kg/m^3}$이 된다.

※ 단, $\rho_{H_2O}=1,000\mathrm{kg/m^3}$, $\gamma_{H_2O}=9,800\mathrm{N/m^3}$

ⓑ $\rho_{물체} L = \rho_물 h \;\rightarrow\; 800L = 1,000h$

$$\therefore \; h = \frac{800}{1,000} L = 0.8L$$

17

정답 ①

• 오일러수(압력계수) $= \dfrac{압축력}{관성력}$

• 코시수 $= \dfrac{관성력}{탄성력}$

• 웨버수 $= \dfrac{관성력}{표면장력}$

• 프루드수 $= \dfrac{관성력}{중력}$

• 레이놀즈수 $= \dfrac{관성력}{점성력}$

A에 대한 $B = \dfrac{B}{A}$ 이다.

18

정답 ②

[습공기선도(공기선도)]

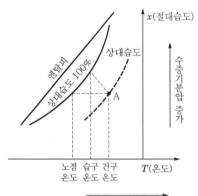

• 절대습도(x)와 건구온도(t)와의 관계 선도이다.
• 건구온도, 습구온도, 노점온도, 절대습도, 상대습도, 수증기분압, 비체적, 엔탈피, 현열비, 열수분비를 알 수 있다.
• 공기를 냉각하거나 가열하여도 절대습도는 변하지 않는다.
• 공기를 냉각하면 상대습도는 높아지고, 가열하면 상대습도는 낮아진다.
  → 습도를 해석하는 방법 : A점 상태의 공기를 냉각하거나 x축의 건구온도가 낮아지기 때문에 좌측으로 A점이 이동하게 될 것이다. 그렇게 되면 상대습도 100%선과 가까워지기 때문에 상대습도는 높아진 다고 볼 수 있다.

- 습구온도와 건구온도가 같다는 것은 상대습도가 100%인 포화공기임을 뜻한다.
- 습구온도가 건구온도보다 높을 수는 없다.
  → A점에 air washer를 이용하여 공기를 가습하게 되면 y축의 절대습도가 증가하여 A점은 상방향으로 이동한다.

암기

- 공기가습법 : air washer 이용법, 수분무가습기법, 증기가습기법

상태	건구온도	상대습도	절대습도	엔탈피
가열	↑	↓	일정	↑
냉각	↓	↑	일정	↓
가습	일정	↑	↑	↑
감습	일정	↓	↓	↓

19

[현열비(SHF)]

습한 공기의 온도와 습도가 동시에 변화할 때, 그 공기는 현열과 잠열의 변화를 한다. 이때, 전열량의 변화량에 대한 현열의 변화량의 비를 현열비라고 한다. 즉, $\text{SHF} = \dfrac{\text{현열}}{\text{전열}(=\text{잠열}+\text{현열})} = \dfrac{q_s}{q_l + q_s}$ 이다.

$$\therefore \ \text{SHF} = \frac{\text{현열}}{\text{전열}(=\text{잠열}+\text{현열})} = \frac{q_s}{q_l + q_s} = \frac{q_s}{0 + q_s} = \frac{q_s}{q_s} = 1$$

20

정답 ④

상태	건구온도	상대습도	절대습도	엔탈피
가열	↑	↓	일정	↑
냉각	↓	↑	일정	↓
가습	일정	↑	↑	↑
감습	일정	↓	↓	↓

21

정답 ④

[슈미트수(Sc, Schmidt number)]

$$\text{Sc} = \frac{\mu}{D\rho} = \frac{\nu}{D} = \frac{\text{운동학점도}}{\text{분자확산도}} = \frac{\text{운동량계수}}{\text{물질전달계수}} = \frac{\text{momentum diffusivity}}{\text{mass diffusivity}}$$

- 물질의 이동에서 농도 경계층과 속도 경계층의 상대적 크기에 관계되는 무차원수로 물질의 확산과 운동량확산에 대한 상대적인 크기를 나타낸다.
- 질량확산계수(≒물질전달계수)에 대한 운동량계수이다.

제5회 실전 모의고사 **405**

- 질량확산계수(≒물질확산계수, 물질전달계수)는 물질의 전달속도를 나타낼 때 사용하는 계수로 단위는 m^2/s이다.

[프란틀수(Pr, Prandtl number)]

- $Pr = \dfrac{C_p \mu}{k} = \dfrac{\nu}{\alpha} = \dfrac{운동량전달계수}{열전달계수} = \dfrac{운동량확산도}{열확산도} = \dfrac{momentum\ diffusivity}{thermal\ diffusivity}$

- $Pr = \dfrac{C_p \mu}{k} = \dfrac{\nu}{\alpha} = \dfrac{운동량의\ 전달}{열에너지의\ 전달} = \dfrac{동력학적\ 경계층의\ 두께(확산도)}{열경계층의\ 두께(확산도)}$

[여기서, C_p : 정압비열(kcal/kg · ℃), μ : 점도(N · s/m²), k : 열전도도(kcal/m · s · ℃), ν : 동점도 (m²/s), α : 열확산도(m²/s)]

- 열전달에서 사용되는 운동량확산도와 열확산도의 비를 나타내는 무차원수이다.
- 열전달계수에 대한 운동량전달계수이다.
- 열확산도(≒열확산계수)는 어떤 물질이 가지고 있는 열을 빨리 퍼져나가게 하는 정도이다

22

정답 ③

- 융해 : 고체에서 액체로 상태가 변화하는 과정
- 응고 : 액체에서 고체로 상태가 변화하는 과정
- 액화 : 기체에서 액체로 상태가 변화하는 과정
- 기화 : 액체에서 기체로 상태가 변화하는 과정
- 승화 : 기체가 액체를 거치지 않고 곧바로 고체가 되거나, 고체가 액체를 거치지 않고 곧바로 기체가 되는 과정

23

정답 ④

[백주철]

- 규소(Si)의 양이 적고 망간(Mn)의 양이 많으며, 빠르게 냉각(급랭)시켰을 때 만들어지는 주철이다. 이 때, 탄소(C)는 흰색의 침상(acicular)조직을 가지고 있는 시멘타이트로 많이 존재하기 때문에 파단면(재료가 부러졌을 때 나타나는 면)이 흰색(백색)을 띤다. 따라서, 해당 주철을 백주철이라고 부른다.
  - 규소의 양이 적으면 흑연화가 잘 이루어지지 않아 흑연의 양이 거의 없다.
  - 망간의 양이 많으면 흑연화가 방지되기 때문에 흑연의 양이 거의 없다.
  - 주조 시, 냉각속도가 빠르면 흑연화가 어렵기 때문에 흑연의 양이 거의 없다.
    → 즉, 규소의 양이 적고 망간의 양이 많거나 냉각속도가 빨라 흑연화되지 못하고 백선화, 즉 시멘타이트화된 주철이다.
- 백주철은 탄소가 대부분 경도가 매우 높은 시멘타이트(Fe_3C)로 존재한다. 따라서, 백주철은 보통주철(회주철)보다 더 단단하다. 하지만, 시멘타이트는 취성이 큰 조직이기 때문에 백주철은 잘 깨지는 성질인 취성이 크다.

24

[노의 종류]

용광로	철광석으로부터 선철을 만드는 데 사용되는 노로 고로라고도 하며, 크기는 <u>24시간(1일) 동안 생산되는 선철을 무게(ton)</u>로 표시한다.
도가니로	불꽃이 직접 접촉되지 않도록 하는 간접용해방식으로 보통 <u>비철금속, 비철주물, 합금강 등을 용해할 때 사용한다. 용량은 <u>1회에 용해 가능한 구리(Cu)의 중량을 번호(구리 30kg을 용해하면 30번 도가니로)</u>로 표시한다. **[특징]** • 화학적 변화가 적고 질 좋은 주물을 생산할 수 있다. • 소용량 용해에 사용된다. • 도가니의 제작비용은 비싸다.
큐폴라(용선로)	<u>주철을 용해하며, 크기는 <u>1시간에 용해할 수 있는 쇳물의 무게(ton)</u>로 표시한다. **[특징]** • 경비가 가장 적게 든다. • 열효율이 좋고 대량생산에 적합하다. • 조업 중에 성분의 변화가 발생할 수 있다.

25

[불변강(고니켈강, 고-Ni강)]
주위의 온도가 변해도 재료가 가지고 있는 탄성률 및 선팽창계수가 변하지 않는 강

인바 (invar)	철(Fe)-니켈(Ni) 36%로 구성된 불변강으로 선팽창계수가 매우 작아(<u>20℃에서 선팽창계수가 1.2×10^{-6}</u>) 길이의 불변강이다. 용도로는 줄자, 표준자, 측정기기, 시계의 추, 바이메탈 등에 사용된다. ※ 길이의 불변강 : 온도가 변해도 길이가 변하지 않는다. ※ 바이메탈(bi-metal) : 팽창계수가 다른 2종의 금속편을 첨부하여 온도 조절용이나 접점 개폐용으로 사용
초인바 (super invar)	기존의 인바보다 선팽창계수가 더 작은 불변강으로 인바의 업그레이드형태이다.
엘린바 (elinvar)	철(Fe)-니켈(Ni) 36%-크롬(Cr) 12%로 구성된 불변강으로 상온에 있어서 탄성률(탄성계수)이 불변이다. 용도로는 정밀 저울 등의 스프링, 고급시계, 기타 정밀 기기의 재료에 적합하다. ※ 탄성률의 불변강 : 온도가 변해도 탄성률이 변하지 않는다는 의미
코엘린바 (co – elinvar)	엘린바에 코발트(Co)를 첨가한 것으로 공기나 물에 부식되지 않는다. 용도로는 스프링, 태엽 등에 사용된다.
플래티나이트 (platinite)	철(Fe)-니켈(Ni) 44~48%로 구성된 불변강으로 선팽창계수가 유리 및 백금과 거의 비슷하다. 용도로는 전구의 도입선으로 사용된다.
니켈로이 (nicalloy)	철(Fe)-니켈(Ni) 50%의 합금으로 용도는 자성재료에 사용된다.

퍼멀로이 (permalloy)	철(Fe)-니켈(Ni) 78.5%의 합금으로 투자율이 매우 우수하여 고투자율 합금이다. 용도로는 발전기, 자심재료, 전기통신재료로 사용된다.

※ 불변강은 강에 니켈이 많이 함유된 강으로 고니켈강과 같은 말이다. 따라서, 강에 니켈이 많이 함유된 합금(Fe에 Ni이 많이 함유된 합금)이라면 일반적으로 불변강에 포함된다.

참고
- 선팽창계수 : 길이방향의 팽창과 관련된 계수
- 열팽창계수 : 전체적인 팽창과 관련된 계수

26

정답 ③

[비중(S)]

물질의 고유 특성으로 경금속(가벼운 금속)과 중금속(무거운 금속)을 나누는 기준이 되는 무차원수이다.

- 물질의 비중$(S) = \dfrac{\text{어떤 물질의 밀도}(\rho)\ \text{또는 어떤 물질의 비중량}(\gamma)}{4℃에서의\ 물의\ 밀도(\rho_{H_2O})\ \text{또는 물의 비중량}(\gamma_{H_2O})}$

[경금속(가벼운 금속으로 비중이 4.5보다 작은 것)]

금속	비중	금속	비중
리튬(Li)	0.53	베릴륨(Be)	1.85
나트륨(Na)	0.97	알루미늄(Al)	2.7
마그네슘(Mg)	1.74	티타늄(Ti)	4.4~4.506

※ 티타늄(Ti)은 재질에 따라 비중이 다르며, 그 범위는 4.4~4.506이다. 일반적으로 비중은 4.5로 경금속과 중금속의 경계에 있지만 경금속에 포함된다.

[중금속(무거운 금속으로 비중이 4.5보다 큰 것)]

금속	비중	금속	비중
주석(Sn)	5.8~7.2	몰리브덴(Mo)	10.2
바나듐(V)	6.1	은(Ag)	10.5
크롬(Cr)	7.2	납(Pb)	11.3
아연(Zn)	7.14	텅스텐(W)	19
망간(Mn)	7.4	금(Au)	19.3
철(Fe)	7.87	백금(Pt)	21
니켈(Ni)	8.9	이리듐(Ir)	22.41
구리(Cu)	8.96	오스뮴(Os)	22.56

※ 이리듐(Ir)은 운석에 가장 많이 포함된 원소이다.

27

피로한도, 항복강도, 수직응력, 탄성계수, 극한강도의 단위는 모두 N/m^2, N/mm^2 등의 응력과 같은 단위를 사용한다.

28

구분	냉간가공	열간가공
가공온도	재결정온도 이하에서 가공(금속재료를 재결정시키지 않고 가공한다)	재결정온도 이상에서 가공(금속재료를 재결정시키고 가공한다)
표면거칠기, 치수정밀도	우수하다(깨끗한 표면과 치수정밀도가 우수한 제품을 얻을 수 있다).	냉간가공에 비해 거칠다(높은 온도에서 가공하기 때문에 표면이 산화되어 정밀한 가공은 불가능하다).
균일성(표면의 치수정밀도 및 요철의 정도)	크다.	작다.
동력	많이 든다.	적게 든다.
가공경화	가공경화가 발생하여 가공품의 강도가 증가한다.	가공경화가 발생하지 않는다.
변형응력	높다.	낮다.
용도	연강, 구리, 합금, 스테인리스강(STS) 등의 가공	압연, 단조, 압출가공 등
성질의 변화	인장강도, 경도, 항복점, 탄성한계는 증가하고 연신율, 단면수축율, 인성은 감소한다.	연신율, 단면수축률, 인성은 증가하고, 인장강도, 경도, 항복점, 탄성한계는 감소한다.
조직	미세화	초기에 미세화효과 → 조대화
마찰계수	작다.	크다(표면이 산화되어 거칠어지므로).
생산력	대량생산에는 부적합하다.	대량생산에 적합하다.

※ 열간가공은 재결정온도 이상에서 가공하는 것으로 금속재료의 재결정이 이루어진다. 재결정이 이루어지면 새로운 결정핵이 생기고, 이 결정이 성장하여 연화(물렁물렁)된 조직을 형성하기 때문에 금속재료의 변형이 매우 용이한 상태(변형저항이 적다)가 된다. 따라서, 가공하기 쉽고, 이에 따라 가공시간이 짧아진다. 즉, 열간가공은 대량생산에 적합하다.

※ 열간가공은 재결정온도 이상에서 가공하기 때문에 높은 온도에서 가공한다. 따라서, 제품이 대기 중의 산소와 높은 온도에서 반응하여 제품의 표면이 산화되기 쉽다(표면산화물의 발생이 많다). 따라서, 표면이 거칠어질 수 있다. 즉, 열간가공은 냉간가공에 비해 치수정밀도와 표면상태가 불량하며 균일성(표면거칠기)이 작다.

29

[인장시험]

시편(시험편, 재료)에 인장력을 가하는 시험으로 시편(재료)에 작용시키는 하중을 서서히 증가시키면서 여러 가지의 기계적 성질[인장강도(극한강도), 항복점, 연신율, 단면수축률, 푸아송비, 탄성계수(종), 내력 등]을 측정하는 시험이다.

※ 인장시험은 만능시험기로 시험한다. 만능시험기는 고무, 필름, 플라스틱, 금속 등 재료 및 제품의 하중, 강도, 신율(재료인장시험 시 재료가 늘어나는 비율) 등을 측정할 수 있는 대표적인 물성시험기기이다. 기본적으로 인장, 압축, 굽힘, 전단 등의 시험이 가능하며, 반복피로시험, 마찰계수 측정시험 등도 가능하다. 크게 기계식과 유압식으로 구분된다.

[비틀림시험]

시편(재료)에 비틀림모멘트를 가하여 전단강도, 전단탄성계수, 전단응력 등을 측정하기 위한 시험이다.

[충격시험]

재료의 인성과 취성을 측정하는 시험으로 아이조드 충격시험과 샤르피 충격시험이 있다.

• 아이조드 충격시험 : 외팔보상태와 내다지보(돌출보)상태에서 시험하는 충격시험기
• 샤르피 충격시험 : 시험편을 단순보상태에서 시험하는 샤르피 충격시험기

[크리프시험]

고온에서 연성재료가 정하중(일정한 하중, 사하중)을 받을 때 시간에 따라 서서히 증대되는 변형을 측정하여 크리프한도를 구하는 시험이다.

[경도시험]

재료의 단단한 정도를 표시하는 경도를 측정하는 시험으로 브리넬, 비커스, 로크웰, 쇼어, 누프 경도시험법 등이 있다.

30

[합금강(특수강)에 첨가하는 특수원소(합금원소)의 영향]

규소(Si)	• 내열성, 내식성, 경도, 인장강도, 전자기적 성질 등을 개선시킨다. • 탄성한계(탄성한도)를 증가시킨다. 하지만, 너무 많이 첨가할 경우에는 탈탄이 발생하기 때문에 망간(Mn)을 첨가하여 탈탄을 방지한다. • 결정립을 조대화시킨다.
니켈(Ni)	• 가격이 비싸다. • 강인성, 내식성, 내산성, 내열성, 담금질성 등을 높여준다. • 저온충격치, 내충격성을 증대시킨다. • 오스테나이트조직을 안정화(또는 오스테나이트 형성원소)시킨다.

망간(Mn)	• 니켈과 거의 비슷한 작용을 하며 니켈보다 값이 저렴하다. • 가공경화능이 우수하며 탈황, 탈산, 고용강화효과가 있다. • 적열취성을 방지한다. • 고온에서 결정립이 성장하는 것을 방지한다. • 끈끈한 성질인 점도(점성)을 부여하여 인성을 높여준다. • 오스테나이트조직을 안정화(또는 오스테나이트 형성원소)시킨다.
구리(Cu)	• 대기 중의 내산화성을 증대시킨다. • 내식성이 증가한다. • 압연이 균열의 원인이 된다. • 고온취성의 원인이 된다.
황(S)	• 적열취성을 일으킨다. • 절삭성을 향상시키나 유동성을 저하시킨다.
크롬(Cr)	• 강도, 경도, 내식성, 내열성, 내마멸성 등을 증대시킨다. 하지만, 4% 이상 함유되면 단조성이 저하된다. • 자경성이 증가한다. • 고온경도가 높아진다. • 페라이트조직을 안정화시킨다.
텅스텐(W)	• 크롬(Cr)과 거의 비슷하다. • 탄화물을 만들기 쉽다. • 고온에서 강도 및 경도를 증대시킨다.
몰리브덴(Mo)	• 텅스텐(W)과 거의 비슷하다. • 탄화물을 만들기 쉽다. • 고온에서의 경도를 증대시킨다. • 담금질의 깊이를 깊게 한다. 즉, 담금질성을 좋게 한다. • 경도, 내마멸성, 강인성, 내식성, 크리프저항 등을 증가시킨다. • 뜨임취성(메짐)을 방지한다.
바나듐(V)	• 몰리브덴(Mo)과 거의 비슷하다. • 단단하게 만드는 경화성은 몰리브덴보다 훨씬 좋다. • 강력한 탄화물을 형성한다(고온경도가 높아진다). • 절삭능력을 증대시킨다.
티타늄(Ti)	• 부식에 대한 저항성질이 가장 크다. • 탄화물을 만들기 쉽다(고온경도가 높아진다).
코발트(Co)	• 높은 온도에서의 인장강도와 경도가 높다. • 점결제(점착제)의 역할을 한다.

31

정답 ⑤

[다이캐스팅]

용융금속을 금형(영구주형) 내에 대기압 이상의 높은 압력으로 빠르게 주입하여 용융금속이 응고될 때까지 압력을 가하여 압입하는 주조법으로 다이주조라고도 하며, 주물 제작에 이용되는 주조법이다. 필요한 주조 형상과 완전히 일치하도록 정확하게 기계가공된 강재의 금형에 용융금속을 주입하여 금형과 똑같은 주물을 얻는 방법으로, 그 제품을 다이캐스트 주물이라고 한다.

• **사용재료** : 아연(Zn), 알루미늄(Al), 주석(Sn), 구리(Cu), 마그네슘(Mg), 납(Pb) 등의 합금
  – 고온 가압실식 : 납(Pb), 주석(Sn), 아연(Zn)
  – 저온 가압실식 : 알루미늄(Al), 마그네슘(Mg), 구리(Cu)

• **특징**
  – 정밀도가 높고 주물 표면이 매끈하다.
  – 기계적 성질이 우수하며 대량생산이 가능하다.
  – 가압되므로 기공이 적고, 결정립이 미세화되어 치밀한 조직을 얻을 수 있다.
  – 기계가공이나 다듬질할 필요가 없으므로 생산비가 저렴하다.
  – 가압 시 공기 유입이 용이하며 열처리하면 부풀어 오르기 쉽다.
  – 주형재료보다 용융점이 높은 금속재료에는 적합하지 않다.
  – 시설비와 금형 제작비가 비싸고 생산량이 많아야 경제성이 있다. 즉, 소량생산에는 비경제적이기 때문에 적합하지 않다.
  – 주로 얇고 복잡한 형상의 비철금속제품 제작에 적합하다.

영구주형을 사용하는 주조법	소모성 주형을 사용하는 주조법
다이캐스팅, 가압주조법, 슬러시주조법, 원심주조법, 스퀴즈주조법, 반용융성형법, 진공주조법	인베스트먼트법, 셀주조법(크로닝법)

32 정답 ⑤

① 다이스 : 수나사를 가공하는 공구
② 탭 : 암나사를 가공하는 공구
③ 척 : 공작물(일감)을 고정시키는 부속기구로, 크기는 척의 바깥지름으로 표시
④ 널링 : 선반가공에서 가공면의 미끄러짐을 방지하기 위해 요철형태로 가공하는 소성가공
⑤ 스크레이퍼 : 줄질작업 후, 더욱 정밀한 평면 또는 곡면으로 다듬질할 때 사용하는 수공구

33 정답 ④

[헬리컬기어]
• 고속운전이 가능하며 축간거리를 조절할 수 있고 소음 및 진동이 적다.
• 물림률이 좋아 평기어(스퍼기어)보다 동력 전달이 좋다.
• 축방향으로 추력이 발생하여 스러스트 베어링을 사용한다.
• 최소 잇수가 평기어보다 적으므로 큰 회전비를 얻을 수 있다.
• 기어의 잇줄각도는 비틀림각에 상관없이 수평선에 30°로 긋는다.
• 헬리컬기어의 비틀림각 범위는 10~30°이다.
  → 헬리컬기어에서 비틀림각이 증가하면 물림률도 좋아진다.
• 두 축이 평행한 기어이며 평기어보다 제작이 어렵다.

[헤링본기어]
- 더블헬리컬기어(헤링본기어)는 비틀림각의 방향이 서로 반대이고 크기가 같은 한 쌍의 헬리컬기어를 조합한 기어이다.
- 비틀림각의 방향을 서로 반대로 놓아 기존 헬리컬기어에서 발생하는 축방향 추력(축방향 하중)을 없앨 수 있다.

[기어의 종류]

두 축이 평행한 것	두 축이 교차한 것	두 축이 평행하지도 교차하지도 않은 엇갈린 것
스퍼기어(평기어), 헬리컬기어, 더블헬리컬기어(헤링본기어), 내접기어(인터널기어), 랙과 피니언 등	베벨기어, 마이터기어, 크라운기어, 스파이럴 베벨기어 등	스크루기어(나사기어), 하이포이드 기어, 웜기어 등

※ 원주피치$(p) = \dfrac{\pi D}{Z} = \pi m$

※ 백래시 : 한 기어의 이 폭에서 상대 기어의 이 두께를 뺀 틈새를 피치원상에서 측정한 값이다. 즉, 한 쌍의 기어가 맞물렸을 때 이의 뒷면에 생기는 간격 및 틈새로 치면놀이, 엽새라고도 한다.

※ 모듈$(m) = \dfrac{D(\text{피치원 지름})}{Z(\text{잇수})}$

34
정답 ④

[나사산의 용어]

피치	• 나사산 플랭크 위의 한 점과 바로 이웃하는 대응 플랭크 위의 대등한 점 간의 축방향 길이를 말한다. • 나사산 사이의 거리 또는 골 사이의 거리를 말한다.
리드	• 나사산 플랭크 위의 한 점과 가장 가까운 플랭크 위의 대응 점 사이의 축방향 거리로, 한 점이 나선을 따라 축 주위를 한 바퀴 돌 때의 축방향 거리를 말한다. • 리드(L)는 나사를 1회전(360° 돌렸을 때)시켰을 때, 축방향으로 나아가는(이동한) 거리이다. • 리드(L) =나사의 줄수(n)×나사의 피치(p)
골지름	• 암나사의 산봉우리에 접하는 가상원통의 지름을 말한다.
바깥지름	• 바깥지름은 암나사의 골밑에 접하는 가상원통의 지름을 말한다.
플랭크	• 산과 골을 연결하는 면을 말하며, 플랭크가 볼트의 축선에 수직한 가상면과 이루는 각을 플랭크각이라고 한다. ISO에서 규정하는 표준 나사각은 60°, 플랭크각은 30°이다.
유효지름	• 산등성이의 폭과 골짜기의 폭이 같게 되도록 나사산을 통과하는 가상원통의 지름을 말한다.
단순유효지름	• 홈 밑의 폭이 기초피치의 절반인 나사 홈의 폭에 걸쳐 실제 나사산을 교차하는 가상원통의 지름을 말한다.

[마찰각(ρ)과 리드각(θ)의 관계 및 나사의 자립조건]
- $\rho > \theta$일 때 : 나사를 푸는 데 힘이 소요된다.
- $\rho = \theta$일 때 : 나사가 저절로 풀리다가 어느 임의의 지점에서 정지한다.

- $\rho < \theta$ 일 때 : 나사를 푸는 데 힘이 소요되지 않고 저절로 풀린다.
  따라서, 나사를 죈 외력(힘)을 제거하여도 나사가 저절로 풀리지 않기 위해서는 다음과 같은 조건이 성립하여야 한다.
- **나사의 자립(외력이 작용하지 않을 경우 나사가 저절로 풀리지 않는 상태)조건**
  − 스스로 풀리지 않는 자립상태를 유지할 수 있는 조건을 말한다.
  − 마찰각(ρ) ≥ 리드각(나선각, θ)이 경우일 때, 나사의 자립조건이 성립한다.
  ※ 나사의 자립상태를 유지하는 나사의 효율은 50% 미만이다.

풀이

ㄱ 나사의 자립조건이 성립하려면, "$\rho \geq \theta$"이다. 양변에 tan 처리를 한다.
ㄴ $\tan\rho \geq \tan\theta$ 이 된다. $\tan\rho = \mu$이므로 μ(마찰계수) ≥ $\tan\theta$ 이 된다.
ㄷ 따라서, 나사가 저절로 풀리지 않기 위해서는 마찰계수가 리드각의 탄젠트값보다 크거나 같아야 한다.

35

정답 ①

[끼워맞춤]

틈새	구멍의 치수가 축의 치수보다 클 때, 구멍과 축과의 치수차를 말한다. → 구멍에 축을 끼울 때, 구멍의 치수가 축의 치수보다 커야 틈이 발생할 것이다.
죔새	구멍의 치수가 축의 치수보다 작을 때, 축과 구멍의 치수차를 말한다. → 구멍에 축을 끼울 때, 구멍의 치수가 축의 치수보다 작아야 꽉 끼워질 것이다.
헐거운 끼워맞춤	구멍의 크기가 항상 축보다 크며 미끄럼운동이나 회전 등 움직임이 필요한 부품에 적용한다. ※ 구멍의 최소치수 > 축의 최대치수 : 항상 틈새가 발생하여 헐겁다.
억지 끼워맞춤	헐거운 끼워맞춤과 반대로, 구멍의 크기가 항상 축보다 작으며 분해 및 조립을 하지 않는 부품에 적용한다. 즉, 때려박아 꽉 끼워 고정하는 것을 생각하면 된다. ※ 구멍의 최대치수 < 축의 최소치수 : 항상 죔새가 발생하여 꽉 낀다.
중간 끼워맞춤	헐거운 끼워맞춤과 억지 끼워맞춤으로 규정하기 곤란한 것으로 틈새와 죔새가 동시에 존재하면 "중간 끼워맞춤"이다. ※ 구멍의 최대치수 > 축의 최소치수 : 틈새가 생긴다. ※ 구멍의 최소치수 < 축의 최대치수 : 죔새가 생긴다.

36

정답 ④

[유압펌프의 종류]

용적형 펌프	• 회전펌프 : 기어펌프, 베인펌프, 나사펌프 • 왕복식 펌프 : 피스톤펌프, 플런저펌프 • 특수 펌프 : 다단 펌프, 마찰펌프(와류펌프, 웨스코펌프, 재생펌프), 수격펌프, 기포펌프, 제트펌프
비용적형 펌프 (터보형 펌프)	• 원심펌프 : 터빈 펌프(디퓨저펌프), 벌류트펌프 • 축류펌프 • 사류펌프

37

정답 ⑤

[펌프의 비교회전도(n_s)]

$$n_s = \frac{n\sqrt{Q}}{H^{\frac{3}{4}}}$$

[여기서, n : 펌프의 회전수, Q : 펌프의 유량, H : 펌프의 전양정]

[수차의 비교회전도(n_s)]

$$n_s = \frac{n\sqrt{L}}{H^{\frac{5}{4}}}$$

[여기서, n : 수차의 회전수, L : 출력, H : 유효낙차]

38

정답 ④

유압펌프의 효율을 물어보는 문제는 자주 출제되므로 꼭 알아두자.

[유압펌프의 각종 효율]

• 전효율 $\eta = \dfrac{펌프동력}{축동력}$

• 기계효율 $\eta_m = \dfrac{유체동력}{축동력}$

• 용적효율 $\eta_v = \dfrac{실제\ 펌프토출량}{이론\ 펌프토출량}$

• η(전효율)$= \eta_v$(용적효율)$\times \eta_m$(기계효율)

풀이

$\eta_{전효율} = \eta_{용적효율} \times \eta_{기계효율} = 0.8 \times 0.7 = 0.56 = 56\%$

※ 수력효율(η_h)이 주어지면 펌프의 전효율은 다음과 같이 구할 수 있다.

$\eta_{전효율} = \eta_{용적효율} \times \eta_{기계효율} \times \eta_{수력효율}$

39

정답 ④

[공기기계의 분류]
• 저압식 : 송풍기, 풍차
• 고압식 : 압축기, 압축공기기계, 진공펌프

40

정답 ②

같은 시간 동안 중력가속도에 의해 두 공이 연직 아래 방향으로 이동하는 거리는 같으므로 1.5초 후 두 공의 높이차는 연직 윗 방향으로 이동한 거리의 차이다. 따라서, 1.5초 후 두 공의 높이차는 다음과 같다.

∴ $(15\text{m/s} - 10\text{m/s}) \times 1.5\text{s} = 7.5\text{m}$

PART II 실전 모의고사 정답 및 해설

06 제6회 실전 모의고사

| 01 | ① | 02 | ④ | 03 | ③ | 04 | ② | 05 | ④ | 06 | ② | 07 | ④ | 08 | ② | 09 | ⑤ | 10 | ③ |
| 11 | ② | 12 | ③ | 13 | ⑤ | 14 | ⑤ | 15 | ③ | 16 | ④ | 17 | ③ | 18 | ③ | 19 | ② | 20 | ⑤ |

01

정답 ①

[곡률]

$$\frac{1}{\rho} = \frac{M}{EI}$$

[여기서, $\frac{1}{\rho}$: 곡률, ρ : 곡률반지름(곡률반경), M : 굽힘모멘트, E : 종탄성계수(세로탄성계수), I : 단면

2차 모멘트, EI : 굽힘강성계수]

※ 곡률반지름이 무한대가 되면 부분적으로 평평한 곡선이 된다.

※ 곡률반지름이 작을수록 상대적으로 곡선이 많이 휜 경우이다.

※ 큰 곡률반지름은 상대적으로 곡선이 덜 휜 경우이다.

풀이

㉠ 굽힘강성계수(EI)에 반비례한다. (○)

㉡ 굽힘모멘트(M)에 반비례한다. (×)

→ 굽힘모멘트(M)에 비례한다.

㉢ 탄성계수(E)에 비례한다. (×)

→ 탄성계수(E)에 반비례한다.

㉣ 곡률반지름(ρ)에 비례한다. (×)

→ 곡률반지름(ρ)에 반비례한다.

㉤ 단면 2차 모멘트(I)에 비례한다. (×)

→ 단면 2차 모멘트(I)에 반비례한다.

02

정답 ④

㉠ 길이가 L인 외팔보의 자유단(끝단)에 집중하중 P가 작용했을 때의 최대처짐량(δ_1) $= \dfrac{PL^3}{3EI}$

㉡ 길이가 L인 단순보의 중앙에 집중하중 P가 작용했을 때의 최대처짐량(δ_2) $= \dfrac{PL^3}{48EI}$

$$\therefore \frac{\delta_2}{\delta_1} = \frac{\dfrac{PL^3}{48EI}}{\dfrac{PL^3}{3EI}} = \frac{3EIPL^3}{48EIPL^3} = \frac{1}{16}$$

03

상태	• 평형상태에서 온도, 압력, 체적 또는 비체적과 같은 일정한 특성치에 의해 정해지는 것을 말한다. • 열역학적으로 평형은 열적 평형, 역학적 평형, 화학적 평형 등 3가지가 있다.	
성질	• 각 물질마다 특정한 값을 가지며 상태함수 또는 점함수라고도 한다. • 경로에 관계없이 계의 상태에만 관계되는 양이다(단, 일과 열량은 경로에 의한 경로함수 = 도정함수이다).	
상태량의 종류	강도성 상태량	• 물질의 질량에 관계없이 그 크기가 결정되는 상태량이다(세기의 성질, intensive property이라고도 한다). • 압력, 온도, 비체적, 밀도, 비상태량, 표면장력 등
	종량성 상태량	• 물질의 질량에 따라 그 크기가 결정되는 상태량으로 그 물질의 질량에 정비례관계가 있다(시량 성질, extensive property라고도 한다). • 체적, 내부에너지, 엔탈피, 엔트로피, 질량

※ 점함수는 완전미분(전미분) 또는 편미분이 모두 가능하다. 하지만, 과정함수(경로함수)는 편미분만 가능하다.

※ 비상태량(모든 상태량의 값을 질량으로 나눈 값)은 강도성 상태량으로 취급한다.

※ 기체상수는 열역학적 상태량이 아니다.

※ 열과 일은 에너지로 열역학적 상태량이 아니다.

04

"열량$(Q) = Cm\Delta T$"는 질량이 m인 물질의 온도를 ΔT만큼 변화시키는 데 필요한 열량을 구하는 식이다. 즉, 상의 변화는 없고 오직 온도변화를 일으키는 데 필요한 열량을 구하는 식이다.

[여기서, C : 비열, m : 질량, ΔT : 온도변화]

※ 단열된 용기이므로 외부와의 열 출입이 없어 열의 손실이 없다.

㉠ 열역학 제2법칙에 따라 열(Q)은 항상 고온에서 저온으로 외부의 도움 없이 자발적으로 스스로 이동한다. 따라서, 200℃의 쇳덩어리를 10℃의 물에 넣으면 고온인 쇳덩어리에서 저온인 물로 열이 이동하게 된다. 각각의 입장은 다음과 같다.

• 쇳덩어리에서 물로 열이 이동하므로 쇳덩어리 입장에서는 열을 잃었다.

• 쇳덩어리에서 물로 열이 이동하므로 물 입장에서는 열을 얻었다.

→ 결국, 쇳덩어리가 잃은 열을 물이 고스란히 얻었다고 볼 수 있다. 즉, 쇳덩어리가 잃은 열을 물이 고스란히 얻었기 때문에 잃은 열과 얻은 열이 서로 동일하다. 쇳덩어리는 열을 잃었기 때문에 점점 온도가 감소되다가 평형온도(T_m)에 도달하게 될 것이며, 물은 열을 얻었기 때문에 점점 온도가 올라가다가 평형온도에 도달하게 된다. 이러한 과정을 통해 쇳덩어리와 물이 각각 평형온도에 도달하면 온도가 동일해져 더 이상 열의 전달이 이루어지지 않는다(열적 평형에 도달).

※ 뜨거운 물과 차가운 물을 서로 섞으면 미지근한 물(평형 도달)로 되는 것과 같은 이치이다.

㉡ 식을 통해 쇳덩어리가 잃은 열과 물이 얻은 열을 각각 구해본다.

• 쇳덩어리가 잃은 열$(Q) = C_{쇳덩어리} m_{쇳덩어리} \Delta T = C_{쇳덩어리} m_{쇳덩어리} (200 - 20)$

$$= C_{쇳덩어리} m_{쇳덩어리} (180)$$

→ 쇳덩어리에서 물로 열이 이동하므로 쇳덩어리는 열을 잃게 되고, 열을 잃었기 때문에 기존 200℃에서 점점 온도가 감소하다가 평형온도(20℃, T_m)에 도달하게 된다. 즉, 온도변화가 "200℃에서 평형온도(20℃, T_m)"로 감소하므로 "$\Delta T = 200 - 20 = 180℃$"가 되는 것이다.

• 물이 얻은 열(Q) $= C_물 m_물 \Delta T = C_물 m_물 (20-10)$

→ 쇳덩어리에서 물로 열이 이동하므로 물은 열을 얻게 되고 열을 얻었기 때문에 기존 10℃에서 점점 온도가 증가하다가 평형온도(20℃, T_m)에 도달하게 된다.

즉, 온도변화가 "10℃에서 평형온도(20℃, T_m)"로 증가하므로 "$\Delta T = 20 - 10 = 10℃$"가 되는 것이다.

ⓒ 잃은 열과 얻은 열이 서로 동일하므로 다음과 같이 식을 만들 수 있다.

$$C_{쇳덩어리} m_{쇳덩어리} (180) = C_물 m_물 (10) \;\rightarrow\; \frac{C_물 m_물}{C_{쇳덩어리} m_{쇳덩어리}} = 18$$

ⓔ 평형온도(T_m)가 80℃일 때의 쇳덩어리의 개수를 n이라고 한다면 다음과 같이 식을 만들 수 있다.

$$n C_{쇳덩어리} m_{쇳덩어리} (200 - 80) = C_물 m_물 (80 - 10)$$

$$\rightarrow n = \frac{C_물 m_물 (70)}{C_{쇳덩어리} m_{쇳덩어리} (120)} = \frac{70}{120} \left(\frac{C_물 m_물}{C_{쇳덩어리} m_{쇳덩어리}} \right) = \frac{70}{120} \times 18 = 10.5 개$$

따라서, 필요한 최소한의 쇳덩어리 개수는 10.5개보다 큰 11개가 된다.

05

정답 ④

[원관(파이프) 내의 완전 발달 층류유동에서의 속도분포 및 선난흥럭분포]

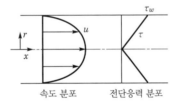

속도 분포   전단응력 분포

속도분포	• 관벽에서 0이며, 관 중심에서 최대이다. • 관벽에서 관 중심으로 포물선변화를 나타낸다.
전단응력분포	• 관 중심에서 0이며, 관 벽에서 최대이다. • 관 중심에서 관벽으로 갈수록 <u>직선적(선형적)</u>인 변화를 나타낸다. ※ 수평원관의 관 벽에서의 전단응력($\tau_{\max}$) $= \dfrac{\Delta P d}{4l}$ [여기서, ΔP : 압력손실, d : 관의 직경, l : 관의 길이]

[평균속도($V_{평균속도}$)와 최대속도($V_{\max}$)의 관계]

원관(원형 관)	$V_{\max} = 2 V_{평균속도}$
평판	$V_{\max} = 1.5 V_{평균속도}$

$$V_{\max} = 2\,V_{평균속도}$$

$$\therefore\ V_{평균속도} = \frac{1}{2}\,V_{\max}$$

06

정답 ②

최고점의 높이에서는 속도가 0이 된다. 즉, 초기 7m/s의 속도에 의한 운동에너지$\left(\frac{1}{2}m\,V^2\right)$가 모두 최고점의 높이$(h)$에서의 위치에너지$(mgh)$로 변환되면서 운동에너지가 0이 되고, 속도가 0이 되는 것이다. 이를 수식으로 표현하면 다음과 같다.

$$\frac{1}{2}m\,V^2 = mgh$$

$$\therefore\ h = \frac{V^2}{2g} = \frac{7^2}{2 \times 9.8} = 2.5\text{m}$$

07

정답 ④

[변위함수]

$$X(t) = X\sin\omega_n t$$

[여기서, X : 진폭, ω_n : 고유 진동수, t : 시간]

$$w_n = \sqrt{\frac{k}{m}}\ \rightarrow\ k = mw_n^2 = 0.1 \times 10^2 = 10\text{N/m}$$

08

정답 ②

[복사에너지]

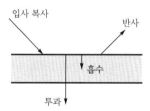

- $\alpha + \rho + \tau = 1$의 관계를 갖는다.
- 고체는 대부분 흡수 및 반사한다. 즉, 투과율이 0이다$(\alpha + \rho = 1)$.
- 액체 및 기체는 대부분 투과한다.

물체에 도달한 복사에너지 중 일부는 흡수되거나 반사되고 나머지는 투과하게 되는데, 이때 흡수되는 비율을 흡수율(α), 반사되는 비율을 반사율(ρ), 투과되는 비율을 투과율(τ)이라고 한다.

$$\alpha + \rho + \tau = 1\ \rightarrow\ 0.3 + 0.5 + \tau = 1\ \rightarrow\ 투과율(\tau) = 0.2$$

09

정답 ⑤

[대류]

- 유체(액체 및 기체 따위)의 <u>밀도차와 부력</u>에 의해 액체 및 기체상태의 분자가 직접 이동하면서 열을 전달하는 현상으로 매질이 직접 움직인다. 즉, <u>분자(매질)가 직접 열을 얻고 이동하여 열을 전달하는 현상</u>으로 매질이 필요하다(물질이 열을 가지고 이동하여 열을 전달한다).
  - → 액체 또는 기체상태의 물질이 열을 받으면 운동이 빨라지고 부피가 팽창하여 밀도가 작아지게 된다. 밀도가 작아지면 상대적으로 가벼워지면서 상승하게 되고, 반대로 위에 있던 물질은 상대적으로 밀도가 커 내려오게 되는 현상을 말한다. 즉, 대류의 원인은 <u>밀도차</u>이다.
- 대류는 뜨거운 표면으로부터 흐르는 유체 쪽으로 열전달되는 것과 같이 <u>유체의 흐름</u>과 연관된 열의 흐름을 말한다(매질이 필요하다).

[대류(convection)의 종류]

자연대류	유체에 열이 가해지면 밀도가 작아져 부력이 생긴다. 이처럼 유체 내의 온도차에 의한 밀도차만으로 발생하는 대류를 자연대류라고 한다. • 예 : 주전자 내의 물 끓이기  열을 받아 뜨거워진 액체는 부피가 커지면서 가벼워지므로 위쪽으로 이동하게 된다. 위쪽에서 열을 잃어 식은 차가워진 액체는 부피가 작아져 무거워지므로 아래쪽으로 이동하게 된다. 이러한 과정이 계속 순환하여 매질이 직접 이동하면서 열을 전달하는 현상을 대류라고 한다. ※ 액체나 기체의 경우 뜨거운 부분이 다른 부분으로 이동하여 열을 전달하는 방법으로 자연적인 대류현상은 중력이 작용하는 공간에서 <u>밀도차</u>에 의하여 일어난다.
강제대류	<u>펌프, 송풍기, 교반기 등의 기계적 장치에 의하여 강제적으로 열전달흐름이 이루어지는 대류</u>를 강제대류라 한다. • 예 : 실내 냉난방 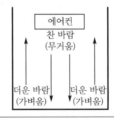

[복사(radiation)]

- 전자기파에 의해 열이 매질을 통하지 않고 고온 물체에서 저온 물체로 직접 열이 전달되는 현상이다. 그리고, 온도차(ΔT)가 클수록 이동하는 열(Q)이 크다.
- 매질의 유무
  - 복사는 액체나 기체라는 매질 없이 바로 열만 이동하는 현상이다.
  - 복사는 "스테판–볼츠만의 법칙"과 관련이 있으며, 공간을 통한 전자기파에 의한 에너지 전달이다(매질이 필요가 없다).
  - 물질(매질)을 거치지 않고 열에너지가 전자기파의 형태로 직접 열을 이동시키는 현상으로, 복사에 의한 열의 이동속도는 빛의 속도와 같다.
  - 어떤 물체를 구성하는 원자들이 전자기파의 형태로 열을 방출하는 현상으로 복사를 통해 전달되는 복사열은 대류나 전도를 통해 전달되지 않고 물체에서 전자기파의 형태로 직접적인 전달이 이루어지므로 복사체와 흡수체 사이의 공기 등의 매질상태와 관련 없이 순간적이고 직접적인 열의 전달이 이루어진다.

[전도]

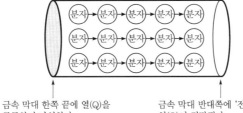

금속 막대 한쪽 끝에 열(Q)을 공급하여 가열한다.

금속 막대 반대쪽에 '전도'로 인해 열(Q)이 전달된다.

액체나 기체 내부의 열이동은 주로 대류에 의한 것이지만, 고체 내부는 주로 열전도에 의해서 열이 이동한다. 즉, 금속막대의 한쪽 끝을 가열하면 가열된 부분의 원자들은 열에너지를 얻어 진동하게 된다. 이러한 진동이 차례로 옆의 원자를 진동시켜 열이 전달되는 현상 중 하나인 열전도가 일어난다. 즉, 물체 내의 이웃한 분자들의 연속적인 충돌에 의해 열(Q)이 물체의 한 부분에서 다른 부분으로 이동하는 현상으로, 뜨거운 부분의 분자들은 활발하게 운동하므로 주변의 다른 분자들과 충돌하여 두 곳의 온도가 평형이 될 때까지 고온에서 저온으로 열을 전달한다.

- 전도는 분자에서 분자로의 직접적인 열의 전달이다.
- 전도는 분자 사이의 운동에너지의 전달이다.
- 전도는 고체, 액체, 기체에서 모두 발생할 수 있으며 고체 내에서 발생하는 유일한 열전달현상이다.

10

정답 ③

[대류 열전달계수(h)가 큰 순서]

수증기의 응축 > 물의 비등 > 물의 강제대류 > 공기의 강제대류 > 공기의 자연대류

11

정답 ②

[Merchant의 2차원 절삭모델]

- 마찰각, 마찰계수가 감소하면 전단각이 증가한다.

- 전단각이 증가하면 칩의 형성에 필요한 전단력이 감소한다.
- 전단각이 감소하면 여유각이 증가하고 가공면의 치수정밀도가 나빠진다.
- 경사각이 증가하면 전단각이 증가한다.

12

정답 ③

- G01 : 직선 보간
- G90 : 절대지령
- G32 : 나사절삭

M코드	기능
M00	프로그램 정지
M01	선택적 프로그램 정지
M02	프로그램 종료
M03	주축 정회전(주축이 시계방향으로 회전)
M04	주축 역회전(주축이 반시계방향으로 회전)
M05	주축 정지
M06	공구 교환
M08	절삭유 ON
M09	절삭유 OFF
M14	심압대 스핀들 전진
M15	심압대 스핀들 후진
M16	Air Blow 2 ON, 공구측정 Air
M18	Air Blow 1, 2 OFF
M30	프로그램 종료 후 리셋
M98	보조프로그램 호출
M99	보조프로그램 종료 후 주프로그램 회기

[G 코드(준비기능)]

- G50 : CNC선반_좌표계 설정
- G40, G41, G42 : 공구반경 보정
- G01 : 직선 보간
- G03 : 원호 보간(반시계 방향)

- G92 : 머시닝센터_좌표계 설정
- G00 : 위치 보간(급속 이송)
- G02 : 원호 보간(시계 방향)
- G04 : 일시정지(휴지기능)

13

정답 ⑤

실린더게이지는 안지름(내경) 측정에, 반지름게이지는 모서리의 반경 측정에 사용된다.

14

정답 ⑤

[드릴링]

드릴로 가공하는 가공방법으로 리밍, 보링, 카운터싱킹 등의 가공을 할 수 있다.

리밍	리머라는 회전하는 절삭공구로 기존 구멍 내면의 치수를 정밀하게 만드는 가공방법이다.
보링	드릴로 이미 뚫어져 있는 구멍을 넓히는 가공으로 편심을 교정하기 위한 가공이며 구멍을 축방향으로 대칭을 만드는 가공이다.
카운터싱킹	나사머리의 모양이 접시모양일 때 테이퍼 원통형으로 절삭하는 방법이다. 즉, 접시머리나사의 머리를 묻히게 하기 위해 원뿔자리를 만드는 가공이다.
카운터보링	볼트 또는 너트의 머리 부분이 가공물 안으로 묻히도록 드릴과 동심원의 2단 구멍을 절삭하는 방법이다.
스폿페이싱	볼트나 너트 등의 머리가 닿는 부분의 자리면을 평평하게 만드는 가공방법이다.

15

정답 ③

[왕복대]

• 선반의 베드 위에서 바이트에 가로 및 세로의 이송을 주는 장치이다.

• 왕복대의 구성요소 : 새들, 에이프런, 복식공구대, 공구대(새에복공)

※ 에이프런 : 나사절삭기능 및 자동이송장치가 있다.

※ 하프너트는 에이프런 속에 있다.

16

정답 ④

[탭구멍의 드릴지름(d)]

$d = D - p$

[여기서, D : 나사의 호칭지름(바깥지름), p : 나사의 피치]

M20×1.5에서 M은 미터나사를, 20은 나사의 호칭지름을, 1.5는 나사의 피치를 의미한다.

∴ $d = D - p = 20 - 1.5 = 18.5\text{mm}$

17

정답 ③

수명시간(L_h)	$L_h = 500 \dfrac{33.3}{N} \left(\dfrac{C}{P} \right)^r$ [여기서, N : 회전수(rpm), C : 기본동적부하용량(기본동정격하중), P : 베어링하중] 단, 수명시간(L_h)에서 r값은 다음과 같다. • 볼베어링일 때 $r = 3$ • 롤러베어링일 때 $r = 10/3$

정격수명 (수명회전수, 계산수명, L_n)	$L_n = \left(\dfrac{C}{P}\right)^r \times 10^6 [\text{rev}]$ [여기서, C : 기본동적부하용량(기본동정격하중), P : 베어링하중] ※ 기본동적부하용량(C)이 베어링하중(P)보다 크다.

풀이

문제는 볼베어링에 대한 것이므로 수명시간(L_h)은 다음과 같다.

$$L_h = 500\frac{33.3}{N}\left(\frac{C}{P}\right)^3 = 500 \times \frac{33.3}{33.3} \times \left(\frac{150}{50}\right)^3 = 500 \times 3^3 = 13,500\text{hr}$$

18

정답 ③

철(Fe)을 동소변태시켜 탄소(C)가 많이 들어갈 수 있는, 즉 탄소가 많이 고용될 수 있어 탄소가 많이 들어가 있는 오스테나이트조직을 만들고, 이 상태에서 빠르게 급랭하면 탄소가 빠져나가 페라이트로 변태할 시간이 없이 바로 탄소가 많이 들어간 고용된 상태로 굳어버리게 된다. 이처럼 탄소를 급랭에 의해 강제적으로 고용시킨 조직인 마텐자이트조직(M)이 만들어지기 때문에 강도 및 경도가 증가하게 되는 것이다.

→ 이처럼 급랭에 의해 탄소가 빠져나가는 확산이 일어나지 않아 무확산변태라고 하며, 무확산변태로 만들어진 조직을 마텐자이트조직이라 한다.

→ 마텐자이트조직이 경도가 높은 이유는 철(Fe)원자구조 사이에 탄소원자가 많이 고용되어 있어 이 탄소가 철원자 결정층의 슬립을 방해하기 때문이다. 따라서, 혼합 고용된 탄소의 양이 많을수록 단단해지게 된다. 만약, 천천히 서서히 냉각(서냉)시키면 탄소가 천천히 빠져나가게 된다.

※ 서냉에는 공기 중에서 냉각하는 "공냉"과 노 안에서 냉각하는 "노냉"이 있다.

[마텐자이트(M)]

탄소와 철합금에서 담금질을 할 때 생기는 준안정한 상태의 조직으로 탄소를 많이 고용할 수 있는 오스테나이트조직을 급격하게 상온까지 끌고 내려와 상온에서도 탄소고용량이 높은 조직이다. 즉, 오스테나이트조직을 빠르게 물로 냉각하여 얻을 수 있으며 탄소를 과포화상태로 고용하는 급랭 강의 조직이다.

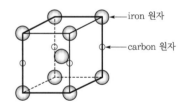
iron 원자
carbon 원자

[마텐자이트(M)의 특징]

- 특징으로는 경도가 높으나 여리기 때문에 잘 깨진다. 자성이 있다(강자성체).
- 현미경으로 보면 뾰족한 침상조직으로 되어 있다.
- 결정구조는 체심정방격자(BCT)를 갖는다.
- 마텐자이트는 고용체의 단일 상이다.
- 마텐자이트의 결정 내에는 격자결함이 존재한다.
- 마텐자이트가 생성되면 표면기복이 생긴다.
- 마텐자이트변태는 무확산변태이다.
- 마텐자이트변태는 협동적 원자운동에 의한 변태이다.

19

[평벨트의 전달동력(H)]

$$H = \frac{T_e V}{1,000}\,[\text{kW}]$$

[여기서, T_e : 유효장력, V : 속도]

풀이

㉠ $T_e = T_t - T_s = 2,000 - 1,000 = 1,000\text{N}$

　[여기서, T_t : 긴장측 장력, T_s : 이완측 장력]

㉡ $H = \dfrac{T_e V}{1,000}$

　$\therefore\ V = \dfrac{H \times 1,000}{T_e} = \dfrac{4 \times 1,000}{1,000} = 4\text{m/s}$

　※ $1\text{W} = 1\text{J/s}$이므로 $4,000\text{J/s} = 4,000\text{W} = 4\text{kW}$가 된다.

20

[스테인리스강(STS, stainless steel, Fe–Cr–Ni)]

철강의 최대결점인 녹의 발생을 방지하기 위해 표면층에 부동태를 형성시켜 녹슬지 않는 성질을 부여한 강이다. 즉, 철의 내식성을 개선시켜 "내식성의 특수목적"으로 사용되는 강으로 불수강이라고도 한다.

[특징]

• 탄소강(강)에 크롬(Cr)과 니켈(Ni)을 다량으로 첨가하여 내식성을 향상시킨 강이며, 함유된 특수원소의 주성분은 크롬(Cr)으로 크롬(Cr)이 가장 많이 함유되어 있다.

　※ 스테인리스강에 함유된 탄소(C)는 내식성면에서 적을수록 좋다.

• 함유된 크롬(Cr)의 역할은 대기 중의 산소와 반응하여 표면층에 얇고 단단한 크롬산화피막, 즉 이산화크로뮴(Cr_2O_3)을 형성시키는 것이다. 이렇게 형성된 치밀하고 안정된 크롬산화피막이 내부의 강(철)을 보호하기 때문에 녹이 슬지 않는다. 즉, 내식성이 우수해진다. 이를 부동태화라고 하며, 크롬에 의해 형성된 크롬산화피막을 부동태피막이라고 한다.

　※ 부동태피막 : 내부의 강을 보호하는 보호피막 또는 스테인리스강의 내식성 향상의 근원이며, 강의 표면에 항상 산소가 공급되는 조건에서 형성되기 때문에 스테인리스강의 표면은 녹이 잘 슬지 않는다.

　※ 스테인리스강의 내식성은 탐만(Tammann)의 법칙이라 하여 1/8법칙이 있는데, 이는 Cr/Fe > 1/8이면 내식성이 생긴다는 것으로 Cr_2O_3의 산화피막이 표면에 생기는 것과 관계가 있다.

• 탄소강(강)에 크롬(Cr)의 함유량이 12% 이상인 것을 스테인리스강이라고 하며, 12% 이하인 것은 내식강으로 분류된다.

내식강	←이하	크롬(Cr) 12%	이상→	스태인리스강

• 스테인리스강은 한국(KS)규격으로 STS, 일본(JIS)규격으로 SUS이다.

• 내식성이 우수하기 때문에 식기재료 등에 많이 사용된다.

- 금속조직상에 따라 마텐자이트계, 페라이트계, 오스테나이트계, 석출경화계로 구분된다. 특히, 오스테나이트계 스테인리스강이 스테인리스강 중에 가장 널리 사용된다.

구분	종류	성분	자성 유무	대표강종(KS)
크롬계(Cr계)	마텐자이트계 스테인리스강	철(Fe)+크롬(Cr) 13%	자성체	STS410
	페라이트계 스테인리스강	철(Fe)+크롬(Cr) 18%	자성체	STS430
크롬-니켈계 (Cr-Ni계)	오스테나이트계 스테인리스강	철(Fe)+크롬(Cr) 18% +니켈(Ni) 8%	비자성체	STS304 (18-8형 STS강)

[석출경화형 스테인리스강의 종류]

종류	성분(%)
17-4 PH강(SUS630)	Cr 15.5~17.5, Ni 3~5
17-7 PH강(SUS631)	Cr 16~18, Ni 6.5~7.75

※ <u>Precipitation hardening(석출경화)</u> : 하나의 고체 속에 다른 고체가 별개의 상으로 되어 나올 때 그 모재가 단단해지는 현상으로, 이것에 의한 경화를 이용해서 재료를 강하게 하여 공업재료에 사용하고 있는 경우가 많다.

[18-8형 스테인리스강(STS304, 오스테나이트계 스테인리스강, 면심입방구조)]

- 오스테나이트계 스테인리스강의 대표강종으로 Cr 18% - Ni 8% 을 함유하고 있다.
- 상온에서 <u>오스테나이트조직</u>이다
  - → 오스테나이트조직이 존재하기 위해서는 강을 오스테나이트조직영역까지 가열시켜야 한다. 즉, 강은 상온에서 오스테나이트조직으로 존재할 수 없다. 하지만, 오스테나이트 형성원소인 니켈(Ni)을 첨가함으로써 상온에서도 오스테나이트조직이 존재할 수 있게 된다.
  - ※ 크롬(Cr) 자체는 페라이트조직이다. 즉, 크롬을 첨가하면 페라이트조직을 형성해서 안정화시킨다. 다만, 니켈(Ni)과 만나면 니켈(Ni)을 도와서 전체 조직을 오스테나이트로 만든다.
- 오스테나이트조직이므로 비자성체이다.
  - → 비자성체의 성질을 가지고 있기 때문에 자분탐상법(MT)으로 결함을 검출할 수 없다.
- 냉간가공하면 다소 자성을 갖는다.
- 담금질 열처리에 의해 경화가 되지 않는다.
- 용접하기 쉬우며 인성이 좋아 가공하기 유리하다.
- 1,000~1,100℃로 가열 후 급랭하면 더욱 연화하고 가공성, 내식성이 증가한다.
- 내식성, 내열성이 양호하다.
- 주요 용도는 가정용품, 화학공업, 정유공업, 항공기용, 내한강 등에 사용된다.
  - → "내한강"은 빙점(0℃) 이하에서 잘 견디는 강이다.
- 크롬탄화물($Cr_{23}C_6$)이 결정립계에 석출하기 쉬운 결점을 가지고 있다. 즉, 입계부식이 발생할 수 있다.

01	③	02	⑤	03	⑤	04	①	05	⑤	06	③	07	③	08	①	09	③	10	④
11	③	12	②	13	③	14	④	15	③	16	③	17	①	18	②	19	④	20	①
21	③	22	②	23	②	24	⑤	25	①	26	③	27	⑤	28	③	29	⑤	30	④
31	③	32	④	33	①	34	②	35	①	36	③	37	④	38	④	39	③	40	②

01

정답 ③

[푸아송비(ν)]

세로변형률에 대한 가로변형률의 비로 최대 0.5의 값을 갖는다.

정의	• 푸아송비$(\nu) = \dfrac{\varepsilon_{가로}}{\varepsilon_{세로}} = \dfrac{1}{m(푸아송수)} \leq 0.5$ ※ 원형 봉에 인장하중이 작용했을 때의 푸아송비(ν)는 다음과 같다. $푸아송비(\nu) = \dfrac{\varepsilon_{가로}}{\varepsilon_{세로}} = \dfrac{\dfrac{\delta}{d}}{\dfrac{\lambda}{L}} = \dfrac{L\delta}{d\lambda}$ [여기서, ε : 변형률, L : 원형 봉(재료)의 길이, λ : 길이변형량, d : 원형 봉(재료)의 지름(직경), δ : 지름변형량이다]

	• 푸아송비(ν)는 재료마다 일정한 값을 가진다. **[여러 재료의 푸아송비 수치]**

코르크	유리	콘크리트	강철(steel)	알루미늄(Al)
0	0.18~0.3	0.1~0.2	0.28	0.32

구리(Cu)	티타늄(Ti)	금(Au)	고무	납(Pb)
0.33	0.27~0.34	0.42~0.44	0.5	0.43

푸아송비 수치	• 고무는 푸아송비(ν)가 0.5이므로 체적이 변하지 않는 재료이다. $\dfrac{\Delta V}{V} = \varepsilon(1 - 2\nu) = \varepsilon(1 - 2 \times 0.5) = 0 \rightarrow \Delta V = 0$

	단면적변화율 $\left(\dfrac{\Delta A}{A}\right)$	$\dfrac{\Delta A}{A} = 2\nu\varepsilon$ [여기서, ΔA : 단면적변화량, A : 단면적, ν : 푸아송비, ε : 변형률]
	체적변화율 $\left(\dfrac{\Delta V}{V}\right)$	$\dfrac{\Delta V}{V} = \varepsilon(1 - 2\nu)$ [여기서, ΔV : 체적변화량, V : 체적, ν : 푸아송비, ε : 변형률]

풀이

$$\nu = \frac{L\delta}{d\lambda} = \frac{400 \times 0.01}{50 \times 0.2} = 0.4$$

※ 주의사항 : 반지름(반경, r)이 주어져 있으므로 지름(직경, d)으로 환산하여 계산해야 한다($d = 2r$).

02
정답 ⑤

[파손이론]
- 최대주응력설 : 취성재료(주철 등)에 적용
- 최대전단응력설 : 연성재료에 적용
- 전단변형에너지설 : 연성재료에 적용

[응력집중(stress concentration)]
- 단면이 급격하게 변하는 부분, 노치 부분(구멍, 홈 등), 모서리 부분에서 응력이 국부적으로 집중되는 현상을 말한다.
- 하중을 가했을 때, 단면이 불균일한 부분에서 평활한 부분에 비해 응력이 집중되어 큰 응력이 발생하는 현상을 말한다.

※ 단면이 불균일하다는 것은 노치 부분(구멍, 홈 등)을 말한다.

응력집중계수 (형상계수, α)	$\alpha = \dfrac{\text{노치부의 최대응력}}{\text{단면부의 평균응력}} > 1$ ※ 응력집중계수(α)는 항상 1보다 크며, "노치가 없는 단면부의 평균응력(공칭응력)"에 대한 노치부의 최대응력"의 비이다.
응력집중 방지법	• 테이퍼 지게 설계하며, 테이퍼 부분은 될 수 있는 한 완만하게 한다. 또한, 체결 부위에 리벳, 볼트 따위의 체결수를 증가시켜 집중된 응력을 리벳, 볼트 따위에 일부 분산시킨다. • 테이퍼를 크게 하면, 단면이 급격하게 변하여 응력이 국부적으로 집중될 수 있기 때문에 테이퍼 부분은 될 수 있는 한 완만하게 한다. • 필릿 반지름을 최대한 크게 하여 단면이 급격하게 변하지 않도록 한다(굽어진 부분에 내접된 원의 반지름이 필릿 반지름이다). 필릿 반지름을 최대한 크게 하면 내접된 원의 반지름이 커진다. 즉, 덜 굽어지게 되어 단면이 급격하게 변하지 않고 완만하게 변한다. • 단면변화 부분에 보강재를 결합하여 응력집중을 완화시킨다. • 단면변화 부분에 숏피닝, 롤러압연처리, 열처리 등을 하여 응력집중 부분을 강화시킨다. 또한, 단면변화 부분의 표면가공 정도를 좋게 한다. • 축단부에 2~3단의 단부를 설치하여 응력의 흐름을 완만하게 한다.

관련 특징	• 응력집중의 정도는 재료의 모양, 표면거칠기, 작용하는 하중의 종류(인장, 비틀림, 굽힘)에 따라 변한다.
	  – 응력집중계수는 노치의 형상과 작용하는 하중의 종류에 영향을 받는다.
	  – 응력집중계수의 크기 : 인장 > 굽힘 > 비틀림

노치효과	• 재료의 노치 부분에 피로 및 충격과 같은 외력이 작용할 때 집중응력이 발생하여 피로한 도가 저하되므로 재료가 파괴되기 쉬운 성질을 갖게 되는 것을 말한다. • 반복하중으로 인해 노치 부분에 응력이 집중되어 피로한도가 작아지는 현상을 말한다. ※ 재료가 장시간 반복하중을 받으면 결국 파괴되는 현상을 피로라고 하며, 이 한계를 피 로한도라고 한다.
피로파손	• 최대응력이 항복강도 이하인 반복응력에 의하여 점진적으로 파손되는 현상이다. • 단계 : 한 점에서 미세한 균열 발생 → 응력집중 → 균열 전파 → 파손이 되며 소성 변형 없이 갑자기 파손

[피로현상과 크리프현상]

피로현상	금속재료가 정하중에서는 충분한 강도를 가지고 있으나, 반복하중이나 교번하중이 장시 간 받게 되면 그 하중이 아주 작더라도 마침내 파괴되는 경우의 현상을 피로(fatigue)라 고 한다.
크리프현상	고온에서 연성재료가 정하중(사하중, 일정한 하중)을 받을 때, 시간에 따라 변형이 서서 히 증가되는 현상이다.

[후크의 법칙]

• 응력−변형률 선도에서 알 수 없는 값은 "푸아송비, 안전율, 경도"이다.
• 응력−변형률 선도의 비례한도(proportional limit) 내에서는 응력(σ)과 변형률(ε)은 서로 비례한다는 법칙이다($\sigma = E\varepsilon$).
• 응력(stress)−변형률(strain) 선도에서 "비례한도" 내 구간(선형구간)에서의 기울기는 탄성계수(E)를 의미한다.
※ 이유 : 후크의 법칙($\sigma = E\varepsilon$)은 비례한도 내에서 응력(σ)과 변형률(ε)이 비례한다는 법칙이다. 따라서 비례한도 내에서의 기울기가 바로 탄성계수(E)이다.
　즉, 응력(stress)-변형률(strain) 선도에서 x축은 변형률(ε)축이며 y축은 응력(σ)축이다.

$$기울기(E) = \frac{y값의\ 변화량}{x값의\ 변화량} = \frac{\Delta y}{\Delta x} = \frac{\sigma값의\ 변화량}{\varepsilon값의\ 변화량} = \frac{\Delta \sigma}{\Delta \varepsilon}$$

→ 후크의 법칙 "$\sigma = E\varepsilon$"에서 $E = \dfrac{\sigma}{\varepsilon}$가 도출되는 것이 바로 위의 내용과 같은 의미이다.

[기준강도]

설계 시에 허용응력을 설정하기 위해 선택하는 강도로 사용조건에 적당한 재료의 강도를 말한다.

사용조건		기준강도
상온 · 정하중	연성재료	항복점 및 내력
	취성재료(주철 등)	극한강도(인장강도)
고온 · 정하중		크리프한도
반복하중		피로한도
좌굴		좌굴응력(좌굴강도)

03

정답 ⑤

[정정보의 종류]
외팔보(캔틸레버보), 단순보(양단지지보, 받침보), 돌출보(내민보, 내다지보), 게르버보

[부정정보의 종류]
양단고정보, 일단고정 타단지지보(고정지지보), 연속보

풀이
㉠ 외팔보(캔틸레버보)
㉡ 단순보(양단지지보, 받침보)
㉢ 일단고정 타단지지보(고정지지보)
㉣ 양단고정보

04

정답 ①

응력상태를 해석하면, $\sigma_x = 90\text{MPa}$, $\sigma_y = 30\text{MPa}$, $\tau_{xy} = -40\text{MPa}$이다. 이를 기반으로 모어원을 그리면 다음과 같다.

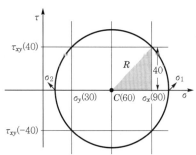

㉠ 모어원의 중심$(C) = \dfrac{\sigma_x + \sigma_y}{2} = \dfrac{90 + 30}{2} = 60$이며, 좌표로 표현하면 $(60, 0)$이다.

㉡ 모어원의 반지름(R)은 직각삼각형에서 피타고라스의 정리를 이용하여 구할 수 있다. 위 그림에 표현된 것처럼 직각삼각형의 밑변의 길이는 $90-60=30$이 되며, 높이는 40이 된다.
$$R^2 = 30^2 + 40^2 = 2,500 \rightarrow R = 50$$

㉢ 최대주응력$(\sigma_1) = C + R = 60 + 50 = 110\text{MPa}$

㉣ 최소주응력$(\sigma_2) = C - R = 60 - 50 = 10\text{MPa}$

　※ 모어원상에서의 응력크기는 항상 원점으로부터 떨어진 거리를 말한다.
　※ '기계의 진리' 유튜브 모어원 영상 3개를 꼭 시청하길 권장한다. 많은 도움이 될 것이다.

05

정답 ⑤

수직하중(인장하중 또는 압축하중)을 받을 때 재료 내부에 저장되는 탄성에너지$(U) = \dfrac{1}{2}P\delta$

[여기서, U : 탄성변형에너지(J), P : 하중(N), δ : 변형량]

풀이

단위체적(V)당 저장할 수 있는 탄성변형에너지(U)를 의미하는 레질리언스계수(u)를 유도해 보자.

㉠ $U = \dfrac{1}{2} P\delta$

㉡ $\delta = \dfrac{PL}{EA}$

　[여기서, δ : 변형량, P : 하중, L : 길이, E : 종탄성계수(세로탄성계수), A : 단면적]

㉢ ㉡을 ㉠에 대입하면 다음과 같다.

㉣ $U = \dfrac{1}{2} P\left(\dfrac{PL}{EA}\right) = \dfrac{P^2 L}{2EA} = \dfrac{P^2 LA}{2EA^2}$

　※ 여기서, 단면적(A)와 길이(L)을 곱한 것은 재료의 부피(V)이다($V = AL$).

　※ 응력(σ)은 하중(P)를 단면적(A)로 나눈 값이다$\left(\sigma = \dfrac{P}{A}\right)$.

㉤ 따라서, $U = \dfrac{P^2 LA}{2EA^2} = \dfrac{\sigma^2 V}{2E}$ 로 정리된다.

㉥ 이때, 단위체적(V)당 저장할 수 있는 탄성변형에너지(U)를 의미하는 레질리언스계수(u)는 "$u = \dfrac{U}{V}$"이므로 $U = \dfrac{\sigma^2 V}{2E} \rightarrow \dfrac{U}{V} = \dfrac{\sigma^2}{2E} \rightarrow u = \dfrac{U}{V} = \dfrac{\sigma^2}{2E}$ 로 도출된다.

㉦ 응력-변형률 선도의 비례한도(proportional limit) 내에서는 응력(σ)과 변형률(ε)은 서로 비례한다는 법칙인 후크의 법칙($\sigma = E\varepsilon$)을 사용한다.

㉧ 따라서, $u = \dfrac{\sigma^2}{2E} = \dfrac{(E\varepsilon)^2}{2E} = \dfrac{E^2 \varepsilon^2}{2E} = \dfrac{E\varepsilon^2}{2}$ 가 된다.

　※ 레질리언스계수는 단위체적당 탄성변형에너지를 의미하며, 최대탄성에너지 또는 변형에너지밀도라고도 한다.

[탄성변형에너지(U)공식 변형]

$U = \dfrac{1}{2} P\delta$이며 $\delta = \dfrac{PL}{EA}$이므로 $P = \dfrac{\delta EA}{L}$가 된다. 이를 U에 대입하면 $U = \dfrac{1}{2}\left(\dfrac{\delta EA}{L}\right)\delta = \dfrac{\delta^2 EA}{2L}$가 된다.

06

정답 ③

[오일러의 좌굴하중(P_{cr}, 임계하중)]

오일러의 좌굴하중 (P_{cr}, 임계하중)	$P_{cr} = n\pi^2 \dfrac{EI}{L^2}$ [여기서, n : 단말계수, E : 종탄성계수(세로탄성계수, 영률), I : 단면 2차 모멘트, L : 기둥의 길이]
오일러의 좌굴응력 (σ_B, 임계응력)	$\sigma_B = \dfrac{P_{cr}}{A} = n\pi^2 \dfrac{EI}{L^2 A}$ 세장비는 $\lambda = \dfrac{L}{K}$이고 회전반경은 $K = \sqrt{\dfrac{I_{\min}}{A}}$ 이다.

오일러의 좌굴응력 (σ_B, 임계응력)	회전반경을 제곱하면 $K^2 = \dfrac{I_{\min}}{A}$이므로 $\sigma_B = n\pi^2 \dfrac{EI}{L^2 A} = n\pi^2 \dfrac{E}{L^2}\left(\dfrac{I}{A}\right) = n\pi^2 \dfrac{E}{L^2} K^2$ $\dfrac{1}{\lambda^2} = \dfrac{K^2}{L^2}$이므로 $\therefore \ \sigma_B = n\pi^2 \dfrac{E}{L^2} K^2 = n\pi^2 \dfrac{E}{\lambda^2}$ 따라서, 오일러의 좌굴응력(임계응력, σ_B)은 세장비(λ)의 제곱에 반비례함을 알 수 있다.
단말계수 (끝단계수, 강도계수, n)	기둥을 지지하는 지점에 따라 정해지는 상숫값으로, 이 값이 클수록 좌굴은 늦게 일어난다. 즉, 단말계수가 클수록 강한 기둥이다.

일단고정 타단자유	$n = \dfrac{1}{4}$
일단고정 타단회전	$n = 2$
양단회전	$n = 1$
양단고정	$n = 4$

풀이

㉠ A는 양단에 힌지가 있으므로 양단회전상태이며, B는 양단고정상태이다.

㉡ A기둥(양단회전)의 좌굴하중은 $P_{cr(A)} = 1\pi^2 \dfrac{EI}{L^2} = 50\text{kN}$이 된다.

㉢ B기둥(양단고정)의 좌굴하중은 $P_{cr(B)} = 4\pi^2 \dfrac{EI}{L^2}$가 된다.

㉣ 따라서, $P_{cr(B)}$는 $P_{cr(A)}$의 4배라는 것을 알 수 있으므로 200kN이 된다.

07

정답 ③

[비틀림모멘트, 토크(T)에 의해 봉에 발생하는 전단응력(τ)]

속이 꽉 찬 봉 (중실축)	$T = \tau Z_P = \tau\left(\dfrac{\pi d^3}{16}\right)$ [여기서, Z_P: 중실축의 극단면계수$\left(= \dfrac{\pi d^3}{16}\right)$]
속이 빈 봉 (중공축)	$T = \tau Z_P = \tau\left[\dfrac{\pi(d_2^4 - d_1^4)}{16 d_2}\right]$ [여기서, Z_P: 중공축의 극단면계수$\left(= \dfrac{\pi(d_2^4 - d_1^4)}{16 d_2}\right)$, d_2: 중공축의 바깥지름, d_1: 중공축의 안지름]

풀이

$$T = \tau Z_P = \tau \left[\frac{\pi (d_2^4 - d_1^4)}{16 d_2} \right]$$

$$\rightarrow \tau = \frac{16 d_2 \, T}{\pi (d_2^4 - d_1^4)} = \frac{16 \times 4R \times T}{\pi [(4R)^4 - (2R)^4]} = \frac{64RT}{\pi (256R^4 - 16R^4)} = \frac{64RT}{\pi \times 240 R^4} = \frac{4T}{15 \pi R^3}$$

※ 주의사항 : 반지름(R)이 주어져 있으므로 지름(d)으로 환산하여 계산해야 한다($d = 2R$).

08

정답 ①

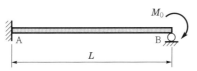

㉠ 외팔보에 발생할 수 있는 모든 처짐량을 고려한다.

㉡ 먼저, B지점이 존재하지 않다고 보았을 때, 길이가 L인 외팔보가 된다. 길이가 L인 외팔보의 자유단(끝단)에 모멘트 M_0가 작용할 때, 자유단(끝단, B지점)에서의 최대처짐량 $= \dfrac{M_0 L^2}{2EI}$이다. 이 경우는 모멘트 M_0가 시계 방향으로 작용하기 때문에 외팔보는 아래로 굽혀지게(휘게) 될 것이다.

㉢ 길이가 L인 외팔보의 자유단(끝단, B지점)에 집중하중 P가 작용할 때, 자유단(끝단, B지점)에서의 최대처짐량 $= \dfrac{PL^3}{3EI}$이다. 자유단(끝단, B지점)에서는 집중하중의 역할을 해주는 반력(R_B)이 아래에서 위로 작용하고 있다. 이 반력(R_B)으로 인해 외팔보는 위쪽 방향으로 굽혀지게(휘게) 될 것이다. 이에 따른 최대처짐량 $= \dfrac{R_B L^3}{3EI}$가 된다.

㉣ 보는 항상 어느 방향으로도 굽혀지지 않고 안정한 상태를 유지하려고 한다. 이것이 기본적인 보의 메커니즘이다. 따라서, 보가 어느 방향으로도 굽혀지지지(휘지) 않으려면, 모멘트 M_0에 의한 최대처짐량의 크기와 반력 R_B에 의한 최대처짐량의 크기가 동일해야 한다. 즉, 상쇄되어 처짐량이 0이 되어야 한다는 의미이다. 상쇄가 될 수 있는 이유는 처짐의 방향(굽혀지는 방향)이 서로 반대이기 때문이다. 이를 수식으로 표현하면 다음과 같다.

$$\frac{M_0 L^2}{2EI} = \frac{R_B L^3}{3EI} \rightarrow R_B = \frac{3 M_0}{2L}$$

09

정답 ③

① 냉동기의 성적계수(성능계수)는 냉동기의 효율을 나타내는 척도이다. 따라서, 성적계수(성능계수)가 클수록 냉방능력이 좋아진다.

② 성적계수(성능계수, ε)

냉동기의 성적계수(ε_r)	$\varepsilon_r = \dfrac{Q_2}{Q_1 - Q_2} = \dfrac{T_2}{T_1 - T_2}$ [여기서, Q_1 : 고열원으로 방출되는 열량, Q_2 : 차가운 곳을 더 차갑게 냉동시키기 위해 저열원으로부터 흡수하는 열량, T_1 : 응축기 온도, 고열원의 온도, T_2 : 증발기 온도, 저열원의 온도, W : 투입된 기계적인 일, 압축기 일량($= Q_1 - Q_2$)]
열펌프의 성적계수(ε_h)	$\varepsilon_h = \dfrac{Q_1}{Q_1 - Q_2} = \dfrac{T_1}{T_1 - T_2}$ [여기서, Q_1 : 고열원으로 방출되는 열량, Q_2 : 저열원으로부터 흡수한 열량, T_1 : 고열원의 온도, T_2 : 저열원의 온도, W : 투입된 기계적인 일($= Q_1 - Q_2$)]

$$\varepsilon_h - \varepsilon_r = \frac{Q_1}{Q_1 - Q_2} - \frac{Q_2}{Q_1 - Q_2} = \frac{Q_1 - Q_2}{Q_1 - Q_2} = 1$$

→ $\varepsilon_h - \varepsilon_r = 1$

→ $\varepsilon_h = 1 + \varepsilon_r$로 도출된다. 즉, 열펌프의 성적계수($\varepsilon_h$)는 냉동기의 성적계수($\varepsilon_r$)보다 1만큼 항상 크다는 관계가 나온다.

③ $\varepsilon_r = \dfrac{T_2}{T_1 - T_2}$에 따르면, 냉동기의 증발온도($T_2$)가 낮을수록, 또는 응축온도($T_1$)가 높을수록 성적계수는 작아진다.

④ $\varepsilon_r = \dfrac{Q_2}{Q_1 - Q_2} = \dfrac{Q_2}{W}$이므로 냉동기의 성적계수는 냉각열량과 압축기열량과의 비를 나타낸다.

⑤ $\varepsilon_r = \dfrac{T_2}{T_1 - T_2} = \dfrac{283\text{K}}{300\text{K} - 283\text{K}} = \dfrac{283}{17} ≒ 16.6$이 도출된다.

10
정답 ④

[냉매의 구비조건]
- 증발기 내부 증기압 또는 증발압력은 대기압보다 높아야 한다.
  → 증발기 내부 증기압이 대기압보다 낮으면 대기 중의 공기가 냉동장치 내에 침입할 수 있다.
- 상온에서도 비교적 저압에서 액화되어야 한다.
- 임계온도가 높고, 응축압력과 응고온도가 낮아야 한다.
- 비체적이 작아야 한다.
- 증발잠열이 크고, 액체의 비열이 작아야 한다.
- 점성이 작고, 열전도율이 좋아야 한다.
- 표면장력이 작아야 한다.
- 동작계수가 커야 한다.
- 비열비(열용량비)가 크면 압축기의 토출가스온도가 상승하므로 비열비는 작아야 한다.

- 폭발성, 인화성이 없고 악취나 자극성이 없어 인체에 유해하지 않아야 한다.
- 불활성으로 안전하며, 고온에서 분해되지 않아야 한다.
- 금속이나 패킹 등 냉동기의 구성부품을 부식, 변질, 연화시키지 않아야 한다.
- 값이 싸며, 구하기 쉬워야 한다.

11

정답 ③

[증기압축냉동 사이클]

풀이

그림의 사이클에서 보듯이 응축기에서 외부로 방출되는 열량(Q_1)은 증발기에서 흡수한 열량(Q_2)에 냉매를 압축하기 위해 압축기에 투입된 일(압축일, W_c)의 총합 에너지이다. 즉, 응축기에서 외부로 방출되는 열량(Q_1)은 증발기에서 흡수한 열량(Q_2)에 냉매를 압축하기 위해 압축기에 투입된 일(압축일, W_c)을 더한 값이다. 따라서, $Q_1 = Q_2 + W$이다.

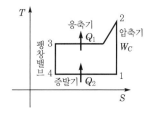

이때, 단위시간에 증발기에서 흡수하는 열량을 냉동능력(kcal/h)이라고 한다. 냉동능력이 1냉동톤(RT)라고 제시되어 있다. 1RT는 3,320kcal/h＝3.86kW이다. 따라서, Q_2 ＝3.86kW이다.

1kcal≒4,200J이며, 1h＝3,600s이므로 5,040kcal/h＝5,040×4,200J/3,600s＝5,880J/s＝5,880W＝5.88kW이다.

따라서, 응축기의 방열량(Q_1)＝5.88kW가 된다.

※ 단, 1W＝1J/s이다.

$Q_1 = Q_2 + W \rightarrow W = Q_1 - Q_2 = $5.88kW－3.86kW＝2.02kW

관련 이론

냉동능력	단위시간에 증발기에서 흡수하는 열량을 냉동능력(kcal/h)이라고 한다. 냉동능력의 단위로는 1냉동톤(1RT)이 있다. • 1냉동톤(1RT) : 0℃의 물 1ton을 24시간 동안에 0℃의 얼음으로 바꾸는 데 제거해야 할 열량 또는 그 능력 • 1미국냉동톤(1USRT) : 32℉의 물 1ton(2,000lb)를 24시간 동안에 32℉의 얼음으로 만드는 데 제거해야 할 열량 또는 그 능력	
	1RT	3,320kcal/h＝3.86kW [여기서, 1kW＝860kcal/hr, 1kcal＝4.18kJ] ※ 0℃의 얼음을 0℃의 물로 상변화시키는 데 필요한 융해잠열 : 79.68kcal/kg ※ 0℃의 물에서 0℃의 얼음으로 변할 때 제거해야 할 열량 : 79.68kcal/kg → 물 1ton이므로 1,000kg이다. 이를 식으로 표현하면 1,000kg×79.68kcal /kg＝79,680kcal가 된다. 24시간 동안 얼음으로 바꾸는 것이므로 79,680kcal/24h＝3,320kcal/h가 된다.
	1USRT	3,024kcal/h

냉동효과	증발기에서 냉매 1kg이 흡수하는 열량을 말한다.
제빙톤	25℃의 물 1ton을 24시간 동안에 −9℃의 얼음으로 만드는 데 제거해야 할 열량 또는 그 능력을 말한다(열손실은 20%로 가산한다). • 1제빙톤 : 1.65RT
냉각톤	냉동기의 냉동능력 1USRT당 응축기에서 제거해야 할 열량으로, 이때 압축기에서 가하는 엔탈피를 860kcal/hr로 가정한다. • 1냉각톤(1CRT) : 3,884kcal/hr
보일러마력	100℃의 물 15.65kg을 1시간 이내에 100℃의 증기로 만드는 데 필요한 열량을 말한다. ※ 100℃의 물에서 100℃의 증기로 상태변화시키는 데 필요한 증발잠열 : 539kcal/kg • 1보일러마력=8435.35kcal/h=539kcal/kg×15.65kg

12

정답 ②

[전도]

$$Q=- kA\frac{dT}{dx}$$

※ 위 식에서 (−)부호를 붙인 이유는 열역학 제2법칙에 따라 열은 항상 고온에서 저온으로 이동하는 흐름을 표현하기 위함이다.

풀이

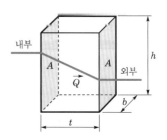

㉠ $Q=kA\dfrac{dT}{dx}$를 사용한다.

㉡ 전열면적(A)은 열이 이동하는 방향과 수직한 면의 면적을 말한다. 따라서, 전열면적(A)는 높이(h)와 너비(b)의 곱이다.
   $A=hb=2\mathrm{m}\times4\mathrm{m}=8\mathrm{m}^2$

㉢ $Q=kA\dfrac{dT}{dx}$ → $200=0.3\times8\times\dfrac{25-T_{외부}}{0.24}$

   ∴ $T_{외부}=5℃$

13

정답 ③

상태	• 평형상태에서 온도, 압력, 체적 또는 비체적과 같은 일정한 특성치에 의해 정해지는 것을 말한다. • 열역학적으로 평형은 열적 평형, 역학적 평형, 화학적 평형 등 3가지가 있다.
성질	• 각 물질마다 특정한 값을 가지며 상태함수 또는 점함수라고도 한다. • 경로(과정)에 관계없이 계의 상태에만 관계되는 양이다(단, 일과 열량은 경로와 관계가 있는 경로함수=도정함수=과정함수이다).

상태량의 종류	강도성 상태량	• 물질의 질량에 관계없이 그 크기가 결정되는 상태량이다(세기의 성질, intensive property라고도 한다). • 압력, 온도, 비체적, 밀도, 비상태량, 표면장력 등
	종량성 상태량	• 물질의 질량에 따라 그 크기가 결정되는 상태량으로 그 물질의 질량에 정비례관계가 있다(시량 성질, extensive property라고도 한다). • 체적, 내부에너지, 엔탈피, 엔트로피, 질량 등

※ 점함수는 완전미분(전미분) 또는 편미분이 모두 가능하다. 하지만, 과정함수(경로함수)는 편미분만 가능하다.
※ 비상태량(모든 상태량의 값을 질량으로 나눈 값)은 강도성 상태량으로 취급한다.
※ 기체상수는 열역학적 상태량이 아니다.
※ 열과 일은 에너지로 열역학적 상태량이 아니다.

14

정답 ④

[이상기체의 등온과정]

내부에너지변화 (dV)	$dU = U_2 - U_1 = mC_v\Delta T = mC_v(T_2 - T_1)$ [여기서, m : 질량, C_v : 정적비열, ΔT : 온도변화] → $dU = mC_v\Delta T = mC_v(T_2 - T_1)$에서 등온과정이므로 $T_1 = T_2$이다. 　따라서, $dU = 0$이 된다. 즉, $U_2 - U_1 = 0$이므로 $U_1 = U_2 =$ constant하다. 　초기 내부에너지 U_1과 나중 내부에너지 U_2가 같기 때문에 내부에너지의 변화가 0이다.
엔탈피 변화(dH)	$dH = H_2 - H_1 = mC_p\Delta T = mC_p(T_2 - T_1)$ [여기서, m : 질량, C_p : 정압비열, ΔT : 온도변화] → $dH = mC_p\Delta T = mC_p(T_2 - T_1)$에서 등온과정이므로 $T_1 = T_2$이다. 　따라서, $dH = 0$이 된다. 즉, $H_2 - H_1 = 0$이므로 $H_1 = H_2 =$ constant하다. 　초기 엔탈피 H_1과 나중 엔탈피 H_2가 같기 때문에 엔탈피의 변화가 0이다.
절대일 $(W = PdV)$	$Q = dU + W = dU + PdV$ 시스템(계)에 공급된 열량(Q)는 계의 내부에너지변화(dU)에 쓰이고, 나머지는 외부에 일(PdV)을 한다. 즉, 손실이 없는 한 에너지는 보존된다. → 등온과정이므로 $dU = 0$이 된다. → $Q = 0 + W = 0 + PdV$ → $Q = W = PdV$ 즉, 등온과정에서의 열량(Q)은 절대일(W)과 같다.
공업일 $(W_t = -VdP)$	$Q = dH + W_t = dH - VdP$ → 등온과정이므로 $dH = 0$이 된다. → $Q = 0 + W_t = 0 - VdP$ → $Q = W_t = -VdP$ 즉, 등온과정에서의 열량(Q)은 공업일(W_t)과 같다.

풀이

피스톤-실린더장치에서 기체가 외부에 한 일(외부일, 팽창일)

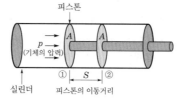

⊙ $W = FS$ [여기서, F : 기체압력에 의한 힘, S : 피스톤의 이동거리]

ⓒ 압력$(p) = \dfrac{F}{A(\text{피스톤의 단면적})} \rightarrow F = pA$

ⓒ $W = FS = pAS = p\Delta V$ (단, $\Delta V = AS$)

ⓔ $W = p\Delta V = p(V_2 - V_1)$

   [여기서, V_1 : 초기 부피, V_2 : 나중 부피]

ⓜ 이상기체의 등온과정에서 공급된 열량(Q)이 절대일과 공업일로 각각 같기 때문에 절대일과 공업일도 같다는 것을 알 수 있다.

15

정답 ③

유체의 비중$(S) = \dfrac{\text{어떤 유체의 밀도}(\rho) \text{ 또는 어떤 유체의 비중량}(\gamma)}{4℃\text{에서의 물의 밀도}(\rho_{H_2O}) \text{ 또는 물의 비중량}(\gamma_{H_2O})}$

※ 물의 비중량$(\gamma_{H_2O}) = 9,800\text{N/m}^3$

※ 물의 밀도$(\rho_{H_2O}) = 1,000\text{kg/m}^3$

$\rightarrow S = \dfrac{\text{어떤 유체의 밀도}(\rho)}{4℃\text{에서의 물의 밀도}(\rho_{H_2O})}$

$\rightarrow$ 어떤 유체의 밀도$(\rho) = 4℃$에서의 물의 밀도$(\rho_{H_2O}) \times S = 1000\text{kg/m}^3 \times 1.25 = 1,250\text{kg/m}^3$

비체적$(v$, 비부피)은 체적$(V$, 부피)를 질량(m)으로 나눈 값이다. 즉, $v = \dfrac{V[\text{m}^3]}{m[\text{kg}]}$이다. 따라서, 비체적$(v$, 비부피)의 단위는 m^3/kg이 된다. 밀도$(\rho) = \dfrac{m[\text{kg, 질량}]}{V[\text{m}^3, \text{부피}]}$이다. 결국, 단위 및 식을 보면 비체적$(v$, 비부피)과 밀도$(\rho)$는 서로 역수의 관계를 갖는다는 것을 알 수 있다.

따라서, $v = \dfrac{1}{\rho} = \dfrac{1}{1,250\text{kg/m}^3} = 0.0008\text{m}^3/\text{kg}$이 된다. 단, 문제에서 요구된 비체적의 단위가 m^3/g이므로 단위 변환을 해야 한다.

∴ $v = 0.0008\text{m}^3/\text{kg} = 0.0008\text{m}^3/1,000\text{g} = 0.0008 \times 10^{-3}\text{m}^3/\text{g}$

16

[카르노 사이클(Carnot cycle)]

열기관의 이상적인 사이클로 2개의 가역등온과정과 2개의 가역단열과정으로 구성된다.

열효율(η)	카르노 사이클의 열효율$(\eta) = \left(1 - \dfrac{Q_2}{Q_1}\right) \times 100\% = \left(1 - \dfrac{T_2}{T_1}\right) \times 100\%$ [여기서, Q_1 : 고열원에서 열기관으로 공급되는 열량, Q_2 : 열기관에서 저열원으로 방출되는 열량, T_1 : 고열원의 온도(K), T_2 : 저열원의 온도(K)]
특징	• 이상기체를 동작물질(작동물질)로 사용하는 이상 사이클이다. • 이론적으로 사이클 중 최고의 효율을 가질 수 있다. • 등온팽창 → 단열팽창 → 등온압축 → 단열압축의 순서로 작동된다. • 같은 두 열원에서 사용되는 가역 사이클인 카르노 사이클로 작동되는 기관은 열효율이 동일하다. • 열효율은 열량(Q)의 함수로, 온도(T)의 함수로 치환할 수 있다. • 사이클을 역으로 작동시키면 이상적인 냉동기의 원리가 된다. • 열(Q)의 공급은 등온과정에서만 이루어지지만, 일(W)의 전달은 단열과정 및 등온과정에서 모두 일어난다. • 동작물질(열매체, 작동물질)의 밀도가 높으면 마찰이 발생하여 열효율이 저하되므로 밀도가 낮은 것이 좋다.

풀이

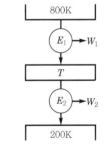

㉠ 카르노 사이클의 열효율$(\eta) = 1 - \dfrac{T_2}{T_1}$을 이용한다.

㉡ 기관 E_1 입장에서 보면, 800K가 고열원이며, T 가 저열원이다.

이에 대한 카르노 열효율을 구하면 $\eta_1 = 1 - \dfrac{T}{800}$ 이 된다.

㉢ 기관 E_2 입장에서 보면, T 가 고열원이며, 200K가 저열원이다.

이에 대한 카르노 열효율을 구하면 $\eta_2 = 1 - \dfrac{200}{T}$ 이 된다.

㉣ $\eta_1 = \eta_2 \ \rightarrow \ 1 - \dfrac{T}{800} = 1 - \dfrac{200}{T} \ \rightarrow \ \dfrac{T}{800} = \dfrac{200}{T} \ \rightarrow \ T^2 = 200 \times 800 = 1,600 = 400 \times 400 = 400^2$

$\rightarrow \ T^2 = 400^2 \ \rightarrow \ T = 400\text{K}$

17

높이 h인 액체기둥에 의한 압력$(P) = \gamma h = \rho g h$

풀이

㉠ "$P = \gamma h$"에 따르면, 깊이(h)가 깊을수록 압력이 커진다는 것을 알 수 있다. 따라서, 2,600kgf/m^{2}의 압력이 1,200kgf/m^{2}보다 더 깊은 곳에서 작용하는 압력임을 알 수 있다. 즉, 다음 그림처럼 그릴 수 있다.

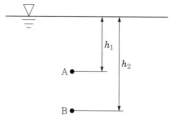

ⓛ B점에서 작용하는 압력은 $P = \gamma h$에 따라 $P_B = \gamma h_2$가 된다.

ⓒ A점에서 작용하는 압력은 $P = \gamma h$에 따라 $P_A = \gamma h_1$가 된다.

ⓔ 이때, $P_B - P_A = \gamma h_2 - \gamma h_1 = \gamma(h_2 - h_1)$이 된다. 또한, 물속이므로 γ는 물의 비중량이다.

   ※ 물의 비중량(γ) $= 9,800 \text{N/m}^3$

   ※ $1\text{kgf} = 9.8\text{N}$

ⓜ $P_B - P_A = \gamma(h_2 - h_1)$

   $9.8 \times (2,600 - 1,200)\text{N/m}^2 = 9,800\text{N/m}^3 \times (h_2 - h_1)$

   $1,3720\text{N/m}^2 = 9,800\text{N/m}^3 \times (h_2 - h_1)$

   $\therefore\ h_2 - h_1 = 1.4\text{m}$

18

정답 ②

[달시-바이스바하 방정식(Darcy-Weisbach equation)]

일정한 길이의 원관 내에서 유체가 흐를 때 발생하는 마찰로 인한 압력손실 또는 수두손실과 비압축성 유체의 흐름의 평균속도와 관련된 방정식이다.

→ 직선원관 내에 유체가 흐를 때 관과 유체 사이의 마찰로 인해 발생하는 직접적인 손실을 구할 수 있다.

$$h_l = f\frac{l}{d}\frac{V^2}{2g}$$

[여기서, h_l : 손실수두, f : 관마찰계수(달시 관마찰계수, 마찰손실계수), l : 관의 길이, d : 관의 직경,

V : 유속, g : 중력가속도, $\dfrac{V^2}{2g}$: 속도수두]

※ 달시-바이스바하 방정식은 층류와 난류에서 모두 적용이 가능하나, 하겐-푸아죄유 방정식은 층류에 서만 적용이 가능하다.

풀이

마찰손실수두가 속도수두의 2배이므로 $h_l = 2\left(\dfrac{V^2}{2g}\right)$이므로

$$h_l = f\frac{l}{d}\frac{V^2}{2g} \rightarrow 2 = f\frac{l}{d}$$

이때, 관의 길이가 지름의 100배이므로 $l = 100d$가 된다.

$$f\frac{l}{d} = 2 \rightarrow f\frac{100d}{d} = 2 \rightarrow f \times 100 = 2 \rightarrow f = 0.02$$

19

㉠ 무게가 1,000N인 수조에 어떤 유체를 가득 채웠더니 총무게가 35,000N이 되었다. 따라서, 유체의 무게는 35,000N−1,000N=34,000N이 된다.

$$\text{유체의 비중량}(\gamma)=\frac{W(\text{무게 또는 중량})}{V(\text{체적 또는 부피})}=\frac{34,000\text{N}}{2\text{m}^3}=17,000\text{N/m}^3$$

중력가속도가 10m/s^{2}이므로 1kgf=10N이다. 1N=$\frac{1}{10}$kgf이 된다.

$$\therefore\ \gamma=17,000\text{N/m}^3=17,000\times\frac{1}{10}\text{kgf/m}^3=1,700\text{kgf/m}^3$$

㉡ $\gamma=\rho(\text{밀도})\times g(\text{중력가속도})\ \rightarrow\ 17,000\text{N/m}^3=\rho\times10\text{m/s}^2\ \rightarrow\ \therefore\ \rho=1,700\text{kg/m}^3$

※ 1kgf=9.8N, 1dyne=10^{-5}N, 1lbf=4.44N, 1kg=9.81N, 1pdl=0.138N

20

[웨버수(Weber수)]

$$\frac{\rho V^2 L}{\sigma}=\frac{\text{관성력}}{\text{표면장력}}$$

[프란틀수(Prandtl수)]

- $\text{Pr}=\dfrac{C_p\mu}{k}=\dfrac{\nu}{\alpha}=\dfrac{\text{운동량전달계수}}{\text{열전달계수}}=\dfrac{\text{운동량확산도}}{\text{열확산도}}=\dfrac{momentum\ diffusivity}{thermal\ diffusivity}$

- $\text{Pr}=\dfrac{C_p\mu}{k}=\dfrac{\nu}{\alpha}=\dfrac{\text{운동량의 전달}}{\text{열에너지의 전달}}=\dfrac{\text{동력학적 경계층의 두께(확산도)}}{\text{열경계층의 두께(확산도)}}$

[오일러수(압력계수)]

$$\frac{\Delta P}{\rho V^2}=\frac{\text{압축력}}{\text{관성력}}$$

[레이놀즈수(Reynolds수)]

$$\frac{\rho VD}{\mu}=\frac{\text{관성력}}{\text{점성력}}$$

[코시수(Cauchy수)]

$$\frac{\rho V^2}{E}=\frac{\text{관성력}}{\text{탄성력}}$$

21

점성계수(μ)의 단위는 N·s/m^2=Pa·s이다.

1N=1kg·m/s^2($F=ma$)를 점성계수(μ)의 단위 N·s/m^{2}에 대입하면

$$\text{N}\cdot\text{s/m}^2=\frac{\text{kg}\cdot\text{m}}{\text{s}^2\cdot\text{m}^2}\cdot\text{s}=\frac{\text{kg}}{\text{m}\cdot\text{s}}\ \text{가 된다.}$$

※ 동력=일률=공률

22

㉠ 점성계수(poise)의 수치를 동점성계수(stokes)의 수치로 나누면 해당 유체의 비중이 도출된다.

㉡ $S($유체의 비중$) = \dfrac{20\text{poise}}{5\text{sotkes}} = 4$

㉢ 유체의 비중$(S) = \dfrac{\text{유체의 밀도}(\rho) \text{ 또는 유체의 비중량}(\gamma)}{4\text{℃에서의 물의 밀도}(\rho_{\text{H}_2\text{O}}) \text{ 또는 물의 비중량}(\gamma_{\text{H}_2\text{O}})}$

※ 물의 비중량$(\gamma_{\text{H}_2\text{O}}) = 9,800\text{N/m}^3$

※ 물의 밀도$(\rho_{\text{H}_2\text{O}}) = 1,000\text{kg/m}^3$

$S_{\text{유체}} = \dfrac{\text{유체의 밀도}(\rho)}{4\text{℃에서의 물의 밀도}(\rho_{\text{H}_2\text{O}})}$

어떤 유체의 밀도$(\rho) = 4$℃에서의 물의 밀도$(\rho_{\text{H}_2\text{O}}) \times S = 1,000\text{kg/m}^3 \times 4 = 4,000\text{kg/m}^3$이 된다.

㉣ 물체의 비중$(S) = \dfrac{\text{어떤 물체의 밀도}(\rho) \text{ 또는 어떤 물체의 비중량}(\gamma)}{4\text{℃에서의 물의 밀도}(\rho_{\text{H}_2\text{O}}) \text{ 또는 물의 비중량}(\gamma_{\text{H}_2\text{O}})}$

$S_{\text{물체}} = \dfrac{\text{어떤 물체의 밀도}(\rho)}{4\text{℃에서의 물의 밀도}(\rho_{\text{H}_2\text{O}})}$

∴ 어떤 물체의 밀도$(\rho) = 4$℃에서의 물의 밀도$(\rho_{\text{H}_2\text{O}}) \times S = 1,000\text{kg/m}^3 \times 0.8 = 800\text{kg/m}^3$

㉤ 어떤 물체가 액체 속에 일부만 잠긴 채 뜨게 되면 물체의 무게(중력, mg)와 액체에 의해 수직상방향으로 물체에 작용하게 되는 부력$(\gamma_{\text{액체}} V_{\text{잠긴 부피}})$이 힘의 평형관계가 있게 된다. 이를 중성부력$(mg = $부력$)$이라 한다[단, 부력$(\gamma_{\text{액체}} V_{\text{잠긴 부피}})$은 $\rho_{\text{액체}} g V_{\text{잠긴 부피}}$와 같다].

즉, $mg = $부력이다. 밀도$(\rho) = \dfrac{m(\text{질량})}{V(\text{체적 또는 부피})}$이므로 $m = \rho V$가 된다. 따라서, 다음과 같다.

$\rho_{\text{물체}} V_{\text{전체 부피}} g = \rho_{\text{액체}} V_{\text{잠긴 부피}} g$

$800 \times V_{\text{전체 부피}} = 4,000 \times V_{\text{잠긴 부피}}$

∴ $\dfrac{V_{\text{잠긴 부피}}}{V_{\text{전체 부피}}} = \dfrac{800}{4,000} = 0.2$가 되므로 물체의 잠긴 부피는 전체 부피의 20%임을 알 수 있다.

23

[펌프의 동력]

$P = \dfrac{\gamma Q H}{\eta}$

[여기서, γ : 유체의 비중량, Q : 유량, H : 전양정]

풀이

$\gamma = \dfrac{W(\text{무게 또는 중량})}{V(\text{체적 또는 부피})} = \dfrac{m(\text{질량}) \times g(\text{중력가속도})}{V(\text{체적})} = \rho(\text{밀도}) \times g(\text{중력가속도})$

따라서, 유체의 비중량$(\gamma) = 1,000\text{kg/m}^3 \times 10\text{m/s}^2 = 10,000\text{N/m}^3$이다.

[단, $\rho = \dfrac{m(\text{질량})}{V(\text{체적 또는 부피})}$]

전양정(H)은 실양정에 손실수두(손실양정)를 가산한 것이다. 즉, 전양정(H)은 실양정과 손실수두(손실양정)를 합한 값과 같다. 따라서, 전양정(H)=28m+2m=30m이다.

$$P = \frac{\gamma Q H}{\eta} \ \rightarrow \ Q = \frac{P\eta}{\gamma H} = \frac{200 \times 1,000 \times 0.9}{10,000 \times 30} = 0.6 \text{m}^3/\text{s}$$

24

정답 ⑤

구분	경계를 통과하는 질량, 물질	경계를 통과하는 에너지/열과 일
밀폐계(비유동계, 폐쇄계)	×	○
고립계(절연계)	×	×
개방계(열린계)	○	○

※ 밀폐계는 질량, 물질이 경계를 통과하지 못한다. 즉, 질량, 물질이 경계를 통해 유동하지 못하므로 비유동계라고 한다.

25

정답 ①

[비정질합금]
용융합금을 급속 냉각시켜 원자배열이 무질서하며 높은 투자율이나 매우 낮은 자기이력손실 등의 특성을 가진 합금으로 비결정형 재료라고도 한다.
• 비정질합금은 용융상태에서 급랭시켜 얻어진 무질서한 원자배열을 갖는다.
• 결정구조를 가지지 않고 아몰포스구조를 가지고 있어 자기적 성질이 우수하다.
• 자기이력손실이 매우 낮아서 변압기, 발전기, 모터 등의 철심재료로 사용된다.
• 일반적인 금속에 비해 기계적 강도가 우수하고 뛰어난 내식성을 지니고 있다.
• 우수한 연자기 특성을 가지고 있지만, 전기전도성은 우수하지 않다.
• 주조 시 응고수축이 적고, 주물 제작했을 때 표면이 매끈하여 후가공이 필요 없다.
• 열에 약하다. 급속 냉각에 의해 결정이 형성되지 않았지만, 높은 온도에서는 열에 의해 다시 보통의 결정금속으로 되돌아간다.
• 장시간 내버려두면 본연의 결정구조를 찾아 결정화가 된다. 이를 재결정화라고 한다.

[초소성합금]
초소성은 금속이 유리질처럼 늘어나는 특수현상을 말한다. 즉, 초소성 합금은 파단에 이르기까지 수백 % 이상의 큰 신장률을 발생시키는 합금이다. 초소성현상을 나타내는 재료는 공정 및 공석조직을 나타내는 것이 많다. 또한, Ti 및 Al계 초소성합금이 항공기의 구조재로 사용되고 있다.

[초내열합금]
고온에서 산화 및 부식에 잘 견디고, 크리프 및 열피로현상이 발생하지 않는 재료로서 제트엔진의 터빈날개 등에서 사용된다.

[형상기억합금]

고온에서 일정 시간 유지함으로써 원하는 현상을 기억시키면 상온에서 외력에 의해 변형되어도 기억시킨 온도로 가열만 하면 변형 전 현상으로 되돌아오는 합금이다.

- 온도, 응력에 의존되어 생성되는 마텐자이트변태를 일으킨다.
- 형상기억효과를 나타내는 합금이 일으키는 변태는 마텐자이트변태이다.
- 형상기억효과를 만들 때 온도는 마텐자이트변태온도 이하에서 한다.
- 우주선의 안테나, 치열 교정기, 안경 프레임, 급유관의 이음쇠 등에 사용된다.
- 소재의 회복력을 이용하여 용접 또는 납땜이 불가능한 것을 연결하는 이음쇠로도 사용된다.
- Ni-Ti합금의 대표적인 상품은 니티놀이며, 주성분은 니켈(Ni)과 티타늄(Ti)이다. 이 외에도 Cu-Al-Zn계 합금, Cu-Al-Ni계, Cu계 합금 등이 있다.

[초전도합금]

초전도 특성을 가진 재료로 다양한 형태로 가공하여 코일 등으로 만들어 사용한다. 어떤 전도물질을 상온에서 점차 냉각하여 절대온도 0K(=-273℃)에 가까운 극저온이 되면 전기저항이 0이 되어 완전도체가 되는 동시에 그 내부에 흐르고 있던 자속이 외부로 배제되어 자속밀도가 0이 되는 "마이스너효과"에 의해 완전한 반자성체가 되는 재료이다. 초전도현상에 영향을 주는 인자는 온도, 자기장, 자속밀도이다.

- 에너지손실이 없어 고압 송전선이나 전자석용 선재에 활용된다.
- 강한 자기장이나 아주 안정한 자기장을 발생시키는 초전도자석, 에너지저장장치, 모터, 발전기 등 많은 전류를 발생 또는 수송하는 전력계통 응용과 초전도 자기부상열차, 초전도 추진선박 등 교통분야의 응용 등이 있다.

26

정답 ③

구분	냉간가공	열간가공
가공온도	재결정온도 이하에서 가공한다(비교적 낮은 온도).	재결정온도 이상에서 가공한다(비교적 높은 온도).
표면거칠기, 치수정밀도	우수하다(깨끗한 표면).	냉간가공에 비해 거칠다(높은 온도에서 가공하기 때문에 표면이 산화되어 정밀한 가공은 불가능하다).
균일성(표면의 치수정밀도 및 요철의 정도)	크다.	작다.
동력	많이 든다.	적게 든다.
가공경화	가공경화가 발생하여 가공품의 강도 및 경도가 증가한다.	가공경화가 발생하지 않는다.
변형응력	높다.	낮다.
용도	연강, 구리, 합금, 스테인리스강(STS) 등의 가공	압연, 단조, 압출가공 등

구분	냉간가공	열간가공
성질의 변화	인장강도, 경도, 항복점, 탄성한계는 증가하고, 연신율, 단면수축율, 인성은 감소한다.	연신율, 단면수축률, 인성은 증가하고, 인장강도, 경도, 항복점, 탄성한계는 감소한다.
조직	미세화	초기에 미세화효과 → 조대화
마찰계수	작다.	크다(표면이 산화되어 거칠어지므로).
생산력	대량생산에는 부적합하다.	대량생산에 적합하다.

※ 열간가공은 재결정온도 이상에서 가공하는 것으로 금속재료의 재결정이 이루어진다. 재결정이 이루어지면 새로운 결정핵이 생기고, 이 결정이 성장하여 연화(물렁물렁)된 조직을 형성하기 때문에 금속재료의 변형이 매우 용이한 상태(변형저항이 적다)가 된다. 따라서, 가공하기 쉽고, 이에 따라 가공시간이 짧아진다. 즉, 열간가공은 대량생산에 적합하다.

※ 열간가공은 재결정온도 이상에서 가공하기 때문에 높은 온도에서 가공한다. 따라서, 제품이 대기 중의 산소와 높은 온도에서 반응하여 제품의 표면이 산화되기 쉽다(표면이 거칠어질 수 있다). 즉, 열간가공은 냉간가공에 비해 치수정밀도와 표면상태가 불량하며 균일성(표면거칠기)이 작다.

※ 열간가공은 재결정온도 이상에서 가공하기 때문에 금속 내부에 재결정이 이루어진다. 이로 인해 초기에는 작은 새로운 결정들이 생기게 된다. 따라서, 초기에는 미세화효과가 일어난다고 해석한다. 그리고, 장시간 재결정온도 이상에서 유지하면 결정 또는 결정립이 고온에서의 열에너지를 받아 점점 성장하는 조대화현상이 일어나게 된다.

27

정답 ⑤

[금속 재료시험의 종류]
• 파괴시험(기계적시험) : 재료에 충격을 주거나 파괴를 하여 재료의 여러 성질을 측정하는 시험으로 인장시험, 압축시험, 비틀림시험, 굽힘시험, 충격시험, 피로시험, 크리프시험, 마멸시험, 경도시험 등이 있다.
• 비파괴시험 : 재료를 파괴 및 손상하지 않고 재료의 결함 유무 등을 조사하는 시험으로 육안검사(VT), 방사선탐상법(RT), 초음파탐상법(UT), 와류탐상법(ET), 자분탐상법(MT), 침투탐상법(PT), 누설검사(LT), 음향방출시험(AE) 등이 있다.

풀이
① **인장시험** : 시편(시험편, 재료)에 인장력을 가하는 시험으로 시편(재료)에 작용시키는 하중을 서서히 증가시키면서 여러 가지의 기계적 성질[인장강도(극한강도), 항복점, 연신율, 단면수축률, 푸아송비, 탄성계수, 내력 등]을 측정하는 시험이다.
 ※ 인장시험은 만능시험기로 시험한다. 만능시험기는 고무, 필름, 플라스틱, 금속 등 재료 및 제품의 하중, 강도, 신율(재료인장시험 시 재료가 늘어나는 비율) 등을 측정할 수 있는 대표적인 물성시험 기기이다. 기본적으로 인장, 압축, 굽힘, 전단 등의 시험이 가능하며, 반복피로시험, 마찰계수 측정 시험 등도 가능하다. 크게 기계식과 유압식으로 구분된다.
② **비틀림시험** : 시편(재료)에 비틀림모멘트를 가하여 전단강도, 전단탄성계수, 전단응력 등을 측정하기 위한 시험이다.
③ **충격시험** : 재료의 인성과 취성을 측정하는 시험으로 아이조드 충격시험과 샤르피 충격시험이 있다.
 • 아이조드 충격시험 : 외팔보상태와 내다지보(돌출보)상태에서 시험하는 충격시험기
 • 샤르피 충격시험 : 시험편을 단순보상태에서 시험하는 샤르피 충격시험기

④ 누프경도시험법

- 정면 꼭짓각이 172°, 측면 꼭짓각이 130°인 다이아몬드 피라미드를 사용하고 대각선 중 긴 쪽을 측정하여 계산한다. 즉, 한쪽 대각선이 긴 피라미드 형상의 다이아몬드 압입자를 사용해서 경도를 측정한다.

- 누프시험경도 값$(HK) = \dfrac{14.2P}{L^2}$

  [여기서, L : 긴 쪽의 대각선 길이, P : 하중]

- 누프경도시험법은 <u>마이크로경도시험법(미소경도시험)</u>에 해당한다.

- 시편의 크기가 매우 작거나 얇은 경우와 보석, 카바이드, 유리 등의 취성재료들에 대한 시험에 적합하다.

⑤ 듀로미터(스프링식 경도시험기의 일종)

- 고무나 플라스틱 등에 적용한다.
- 1초 동안 정하중을 빠르게 가해 압입한 후, 압입깊이를 측정한다.
- 경도값은 압입된 깊이에 반비례한다.
- 연한 탄성재료에 적용한다.

28

정답 ③

[회주철]

- 규소(Si)의 양이 많고 주철을 주형(틀)에 주입하고 만들 때 냉각속도가 매우 느려 탄소(C)가 흑연의 형태로 많이 석출된 주철이다. 이때, 흑연이 양이 많아 파단면(재료가 부러졌을 때 나타나는 면)이 어둡고 회색을 띠기 때문에 회주철이라고 한다.
  - 규소(Si)의 양이 많으면 흑연화가 촉진되어 흑연의 양이 많아진다.
  - 주조 시, 냉각속도가 느리면 흑연화가 쉽기 때문에 흑연의 양이 많아진다.
- 흑연이 편상으로 석출되어 있기 때문에 "편상흑연주철"이라고도 불린다. 일반적으로 많이 사용되는 보통주철은 대부분 회주철에 속한다(편상흑연은 외력을 가했을 때, 흑연을 따라 균열이 발생하기 쉬워 취성이 있고, 강도가 작은 결점이 있다).

[칠드주철(냉경주철)]

모래로 만든 주형에 용융금속(용탕)을 주입한 후, 응고시켜 원하는 제품을 만드는 사형 주조 시, 내마모성이 필요한 부분에만 금형을 이용해서 금형에 접촉된 부분만 급랭에 의해 단단하게 경화시킨 주철이다. ※ 주형의 일부 또는 전부를 금형으로 해서 냉각속도를 크게 하는 조작을 칠(chill)이라고 한다.

[가단주철]

백주철은 매우 단단하나 취성이 커서 쉽게 깨질 수 있다. 이러한 점을 보완하기 위해 백주철을 열처리로에 넣고 장시간 풀림 처리하여 인성과 연성을 증가시킨 주철이다. 백주철을 열처리로에 넣고 가열하여 시멘타이트의 "탈탄" 또는 시멘타이트의 "흑연화"방법으로 제조한다. 이 과정을 통해 보통주철에 비해 인성과 연성이 현저하게 개선된다. 따라서, 큰 충격이나 연성이 필요한 부품 등에 사용된다. 가단주철에는 백심가단주철, 흑심가단주철, 펄라이트 가단주철이 있다. 특징으로는 가단주철은 파단 시 단면감소율이 10% 정도에 이를 정도로 연성이 우수하며, 대량생산에 적합하고 자동차부품, 밸브, 관이음쇠 등에 사용된다.

[구상흑연주철]

주철의 연성과 인성을 현저히 개선시킨 주철로, 보통주철을 용해한 후에 마그네슘(Mg), 칼슘(Ca), 세륨(Ce)을 첨가하고, Fe-Si, Ca-Si 등으로 접종하여 흑연 형상을 더욱 구형으로 하고 흑연입자를 조정한다.

이때, 흑연을 구상화하는 데 가장 많이 사용되는 것은 마그네슘(Mg)이다.

[미하나이트주철]
주물용 선철에 강 부스러기를 가한 쇳물과 규소철 등을 접종하여 미세 흑연을 균일하게 분포시킨 펄라이트층의 주철이며 강도·변형 모두 주철보다 뛰어나다.

29 정답 ⑤

[알루미늄합금의 종류]
• 주물(주조)용 알루미늄합금

라우탈	알루미늄(Al)−구리(Cu)−규소(Si)계 합금으로 구리(Cu)는 절삭성을 증대시키며, 규소(Si)는 주조성을 향상시킨다.
실루민(알팩스)	알루미늄(Al)−규소(Si)계 합금으로 소량의 망간(Mn)과 마그네슘(Mg)이 첨가되기도 한다. 주조성이 양호한 편이고 공정반응이 나타나며 시효경화성은 없다. 그리고, 절삭성은 불량한 특징을 가지고 있다. ※ 개량처리로 유명한 알루미늄합금 : 실용적인 개량처리합금으로 대표적으로 Al−Si계 합금인 실루민이 있다. ※ 개량처리에 주로 사용하는 합금원소 : 금속 나트륨(Na)
Y합금	알루미늄(Al), 구리(Cu), 니켈(Ni), 마그네슘(Mg)을 첨가한 합금으로 내열성이 우수하여 실린더 헤드, 피스톤 등에 사용된다(알구니마). ※ 코비탈륨 : Y합금의 일종으로 Ti와 Cu를 0.2% 정도씩 첨가한 것으로 피스톤용 Al합금이다. 고온에서 기계적 성질이 우수하며 내열성, 고온강도가 우수하다.
하이드로날륨	알루미늄(Al)−마그네슘(Mg)의 합금으로 통상 마그네슘(Mg)은 3~9%를 첨가하여 만든다. 내식성이 매우 우수하며 차량 및 선박구조물 등에 사용된다.
로엑스	알루미늄(Al)−규소(Si)계 합금에 구리(Cu), 니켈(Ni), 마그네슘(Mg)를 첨가한 것으로 Y합금보다 열팽창계수가 작고 피스톤재료로 사용된다. 주조, 단조성이 좋다.
다이캐스팅용 Al합금	알루미늄(Al)−구리(Cu)계 합금을 사용하여 금형에 주입하여 만든다. 유동성이 우수하다.

• 가공용 알루미늄합금 : 가공용 알루미늄합금에는 내식용 알루미늄합금과 고강도용 알루미늄합금이 있다.

내식용 알루미늄합금	
알민	알루미늄(Al)−망간(Mn) 1~2%의 합금으로 가공성 및 용접성이 우수하며 저압탱크, 물탱크 등에 사용된다.
알드레이	알루미늄(Al)−마그네슘(Mg)−규소(Si)계 합금으로 강도, 인성, 내식성이 우수하며 알드레이의 강도를 증가시키려면 시효경화처리를 하면 된다.
알클래드	고강도 알루미늄합금의 내식성을 증대시키기 위해 두랄루민에 알루미늄(Al)을 피복한 것이다. 알클래드는 알루미늄 합판을 의미한다.

고강도용 알루미늄합금	
두랄루민(D)	• 알루미늄(Al), 구리(Cu), 마그네슘(Mg), 망간(Mn)의 합금으로 항공기재료 및 단조용 재료로 사용되며 시효경화를 일으킨다(알구마망). • 두랄루민의 비강도는 연강의 3배이며, 비중은 연강의 1/3배이다.
초두랄루민	초두랄루민(Super Duralumin, SD)은 두랄루민에서 마그네슘(Mg)함량을 더 높이고, 불순물인 규소(Si)를 줄인 것이다.
초초두랄루민	초초두랄루민(Extra Super Duralumin, ESD)은 Al-Cu-Mg-Mn-Zn-Cr계 합금으로 항공기재료로 사용된다.

30
정답 ④

[각 열처리의 주목적 및 주요 특징]

담금질(quenching, 소입)	• 탄소강의 강도 및 경도 증대 • 재질의 경화(경도 증대) • 급랭(물 또는 기름으로 빠르게 냉각)
풀림(annealing, 소둔)	• 재질의 연화(연성 증가) • 균질(일)화 • 내부응력 제거 • 노냉(노 아에서 서서히 냉각)
뜨임(tempering, 소려)	• 담금질한 후 강인성(강도+인성 또는 강한 인성) 부여 및 담금질강의 인성 개선 • 내부응력 제거 • 공냉(공기 중에서 서서히 냉각)
불림(normalizing, 소준)	• 결정조직의 표준화, 균질화 • 결정조직의 미세화 • 내부응력 제거 • 강의 탄소함유량을 측정할 때, 불림 이용 • 공냉(공기 중에서 서서히 냉각)

[심냉처리(서브제로처리, Sub-Zero, 영하처리, 냉동처리)]

"드라이아이스나 액체질소 등을 사용하는 저온 열처리"이다. 구체적으로 담금질강의 경도를 증가시키고 시효변형을 방지하기 위한 열처리 조작으로 잔류 오스테나이트를 0℃ 이하로 냉각시켜 마텐자이트(M)로 변태를 완전히 진행시키기 위한 방법이다(잔류 오스테나이트를 감소시키기 위한 열처리이다).

심냉처리의 목적은 다음과 같다.

• 스테인리스강에서의 기계적 성질을 개선시킨다.
• 게이지 등 정밀 기계부품의 조직을 안정화시키며 형상 및 치수변형을 방지한다.
• 공구강의 경도 증대 및 성능이 향상되며 강을 강인하게 한다.
• 마텐자이트변태를 완전히 진행시키기 위해서이다.
• 게이지강을 만들 때 필수적인 처리이다.
• 수축끼워맞춤이다.

31

정답 ③

공구의 의한 절삭	고정공구에 의한 가공	선삭(선반), 평삭(셰이퍼, 슬로터, 플레이너), 브로칭 등
	회전공구에 의한 가공	밀링, 드릴링, 보링 등
입자에 의한 절삭	고정입자에 의한 가공	연삭, 슈퍼피니싱, 호닝 등
	분말입자에 의한 가공	래핑, 액체호닝, 초음파가공 등

32

정답 ④

[언더컷]

용접 시, 용접선 끝에 용착금속이 채워지지 않아 생기는 작은 홈이다. 언더컷을 방지하는 방법은 다음과 같다.
- 용접전류를 낮춘다(언더컷은 용접전류가 과대할 때 발생할 수 있다).
- 용접속도를 느리게 한다.
- 용접봉의 각도를 조정한다.
- 아크길이를 짧게 유지한다.

33

정답 ①

[주물사]

주형을 만들기 위해 사용하는 모래로, 원료사에 점결제 및 보조제 등을 배합하여 주형을 만들 때 사용한다. 주물사의 구비조건은 다음과 같다.
- 적당한 강도를 가지며 통기성과 성형성이 좋아야 한다.
- 주물 표면에서 이탈이 용이해야 한다.
- 적당한 입도를 가져야 한다.
- 열전도성이 불량하여 보온성이 있어야 한다.
- 쉽게 노화되지 않아야 한다.
- 복용성(값이 싸고 반복하여 여러 번 사용할 수 있음)이 있어야 한다.
- 내화성이 크고, 화학반응을 일으키지 않아야 한다.
- 내열성 및 신축성이 있어야 한다.

34

정답 ②

[기계요소의 종류]

결합용 기계요소	나사, 볼트, 너트, 키, 핀, 리벳, 코터
축용 기계요소	축, 축이음, 베어링
직접 전동(동력 전달)용 기계요소	마찰차, 기어, 캠
간접 전동(동력 전달)용 기계요소	벨트, 체인, 로프
제동 및 완충용 기계요소	브레이크, 스프링, 관성차(플라이휠)
관용 기계요소	관, 밸브, 관이음쇠

※ 링크도 동력을 전달하는 전동용 기계요소이다.

35

정답 ①

[미터나사의 종류]

- 미터보통나사
  - 미터보통나사는 M호칭지름(=바깥지름)으로 표현한다. 예를 들어, M12로 표현한다.
  - 호칭지름에 대한 피치를 한 종류만 정한다.
- 미터가는나사
  - 미터가는나사는 M호칭지름(=바깥지름)×피치로 표현한다. 예를 들어, M12×1로 표현한다.
  - 나사의 지름에 비해 피치가 작아 강도를 필요로 하는 수밀 또는 기밀 부분에 일반적으로 사용한다.

  ※ 유효지름$(d_e) = \dfrac{d_1(골지름) + d_2(바깥지름)}{2}$

㉠ 나사의 줄수는 여러 줄 나사의 경우에는 "2줄(2N)", "3줄(3N)" 등과 같이 표시하고, 한줄나사의 경우에는 표시하지 않는다. "M20×2"의 경우, 한줄나사이며 피치가 2mm이므로 리드는 2mm가 된다.
  ※ 리드(L)는 나사를 1회전(360° 돌렸을 때)시켰을 때, 축방향으로 나아가 (이동한) 거리이다. 따라서, "리드(L) = 나사의 줄수(n)×나사의 피치(p) = 1×2mm = 2mm"이다.

㉡ 사각나사는 하중의 방향이 일정하지 않고 교번하중이 작용할 때 효과적이며, 나사 프레스, 선반의 이송 나사 등에 사용된다.

㉢ 리드(L)는 나사를 1회전(360° 돌렸을 때)시켰을 때, 축방향으로 나아가는(이동한) 거리이다. 따라서 "리드(L) = 나사의 줄수(n)×나사의 피치(p)"이다. 따라서, 두줄나사의 경우, $L = 2p$가 되므로 나사의 피치(p)는 리드(L)의 0.5배가 된다.

[나사산의 각도]

톱니나사	유니파이나사	둥근나사	사다리꼴나사	미터나사	관용나사	휘트워드나사
30°, 45°	60°	30°	• 인치계(Tw) : 29° • 미터계(Tr) : 30°	60°	55°	55°

36

정답 ③

[스프링 연결에 따른 등가스프링상수(k_e) 구하는 방법]

직렬연결	병렬연결
$\dfrac{1}{k_e} = \dfrac{1}{k_1} + \dfrac{1}{k_2} + \dfrac{1}{k_3} + \cdots$	$k_e = k_1 + k_2 + k_3 + \cdots$

풀이

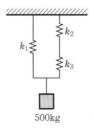

500kg

㉠ 위와 같은 경우는 스프링 3개가 서로 직렬 및 병렬로 연결되어 있다. 즉, 위와 같이 여러 개의 스프링이 조합되어 있는 시스템의 경우에는 등가스프링상수(상당스프링상수, 합성스프링정수)를 구해야 한다.

㉡ k_2와 k_3는 서로 직렬이므로 $\dfrac{1}{k_e} = \dfrac{1}{k_2} + \dfrac{1}{k_3} = \dfrac{1}{150} + \dfrac{1}{k_3} = \dfrac{k_3 + 150}{150 k_3}$이 된다. 따라서, $k_e = \dfrac{150 k_3}{k_3 + 150}$ 이다.

㉢ k_e(k_2와 k_3의 등가스프링상수)와 k_1은 서로 병렬이므로

$$k_{e(총등가스프링상수)} = k_e + k_1 = \frac{150 k_3}{k_3 + 150} + 100 \text{이 된다.}$$

㉣ 질량이 500kg인 물체의 무게$(W) = mg = 500 \times 10 = 5{,}000 \text{N이다.}$

㉤ "$F = k\delta$"를 이용한다.

[여기서, F : 하중(무게), k : 스프링상수, δ : 처짐량(변형량, 신장량)]

※ 위와 같이 여러 개의 스프링이 조합되어 있는 경우에는 $F = k\delta$의 k에 시스템의 총등가스프링상수 (k_e)를 대입하여야 한다.

㉥ $F = k_{e(총등가스프링상수)} \delta \rightarrow 5{,}000 = \left(\dfrac{150 k_3}{k_3 + 150} + 100\right) \times 25 \rightarrow 200 = \dfrac{150 k_3}{k_3 + 150} + 100$

$\rightarrow 100 = \dfrac{150 k_3}{k_3 + 150} \rightarrow 100 k_3 + 15{,}000 = 150 k_3 \rightarrow k_3 = 300\text{N/mm}$

37

[원통관(중공관)일 때 전도(conduction)공식]

$$Q_{열전달량} = \frac{2\pi k L \Delta T}{\ln\left(\dfrac{r_2}{r_1}\right)}$$

[여기서, Q : 열전달량(W), k : 열전도율(kJ/m · h · ℃), L : 관의 길이(m), ΔT : 온도 차(℃), r_2 : 바깥반경(m), r_1 : 관내반경(m)]

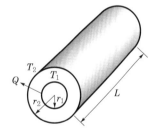

풀이

$$Q = \frac{2\pi k L \Delta T}{\ln\left(\dfrac{r_2}{r_1}\right)} = \frac{2 \times 3 \times 1.4 \times 5 \times (40-10)}{\ln\left(\dfrac{20}{5}\right)} = \frac{2 \times 3 \times 1.4 \times 5 \times 30}{2\ln 2}$$

$$= \frac{2 \times 3 \times 1.4 \times 5 \times 30}{2 \times 0.7} = 900\text{kJ/h}$$

단, 문제에서 요구된 단위는 kJ/s이므로 단위를 변환시켜 답을 선택해야 한다.

∴ 1h = 3,600s이므로 900kJ/h = 900kJ/3,600s = 0.25kJ/s

38

[유압장치(유압시스템)의 장점]
- 작은 동력원으로 큰 힘을 낼 수 있다(=작은 힘으로 큰 힘을 얻는다. =소형 장치로 큰 출력을 낼 수 있다).
- 정확한 위치제어, 원격제어가 가능하고 속도제어가 쉽다.

- 과부하 방지가 간단하고 정확하다.
- 운동 방향을 쉽게 변경할 수 있고 에너지 축적이 가능하다.
- 전기 및 전자의 조합으로 자동제어가 가능하다.
- 윤활성, 내마멸성, 방청성이 좋다.
- 힘의 전달 및 증폭과 연속적 제어가 용이하다.
- 무단 변속이 가능하고 작동이 원활하다.

[유압장치(유압시스템)의 단점]
- 유압유온도의 영향에 따라 정밀한 속도와 제어가 곤란하다.
- 유압유온도에 따라서 점도가 변하므로 유압기계의 속도가 변화한다.
- 회로 구성이 어렵고, 관로를 연결하는 곳에서 유압유가 누출될 우려가 있다.
- 유압유는 가연성이 있어 화재에 위험하다.
- 폐유에 의해 주변 환경이 오염될 수 있다.
- 고압 사용으로 인한 위험성 및 이물질(수분, 공기, 먼지 등)에 민감하다.
- 에너지손실이 크며, 구조가 복잡하므로 고장원인의 발견이 어렵다.

[유압작동유의 점성(점도)의 크기에 따라 발생하는 현상]

점성(점도)가 너무 클 때	• 동력손실의 증가로 기계효율이 저하된다. • 소음 및 공동현상(캐비테이션)이 발생한다. • 내부 마찰의 증가로 온도가 상승한다. • 유동저항의 증가로 인한 압력손실이 증가한다. • 유압기기의 작동이 불활발해진다.
점성(점도)가 너무 작을 때	• 기기의 마모가 증대된다. • 압력 유지가 곤란해진다. • 내부 오일 누설이 증가한다. • 유압모터 및 펌프 등의 용적효율이 저하된다.

[유압장치(유압시스템)에 사용하는 유압작동유의 구비조건]
- 확실한 동력전달을 위해 비압축성이어야 한다.
- 인화점과 발화점이 높아야 한다.
- 온도에 의한 점도변화가 작아야 한다(점도지수가 높아야 한다).
- 비열과 체적탄성계수가 커야 한다.
- 비중과 열팽창계수가 작아야 한다.
- 증기압이 낮고, 비등점(비점, 끓는점)이 높아야 한다.
- 소포성과 윤활성, 방청성이 좋아야 하며, 장시간 사용해도 안정성이 요구되어야 한다.
- 화학적으로 안정해야 하며, 축적된 열의 방출능력이 우수해야 한다.
- 유연하게 유동할 수 있는 적절한 점도가 유지되어야 한다.
※ 비등점이 높아야 쉽게 증발하지 못한다.
※ 증기압이 높으면 쉽게 증발하기 때문에 증기압이 낮아야 한다.
※ 체적탄성계수가 커야 비압축성에 가깝다. 즉, 입력을 주면 압축되는 과정 없이 바로 출력이 발생할 수 있다.

[응답속도와 작동속도]

- 응답속도는 유압기기 > 공압기기이다.

  공압기기는 압축될 수 있는 공기(기체)를 사용하므로 압력을 가해 밀면 어느 정도 압축되었다가 출력이 발생하므로 응답속도가 떨어진다. 하지만, 유압기기는 압축될 수 없는(비압축성) 기름(액체)을 사용하므로 압력을 가해 밀면 압축되지 않고 바로 출력이 발생하므로 응답속도가 공압기기에 비해 **빠르다.**

- 작동속도는 공압기기 > 유압기기이다.

  공압기기의 주요 구성요소로 "공기의 압력"을 발생시키는 장치가 있다. 이 장치가 높은 압력의 공기를 흡입하여 그 압력으로 기기를 초기에 작동시키기 때문에 작동속도가 **빠르다.**

[어큐뮬레이터(accumulator, 축압기)]

- 유압펌프에서 발생한 유압을 저장하고, 맥동을 소멸시키며, 유압에너지를 저장하고, 충격흡수 등에 이용되는 기구이다.

- 압력 보상, 유압에너지 축적, 사이클시간 단축, 유압회로 보호, 맥동 감쇄, 충격압력 흡수, 서지압력 방지, 일정 압력 유지, 2차/3차 유압회로 구동, 보조동력원, 펌프 대용, (인화성) 액체 수송 등

39

정답 ③

㉠ 스탠톤수(St, Stanton number)

$$\text{St} = \frac{h}{\rho\, C_p u} = \frac{h}{C_p\, G} = \frac{\text{벽과 유체 사이의 대류속도}}{\text{유체흐름의 열전달용량}} = \frac{Nu}{\text{Re} \times \text{Pr}} = \frac{Nu}{\text{Pe}}$$

- 전열 및 물질의 이동에 사용되는 무차원수이다.
- 전열에서의 스탠톤수(St)는 누셀수(Nu)와 레이놀즈수(Re), 프란틀수(Pr)로 표현된다.
- 물질이동에서의 스탠톤수(St)는 셔우드수(Sh)와 레이놀즈수(Re), 슈미트수(Sc)의 비로 표시된다.

㉡ 누셀수(Nu, Nusselt number)

- $$Nu = \frac{hL_c}{k} = \frac{\text{대류계수}}{\text{전도계수}} = \frac{\text{전도열저항}}{\text{대류열저항}}$$

- $$Nu = \frac{hD}{k} = \frac{\text{대류열전달}}{\text{전도열전달}} = \frac{\dfrac{1}{k}}{\dfrac{1}{hD}} \frac{\text{전도열저항}}{\text{대류열전달}} (\text{유체가 원통관 내부를 흐를 때})$$

㉢ 레일리수(Ra, Rayleigh number)

  Ra = 그라쇼프수(Gr) × 프란틀수(Pr)

- 자연대류에서 강도를 판별해주거나 유체층 속에서 열대류가 일어나는지의 여부를 결정해주는 매우 중요한 무차원수는 레일리수이다.
- 대류 발생에 필요한 값(임계레일리수) : 약 $10^3 = 1,000$

㉣ 물체에 도달한 복사에너지 중 일부는 흡수되거나 반사되고, 나머지는 투과하게 되는데, 이때 흡수되는 비율을 흡수율(α), 반사되는 비율을 반사율(ρ), 투과되는 비율을 투과율(τ)이라고 한다.

ⓜ 비오트수(Bi, Biot number)

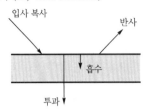

- $\alpha + \rho + \tau = 1$의 관계를 갖는다.
- 고체는 대부분 흡수 및 반사한다.
  즉, 투과율이 0이다. $\alpha + \rho = 1$
- 액체 및 기체는 대부분 투과한다.

$$\mathrm{Bi} = \frac{hL}{k} = \frac{\text{물체 표면에서 대류}}{\text{물체 내부에서 전도}} = \frac{\text{대류열전달}}{\text{전도열전달}} = \frac{\text{내부 열저항}}{\text{외부 열저항}}$$

위 값이 작을수록 집중계에 가깝다. 구체적으로 집중계(lumped system)는 "Bi < 0.1"이다.

40

정답 ②

[가솔린기관과 디젤기관]

ⓐ 가솔린기관(불꽃점화기관)

- 흡입 → 압축 → 폭발 → 배기의 4행정 1사이클로 공기와 연료를 함께 엔진으로 흡입한다.
- 가솔린기관의 구성 : 크랭크축, 밸브, 실린더 헤드, 실린더 블록, 커넥팅 로드, 점화 플러그 등
- ※ 실린더 헤드 : 실린더 블록 뒷면 덮개 부분으로 밸브 및 점화 플러그 구멍이 있고 연소실 주위에는 물재킷이 있는 부분이다. 재질은 주철 및 알루미늄합금주철이다.
- ※ 가솔린기관은 연료의 기화가 좋은 점, 압축비가 낮은 점 등으로 시동이 용이하며, 고속 회전을 얻기 쉽다.

ⓑ 디젤기관(압축착화기관)

- 혼합기 형성에서 공기만 따로 흡입하여 압축한 후, 연료를 분사하여 압축착화시키는 기관이다. 즉, 디젤기관은 공기와 연료를 따로 흡입한다.
- 디젤기관의 구성 : 연료분사펌프, 연료공급펌프, 연료여과기, 노즐, 공기청정기, 흡기다기관, 조속기, 크랭크축, 분사시기 조정기 등
- 디젤기관의 연료분사 3대 요건 : 관통, 무화, 분포
- ※ 디젤기관은 압축착화방식이기 때문에 한랭 시(겨울철) 연료(경유)가 잘 착화하지 못해 시동이 어렵다. 따라서, 흡기다기관이나 연소실 내의 공기를 미리 가열하여 엔진의 시동을 쉽도록 만드는 장치인 예열장치를 사용한다. 그 종류에는 흡기가열방식과 예열플러그방식이 있다.

[가솔린기관(연료를 휘발유로 사용)과 디젤기관(연료를 경유로 사용)의 특징 비교]

가솔린기관	디젤기관
인화점이 낮다.	인화점이 높다.
점화장치가 필요하다.	점화장치, 기화장치 등이 없어 고장이 적다.
연료소비율이 디젤보다 크다.	연료소비율과 연료소비량이 낮으며 연료가격이 싸다.
일산화탄소 배출이 많다.	일산화탄소 배출이 적다.
질소산화물 배출이 적다.	질소산화물이 많이 생긴다.
고출력엔진 제작이 불가능하다.	사용할 수 있는 연료의 범위가 넓고 대출력기관을 만들기 쉽다.

가솔린기관	디젤기관
압축비 6~9	압축비 12~22
열효율 26~28%	열효율 33~38%
회전수에 대한 변동이 크다.	압축비가 높아 열효율이 좋다.
소음과 진동이 적다.	압축 및 폭발압력이 높아 운전 중 소음 및 진동이 크다(저속운전 시 소음 및 진동이 크다).
압축비가 낮으므로 최고폭발압력은 낮다.	평균유효압력의 차이가 크지 않아 회전력의 변동이 작다.
고속 회전을 얻기 쉽다.	연료의 취급이 용이하며 화재의 위험이 적다.

구분	2행정기관	4행정기관
출력	크다.	작다.
연료소비율	크다.	작다.
폭발	크랭크축 1회전 시 1회 폭발	크랭크축 2회전 시 1회 폭발
밸브기구	밸브기구가 필요 없고 배기구만 있으면 됨	밸브기구가 복잡함

[노크 방지법]

구분	연료 착화점	착화 지연	압축비	흡기 온도	실린더 벽온도	흡기 압력	실린더 체적	회전수
가솔린	높다	길다	낮다	낮다	낮다	낮다	작다	높다
디젤	낮다	짧다	높다	높다	높다	높다	크다	낮다

옥탄가	세탄가
• 연료의 내폭성, 연료의 노킹저항성을 의미한다. • 표준 연료의 옥탄가 $= \dfrac{\text{이소옥탄}}{\text{이소옥탄 + 정헵탄}} \times 100$ • 옥탄가가 90이라는 것은 이소옥탄 90%+정헵탄 10%, 즉 90은 이소옥탄의 체적을 의미한다.	• 연료의 착화성을 의미한다. • 표준 연료의 세탄가 $= \dfrac{\text{세탄}}{\text{세탄} + \alpha\text{-메틸나프탈렌}} \times 100$ • 세탄가의 범위 : 45~70

※ 가솔린기관은 연료의 옥탄가가 높을수록 연료의 노킹저항성이 좋다는 것을 의미하므로 옥탄가가 높을수록 좋으며, 디젤기관은 연료의 세탄가가 높을수록 연료의 착화성이 좋다는 것을 의미하므로 세탄가가 높을수록 좋다.

08 제8회 실전 모의고사

01	⑤	02	⑤	03	⑤	04	③	05	④	06	②	07	④	08	②	09	①	10	②
11	④	12	⑤	13	③	14	②	15	①	16	④	17	②	18	⑤	19	①	20	②
21	⑤	22	③	23	③	24	④	25	②	26	⑤	27	①	28	⑤	29	②	30	①
31	③	32	③	33	④	34	②	35	③	36	⑤	37	①	38	②	39	③	40	②

01
정답 ⑤

[단면의 회전반지름(회전반경, K)]

$$K = \sqrt{\frac{I}{A}}$$

$K_x = \sqrt{\dfrac{I_x}{A}}$	$K_y = \sqrt{\dfrac{I_y}{A}}$

풀이

$K_x = \sqrt{\dfrac{I_x}{A}}$ 를 사용한다.

폭이 b, 높이가 h인 직사각형 단면의 도심을 지나는 x축에 대한 단면 2차 모멘트$(I_x) = \dfrac{bh^3}{12}$이고, 단면적$(A) = bh$이다.

$$\therefore \ K_x = \sqrt{\frac{I_x}{A}} = \sqrt{\frac{\frac{bh^3}{12}}{bh}} = \sqrt{\frac{bh^3}{12bh}} = \sqrt{\frac{h^2}{12}} = \frac{h}{2\sqrt{3}}$$

02
정답 ⑤

길이가 L인 외팔보(캔틸레버보)의 끝단(자유단)에 집중하중 P가 작용할 때, 끝단(자유단)에서의 처짐량(최대처짐량)은 $\dfrac{PL^3}{3EI}$이다. 이때, 보의 단면 형상이 폭이 b, 높이가 h인 직사각형 단면이므로 $I = \dfrac{bh^3}{12}$이다. 따라서, $\delta_{끝단} = \dfrac{PL^3}{3EI} = \dfrac{PL^3}{3E\left(\dfrac{bh^3}{12}\right)} = \dfrac{12PL^3}{3Ebh^3}$이 된다. 식에 따라 끝단에서의 처짐량을 가장 크게 하려면, 단면의 높이 h를 0.5배(0.5h)로 해야 한다.

03

정답 ⑤

$mE = 2G(m+1) = 3K(m-2)$

이때, 양변을 푸아송수(m)로 나누면

$E = 2G(1+\nu) = 3K(1-2\nu)$

[단, $\nu = \dfrac{1}{m}$, 푸아송비와 푸아송수는 역수의 관계이다.]

[여기서, m : 푸아송수, E : 종탄성계수(세로탄성계수, 영계수), G : 횡탄성계수(가로탄성계수, 전단탄성계수), K : 체적탄성계수]

문제에 E와 G값이 주어져 있으므로

$E = 2G(1+\nu) \rightarrow \dfrac{E}{2G} = 1+\nu \rightarrow \dfrac{200}{2\times 80} = 1+\nu \rightarrow 1.25 = 1+\nu \rightarrow \nu = 0.25$

이때, 문제에서는 푸아송수(m)를 구하라고 되어 있으므로

$\therefore m = \dfrac{1}{\nu} = \dfrac{1}{0.25} = \dfrac{1}{\frac{1}{4}} = 4$

04

정답 ③

㉠ 기둥의 길이가 L, 지름이 d인 원형 단면을 가진 원형 기둥의 세장비$(\lambda) = \dfrac{4L}{d} = \dfrac{4\times 1,200\text{cm}}{60\text{cm}} = 80$ 이다.

㉡ 극관성모멘트는 x축에 대한 단면 2차 모멘트 I_x와 y축에 대한 단면 2차 모멘트 I_y의 합으로 구할 수 있다. 즉, 극관성모멘트$(I_P) = I_x + I_y$이다. 이때, 지름이 d인 원형 단면의 경우 $I_x = I_y = \dfrac{\pi d^4}{64}$이다. 원형 단면의 경우, I_x와 I_y가 같으므로 $I_P = 2I_x$가 된다. 따라서, $I_P = 2I_x = 2\times 20\text{cm}^4 = 40\text{cm}^4$이 된다.

㉢ A가 80, B가 40이므로 $A \times B = 80 \times 40 = 3,200$으로 도출된다.

05

정답 ④

• 길이가 L인 단순보의 중앙에 집중하중 P가 작용할 때, 중앙점에서의 처짐(최대처짐량)$= \dfrac{PL^3}{48EI}$

• 길이가 L인 단순보의 전길이에 대하여 등분포하중 w가 작용할 때, 중앙점에서의 처짐(최대처짐량) $= \dfrac{5wL^4}{384EI}$

풀이

두 단순보의 중앙점에서의 처짐이 서로 같으므로 $\dfrac{PL^3}{48EI} = \dfrac{5wL^4}{384EI}$이 된다.

$\dfrac{PL^3}{48EI} = \dfrac{5wL^4}{384EI} \rightarrow \dfrac{P}{48} = \dfrac{5wL}{384} \rightarrow w = \dfrac{384P}{48\times 5L} = \dfrac{8P}{5L}$

06

정답 ②

[브레이턴 사이클의 열효율(η_B)]

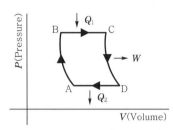

- 온도(T)식 : $\eta_B = \dfrac{W}{Q_1} = \dfrac{Q_1 - Q_2}{Q_1} = 1 - \dfrac{Q_2}{Q_1} = 1 - \dfrac{C_p(T_D - T_A)}{C_p(T_C - T_B)} = 1 - \dfrac{T_D - T_A}{T_C - T_B}$

- 압력비(ρ)와 비열비(k)식 : $\eta_B = 1 - \left(\dfrac{1}{\rho}\right)^{\frac{k-1}{k}}$

$\therefore \ \eta_B = 1 - \dfrac{T_D - T_A}{T_C - T_B} = 1 - \dfrac{650 - 350}{1,100 - 600} = 1 - 0.6 = 0.4$

07

정답 ④

[기브스의 자유에너지(G)]

온도와 압력이 일정한 조건에서 화학반응의 자발성 여부를 판단하기 위해 주위와 관계없이 계의 성질만으로 나타낸 것이다.

$\therefore$ 자유에너지 변화량$(\Delta G) = \Delta H - T\Delta S$

※ '기계의 진리' 블로그에서 "자유에너지"를 검색하여 상세한 설명을 참고하면서 꼭 학습하길 바란다.

08

정답 ②

[폴리트로픽(polytropic)변화]

$\dfrac{T_2}{T_1} = \left(\dfrac{V_1}{V_2}\right)^{n-1} = \left(\dfrac{P_2}{P_1}\right)^{\frac{n-1}{n}}$

[여기서, T_1 : 초기 온도, T_2 : 나중 온도, V_1 : 초기 부피(초기체적), V_2 : 나중 부피(나중 체적), P_1 : 초기 압력, P_2 : 나중 압력, n : 폴리트로픽지수]

㉠ $\dfrac{T_2}{T_1} = \left(\dfrac{1\text{MPa}}{2\text{MPa}}\right)^{\frac{1.4-1}{1.4}} = \left(\dfrac{1}{2}\right)^{\frac{0.4}{1.4}} = 2^{-\frac{0.4}{1.4}} = 0.6$

㉡ $\dfrac{T_2}{T_1} = 0.6 \ \rightarrow \ T_2 = 0.6\,T_1$

㉢ 단열과정이므로 $Q = 0$이 된다.

㉣ $Q = dU + W = dU + PdV$

　[여기서, Q : 열량, dU : 내부에너지변화량, W : 기체가 외부로 한 일$(= PdV)$]

　$\rightarrow 0 = dU + W$에서 $W = -dU$가 된다.

ⓜ 이상기체의 내부에너지변화량$(dU) = U_2 - U_1 = m C_v \Delta T = m C_v (T_2 - T_1)$이다.

→ $W = - dU = -[m C_v (T_2 - T_1)] = m C_v (T_1 - T_2)$

ⓗ $W = m C_v (T_1 - T_2) = m C_v (T_1 - 0.6 T_1) = 0.4 m C_v T_1$

ⓐ $W = 0.4 m C_v T_1$

→ $128\text{kJ} = 0.4 \times 2\text{kg} \times 0.8\text{kJ/kg} \cdot \text{K} \times T_1$

→ $T_1 = 200\text{K}$

관련 이론

- $p v^n = C$
- $T v^{n-1} = C$
- $C_n = \left(\dfrac{n-k}{n-1} \right) C_v$

[여기서, n : 폴리트로픽지수, C_n : 폴리트로픽비열, k : 비열비]

구분	폴리트로픽지수(n)	폴리트로픽비열(C_n)
정압변화	0	C_p
등온변화	1	∞
단열변화	k	0
정적변화	∞	C_v

[해석방법의 예]

- $T v^{n-1} = C$에서 $n = 1$이면, $T v^{1-1} = T v^0 = C \rightarrow T = C$이므로 등온변화이다.
- 단열변화이면, $n = k$이다.

  이때, 폴리트로픽비열$(C_n) = \left(\dfrac{n-k}{n-1} \right) C_v = \left(\dfrac{k-k}{k-1} \right) C_v = \left(\dfrac{0}{k-1} \right) C_v = 0$이다.

09

정답 ①

[랭킨 사이클의 열효율(η, 효율)]

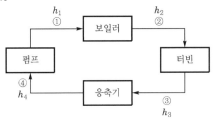

보일러 입구(①)＝펌프 출구(①)	보일러 출구(②)＝터빈 입구(②)
터빈 출구(③)＝응축기(복수기) 입구(③)	응축기 출구(④)＝펌프 입구(④)

공급된 에너지에 대한 유용하게 사용된 에너지의 비율로 입력 대비 출력이다. 따라서, 공급된 열량(입력)과 외부로 한 일(출력)을 따지면 된다. 즉, 열효율(η, 효율)은 다음과 같다.

$$\therefore \eta_{\text{이론열효율}} = \frac{W_{\text{터빈}} - W_{\text{펌프}}}{Q_{\text{공급}}} = \frac{(h_2 - h_3) - (h_1 - h_4)}{h_2 - h_1} \ [\text{단}, \ h_1 \fallingdotseq h_4]$$

※ 단, 펌프일(W_p)은 터빈일(W_t)에 비해 무시할 정도로 작기 때문에 펌프일은 무시할 수 있으나, 펌프일(W_p)을 무시하라는 문구가 없으면 펌프일(W_p)도 고려해주는 것이 좋다.

풀이

$$\eta_{\text{이론열효율}} = \frac{(h_2 - h_3) - (h_1 - h_4)}{h_2 - h_1}$$

$$\rightarrow 0.235 = \frac{(2,300 - 1,800) - (h_1 - 270)}{2,300 - h_1} = \frac{770 - h_1}{2,300 - h_1}$$

$$\rightarrow 0.235(2,300 - h_1) = 770 - h_1$$

$$\rightarrow 540.5 - 0.235 h_1 = 770 - h_1$$

$$\rightarrow h_1 - 0.235 h_1 = 770 - 540.5$$

$$\rightarrow 0.765 h_1 = 229.5$$

$$\rightarrow h_1(\text{보일러 입구에서의 엔탈피}) = 300\text{kJ}$$

※ 유튜브에서 "기계의 진리 랭킨 사이클"을 검색하여 추가적인 학습을 하길 권장한다.

10

정답 ②

① 랭킨 사이클은 보일러(정압가열)-터빈(단열팽창)-응축기(정압방열)-급수펌프(단열압축)의 과정이다.
  • 보일러 : 석탄을 태워 얻은 열로 물을 끓여 과열증기를 만들어내는 장치이다.
  • 터빈 : 보일러에서 만들어진 과열증기로 터빈일을 만들어내는 장치이다. 터빈은 과열증기가 단열팽창되는 곳이며, 과열증기가 가지고 있는 열에너지가 기계에너지로 변환되는 곳이다.
  • 응축기(복수기) : 증기를 물로 바꿔주는 장치이다
  • 급수펌프 : 복수기에서 다시 만들어진 물을 보일러로 보내주는 장치이다.
② 재생 사이클
  • 단열팽창과정이 일어나는 터빈 내에서 팽창 도중인 증기의 일부를 추기하여 보일러로 들어가는 급수를 미리 예열함으로써 열효율을 개선시킨다. 이때, 보일러로 들어가는 급수를 미리 예열하기 때문에 보일러에서 공급해야 할 열량이 줄어들어 열효율이 개선되게 되는 것이다.
  • 재생 사이클은 터빈으로 들어가는 과열증기의 일부를 추기(뽑다)하여 보일러로 들어가는 급수를 미리 예열해 준다. 따라서, 급수는 미리 달궈진 상태이기 때문에 보일러에서 공급하는 열량을 줄일 수 있다. 또한, 기존 터빈에 들어간 과열증기가 가진 열에너지를 100이라고 가정하면, 터빈에서 일을 하고 나온 증기는 일한 만큼 열에너지가 줄어들어 50 정도가 있을 것이다. 이때, 50은 터빈에서의 팽창일로 변환되었을 것이며, 나머지 50의 열에너지는 응축기(복수기)에서 버려질 것인데, 이 버려지는 열량을 미리 일부를 추기하여 급수를 예열하는 데 사용했으므로 응축기(복수기)에서 버려지는 방열량은 자연스럽게 감소하게 된다. 그리고 재생 사이클은 보일러 공급열량($Q_{\text{공급}}$)이 줄기 때문에 다음에 의해 열효율이 개선됨을 알 수 있다. 랭킨 사이클의 열효율식 "$\eta_{\text{이론열효율}} = \dfrac{W_{\text{터빈}} - W_{\text{펌프}}}{Q_{\text{공급}}}$"에서 분모가 작아지므로 열효율이 커진다.

③ 재열 사이클
- 재열 사이클(Reheat cycle)은 고압 증기터빈에서 저압 증기터빈으로 유입되는 증기의 건도를 높여 상대적으로 높은 보일러 압력을 사용할 수 있게 하고, 터빈 일을 증가시키며, 터빈 출구의 건도를 높이는 사이클이다.
- 터빈에서 증기가 팽창하면서 일한 만큼 터빈 출구로 빠져나가는 증기의 압력과 온도는 감소하게 된다(일한 만큼 증기 자신의 열에너지 및 엔탈피를 사용하므로 온도가 감소하는 것이다) 이때, 온도가 감소하다 보면 습증기구간에 도달하여 증기의 건도가 감소할 수 있다. 건도가 감소하면 증기에서 일부가 물(액체)로 상태변화하여 터빈 출구에서 물방울이 맺혀 터빈 날개를 손상시킴으로써 효율이 저하될 수 있다. 따라서, 1차 터빈 출구에서 빠져나온 증기를 재열기로 다시 통과시켜 증기의 온도를 한번 더 높임으로써 터빈 출구의 건도를 높이는 것이 재열 사이클의 주된 목적이다(건도는 습증기의 전체 질량에 대한 증기의 질량으로 건도가 높을수록 증기의 비율이 높다).
④ 랭킨 사이클의 열효율
- 터빈 입구 증기의 온도가 높아지면 단열팽창구간의 길이가 늘어나므로 터빈의 팽창일이 증가하여 랭킨 사이클의 이론열효율은 증가한다.
- 보일러 압력이 높아지면 단열팽창구간의 길이가 늘어나므로 터빈의 팽창일이 증가하여 랭킨 사이클의 이론열효율은 증가한다.
- 복수기(응축기) 압력이 작아지면 단열팽창구간의 길이가 길어지므로 터빈의 팽창일이 증가하여 랭킨 사이클의 이론열효율은 증가한다.
- 단열팽창구간에서의 엔탈피차가 클수록 터빈의 팽창일이 증가하므로 랭킨 사이클의 이론열효율은 증가한다.

11

정답 ④

[동력(일률, 공률)]

단위시간(sec)당 한 일($J = N \cdot m$)을 말한다. 즉, "단위시간(sec)에 얼마의 일($J = N \cdot m$)을 하는가"를 나타내는 것으로, 동력의 단위는 $J/s = W$(와트)이다($1W = 1J/s = 1N \cdot m/s$).

따라서, 동력$= \dfrac{일}{시간} = \dfrac{W}{t} = \dfrac{FS}{t} = FV$로 구할 수 있다.

[여기서, W: 일, F: 힘, S: 이동거리, t: 시간, V: 속도]

※ 일(W)의 기본 단위는 J이며 일(W) $= FS$이므로, 일의 단위는 $N \cdot m$로도 표현이 가능하다. 따라서, $1J = 1N \cdot m$이다.

※ 속도(V) $= \dfrac{거리(S)}{시간(t)}$

[차원 해석]

F	힘(N)의 차원
T	시간(sec)의 차원
L	길이(m)의 차원
M	질량(kg)의 차원

풀이

㉠ 동력의 단위는 힘(N) 곱하기 속도(m/s)이므로 "$1N \cdot m/s = \dfrac{1N \cdot m}{s}$"이다.

㉡ 단, $1N = 1kg \cdot m/s^2$이다($F = ma$).

㉢ ㉡을 $\dfrac{1N \cdot m}{s}$에 대입하면 $\dfrac{kg \cdot m^2}{s^3}$이 된다.

㉣ 위의 단위를 차원에 대한 식으로 바꿔주면 다음과 같다. 단위를 차원으로 치환작업한다.

㉤ kg(킬로그램)은 질량의 단위이기 때문에 질량의 차원 M을 사용하여 대입한다.

㉥ m(미터)는 길이의 단위이기 때문에 길이의 차원 L을 사용하여 대입한다.

㉦ s(세크, 초)는 시간의 단위이기 때문에 시간의 차원 T를 사용하여 대입한다.

㉧ $\dfrac{kg \cdot m^2}{s^3} = \dfrac{ML^2}{T^3} = ML^2T^{-3}$이 된다$\left(\text{단, } T^{-3} = \dfrac{1}{T^3}\text{이다}\right)$.

12

정답 ⑤

① **온도에 따른 점성**
- 액체의 경우, 온도가 높을수록 분자 간의 응집력이 작아져 점성(점성계수)이 감소한다.
- 기체의 경우, 온도가 높을수록 분자의 운동이 활발해지고, 이로 인해 분자 간의 충돌이 많이 발생하면서 서로 운동량을 교환하여 점성(점성계수)이 증가한다.

② 밀도(ρ) $= \dfrac{m(\text{실량})}{V(\text{체적 또는 부피})}$이며, 물의 밀도는 약 4℃에서 $1{,}000kg/m^3 = 1g/cm^3$으로 최댓값이다.

③ **경계층(boundary layer)**
- 유체가 유동할 때 점성(마찰)의 영향으로 생긴 얇은 층을 말한다.
- 경계층 두께(δ)는 유체의 속도(U)가 자유흐름속도(U_∞, 균일속도)의 99%가 되는 지점까지의 수직거리를 말한다. 즉, $U/U_\infty = 0.99$가 되는 지점까지의 수직거리이다.

층류에서의 경계층 두께	$\delta = \dfrac{4.65x}{\sqrt{Re_x}} \fallingdotseq \dfrac{5x}{\sqrt{Re_x}} \fallingdotseq \dfrac{5x}{Re_x^{\frac{1}{2}}}$ ※ $Re_x = \dfrac{U_\infty x}{\nu}$ [여기서, ν : 동점성계수, x : 평판 선단으로부터 떨어진 거리] **[층류에서의 경계층 두께(δ)_평판]** $\delta = \dfrac{4.65x}{\sqrt{Re_x}} = \dfrac{4.65x}{\sqrt{\dfrac{U_\infty x}{\nu}}} = \dfrac{4.65x^{\frac{1}{2}}}{\sqrt{\dfrac{U_\infty}{\nu}}} = \dfrac{4.65x^{\frac{1}{2}}\sqrt{\nu}}{\sqrt{U_\infty}}$ $\therefore \delta \propto x^{\frac{1}{2}}$의 관계식이 도출된다.

층류에서의 경계층 두께	즉, 층류에서의 경계층 두께(δ)는 위의 식에 근거하여 레이놀즈수(Re_x)의 $\frac{1}{2}$제곱에 반비례하며, 평판으로부터 떨어진 거리(x)의 $\frac{1}{2}$제곱에 비례함을 알 수 있다.
난류에서의 경계층 두께	$\delta = \dfrac{0.376x}{\sqrt[5]{Re_x}} = \dfrac{0.376x}{Re_x^{\frac{1}{5}}}$ ※ $Re_x = \dfrac{U_\infty x}{\nu}$ [여기서, ν : 동점성계수, x : 평판 선단으로부터 떨어진 거리]
관련 특징	• 층류 경계층은 얇고, 난류 경계층은 두꺼우며, 층류는 항상 난류 앞에 있다. • 경계층 두께(δ)는 균일속도가 크고 유체의 점성이 작을수록 얇아진다. 그리고, 레이놀즈수(Re_x)가 작을수록 두꺼워지며, 평판 선단으로부터 하류로 갈수록 두꺼워진다. • 난류 경계층은 유동 박리를 늦춰준다.
층류저층	난류 경계층 내에서 성장한 층류층으로 층류 흐름에서 속도분포는 거의 포물선의 형태로 변화하나, 난류층 내의 벽면 근처에서는 선형적으로 변한다.

④ **모세관현상(capillary phenomenon)**
액체의 응집력과 관과 액체 사이의 부착력에 의해 발생되는 현상이다.
※ 응집력 : 동일한 분자 사이에 작용하는 인력이다.

모세관현상의 특징		• 물의 경우 응집력보다 부착력이 크기 때문에 모세관 안의 유체 표면이 상승(위로 향한다)하게 된다. • 수은의 경우 응집력이 부착력보다 크기 때문에 모세관 안의 유체 표면이 하강(아래로 향한다)하게 된다. • 관의 경사져도 액면 상승높이에는 변함이 없다. • 접촉각이 $90°$보다 클 때(둔각)에는 액체의 높이는 하강한다. • 접촉각이 $0 \sim 90°$(예각)일 때는 액체의 높이는 상승한다.
모세관현상의 예		• 식물은 토양 속의 수분을 모세관현상에 의해 끌어올려 물속에 용해된 영양물질을 흡수한다. • 고체(파라핀) → 액체 → 모세관현상으로 액체가 심지를 타고 올라간다. • 종이에 형광펜을 이용하여 그림을 그린다. • 종이에 만년필을 이용하여 글씨를 쓴다.
액면상승 높이	관의 경우	$h = \dfrac{4\sigma\cos\beta}{\gamma d}$ [여기서, h : 액면 상승높이, σ : 표면장력, β : 접촉각, γ : 비중량, d : 지름]
	평판의 경우	$h = \dfrac{2\sigma\cos\beta}{\gamma d}$

ⓜ 레이놀즈수(Re)

충류와 난류를 구분하는 척도로 사용되는 무차원수이다.

레이놀즈수	$Re = \dfrac{\rho V d}{\mu} = \dfrac{V d}{\nu} = \dfrac{관성력}{점성력}$ [여기서, ρ : 유체의 밀도, V : 속도, 유속, d : 관의 지름(직경), ν : 유체의 점성계수] 레이놀즈수(Re)는 점성력에 대한 관성력의 비라고 표현된다. ※ 동점성계수(ν) $= \dfrac{\mu}{\rho}$		
레이놀즈수의 범위	원형 관	상임계레이놀즈수(충류 → 난류로 변할 때)	4,000
		하임계레이놀즈수(난류 → 충류로 변할 때)	2,000~2,100
	평판	임계레이놀즈수	500,000($=5\times10^5$)
	개수로	임계레이놀즈수	500
	관 입구에서 경계층에 대한 임계레이놀즈수		600,000($=6\times10^5$)
	원형 관(원관, 파이프)에서의 흐름 종류의 조건		
	층류 흐름	$Re < 2,000$	
	천이구간	$2,000 < Re < 4,000$	
	난류 흐름	레이놀즈수 $> 4,000$	

※ 일반적으로 임계레이놀즈수라고 하면 "하임계레이놀즈수"를 말한다.
※ 임계레이놀즈수를 넘어가면 난류 흐름이다.
※ 관수로 흐름은 주로 압력의 지배를 받으며, 개수로 흐름은 주로 중력의 지배를 받는다.
※ 관내 흐름에서 자유수면이 있는 경우에는 개수로 흐름으로 해석한다.

[관마찰계수(f)]

레이놀즈수(Re)와 관 내면의 조도에 따라 변하며 실험에 의해 정해진다.

흐름이 층류일 때	$f = \dfrac{64}{Re}$ [여기서, $Re = \dfrac{\rho VD}{\mu} = \dfrac{VD}{\nu}$, ρ : 유체의 밀도, μ : 점성계수, V : 유속, D : 관의 지름(직경), ν : 동점성계수$\left(= \dfrac{\mu}{\rho}\right)$]
흐름이 난류일 때	$f = \dfrac{0.3164}{\sqrt[4]{Re}}$ Blausius의 실험식으로 $3,000 < Re < 10^5$에 있어야 한다.

13

정답 ③

프루드수(Fr)는 자유 표면을 갖는 유동의 역학적 상사시험에서 중요한 무차원수이다. 보통 수력도약, 개수로, 배, 댐, 강에서의 모형 실험 등의 역학적 상사에 적용된다.

풀이

㉠ $Fr = \dfrac{V}{\sqrt{gL}} = \dfrac{관성력}{중력}$ 을 사용한다.

㉡ 실제와 모형이 역학적으로 상사하므로 $(Fr)_{실제} = (Fr)_{모형} \rightarrow \left(\dfrac{V_1}{\sqrt{gL_1}}\right)_{실제} = \left(\dfrac{V_2}{\sqrt{gL_2}}\right)_{모형}$

　※ 모형 댐의 크기(2)는 실제 댐 크기(1)의 $\dfrac{1}{20}$ 에 해당하므로 실제 댐의 크기(1)가 모형 댐의 크기(2)보다 20배 크다는 것을 알 수 있다. 따라서, 크기와 관련된 인자인 L은 다음과 같은 관계를 갖는다. "$L_1 = 20L_2$"이다.

㉢ $\dfrac{V_1}{\sqrt{20L_2}} = \dfrac{V_2}{\sqrt{L_2}} \rightarrow V_1 = V_2\sqrt{20}$ 이 된다.

㉣ 동력(P)의 비를 다음과 같이 표현할 수 있다.

　$P = \gamma Q h = \gamma(AV)h = \gamma(L^2 V)L = \gamma(L^3 V)$

㉤ 따라서, $P_{실제} : P_{모형} = \gamma L_1{}^3 V_1 : \gamma L_2{}^3 V_2$이 된다.

㉥ $\gamma L_1{}^3 V_1 : \gamma L_2{}^3 V_2 = \gamma(20L_2)^3(\sqrt{20}\ V_2) : \gamma L_2{}^3 V_2 = 20^3\sqrt{20} : 1 = 8000\sqrt{20} : 1$

　$\sqrt{20}$ 은 $4.472\cdots$이다. 따라서, $P_{실제} : P_{모형} \fallingdotseq 35{,}800 : 1$이라는 것을 쉽게 파악할 수 있다.

　$\therefore\ P_{모형} : P_{실제} = 1 : 35{,}800$

14

정답 ②

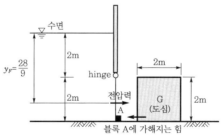

㉠ 수문에 가해지는 전압력(F)의 크기

　$F = \gamma \bar{h} A = \gamma \bar{h}(bh) = 9{,}800\text{N/m}^3 \times 3\text{m} \times 2\text{m} \times 2\text{m} = 117{,}600\text{N} = 117.6\text{kN}$

　※ 단, $1\text{kgf} = 9.8\text{N}$이며 $\bar{h}$는 수면에서부터 수문의 도심(G)까지의 거리이다. 그리고, A는 전압력(F)이 작용하고 있는 부분의 수문 단면적이다. γ는 비중량으로 물의 비중량값을 대입하면 된다.

㉡ 전압력이 작용하는 위치(y_F)

　$y_F = \bar{y} + \dfrac{I_x}{A\bar{y}} = 3 + \dfrac{\dfrac{2 \times 2^3}{12}}{2 \times 2 \times 3} = \dfrac{28}{9}$

※ $\bar{y}$는 수면에서부터 수문의 도심(G)까지의 거리이다.

ⓒ 합력모멘트_평형방정식

$\sum M_{힌지} = 0$(힌지를 기준으로 모멘트 돌린다)

$117.6 \times \left(\dfrac{28}{9} - 2\right) - P_A \times 2 = 0$

$\therefore P_A = 65.33\text{kN}$

※ 제한시간 내 "계산"으로 인한 체감 난이도를 고려하여 난이도를 설정하였다.

15

정답 ①

[철의 동소변태점]

A₃점(912℃)		A₄점(1,400℃)
$\alpha - \text{Fe}$(페라이트)	$\gamma - \text{Fe}$(오스테나이트)	$\delta - \text{Fe}$
체심입방격자(BCC)	면심입방격자(FCC)	체심입방격자(BCC)

- A₃점(912℃) : $\alpha - \text{Fe}$에서 $\gamma - \text{Fe}$로 결정구조가 BCC에서 FCC로 바뀌는 변태점이다.
  → 즉, 철(Fe)의 온도를 높여 A₃점(912℃)에 도달하게 되면 $\alpha - \text{Fe}$에서 $\gamma - \text{Fe}$이 된다.
- A₄점(1400℃) : $\gamma - \text{Fe}$에서 $\delta - \text{Fe}$로 결정구조가 FCC에서 BCC로 바뀌는 변태점이다.
  → 즉, 철(Fe)의 온도를 높여 A₄점(1400℃)에 도달하게 되면 $\gamma - \text{Fe}$에서 $\delta - \text{Fe}$이 된다.

16

정답 ④

[베르누이 방정식]

"흐르는 유체가 갖는 에너지의 총합은 항상 보존된다"라는 에너지 보존의 법칙을 기반으로 하는 방정식이다. 즉, 베르누이 방정식은 흐르는 유체에 적용되는 방정식이다.

기본 식	$\dfrac{P}{\gamma} + \dfrac{v^2}{2g} + Z = \text{constant}$ [여기서, $\dfrac{P}{\gamma}$: 압력수두, $\dfrac{v^2}{2g}$: 속도수두, Z : 위치수두, P : 압력, γ : 비중량, v : 속도, g : 중력가속도, Z : 위치] • 에너지선 : 압력수두+속도수두+위치수두 • 수력구배선(수력기울기선) : 압력수두+위치수두 ※ 베르누이 방정식은 에너지(J)로, 수두(m)로 압력(Pa)으로도 표현할 수 있다. ㉠ 수두식 : $\dfrac{P}{\gamma} + \dfrac{v^2}{2g} + Z = C$ 　식 ㉠의 양변에 비중량(γ)을 곱하고 $\gamma = \rho g$이다.

기본 식	① 압력식 : $P + \rho\dfrac{v^2}{2} + \rho gh = C$ 식 ①의 양변에 부피(V)를 곱하고 밀도(ρ) $= m$(질량)$/ V$(부피)이다. © 에너지식 : $PV + \dfrac{1}{2}mv^2 + mgh =$ Constant 	PV(압력에너지)	$\dfrac{1}{2}mv^2$(운동에너지)	mgh(위치에너지)	
가정 조건	• 정상류이며 비압축성(압력이 변해도 밀도는 변하지 않음)이어야 한다. • 유선을 따라 입자가 흘러야 한다. • 비점성이어야 한다(마찰이 존재하지 않아 에너지손실이 없는 이상유체이다). • 유선이 경계층을 통과하지 말아야 한다. → 경계층 내부는 점성이 작용하므로 점성에 의한 마찰작용이 있어 3번째 가정조건에 위배되기 때문이다. • 하나의 유선에 대해서만 적용되며, 하나의 유선에 대해서는 총에너지가 일정하다. • 외부 흐름과의 에너지 교환은 없다. • 임의의 두 점은 같은 유선상에 있어야 한다.
설명할 수 있는 예시	• 피토관을 이용한 유속 측정원리 • 유체 중 날개에서의 양력 발생원리 • 관의 면적에 따른 속도와 압력의 관계(압력과 속도는 반비례한다)
적용 예시	• 2개의 풍선 사이에 바람을 불면 풍선이 서로 붙는다. • 마그누스의 힘(축구공 감아차기, 플레트너 배 등)

※ 정상류는 유동장의 임의의 한 점에서 시간의 변화에 대한 유동특성(압력, 온도, 속도, 밀도)이 일정한 유체의 흐름을 말한다.
※ 오일러 운동 방정식은 비압축성이라는 가정이 없다. 나머지는 베르누이 방정식 가정과 동일하다.
※ 벤투리미터는 베르누이 방정식과 연속방정식을 이용하여 유량을 산출한다.
※ 베르누이 방정식은 "에너지 보존의 법칙", 연속방정식은 "질량 보존의 법칙"이다.

17
정답 ②

[바우싱거효과]
금속재료를 소성변형영역까지 인장하중을 가하다가 하중을 제거한 후 압축하였을 때 탄성한도, 항복점이 저하되는 현상이다.

18
정답 ⑤

[각 금속의 결정구조에 속하는 금속의 종류_암기법]

BCC에 속하는 금속	Mo, W, Cr, V, Na, Li, Ta, δ-Fe, α-Fe 등
암기법	모우(Mow)스크(Cr)바(V)에 있는 나(Na)리(Li)타(Ta) 공항에서 델리(δ-Fe) 알리(α-Fe)가 (체)했다.

HCP에 속하는 금속	Zn, Be, $\alpha-$Co, Mg, Ti, Cd, Zr, Ce 등
암기법	아(Zn)베(Be)가 꼬(Co)마(Mg)에게 티(Ti)셔츠를 사줬다. 카(Cd)드 지(Zr)르세(Ce).

FCC에 속하는 금속	$\beta-$Co, Ca, Pb, Ni, Ag, Cu, Au, Al, $\gamma-$Fe 등
암기법	(면)먹고 싶다. 코(Co)카(Ca)콜라 납(Pb)니(Ni)? 은(Ag)구(Cu)금(Au)알(Al)

[금속의 결정구조_핵심 내용]

구분	체심입방격자 (BCC, Body Centered Cubic)	면심입방격자 (FCC, Face Centered Cubic)	조밀육방격자 (HCP, Hexagonal Closed Packed)
단위격자(단위세포) 내 원자수	2개	4개	2개
배위수(인접 원자수)	8개	12개	12개
충전율(공간채움률)	68%	74%	74%

[슬립 가능한 슬립계]

체심입방격자(BCC)	슬립 가능한 슬립계가 48개(6개의 슬립면×8개의 슬립 방향)이지만, 슬립면이 면심입방격자와 같이 조밀하지 않기 때문에 슬립을 일으키기 위해서는 보다 큰 전단응력이 가해져야 한다. 따라서, 슬립이 일어날 가능성이 적다.
면심입방격자(FCC)	슬립 가능한 슬립계가 12개(4개의 슬립면×3개의 슬립 방향)이며 조밀한 슬립계를 가지기 때문에 슬립이 일어날 가능성이 가장 큰 편이다. 따라서, 소성변형이 일어나기 쉽고 전연성이 크다.
조밀육방격자(HCP)	슬립 가능한 슬립계가 3개로 슬립이 일어날 가능성이 매우 적다. 따라서, 일반적으로 상온에서의 소성가공성이 매우 나쁘며, 낮은 인성을 나타낸다(취성 있음).

※ 슬립계가 5개보다 많으면 연성이 있고, 슬립계가 5개보다 적으면 취성이 있다.

19

정답 ①

[연강의 응력-변형률 선도]

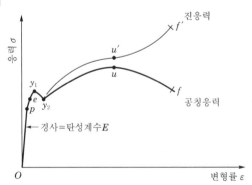

- p : 비례한도이다. 응력-변형률 선도의 비례한도(proportional limit) 내에서는 응력(σ)과 변형률(ε) 은 서로 비례한다는 후크의 법칙($\sigma = E\varepsilon$)이 성립한다. 이때, 응력(stress)-변형률(strain) 선도에서 "비례한도" 내 구간(선형구간)에서의 기울기는 탄성계수(E)를 의미한다.
- e : 탄성한도(탄성한계)이다.
- y : 항복점이다. y_1는 상항복점, y_2는 하항복점이다.
- u : 극한강도(인장강도) 또는 최대공칭응력이다. 재료가 버틸 수 있는 최대응력값을 의미한다.
- f : 파단강도이다.
※ 응력-변형률 선도에서 알 수 없는 대표적인 것은 "푸아송비, 안전율, 경도"이다.

[피로시험]
장시간 반복하중에 의한 파괴 및 파단의 저항력을 알아보는 시험이다.
→ S(응력)-N(반복횟수)곡선을 이용한다.
- $S-N$곡선에서 연강은 반복횟수가 $10^6 \sim 10^7$ 사이에서 피로한도가 뚜렷하게 나타나지만, 알루미늄과 같은 비철금속은 뚜렷하지 않다.
- $S-N$곡선에서 수평 부분의 응력을 내구한도 또는 피로한도라고 한다.

20
정답 ②

열경화성 수지	폴리에스테르, 아미노수지, 페놀수지, 프란수지, 에폭시수지, 실리콘수지, 멜라민수지, 요소수지, 폴리우레탄
열가소성 수지	폴리염화비닐, 불소수지, 스티롤수지, 폴리에틸렌수지, 초산비닐수지, 메틸아크릴수지, 폴리아미드수지, 염화비닐론수지, ABS수지, 폴리스티렌, 폴리프로필렌

Tip
- 폴리에스테르를 제외하고 폴리가 들어가면 열가소성 수지이다.
- 폴리우레탄은 열경화성과 열가소성 등 2가지 종류가 있다.
- 폴리카보네이트 : 플라스틱재료 중에서 내충격성이 매우 우수한 열가소성 플라스틱으로 보석방의 진열유리재료로 사용된다.
- 베이클라이트 : 페놀수지의 일종으로 전기절연성, 강도, 내열성 등이 우수하다.

21
정답 ⑤

열전도율 및 전기전도율(쉽게 말해 열 또는 전기가 얼마나 잘 흐르는가를 의미)
열전도율 및 전기전도율이 큰 순서 : Ag > Cu > Au > Al > Mg > Zn > Ni > Fe > Pb > Sb

※ 전기전도율이 클수록 고유 저항은 낮아진다.
※ 전기전도율과 전기저항은 반대의 순서를 갖는다.

선팽창계수(온도가 1℃ 변할 때 단위길이당 늘어난 재료의 길이)
선팽창계수가 큰 순서 : Pb > Zn > Mg > Al > Cu > Fe > Cr > Mo

연성(가래떡처럼 길게 잘 늘어나는 성질)
연성이 큰 순서 : Au > Ag > Al > Cu > Pt > Pb > Zn > Fe > Ni

전성(얇고 넓게 잘 펴지는 성질로 가단성과 같은 의미)

전성이 큰 순서 : Au > Ag > Pt > Al > Fe > Ni > Cu > Zn

※ 금속이 일반적으로 전기전도도와 열전도도가 우수한 이유는 금속 내부에 존재하는 자유전자 때문이다. 자유전자의 움직임이 곧 전기의 흐름이며, 자유전자는 열을 운반하는 역할을 한다.

22

정답 ③

[합금강(특수강)에 첨가하는 특수원소(합금원소)의 영향]

규소(Si)	• 내열성, 내식성, 경도, 인장강도, 전자기적 성질 등을 개선시킨다. • 탄성한계를 증가시킨다. 하지만, 너무 많이 첨가할 경우에는 탈탄이 발생하기 때문에 망간(Mn)을 첨가하여 탈탄을 방지한다. • 결정립을 조대화시킨다.
니켈(Ni)	• 가격이 비싸다. • 강인성, 내식성, 내산성, 내열성, 담금질성 등을 높여준다. • 저온충격치, 내충격성을 증대시킨다. • 오스테나이트조직을 안정화(또는 오스테나이트 형성원소)시킨다.
망간(Mn)	• 니켈(Ni)과 거의 비슷한 작용을 하며 니켈(Ni)보다 값이 저렴하다. • 가공경화능이 우수하며 탈황, 탈산, 고용강화효과가 있다. • 적열취성을 방지한다 • 고온에서 결정립이 성장하는 것을 방지한다. • 끈끈한 성질인 점도(점성)을 부여하여 인성을 높여준다. • 오스테나이트조직을 안정화(또는 오스테나이트 형성원소)시킨다.
구리(Cu)	• 대기 중의 내산화성을 증대시킨다. • 내식성이 증가한다. • 압연이 균열의 원인이 된다. • 고온취성의 원인이 된다.
황(S)	• 적열취성을 일으킨다. • 절삭성을 향상시키나 유동성을 저하시킨다.
크롬(Cr)	• 강도, 경도, 내식성, 내열성, 내마멸성 등을 증대시킨다. 하지만, 4% 이상 함유되면 단조성이 저하된다. • 자경성이 증가한다. ※ 자경성이 가장 우수한 것은 크롬(Cr)이다. • 고온경도가 높아진다. • 페라이트조직을 안정화시킨다.
텅스텐(W)	• 크롬(Cr)과 거의 비슷하다. • 탄화물을 만들기 쉽다. • 고온에서 강도 및 경도를 증대시킨다.

몰리브덴(Mo)	• 텅스텐(W)과 거의 비슷하다. • 탄화물을 만들기 쉽다. • 고온에서의 경도를 증대시킨다. • 담금질의 깊이를 깊게 한다. 즉, 담금질성을 좋게 한다. • 경도, 내마멸성, 강인성, 내식성, 크리프저항 등을 증가시킨다. • 뜨임취성(메짐)을 방지한다.
바나듐(V)	• 몰리브덴과 거의 비슷하다. • 단단하게 만드는 경화성은 몰리브덴(Mo)보다 훨씬 좋다. • 강력한 탄화물을 형성한다(고온경도가 높아진다). • 절삭능력을 증대시킨다.
티타늄(Ti)	• 부식에 대한 저항성질이 가장 크다. • 탄화물을 만들기 쉽다(고온경도가 높아진다).
코발트(Co)	• 높은 온도에서의 인장강도와 경도가 높다. • 점결제(점착제)의 역할을 한다.

23

정답 ③

[선반의 절삭속도]

$$V = \frac{\pi D N}{1,000} = \frac{3 \times 80 \times 200}{1,000} = 48\text{m/min}$$

[여기서, V : 절삭속도, D : 공작물 지름(mm), N : 회전수(rpm)]

※ 주의사항 : 반지름(반경, R)이 주어져 있으므로 지름(직경, D)으로 환산하여 계산해야 한다($D = 2R$)

24

정답 ④

[상향절삭]

커터의 날이 움직이는 방향과 공작물의 이송 방향이 반대인 절삭방법이다.

• 밀링커터의 날이 공작물을 들어 올리는 방향으로 작용하므로 기계에 무리를 주지 않는다.
• 절삭을 시작할 때, 날에 가해지는 절삭저항이 0에서 점차적으로 증가하므로 날이 부러질 염려가 없다.
• 절삭날의 절삭 방향과 공작물의 이송 방향이 서로 반대이므로 백래시가 자연히 제거된다. 따라서, 백래시제거장치가 필요 없다.
• 칩이 날을 방해하지 않고, 절삭된 면에 쌓이지 않으므로 절삭열에 의한 치수정밀도의 변화가 적다.
• 절삭날이 공작물을 들어 올리는 방향으로 작용하므로 공작물의 고정이 불안정하며, 떨림이 발생하여 동력손실이 크다.
• 커터의 날이 절삭을 시작할 때, 재료의 변형으로 절삭이 되지 않고 마찰작용을 하므로 날의 마멸이 심하다.
• 수명이 짧고, 가공면이 거칠다.
• 칩이 가공할 면 위에 쌓이므로 시야가 좁다.

[하향절삭]

커터의 날이 움직이는 방향과 공작물의 이송 방향이 동일한 절삭방법이다.

- 커터의 절삭작용이 공작물을 누르는 방향으로 작용하므로 기계에 무리를 준다.
- 절삭날이 절삭을 시작할 때, 절삭저항이 가장 크므로 날이 부러지기 쉽다.
- 절삭날의 절삭 방향과 공작물의 이송 방향이 서로 같으므로, 백래시제거장치가 없으면 가공이 곤란하다.
- 가공된 면 위에 칩이 쌓이므로 치수정밀도가 불량해질 염려가 있다.
- 커터의 날이 공작물을 향하여 누르며 절삭하므로 공작물의 고정이 쉽다.
- 밀링커터의 날이 마찰작용을 하지 않으므로 날의 마멸이 적고, 수명이 길다.
- 커터의 날이 움직이는 방향과 공작물의 이송 방향이 동일하므로, 절삭날 하나마다의 날 자리가 간격이 짧고, 가공면이 깨끗하다.

25

정답 ②

[밀링에서의 금속제거율, 소재제거율(Q, MRR)]

$Q[\text{mm}^3/\text{min}]$＝절삭깊이×가공 폭×테이블 이송속도($f_m$)

단, $f_m[\text{mm/min}]＝f_t$(밀링커터의 날당 이송량)×Z(밀링커터의 날 수)×n(밀링커터의 회전수)

풀이

분당 회전수(n)는 rpm, RPM, rev/min, r/min 등으로 표시한다.

$f_m = f_t Zn = 1 \times 20 \times 1,000 = 20,000\text{mm/min}$

∴ Q＝절삭깊이×가공 폭×테이블 이송속도＝$1 \times 2 \times 20,000 = 40,000\text{mm}^3/\text{min}$

26

정답 ⑤

[피복제의 역할]

- 용착금속의 냉각속도를 지연시킨다.
- 대기 중의 산소와 질소로부터 모재를 보호하여 산화 및 질화를 방지한다.
- 슬래그를 제거하며 스패터링을 작게 한다.
- 용착금속에 필요한 합금원소를 보충하여 기계적 강도를 높인다.
- 탈산정련작용을 한다.
- 전기절연작용을 한다.
- 아크를 안정하게 하며 용착효율을 높인다.

27

정답 ①

[테일러의 공구수명식]

$VT^n = C$

- V는 절삭속도, T는 공구수명이며, 공구수명에 가장 큰 영향을 주는 것은 절삭속도이다.
- C는 공구수명을 1분으로 했을 때의 절삭속도이며, 일감, 절삭조건, 공구에 따라 변한다.
- n은 공구와 일감에 의한 지수로 세라믹 > 초경합금 > 고속도강 순으로 크다.
- 테일러의 공구수명식을 대수선도로 표현하면 직선으로 표현된다.

풀이

㉠ $VT^n = C$에 $n = 0.5$, $C = 225$을 대입한다.

㉡ $VT^{0.5} = 225 \rightarrow T^{0.5} = \dfrac{225}{V} \rightarrow T^{\frac{1}{2}} = \dfrac{225}{V}$ 이 된다. 이때, 양변을 제곱하면 다음과 같다.

㉢ $\left(T^{\frac{1}{2}}\right)^2 = \left(\dfrac{225}{V}\right)^2 = \dfrac{225^2}{V^2} \rightarrow T = \dfrac{225^2}{V^2}$ 이 된다. 따라서, 공구수명$(T) \propto \dfrac{1}{V^2}$ 의 관계가 도출된다.

　→ 공구수명은 절삭속도의 제곱에 반비례한다.

㉣ 절삭속도(V)가 원래보다 2배가 된다면, 공구수명$(T) \propto \dfrac{1}{V^2}$ 의 관계에 의해 공구수명(T)은 $\dfrac{1}{4}$ 배가

　된다. 즉, 공구수명(T)은 0.25배가 된다.

28

정답 ⑤

[스프링백]
재료를 소성변형한 후에 외력을 제거하면 재료의 탄성에 의해 원래의 상태로 다시 되돌아가는 현상이다.

[스프링백의 양을 크게 하는 방법]
• 경도와 항복강도가 클수록
• 두께가 얇을수록
• 굽힘반지름이 클수록
• 굽힘각도를 작을수록
• 탄성한계(탄성한도)가 클수록
• 탄성계수가 작을수록

[스프링백을 줄이는 방법]
• 판재의 온도를 높여서 굽힘작업을 수행한다.
• 굽힘과정 중에 판재에 인장력이 걸리도록 신장굽힘한다.
• 펀치 끝과 다이면에서 높은 압축응력이 걸리도록 굽힘 부위를 압축한다.
• 원하는 각도보다 여유각만큼 과도굽힘시킨다.
• 액압프레스로 장시간 가압한다.
※ '기계의 진리' 블로그에 스프링백과 관련된 내용을 이해하기 쉽도록 올려두었다. "스프링백"을 검색하여 추가적으로 학습하길 바란다.

29

정답 ②

[슈퍼피니싱]
입도가 미세한 숫돌입자를 낮은 압력으로 공작물 표면에 접촉시킨 후, 좌우로 진동시키고 공작물에는 회전이송운동을 주어 고정밀의 표면을 가공하는 방법이다.
• 방향성이 없는 표면을 단시간에 얻을 수 있다.
• 원통면, 내면, 평면 등에 적용시킬 수 있다.
• 정밀 롤러, 볼베어링, 게이지 등 정밀 다듬질에 이용한다.

풀이

① 래핑 : 랩(lap)이라는 공구와 다듬질하려고 하는 공작물 사이에 랩제를 넣고 양자를 상대운동시킴으로써 매끈한 다듬질을 얻는 가공방법이다. 용도로는 블록게이지, 렌즈, 스냅게이지, 플러그게이지, 프리즘, 제어기기부품 등에 사용된다.

③ 호닝 : 분말입자를 이용해서 가공하는 것이 아니라, "연삭숫돌"로 공작물을 가볍게 문질러 정밀 다듬질하는 기계가공법이다. 특히 <u>구멍 내면</u>을 정밀 다듬질하는 방법 중 가장 우수한 가공법이다.

※ 막대숫돌공구는 회전운동과 수평왕복운동을 한다.

④ 전해연삭 : 공작물(일감)은 양극(+), 전극숫돌은 음극(−)에 접속하며 그 사이에 전기를 통하면서 가공하는 방법으로, 숫돌의 입자가 공작물에 접촉하여 숫돌의 연삭작업에 의한 가공보다는 전해작용에 의한 가공이 지배적인 가공방법이다(전해작용+기계연삭작용).

⑤ 버핑 : 직물, 가죽, 고무 등으로 제작된 부드러운 회전원반에 연삭입자를 접착제로 고정 또는 반고정 부착시킨 상태에서 고속 회전시키고, 여기에 공작물을 밀어붙여 아주 작은 양의 금속을 제거함으로써 가공면을 다듬질하는 가공방법으로, 치수정밀도는 우수하지 않지만 간단한 설비로 쉽게 광택이 있는 매끈한 면을 만들 수 있어 도금한 제품의 광택내기에 주로 사용된다.

※ 재럴가공 : 공작물과 숫돌입자, 콤파운드 등을 회전하는 통 속이나 진동하는 통 속에 넣고 서로 마찰 충돌시켜 표면의 녹, 흠집 등을 제거하는 공정이다.

30

정답 ①

응력신폭(σ_a)	평균응력(σ_m)	응력비(R)
$\sigma_a = \dfrac{\sigma_{\max} - \sigma_{\min}}{2}$	$\sigma_m = \dfrac{\sigma_{\max} + \sigma_{\min}}{2}$	$R = \dfrac{\sigma_{\min}}{\sigma_{\max}}$

※ 응력비(R) : 피로시험에서 하중의 한 주기에서의 최소응력($\sigma_{\min}$)과 최대응력($\sigma_{\max}$) 사이의 비율로 $\dfrac{최소응력}{최대응력}$으로 구할 수 있다.

풀이

㉠ $R = \dfrac{\sigma_{\min}}{\sigma_{\max}} \rightarrow 0.4 = \dfrac{\sigma_{\min}}{\sigma_{\max}} \rightarrow \sigma_{\min} = 0.4\sigma_{\max}$

㉡ $\sigma_m = \dfrac{\sigma_{\max} + \sigma_{\min}}{2} \rightarrow 140 = \dfrac{\sigma_{\max} + 0.4\sigma_{\max}}{2} \rightarrow 140 = \dfrac{1.4\sigma_{\max}}{2} \rightarrow 1.4\sigma_{\max} = 280$

$\rightarrow \sigma_{\max} = \dfrac{280}{1.4} = 200\text{MPa}$

㉢ $\sigma_{\min} = 0.4\sigma_{\max} = 0.4 \times 200 = 80\text{MPa}$

$\therefore \ \sigma_a = \dfrac{\sigma_{\max} - \sigma_{\min}}{2} = \dfrac{200 - 80}{2} = \dfrac{120}{2} = 60\text{MPa}$

31

정답 ③

$$C = \frac{D_1 + D_2}{2} = \frac{m(Z_1 + Z_2)}{2} \quad [단, \ D = mZ]$$

$$450 = \frac{3(200 + Z_2)}{2}$$

$$\therefore \ Z_2 = 100개$$

32

정답 ③

[나사의 종류]

체결(결합)용 나사 (체결할 때 사용하는 나사로 효율이 낮다)	삼각나사	• 가스파이프를 연결하는 데 사용한다.
	미터나사	• 나사산의 각도가 60°인 삼각나사의 일종이다.
	유니파이 나사	• 세계적인 표준나사로 미국, 영국, 캐나다가 협정하여 만든 나사이다. • 용도로는 죔용 등에 사용된다.
운동용 나사 (동력을 전달하는 나사로 체결용 나사보다 효율이 좋다)	사다리꼴 나사	• "재형나사 및 애크미나사"로도 불리는 사다리꼴나사는 양방향으로 추력을 받는 나사이다. • 공작기계의 이송나사, 밸브 개폐용, 프레스, 잭 등에 사용된다. • 효율 측면에서는 사각나사가 더욱 유리하나, 가공하기 어렵기 때문에 대신 사다리꼴나사를 많이 사용한다. • 사각나사보다 강도 및 저항력이 크다.
운동용 나사 (동력을 전달하는 나사로 체결용 나사보다 효율이 좋다)	톱니나사	• 힘을 한 방향으로만 받는 부품에 사용되는 나사이다. • 압착기, 바이스 등의 이송나사에 사용된다.
	너클나사 (둥근나사)	• 전구와 같이 먼지나 이물질이 들어가기 쉬운 곳에 사용되는 나사이다.
	볼나사	• 공작기계의 이송나사, NC기계의 수치제어장치에 사용되는 나사이다. • 효율이 좋고 먼지에 의한 마모가 적으며 토크의 변동이 적다. • 정밀도가 높고 윤활은 소량으로도 충분하다. • 축방향의 백래시를 작게 할 수 있다. • 마찰이 작아 정확하고 미세한 이송이 가능한 장점을 가지고 있다. • 너트의 크기가 커지고, 피치를 작게 하는 데 한계가 있다. • 고속에서는 소음이 발생하고 자동체결이 곤란하다.
	사각나사	• 축방향의 하중을 받는 운동용 나사로 추력의 전달이 가능하다. • 하중의 방향이 일정하지 않고, 교번하중이 작용할 때 효과적이다. • 나사의 효율은 좋으나, 공작이 곤란하며 고정밀용으로는 적합하지 않다. • 나사 프레스, 선반의 이송나사, 동력전달용 잭 등에 사용된다.

[나사산의 각도]

톱니나사	유니파이나사	둥근나사	사다리꼴나사	미터나사	관용나사	휘트워드나사
30°, 45°	60°	30°	• 인치계(Tw) : 29° • 미터계(Tr) : 30°	60°	55°	55°

[기어의 종류]

두 축이 평행한 것	두 축이 교차한 것	두 축이 평행하지도 교차하지도 않은 엇갈린 것
스퍼기어(평기어), 헬리컬기어, 더블헬리컬기어(헤링본기어), 내접기어, 랙과 피니언 등	베벨기어, 마이터기어, 크라운기어, 스파이럴 베벨기어 등	스크루기어(나사기어), 하이포이드기어, 웜기어 등

[체인의 특징]

• 동력을 전달하는 두 축 사이의 거리가 비교적 멀어 기어 전동이 불가능한 곳에 사용한다.
• 미끄럼이 없어 정확한 속도비(속비)를 얻을 수 있으며 큰 동력을 확실하고 효율적으로 전달할 수 있다.
  → 체인의 전동효율은 95% 이상이다. 참고로 V벨트의 전동효율은 90~95%이다.
• 접촉각은 90° 이상이다.
• 소음과 진동이 커서 고속회전에는 부적합하다.
  → 고속회전하면 맞물려 있던 이와 링크가 빠질 수 있고 소음과 진동도 크게 발생될 수 있다(자전거 탈 때 사선거 체인을 생각하면 쉽다).
• 윤활이 필요하다.
• 링크의 수를 조절하여 체인의 길이 조정이 가능하며 다축 전동이 가능하다.
• 탄성변형으로 충격을 흡수할 수 있다.
• 유지보수가 용이하다.
• 내유성, 내습성, 내열성이 우수하다(열, 기름, 습기에 잘 견딘다).
• 초기 장력을 줄 필요가 없어 정지 시 장력이 작용하지 않고 베어링에도 하중이 작용하지 않는다.
• 고른 마모를 위해 스프로킷 휠의 잇수는 홀수개가 좋다.
• 체인의 링크수는 짝수개가 적합하며, 옵셋링크를 사용하면 홀수개도 가능하다.
• 체인속도의 변동이 있다(속도변동률이 있다).
• 두 축이 평행할 때만 사용이 가능하다(엇걸기를 하면 체인링크가 꼬여 마모 및 파손이 될 수 있다).

[벨트전동장치]

특징	• 접촉 부분에 약간의 미끄럼으로 인해 정확한 속도비(속비)를 얻지 못한다. • 큰 하중이 작용하면, 미끄럼에 의한 안전장치 역할을 할 수 있다. • 구조가 간단하며, 값이 저렴하고 비교적 정숙한 운전이 가능하다.	
벨트의 거는 방법	바로걸기	$\theta_1 = 180° - \sin^{-1}\left(\dfrac{D_2 - D_1}{2C}\right),\ \theta_2 = 180° + \sin^{-1}\left(\dfrac{D_2 - D_1}{2C}\right)$
	엇걸기	$\theta_1 = \theta_2 = 180° + \sin^{-1}\left(\dfrac{D_2 + D_1}{2C}\right)$
	• 엇걸기(십자걸기, 크로스걸기)는 바로걸기(오픈걸기, 평행걸기)보다 접촉각(θ)이 커서 더 큰 동력을 전달할 수 있다. • 엇걸기(십자걸기, 크로스걸기)의 너비는 좁게 설계한다. • 엇걸기(십자걸기, 크로스걸기)는 벨트에 비틀림이 발생하여 마멸이 발생하기 쉽다. → 비틀림에 대응하기 위해 축간거리(중심거리)를 벨트너비의 20배 이상으로 해야 한다.	

[로프전동장치의 특징]
- 벨트에 비해 미끄럼이 적고, 고속에 적합하며 전동경로가 직선 · 곡선 둘 다 가능하다.
- 조정이 어렵고 전동이 불확실하며 장치가 복잡하고, 절단되면 수리가 곤란하다.
- 큰 전동에도 풀리의 너비를 작게 할 수 있으며, 큰 동력 전달에는 벨트보다 우수하다.
  → 벨트보다 미끄럼이 적어 동력손실이 적기 때문에 벨트보다 큰 동력을 전달할 수 있다.
- 원동축에서 종동축에 동력을 분배할 때 적합한 전동이다.
- 용도로는 케이블카, 크레인, 엘리베이터 등에 사용된다.
- 상당히 긴 거리 사이의 동력 전달이 가능하다.

동력을 전달할 수 있는 거리	
섬유질 로프	10~30m
와이어 로프	50~100m

벨트별 축간거리(원동풀리 중심과 종동풀리 중심간의 거리) 범위	
V벨트	일반적으로 축간거리 5m 이하에 사용
평벨트	일반적으로 축간거리 10m 이하에 사용

※ 회전력 전달크기 순서(전달할 수 있는 동력의 크기 순서, 전동효율 순서) : 체인 > 로프 > V벨트 > 평벨트

33

정답 ④

[공동현상(캐비테이션)]
펌프의 흡입측 배관 내의 물의 정압이 기존의 증기압보다 낮아져서 기포가 발생되는 현상으로, 펌프의 흡수면 사이의 수직거리가 너무 길 때, 관 속을 유동하고 있는 물속의 어느 부분이 고온일수록 포화증기압에 비례해서 상승할 때 발생한다. 또한, 공동현상이 발생하게 되면 침식 및 부식작용의 원인이 되며 진동과 소음이 발생될 수 있다.

발생원인	• 유속이 빠를 때 • 펌프와 흡수면 사이의 수직거리가 너무 길 때 • 관 속을 유동하고 있는 물속의 어느 부분이 고온일수록 포화증기압에 비례하여 상승할 때
방지방법	• 실양정이 크게 변동해도 토출량이 과대하게 증가하지 않도록 한다. • 스톱밸브를 지양하고 슬루스밸브를 사용한다. • 펌프의 흡입수두(흡입양정)를 작게 하고 펌프의 설치위치를 수원보다 낮게 한다. • 유속을 3.5m/s 이하로 유지하고 펌프의 설치위치를 낮춘다. • 흡입관의 구경을 크게 하여 유속을 줄이고 배관을 완만하고 짧게 한다. • 마찰저항이 작은 흡입관을 사용하여 흡입관의 손실을 줄인다. • 펌프의 임펠러속도(회전수)를 작게 한다(흡입비교회전도를 낮춘다). • 단흡입펌프 대신 양흡입펌프를 사용한다. • 펌프를 2개 이상 설치한다. • 관 내의 물의 정압을 그때의 증기압보다 높게 한다.

34

정답 ②

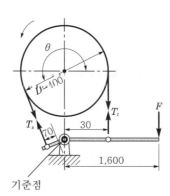

기준점

차동식 밴드브레이크의 드럼이 좌회전하고 있다.

힌지를 기준점으로 하여 발생하는 모멘트를 모두 구하고 모멘트의 합력이 0이 된다는 것을 이용한다(반시계 방향의 모멘트는 (+)부호, 시계 방향의 모멘트는 (−)부호이다).

$\sum M = -F \times 1,600 - T_s \times 70 + T_t \times 30 = 0$ [여기서, F : 레버를 누르는 힘]

$\therefore F = \dfrac{-70 T_s + 30 T_t}{1,600}$

밴드브레이크의 제동력(f)과 제동토크(T)는 다음과 같다.

$f = T_t - T_s$

$T = f \dfrac{D}{2} = (T_t - T_s) \dfrac{D}{2}$

[여기서, T_t : 긴장측 장력, T_s : 이완측 장력, D : 드럼의 지름]

$\rightarrow T = (T_t - T_s) \dfrac{D}{2} \rightarrow 4,000 \times 10^3 \text{N} \cdot \text{mm} = (T_t - T_s) \dfrac{400 \text{mm}}{2}$

$\rightarrow T_t - T_s = 20,000 \text{N}$

장력비$(e^{\mu\theta}) = \dfrac{T_t}{T_s} = 3$이므로 "$T_t = 3\,T_s$"가 된다.

$\rightarrow\ T_t - T_s = 3\,T_s - T_s = 2\,T_s = 20{,}000\text{N}$

$\rightarrow\ T_s = 10{,}000\text{N}$이므로 $T_t = 3 \times 10{,}000\,\text{N} = 30{,}000\text{N}$이 된다.

$\therefore\ F = \dfrac{-70\,T_s + 30\,T_t}{1{,}600} = \dfrac{-70 \times 10{,}000 + 30 \times 30{,}000}{1{,}600} = 125\text{N}$

35

정답 ③

[유압펌프의 종류]

용적형 펌프	• 회전펌프 : 기어펌프, 베인펌프, 나사펌프 • 왕복식펌프 : 피스톤펌프, 플런저펌프 • 특수펌프 : 다단펌프, 마찰펌프(와류펌프, 웨스코펌프, 재생펌프), 수격펌프, 기포펌프, 제트펌프
비용적형 펌프 (터보형 펌프)	• 원심펌프 : 터빈펌프(디퓨저펌프), 벌류트펌프 • 축류펌프 • 사류펌프

36

정답 ⑤

[펌프의 비교회전도(n_s)]

$n_s = \dfrac{n\sqrt{Q}}{H^{\frac{3}{4}}}$

[여기서, n : 펌프의 회전수, Q : 펌프의 유량, H : 펌프의 전양정]

[수차의 비교회전도(n_s)]

$n_s = \dfrac{n\sqrt{L}}{H^{\frac{5}{4}}}$

[여기서, n : 수차의 회전수, L : 출력, H : 유효 낙차]

풀이

$n_s = \dfrac{n\sqrt{Q}}{H^{\frac{3}{4}}} = \dfrac{15\sqrt{1{,}600}}{16^{\frac{3}{4}}} = \dfrac{15\sqrt{1{,}600}}{(2^4)^{\frac{3}{4}}} = \dfrac{15 \times 40}{2^3} = 75$

PART II 실전 모의고사 정답 및 해설

37

[프란틀수(Pr)에 따른 열경계층(δ_t)과 유동(속도)경계층(δ)의 관계]

$\mathrm{Pr} \gg 1$	• 열경계층 두께(δ_t)가 유동경계층 두께(δ)보다 작다($\delta_t < \delta$). • 유동경계층이 열경계층보다 빠른 속도로 증가(확산)한다.
$\mathrm{Pr} = 1$	• 열경계층 두께(δ_t)가 유동경계층 두께(δ)가 같다($\delta_t = \delta$). • 유동경계층이 열경계층보다 같은 속도로 증가(확산)한다.
$\mathrm{Pr} \ll 1$	• 열경계층 두께(δ_t)가 유동경계층 두께(δ)보다 크다($\delta_t > \delta$). • 유동경계층이 열경계층보다 느린 속도로 증가(확산)한다.

[자연대류 및 강제대류와 관련이 있는 무차원수]

자연대류	자연대류에서 누셀수(Nu)는 그라쇼프수(Gr)와 프란틀수(Pr)의 함수로 표현된다. ※ 그라쇼프수Gr) : 자연대류에서 점성력에 대한 부력의 비$\left(\dfrac{부력}{점성력}\right)$를 나타내는 값으로, 강제대류에서의 레이놀즈수(Re)와 비슷한 역할을 하는 무차원수이다.
강제대류	강제대류에서 누셀수(Nu)는 레이놀즈수(Re)와 프란틀수(Pr)의 함수로 표현된다. ※ 난류에서 강제대류에 의한 열전달을 해석하는 데 사용하는 무차원수 : 스탠톤수(St), 레이놀즈수(Re), 누셀수(Nu)

[셔우드수(Sh, Sherwood number)]

$$\mathrm{Sh} = \frac{h_m L_c}{D_{ij}} = \frac{물질전달계수 \times 특성길이}{이종확산계수}$$

셔우드수(Sh)는 레이놀즈수(Re)와 슈미트수(Sc)의 함수로 표현이 가능하다.

층류일 때	$\mathrm{Sh} = 0.664 \mathrm{Re}^{\frac{1}{2}} \mathrm{Sc}^{\frac{1}{3}}$
난류일 때	$\mathrm{Sh} = 0.037 \mathrm{Re}^{\frac{4}{5}} \mathrm{Sc}^{\frac{1}{3}}$

[루이스수(Le, Lewis number)]

$$\le = \frac{k}{\rho \, C_p D} = \frac{\alpha}{D} = \frac{\mathrm{Sc}_{슈미트수}}{\mathrm{Pr}_{프란틀수}} = \frac{\text{thermal diffusivity}}{\text{mass diffusivity}} = \frac{열확산계수}{질량확산계수 = 물질전달계수}$$

• 열과 물질 전달 사이의 상관관계를 나타내는 무차원수이다.
• 질량확산계수(≒물질전달계수)에 대한 열확산계수이다.
• 질량확산계수(≒물질확산계수, 물질전달계수)는 물질의 전달속도를 나타낼 때 사용하는 계수로 단위는 $\mathrm{m^2/s}$이다.

[누셀수(Nu, Nusselt number)]

• $\mathrm{Nu} = \dfrac{h L_c}{k} = \dfrac{대류계수}{전도계수} = \dfrac{전도열저항}{대류열저항}$

- $N = \dfrac{hD}{k} = \dfrac{\text{대류열전달}}{\text{전도 열전달}} = \dfrac{\dfrac{1}{k}}{\dfrac{1}{hD}} = \dfrac{\text{전도열저항}}{\text{대류열저항}}$ (유체가 원통관 내부를 흐를 때)

[여기서, h : 대류열전달계수($kcal/m^2 \cdot h \cdot ℃$), k : 유체의 열전도도($kcal/m \cdot h \cdot ℃$), D : 관의 직경 (m), L_c : 특성길이(m)]

- 전도열전달에 대한 대류열전달이다.
- 누셀수는 어떠한 유체층을 통과할 때 대류에 의해 일어나는 열전달의 크기와 같은 유체층을 통과할 때 전도에 의해 일어나는 열전달의 크기의 비이다.

38
정답 ②

① 실내냉난방을 하는 것은 대류와 가장 관련이 있다.
③ 복사는 열이 직접적으로 이동하는 현상이다.
④ 전도는 이웃한 분자들이 충돌하여 열을 전달한다.
⑤ 대류는 분자가 직접 열을 얻고 전달한다.

39
정답 ③

유리창(전도)을 통해 외부(대류)에서 내부(대류)로 열이 전달된다. 즉, "대류 → 전도 → 대류"처럼 열전달 현상이 2가지 이상으로 복합·연속적으로 이루어지는 경우는 총괄열전달계수(U)를 구해야 한다.
㉠ 총괄 열전달계수(U) 구하는 방법

$$U = \dfrac{1}{\dfrac{1}{h_1} + \dfrac{\Delta x}{k} + \dfrac{1}{h_2}} = \dfrac{1}{\dfrac{1}{20} + \dfrac{0.1}{1} + \dfrac{1}{20}} = 5W/m^2 \cdot K$$

[여기서, h : 대류열전달계수, k : 열전도도, Δx : 열전달면 두께]
㉡ 열전달속도(Q) 구하는 방법

$$Q = UA\Delta T_{all} = UA(T_A - T_B) = 5 \times 10 \times (450 - 200) = 12,500W$$

[여기서, U : 총괄열전달계수, A : 전열면적, ΔT : 온도차]

40
정답 ②

열유속이 일정한 조건에서 원형 내의 완전 발달 층류유동에서의 누셀수(Nusselt number)는 4.36이다.

[스테판－볼츠만상수값]

스테판－볼츠만상수(단위 반드시 구별)	
$\sigma = 4.88 \times 10^{-8} kcal/h \cdot m^2 \cdot K^4$	$\sigma = 5.67 \times 10^{-8} W/m^2 \cdot K^4$

풀이

$A = 4.36$, $B = 5.67$이므로 $A \times B = 4.36 \times 5.67 ≒ 25$이다.

09 제9회 실전 모의고사

01	①	02	①	03	④	04	②	05	③	06	③	07	①	08	②	09	⑤	10	②
11	④	12	⑤	13	②	14	③	15	①	16	③	17	②	18	④	19	⑤	20	②
21	②	22	①	23	⑤	24	④	25	②	26	①	27	②	28	①	29	⑤	30	④
31	①	32	⑤	33	④	34	⑤	35	③	36	③	37	④	38	①	39	③	40	③

01

정답 ①

[비틀림모멘트(T)에 의해 봉에 발생하는 전단응력(τ)]

속이 꽉 찬 봉 (중실축)	$T = \tau Z_P = \tau\left(\dfrac{\pi d^3}{16}\right)$
	[여기서, Z_P : 중실축의 극단면계수$\left(= \dfrac{\pi d^3}{16}\right)$]
속이 빈 봉 (중공축)	$T = \tau Z_P = \tau\left[\dfrac{\pi(d_2^4 - d_1^4)}{16 d_2}\right]$
	[여기서, Z_P : 중공축의 극단면계수$\left(= \dfrac{\pi(d_2^4 - d_1^4)}{16 d_2}\right)$, d_2 : 중공축의 바깥지름, d_1 : 중공축의 안지름]

풀이

$$T = \tau\left(\frac{\pi d^3}{16}\right) \rightarrow \tau = \frac{16T}{\pi d^3} = \frac{16 \times 240\mathrm{N} \cdot \mathrm{m}}{3 \times (0.4\mathrm{m})^3} = 20{,}000\mathrm{N/m^2} = 20{,}000\mathrm{Pa} = 20\mathrm{kPa}$$

※ 주의사항 : 반지름(반경, r)이 주어져 있으므로 지름(직경, d)으로 환산하여 계산해야 한다($d = 2r$).

02

정답 ①

구분	균일 단면봉(단면이 일정한 봉)	원추형 봉(원뿔 모양의 봉)
자중만의 응력(σ)	$\sigma = \gamma L$ (고정단에서의 최대응력)	$\sigma = \dfrac{1}{3}\gamma L$ (고정단에서의 최대응력)
자중만에 의한 변형량(δ)	$\delta = \dfrac{\gamma L^2}{2E}$	$\delta = \dfrac{\gamma L^2}{6E}$

[여기서, γ : 봉의 비중량, L : 봉의 길이, E : 봉의 종탄성계수(세로탄성계수, 영률)]

풀이

$$\delta = \frac{\gamma L^2}{2E}$$

㉠ 균일 단면봉의 자중에 의한 변형량은 종탄성계수(E, 세로탄성계수)에 반비례한다.

㉡ 균일 단면봉의 자중에 의한 변형량은 길이(L)의 제곱에 비례한다.

㉢ 균일 단면봉의 자중에 의한 변형량은 비중량(γ)에 비례한다. 또한, 비중량(γ) $= \rho g$이므로 균일 단면봉의 자중에 의한 변형량(δ)은 중력과 관계가 있음을 알 수 있다(g : 중력가속도).

㉣ 자중에 의한 변형량은 원추형 봉의 경우가 균일 단면봉의 경우의 1/3이다.

 ※ 자중이라는 것은 물체(물건) 자체의 무게를 의미한다.

03
정답 ④

[응력(σ)–변형률(σ) 선도]

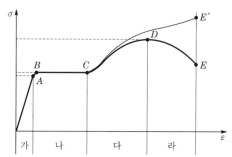

• 가 : "선형영역(비례구간)"으로 응력(σ)과 변형률(ε)이 비례하는 구간이며, 후크의 법칙($\sigma = \varepsilon E$)이 적용된다. 또한, 이 구간의 기울기가 탄성계수(E)이다.

• 나 : "완전소성 또는 항복"으로 인장력이 증가하지 않아도 강의 변형량이 현저히 증가하는 구간이다.

• 다 : "변형경화"로 결정구조변화에 의해 저항력이 증대되는 구간이다.

• 라 : "네킹구간"으로 단면 감소로 인해 하중이 감소하는 데도 불구하고, 인장하중을 받는 재료는 계속 늘어나는 구간이다.

04
정답 ②

[1기압, 1atm 표현]

101,325Pa	10.332mH$_2$O	1013.25hPa	1013.25mb
1,013,250dyne/cm^2	<u>1.01325bar</u>	14.696psi	1.033227kgf/cm^2
760mmhg	29.92126inchHg	406.782inchH$_2$O	760torr

05
정답 ③

[전열기]

전류의 발열작용을 이용하여 열을 발생시키는 장치이다.

풀이

㉠ W(와트)＝J/s이다. 따라서, 1kW＝1,000J/s의 전열기라는 것은 1초(1s)당 1,000J의 열을 발생시킬 수 있는 전열기라는 것을 의미한다.

㉡ 밀도라는 것은 "단위체적당 얼마의 질량이 들어가는가"를 의미한다.

㉢ 물의 밀도(ρ)＝1,000kg/m³＝1,000kg/1,000L＝1kg/L이다. 즉, 물 1L당 물 1kg이 들어있다는 것을 알 수 있다(단, 1L＝0.001m³, 1,000L＝1m³).

㉣ 물 1mL＝0.001L이다. 따라서, 물 500mL＝0.5L가 된다. 이때, 물 1L당 물 1kg이 들어가 있으므로, 물 0.5L에는 물 0.5kg이 들어있을 것이다.

㉤ 물을 20℃에서 100℃로 가열하기 위해 필요한 현열(상의 변화에는 영향을 주지 않고 실제 온도만을 높이는 데 쓰이는 열)은 $Q = Cm\Delta T$이다. 따라서, $Q = 4,180 \times 0.5 \times (100-20) = 167,200$J이 된다.
※ 단, 1kcal＝4,180J

㉥ 1kW＝1,000J/s의 전열기라는 것은 1초(1s)당 1,000J의 열을 발생시킬 수 있으므로 물을 20℃에서 100℃로 가열하기 위해 필요한 현열인 167,200J을 얻기 위해서는 167.2초가 소요된다. 식으로 표현하면 다음과 같다.

$$1,000\text{J/s} \times t = 4,180\text{J/kg} \cdot \text{℃} \times 0.5\text{kg} \times (100\text{℃} - 20\text{℃})$$

$$\therefore \ t = \frac{4,180 \times 0.5 \times 80}{1,000} = 167.2 \sec$$

06

정답 ③

노즐의 경우는 단열로 가정하며, 일의 출입은 없다. 또한, 일반석으로 전·후의 위치에너지가 같기 때문에 "엔탈피(h)의 변화량 → 운동에너지(E)의 변화량"으로 변환된다. 이를 수식으로 표현하면 다음과 같다.

$\Delta h = \Delta E$이다. 이때, $\Delta h = h_2 - h_1$이며, $\Delta E = \dfrac{1}{2}(V_2^2 - V_1^2)$이므로 $h_2 - h_1 = \dfrac{1}{2}(V_2^2 - V_1^2)$이다.

※ 운동에너지(E)의 변화량은 1kg에 대한 운동에너지(E)의 변화량이다.

$$\therefore \ h_2 - h_1 = \frac{1}{2}(V_2^2 - V_1^2) = \frac{1}{2} \times (100^2 - 10^2) = 4,950\text{J/kg} = 4.95\text{kJ/kg}$$

07

정답 ①

[습증기의 비체적]

$$v_x = v_L + x(v_v - v_L)$$

[여기서, v_x : 건도가 x인 습증기의 비체적, v_L : 포화액체(포화수)의 비체적(L : Liquid), v_v : 포화증기의 비체적(v : vapor), x : 건도]

※ 해당 식은 엔탈피, 엔트로피, 내부에너지에도 적용된다.

※ 습증기(습포화증기) : 증기와 습분(수분)이 혼합되어 있는 상태로 포화온도상태이며, 건도는 0과 1 사이이다.

풀이

건도가 0.5인 습증기의 비체적은 $v_x = v_L + x(v_v - v_L) = 0.001 + 0.5 \times (0.375 - 0.001) = 0.188\text{m}^3/\text{kg}$

이고, 비체적(v)＝$\dfrac{V(\text{부피}=\text{체적})}{m(\text{질량})}$이므로 $V = vm = 0.188\text{m}^3/\text{kg} \times 3\text{kg} = 0.564\text{m}^3$이다.

[여러 사이클의 종류]

오토 사이클	• <u>가솔린기관(불꽃점화기관)의 이상 사이클</u> • 2개의 정적과정과 2개의 단열과정으로 구성된 사이클로 정적하에서 열이 공급되기 때문에 정적연소 사이클이라고 한다.
사바테 사이클	• <u>고속디젤기관의 이상 사이클(기본 사이클)</u> • 2개의 단열과정, 2개의 정적과정, 1개의 정압과정으로 구성된 사이클로 가열과정이 정압 및 정적과정에서 동시에 이루어지기 때문에 정압-정적 사이클(복합 사이클, 이중연소 사이클, "디젤 사이클+오토 사이클")이라고 한다.
디젤 사이클	• <u>저속디젤기관 및 압축착화기관의 이상 사이클(기본 사이클)</u> • 2개의 단열과정, 1개의 정압과정, 1개의 정적과정으로 구성된 사이클로 정압하에서 열이 공급되고 정적하에서 열이 방출되기 때문에 정압연소 사이클, 정압 사이클이라고 한다.
브레이턴 사이클	• <u>가스터빈의 이상 사이클</u> • 2개의 정압과정과 2개의 단열과정으로 구성된 사이클로 가스터빈의 이상 사이클이며, 가스터빈의 3대 요소는 압축기, 연소기, 터빈이다. • 선박, 발전소, 항공기 등에서 사용된다.
랭킨 사이클	• 증기원동소 및 화력발전소의 이상 사이클(기본 사이클) • 2개의 단열과정과 2개의 정압과정으로 구성된 사이클이다.
에릭슨 사이클	• 2개의 정압과정과 <u>2개의 등온과정</u>으로 구성된 사이클 • 사이클의 순서 : 등온압축 → 정압가열 → 등온팽창 → 정압방열
스털링 사이클	• 2개의 정적과정과 <u>2개의 등온과정</u>으로 구성된 사이클 • 사이클의 순서 : 등온압축 → 정적가열 → 등온팽창 → 정적방열 • 증기원동소의 이상 사이클인 랭킨 사이클에서 이상적인 재생기가 있다면 스털링 사이클에 가까워진다. → 역스털링 사이클은 헬륨(He)을 냉매로 하는 극저온 가스냉동기의 기본 사이클.
아트킨슨 사이클	• 2개의 단열과정, 1개의 정압과정, 1개의 정적과정으로 구성된 사이클 • 사이클의 순서 : 단열압축 → 정적가열 → 단열팽창 → 정압방열 • <u>디젤 사이클과 사이클의 구성과정은 같으나, 앳킨슨 사이클은 가스동력 사이클이다.</u>
르누아 사이클	• 1개의 단열과정, 1개의 정압과정, 1개의 정적과정으로 구성된 사이클 • 사이클의 순서 : 정적가열 → 단열팽창 → 정압방열 • 동작물질(작동유체)의 압축과정이 없으며 펄스제트추진계통의 사이클과 유사하다.

※ 가스동력 사이클의 종류 : 브레이턴 사이클, 에릭슨 사이클, 스털링 사이클, 앳킨슨 사이클, 르누아 사이클

09

[브레이턴 사이클의 열효율(η_B)]

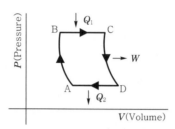

- 온도(T)식 : $\eta_B = \dfrac{W}{Q_1} = \dfrac{Q_1 - Q_2}{Q_1} = 1 - \dfrac{Q_2}{Q_1} = 1 - \dfrac{C_p(T_D - T_A)}{C_p(T_C - T_B)} = 1 - \dfrac{T_D - T_A}{T_C - T_B}$

- 압력비(ρ)와 비열비(k)식 : $\eta_B = 1 - \left(\dfrac{1}{\rho}\right)^{\frac{k-1}{k}}$

위 식에 따라 브레이턴의 열효율은 압력비(ρ)와 비열비(k)에 영향을 받는다는 것을 알 수 있다. 이때, 압력비(ρ)가 클수록 열효율이 높아진다.

풀이

㉠ 정압과정에서 열의 공급과 방출이 이루어진다.
㉡ 2개의 단열과정과 2개의 정압과정으로 구성된다.
㉢ 선박, 발전소, 항공기 등에서 사용된다.
㉣ 압축기, 연소기, 터빈 등으로 구성되어 있다.
㉤ 줄 사이클이라고도 한다.
㉥ 열효율은 압력비와 비열비에 영향을 받으며, 압력비가 클수록 열효율이 높아진다.

10

[교축과정(throttling process)]
유체가 밸브, 작은 틈, 콕, 오리피스 등의 좁은 통로를 지날 때 발생하는 현상이다.
- 압력과 온도는 강하한다.
- 체적과 엔트로피는 증가한다.
- 엔탈피의 변화가 없다(등엔탈피 과정).
- 외부에 일을 하지 않는다.
- 비가역단열과정이다.
※ 동작물질(작동유체)이 이상기체인 경우, 엔탈피는 온도만의 함수이므로 교축과정에서 온도의 변화가 없다.
※ 엔탈피는 내부에너지와 유동에너지의 합으로 표현된다. 즉, $H = U + PV$이다.
  → 이상기체의 교축과정은 등엔탈피과정이므로 교축과정 동안에 내부에너지와 유동에너지의 합은 같다.
  [여기서, H : 엔탈피, U : 내부에너지, P : 압력, V : 부피(체적), PV : 유동에너지(유동일)]

[줄–톰슨효과]

압축한 기체를 단열된 작은 구멍으로 통과시키면 온도가 변하는 현상으로 분자 간의 상호작용에 의해 온도가 변한다. 보통 냉매의 냉각이나 공기를 액화시킬 때 응용된다. 교축과정처럼 밸브, 작은 틈 등의 좁은 통로를 유체가 통과하게 되면 압력과 온도는 떨어지고 엔트로피의 상승을 동반한다.

※ 상온에서 네온, 헬륨, 수소를 제외하고 모든 기체는 줄–톰슨 팽창을 거치면 온도가 하강한다.

※ Joule–Thompson계수$(\mu) = (v)_H$

　　Joule–Thompson계수(μ)는 엔탈피(H)가 일정할 때 압력(P)에 따른 온도(T)의 변화를 나타내는 계수이다.

$\mu > 0$	단열팽창에 의한 냉각효과(압력 하강, 온도 하강)
$\mu < 0$	단열팽창에 의한 가열효과(압력 하강, 온도 상승)
$\mu = 0$	단열팽창에 의한 효과가 없다(압력 하강, 온도변화 없음). ※ 이상기체(완전가스)의 경우

11　　　　정답 ④

[레이놀즈수(Re)]

층류와 난류를 구분해주는 척도이다. 보통 파이프, 잠수함, 관유동 등의 역학적 상사에 사용되는 무차원수이다. 문제는 잠수함의 역학적 상사에 대한 문제이므로 레이놀즈수를 사용하면 된다.

풀이

$$(Re)_{실제} = (Re)_{모형} \rightarrow \left(\frac{V_1 d_1}{\nu}\right)_{실제} = \left(\frac{V_2 d_2}{\nu}\right)_{모형}$$

모형 잠수함의 크기는 실제 잠수함 크기의 1/100에 해당하므로 실제 잠수함의 크기가 모형 잠수함보다 100배 크다($d_1 = 100 d_2$)는 것을 알 수 있다. 따라서, 크기와 관련된 인자인 d는 다음과 같은 관계를 갖는다.

※ 동점성계수(ν)는 같은 환경에서 실험을 시행하므로 동일한 값으로 취급한다.

$$\left(\frac{V_1 d_1}{\nu}\right)_{실제} = \left(\frac{V_2 d_2}{\nu}\right)_{모형}$$

$$(V_1 \cdot 100 d_2)_{실제} = (V_2 d_2)_{모형}$$

$$(100 V_1)_{실제} = (V_2)_{모형}$$

$$\therefore \frac{V_1}{V_2} = \frac{1}{100} = 0.01$$

12　　　　정답 ⑤

[무차원수의 종류]

• 레이놀즈수 $= \dfrac{관성력}{점성력}$ 으로 층류와 난류를 구분하는 척도이다.

• 마하수 $= \dfrac{물체의\ 속도}{음속}$ 으로 압축성과 비압축성 유동을 구분하는 무차원수이다.

• 코시수 $= \dfrac{관성력}{탄성력}$ 이다.

- 프루드수$=\dfrac{관성력}{중력}$으로 자유 표면을 갖는 유동의 역학적 상사시험에서 중요한 무차원수이다. 보통 수력도약, 개수로, 배, 댐, 강에서의 모형 실험 등의 역학적 상사에 적용된다.
- 웨버수$=\dfrac{관성력}{표면장력}$으로 물방울의 형성, 기체 및 액체 또는 비중이 서로 다른 액체－액체의 경계면, 표면장력, 위어, 오리피스에서 중요한 무차원수이다.
- 오일러수(압력계수)$=\dfrac{압축력}{관성력}$이다.

13

정답 ②

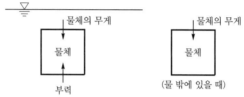

물체가 액체(물 등) 속에 있거나 액체에 일부만 잠긴 채 떠 있으면 그 물체는 수직상방향으로 위 그림처럼 부력이라는 힘을 받게 된다. 물체의 무게($W=mg$)는 수직하방향으로 위 그림처럼 작용하게 된다.

물체가 유체 속에 있을 때, 물체에 수직상방향으로 부력이 작용하기 때문에 부력의 크기만큼 물체의 본래 무게(공기 중에서의 물체의 무게)에서 상쇄되서 물속에서의 물체의 무게가 측정될 것이다. 즉, 물속에서의 물체의 무게는 공기 중에서의 물체의 무게보다 더 가볍게 측정될 것이다. 이를 식으로 표현하면 다음과 같다.

공기 중에서의 물체의 무게(mg)－부력＝물속에서의 물체의 무게

부력$=\gamma_{물} V_{잠긴 부피}$ [단, 물속에 완전히 잠겨 있으므로 잠긴 부피는 물체의 전체 부피가 된다]

$$= \rho_{물} g V_{전체 부피} = 1,000\text{kg/m}^3 \times 10\text{m/s}^2 \times 50 \times 10^{-4}\text{m}^3 = 50\text{N}$$

※ 물의 밀도(ρ_{H_2O})$=1,000\text{kg/m}^3$이며, γ(비중량)$=\rho$(밀도)$\times g$(중력가속도)이다.

※ 직육면체의 부피(V)$=A$(단면적)$\times L$(길이 또는 높이)$=25\times10^{-4}\text{m}^2\times2\text{m}=50\times10^{-4}\text{m}^3$

공기 중에서의 물체의 무게(mg)－부력＝물속에서의 물체의 무게이므로

∴ 물속에서의 물체의 무게＝350N－50N＝300N

14

정답 ③

[고정평판, 고정벽에 작용하는 힘(F)]

$F=\rho QV$

[여기서, ρ : 유체의 밀도, Q : 체적유량, V : 유체의 속도(유속)]

[유량의 종류]

체적유량	$Q=A\times V$ [여기서, Q : 체적유량(m³/s), A : 유체가 통하는 단면적(m²), V : 유체 흐름의 속도(유속, m²/s)]

중량유량	$G = \gamma \times A \times V$
	[여기서, G : 중량유량(N/s), γ : 유체의 비중량(N/m^3), A : 유체가 통하는 단면적(m^2), V : 유체 흐름의 속도(유속, m/s)]
질량유량	$\dot{m} = \rho \times A \times V$
	[여기서, $\dot{m}$: 질량유량(kg/s), ρ : 유체의 밀도(kg/m^3), A : 유체가 통하는 단면적(m^2), V : 유체 흐름의 속도(유속, m/s)]

풀이

㉠ "$F = \rho Q V$"에서 $Q = A V$이므로 $F = \rho Q V = \rho(A V) V = \rho A V^2$이 된다.

㉡ $F = \rho A V^2 = \rho \left(\dfrac{1}{4} \pi d^2 \right) V^2 = 1,000 \times \dfrac{1}{4} \times 3 \times 0.04^2 \times 50^2 = 3,000\text{N} = 3\text{kN}$

※ 주의사항 : 반지름(반경, r)이 주어져 있으므로 지름(직경, d)으로 환산하여 계산해야 한다($d = 2r$).

15

정답 ①

풀이

베르누이 방정식을 사용한다

$\left(\dfrac{P_1}{\gamma} + \dfrac{V_1^2}{2g} + Z_1 = \dfrac{P_2}{\gamma} + \dfrac{V_2^2}{2g} + Z_2 = \text{constant} \right)$.

②점은 정체점이므로 $V_2 = 0$이다. 그리고, 높이는 동일하므로 $Z_1 = Z_2$가 된다.

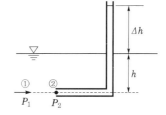

따라서, $\dfrac{P_1}{\gamma} + \dfrac{V_1^2}{2g} = \dfrac{P_2}{\gamma}$가 된다. 이때, 양변에 비중량($\gamma$)를 곱해

주면 $P_1 + \dfrac{\gamma V_1^2}{2g} = P_2$이 된다(단, $P_1 = \gamma h$, $P_2 = \gamma(h + \Delta h)$.

$\gamma h + \dfrac{\gamma V_1^2}{2g} = \gamma(h + \Delta h) = \gamma h + \gamma \Delta h \rightarrow V_1 = \sqrt{2g \Delta h} \rightarrow 3\text{m/s} = \sqrt{2 \times 9.8 \times \Delta h}$

$\rightarrow 9 = 2 \times 9.8 \times \Delta h \rightarrow \Delta h = 0.46\text{m}$

16

정답 ③

프루드수(Fr) $= \dfrac{V}{\sqrt{gL}}$

[여기서, V : 유체의 속도(유속), g : 중력가속도, L : 특성길이(직경, 수심 등)]

풀이

㉠ $Q = A V [\text{m}^3/\text{s}]$

 [단, Q : 체적유량, A : 유체가 통하는 단면적, V : 유체 흐름의 속도(유속)]

㉡ $A = $ 폭 $\times$ 수심 $= 0.8\text{m} \times 0.4\text{m} = 0.32\text{m}^2$

㉢ $Q = A V \rightarrow 1.28\text{m}^3/\text{s} = 0.32\text{m}^2 \times V \rightarrow V = 4\text{m/s}$

㉣ $Fr = \dfrac{4}{\sqrt{10 \times 0.4}} = \dfrac{4}{\sqrt{4}} = \dfrac{4}{2} = 2$

※ 프루드(Fr)수에 의해 상류와 사류로 구분된다. 이때, Fr>1이면 사류이고, Fr<1이면 상류로 해석한다.

17
정답 ②

[체적탄성계수(K)]

$$K = \dfrac{\Delta P}{-\dfrac{\Delta V}{V}} = \dfrac{1}{\beta}$$

[여기서, K : 체적탄성계수, β : 압축률, ΔP : 압력변화, ΔV : 체적변화, V : 초기 체적]

• 체적탄성계수 식에서 (−)부호는 압력이 증가함에 따라 체적이 감소한다를 의미한다.
• 체적탄성계수는 온도의 함수이다.
• 체적탄성계수는 압력에 비례하고 압력과 같은 차원($Pa = rmN/m^2$)을 갖는다.
• 압력변화에 따른 체적의 변화를 체적탄성계수라고 하며, 체적탄성계수의 역수를 압축률(압축계수)이라고 한다. 따라서, 압축률(압축계수)의 단위는 m^2/N이 된다.
• 액체를 초기 체적에서 압축시켜 체적을 줄이려면 얼마의 압력을 더 가해야 하는가에 대한 물성치라고 보면 된다.
  → 체적탄성계수가 클수록 체적을 변화시키기 위해 더 많은 압력이 필요하다는 의미이므로 압축하기 어려운 액체라고 해석할 수 있다. 즉, 체적탄성계수가 클수록 비압축성에 가까워진다.

18
정답 ④

[충격파(shock wave)]

정의	• 물체의 속도가 음속보다 커지면 자신이 만든 압력보다 앞서 비행하므로 이 압력파들이 겹쳐 소리가 나는 현상이다. • 기체의 속도가 음속보다 빠른 초음파 유동에서 발생하는 것으로 온도와 압력이 급격하게 증가하는 좁은 영역을 의미한다.
특징	• 비가역현상으로 엔트로피가 증가한다. • 충격파의 영향으로 마찰열이 발생한다. • 압력, 온도, 밀도, 비중량이 증가하며 속도는 감소한다. • 매우 좁은 공간에서 기체입자의 운동에너지가 열에너지로 변한다. • 충격파의 종류에는 수직충격파, 경사충격파, 팽창파가 있다.
관련 내용	• 소닉붐 : 음속의 벽을 통과할 때 발생한다. 즉, 물체가 음속 이상의 속도가 되어 음속을 통과하면 앞서가던 소리의 파동을 따라잡아 파동이 겹치면서 원뿔 모양의 파동이 된다. 그리고, 발생한 충격파에 의해 급격하게 압력이 상승하여 지상에 도달했을 때 그것이 '쾅' 하는 소리로 느껴지는 것이 소닉붐이다. ※ 요약 : 음속을 돌파 → 물체 주변에 충격파 발생 → 공기의 압력변화로 인해 큰 소음 발생

19

[개수로 유동]

개수로 유동은 경계면의 일부가 항상 대기에 접해 흐르는 유체 흐름으로 대기압이 작용하는 "자유 표면"을 가진 수로를 개수로 유동이라고 한다.

[프루드수(Fr)]

$$Fr = \frac{V}{\sqrt{gL}} = \frac{관성력}{중력}$$

"자유 표면"을 갖는 유동의 역학적 상사 시험에서 중요한 무차원수이다. 보통 수력도약, 개수로, 배, 댐, 강에서의 모형 실험 등의 역학적 상사에 적용된다.

※ 관수로 흐름은 주로 "압력"의 지배를 받으며, 개수로 흐름은 주로 "중력"의 지배를 받는다.

※ 개수로에서는 수력구배선과 유체의 자유 표면이 항상 일치하며, 개수로에서 에너지선은 자유 표면보다 속도수두만큼 위에 위치한다.

20

정답 ②

[관마찰계수(f, 마찰손실계수)]

레이놀즈수(Re)와 관 내면의 조도에 따라 변하며 실험에 의해 정해진다.

원형 관	
층류구역 $Re < 2,100$	$f = \dfrac{64}{Re}$ [여기서, $Re = \dfrac{\rho VD}{\mu} = \dfrac{VD}{\nu}$, ρ : 유체의 밀도, μ : 점성계수, V : 유속, D : 관의 지름(직경), ν : 동점성계수, $\left(=\dfrac{\mu}{\rho}\right)$] • f(관마찰계수)는 상대조도에 관계없이 레이놀즈수(Re)만의 함수이다. • f(관마찰계수)는 레이놀즈수(Re)에 반비례한다.
천이구역 $2,100 < Re < 4,000$	f(관마찰계수)는 상대조도와 레이놀즈수(Re)의 함수이다.
난류구역 $Re > 4,000$	f(관마찰계수)가 상대조도와 무관하고 레이놀즈수(Re)에 의해서만 좌우되는 영역(매끈한 관)이다. 즉, 레이놀즈수(Re)만의 함수이다.
난류구역 $3,000 < Re < 10^5$	$f = \dfrac{0.3164}{\sqrt[4]{Re}}$ f(관마찰계수)가 레이놀즈수(Re)와 무관하고 상대조도에 의해서만 좌우되는 영역(거친 관)이다. 즉, 상대조도만의 함수이다.

21

정답 ②

[복사난방]

건물의 바닥, 천장, 벽 등에 온수를 통하는 관을 구조체에 매설하고 아파트, 주택 등에 주로 사용되는 난방방법이다.

• 외기온도의 급변화에 따른 온도조절이 곤란하다.

- 실내에 방열기가 없기 때문에 바닥면의 이용도가 높다.
- 쾌감도와 온도분포가 좋아 천장이 높은 공간에서 적합하다.
- 배관 시공이나 수리가 곤란하고, 설비비용이 비싸다.
- 공기의 대류가 적으므로 바닥면의 먼지가 상승하지 않는다.
- 실내평균온도가 낮으므로 같은 방열량에 대해서 손실열량이 적다.
- 방열면이 뒷면으로부터 열손실을 방지하는 구조로 설계해야 한다.

22
정답 ①

[현열비(SHF)]

습한 공기의 온도와 습도가 동시에 변화할 때, 그 공기는 현열과 잠열의 변화를 한다. 이때, 전열량의 변화량에 대한 현열의 변화량의 비를 현열비라고 한다.

$$\text{SHF} = \frac{\text{현열}}{\text{전열}(=\text{잠열}+\text{현열})} = \frac{q_s}{q_l + q_s} = \frac{q_s}{0 + q_s} = \frac{q_s}{q_s} = 1$$

23
정답 ⑤

솔리드모델링 (Solid modeling)	속이 꽉 찬 블록에 의한 형상기법으로 물체의 내·외부 구분이 가능하고 형상의 이해가 쉽다. **[특징]** - 숨은선 제거가 가능하다. - 정확한 형상을 파악하기 쉽다. - 복잡한 형상의 표현이 가능하다. - 실물과 근접한 3차원 형상의 모델을 만들 수 있다. - 부피, 무게, 표면적, 관성모멘트, 무게중심 등(물리적 성질)을 계산할 수 있다. - 단면도 작성과 간섭체크가 가능하다. - 데이터의 구조가 복잡하여 처리해야 할 데이터의 양이 많다. - 컴퓨터의 메모리를 많이 차지한다. ※ 솔리드모델링은 와이어프레임모델링과 서피스모델링에 비해 모든 작업이 가능하지만, 데이터 구조가 복잡하고 컴퓨터의 메모리를 많이 차지하는 단점을 가지고 있다.
와이어프레임모델링 (Wire frame modeling)	면과 면이 만나서 이루어지는 모서리만으로 모델을 표현하는 방법으로 점, 직선, 그리고 곡선으로 구성되는 모델링이다. **[특징]** - 모델 작성이 쉽고 처리속도가 빠르다. - 데이터의 구성이 간단하다. - 3면 투시도 작성이 용이하다. - 물리적 성질을 계산할 수 없다. - 숨은선 제거가 불가능하며 간선체크가 어렵다. - 단면도 작성이 불가능하다. - 실체감이 없으면 형상을 정확히 판단하기 어렵다. ※ 물체를 빠르게 구상할 수 있고 처리속도가 빠르며 차지하는 메모리의 양이 적어 가벼운 모델링에 사용한다.

서피스모델링 (Surtace modeling)	면을 이용하여 물체를 모델링하는 방법으로 와이어프레임모델링에서 어려웠던 작업을 진행할 수 있으며 NC가공에 최적화되어 있다는 큰 장점을 가지고 있다. ※ 솔리드모델링은 데이터의 구조가 복잡하기 때문에 NC가공을 할 때 서피스 모델링을 선호하여 사용한다. **[특징]** • 은선 및 음영 처리가 가능하다. • 단면도 작성을 할 수 있다. • NC가공이 가능하다. • 간섭체크가 가능하다. • 2개의 면의 교선을 구할 수 있다. • 물리적 성질을 계산할 수 없다. • 물체 내부의 정보가 없다. • 유한요소법 적용(FEM)을 위한 요소분할이 어렵다.

24

정답 ④

풀이

㉠ 플러그용접은 상부 모재에 구멍을 뚫고 용가재로 그 부분을 채워, 다른 쪽의 모재와 접합하는 용접 방법이다. (○)

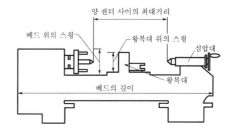

㉡ 선반의 크기를 표시하는 방법에는 베드 위의 스윙, 왕복대 위의 스윙, 왕복대의 길이, 양센터간의 최대거리가 있다. (×)
　→ 선반의 크기 표시방법에는 베드 위의 스윙, 왕복대 위의 스윙, 베드의 길이, 양 센터 간의 최대거리가 있다.
　　※ 스윙 : 주축에 설치할 수 있는 공작물의 최대직경(지름)
　　※ 왕복대 위의 스윙 : 왕복대에 닿지 않고 주축에 설치할 수 있는 공작물의 최대직경
　　※ 베드 위의 스윙 : 베드에 닿지 않고 주축에 설치할 수 있는 공작물의 최대직경

㉢ 가주성은 재료의 녹는점이 낮고 유동성이 좋아 녹여서 거푸집(mold)에 부어 제품을 만들기에 알맞은 성질을 말한다. 즉, 재료를 가열했을 때 유동성을 증가시켜 주물(제품)로 할 수 있는 성질이다. (○)
　→ 쇠붙이가 녹는점이 낮고 유동성이 좋아 녹여서 거푸집(mold)에 부어 물건을 만들기에 알맞은 성질을 말한다.
　→ 가열했을 때 유동성을 증가시켜 주물(제품)로 할 수 있는 성질이다.
　→ 용융금속의 주조의 난이도를 말한다.

㉣ 플랜징(flanging)가공은 소재의 단부를 직각으로 굽히는 작업으로 프레스가공법에 포함된다. (○)
플랜징(flanging)가공은 소재의 단부를 직각으로 굽히는 작업으로 프레스가공법에 포함되며, 굽힘선의 형상에 따라 3가지(스트레이트 플랜징, 스트레치 플랜징, 슈링크 플랜징)로 분류된다.

㉤ 척은 공작물을 고정시키는 선반의 부속기구로, 크기는 척의 바깥지름으로 표시하며, 선반의 주축을 중공축으로 하는 이유에는 긴 가공물의 가공을 편리하게 하기 위해, 센터의 장착 및 탈착을 용이하게 하기 위해, 중량을 줄여 베어링에 걸리는 하중을 낮추기 위해 등이 있다. (○)
　→ 척은 공작물(일감)을 고정시키는 선반의 부속기구로, 크기는 척의 바깥지름으로 표시한다.

→ 선반의 주축을 중공축으로 하는 이유에는 긴 가공물의 가공을 편리하게 하기 위해, 센터의 장착 및 탈착을 용이하게 하기 위해, 중량을 줄여 베어링에 걸리는 하중을 낮추기 위해, 굽힘과 비틀림응력의 강화를 위해 등이 있다.

25
정답 ④

영구주형을 사용하는 주조법	다이캐스팅, 가압주조법, 슬러시주조법, 원심주조법, 스퀴즈주조법, 반용융성형법, 진공주조법
소모성 주형을 사용하는 주조법	인베스트먼트법(로스트왁스법), 셸주조법(크로닝법)

※ 풀몰드법(full mold process) : 모형으로 소모성인 발포폴리스티렌모형을 쓰며, 조형 후 모형을 빼내지 않고 주물사 중에 매몰한 그대로 용탕을 주입하여 그 열에 의하여 모형을 기화시키고 그 자리를 용탕으로 채워 주물을 만드는 방법
- 모형을 분할하지 않는다.
- 모형을 빼내는 작업이 필요 없어 모형에 경사가 불필요하다.
- 코어를 따로 제작할 필요가 없다.
- 모형의 제조나 가공이 용이하며, 변형이나 보수 및 보관이 쉽다.
- 작업공수와 불량률이 적으며 원가가 절감된다.

26
정답 ①

[래핑]
랩(lap)이라는 공구와 다듬질하려고 하는 공작물(일감) 사이에 랩제를 넣고 양자를 상대운동시킴으로써 매끈한 다듬질을 얻는 가공방법이다. 용도로는 블록게이지, 렌즈, 스냅게이지, 플러그게이지, 프리즘, 제어기기부품 등에 사용된다. 종류로는 습식 래핑과 건식 래핑에 있고, 보통 습식 래핑을 먼저하고 건식 래핑을 실시한다.
※ 랩제의 종류 : 다이아몬드, 알루미나, 산화크롬, 탄화규소, 산화철

[래핑의 종류]
- 습식 래핑 : 랩제와 래핑액을 혼합해서 가공하는 방법으로 래핑능률이 높다.
- 건식 래핑 : 건조상태에서 래핑가공을 하는 방법으로 래핑액을 사용하지 않는다. 일반적으로 더욱 정밀한 다듬질면을 얻기 위해 습식 래핑 후에 실시한다.
- 구면래핑 : 렌즈의 끝 다듬질에 사용되는 래핑방법이다.

[래핑가공의 특징]

장점	• 다듬질면이 매끈하고 정밀도가 우수하다. • 자동화가 쉽고 대량생산을 할 수 있다. • 작업방법 및 설비가 간단하다. • 가공면은 내식성, 내마멸성이 좋다.
단점	• 고정밀도의 제품 생산 시 높은 숙련이 요구된다. • 비산하는 래핑입자(랩제)에 의해 다른 기계나 제품이 부식 또는 손상될 수 있으며 작업이 깨끗하지 못하다. • 가공면에 랩제가 잔류하기 쉽고, 제품 사용 시 마멸을 촉진시킨다.

27

정답 ④

[구성인선(빌트 업 에지, built-up edge)]
절삭 시에 발생하는 칩의 일부가 날 끝에 용착되어 마치 절삭날의 역할을 하는 현상이다.

발생 순서	발생 → 성장 → 분열 → 탈락의 주기를 반복한다(발성분탈). ※ 주의 : 자생과정의 순서는 "마멸 → 파괴 → 탈락 → 생성"이다.
특징	• 칩이 날 끝에 점점 붙으면 날 끝이 커지기 때문에 끝단 반경은 점점 커진다. 　→ 칩이 용착되어 날 끝의 둥근 부분(nose, 노즈)가 커지므로 • 구성인선이 발생하면 날 끝에 칩이 달라붙어 날 끝이 울퉁불퉁해지므로 표면을 거칠게 　하거나 동력손실을 유발할 수 있다. • 구성인선의 경도값은 공작물이나 정상적인 칩보다 상당히 크다. • 구성인선은 공구면을 덮어 공구면을 보호하는 역할도 할 수 있다. • 구성인선이 발생하지 않을 임계속도는 120m/min(=2m/s)이다. • 일감(공작물)의 변형경화지수가 클수록 구성인선의 발생 가능성이 크다. • 구성인선을 이용한 절삭방법은 SWC로, 은백색의 칩을 띄며 절삭저항을 줄일 수 있는 　방법이다.
구성인선 방지법	• 30° 이상으로 공구경사각을 크게 한다. 　→ 공구의 윗면경사각을 크게 하여 칩을 얇게 절삭해야 용착되는 양이 적어진다. • 절삭속도를 빠르게 한다. 　→ 고속으로 절삭한다. 고속으로 절삭하면 칩이 날 끝에 용착되기 전에 칩이 떨어져 　　나가기 때문이다. • 절삭깊이를 작게 한다. 　→ 절삭깊이가 크다면 깎여서 발생하는 칩과 공구의 접촉면적이 넓어지기 때문에 오히 　　려 칩이 날 끝에 용착될 가능성이 더 커져 구성인선의 발생 가능성이 높아진다. 따 　　라서, 절삭깊이를 작게 하여 공구와 칩의 접촉면적을 줄여 칩이 용착되는 가능성을 　　줄여 구성인선을 방지할 수 있다. • 윤활성이 좋은 절삭유를 사용한다. • 공구반경을 작게 한다. • 절삭공구의 인선을 예리하게 한다. • 마찰계수가 작은 공구를 사용한다. • 칩의 두께를 감소시킨다. • 세라믹공구를 사용한다. 　→ 세라믹은 금속(철)과의 친화력이 없기 때문에 칩이 세라믹공구의 날 끝에 달라붙지 　　않아 구성인성이 발생하지 않는다.

28

정답 ①

[신속조형법(쾌속조형법)]
3차원 형상모델링으로 그린 제품 설계데이터를 사용하여 제품 제작 전에 실물크기 모양의 입체 형상을
신속하고 경제적으로 제작하는 방법을 말한다.

융해용착법 (fused deposition molding)	열가소성이 필라멘트선으로 된 열가소성 일감을 노즐 안에서 가열하여 용해하고, 이를 짜내어 조형면에 쌓아 올려 제품을 만드는 방법이다. "이 방법으로 제작된 제품은 경사면이 계단형이다. 또한, 융해용착법은 돌출부를 지지하기 위한 별도의 구조물이 필요하다."
박판적층법 (laminated object manufacturing)	가공하고자 하는 단면에 레이저빔을 부분적으로 쏘아 절단하고 종이의 뒷면에 부착된 접착제를 사용하여 아래층과 압착시키고 한 층씩 적층해나가는 방법이다.
선택적 레이저 소결법 (selective laser sintering)	금속분말가루나 고분자재료를 한 층씩 도포한 후, 여기에 레이저빔을 쏘아 소결시키고 다시 한 층씩 쌓아 올려 형상을 만드는 방법이다.
광조형법 (stereolithgraphy)	액체상태의 광경화성 수지에 레이저빔을 부분적으로 쏘아 적층해 나가는 방법으로 큰 부품 처리가 가능하다. 또한, 정밀도가 높고 액체재료이기 때문에 후처리가 필요하다.
3차원 인쇄 (threee dimentional printing)	분말가루와 접착제를 뿌리면서 형상을 만드는 방법으로 3D 프린터를 생각하면 된다.

※ 초기 재료가 분말 형태인 신속조형방법 : 선택적 레이저 소결법(SLS), 3차원 인쇄(3DP)

29

정답 ⑤

[평삭]

셰이퍼	바이트가 고정된 램이 왕복운동을 하면서 주로 평면을 절삭하는 공작기계이다. 특히, 주로 짧은 공작물의 평면을 가공할 때 사용한다.
슬로터	직립 셰이퍼라고도 하며, 공구는 상하 직선 왕복운동을 한다. 테이블은 수평면에서 직선운동과 회전운동을 하여 키 홈, 스플라인, 세레이션 등의 내경가공을 주로 하는 공작기계이다.
플레이너	셰이퍼, 슬로터에 비해 대형 공작물의 절삭에 사용되는 "평면" 절삭용 공작기계로 평삭기 또는 평삭반이라고도 부른다. 공작물(테이블 위에 고정되어 있음)에 직선절삭운동(수평왕복운동)을 주고, 바이트(공구)에 간헐적인 직선이송운동을 행하게 하여 평면을 절삭하는 공작기계이다.

※ 급속귀환기구를 사용하는 공작기계 : 셰이퍼, 슬로터, 플레이너, 브로칭머신

30

정답 ④

[압접법]
용접할 접합부를 녹는점을 초과하지 않는 온도로 가열한 후, "압력을 가해(가압)" 접합부를 이음하는 방법이다. 즉, 용해 없이 압력을 가해 접합시키는 방법이다.
※ 마찰용접(마찰교반용접, 공구마찰용접) : 선반과 비슷한 구조로 금속의 상대운동에 의한 열로 접합을 실시하는 용접이다. 구체적으로 재료를 맞대어 가압한 상태에서 상대(회전)운동시켜 접촉부에 발생하는 마찰열을 이용하여 압접하는 방법이다.

[융접법]
용접할 접합부를 가열·용융시켜 기계적인 압력이나 타격을 가하지 않고, 용융된 상태에서 실시하는 용접

방법이다. 즉, 녹여서 접합시킬 때 기계적인 압력이나 타격을 가하지 않는 방법이다. 용접법의 종류에는 테르밋용접, 플라즈마용접, 일렉트로슬래그용접, 가스용접, MI 용접, TIG용접, 레이저용접, 전자빔용접, 서브머지드 아크용접(불가시용접, 유니언멜트, 링컨용접, 잠호용접, 자동금속아크용접, 케네디법) 등이 있다.

[전기저항용접법]

전류를 흘려 보내 열을 발생시키고, 압력을 가해(가압) 두 모재를 접합시키는 방법으로 압접법이다.

㉠ 전기저항용접법에서 발생하는 저항열$(Q) = 0.24 I^2 Rt$[cal](줄의 법칙)

　　[여기서, I : 용접전류, R : 전기저항, t : 통전시간]

㉡ 전기저항용접법의 3대 요소 : 가압력, 용접전류, 통전시간

㉢ 전기저항용접법의 종류

겹치기 용접	점용접, 심용접, 프로젝션용접
맞대기 용접	플래시용접, 업셋용접, 맞대기 심용접, 퍼커션용접

31

정답 ①

[절삭가공 시 발생하는 칩의 종류]

유동형 칩 (연속형 칩)	연성재료(연강, 구리, 알루미늄 등)를 고속으로 절삭할 때, 윗면 경사각이 클 때, 절삭깊이가 작을 때, 유동성이 있는 절삭유를 사용할 때 발생하는 연속적이며 가장 이상적인 칩이다.
전단형 칩	연성재료를 저속으로 절삭할 때, 윗면 경사각이 작을 때, 절삭깊이가 클 때 발생하는 칩이다.
열단형 칩 (경작형 칩)	점성재료를 저속으로 절삭할 때, 윗면 경사각이 작을 때, 절삭깊이가 클 때 발생하는 칩이다.
균열형 칩 (공작형 칩)	주철과 같은 취성재료를 저속으로 절삭할 때 순간적으로 발생하는 칩으로 진동 때문에 날 끝에 작은 파손이 생성되고 깎인 면도 매우 나쁘기 때문에 채터(잔진동)가 발생할 확률이 크다.
톱니형 칩 (불균질 칩 또는 마디형 칩)	전단변형률을 크게 받는 영역과 작게 받는 영역이 반복되는 반연속형 칩의 형태로 마치 톱날과 같은 형상을 가진다. 주로 티타늄과 같이 열전도도가 낮고 온도 상승에 따라 강도가 급격히 감소하는 금속의 절삭 시 생성된다.

32

정답 ⑤

탄소(C)함유량이 증가할수록 증가하는 성질	• 비열과 전기저항이 증가한다. • 강도, 경도, 항복점이 증가한다. • 항자력이 증가한다.
탄소(C)함유량이 증가할수록 감소하는 성질	• 용융점, 비중, 열전도율, 전기전도율, 열팽창계수가 감소한다. • 인성, 연성, 연신율, 단면수축률, 충격값이 감소한다.

33

종류	시험원리	압입자	경도값
브리넬 경도 (HB)	압입자인 강구에 일정량의 하중을 걸어 시험편의 표면에 압입한 후, 압입자국의 표면적크기와 하중의 비로 경도를 측정한다.	강구	$HB = \dfrac{P}{\pi dt}$ 여기서, πdt : 압입면적 P : 하중
비커스 경도 (HV)	압입자에 1~120kgf의 하중을 걸어 자국의 대각선길이로 경도를 측정하고, 하중을 가하는 시간은 캠의 회전속도로 조절한다. 특징으로는 압흔자국이 극히 작으며 시험하중을 변화시켜도 경도 측정치에는 변화가 없다. 그리고, 침탄층, 질화층, 탈탄층의 경도시험에 적합하다.	136°인 다이아몬드 피라미드 압입자	$HV = \dfrac{1.854P}{L^2}$ 여기서, L : 대각선길이 P : 하중

로크웰 경도 (HRB HRC)	압입자에 하중을 걸어 압입자국(흠)의 깊이를 측정하여 경도를 측정한다. 특징으로는 담금질된 강재의 경도시험에 적합하다.
	• 예비하중 : 10kgf
	• 시험하중
	  – B스케일 : 100kg
	  – C스케일 : 150kg
	• 로크웰B : 연한 재료의 경도시험에 적합하다.
	• 로크웰C : 경한 재료의 경도시험에 적합하다.
		• B스케일 : $\phi1.588$mm 강구 (1/16인치)
		• C스케일 : 120° 다이아몬드(콘)
			$HRB : 130-500h$
			$HRC : 100-500h$
			여기서, h : 압입깊이

쇼어 경도 (HS)	추를 일정한 높이에서 낙하시켜, 이 추의 반발높이를 측정해서 경도를 측정한다. • 측정자에 따라 오차가 발생할 수 있다. • 재료에 흠을 내지 않는다. • 주로 완성된 제품에 사용한다. • 탄성률이 큰 차이가 없는 곳에 사용해야 한다. 탄성률차이가 큰 재료에는 부적당하다. • 경도치의 신뢰도가 높다	다이아몬드 추	$H_s = \dfrac{10,000}{65}\left(\dfrac{h}{h_0}\right)$ 여기서, h : 반발높이 h_0 : 초기 낙하체의 높이
누프 경도 (HK)	• 정면 꼭짓각이 172°, 측면 꼭짓각이 130°인 다이아몬드 피라미드를 사용하고 대각선 중 긴 쪽을 측정하여 계산한다. 즉, 한쪽 대각선이 긴 피라미드 형상의 다이아몬드 압입자를 사용해서 경도를 측정한다. • 누프경도시험법은 마이크로경도시험법에 해당한다.	정면 꼭짓각 172°, 측면 꼭짓각 130°인 다이아몬드 피라미드	$HK = \dfrac{14.2P}{L^2}$ 여기서, L : 긴 쪽의 대각선길이 P : 하중

34

정답 ⑤

[철의 동소변태점]

	A₃점(912℃)		A₄점(1,400℃)
$\alpha-$Fe(페라이트)	$\gamma-$Fe(오스테나이트)		$\delta-$Fe
체심입방격자(BCC)	면심입방격자(FCC)		체심입방격자(BCC)

- A3점(912℃) : $\alpha-$Fe에서 $\gamma-$Fe로 결정구조가 바뀌는 변태점
- A4점(1,400℃) : $\gamma-$Fe에서 $\delta-$Fe로 결정구조가 바뀌는 변태점

[순철의 동소체]

순철의 동소체는 3개로 α철, γ철, δ철이 있다.

- α철 : 912℃ 이하, 체심입방격자
- γ철 : 912℃~1,400℃, 면심입방격자
- δ철 : 1,400℃ 이상, 체심입방격자

※ 시멘타이트의 자기변태점(A0점) : 210℃

※ A₁변태점(723℃)은 강에만 존재하고, 순철에는 존재하지 않는 변태점이다.

※ 강의 자기변태점은 770℃이고, 순철의 자기변태점(A₂점＝큐리점)은 768℃이다.

※ 자기변태점에 도달하면 강자성체에서 상자성체로 바뀐다.

자기변태(동형변태)	동소변태(격자변태)
• 상은 변하지 않고 자기적 성질만 변하는 변태이다. • 결정구조(원자배열)는 변하지 않는 변태로 자기적 강도만 변한다. 즉, 원자 내부에서만 변화한다. • 강자성이 상자성 또는 비자성으로 변화한다. • 점진적이며 연속적인 변화를 한다.	• 결정격자의 변화 또는 원자배열변화에 따라 나타나는 변태이다. • 같은 물질이 다른 상으로 변화하는 변태이다. • 일정 온도에서 급격히 비연속적인 변화를 한다.

[자기변태를 하는 금속]

종류	니켈(Ni)	코발트(Co)	철(Fe)
자기변태점 (큐리점)	358℃	1,150℃	768℃

※ <u>암기법</u> : (니) (코) 그만 파! (철) 좀 들어.

[동소변태를 하는 금속]

철(Fe)	코발트(Co)	주석(Sn)
티타늄(Ti)	지르코늄(Zr)	세륨(Ce)

※ <u>암기법</u> : 철코주티지르세.

- 니켈(Ni)의 자기변태점(큐리점) 온도는 358℃이며, 이 온도 이상이 되면 강자성체에서 상자성체로 변하면서 어느 정도 자성을 잃게 된다.
- 니켈(Ni)은 동소변태를 하지 않고 자기변태만 한다.

※ **변태점 측정법** : 시차열분석법, X선분석법, 비열분석법, 열분석법, 열팽창분석법, 전기저항분석법, 자기분석법

35

정답 ③

[가단주철]

백주철은 매우 단단하나 취성이 커서 쉽게 깨질 수 있다. 이러한 점을 보완하기 위해 백주철을 열처리로에 넣고 장시간 풀림 처리하여 인성과 연성을 증가시킨 주철이다. 백주철을 열처리로에 넣고 가열하여 시멘

타이트의 "탈탄" 또는 시멘타이트의 "흑연화"방법으로 제조한다. 이 과정을 통해 보통주철에 비해 인성과 연성이 현저하게 개선된다. 따라서, 큰 충격이나 연성이 필요한 부품 등에 사용된다. 가단주철에는 백심가단주철, 흑심가단주철, 펄라이트가단주철이 있다.

- 가단주철은 연성을 가진 주철을 얻는 방법 중 시간과 비용이 많이 드는 공정이다.
- 가단주철의 연성이 백주철에 비해 좋아진 것은 조직 내의 시멘타이트(Fe₃C)의 양이 줄거나 없어졌기 때문이다.
- 조직 내에 존재하는 흑연의 모양은 회주철에 존재하는 흑연처럼 날카롭지 않고 비교적 둥근 모양으로 연성을 증가시킨다(구상과 편상의 중간쯤인 괴상흑연을 갖는다).
- 가단주철은 파단 시 단면감소율이 10% 정도에 이를 정도로 연성이 우수하다.
- 유동성이 좋아 주조성이 좋으며 피삭성이 우수하다. 또한, 열간가공이 가능하다.
- 강도 및 내식성이 우수하여 커넥팅 로드, 유니버셜 커플링 등에 사용한다.
- 대량생산에 적합하며 자동차부품, 밸브, 관이음쇠 등에 사용된다.

36
정답 ③

㉠ 1kW=1.36PS, 1PS=0.735kW이므로 20PS=20×0.735kW=14.7kW이다.

㉡ 동력$(H)=PV \rightarrow 14,700=P\times5 \rightarrow P=2,940$N

㉢ 축방향으로 작용하는 추력$(P_t)=P\tan\beta$ [여기서, P : 회전력, β : 비틀림각]

㉣ $\tan30°=\dfrac{1}{\sqrt{3}}$ 이므로

$$P_t=P\tan\beta \rightarrow P_t=2,940\text{N}\times\tan30°=2,940\times\frac{1}{\sqrt{3}}=\frac{2,940\sqrt{3}}{3}=980\sqrt{3}\,\text{N}$$

37
정답 ④

① 열이 전달되는 과정(전열과정)은 고온에서 저온으로 열이 이동하는 현상으로, 전열량은 온도차에 비례한다. 전도공식 "$Q=kA\dfrac{dT(\text{온도차})}{dx}$"을 생각해도 된다.

→ 열전달(heat transfer)은 고온물체와 저온물체가 서로 접촉했을 때 두 물체의 온도차에 의해 고온물체로부터 저온물체로 열에너지가 전달(이동)되는 현상이다.

→ 열전달이 발생하는 원인은 물체들의 온도차이며, 온도차가 클수록 전열량이 증가한다.

→ 열평형이 있는 시스템을 취급하면 온도차가 존재하지 않기 때문에 열전달은 이루어지지 않는다.

② 대류는 뜨거운 표면으로부터 흐르는 유체 쪽으로 열전달되는 것과 같이 유체의 흐름과 연관된 열의 흐름을 말한다(매질이 필요하다).

③ 전열 표면의 물때, 유막 형성은 전열작용을 저하시키는 요인이 될 수 있다.

④ 태양열이 복사에 의해 진공상태인 우주공간을 지나 지구에 도달한다.

⑤ 열에너지가 벽과 같은 고체(전도)를 통해 공기층(대류)으로 열이 전달되는 과정하에서 단위시간에 1m²의 단면적을 1℃의 온도차가 있을 때 흐르는 열량을 말한다. 즉, 열관류에 의한 관류열량의 계수로 단위 표면적을 통해 단위시간에 고체벽의 양쪽 유체가 단위온도차일 때 한 쪽 유체에서 다른 쪽의 유체로 전해지는 열량이며 총괄열전달계수(overall heat transfer coefficient) 또는 열통과율이라고도 한다. 기호로는 U 또는 k이며, 단위는 kcal/m²·h·℃ 또는 W/m²·K을 사용한다.

38

㉠ 장력비$(e^{\mu\theta}) = \dfrac{T_t}{T_s} \rightarrow 3 = \dfrac{T_t}{T_s} \rightarrow T_t = 3T_s$의 관계가 된다.

[여기서, T_t : 긴장측 장력, T_s : 이완측 장력]

이때, $T_t = 450$N이므로 450N $= 3T_s \rightarrow T_s = 150$N이 된다.

㉡ 유효장력$(T_e) = T_t - T_s = 3T_s - T_s = 2T_s = 2 \times 150$N $= 300$N

∴ 전달토크$(T) = T_e \dfrac{D}{2} = 300$N $\times \dfrac{0.8\text{m}}{2} = 120$N · m

[여기서, T_e : 유효장력, D : 풀리의 지름]

39

인벌류트 치형	사이클로이드 치형
원통(기초원)에 감긴 실을 팽팽하게 잡아당기면서 풀어 나갈 때 실의 한 점이 그리는 궤적과 같다. • 대부분의 기어에는 인벌류트 치형이 사용된다. • 동력전달장치에 사용하며 값이 싸고 제작이 쉽다. • 치형의 가공이 용이하고 정밀도와 호환성이 우수하다. • 압력각이 일정하며 물림에서 축간거리가 다소 변해도 속비에 영향이 없다. • 이뿌리 부분이 튼튼하나, 미끄럼이 많아 소음과 마멸이 크다. • 인벌류트 치형은 압력각과 모듈이 모두 같아야 호환될 수 있다.	기초원 위에 구름원을 굴렸을 때, 구름원의 한 점이 그리는 궤적과 같다. • 언더컷이 발생하지 않으며 중심거리가 정확해야 조립할 수 있다. • 치형의 가공이 어렵고 호환성이 적다. • 압력각이 일정하지 않으며 피치점이 완전히 일치하지 않으면 물림이 불량하다. • 미끄러짐이 적어 소음과 마멸이 적고 잇면의 마멸이 균일하다. • 효율이 우수하다. • 용도로는 시계에 사용한다.

40

[스테판-볼츠만의 법칙]

완전 복사체(완전 방사체, 흑체)로부터 방출되는 에너지의 양을 절대온도(T)의 함수로 표현한 법칙이다. 이상적인 흑체의 경우 단위면적당, 단위시간당 모든 파장에 의해 방사되는 총복사에너지(E)는 절대온도 (T)의 4제곱에 비례한다.

10 제10회 실전 모의고사

01	②	02	②	03	③	04	②	05	④	06	①	07	①	08	④	09	④	10	②
11	②	12	②	13	④	14	④	15	⑤	16	④	17	③	18	⑤	19	⑤	20	④
21	①	22	④	23	②	24	③	25	④	26	①	27	⑤	28	③	29	②	30	②
31	⑤	32	④	33	③	34	④	35	①	36	④	37	②	38	④	39	④	40	①
41	④	42	②	43	②	44	④	45	③	46	④	47	②	48	⑤	49	③	50	③

01

정답 ②

[단면 내 최대전단응력($\tau_{\max}$)]

사각형 단면	$\tau_{\max} = \dfrac{3}{2}\tau_{평균} = \dfrac{3}{2}\dfrac{V}{A}$
원형 단면	$\tau_{\max} = \dfrac{4}{3}\tau_{평균} = \dfrac{4}{3}\dfrac{V}{A}$

[여기서, V : 전단력, A : 단면적]

풀이

직사각형 보의 단면이므로 $\tau_{\max} = \dfrac{3}{2}\tau_{평균} = \dfrac{3}{2}\dfrac{V}{A}$ 이다.

따라서, $\tau_{평균} = \dfrac{2}{3}\tau_{\max}$ 가 된다.

02

정답 ②

[길이가 $2L$인 연속보의 각 지점 반력(필수 암기)]

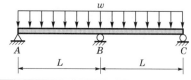

R_A	R_B	R_C
$\dfrac{3wL}{8}$	$\dfrac{5wL}{4}$	$\dfrac{3wL}{8}$

$R_A = \dfrac{3wL}{8}$ 을 사용하면, $w = \dfrac{8R_A}{3L}$ 가 된다.

$\therefore w = \dfrac{8R_A}{3L} = \dfrac{8 \times 18\text{kN}}{3 \times 16\text{m}} = 3\text{kN/m}$

03

[비틀림각(θ)]

$\theta = \dfrac{TL}{GI_P}$

[여기서, T : 비틀림모멘트, L : 축 또는 봉의 길이, G : 전단탄성계수, I_P : 극관성모멘트, GI_P : 비틀림강성]

풀이

지름이 d인 원형 단면의 극관성모멘트(I_P) $= \dfrac{\pi d^4}{32}$이다.

따라서, 비틀림각(θ) $= \dfrac{32\,TL}{G\pi\,d^4}$가 되므로 비틀림각($\theta$)은 지름($d$)의 4제곱에 반비례한다.

04

[비틀림모멘트(T)에 의한 전단응력(τ)]

$T = \tau Z_P = \tau \dfrac{I_P}{e} = \tau \dfrac{I_P}{r}$

[여기서, r : 반지름, e : 최외각거리]

$T = \tau \dfrac{I_P}{r}$이므로 $\tau = \dfrac{Tr}{I_P}$가 된다. 따라서, 전단응력(τ)의 크기는 봉 단면의 중심에서는 0이며, 중심으로부터의 반지름(r)에 비례하여 선형적으로 증가한다.

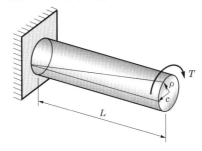

단면의 위치 $\rho = c$에서 발생하는 전단응력의 크기($\tau_{\rho=c}$)는 단면의 위치 $\rho = \dfrac{c}{2}$에서 발생하는 전단응력의

크기$\left(\tau_{\rho=\frac{c}{2}}\right)$의 2배라는 것을 알 수 있다. 따라서, $\dfrac{\tau_{\rho=c}}{\tau_{\rho=\frac{c}{2}}} = 2$가 된다.

05

정답 ④

[단면 1차 모멘트]

- 축으로부터 도심점까지의 거리에 면적을 곱한 것으로 정의되며, 평면 도형의 도심을 구하기 위해 사용된다.

  – x축에 대한 단면 1차 모멘트

  $$Q_x = y_1 A_1 + y_2 A_2 + y_3 A_3 \cdots = \int y\,dA = \bar{y}A$$

  – y축에 대한 단면 1차 모멘트

  $$Q_y = x_1 A_1 + x_2 A_2 + x_3 A_3 \cdots = \int x\,dA = \bar{x}A$$

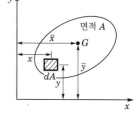

  ※ 단면 1차 모멘트는 "면적×거리"의 합이므로 단위는 mm^3, m^3 등으로 표시한다.

- 도심이라는 것은 어떤 임의 단면에서 직교좌표축에 대한 단면 1차 모멘트가 0이 되는 점을 말한다. 직교 좌표축에서 도심까지의 거리를 구하는 방법은 단면 1차 모멘트를 도형의 면적으로 나누면 된다. 따라서, 다음과 같다.

  – $\bar{x} = \dfrac{Q_y}{A}$

  – $\bar{y} = \dfrac{Q_x}{A}$

  ※ 도심을 지나는 축에 대한 단면 1차 모멘트는 항상 0의 값을 갖는다.

[필수 참고]

- 단면 2차 모멘트는 "면적×거리^2"의 합이므로 단위는 mm^4, m^4 등으로 표시한다.
- 단면계수(section modulus)는 단면 2차 모멘트를 도심축으로부터 최상단 또는 최하단까지의 거리로 나눈 값으로 단위는 mm^3, m^3 등으로 표시한다.
- 극관성모멘트는 x축에 대한 단면 2차 모멘트 I_x와 y축에 대한 단면 2차 모멘트 I_y의 합으로 구할 수 있다. 즉, 극관성모멘트, 단면 2차 극모멘트$(I_P) = I_x + I_y$이다.
- 원형 단면의 경우, 극관성모멘트(I_P)와 단면 2차 모멘트(I)는 $I_P = I_x + I_y = 2I$의 관계를 갖는다.
- 단면 상승모멘트$(I_{xy}) = \displaystyle\int xy\,dA$(단면 2차 상승모멘트의 값은 항상 0보다 크거나 같다는 것은 옳지 못한 말이다)

  → x, y값의 부호가 반대인 영역이 더 많으면 $I_{xy} < 0$이 가능하다.

06

정답 ①

[열역학의 법칙]

열역학 제0법칙	• 열평형의 법칙 • 온도계의 원리와 관계된 법칙 • 두 물체 A, B가 각각 물체 C와 열적 평형상태에 있다면, 물체 A와 물체 B도 열적 평형상태에 있다는 것과 관련이 있는 법칙으로, 이때 알짜열의 이동은 없다.

열역학
제1법칙
	• 에너지 보존의 법칙
	• 계 내부의 에너지의 총합은 변하지 않는다.
	• 물체에 공급된 에너지는 물체의 내부에너지를 높이거나 외부에 일을 하므로 에너지의
	  양은 일정하게 보존된다.
	• 열은 에너지의 한 형태로서 일을 열로 변환하거나, 열을 일로 변환하는 것이 가능하다.
	• 열효율이 100% 이상인 제1종 영구기관은 열역학 제1법칙에 위배된다
	  → 열효율이 100% 이상인 열기관을 얻을 수 없다.

열역학
제2법칙
(엔트로피의 법칙)
	• 에너지의 방향성을 명시하는 법칙(열은 항상 고온에서 저온으로 흐른다.
	• 열은 스스로 저온의 물질에서 고온의 물질로 이동하지 않는다)
	• 절대온도의 눈금을 정의하는 법칙
	• 열기관에서 작동물질이 일을 하게 하려면 그보다 더 저온인 물질이 필요하다(열은 항
	  상 고온에서 저온으로 이동하기 때문에 열기관에서 더 저온인 물질이 필요하며, 열이
	  이동해야만 공급된 열과 방출된 열의 차이만큼 외부로 일이 만들어지기 때문이다).
	• 비가역성을 명시하는 법칙으로 엔트로피는 항상 증가한다.
	• 하나의 열원에서 얻어진 열을 모두 일로 바꾸는 기관은 존재하지 않는다.
	• 열효율이 100%인 제2종 영구기관은 열역학 제2법칙에 위배된다.
	  → 열효율이 100%인 열기관을 얻을 수 없다.
	• 외부의 도움 없이 스스로 일어나는 반응은 열역학 제 법칙과 관련이 있다.
	※ 비가역의 예시 : 혼합, 자유팽창, 확산, 삼투압, 마찰, 열의 이동, 화학반응 등
	※ 필수 : 자유팽창은 등온으로 간주하는 과정이다.

열역학 제3법칙	• 네른스트 : 어떤 방법에 의해서도 물질의 온도를 절대 영도까지 내려가게 할 수 없다. • 플랑크 : 모든 물질이 열역학적 평형상태에 있을 때 절대온도가 0에 가까워지면 엔트 로피도 0에 가까워진다($\lim_{t \to 0} \Delta S = 0$).

07

• 길이가 L인 양단고정보의 전길이에 대하여 등분포하중 w가 작용하고 있을 때, 최대굽힘모멘트(고정단) : $\dfrac{wL^2}{12}$

• 길이가 L인 양단고정보의 전길이에 대하여 등분포하중 w가 작용하고 있을 때, 중앙점의 굽힘모멘트 : $\dfrac{wL^2}{24}$

• 길이가 L인 단순보의 전길이에 대하여 등분포하중 w가 작용하고 있을 때, 최대굽힘모멘트(중앙점) : $\dfrac{wL^2}{8}$

풀이

㉠ $\dfrac{wL^2}{12} = 40 \rightarrow wL^2 = 480$

㉡ $\dfrac{wL^2}{8} = \dfrac{480}{8} = 60\text{kN} \cdot \text{m}$

08 정답 ④

냉동능력	단위시간에 증발기에서 흡수하는 열량을 냉동능력(kcal/h)이라고 한다. 냉동능력의 단위로는 1냉동톤(1RT)이 있다. • 1냉동톤(1RT) : 0℃의 물 1ton을 24시간 동안에 0℃의 얼음으로 바꾸는 데 제거해야 할 열량 또는 그 능력 • 1미국냉동톤(1USRT) : 32°F의 물 1ton(2,000lb)를 24시간 동안에 32°F의 얼음으로 만드는 데 제거해야 할 열량 또는 그 능력	
	1RT	3,320kcal/h＝3.86kW [여기서, 1kW＝860kcal/h, 1kcal＝4.18kJ] ※ 0℃의 얼음을 0℃의 물로 상변화시키는 데 필요한 융해잠열 : 79.68kcal/kg ※ 0℃의 물에서 0℃의 얼음으로 변할 때 제거해야 할 열량 : 79.68kcal/kg → 물 1ton이므로 1,000kg이다. 이를 식으로 표현하면 1,000kg×79.68 kcal/kg＝7,9680kcal가 된다. 24시간 동안 얼음으로 바꾸는 것이므로 79,680kcal/24hr＝3,320kcal/h가 된다.
	1USRT	3,024kcal/h
냉동효과	증발기에서 냉매 1kg이 흡수하는 열량을 말한다.	
제빙톤	25℃의 물 1ton을 24시간 동안에 −9℃의 얼음으로 만드는 데 제거해야 할 열량 또는 그 능력을 말한다(열손실은 20%로 가산한다). • 1제빙톤 : 1.65RT	
냉각톤	냉동기의 냉동능력 1USRT당 응축기에서 제거해야 할 열량으로, 이때 압축기에서 가하는 엔탈피를 860kcal/h로 가정한다. • 1냉각톤(1CRT) : 3,884kcal/h	
보일러마력	100℃의 물 15.65kg을 1시간 이내에 100℃의 증기로 만드는 데 필요한 열량을 말한다. ※ 100℃의 물에서 100℃의 증기로 상태변화시키는 데 필요한 증발잠열 : 539kcal/kg • 1보일러마력 : 8435.35kcal/h＝539kcal/kg×15.65kg	

[열량의 표현]

1CHU	물 1lb를 1℃ 올리는 데 필요한 열량 • 1CHU＝0.4536kcal
1BTU	물 1lb를 1°F 올리는 데 필요한 열량 • 1BTU＝0.252kcal

09

정답 ④

상태	• 평형상태에서 온도, 압력, 체적 또는 비체적과 같은 일정한 특성치에 의해 정해지는 것을 말한다. • 열역학적으로 평형은 열적 평형, 역학적 평형, 화학적 평형 등 3가지가 있다.
성질	• 각 물질마다 특정한 값을 가지며 상태함수 또는 점함수라고도 한다. • 경로에 관계없이 계의 상태에만 관계되는 양이다(단, 일과 열량은 경로에 의한 경로함수=도정함수=과정함수이다).

상태량의 종류	강도성 상태량	• 물질의 질량에 관계없이 그 크기가 결정되는 상태량이다(세기의 성질, intensive property라고도 한다). • 압력, 온도, 비체적, 밀도, 비상태량, 표면장력 등
	종량성 상태량	• 물질의 질량에 따라 그 크기가 결정되는 상태량으로 그 물질의 질량에 정비례관계가 있다(시량 성질, extensive property라고도 한다). • 체적(부피), 내부에너지, 엔탈피, 엔트로피, 질량 등

※ 점함수는 완전미분(전미분) 또는 편미분이 모두 가능하다. 하지만, 과정함수(경로함수)는 편미분만 가능하다.
※ 비상태량(모든 상태량의 값을 질량으로 나눈 값)은 강도성 상태량으로 취급한다.
※ 기체상수는 열역학적 상태량이 아니다.
※ 열과 일은 에너지로 열역학적 상태량이 아니다.

10

정답 ②

추기 1회당 필요한 급수가열기는 1대이다.

11

정답 ②

[카르노 사이클(Carnot cycle)]
• 프랑스의 물리학자 카르노에 의해 고안된 사이클이다.
• 열기관의 이상 사이클로 이상기체를 동작물질(작동유체)로 사용한다.
• 이론적으로 사이클 중 최고의 효율을 가질 수 있다.

$P-V$ 선도	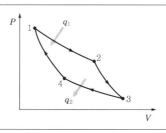

각 구간의 해석	• 상태 1 → 상태 2 : q_1의 열이 공급되었으므로 팽창하게 된다. 1에서 2로 부피(V)가 늘어났음(팽창)을 알 수 있다. 따라서, <u>가역등온팽창과정</u>이다.
	• 상태 2 → 상태 3 : 2에서 3으로 압력(P)이 감소했음을 알 수 있다. 즉, 동작물질(작동유체)인 이상기체가 외부로 팽창일을 하여 압력이 감소된 것이므로 <u>가역단열팽창과정</u>이다.
	• 상태 3 → 상태 4 : q_2의 열이 방출되고 있으므로 부피가 줄어들게 된다. 즉, 3에서 4로 부피가 줄어들고 있다. 따라서, <u>가역등온압축과정</u>이다.
	• 상태 4 → 상태 1 : 4에서 1은 압력이 증가하고 있다. 따라서, <u>가역단열압축과정</u>이다.
특징	• <u>2개의 가역단열과정과 2개의 가역등온과정으로 구성되어 있다. 즉, 4개의 과정은 모두 가역과정이다.</u>
	• <u>등온팽창 → 단열팽창 → 등온압축 → 단열압축의 순서로 작동된다.</u>
	• 효율(η) $= 1 - (Q_2/Q_1) = 1 - (T_2/T_1)$으로 구할 수 있다.
	[여기서, Q_1 : 공급열, Q_2 : 방출열, T_1 : 고열원 온도, T_2 : 저열원 온도]
	→ 카르노 사이클의 열효율은 열량(Q)의 함수로, 온도(T)의 함수를 치환할 수 있다.
	• 같은 두 열원에서 사용되는 가역 사이클인 카르노사이클로 작동되는 기관은 열효율이 동일하다.
	• 사이클을 역으로 작동시키면 이상적인 냉동기의 원리가 된다.
	• 열의 공급은 등온과정에서만 이루어지지만, 일의 전달은 단열과정과 등온과정에서 둘 다 일어난다.
	• 동작물질(작동유체)의 밀도가 크기가 양이 많으면 마찰이 발생되어 효율이 떨어지므로 효율을 높이기 위해서는 동작물질(작동유체)의 밀도를 낮추거나 양을 줄인다.

12

정답 ②

"11번" 해설 참조

13

정답 ④

실린더 내부의 온도가 변화하지 않았으므로 "등온과정"이다.
등온과정에서 $\delta W = \delta Q$이다.
$\delta W = PdV \rightarrow 8 \times 10^5 \times (V_2 - 2) = -6.4 \times 10^5 \rightarrow 8(V_2 - 2) = -6.4 \rightarrow 8V_2 = -6.4 + 16 = 9.6$
$\rightarrow V_2 = \dfrac{9.6}{8} = 1.2$

14

정답 ②

"열량(Q) $= Cm\Delta T$"는 질량이 m인 물질의 온도를 ΔT만큼 변화시키는 데 필요한 열량을 구하는 식이다. 즉, 상의 변화는 없고 오직 온도변화를 일으키는 데 필요한 열량을 구하는 식이다. [여기서, C : 비열, m : 질량, ΔT : 온도변화]
※ 단열된 용기이므로 외부와의 열출입이 없어 열의 손실이 없다.
㉠ 열역학 제2법칙에 따라 열(Q)은 항상 고온에서 저온으로 외부의 도움 없이 자발적으로 스스로 이동한

다. 따라서, 200℃의 쇳덩어리를 10℃의 물에 넣으면 고온인 쇳덩어리에서 저온인 물로 열이 이동하게 된다. 각각의 입장은 다음과 같다.

• 쇳덩어리에서 물로 열이 이동하므로 쇳덩어리 입장에서는 열을 잃고, 물 입장에서는 열을 얻었다.
→ 결국, 쇳덩어리가 잃은 열을 물이 고스란히 얻었다고 볼 수 있다. 즉, 쇳덩어리가 잃은 열을 물이 고스란히 얻었기 때문에 잃은 열과 얻은 열이 서로 동일하다.

쇳덩어리는 열을 잃었기 때문에 점점 온도가 감소되다가 평형온도에 도달하게 될 것이며, 물은 열을 얻었기 때문에 점점 온도가 올라가다가 평형온도에 도달하게 된다. 이러한 과정을 통해 쇳덩어리와 물이 각각 평형온도에 도달하면 온도가 동일해져 더 이상 열의 전달이 이루어지지 않는다(열적 평형에 도달함).

※ 뜨거운 물과 차가운 물을 서로 섞으면 미지근한 물(평형 도달)로 되는 것과 같은 이치이다.

ⓛ 식을 통해 쇳덩어리가 잃은 열과 물이 얻은 열을 각각 구해보자.

• 쇳덩어리가 잃은 열$(Q) = C_{쇳덩어리} m_{쇳덩어리} \Delta T = C_{쇳덩어리} m_{쇳덩어리} (200-20)$
$$= C_{쇳덩어리} m_{쇳덩어리} (180)$$

→ 쇳덩어리에서 물로 열이 이동하므로 쇳덩어리는 열을 잃게 되고, 열을 잃었기 때문에 기존 200℃에서 점점 온도가 감소하다가 평형온도$(20℃, T_m)$에 도달하게 된다. 즉, 온도변화가 "200℃에서 평형온도$(20℃, T_m)$로 감소하므로 "$\Delta T = 200-20 = 180℃$"가 되는 것이다.

• 물이 얻은 열$(Q) = C_물 m_물 \Delta T = C_물 m_물 (20-10) = C_물 m_물 (10)$

→ 쇳덩어리에서 물로 열이 이동하므로 물은 열을 얻게 되고 열을 얻었기 때문에 기존 10℃에서 점점 온도가 증가하다가 평형온도$(20℃, T_m)$에 도달하게 된다. 즉, 온도변화가 "10℃에서 평형온도$(20℃, T_m)$"로 증가하므로 "$\Delta T = 20-10 = 10℃$"가 되는 것이다.

ⓒ 잃은 열과 얻은 열이 서로 동일하므로 다음과 같이 식을 만들 수 있다.

$$C_{쇳덩어리} m_{쇳덩어리} (180) = C_물 m_물 (10) \rightarrow \frac{C_물 m_물}{C_{쇳덩어리} m_{쇳덩어리}} = 18 이 된다.$$

ⓔ 평형온도(T_m)가 80℃일 때의 쇳덩어리의 개수를 n이라고 한다면 다음과 같이 식을 만들 수 있다.

$$n C_{쇳덩어리} m_{쇳덩어리} (200-80) = C_물 m_물 (80-10)$$

$$\rightarrow n = \frac{C_물 m_물 (70)}{C_{쇳덩어리} m_{쇳덩어리} (120)} = \frac{70}{120} \left(\frac{C_물 m_물}{C_{쇳덩어리} m_{쇳덩어리}} \right) = \frac{70}{120} \times 18 = 10.5$$

따라서, 필요한 최소한의 쇳덩어리 개수는 10.5개보다 큰 11개가 된다.

15

정답 ⑤

[열량]

열량$(Q) = Cm\Delta T$

질량이 m인 물질의 온도를 ΔT만큼 변화시키는 데 필요한 열량을 구하는 식이다. 즉, 상의 변화는 없고 오직 온도변화를 일으키는 데 필요한 열량을 구하는 식이다.

[여기서, C : 비열, m : 질량, ΔT : 온도변화]

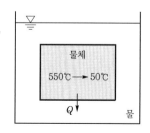

풀이

㉠ 단열된 용기이므로 외부와의 열출입이 없어 열의 손실이 없다.

㉡ 물의 밀도는 1,000kg/m³이다. 이 의미는 1m³의 부피(공간)에 들어있는 물의 질량이 1,000kg라는 것이다(물 1m³당 1,000kg의 물이 들어있다).

∴ 1L=0.001m³이므로 100L=0.1m³이다. 따라서, 물 100L의 부피에 들어있는 물의 질량은 100kg 이라는 것을 쉽게 파악할 수 있다.

㉢ 물에 물체를 집어넣었을 때 물체의 온도가 50℃가 되었다. 이 의미는 물의 온도는 점점 증가하고, 물체의 온도는 점점 감소하다가 결국 평형온도 50℃로 도달했다는 의미이다. 즉, 뜨거운 물과 차가운 물을 섞으면 미지근한 물로 되는 것과 같은 이치이다. 그리고, 열은 열역학 제2법칙(에너지의 방향성)에 따라 항상 고온에서 저온으로 이동한다. 즉, 열은 위 그림처럼 물체에서 물로 이동하게 된다. 따라서, 물체는 열을 잃었기 때문에 온도가 점점 떨어지다가 50℃로 되는 것이고, 물의 입장에서는 물체가 잃은 열을 얻었으므로 열에 의해 온도가 점점 상승(ΔT)하여 평형온도에 도달하게 되는 것이다. 다시 말하면, 물체가 잃은 열은 곧 물이 얻은 열이 되므로 두 값은 같다.

㉣ 물체가 잃은 열(Q) $= C_{물체} m_{질량} \Delta T = 0.4 \times 4 \times (550-50)$이다.

㉤ 물이 얻은 열(Q) $= C_물 m_물 \Delta T$

[단, 물의 비열 1kcal/kg·℃=4,180J/kg·℃=4.18kJ/kg·℃]

㉥ 물체가 잃은 열(Q)=물이 얻은 열(Q) → $0.4 \times 4 \times 500 = C_물 m_물 \Delta T$

→ $0.4 \times 4 \times 500 = 1 \times 100 \Delta T$ → ∴ $\Delta T = 8$℃

[여기서, ΔT : 온도 상승량]

16

정답 ④

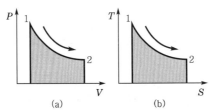

(a)　　　　　　(b)

위 그림은 상태 1 → 상태 2로 변화하는 가역과정의 경로를 표현한 것이다. (a)와 (b)로 표현된 면적이 의미하는 것은 각각 순서대로 일과 열이다.

㉠ $P-V$ 선도의 면적은 일이다.

㉡ $T-S$ 선도의 면적은 열이다.

17

정답 ③

[운동학적 기술법]

라그랑주 기술법	각각의 입자 하나하나에 초점을 맞추어 각각의 입자를 따라가면서 그 입자의 물리량 (위치, 속도, 가속도 등)을 나타내는 기술법이다. • 각각의 입자를 따라가면서 그 입자의 위치 등을 나타내는 것이 라그랑주 기술법이기 때문에 라그랑주 관점으로만 묘사할 수 있는 것은 유체가 지나간 흔적을 의미하는 유적선이다. 다시 말해 각각의 입자를 따라가야만 흔적을 묘사할 수 있기 때문이다. • 라그랑주 기술법은 시간만 독립변수이며, 위치는 종속변수이다.
오일러 기술법 (검사체적을 기반으로 한 운동 기술법)	공간상에서 고정되어 있는 각 지점을 통과하는 물체의 물리량(속도변화율)을 표현하는 방법이다. • 주어진 좌표에서 유체의 운동을 표현하는 것으로, 즉 주어진 시간에 주어진 위치를 어떤 입자가 지나가는가를 묘사한다. • 오일러 기술법은 시간과 위치 모두 독립변수이다. • 속도와 같은 유동의 특성은 공간과 시간의 함수로 표현된다.

※ 라그랑주 기술법과 오일러 기술법의 관계를 설명하는 이론은 레이놀즈의 수송 정리이다.
※ 유적선은 유체입자가 지나간 흔적으로 서로 교차가 가능하다.
※ 유선은 임의의 유동장 내에서 유체 각 점의 접선 방향과 속도벡터 방향이 일치하도록 그린 곡선을 말한다.
※ 유맥선은 순간궤적을 의미하며, 예로는 담배연기가 있다.
※ 정상상태 유체 유동에서는 유선=유적선=유맥선이 성립한다.

18

정답 ⑤

[골프공의 딤플(표면에 파인 작은 홈)]

골프공에 파인 작은 홈은 공기저항을 감소시킨다. 저항은 공 뒤쪽에 생기는 소용돌이 때문에 발생하며, 소용돌이가 생기면 공기의 압력이 내려가고 공을 뒤쪽으로 잡아당기는 저항력이 발생한다. 이때, 공의 딤플은 공에서 가장 가까운 공기의 경계층 자체에 난기류(난류의 형태)를 형성해준다. 경계층은 공의 뒷부분으로 돌아가며 분리되는데, 이때 난기류(난류의 형태)가 형성되면서 경계층의 분리를 지연시켜주고 그 결과 공 전체의 기압차가 감소하게 돼 항력이 줄어들게 된다. 즉, 딤플이 있으면 공 뒤쪽에 소용돌이가 잘 생기지 않아 공기저항이 감소한다. 이로 인해 골프공 뒤에서 발생하는 후류의 폭이 줄어든다. 공 전체의 기압차가 감소하고, 그 결과 딤공의 항력은 표면이 매끄러운 공의 절반으로 줄어든다. 항력을 적게 받으면 골프공의 속도가 덜 줄어들게 되므로 골프공의 비거리가 늘어나게 되는 것이다.

19

정답 ⑤

비중이 0.6인 물체가 물에 일부만 잠겨 있으면, 잠긴 부피는 전체 부피의 60%이다.
비중이 0.5인 물체가 물에 일부만 잠겨 있으면, 잠긴 부피는 전체 부피의 50%이다.
즉, 비중이 $0.x$인 물체가 물에 일부만 잠겨서 떠 있으면, 잠긴 부피는 전체 부피의 $0.x \times 100\% = 10x[\%]$이다.
따라서, 이 문제는 보자마자 1초만에 풀 수 있어야 한다.

20

정답 ④

[레이놀즈수(Re)]
층류와 난류를 구분하는 척도로 사용되는 무차원수이다.

레이놀즈수(Re)	$$Re = \frac{\rho Vd}{\mu} = \frac{Vd}{\nu} = \frac{관성력}{점성력}$$ [여기서, ρ : 유체의 밀도, V : 속도(유속), d : 관의 지름(직경), ν : 유체의 점성계수] 레이놀즈수(Re)는 점성력에 대한 관성력의 비라고 표현된다. ※ 동점성계수(ν) $= \dfrac{\mu}{\rho}$		
범위	원형 관	상임계레이놀즈수 (층류 → 난류로 변할 때)	4,000
		하임계레이놀즈수 (난류 → 층류로 변할 때)	2,000~2,100
	평판	임계레이놀즈수	500,000(5×10^5)
	개수로	임계레이놀즈수	500
	관 입구에서 경계층에 대한 임계레이놀즈수		600,000(6×10^5)

[원형 관(원관, 파이프)에서의 흐름 종류의 조건]

층류 흐름	$Re < 2,000$
천이구간	$2,000 < Re < 4,000$
난류 흐름	$Re > 4,000$

※ 일반적으로 임계레이놀즈수라고 하면 "하임계레이놀즈수"를 말한다.
※ 임계레이놀즈수를 넘어가면 난류 흐름이다.
※ 관수로 흐름은 주로 압력의 지배를 받으며, 개수로 흐름은 주로 중력의 지배를 받는다.
※ 관내 흐름에서 자유수면이 있는 경우에는 개수로 흐름으로 해석한다.

21

정답 ①

먼저, 연속방정식($Q = A_1 V_1 = A_2 V_2$)을 사용하여 출구에서의 속도(V_2)를 구한다. 입구에서의 속도는 V_1이다. D_1은 입구의 관지름, D_2는 출구의 관지름이다.

$$A_1 V_1 = A_2 V_2 \rightarrow \left(\frac{1}{4} \pi D_1^{\,2} \right) V_1 = \left(\frac{1}{4} \pi D_2^{\,2} \right) V_2$$

$$D_1^{\,2} V_1 = D_2^{\,2} V_2 \rightarrow 40^2 \times 3 = 20^2 \times V_2 \rightarrow V_2 = 12 \text{cm/s}$$

$$\therefore Re_{출구} = \frac{V_2 D_2}{\nu} = \frac{12 \times 20}{0.2} = 1,200$$

22

[뉴턴유체]
- 뉴턴의 점성법칙을 만족하는 유체(끈기, 즉 찰기가 없는 유체)로, 유체가 유동 시 속도구배와 전단응력의 변화가 원점을 통하는 직선적인 관계를 갖는 유체이다. 즉, 유체의 속도구배와 전단응력이 선형적으로 비례하는 유체로, 그 비례상수가 점성계수이다.
- 뉴턴유체의 종류 : 물, 공기, 기름, 알코올, 저분자 물질의 용액, 액상유지 등

[비뉴턴유체]
뉴턴의 점성법칙을 따르지 않는 유체이다.
- 비뉴턴유체의 종류 : 꿀, 치약, 전분 현탁액, 페인트, 혈액, 샴푸, 진흙, 타르, 고분자 용액 등

23

[유동가시화]
가시화입자(염료, 연기, 기포 등)을 사용하여 유동을 잘 보이게 하는 것을 말한다.
※ 유맥선 : 유동장 내의 어느 한 점을 지나는 유체입자들로 만들어지는 선으로 유동가시화 사진에 찍힌 대부분의 선이 유동선이다.
※ 유적선 : 유체입자의 이동경로를 그린 선으로, 한 유체입자가 일정한 기간 내에 움직인 경로를 말한다.
※ 유선
- 유동장의 한 선상의 모든 점에서 그은 접선이 그 점에서 속도방향과 일치하는 선이다.
- 임의의 유동장 내에서 유체 각 점의 접선 방향과 속도벡터 방향이 일치하도록 그린 곡선을 말한다.

24

[뉴턴의 점성법칙]

$$\tau = \mu\left(\frac{du}{dy}\right)$$

[여기서, τ : 전단응력, μ : 점성계수, $\frac{du}{dy}$: 속도구배, 속도변형률, 전단변형률, 각변형률, 각변형속도, du : 속도, dy : 틈 간격, 평판 사이의 거리]

풀이

㉠ $\tau = \mu\left(\frac{du}{dy}\right) \rightarrow \frac{F}{A} = \mu\left(\frac{du}{dy}\right) \rightarrow \mu = \frac{F}{A}\left(\frac{dy}{du}\right)$ 가 된다.

㉡ $\mu = \frac{F}{A}\left(\frac{dy}{du}\right) = \frac{200\mathrm{N} \times 0.002\mathrm{m}}{100 \times 10^{-4}\mathrm{m}^2 \times 20\mathrm{m/s}} = 2\mathrm{N} \cdot \mathrm{s/m}^2$

㉢ $1\mathrm{poise} = 0.1\mathrm{N} \cdot \mathrm{s/m}^2$이므로 $2\mathrm{N} \cdot \mathrm{s/m}^2 = 20\mathrm{poise}$

25

[체적탄성계수(K)]

$$K = \frac{\Delta P}{-\dfrac{\Delta V}{V}} = \frac{1}{\beta}$$

[여기서, β : 압축률, ΔP : 압력변화, ΔV : 체적변화, V : 초기 체적]

• 체적탄성계수 공식에서 (−)부호는 압력이 증가함에 따라 체적이 감소함을 의미한다.

• 체적탄성계수는 온도의 함수이다.

• 체적탄성계수는 압력에 비례하고 압력과 같은 차원을 갖는다.

• 압력변화에 따른 체적의 변화를 체적탄성계수라고 하며, 체적탄성계수의 역수를 압축률(압축계수)이라고 한다.

• 액체를 초기 체적에서 압축시켜 체적을 줄이려면 얼마의 압력을 더 가해야 하는가에 대한 물성치라고 보면 된다.

  → 체적탄성계수가 클수록 체적을 변화시키기 위해 더 많은 압력이 필요하다는 의미이므로 압축하기 어려운 액체라고 해석할 수 있다. 즉, 체적탄성계수가 클수록 비압축성에 가까워진다.

• 액체 속에서는 등온변화 취급을 하므로 $K = P$의 관계를 갖는다[여기서, P : 압력].

• 공기 중에서는 단열변화 취급을 하므로 $K = kP$의 관계를 갖는다[여기서, k : 비열비, P : 압력].

풀이

㉠ $K = \dfrac{1}{\beta} = \dfrac{1}{0.5 \times 10^{-9}} = 2 \times 10^9 \mathrm{N/m^2} = 2 \times 10^9 \mathrm{Pa}$

㉡ $\dfrac{\Delta V}{V} = 0.03$

㉢ $K = \dfrac{\Delta P}{-\dfrac{\Delta V}{V}} \rightarrow \Delta P = K\left(\dfrac{\Delta V}{V}\right) = 2 \times 10^9 \mathrm{N/m^2} \times 0.03 = 2 \times 0.03 \times 10^3 \times 10^6 \mathrm{Pa} = 60\mathrm{MPa}$

※ 부호는 압력 증가에 따른 체적 감소를 의미하는 것으로 계산 시 생략하였다.

※ $1\mathrm{Pa} = 1\mathrm{N/m^2}$, $\mathrm{G} = 10^9$

26

정답 ①

[박리(separation)]
유선상을 운동하는 유체입자가 압력이 증가하고, 속도가 감소할 때 유선을 이탈하는 현상을 말한다.

관련 이론

• 경계층의 박리가 일어나는 주된 원인은 역압력구배 때문이다.

순압력구배	유동 방향을 따라 압력이 감소하고, 속도가 증가하게 되는 것
역압력구배	유동 방향을 따라 압력이 증가하여 속도가 감소하게 되는 것

• 박리는 압력항력과 밀접한 관계가 있고, 역압력구배에서 발생한다.

• 속도구배 $\dfrac{du}{dy} = 0$이 되는 지점에서 박리가 처음으로 발생하며, 이 지점을 박리점이라고 한다.

• 박리점 뒤에는 후류(wake)가 형성된다.

• 난류 경계층은 유동 박리를 늦춰준다.

27

[디젤 사이클(압축착화기관의 이상 사이클)]
- 2개의 단열과정+1개의 정압과정+1개의 정적과정으로 구성되어 있는 사이클로 정압하에서 열이 공급되고, 정적하에서 열이 방출된다.
- 정압하에서 열이 공급되기 때문에 정압 사이클이라고도 하며 저속디젤기관의 기본 사이클이다.

열효율(η)	디젤 사이클의 열효율$(\eta) = 1 - \left(\dfrac{1}{\varepsilon}\right)^{k-1} \dfrac{\sigma^k - 1}{k(\sigma - 1)}$ [여기서, ε : 압축비, σ : 단절비(차단비, 체절비, 절단비, 초크비, 정압팽창비), k : 비열비] • 디젤 사이클의 열효율(η)은 압축비(ε), 단절비(σ), 비열비(k)의 함수이다. • 압축비(ε)가 크고 단절비(σ)가 작을수록 열효율(η)이 증가한다.

압축비와 열효율	구분	디젤 사이클(디젤기관)	오토 사이클(가솔린기관)
	압축비	12~22	6~9
	열효율(η)	33~38	26~28%

[가솔린기관(불꽃점화기관)]
- 가솔린기관의 이상 사이클은 오토(Otto) 사이클이다.
- 오토 사이클은 2개의 정적과정과 2개의 단열과정으로 구성되어 있다.
- 오토 사이클은 정적하에서 열이 공급되므로 정적연소 사이클이라 한다.

오토(Otto) 사이클의 열효율(η)	$$\eta = 1 - \left(\dfrac{1}{\varepsilon}\right)^{k-1}$$ [여기서, ε : 압축비, k : 비열비] • 비열비(k)가 일정한 값으로 정해지면 압축비(ε)가 높을수록 이론열효율(η)이 증가한다.
혼합기	공기와 연료의 증기가 혼합된 가스를 혼합기라 한다. 즉, 가솔린기관에서 혼합기는 기화된 휘발유에 공기를 혼합한 가스를 말하며, 이 가스를 태우는 힘으로 가솔린기관이 작동된다. ※ 문제에서 "혼합기의 특성은 이미 결정되어 있다"라는 의미는 공기와 연료의 증기가 혼합된 가스, 즉 혼합기의 조성 및 종류가 이미 결정되어 있다는 것으로 비열비(k)가 일정한 값으로 정해진다는 의미이다

28

[금속성형]
금속재료의 성형공정은 각종 공구와 금형으로 소재에 외력(외부의 힘)을 가하여 소성변형에 따른 형상의 변화를 유도하는 가공방법으로 소성가공이라고도 한다.
※ 금속재료의 성형 시 마찰이 존재하면, 성형력이 떨어지며 마찰에 의한 에너지손실로 단위시간당 일을 의미하는 동력이 감소하게 된다.

29

하나로 연결된 관에 흐르는 유량(Q)은 변하지 않는다. 따라서, 연속방정식 "$Q=AV$"에 따라 단면적(A)과 유속(V)은 반비례관계라는 것을 알 수 있다.

따라서, A지점과 B지점의 단면적의 비가 3 : 1이므로 유속의 비는 1 : 3이다.

※ 쉽게 생각하면 그림에서 B지점의 관이 더 좁다. 즉, B지점의 관의 단면적이 더 좁기 때문에 A지점보다 유속이 빠를 것이다.

A지점과 B지점을 기준으로 베르누이 방정식 $\left(P+\rho\dfrac{v^2}{2}+\rho gh=C\right)$을 사용한다.

$$P_A+\rho\frac{v_A^2}{2}+\rho gh=P_B+\rho\frac{v_B^2}{2}+\rho gh$$

A지점과 B지점은 지면으로부터 높이가 동일하기 때문에 다음과 같이 식을 만들 수 있다.

$$P_A+\rho\frac{v_A^2}{2}=P_B+\rho\frac{v_B^2}{2} \ \rightarrow \ P_A+\rho\frac{v_A^2}{2}=P_B+\rho\frac{(3v_A)^2}{2}$$

이때, $P_A=P_B+\rho gh$의 관계가 성립한다. A지점에는 h(10cm) 높이의 유체 기둥이 누르고 있기 때문이다.

$$P_B+\rho gh+\rho\frac{v_A^2}{2}=P_B+\rho\frac{(3v_A)^2}{2} \ \rightarrow \ \rho gh=\rho\frac{(3v_A)^2}{2}-\rho\frac{v_A^2}{2}$$

$$\rightarrow \ \rho gh=\rho\frac{1}{2}(9v_A^2-v_A^2)=\rho\frac{1}{2}\times 8v_A^2=4\rho v_A^2$$

$$\rightarrow \ gh=4v_A^2 \ \rightarrow \ \therefore \ v_A=\sqrt{\frac{gh}{4}}=\sqrt{\frac{10\times 0.1}{4}}=\sqrt{\frac{1}{4}}=\frac{1}{2}=0.5\mathrm{m/s}$$

30

[마하수(M)−마하각(θ)의 관계]

$$\sin\theta=\frac{1}{M}=\frac{a}{V}$$

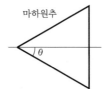

마하원추

㉠ 마하수(M, Mach number)$=\dfrac{V}{a}$

　[여기서, V : 물체의 속도, a : 소리의 속도(음속)]

㉡ $\sin\theta=\dfrac{a}{V}=\dfrac{400}{800}=\dfrac{1}{2}$

　$\therefore \ \theta=30°$

31

정답 ⑤

[밀링머신]

- 공작기계 중 가장 다양하게 사용되는 기계로 원통면에 많은 날을 가진 커터(다인 절삭공구)를 회전시키고 공작물(일감)을 테이블에 고정한 후, 절삭깊이와 이송을 주어 절삭하는 공작기계이다.
- 주로 "평면"을 가공하는 공작기계로 홈, 각도가공뿐만 아니라, 불규칙하고 복잡한 면을 가공할 수 있으며 드릴의 홈, 기어의 치형도 가공할 수 있다. 보통 다양한 밀링커터를 활용하여 다양하게 사용된다.
- 주로 평면절삭, 공구의 회전절삭, 공작물의 직선이송에 사용된다.
- **주요 구성요소** : 주축, 새들, 칼럼, 오버암 등
- **부속 구성요소** : 아버, 밀링바이스, 분할대, 회전테이블(원형 테이블) 등

※ **아버(arbor)** : 밀링커터를 고정하는 데 사용하는 고정구

주축(spindle)	**공구(밀링커터) 또는 아버가 고정되며 회전하는 부분이다.** 즉, 절삭공구에 <u>회전운동</u>을 주는 부분이다.
니(knee)	새들과 테이블을 지지하고 **공작물을** <u>상하</u>로 이송시키는 부분으로 가공 시 절삭깊이를 결정한다.
새들(saddle)	테이블을 지지하며 **공작물을** <u>전후</u>로 이송시키는 부분이다.
테이블(table)	공작물을 직접 고정하는 부분으로 새들 상부의 안내면에 장치되어 <u>좌우</u>로 이동한다. 또한, 공작물을 고정하기 편리하도록 <u>T홈</u>이 테이블 상면에 파여있다.
칼럼(column)	• 밀링머신의 몸체로 절삭가공 시 진동이 적고 하중을 충분히 견딜 수 있어야 한다. • 베이스를 포함하고 있는 기계의 지지틀이다. 칼럼의 전면을 칼럼면이라고 하며, 니(knee)가 수직방향으로 상하이동할 때 니(knee)를 지지하고 안내하는 역할을 한다.
오버암(overarm)	**칼럼 상부에 설치되어 있는 것으로 아버 및 부속장치를 지지한다.**

※ 암기법 : (테)(좌)야 (니) (상)여금 (세)(전) 얼마야?
→ "테이블 – 좌우", "니 – 상하", "새들 – 전후"

32

정답 ④

[절삭가공]

절삭이라는 것은 깎는다는 의미로 소재 및 재료를 원하는 형상과 치수로 절삭하여 제품을 만드는 것을 절삭가공이라고 한다. 이때, <u>칩(chip)의 형태</u>로 소재 및 재료를 제거하여 원하는 형상과 치수를 얻을 수 있다. 절삭가공의 종류에는 선삭(선반가공), 밀링, 드릴링, 평삭(플레이너, 셰이퍼, 슬로터), 방전가공, 래핑 등이 있다.

[절삭가공의 특징]

절삭가공의 장점	• 치수정확도가 우수하다. • 주조 및 소성가공으로 불가능한 외형 또는 내면을 정확하게 가공이 가능하다. • 초정밀도를 갖는 곡면가공이 가능하다. • 생산개수가 적은 경우 가장 경제적인 방법이다.

절삭가공의 단점	• 소재의 낭비가 많이 발생하므로 비경제적이다. • 주조나 소성가공에 비해 더 많은 에너지와 많은 가공시간이 소요된다. • 대량생산할 경우 개당 소요되는 자본, 노동력, 가공비 등이 매우 높다(대량생산에는 부적합하다).

[선반(선삭)]

주축에 고정한 공작물의 회전운동과 공구대에 설치된 바이트의 직선운동(전후 좌우이송)에 의해 공작물을 절삭가공하는 방법으로 척, 베드, 왕복대, 맨드릴(심봉), 심압대 등으로 구성된 공작기계로 가공을 진행한다. 즉, "공작물 – 회전절삭운동"이며 "공구 – 직선이송운동"이다. 선반가공을 통해 외경절삭, 내경절삭, 테이퍼절삭, 나사깎기, 단면절삭, 곡면절삭, 널링작업 등을 할 수 있다.

※ 선삭가공은 회전하는 공작물에 팁이 달린 공구를 갖다 대고 이송시켜 원하는 형상이나 치수로 가공하는 방법으로 일반적으로 선반기계에서 수행된다. 공작물을 절삭하기 위한 조건에는 절삭속도, 이송, 절삭깊이가 있다.

33

정답 ③

[셀주조법(크로닝법)]

• 규사와 열경화성 수지를 배합한 레진 샌드를 가열된 모형에 융착시켜 만든 셀형태의 주형을 사용하여 주조하는 방법이다.

• 표면이 깨끗하고 정밀도가 높은 주물을 얻을 수 있는 주조법이다.

• 숙련공이 필요하지 않으며 기계화에 의해 대량화가 가능하다.

• 소모성 주형을 사용하는 주조방법이다.

• 주로 얇고 작은 부품 · 주물 등의 주조에 유리하다.

34

정답 ②

[Merchant의 2차원 절삭모델]

• 마찰각, 마찰계수가 감소하면 전단각이 증가한다.

• 전단각이 증가하면 칩의 형성에 필요한 전단력이 감소한다.

• 전단각이 감소하면 여유각이 증가하고 가공면의 치수정밀도가 나빠진다.

• 경사각이 증가하면 전단각이 증가한다.

35

정답 ①

[밀링머신의 크기 표시]

• 테이블의 이동량(좌우×전후×상하)

• 테이블의 크기

• 주축 중심으로부터 테이블면까지의 최대거리(수평, 만능 밀링머신)

• 주축 끝으로부터 테이블면까지의 최대거리 및 주축헤드의 이동거리(수직식 밀링머신)

호칭번호		0호	1호	2호	3호	4호	5호
테이블의 이송거리 (mm)	좌우	450	550	700	850	1,050	1,250
	전후	150	200	250	300	350	400
	상하	300	400	450	450	450	500

※ 니형 밀링머신의 크기는 일반적으로 Y축을 기준으로 한 호칭번호로 표시한다.

36
정답 ④

[연삭가공]
입자, 결합도, 결합제 등으로 표시된 숫돌로 연삭하는 가공으로 정밀도, 표면거칠기가 우수하며 담금질 처리가 된 강, 초경합금 등의 단단한 재료의 가공이 가능하다. 또한, 접촉면의 온도가 높으며 숫돌날이 무뎌지면 탈락하고 새로운 날이 생성되는 자생작용이 있다.
※ 자생과정의 순서 : 마멸 → 파쇄 → 탈락 → 생성

[연삭가공의 특징]
• 연삭입자는 입도가 클수록 입자의 크기가 작고, 연삭입자는 불규칙한 형상을 하고 있다.
• 연삭입자는 평균적으로 음(−)의 경사각을 가지며 전단각이 작다.
• 연삭속도는 절삭속도보다 빠르며, 절삭가공보다 치수효과에 의해 단위체적당 가공에너지가 크다.
• 담금질 처리가 된 강, 초경합금 등의 단단한 재료의 가공이 가능하다.
• 치수정밀도, 표면거칠기가 우수하며 우수한 다듬질 면을 얻는다.
• 연삭점의 온도가 높고, 많은 양을 절삭하지 못한다.
• 숫돌날이 무뎌지면 탈락하고 새로운 날이 생성되는 자생작용이 있다.
• 모든 입자가 연삭에 참여하지 않는다. 각각의 입자는 절삭, 긁음, 마찰의 작용을 하게 된다.
  − 절삭 : 칩을 형성하고 제거한다.
  − 긁음 : 재료가 제거되지 않고 표면만 변형시킨다. 즉, 에너지가 소모된다.
  − 마찰 : 일감 표면에 접촉해 오직 미끄럼 마찰만 발생시킨다. 즉, 재료가 제거되지 않고 에너지가 소모된다.
• 연삭비는 $\dfrac{\text{연삭에 의해 제거된 소재의 체적}}{\text{숫돌의 마모 체적}}$ 으로 정의된다.

[연삭숫돌의 3대 구성요소]
• 숫돌입자 : 공작물을 절삭하는 날로 내마모성과 파쇄성을 가지고 있다.
• 기공 : 칩을 피하는 장소이다.
• 결합제 : 숫돌입자를 고정시키는 접착제이다.

[연삭숫돌의 조직]
숫돌입자의 밀도, 즉 단위체적당 입자의 양을 의미한다.

[연삭숫돌의 결합도]
연삭입자를 결합시키는 접착력의 정도를 의미하며, 이를 숫돌의 경도라고도 하고 입자의 경도와는 무관하다. 숫돌의 입자가 숫돌에서 쉽게 탈락될 때 연하다고 하고, 탈락이 어려울 때 경하다고 한다.

37

[충전율(APF, Atomic Packing Factor)]

공간채움율과 같은 말로 단위격자(단위세포) 내 공간에서 원자들이 공간을 채운 부분의 비율을 말한다.

- 단순입방격자의 충전율 $= \dfrac{\dfrac{4}{3}\pi R^3}{(2R)^3} \fallingdotseq 52\%$

- 체심입방격자의 충전율 $= \dfrac{2 \times \dfrac{4}{3}\pi R^3}{\left(\dfrac{4}{\sqrt{3}}R\right)^3} \fallingdotseq 68\%$

- 면심입방격자의 충전율 $= \dfrac{4 \times \dfrac{4}{3}\pi R^3}{(2\sqrt{2}R)^3} \fallingdotseq 74\%$

- 조밀육방격자의 충전율 $= \dfrac{2 \times \dfrac{4}{3}\pi R^3}{a^2 \sin 60 \times 1.633a} \fallingdotseq 74\%$ (단, $a = 2R$일 때)

구분	단순입방격자 (SC, Simple Cubic)	체심입방격자 (BCC, Body Centered Cubic)	면심입방격자 (FCC, Face Centered Cubic)	조밀육방격자 (HCP, Hexagonal Closed Packed)
단위격자(단위세포) 내 원자수	1개	2개	4개	2개
배위수 (인접 원자수)	6개	8개	12개	12개
충전율(공간채움률)	52%	68%	74%	74%

38

[금속재료의 소성변형원리]

전위 (dislocation)	• 전위는 현미경으로 관찰하면 꾸불꾸불한 선 모양이라 <u>재료 내부의 선결함(line defect)</u>으로 분류된다. • 전위는 금속 <u>내부에 결함이 존재하는 부분</u>으로 금속재료에 영구적인 소성변형을 가하면, 즉 금속재료가 외부에서 힘을 받으면 결함이 존재하는 부분은 약한 상태이므로 약한 부분에 존재하는 <u>금속원자들이 기존 위치에서 쉽게 이동하면서 기존 위치에서 벗어난 원자 또는 구조가 생기게 된다. 이것이 바로 전위이다.</u> → 금속재료가 외부에서 힘을 받으면 <u>결함이 있는 부분의 금속원자들이 이동하면서 원자의 배열이 바뀐다.</u> 원자의 배열이 바뀌는 것 자체가 <u>금속재료가 변형된다는 의미이다.</u> → 원래 위치에서 벗어난 금속원자들이 생기므로 전위는 재료 내부에 생성되기도 하며, 외부에서 힘을 받으면 <u>전위들이 쉽게 이동하려고 하면서 서로 가까워지기 때문에 전위들이 집적(밀집)하여 전위밀도가 증가한다.</u> **[특징]** • 결함이 존재하는 부분에 힘이 가해지면 그곳에서 <u>쉽게 이동</u>이 생기는 현상이다. • 전위는 <u>기존 위치에서 벗어난 원자 및 구조이다.</u> • 금속을 변형시키면 시킬수록, 가공하면 할수록, 외부에서 금속에 힘을 가하면 가할수록 <u>전위밀도는 증가한다.</u> • <u>전위의 움직임에 따른 소성변형과정이 슬립</u>이다. • 슬립은 전위의 움직임으로 발생하는 것이다. 즉, 슬립이 일어나기 위해서는 전위의 움직임(이동)이 동반되어야 하며, 전위의 움직임이 발생하려면 금속재료에 외부의 힘(외력)이 가해져야 한다. • <u>전위의 움직임을 방해할수록 금속재료의 강도 및 경도가 증가한다.</u> **[종류]** <table><tr><td>칼날전위</td><td>버거스벡터와 전위의 방향이 <u>수직</u>인 경우</td></tr><tr><td>나사전위</td><td>버거스벡터와 전위의 방향이 <u>일치(평행)</u>하는 경우</td></tr><tr><td>혼합전위</td><td>나사전위와 칼날전위가 혼합된 전위</td></tr></table>
슬립(slip)	외력(인장하중, 압축하중 등)에 의해 <u>결정면이 서로 미끄러지면서</u> 어긋나는 것을 말한다. 원자배열층이 서로 미끄러진다는 것 자체가 금속재료가 변형된다는 것을 의미한다. 따라서, 슬립이 잘 일어날수록 금속재료는 구부려도 부러지지 않고 쉽게 휘면서 변형될 수 있다. **[특징]** • <u>전위의 움직임에 따른 소성변형과정이 슬립</u>이다. • 슬립은 <u>결정면의 연속성을 파괴한다.</u> • 금속의 소성변형을 일으키는 원인 중 <u>원자밀도가 가장 큰 격자면에서 잘 일어난다.</u>
쌍정(twin)	변형 전과 변형 후 일정한 각도만큼 회전하여 어떤 면을 경계로 <u>대칭</u>이 되는 현상이다.

39

정답 ③

철합금 및 티타늄합금에서는 뚜렷한 피로한계가 나타난다.

40

정답 ①

[끼워맞춤]

틈새	구멍의 치수가 축의 치수보다 클 때, 구멍과 축과의 치수차를 말한다. → 구멍에 축을 끼울 때, 구멍의 치수가 축의 치수보다 커야 틈이 발생할 것이다.
죔새	구멍의 치수가 축의 치수보다 작을 때벽축과 구멍의 치수차를 말한다. → 구멍에 축을 끼울 때, 구멍의 치수가 축의 치수보다 작아야 꽉 끼워질 것이다.
헐거운 끼워맞춤	구멍의 크기가 항상 축보다 크며 미끄럼 운동이나 회전 등 움직임이 필요한 부품에 적용한다. ※ 구멍의 최소치수 > 축의 최대치수 : 항상 틈새가 발생하여 헐겁다.
억지 끼워맞춤	헐거운 끼워맞춤과 반대로, 구멍의 크기가 항상 축보다 작으며 분해 및 조립을 하지 않는 부품에 적용한다. 즉, 때려박아 꽉 끼워 고정하는 것을 생각하면 된다. ※ 구멍의 최대치수 < 축의 최소치수 : 항상 죔새가 발생하여 꽉 낀다.
중간 끼워맞춤	헐거운 끼워맞춤과 억지 끼워맞춤으로 규정하기 곤란한 것으로 틈새와 죔새가 동시에 존재하면 "중간끼워맞춤"이다. ※ 구멍의 최대치수 > 축의 최소치수 : 틈새가 생긴다. ※ 구멍의 최소치수 > 축의 최대치수 : 죔새가 생긴다.

41

정답 ④

[헬리컬기어]

• 고속 운전이 가능하며 축간거리를 조절할 수 있고 소음 및 진동이 적다.
• 물림률이 좋아 평기어(스퍼기어)보다 동력 전달이 좋다.
• 축방향으로 추력이 발생하여 스러스트 베어링을 사용한다.
• 최소잇수가 평기어보다 적으므로 큰 회전비를 얻을 수 있다.
• 기어의 잇줄각도는 비틀림각에 상관없이 수평선에 $30°$로 긋는다.
• 헬리컬기어의 비틀림각 범위는 $10\sim30°$이다.
  → 헬리컬기어에서 비틀림각이 증가하면 물림률도 좋아진다.
• 두 축이 평행한 기어이며 평기어보다 제작이 어렵다.

[헤링본 기어]

• 더블헬리컬기어(헤링본기어)는 비틀림각의 방향이 서로 반대이고 크기가 같은 한 쌍의 헬리컬기어를 조합한 기어이다.
• 비틀림각의 방향을 서로 반대로 놓아 기존 헬리컬기어에서 발생하는 축방향 추력(축방향 하중)을 없앨 수 있다.

두 축이 평행한 것	두 축이 교차한 것	두 축이 평행하지도 교차하지도 않은 엇갈린 것
스퍼기어(평기어), 헬리컬기어, 더블헬리컬기어(헤링본기어), 내접기어(인터널기어), 랙과 피니언 등	베벨기어, 마이터기어, 크라운기어, 스파이럴 베벨기어 등	스크루기어(나사기어), 하이포이드기어, 웜기어 등

※ 원주피치$(p) = \dfrac{\pi D(\text{피치원지름의 둘레})}{Z(\text{잇수})} = \pi m$

※ 백래시 : 한 기어의 이 폭에서 상대 기어의 이 두께를 뺀 틈새를 피치원상에서 측정한 값이다. 즉, 한 쌍의 기어가 맞물렸을 때 이의 뒷면에 생기는 간격 및 틈새로 치면놀이, 엽새라고도 한다.

※ 모듈$(m) = \dfrac{D(\text{피치원 지름})}{Z(\text{잇수})}$

42

[바로걸기(오픈걸기) 벨트의 길이(L)]

$$L = 2C + \frac{\pi(D_2 + D_1)}{2} + \frac{(D_2 - D_1)^2}{4C}$$

[여기서, C : 축간거리(중심거리), D_1 : 원동풀리의 지름, D_2 : 종동풀리의 지름]

[엇걸기(크로스걸기) 벨트의 길이(L'')]

$$L'' = 2C + \frac{\pi(D_2 + D_1)}{2} + \frac{(D_2 + D_1)^2}{4C}$$

풀이

$$L'' = 2C + \frac{\pi(D_2 + D_1)}{2} + \frac{(D_2 + D_1)^2}{4C}$$

$$= 2 \times 500 + \frac{3 \times (400 + 200)}{2} + \frac{(400 + 200)^2}{4 \times 500}$$

$$= 2{,}080 \text{mm}$$

43
정답 ②

베어링 압력$(p) = \dfrac{P}{dl(\text{투영면적})}$

[여기서, P : 베어링 하중, d : 저널의 지름, l : 저널의 길이]

풀이

$$p = \frac{P}{dl} = \frac{15{,}000\text{N}}{50\text{mm} \times 100\text{mm}} = 3\text{N/mm}^2 = 3\text{MPa}$$

[단, $1\text{MPa} = 1\text{N/mm}^2$]

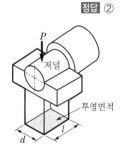

44

[나사산의 용어]

피치	• 나사산 플랭크 위의 한 점과 바로 이웃하는 대응 플랭크 위의 대등한 점 간의 축방향 길이를 말한다. • 나사산 사이의 거리 또는 골 사이의 거리를 말한다.
리드	• 나사산 플랭크 위의 한 점과 가장 가까운 플랭크 위의 대응 점 사이의 축방향 거리로, 한 점이 나선을 따라 축 주위를 한 바퀴 돌 때의 축방향 거리를 말한다. • 리드(L)는 나사를 1회전($360°$ 돌렸을 때)시켰을 때, 축 방향으로 나아가는(이동한) 거리이다. 리드(L)=나사의 줄수(n)×나사의 피치(p)

[마찰각(ρ)과 리드각(θ)의 관계 및 나사의 자립조건]

• $\rho > \theta$일 때 : 나사를 푸는 데 힘이 소요된다.
• $\rho = \theta$일 때 : 나사가 저절로 풀리다가 어느 임의의 지점에서 정지한다.
• $\rho < \theta$일 때 : 나사를 푸는 데 힘이 소요되지 않고 저절로 풀린다.
 따라서, 나사를 죈 외력(힘)을 제거하여도 나사가 저절로 풀리지 않기 위해서는 다음과 같은 조건이 성립하여야 한다.
• [나사의 자립(외력이 작용하지 않을 경우 나사가 저절로 풀리지 않는 상태)조건
 – 스스로 풀리지 않는 자립상태를 유지할 수 있는 조건을 말한다.
 – "마찰각(ρ) ≥ 리드각(나선각, θ)이 경우일 때, 나사이 자립조건이 성립한다.
※ 나사의 자립상태를 유지하는 나사의 효율은 50% 미만이다.

풀이

㉠ 나사의 자립조건이 성립하려면, "$\rho \geq \theta$"이다. 양변에 tan 처리를 한다.
㉡ $\tan\rho \geq \tan\theta$이 된다. $\tan\rho = \mu$이므로 μ(마찰계수) $\geq \tan\theta$이 된다.
㉢ 따라서, 나사가 저절로 풀리지 않기 위해서는 마찰계수가 리드각의 tan값보다 크거나 같아야 한다.

45

㉠ 테이퍼 베어링은 스러스트 하중과 레이디얼 하중을 동시에 지지하기 위해 사용된다. (○)

[작용하중에 따른 베어링 종류]

스러스트 베어링	축방향으로 작용하는 하중을 지지하기 위해 사용된다.
레이디얼 베어링	축의 직각 방향으로 작용하는 하중을 지지하기 위해 사용된다.
테이퍼 베어링 (원추[원뿔]형태의 베어링)	축방향 하중(스러스트 하중)과 축의 직각 방향 하중(레이디얼 하중)을 동시에 지지하기 위해 사용된다.

㉡ 베어링 수명은 동일 규격의 베어링을 여러 개 사용했을 때, 이 중 90% 이상의 베어링이 피로에 의한 손상이 일어나지 않을 때까지의 총회전수나 수명을 말한다. (×)

[베어링 수명]

구름 베어링을 장시간 사용할 때, 반복하중에 의한 피로박리가 생길 때까지의 수명을 말한다.

[정격수명]

동일 규격의 베어링을 여러 개 사용했을 때, 이중 90% 이상의 베어링이 피로에 의한 손상이 일어나지 않을 때까지의 총회전수나 수명을 말한다.

ⓒ 베어링 메탈재료는 열전도율이 낮아야 한다. (×)

[베어링 메탈의 구비조건]
- 하중 및 피로에 대한 충분한 강도를 가지고 있을 것
- 축에 눌러붙지 않는 내열성을 가질 것
- 내식성이 높을 것
- 유막의 형성이 쉬울 것
- 축의 처짐과 미세한 변형에 대하여 잘 융합할 것
- 베어링에 흡입된 미세한 먼지 등의 흡착력이 좋을 것
- 내마멸성 및 내구성이 좋을 것
- 마찰계수가 작을 것
- 마찰열을 소산시키기 위해 열전도율이 좋을 것
- 주조와 다듬질 등의 공작이 쉬울 것
- 축재료보다 연하면서 압축강도가 클 것

ⓓ 좀머펠트수는 베어링이 지지할 수 있는 하중을 무차원화하여 나타낸 값으로 두 베어링의 크기가 다르다고 해도 좀머펠트수가 같으면 같은 베어링으로 취급하고 설계한다. (ㅇ)

[좀머펠트수(Sommerfeld number, S)

베어링이 지지할 수 있는 하중을 무차원화하여 나타낸 값으로, 두 베어링의 크기가 다르다고 해도 좀머펠트수(Sommerfeld number)가 같으면 같은 베어링으로 취급하고 설계한다.

$$S = \left(\frac{r}{\delta}\right)^2 \left(\frac{\eta N}{p}\right)$$

[여기서, r/δ : 틈새비, $\eta N/p$: 베어링 정수(계수)]

ⓔ 마그네토볼 베어링은 외륜궤도면이 한쪽에 플랜지가 없고 분리형이므로 분리와 조립이 편리하다. (ㅇ)

앵귤러 콘택트볼 베어링	축 중심선에 직각 방향과 축 방향의 힘을 동시에 받을 때 사용한다.
깊은 홈볼 베어링	가장 널리 사용되는 것으로 내륜과 외륜을 분리할 수 없다.
니들롤러 베어링	롤러의 지름이 2~5mm로 길이에 비해 지름이 작은 베어링이다. **[특징]** • 리테이너가 없으며, 추력(축방향 하중)을 받을 수 없다. • 단위면적당 부하용량이 크며, 롤러의 지름이 작을수록 좋다. • 협소한 장소에서 강한 하중을 받을 때 사용된다.
마그네토볼 베어링	외륜궤도면이 한쪽에 플랜지가 없고 분리형이므로 분리와 조립이 편리하다.

46

정답 ④

㉠ 구심력$(F)=ma_n$이다. [여기서, m : 질량, a_n : 구심가속도$(=rw^2)$]

㉡ $w=\dfrac{2\pi N}{60}=\dfrac{2\pi\times120}{60}=4\pi$

㉢ $F=ma_n=mrw^2=4\times1\times(4\pi)^2=4^3\times\pi^2=64\times9=576\text{N}$

※ 단, $a_n=rw^2=\dfrac{v^2}{r}$, $v=rw$

47

정답 ②

[동력]

단위시간(sec)당 한 일(J=N·m)을 말한다. 즉, "단위시간(sec)에 얼마의 일(J=N·m)을 하는가"를 나타내는 것으로, 동력의 단위는 J/s=W(와트)이다(1W=1J/s=1N·m/s).

따라서, 동력$=\dfrac{\text{일}}{\text{시간}}=\dfrac{W}{t}=\dfrac{FS}{t}=FV$로 구할 수 있다.

[여기서, W : 일, F : 힘, S : 이동거리, t : 시간, V : 속도]

※ 속도$(V)=\dfrac{\text{거리}(S)}{\text{시간}(t)}$

※ 일(W)의 기본단위는 J이며 일$(W)=FS$이므로, 일의 단위는 N·m로도 표현이 가능하다. 따라서, 1J=1N·m이다.

※ 동력의 단위는 힘 곱하기 속도이므로 1N·m/s로도 쓸 수 있다.

풀이

㉠ 필요동력$=FV=(mg)V=250\times9.8\times2=4,900\text{W}=4.9\text{kW}$
　　단, F는 화물의 무게(mg)이다.

㉡ 소요동력을 구해야 하므로 효율로 나눠줘야 한다. 소요동력$=\dfrac{4.9\text{kW}}{0.7}=7\text{kW}$가 된다.

※ 소요동력(7kW)에서 효율을 고려하게 되면, 질량이 250kg인 화물을 2m/s의 속도로 올리기 위해 필요한 필요동력 4.9kW가 정확히 나오기 때문에 ㉡에서 효율로 나눠주는 것이다.

48

정답 ⑤

[대류]

• 유체(액체 및 기체 따위)의 밀도차와 부력에 의해 액체 및 기체상태의 분자가 직접 이동하면서 열을 전달하는 현상으로 매질이 직접 움직인다. 즉, 분자(매질)가 직접 열을 얻고 이동하여 열을 전달하는 현상으로 매질이 필요하다(물질이 열을 가지고 이동하여 열을 전달한다).

　→ 액체 또는 기체상태의 물질이 열을 받으면 운동이 빨라지고 부피가 팽창하여 밀도가 작아지게 된다. 밀도가 작아지면 상대적으로 가벼워지면서 상승하게 되고, 반대로 위에 있던 물질은 상대적으로 밀도가 커 내려오게 되는 현상을 말한다. 즉, 대류의 원인은 밀도차이다.

• 대류는 뜨거운 표면으로부터 흐르는 유체 쪽으로 열전달되는 것과 같이 유체의 흐름과 연관된 열의 흐름을 말한다(매질이 필요하다).

[대류(convection)의 종류]

자연대류	유체에 열이 가해지면 밀도가 작아져 부력이 생긴다. 이처럼 유체 내의 온도차에 의한 밀도차만으로 발생하는 대류를 자연대류라고 한다. • 예 : 주전자 내의 물 끓이기 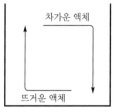 열을 받아 뜨거워진 액체는 부피가 커지면서 가벼워지므로 위쪽으로 이동하게 된다. 위쪽에서 열을 잃어 식은 차가워진 액체는 부피가 작아져 무거워지므로 아래쪽으로 이동하게 된다. 이러한 과정이 계속 순환하여 매질이 직접 이동하면서 열을 전달하는 현상을 대류라고 한다. ※ 액체나 기체의 경우 뜨거운 부분이 다른 부분으로 이동하여 열을 전달하는 방법으로 자연적인 대류현상은 중력이 작용하는 공간에서 밀도차에 의하여 일어난다.
강제대류	펌프, 송풍기, 교반기 등의 기계적 장치에 의하여 강제적으로 열전달 흐름이 이루어지는 대류를 강제대류라 한다. • 예 : 실내 냉난방 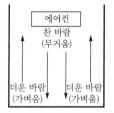

[복사(radiation)]

- 전자기파에 의해 열이 매질을 통하지 않고 고온 물체에서 저온 물체로 직접 열이 전달되는 현상이다. 그리고, 온도차(ΔT)가 클수록 이동하는 열(Q)이 크다.
- 매질의 유무
- 복사는 액체나 기체라는 매질 없이 바로 열만 이동하는 현상이다.
- 복사는 "스테판–볼츠만의 법칙"과 관련이 있으며, 공간을 통한 전자기파에 의한 에너지 전달이다(매질이 필요가 없다).
- 물질(매질)을 거치지 않고 열에너지가 전자기파의 형태로 직접 열을 이동시키는 현상으로, 복사에 의한 열의 이동속도는 빛의 속도와 같다.
- 어떤 물체를 구성하는 원자들이 전자기파의 형태로 열을 방출하는 현상으로 복사를 통해 전달되는 복사열은 대류나 전도를 통해 전달되지 않고 물체에서 전자기파의 형태로 직접적인 전달이 이루어지므로 복사체와 흡수체 사이의 공기 등의 매질상태와 관련 없이 순간적이고 직접적인 열의 전달이 이루어진다.

[전도]

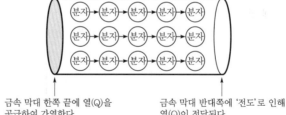

금속 막대 한쪽 끝에 열(Q)을
공급하여 가열한다.

금속 막대 반대쪽에 '전도'로 인해
열(Q)이 전달된다.

액체나 기체 내부의 열이동은 주로 대류에 의한 것이지만, 고체 내부는 주로 열전도에 의해서 열이 이동한다. 즉, 금속막대의 한쪽 끝을 가열하면 가열된 부분의 원자들은 열에너지를 얻어 진동하게 된다. 이러한 진동이 차례로 옆의 원자를 진동시켜 열이 전달되는 현상 중 하나인 열전도가 일어난다. 즉, 물체 내의 이웃한 분자들의 연속적인 충돌에 의해 열(Q)이 물체의 한 부분에서 다른 부분으로 이동하는 현상으로 뜨거운 부분의 분자들은 활발하게 운동하므로 주변의 다른 분자들과 충돌하여 두 곳의 온도가 평형이 될 때까지 고온에서 저온으로 열을 전달한다.

• 전도는 분자에서 분자로의 직접적인 열의 전달이다.
• 전도는 분자 사이의 운동에너지의 전달이다.
• 전도는 고체, 액체, 기체에서 모두 발생할 수 있으며 고체 내에서 발생하는 유일한 열전달현상이다.

49

정답 ③

[방사율(emissivity, ε)

같은 온도에서 흑체가 방사한 에너지에 대한 실제 표면에서 방사된 에너지의 비율로 정의된다. 복사에서 방사율은 그 물체가 열을 복사 방출하는 정도를 나타내는 것으로 물체의 표면성질에 의해 결정되는 고유 성질이다. 무차원으로 0~1까지 범위를 갖으며 흑체의 경우는 1이다.

$$Q = \sigma \varepsilon A T^4$$

[여기서, Q : 열전달률(W), σ : 스테판–볼츠만의 상수, ε : 방사율, A : 고체 표면적, T : 표면온도]

풀이

$$Q = \sigma \varepsilon A T^4$$

$$\therefore \varepsilon = \frac{Q}{\sigma A T^4} = \frac{1.024 \times 10^3 \text{W}}{6 \times 10^{-8} \text{W/m}^2 \cdot \text{K}^4 \times 2\text{m}^2 \times 400\text{K}^4}$$

$$= \frac{1.024 \times 10^3 \text{W}}{6 \times 10^{-8} \text{W/m}^2 \cdot \text{K}^4 \times 2\text{m}^2 \times 4^4 \times 10^8 \text{K}^4} \fallingdotseq 0.33$$

※ 고온측 절대온도(T_2)와 저온측 절대온도(T_1)가 주어져 있으면, 다음과 같이 방사율(ε)을 구한다.

$$Q = \sigma \varepsilon A (T_2^4 - T_1^4)$$

50

정답 ③

[대류열전달계수(h)가 큰 순서]

수증기의 응축 > 물의 비등 > 물의 강제대류 > 공기의 강제대류 > 공기의 자연대류

기계의 진리
GENERAL MACHINE

Truth of Machine

PART

P A R T

III

부 록

01 꼭 알아야 할 필수 내용

1 기계 위험점 6가지

① 절단점
   회전하는 운동부 자체, 운동하는 기계 부분 자체의 위험점(날, 커터)

② 물림점
   회전하는 2개의 회전체에 물려 들어가는 위험점(롤러기기)

③ 협착점
   왕복 운동 부분과 고정 부분 사이에 형성되는 위험점(프레스, 창문)

④ 끼임점
   고정 부분과 회전하는 부분 사이에 형성되는 위험점(연삭기)

⑤ 접선 물림점
   회전하는 부분의 접선 방향으로 물려 들어가는 위험점(밸트−풀리)

⑥ 회전 말림점
   회전하는 물체에 머리카락이나 작업봉 등이 말려 들어가는 위험점

기 호

• 밸브 기호

⋈	일반밸브	⋈	게이트밸브
⋈	체크밸브	⋈	체크밸브
⋈	볼밸브	⋈	글로브밸브
⋈	안전밸브	◁	앵글밸브
⊗	팽창밸브	⋈	일반 콕

• 배관 이음 기호

—┼—	나사 이음	—‖—	플랜지 이음
—●—	용접 이음	—⫴—	유니온 이음

신축 이음

관 속 유체의 온도 변화에 따라 배관이 열팽창 또는 수축하는데, 이를 흡수하기 위해 신축 이음을 설치한다. 따라서 직선 길이가 긴 배관에서는 배관의 도중에 일정 길이마다 신축 이음쇠를 설치한다.

❖ 신축 이음의 종류

① 슬리브형(미끄러짐형): 단식과 복식이 있고 물, 증기, 가스, 기름, 공기 등의 배관에 사용한다. 이음쇠 본체와 슬리브 파이프로 구성되어 있으며, 관의 팽창 및 수축은 본체 속을 미끄러지는 이음쇠 파이프에 의해 흡수된다. 특징으로는 신축량이 크고, 신축으로 인한 응력이 발생하지 않는다. 직선 이음으로 설치 공간이 작다. 배관에 곡선 부분이 있으면 신축 이음재에 비틀림이 생겨 파손의 원인이 된다. 장시간 사용 시 패킹재의 마모로 누수의 원인이 된다.

② 벨로우즈형(팩레스 이음): 벨로우즈의 변형으로 신축을 흡수한다. 설치 공간이 작고 자체 응력 및 누설이 없다는 특징이 있다. 보통 벨로우즈의 재질은 부식이 되지 않는 황동이나 스테인리스강을 사용한다. 고온 배관에는 부적당하다.

③ 루프형(신축 곡관형): 고온, 고압의 옥외 배관에 사용하는 신축 곡관으로 강관 또는 동관을 루프 모양으로 구부려 배관이 신축을 흡수한다. 즉, 관 자체의 가요성을 이용한 것이다. 설치 공간이 크고, 고온 고압의 옥외 배관에 많이 사용한다. 자체 응력이 발생하지만, 누설이 없다. 곡률 반경은 관경의 6배이다.

④ 스위블형: 증기, 온수 난방에 주로 사용하는 스위블형은 2개 이상의 엘보를 사용하여 이음부 나사의 회전을 이용해 신축을 흡수한다. 쉽게 설치할 수 있고, 굴곡부에 압력이 강하게 생긴다. 신축성이 큰 배관에는 누설 염려가 있다.

⑤ 볼조인트형: 증기, 물, 기름 등의 배관에서 사용되는 볼조인트형은 볼조인트 신축 이음쇠와 오프셋 배관을 이용해서 관의 신축을 흡수한다. 2차원 평면상의 변위와 3차원 입체적인 변위까지 흡수하고, 어떤 형태의 변위에도 배관이 안전하고 설치 공간이 작다.

⑥ 플랙시블 튜브형: 가요관이라고 하며, 배관에서 진동 및 신축을 흡수한다. 구체적으로 플렉시블 튜브는 인청동 및 스테인리스강의 가늘고 긴 벨로즈의 바깥을 탄성력이 풍부한 철망, 구리망 등으로 피복하여 보강한 것으로, 배관 중 편심이 심하거나 진동을 흡수할 목적으로 사용된다.

❖ 신축 허용 길이가 큰 순서

루프형 > 슬리브형 > 벨로우즈형 > 스위블형

4 관 이음쇠 종류

① 관을 도중에서 분기할 때

> Y배관, 티, 크로스티

② 배관 방향을 전환할 때

> 엘보, 밴드

③ 같은 지름의 관을 직선 연결할 때

> 소켓, 니플, 플랜지, 유니온

④ 이경관을 연결할 때

> 이경티, 이경엘보, 부싱, 레듀셔

※ 이경관: 지름이 서로 다른 관과 관을 접속하는 데 사용하는 관 이음쇠

⑤ 관의 끝을 막을 때

> 플러그, 캡

⑥ 이종 금속관을 연결할 때

> CM어댑터, SUS소켓, PB소켓, 링 조인트 소켓

수격 현상(워터 헤머링)

배관 속 유체의 흐름을 급히 차단시켰을 때 유체의 운동에너지가 압력에너지로 전환되면서 배관 내에 탄성파가 왕복하게 된다. 이에 따라 배관이 파손될 수 있다.

❖ 원인
• 펌프가 갑자기 정지될 때

• 급히 밸브를 개폐할 때

• 정상 운전 시 유체의 압력에 변동이 생길 때

❖ 방지
• 관로의 직경을 크게 한다.

• 관로 내의 유속을 낮게 한다(유속은 1.5~2m/s로 보통 유지).

• 관로에서 일부 고압수를 방출한다.

• 조압 수조를 관선에 설치하여 적정 압력을 유지한다.
  (부압 발생 장소에 공기를 자동적으로 흡입시켜 이상 부압을 경감한다.)

• 펌프에 플라이 휠을 설치하여 펌프의 속도가 급격하게 변화하는 것을 막는다.
  (관성을 증가시켜 회전수와 관 내 유속의 변화를 느리게 한다.)

• 펌프 송출구 가까이에 밸브를 설치한다.
  (펌프 송출구에 수격을 방지하는 체크밸브를 달아 역류를 막는다.)

• 에어챔버를 설치하여 축적하고 있는 압력에너지를 방출한다.

• 펌프의 속도가 급격히 변하는 것을 방지한다(회전체의 관성 모멘트를 크게 한다.).

6 공동 현상(캐비테이션)

펌프의 흡입측 배관 내의 물의 정압이 기존의 증기압보다 낮아져서 기포가 발생되는 현상으로, 펌프와 흡수면 사이의 수직 거리가 너무 길 때 관 속을 유동하고 있는 물속의 어느 부분이 고온일수록 포화 증기압에 비례하여 상승할 때 발생한다.

• 소음과 진동 발생, 관 부식, 임펠러 손상, 펌프의 성능 저하를 유발한다.

• 양정 곡선과 효율 곡선의 저하, 깃의 침식, 펌프 효율 저하, 심한 충격을 발생시킨다.

❖ 방지

• 실양정이 크게 변동해도 토출량이 과대하게 증가하지 않도록 주의한다.

• 스톱밸브를 지양하고, 슬루스밸브를 사용하며, 펌프의 흡입 수두를 작게 한다.

• 유속을 3.5m/s 이하로 유지시키고, 펌프의 설치 위치를 낮춘다.

• 마찰 저항이 작은 흡인관을 사용하여 흡입관 손실을 줄인다.

• 펌프의 임펠러 속도(회전수)를 작게 한다(흡입 비교 회전도를 낮춘다.).

• 펌프의 설치 위치를 수원보다 낮게 한다.

• 양흡입 펌프를 사용한다(펌프의 흡입측을 가압한다.).

• 관 내 물의 정압을 그때의 증기압보다 높게 한다.

• 흡입관의 구경을 크게 하며, 배관을 완만하고 짧게 한다.

• 펌프를 2개 이상 설치한다.

• 압축 펌프를 사용하고, 회전차를 수중에 완전히 잠기게 한다.

7 맥동 현상(서징 현상)

펌프, 송풍기 등이 운전 중 한숨을 쉬는 것과 같은 상태가 되어 펌프인 경우 입구와 출구의 진공계, 압력계의 지침이 흔들리고 동시에 송출 유량이 변화하는 현상이다. 즉, 송출 압력과 송출 유량 사이에 주기적인 변동이 발생하는 현상이다.

❖ 원인

• 펌프의 양정 곡선이 산고 곡선이고, 곡선의 산고 상승부에서 운전했을 때

• 배관 중에 수조가 있을 때 또는 기체 상태의 부분이 있을 때

• 유량 조절 밸브가 탱크 뒤쪽에 있을 때

• 배관 중에 물탱크나 공기탱크가 있을 때

❖ 방지

• 바이패스 관로를 설치하여 운전점이 항상 우향 하강 특성이 되도록 한다.

• 우향 하강 특성을 가신 펌프를 사용힌다.

• 유량 조절 밸브를 기체 상태가 존재하는 부분의 상류에 설치한다.

• 송출측에 바이패스를 설치하여 펌프로 송출한 물의 일부를 흡입측으로 되돌려 소요량만큼 전방으로 송출한다.

8 축 추력

단흡입 회전차에 있어 전면 측벽과 후면 측벽에 작용하는 정압에 차이가 생기기 때문에 축 방향으로 힘이 작용하게 된다. 이것을 축 추력이라고 한다.

❖ 축 추력 방지법

• 양흡입형의 회전차를 사용한다.

• 평형공을 설치한다

• 후면 측벽에 방사상의 리브를 설치한다.

• 스러스트베어링을 설치하여 축추력을 방지한다.

• 다단 펌프에서는 단수만큼의 회전차를 반대 방향으로 배열하여 자기 평형시킨다.

• 평형 원판을 사용한다.

⑨ 증기압

어떤 물질이 일정한 온도에서 열평형 상태가 되는 증기의 압력

• 증기압이 클수록 증발하는 속도가 빠르다.

• 분자의 운동이 커지면 증기압이 증가한다.

• 증기 분자의 질량이 작을수록 큰 증기압을 나타내는 경향이 있다.

• 기압계에 수은을 이용하는 것이 적합한 이유는 증기압이 낮기 때문이다.

• 쉽게 증발하는 휘발성 액체는 증기압이 높다.

• 증기압은 밀폐된 용기 내의 액체 표면을 탈출하는 증기의 양이 액체 속으로 재침투하는 증기의 양과 같을 때의 압력이다.

• 유동하는 액체 내부에서 압력이 증기압보다 낮아지면 액체가 기화하는 공동 현상이 발생한다.

• 액체의 온도가 상승하면 증기압이 증가한다.

• 증발과 응축이 평형상태일 때의 압력을 포화증기압이라고 한다.

냉동 능력, 미국 냉동톤, 제빙톤, 냉각톤, 보일러 마력

① 냉동 능력

단위 시간에 증발기에서 흡수하는 열량을 냉동 능력[kcal/hr]

- 냉동 효과: 증발기에서 냉매 1kg이 흡수하는 열량
- 1냉동톤(냉동 능력의 단위): 0도의 물 1톤을 24시간 이내에 0도의 얼음으로 바꾸는 데 제거 해야 할 열량 및 그 능력

② 1USRT

32°F의 물 1톤(2,000lb)을 24시간 동안에 32°F의 얼음으로 만드는 데 제거해야 할 열량 및 그 능력

- 1미국 냉동톤(USRT): 3,024kcal/hr

③ 제빙톤

25°C의 물 1톤을 24시간 동안에 −9°C의 얼음으로 만드는 데 제거해야 할 열량 또는 그 능력 (열손실은 20%로 가산한다)

- 1제빙톤: 1.65RT

④ 냉각톤

냉동기의 냉동 능력 1USRT당 응축기에서 제거해야 할 열량으로, 이때 압축기에서 가하는 엔 탈피를 860kcal/hr라고 가정한다.

- 1 CRT: 3,884kcal/hr

⑤ 1보일러 마력

100°C의 물 15.65kg을 1시간 이내에 100°C의 증기로 만드는 데 필요한 열량

- 100°C의 물에서 100°C의 증기까지 만드는 데 필요한 증발 잠열: 539kcal/kg
- 1보일러 마력: $539 \times 15.65 = 8435.35$kcal/hr

❖ 용빙조: 얼음을 약간 녹여 탈빙하는 과정

❖ 얼음의 융해열: 0°C 물 → 0°C 얼음 또는 0°C 얼음 → 0°C 물 (79.68kcal/kg)

열전달 방법

두 물체의 온도가 평형이 될 때까지 고온에서 저온으로 열이 이동하는 현상이 열전달이다.

전도
물체가 접촉되어 있을 때 온도가 높은 물체의 분자 운동이 충돌이라는 과정을 통해 분자 운동이 느린 분자를 빠르게 운동시킨다. 즉, 열이 물체 속을 이동하는 일이다. 결국 고체 속 분자들의 충돌로 열을 전달시킨다(열전도도 순서는 고체, 액체, 기체의 순으로 작게 된다.).
• 고체 물체 내에서 발생하는 유일한 열전달이며, 고체, 액체, 기체에서 모두 발생할 수 있다.
• 철봉 한쪽을 가열하면 반대쪽까지 데워지는 것을 전도라고 한다.
• 매개체인 고체 물질, 즉 매질이 있어야 열이 이동할 수 있다.
• $Q=KA\left(\dfrac{dT}{dx}\right)$ (단, x: 벽 두께, K: 열전도계수, dT: 온도차)

대류
물질이 열을 가지고 이동하여 열을 전달하는 것이다.
• 라면을 끓일 때 냄비의 물을 가열하는 것, 방 안의 공기가 뜨거워지는 것
• 액체 또는 기체 상태의 물질이 열을 받으면 운동이 빨라지고 부피가 팽창하여 밀도가 작아진다. 상대적으로 가벼워지면서 상승하고, 반대로 위에 있던 물질은 상대적으로 밀도가 커 내려오는 현상을 말한다. 즉, 대류의 원인은 밀도차이다.
• $Q=hA(T_w-T_f)$ (단, h: 열대류 계수, A: 면적, T_w: 벽 온도, T_f: 유체의 온도)

복사
전자기파에 의해 열이 매질을 통하지 않고 고온 물체에서 저온 물체로 직접 열이 전달되는 현상이다. 그리고 온도차가 클수록 이동하는 열이 크다.
• 액체나 기체라는 매질 없이 바로 열만 이동하는 현상
• 태양열이 대표적 예이며, 태양열은 공기라는 매질 없이 지구에 도달한다. 즉, 우주 공간은 공기가 존재하지 않지만 지구의 표면까지 도달한다.

❖ 보온병의 원리
• 열을 차단하여 보온병의 물질 온도를 유지시킨다. 즉, 단열이다(열 차단).
• 열을 차단하여 단열한다는 것은 전도, 대류, 복사를 모두 막는 것이다.
① 보온병 속 유리로 된 이중벽이 진공 상태를 유지하므로 대류로 인한 열 출입이 없다.
② 유리병의 고정 지지대는 단열 물질로 만들어져 있다.
③ 보온병 내부는 은도금을 하여 복사에 의한 열을 최대한 줄인다.
④ 보온병의 겉부분은 금속이나 플라스틱 재질로 열전도율을 최소화시킨다.
⑤ 보온병의 마개는 단열 재료로 플라스틱 재질을 사용한다.

12 무차원 수

레이놀즈 수	관성력 / 점성력	누셀 수	대류계수 / 전도계수
프루드 수	관성력 / 중력	비오트 수	대류열전달 / 열전도
마하 수	속도 / 음속, 관성력 / 탄성력	슈미트 수	운동량계수 / 물질전달계수
코시 수	관성력 / 탄성력	스토크 수	중력 / 점성력
오일러 수	압축력 / 관성력	푸리에 수	열전도 / 열저장
압력계 수	정압 / 동압	루이스 수	열확산계수 / 질량확산계수
스트라홀 수	진동 / 평균속도	스테판 수	현열 / 잠열
웨버 수	관성력 / 표면장력	그라쇼프스	부력 / 점성력
프란틀 수	소산 / 전도 운동량전달계수 / 열전달계수	본드 수	중력 / 표면장력

- 레이놀즈 수
  층류와 난류를 구분해 주는 척도(파이프, 잠수함, 관 유동 등의 역학적 상사에 적용)

- 프루드 수
  자유 표면을 갖는 유동의 역학적 상사 시험에서 중요한 무차원 수
  (수력 도약, 개수로, 배, 댐, 강에서의 모형 실험 등의 역학적 상사에 적용)

- 마하 수
  풍동 실험의 압축성 유동에서 중요한 무차원 수

- 웨버 수
  물방울의 형성, 기체−액체 또는 비중이 서로 다른 액체−액체의 경계면, 표면 장력, 위어, 오리피스에서 중요한 무차원 수

- 레이놀즈 수와 마하 수
  펌프나 송풍기 등 유체 기계의 역학적 상사에 적용하는 무차원 수

- 그라쇼프 수
  온도 차에 의한 부력이 속도 및 온도 분포에 미치는 영향을 나타내거나 자연 대류에 의한 전열 현상에 있어서 매우 중요한 무차원 수

- 레일리 수
  자연 대류에서 강도를 판별해 주거나 유체층 속에서 열대류가 일어나는지의 여부를 결정해 주는 매우 중요한 무차원 수

13 하중의 종류, 피로 한도, KS 규격별 기호

❖ 하중의 종류

① 사하중(정하중): 크기와 방향이 일정한 하중
② 동하중(활하중)
- 연행 하중: 일련의 하중(등분포 하중), 기차 레일이 받는 하중
- 반복 하중(편진 하중): 반복적으로 작용하는 하중
- 교번 하중(양진 하중): 하중의 크기와 방향이 계속 바뀌는 하중(가장 위험한 하중)
- 이동 하중: 작용점이 계속 바뀌는 하중(움직이는 자동차)
- 충격 하중: 비교적 짧은 시간에 갑자기 작용하는 하중
- 변동 하중: 주기와 진폭이 바뀌는 하중

❖ 피로 한도에 영향을 주는 요인

① 노치 효과: 재료에 노치를 만들면 피로나 충격과 같은 외력이 작용할 때 집중응력이 발생하여 파괴되기 쉬운 성질을 갖게 된다.
② 치수 효과: 취성 부재의 휨 상모, 인장 강도, 압축 강도, 전단 강도 등이 부재 치수가 증가함에 따라 저하되는 현상이다.
③ 표면 효과: 부재의 표면이 거칠면 피로 한도가 저하되는 현상이다.
④ 압입 효과: 노치의 작용과 내부 응력이 원인이며, 강압 끼워맞춤 등에 의해 피로 한도가 저하되는 현상이다.

❖ KS 규격별 기호

KS A	KS B	KS C	KS D
일반	기계	전기	금속

KS F	KS H	KS W	
토건	식료품	항공	

14 충돌

❖ 반발 계수에 대한 기본 정의

• 반발 계수: 변형의 회복 정도를 나타내는 척도이며, 0과 1 사이의 값이다.

• 반발 계수$(e)=\dfrac{\text{충돌 후 상대 속도}}{\text{충돌 전 상대 속도}}=-\dfrac{V_1'-V_2'}{V_1-V_2}=\dfrac{V_2'-V_1'}{V_1-V_2}$

$$\left(\begin{array}{l} V_1: \text{충돌 전 물체 1의 속도}, \ V_2: \text{충돌 전 물체 2의 속도} \\ V_1': \text{충돌 후 물체 1의 속도}, \ V_2': \text{충돌 후 물체 2의 속도} \end{array}\right)$$

❖ 충돌의 종류

• 완전 탄성 충돌$(e=1)$
  충돌 전후 전체 에너지가 보존된다. 즉, 충돌 전후의 운동량과 운동에너지가 보존된다.
  (충돌 전후 질점의 속도가 같다.)

• 완전 비탄성 충돌(완전 소성 충돌, $e=0$)
  충돌 후 반발되는 것이 전혀 없이 한 덩어리가 되어 충돌 후 두 질점의 속도는 같다. 즉, 충돌 후 상대 속도가 0이므로 반발 계수가 0이 된다. 또한, 전체 운동량은 보존되지만, 운동에너지는 보존되지 않는다.

• 불완전 탄성 충돌(비탄성 충돌, $0<e<1$)
  운동량은 보존되지만, 운동에너지는 보존되지 않는다.

15 열역학 법칙

❖ 열역학 제0법칙 [열평형 법칙]

물체 A가 B와 서로 열평형 상태에 있다. 그리고 B와 C의 물체도 각각 서로 열평형 상태에 있다. 따라서 결국 A, B, C 모두 열평형 상태에 있다고 볼 수 있다.

❖ 열역학 제1법칙 [에너지 보존 법칙]

고립된 계의 에너지는 일정하다는 것이다. 에너지는 다른 것으로 전환될 수 있지만 생성되거나 파괴될 수는 없다. 열역학적 의미로는 내부 에너지의 변화가 공급된 열에 일을 빼준 값과 동일하다는 말과 같다. 열역학 제1법칙은 제1종 영구 기관이 불가능함을 보여준다.

❖ 열역학 제2법칙 [에너지 변환의 방향성 제시]

어떤 닫힌계의 엔트로피가 열적 평형 상태에 있지 않다면 엔트로피는 계속 증가해야 한다는 법칙이다. 닫힌계는 점차 열적 평형 상태에 도달하도록 변화한다. 즉, 엔트로피를 최대화하기 위해 계속 변화한다. 열역학 제2법칙은 제2종 영구 기관이 불가능함을 보여준다.

❖ 열역학 제3법칙

어떤 방법으로도 어떤 계를 절대 온도 0K로 만들 수 없다. 즉, 카르노 사이클 효율에서 저열원의 온도가 0K라면 카르노 사이클 기관의 열효율은 100%가 된다. 하지만 절대 온도 0K는 존재할 수 없으므로 열효율 100%는 불가능하다. 즉, 절대 온도가 0K에 가까워지면, 계의 엔트로피도 0에 가까워진다.

❖ 열역학 제4법칙

온사게르의 상반 법칙이라고 한다. 즉, 작용이 있으면 반작용이 있다는 것으로, 빛과 그림자에 대한 이야기를 말한다.

이 문제집을 풀면서 **열역학 법칙**에 관해 나온 모든 표현들을

꼭 이해하고 **암기**하길 바랍니다.

16 기타

❖ SI 기본 단위

차원	길이	무게	시간	전류	온도	몰질량	광도
단위	meter	kilogram	second	Ampere	Kelvin	mol	candella
표시	m	kg	s	A	K	mol	cd

❖ 단위의 지수

지수	10^{-24}	10^{-21}	10^{-18}	10^{-15}	10^{-12}	10^{-9}	10^{-6}	10^{-3}	10^{-2}	10^{-1}	10^0
접두사	yocto	zepto	atto	fento	pico	nano	micro	mili	centi	deci	
기호	y	z	a	f	p	n	μ	m	c	d	
지수	10^1	10^2	10^3	10^6	10^9	10^{12}	10^{15}	10^{18}	10^{21}	10^{24}	
접두사	deca	hecto	kilo	mega	giga	tera	peta	exa	zetta	yotta	
기호	da	h	k	M	G	T	P	E	Z	Y	

❖ 온도계의 예

현상	상태 변화	온도계 종류
복사 현상	열복사량	파이로미터(복사 온도계)
물질 상태 변화	물리적 및 화학적 상태	액정 온도계
형상 변화	길이 팽창, 체적 팽창	바이메탈, 이상기체, 유리막대 온도계
전기적 성질 변화	전기 저항 및 기전력	열전대, 서미스터, 저항 온도계

❖ 시스템의 종류

	경계를 통과하는 질량	경계를 통과하는 에너지 / 열과 일
밀폐계(폐쇄계)	×	○
고립계(절연계)	×	×
개방계	○	○

02 3역학 공식 모음집

재료역학 공식

① 전단 응력, 수직 응력

$\tau = \dfrac{P_s}{A}$, $\sigma = \dfrac{P}{A}$ (P_s: 전단 하중, P: 수직 하중)

② 전단 변형률

$\gamma = \dfrac{\lambda_s}{l}$ (λ_s: 전단 변형량)

③ 수직 변형률

$\varepsilon = \dfrac{\Delta l}{l}$, $\varepsilon' = \dfrac{\Delta D}{D}$ (Δl: 세로 변형량, ΔD: 가로 변형량)

④ 푸아송의 비

$\mu = \dfrac{\varepsilon'}{\varepsilon} = \dfrac{\Delta l \cdot D}{l \cdot \Delta D} = \dfrac{1}{m}$ (m: 푸아송 수)

⑤ 후크의 법칙

$\sigma = E \times \varepsilon$, $\tau = G \times \gamma$ (E: 종탄성 계수, G: 횡탄성 계수)

⑥ 길이 변형량

$\lambda_s = \dfrac{P_s l}{AG}$, $\Delta l = \dfrac{Pl}{AE}$ (λ_s: 전단 하중에 의한 변형량, Δl: 수직 하중에 의한 변형량)

⑦ 단면적 변형률

$\varepsilon_A = 2\mu\varepsilon$

⑧ 체적 변형률

$$\varepsilon_v = \varepsilon(1-2\mu)$$

⑨ 탄성 계수의 관계

$$mE = 2G(m+1) = 3K(m-2)$$

⑩ 두 힘의 합성

$$F = \sqrt{F_1{}^2 + F_2{}^2 + 2F_1F_2\cos\theta}$$

⑪ 세 힘의 합성(라미의 정리)

$$\frac{F_1}{\sin\theta_1} = \frac{F_2}{\sin\theta_2} = \frac{F_3}{\sin\theta_3}$$

⑫ 응력 집중

$$\sigma_{max} = \alpha \times \sigma_n \ (\alpha:\ \text{응력 집중 계수},\ \sigma_n:\ \text{공칭 응력})$$

⑬ 응력의 관계

$$\sigma_\omega \le \sigma_\sigma = \frac{\sigma_u}{S} \ (\sigma_\omega:\ \text{사용 응력},\ \sigma_\sigma:\ \text{허용 응력},\ \sigma_u:\ \text{극한 응력})$$

⑭ 병렬 조합 단면의 응력

$$\sigma_1 = \frac{PE_1}{A_1E_1 + A_2E_2},\ \sigma_2 = \frac{PE_2}{A_1E_1 + A_2E_2}$$

⑮ 자중을 고려한 늘음량

$$\delta_\omega = \frac{\gamma l^2}{2E} = \frac{\omega l}{2AE} \ (\gamma:\ \text{비중량},\ \omega:\ \text{자중})$$

⑯ 충격에 의한 응력과 늘음량

$$\sigma = \sigma_0\left\{1 + \sqrt{1 + \frac{2h}{\lambda_0}}\right\},\ \lambda = \lambda_0\left\{1 + \sqrt{1 + \frac{2h}{\lambda_0}}\right\} \ (\sigma_0:\ \text{정적 응력},\ \lambda_0:\ \text{정적 늘음량})$$

⑰ 탄성 에너지

$$u = \frac{\sigma^2}{2E}, \ U = \frac{1}{2}P\lambda = \frac{\sigma^2 Al}{2E}$$

⑱ 열응력

$$\sigma = E\varepsilon_{th} = E \times a \times \Delta T \ (\varepsilon_{th}: \text{열변형률}, \ a: \text{선팽창 계수})$$

⑲ 얇은 회전체의 응력

$$\sigma_y = \frac{\gamma v^2}{g} \ (\gamma: \text{비중량}, \ v: \text{원주 속도})$$

⑳ 내압을 받는 얇은 원통의 응력

$$\sigma_y = \frac{PD}{2t}, \ \sigma_x = \frac{PD}{4t} \ (P: \text{내압력}, \ D: \text{내경}, \ t: \text{두께})$$

㉑ 단순 응력 상태의 경사면 전단 응력

$$\tau = \frac{1}{2}\sigma_x \sin 2\theta$$

㉒ 단순 응력 상태의 경사면 전단 응력

$$\sigma_n = \sigma_x \cos^2 \theta$$

㉓ 2축 응력 상태의 경사면 전단 응력

$$\tau = \frac{1}{2}(\sigma_x - \sigma_y)\sin 2\theta$$

㉔ 2축 응력 상태의 경사면 수직응력

$$\sigma_n{}' = \frac{1}{2}(\sigma_x + \sigma_y) + \frac{1}{2}(\sigma_x - \sigma_y)\cos 2\theta$$

㉕ 평면 응력 상태의 최대, 최소 주응력

$$\sigma_{1,2} = \frac{1}{2}(\sigma_x + \sigma_y) \pm \frac{1}{2}\sqrt{(\sigma_x - \sigma_y)^2 + 4\tau^2}$$

㉖ 토크와 전단 응력의 관계

$$T = \tau \times Z_p = \tau \times \frac{\pi d^3}{16}$$

㉗ 토크와 동력과의 관계

$$T = 716.2 \times \frac{H}{N} \, [\text{kg} \cdot \text{m}] \text{ 단, } H[\text{PS}]$$

$$T = 974 \times \frac{H'}{N} \, [\text{kg} \cdot \text{m}] \text{ 단, } H'[\text{kW}]$$

㉘ 비틀림각

$$\theta = \frac{TL}{GI_p} \, [\text{rad}] \, (G: \text{횡탄성 계수})$$

㉙ 굽힘에 의한 응력

$$M = \sigma Z, \ \sigma = E\frac{y}{\rho}, \ \frac{1}{\rho} = \frac{M}{EI} = \frac{\sigma}{Ee} \, (\rho: \text{주름 반경}, \ e: \text{중립축에서 끝단까지 거리})$$

㉚ 굽힘 탄성 에너지

$$U = \int \frac{M_x^2 dx}{2EI}$$

㉛ 분포 하중, 전단력, 굽힘 모멘트의 관계

$$\omega = \frac{dF}{dx} = \frac{d^2M}{dx^2}$$

㉜ 처짐 곡선의 미분 방정식

$$EIy'' = -M_x$$

㉝ 면적 모멘트법

$$\theta = \frac{A_m}{E}, \ \delta = \frac{A_m}{E}\bar{x}$$

(θ: 굽힘각, δ: 처짐량, A_m: BMD의 면적, $\bar{x}$: BMD의 도심까지의 거리)

㉞ 스프링 지수, 스프링 상수

$C = \dfrac{D}{d}$, $K = \dfrac{P}{\delta}$ (D: 평균 지름, d: 소선의 직각 지름, P: 하중, δ: 처짐량)

㉟ 등가 스프링 상수

$\dfrac{1}{K_{eq}} = \dfrac{1}{K_1} + \dfrac{1}{K_2}$ ➡ 직렬 연결

$K_{eq} = K_1 + K_2$ ➡ 병렬 연결

㊱ 스프링의 처짐량

$\delta = \dfrac{8PD^3 n}{Gd^4}$ (G: 횡탄성 계수, n: 감김 수)

㊲ 3각 판스프링의 응력과 늘음량

$\sigma = \dfrac{6Pl}{nbh^2}$, $\delta_{max} = \dfrac{6Pl^3}{nbh^3 E}$ (n: 판의 개수, b: 판목, E: 종탄성 계수)

㊳ 겹판 스프링의 응력과 늘음량

$\eta = \dfrac{3Pl}{2nbh^2}$, $\delta_{max} = \dfrac{3P'l^3}{8nbh^3 E}$

㊴ 핵반경

원형 단면 $a = \dfrac{d}{8}$, 사각형 단면 $a = \dfrac{b}{6}$, $\dfrac{h}{6}$

㊵ 편심 하중을 받는 단주의 최대 응력

$\sigma_{max} = \dfrac{P}{A} + \dfrac{M}{Z}$

㊶ 오일러(Euler)의 좌굴 하중 공식

$P_B = \dfrac{n\pi^2 EI}{l^2}$ (n: 단말 계수)

④ 세장비

$$\lambda = \frac{l}{K} \ (l: \text{기둥의 길이}) \qquad K = \sqrt{\frac{I}{A}} \ (K: \text{최소 회전 반경})$$

④ 좌굴 응력

$$\sigma_B = \frac{P_B}{A} = \frac{n\pi^2 E}{\lambda^2}$$

❖ 평면의 성질 공식 정리

	공식	표현	도형의 종류		
			사각형	중심축	중공축
단면 1차 모멘트	$\bar{y} = \dfrac{A_1 y_1 + A_2 y_2}{A_1 + A_2}$ $\bar{x} = \dfrac{A_1 x_1 + A_2 x_2}{A_1 + A_2}$	$Q_y = \int x\,dA$ $Q_x = \int y\,dA$	$\bar{y} = \dfrac{h}{2}$ $\bar{x} = \dfrac{b}{2}$	$\bar{y} = \bar{x} = \dfrac{d}{2}$	내외경 비 $x = \dfrac{d_1}{d_2}$ (d_1: 내경, d_2: 외경)
단면 2차 모멘트	$K_x = \sqrt{\dfrac{I_x}{A}}$ $K_y = \sqrt{\dfrac{I_y}{A}}$	$I_x = \int y^2\,dA$ $I_y = \int x^2\,dA$	$I_x = \dfrac{bh^3}{12}$ $I_y = \dfrac{hb^3}{12}$	$I_x = I_y$ $= \dfrac{\pi d^4}{64}$	$I_x = I_y$ $= \dfrac{\pi d_2^{\,4}}{64}(1-x^4)$
극단면 2차 모멘트	$I_p = I_x + I_y$	$I_p = \int r^2\,dA$	$I_p = \dfrac{bh}{12}(b^2 + h^2)$	$I_p = \dfrac{\pi d^4}{32}$	$I_p = \dfrac{\pi d_2^{\,4}}{32}(1-x^4)$
단면 계수	$Z = \dfrac{M}{\sigma_b}$	$Z = \dfrac{I_x}{e_x}$	$Z_x = \dfrac{bh^2}{6}$ $Z_y = \dfrac{hb^2}{6}$	$Z_x = Z_y$ $= \dfrac{\pi d^3}{32}$	$Z_x = Z_y$ $= \dfrac{\pi d_2^{\,3}}{32}(1-x^4)$
극단면 계수	$Z_p = \dfrac{T}{\tau_a}$	$Z_p = \dfrac{I_p}{e_p}$	$-$	$Z_p = \dfrac{\pi d^4}{16}$	$Z_p = \dfrac{\pi d_2^{\,3}}{16}(1-x^4)$

❖ 보의 정리

보의 종류	반력	최대 굽힘 모멘트 $M_{\max}$	최대 굽힘각 $\theta_{\max}$	최대 처짐량 $\delta_{\max}$
M_0	–	M_0	$\dfrac{M_0 l}{EI}$	$\dfrac{M_0 l^2}{2EI}$
P	$R_b = P$	Pl	$\dfrac{Pl^2}{2EI}$	$\dfrac{Pl^3}{3EI}$
ω	$R_b = \omega l$	$\dfrac{\omega l^2}{2}$	$\dfrac{\omega l^3}{6EI}$	$\dfrac{\omega l^4}{8EI}$
M_0	$R_a = R_b = \dfrac{M_0}{l}$	M_0	$\theta_A = \dfrac{M_0 l}{3EI}$ $\theta_B = \dfrac{M_0 l}{6EI}$	$x = \dfrac{l}{\sqrt{3}}$일 때 $\dfrac{M_0 l^2}{9\sqrt{3}EI}$
P	$R_a = R_b = \dfrac{P}{2}$	$\dfrac{Pl}{4}$	$\dfrac{Pl^2}{16EI}$	$\dfrac{Pl^3}{48EI}$
P C a b	$R_a = \dfrac{Pb}{l}$ $R_b = \dfrac{Pa}{l}$	$\dfrac{Pab}{l}$	$\theta_A = \dfrac{Pab(l+b)}{6lEI}$ $\theta_B = \dfrac{Pab(l+a)}{6lEI}$	$\delta_c = \dfrac{Pa^2 b^2}{3lEI}$
ω	$R_a = R_b = \dfrac{\omega l}{2}$	$\dfrac{\omega l^2}{8}$	$\dfrac{\omega l^3}{24EI}$	$\dfrac{5\omega l^4}{384EI}$
ω	$R_a = \dfrac{\omega l}{6}$ $R_b = \dfrac{\omega l}{3}$	$\dfrac{\omega l^2}{9\sqrt{3}}$	–	–

보의 종류	반력	최대 굽힘 모멘트 $M_{\max}$	최대 굽힘각 $\theta_{\max}$	최대 처짐량 $\delta_{\max}$
	$R_a = \dfrac{5P}{16}$ $R_b = \dfrac{11P}{16}$	$M_B = M_{\max}$ $= \dfrac{3}{16}Pl$	–	–
	$R_a = \dfrac{3\omega l}{8}$ $R_b = \dfrac{5\omega l}{8}$	$\dfrac{9\omega l^2}{128}$, $x = \dfrac{5l}{8}$일 때	–	–
	$R_a = \dfrac{Pb^2}{l^3}(3a+b)$	$M_A = \dfrac{Pb^2 a}{l^2}$ $M_B = \dfrac{Pa^2 b}{l^2}$	$a=b=\dfrac{l}{2}$일 때 $\dfrac{Pl^2}{64EI}$	$a=b=\dfrac{l}{2}$일 때 $\dfrac{Pl^3}{192EI}$
	$R_a = R_b = \dfrac{\omega l}{2}$	$M_a = M_b = \dfrac{\omega l^2}{12}$ 중간 단의 모멘트 $= \dfrac{\omega l^2}{24}$	$\dfrac{\omega l^3}{125EI}$	$\dfrac{\omega l^4}{384EI}$
	$R_a = R_b = \dfrac{3\omega l}{16}$ $R_c = \dfrac{5\omega l}{8}$	$M_c = \dfrac{\omega l^2}{32}$	–	–

2 열역학 공식

① 열역학 0법칙, 열용량

$Q = Gc\Delta T$ (G: 중량 또는 질량, c: 비열, ΔT: 온도차)

② 온도 환산

$C = \dfrac{5}{9}(F-32)$

$T(\text{K}) = T(\text{℃}) + 273.15$

$T(\text{R}) = T(\text{F}) + 460$

③ 열량의 단위

$1\ \text{kcal} = 3.968\ \text{BTU} = 2.205\ \text{CHU} = 4.1867\ \text{kJ}$

④ 비열의 단위

$\left[\dfrac{1\ \text{kcal}}{\text{kg} \cdot \text{℃}}\right] = \left[\dfrac{1\ \text{BTU}}{\text{lb} \cdot \text{°F}}\right] = \left[\dfrac{1\ \text{CHU}}{\text{lb} \cdot \text{℃}}\right]$

⑤ 평균 비열, 평균 온도

$C_m = \dfrac{1}{T_2 - T_1}\int C dT$, $T_m = \dfrac{m_1 C_1 T_1 + m_2 C_2 T_2}{m_1 C_1 + m_2 C_2}$

⑥ 일과 열의 관계

$Q = AW$ (A: 일의 열 상당량 $= 1\ \text{kcal}/427\ \text{kgf} \cdot \text{m}$)

$W = JQ$ (J: 열의 일 상당량 $= 1/A$)

⑦ 동력과 열량과의 관계

$1\ \text{Psh} = 632.3\ \text{kcal}$, $1\ \text{kWh} = 860\ \text{kcal}$

⑧ 열역학 1법칙의 표현

$\delta q = du + Pdv = C_p dT + \delta W = dh + vdP = C_p dT + \delta Wt$

⑨ 열효율

$$\eta = \frac{정미\ 출력}{저위\ 발열량 \times 연료\ 소비율}$$

⑩ 완전 가스 상태 방정식

$PV = mRT$ (P: 절대 압력, V: 체적, m: 질량, R: 기체 상수, T: 절대 온도)

⑪ 엔탈피

$H = U + pv = $ 내부 에너지 + 유동 에너지

⑫ 정압 비열(C_p), 정적 비열(C_v)

$$C_p = \frac{kR}{k-1},\ C_v = \frac{R}{k-1}$$

비열비 $k = \dfrac{C_p}{C_v}$, 기체 상수 $R = C_p - C_v$

⑬ 혼합 가스의 기체 상수

$$R = \frac{m_1 R_1 + m_2 R_2 + m_3 R_3}{m_1 + m_2 + m_3}$$

⑭ 열기관의 열효율

$$\eta = \frac{\Delta Wa}{Q_H} = \frac{Q_H - Q_L}{Q_H} = 1 - \frac{T_L}{T_H}$$

⑮ 냉동기의 성능 계수

$$\varepsilon_r = \frac{Q_L}{W_C} = \frac{Q_L}{Q_H - Q_L} = \frac{T_L}{T_H - T_L}$$

⑯ 열펌프의 성능 계수

$$\varepsilon_H = \frac{Q_H}{W_a} = \frac{Q_H}{Q_H - Q_L} = \frac{T_H}{T_H - T_L} = 1 + \varepsilon_r$$

⑰ 엔트로피

$$ds = \frac{\delta Q}{T} = \frac{mcdT}{T}$$

⑱ 엔트로피 변화

$$\varDelta S = C_V \ln \frac{T_2}{T_1} + R \ln \frac{V_2}{V_1} = C_P \ln \frac{T_2}{T_1} - R \ln \frac{P_2}{P_1} = C_P \ln \frac{V_2}{V_1} + C_V \ln \frac{P_2}{P_1}$$

⑲ 습증기의 상태량 공식

$$v_x = v' + x(v'' - v') \qquad\qquad h_x = h' + x(h'' - h')$$
$$s_x = s' + x(s'' - s') \qquad\qquad u_x = u' + x(u'' - u')$$

건도 $x = \dfrac{\text{습증기의 중량}}{\text{전체 중량}}$

(v', h', s', u' : 포화액의 상대값, v'', h'', s'', u'' : 건포화 증기의 상태값)

⑳ 증발 잠열(잠열)

$$\gamma = h'' - h' = (u'' - u') + P(u'' - u')$$

㉑ 고위 발열량

$$H_h = 8,100\,\text{C} + 34,000 \left(\text{H} - \frac{\text{O}}{8} \right) + 2,500\,\text{S}$$

㉒ 저위 발열량

$$H_c = 8,100\,\text{C} - 29,000 \left(\text{H} - \frac{\text{O}}{8} \right) + 2,500\,\text{S} - 600W = H_h - 600(9\text{H} + W)$$

㉓ 노즐에서의 출구 속도

$$V_2 = \sqrt{2g(h_1 - h_2)} = \sqrt{h_1 - h_2}$$

❖ 상태 변화 관련 공식

변화	정적 변화	정압 변화	정온 변화	단열 변화	폴리트로픽 변화
$p,\ v,\ T$ 관계	$v=C,$ $dv=0,$ $\dfrac{P_1}{T_1}=\dfrac{P_2}{T_2}$	$P=C,$ $dP=0,$ $\dfrac{v_1}{T_1}=\dfrac{v_2}{T_2}$	$T=C,$ $dT=0,$ $Pv=P_1v_1$ $=P_2v_2$	$Pv^k=c,$ $\dfrac{T_2}{T_1}=\left(\dfrac{v_1}{v_2}\right)^{k-1}$ $=\left(\dfrac{P_2}{P_1}\right)^{\frac{k-1}{k}}$	$Pv^n=c,$ $\dfrac{T_2}{T_1}=\left(\dfrac{v_1}{v_2}\right)^{n-1}$
(절대일) 외부에 하는 일 $_1\omega_2$ $=\int pdv$	0	$P(v_2-v_1)$ $=R(T_2-T_1)$	$P_1v_1\ln\dfrac{v_2}{v_1}$ $=P_1v_1\ln\dfrac{P_1}{P_2}$ $=RT\ln\dfrac{v_2}{v_1}$ $=RT\ln\dfrac{P_1}{P_2}$	$\dfrac{1}{k-1}(P_1v_1-P_2v_2)$ $=\dfrac{RT_1}{k-1}\left(1-\dfrac{T_2}{T_1}\right)$ $=\dfrac{RT_1}{k-1}$ $\left[\left(1-\dfrac{v_1}{v_2}\right)^{k-1}\right]$ $=C_v(T_1-T_2)$	$\dfrac{1}{n-1}(P_1v_1-P_2v_2)$ $=\dfrac{P_1v_1}{n-1}\left(1-\dfrac{T_2}{T_1}\right)$ $=\dfrac{R}{n-1}(T_1-T_2)$
공업일 (압축일) $\omega_1=$ $-\int vdp$	$v(P_1-P_2)$ $=R(T_1-T_2)$	0	ω_{12}	$k_1\omega_2$	$n_1\omega_2$
내부 에너지의 변화 u_2-u_1	$C_v(T_2-T_1)$ $=\dfrac{R}{k-1}(T_2-T_1)$ $=\dfrac{v}{k-1}(P_2-P_1)$	$C_v(T_2-T_1)$ $=\dfrac{P}{k-1}(v_2-v_1)$	0	$C_v(T_2-T_1)$ $=-_1W_2$	$-\dfrac{(n-1)}{k-1}{_1}W_2$
엔탈피의 변화 h_2-h_1	$C_p(T_2-T_1)$ $=\dfrac{kR}{k-1}(T_2-T_1)$ $=\dfrac{kv}{k-1}(P_2-P_1)$ $=k(u_2-u_1)$	$C_p(T_2-T_1)$ $=\dfrac{kR}{k-1}(T_2-T_1)$ $=\dfrac{kv}{k-1}(P_2-P_1)$	0	$C_p(T_2-T_1)$ $=-W_t$ $=-k_1W_2$ $=k(u_2-u_1)$	$-\dfrac{(n-1)}{k-1}{_1}W_2$
외부에서 얻은 열 $_1q_2$	u_2-u_1	h_2-h_1	$_1W_2-W_t$	0	$C_n(T_2-T_1)$
n	∞	0	1	k	$-\infty$에서 $+\infty$

변화	정적 변화	정압 변화	정온 변화	단열 변화	폴리트로픽 변화
비열 C	C_v	C_p	∞	0	$C_n = C_v \dfrac{n-k}{n-1}$
엔트로피의 변화 $s_2 - s_1$	$C_v \ln \dfrac{T_2}{T_1}$ $= C_v \ln \dfrac{P_2}{P_1}$	$C_p \ln \dfrac{T_2}{T_1}$ $= C_p \ln \dfrac{v_2}{v_1}$	$R \ln \dfrac{v_2}{v_1}$	0	$C_n \ln \dfrac{T_2}{T_1}$ $= C_v \dfrac{n-k}{n} \ln \dfrac{P_2}{P_1}$

❖ 열역학 사이클

1. 카르노 사이클 = 가역 이상 열기관 사이클

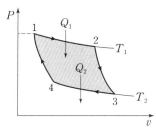 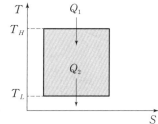

카르노 사이클의 효율

$$\eta_c = \frac{W_a}{Q_H} = \frac{Q_H - Q_L}{Q_H}$$

$$= \frac{T_H - T_L}{T_H} = 1 - \frac{T_L}{T_H}$$

2. 랭킨 사이클 = 증기 원동소 사이클의 기본 사이클

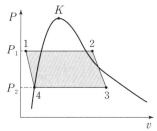 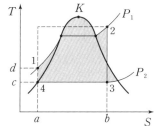

랭킨 사이클의 효율

$$\eta_R = \frac{W_a}{Q_H} = \frac{W_T - W_P}{Q_H}$$

터빈일 $W_T = h_2 - h_3$
펌프일 $W_P = h_1 - h_4$
보일러 공급 열량 $Q_H = h_2 - h_1$

3. 재열 사이클

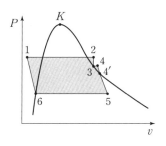 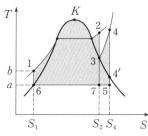

재열 사이클의 효율

$$\eta_R = \frac{W_a}{Q_H + Q_R} = \frac{W_{T_1} + W_{T_2} - W_P}{Q_H + Q_R}$$

터빈1의 일 $= h_2 - h_3$
터빈2의 일 $= h_4 - h_5$
펌프의 일 $= h_1 - h_6$
보일러 공급 열량 $Q_H = h_2 - h_1$
재열기 공급 열량 $Q_R = h_4 - h_3$

4. 오토 사이클 = 정적 사이클 = 가솔린 기관의 기본 사이클

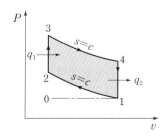 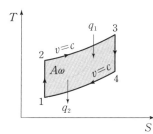

$$\eta_O = \frac{q_1 - q_2}{q_1} = 1 - \frac{q_2}{q_1}$$

$$= 1 - \frac{C_v(T_4 - T_1)}{C_v(T_3 - T_2)}$$

$$= 1 - \left(\frac{1}{\varepsilon}\right)^{k-1}$$

압축비 $\varepsilon = \dfrac{\text{실린더 체적}}{\text{연료실 체적}}$

5. 디젤 사이클 = 정압 사이클 = 저중속 디젤 기관의 기본 사이클

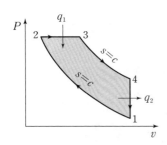
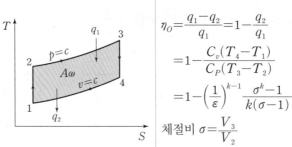

$$\eta_O = \frac{q_1 - q_2}{q_1} = 1 - \frac{q_2}{q_1}$$

$$= 1 - \frac{C_v(T_4 - T_1)}{C_P(T_3 - T_2)}$$

$$= 1 - \left(\frac{1}{\varepsilon}\right)^{k-1} \frac{\sigma^k - 1}{k(\sigma - 1)}$$

체절비 $\sigma = \dfrac{V_3}{V_2}$

6. 사바테 사이클 = 복합 사이클 = 고속 디젤 사이클의 기본 사이클

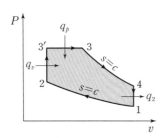
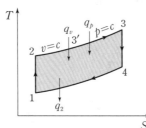

사바테 사이클의 효율

$$\eta_S = \frac{q_p + q_v - q_v}{q_p + q_v}$$

$$= 1 - \frac{q_v}{q_p + q_v}$$

$$= 1 - \frac{C_v(T_4 - T_1)}{C_P(T_3 - T'_3) + C_V(T'_3 - T_2)}$$

$$= 1 - \left(\frac{1}{\varepsilon}\right)^{k-1} \frac{\rho\sigma^k - 1}{(\rho - 1) + k\rho(\sigma - 1)}$$

7. 브레이트 사이클 = 가스 터빈의 기본 사이클

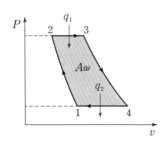
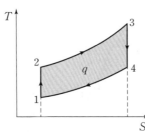

$$\eta_B = \frac{q_1 - q_2}{q_1}$$

$$= \frac{C_P(T_3 - T_2) - C_P(T_4 - T_1)}{C_P(T_3 - T_2)}$$

$$= 1 - \left(\frac{1}{\rho}\right)^{\frac{k-1}{k}}$$

압력 상승비 $\rho = \dfrac{P_{max}}{P_{min}}$

8. 증기 냉동 사이클

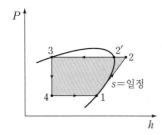
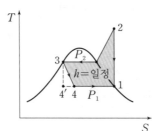

$$\eta_R = \frac{Q_L}{W_a} = \frac{Q_L}{Q_H - Q_L}$$

$$= \frac{(h_1 - h_4)}{(h_2 - h_3) - (h_1 - h_4)}$$

(Q_L: 저열원에서 흡수한 열량)

냉동 능력 $1 \, \text{RT} = 3.86 \, \text{kW}$

3 유체역학 공식

① 뉴턴의 운동 방정식

$$F = ma = m\frac{dv}{dt} = \rho Qv$$

② 비체적(v)

단위 질량당 체적 $v = \dfrac{V}{M} = \dfrac{1}{\rho}$

단위 중량당 체적 $v = \dfrac{V}{W} = \dfrac{1}{\gamma}$

③ 밀도(ρ), 비중량(γ)

밀도 $\rho = \dfrac{M\,(질량)}{V\,(체적)}$

비중량 $\gamma = \dfrac{W\,(무게)}{V\,(체적)}$

④ 비중(S)

$$S = \frac{\gamma}{\gamma_\omega}, \ \gamma_\omega = \frac{1{,}000 \ \text{kgf}}{\text{m}^3} = \frac{9{,}800 \ \text{N}}{\text{m}^3}$$

⑤ 뉴턴의 점성 법칙

$$F = \mu\frac{uA}{h}, \ \frac{F}{A} = \tau = \mu\frac{du}{dy} \ (u: 속도, \ \mu: 점성 \ 계수)$$

⑥ 점성계수(μ)

$$1\text{Poise} = \frac{1 \ \text{dyne} \cdot \text{sec}}{\text{cm}^2} = \frac{1 \ \text{g}}{\text{cm} \cdot \text{s}} = \frac{1}{10} \ \text{Pa} \cdot \text{s}$$

⑦ 동점성계수(ν)

$$\nu = \frac{\mu}{\rho} \ (1 \ \text{stoke} = 1 \ \text{cm}^2/\text{s})$$

⑧ 체적 탄성 계수

$$K = \frac{\Delta p}{\dfrac{\Delta v}{v}} = \frac{\Delta p}{\dfrac{\Delta r}{r}} = \frac{1}{\beta} \; (\beta: \text{압축률})$$

⑨ 표면 장력

$$\sigma = \frac{\Delta P d}{4} \; (\Delta P: \text{압력 차이}, \; d: \text{직경})$$

⑩ 모세관 현상에 의한 액면 상승 높이

$$h = \frac{4\sigma \cos \beta}{\gamma d} \; (\sigma: \text{표면 장력}, \; \beta: \text{접촉각})$$

⑪ 정지 유체 내의 압력

$$P = \gamma h \; (\gamma: \text{유체의 비중량}, \; h: \text{유체의 깊이})$$

⑫ 파스칼의 원리

$$\frac{F_1}{A_1} = \frac{F_2}{A_2} \; (P_1 = P_2)$$

⑬ 압력의 종류

$$P_{\text{abs}} = P_O + P_G = P_O - P_V = P_O(1-x)$$
$(x: \text{진공도}, \; P_{\text{abs}}: \text{절대 압력}, \; P_O: \text{국소 대기압}, \; P_G: \text{게이지압}, \; P_V: \text{진공압})$

⑭ 압력의 단위

$1\,\text{atm} = 760\,\text{mmHg} = 10.332\,\text{mAq} = 1.0332\,\text{kgf/cm}^2 = 101,325\,\text{Pa} = 1.0132\,\text{bar}$

⑮ 경사면에 작용하는 유체의 전압력, 전압력이 작용하는 위치

$$F = \gamma \overline{H} A, \; y_F = \overline{y} + \frac{I_G}{A\overline{y}}$$

(γ: 비중량, H: 수문의 도심까지의 수심, $\overline{y}$: 수문의 도심까지의 거리, A: 수문의 면적)

⑯ 부력

$F_B = \gamma V$ (γ: 유체의 비중량, V: 잠겨진 유체의 체적)

⑰ 연직 등가속도 운동을 받을 때

$P_1 - P_2 = \gamma h \left(1 + \dfrac{a_y}{g}\right)$

⑱ 수평 등가속도 운동을 받을 때

$\tan \theta = \dfrac{a_x}{g}$

⑲ 등속 각속도 운동을 받을 때

$\Delta H = \dfrac{V_0^2}{2g}$ (V_0: 바깥 부분의 원주 속도)

⑳ 유선의 방정식

$v = ui + vj + wk$ $\qquad ds = dxi + dyj + dzk$

$v \times ds = 0$ $\qquad\qquad \dfrac{dx}{u} = \dfrac{dy}{u} = \dfrac{dz}{w}$

㉑ 체적 유량

$Q = A_1 V_1 = A_2 V_2$

㉒ 질량 유량

$\dot{M} = \rho A V = \mathrm{Const}$ (ρ: 밀도, A: 단면적, V: 유속)

㉓ 중량 유량

$\dot{G} = \gamma A V = \mathrm{Const}$ (γ: 비중량, A: 단면적, V: 유속)

㉔ 1차원 연속 방정식의 미분형

$\dfrac{d\rho}{\rho} + \dfrac{dv}{v} + \dfrac{dA}{A} = 0$ 또는 $d(\rho A V) = 0$

㉕ 3차원 연속 방정식

$$\frac{\partial u}{\partial x}+\frac{\partial v}{\partial y}+\frac{\partial w}{\partial z}=0$$

㉖ 오일러 방정식

$$\frac{dP}{\rho}+VdV+gdz=0$$

㉗ 베르누이 방정식

$$\frac{P}{\gamma}+\frac{v^2}{2g}+z=H$$

㉘ 높이 차가 H인 구멍 부분의 속도

$$v=\sqrt{2gH}$$

㉙ 피토 관을 이용한 유속 측정

$$v=\sqrt{2g\varDelta H}\ (\varDelta H:\ 피토관을\ 올리손\ 높이)$$

㉚ 피토 정압관을 이용한 유속 측정

$$V=\sqrt{2g\varDelta H\left(\frac{S_0-S}{S}\right)}\ (S_0:\ 액주계\ 내의\ 비중,\ S:\ 관\ 내의\ 비중)$$

㉛ 운동량 방정식

$$Fdt=m(V_2-V_1)\ (Fdt:\ 역적,\ mV:\ 운동량)$$

㉜ 수직 평판이 받는 힘

$$F_x=\rho Q(V-u)\ (V:\ 분류의\ 속도,\ u:\ 날개의\ 속도)$$

㉝ 고정 날개가 받는 힘

$$F_x=\rho QV(1-\cos\theta),\ F_y=-\rho QV\sin\theta$$

㉞ 이동 날개가 받는 힘

$$F_x = \rho QV(1 - \cos\theta),\ F_y = -\rho QV \sin\theta$$

㉟ 프로펠러 추력

$$F = \rho Q(V_4 - V_1)\ (V_4:\ \text{유출 속도},\ V_1:\ \text{유입 속도})$$

㊱ 프로펠러의 효율

$$\eta = \frac{\text{출력}}{\text{입력}} = \frac{\rho QV_1}{\rho QV} = \frac{V_1}{V}$$

㊲ 프로펠러를 통과하는 평균 속도

$$V = \frac{V_4 + V_1}{2}$$

㊳ 탱크에 달려 있는 노즐에 의한 추진력

$$F = \rho QV = PAV^2 = \rho A2gh = 2Ah\gamma$$

㊴ 로켓 추진력

$$F = \rho QV$$

㊵ 제트 추진력

$$F = \rho_2 Q_2 V_2 - \rho_1 Q_1 V_1 = \dot{M}_2 V_2 - \dot{M}_1 V_1$$

㊶ 원관에서의 레이놀드 수

$$Re = \frac{\rho VD}{\mu} = \frac{VD}{\nu}\ (2,100\ \text{이하: 층류},\ 4,000\ \text{이상: 난류})$$

㊷ 수평 원관에서의 층류 운동

유량 $Q = \dfrac{\varDelta P \pi D^4}{128\,\mu L}$ ($\varDelta P$: 압력 강하, μ: 점성, L: 길이, D: 직경)

㊸ 층류 유동일 때의 경계층 두께

$$\delta=\frac{5x}{\sqrt{Re}}$$

㊹ 동압에 의한 항력

$$D=C_D\frac{\gamma V^2}{2g}A=C_D\times\frac{\rho V^2}{2}A$$ (C_D: 항력 계수)

㊺ 동압에 의한 양력

$$L=C_L\frac{\gamma V^2}{2g}A=C_L\times\frac{\rho V^2}{2}A$$ (C_L: 양력 계수)

㊻ 스토크 법칙에서의 항력

$D=6R\mu V\pi$ (R: 구의 반지름, V: 속도, μ: 점성 계수)

㊼ 층류 유동에서의 관 마찰 계수

$$f=\frac{64}{Re}$$

㊽ 원형관 속의 손실 수두

$$H_L=f\frac{l}{d}\times\frac{V^2}{2g}$$ (f: 관 마찰 계수, l: 관의 길이, d: 관의 직경)

㊾ 수력 반경

$$R_h=\frac{A(\text{유동 단면적})}{P(\text{접수 길이})}=\frac{d}{4}$$

㊿ 비원형관에서의 손실 수두

$$H_L=f\times\frac{l}{4R_h}\times\frac{V^2}{2g}$$

(51) 버킹햄의 π정리

$\pi=n-m$ (π: 독립 무차원 수, n: 물리량 수, m: 기본 차수)

52 최량수로 단면

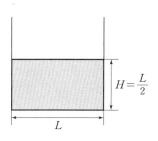 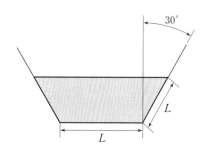

53 부차적 손실 수두

돌연 확대관의 손실 수두 $H_L = \dfrac{(V_1 - V_2)^2}{2g}$

돌연 축소관의 손실 수두 $H_L = \dfrac{V_2^{\,2}}{2g}\left(\dfrac{1}{C_c} - 1\right)^2$

관 부속품의 손실 수두 $H_L = K\dfrac{V^2}{2g}$

(K: 관 부속품의 부차적 손실 계수, C_c: 수축 계수)

54 음속

$a = \sqrt{kRT}$ (k: 비열비, R: 기체상수, T: 절대온도)

55 마하각

$\sin \phi = \dfrac{1}{Ma}$ (Ma: 마하 수)

❖ 단위계

	구분	거리	질량	시간	힘	동력
절대 단위	MKS	m	kg	sec	N	$1\text{kW}=102\,\text{kgf}\cdot\text{m/s}$
	CGS	cm	g	sec	dyne	W
중력 단위계	공학 단위계	m cm mm	$\dfrac{1}{9.8}\,\text{kgf}\cdot\text{s}^2/\text{m}$	sec min	kgf	$1\,\text{PS}=75\,\text{kgf}\cdot\text{m/s}$

❖ 무차원 수

명칭	정의	물리적 의미	적용 범위
레이놀드 수	$Re=\dfrac{\rho VL}{\mu}$	$\dfrac{\text{관성력}}{\text{점성력}}$	• 점성이 고려되는 유동의 상사 법칙 • 관 속의 흐름, 비행기의 양력·항력, 잠수함
프라우드 수	$F_r=\dfrac{L}{\sqrt{Lg}}$	$\dfrac{\text{관성력}}{\text{중력}}$	• 자유 표면을 갖는 유동(댐) • 개수로 수면 위 배 조파 저항
웨버 수	$W_e=\dfrac{\rho LV^2}{\sigma}$	$\dfrac{\text{관성력}}{\text{표면장력}}$	표면장력에 관계되는 상사 법칙 적용
마하 수	$Ma=\dfrac{V}{C}$	$\dfrac{\text{속도}}{\text{음속}}$	풍동 문제, 유체 기체
코시 수	$Co=\dfrac{\rho V^2}{K}$	$\dfrac{\text{관성력}}{\text{탄성력}}$	—
오일러 수	$Eu=\dfrac{\Delta P}{\rho V^2}$	$\dfrac{\text{압축력}}{\text{관성력}}$	압축력이 고려되는 유동의 상사 법칙
압력 계수	$P=\dfrac{\Delta P}{\rho V^2/2}$	$\dfrac{\text{정압}}{\text{동압}}$	—

❖ 유체 계측

비중량 측정	비중병, 비중계, u자관
점성 측정	낙구식 점도계, 맥미첼 점도계, 스토머 점도계, 오스트발트 점도계, 세이볼트 점도계
정압 측정	피에조미터, 정압관
유속 측정	피트우트관−정압관 $V = C_v \sqrt{2gR\left(\dfrac{S_o}{S}-1\right)}$ 시차 액주계, 열선 풍속계
유량 측정	벤츄리미터, 노즐, 오리피스, 로타미터 사각 위어 $Q = kH^{\frac{3}{2}}$ 삼각 위어 $= V$, 놋치 위어 $Q = kH^{\frac{5}{2}}$

저자 소개	장태용

- 공기업 기계직 전공필기 연구소
- 전, 서울교통공사 근무
- 전, 5대 발전사(한국중부발전) 근무
- 전, 서울시설공단 근무
- 공기업 기계직렬 시험에 직접 응시하여 최신 경향 파악

철도 및 교통공사편 | 실제 기출문제

기계의 진리

2025. 1. 8. 초 판 1쇄 인쇄
2025. 1. 15. 초 판 1쇄 발행

지은이 | 장태용
펴낸이 | 이종춘
펴낸곳 | **BM** (주)도서출판 **성안당**

주소 | 04032 서울시 마포구 양화로 127 첨단빌딩 3층(출판기획 R&D 센터)
      | 10881 경기도 파주시 문발로 112 파주 출판 문화도시(제작 및 물류)

전화 | 02) 3142-0036
      | 031) 950-6300

팩스 | 031) 955-0510
등록 | 1973. 2. 1. 제406-2005-000046호
출판사 홈페이지 | **www.cyber.co.kr**
ISBN | 978-89-315-1143-7 (13550)
정가 | 38,000원

이 책을 만든 사람들
기획 | 최옥현
진행 | 이희영
교정·교열 | 류지은
본문 디자인 | 민혜조
표지 디자인 | 임흥순
홍보 | 김계향, 임진성, 김주승, 최정민
국제부 | 이선민, 조혜란
마케팅 | 구본철, 차정욱, 오영일, 나진호, 강호묵
마케팅 지원 | 장상범
제작 | 김유석

■ 도서 A/S 안내

성안당에서 발행하는 모든 도서는 저자와 출판사, 그리고 독자가 함께 만들어 나갑니다.
좋은 책을 펴내기 위해 많은 노력을 기울이고 있습니다. 혹시라도 내용상의 오류나 오탈자 등이
발견되면 **"좋은 책은 나라의 보배"**로서 우리 모두가 함께 만들어 간다는 마음으로 연락주시기
바랍니다. 수정 보완하여 더 나은 책이 되도록 최선을 다하겠습니다.
성안당은 늘 독자 여러분들의 소중한 의견을 기다리고 있습니다. 좋은 의견을 보내주시는 분께는
성안당 쇼핑몰의 포인트(3,000포인트)를 적립해 드립니다.
잘못 만들어진 책이나 부록 등이 파손된 경우에는 교환해 드립니다.